Teilchen und Kerne

Die Welt der subatomaren Physik

von
Hans Frauenfelder
und
Ernest M. Henley

4., vollständig überarbeitete Auflage

Mit 307 Bildern, 47 Tabellen und 501 Aufgaben

R. Oldenbourg Verlag München Wien 1999

Autorisierte Übersetzung der englischsprachigen Originalausgabe, erschienen im Verlag Prentice-Hall, Inc., Englewood Cliffs, unter dem Titel
„Subatomic Physics", Second Edition.

Copyright © 1991, 1974 by Prentice-Hall, Inc.
All rights reserved.

Die 1. amerikanische Auflage übersetzten Dipl.-Phys. Manfred Pieper und Dipl.-Phys. Klaus Hackstein; die 2. Auflage übersetzte Dr. Eberhard Ziegler.

Die vorliegende 4. deutsche Ausgabe wurde neu bearbeitet von Dipl.-Phys. Martin Reck.

Die Deutsche Bibliothek - CIP-Einheitsaufnahme

Frauenfelder, Hans:
Teilchen und Kerne : die Welt der subatomaren Physik ; mit 47 Tabellen und 501 Aufgaben / von Hans Frauenfelder und Ernest M. Henley. – 4., vollst. überarb. Aufl. / [neu bearb. von Martin Reck]. - München ; Wien : Oldenbourg, 1999
   Einheitssacht.: Subatomic physics <dt.>
   ISBN 3-486-24417-5

© 1999 R. Oldenbourg Verlag
Rosenheimer Straße 145, D-81671 München
Telefon: (089) 45051-0, Internet: http://www.oldenbourg.de

Das Werk einschließlich aller Abbildungen ist urheberrechtlich geschützt. Jede Verwertung außerhalb der Grenzen des Urheberrechtsgesetzes ist ohne Zustimmung des Verlages unzulässig und strafbar. Das gilt insbesondere für Vervielfältigungen, Übersetzungen, Mikroverfilmungen und die Einspeicherung und Bearbeitung in elektronischen Systemen.

Lektorat: Andreas Türk
Herstellung: Rainer Hartl
Umschlagkonzeption: Kraxenberger Kommunikationshaus, München
Gedruckt auf säure- und chlorfreiem Papier
Gesamtherstellung: R. Oldenbourg Graphische Betriebe GmbH, München

Inhaltsverzeichnis

Vorwort zur ersten Ausgabe XI
Vorwort zur zweiten und vierten Ausgabe XV

1	**Hintergrund und Begriffe**	**1**
1.1	Größenordnungen	1
1.2	Einheiten	1
1.3	Die Sprache – Feynmangraphen	3
1.4	Literaturhinweise	7
	Aufgaben	7

Teil I – Werkzeuge   9

2	**Beschleuniger**	**10**
2.1	Wozu Beschleuniger?	10
2.2	Der elektrostatische Generator (Van de Graaff)	13
2.3	Der Linearbeschleuniger	14
2.4	Strahloptik	16
2.5	Das Synchrotron	20
2.6	Laborsystem und Schwerpunktsystem	26
2.7	Speicherringe	27
2.8	Zukünftige Entwicklungen	30
2.9	Literaturhinweise	33
	Aufgaben	34
3	**Durchgang von Strahlung durch Materie**	**37**
3.1	Begriffe	37
3.2	Schwere geladene Teilchen	39
3.3	Photonen	42
3.4	Elektronen	43
3.5	Kernwechselwirkungen	46
3.6	Literaturhinweise	46
	Aufgaben	46
4	**Detektoren**	**49**
4.1	Szintillationszähler	49
4.2	Statistische Betrachtungen	52
4.3	Halbleiterdetektoren	55
4.4	Blasenkammeren	58
4.5	Funkenkammern	60
4.6	Drahtfunkenkammern	62
4.7	Zeitprojektionskammern	63
4.8	Zählerelektronik	64
4.9	Logische Schaltungen	65

| 4.10 | Literaturhinweise | 67 |
| | Aufgaben | 68 |

Teil II – Teilchen und Kerne 71

5 Der subatomare Zoo 73
5.1	Masse und Spin, Fermionen und Bosonen	73
5.2	Elektrische Ladung und magnetisches Dipolmoment	78
5.3	Massenbestimmung	81
5.4	Ein erster Blick auf den subatomaren Zoo	86
5.5	Eichbosonen	87
5.6	Leptonen	90
5.7	Teilchenzerfall	91
5.8	Mesonen	96
5.9	Baryonen-Grundzustände	100
5.10	Quarks, Gluonen und intermediäre Bosonen	102
5.11	Angeregte Zustände und Resonanzen	106
5.12	Angeregte Zustände von Baryonen	110
5.13	Literaturhinweise	117
	Aufgaben	117

6 Die Struktur der subatomaren Teilchen 123
6.1	Der Ansatz: Elastische Streuung	123
6.2	Wirkungsquerschnitte und Luminosität	124
6.3	Rutherford- und Mott-Streuung	127
6.4	Formfaktoren	130
6.5	Die Ladungsverteilung kugelförmiger Kerne	135
6.6	Leptonen sind punktförmig	138
6.7	Der elastische Formfaktor der Nukleonen	143
6.8	Die Ladungsradien vom Pion und Kaon	150
6.9	Unelastische Elektronenstreuung	151
6.10	Tief unelastische Elektronenstreuung	154
6.11	Quark-Parton-Modell für tief unelastische Streuung	157
6.12	Streuung und Struktur	162
6.13	Literaturhinweise	181
	Aufgaben	181

Teil III – Symmetrien und Erhaltungssätze 185

7 Additive Erhaltungssätze 187
7.1	Erhaltungsgrößen und Symmetrie	187
7.2	Die elektrische Ladung	192
7.3	Die Baryonenzahl	196
7.4	Leptonen- und Myonenzahl	198
7.5	Teilchen und Antiteilchen	202

7.6	Hyperladung und Strangeness (Seltsamkeit)	207
7.7	Zusätzliche Quantenzahlen von Quarks	211
7.8	Literaturhinweise	213
	Aufgaben	213

8 Drehimpuls und Isospin   216
8.1	Invarianz bezüglich der räumlichen Drehung	216
8.2	Symmetrieverletzung durch das magnetische Feld	218
8.3	Ladungsunabhängigkeit der starken Wechselwirkung	219
8.4	Der Isospin der Nukleonen	220
8.5	Isospininvarianz	221
8.6	Der Isospin von Elementarteilchen	224
8.7	Der Isospin in Kernen	227
8.8	Literaturhinweise	231
	Aufgaben	232

9 P, C und T   235
9.1	Die Paritätsoperation	235
9.2	Die Eigenparität der subatomaren Teilchen	239
9.3	Erhaltung und Verletzung der Parität	242
9.4	Die Ladungskonjugation	248
9.5	Die Zeitumkehr	252
9.6	Das Zweizustandsproblem	255
9.7	Die neutralen Kaonen	257
9.8	Der Sturz der CP-Invarianz	263
9.9	Literaturhinweise	266
	Aufgaben	267

Teil IV – Wechselwirkungen   273

10 Elektromagnetische Wechselwirkung   275
10.1	Die Goldene Regel	275
10.2	Der Phasenraum	280
10.3	Die klassische elektromagnetische Wechselwirkung	284
10.4	Photonenemission	287
10.5	Multipolstrahlung	295
10.6	Elektromagnetische Streuung von Leptonen	298
10.7	Kollidierende Elektron-Positron-Strahlen	302
10.8	Gültigkeit der Quantenelektrodynamik (QED) bei hoher Impulsübertragung	304
10.9	Die Photon-Hadron-Wechselwirkung: Vektormesonen	308
10.10	Elektron-Positron-Stöße und Quarks	313
10.11	Die Photon-Hadron-Wechselwirkung: reelle und raumartige Photonen	317
10.12	Zusammenfassung und offene Probleme	326
10.13	Literaturhinweise	327
	Aufgaben	328

11 Die schwache Wechselwirkung 332
11.1 Das kontinuierliche β-Spektrum 332
11.2 Halbwertszeiten beim β-Zerfall 337
11.3 Die Strom-Strom-Wechselwirkung 338
11.4 Ein Überblick über schwache Prozesse 344
11.5 Der Zerfall des Myons 348
11.6 Der schwache Strom aus Leptonen 351
11.7 Die schwache Kopplungskonstante G 356
11.8 Seltsame und nichtseltsame schwache Ströme 357
11.9 Schwache Ströme in der Kernphysik 359
11.10 Massive (massebehaftete) Neutrinos 364
11.11 Der schwache Strom von Hadronen bei hoher Energie 367
11.12 Literaturhinweise 379
Aufgaben 380

12 Einführung in die Eichfeldtheorien 385
12.1 Einführung 385
12.2 Potentiale in der Quantenmechanik – der Aharanov-Bohm-Effekt 388
12.3 Eichinvarianz für Nicht-Abelsche Felder 391
12.4 Massives (massebehaftetes) Eichboson 396
12.5 Literaturhinweise 403
Aufgaben 403

13 Die elektroschwache Theorie 405
13.1 Einleitung 405
13.2 Die Eichbosonen und der schwache Isospin 406
13.3 Die elektroschwache Wechselwirkung 410
13.4 Tests des Standard-Modells 416
13.5 Literaturhinweise 421
Aufgaben 422

14 Hadronische Wechselwirkungen 424
14.1 Reichweite und Stärke von niederenergetischen hadronischen Wechselwirkungen 426
14.2 Die Pion-Nukleon-Wechselwirkung – Überblick 429
14.3 Die Form der Pion-Nukleon-Wechselwirkung 433
14.4 Die Yukawa-Theorie der Kernkräfte 436
14.5 Eigenschaften der Nukleon-Nukleon-Kraft 438
14.6 Mesonentheorie der Nukleon-Nukleon-Kraft 447
14.7 Hadronische Prozesse bei hohen Energien 449
14.8 Die Farbkraft, Quantenchromodynamik 456
14.9 Literaturhinweise 463
Aufgaben 465

Teil V – Modelle   471

15 Quarks, Mesonen und Baryonen   473
15.1 Einführung 473
15.2 Quarks als Bausteine der Hadronen 473
15.3 Jagd auf Quarks 476
15.4 Mesonen als gebundene Quarkzustände 477
15.5 Baryonen als gebundene Quarkzustände 480
15.6 Die Hadronenmassen 482
15.7 QCD (Quantenchromodynamik) und Quarkmodelle der Hadronen 485
15.8 Charmonium, Ypsilon: Schwere Mesonen 494
15.9 Ausblick und Probleme 496
15.10 Literaturhinweise 498
      Aufgaben 499

16 Das Tröpfchen-Modell, das Fermi-Gas-Modell, schwere Ionen   503
16.1 Das Tröpfchenmodell 503
16.2 Das Fermi-Gas-Modell 508
16.3 Reaktionen schwerer Ionen 510
16.4 Literaturhinweise 516
      Aufgaben 517

17 Das Schalenmodell   521
17.1 Die magischen Zahlen 522
17.2 Die abgeschlossenen Schalen 525
17.3 Die Spin-Bahn-Wechselwirkung 530
17.4 Das Einteilchen-Schalen-Modell 533
17.5 Verallgemeinerung des Einteilchen-Modells 535
17.6 Isobare Analog-Resonanzen 537
17.7 Literaturhinweise 543
      Aufgaben 544

18 Das Kollektiv-Modell   546
18.1 Kerndeformationen 547
18.2 Rotationsspektren von Kernen ohne Spin 550
18.3 Rotationsfamilien 555
18.4 Einteilchenbewegung in deformierten Kernen (Nilssonmodell) .. 558
18.5 Vibrationszustände in sphärischen Kernen 563
18.6 Das wechselwirkende Bosonenmodell 567
18.7 Hochangeregte Zustände, Riesenresonanzen 568
18.8 Kernmodelle – Abschließende Bemerkungen 572
18.9 Literaturhinweise 575
      Aufgaben 577

19	**Nukleare Astrophysik**	**583**
19.1	Kosmische Strahlung	583
19.2	Sternenergie	589
19.3	Neutrino-Astronomie	592
19.4	Kernsynthese	595
19.5	Erlöschen von Sternen und Neutronensterne	600
19.6	Der Anfang des Universums	604
19.7	Abschließende Bemerkungen	606
19.8	Literaturhinweise	608
	Aufgaben	610

Teil VI – Anhang Tabellen   613

A1	Die am häufigsten verwendeten Konstanten	614
A2	Eine vollständigere Zusammenstellung von Konstanten	615
A3	Eigenschaften stabiler Teilchen	618
A4	Stabile und instabile Mesonen	625
A5	Stabile und instabile Baryonen	628
A6	Periodensystem der Elemente	631
A7	Kumulierter Index von A-Ketten	632
A8	Kugelfunktionen	633

Sachregister   635

Vorwort zur ersten Ausgabe

Die subatomare Physik, die Kern- und Elementarteilchenphysik, ist seit ihrer Entdeckung im Jahre 1896 eins der modernen wissenschaftlichen Forschungsgebiete. Von den Untersuchungen der Strahlungen, die von radioaktiven Kernen ausgesendet werden bis zu den Streuexperimenten, die auf die Existenz von Untereinheiten in den Nukleonen hinweisen, von der Entdeckung der starken (hadronischen) Wechselwirkungen zu der Erkenntnis, daß das Photon hadronische (starke) Merkmale besitzt und daß schwache und elektromagnetische Kräfte eng verwandt sein können, hat die subatomare Physik die Wissenschaft durch neue Vorstellungen und tiefere Einsichten in die Naturgesetze bereichert.

Die subatomare Physik ist keine isolierte Wissenschaft. Sie trägt zu vielen Aspekten des Lebens bei. Die Ideen und Ergebnisse der subatomaren Physik verändern unser Bild vom Makrokosmos. Die Vorstellungen, die in der subatomaren Physik entwickelt wurden, werden benötigt, um die Erzeugung und die Vielfalt der Elemente sowie die Energieproduktion in der Sonne und den Sternen zu verstehen. Die Kernkraft kann den größten Teil der in Zukunft benötigten Energie bereitstellen. Kernwaffen beeinflussen nationale und internationale Entscheidungen. Pionenstrahlen sind ein Werkzeug zur Krebsbehandlung geworden. Radioindikatoren und der Mößbauer-Effekt liefern Informationen über die Struktur und über Reaktionen im Festkörper, in der Chemie, in der Biologie, in der Metallurgie und in der Geologie.

Die subatomare Physik sollte, weil sie so viele Bereiche beeinflußt, nicht nur Physikern, sondern auch anderen Wissenschaftlern und Ingenieuren zugänglich sein. Der Chemiker, der den Mößbauer-Effekt beobachtet, der Geologe, der die radioaktive Altersbestimmung anwendet, der Arzt, der ein radioaktives Isotop injiziert oder der Ingenieur für Kerntechnik, der ein Kernkraftwerk entwirft, muß nicht unbedingt den Isospin oder die unelastische Elektronenstreuung verstehen. Trotzdem kann ihre Arbeit befriedigender werden und sie können neue Zusammenhänge erkennen, wenn sie die Grundprinzipien der subatomaren Physik verstehen. Obwohl das vorliegende Buch hauptsächlich als eine Einführung für Physiker gedacht ist, hoffen wir doch, daß es auch für andere Wissenschaftler und Ingenieure nützlich sein kann.

Die subatomare Physik beschäftigt sich mit allen Dingen, die kleiner als ein Atom sind. Sie setzt sich aus der Kern- und der Elementarteilchenphysik zusammen. Diese beiden Gebiete haben viele Begriffe und Besonderheiten gemeinsam. Deshalb behandeln wir sie zusammen und versuchen, die gemeinsamen Ideen, Vorstellungen und die gegenwärtig noch ungelösten Probleme zu betonen. Wir zeigen auch, wie die subatomare Physik in die Astrophysik eingebunden ist. Das Niveau der Darstellung ist auf Studenten im letzten Semester vor oder in den ersten Semestern nach dem Vordiplom abgestimmt, die einige Kenntnisse vom Elektromagnetismus, von der speziellen Relativitätstheorie und von der Quantentheorie besitzen. Viele Aspekte der subatomaren Physik können durch Analogien erklärt werden. Ein exaktes Verständnis erfordert allerdings Gleichungen. Eine der ärgerlichsten Formulierungen in Texten ist: „Es kann gezeigt werden ...". Wir wollten gern diese Formulierung vermeiden, aber das ist tatsächlich unmöglich. Die meisten Ableitungen führen wir durch. Unter zwei Umständen verzichten wir manchmal auf einen Beweis einer Gleichung. Um Zeit und Platz zu sparen, werden viele Gleichungen aus anderen Bereichen ohne Herleitung zitiert. Ist die korrekte Herleitung wie z.B. bei der Dirac'schen

Theorie oder der Feldquantisierung zu anspruchsvoll, wird ebenfalls auf sie verzichtet. Wir rechtfertigen das Weglassen der Ableitungen in beiden Fällen durch eine Analogiebetrachtung. Bergsteiger erreichen normalerweise gern die unbekannten Teile einer Klettertour möglichst schnell und verbringen nicht ihre Zeit mit Wanderungen durch bekanntes Gelände. Das Zitieren von Gleichungen aus der Quantentheorie und der Elektrodynamik entspricht dem Erreichen des Ausgangspunktes für ein Abenteuer mit dem Auto oder der Drahtseilbahn. Einige Gipfel können aber nur auf schwierigen Wegen erreicht werden. Ein unerfahrener Kletterer, der einen solch schwierigen Weg noch nicht bewältigen kann, sollte durch Beobachtungen von einem sicheren Ort aus noch lernen. Analog dazu können einige Gleichungen nur durch schwierige Ableitungen erhalten werden. Der Leser lernt aber auch durch die Beschäftigung mit den Gleichungen, selbst wenn er ihre Ableitungen nicht nachvollziehen kann. Deshalb werden wir einige Beziehungen ohne Beweis zitieren. Wir werden aber versuchen, das Resultat plausibel zu machen und seine physikalischen Konsequenzen zu erkunden. Schwierigere Teile werden wir durch schwarze Punkte (●) kennzeichnen, diese Teile können beim ersten Lesen übersprungen werden.

Danksagung

Beim Schreiben des vorliegenden Buches wurde uns großzügige Unterstützung von vielen Freunden zuteil, die Fragen geklärt, uns Daten geliefert oder Teile des Manuskriptes gelesen haben. Wir danken besonders G. A. Baym, J. M. Bardeen, J. S. Blair, D. Bodansky, M. K. Brussel, S. J. Chang, P. G. Debrunner, H. Drickamer, W. A. Fowler, E. Greenbaum, J. L. Groves, I. Halpern, L. M. Jones, B. W. Lee, E. Münck, F. M. Pipkin, H. Primakoff, G. D. Ravenhall, G. A. Snow, R. L. Schult, C. P. Slichter, C. H. Llewellyn Smith, J. D. Sullivan und L. Wilets. Wertvolle Kritik und konstruktive Anregungen sind von vielen Studenten gekommen, die eine vorläufige Ausgabe des Buches gelesen haben. Weiterhin danken wir Mrs. D. Johnson und Mrs. N. Garman, die ohne zu klagen die vielen Versionen des Manuskriptes getippt haben, Mrs. J. Spaeth, die einige Teile getippt hat, Mr. George Morris, der das Bildmaterial erstellt hat, sowie W. H. Grimshaw und E. Thompson, die die Fertigstellung des Buches geleitet haben.

Teile der Gemeinschaftsarbeit der normalerweise weit vertreut lebenden Autoren sind am Heimatinstitut jedes einzelnen durchgeführt worden. In diesem Zusammenhang danken wir für die Unterstützung der Universitäten von Illinois und Washington, die Besuche an diesen Instituten ermöglicht haben. Wir besuchten unter anderem Los Alamos, das Aspen Zentrum für Physik und das CERN und möchten uns für die Gastfreundschaft in diesen Zentren bedanken. Außerdem möchten wir uns für die Unterstützung durch die John Simon Guggenheim Stiftung bedanken.

Unsere Art, die subatomare Physik zu lehren, wurde wesentlich durch einige unserer Lehrer und einige unserer Freunde geprägt und beeinflußt. Insbesondere ist einer von uns (H. F.) seinem Lehrer Paul Scherrer zutiefst dankbar, der den meisten seiner Studenten Begeisterung für die Schönheit der Physik und die Notwendigkeit beibrachte, die beobachteten Erscheinungen mit einfachsten und physikalischen Ausdrücken zu erklären.

Die zur Fertigstellung dieses Buches erforderlichen Bemühungen wären ohne die Unterstützung unserer Frauen unmöglich gewesen. Sie haben uns mit ihrem großem Verständnis für die endlosen Arbeitsstunden, wenn wir allein arbeiteten, und mit ihrer liebenswürdigen Gastfreundschaft, wenn wir gemeinsam in Seattle oder Urbana arbeiteten, sehr geholfen.

Allgemeine Literatur

Vom Leser des vorliegenden Buches wird erwartet, daß er einige Kenntnisse des Elektromagnetismus, der speziellen Relativitätstheorie und der Quantentheorie besitzt. Wir werden viele Gleichungen aus diesen Bereichen ohne Beweis zitieren, wir werden jedoch darauf hinweisen, wo diese Beweise gefunden werden können. Die hier angegebenen Bücher werden im Text durch den Namen des Autors zitiert.

Elektrodynamik
J. D. Jackson, *Klassische Elektrodynamik*, 2. verb. Aufl., de Gruyter, Berlin 1983. Jacksons Buch ist zwar nicht direkt für Studienanfänger geschrieben, aber es ist ganz ausgezeichnet geschrieben und liefert eine außergewöhnlich klare Behandlung der klassischen Elektrodynamik.

Moderne Physik
R. M. Eisberg, *Fundamentals of Modern Physics,* Wiley, New York, 1961. Zitiert als Eisberg. Dieses Buch liefert den größten Teil des benötigten Hintergrundwissens aus der speziellen Relativitätstheorie, der Quantenmechanik und der Atomtheorie.

Quantenmechanik
Die Zahl der Bücher über Quantenmechanik ist groß. Wenn die Informationen, die im

Eisberg oder einem ähnlichen Buch enthalten sind, nicht ausreichend sind, ist es am besten, zu einem anspruchsvolleren Buch zu greifen. Die Erfahrung hat gezeigt, daß kaum ein Buch alle Fragen mit der gleichen Klarheit beantwortet. Deshalb ist es besser, bei der Behandlung eines vorgegebenen Problems in zwei oder drei Bücher zu schauen und dann die ansprechendste Darstellung zu studieren. Wir weisen auf folgende Bücher hin:

R. P. Feynman, R. B. Leighton und M. Sands, *Feynman Vorlesungen über Physik*, 3. Aufl., Oldenbourg, München 1996. Zitiert als Feynman Lectures.

A. Messiah, *Quantenmechanik*, 3. Aufl., de Gruyter, Berlin 1990.

D. Park, *Introduction to the quantum Theorie*, McGraw Hill, New York, 2. Ausgabe, 1974.

E. Merzbacher, *Quantum Mechanics*, Wiley, New York, 2. Ausgabe, 1970.

Mathematische Physik
J. Mathews und R. L. Walker, *Mathematical Methods of Physics*, Benjamin, Reading, Mass., 1964, 1970, ist ein exaktes und leicht zu lesendes Buch, das alle benötigten mathematischen Hilfsmittel beinhaltet. Wenn die Informationen dort nicht gefunden werden können, sollte man im folgenden enzyklopädischen Werk nachschlagen.

P. M. Morse und H. Feshbach, *Methods of Theoretical Physics*, 2 Bände, McGraw Hill, New York, 1953

Schließlich möchten wir feststellen, daß die Physik trotz ihres kalten Erscheinungsbildes eine äußerst menschliche Angelegenheit ist. Ihr Fortschritt hängt von hart arbeitenden Menschen ab. Hinter jeder neuen Idee liegen zahlreiche schlaflose Nächte und ein langes Ringen um Klarheit. Jedes größere Experiment bringt starke Emotionen mit sich, oft bittere Konkurrenz und fast immer aufopferungsvolle Zusammenarbeit. Jeder neue Schritt wird mit Enttäuschungen erkauft, jeder Fortschritt birgt Fehler. Zu vielen Konzepten gibt es interessante Geschichten und manchmal lustige Anekdoten. Ein Buch wie das vorliegende kann sich mit solchen Aspekten nicht aufhalten, wir fügen aber eine Liste von solchen Büchern an, die sich mit der subatomaren Physik beschäftigen und die wir mit großer Freude gelesen haben.

L. Fermi, *Atoms in the Family*, University of Chicago Press, Chicago 1954.
L. Lamont, *Day of Trinity*, Atheneum, New York, 1965.
R. Moore, *Niels Bohr*, A. A. Knopf, New York, 1966.
V. F. Weisskopf, *Physics in the Twentieth Century: Selected Essays*, MIT Press, Cambridge, 1972.
G. Gamow, *My World Line*, Viking, New York, 1970.
E. Segre, *Enrico Fermi, Physicist*, University of Chicago Press, Chicago, 1970.
M. Oliphant, *Rutherford Recollections of the Cambridge Days*, Elsevier, Amsterdam, 1972.
W. Heisenberg, *Physics and Beyond; Encounters and Conversations*, Allen und Unwin, London, 1971.
Robert Jungk, *The Big Machine*, Scribner, New York, 1968.
P. C. W. Davies, *The Forces of Nature*, Cambridge University Press, Cambridge 1979.
E. Segre, *From X-Rays to Quarks*, Freeman, San Francisco, 1980.
Y. Nambu, *Quarks*, World Scientific, Singapur, 1981.
P. Davies, *Superforce*, Simon & Schuster, New York, 1984.
F. Close, *The Cosmic Onion*, American Institute Physics, New York, 1983.
R. P. Feynman, *Quantum Electrodynamics*, Princeton University Press, Princeton, 1985.
H. R. Pagels, *Perfect Symmetry*, Simon & Schuster, New York, 1983.
A. Zee, *Fearful Symmetry*, MacMillan Publishing Co., New York, 1986.

H. F / E. M. H.

Vorwort zu zweiten und vierten Ausgabe

Die subatomare Physik hat seit der Veröffentlichungen der ersten Auflage ihre rapide Weiterentwicklung fortgesetzt. Neue Teilchen wurden gefunden, Quarks gelten als gesichert, die verschiedenen Wechselwirkungen werden vereinigt, die Quantenchromodynamik wird als grundlegende Theorie der hadronischen Kraft (starke Wechselwirkung) akzeptiert und subatomare Physik und Astrophysik arbeiten fruchtbar zusammen.

In der vierten deutschen Ausgabe – die der zweiten amerikanischen entspricht – versuchen wir, die meisten wichtigen neuen Entdeckungen zu beschreiben, lassen aber alles unverändert (mit Ausnahme der notwendigen Anpassungen an neueste Ergebnisse), was sich nicht zu sehr verändert hat. Wir halten z.B. an den Feynman-Diagrammen fest, bei denen die Zeit auf der vertikalen Achse aufgetragen ist, obwohl bei modernen Arbeiten die Zeit auf der horizontalen Achse aufgetragen wird. Zwei neue Kapitel sind in das Buch eingefügt worden, eins über Eichfeldtheorie und eins über die Theorie der elektroschwachen Wechselwirkung. Diese zwei Kapitel sind etwas schwieriger als die anderen, aber wir versuchen, die aufregendsten Ideen und wichtigen Entdeckungen vollständig und in einer so einfach wie möglichen Form darzustellen. Um dem Werk noch ein handliches Format zu geben, haben wir die Kapitel über Anwendungen der subatomaren Physik in der Kernchemie und bei der Kernenergie weggelassen. Umfangreiche neue Literaturhinweise wurden eingefügt, um den Leser zu vielen der modernen Arbeiten hinzuführen.

Wir sind vielen Freunden dankbar, die die Ausgabe gelesen, hilfreiche Kommentare abgegeben und uns damit unterstützt haben, das gesamte oder Teile des revidierten Materials zu verbessern. Unser besonderer Dank gilt Eric Adelberger, Lowell S. Brown, Douglas Bryman, Rory Coker, Stephan D. Ellis, Wick Haxton, W.-Y. P. Hwang, Don Lichtenberg, Gerald Miller, Philip C. Peters, Ronald Rockmore, Philip J. Siemens, Robert van Dyck, Jr., Terje G. Vold, R. Jeffrey Wilkes und Robert W. Williams.

1 Hintergrund und Begriffe

Die Erforschung der subatomaren Physik begann 1896 mit Becquerels Entdeckung der Radioaktivität. Seitdem stellt sie eine unerschöpfliche Quelle für alle möglichen Überraschungen, unerwartete Erscheinungen und neue Einblicke in die Naturgesetze dar.

In diesem ersten Kapitel beschreiben wir, in welchen Größenordnungen sich die subatomare Physik bewegt. Wir definieren die Einheiten und stellen die Begriffe vor, die wir für das Studium der subatomaren Phänomene benötigen.

1.1 Größenordnungen

Die subatomare Physik beschäftigt sich mit drei Wechselwirkungen, von denen zwei nur extrem kurze Reichweiten haben. Dies unterscheidet sie von anderen Naturwissenschaften, denn Biologie, Chemie, Atom- und Festkörperphysik werden durch die langreichweitige elektromagnetische Kraft bestimmt. Die Vorgänge im Universum werden von zwei langreichweitigen Kräften beherrscht, der Schwerkraft und der elektromagnetischen Kraft.

Die subatomare Physik ist ein kompliziertes Wechselspiel dieser drei Wechselwirkungen: der starken (oder hadronischen), der elektromagnetischen und der schwachen Wechselwirkung. Die starke und schwache Wechselwirkung verschwindet bei Abständen ab Atomgröße. (Möglicherweise existiert noch eine Wechselwirkung, die superschwache, aber der Nachweis ist noch nicht schlüssig.) Die starke Wechselwirkung hält die Kerne zusammen. Ihre Reichweite ist sehr klein, ihre Stärke aber sehr groß.

Die schwache Wechselwirkung hat eine noch geringere Reichweite. Bis jetzt sind *stark*, *schwach* und *kurzreichweitig* nur Namen, aber im weiteren Verlauf werden wir mit diesen Kräften vertraut werden.

Die Bilder 1.1, 1.2 und 1.3 geben eine Vorstellung von den Größenordnungen der verschiedenen Erscheinungen. Wir geben sie hier ohne weiteren Kommentar wieder, sie sprechen für sich selbst.

1.2 Einheiten

Die *Grundeinheiten*, die wir benutzen werden, sind in Tabelle 1.1 angegeben. Die in Tabelle 1.2 definierten Vorsätze geben den dezimalen Bruchteil oder das Vielfache der Grundeinheit an, z.B. 10^6 eV = MeV, 10^{-12} s = ps und 10^{-15} m = fm. Die letzte Einheit, Femtometer, wird auch als *Fermi* bezeichnet und in der Elementarteilchenphysik sehr viel gebraucht. Die Einführung des Elektronenvolts als Energieeinheit bedarf einiger rechtfertigender Worte. Ein eV ist die Energie, die ein Elektron bei der Beschleunigung durch die Potentialdifferenz von 1 V (Volt) gewinnt:

$$\text{(1.1)} \quad \begin{aligned} 1\,\text{eV} &= 1{,}60 \times 10^{-19}\,\text{C (Coulomb)} \times 1\,\text{V} = 1{,}60 \times 10^{-19}\,\text{J (Joule)} \\ &= 1{,}60 \times 10^{-12}\,\text{erg}. \end{aligned}$$

Längen:

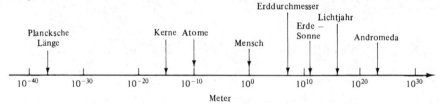

Bild 1.1 Typische Längen. Der Bereich unterhalb von 10^{-18} m ist unerforscht. Es ist nicht bekannt, ob dort neue Kräfte und Erscheinungen zu erwarten sind.

Anregungsenergien:

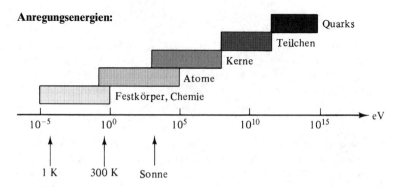

Bild 1.2 Bereich der Anregungsenergien. Die angegebenen Temperaturen entsprechen den jeweiligen Energien.

Dichte:

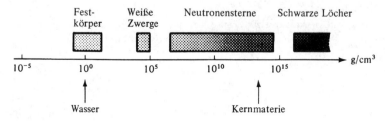

Bild 1.3 Dichtebereiche.

Tabelle 1.1 Grundeinheiten. c ist die Lichtgeschwindigkeit.

Größe	Einheit	Abkürzung
Länge	Meter	m
Zeit	Sekunde	s
Energie	Elektronenvolt	eV
Masse		eV/c^2
Impuls		eV/c

1.3 Die Sprache – Feynmangraphen

Tabelle 1.2 Vorsätze für die Potenzen von 10.

Potenz	Name	Symbol	Potenz	Name	Symbol
10^1	Deka	da	10^{-1}	Dezi	d
10^2	Hekto	h	10^{-2}	Zenti	c
10^3	Kilo	k	10^{-3}	Milli	m
10^6	Mega	M	10^{-6}	Mikro	μ
10^9	Giga	G	10^{-9}	Nano	n
10^{12}	Tera	T	10^{-12}	Piko	p
10^{15}	Peta	P	10^{-15}	Femto	f
10^{18}	Exa	E	10^{-18}	Atto	a

Das Elektronenvolt (oder dezimale Vielfache davon) ist als Energieeinheit bequem, da die Teilchen ihre Energie gewöhnlich durch Beschleunigung im elektromagnetischen Feld erhalten. Um die Energieeinheiten für die Masse und den Impuls zu erklären, benötigen wir eine der wichtigsten Gleichungen der speziellen Relativitätstheorie, die die Gesamtenergie E, die Masse m und den Impuls **p** eines freien Teilchens verknüpft[1]:

$$(1.2) \quad E^2 = p^2 c^2 + m^2 c^4.$$

Diese Gleichung besagt, daß die Gesamtenergie eines Teilchens aus einem von der Bewegung unabhängigen Teil, der Ruheenergie mc^2, und einem vom Impuls abhängigen Teil besteht. Für ein *masseloses Teilchen* wird Gl. 1.2 zu

$$(1.3) \quad E = pc;$$

andererseits folgt für ein *ruhendes Teilchen* die berühmte Beziehung

$$(1.4) \quad E = mc^2.$$

Diese Gleichungen machen deutlich, warum die Einheiten eV/c^2 für die Masse und eV/c für den Impuls vorteilhaft sind. Sind z.B. die Masse und Energie eines Teilchens bekannt, so folgt aus Gl. 1.2 sofort der Impuls in eV/c. In den vorhergehenden Gleichungen wurde der Vektor mit **p** und sein Betrag mit p bezeichnet.

In Gleichungen mit elektromagnetischen Größen benutzen wir das *cgs-System* (Gauß-Einheiten). Das cgs-System wird von Jackson benutzt und bei ihm findet sich in Anhang 4 (Seite 817) die Umrechnung von cgs- und SI-Einheiten.

1.3 Die Sprache – Feynmangraphen

In unseren Erläuterungen werden wir Begriffe und Gleichungen aus der Elektrodynamik, der speziellen Relativitätstheorie und der Quantenmechanik benutzen. Die Tatsache, daß man den Apparat der *Elektrodynamik* benötigt, sollte nicht überraschen. Schließlich sind die meisten Teilchen und die Kerne geladen. Ihre Wechselwirkungen untereinander und

---
[1] Eisberg, Gl. 1.25, oder Jackson, Gl. 11.55

ihr Verhalten in äußeren elektrischen und magnetischen Feldern wird durch die Maxwellschen Gleichungen bestimmt.

Die *spezielle Relativitätstheorie* wird aus zwei Gründen gebraucht. Erstens gehört zur subatomaren Physik die Erzeugung und Vernichtung von Teilchen, oder in anderen Worten, die Umwandlung von Energie in Materie und umgekehrt. Für ruhende Materie ist die Beziehung zwischen Materie und Energie durch Gl. 1.4 gegeben, wenn sie sich bewegt durch Gl. 1.2. Zweitens bewegen sich die Teilchen in den Beschleunigern mit Geschwindigkeiten nahe der Lichtgeschwindigkeit, und die nichtrelativistische (Newtonsche) Mechanik versagt. Wir betrachten zwei Koordinatensysteme, K und K'. Das System K' hat seine Achsen parallel zu denen von K, bewegt sich aber mit der Geschwindigkeit υ in der positiven z-Richtung relativ zu K. Die Beziehungen zwischen den Koordinaten (x', y', z', t') des Systems K' und (x, y, z, t) von K sind durch die *Lorentztransformation*[2] gegeben

(1.5)
$$x' = x, \quad y' = y$$
$$z' = \gamma(z - \upsilon t)$$
$$t' = \gamma\left(t - \frac{\beta}{c} z\right),$$

wobei

(1.6) $\quad \gamma = \dfrac{1}{(1 - \beta^2)^{1/2}}, \quad \beta = \dfrac{\upsilon}{c}.$

Impuls und Geschwindigkeit sind durch die Beziehung

(1.7) $\quad \mathbf{p} = m\gamma \mathbf{v}$

verbunden. Quadriert man diesen Ausdruck, so erhält man mit Gl. 1.2 und Gl. 1.6

(1.8) $\quad \beta \equiv \dfrac{\upsilon}{c} = \dfrac{pc}{E}.$

Als eine Anwendung der Lorentztransformation auf die subatomare Physik sei das Myon betrachtet, ein Teilchen, dem wir noch oft begegnen werden. Es verhält sich im wesentlichen wie ein Elektron mit einer Masse von 106 MeV/c^2. Während das Elektron jedoch stabil ist, zerfällt das Myon mit einer mittleren Lebensdauer τ:

$$N(t) = N(0)e^{-t/\tau}.$$

Hierbei ist $N(t)$ die Anzahl der Myonen zur Zeit t. Wenn zur Zeit t_1 insgesamt $N(t_1)$ Myonen vorhanden sind, so sind es zur Zeit $t_2 = t_1 + \tau$ nur noch $N(t_1)/e$. Als mittlere Lebensdauer eines *ruhenden* Myons wurden 2,2 µs gemessen. Nun wird ein Myon betrachtet, das im FNAL (Fermi National Accelerator Laboratory, USA) Beschleuniger mit einer Energie von 100 GeV erzeugt wurde. Welche mittlere Lebensdauer τ_{lab} mißt man bei Beobachtung im Labor? Die nichtrelativistische Mechanik sagt 2,2 µs voraus. Um das richtige Ergebnis zu erhalten, muß man die Lorentztransformation heranziehen. Im Ruhesystem des

---

[2] Eisberg, Gl. 1.13; Jackson, Gl. 11.19.

1.3 Die Sprache – Feynmangraphen

Myons, K, ist die mittlere Lebensdauer gerade das oben eingeführte Zeitintervall zwischen den beiden Zeiten t_2 und t_1, $\tau = t_2 - t_1$. Die entsprechenden Zeiten t'_2 und t'_1 im Laborsystem K' erhält man mit Gl. 1.5 und die *beobachtete* mittlere Lebensdauer $\tau_{lab} = t'_2 - t'_1$ wird

$$\tau_{lab} = \gamma\tau.$$

Mit Gl. 1.6 und Gl. 1.8 wird das Verhältnis der mittleren Lebensdauern zu

$$(1.9) \qquad \frac{\tau_{lab}}{\tau} = \gamma = \frac{E}{mc^2}.$$

Mit $E = 100$ GeV und $mc^2 = 106$ MeV erhält man $\tau_{lab}/\tau \approx 10^3$. Die mittlere Lebensdauer eines im Labor beobachteten Myons ist etwa 1000 mal länger als diejenige im Ruhesystem (die man als wahre mittlere Lebensdauer bezeichnet).

Die *Quantenmechanik* wurde in der Physik eingeführt, um die Eigenschaften von Atomen und Festkörpern zu erklären. Deshalb ist es nicht überraschend, daß man auch zur Beschreibung der subatomaren Physik die Quantenmechanik braucht. Tatsächlich macht die Existenz von Quantenniveaus und das Auftreten von Interferenzeffekten in der subatomaren Physik deutlich, daß hier Erscheinungen der Quantentheorie vorkommen. Wird aber die in der Atomphysik gewonnene Kenntnis ausreichen? Die wichtigsten Eigenschaften von Atomen kann man verstehen, ohne auf die Relativitätstheorie zurückzugreifen und nahezu alle atomaren Eigenschaften werden durch die nichtrelativistische Quantenmechanik gut beschrieben. Im Gegensatz dazu läßt sich die subatomare Physik nicht ohne die Relativitätstheorie erklären, wie oben gezeigt wurde. Man wird also erwarten, daß die nichtrelativistische Quantenmechanik nicht ausreicht. Ein Beispiel, wo sie versagt, kann man sofort angeben: Ein Teilchen werde durch die Wellenfuktion $\psi(\mathbf{x}, t)$ beschrieben. Die Normierungsbedingung[3]

$$(1.10) \qquad \int_{-\infty}^{+\infty} \psi^*(\mathbf{x}, t)\psi(\mathbf{x}, t)d^3x = 1$$

besagt, daß das Teilchen zu allen Zeiten irgendwo zu finden sein muß. Die *Erzeugung* und *Vernichtung* von Teilchen ist aber eine häufig vorkommende Erscheinung in der subatomaren Physik. Ein spektakuläres Beispiel zeigt Bild 1.4. Links ist die Wiedergabe eines Blasenkammerbildes. (Blasenkammern werden in Abschnitt 4.4 besprochen). Rechts sind die wichtigen Spuren aus der Blasenkammer wiederholt und bezeichnet. Die verschiedenen Teilchen werden wir in Kapitel 5 beschreiben. Hier nehmen wir nur an, daß Teilchen mit den in Bild 1.4 angegebenen Namen existieren und kümmern uns nicht weiter um ihre Eigenschaften. Das Bild erzählt dann folgende Geschichte: Ein K^-, oder negatives Kaon, kommt von unten in die Blasenkammer. Die Blasenkammer ist mit Wasserstoff gefüllt und das einzige Teilchen, mit dem das Kaon mit einer gewissen Wahrscheinlichkeit zusammenstoßen kann, ist der Kern des Wasserstoffatoms, also das Proton. Tatsächlich stößt das negative Kaon mit einem Proton zusammen und erzeugt dabei ein positives Kaon, ein neu-

---
[3] Das Integral sollte richtig als $\iiint d^3x$ geschrieben werden. Der Konvention folgend schreiben wir nur ein Integralzeichen.

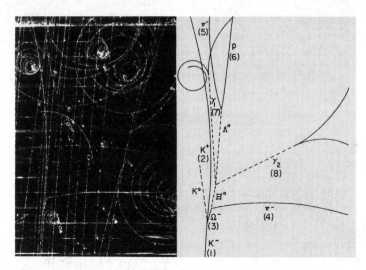

Bild 1.4 Blasenkammerbild (mit flüssigem Wasserstoff). Dieses Photo und die Spuren rechts zeigen die Erzeugung und den Zerfall vieler Teilchen. Ein Teil des Vorgangs wird im Text erklärt. (Mit freundlicher Genehmigung des Brookhaven National Laboratory, USA, wo das Bild 1964 aufgenommen wurde).

trales Kaon und ein *Omega minus*. Das Ω^- zerfällt in ein Ξ^0 und ein π^-, und so weiter. Die in Bild 1.4 gezeigten Vorgänge machen den wesentlichen Punkt deutlich: In physikalischen Prozessen werden Teilchen erzeugt und vernichtet. Ohne spezielle Relativitätstheorie lassen sich diese Beobachtungen nicht verstehen. Offensichtlich kann auch Gl. (1.10) nicht gelten, da sie besagt, daß die Gesamtwahrscheinlichkeit, das durch ψ beschriebene Teilchen zufinden, unabhängig von der Zeit ist. Die nichtrelativistische Quantenmechanik kann also die Erzeugung und Vernichtung von Teilchen nicht beschreiben.[4]

Eine ausführliche Beschreibung der starken und schwachen Prozesse, einschließlich der Erzeugung und Vernichtung von Teilchen, geht über den Rahmen dieses Werkes hinaus. Wir benötigen jedoch eine Sprache, um die Prozesse darzustellen. Üblicherweise werden dafür Feynmandiagramme oder -graphen verwendet. Wir werden hier eine vereinfachte Variante davon benutzen, weisen aber darauf hin, daß die Diagramme mehr können und weitaus verfeinertere Anwendungen zulassen, als es von der hier gegebenen Beschreibung her erscheinen mag. Die Feynmangraphen für die beiden in Bild 1.4 enthaltenen Prozesse sind in Bild 1.5 gegeben. Der erste beschreibt den Zerfall eines Lambda (Λ^0) in ein Proton und ein π^-, und der zweite den Zusammenstoß eines K^- und eines Protons, wobei ein K^0, ein K^+ und ein Ω^- entstehen. In beiden Diagrammen ist die Wechselwirkung als ein „Blase" gezeichnet, um anzudeuten, daß der exakte Mechanismus erst noch erforscht werden muß. In den folgenden Kapiteln werden wir oft Feynmandiagramme verwenden und dabei weitere Einzelheiten erklären, wenn wir sie benötigen.

---

[4] Das Theorem, daß die nichtrelativistische Quantenmechanik unstabile Elementarteilchen nicht beschreiben kann, wurde durch Bargmann bewiesen. Der Beweis steht im Anhang 7 von F. Kaempffer, *Concepts in Quantum Mechanics*, Academic Press, New York, 1965. Der Anhang heißt „If Galileo Had Known Quantum Mechanics." (Wenn Galilei die Quantenmechanik gekannt hätte).

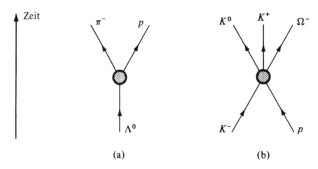

Bild 1.5 Feynmandiagramme für (a) den Zerfall $\Lambda^0 \to p\pi^-$ und (b) die Reaktion $K^-p \to K^0K^+\Omega^-$.

1.4 Literaturhinweise

Die *spezielle Relativitätstheorie* wird in vielen Büchern behandelt und jeder Lehrer und Leser hat seine Lieblingswerke. Gute Einführungen stehen in Feynman, Vorlesungen über Physik, Band I, Kapitel 15-17 und in J. H. Smith, *Introduction to Special Relativity*, Benjamin, Reading, Mass., 1967. Eine kurzgefaßte und vollständige Darstellung gibt Jackson, Kapitel 11 und 12. Diese beiden Kapitel sind eine ausgezeichnete Grundlage für alle Anwendungen in der subatomaren Physik. Eine ausführliche Darstellung mit besonderer Berücksichtigung der subatomaren Physik ist auch R. D. Sard, *Relativistic Mechnics*, Benjamin, Reading, Mass., 1970.

Ein spannendes und unkonventionelles Buch ist E. F. Taylor and J. A. Wheeler, *Spacetime Physics*, W. H. Freeman, San Francisco, 1963, 1966.

Bücher über Quantenmechanik wurden bereits am Ende des Vorworts aufgezählt. Hier sind jedoch ein paar zusätzliche Bemerkungen über Feynmangraphen am Platze. Feynmangraphen sind nirgends mühelos zu erlernen. Verhältnismäßig schonende Einführungen gibt es in

R. P. Feynman, *Theory of Fundamental Processes*, Benjamin, Reading, Mass., 1962.

F. Mandl, *Introduction to Quantum Field Theory*, Wiley-Interscience, New York, 1959.

J. M. Ziman, *Elements of Advanced Quantum Theory*, Cambridge University Press, Cambridge, 1969.

K. Gottfried und V. F. Weisskopf, *Concepts in Particle Physics*, Oxford University Press, New York, Vol. I, 1984, Vol. II, 1986.

Aufgaben

1.1 Versuchen Sie mit allen erreichbaren Informationen eine charakteristische Zahl für die Stärke der vier grundlegenden Wechselwirkungen zu finden. Begründen Sie Ihre Zahlen.

1.2 Erläutern Sie die Reichweite der vier grundlegenden Wechselwirkungen.

1.3 Zählen Sie einige wichtige Prozesse auf, für die die elektromagnetische Wechselwirkung verantwortlich ist.

1.4 Welche kosmologischen und astrophysikalischen Erscheinungen beruhen auf der schwachen Wechselwirkung?

1.5 Es ist bekannt, daß das Myon (das schwere Elektron, mit der Masse von etwa 100 MeV/c^2) einen Radius von weniger als 0,1 fm hat. Berechnen Sie die Mindestdichte des Myons. Wo würde das Myon in Bild 1.3 liegen? Welche Probleme ergeben sich aus dieser groben Berechnung?

1.6 Beweisen Sie Gl. 1.8.

1.7 Beweisen Sie Gl. 1.9.

1.8 Ein Pion habe die kinetische Energie 200 MeV. Geben Sie den Impuls in MeV/c an.

1.9 Gegeben sei ein Proton mit dem Impuls 5 MeV/c. Berechnen Sie die kinetische Energie in MeV.

1.10 Für ein bestimmtes Experiment werden Kaonen mit der kinetischen Energie 1 GeV benötigt. Sie werden mit einem Magneten ausgewählt. Welchen Impuls muß der Magnet aussondern?

1.11 Geben Sie zwei Beispiele an, bei denen die spezielle Relativitätstheorie in der subatomaren Physik wesentlich ist.

1.12 Wie weit fliegt ein Myonenstrahl mit der kinetischen Energie
(a) 1 MeV   (b) 100 GeV
im luftleeren Raum, bis seine Intensität auf den halben Anfangswert gesunken ist?

1.13 Wiederholen Sie Aufgabe 1.12 für geladene und neutrale Pionen.

1.14 Welche subatomaren Erscheinungen zeigen quantenmechanische Interferenzeffekte?

1.15 Geben Sie die Größenordnungen

$$F_{Stark} : F_{em} : F_{Schwach} : F_{Grav}$$

für zwei Protonen im Abstand 1 fm an. Die starke und schwache Wechselwirkung soll näherungsweise als über 1 fm konstant angenommen werden. Benutzen Sie sämtliche physikalischen Erkenntnisse und Daten, die Ihnen zugänglich sind. um die gefragten relativen Stärken zu erhalten.

Teil I – Werkzeuge

Eines der frustrierendsten Erlebnisse im Leben ist es, ohne das geeignete Werkzeug festzusitzen. Stellen Sie sich vor, Sie sind in der Wildnis und Ihnen reißt der Schnürsenkel, Sie haben aber weder Draht noch Messer dabei. Oder Sie fahren durch das Death Valley und Ihnen fehlt es lediglich an Klebeband, um den tropfenden Kühlerschlauch zu dichten. In diesen Fällen wissen wir wenigstens, wo der Fehler liegt und was wir brauchen. Um die Geheimnisse der subatomaren Physik zu enthüllen, benötigen wir auch Werkzeuge und wissen oft nicht einmal welche. In den letzten 95 Jahren haben wir jedoch eine Menge gelernt und es wurden viele nützliche Hilfsmittel erfunden und gebaut. Wir haben Beschleuniger, um Teilchen zu erzeugen, Detektoren, um sie zu beobachten, und Meßinstrumente, um die Ereignisse zu beobachten. In den drei folgenden Kapiteln beschreiben wir einige der wichtigen Werkzeuge.

2 Beschleuniger

2.1 Wozu Beschleuniger?

Beschleuniger kosten viel Geld. Was leisten sie? Warum sind sie entscheidend für das Studium der subatomaren Physik? Wenn wir die verschiedenen Gebiete der subatomaren Physik durchgehen, werden wir diese Fragen beantworten. Hier weisen wir einfach nur auf ein paar der wichtigsten Gesichtspunkte hin.

Beschleuniger erzeugen Strahlen geladener Teilchen mit Energien von einigen MeV bis einigen hundert GeV. Man erreicht Intensitäten bis 10^{16} Teilchen/s und die Strahlen können auf Targets (Ziele) von wenigen mm^2 Fläche konzentriert werden. Als primäre Geschosse werden meist Protonen und Elektronen verwendet.

Zwei Aufgaben können nur von Beschleunigern gut gelöst werden, nämlich die Erzeugung neuer Teilchen und die Untersuchung der genauen Strukturen subatomarer Systeme. Betrachten wir zunächst Teilchen und Kerne. In der Natur gibt es nur wenige stabile Teilchen – das Proton, das Elektron, das Neutrino und das Photon. Die Anzahl verschiedener, zumeist im Grundzustand befindlicher Kerne ist ebenfalls auf der Erdoberfläche recht beschränkt. Um die engen Grenzen des in der Natur Zugänglichen zu überschreiten, müssen neue Zustände künstlich erzeugt werden. Um ein Teilchen mit der Masse m zu erzeugen, wird wenigstens die Energie $E = mc^2$ benötigt. Wie sich herausstellen wird, braucht man praktisch erheblich mehr Energie. Bis jetzt fand man nach oben für die Masse neuer Teilchen noch keine Begrenzung, und wir wissen nicht, ob es eine gibt. Höhere Energien sind eine Voraussetzung, um dies herauszufinden.

Hohe Energien braucht man aber nicht nur zur Erzeugung neuer Teilchen. Sie sind auch unerläßlich, um Einzelheiten über die Struktur subatomarer Systeme aufzuklären. Man sieht leicht, daß die Teilchenenergie größer werden muß, wenn die betrachtete Dimension kleiner wird. Die De-Broglie-Wellenlänge eines Teilchens mit dem Impuls p ist durch

$$(2.1) \quad \lambda = \frac{h}{p}$$

gegeben, wobei h das Plancksche Wirkungsquantum ist. In den meisten Ausdrücken benutzen wir die *reduzierte* De-Broglie-Wellenlänge

$$(2.2) \quad \lambdabar = \frac{\lambda}{2\pi} = \frac{\hbar}{p},$$

mit *h*-quer, bzw. Diracs $\hbar$,

$$(2.3) \quad \hbar = \frac{h}{2\pi} = 6{,}5822 \times 10^{-22} \text{ MeV s}.$$

Wie aus der Optik bekannt ist, braucht man zur Auflösung von Strukturen der linearen Dimension d eine Wellenlänge vergleichbar oder kleiner d:

$$(2.4) \quad \lambdabar \leq d.$$

2.1 Wozu Beschleuniger?

Der notwendige Impuls ist dann

(2.5) $\quad p \geq \dfrac{\hbar}{d}$.

Um kleine Dimensionen noch aufzulösen, braucht man also große Impulswerte und deshalb auch große Energien. Als Beispiel betrachten wir $d = 1$ fm und nehmen Protonen zur Untersuchung. Wir werden sehen, daß hier die nichtrelativistische Näherung gestattet ist. Die kinetische Energie der Protonen wird dann mit Gl. 2.5

(2.6) $\quad E_{\text{kin}} = \dfrac{p^2}{2m_p} = \dfrac{\hbar^2}{2m_p d^2}$.

Hier kann man einfach die Konstanten $\hbar$ und m_p von Tabelle A1 im Anhang einsetzen. Wir werden jedoch dieses Beispiel benutzen, um E_{kin} auf eine etwas umständlichere, aber auch elegantere Weise zu berechnen, indem wir so viele Größen wie möglich durch dimensionslose Verhältniswerte ausdrücken. E_{kin} hat die Dimension einer Energie, desgleichen $m_p c^2$ = 938 MeV. Die kinetische Energie wird folglich als Verhältnis geschrieben:

$$\dfrac{E_{\text{kin}}}{m_p c^2} = \dfrac{1}{2d^2} \left(\dfrac{\hbar}{m_p c} \right)^2 .$$

Ein Blick auf die Tabelle A1 zeigt, daß die Größe in der Klammer gerade die Comptonwellenlänge des Protons ist,

(2.7) $\quad \lambdabar_p = \dfrac{\hbar}{m_p c} = \dfrac{\hbar c}{m_p c^2} = \dfrac{197{,}3 \text{ MeV fm}}{938 \text{ MeV}} = 0{,}210 \text{ fm},$

so daß die kinetische Energie durch

(2.8) $\quad \dfrac{E_{\text{kin}}}{m_p c^2} = \dfrac{1}{2} \left(\dfrac{\lambdabar_p}{d} \right)^2 = 0{,}02$

gegeben ist. Das Produkt $\hbar c$ ist sehr hilfreich und wird deshalb in diesem Buch häufig benutzt. Die benötigte kinetische Energie, um lineare Dimensionen von der Größenordnung 1 fm noch zu sehen, ist also etwa 20 MeV. Da die kinetische Energie viel kleiner als die Ruheenergie des Nukleons ist, ist die nichtrelativistische Näherung gerechtfertigt. Die Natur gibt uns keine intensiven Teilchenstrahlen dieser Energie an die Hand, sie müssen also künstlich erzeugt werden. (Die kosmische Strahlung enthält zwar Teilchen mit viel höheren Energien, aber die Intensität ist so niedrig, daß nur sehr wenige Probleme damit systematisch angegangen werden können.)

Der übliche Weg zur Erzeugung eines Teilchenstroms hoher Energie ist die Beschleunigung geladener Teilchen in einem elektrischen Feld. Die Kraft, die ein elektrisches Feld **E** auf Teilchen mit der Ladung q ausübt ist

(2.9) $\quad \mathbf{F} = q\mathbf{E}.$

Beim einfachsten Beschleuniger, zwei Gittern mit der Potentialdifferenz V im Abstand d (Bild 2.1), ist das mittlere Feld durch $|E| = V/d$ gegeben und die vom Teilchen aufgenommene Energie wird

(2.10) $E = Fd = qV$.

Natürlich muß sich das System im Vakuum befinden, andernfalls stoßen die beschleunigten Teilchen mit Luftmolekülen zusammen und verlieren nach und nach viel von der gewonnenen Energie. Bild 2.1 enthält deshalb eine Vakuumpumpe. Ferner ist eine Ionenquelle angedeutet – sie erzeugt die geladenen Teilchen. Diese Elemente – Teilchenquelle, Beschleunigungsmechanismus und Vakuumpumpe – gibt es in jedem Beschleuniger.

Kann man mit so einfachen Maschinen wie in Bild 2.1 Teilchenstrahlen von 20 MeV herstellen? Jeder, der einmal mit hohen Spannungen gespielt hat, weiß, daß dies nicht einfach ist. Schon bei wenigen kV können Funkenentladungen auftreten und es bedarf einiger Erfahrung, um nur 100 kV zu erreichen. Tatsächlich hat es beträchtlichen Einfallsreichtum und Arbeit gekostet, die *elektrostatischen Generatoren* soweit zu entwickeln, daß sie Teilchen mit Energien in der Größenordnung von 10 MeV erzeugen. Es ist jedoch unmöglich, Energiewerte, die um Größenordnungen höher liegen, zu erreichen, gleichgültig wie hochentwickelt der elektrostatische Generator sein mag. Um weiterzukommen, brauchte man also ein anderes Prinzip und ein solches Prinzip wurde gefunden, nämlich mehrfaches Einwirken derselben Spannung auf das gleiche Teilchen. An einigen Stellen auf dem langen Marsch zu den großen Beschleunigern hat es in der Tat so ausgesehen, als ob die maximal mögliche Beschleunigungsenergie erreicht wäre. Jede scheinbar unüberwindliche Schwierigkeit wurde jedoch durch eine neue einfallsreiche Methode überwunden.

Wir werden nur drei Arten von Beschleunigern besprechen, den elektrostatischen Generator, den Linearbeschleuniger und das Synchrotron.

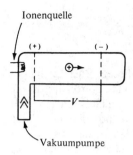

Bild 2.1 Prototyp des einfachsten Beschleunigers.

2.2 Der elektrostatische Generator (Van de Graaff)

Es ist schwierig, hohe Spannungen direkt zu erzeugen, z.B. durch eine Kombination aus Transformator und Gleichrichter. Im Van de Graaff-Generator[1] wird das Problem umgangen, indem man die Ladung Q zu einem Pol eines Kondensators transportiert. Die entstehende Spannung,

(2.11) $\quad V = \dfrac{Q}{C},$

wird zur Beschleunigung der Ionen benutzt. Die Hauptbestandteile eines Van de Graaff-Generators zeigt Bild 2.2. Positive Ladungen werden mit der Spannung von 20-30 kV auf ein isolierendes Band gesprüht. Die positive Ladung wird dann durch das motorgetriebene Band zum Kugelkondensator transportiert. Dort wird sie von einem Satz Nadeln abgesaugt und zur Kondensatoroberfläche geleitet. In der Ionenquelle werden positive Ionen (Protonen, Deuteronen, usw.) erzeugt und in der evakuierten Beschleunigersäule beschleunigt. Der aus der Säule austretende Strahl wird gewöhnlich noch von einem Magnet auf das Target hin abgelenkt. Befindet sich das ganze System unter Luft, so können nur Spannungen bis zu wenigen MV erreicht werden, bevor der Kugelkondensator sich durch Funkensprühen entlädt. Setzt man das System dagegen in einen Druckbehälter mit iner-

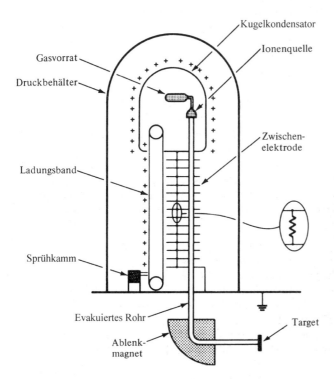

Bild 2.2
Schematische Darstellung eines Van de Graaff-Generators.

---

[1] R. J. Van de Graaff, *Phys. Rev.* **38**, 1919A (1931). R. J. Van de Graaff, J. G. Trump, and W. W. Buechner, *Rept. Progr. Phys.* **11**, 1 (1948).

tem Gas, z.B. Stickstoff oder Kohlendioxid bei 15 atm, so kann man Spannungen bis 12 MV erreichen.

In *Tandembeschleunigern*, siehe Bild 2.3, kann die maximale Spannung doppelt ausgenutzt werden. Bei ihnen befindet sich der Kugelkondensator in der Mitte eines langen Hochdruckbehälters. Die Ionenquelle ist an einem Ende und erzeugt negative Ionen, z.B. H$^-$. Diese Ionen werden zum Kondensator in der Mitte hin beschleunigt. Dort werden ihnen die zwei Elektronen beim Durchgang durch eine Folie oder einen gasgefüllten Kanal abgestreift. Die positiven Ionen fallen nun dem Target entgegen und gewinnen dabei noch einmal Energie. Insgesamt ist ihr Energiegewinn also doppelt so groß wie bei einem einstufigen Beschleuniger gleicher Spannung.

Van de Graaff-Generatoren für verschiedene Energiebereiche und Preislagen sind kommerziell erhältlich und weit verbreitet. Sie haben eine hohe Strahlintensität (bis 100 µA), ihr Strahl ist kontinuierlich und gut gebündelt und die Austrittsenergie ist gut stabilisiert (± 10 keV). Sie waren deswegen die Arbeitspferde der nuklearen Strukturuntersuchungen. Jedoch ist ihre maximale Energie auf 30-40 MeV für Protonen begrenzt, was sie für die Elementarteilchenforschung ungeeignet macht.

2.3 Der Linearbeschleuniger

Um sehr hohe Energien zu erreichen, müssen die Teilchen mehrmals hintereinander beschleunigt werden. Von der Idee her ist der Linearbeschleuniger („Linac")[2] das einfachste System, siehe Bild 2.5. Eine Serie von zylinderförmigen Röhren wird an einen Hochfrequenzoszillator angeschlossen. Aufeinanderfolgende Röhren sind entgegengesetzt gepolt. Der Teilchenstrahl tritt entlang der Mittelachse ein. In den Zylindern ist das elektrische Feld immer Null, in den Spalten wechselt es mit der Generatorfrequenz. Wir betrachten nun ein Teilchen mit der Ladung e, das den ersten Spalt zu der Zeit durchfliegt, zu der das beschleunigende Feld maximal ist. Die Länge L des nächsten Zylinders ist dann so gewählt, daß das Teilchen den nächsten Spalt gerade erreicht, wenn das Feld das Vorzeichen umgekehrt hat. Das Teilchen trifft also wieder auf die maximale Beschleunigungsspannung und hat dann bereits die Energie $2eV_0$ gewonnen. Um dieses Kunststück zu vollführen, muß L gleich $\frac{1}{2}\upsilon T$ sein, wobei υ die Teilchengeschwindigkeit und T die Oszillatorperiode ist. Da die Geschwindigkeit mit jedem Spalt zunimmt, müssen die Zylinderlängen ebenfalls zunehmen. Für Elektronen-Linearbeschleuniger nähert sich die Elektronengeschwindigkeit bald c und L wird zu $\frac{1}{2}cT$.

Die Driftröhrenanordnung ist jedoch nicht die einzig mögliche. Genausogut können elektromagnetische Wellen, die sich in Hohlräumen ausbreiten, zur Teilchenbeschleunigung benutzt werden. In beiden Fällen braucht man starke HF-Leistungsquellen zur Beschleunigung, und enorme technische Probleme mußten gelöst werden, bevor Linearbeschleuniger zu brauchbaren Maschinen wurden. Gegenwärtig hat Stanford (USA) einen Elektronen-Linearbeschleuniger von 3 km („2 Meilen") Länge, der Elektronen von mehr als 20 GeV erzeugt. Ein Protonen-Linearbeschleuniger von 800 MeV Energie mit einem Teilchenstrom von 1 mA, eine sogenannte Mesonenfabrik, wurde in Los Alamos (USA) gebaut.

---

[2] R. Wideröe, *Arch. Elektrotech.* **21**, 387 (1928). D. H. Sloan and E. O. Lawrence, *Phys. Rev.* **38**, 2021 (1931).

2.3 Der Linearbeschleuniger

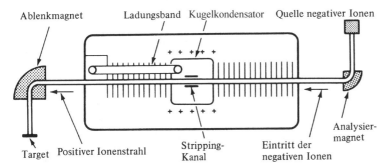

Bild 2.3 Van de Graaff Tandembeschleuniger. Die negativen Ionen werden zuerst zum Kugelkondensator in der Mitte hin beschleunigt. Dort werden ihnen die Elektronen abgestreift und als positive Ionen werden sie dann zum Target hin weiterbeschleunigt.

Bild 2.4 Der Van de Graaff Tandembeschleuniger an der University of Washington, Seattle, Washington (USA). Nachdem der Strahl den Beschleuniger verläßt, tritt er in ein Strahltransportsystem ein: Ein Quadrupolmagnet am Ausgang fokussiert den Strahl. Er wird dann um 90° abgelenkt und schließlich in eine Anzahl von Teilstrahlen zerlegt, die zu den verschiedenen Experimenten gehen. (Mit freundlicher Genehmigung der University of Washington).

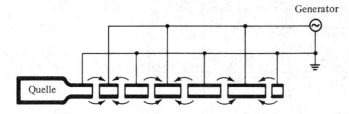

Bild 2.5
Driftröhren-Linearbeschleuniger. Die Pfeile an den Spalten zeigen die Richtung des elektrischen Feldes zu einer gegebenen Zeit.

Bild 2.6 Erste Driftröhren des Protonen-Linearbeschleunigers in Los Alamos. Die Konstruktion ist im wesentlichen die in Bild 2.5 gezeigte; die Driftröhren sind deutlich zu erkennen. (Mit freundlicher Genehmigung des Los Alamos Scientific Laboratory).

2.4 Strahloptik

Bei der Beschreibung der Linearbeschleuniger wurden viele Probleme unter den Teppich gekehrt und dort werden die meisten auch bleiben. Eine Frage jedoch wird sich jeder stellen, der über eine Maschine von ein paar km Länge nachdenkt: Wie kann man den Strahl so gut gebündelt halten? Der Strahl einer Taschenlampe z.B. divergiert, läßt sich aber mit Linsen wieder fokussieren. Gibt es entsprechende Linsen für geladene Teilchen? Es gibt sie und wir werden hier einige der elementaren Überlegungen dazu besprechen und dabei die Analogie zu den gewöhnlichen optischen Linsen ausnutzen.

2.4 Strahloptik

Bild 2.7 Ein Beschleunigungs-Hohlraumresonator des 800 MHz Teils vom Beschleuniger in Los Alamos. Die „Seitenankoppelung" der Hohlräume, die man hier sieht, ergibt eine größere Wirksamkeit. (Mit freundlicher Genehmigung des Los Alamos Scientific Laboratory).

In der Optik erhält man den Weg eines monochromatischen Lichtstrahls durch ein System dünner Linsen und Prismen leicht aus den Brechungsgesetzen.[3] Dort ist z.B. die Kombination einer fokussierenden und einer streuenden dünnen Linse der gleichen Brennweite f im Abstand d voneinander (Bild 2.8) *immer* fokussierend mit der gesamten Brennweite von

(2.12) $\quad f_{komb} = \dfrac{f^2}{d}$.

Im Prinzip könnten sowohl elektrische als auch magnetische Linsen zur Führung geladener Teilchen benutzt werden. Das zur Fokussierung hochenergetischer Teilchen nötige elektrische Feld ist jedoch unerreichbar hoch und so werden nur magnetische Elemente verwendet. Die Ablenkung eines monochromatischen (monoenergetischen) Strahls um einen gewünschten Winkel oder die Aussonderung eines Strahls mit bestimmtem Impuls wird mit einem *Dipolmagnet* durchgeführt, wie in Bild 2.9 zu sehen. Der Krümmungsradius ρ kann aus der *Lorentzgleichung*[4] berechnet werden. Sie gibt die Kraft **F**, die auf ein Teilchen mit der Ladung q und der Geschwindigkeit **v** in einem elektrischen Feld **E** und einem magnetischen Feld **B** ausgeübt wird:

(2.13) $\quad \mathbf{F} = q\left\{ \mathbf{E} + \dfrac{1}{c}\, \mathbf{v} \times \mathbf{B} \right\}$.

---

[3] Siehe z.B. H. D. Young, *Fundamentals of Optics and Modern Physics*, McGraw-Hill, New York, 1968, oder irgend ein anderes einführendes Werk in die Physik.
[4] Jackson, Gl. 6.87.

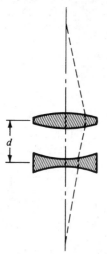

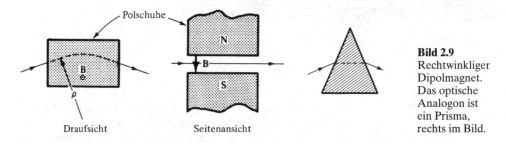

Bild 2.8 Die Kombination einer fokussierenden mit einer streuenden dünnen Linse der gleichen Brennweite ist immer fokussierend.

Bild 2.9 Rechtwinkliger Dipolmagnet. Das optische Analogon ist ein Prisma, rechts im Bild.

Der magnetische Teil der Kraft wirkt immer senkrecht zur Flugbahn. Für die Normalkomponente der Kraft folgt aus dem Newtonschen Gesetz, $\mathbf{F} = d\mathbf{p}/dt$, und aus Gl. 1.7

$$(2.14) \qquad F_n = \frac{p\upsilon}{\rho},$$

so daß sich der Radius der Krümmung[5] mit Gl. 2.13 zu

$$(2.15) \qquad \rho = \frac{pc}{|q|B}$$

ergibt.

---

[5] Gleichung 2.15 ist in cgs-Einheiten gegeben. Die Einheit von B ist dort 1 G und die des Potentials 1 statV = 300 V. Um ρ für ein Teilchen mit der Einheitsladung ($|q|=e$) zu berechnen, wird pc in eV ausgedrückt. Dann gibt Gl. 21.15

$$(2.15a) \qquad B(\text{Gauss}) \times \rho \,(\text{cm}) = \frac{V}{300}.$$

Gegeben sei z.B. ein Elektron mit der kinetischen Energie 1 MeV; pc folgt dann aus Gl. 1.2 zu $pc = (E^2_{\text{kin}} + 2\, E_{\text{kin}} mc^2)^{1/2} = 1{,}42 \cdot 10^6$ eV. V ist dann $1{,}42 \cdot 10^6$ V und $B\rho = 4{,}7 \cdot 10^3$ Gcm. Gleichung 2.15 kann man auch in SI-Einheiten umrechnen, dort ist die Einheit von B 1 T (Tesla) = 10 Wb (Weber) m^{-2} = 10^4 G.

2.4 Strahloptik

Probleme entstehen, wenn der Strahl fokussiert werden soll. Bild 2.9 zeigt deutlich, daß ein gewöhnlicher (Dipol-) Magnet Teilchen nur in einer Ebene ablenkt und die Fokussierung also nur in dieser Ebene zu erreichen ist. Man kann keine magnetische Linse mit Eigenschaften analog zu denen einer optischen fokussierenden Linse bauen und diese Tatsache lähmte die Physiker für viele Jahre. Unabhängig voneinander fanden schließlich 1950 Christofilos und 1952 Courant, Livingston und Snyder eine Lösung.[6] Die der sogenannten starken Fokussierung zugrundeliegende Idee läßt sich mit Bild 2.8 einfach erklären: Wenn fokussierende und zerstreuende Elemente gleicher Brennweite hintereinander angeordnet werden, ergibt sich insgesamt eine fokussierende Wirkung. In Strahlentransportsystemen erreicht man die starke Fokussierung oft durch *Quadrupolmagnete*. Bild 2.10 zeigt den Querschnitt eines solchen Magneten. Er besteht aus vier Polen.

Das Feld verschwindet in der Mitte und wächst nach außen hin in alle Richtungen an. Zum Verständnis der Wirkungsweise eines Quadrupolmagneten seien drei positive Teilchen betrachtet, die an den Punkten A, B und C in den Magneten eintreten. Teilchen A in der Mitte wird nicht abgelenkt; die Lorentzkraft Gl. 2.13 lenkt Teilchen B zur Symmetrieachse in der Mitte und Teilchen C davon weg. Der Magnet verhält sich also in der einen Ebene wie ein fokussierendes Element und in der anderen wie ein streuendes Element. Die Kombination von zwei Quadrupolmagneten wirkt in beiden Ebenen fokussierend, wenn der zweite Magnet um 90° gegen den ersten verdreht ist. Solche *Quadrupoldubletts* sind ein wesentlicher Bestandteil aller modernen Teilchenbeschleuniger und auch der Strahlengänge, die von den Maschinen zu den Experimenten führen. Mit dieser Fokussierungseinrichtung läßt sich ein Strahl mit geringem Intensitätsverlust über Entfernungen von vielen km transportieren.

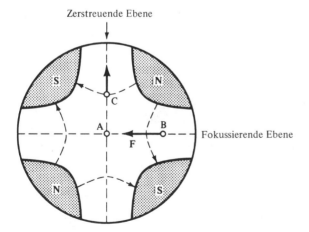

Bild 2.10
Querschnitt durch einen Quadrupolmagnet. Drei positive Teilchen treten parallel zur zentralen Symmetrieachse an den Punkten A, B und C in den Magneten ein. Das Teilchen A wird nicht abgelenkt, B wird zur Mitte gezogen und C nach außen abgelenkt.

---

[6] E. D. Courant, M. S. Livingston, and H. S. Snyder, *Phys. Rev.* **88**, 1190 (1952).

2.5 Das Synchroton

Warum brauchen wir noch einen weiteren Beschleunigertyp? Offensichtlich kann man mit dem Linearbeschleuniger Teilchen beliebig hoher Energie erzeugen. Man beachte jedoch die Kosten: Der Stanford Linearbeschleuniger mit 20 GeV ist bereits 3 km lang, ein 500 GeV Beschleuniger würde etwa 75 km lang werden. Die Probleme bei der Konstruktion und bei der Energieversorgung wären riesig. Vernünftiger ist es, die Teilchen öfter dieselbe Strecke im Kreis herumlaufen zu lassen. Der erste kreisförmige Beschleuniger, das *Zyklotron*, wurde 1930 von Lawrence vorgeschlagen.[7] Zyklotrons waren für die Entwicklung der subatomaren Physik von ungeheuerer Bedeutung und es werden auch noch einige sehr moderne und technisch ausgefeilte Exemplare in den nächsten paar Jahren in Betrieb genommen werden. Wir lassen jedoch die Besprechung des Zyklotrons hier aus, da sein Verwandter, das *Synchrotron* viele ähnliche Eigenschaften hat und höhere Energien erreicht.

Das Synchrotron wurden von McMillan und unabhängig davon von Veksler 1945 vorgeschlagen.[8] Seine wesentlichen Elemente werden in Bild 2.11 gezeigt. Über die Zuführung treten Teilchen mit der Anfangsenergie E_i in den Ring ein. Dipolmagnete mit dem magnetischen Ablenkradius ρ halten die Teilchen auf der Kreisbahn, während Quadrupolsysteme den Strahl bündeln. Die Teilchen werden in einer Anzahl von mit der Kreisfrequenz ω betriebenen HF-Hohlraumresonatoren beschleunigt. Der tatsächliche Weg der Teilchen besteht aus geraden Abschnitten in den beschleunigenden Hohlräumen, den fokussierenden und einigen anderen Elementen und aus Kreissegmenten in den Ablenkmagneten. Der Radius R des Rings ist deshalb größer als der Radius ρ der Ablenkung.

Wir betrachten jetzt die Situation direkt nach dem Eintritt der Teilchen mit der Energie E_i und dem Impuls p_i, wobei Energie und Impuls durch Gl. 1.2 verknüpft sind. Zunächst sei das HF-Feld noch nicht angeschaltet. Die Teilchen fliegen dann im Leerlauf mit der Geschwindigkeit υ um den Ring und für T, die Zeit für einen vollen Umlauf, ergibt sich mit Gl. 1.8

$$(2.16) \quad T = \frac{2\pi R}{\upsilon} = \frac{2\pi R E_i}{p_i c^2}.$$

Die entsprechende Kreisfrequenz Ω ist

$$(2.17) \quad \Omega = \frac{2\pi}{T} = \frac{p_i c^2}{R E_i},$$

und das magnetische Feld, das nötig ist, um sie auf der Bahn zu halten, folgt aus Gl. 2.15

$$(2.18) \quad B = \frac{p_i c}{|q| \rho}.$$

Sobald das HF-Feld angeschaltet wird, ändert sich die Situation. Als erstes muß die Hochfrequenz ω ein ganzzahliges Vielfaches k von Ω sein, damit die Teilchen immer im richti-

---

[7] E. O. Lawrence and N. E. Edlefsen, Science **72**, 376 (1930). E. O. Lawrence and M. S. Linvingston, *Phys. Rev.* **40**, 19 (1932).
[8] E. M. McMillan, *Phys. Rev.* **68**, 143 (1945); V. Veksler, *J. Phys.* (U.S.S.R.) **9**, 153 (1945).

2.5 Das Synchroton

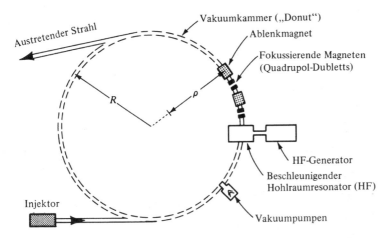

Bild 2.11 Wesentliche Elemente eines Synchrotrons. Von den sich wiederholenden Elementen sind nur ein paar eingezeichnet.

gen Moment angeschoben werden. Aus Gl. 2.17 sieht man, daß die angelegte HF mit zunehmender Energie höher werden muß, bis die Teilchen völlig relativistisch werden, also $pc = E$ gilt. Gleichzeitig muß auch das magnetische Feld größer werden.

(2.19) $\quad \omega = k\Omega = \dfrac{kc}{R}\dfrac{pc}{E} \to \dfrac{kc}{R}\,;\ B = \dfrac{pc}{|q|\rho}.$

Wenn diese beiden Bedingungen erfüllt sind, werden die Teilchen optimal beschleunigt. Das Verfahren verläuft dann folgendermaßen: Ein Paket von Teilchen der Energie E_i tritt zur Zeit $t = 0$ ein. Das magnetische Feld und die HF werden dann von ihren Anfangswerten B_i und ω_i zu den Endwerten B_f und ω_f so erhöht, daß immer die Beziehungen Gl. 2.19 gelten. Die Energie der Teilchengruppe erhöht sich während dieses Vorgangs von ihrer Eintrittsenergie E_i auf die Endenergie E_f. Die Zeit, die notwendig ist, um die Teilchen auf die Endenergie zu bringen, hängt von der Größe der Maschine ab; für sehr große Maschinen erreicht man etwa einen Puls pro Sekunde.

Gleichung 2.19 macht eine andere Eigenschaft dieser großen Beschleuniger deutlich: Die Teilchen können nicht in einem Ring *von Null weg* auf die Endenergie beschleunigt werden. Der Bereich, über den die HF und das magnetische Feld zu variieren wären, ist zu groß. Die Teilchen werden deshalb in kleineren Maschinen vorbeschleunigt und dann eingeschossen. Dies geschieht z.B. beim 1 000 GeV Synchrotron des FNAL (Bild 2.12) folgendermaßen: Ein elektrostatischer Generator (Cockcroft-Walton) erzeugt einen Strahl von Protonen mit 750 keV, ein Linearbeschleuniger erhöht dann die Energie auf 200 MeV. Anschließend kommt ein *Booster*(Hilfs-)Synchrotron und erhöht die Energie auf 8 GeV und erst danach tritt der Strahl in den großen Ring ein. Die ungeheure Ausdehnung der gesamten Anlage wird in Bild 2.12 deutlich.[9]

---

[9] J. R. Sanford, *Ann. Rev. Nucl. Sci.* **26**, 151 (1976); H. T. Edwards, Ann. Rev. Nucl. Part. Sci **35**, 605 (1985)

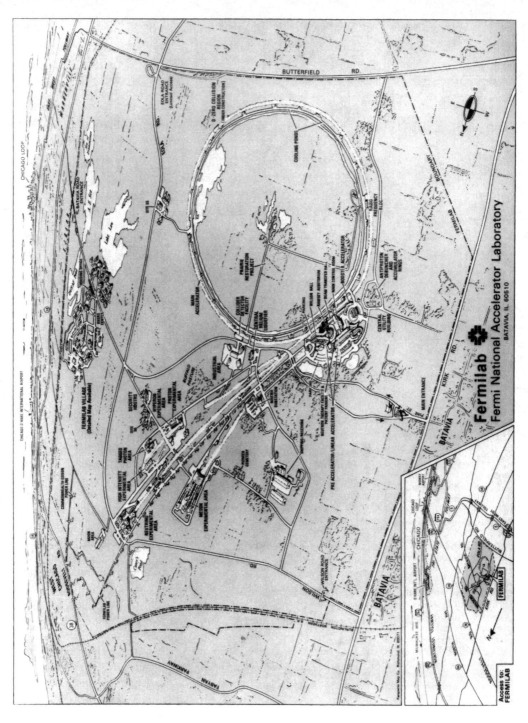

Bild 2.12 Karte des Fermi National Accelerator Laboratory (FNAL), in Batavia, Illinois (USA). (Mit freundlicher Genehmigung des Fermi National Accelerator Laboratory).

2.5 Das Synchroton

Mit Synchrotrons kann man Protonen oder Elektronen beschleunigen. Elektronen-Synchrotrons haben mit anderen kreisförmigen Elektronenbeschleunigern eine Eigenschaft gemeinsam: Sie stellen eine intensive Quelle kurzwelligen Lichts dar. Der Ursprung dieser *Synchrotronstrahlung* läßt sich mit der klassischen Elektrodynamik erklären. Maxwells Gleichungen besagen, daß jedes beschleunigte Teilchen strahlt. Ein auf eine Kreisbahn gezwungenes Teilchen wird dauernd in Richtung auf den Kreismittelpunkt hin beschleunigt und sendet deshalb elektromagnetische Strahlung aus. Die abgestrahlte Leistung eines Teilchens mit der Ladung e und der Geschwindigkeit $\upsilon = \beta c$ auf einer Kreisbahn mit dem Radius R beträgt[10]

$$(2.20) \quad P = \frac{2e^2c}{3R^2} \frac{\beta^4}{(1-\beta^2)^2}.$$

Die Geschwindigkeit eines relativistischen Teilchens liegt nahe bei c. Mit Gl. 1.6 und Gl. 1.9 und mit $\beta \approx 1$ wird Gl. 2.20 zu

$$(2.21) \quad P \approx \frac{2e^2c}{3R^2} \gamma^4 = \frac{2e^2c}{3R^2} \left(\frac{E}{mc^2}\right)^4.$$

Die Zeit T für einen Umlauf ist durch Gl. 2.16 gegeben und der Energieverlust in einem Umlauf beträgt demnach

$$(2.22) \quad -\delta E = PT \approx \frac{4\pi e^2}{3R} \left(\frac{E}{mc^2}\right)^4.$$

Der Unterschied zwischen dem Protonen- und Elektronen-Synchrotron wird aus Gl. 2.22 offensichtlich. Für gleiche Radien und gleiche Gesamtenergie E ist das Verhältnis der Energieverluste

$$(2.23) \quad \frac{\delta E(e^-)}{\delta E(p)} = \left(\frac{m_p}{m_e}\right)^4 \approx 10^{13}.$$

Der Energieverlust muß bei der Konstruktion von Elektronen-Synchrotrons berücksichtigt werden. Glücklicherweise erlaubt die abgegebene Strahlung einzigartige Forschungen auf vielen anderen Gebieten, wie z.B. Festkörperphysik, Oberflächenphysik und Biologie.[11]

---

[10] Jackson, Gl. 14.31
[11] R. P. Godwin, *Springer Tracts Modern Phys.* **51**, 1 (1969), H. Winick und A. Bienenstock, *Ann. Rev. Nucl. Sci.* **28**, 33 (1978), *Synchrotron Radiation Research*, H. Winick and S. Doniach, Eds., Plenum, New York (1980). *Phys. Today*, Special Issue (May 1981), *Synchrotron Radiation Sources and their Applications*, G. N. Greaves and I. H. Munro, Eds., Scottish Univs. Summer School in Physics, Edinburgh Univ. Press, Edinburgh, 1989.

Bild 2.13

Bild 2.14

2.5 Das Synchroton

Bild 2.15

Bild 2.16

Bilder 2.13 – 2.16
Die Photographien zeigen die wesentlichsten Teile des 1 TeV Protonensynchrotrons (Tevatron) am Fermi-Labor. Protonen werden in einem elektrostatischen Beschleuniger (Cockcroft-Walton) auf 750 keV beschleunigt; dann bringt ein Linearbeschleuniger die Energie auf 200 MeV und lenkt die Protonen in ein Booster-Synchrotron. Dieses Vorsynchrotron erhöht die Energie auf 8 GeV. Die Endenergie wird dann im Hauptring erreicht. Auf Bild 2.16 ist der supraleitende Ring unter dem ursprünglichen Hauptring des 400 GeV Beschleunigers sichtbar (Mit freundlicher Genehmigung des Fermi Laboratoriums).

2.6 Laborsystem und Schwerpunktsystem

Der Versuch, mit gewöhnlichen Beschleunigern höhere Energiewerte zu erreichen, ähnelt dem, mehr Geld zu verdienen – man erhält nicht alles, was man dazuverdient. Im letzteren Fall verschlingt das Finanzamt einen immer größeren Anteil und im ersteren Fall wird ein zunehmender Teil der Gesamtenergie bei einem Stoß für die Schwerpunktsbewegung verbraucht und steht so nicht zur Anregung innerer Freiheitsgrade zur Verfügung. Um diese Tatsache zu erläutern, beschreiben wir kurz die Labor-(lab) und die Schwerpunktkoordinaten (c.m., center-of-momentum). Bei der folgenden Zweiteilchenreaktion,

(2.24) $\quad a + b \to c + d,$

soll a das Geschoß und b das Targetteilchen sein. Im *Laborsystem* ruht das Target, und das Geschoß trifft mit der Energie E^{lab} und dem Impuls $\mathbf{p}^{lab}$ auf. Nach dem Stoß, im Endzustand c und d, bewegen sich meist beide Teilchen. Im *Schwerpunktsystem*, mit dem Gesamtimpuls Null, nähern sich beide Teilchen einander mit gleich großem, aber entgegengesetztem Impuls. Die beiden Systeme werden definiert durch

(2.25) $\quad$ Laborsystem: $\mathbf{p}_b^{lab} = 0, \qquad E_b^{lab} = m_b c^2$

(2.26) $\quad$ Schwerpunktsystem: $\mathbf{p}_a^{c.m.} + \mathbf{p}_b^{c.m.} = 0.$

Nur die Energie eines Teilchens relativ zum anderen ist zur Erzeugung von neuen Teilchen oder zur Anregung innerer Freiheitsgrade verfügbar. Die gleichförmige Bewegung des Schwerpunkts des Gesamtsystems ist irrelevant. Es kommt also auf die Energie und den Impuls im Schwerpunktsystem an. Ein einfaches Beispiel macht deutlich, um wieviel man im Laborsystem beraubt wird. Neue Teilchen kann man z.B. durch den Beschuß von Protonen mit Pionen erzeugen,

$$\pi p \to \pi N^*,$$

wobei N^* ein Teilchen großer Masse ist ($m_{N^*} > m_p \gg m_\pi$). Im Schwerpunktsystem treffen das Pion und das Proton mit entgegengesetztem Impuls aufeinander. Der Gesamtimpuls am Anfang und also auch am Ende ist Null. Die größte Masse für das neue Teilchen erreicht man, wenn das Pion und das N^* im Endzustand in Ruhe sind, da dann keine Energie zur Erzeugung von Bewegung verschwendet wird. Den Stoß im Schwerpunktsystem zeigt Bild 2.17. Die Gesamtenergie im Endzustand ist.

(2.27) $\quad W^{c.m.} = (m_\pi + m_{N^*})c^2 \approx m_{N^*}c^2.$

Die Gesamtenergie bleibt beim Stoß erhalten, also

(2.28) $\quad W^{c.m.} = E_\pi^{c.m.} + E_p^{c.m.}.$

Die Energie des Pions E_π^{lab}, die zur Erzeugung des N^* im Laborsystem benötigt wird, kann aus der Lorentztransformation berechnet werden. Wir werden hier einen anderen Weg gehen, um den Begriff der *relativistischen Invarianten* (Erhaltungsgrößen) einzuführen. Wir

2.6 Laborsystem und Schwerpunktsystem

Vor dem Stoß

Nach dem Stoß

Bild 2.17 Erzeugung eines neuen Teilchens N^* bei einem Stoß $\pi p \to \pi N^*$, betrachtet im Schwerpunktsystem (c.m.).

betrachten dazu ein System von i Teilchen mit den Energiewerten E_i und den Impulswerten $\mathbf{p}_i$. In einer Herleitung ähnlich der von Gl. 1.2 kann man zeigen, daß

$$(2.29) \qquad \left(\sum_i E_i\right)^2 - \left(\sum_i \mathbf{p}_i\right)^2 c^2 = M^2 c^4.$$

Hier wird M als *Gesamtmasse* oder *invariante Masse* des Systems der i Teilchen bezeichnet; sie ist nur dann gleich der Summe der Ruhemassen der i Teilchen, wenn diese alle in ihrem gemeinsamen Schwerpunktsystem in Ruhe sind. Den entscheidenden Punkt in Gl. 2.29 stellt die Lorentzinvarianz dar: die rechte Seite ist eine Konstante und muß deshalb in allen Koordinatensystemen gleich sein. Daraus folgt, daß die linke Seite auch eine relativistische Invariante (manchmal auch als relativistischer Skalar bezeichnet) sein muß, die in allen Koordinatensystemen denselben Wert hat. Wir wenden diese Invarianz auf die Stoßgleichung Gl. 2.24 an, vom Schwerpunkt- und Laborsystem aus betrachtet,

$$(2.30) \qquad (E_a^{c.m.} + E_b^{c.m.})^2 - (\mathbf{p}_a^{c.m.} + \mathbf{p}_b^{c.m.})^2 c^2 = (E_a^{lab} + E_b^{lab})^2 - (\mathbf{p}_a^{lab} + \mathbf{p}_b^{lab})^2 c^2,$$

oder mit Gl. 2.25 und Gl. 2.26

$$(2.31)\; W^2 = (E_a^{c.m.} + E_b^{c.m.})^2 = (E_a^{lab} + m_b c^2)^2 - (\mathbf{p}_a^{lab} c)^2 = 2 E_a^{lab} m_b c^2 + (m_a^2 + m_b^2) c^4.$$

Gleichung 2.31 verknüpft W^2, das Quadrat der Gesamtenergie im Schwerpunktsystem, mit der Energie im Laborsystem. Mit $E_a^{lab} \gg m_a c^2, m_b c^2$, wird die Energie W zu

$$(2.32) \qquad W \approx [2 E_a^{lab} m_b c^2]^{1/2}.$$

Nur die im Schwerpunktsystem verfügbare Energie steht zur Erzeugung neuer Teilchen oder zur Erforschung innerer Strukturen zur Verfügung. Gleichung 2.32 zeigt, daß diese Energie W bei hohen Energiewerten nur wie die Quadratwurzel der Energie im Laborsystem zunimmt.

2.7 Speicherringe

Der Preis für die Arbeit im Laborsystem ist hoch, wie Gl. 2.32 deutlich zeigt. Wird die Energie der Maschine um den Faktor 100 erhöht, so ist der effektive Gewinn nur ein Faktor 10. 1956 schlugen deshalb Kerst und seine Mitarbeiter und O'Neill zur Gewinnung sehr hoher ausnutzbarer Energien die Verwendung von aufeinanderstoßenden Strahlen vor.[12] Zwei frontal zusammenstoßende Protonenstrahlen von je 21,6 GeV entsprächen dabei einem 1 TeV Beschleuniger. Das technische Hauptproblem ist die Intensität. Um genügend Ereignisse im Stoßbereich zu erzeugen, müssen beide Strahlen intensiver sein, als es in normalen Beschleunigern zu erreichen ist. In den letzten Jahren wurde dieses Problem jedoch dank der starken Fokussierung und den Fortschritten in der Vakuumtechnik gelöst. Gegenwärtig sind bereits einige Beschleuniger mit kollidierenden Strahlen in Betrieb. Als Beispiel wird in den Bildern 2.18 und 2.19 der Speicherring für gegenläufige Strahlen bei CERN gezeigt, bei dem ein großes Protonensynchrotron (SPS) zum Proton-Antiproton Stoß bei 270 GeV verwendet werden kann und wo ein Speicherring (collider) für einen Elektron-Positron Stoß (LEP) von 2 × 50 GeV im Jahre 1989 fertiggestellt wurde.

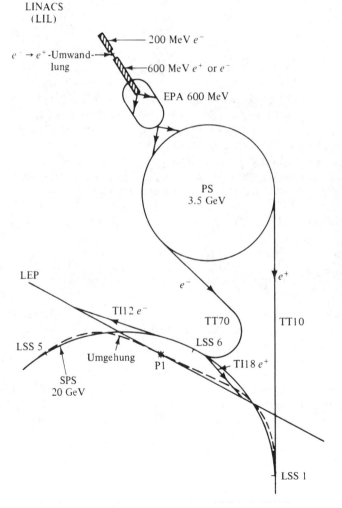

Bild 2.18
Skizze der Einschußvorrichtung für den großen Elektron-Positron Speicherring für gegenläufige Strahlen LEP. Elektronenstrahlen werden bei 200 MeV zu Positronen umgewandelt, auf 600 MeV in einem zweiten Linearbeschleuniger beschleunigt und in einen Elektron-Positron Speicherring (EPA) eingespeist. Die Strahlen werden dann in das Protonensynchrotron eingeschossen und auf 3,5 GeV beschleunigt, bevor sie im Super-Protonensynchrotron (SPS) auf 20 GeV beschleunigt werden und schließlich in den LEP-Ring gelangen. Das SPS kann auch als Proton-Antiproton Speicherring (collider) bei 310 GeV betrieben werden.

---

[12] D. W. Kerst et al., *Phys. Rev.* **102**, 590 (1956). G. K. O'Neill, *Phys. Rev.* **102**, 1418 (1956).

2.7 Speicherringe

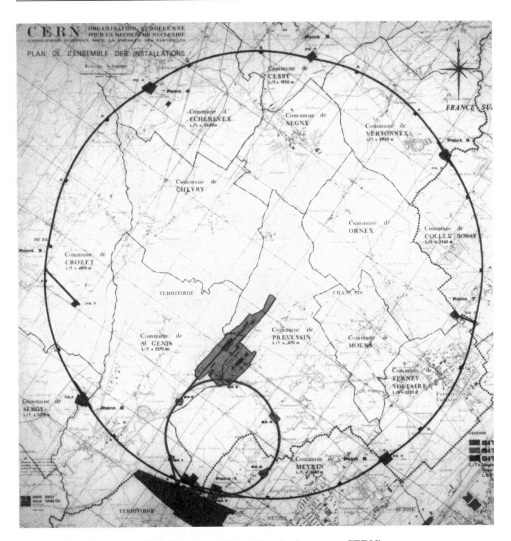

Bild 2.19 Landkarte vom LEP. (Mit freundlicher Genehmigung von CERN).

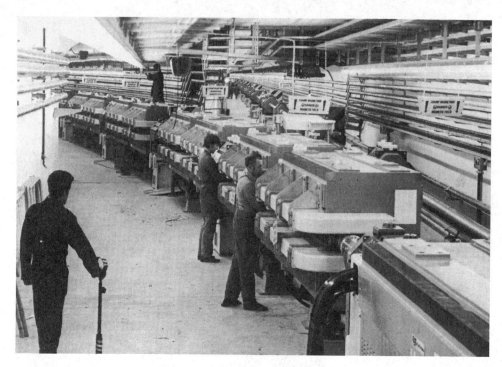

Bild 2.20 Das CERN Protonensynchrotron und der sich überlagernde Speicherringe (ISR). Der Hauptring biegt nach links ab. Die Protonen, die den ISR auffüllen, werden, wie in Bild 2.19 angedeutet, geradeaus geleitet. (Mit freundlicher Genehmigung von CERN).

2.8 Zukünftige Entwicklungen[13]

Die zwei wichtigsten Parameter eines Beschleunigers sind die Endenergie der Teilchen und die Strahlintensität. Beide sind seit 1930 ständig angewachsen. Bild 2.21 zeigt, daß die verfügbare Energie exponentiell mit der Zeit gestiegen ist. Dieser Fortschritt wurde durch neue Technologien erreicht. Wir werden hier zwei spezifische Aspekte diskutieren.

Die Gleichungen 1.3 und 2.18 implizieren, daß für einen vorgegebenen Krümmungsradius in einem Magneten die Teilchenenergie E proportional zum Magnetfeld B ist. Für einen kreisförmigen Beschleuniger mit gegebenem Radius ist die Endenergie folglich durch das Magnetfeld B bestimmt. Mit typischen Eisenmagneten erreicht man Feldstärken von ungefähr 20 kG (oder 2 Tesla $\equiv$ 2 T), und es wird sehr teuer, wenn man diese Feldstärke überschreiten will. (In den letzten Jahren haben die Energiekosten wesentlich die Zeitdauer bestimmt, in der große Beschleuniger genutzt wurden). *Supraleitende Magnete* liefern Magnetfelder von etwa 50 kG (5 T) und verbrauchen weniger Energie. Trotz enormer technischer Schwierigkeiten können „supraleitende Beschleuniger" heute gebaut werden. Im Fermi-Labor ist ein supraleitender Ring unter dem ursprünglichen Ring (Bild 2.16) instal-

---

[13] R. R. Wilson, Sci, Amer. 242, 41 (Januar 1980). W. K. H. Panofsky, Phys. Today 33, 24 (Juni 1980). R. R. Wilson, Phys. Today 34, 86 (November 1981).

liert worden. Er ermöglicht die Beschleunigung von Protonen bis zu 1 TeV und wird deshalb „Tevatron"genannt.

Der zweite zu diskutierende Aspekt, die Strahlkühlung, ist wichtig für Beschleuniger mit gegenläufigen Strahlen. Im Bild 2.11 haben wir einen Proton-Proton (pp) Speicherring (collider) gezeigt.

Proton-Proton Stöße sind wichtig und eine große Menge von fundamentalen Erkenntnissen konnte dadurch gewonnen werden. Wie wir später sehen und verstehen werden, führt die pp-Streuung jedoch nur zu einer begrenzten Zahl von Zuständen und viele Probleme können damit nicht in Angriff genommen werden. Deshalb werden auch andere Speicherringe (collider) verwendet, nämlich $e^- e^+$, $e^- p$ und pp^-. e^+ bezeichnet hier das Positron und p^- das Antiproton, zwei Teilchen, die wir in den Kapiteln 5 und 7 ausführlich behandeln werden. Speicherringe (collider), die mit Positronen oder Antiprotonen arbeiten, haben folgendes Problem: diese Teilchen treten unter normalen Umständen nicht auf und müssen erst in einem Beschleuniger erzeugt werden. Wir betrachten einen pp^- Speicherring.[14] Um genügend pp^- Stöße zu erhalten, muß die Gesamtzahl der Antiprotonen, die in dem Ring zirkuliert, größer als 10^{11} sein. Die Beschleuniger bei CERN oder im Fermi-Labor werden jedoch nur etwa 10^8 Antiprotonen pro Sekunde (p^-/s) produzieren. Folglich müssen die Antiprotonen gesammelt und zumindest 10^3 s gespeichert werden. Da die Antiprotonen durch Stöße bei hohen Energien produziert werden, haben sie beträchtliche statistische Bewegungen in verschiedene Richtungen, oder mit anderen Worten, der Antiprotonenstrahl hat eine beachtliche Temperatur und Entropie. Der Strahl kann nur dann wirksam gespeichert werden, wenn er fokussiert ist, dann hat er einen geringen Durchmesser und eine geringe Impulsbreite. Um solch einen Zustand zu erreichen, muß der Strahl „gekühlt" werden. Zur Kühlung eines „heißen" Systems muß man es in Kontakt mit einem System von geringer Temperatur und Entropie bringen. Einen heißen Antiprotonenstrahl kann man durch Kontakt mit einem kälteren Elektronenstrahl kühlen.[15] Die Antiprotonen werden zuerst in einen Speicherring von sehr großer Apertur eingeschlossen. Elektronen gelangen durch einen geraden Abschnitt des Ringes, so daß sie sich parallel zum mittleren Weg der Antiprotonen mit derselben mittleren Geschwindigkeit bewegen. Die Elektronen haben eine viel niedrigere Temperatur und durch Stöße übernehmen sie die statistisch ausgerichteten Impulskomponenten der Antiprotonen. Das heiße Antiprotonengas überträgt Wärme und Entropie auf das kalte Elektronengas. Am Ende des geraden Abschnittes werden Antiprotonen und Elektronen durch einen Magneten voneinander getrennt; die Elektronen werden entfernt und die Antiprotonen setzen ihren Weg fort und werden auf einer Kreisbahn wieder zum Kühlabschnitt gebracht. Die Elektronenkühlung wurde 1966 zuerst von Budker vorgeschlagen und 1974 in Novosibirsk verwirklicht. Eine andere Methode ist die stochastische Kühlung, die zuerst von van der Meer im Jahre 1972[16] vorgeschlagen wurde. Jetzt wird diese Methode für den Hochenergie-pp^- Speicherring in CERN genutzt. Bei der stochastischen Kühlung wird die Temperatur des Strahles durch einen Rückkopplungsmechanismus verringert. Im Fermi – Labor wird eine Kombination aus Elektronen- und stochastischer Kühlung verwendet. Kühlung ist auch bei Beschleunigern niedrigerer Energie sinnvoll und wird zum Beispiel in CERN für niederenergetische Antiprotonen beim LEAR und für Protonen im Zyklotron der Indiana University genutzt.

---

[14] D. Cline und C. Rubbia, Phys. Today 33, 44 (August 1980).
[15] G. I. Budker, Atomnaya Energiya 22, 346 (1967); Part. Accel. 7, 197 (1976).
[16] S. van der Meer, CERN/ISR, P.O. / 72-31 (1972).

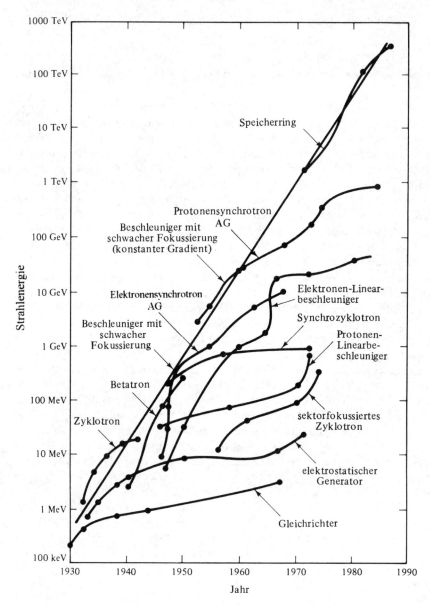

Bild 2.21 Zunahme der Energie von Beschleunigern und Speicherringen. Diese Darstellung, eine erweiterte Version von M. Stanley Livingston's Original, zeigt eine Verzehnfachung der Energie alle sieben Jahre. Man beachte, daß immer dann eine neue Technologie für Beschleuniger erscheint, wenn die vorhergehende Technologie ihre Sättigungsenergie erreicht hat. (Aus W. K. H. Panofsky, *Phys. Today* **33**, 24 (Juni 1980)).

Bild 2.22 Ein Kreuzungsbereich des ISR vor dem Aufbau eines Experiments. Rechts unten im Vordergrund sicht man einen der Teilstrahlen, der vom Protonensynchrotron kommt. (Mit freundlicher Genehmigung von CERN).

Supraleitende Magnete und die Strahlkühlung sind notwendig, aber nicht hinreichend für die Erhöhung der Maximalenergie über den Bereich hinaus, der in Bild 2.21 dargestellt ist. Das Problem ist nicht bloß technischer, sondern auch ökonomischer Art. Beschleuniger, die gegenwärtig geplant werden, wie etwa der supraleitende Superspeicherring (supercollider) (SSC) mit gegenläufigen Strahlen von jeweils 20 TeV Energie, werden extrem teuer; die veranschlagten Kosten für das SSC liegen bei etwa 7×10^9 \$. Die Beschleunigerphysik sucht deshalb zur Reduzierung der Kosten nach neuen Techniken. Ganz oben auf der Liste der gewünschten Ergebnisse steht die Erzielung von hohen Beschleunigungsgradienten, wie sie z.B. in Lasern erreicht werden.

2.9 Literaturhinweise

Eine spannende und gut lesbare Einführung über Beschleuniger ist R. R. Wilson und R. Littauer: *Accelerators, Machines of Nuclear Physics*, Anchor Books, Doubleday, Garden City, N.Y. (1960).

Ein Übersichtsartikel über Strahlkühlung ist F. T. Cole und F. E. Mills, *Ann. Rev. Nucl. and Part. Sci.* **31**, 295 (1981).

Eine lesenswerte Darstellung über kernphysikalische Einrichtungen findet man bei G. Baym, *Phys. Today,* **38**, 40 (März 1985).

Mehr Einzelheiten und zur geschichtlichen Entwicklung von Beschleunigern findet man bei M. S. Livingston und J. P. Blewett, *Particle Accelerators,* McGraw-Hill, New York (1962). Edwin McMillan schrieb „A History of the Synchrotron" in *Phys. Today* **37**, 31 (Februar 1984).

R. B. Neal, Ed.; *The Stanford Two Mile Accelerator*, Benjamin, Reading, MA (1968) enthält eine Sammlung von detaillierten Artikeln, die alle Aspekte des 20 GeV Elektronen – Linearbeschleunigers beschreiben. Das Fermi-Labor wird in J. R. Sanford, *Ann. Rev. Nucl. Sci.* **26**, 151 (1976) und CERN in L. van Hove and M. Jacob, *Phys. Rep.* **63**, 1 (1980) beschrieben. Kreisförmige Beschleuniger werden in J. J. Livingood, *Principles of Cyclic Particle Accelerators,* Van Nostrand Reinhold, New York (1981) behandelt.

Ein Führer durch die Literatur über Beschleuniger bis zum Jahre 1966 ist J. P. Blewett „Research Letter PA – 1 on Particle Accelerators", *Am. J. Phys.* **34**, 9 (1966). Neuere Informationen findet man in den Proceedings der Sommerschulen über Teilchenbeschleuniger; z.B. Am. Inst. Phys. Confer. Proc. No. 184, „Physics at High Energy Particle Accelerators ED., M. Month und M. Dienes, Am. Inst. Phys. New York (1989)." Oder auch „CAS CERN Accelerator School Second General Accelerator Physics Course" (CERN, Genf, 1987).

Die relativistische Kinematik, die wir nur kurz gestreift haben, wird ausführlich bei R. Hagedorn, *Relativistic Kinematics.*, Benjamin, Reading, Mass. (1963) und bei E. Byckling und K. Kajantie, *Particle Kinematics*, Wiley, New York (1973) behandelt.

Die Strahloptik wird diskutiert in K. G. Steffen, *High Energy Beam Optics,* Wiley – Interscience, New York, (1965) und in A. Septier Ed., *Focusing of Charged Particles,* Academic Press, New York (1967) (zwei Bände). Siehe auch D. C. Carey, *Optics of Charged Particle Beams,* Band 6: *Accelerators.* Harwood Academic Press, New York (1986). Das SSC wird von J. D. Jackson, M. Tigner und S. Wojcicki, *Sci. Amer.* **254**, 66 (März 1986) diskutiert.

Aufgaben

2.1 Ein Elektronenbeschleuniger ist so zu bauen, daß damit lineare Strukturen von 1 fm untersucht werden können. Welche kinetische Energie benötigt man dazu?

2.2 Schätzen Sie die Kapazität eines typischen Van de Graaff-Kondensators gegen Erde ab (nur Größenordnung). Der Pol sei auf 1 MV aufgeladen. Berechnen Sie die Ladung auf dem Kondensators. Wie lange dauert es, bis diese Spannung erreicht wird, wenn das Band einen Strom von 0,1 mA transportiert?

2.3 Ein Protonen-Linearbeschleuniger arbeite mit der Frequenz $f = 200$ MHz. Wie lange müssen die Driftröhren an dem Punkt sein, an dem die Protonenenergie
(a) 1 MeV
(b) 100 MeV
erreicht? Was ist etwa die kleinste Energie, mit der ein Proton eingeschossen werden kann und wodurch ist die untere Grenze bestimmt? Warum ändert sich die Frequenz beim Los

Alamos Linearbeschleuniger von 200 auf 800 MHz, bei einer Protonenenergie von ungefähr 200 MeV?

2.4 Ein Protonenstrahl mit der kinetischen Energie von 10 MeV soll in einem Dipolmagneten von 2 m Länge um 10° abgelenkt werden. Berechnen Sie das dafür notwendige Feld.

2.5 Ein Protonenstrahl mit der kinetischen Energie von 200 GeV geht durch einen 2 m langen Dipolmagnet mit der Feldstärke 20 kG. Berechnen Sie die Ablenkung des Strahls.

2.6 Die magnetische Feldstärke, die mit einem supraleitenden Magneten ungefähr erzeugt werden kann, beträgt 50 kG. Denken Sie sich einen Beschleuniger, der dem Erdäquator folgt. Wie groß ist die maximale Energie, auf die Protonen in einer solchen Maschine beschleunigt werden können?

2.7 Verwenden Sie Bild 2.12 und die in Abschnitt 2.5 gegebenen Werte, um abzuschätzen, über welchen Bereich die Frequenz und das magnetische Feld im Hauptring der FNAL-Maschine während eines Beschleunigungsdurchgangs geändert werden müsssen.

2.8 Beweisen Sie Gl. 2.29.

2.9 Protonen aus dem Beschleuniger in Aufgabe 2.6 sollen auf ruhende Protonen stoßen. Berechnen Sie die Gesamtenergie W in GeV im Schwerpunktsystem. Vergleichen Sie W mit dem entsprechenden Wert eines Experiments mit zusammenstoßenden Strahlen, wobei jeder Strahl die maximale Energie E_0 hat. Wie groß muß E_0 sein, damit man die gleiche Gesamtenergie W erhält?

2.10
(a) Beweisen Sie Gl. 2.20.
(b) Berechnen Se den Energieverlust pro Umlauf für einen 10 GeV Elektronenbeschleuniger mit einem Radius R von 100 m.
(c) Wie (b), mit einem Radius von 1 km.

2.11 Beschreiben Sie eine typische Ionenquelle. Welche physikalischen Vorgänge sind daran beteiligt? Wie wird sie gebaut?

2.12 Auf welche Weise unterscheidet sich ein konventionelles Zyklotron von einem Synchrotron? Wodurch wird die maximale Energie des Zyklotrons beschränkt? Warum sind die Hochenergiebeschleuniger meistens Synchrotrons?

2.13 Was bedeutet *Phasenstabilität*? Erläutern Sie das Prinzip für Linearbeschleuniger und für Synchrotrons.

2.14 Was ist der „duty cycle" (Betriebszyklus) eines Beschleunigers? Erläutern Sie den duty cycle beim Van de Graaff-Generator, beim Linearbeschleuniger und beim Synchrotron. Skizzieren Sie die *Strahlstruktur*, d.h. die Intensität des austretenden Strahls als Funktion der Zeit, für diese drei Maschinen.

2.15 Wie wird der Strahl aus einem Synchrotron herausgeführt?

2.16 Warum und wie ist die Supraleitung wichtig für die Beschleunigerphysik?

2.17 Warum ist es teuer, sehr hochenergetische Elektronensynchrotrons oder sehr hochenergetische Protonen-Linearbeschleuniger zu bauen?

2.18 An verschiedenen Orten existieren moderne Zyklotrons, z.B. an der Indiana University (USA), am Paul Scherrer Institut (PSI) und an der Michigan State University (Supraleitendes Zyklotron). Skizzieren Sie die Prinzipien, nach denen zwei von diesen Zyklotrons konstruiert sind. Auf welche Weise unterscheiden sie sich von klassischen Zyklotrons?

2.19 Erläutern Sie die Richtung der Emission und die Polarisation der Synchrotronstrahlung. Warum ist sie für die Festkörperforschung nützlich?

2.20 Vergleichen Sie das Verhältnis der ausnützbaren (kinetischen oder totalen) Energie im Schwerpunktsystem und im Laborsystem für den
(a) nichtrelativistischen Energiebereich
(b) extrem relativistischen Energiebereich.

2.21 Ein Teilchenstrom von 10 A in jedem Speicherring des CERN ISR besitze eine Fokussierung der Strahlen auf einen Querschnitt von 1 cm² an der Kreuzungsstelle und eine Überlappung von 10 cm. Vergleichen Sie die Zahl der Stöße pro s mit der am FNAL-Beschleuniger bei einem angenommenen Strom von 10^{-7} A, der auf ein 10 cm langes Target von 1 cm² flüssigem Wasserstoff trifft. Nehmen Sie gleiche Wirkungsquerschnitte und gleiche Strahldurchmesser an.

2.22
(a) Warum ist die Strahlkühlung für pp^--Speicherringe mit gegenläufigen Strahlen wichtig?
(b) Beschreiben Sie die Elektronenkühlung.
(c) Beschreiben Sie die stochastische Kühlung.
(d) Beschreiben Sie die Anordnung für die Strahlkühlung und die pp^--Zusammenstöße im Fermi-Labor.
(e) Warum können dünne Folien nicht zur Strahlkühlung verwendet werden?

2.23 Erklären Sie Beschleuniger für schwere Ionen. Welche Ähnlichkeiten und Unterschiede haben sie im Vergleich zu Protonenbeschleunigern? Wie werden schwere Ionen hergestellt? Geben Sie einige der Ionen an, die beschleunigt wurden, und bestimmen Sie die maximale Energie pro Nukleon.

2.24 (a) Über eine Vorrichtung zum Zusammenstoß von gegenläufigen hochenergetischen Strahlen (CLIC) wird in CERN nachgedacht. Es wurde vorgeschlagen, daß der Beschleuniger zusammenstoßende Elektronen- und Protonenstrahlen von jeweils 2 TeV kinetischer Energie haben soll. Welche Energie im Laborsystem würde erforderlich sein, um die Energie des Schwerpunktsystems zu erhalten, wenn Elektronen mit stationären Protonen (Wasserstoff) zusammenstoßen?
(b) Wiederholen Sie Teil (a) der Aufgabe mit einer Energie von 2 GeV für Elektronen und Protonen.

3 Durchgang von Strahlung durch Materie

Im alltäglichen Leben haben wir ein intuitives Verständnis davon, wie sich Materie durch Materie bewegen kann. Wir versuchen nicht, durch eine geschlossene Stahltür zu gehen, aber wir schieben uns dort durch, wo der Weg nur von einem Vorhang versperrt wird. Wir schlendern über eine Wiese mit hohem Gras, aber ein Kakteenfeld vermeiden wir tunlichst Schwierigkeiten gibt es dann, wenn wir die entsprechenden Gesetzmäßigkeiten nicht kennen; z.B. kann das Fahren auf der rechten Straßenseite in England oder Japan zu einem Unglück führen. Ähnlich ist die Kenntnis des Durchgangs von Strahlung durch Materie unerläßlich für die Planung und Durchführung von Experimenten. Bei der Erarbeitung des gegenwärtigen Wissens ging es nicht ohne Überraschungen und Unfälle ab. Die Pioniere der Röntgenstrahlung verbrannten sich ihre Hände und Körper; viele der ersten Zyklotronphysiker haben grauen Star. Es dauerte Jahre, bevor die verschwindend kleine Wechselwirkung des Neutrinos mit Materie experimentell beobachtet wurde, da es ein Lichtjahr von Materie mit nur geringer Dämpfung durchlaufen kann. Schließlich gab es noch die Geschichte des Protonenstrahls in Brookhaven, der zufällig einige km vom Beschleuniger entfernt entdeckt wurde, als er munter Long Island hinunterlief.

Der Durchgang von geladenen Teilchen und von Photonen durch Materie wird von der *Atomphysik* beschrieben. Zwar gibt es einige Wechselwirkungen mit den Kernen, aber der hauptsächliche Energieverlust und die meisten Streueffekte entstehen aus den Wechselwirkungen mit den Elektronen der Atome. Wir werden deshalb in diesem Kapitel nur wenige Einzelheiten und keine theoretischen Herleitungen angeben, sondern nur die wichtigsten Begriffe und Gleichungen zusammenfassen.

3.1 Begriffe

Ein gutgebündelter Strahl durchquere eine Materieschicht. Die Eigenschaften des Strahls nach dem Durchgang hängen von der Art der Teilchen und der Schicht ab und wir betrachten zuerst zwei Extremfälle, die beide von großer Bedeutung sind. Im ersten Fall, siehe Bild 3.1 (a), erfährt jedes Teilchen viele Wechselwirkungen. Bei jeder Wechselwirkung verliert es einen kleinen Energiebetrag und wird um einen kleinen Winkel gestreut.

Im zweiten Fall, siehe Bild 3.1 (b), geht das Teilchen entweder ungeschoren durch die Schicht oder wird in einer „tödlichen" Begegnung vernichtet und geht dem Strahl verloren. Der erste Fall trifft z.B. für schwere geladene Teilchen zu, während der zweite etwa dem Verhalten von Photonen entspricht. (Elektronen liegen dazwischen). Wir werden nun die beiden Fälle genauer erläutern.

Viele kleine Wechselwirkungen. Jede Wechselwirkung bewirkt einen Energieverlust und eine Ablenkung. Die Verluste und Ablenkungen addieren sich statistisch. Nach Durchlaufen des Absorbers wird der Strahl in seiner Energie geschwächt sein, nicht länger monoenergetisch sein und eine Winkelverteilung aufweisen. Die charakteristische Form des Strahls vor und nach dem Durchgang zeigt Bild 3.2. Die Anzahl der im Strahl verbliebenen Teilchen hängt von der Absorberdicke x ab. Bis zu einer gewissen Dicke werden praktisch alle Teilchen durchgelassen. Ab einer bestimmten Dicke werden nicht mehr alle Teilchen durchkommen. Bei der Dicke R_0, die man als mittlere Reichweite bezeichnet, wird gerade

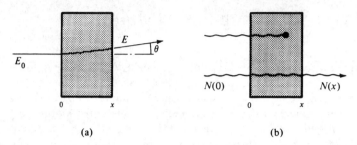

Bild 3.1 Durchgang eines gut gebündelten Strahls durch eine Schicht. Bei (a) erleidet jedes Teilchen viele Wechselwirkungen; bei (b) bleibt es entweder unbeeinflußt oder wird vernichtet.

die Hälfte der Teilchen aufgehalten und schließlich treten bei ausreichend großer Dicke gar keine Teilchen mehr aus. Die Abhängigkeit der Anzahl der durchgehenden Teilchen von der Absorberdicke zeigt Bild 3.3. Die Fluktuation der Reichweite wird als straggling bezeichnet.

„*Alles-oder-nichts"-Wechselwirkungen.* Wenn durch eine Wechselwirkung dem Strahl Teilchen verloren gehen, so sieht das charakteristische Verhalten des durchgehenden Strahls anders aus, als oben beschrieben. Da die durchgegangenen Teilchen keine Wechselwirkungen erfahren haben, hat der austretende Strahl dieselbe Energie- und Winkelverteilung wie der einfallende. In jeder differentiellen Schichtdicke dx der Schicht ist die Zahl der wechselwirkenden Teilchen proportional zu der Anzahl der einfallenden Teilchen. Die Proportionalitätskonstante wird als Absorptionskoeffizient μ bezeichnet:

$$dN = - N(x)\, \mu\, dx.$$

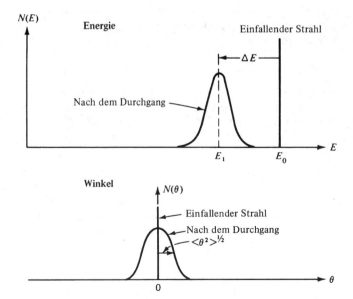

Bild 3.2 Energie und Winkelverteilung eines Strahls schwerer, geladener Teilchen vor und nach Durchlaufen eines Absorbers.

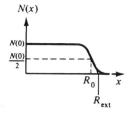

Bild 3.3 Reichweite schwerer geladener Teilchen. $N(x)$ ist die Anzahl von Teilchen, die durch einen Absorber der Dicke x geht. R_0 ist die mittlere Reichweite; R_{ext} nennt man die extrapolierte Reichweite.

Die Integration ergibt

(3.1) $\quad N(x) = N(0)e^{-\mu x}$.

Die Anzahl der durchgehenden Teilchen nimmt also exponentiell ab, wie in Bild 3.4 gezeigt. Eine Reichweite kann nicht definiert werden, aber die *mittlere Entfernung*, die ein Teilchen zurücklegt, bevor es wechselwirkt, heißt *mittlere freie Weglänge* und ist gleich $1/\mu$.

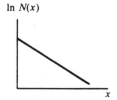

Bild 3.4 In Alles-oder-nichts-Wechselwirkungen nimmt die Zahl der durchgehenden Teilchen $N(x)$ exponentiell mit der Absorberdicke x ab.

3.2 Schwere geladene Teilchen

Schwere geladene Teilchen verlieren über die Coulombwechselwirkung Energie durch Stöße mit gebundenen Elektronen. Die Elektronen können dabei auf höhere diskrete Niveaus angehoben werden (Anregung) oder sie können aus dem Atom gestoßen werden (Ionisation). Die Ionisation überwiegt bei Teilchen mit großer Energie, verglichen mit der atomaren Bindungsenergie. Die Energieverlustrate durch Stöße mit Elektronen wurde klassisch von Bohr und quantenmechanisch von Bethe und Bloch berechnet.[1] Das Ergebnis, üblicherweise als Bethe-Bloch-Gleichung bezeichnet, lautet

(3.2) $\quad -\dfrac{dE}{dx} = \dfrac{4\pi n z^2 e^4}{m_e v^2} \left\{ \ln \dfrac{2 m_e v^2}{I[1-(v/c)^2]} - \left(\dfrac{v}{c}\right)^2 \right\}$.

Hier ist $-dE$ der Energieverlust in der Dicke dx, n ist die Anzahl der Elektronen pro cm^3 in der bremsenden Substanz; m_e ist die Elektronenmasse; ze und v sind die Ladung bzw. die Geschwindigkeit der Teilchen und I ist das mittlere Anregungspotential der Atome in der bremsenden Substanz. (Gleichung 3.2 ist eine Näherung, aber sie genügt für unsere Zwecke.)

---

[1] N. Bohr, *Phil. Mag.* **25**, 10 (1913); H. A. Bethe, *Ann. Physik* **5**, 325 (1930); F. Bloch, *Ann. Physik* **16**, 285 (1933).

Für praktische Anwendungen wird die Dicke des Absorbers nicht in Längeneinheiten gemessen, sondern in Einheiten von ρx, wobei ρ die Dichte ist. ρx wird gewöhnlich in g/cm² angegeben und wird bestimmt, indem man die Masse und den Querschnitt des Absorbers mißt und das Verhältnis der beiden Werte bildet. Der spezifische Energieverlust

$$\frac{dE}{d(\rho x)} = \frac{1}{\rho}\frac{dE}{dx}$$

wird tabelliert oder als Kurve dargestellt.

Bild 3.5 gibt den spezifischen Energieverlust von Protonen in Wasserstoff und Blei als Funktion der kinetischen Energie E_{kin} wieder. Bild 3.5 und Gl. 3.2 zeigen deutlich, wovon der Energieverlust schwerer Teilchen in Materie abhängt. Der spezifische Energieverlust ist proportional zur Anzahl der Elektronen im Absorber und proportional zum *Quadrat* der Teilchenladung. Bei einer bestimmten Energie, für Protonen etwa 1 GeV, gibt es ein *Ionisationsminimum*. Unterhalb des Minimums ist $dE/d(\rho x)$ proportional zu $1/v^2$. Folglich nimmt der Energieverlust eines nichtrelativistischen Teilchens in Materie zu, wenn es abgebremst wird. Gleichung 3.2 verliert jedoch ihre Gültigkeit, wenn die Teilchengeschwindigkeit vergleichbar oder kleiner als die Geschwindigkeit der Elektronen im Atom wird. Der Energieverlust nimmt dann wieder ab und die Kurve in Bild 3.5 nimmt unterhalb von etwa 1 MeV weniger stark zu. Oberhalb des Ionisationsminimums steigt $dE/d(\rho x)$ langsam an. Es ist oft nützlich, sich daran zu erinnern, daß der Energieverlust am Minimum und wenigstens zwei Größenordnungen darüber für alle Stoffe derselbe ist und zwar von der Größenordnung

(3.3) $\quad -\dfrac{dE}{d(\rho x)}$ (am Minimum) ≈ 2 MeV/g cm^{-2}.

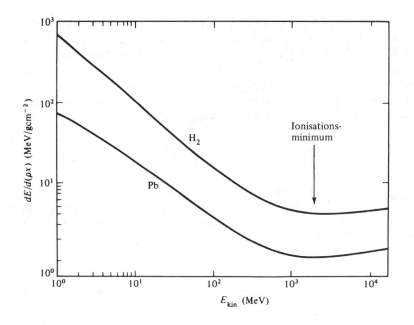

Bild 3.5 Spezifischer Energieverlust $dE/d(\rho x)$ von Protonen in Wasserstoff und Blei.

3.2 Schwere geladene Teilchen

Gleichung 3.2 zeigt auch, daß der spezifische Energieverlust nicht von der Masse des Teilchens abhängt (vorausgesetzt, sie ist viel größer als die des Elektrons), sondern nur von seiner Ladung und Geschwindigkeit. Die Kurven in Bild 3.5 gelten also außer für Protonen auch für andere schwere Teilchen, wenn die Energieskala entsprechend verschoben wird.

Die *Reichweite* eines Teilchens in einer gegebenen Substanz erhält man aus Gl. 3.2 durch Integration:

$$(3.4) \qquad R = \int_{T_0}^{0} \frac{dT}{(dT/dx)} \; .$$

Hier ist T die kinetische Energie und der Index 0 bezieht sich auf den Anfangswert. Einige nützliche Angaben über Reichweite und spezifischen Energieverlust sind in Bild 3.6 zusammengefaßt.

Zwei weitere Größen werden in Bild 3.2 gezeigt, die Verbreiterung des Energie- und Winkelbereichs, aber sie sind nicht wesentlich für den ersten Überblick über die subatomare Welt. Deshalb werden sie hier nicht erläutert. Nähere Erörterungen dazu findet man in der im Abschnitt 3.6 angegebenen Literatur.

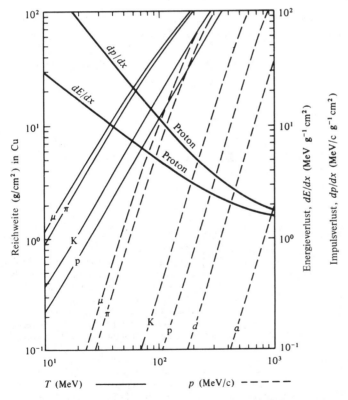

Bild 3.6 Spezifischer Energieverlust und Reichweite von schweren Teilchen in Kupfer. (Aus M. Roos et al., *Phys. Letters* **33B**, 18 (1970); siehe auch: Paricle Data Group, *Phys. Lett.*, **204 B** 1 (1988).) Die Größe x ist identisch mit ρx im Text.

3.3 Photonen

Photonen wechselwirken hauptsächlich durch drei Prozesse mit Materie:
1. Photoeffekt.
2. Compton-Effekt.
3. Paarerzeugung.

Die vollständige Behandlung der drei Prozesse ist ziemlich kompliziert und erfordert den Apparat der Quantenelektrodynamik. Die wesentlichen Tatsachen sind jedoch einfach. Im Photoeffekt wird das Photon von einem Atom absorbiert und ein Elektron wird aus einer Schale geworfen. Im Compton-Effekt wird das Photon an einem Elektron des Atoms gestreut. Bei der Paarerzeugung zerfällt das Photon in ein Elektron-Positron-Paar. Diese Reaktion ist im freien Raum unmöglich, da Energie und Impuls beim Zerfall des Photons in zwei massive Teilchen nicht gleichzeitig erhalten bleiben können. Im Coulombfeld eines Kerns, der für den Ausgleich der Energie- und Impulsbilanz sorgt, tritt Paarerzeugung jedoch auf.

Die Energieabhängigkeit der Reaktionen 1-3 ist sehr verschieden. Bei niedriger Energie, unterhalb weniger keV, überwiegt der Photoeffekt, der Compton-Effekt ist dort klein und die Paarerzeugung energetisch nicht möglich. Ab der Energie $2m_ec^2$ wird die Paarerzeugung möglich. Bei noch höheren Energien überwiegt sie völlig.

Zwei der drei Reaktionen, der Photoeffekt und die Paarerzeugung, vernichten die wechselwirkenden Photonen. In der Compton-Streuung verliert das gestreute Photon Energie. Die Alles-oder-nichts-Situation, wie sie in Abschnitt 3.1 beschrieben und in Bild 3.1 (b) dargestellt wird, ist deshalb hier eine gute Näherung und der austretende Strahl sollte ein exponentielles Verhalten zeigen, wie in Gl. 3.1 angegeben. Der Absorptionskoeffizient μ ist die Summe aus den drei Gliedern

(3.5) $\qquad \mu = \mu_{\text{Photo}} + \mu_{\text{Compton}} + \mu_{\text{Paar}}$

und jeder einzelne Koeffizient läßt sich genau berechnen. Das Verhalten der drei einzelnen und des gesamten Absorptionskoeffizienten wird in Bild 3.7 gezeigt. Die Photonenenergie $\hbar\omega$ ist, wie allgemein üblich, in Einheiten von $m_ec^2 = 0{,}511$ MeV dargestellt.

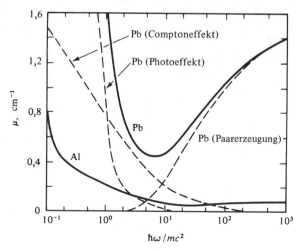

Bild 3.7
Der Gesamtabsorptionskoeffizient für γ-Strahlen in Blei und Aluminium als Funktion der Energie (durchgezogene Linien). Die Absorption durch den Photoeffekt in Aluminium ist bei dem hier betrachteten Energiebereich vernachlässigbar. Die gestrichelten Linien zeigen für Pb die Beiträge des Photoeffekts, der Compton-Streuung und der Paarerzeugung. Die Abszisse hat eine logarithmische Energieskala: $\hbar\omega/mc^2 = 1$ entspricht 511 keV. (Aus W. Heitler, *The Quantum Theory of Radiation*, The Clarendon Press, Oxford, 1936, p. 216).

3.4 Elektronen

Die Vorgänge, die zum Energieverlust bei Elektronen führen, unterscheiden sich von denen bei schweren Teilchen aus mehreren Gründen. Der wichtigste Unterschied ist der Energieverlust durch Strahlung. Dieser Mechanismus ist für schwere Teilchen unerheblich, für hochenergetische Elektronen dagegen vorherrschend. Die Strahlung macht es notwendig, zwei Energiebereiche getrennt zu betrachten. Bei Energiewerten weit unterhalb der *kritischen Energie* E_c, die näherungsweise durch

$$(3.6) \qquad E_c \approx \frac{600 \text{ MeV}}{Z}$$

gegeben ist, überwiegt die Anregung und Ionisation der gebundenen Absorberelektronen. In Gl. 3.6 ist Z die Ladungszahl der bremsenden Atome. Oberhalb der kritischen Energie überwiegen dann die Strahlungsverluste. Wir werden deshalb beide Bereiche getrennt behandeln.

Ionisationsbereich ($E < E_c$). In diesem Bereich ist der Energieverlust eines Elektrons und eines Protons gleicher Geschwindigkeit etwa derselbe und Gl. 3.2 kann mit kleinen Änderungen übernommen werden. Es gibt jedoch einen gewichtigen Unterschied, der in Bild 3.8 skizziert ist. Der Weg eines schweren Teilchens ist gerade und die Funktion $N(x)$ wird von Bild 3.3 wiedergegeben. Das Elektron erleidet auf Grund seiner kleinen Masse viele Streuungen um beträchtliche Winkel. Das Verhalten der durchgehenden Elektronen als Funktion der Absorberdicke ist in Bild 3.8 skizziert. Dort wird eine extrapolierte Reichweite R_p definiert. Etwa zwischen 0,6 und 12 MeV folgt die extrapolierte Reichweite in Aluminium der linearen Beziehung

$$(3.7) \qquad R_p \text{ (in g/cm}^2\text{)} = 0{,}526 \, E_{\text{kin}} \text{ (in MeV)} - 0{,}094.$$

Strahlungsbereich ($E > E_c$). Auf ein geladenes Teilchen, das an einem Kern mit der Ladung Z_e vorbeifliegt, wirkt die Coulombkraft und lenkt es ab, siehe Bild 3.9 (a). Dieser Vorgang

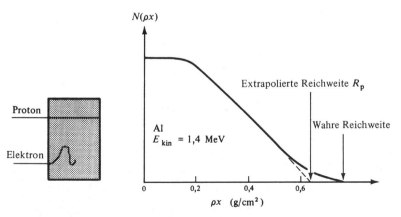

Bild 3.8 Durchgang eines Protons und eines Elektrons mit gleicher Gesamtweglänge durch einen Absorber. Das Verhalten von $N(x)$ für Elektronen ist rechts gegeben.

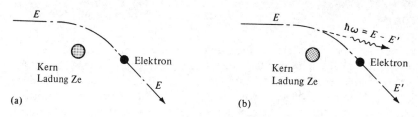

Bild 3.9 Coulombstreuung. (a) Elastische Streuung. (b) Das beschleunigte Elektron strahlt Energie in Form eines Photons ab (Bremsstrahlung).

wird als *Coulombstreuung* bezeichnet. Die Ablenkung beschleunigt (bzw. bremst) das vorbeifliegende Teilchen. Wie in Abschnitt 2.5 ausgeführt wurde, strahlen beschleunigte geladene Teilchen. Im Fall des Elektrons im Synchrotron heißt die Strahlung *Synchrotronstrahlung*; im Fall des geladenen Teilchens, das im Coulombfeld des Kerns gestreut wird, heißt sie *Bremsstrahlung*.

Die Gleichungen 2.21 und 2.22 zeigen, daß bei gleicher Beschleunigung die an die Photonen abgegebene Energie proportional zu $(E/mc^2)^4$ ist. Die Bremsstrahlung ist deshalb ein wichtiger Mechanismus für den Energieverlust der Elektronen, aber nur sehr klein bei schweren Teilchen wie Myonen, Pionen oder Protonen.

Tatsächlich wurde Gl. 2.21 mit Hilfe der klassischen Elektrodynamik berechnet. Die Bremsstrahlung muß jedoch quantenmechanisch behandelt werden. Bethe und Heitler haben dies durchgeführt und die wesentlichen Ergebnisse sind die folgenden.[2] Die Anzahl der Photonen mit Energiewerten zwischen $\hbar\omega$ und $\hbar(\omega + d\omega)$, die von einem Elektron der Energie E im Feld eines Kerns mit der Ladung Ze erzeugt werden, ist proportional zu Z^2/ω:

$$(3.8) \qquad N(\omega)d\omega \propto Z^2 \frac{d\omega}{\omega}.$$

Durch die Aussendung dieser Photonen verlieren die Elektronen Energie und der Abstand, in dem die Energie um den Faktor e abnimmt, heißt *Strahlungslänge* und wird üblicherweise als X_0 bezeichnet. Für eine große Elektronenenergie ist der Strahlungsverlust, in Einheiten von X_0,

$$(3.9) \qquad -\left(\frac{dE}{dx}\right)_{rad} \approx \frac{E}{X_0} \quad \text{oder} \quad E = E_0 \exp(-x/X_0).$$

Die Strahlungslänge wird entweder in g/cm² oder in cm angegeben. Ein paar Werte von X_0 und der kritischen Energie E_c sind in Tabelle 3.1 aufgeführt.

Nach Gl. 3.9 nimmt die Energie eines hochenergetischen Elektrons exponentiell ab und nach etwa sieben Strahlungslängen ist nur noch ein Tausendstel der Anfangsenergie übrig. Betrachtet man jedoch nur das primäre Elektron, so führt dies zu Fehlschlüssen. Viele der Bremsstrahlungsphotonen haben eine Energie weit über 1 MeV und können ihrerseits

---

[2] H. A. Bethe and W. Heitler, *Proc. Roy. Soc.* (London) **A 146**, 83 (1934).

3.4 Elektronen

Tabelle 3.1 Werte für die kritische Energie E_c und die Strahlungslänge X_0 für verschiedene Substanzen

Material	Z	Dichte (g/cm³)	Kritische Energie(MeV)	Strahlungslänge g/cm²	cm
H_2 (flüssig)	1	0,071	340	62,8	887
He (flüssig)	2	0,125	220	93,1	745
C	6	1,5	103	43,3	28
Al	13	2,70	47	24,3	9,00
Fe	26	7,87	24	13,9	1,77
Pb	82	11,35	6,9	6,4	0,56
Luft		0,0012	83	37,2	30 870
Wasser		1	93	36,4	36,4

Elektron-Positron-Paare erzeugen (Abschnitt 3.3). Tatsächlich hängt die mittlere freie Weglänge, d.h. die mittlere Entfernung X_p, die ein Photon zurücklegt, bevor es ein Paar erzeugt, auch mit der Strahlungslänge zusammen:

$$(3.10) \quad X_p = \frac{9}{7} X_0.$$

In aufeinanderfolgenden Schritten erzeugt ein hochenergetisches Elektron einen ganzen *Schauer*. (Natürlich kann der Schauer auch durch ein Photon ausgelöst werden). Die genaue Theorie eines solchen Schauers ist sehr kompliziert und wird in der Praxis mit Computern durchgerechnet. Bild 3.10 zeigt die Anzahl n der Elektronen in einem Schauer als Funktion der Absorberdicke. Die Energie E_0 der einfallenden Elektronen wird in Einheiten der kritischen Energie gemessen. Die Dicke ist in Einheiten der Strahlungslänge X_0 angegeben. Bild 3.10 demonstriert das Anwachsen und den Tod eines Schauers. Die Elektronenzahl nimmt am Anfang sehr schnell zu. Mit der fortschreitenden Entwicklung der Kaskade nimmt die mittlere Energie pro Elektron (oder pro Photon) ab. Ab einem bestimmten Punkt wird sie so klein, daß die Photonen keine Paare mehr erzeugen können und der Schauer stirbt.

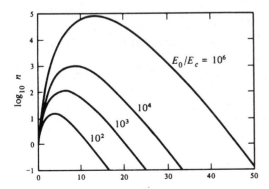

Bild 3.10 Anzahl n von Elektronen in einem Schauer als Funktion der durchquerten Dicke t, in Strahlungslängen. (Diese Kurven wurden der Arbeit von B. Rossi und K. Greisen, *Rev. Modern Phys.* **13**, 240 (1941) entnommen).

3.5 Kernwechselwirkungen

Wenn der Durchgang von Teilchen durch Materie vollkommen von den Erscheinungen, die in den Abschnitten 3.1-3.4 beschrieben wurden, beherrscht wird, dann würden neutrale Teilchen jedes Material unbeeinflußt durchdringen und Myonen und Protonen derselben Energie würden ungefähr die gleiche Reichweite haben. Die Beobachtungen zeigen etwas anderes: Die elektrisch neutralen Neutronen haben eine starke, kurzreichweitige Wechselwirkung mit Materie, und hochenergetische Protonen haben eine viel kürzere Reichweite als Myonen. Der Grund für dieses Verhalten und für die Diskrepanz zwischen dieser naiven Erwartung und der Wirklichkeit liegt in der Vernachlässigung der Kernwechselwirkungen. Die Abschnitte 3.1-3.4 basieren ausschließlich auf der elektromagnetischen Wechselwirkung, und die nichtelektromagnetischen Kräfte zwischen den Kernen und den durchdringenden Teilchen werden vernachlässigt. Diese Wechselwirkungen, die hadronischen (starken) und die schwachen, stellen das zentrale Thema der subatomaren Physik dar und werden in den folgenden Teilen beschrieben und erforscht.

3.6 Literaturhinweise

Die Ideen, die der Berechnung des Energieverlustes geladener Teilchen in Materie zugrundeliegen, sind bei N. Bohr, „Penetration of Atomic Particles Through Matter", *Kgl. Dankse Videnskab. Selskab Mat-fys Medd.* XVIII, No. 8 (1948), und bei E. Fermi, *Nuclear Physics*, ein von J. Orear, A. H. Rosenfeld, and R. A. Schluter, Unvivercity of Chicago Press, 1950, gesammeltes Skriptum, gut beschrieben.

Einzelheiten über den Durchgang von Strahlung durch Materie, Tabellen, Bilder und weitere Literaturhinweise findet man in folgenden Artikeln:

H. A. Bethe und J. Ashkin, in *Experimental Nuclear Physics*, Vol. 1 (E. Segrè, ed.), Wiley, New York, 1953. Dieser Artikel ist das grundlegende Werk und die meisten späteren Veröffentlichungen beziehen sich auf ihn.

R. M. Sternheimer, in *Methods of Experimental Physics*, Vol. 5: Nuclear Physics (L. C. L. Yuan and C. S. Wu, eds.); Academic Press, New York, 1961.

G. Knop und W. Paul; ferner C. M. Davisson, in *Alpha-, Beta- und Gamma-Ray Spectroscopy* (K. Siegbahn, ed.), North-Holland, Amsterdam, 1965.

Weitere Literaturhinweise werden in W. P. Trower, „Resource Letter PD-1 on Particle Detectors", *Am. J. Phys.* 38, 795 (1970), aufgezählt und beschrieben.

Kurven, Tabellen und Gleichungen, die den Durchgang von Strahlung durch Materie betreffen, stehen auch in *American Institute of Physics Handbook*, 3rd ed., McGraw-Hill, New York, 1972, Section 8 und in the Particle Data Group's *Review of Particle Properties*; der letzte dieser Berichte ist in *Phys. Lett.* **204**, 1 (1988) veröffentlicht.

Aufgaben

3.1 Ein Beschleuniger erzeugt einen Strahl von Protonen mit der kinetischen Energie 100 MeV. Für ein bestimmtes Experiment wird eine Protonenenergie von 50 MeV verlangt. Berechnen Sie die Dicke eines

Aufgaben 47

(a) Kohle- und
(b) Bleiabsorbers,

jeweils in cm und in g/cm², die zur Abschwächung der Strahlenergie von 100 auf 50 MeV nötig sind. Welcher Absorber ist vorzuziehen? Warum?

3.2 Ein Zähler muß in einem Myonenstrahl von 100 MeV kinetischer Energie aufgestellt werden. Es soll jedoch kein Myon den Zähler erreichen. Wieviel Kupfer braucht man, um alle Myonen aufzuhalten?

3.3 Wir haben festgestellt, daß der Durchgang geladener Teilchen durch Materie von atomaren und nicht von nuklearen Wechselwirkungen beherrscht wird. Wann gilt dies nicht mehr, d.h. wann werden die Wechselwirkungen mit den Kernen wichtig?

3.4 Am Ende eines Beschleunigers braucht man eine Strahlabschirmung, um zu verhindern, daß die Teilchen sich selbständig machen. Wie viele m fester Erde würde man am FNAL brauchen, um die 200 GeV Protonen aufzuhalten, wenn man nur elektromagnetische Wechselwirkungen annimmt? Warum ist die tatsächliche Strahlabschirmungslänge kleiner?

3.5 Myonen aus der kosmischen Strahlung werden noch in mehr als 1 km unter der Erde liegenden Bergwerken beobachtet. Wie groß ist die minimale Anfangsenergie dieser Myonen? Warum beobachtet man keine Protonen oder Pionen aus der kosmischen Strahlung in diesen unterirdischen Laboratorien?

3.6 Erläutern Sie die einfachste Herleitung von Gl. 3.2

3.7 Zeigen Sie, daß die mittlere freie Weglänge eines Teilchens, dessen Absorption nach Gl. 3.1 exponentiell verläuft, durch $1/\mu$ gegeben ist.

3.8 Ein Protonenstrahl von 1 mA mit der kinetischen Energie 800 MeV geht durch einen Kupferwürfel von 1 cm³. Berechnen Sie die maximal pro s an das Kupfer abgegebene Energie. Nehmen Sie an, der Kupferwürfel sei thermisch isoliert und berechnen Sie den Temperaturanstieg pro s.

3.9 Vergleichen Sie den Energieverlust des nichtrelativistischen π^+, K^+, d, $^3He^{2+}$, $^4He^{2+} \equiv \alpha$ mit dem der Protonen gleicher Energie in demselben Material.

3.10 In einem Experiment treten α-Teilchen der Energie 200 MeV durch eine Kupferfolie von 0,1 mm Dicke in eine Streukammer ein.
(a) Bestimmen Sie mit Gl. 3.2 die Energie des Protonenstrahls, der denselben Energieverlust wie der α-Strahl hat.
(b) Berechnen Sie den Energieverlust.

3.11 Skizzieren Sie die Ionisation entlang des Weges eines schweren geladenen Teilchens (Bragg-Kurve) mit Hilfe von Gl. 3.2 und Bild 3.5 Was passiert bei sehr niedriger Energie, d.h. gegen Ende der Teilchenspur? Das Verhalten für sehr kleine Energien ist nicht in Gl. 3.2 oder in Bild 3.5 enthalten – es muß den Literaturstellen in Abschnitt 3.5 entnommen werden.

3.12 Berechnen Sie mit Hilfe von Gl. 3.2 zahlenmäßig den Energieverlust von Protonen mit 20 MeV in Aluminium ($I = 150$ eV).

3.13 Eine radioaktive Quelle emittiert γ-Strahlen von 1,1 MeV Energie. Die Intensität dieser γ-Strahlen muß durch einen Bleibehälter um den Faktor 10^4 reduziert werden. Wie dick (in cm) müssen die Wände des Behälters sein?

3.14 ^{57}Fe hat ein γ-Strahlung von 14 keV Energie. Eine Quelle befindet sich in einem Metallzylinder. Wünschenswert wäre eine Austrittsrate von 99%. Wie dünn müssen dann die Wände des Zylinders aus
(a) Aluminium
(b) Blei
sein?

3.15 Eine Quelle emittiert γ-Strahlen von 14 und 6 keV. Die γ-Strahlen mit 6 keV sind 10 mal intensiver als die Strahlen mit 14 keV. Suchen Sie einen Absorber, der die Intensität der Strahlung von 6 keV um den Faktor 10^3 verkleinert, aber die Strahlung von 14 keV so wenig wie möglich stört. Welche Wahl treffen Sie? Um welchen Faktor wird die Intensität der 14 keV reduziert?

3.16 Die drei in Abschnitt 3.3 besprochenen Prozesse sind nicht die einzigen Wechselwirkungen von Photonen. Zählen Sie andere Photonenwechselwirkungen auf und erläutern Sie sie kurz.

3.17 Eine radioaktive Quelle enthält zwei γ-Strahler gleicher Intensität, mit den Energiewerten 85 bzw. 90 keV. Berechnen Sie die Intensität der zwei γ-Linien nach Durchlaufen eines Bleiabsorbers von 1 mm Dicke. Erläutern Sie das Ergebnis.

3.18 Elektronen mit der kinetischen Energie 1 MeV sollen in einem Absorber aufgehalten werden. Wie dick (in cm) muß der Absorber sein?

3.19 Wie groß ist die Energie eines Elektrons, das etwa dieselbe gesamte (wahre) Weglänge wie ein Proton von 10 MeV zurücklegt?

3.20 Ein Elektron mit 10^3 GeV Energie trifft auf die Meeresoberfläche. Beschreiben Sie das Schicksal des Elektrons. Wie groß ist die maximale Anzahl von Elektronen in dem resultierenden Schauer? In welcher Tiefe (in m) tritt das Maximum auf?

3.21 Ein Elektron von 10 GeV aus dem Stanford-Linearbeschleuniger (SLAC) geht durch eine 1 cm dicke Aluminiumplatte. Wieviel Energie geht verloren?

3.22 Zeigen Sie, daß die Paarerzeugung ohne Anwesenheit eines Kerns, der den Rückstoßimpuls aufnimmt, nicht möglich ist.

3.23 Zeigen Sie, daß die Energie, die maximal von einem Elektron bei einem Stoß mit einem Teilchen der kinetischen Energie T und der Masse $M(M \gg m_e)$ aufgenommen werden kann, $(4m_e/M)T$ ist.

4 Detektoren

Was würde ein Physiker tun, den man bittet, Geister oder Telepathie zu untersuchen? Wir können es vermuten. Es würde wahrscheinlich (1) die Literatur durchsehen und (2) versuchen, einen Detektor zur Beobachtung von Geistern und zum Empfang telepathischer Signale zu entwickeln. Der erste Schritt ist von zweifelhaftem Wert, da er leicht von der Wahrheit wegführen kann. Der zweite Schritt jedoch wäre wesentlich. Ohne einen Detektor, der dem Physiker die *Messung* seiner Beobachtungen erlaubt, würde die Ankündigung der Entdeckung von Geistern von *Physical Review Letters* zurückgewiesen werden. Genauso wichtig sind Detektoren in der experimentellen subatomaren Physik, deren Geschichte weitgehend die Geschichte von immer weiterentwickelten Detektoren ist. Selbst ohne Beschleuniger, nur mit den spärlichen Teilchen der kosmischen Strahlung, kann man schon sehr viel lernen, indem man die Detektoren vergrößert und verbessert. In diesem Kapitel werden verschiedene Typen von Detektoren besprochen. Es soll dabei nicht um modernste und feinste Apparate gehen, sondern es soll ein Verständnis für die zugrundeliegenden Ideen geschaffen werden. Wir fügen dann noch einen kurzen Abschnitt über Elektronik an, da diese ein integraler Bestandteil jedes Detektorsystems ist.

4.1 Szintillationszähler

Der erste Szintillationszähler, Spinthariskop genannt, wurde 1903 von Sir William Crookes gebaut. Er bestand aus einem ZnS-Schirm und einem Mikroskop; trafen α-Teilchen auf den Schirm, so sah man einen Lichtblitz. 1910 führten Geiger und Marsden das erste Koinzidenzexperiment durch. Wie Bild 4.1 zeigt, verwendeten sie zwei Schirme, S_1 und S_2, mit zwei Beobachtern an den Mikroskopen M_1 und M_2. Wenn das radioaktive Gas zwischen den beiden Schirmen innerhalb einer „kurzen" Zeit zwei α-Teilchen aussandte und jedes auf einen Schirm traf, sahen beide Beobachter einen Blitz. Wahrscheinlich verständigten sie sich durch Zuruf über die Ankuftszeit der Teilchen.

Das menschliche Auge ist langsam und unzuverlässig, und der Szintillationszähler wurde deshalb für viele Jahre aufgegeben. Er wurde jedoch 1944 mit einem Photomultiplier (Sekundärelektronenvervielfacher, SEV) anstelle des Auges wieder eingeführt. Den grundlegenden Aufbau eines modernen Szintillationszählers zeigt Bild 4.2. Ein Szintillator ist mit einem (oder mehreren) Photomultipliern über einen Lichtleiter verbunden. Ein Teilchen, das durch den Szintillator geht, erzeugt Anregungen. Diese werden durch Ausstrahlung von Photonen wieder abgegeben. Die Photonen werden dann durch einen entsprechend

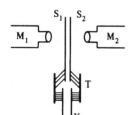

Bild 4.1 Koinzidenzmessung mit dem Auge. (Aus E. Rutherford, *Handbuch der Radiologie*, Band II, Akademische Verlagsgesellschaft, Leipzig, 1913).

geformten Lichtleiter zur Photokathode des Photomultipliers übertragen. Dort lösen sie Elektronen aus, die beschleunigt und in die erste Dynode fokussiert werden. Jedes primäre Elektron, das auf eine Dynode trifft, löst zwei bis fünf Sekundärelektronen aus. Ein moderner Photomultiplier hat bis zu 14 Vervielfältigungsstufen und erreicht eine Gesamtverstärkung bis zu 10^9. Die wenigen einfallenden Photonen erzeugen also einen meßbaren Impuls am Ausgang des Photomultipliers. Die Form des Impulses ist in Bild 4.2 schematisch dargestellt. Die Impulshöhe ist proportional der im Szintillator abgegebenen Gesamtenergie.

Zwei Arten von Szintillationszählern werden allgemein verwendet, Natriumjodid und Plastikmaterialien. *Natriumjodidkristalle* werden üblicherweise mit etwas Thallium dotiert und als NaJ(Tl) bezeichnet. Die Tl-Atome dienen als Leuchtzentren. Die Nachweiswahrscheinlichkeit dieser anorganischen Kristalle für γ-Strahlen ist groß, aber die Impulse fallen langsam ab, in etwa 0,25 µs. Ferner ist NaJ(Tl) hygroskopisch und große Kristalle sind sehr teuer. *Plastikszintillatoren*, z.B. Polystyrene mit Terphenylen-Zusätzen, sind billig. Man kann sie als große Folie kaufen und zu nahezu jeder gewünschten Form verarbeiten. Die Abklingzeit beträgt wenige ns, aber dafür ist die Nachweiswahrscheinlichkeit für Photonen niedrig. Sie werden deshalb hauptsächlich zum Nachweis geladener Teilchen benutzt.

Hier sind ein paar Bemerkungen über das Beobachtungsverfahren von γ-Strahlen in NaJ(Tl)-Kristallen angebracht. Für γ-Strahlen von weniger als 1 MeV sind nur der Photoeffekt und der Compton-Effekt zu berücksichtigen. Der Photoeffekt liefert ein Elektron mit der Energie $E_e = E_\gamma - E_b$, wobei E_b die Bindungsenergie des Elektrons vor dem Stoß mit dem Photon ist. Das Elektron wird in der Regel im Kristall vollständig absorbiert. Die

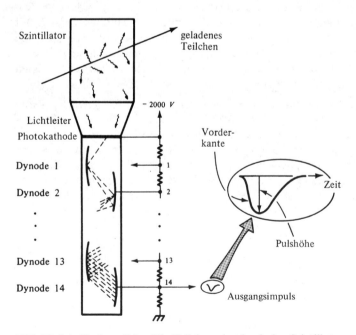

Bild 4.2 Szintillationszähler. Ein Teilchen, das durch den Szintillator geht, erzeugt Licht, das durch einen Lichtleiter auf einen Photomultiplier übertragen wird.

4.1 Szintilationszähler

an den Kristall abgegebene Energie erzeugt eine Anzahl von Lichtquanten, die man im Photomultiplier sieht. Die Photonen ihrerseits liefern einen Impuls proportional zu E_e mit einer bestimmten Breite ΔE. Diesen Photopeak mit der vollen Energie zeigt Bild 4.3. Die Energie der Elektronen aus dem Compton-Effekt hängt von dem Winkel ab, um den sie gestreut werden. Der Compton-Effekt liefert also ein Spektrum, wie in Bild 4.3 angegeben. Die Breite des Photopeaks, auf halber Höhe des Maximalwerts gemessen, hängt von der Anzahl der vom einfallenden γ-Strahl erzeugten Lichtquanten ab. Typische Werte für $\Delta E/E_\gamma$ sind etwa 20% bei $E_\gamma = 100$ keV und 6-8% bei 1 MeV. Bei Energiewerten über 1 MeV kann der einfallende γ-Strahl ein Elektron-Positron-Paar erzeugen. Das Elektron wird absorbiert und das Positron zerstrahlt in zwei Photonen von 0,51 MeV. Diese Photonen können unter Umständen aus dem Kristall entweichen. Die abgegebene Energie ist E_γ, wenn kein Photon entkommt, $E_\gamma - m_e c^2$, wenn eines entkommt und $E_\gamma - 2m_e c^2$, falls beide Vernichtungsphotonen entkommen.

Zur Energieauflösung $\Delta E/E$ sind einige zusätzliche Überlegungen notwendig. Reicht eine Auflösung von 10% aus, um γ-Strahlen aus Kernen zu untersuchen? In einigen Fällen trifft dies zu. Bei vielen Gelegenheiten haben jedoch γ-Strahlen so nahe beieinanderliegende Energiewerte, daß ein Szintillationszähler sie nicht trennen kann. Bevor wir einen Zähler mit besserer Auflösung besprechen, müssen wir erst verstehen, was zur Breite beiträgt. Der Ablauf der Ereignisse in einem Szintillationszähler geht folgendermaßen vor sich: Die einfallenden γ-Strahlen erzeugen ein Photoelektron mit der Energie $E_e \approx E_\gamma$. Das Photoelektron erzeugt über Anregung und Ionisation n_{lq} Lichtquanten, jedes mit einer Energie von $E_{lq} \approx 3$ eV ($\lambda \approx 400$ nm). Um Verwechslungen zu vermeiden, nennen wir das einfallende Photon γ-*Strahl* und das optische Photon *Lichtquant*. Die Anzahl der Lichtquanten ist durch

$$n_{lq} \approx \frac{E_\gamma}{E_{lq}} \varepsilon_{Licht}$$

gegeben, wobei ε_{Licht} der Wirkungsgrad ist, mit dem die Anregungsenergie in Lichtquanten verwandelt wird. Von den n_{lq} Lichtquanten wird nur der Bruchteil ε_{ges} an der Kathode des Photomultipliers gesammelt. Jedes Lichtquant, das auf die Kathode trifft, hat die

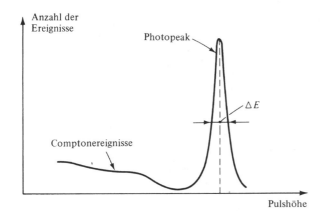

Bild 4.3
Szintillationsspektrum von γ-Strahlen mit einem NaJ(Tl)-Kristall aufgenommen.

Wahrscheinlichkeit $\varepsilon_{Kathode}$ ein Elektron herauszuschlagen. Die Anzahl n_e der am Eingang des Photomultipliers erzeugten Elektronen ist deshalb

(4.1) $$n_e = \frac{E_\gamma}{E_{lq}} \varepsilon_{Licht}\, \varepsilon_{ges}\, \varepsilon_{Kathode}.$$

Typische Werte für die Wirkungsgrade sind

$$\varepsilon_{Licht} \approx 0{,}1;\quad \varepsilon_{ges} \approx 0{,}4;\quad \varepsilon_{Kathode} \approx 0{,}2.$$

So ergibt sich z.B. für ein γ-Quant mit 1 MeV eine Elektronenausbeute von $n_e \approx 3 \times 10^3$. (Der Wert $\varepsilon_{Licht} \approx 0{,}1$ gilt für den NaJ(Tl)-Kristall; der entsprechende Wert für Plastikszintillatoren ist etwa 0,03). Da alle Prozesse in Gl. 4.1 statistisch sind, wird n_e Fluktuationen unterworfen sein und diese Fluktuationen liefern den größten Beitrag zur Linienbreite. Eine zusätzliche Verbreiterung rührt von der Verstärkung im Photomultiplier her, da diese ebenfalls statistisch erfolgt. Vor der weiteren Besprechung der Linienbreite schweifen wir hier ab, um erst einige der grundlegenden statistischen Begriffe zu erläutern.

4.2 Statistische Betrachtungen

Zufallsprozesse spielen eine wichtige Rolle in der subatomaren Physik. Das Standardbeispiel ist die Ansammlung radioaktiver Atome, von denen jedes unabhängig von allen anderen zerfällt. Wir werden hier ein äquivalentes Problem besprechen, das im vorhergehenden Abschnitt auftauchte, nämlich die Erzeugung von Elektronen an der Photokathode eines Multipliers. Die zu beantwortende Frage ist in Bild 4.4 illustriert. Jedes einfallende Photon erzeugt n Photoelektronen am Ausgang. Wir können die Messung der austretenden Elektronen N mal wiederholen, wobei N sehr groß ist. In jeder dieser N identischen Messungen werden wir eine Zahl n_i, $i = 1, \ldots , N$ finden. Die *mittlere* Anzahl der Elektronen am Ausgang ist dann

(4.2) $$\tilde{n} = \frac{1}{N} \sum_{i=1}^{N} n_i.$$

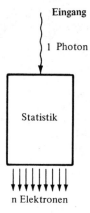

Bild 4.4
Erzeugung von Photoelektronen als stochastischer Prozeß.

4.2 Statistische Betrachtungen

Es stellt sich nun die Frage: Wie sind die verschiedenen Werte n_i um $\tilde{n}$ verteilt? Oder, die gleiche Frage anders formuliert: Wie groß ist die Wahrscheinlichkeit $P(n)$, einen speziellen Wert n in einer bestimmten Messung zu finden, wenn die mittlere Anzahl $\tilde{n}$ ist? Oder, um es noch deutlicher zu machen, betrachten wir einen Prozeß, bei dem die mittlere Anzahl der Elektronen am Ausgang klein ist, sagen wir $\tilde{n} = 3{,}5$. Wie groß ist die Wahrscheinlichkeit, den Wert $n = 2$ zu finden? Nach der Lösung dieses Problems wurde lange gesucht[1]: Die Wahrscheinlichkeit $P(n)$, n Ereignisse zu beobachten, wird durch die *Poissonverteilung* beschrieben,

$$(4.3) \qquad P(n) = \frac{(\tilde{n})^n}{n!} e^{-\tilde{n}},$$

wobei $\tilde{n}$ der durch Gl. 4.2 definierte Mittelwert ist. Wie bei allen Wahrscheinlichkeitsverteilungen ist die Summe über alle n gleich eins, $\sum_{n=0}^{\infty} P(n) = 1$. Mit Gl. 4.3 kann man die vorher gestellten Fragen beantworten. Mit $\tilde{n} = 3{,}5$ und $n = 2$ ergibt sich für unser Beispiel aus Gl. 4.3 $P(2) = 0{,}185$. Es können nun die Wahrscheinlichkeiten beliebiger Werte von n einfach berechnet werden. Die entsprechende Werteverteilung (Histogramm) ist in Bild 4.5 gegeben. Sie zeigt, daß die Verteilung sehr breit ist. Es gibt eine nicht zu vernachlässigende Wahrscheinlichkeit, so kleine Werte wie Null oder so große Werte wie 9 zu messen. Wenn wir nur ein Experiment durchführen und z.B. $n = 7$ messen, wissen wir nicht, wie groß der Mittelwert sein wird.

Ein Blick auf Bild 4.5 zeigt, daß es nicht ausreicht, den Mittelwert $\tilde{n}$ zu messen und festzuhalten. Die Messung der *Breite* der Verteilung ist genauso wichtig. Üblicherweise wird die Breite einer Verteilung durch die *Streuung* σ^2 charakterisiert:

$$(4.4) \qquad \sigma^2 = \sum_{n=0}^{\infty} (\tilde{n} - n)^2 P(n),$$

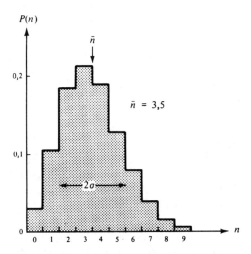

Bild 4.5 Histogramm der Poissonverteilung für $\tilde{n} = 3{,}5$. Die Verteilung ist nicht symmetrisch bezüglich $\tilde{n}$.

---

[1] Die Herleitung findet man z.B. in H. D. Young, *Statistical Treatment of Experimental Data*, McGraw-Hill, New York, 1962, Gl. 8.5.

oder durch die Wurzel aus der Streuung, die man als *Standardabweichung* bezeichnet. Für die Poissonverteilung Gl. 4.3 lassen sich die Streuung und die Standardabweichung leicht berechnen. Sie sind

(4.5) $\qquad \sigma^2 = \tilde{n}, \quad \sigma = \sqrt{\tilde{n}}.$

Für kleine Werte von $\tilde{n}$ ist die Verteilung nicht symmetrisch um $\tilde{n}$, wie aus Bild 4.5 ersichtlich ist.

Bis jetzt haben wir die Poissonverteilung für *kleine* Werte von n besprochen. Eine entsprechende experimentelle Situation tritt z.B. an der ersten Dynode eines Photomultipliers auf, wo jedes einfallende Elektron zwei bis fünf Sekundärelektronen erzeugt. Die Daten werden dann als Histogramme wie in Bild 4.5 angegeben. Bei vielen Gelegenheiten kann $\tilde{n}$ aber sehr *groß* werden. Im Fall des im vorhergehenden Abschnitt besprochenen Szintillationszählers ist die Zahl der Photoelektronen im Mittel $\tilde{n} = 3 \times 10^3$. Für $\tilde{n} \gg 1$ wird die Auswertung von Gl. 4.3 mühsam. Für große n kann man jedoch $\tilde{n}$ als kontinuierliche Variable betrachten und Gl. 4.3 durch

(4.6) $\qquad P(n) = \dfrac{1}{(2\pi n)^{1/2}} \, \exp\left(\dfrac{-(\tilde{n}-n)^2}{2n}\right)$

annähern, was einfacher zu berechnen ist. Ferner wird das Verhalten von $P(n)$ jetzt durch den Faktor $(\tilde{n}-n)^2$ im Exponenten bestimmt. Insbesondere kann man nahe dem Mittelwert der Verteilung n durch $\tilde{n}$ ersetzen, außer im Faktor $(\tilde{n}-n)^2$, und es ergibt sich

(4.7) $\qquad P(n) = \dfrac{1}{(2\pi \tilde{n})^{1/2}} \, \exp\left(\dfrac{-(\tilde{n}-n)^2}{2\tilde{n}}\right)$

Dieser Ausdruck ist symmetrisch um $\tilde{n}$ und wird als *Normal-* oder *Gaußverteilung* bezeichnet. Die Standardabweichung und die Streuung sind durch Gl. 4.5 gegeben. Als ein Beispiel für den Bereich, in dem die Poissonverteilung durch die Normalverteilung ersetzt werden kann, zeigen wir in Bild 4.6 $P(n)$ für $\tilde{n} = 3 \times 10^3$, die Anzahl von Photoelektronen unseres Beispiels im vorhergehenden Abschnitt. Die Standardabweichung ist gleich $(3 \times 10^3)^{1/2} = 55$, was eine relative Abweichung von $\sigma/\tilde{n} \approx 2\%$ ergibt. Um den Wert mit $\Delta E/E_\gamma$ zu vergleichen, erinnern wir uns, daß ΔE die *volle* Breite des halben Maximus (Halbwertsbreite) ist. Mit Gl. 4.5 und Gl. 4.7 sieht man sofort, daß Δn, die Halbwertsbreite (FWHM), über

$$\Delta n = 2{,}35\sigma$$

mit der Standardabweichung zusammenhängt. Mit $\Delta E/E_\gamma = \Delta n/\tilde{n}$ ergibt sich die erwartete relative Energieauflösung zu etwa 5%. Da noch zusätzliche Fluktuationen zu berücksichtigen sind, z.B. im Multiplier, ist die Übereinstimmung mit der experimentell beobachteten Auflösung von 6-8% befriedigend.

Als ein anderes Beispiel wenden wir die statistischen Betrachtungen auf ein Experiment an, bei dem die Größe n N-mal gemessen wird und n einer gaußschen Verteilung gehorcht. Die Streuung σ^2 wird durch die Meßwerte n_i und den Mittelwert $\tilde{n}$ aus der Beziehung

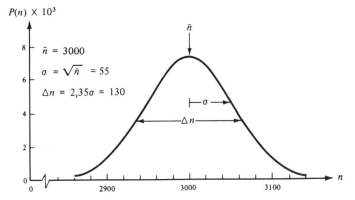

Bild 4.6 In der Umgebung von $\tilde{n}$ wird für $\tilde{n} \gg 1$ die Poissonverteilung zu einer Normalverteilung.

$$\sigma^2 = \overline{(\tilde{n} - n_i)^2} = \frac{1}{N} \sum_{i=1}^{N} (\tilde{n} - n_i)^2$$

bestimmt. Man beachte, daß σ^2 nicht mit ansteigendem N abfällt; es beschreibt die Breite der Verteilung. Trotzdem wird der Wert von $\tilde{n}$ mit ansteigendem N genauer bekannt. Diese Tatsache wird durch die mittlere quadratische Abweichung

(4.8) $$\sigma_m^2 = \frac{\sum_{i=1}^{N} (\tilde{n} - n_i)^2}{N(N-1)} = \frac{\sigma^2}{(N-1)}$$

ausgedrückt. Der Zusammenhang zwischen Meßgröße und Standardabweichung σ_m wird gewöhnlich durch

(4.9) $$\text{Ergebnis} = \tilde{n} \pm \sigma_m$$

angegeben.

4.3 Halbleiterdetektoren

Szintillationszähler bewirkten eine Revolution beim Nachweis der nuklearen Strahlung und sie herrschten unangefochten von 1944 bis in die späten 50er Jahre. Sie sind für viele Experimente immer noch unabdingbar, aber auf vielen Gebieten wurden sie durch Halbleiterdetektoren ersetzt. Bild 4.7 zeigt ein kompliziertes γ-Spektrum, einmal mit einem Szintillationszähler und einmal mit einem Halbleiterdetektor aufgenommen. Die überlegene Energieauflösung des Halbleiterzählers ist offensichtlich. Wie kommt sie zustande? Im Szintillationszähler verringern die Wirkungsgrade aus Gl. 4.1 die Anzahl der gezählten Photoelektronen. Es ist schwer vorstellbar, wie man irgendeinen der Faktoren aus Gl. 4.1 auf 1 hin verbessern könnte. Es ist deshalb eine völlig neue Methode nötig und der Halbleiterdetektor bietet sich dafür an.

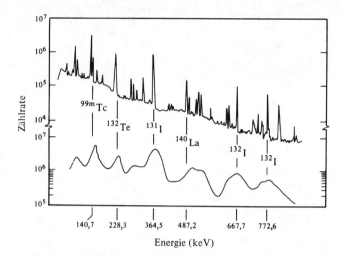

Bild 4.7 Kompliziertes γ-Spektrum von schweren Spaltprodukten, mit einem Germaniumdetektor (obere Kurve) und einem Szintillationszähler (untere Kurve) aufgenommen. (Aus F. S. Goulding and Y. Stone, *Science* **170**, 280 (1970). Copyright 1970 by the American Association for the Advancement of Science).

Die dem Halbleiterzähler zugrundeliegende Idee ist alt und wird in der Ionisationskammer benutzt: Ein geladenes Teilchen, das sich durch ein Gas oder einen Festkörper bewegt, erzeugt Ionenpaare, deren Anzahl durch

$$(4.10) \qquad n_{\text{ion}} = \frac{E_e}{W}$$

gegeben ist, wobei W die zur Erzeugung eines Ionenpaares notwendige Energie ist. Werden die Ionenpaare im elektrischen Feld getrennt und die gesamte Ladung gesammelt und gemessen, so kann die Energie des geladenen Teilchens bestimmt werden. Eine gasgefüllte Ionisationskammer arbeitet nach diesem Prinzip, sie hat aber zwei Nachteile: (1) Die Dichte des Gases ist klein, so daß die Energie, die ein Teilchen abgibt, gering ist. (2) Die notwendige Energie zur Erzeugung eines Ionenpaares ist groß (W = 42 eV für He, 22 eV für Xe und 34 eV für Luft). Beide Nachteile werden im Halbleiterdetektor vermieden, siehe Bild 4.8. Wenn sich ein geladenes Teilchen durch den Halbleiter bewegt, werden Ionenpaare erzeugt. Die Energie W beträgt etwa 2,9 eV bei Germanium und 3,5 eV bei Silizium. Die Energiewerte sind so niedrig, da die Ionisation nicht von einem Atomniveau aus ins Kontinuum erfolgt, sondern vom Valenzband ins Leitungsband.[2] Das elektrische Feld bewegt die negativen Ladungen zur positiven und die positiven Ladungen zur negativen Oberfläche. Den resultierenden elektrischen Impuls gibt man in einen rauscharmen Verstärker ein. Bei Zimmertemperatur kann die thermische Anregung einen unerwünschten Strom liefern und viele Halbleiterdetektoren werden deshalb auf die Temperatur des flüssigen Stickstoffs abgekühlt.

---

[2] Eine einfache Beschreibung der Bandstruktur von Halbleitern steht in H. D. Young, *Fundamentals of Optics and Modern Physics*, McGraw-Hill, New York, 1968, Abschnitt 11.6, oder in den *Feynman Lectures*, Band III, Kapitel 14.

4.3 Halbleiterdetektoren

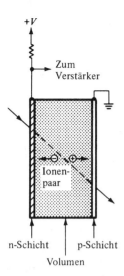

Bild 4.8 Idealer, völlig verarmter Halbleiterdetektor mit entgegengesetzt stark dotierten Oberflächenschichten.

Der niedrige Wert von W und die Sammlung aller Ionen erklärt die in Bild 4.7 gezeigte hohe Auflösung des Halbleiterdetektors. Bild 4.9 zeigt die Energieauflösung als Funktion der Teilchenenergie für den Germanium- und den Siliziumdetektor.

Der Halbleiterdetektor hat zwar eine weitaus höhere Dichte als die gasgefüllte Ionisationskammer, er kann aber nicht so groß wie ein Szintillationszähler gemacht werden. Große Halbleiterdetektoren haben Volumina von mehr als 100 cm^3. Szintillationszähler kann man eine Größenordnung größer bauen und sie brauchen nicht gekühlt zu werden. Für jede spezielle Anwendung muß deshalb erwogen werden, welcher Zählertyp geeigneter und bequemer ist.

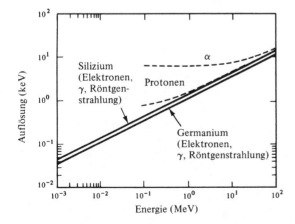

Bild 4.9 Energieauflösung von Halbleiterzählern als Funktion der Energie. Der Beitrag vom Verstärkerrauschen ist nicht berücksichtigt. (Aus F. S. Goulding and Y. Stone, *Science* **170**, 280 (1970). Copyright 1970 by the American Association for the Advancement of Science). Als Auflösung wird die Halbwertsbreite angenommen.

4.4 Blasenkammern

Die beiden Zählertypen, die bis jetzt besprochen wurden, registrieren den Durchgang oder das Steckenbleiben eines Teilchens und die an den Zähler abgegebene Energie, aber sie sind blind für weitere Einzelheiten. Wenn z.B. zwei Teilchen zur selben Zeit durch den Zähler fliegen, gibt er nur die gesamte Energie an. Natürlich lassen sich zur Beobachtung weiterer Einzelheiten mehrere Zähler zusammensetzen, aber selbst dann gibt das System nur Antwort auf die speziell gestellte Frage und enthüllt keine unerwarteten Phänomene. Es ist klar, daß Szintillationszähler und Halbleiterzähler durch Detektoren ergänzt werden müssen, die alle Prozesse so umfassend wie möglich registrieren. Die Blasenkammer ist ein solcher Detektor. Seit ihrer Erfindung durch Glaser im Jahre 1952 hat sie eine entscheidende Rolle bei der Erforschung von Eigenschaften subatomarer Teilchen gespielt.[3]

Die physikalische Erscheinung, die der Blasenkammer zugrunde liegt, wird am besten durch Glasers eigene Worte beschrieben[4]: „Eine Blasenkammer ist ein Behälter, gefüllt mit einer durchsichtigen Flüssigkeit, die so stark überhitzt ist, daß ein ionisierendes Teilchen beim Durchfliegen heftiges Sieden in einer Kette wachsender Bläschen entlang seinem Weg auslöst." Eine überhitzte Flüssigkeit hat einen Druck, der tiefer liegt als der Gleichgewichtsdampfdruck für diese Temperatur, bzw. hat eine Temperatur, die höher ist, als die Siedetemperatur bei diesem Druck. Der Zustand ist instabil und der Durchgang eines einzigen geladenen Teilchens löst die Bildung von Bläschen aus. Um den überhitzten Zustand einzustellen, wird die Flüssigkeit in der Kammer (Bild 4.10) zunächst beim Gleichgewichtsdruck gehalten. Der Druck wird dann durch Bewegung eines Kolbens schnell gesenkt. Wenige ms, nachdem die Kammer sensitiv wurde, wird der Prozeß umgekehrt und der Druck wieder auf den Gleichgewichtswert eingestellt. Die Zeit, zu der die Kammer sensitiv ist, synchronisiert man mit der Ankunftszeit eines Teilchenpulses vom

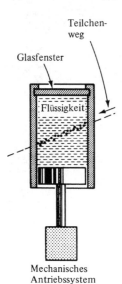

Bild 4.10 Schema der Blasenkammer.

---

[3] L. W. Alvarez, *Science* **165**, 1071 (1969).
[4] D. A. Glaser and D. C. Rahm, *Phys. Rev.* **97**, 474 (1955).

4.4 Blasenkammern

Bild 4.11 Blasenkammer. Während die ursprünglichen Blasenkammern klein und einfach waren, sind moderne Ausführungen sehr groß und kompliziert. (Mit freundlicher Genehmigung des Argonne National Laboratory).

Beschleuniger. Die Blasen werden mit einem elektrischen Blitzlicht beleuchtet und mit Stereophotographie aufgenommen.

Glasers erste Kammer enthielt nur ein paar cm^3 Flüssigkeit. Die Entwicklung ging jedoch sehr schnell. In weniger als 20 Jahren vergrößerte sich das Volumen um mehr als das 10^6-fache. Die heutigen Blasenkammern sind Monstren und kosten Millionen. Man braucht enorme Magnete, um die Bahn der geladenen Teilchen zu krümmen. Die überhitzte Flüssigkeit, oft Wasserstoff, ist explosiv, wenn sie mit Sauerstoff in Berührung kommt und trotz extremer Sicherheitsvorkehrungen kam es zu Unfällen. Die bestehenden Blasenkammern liefern etwa 35 Millionen Photographien pro Jahr und die Auswertung der Daten ist schwierig.

Zwei Beispiele für die schönen und aufregenden Ereignisse, die man schon beobachtet hat, seien hier erwähnt. Bild 1.4 zeigt die Entstehung und den Zerfall des Ω^-, eines höchst bemerkenswerten Teilchens, dem wir später noch begegnen werden. Bild 4.12 stellt die erste beobachtete Neutrinowechselwirkung dar. Sie wurde am 13. November 1970 in der 3,6 m (12 ft) großen Blasenkammer des Argonne National Laboratory gefunden. Diese Kammer enthält etwa 20 000 Liter reinen Wasserstoff. Ein supraleitender Magnet erzeugt ein Feld von etwa 18 kG in dem Kammervolumen von 25 m^3.

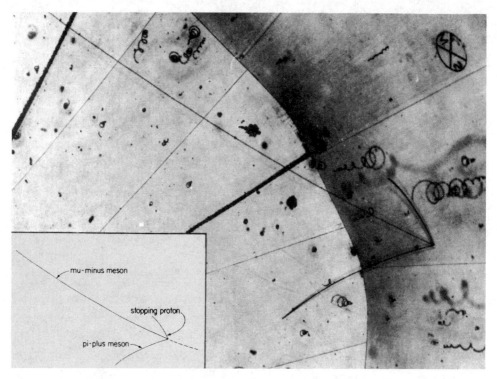

Bild 4.12 Neutrinowechselwirkung in der Wasserstoffblasenkammer des Argonne National Laboratory. Ein Neutrino kommt von rechts, siehe eingefügte Skizze, und stößt mit einem Proton eines Wasserstoffatoms zusammen, wodurch ein positives Pion, ein Proton und ein Myon entstehen. (Mit freundlicher Genehmigung des Argonne National Laboratory).

4.5 Funkenkammern

Blasenkammern sind schöne Geräte, aber sie haben einen Nachteil: Sie sind nicht selektiv, da sie nicht getriggert (automatisch ausgelöst) werden können. Eine Blasenkammer ist wie die Überwachungskamera in einer Bank, die wahllos jeden Besucher photographiert. Um das Bild des Bankräubers zu finden, muß jedes Negativ entwickelt und betrachtet werden. Es ist sicher nützlicher, eine Kamera einzubauen, die immer bereit ist, aber nur Bilder aufnimmt, nachdem sie alarmiert wurde, z.B. durch den Kassierer oder ein Magnetometer, das eine Pistole entdeckte. Die Blasenkammer kann nicht getriggert werden, da die Flüssigkeit überhitzt werden muß, *bevor* das Teilchen durch die Flüssigkeit fliegt. Moderne Detektoren haben die meisten Vorteile der Blasenkammer und können außerdem getriggert werden.

Als erstes Beispiel diskutieren wir die Funkenkammer. Obwohl Funkenkammern nicht mehr zu den modernsten Detektoren zählen, kann man an ihnen gut die Grundprinzipien eines triggerbaren Detektors erklären.

Die Funkenkammer beruht auf einer einfachen Tatsache. Wird die Spannung zwischen zwei Metallplatten, die einen Abstand von etwa einem cm haben, über einen bestimmten

4.5 Funkenkammern

Wert erhöht, so erfolgt ein Überschlag. Fliegt ein ionisierendes Teilchen durch den Raum zwischen den Platten, so erzeugt es Ionenpaare und der Überschlag folgt als Funken der Teilchenspur. Da die Ionen einige µs zwischen den Platten bleiben, kann die Spannung *nach* dem Teilchendurchgang angelegt werden: Die Funkenkammer ist ein triggerbarer Detektor.

Die Teile des Funkenkammersystems zeigt Bild 4.13. Das in dieser vereinfachten Anordnung untersuchte Problem ist die Reaktion eines einfallenden geladenen Teilchens mit einem Kern in der Kammer, wobei mindestens zwei geladene Teilchen entstehen sollen. Die *Signatur* des gewünschten Ereignisses ist also „ein geladenes hinein, zwei geladene heraus." Drei Szintillationszähler, A, B, und C, registrieren die drei geladenen Teilchen. Wenn die drei Teilchen durch die drei Zähler gegangen sind, aktiviert die LOGIK-Schaltung die Hochspannungsversorgung und in weniger als 50 ns wird ein Hochspannungsimpuls (10-20 kV) an die Platten angelegt. Die entstehenden Funken werden auf Stereophotographien aufgenommen.

Die Standardanordnung der Funkenkammer in der gerade besprochenen Form wurde in vielen Experimenten verwendet und es wurden Kammern zur Lösung vieler Probleme entwickelt. Dünne Platten als Elektroden verwendet man, wenn nur die Richtung des geladenen Teilchens gefragt ist; dicke Bleiplatten werden benutzt, wenn γ-Strahlen zu beobachten sind oder Elektronen von Myonen unterschieden werden sollen. Die Elektronen erkennt man an den Schauern, die sie in den Bleiplatten auslösen. Sehr kleine Kammern werden mit Erfolg für kernphysikalische Untersuchungen verwendet; riesige helfen beim Nachweis von Neutrinos.

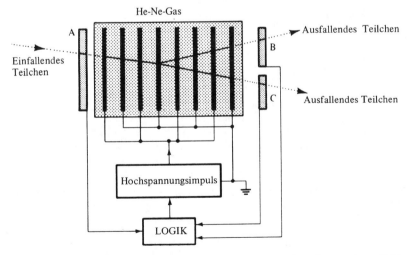

Bild 4.13 Funkenkammeranordnung. Die Funkenkammer besteht aus einem Feld von Metallplatten in einer Helium-Neon-Mischung. Wenn das Zähler- und Logiksystem entschieden hat, daß ein gesuchtes Ereignis stattgefunden hatte, wird ein Hochspannungsimpuls zu jeder zweiten Platte geschickt und entlang der Ionenspuren Funken erzeugt.

4.6 Drahtfunkenkammern

Blasen- und Funkenkammern haben einen gemeinsamen Nachteil: Die Ereignisse müssen photografiert und später ausgewertet werden. Bei Experimenten, bei denen sehr viele Daten anfallen, ist dieses Verfahren sehr mühselig. Drahtfunkenkammern (Proportionalzähler mit vielen Drähten), für die Charpak Pionierarbeit geleistet hat, vermeiden diesen Nachteil[5, 6]. Drahtfunkenkammern haben eine sehr gute Zeitauflösung, eine sehr hohe Positionsgenauigkeit und können sich selbst triggern (auslösen). Ihr Anwendungsbereich erstreckt sich von der Hochenergiephysik zu vielen anderen Bereichen, wie etwa der Nuklearmedizin, der Schwerionenastronomie und der Proteinkristallographie.

In Bild 4.14 ist der Querschnitt einer Drahtfunkenkammer skizziert. Eine solche Kammer kann einige Meter lang und hoch sein. Wolframdrähte mit einem Durchmesser von 2a (≈ 20 μm) sind in einer Richtung gespannt, und eine Spannung von wenigen kV wird zwischen den Anodendrähten und den Kathodenflächen angelegt. Die resultierenden Feldlinien sind für zwei Drähte in Bild 4.14 eingezeichnet. Ein die Kammer durchdringendes ionisierendes Teilchen erzeugt Ionenpaare. Elektronen, die in der Nähe eines Drahtes erzeugt werden, erhalten eine Beschleunigung zu dem Draht hin mit einer Energie, die ausreicht, weitere Ionenpaare zu erzeugen. Es entsteht eine Lawine, die einen negativen Puls an dem Draht produziert. In vielen Drahtfunkenkammern ist jeder Draht mit einem separaten Verstärker und Impulsformer verbunden. Der Ausgangsimpuls zeigt Position und Zeit des Teilchens an.

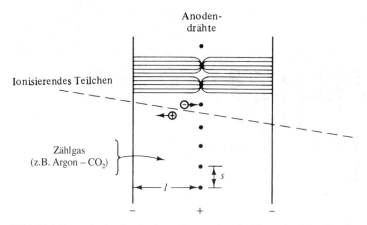

Bild 4.14 Querschnitt durch einen Proportionalzähler mit vielen Drähten (Drahtfunkenkammer). Typische Abmessungen sind $l = 8$ mm und $s = 2$ mm. Feldlinien sind für zwei Drähte dargestellt.

---

[5] G. Charpak, R. Bouclier, T. Bressani, J. Favier und C. Zupančič, *Nucl. Instrum. Meth.* 62, 235 (1968).

[6] G. Charpak, *Ann. Rev. Nucl. Sci.* **20**, 195 (1970); G. Charpak und F. Sauli, *Ann. Rev. Nucl. Part. Sci.* **34**, 285 (1984).

4.7 Zeitprojektionskammern[7,8]

Drahtfunkenkammern haben einen großen Nachteil: sie liefern nur Informationen über eine Raumrichtung. Um eine weitere Koordinate bestimmen zu können, muß eine zweite Drahtfunkenkammer verwendet werden. Diese Forderung macht den experimentellen Aufbau kompliziert und reduziert den Raumwinkel für den Detektor. Die Zeitprojektionskammern (TPC's), die 1974 von David Nygren erfunden wurden, vermeiden diese Einschränkung und sind nahezu ideale Detektoren: TPC's haben große Raumwinkel, liefern eine exzellente Ortsauflösung in drei Dimensionen, geben Ladungs- und Masseinformationen und erlauben eine gute Mustererkennung. TPC's können so klein wie eine Pampelmuse sein oder auch bis zu 10 Tonnen wiegen[8]. Ihre Hauptbestandteile sind in Bild 4.15 dargestellt. Die Driftkammer ist mit einem Gas gefüllt, im allgemeinen mit einer Mischung aus Ar und CH_4, weil diese Mischung nicht teuer ist und eine hohe Elektronenbeweglichkeit ermöglicht. Homogene elektrische (**E**) und magnetische (**B**) Felder werden parallel zur Achse (Strahlrohr) angelegt. Ein geladenes Teilchen, das die Kammer durchläuft, erzeugt längs seiner Bahn Ionenpaare. Das angelegte elektrische Feld beschleunigt die Elektronen dieser Paare zum einen Ende der Kammer. Das Magnetfeld bewirkt, daß die Elektronenbahnen winzige Spiralen längs des **B**-Feldes parallel zur Strahlachse werden. Der Auftreffpunkt der Elektronen auf den Endkappen der Ionisationskammern zeichnet folglich die Projektion der Teilchenbahn auf und liefert dadurch zwei Koordinaten. Die dritte

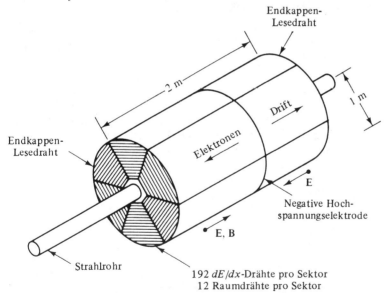

Bild 4.15 Schematische Zeichnung einer Zeitprojektionskammer. Die geladenen Teilchen, die die Kammer durchqueren, ionisieren das Gas im TPC. Die Elektronen, die dabei entstehen, driften zu den Endkappen unter dem Einfluß der axialen elektrischen und magnetischen Felder. (Mit freundlicher Genehmigung des Lawrence Berkeley Laboratoriums).

---

[7] R. J. Madaras und P. J. Oddone, *Phys. Today* **37**, 38 (August 1984).
[8] „The Time Projection Chamber", Ed. J. A. MacDonald, *AIP Conference Proceedings* No. 108, American Institute of Physics, New York, 1984.

Koordinate wird durch die Ankunftszeit der Elektronen bestimmt. Die Gesamtladung, die an den Enden abgeschieden wird, ist ein Maß für die totale Ionisation und folglich für die Gesamtenergie, die das Teilchen beim Durchgang durch die Kammer verloren hat. Gleichung 3.2 ermöglicht dann die Berechnung der Teilchengeschwindigkeit v. Die Krümmung der Teilchenbahn im Magnetfeld **B** kann aus den Teilchenkoordinaten berechnet werden. Gleichung 2.15 liefert dann den Impuls. Impuls und Geschwindigkeit zusammen bestimmen die Teilchenmasse und identifizieren so das Teilchen. Da die Detektoren das Strahlrohr vollständig umgeben können, ist der Raumwinkel sehr groß. Die große Zahl von empfindlichen Elementen an jedem Ende erlaubt die gleichzeitige Beobachtung von vielen Teilchen und daher auch eine wirksame Mustererkennung. Wegen ihrer vielen Vorzüge werden TPC's jetzt in vielen Kern- und in den meisten Hochenergielaboratorien verwendet.

4.8 Zählerelektronik

Der ursprüngliche Szintillationszähler und selbst die ursprünglichen Koinzidenzanordnungen (Bild 4.1) kamen noch ohne Elektronik aus. Das menschliche Auge und das menschliche Gehirn stellten die notwendigen Elemente dar und die Aufzeichnung fand mit Tinte und Papier statt. Nahezu alle modernen Detektoren enthalten jedoch elektronische Komponenten als integrale Bestandteile. Ein typisches Beispiel ist die Schaltung des Szintillationszählers in Bild 4.16.

Die stabilisierte *Spannungsversorgung* liefert die Spannung für den Photomultiplier. Der Ausgangsimpuls des Multipliers wird im *Analogteil* geformt und verstärkt. Die Höhe V des ausgehenden Impulses ist proportional zur Höhe des ursprünglichen Impulses. Im ADC, dem Analog-Digital-Wandler, wird die Information in digitale Form gebracht. Im einfachsten Fall werden nur Impulse gemessen, die eine Höhe zwischen V_0 und $V_0 + \Delta V$ haben. Liegt ein Impuls in diesem Fenster, so erhält man einen Standardimpuls als Ausgangssignal des ADC. Liegt der Eingangsimpuls außerhalb dieses Fensters, so erscheint kein Ausgangsimpuls. Der *Digitalteil* verarbeitet dann den Standardimpuls. Er kann z.B ein Scaler (Untersetzer) sein, der für je 10 (oder 10^n, n ganzzahlig) Eingangsimpulse einen Ausgangsimpuls liefert. Das Ausgangssignal ist dann eine Zahl, die in Einheiten von 10^n die Eingangsimpulse in einem bestimmten Intervall angibt.

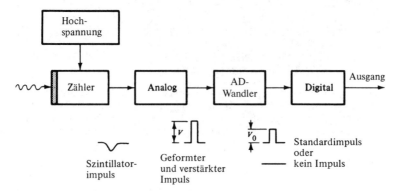

Bild 4.16 Schematische Darstellung der Hauptbestandteile einer Zählerelektronik.

Dieses Beispiel ist nur eines von vielen möglichen. Der Aufbau des Elektroniksystems für einen Detektor wird vereinfacht durch standardisierte Bauelemente, die im Handel erhältlich sind. Der Physiker wählt sich die gewünschten Komponenten aus und paßt sie einander an. Wir werden hier die Bauelemente nicht näher besprechen, sondern nur drei zusätzliche Bemerkungen zum ADC und zur Datenverarbeitung machen. Im obigen Beispiel bestand der Analog-Digital-Wandler aus einem Einkanal-Analysator. Ein Ausgangssignal gab es dann und nur dann, wenn der Eingangsimpuls innerhalb einer vorbestimmten Höhe lag. Ein solches Verfahren ist offensichtlich zu verschwenderisch, da die Information aus allen anderen Impulsen verlorengeht. Normalerweise unterdrückt man keinen der interessanten Analogimpulse, sondern digitalisiert alle, d.h. jedem wird ein Digitalsignal zugeordnet. Das Digitalsignal kann z.B. eine Zahl proportional zur Höhe des Analogimpulses sein. Gewöhnlich wird diese Zahl binär ausgedrückt.

Die zweite Bemerkung betrifft die Datenverarbeitung. Im obigen Beispiel ist die Datenverarbeitung einfach: Der Ausgang ist an ein Register angeschlossen und die Zählrate wird registriert. Wenn jedoch alle Analogimpulse digitalisiert werden, so wird die Datenverarbeitung umfangreicher. Ein direkter Weg wäre es, viele Scaler und Register zu verwenden. Dieses Verfahren ist jedoch ungebräuchlich, stattdessen benutzt man Vielkanalanalysatoren, in denen die digitale Information zweidimensional gespeichert wird. Ein Impuls mit einer gegebenen Impulshöhe, d.h. einem bestimmten Digitalsignal, wird immer im selben Teil des Speichers registriert. Die im Speicher gesammelte Information kann mit einem Oszillographen oder auf Magnetband ausgelesen werden. Das vielseitigste Datenverarbeitungssystem ist ein direkt angeschlossener Computer (On-line-Verfahren).

Die dritte Bemerkung betrifft den Aufbau der Elektronik. Vor nicht allzu langer Zeit setzten die Kern- und Elementarteilchenphysiker ihre Elektronik aus Komponenten wie Widerständen, Kondensatoren und Röhren zusammen. Später machten die Transistoren die Elektronik kleiner, schneller und zuverlässiger. Jetzt sind integrierte Schaltkreise von ständig zunehmender Komplexität die Baugruppen geworden. Außerdem sind jetzt viele Geräte standardisiert worden und können gekauft werden; es gibt einen internationalen Standard (CAMAC) für modulare Geräte.[9]

4.9 Logische Schaltungen

Im vorhergehenden Abschnitt besprachen wir die Elektronik eines einzelnen Detektors. Elektronische Einheiten können jedoch beträchtlich mehr als nur die Daten von einem Zähler verarbeiten. Ein einfaches Beispiel ist das Abbremsen von Myonen in Materie, siehe Bild 4.17. Myonen aus einem Beschleuniger gehen durch zwei Zähler und fallen in einen Absorber ein, wo sie langsamer werden und schließlich in ein Elektron und zwei Neutrinos zerfallen:

$$\mu \to e \nu \bar{\nu}.$$

Wir haben bereits in Abschnitt 1.3 erwähnt, daß die mittlere Lebensdauer für den Zerfall eines Myons in Ruhe 2,2 µs beträgt. Die spezielle Fragestellung im in Bild 4.17 skizzierten Experiment ist folgende: Das Myon sollte durch die Zähler A und B gehen und im Absor-

---

[9] A. Kirsten, *Ann. Rev. Nucl. Sci.* **25**, 509 (1975).

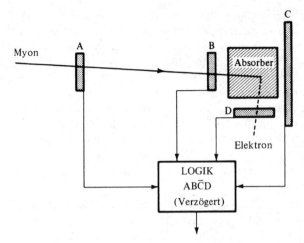

Bild 4.17 Logische Elemente eines Zählersystems.

ber steckenbleiben und demnach *nicht* durch den Zähler C kommen. Nach einer Verzögerung von etwa 1 μs sollte im Zähler D ein Elektron zu beobachten sein. Die *Logik* soll nur dann ein Myon registrieren, wenn diese Ereignisse in der beschriebenen Form ablaufen. Abgekürzt kann die Bedingung ABC̄D (verz) geschrieben werden, wobei ABC̄D eine Koinzidenz zwischen ABD darstellt und eine Antikoinzidenz dieser dreifachen Koinzidenz zu C. Ferner darf D frühestens 1 μs nach A und B reagieren. Solche Probleme können mit logischen Schaltungen auf einfache Weise gelöst werden.

Vier *logische Elemente* sind besonders wichtig und nützlich: AND, OR, NAND und NOR. Die Funktion dieser vier Typen kann mit Hilfe von Bild 4.18 erklärt werden. Das allgemeine Logikelement hat drei Eingänge und einen Ausgang. Eingangs- und Ausgangsimpulse haben Standardformat (bezeichnet als 1), 0 bedeutet keinen Impuls. Ein AND-Element liefert kein Ausgangssignal (0), wenn nur einer oder zwei Impulse ankommen. Kommen jedoch drei Impulse innerhalb der Auflösungszeit (wenige ns) an, so führt dies zu einem Standardausgangsimpuls (1). OR erzeugt einen Ausgangsimpuls, wenn ein oder mehrere Eingangsimpulse ankommen. NAND (NOT AND) und NOR (NOT OR) sind logisch komplementär dazu. Sie erzeugen immer dann Impulse, wenn AND bzw. OR *nichts* liefern würden. Die Funktion der vier Elemente ist in Tabelle 4.1 zusammengefaßt. Zum Element NOR muß noch etwas angemerkt werden: Es gibt stets ein Signal ab, solange kein Ein-

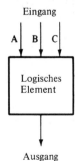

Bild 4.18 Logisches Element.

gangsimpuls eintrifft. Das Signal verschwindet, wenn wenigstens ein Impuls ankommt.

Tabelle 4.1 Funktion der vier logischen Elemente AND, OR, NAND, und NOR. 1 bedeutet einen Standardimpuls, 0 keinen Impuls. Die Elemente sind symmetrisch bezüglich A, B und C. Es werden nur tpyische Fälle gezeigt.

Eingang			Ausgang			
A	B	C	AND	NAND	OR	NOR
1	1	1	1	0	1	0
1	1	0	0	1	1	0
1	0	0	0	1	1	0
0	0	0	0	1	0	1

4.10 Literaturhinweise

Die ältere Literatur über Teilchendetektoren ist in W. P. Trower, „Resource Letter PD-1 on Particle Detectors", *Am. J. Phys.* **38**, 7 (1970) zusammengestellt.

Methoden der Kern- und Hochenergiephysik, einschließlich der Detektoren, sind beschrieben in:

W. R. Leo, *„Techniques for Nuclear and Particle Physics Experiments"*, Springer, New York, NY, 1987; *„Experimental Techniques in High Energy Physics"*, (T. Ferbel, Ed.), Addison-Wesley, Menlo Park, CA, 1987.

Es gibt viele gute Bücher über die Anwendungen der Statistik bei Experimenten. Eine leicht zu lesende Einführung ist H. D. Young, *„Statistical Treatment of Experimental Data"*, McGraw-Hill, New York, 1962. Eine klare und sehr kurze Darstellung von Wahrscheinlichkeit und Statistik findet man bei Jon Mathews und R. L. Walker, *„Mathematical Methods of Physics"*, Benjamin, Reading, Mass., 1964. Tabellen der verschiedenen Verteilungen sind gesammelt in R. S. Burington und D. C. May Jr., *„Handbook of Probability and Statistics"*, Handbook Publishers McGraw-Hill, New York, 1969 und in W. H. Beyer, *„CRC Handbook of Tables for Probability and Statistics"*, Chemical Rubber Co., Cleveland, 1968. Eine detaillierte Behandlung der statistischen Methoden wird gegeben von D. Drijard, W. T. Eadie, F.E. James, M. G. W. Roos und B. Sadoulet, *„Statistical Methods in Experimental Physics"*, North-Holland, Amsterdam, 1971; S. L. Meyer, *„Data Analysis for Scientists and Engineers"*, Wiley, New York, 1975; A. G. Frodesen, O. Skjeggestad und H. Tofte, *„Probability and Statistics in Particle Physics"*, Universitetsforlaget Bergen, 1979 (Columbia University Press, New York).

Verschiedene Aspekte der Datensammlung und Datenverarbeitung sind in *„Data Acquisition in High-Energy Physics"* zusammengefaßt. (G. Gologna und M. Vincelli, Eds.), North-Holland, Amsterdam, 1982.

Die Elektronik wird in einer Reihe von Arbeiten behandelt, zum Beispiel:

L. Millman und C. C. Halkias, *„Electronic Fundamentals and Applications for Engineers and Scientists"*. McGraw-Hill, New York, 1976.

H. Malmstadt, C. Enke, und S. Crouch, „*Electronics and Instrumentation for Scientists*". Benjamin/Cummings, Reading, Mass, 1981.

P. B. Brown, G. N. Franz and H. Moraff, „*Electronics for the Modern Scientist*". Elsevier, New York, 1982.

R. J. Higgins, „*Electronics with Digital and Analog Integrated Circuits*". Prentice Hall, Englewood Cliffs, N.J., 1983.

J. J. Brophy, „*Basic Electronics for Scientists*". McGraw-Hill, New York, 1983.

Aufgaben

4.1 Suchen Sie sich den Schaltplan für einen Photomultiplier. Erläutern Sie die Bedeutung und die Auswahl der Komponenten.

4.2 Ein Proton mit der kinetischen Energie E_k trifft auf einen 5 cm dicken Plastikszintillator. Skizzieren Sie die Lichtausbeute als Funktion von E_k.

4.3 Photonen mit 3 MeV Energie werden in einem 7×7 cm² großen NaJ(Tl)-Zähler beobachtet.
(a) Skizzieren Sie das Spektrum.
(b) Bestimmen Sie die Wahrscheinlichkeit dafür, ein Photon im Photopeak zu beobachten.

4.4 Der 14 keV γ-Strahl des ^{57}Fe muß mit einem NaJ(Tl)-Zähler beobachtet werden. γ-Strahlen mit höherer Energie sind dabei hinderlich. Bestimmen Sie die optimale Dicke des NaJ(Tl)-Kristalls.

4.5 Berechnen und zeichnen Sie die Poissonverteilung für $\tilde{n} = 1$ und $\tilde{n} = 100$.

4.6 Geben Sie kurz die Herleitung von Gl. 4.3 an. Zeigen Sie, daß Gl. 4.5 richtig ist.

4.7 Berechnen Sie die Streuung von $P(n)$ in Gl. 4.7.

4.8 Zeigen Sie, daß Gl. 4.7 der Grenzfall der Poissonverteilung ist.

4.9 Vergleichen Sie die Poissonverteilungen

$$\frac{P(2\tilde{n})}{P(\tilde{n})} \quad \text{für } \tilde{n} = 1, 3, 10, 100.$$

4.10 Ein unter der Erde eingesetzter Szintillationszähler zählt im Mittel acht Myonen pro Stunde. Ein Experiment läuft über 10^3 h und die Zählrate wird jede Stunde notiert. Wie oft sind n = 2, 4, 7, 8, 16 Ereignisse in den Aufzeichnungen zu erwarten?

4.11 Erläutern Sie die Vorgänge im Germaniumzähler ausführlicher als im Text. Beantworten Sie insbesondere die Fragen:
(a) Warum muß der Hauptteil des Zählers an Ladungsträgern verarmt sein?
(b) Warum kann man nicht einfach zur Sammlung der Ladung Metallfolien an beiden Seiten anbringen?
(c) Einen wie starken Stromimpuls erwartet man von einem 100 keV Photon?
(d) Wodurch ist der niederenergetische Bereich eines solchen Zählers begrenzt?

4.12 Berechnen Sie den Wirkungsgrad eines 1 cm dicken Germaniumzählers für Photonen mit

(a) 100 keV.
(b) 1,3 MeV.

4.13 Skizzieren Sie die Anlage einer großen Blasenkammer.

4.14 (a) Wie groß darf die Energie eines Protons höchstens sein, damit es gerade noch in der Argonne-Wasserstoff-Blasenkammer von 12 ft (1 ft = 30,5 cm) aufgehalten wird?
(b) Nehmen Sie an, die Kammer sei mit Propan gefüllt. Berechnen Sie die Reichweite des Protons für diesen Fall. Welche Energie darf das Proton jetzt höchstens haben, damit es noch gestoppt werden kann?

4.15 Berechnen Sie die magnetische Energie, die in der Argonne-Blasenkammer von 12 ft steckt. Von welcher Höhe (in m) müßte man ein mittleres Auto fallenlassen, um dieselbe Energie zu erhalten?

4.16 Erläutern Sie das Prinzip der Streamer-Kammer. Wie wird die Spannung erzeugt, die nötig ist, um Streamer auszubilden?

4.17 Wodurch ist die Geschwindigkeit, mit der eine Funkenkammer getriggert werden kann, begrenzt? Suchen Sie die typischen Verzögerungszeiten in den verschiedenen Komponenten der logischen Kette.

4.18 Benutzen Sie die Elemente aus Tabelle 4.1, um die Logik für das Experiment in Bild 4.17 zu skizzieren.

4.19 Skizzieren Sie die elektrischen Schaltungen, mit denen die vier logischen Elemente AND, OR, NAND und NOR realisiert werden können.

Teil II – Teilchen und Kerne

Die Situation ist jedem vertraut. Bei einem Treffen wird uns jemand vorgestellt. Einige Minuten später merken wir zu unserer Verlegenheit, daß wir seinen Namen schon vergessen haben. Nach wiederholtem Vorstellen nimmt der Fremde langsam einen Platz in unserem Bewußtsein ein. Das gleiche erleben wir, wenn wir neuen Ideen oder Tatsachen begegnen. Zuerst sind sie kaum faßbar und erst nachdem man sich öfter mit ihnen herumgeschlagen hat, werden sie vertraut. Dies gilt besonders für Teilchen und Kerne. Es gibt soviele davon, daß die einzelnen zuerst keine ausgeprägte Identität zu besitzen scheinen. Was ist also der Unterschied zwischen einem Myon und einem Pion?

In Teil II werden wir viele subatomare Teilchen vorstellen und einige ihrer Eigenschaften beschreiben. Eine solche erste Einführung reicht nicht aus, um ein deutliches Bild zu erhalten und wir werden deshalb in späteren Kapiteln zu den Teilchen- und Kerneigenschaften zurückkehren. Dabei werden sie hoffentlich ihre Anonymität verlieren und es wird klarwerden, daß z.B. Myonen und Pionen weniger gemeinsam haben als Mensch und Mikrobe.

Die ersten und naheliegendsten Fragen sind: Was sind Teilchen? Kann man zusammengesetzte und elementare Teilchen unterscheiden? Wir werden zu erklären versuchen, warum eindeutige Antworten auf diese scheinbar so einfachen Fragen so schwierig zu finden sind. Wir betrachten zunächst das Franck-Hertz-Experiment[1], bei dem ein Gas, z.B. Helium oder Quecksilber, mit durchgehenden Elektronen untersucht wird. Unterhalb der Energie von 4,9 eV im Quecksilberdampf verhält sich das Hg-Atom wie ein Elementarteilchen. Bei der Energie von 4,9 eV ist der erste angeregte Zustand des Hg erreicht und das Hg-Atom zeigt seine Struktur. Bei 10,4 eV wird ein Elektron abgetrennt; bei 18,7 eV geht ein zweites Elektron verloren und es zeigt sich so, daß im Atom Elektronen enthalten sind. Ähnlich geht es bei den Kernen. Bei niedriger Elektronenenergie kann das Elektron die Kernniveaus nicht anregen, der Kern erscheint als Elementarteilchen. Bei höherer Energie erscheinen die Kernniveaus und es wird möglich, Kernbausteine, Protonen und Neutronen aus dem Kern zu schlagen. Dieselbe Frage stellt sich nun wieder für die neuen Bausteine. Sind Protonen und Neutronen elementar? Auch Protonen und Neutronen können mit Elektronen untersucht werden. Bei der Energie von ein paar Hundert MeV wird klar, daß die Nukleonen, Proton und Neutron, keine punktförmigen Teilchen sind, sondern eine „Ausdehnung" in der Größenordnung von 1 fm haben. Es zeigt sich auch, daß die Nukleonen angeregte Zustände, wie Atome und Kerne, besitzen. Diese angeregten Zustände zerfallen sehr schnell, meist unter Emission von Pionen.

Bei noch höheren Energien werden weitere Teilchen erzeugt; schließlich wird oberhalb von 10 GeV klar, daß Protonen, Neutronen und all die erzeugten Teilchen nicht elementar, sondern aus Quarks zusammengesetzt sind[2]. Gegenwärtig glauben wir, daß Quarks ähnlich wie Elektronen punktförmige Teilchen sind; die Elektronenstreuung liefert keine Struktur bis hinab zu 10^{-18} m. Somit zeigt das einfache Experiment, Beschuß eines Targets mit Elektronen von immer höherer Energie, daß der Begriff „Elementarteilchen" keine

---

[1] R. Eisberg, Abschnitt 5.5; W. Kendall und W. K. H. Panofsky, *Sci. Amer.* **224**, 60 (Juni 1971)

einfache Bedeutung hat und von der Energie und den Beobachtungsinstrumenten abhängt. Es zeigt jedoch auch, daß die sehr große Zahl beobachteter Teilchen durch eine relativ kleine Zahl von Elementarbestandteilen, den Quarks, erklärt werden kann. Daher sind Leptonen und Quarks die Bausteine des vorhandenen Teilchenzoos. Es ist nicht bekannt, ob diese Bausteine wiederum aus noch fundamentaleren Teilen[3] zusammengesetzt sind, möglicherweise aus „Superstrings"[4]. Eine zweite Gruppe von Teilchen, die manchmal Quanten genannt werden, erscheint, wenn wir die Kräfte zwischen Leptonen und/oder Quarks betrachten. Es wird jetzt allgemein akzeptiert, daß die Kräfte zwischen den Teilchen durch Felder und ihre Quanten getragen werden[5]. In der subatomaren Physik haben alle diese Quanten den Spin = $1\hbar$; das am besten bekannte Quant ist das Photon, das die elektromagnetische Kraft zwischen geladenen Teilchen überträgt. Die hadronische Kraft wird durch Gluonen vermittelt und die schwache Kraft durch den Austausch von „intermediären Bosonen", von denen es drei gibt[6]. In den nächsten beiden Kapiteln beschreiben wir einige der bemerkenswertesten experimentellen Tatsachen von subatomaren Teilchen.

[2] H. Fritzsch, *Quarks*, Basic Books, New York, 1983
[3] H. Harari, *Sci. Amer.* **248**, 56 (April 1983)
[4] M. B. Green, *Sci. Amer.* **255**, 48 (September 1986)
[5] C. Quigg, *Sci. Amer.* **252**, 84 (April 1985)
[6] C. Rubbia, *Rev. Mod. Phys.* **57**, 699 (1985)

5 Der subatomare Zoo

Ein gewöhnlicher Zoo ist eine Sammlung von mehr oder weniger fremdartigen Tieren. Der subatomare Zoo beherbergt ebenfalls eine große Anzahl verschiedener Einwohner und auch hier gibt es Probleme wie Einfangen, Pflegen und Füttern: (1) Wie können die Teilchen erzeugt werden? (2) Wie kann man sie charakterisieren und identifizieren? (3) Können sie zu Familien zusammengefaßt werden? Im vorliegenden Kapitel konzentrieren wir uns auf die zweite Frage. In den beiden ersten Abschnitten werden einführend die Eigenschaften dargestellt, die zur Charakterisierung von Teilchen wesentlich sind. Einige Mitglieder des Zoos werden schon in diesen Abschnitten als Beispiele erscheinen. In den folgenden Abschnitten werden die verschiedenen Familien dann genauer beschrieben. Da es so viele Tiere im subatomaren Zoo gibt, ist eine anfängliche Verwirrung des Lesers unvermeidlich. Wir hoffen jedoch, daß die Verwirrung verschwindet, wenn dieselben Teilchen immer wieder erscheinen.

5.1 Masse und Spin, Fermionen und Bosonen

Zur ersten Einordnung eines Teilchens stellt man seine *Masse m* fest. Im Prinzip kann die Masse aus dem 1. Newtonschen Gesetz bestimmt werden, wenn die Beschleunigung **a** in einem Kraftfeld **F** gemessen wird:

(5.1) $$m = \frac{|\mathbf{F}|}{|\mathbf{a}|}.$$

Gleichung 5.1 gilt im relativistischen Bereich nicht, aber die exakte Verallgemeinerung ist unproblematisch. Mit der Masse ist hier immer die *Ruhemasse* gemeint. Wie man die Masse tatsächlich bestimmt, wird in Abschnitt 5.3 erläutert. Die Ruhemassen der subatomaren Teilchen erstrecken sich über einen weiten Bereich. Einige, wie das Photon und die Neutrinos, haben Ruhemasse Null. Das leichteste massive Teilchen ist das Elektron mit der Masse m_e von etwa 10^{-27} g. Seine Ruheenergie, $E = mc^2$, beträgt 0,51 MeV. Das nächstschwerere Teilchen ist das Myon mit der Masse von etwa $200\, m_e$. Von da ab wird die Sache komplizierter und viele Teilchen mit fremdartigen und wunderbaren Eigenschaften haben Massen zwischen 270 mal der Elektronenmasse und zwei bis drei Größenordnungen höher. Kerne, die selbstverständlich auch zu den subatomaren Teilchen gehören, beginnen mit dem Proton, dem Kern des Wasserstoffatoms, das eine Masse von etwa $2000\, m_e$ hat. Der schwerste bekannte Kern ist etwa 260 mal schwerer als das Proton. Die Massen (ohne Ruhemasse Null) variieren also bis zu einem Faktor von fast einer Million. Wir werden noch ein paar mal auf die Masse zurückkommen und weitere Einzelheiten werden deutlicher werden, sobald mehr Beispiele auftauchen. Aber genauso, wie es ohne Kenntnis des Periodensystems unmöglich ist, Chemie zu verstehen, ist es unmöglich, ein klares Bild der subatomaren Welt zu erlangen, ohne die wichtigsten Bewohner des subatomaren Zoos zu kennen.

Eine zweite wesentliche Eigenschaft zur Ordnung von Teilchen ist der *Spin* oder *Eigendrehimpuls*. Der Spin ist eine rein quantenmechanische Erscheinung und sein Prinzip ist zunächst schwer zu erfassen. Als Einleitung bringen wir deshalb erst einmal den *Bahn-*

drehimpuls, der eine klassische Bedeutung hat. Klassisch ist der Bahndrehimpuls eines Teilchens mit Impuls **p** definiert als

(5.2) $\mathbf{L} = \mathbf{r} \times \mathbf{p},$

wobei **r** der Radiusvektor vom Schwerpunkt des Teilchens zur Drehachse ist. Klassisch kann der Drehimpuls jeden Wert annehmen. Quantenmechanisch ist **L** auf bestimmte Werte beschränkt. Ferner kann der Drehimpulsvektor zu einer gegebenen Richtung nur bestimmte Orientierungen annehmen. Die Tatsache einer solchen *räumlichen Quantisierung* widerspricht zunächst dem physikalischen Empfinden. Jedoch beweist das Stern-Gerlach-Experiment deutlich das Vorhandensein der räumlichen Quantisierung[1], die sich zugleich logisch aus den Postulaten der Quantenmechanik herleiten läßt. In der Quantenmechanik wird **p** durch den Operator $-i\hbar(\partial/\partial x, \partial/\partial y, \partial/\partial z) \equiv -i\hbar\nabla$ ersetzt und folglich wird auch der Bahndrehimpuls zu einem Operator[2], dessen z-Komponente z.B. durch

(5.3) $L_z = -i\hbar \left(x \dfrac{\partial}{\partial y} - y \dfrac{\partial}{\partial x} \right) = -i\hbar \dfrac{\partial}{\partial \varphi}$

gegeben ist. Hier ist φ der Azimutwinkel in Porlarkoordinaten. Die Wellenfunktion eines Teilchens mit bestimmtem Drehimpuls kann als Eigenfunktion von $\mathbf{L}^2$ und L_z gewählt werden:[3]

(5.4) $\mathbf{L}^2 \psi_{\ell m} = \ell(\ell+1)\hbar^2 \psi_{\ell m}$
$L_z \psi_{\ell m} = m\hbar \psi_{\ell m}.$

Die erste Gleichung besagt, daß die Größe des Drehimpulses quantisiert und auf Werte $[\ell(\ell+1)]^{1/2}\hbar$ beschränkt ist. Die zweite Gleichung besagt, daß die Komponente des Drehimpulses in einer gegebenen Richtung, für die man im allgemeinen z nimmt, nur Werte $m\hbar$ annehmen kann. Die Quantenzahlen ℓ und m müssen *ganzzahlig* sein und für einen gegebenen Wert von ℓ kann m die $2\ell+1$ Werte von $-\ell$ bis $+\ell$ annehmen. Die räumliche Quantisierung kommt in einem *Vektordiagramm* zum Ausdruck, siehe Bild 5.1 für $\ell = 2$. Die Komponente entlang der willkürlich gewählten Richtung z kann nur die gezeigten Werte annehmen.

Wir wiederholen, daß die Quantisierung des Bahndrehimpulses Gl. 5.2 zu ganzzahligen Werten von ℓ führt und demnach zu ungeraden Werten $2\ell+1$ als Anzahl der möglichen Einstellungen. Es war deshalb überraschend, als die Alkalispektren eindeutig Dubletts zeigten. Zwei Einstellungen bedeuten aber $2\ell+1 = 2$ oder $\ell = ½$. Vor 1924 wurden viele Versuche zur Erklärung dieses halbzahligen Drehimpulses unternommen. Die erste Hälf-

---

[1] Eisberg, Abschnitt 11.3; *Feynman Lectures*, **II**-35-3.
[2] Eisberg, Gl. 10.51 und Gl. 10.52; Merzbacher, Kapitel 9.
[3] Verwirrung kann aus der üblichen Verwendung der gleichen Symbole für die klassischen Größen (z.B. **L**) und den entsprechenden quantenmechanischen Operatoren (z.B. **L**) entstehen. Dazu werden oft noch die Quantenzahlen durch ähnliche Buchstaben (*l* oder *L*) bezeichnet. Wir schließen uns dieser Konvention an, da die meisten Bücher und Veröffentlichungen sie benutzen. Nach anfänglichen Verwechslungen wird die Bedeutung aller Symbole aus dem Zusammenhang deutlich werden. Gelegentlich werden wir jedoch den Index *op* für einen quantenmechanischen Operator verwenden.

5.1 Masse und Spin, Fermionen und Bosonen

te der richtigen Lösung wurde 1924 von Pauli gefunden; er schlug vor, daß Elektronen eine klassisch nicht erklärbare Doppelwertigkeit besitzen, aber er verband mit dieser Eigenschaft kein physikalisches Bild. Die zweite Hälfte der Lösung lieferten Uhlenbeck und Goudsmit, die ein kreiselndes (englisch: spinning) Elektron postulierten. Die Zweiwertigkeit kommt dann aus den zwei verschiedenen Drehrichtungen.

Natürlich muß der Wert ½ in die Quantenmechanik passen. Es ist leicht zu sehen, daß die quantenmechanischen Operatoren, die **L** in Gl. 5.2 entsprechen, folgende *Vertauschungsregeln* erfüllen:

(5.5)
$$L_x L_y - L_y L_x = i\hbar L_z$$
$$L_y L_z - L_z L_y = i\hbar L_x$$
$$L_z L_x - L_x L_z = i\hbar L_y.$$

Es wird postuliert, daß die Vertauschungsregeln Gl. 5.5 fundamentaler sind als die klassische Definition Gl. 5.2. Um dies auszudrücken, wird mit **L** nun der Bahndrehimpuls bezeichnet und ein Symbol **J** für beliebigen Drehimpuls eingeführt. **J** soll die Vertauschungsregeln erfüllen:

(5.6)
$$J_x J_y - J_y J_x = i\hbar J_z$$
$$J_y J_z - J_z J_y = i\hbar J_x$$
$$J_z J_x - J_x J_z = i\hbar J_y.$$

Mit algebraischen Methoden lassen sich Folgerungen aus Gl. 5.6 berechnen[4]. Das Ergebnis ist die Rechtfertigung der Vorschläge von Pauli und von Goudsmit und Uhlenbeck. Der Operator **J** erfüllt Eigenwertgleichungen analog zu denen für den Bahndrehimpulsoperator Gl. 5.4:

(5.7) $$J^2 \psi_{JM} = J(J+1)\hbar^2 \psi_{JM}$$

(5.8) $$J_z \psi_{JM} = M\hbar \psi_{JM}.$$

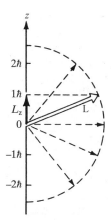

Bild 5.1 Vektordiagramm für den Drehimpuls mit den Quantenzahlen $\ell = 2$ und $m = 1$. Die anderen möglichen Einstellungen sind durch gestrichelte Linien angedeutet.

---
[4] Eine gut verständliche Ableitung bringt Messiah, Kapitel XIII.

Die erlaubten Werte von J sind jedoch nicht nur ganzzahlig, sondern auch halbzahlig:

(5.9) $\qquad J = 0, \frac{1}{2}, 1, \frac{3}{2}, 2, ...$

Für jeden Wert von J kann M die $2J + 1$ Werte von $-J$ bis $+J$ annehmen.

Die Gleichungen 5.7 - 5.9 sind für jedes quantenmechanische System gültig. Wie jeder Drehimpuls hängt der spezielle Wert von J nicht nur vom betreffenden System ab, sondern auch von der Drehachse, auf die er bezogen wird. Wir kehren jetzt zu den *Teilchen* zurück. Es stellt sich heraus, daß jedes Teilchen einen *Eigendrehimpuls* hat, der üblicherweise als *Spin* bezeichnet wird. Der Spin kann nicht durch die klassischen Koordinaten von Ort und Impuls wie in Gl. 5.2 ausgedrückt werden und er hat in der klassischen Mechanik keine Entsprechung. Der Spin wird oft so dargestellt, als ob das Teilchen ein schnelldrehender Kreisel wäre. Für jeden in Frage kommenden Radius jedoch wäre dann die Geschwindigkeit auf der Teilchenoberfläche größer als die Lichtgeschwindigkeit, weshalb dieses Bild nicht haltbar ist. Zudem besitzen selbst Teilchen mit Ruhemasse Null, wie das Photon und das Neutrino, einen Spin. Die Existenz des Spins muß als Tatsache hingenommen werden. Im Ruhesystem des Teilchens verschwindet jeder Bahnbeitrag zum Gesamtdrehimpuls und der Spin ist der Drehimpuls im Ruhesystem. Er ist eine unveränderliche Eigenschaft eines Teilchens. Der Spinoperator wird mit **J** oder **S** bezeichnet;[5] er erfüllt die Eigenwertgleichungen 5.7 und 5.8. Die Quantenzahl J ist eine Konstante und charakterisiert das Teilchen, während die Quantenzahl M die Orientierung des Teilchens im Raum beschreibt und von der Bezugsachse abhängt.

Wie kann J experimentell bestimmt werden? Für makroskopische Systeme kann man den klassischen Drehimpuls messen. Für ein Teilchen ist eine solche Messung nicht durchführbar. Wenn es jedoch gelingt die Anzahl der möglichen Einstellungen im Raum zu bestimmen, folgt daraus die Spinquantenzahl J, die oft einfach als *der Spin* bezeichnet wird, da es $2J + 1$ mögliche Einstellungen gibt.

Wir haben oben festgestellt, daß ganzzahlige Werte von J in Verbindung mit dem Bahndrehimpuls auftreten, bei dem es einen klassischen Grenzfall gibt, daß es aber für halbzahlige Werte keine klassische Entsprechung gibt. Wie wir bald sehen werden, gibt es Teilchen mit ganzzahligem und halbzahligem Spin. Beispiele für die Klasse der ganzzahligen sind das Photon und das Pion, während Elektron, Neutrinos, Myonen und Nukleonen Spin ½ haben. Kommt der Unterschied zwischen ganzzahligen und halbzahligen Werten auf irgendeine tiefere Weise zum Ausdruck? Dies ist der Fall und die beiden Teilchenklassen verhalten sich sehr unterschiedlich. Der Unterschied wird sichtbar, wenn man die Eigenschaften der Wellenfunktion untersucht. Wir betrachten dazu ein System von zwei *identischen* Teilchen, 1 und 2. Die Teilchen haben den gleichen Spin J, aber ihre Orientierung $J_z^{(i)}$ kann verschieden sein. Die Wellenfunktion des Systems wird folgendermaßen geschrieben:

$$\psi(\mathbf{x}^{(1)}, J_z^{(1)}; \mathbf{x}^{(2)}, J_z^{(2)}) \equiv \psi(1,2).$$

---

[5] S wird später auch für die Strangeness gebraucht, es steht also nicht immer für die Spinquantenzahl.

Werden die zwei Teilchen ausgetauscht, so wird die Wellenfunktion zu ψ(2,1). Es ist eine bemerkenswerte Eigenschaft der Natur, daß alle Wellenfunktionen für identische Teilchen entweder symmetrisch oder antisymmetrisch bezüglich der Vertauschung 1 ⇔ 2 sind:

(5.10) ψ(1, 2) = + ψ(2, 1), symmetrisch
        ψ(1, 2) = − ψ(2, 1), antisymmetrisch

Die vollständige Symmetrie oder Antisymmetrie bezüglich des Austausches von irgend zwei Teilchen kann leicht auf n identische Teilchen ausgedehnt werden.[6]

Es besteht ein tieferer Zusammenhang zwischen *Spin und Symmetrie*, der zuerst von Pauli bemerkt und von ihm mit der relativistischen Quantenfeldtheorie bewiesen wurde: Die Wellenfunktion eines Systems von n identischen Teilchen mit halbzahligem Spin, *Fermionen* genannt, wechselt das Vorzeichen, wenn irgend zwei Teilchen vertauscht werden. Die Wellenfunktion eines Systems von n identischen Teilchen mit ganzzahligem Spin, *Bosonen* genannt, bleibt beim Austausch irgend zweier Teilchen unverändert. Die Spin-Symmetrie-Relation ist in Tabelle 5.1 zusammengefaßt.

Tabelle 5.1 Bosonen und Fermionen.

Spin J	Teilchen	Verhalten der Wellenfunktion beim Austausch zweier identischer Teilchen
ganzzahlig	Bosonen	symmetrisch
halbzahlig	Fermionen	antisymmetrisch

Der Zusammenhang zwischen Spin und Symmetrie führt zu *Paulis Ausschließungsprinzip*. Zwei Teilchen sollen dieselben Quantenzahlen haben. Die zwei Teilchen sind dann im selben *Zustand*. Ein Austausch 1 ⇔ 2 läßt die Wellenfunktion unverändert. Wenn die Teilchen aber Fermionen sind, wechselt sie das Vorzeichen, und sie muß deshalb Null sein. Das Pauliprinzip besagt demnach, daß ein quantenmechanischer Zustand nur von einem *Fermion*[7] besetzt sein kann. Das Prinzip ist außerordentlich wichtig für die gesamte subatomare Physik.

---

[6] Park, Kapitel 11.
[7] Pauli beschreibt die Situation mit den folgenden Worten:
„Stellt man die nichtentarteten Zustände eines Elektrons durch Schachteln dar, so besagt das Ausschließungsprinzip, daß in jeder Schachtel nur ein Elektron sein darf. Das macht die Atome größer als wenn sich viele Elektronen z.B. in der innersten Schale aufhalten könnten. Andere Teilchen, wie Photonen oder leichte Teilchen, zeigen nach der Quantentheorie das entgegengesetzte Verhalten; d.h. so viele wie möglich wollen in dieselbe Schachtel. Man kann die Teilchen, die dem Ausschließungsprinzip gehorchen, als die antisozialen Teilchen bezeichnen, während die Photonen sozial sind. In beiden Fällen jedoch werden die Soziologen die Physiker beneiden, wegen der vereinfachenden Annahme, daß alle Teilchen desselben Typs exakt gleich sind."
Aus W. Pauli, *Science* **103**, 213 (1946). Abgedruckt in *Collected Scientific Papers by Wolfgang Pauli* (R. Kronig and V. F. Weisskopf, eds), Wiley-Interscience, New York, 1964.

5.2 Elektrische Ladung und magnetisches Dipolmoment

Viele Teilchen besitzen eine *elektrische Ladung*. In einem äußeren elektromagnetischen Feld ist die Kraft auf ein Teilchen der Ladung q durch Gl. 2.13 gegeben.

(5.11) $\quad \mathbf{F} = q \left(\mathbf{E} + \dfrac{1}{c} \mathbf{v} \times \mathbf{B} \right).$

Die Ablenkung des Teilchens im rein elektrischen Feld $\mathbf{E}$ bestimmt q/m. Ist m bekannt, so kann man q berechnen. Historisch verlief die Entwicklung umgekehrt: Die Elektronenladung wurde von Millikan in seinem Öltröpfchenexperiment bestimmt. Aus bekanntem q und q/m wurde dann die Elektronenmasse gefunden.

Die *Gesamtladung* eines subatomaren Teilchens bestimmt seine Wechselwirkung mit $\mathbf{E}$ und $\mathbf{B}$ nach der Lorentzgleichung 5.11. Es ist eine bemerkenswerte und noch nicht verstandene Erscheinung, daß die Ladung immer in ganzzahligen Vielfachen der Elementarladung e auftritt. Wegen dieser Tatsache erfährt man aus der Gesamtladung wenig über die Struktur eines subatomaren Systems. Aus anderen elektromagnetischen Eigenschaften jedoch ist dies möglich und die bekannteste ist das *magnetische Dipolmoment*. Mit schlechtem Gewissen (weil wir wissen, daß es eigentlich nicht zutrifft) stellen wir uns ein Elementarteilchen als einen rotierenden Körper vor (Bild 5.2).

Sind elektrische Ladungen über das Teilchen verteilt, so drehen sie sich mit und erzeugen Kreisströme, die ein magnetisches Dipolmoment μ hervorrufen. Wie wirkt ein äußeres Feld $\mathbf{B}$ auf dieses Dipolmoment? Die klassische Elektrodynamik zeigt, daß ein Kreisstrom wie in Bild 5.3 zu einer Energie von

(5.12) $\quad E_{\text{mag}} = - \mu \cdot \mathbf{B}$

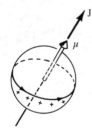

Bild 5.2 Magnetisches Dipolmoment. Im klassischen Modell erzeugt die Drehung des Teilchens Kreisströme, die ihrerseits ein magnetisches Dipolmoment erzeugen.

positiver elektrischer Strom

Bild 5.3 Ein Kreisstrom ruft ein magnetisches Moment μ hervor. Das magnetische Moment steht senkrecht zur stromumflossenen Ebene.

5.2 Elektrische Ladung und magnetisches Dipolmoment

führt, wobei die Größe des magnetischen Dipolmoments µ, im cgs-System, durch

(5.13) $\mu = \dfrac{1}{c}$ Strom × Fläche

gegeben ist. Die Richtung von µ ist senkrecht zur Ebene des Kreisstroms. Der positive Strom und µ bilden eine Rechtsschraube.[8] Die Verbindung zwischen magnetischem Moment und Drehimpuls wird durch Betrachtung eines Teilchens der Ladung q verständlicher, das sich mit der Geschwindigkeit v und Radius r auf einer Kreisbahn bewegt (Bild 5.4). Das Teilchen läuft $v/(2\pi r)$ mal pro s um und erzeugt folglich den Strom $qv/2\pi r$. Mit Gl. 5.2 und Gl. 5.13 sind µ und **L** durch

(5.14) $\mu = \dfrac{q}{2mc} \mathbf{L}$

verbunden. Dieses Ergebnis beruht auf zwei nur beschränkt gültigen Voraussetzungen. Es wurde mit Hilfe der klassischen Physik abgeleitet und es bezieht sich auf eine Punktladung auf einer Kreisbahn. Trotzdem zeigt Gl. 5.14 zwei bedeutsame Tatsachen: µ zeigt in die Richtung von **L** und das Verhältnis µ/L ist durch $q/2mc$ gegeben. Diese beiden Tatsachen zeigen den Weg zur Definition eines quantenmechanischen Operators µ für ein Teilchen mit der Masse m und dem Spin **J**. Auch dann sollte µ parallel zu **J** sein, da es keine andere bevorzugte Richtung gibt. Die Operatoren µ und **J** sind folglich verknüpft durch

$\mu = $ const. **J**.

Gemäß Gl. 5.14 hat die Konstante die Dimension e/mc und sie wird vorteilhaft als const. = $g(e/2mc)$ geschrieben. Die neue Konstante g ist dann dimensionslos und aus der Beziehung zwischen µ und **J** wird

(5.15) $\mu = g \dfrac{e}{2mc} \mathbf{J}$.

Die Konstante g mißt die Abweichung des tatsächlichen magnetischen Moments vom einfachen Wert $e/2mc$. Hierbei ist zu beachten, daß e und nicht q in Gl. 5.15 steht. Während q positiv oder negativ sein kann, ist e als positiv definiert und das Vorzeichen von µ ist durch

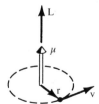

Bild 5.4 Ein Teilchen mit der Masse m und der Ladung q auf einer Kreisbahn erzeugt das magnetische Moment µ und den Bahndrehimpuls **L**.

---

[8] Jackson, Gl. 5.57 und 5.59

das des *g*-Faktors bestimmt. **J** hat dieselbe Dimension wie $\hbar$, so daß **J**/$\hbar$ dimensionslos ist. Gleichung 5.15 kann demnach umgeschrieben werden zu

(5.16) $\quad \mu = g\mu_0 \dfrac{\mathbf{J}}{\hbar}$

(5.17) $\quad \mu_0 = \dfrac{e\hbar}{2mc}$.

Die Konstante μ_0 heißt *Magneton* und ist die Einheit, in der magnetische Momente gemessen werden. Ihr Wert hängt von der eingesetzten Masse ab. In der Atomphysik und allen Problemen mit Elektronen wird für m in Gl. 5.17 die Elektronenmasse genommen und die Einheit heißt dann *Bohrsches Magneton* μ_B:

(5.18) $\quad \mu_B = \dfrac{e\hbar}{2m_e c} = 0{,}5788 \times 10^{-14}$ MeV/G.

In der subatomaren Physik werden die magnetischen Momente in Einheiten des *Kernmagnetons* ausgedrückt, das man aus Gl. 5.17 mit $m = m_p$ erhält:

(5.19) $\quad \mu_N = \dfrac{e\hbar}{2m_p c} = 3{,}1525 \times 10^{-18}$ MeV/G.

Das Kernmagneton ist etwa 2 000 mal kleiner als das Bohrsche Magneton.

Die Information über die Teilchenstruktur steckt im *g*-Faktor. Für eine große Anzahl von Kernzuständen und für wenige Teilchen wurde der *g*-Faktor gemessen. Es ist ein Problem der Theorie, die beobachteten Werte zu erklären.

Die Energieniveaus eines Teilchens mit dem magnetischen Moment μ in einem magnetischen Feld **B** erhält man aus der Schrödinger-Gleichung,

$$H\psi = E\psi,$$

wobei der Hamiltonoperator H die Form haben soll

$$H = H_0 + H_{\text{mag}} = H_0 - \mu \cdot \mathbf{B},$$

oder mit Gl. 5.16

(5.20) $\quad H = H_0 - \dfrac{g\mu_0}{\hbar} \mathbf{J} \cdot \mathbf{B}$

Der spinunabhängige Hamiltonoperator H_0 liefert die Energie E_0: $H_0\psi = E_0\psi$. Um die Energiewerte zu finden, die zum gesamten Hamiltonoperator gehören, wählt man am besten die *z*-Achse entlang dem magnetischen Feld, so daß $\mathbf{J} \cdot \mathbf{B} = J_z B_z \equiv J_z B$. Mit Gl. 5.8 sind die Eigenwerte E des Hamiltonoperators H

5.3 Massenbestimmung

(5.21) $E = E_0 - g\mu_0 MB$.

Hier nimmt M die $2J + 1$ Werte von $-J$ bis $+J$ an. Die entsprechende *Zeemanaufspaltung* zeigt Bild 5.5 für den Spin $J = {}^3/_2$.

Die Aufspaltung $\Delta E = g\mu_0 B$ zwischen zwei Zeemanniveaus wird experimentell bestimmt. Ist B bekannt, so folgt g. Trotzdem sind die angegebenen Werte in der Literatur nicht g sondern eine Größe μ, definiert durch

(5.22) $\mu = g\mu_0 J$.

Hier ist J die in Gl. 5.7 definierte Quantenzahl. Wie aus Bild 5.5 ersichtlich, ist $2\mu B$ die totale Aufspaltung der Zeemanniveaus. Quantenmechanisch ist μ der Erwartungswert des Operators Gl. 5.16 im Zustand $M = J$. Um μ zu bestimmen, müssen g und J bekannt sein. J kann im Prinzip durch den Zeemaneffekt gefunden werden, da die Anzahl der Niveaus gleich $2J + 1$ ist.

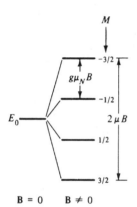

Bild 5.5 Zeemanaufspaltung der Energieniveaus eines Teilchens mit Spin J und g-Faktor g im äußeren Magnetfeld **B**. **B** verläuft entlang der z-Achse, $g > 0$.

5.3 Massenbestimmung

Die Masse ist sozusagen die Heimatanschrift eines Teilchens oder Kerns. Es ist deshalb nicht verwunderlich, daß es viele Meßmethoden gibt, um sie zu bestimmen. Wir werden hier beispielhaft nur drei verschiedenartige und in sehr unterschiedlichen Situationen anwendbare Methoden besprechen.

Subatomare Teilchen sind Quantensysteme und nahezu alle besitzen angeregte Zustände. Schematisch sehen die Anregungsspektren aus wie in Bild 5.6 gezeigt. Obwohl die grundlegenden Gesichtspunkte für Kerne und Teilchen ähnlich sind, unterscheiden sie sich in den Einheiten und den Bezeichnungen. Im Fall von *Kernen* wird die Masse des Grundzustands nicht für den Kern allein, sondern für das neutrale Atom einschließlich aller Elektronen angegeben. Die internationale Einheit für die *Atommasse* ist ein Zwölftel der Atommasse von ^{12}C. Diese Einheit heißt die *relative Nuklidmasseneinheit* oder *atomare Masseneinheit* und wird als u abgekürzt (von „unified mass unit"). In Einheiten von g und MeV ist sie

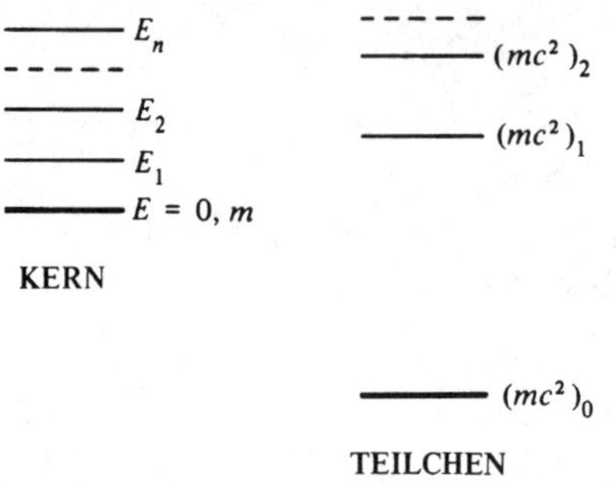

```
———— $E_n$
- - - - -
———— $E_2$
———— $E_1$
———— $E = 0, m$

KERN
```

```
- - - - -
———— $(mc^2)_2$

———— $(mc^2)_1$
```

```
———— $(mc^2)_0$

TEILCHEN
```

Bild 5.6 Anregungsspektren von Kernen und Teilchen. Die Bezeichnungen sind im Text erklärt.

(5.23) $\quad 1u = 1{,}66043 \times 10^{-24}$ g (Masse)
$= 931{,}481$ MeV (Energie).

Die Masse der nuklearen Grundzustände wird in u angegeben. Die angeregten Kernzustände werden nicht durch ihre Masse, sondern durch ihre Anregungsenergie (MeV über dem Grundzustand) charakterisiert. Im Fall von *Teilchen* werden die Ruheenergien angegeben und zwar in MeV oder GeV. Diese Bezeichnungsweise ist willkürlich, aber sinnvoll, da im Fall der Teilchen die Anregungsenergien und die Grundzustandsenergie vergleichbar sind.

Nach diesen einleitenden Bemerkungen kommen wir zur *Massenspektroskopie*, der Bestimmung von Kernmassen. Das erste Massenspektrometer wurde 1910 von J. J. Thomson gebaut. Aber erst F. W. Aston gelang eine brauchbare Konstruktion. Die Bestandteile des Astonschen Massenspektrometers sind in Bild 5.7 gezeigt. Die Atome werden in einer Ionenquelle ionisiert. Die Ionen werden dann durch eine Spannung von 20–50 kV beschleunigt. Der Strahl wird durch Spalte gebündelt und durchläuft ein elektrisches und ein magnetisches Feld. Diese Felder sind so gewählt, daß Ionen verschiedener Geschwindigkeit, aber mit gleichem Verhältnis von Ladung zu Masse auf der Photoplatte fokussiert werden. Die Lage der verschiedenen Ionen auf der Photoplatte gestattet die Bestimmung der relativen Massen mit hoher Genauigkeit.

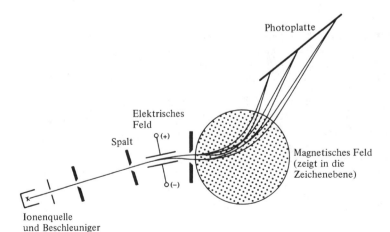

Bild 5.7 Astonsches Massenspektrometer.

5.3 Massenbestimmung

Die Massenspektroskopie funktioniert gut bei Kernen, bei den meisten Elementarteilchen ist sie aber schwierig (oder unmöglich). Im Massenspektrometer starten alle Ionen mit sehr kleiner (thermischer) Geschwindigkeit und werden dann im selben Feld beschleunigt. Ihre relativen Massen können deshalb sehr genau bestimmt werden. Elementarteilchen jedoch entstehen in Reaktionen und ihre Anfangsgeschwindigkeiten sind nicht genau bekannt. Zudem sind einige Teilchen neutral und können nicht abgelenkt werden. Hier muß man deshalb anders vorgehen. Die Grundlage dazu bilden die Gleichungen 1.2 und 1.7:

(1.2) $\quad E^2 = p^2c^2 + m^2c^4$

(1.7) $\quad \mathbf{p} = m\gamma\mathbf{v}$

(1.6) $\quad \gamma = \dfrac{1}{(1-(v/c)^2)^{1/2}}$.

Diese Beziehungen zeigen, daß die Masse eines Teilchens berechnet werden kann, wenn der Impuls und die Energie oder der Impuls und die Geschwindigkeit bekannt sind. Viele Verfahren beruhen darauf. Die Anordnung in Bild 5.8 zeigt ein Beispiel. Ein Magnet sondert Teilchen mit dem Impuls $\mathbf{p}$ aus. Zwei Szintillationszähler, S_1 und S_2, registrieren den Durchgang des Teilchens. Die Signale dieser beiden Zähler werden auf einem Oszillographen betrachtet und die Verzögerung zwischen den Signalen S_1 und S_2 kann auf dem Schirm abgelesen werden. Mit dem bekannten Abstand zwischen S_1 und S_2 kann man die Geschwindigkeit berechnen. Aus Impuls und Geschwindigkeit ergibt sich die Masse.

Die gerade besprochene Methode versagt für neutrale Teilchen, oder wenn die Lebensdauer so kurz ist, daß weder Impuls noch Geschwindigkeit gemessen werden können. Wie selbst dann die Masse bestimmt werden kann, zeigen wir am Beispiel der Methode des *Spektrums der invarianten Masse*. Wir betrachten dazu die Reaktion

(5.24) $\quad p\pi^- \to n\pi^+\pi^-$,

wie sie in einer Wasserstoffblasenkammer vorkommt. Die Reaktion kann auf zwei verschiedene Arten verlaufen, siehe Bild 5.9. Verläuft sie wie in Bild 5.9 (a), so werden die

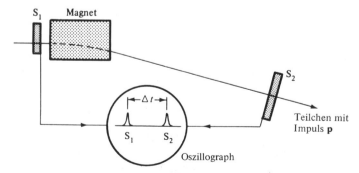

Bild 5.8 Bestimmung der Masse eines Teilchens durch Selektion seines Impulss $\mathbf{p}$ und Messung seiner Geschwindigkeit v.

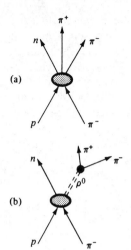

Bild 5.9 Die Reaktion $p\pi^- \to n\pi^+\pi^-$ kann auf zwei verschiedene Arten verlaufen. (a) Die drei Teilchen im Endzustand können alle auf einmal erzeugt werden oder (b) im ersten Schritt werden zwei Teilchen n und ρ^0, erzeugt. Das ρ^0 zerfällt dann in zwei Pionen.

drei Teilchen im Endzustand unabhängig voneinander erzeugt. Es ist jedoch auch möglich, daß ein Neutron und ein neues Teilchen, *neutrales Rho* genannt, erzeugt werden, siehe Bild 5.9 (b). Das ρ^0 zerfällt dann in zwei Pionen. Kann man diese beiden Fälle unterscheiden? Ja, wie wir gleich sehen werden.

Lebte das ρ^0 lang genug, entstünde eine Lücke zwischen den Spuren des Protons und denen der Pionen. Wir werden in Abschnitt 5.7 sehen, daß die Lebensdauer des ρ^0 etwa 6×10^{-24} s ist. Selbst wenn sich das ρ^0 mit Lichtgeschwindigkeit bewegt, legt es nur etwa 1,5 fm während seiner Lebensdauer zurück, was etwa um den Faktor 10^{10} weniger ist als zur Beobachtung nötig wäre. Wie kann man das ρ^0 trotzdem nachweisen und seine Masse bestimmen? Um zu sehen, wie der Trick geht, betrachten wir die hier auftretenden Energie- und Impulswerte (Bild 5.10). In Gl. 2.29 definierten wir die Gesamtmasse oder invariante Masse eines Teilchensystems. Wenden wir diese Definition auf die Pionen an und benutzen die Bezeichnungen aus Bild 5.10, so wird die invariante Masse m_{12} der beiden Pionen

$$(5.25) \qquad m_{12} = \frac{1}{c^2}\,[(E_1 + E_2)^2 - (\mathbf{p}_1 + \mathbf{p}_2)^2 c^2]^{1/2}.$$

Bild 5.10 Energie- und Impulswerte beim Zerfall des ρ^0.

Legt man an die Blasenkammer ein magnetisches Feld an, so kann der Impuls der beiden Pionen bestimmt werden. Die Energie findet man aus ihrer Reichweite (Bild 3.6) oder ihrer Ionisation. Für jedes beobachtete Pionenpaar kann dann die invariante Masse m_{12} aus Gl. 5.25 berechnet werden. Verläuft die Reaktion gemäß Bild 5.9 (a), ohne Zusammenhang zwischen den beiden Pionen und dem Neutron, so verteilt sich die Energie und der

5.3 Massenbestimmung

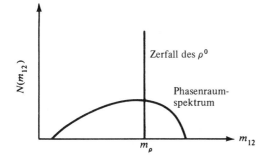

Bild 5.11
Spektrum der invarianten Masse für den Fall, daß die Pionenpaare unabhängig voneinander erzeugt werden (Phasenraum), oder für den Fall, daß sie vom Zerfall eines ρ^0 mit kleiner Zerfallsbreite herrühren.

Impuls statistisch. Die Anzahl $N(m_{12})$ der Pionenpaare mit einer bestimmten invarianten Masse kann man einfach berechnen und als Ergebnis erhält man ein sogenanntes *Phasenraumspektrum*. (Der Phasenraum wird in Abschnitt 10.2 besprochen.) Es ist in Bild 5.11 skizziert. Wenn jedoch die Reaktion über die Erzeugung eines ρ^0 verläuft, so verlangt die Energie- und Impulserhaltung

(5.26) $E_\rho = E_1 + E_2$
       $\mathbf{p}_\rho = \mathbf{p}_1 + \mathbf{p}_2.$

Die Masse des ρ^0 ist durch Gl. 1.2 gegeben als

$$m_\rho = \frac{1}{c^2}\,[E_\rho^2 - \mathbf{p}_\rho^2 c^2]^{1/2}$$

oder mit Gl. 5.25 und Gl. 5.26 als

(5.27) $m_\rho = m_{12}.$

Stammen die Pionen aus dem Zerfall eines Teilchens, so muß ihre invariante Masse eine Konstante und gleich der Masse des zerfallenden Teilchens sein. Bild 5.12 zeigt ein Spektrum der invarianten Masse von Pionenpaaren aus der Reaktion Gl. 5.24 mit Pionen vom Impuls 1,89 GeV/c. Das breite Maximum bei der invarianten Masse von 765 MeV/c^2 ist unübersehbar. Das Teilchen, das dieses Maximum erzeugt, heißt ρ^0. Obwohl es nur etwa 6 $\times\,10^{-24}$ s lebt, ist seine Existenz nachgewiesen und seine Masse bekannt.

Das Spektrum der invarianten Masse ist nicht auf die Teilchenphysik beschränkt, sondern wird auch in der Kernphysik angewendet. Wir betrachten z.B. die Reaktion

$$p + {}^{11}B \begin{array}{l} \longrightarrow 3\alpha \\ \longrightarrow {}^{8}Be + \alpha \\ \phantom{\longrightarrow {}^{8}Be}\,\longrightarrow 2\alpha \end{array}$$

Da ^{8}Be nur 2×10^{-16} s lebt, bevor es in zwei α-Teilchen zerfällt, werden in beiden Fällen lediglich die drei α-Teilchen beobachtet. Trotzdem kann die Bildung des ^{8}Be mit dem Spektrum der invarianten Masse untersucht werden.

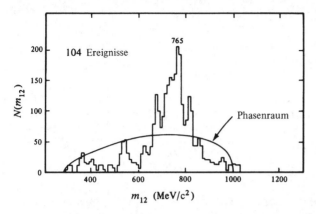

Bild 5.12 Spektrum der invarianten Masse der zwei Pionen, die bei der Reaktion $p\pi^- \to n\pi^+\pi^-$ erzeugt werden. [Nach A. R Erwin, R. March, W. D. Walker, and E. West, *Phys. Rev. Letters* **6**, 628 (1961).]

5.4 Ein erster Blick auf den subatomaren Zoo

Die bis jetzt besprochenen Verfahren haben zur Entdeckung von über 100 Teilchen und einer noch größeren Anzahl von Kernen geführt. Wie können diese sinnvoll geordnet werden? Eine erste Trennung erreicht man durch Betrachtung der Wechselwirkungen, an denen die Teilchen teilnehmen. Vier Wechselwirkungen sind bekannt, wie in Abschnitt 1.1 dargelegt. In der Reihenfolge zunehmender Stärke sind dies die Gravitation, die schwache, die elektromagnetische und die starke Wechselwirkung. Im Prinzip kann man alle vier Wechselwirkungen zur Klassifizierung subatomarer Teilchen heranziehen. die Gravitation ist jedoch so schwach, daß sie in der heutigen subatomaren Physik keine Rolle spielt. Aus diesem Grund beschränken wir unsere Aufmerksamkeit auf die drei anderen Wechselwirkungen.

Wie kann man feststellen, welche Wechselwirkungen das Verhalten eines speziellen Teilchens bestimmen? Wir betrachten dazu zunächst das Elektron. Es unterliegt sicher der elektromagnetischen Wechselwirkung, da es eine elektrische Ladung hat und im elektromagnetischen Feld abgelenkt wird. Nimmt es an der schwachen Wechselwirkung teil? Der Prototyp eines schwachen Prozesses ist der Neutronenzerfall,

$$n \to pe^-\bar{\nu}.$$

Tabelle A3 im Anhang zeigt, daß dieser Zerfall sehr langsam vor sich geht. Das Neutron lebt im Durchschnitt etwa 15 min bevor es in ein Proton, ein Elektron und ein Neutrino zerfällt. Wenn wir den Neutronenzerfall einen schwachen Zerfall nennen, dann nimmt das Elektron daran teil. Beteiligt sich das Elektron an der starken Wechselwirkung? Um dies herauszufinden, werden Kerne mit Elektronen bombadiert und das Verhalten der gestreuten Elektronen untersucht. Es stellt sich heraus, daß die Streuung allein mit der elektromagnetischen Wechselwirkung erklärt werden kann. Das Elektron wechselwirkt *nicht* stark. Zerfall und Stoßprozesse benutzt man auch, um die Wechselwirkungen der anderen Teilchen zu untersuchen. Das Ergebnis ist in Tabelle 5.2 zusammengefaßt.

Tabelle 5.2 Wechselwirkungen und subatomare Teilchen. Die nicht in Klammern stehenden Eintragungen bezeichnen frei in der Natur vorkommende Teilchen. Die in Klammern stehenden Teilchen sind ständig an andere gebunden.

Teilchen	Typ	Schwach	Elektromagnetisch	Stark
Photon	Eichboson	Nein	Ja	Nein
$W^{\pm}$, Z^0	Eichboson	Ja	Ja	Nein
(Gluon)	Eichboson	Nein	Nein	Ja
Leptonen				
Neutrino	Fermion	Ja	Nein	Nein
Elektron	Fermion	Ja	Ja	Nein
Myon	Fermion	Ja	Ja	Nein
Tau	Fermion	Ja	Ja	Nein
Hadronen				
Mesonen	Bosonen	Ja	Ja	Ja
Baryonen	Fermionen	Ja	Ja	Ja
(Quarks)	Fermionen	Ja	Ja	Ja

Die subatomaren Teilchen können in drei Gruppen eingeteilt werden, die Eichbosonen, die Leptonen und die Hadronen. Unter den Eichbosonen ist das Photon das bekannteste. Es ist an der elektromagnetischen Wechselwirkung beteiligt, obwohl es keine Ladung besitzt. Das folgt zum Beispiel aus der Emission von Photonen durch beschleunigte Ladungen, siehe Gleichung 2.20. Die massiven Eichbosonen $W^{\pm}$ und Z^0 sind an der schwachen Wechselwirkung beteiligt und das Gluon vermittelt die starke Wechselwirkung. Neutrinos, Elektronen, Myonen und Tau-Teilchen werden unter dem Namen Leptonen zusammengefaßt. Alle Leptonen unterliegen der schwachen Wechselwirkung. Die geladenen Leptonen unterliegen zusätzlich der elektromagnetischen Kraft. Alle anderen Teilchen, einschließlich der Kerne, sind Hadronen. Ihr Verhalten wird durch die hadronische (starke), die elektromagnetische und die schwache Wechselwirkung bestimmt. In den folgenden Abschnitten beschreiben wir die Teilchen, die in Tabelle 5.2 zusammengestellt sind, ausführlicher. Wir schließen dabei Quarks und Gluonen ein; diese Teilchen können zwar nicht direkt beobachtet werden, ihre Existenz ist aber hinreichend durch Indizien gesichert.

5.5 Eichbosonen

Die erste Gruppe von Teilchen in Tabelle 5.2 sind drei verschiedene Arten von Quanten, die sogenannten Eichbosonen, das Photon, das W^+, das W^-, das Z^0 und die Gluonen. Uns allen ist das Photon ein Begriff, aber die anderen Quanten und der Name „Eichboson" erfordern eine einführende Erklärung. Diese Teilchen sind Träger der Kräfte, die im Abschnitt 5.8 diskutiert werden. Drei Arten von Kräften sind in der subatomaren Physik von Bedeutung, die hadronische oder starke, die elektromagnetische und die schwache. Deshalb erwarten wir drei Arten von Teilchen, die für die drei Kräfte zwischen Leptonen und Quarks verantwortlich sind. Tatsächlich vermittelt das Photon die elektromagnetische Kraft, die massiven Bosonen $W^{\pm}$ und Z^0 sind Träger der schwachen Kraft und die Gluonen sind die Feldquanten der hadronischen Kraft. Wie wir später zeigen werden, ist die Form der Wechselwirkung durch ein Symmetrieprinzip bestimmt, das Eichinvarianz genannt wird. Daraus resultiert der Name Eichbosonen.

Wir beginnen die Diskussion der Eichbosonen mit dem Photon, dem Lichtquant. Die Teilcheneigenschaften von Licht führen unvermeidlich zu einiger Verwirrung. Es ist unmöglich auf elementarem Niveau jegliche Verwirrung auszuschließen, da eine befriedigende Behandlung der Photonen nur mit der Quantenelektrodynamik möglich ist. Ein paar Bemerkungen können jedoch einige der wichtigen physikalischen Eigenschaften klarer machen. Wir betrachten eine elektromagnetische Welle mit der Kreisfrequenz ω und der reduzierten Wellenlänge $\lambdabar = \lambda/2\pi$, die sich entlang des Einheitsvektors $\hat{\mathbf{k}}$ ausbreitet (Bild 5.13). Anstelle von $\hat{\mathbf{k}}$ und λ wird ein Wellenvektor $\mathbf{k} = \hat{\mathbf{k}}/\lambdabar$ eingeführt. Er zeigt in Richtung von $\hat{\mathbf{k}}$ und hat den Wert $1/\lambdabar$. Nach Einstein besteht eine monochromatische elektromagnetische Welle aus N monoenergetischen Photonen, jedes mit der Energie E und dem Impuls $\mathbf{p}$, wobei gilt

(5.28) $E = \hbar\omega, \quad \mathbf{p} = \hbar\mathbf{k}$

Die Anzahl der Photonen in der Welle ist so groß, daß ihre Gesamtenergie $W = NE = N\hbar\omega$ gleich der Gesamtenergie der elektromagnetischen Welle ist.

Gleichung 5.28 zeigt, daß Photonen Energie und Impuls besitzen. Wie steht es mit Drehimpuls? 1909 wurde von Poynting vorhergesagt, daß eine zirkular polarisierte elektromagnetische Welle einen Drehimpuls hat und er schlug ein Experiment vor, um diese Vorhersage zu beweisen: Wenn eine zirkular polarisierte Welle absorbiert wird, so wird der in der elektromagnetischen Welle enthaltene Drehimpuls auf den Absorber übertragen. Dieser sollte sich dann drehen. Das erste erfolgreiche Experiment wurde 1935 von Beth durchgeführt.[9] Eine moderne Variante davon, einen *Mikrowellenmotor*, zeigt Bild 5.14. Eine zirkular polarisierte Mikrowelle trifft auf einen am Ende eines kreisförmigen Wellenleiters aufgehängten Dipol. Ein Teil der Energie und des Drehimpulses werden vom Dipol absorbiert und er fängt an sich zu drehen. Das Verhältnis der absorbierten Energie zum absorbierten Drehimpuls kann leicht berechnet werden[10] und man erhält

(5.29) $\dfrac{\Delta E}{\Delta J_z} = \omega.$

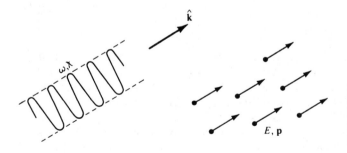

Bild 5.13
Eine elektromagnetische Welle setzt sich aus Photonen mit der Energie E und dem Impuls $\mathbf{p}$ zusammen.

---
[9] R. A. Beth, *Phys. Rev.* **50**, 115 (1936). Abgedruckt in *Quantum and Statistical Aspects of Light*, American Institute of Physics, New York, 1963.
[10] Siehe z.B. R.T. Weidner and R. L. Sells, *Elementary Classical Physics*, Allyn and Bacon, Boston, 1965, Gl. 47.5.

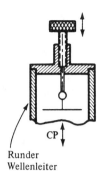
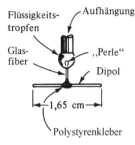

Bild 5.14 Ein an einem Tropfen aufgehängter Dipol, auf den zirkular polarisierte Mikrowellen einwirken, rotiert, da der Drehimpuls des elektromagnetischen Felds ein Drehmoment ausübt. [Aus P. J. Allen, *Am. J. Phys.* **34**, 1185 (1964).]

Diese Beziehung zeigt, daß das Drehmomentexperiment mit Mikrowellen einfacher ist als mit sichtbarem Licht, da der Drehimpulsübertrag für einen gegebenen Energieübertrag wie $1/\omega$ zunimmt.

Gleichung 5.29 wurde aus der klassischen Elektrodynamik hergeleitet. Sie kann quantenmechanisch ausgedrückt werden, indem man annimmt, daß n Photonen mit der Energie $\Delta E = n\hbar\omega$ und dem Drehimpuls $\Delta J_z = nJ_z$, die sich entlang der z-Achse bewegen, absorbiert werden. Gleichung 5.29 wird dann zu

(5.30) $J_z = \hbar.$

Der Drehimpuls eines Photons ist $\hbar$, oder anders ausgedrückt, das Photon hat den Spin 1.

Der Spin 1 für das Photon ist nicht überraschend. Ein Teilchen mit Spin 1 hat drei unabhängige Einstellmöglichkeiten. Zur Beschreibung von drei Einstellmöglichkeiten braucht man eine Größe mit drei unabhängigen Komponenten, also einen Vektor.

Das elektromagnetische Feld ist ein Vektorfeld, es wird durch die Vektoren **E** und **B** beschrieben und entspricht einem Vektorteilchen – also einem Teilchen mit Spin 1.[11] Die Sache hat jedoch noch einen Haken. Aus der klassischen Optik ist bekannt, daß eine elektromagnetische Welle nur *zwei* unabhängige Polarisationszustände hat. Könnte es sein, daß das Photon den Spin ½ hat? Diese Möglichkeit kann schnell ausgeschlossen werden.

---

[11] Tatsächlich ist die Lage noch etwas komplizierter. Die exakte Beschreibung des elektromagnetischen Felds geschieht über ein Potential. Das skalare und das Vektorpotential zusammen bilden einen Vierervektor, (A^0, A). Dieser Vierervektor scheint zunächst vier Freiheitsgraden zu entsprechen. Ein Freiheitsgrad wird aber für die Eichung der Potentiale, z.B. die Lorentzeichung, gebraucht, es bleiben also nur drei.

Die Verbindung von Spin und Symmetrie, in Abschnitt 5.1 besprochen, würde aus dem Photon sonst ein Fermion machen und es würde dem Pauliprinzip unterliegen. Nicht mehr als ein Photon könnte in einem Zustand sein, elektromagnetische Wellen und damit das Fernsehen wären unmöglich. Die Lösung zu diesem scheinbaren Widerspruch kommt nicht aus der Quantentheorie, sondern aus der Relativitätstheorie. Das Photon hat keine Ruhemasse, es ist Licht und bewegt sich mit Lichtgeschwindigkeit. Es gibt kein Koordinatensystem, in dem das Photon ruht. Gleichung 5.8 und die $2J + 1$ Einstellmöglichkeiten waren jedoch für das Ruhesystem hergeleitet worden und gelten nicht für das Photon. Tatsächlich können masselose Teilchen höchstens zwei Spinorientierungen besitzen, parallel oder antiparallel zu ihrem Impuls, unabhängig vom Spin.[12] Wir können das Ergebnis der vorliegenden Überlegungen zusammenfassen, indem wir sagen, daß das freie Photon ein Teilchen mit Spin 1 ist, das seinen Spin entweder parallel oder antiparallel zur Bewegungsrichtung hat.[13] Die zwei Zustände werden der rechts- oder linkszirkular polarisierte, beziehungsweise der mit positiver oder negativer Helizität genannt.

Die Träger der schwachen Kraft, die Eichbosonen $W^{\pm}$ und Z^0 sind erst nach langem Suchen gefunden worden[14]. Ihre Massen betragen 81 GeV/c^2 für die $W^{\pm}$ und 91 GeV/c^2 für das Z^0. Ihr Spin ist auch $1\hbar$. Da sie massiv sind, kann der Spin drei Orientierungen haben. Die W- und Z-Teilchen sind die schwersten bekannten „Elementarteilchen".

Der Nachweis von Gluonen läuft indirekt, da die Gluonen nicht frei existieren können. Sie sind „gefangen" und treten nur im Inneren von Hadronen auf. Sie besitzen keine Masse, haben wahrscheinlich den Spin $1\hbar$[15] und haben nur zwei verschiedene Zustände J_Z.

5.6 Leptonen

Elektronen, Myonen, Taus (Tau-Teilchen) und Neutrinos werden als Leptonen bezeichnet. Ursprünglich sollte der Namen darauf hinweisen, daß diese Teilchen sehr viel leichter als Nukleonen sind. Mit der Entdeckung des Taus[16, 17], das eine Masse von 1,78 GeV/c^2 hat, ist der Namen „Lepton" eine Fehlbezeichnung geworden, aber er wurde trotzdem beibehalten. Die Eigenschaften vom Elektron und Myon sind äußerst genau gemessen worden und die theoretische Beschreibung von einigen ihrer Eigenschaften, insbesondere dem g-Faktor, war außerordentlich erfolgreich. Bis vor kurzem jedoch war das „raison d'etre" (die Existenzberechtigung) des Myons ein Rätsel und es erschien als ein unerwünschter

---

[12] E. P. Wigner, Rev. *Modern Phys.* **29**, 255 (1957).
[13] Zwei Worte der Warnung sind hier angebracht. Einzelne Photonen müssen kein Eigenzustand des Impulses oder des Drehimpulses sein. Es ist möglich, Linearkombinationen von Eigenzuständen zu bilden, die einzelnen Photonen entsprechen, aber keinen wohldefinierten Impuls oder Drehimpuls haben. Die zweite Bemerkung betrifft den *Polarisationsvektor*. In der Elektrodynamik ist es üblich, die Richtung des elektrischen Feldvektors als die Polarisationsrichtung zu bezeichnen. *Der elektrische Feldvektor eines Photons mit Spin in Richtung seines Impulses steht senkrecht zum Impuls.*
[14] C. Rubbia, *Rev. Mod. Phys.* **57**, 699 (1985)
[15] PLUTO collaboration, *Phys. Lett.* **99B**, 292 (1981).
[16] M. L. Perl et al., *Phys. Rev. Lett.* **35**, 1489 (1975); nachgedruckt in New Particles. Selected Reprints. (J. L. Rosner, Ed.), American Association Physics Teachers, Stony Brook, NY 1981.
[17] M. L. Perl, *Ann. Rev. Nucl. Part. Sci.* **30**, 299 (1980); B. C. Barish und R. Stroynowski, Phys. Rep. **157**, 1 (1987)

Eindringling. Mit der Entdeckung des Taus hat sich ein Grund für die Zahl der Leptonen herausgestellt und wir werden das in Abschnitt 5.10 skizzieren. Die Hälfte aller Leptonen ist in Tabelle 5.3 zusammengestellt. Das Wort Hälfte bedarf einer vorläufigen Erklärung. Eine der am besten belegten Tatsachen der subatomaren Physik ist, daß jedes Teilchen ein Antiteilchen mit entgegengesetzter Ladung aber sonst sehr ähnlichen Eigenschaften besitzt. Jedes der sechs Leptonen in Tabelle 5.3 hat ein Antilepton und die Antileptonen $\bar{v}_e$, $\bar{v}_\mu$, e^+, μ^+ und τ^+ sind tatsächlich beobachtet worden. Eine sorgfältigere Erklärung der Idee der Antiteilchen folgt in den Kapiteln 7 und 9.

Tabelle 5.3 Leptonen

Lepton	Spin	Masse (mc^2)	Magnetisches Moment ($eh/2mc$)	Lebensdauer
v_e	½	≤ 20 eV	0	stabil
e^-	½	0,511003 MeV	– 1,001 159 652 288	stabil
v_μ	½	≤ 0,25 MeV	0	stabil
μ^-	½	105,6594 MeV	– 1,001 165 924	2,197 14 µs
v_τ	½	≤ 35 MeV	0	wahrscheinlich stabil
τ^-	½	1784 MeV	?	$3{,}3 \cdot 10^{-13}$ s

Die Art, in der wir hier das Neutrino und das Myon eingeführt haben, ist wirklich sträflich. Sie kann damit verglichen werden, einen Meisterverbrecher wie Professor Moriarty[18] durch Angabe seines Gewichts, seiner Größe und Haarfarbe vorzustellen, anstatt von seinen vollbrachten Taten zu berichten. Tatsächlich verhielt sich das Neutrino wie ein Meisterverbrecher und entzog sich zunächst jedem Verdacht und dann noch lange der Entdeckung. Das Myon erschien als Hadron verkleidet und verwirrte die Physiker für eine beträchtliche Zeit, bevor es als Hochstapler entlarvt wurde. Die Vorstellung, wie wir sie durchgeführt haben, kann nur durch den Hinweis darauf entschuldigt werden, daß ausgezeichnete Berichte von der Entdeckungsgeschichte des Neutrinos und des Myons vorliegen.[19]

5.7 Teilchenzerfall

Zwei Beobachtungen veranlassen uns hier abzuschweifen und über Teilchenzerfall zu sprechen, bevor die Hadronen an der Reihe sind. Die erste ist der Vergleich des Myons mit dem Elektron. Das Elektron ist stabil, während das Myon mit einer mittleren Lebensdauer von 2,2 µs zerfällt. Bedeutet dies, daß das Elektron elementarer als das Myon ist? Die zweite Beobachtung ergibt sich aus dem Vergleich der Bilder 5.11 und 5.12. In Bild 5.11 wird das ρ^0 durch eine scharfe Linie mit der Masse m_ρ dargestellt. Das tatsächlich beobachtete ρ^0 zeigt eine weite *Resonanz* von über 100 MeV/c^2 Breite. Ist diese Breite experi-

---

[18] A. C. Doyle, *The Complete Sherlock Holmes*, Doubleday, New York, 1953.
[19] C. S. Wu, „The Neutrino", in *Theoretical Physics in the Twentieth Century* (M. Fierz and V. F. Weisskopf, eds), Wiley-Interscience, New York, 1960; C. D. Anderson, *Am. J. Phys.* **29**, 825 (1961); C. N. Yang, *Elementary Particles*, Princeton University Press, Princeton, N.J., 1961.

menteller Natur oder hat sie grundlegende Bedeutung? Um diese Fragen zu beantworten, wenden wir uns kurz dem Zerfall von Teilchen zu.

Wir betrachten eine Ansammlung unabhängiger Teilchen, von denen jedes die Wahrscheinlichkeit λ besitzt, pro Zeiteinheit zu zerfallen. Die Anzahl der in der Zeit dt zerfallenden Teilchen ist durch

(5.31) $\qquad dN = -\lambda N(t)\, dt$

gegeben, wobei $N(t)$ die Anzahl der zur Zeit t vorhandenen Teilchen ist.

Durch Integration erhält man das exponentielle Zerfallsgesetz,

(5.32) $\qquad N(t) = N(0) e^{-\lambda t}.$

Bild 5.15 zeigt log $N(t)$ als Funktion von t. Die Halbwertszeit und die mittlere Lebensdauer sind eingetragen. In der Halbwertszeit zerfällt die Hälfte aller vorhandenen Teilchen. Die mittlere Lebensdauer ist die mittlere Zeit, die ein Teilchen existiert, bevor es zerfällt. Sie ist mit λ und $t_{1/2}$ verbunden durch

(5.33) $\qquad \tau = \dfrac{1}{\lambda} = \dfrac{t_{1/2}}{\ln 2} \approx 1{,}44\, t_{1/2}.$

Um den exponentiellen Zerfall mit den Eigenschaften des zerfallenden Zustands in Verbindung zu bringen, wird die Zeitabhängigkeit der Wellenfunktion eines Teilchens in Ruhe ($\mathbf{p} = 0$) explizit geschrieben:

(5.34) $\qquad \psi(t) = \psi(0) \exp\left(-\dfrac{iEt}{\hbar}\right).$

Wenn die Energie E dieses Zustands *reell* ist, so ist die Wahrscheinlichkeit das Teilchen zu finden *keine* Funktion der Zeit, denn

$$|\psi(t)|^2 = |\psi(0)|^2.$$

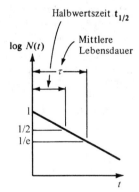

Bild 5.15 Exponentieller Zerfall.

5.7 Teilchenzerfall

Ein Teilchen, das durch eine Wellenfunktion vom Typ Gl. 5.34 mit reeller Energie E beschrieben wird, zerfällt nicht. Um den exponentiellen Zerfall eines Zustands einzuführen, der durch $\psi(t)$ beschrieben wird, addiert man einen kleinen imaginären Anteil zur Energie,

(5.35) $\quad E = E_0 - \tfrac{1}{2} i \Gamma,$

wobei E_0 und Γ reell sind und der Faktor ½ aus praktischen Erwägungen gewählt wurde. Mit Gl. 5.35 wird die Wahrscheinlichkeit

(5.36) $\quad |\psi(t)|^2 = |\psi(0)|^2 \exp\left(\dfrac{-\Gamma t}{\hbar}\right).$

Dies stimmt mit dem Zerfallsgesetz Gl. 5.32 überein, wenn

(5.37) $\quad \Gamma = \lambda \hbar.$

Mit Gl. 5.34 und Gl. 5.35 ist demnach die Wellenfunktion eines zerfallenden Zustands

(5.38) $\quad \psi(t) = \psi(0) \exp\left(\dfrac{-iE_0 t}{\hbar}\right) \exp\left(\dfrac{-\Gamma t}{2\hbar}\right).$

Der Realteil von $\psi(t)$ wird in Bild 5.16 für positive Zeiten gezeigt. Das Hinzufügen eines kleinen Imaginärteils zur Energie erlaubt die Beschreibung eines exponentiell zerfallenden Zustands, aber was bedeutet es? Die Energie ist eine meßbare Größe, ist dann eine imaginäre Komponente sinnvoll? Um dies herauszubekommen, stellen wir fest, daß $\psi(t)$ in Gl. 5.38 eine Funktion der Zeit ist. Wie groß ist die Wahrscheinlichkeit, daß ein Teilchen die Energie E hat? In anderen Worten, wir hätten die Wellenfunktion lieber als Funktion der Energie anstatt als Funktion der Zeit. Ein Wechsel von $\psi(t)$ zu $\psi(E)$ ist eine Fouriertransformation, eine Verallgemeinerung der gewöhnlichen Fourierreihe. Eine kurze und gut verständliche Einführung darüber gibt es von Mathews und Walter[20], hier bringen wir nur die wesentlichen Gleichungen. Wir betrachten eine Funktion $f(t)$. Unter ziemlich allgemeinen Bedingungen kann sie als Integral dargestellt werden,

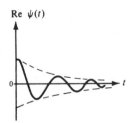

Bild 5.16 Realteil der Wellenfunktion eines zerfallenden Zustands. Der Zustand entsteht bei t = 0.

---

[20] Mathews und Walker, Kapitel 4. Kurze Tabellen zur Fouriertransformation stehen in *Standard Mathematical Tables, Chemical Rubber Co.*, Cleveland, Ohio. Ausführliche Tabellen findet man in A. Erdelyi, W. Magnus, F. Oberhettinger, and F. G. Tricomi, *Tables of Integral Transforms*, McGraw-Hill, New York, 1954.

(5.39) $\quad f(t) = (2\pi)^{-1/2} \int_{-\infty}^{+\infty} d\omega g(\omega) e^{-i\omega t}.$

Die Entwicklungskoeffizienten der gewöhnlichen Fourierreihe wurden zu der Funktion $g(\omega)$. Die Umkehrung von Gl. 5.39 ergibt

(5.40) $\quad g(\omega) = (2\pi)^{-1/2} \int_{0}^{+\infty} dt\, f(t) e^{+i\omega t}.$

Die Variablen t und ω werden so gewählt, daß das Produkt ωt dimensionslos ist, sonst ist $\exp(i\omega t)$ nicht sinnvoll. So können t und ω Zeit und Frequenz oder Koordinate und Wellenzahl sein. Wir setzen $f(t)$ in Gl. 5.40 gleich $\psi(t)$ aus Gl. 5.38. Wenn der Zerfallsprozeß zur Zeit $t = 0$ beginnt, kann man die untere Grenze des Integrals gleich Null setzen und $g(\omega)$ wird zu

(5.41) $\quad g(\omega) = (2\pi)^{-1/2}\psi(0) \int_{0}^{+\infty} \exp\left[i(\omega - \frac{E_0}{\hbar})t\right] \exp\left(\frac{-\Gamma t}{2\hbar}\right) dt$

oder

(5.42) $\quad g(\omega) = \frac{\psi(0)}{(2\pi)^{1/2}} \frac{i\hbar}{(\hbar\omega - E_0) + i\Gamma/2}.$

Die Funktion $g(\omega)$ ist proportional zur Wahrscheinlichkeit, mit der die Frequenz ω in der Fourierentwicklung von $\psi(t)$ enthalten ist. Da $E = \hbar\omega$ gilt, wird die Wahrscheinlichkeitsdichte $P(E)$ die Energie E zu finden, proportional zu $|g(\omega)|^2 = g^*(\omega)g(\omega)$[21]:

$$P(E) = \text{const.}\, g^*(\omega)g(\omega) = \text{const.}\, \frac{\hbar^2}{2\pi} \frac{|\psi(0)|^2}{(E - E_0)^2 + \Gamma^2/4}.$$

Die Bedingung

(5.43) $\quad \int_{-\infty}^{+\infty} P(E) dE = 1$

gibt

$$\text{const.} = \frac{\Gamma}{\hbar^2 |\psi(0)|^2},$$

und $P(E)$ wird endgültig zu

(5.44) $\quad P(E) = \frac{\Gamma}{2\pi} \frac{1}{(E - E_0)^2 + (\Gamma/2)^2}.$

---

[21] Für Photonen verknüpft die Beziehung $E = \hbar\omega$ die Energie und die Frequenz der elektromagnetischen Welle. Für massive Teilchen *definiert* sie die Frequenz ω. Die Herleitung von (5.44) bleibt dabei gültig, da sie unabhängig von der tatsächlichen Form von ω ist.

5.7 Teilchenzerfall

Die Energie des zerfallenden Zustands ist nicht scharf. Der kleine Imaginärteil in Gl. 5.35 führt zum Zerfall und bewirkt eine Verbreiterung des Zustands. Die Breite des Zustands aufgrund seines Zerfalls heißt *natürliche Linienbreite*. Die Form wird Lorentz- oder Breit-Wigner-Kurve genannt und ist in Bild 5.17 dargestellt. Γ ist die Breite beim halben Maximum (Halbwertsbreite). Mit Gl. 5.33 und Gl. 5.37 wird das Produkt aus mittlerer Lebensdauer und Breite

(5.45) $\tau \Gamma = \hbar.$

Diese Beziehung kann als Heisenbergsche Unschärferelation, $\Delta t \, \Delta E \geq \hbar$, verstanden werden. Um die Energie des Zustands oder Teilchens mit der Genauigkeit $\Delta E = \Gamma$ zu messen, ist mindestens die Zeit $\Delta t = \tau$ notwendig. Nur wenn mehr Zeit zur Verfügung steht, kann die Energie genauer bestimmt werden.

Wir können nun die zweite der am Anfang dieses Abschnitts gestellten Fragen beantworten: Die beobachtete Breite beim Zerfall des ρ^0 wird vom Zerfall verursacht. Die durch Meßinstrumente verursachte Breite ist viel kleiner. Nach Tabelle A4 im Anhang ist Γ_ρ = 153 MeV und die mittlere Lebensdauer wird

$$\tau_\rho = \frac{\hbar}{\Gamma_\rho} = 4 \times 10^{-24} \text{ s}.$$

Wir haben jedoch immer noch nicht die erste Frage beantwortet: Sind zerfallende Teilchen weniger elementar als stabile? Um dies zu beantworten, führen wir in Tabelle 5.4 einige instabile Teilchen auf.

Tabelle 5.4 Ausgewählte Zerfälle. Die Angabe unter „Klasse" gibt die Zerfallsart an. W bedeutet schwach („weak"), EM elektromagnetisch und H stark (hadronisch).

Teilchen	Masse (MeV/c^2)	Wichtigste Zerfälle	Zerfallsenergie (MeV)	Lebensdauer (s)	Klasse
μ	106	$e\nu\bar{\nu}$	105	$2{,}2 \times 10^{-6}$	W
$\pi^\pm$	140	$\mu\nu$	34	$2{,}6 \times 10^{-8}$	W
π^0	135	$\gamma\gamma$	135	$8{,}7 \times 10^{-17}$	EM
η	549	$\gamma\gamma, \pi\pi\pi$	549	$6{,}3 \times 10^{-19}$	EM
ρ	769	$\pi\pi$	489	$4{,}3 \times 10^{-24}$	H
n	940	$pe^-\bar{\nu}$	0,8	$0{,}90 \times 10^3$	W
Λ	1116	$p\pi^-, n\pi^0$	39	$2{,}6 \times 10^{-10}$	W
Δ	1232	$N\pi$	159	6×10^{-24}	H
$D^\pm$	1869	$\bar{K}^0 + \dots$		$9{,}2 \times 10^{-13}$	W
D^0	1865	$K^\pm + \dots$		$4{,}3 \times 10^{-13}$	W
^{8}Be*	3726	2α	3	6×10^{-22}	H

Aus Tabelle 5.4 wird folgendes sichtbar:
1. Eine Verbindung zwischen einfacher Struktur und Zerfall ist nicht zu sehen. Das Elektron und das Myon unterscheiden sich nur in der Masse, trotzdem zerfällt das Myon. Das Deuteron, aus Neutron und Proton zusammengesetzt, ist nicht aufgeführt, da es stabil ist, aber das freie Neutron zerfällt. Das geladene Pion zerfällt langsam, aber das neutrale zerfällt schnell. Die Angaben lassen vermuten, daß ein Teilchen zerfällt, wenn es kann und nur stabil ist, wenn es keinen Zustand tieferer Energie (Masse) gibt, in den

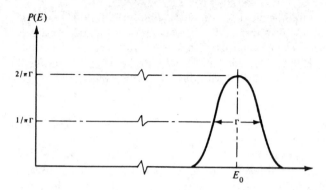

Bild 5.17 Natürliche Linienform eines zerfallenden Zustands. Γ ist die Halbwertsbreite.

es übergehen kann. Stabilität scheint also kein Kriterium für *elementaren* Charakter zu sein.

2. Der Vergleich von Teilchen mit etwa derselben Energie zeigt das Auftreten von Gruppen. Wir wissen, daß starke, elektromagnetische und schwache Kräfte existieren und erwarten entsprechende Zerfälle. Tatsächlich treten diese drei Arten auf. Aufwendige Berechnungen sind nötig, um zu zeigen, daß die drei Wechselwirkungen Zerfälle mit den angegebenen Lebensdauern hervorrufen können. Trotzdem erhält man eine sehr grobe Abschätzung der typischen Lebensdauern durch Vergleich des Δ, des neutralen Pions und des Λ. diese Teilchen haben Energiewerte zwischen 40 und 160 MeV und zerfallen in zwei Teilchen. Näherungswerte der entsprechenden Lebensdauern sind

(5.46)
	starker Zerfall (Δ)	10^{-23} s
	elektromagnetischer Zerfall (π^0)	10^{-18} s
	schwacher Zerfall (Λ)	10^{-10} s

Das Verhältnis dieser Lebensdauern gibt nur *sehr* näherungsweise das Verhältnis der Stärke der drei Kräfte an. Um ein besseres Maß für die relativen Stärken zu erhalten, muß man die Wechselwirkungen genauer untersuchen, was in Teil IV geschehen wird.

3. Die Art des emittierten Teilchens oder Quants ist nicht immer ein Hinweis auf die zuständige Wechselwirkung. Λ und Δ zerfallen beide in Proton und Pion, trotzdem zerfällt das Δ etwa 10^{14} mal schneller. Es müssen also noch *Auswahlregeln* eine Rolle spielen und es wird eine der Aufgaben der kommenden Kapiteln sein, diese Regeln zu finden.

5.8 Mesonen

In Tabelle 5.2 sind die Hadronen in Mesonen und Baryonen unterteilt. Den Unterschied zwischen diesen beiden Arten von Hadronen werden wir in Kapitel 7 genauer erklären, wo eine neue Quantenzahl, die *Baryonenzahl*, eingeführt wird. Sie ist ähnlich der elektrischen

5.8 Mesonen

Ladung: Teilchen können die Baryonenzahlen 0, ± 1, ± 2, ... haben. Der Prototyp eines Teilchens mit Baryonenzahl 1 ist das Nukleon. Wie die elektrische Ladung bleibt die Baryonenzahl „erhalten", d.h. ein Zustand mit Baryonenzahl 1 kann nur in einen anderen Zustand mit Baryonenzahl 1 zerfallen. Mesonen sind Hadronen mit Baryonenzahl 0. Alle Mesonen führen ein vergängliches Dasein und zerfallen durch eine der drei im vorhergehenden Abschnitt besprochenen Wechselwirkungen.

Als erstes Meson erschien das *Pion* im Zoo. Da seine Existenz mehr als 10 Jahre vor seiner experimentellen Entdeckung vorhergesagt worden war, ist die Grundlage dieser Prophezeiung eine Erklärung wert. Dazu müssen wir zum Photon und zur elektromagnetischen Wechselwirkung zurückkehren. Wegen der Relativitätstheorie nimmt man allgemein an, daß es keine Fernwechselwirkung gibt.[22] Die elektromagnetische Kraft, z.B. zwischen zwei Elektronen, wird als durch Photonen übertragen angenommen. Bild 5.18 erklärt die Idee. Ein Elektron emittiert ein Photon, das vom anderen Elektron absorbiert wird. Der Austausch von Photonen oder *Feldquanten* bewirkt die elektromagnetische Wechselwirkung zwischen den beiden geladenen Teilchen, ob es sich dabei um Stöße handelt oder um gebundene Zustände, wie z.B. das Positronium (Atom aus e^-e^+). Der Austauschvorgang wird am besten im Schwerpunktsystem der beiden zusammenstoßenden Elektronen untersucht. Da es sich dabei um einen elastischen Stoß handelt, bleibt die Energie der Elektronen unverändert, so daß gilt $E'_1 = E_1$, $E'_2 = E_2$. Vor der Emission des Photons ist die gesamte Energie $E = E_1 + E_2$. Nach der Emission, aber vor der Absorption des Quants, ist die gesamte Energie durch $E = E_1 + E_2 + E_\gamma$ gegeben, die Energie wird also nicht erhalten. Ist diese Verletzung des Energiesatzes erlaubt? Die Energieerhaltung kann tatsächlich wegen der Heisenbergschen Unschärferelation für die Zeit Δt übertreten werden,

(5.47) $\quad \Delta E \Delta t \geq \hbar.$

Gleichung 5.47 besagt, daß die notwendige Zeit Δt zur Beobachtung der Energie mit der Genauigkeit ΔE größer als $\hbar/\Delta E$ sein muß. Die Nichterhaltung der Energie innerhalb des Betrags ΔE ist deshalb nicht zu beobachten, weil sie innerhalb der Zeit T stattfindet, die durch

(5.48) $\quad T \leq \dfrac{\hbar}{\Delta E}$

---

[22] In Newtons Gravitationstheorie wird angenommen, daß die Wechselwirkung zwischen zwei Körpern augenblicklich stattfindet. Eine schnelle Beschleunigung der Sonne z.B. würde sich auf die Erde sofort und nicht erst nach 8 Minuten auswirken. Diese grundlegende These steht im Widerspruch zur speziellen Relativitätstheorie, die annimmt, daß sich kein Signal schneller als die Lichtgeschwindigkeit ausbreiten kann. Diese Inkonsistenz führte Einstein zu seiner allgemeinen Relativitätstheorie. [S. Chandrasekhar, *Am. J. Phys.* **40**, 224 (1972).] In der Quantentheorie wird die Übertragung von Kräften mit höchstens der Lichtgeschwindigkeit durch den Austausch von Quanten dargestellt. Selbst wenn es möglicherweise Teilchen mit Geschwindigkeiten schneller als Licht (Tachyonen) geben sollte, ändert sich nichts an dieser Betrachtung. [O. M. Bilaniuk and E. C. G. Sudarshan, *Phys. Today*, **22**, 43 (May 1969); G. Feinberg, *Phys. Rev.* **159**, 1089 (1967), L. M. Feldman, *Am. J. Phys.* **42**, 179 (1974).]

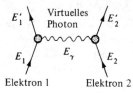

Bild 5.18 Austausch eines Photons zwischen zwei Elektronen 1 und 2. Das virtuelle Photon wird von einem Elektron emittiert und vom anderen absorbiert.

gegeben ist. Ein Photon der Energie $\Delta E = \hbar\omega$ kann folglich nicht beobachtet werden, wenn es kürzer lebt als

(5.49) $\quad T = \dfrac{\hbar}{\hbar\omega} = \dfrac{1}{\omega}$.

Da die unbeobachteten Photonen kürzer als T existieren, können sie höchstens die Entfernung

(5.50) $\quad r = cT = \dfrac{c}{\omega}$

zurücklegen.

Die Frequenz ω kann beliebig klein werden, die Entfernung über die ein Photon die elektromagnetische Wechselwirkung überträgt, ist demnach beliebig groß. Tatsächlich hängt die Coulombkraft wie $1/r^2$ von der Entfernung ab und dehnt sich wahrscheinlich bis ins Unendliche aus. Da das Austauschphoton nicht beobachtet wird, heißt es *virtuelles Photon*.

1934 war bekannt, daß die starke Wechselwirkung sehr stark ist und eine Reichweite von etwa 2 fm hat, aber es war vollkommen unbekannt, wodurch sie verursacht wird. Yukawa, ein japanischer theoretischer Physiker, schlug in einer brillanten Veröffentlichung vor, daß eine „neue Art von Quant" verantwortlich sein könnte.[23] Yukawas Argumente sind viel mathematischer, als wir sie hier darstellen können, aber die Analogie zum virtuellen Photonenaustausch erlaubt eine Abschätzung der Masse m des „neuen Quants", des Pions. Nach Yukawa wird die Kraft zwischen zwei Hadronen, z.B. zwei Neutronen, durch ein unbeobachtetes Pion übertragen, siehe Bild 5.19. Die Mindestenergie des Pions ist durch $E = m_\pi c^2$ gegeben und seine maximale Geschwindigkeit durch c. Mit Gl. 5.48 ist die größte Entfernung, die das virtuelle Pion zurücklegen kann, durch die Unschärferelation gegeben als

(5.51) $\quad R \leq cT = \dfrac{\hbar}{m_\pi c} \approx 1{,}4 \text{ fm}$.

---

[23] H. Yukawa, *Proc. Math. Soc. Japan* **17**, 48 (1935). Abgedruckt in D. M. Brink, *Nuclear Forces*, Pergamon, Elmsford, N.Y., 1965. Dieses Buch enthält auch einen Abdruck des Artikels von G. C. Wick, auf dem unsere Diskussion der Verbindung zwischen Reichweite der Kraft und Masse der Quanten beruht.

5.8 Mesonen

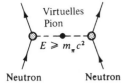

Bild 5.19 Austausch eines virtuellen Pions zwischen zwei Neutronen.

Die Reichweite ist also höchstens gleich der Comptonwellenlänge des Pions. Ursprünglich ging die Überlegung natürlich in die andere Richtung und die Masse des postulierten hadronischen Quants wurde von Yukawa zu 100 MeV/c^2 abgeschätzt.

Die Physiker waren begeistert, als 1938 ein Teilchen mit der Masse von etwa 100 MeV/c^2 gefunden wurde. Die Freude verwandelte sich in Bestürzung, als man feststellte, daß der Neuankömmling, das Myon, mit Materie nicht stark wechselwirkt und demnach nicht für die hadronische Wechselwirkung verantwortlich gemacht werden konnte. Das wahre Yukawateilchen, das Pion, wurde schließlich 1947 in Kernemulsionen gefunden.[24] Nach 1947 tauchten weitere Mesonen auf und heute gibt es eine lange Liste davon. Einige der neuen Mesonen leben lange genug, um sie mit herkömmlichen Techniken zu untersuchen. Einige zerfallen so schnell, daß die Methode des Spektrums der invarianten Masse erfunden werden mußte, wie sie in Abschnitt 5.3 erklärt wurde. Eine vollständige Liste der bekannten Mesonen befindet sich im Anhang. In Tabelle 5.5 sind die hadronisch stabilen Mesonen aufgezählt.

Tabelle 5.5 Hadronisch stabile Mesonen. Die hier aufgeführten Mesonen zerfallen entweder durch schwache oder durch elektromagnetische Prozesse.

Teilchen	Masse (MeV/c^2)	Ladung (e)	Mittlere Lebensdauer (s)
π^0	135,0	0	$0{,}87 \times 10^{-16}$
$\pi^\pm$	139,6	+,−	$2{,}60 \times 10^{-8}$
$K^\pm$	493,7	+,−	$1{,}24 \times 10^{-8}$
K^0	497,7	0	Kompliziert
η	548,8	0	$6{,}3 \times 10^{-19}$
$D^\pm$	1869	+,−	$9{,}2 \times 10^{-13}$
D^0	1865	0	$4{,}3 \times 10^{-13}$
$B^\pm$	5271	+,−	$\sim 1{,}8 \times 10^{-12}$
B^0	5275	0	$\sim 1{,}8 \times 10^{-12}$

Die Tatsache, daß die Idee der virtuellen Quanten zur Vorhersage der Existenz eines neuen Teilchens geführt hat, ist bedeutend. Noch wichtiger ist jedoch das leistungsstarke Konzept, daß Kräfte zwischen Elementarteilchen durch den Austausch von virtuellen Teilchen verursacht werden. Wir werden später wieder auf dieses Konzept zurückkommen.

---

[24] C. M. G. Lattes, H. Muirhead, G. P. S. Occhialini, and C. F. Powell, *Nature* **159**, 694 (1947).

5.9 Baryonen-Grundzustände

Das Spektrum der Baryonen ist noch reichhaltiger als das der Mesonen. Wir beginnen den Überblick mit der Betrachtung von *nuklearen Grundzuständen*. Ungefähr um 1920 war man sicher, daß die elektrische Ladung Q und die Masse M einer speziellen Kernart durch zwei ganze Zahlen charakterisiert sind, Z und A:

(5.52) $\quad Q = Ze$

(5.53) $\quad M \approx Am_p$.

Die erste Beziehung ist exakt, wie man herausfand, während die zweite näherungsweise gilt. Die Kernladungszahl Z wurde durch Rutherfords Streuung von α-Teilchen, Röntgenstreuung und aus der Messung der charakteristischen Röntgenstrahlung bestimmt. Man fand auch, daß Z identisch mit der chemisch bestimmten *Ordnungszahl* des entsprechenden Elements ist. Die *Massenzahl A* erhielt man aus der Massenspektroskopie, wobei sich herausstellte, daß ein bestimmtes Element Kerne mit verschiedenen Werten von A haben kann. Der Grundzustand irgend einer Kernart kann nach Gl. 5.52 und Gl. 5.53 durch zwei ganze Zahlen, A und Z, charakterisiert werden. Vor der Entdeckung des Neutrons war die Erklärung dieser Tatsachen ziemlich schwierig. Als das Neutron endlich 1932 von Chadwick[25] gefunden wurde, paßte plötzlich alles zusammen: Ein Kern (A, Z) besteht aus Z Protonen und $N = A - Z$ Neutronen. Da Neutronen und Protonen etwa gleich schwer sind, ist die Gesamtmasse näherungsweise durch Gl. 5.53 gegeben. Die Ladung kommt ausschließlich von den Protonen, so daß Gl. 5.52 erfüllt ist.

An diesem Punkt fügen wir einige Definitionen ein: Ein *Nuklid* ist ein bestimmter Kern mit einer gegebenen Anzahl von Protonen und Neutronen; *Isotope* sind Nuklide mit gleicher Protonenzahl Z; *Isotone* sind Nuklide mit gleicher Neutronenzahl N; *Isobare* sind Nuklide mit gleicher Gesamtzahl von Nukleonen A. Ein spezieller Kern wird als (A, Z) oder ^A_Z Element geschrieben. Das α-Teilchen z.B. wird durch (4,2) oder $^4_2$He oder einfach ^{4}He dargestellt.

Die stabilen Nuklide, charakterisiert durch $N = A - Z$ und Z, sind als kleine Quadrate in Bild 5.20 aufgetragen. Das Diagramm zeigt, daß stabile Nuklide nur in einem kleinen Streifen der N-Z-Ebene vorkommen. Er steigt zunächst mit 45° (gleiche Protonen- und Neutronenzahlen) und wendet sich dann langsam den neutronenreichen Nukliden zu. Dieses Verhalten liefert einen Schlüssel zum Verständnis der Eigenschaften von Kernkräften.

Bild 5.20 enthält nur stabile Kerne. In Abschnitt 5.7 haben wir darauf hingewiesen, daß Stabilität kein wesentliches Kriterium bei der Betrachtung von Hadronen ist. Nichtstabile Kerngrundzustände können deshalb dem N-Z-Diagramm hinzugefügt werden. Einige der Eigenschaften eines derart erweiterten Diagramms werden in Kapitel 16 erforscht.

Bei der Massenzahl $A = 1$ treffen sich Kern- und Teilchenphysik. Die Protonen und Neutronen, die beiden Bausteine aller schweren Nuklide, können als einfachste Kerne oder als Teilchen betrachtet werden. Es ist überraschend, daß die beiden Nukleonen nicht die einzigen Hadronen mit $A = 1$ sind. Es gibt andere Baryonen mit der Massenzahl $A = 1$, sie heißen Hyperonen.

---

[25] J. Chadwick, *Nature* **129**, 312 (1932); *Proc. Roy. Soc.* (London) **A136**, 692 (1932).

5.9 Baryonen-Grundzustände

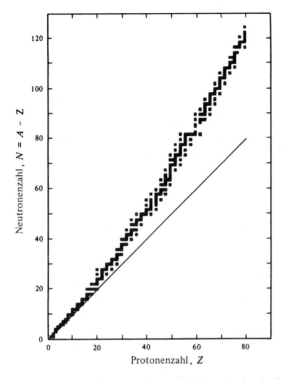

Bild 5.20 Stabile Kerne. Jeder stabile Kern ist durch ein Quadrat in diesem N-Z-Diagramm dargestellt. Die ausgezogene Linie entspräche Nukliden mit gleicher Protonen- und Neutronenzahl. (Nach D. L. Livesey, *Atomic and Nuclear Physics*, Blaisdell, Waltham, MA, 1966.)

Als Beispiel der Untersuchung von *Hyperonen* betrachten wir die Erzeugung des Λ. Wenn Pionen mit einigen GeV Energie durch eine Wasserstoff-Blasenkammer fliegen, werden Ereignisse wie das in Bild 5.21 gezeigte beobachtet: Das negative Pion „verschwindet" und weiter stromabwärts erscheinen zwei V-förmige Ereignisse. Zunächst scheinen die beiden V sehr ähnlich zu sein. Wenn jedoch die Energie- und Impulswerte der vier Teilchen bestimmt werden (Abschnitt 5.3), zeigt sich, daß ein V aus zwei Pionen und das andere aus einem Pion und einem Proton besteht. Mit Diagrammen der invarianten Masse, wie in Abschnitt 5.3 erklärt, erhält man für das Teilchen, aus dem die zwei Pionen entstehen, die Masse von etwa 500 MeV/c^2, während das in Proton und Pion zerfallende Teilchen eine Masse von 1116 MeV/c^2 hat. Das erste Teilchen, das neutrale Kaon, hat die Baryonenzahl 0 und wurde bereits im vorhergehenden Abschnitt besprochen. Das zweite Teilchen heißt *Lambda* (Λ, der Name bezieht sich natürlich auf die charakteristische Erscheinung der Spuren des Protons und des Pions). Die Lebensdauer jedes Teilchens kann aus der zurückgelegten Entfernung in der Blasenkammer und aus seinem Impuls berechnet werden. Die vollständige Reaktion lautet

$$
(5.54) \quad \begin{array}{l} p\pi^- \to \Lambda^0 K^0 \\ \big| \hookrightarrow \pi^+\pi^- \\ \hookrightarrow p\pi^- \end{array}
$$

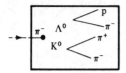

Bild 5.21 Beobachtung des Prozesses $p\pi^- \to \Lambda^0 K^0$ in einer Wasserstoffblasenkammer.

Das Λ ist nicht das einzige Hyperon. Eine Anzahl von anderen hadronisch stabilen Teilchen mit ähnlichem Charakter wurde gefunden. Sie verdienen die Bezeichnung *hadronisch stabil*, da ihre Lebensdauer viel länger als 10^{-22} s ist und sie heißen Baryonen, weil sie letztlich alle in ein Proton oder Neutron zerfallen. Die hadronisch stabilen Baryonen sind in Tabelle 5.6 aufgeführt.

Tabelle 5.6 Hadronisch stabile Baryonen. Weitere Einzelheiten über diese Teilchen sind in Tabelle A3 im Anhang gegeben.

Teilchen	Ladung (e)	Masse (MeV/c2)	Mittlere Lebensdauer (s)
N	+	938,3	$\geq 3 \times 10^{37} \approx 10^{30}$a
	0	939,6	$0{,}92 \times 10^3$
Λ	0	1115,6	$2{,}63 \times 10^{-10}$
Σ	+	1189,4	$0{,}80 \times 10^{-10}$
	0	1192,5	$5{,}8 \times 10^{-20}$
	−	1197,3	$1{,}5 \times 10^{-10}$
Ξ	0	1314,9	$2{,}9 \times 10^{-10}$
	−	1321,3	$1{,}64 \times 10^{-10}$
Ω	−	1672,5	$0{,}82 \times 10^{-10}$
Λ_c	+	2281	$2{,}3 \times 10^{-13}$

5.10 Quarks, Gluonen und intermediäre Bosonen

Wann wird ein Teilchen eigentlich für den subatomaren Zoo zugelassen? Wie wir aus der Geschichte wissen, ist diese Frage nicht leicht zu beantworten. Das Photon, das Einstein 1905 eingeführt hat, wurde von Planck mindestens 15 Jahre lang nicht akzeptiert. Das Neutrino, das Pauli 1930 postuliert hat, wurde viele Jahre sogar von Bohr als Spekulation betrachtet. Im Falle des Photons zerstreute der Comptoneffekt die Zweifel, im Falle des Neutrinos überzeugte der Nachweis des Teilchens in Absorption durch Reines und Mitarbeiter im Jahre 1956 die letzten Ungläubigen. Wie wir bereits in Abschnitt 5.3 feststellten, werden wir niemals das Rho-Teilchen „direkt" sehen können. Kann man es trotzdem noch als Teilchen betrachten? Wir werden hier keine exakten Kriterien aufstellen, sondern Teilchen einführen, für die entweder der experimentelle Nachweis klar ist oder für die überzeugende theoretische Argumente sprechen. In jedem Fall macht die Einführung der Teilchen die Diskussion von Experimenten und Ergebnissen viel eleganter.

Wir haben bereits in der Einleitung zu Teil II festgestellt, daß Experimente bei Energien oberhalb von 10 GeV zeigen, daß zum Beispiel das Proton nicht elementar, sondern aus Untereinheiten zusammengesetzt ist. Diese Experimente, die in Abschnitt 6.8 diskutiert werden und viele zusätzliche Daten liefern, geben einen eindeutigen Beweis für die Existenz von Quarks[26]. Wir werden die Quarks ausführlich im Kapitel 15 behandeln. Hier beschreiben wir nur die Eigenschaften, die wir für ein vorläufiges Verständnis benötigen. Es wird heute allgemein geglaubt, daß Baryonen (Fermionen) im wesentlichen aus drei Quarks und Mesonen (Bosonen) aus einem Quark (q) und einem Antiquark ($\bar{q}$) zusammengesetzt sind:

(5.55)   Baryon   (qqq)
         Meson   ($q\bar{q}$)

Um die gegenwärtig bekannten Baryonen und Mesonen beschreiben zu können, werden fünf Quarks und die entsprechenden Antiquarks benötigt. In Tabelle 5.7 geben wir die wichtigsten Eigenschaften von Quarks an. Zusätzlich wurden die Leptonen noch einmal eingetragen, um auf die bemerkenswerte Ähnlichkeit der ansonsten sehr verschiedenen Gruppen von Teilchen aufmerksam zu machen.

Leptonen und Quarks sind Fermionen; alle Teilchen in Tabelle 5.7 haben den Spin ½ und besitzen Antiteilchen. Die Teilchen kann man in drei Generationen oder Familien unterteilen, die leichten, die mittleren (intermediären) und die schweren. Neue Beweise über den Zerfall des Z^0-Teilchens zeigen schlüssig, daß es nur drei Generationen von Neutrinos mit geringer oder gar keiner Masse gibt[27]. In jeder Familie gibt es zwei verschiedene „Geschmackssorten" (Flavors); die Tabelle enthält sechs „Sorten" von Leptonen und sechs von Quarks. Experimentell sind bisher jedoch nur fünf „Flavors" gefunden worden; das t-Quark wurde noch nicht gefunden. Es wurde aus Symmetrieüberlegungen in die Tabelle aufgenommen.

Die Quarkeigenschaft, die sofort ins Auge fällt, ist die elektrische Ladung: Quarks haben Ladungen von $(2/3)e$ und von $-(1/3)e$! Diese Ladungen erfüllen natürlich Gl. (5.55). Aus den in Tabelle 5.7 angegebenen Ladungen erkennt man sofort, daß die Kombination (uud) die Ladung eines Protons ergibt und die Kombination (udd) die eines Neutrons. Trotz großer Bemühungen, ein freies Quark zu finden, hat es bisher niemand zweifelsfrei sehen

Tabelle 5.7 Leptonen und Quarks

Generation (Familie)	Leptonen			Quarks			
		Ladung (e)	Masse (MeV/c²)	Flavor	Ladung (e)	Masse (MeV/c²)	Farbe
Erste	ν_e	0	0 (?)	u up	$2/3$	(5)	r, g, b
	e	−1	0,51	d down	$-1/3$	(9)	r, g, b
Zweite	ν_μ	0	0 (?)	c charmed	$2/3$	(1300)	r, g, b
	μ	−1	106	s strange	$-1/3$	(180)	r, g, b
Dritte	ν_τ	0	0 (?)	t top	$2/3$	?	r, g, b
	τ	−1	1782	b bottom	$-1/3$	(4000)	r, g, b

---
[26] S. L. Glashow, *Sci. Amer.* **33**, 38 (Oktober 1975).
[27] G. S. Abrams et al., *Phys. Rev. Lett.* **63**, 2173 (1989); B. Adeva et al., L3 Collaboration, *Phys. Lett.* **231**, 509 (1989); D. Decamp et al., Aleph Collaboration, *Phys. Lett.* **231**, 519 (1989); M. Z. Akrawix et al., Opal Collaboration, *Phys. Lett.* **231**, 530 (1989); P. Aarnio et al., Delphi Collaboration, Phys. Lett. 231, 539 (1989).

können (Kapitel 15). Gewichtige theoretische Argumente sprechen dafür, daß Quarks in den Hadronen fixiert bleiben müssen[28].

Da keine freien Quarks existieren, kann ihre Masse nicht gemessen werden. Die in Tabelle 5.7 angegebenen Werte stammen aus theoretischen Abschätzungen[29].

Quarks haben auch noch eine andere bemerkenswerte Eigenschaft, die „Farbe" (Color)! Jedes Quark kommt in den drei Farben rot, grün und blau vor. Natürlich haben „Geschmack" und „Farbe" nichts mit Schmecken oder Sehen zu tun, es sind lediglich Namen, die ausgewählt wurden, um früher unbekannte, aber wohldefinierte physikalische Eigenschaften zu beschreiben. Während die „Sorte" den Typ der Quarks (u, d, s, ...) bezeichnet, bezieht sich die „Farbladung" (color charge) auf eine hadronische „Ladung". Genau wie die elektrische Ladung die Stärke der Teilchenwechselwirkung mit dem elektromagnetischen Feld (siehe Gl. 5.11) charakterisiert, stellt die „Farbladung" ihre Wechselwirkung mit dem hadronischen Kraftfeld dar. Antiquarks haben genau wie die Quarks auch drei Farben, antirot, antigrün und antiblau. Da niemals farbige Teilchen beobachtet wurden, müssen die Kombinationen in Gl. 5.55 farblos oder weiß sein. Folglich kann zum Beispiel ein Proton ein rotes und ein grünes u-Quark und ein blaues d-Quark enthalten, aber nicht zwei rote u-Quarks. Wenn der Leser an dieser Stelle das Gefühl hat, versehentlich eine „Science Fiction" Geschichte zu lesen, so sei ihm verziehen. Die Natur ist jedoch seltsam (und charmant), und die hier eingeführten Konzepte sind sinnvoll. Wir werden später diese Konzepte ausführlich rechtfertigen.

Noch mehr Teilchen oder Quanten treten auf, wenn wir die Kräfte betrachten, die die subatomare Physik beherrschen. In Abschnitt 5.8 schrieben wir über die Vorhersage des Pions als das Quant, das die Wechselwirkung zwischen den Nukleonen vermittelt. Die Überzeugung, daß keine Wirkung über eine Entfernung existiert und daß alle Kräfte durch Quanten übertragen werden, führt zu den Quanten, die in Tabelle 5.8 angegeben sind.

Tabelle 5.8 Felder und Quanten

Feld	Quanten	Masse	Spin	„Ladung"
Elektromagnetisch	Photon	0	1	0
Hadronisch	Gluon	0	1	8 Farben
Schwach	$W^{\pm}$	81 GeV/c^2	1	$\pm e$
	Z^0	91 GeV/c^2	1	0
Gravitation	Graviton	0	2	0

Wir sind bereits dem Photon und den $W^{\pm}$ und Z^0-Eichbosonen begegnet und haben in Bild 5.18 skizziert, wie die Kraft zwischen zwei elektrisch geladenen Teilchen durch ein virtuelles Photon übertragen wird. Ganz ähnlich stellen die Gluonen die Quanten dar, die die Kraft zwischen zwei Quarks übertragen. Sie sind die Eichbosonen der starken Kraft, ähnlich den Photonen bei der elektromagnetischen Kraft. Die elektromagnetische Wechselwirkung zwischen zwei Teilchen mit den elektrischen Ladungen q_1 und q_2 ist proportional zu dem Produkt $q_1 \times q_2$. Ähnlich wurde die hadronische Ladung eines Quarks, die sogenannte Farbladung, eingeführt, und die hadronische Kraft zwischen zwei Quarks ist pro-

---

[28] Y. Nambu, *Sci. Amer.* **235**, 48 (November 1976); K. A. Johnson, *Sci. Amer.* **241**, 112 (Juli 1979); C. Rebbi, *Sci. Amer.* **248**, 54 (Februar 1982).

[29] J. Gasser und H. Leutwyler, *Phys. Rep.* **87**, 77 (1982).

5.10 Quarks, Gluonen und intermediäre Bosonen

portional zum Produkt der zwei Farbladungen. Es gibt jedoch größere Unterschiede zwischen dem Photon und dem Gluon. Das Photon ist elektrisch neutral und läßt die elektrische Ladung der zwei wechselwirkenden Teilchen unverändert. Außerdem können zwei Photonen nicht direkt miteinander wechselwirken. Gluonen dagegen sind Träger der Farbe und können deshalb die Farbe der wechselwirkenden Hadronen verändern. Gluonen können auch direkt miteinander wechselwirken. Die Theorie sagt voraus, daß sie gebundene Zustände bilden können, sogenannte Glueballs.

Die schwache Wechselwirkung wird durch drei Quanten W^+, W^- und Z^0 übertragen[30]. In den Kapiteln 11 und 13 werden wir schwache Prozesse ausführlich diskutieren. Ein bekanntes Beispiel für einen schwachen Prozeß ist der Zerfall des Neutrons, $n \to p\, e^- \bar{\nu}_e$. Im Jahre 1938 schlug Klein[31] vor, diesen Zerfall als einen Zwei-Stufen-Prozeß zu betrachten

$$n \to p \quad W^- \\ \hookrightarrow e^- \bar{\nu}_e.$$

Im Quarkmodell, das in Bild 5.22 dargestellt ist, bestehen die Protonen und Neutronen aus Quarks und die schwache Wechselwirkung tritt zwischen den Quarks auf.

Ein Quark, zum Beispiel ein d-Quark, emittiert ein W-Teilchen und dadurch wandelt sich das Neutron in ein Proton um:

$$d \to u \quad W^- \\ \hookrightarrow e^- \bar{\nu}_e.$$

oder $\quad n\,(udd) \to p\,(uud)\, e^- \bar{\nu}_e$

Die $W^\pm$ und das entsprechende neutrale Z^0 sind Eichbosonen und werden manchmal auch als „intermediäre Bosonen" bezeichnet. Die Theorie hatte die Massen von $W^\pm$ und Z^0 vorausgesagt bevor sie entdeckt wurden. In der Tabelle 5.8 sind diese Voraussagen angege-

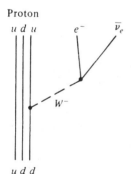

Bild 5.22 Beschreibung des β-Zerfalls von einem Neutron im Quarkmodell.

---
[30] P. Q. Hung und C. Quigg, *Science* **210**, 1205 (1980).
[31] O. Klein in *Les Nouvelles Theories de la Physique*, Institut International de Cooperation Intellectuelles, Paris, 1939.

ben. Die großen Massen von W (~ 80 GeV/c^2) und Z (~ 90 GeV/c^2) lassen den Schluß zu, daß ihre Herstellung extrem hohe Energien verlangt. Das lange Suchen nach dem W-Teilchen fand schließlich ein glückliches Ende. Fünf eindeutige Fälle für eine W-Produktion und Zerfälle bei $p\bar{p}$-Kollisionen wurden am 2×270 GeV SPS in CERN 1983 beobachtet (Bild 2.19)[32]. Das Z-Teilchen wurde kurze Zeit später gefunden[33].

Warum wurde eigentlich das Pion als Feldquant nicht in die Tabelle 5.8 eingetragen? Wir haben im Bild dargestellt, daß das Pion selbst als ein Quark-Antiquark-Zustand betrachtet werden muß und die langreichweitige Kraft zwischen den Nukleonen, die durch das Pion übertragen wird, nicht elementar ist. Auf einem fundamentaleren Niveau befinden sich die drei Kräfte (stark, elektromagnetisch und schwach). Alle drei werden von Eichbosonen mit dem Spin 1 übertragen.

5.11 Angeregte Zustände und Resonanzen

In der Atomphysik ist die Entwicklung von Modellen und Theorien eng verknüpft mit der Erforschung von angeregten Zuständen, besonders denen des Wasserstoffatoms. Die Balmerserie, das Ritzsche Kombinationsprinzip, die Bohrsche Atomtheorie, die Schrödinger-Gleichung, die Dirac-Gleichung und der Lamb-shift sind alle mit dem Wasserstoffspektrum verbunden. Ohne die Einfachheit und Reichhaltigkeit des Wasserstoffspektrums wäre der Fortschritt langsamer gewesen. In der subatomaren Physik ist die Lage schwieriger. Das nukleare System, das dem Wasserstoff entspräche, ist das Deuteron, ein gebundenes System aus einem Proton und einem Neutron. Dieses System hat nur einen gebundenen Zustand und liefert folglich nicht so reichhaltige Informationen wie das Wasserstoffatom. Es müssen also die angeregten Zustände komplizierter Systeme, z.B. schwerer Kerne, betrachtet werden. Ferner gibt es angeregte Zustände von Baryonen und Mesonen, die auch im Einzelnen untersucht werden müssen, in der Hoffnung, daß sich daraus Anhaltspunkte zum Verständnis der hadronischen Physik ergeben.

Zusammen mit den grundlegenden Bestandteilen der Materie bilden die drei subatomaren Kräfte das sogenannte „Standardmodell". Die wichtigsten Merkmale dieses Modells haben wir in diesem und in den vorherigen Abschnitten vorgestellt, und in späteren Kapiteln werden wir das Modell ausführlicher diskutieren. In Tabelle 5.9 sind die wichtigsten Eigenschaften zusammengestellt.

Es wird angenommen, daß das Standardmodell eine genaue Beschreibung der Natur liefert: Die Grundbestandteile der Materie bestehen aus drei Familien punktförmiger Quarks und drei punktförmiger Leptonen. Außer der Gravitation gibt es drei elementare Eichkräfte. Die Quarks wechselwirken über alle drei Kräfte und die (geladenen) Leptonen wechselwirken nur über die elektromagnetische und über die schwache Kraft. Alle drei Kräfte werden durch Eichbosonen übertragen.

---

[32] G. Arnison et al., *Phys. Lett.* **122 B**, 103 (1983); M. Banner et al., *Phys. Lett.* **122 B**, 476 (1983).
[33] G. Arnison et al., *Phys. Lett.* **126 B**, 398 (1983); P. Bagnaia et al., *Phys. Lett.* **129 B**, 130 (1983); eine Zusammenfassung findet man bei E. Rademacher, *Progress Particle Nuclear Physics,* Band 14, (A. Faessler, Ed.), (Pergamon, New York), S. 231 (1985) und P. Watkins, *Story of the W and Z*, (Cambridge University Press, Cambridge, 1986).

5.11 Angeregte Zustände und Resonanzen

Tabelle 5.9 Die Grundbestandteile und die Kräfte des Standardmodells der subatomaren Physik.

Bestandteile	Kräfte	Eichbosonen
Quarks	hadronisch	Gluon
u c t		
d s b		
	elektromagnetisch	Photon
Leptonen		
v_e v_μ v_τ		
e^- μ^- τ^-	schwach	$W^\pm$, Z^0

Zum Verständnis der Eigenschaften der angeregten hadronischen Zustände werden einige quantenmechanische Begriffe vorausgesetzt. Diese lassen sich am einfachsten an der Behandlung des Kastenpotentials zeigen. Ein Teilchen mit der Masse m befinde sich in einem Kastenpotential, wie in Bild 5.23 gezeigt. Die Schrödinger-Gleichung für dieses Problem ist einfach zu lösen und liefert die erlaubten Energieniveaus. Wir betrachten zunächst den Fall $E < 0$, für den die numerische oder graphische Lösung der Schrödinger-Gleichung eine Anzahl von gebundenen Zuständen ergibt. *Gebunden* bedeutet, daß ein Teilchen in einem dieser Zustände am Kraftzentrum festgehalten wird.

Die Schrödinger-Gleichung für das Kastenpotential ist eine Eigenwertgleichung, $H\psi = E_i\psi$, und die Eigenwerte E_i sind scharfe Energiezustände. In Wirklichkeit zerfallen jedoch fast alle angeregten Zustände, z.B. durch Emission von Photonen. In Abschnitt 5.7 haben wir gesehen, daß zerfallende Zustände eine endliche Breite besitzen und ihre Energie sich nach Gl. 5.35 aus einem großen Realteil und einem kleinen Imaginärteil zusammensetzt. Für einen gebundenen Zustand ist die große Realteilkomponente negativ, wenn man als den Nullpunkt der Energie den Potentialwert im Unendlichen annimmt, siehe Bild 5.23.

Für positive Energiewerte kann E beliebig sein. Anders ausgedrückt, das Spektrum bildet ein *Kontinuum*. Daraus würde man vermuten, daß in diesem Bereich nichts Aufregendes passieren kann. Diese Vermutung ist falsch. Um zu sehen, was sich hier ereignet, muß man

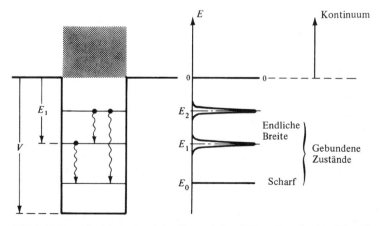

Bild 5.23 Energieniveaus in einem Potentialtopf. Der Grundzustand ist scharf. Die angeregten Zustände können durch Emission von Photonen in den Grundzustand zerfallen, sie zeigen also eine natürliche Linienbreite. Die Zustände mit positiver Energie bilden ein Kontinuum.

Streuvorgänge betrachten. Im eindimensionalen Fall, wie in Bild 5.24, ist die Streuung einfach. Ein Teilchenstrahl soll von links auf den Potentialtopf auftreffen. Klassisch fliegt ein solches Teilchen ungestört über den Topf. In der Quantenmechanik ist die Lage schwieriger. Die Schrödinger-Gleichung ist einfach zu lösen und es stellt sich heraus, daß nur ein Teil des einfallenden Strahls durchgeht. Ein anderer Teil wird an der Schwelle reflektiert. Der transmittierte Teil T ist durch[34]

$$(5.56) \qquad \frac{1}{T} = 1 + \frac{V^2}{4E(E+|V|)} \sin^2 ka$$

gegeben, wobei E die kinetische Energie der einfallenden Teilchen, $V(<0)$ die Tiefe und a die Breite des Potentialtopfes ist. Die Wellenzahl k ist durch

$$(5.57) \qquad k^2 = \frac{2m}{\hbar^2}(E+|V|)$$

gegeben. Die Gleichungen 5.56 und 5.57 zeigen, daß der Transmissionskoeffizient T nur für bestimmte Energiewerte 1 ist. In Bild 5.24 ist T als Funktion von E skizziert. Das Auftreten von *Transmissionsresonanzen* ist deutlich zu sehen. Das Verhalten eines Teilchens mit der Energie E_r, die der maximalen Transmission entspricht, kann durch Verwendung von Wellenpaketen anstelle von ebenen Wellen für den einfallenden Strahl untersucht werden. Es zeigt sich, daß sich die einfallenden Teilchen für eine weitaus längere Zeit im Bereich des Potentialtopfs aufhalten, als dies von der klassischen Mechanik her zu erwarten wäre[35]. Die mittlere im Bereich des Potentialtopfs zugebrachte Zeit τ und die Breite der entsprechenden Resonanz Γ erfüllen Gl. 5.45. Mathematisch kann die Existenz einer

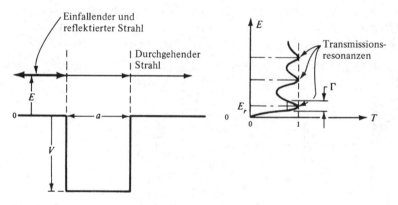

Bild 5.24 Streuung eines Teilchens mit der Energie E an einem eindimensionalen Potentialtopf. Klassisch gehen alle einfallenden Teilchen durch. Quantenmechanisch ist der Transmissionskoeffizient T nur bei bestimmten Energiewerten Eins. Die Erscheinung von *Transmissionsresonanzen* beim Durchgang als Funktion der Teilchenenergie E ist rechts gezeigt.

---

[34] Eisberg, Gl. 8.55; Park, Gl. 4.38.
[35] Eine ausführliche Erläuterung befindet sich in Merzbacher, Kapitel 6, und in D. Bohm, *Quantum Theory*, Prentice-Hall, Englewood Cliffs, N.J., 1951, Kapitel 11 und 12.

5.11 Angeregte Zustände und Resonanzen

Resonanz bei der Energie E_r in Analogie zu Gl. 5.35 wieder beschrieben werden durch Einführung einer komplexen Energie

$$E = E_r - \tfrac{1}{2} i \Gamma.$$

Hier ist E_r positiv und Γ kann dieselbe Größenordnung wie E_r annehmen.

Das Auftreten einer Resonanz im Kontinuum ist nicht auf den gerade besprochenen einfachen eindimensionalen Fall beschränkt, sondern ist eine allgemeine Erscheinung. Um das Problem in Hinblick auf konkrete Situationen zu behandeln, muß die Streuung von Teilchen an einem dreidimensionalen Potential untersucht werden. Die grundlegenden Ideen sind jedoch bereits in unserem einfachen Beispiel enthalten: Im kontinuierlichen Energiespektrum können Resonanzen erscheinen, die durch die Energie ihres Maximums E_r und ihre Breite Γ charakterisiert sind. Breite und Lage können gemeinsam durch Einführung einer komplexen Energie $E = E_r - \tfrac{1}{2} i \Gamma$ beschrieben werden.

Die Verwendung der komplexen Energie erlaubt die Einordnung der Energieniveaus eines Quantensystems. Die Klassifizierung ist in Bild 5.25 dargestellt. Jeder Punkt der komplexen Energieebene stellt Energie und Breite eines bestimmten Zustands dar. Zusätzlich zu den Resonanzen entspricht jede positive Energie einer erlaubten Lösung des Streuproblems. Dieser Tatbestand wird in Bild 5.25 ausgedrückt, indem das Kontinuum entlang der positiven Energieachse eingezeichnet ist.[36]

Die Resonanzen werden durch eindeutige Quantenzahlen charakterisiert. Energie, Breite und die Quantenzahlen der Zustände, die in einem speziellen System erscheinen, hängen von den Bestandteilen des Systems und von den Kräften, die zwischen ihnen wirken, ab. Es ist die Aufgabe der experimentellen subatomaren Physik, die Niveaus zu finden und ihre Quantenzahlen zu bestimmen und es ist das Ziel der theoretischen subatomaren Physik, die Eigenschaften der beobachteten gebundenen Zustände und Resonanzen durch Modelle und Kräfte zu erklären und vorherzusagen.

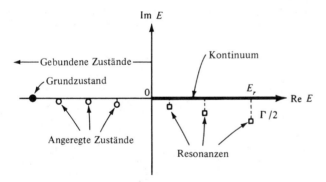

Bild 5.25 Klassifizierung der Energiezustände eines quantenmechanischen Systems in der komplexen Energieebene. Re $E = 0$ wird durch das Potential im Unendlichen bestimmt. Die Breiten Γ der Resonanzen sind in Wirklichkeit meist viel kleiner als hier gezeigt.

---

[36] In der Behandlung der Streuung auf einer höheren Ebene erscheinen die gebundenen Zustände und Resonanzen als Pole und das Kontinuum als Schnitt der Streumatrix in der komplexen Energieebene.

5.12 Angeregte Zustände von Baryonen

Alle angeregten Zustände der Baryonen zu finden, ist wahrscheinlich aussichtslos. Entscheidend ist jedoch, genug Zustände zu finden, damit man Gesetzmäßigkeiten feststellen, Hinweise für die Bildung von Theorien erhalten und die Theorien überprüfen kann. Selbst diese eingeschränkte Forderung ist in der subatomaren Physik schwer zu erfüllen. Sehr viel Einfallsreichtum und Anstrengung wurde in die *nukleare und Teilchenspektroskopie* gesteckt, d.h. in das Studium der angeregten Zustände von Kernen und Teilchen. In diesem Abschnitt werden einige Beispiele dafür angegeben, wie man angeregte Zustände und Resonanzen findet.

Als erstes Beispiel betrachten wir das Nuklid ^{58}Fe, das im natürlichen Eisen zu 0,31% enthalten ist. In Bild 5.26 sind zwei Methoden skizziert, mit denen die Energieniveaus des ^{58}Fe untersucht wurden. Ein Beschleuniger, z.B. ein Van de Graaff, erzeugt einen Protonenstrahl mit wohldefinierter Energie. Der Impuls des Strahls wird gemessen und der Strahl in eine Streukammer weitertransportiert, wo er auf ein dünnes Target trifft. Das Target besteht aus einer mit ^{58}Fe angereicherten Eisenfolie. Die Transmission durch die Folie kann nun als Funktion der Energie der einfallenden Protonen untersucht werden, oder der Impuls der gestreuten Protonen kann gemessen werden. Wir betrachten den zweiten Fall, bezeichnet mit (p, p'). Die Notation (p, p') besagt, daß das einfallende und das gestreute Teilchen ein Proton ist und daß das gestreute Teilchen im Schwerpunktsystem eine andere Energie hat. Der Impuls und demnach auch die Energie des gestreuten Protons p' werden in einem magnetischen Spektrometer bestimmt, d.h. in einer Kombination von Ablenkmagneten, Spalten und Detektoren. Die Energie des einfallenden Protons sei E_p, die des gestreuten E'_p, der Kern erhält dann die Energie $E_p - E'_p$ und ein Niveau mit dieser Energie wird angeregt. Dieses Experiment stellt eine nukleare Version des Franck-Hertz-Versuches dar. (Da der Kern des ^{58}Fe* einen Rückstoß erfährt, muß die Rückstoßenergie noch von $E_p - E'_p$ abgezogen werden, damit man die richtige Anregungsenergie erhält.) Ein typisches Ergebnis eines solchen Experiments zeigt Bild 5.27. Die vielen Anregungsniveaus sind deutlich zu erkennen. Die Reaktion (p, p') ist nur eine von vielen, die zur Anregung und zur Untersuchung nuklearer Energieniveaus verwendet werden. Weitere Möglichkeiten sind (e, e'), (γ, γ'), (γ, n), (p, n), (p, γ), $(p, 2p)$, (d, p), (d, n) und andere. Auch Zerfälle

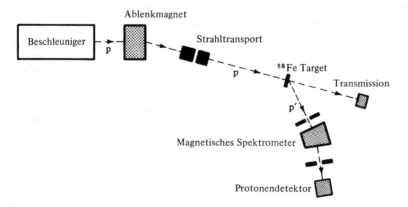

Bild 5.26 Untersuchung der Energiezustände durch Transmission und inelastische Streuung.

5.12 Angeregte Zustände von Baryonen

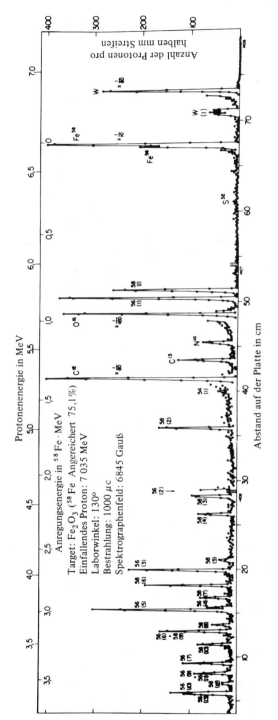

Bild 5.27 Spektrum der Protonenstreuung an angereichertem ^{58}Fe (75,1%). Der Detektor besteht aus Photoplatten, so daß viele Linien gleichzeitig beobachtet werden können. [Aus A. Sperduto and W. W. Buechner, *Phys. Rev.* **134**, B142 (1964).] Da das Target noch andere Isotope als ^{58}Fe enthält, erscheinen zusätzliche Linien. Die Eisenlinien sind mit ihrer Massenzahl A bezeichnet.

sind eine Informationsquelle und Bild 4.7 zeigt als Beispiel einen Ausschnitt aus einem γ-Spektrum. Um das Anregungsspektrum eines bestimmten Nuklids zusammenzusetzen, werden die Daten aus einer großen Anzahl verschiedener Experimente verwendet. Bild 5.31 zeigt das Anregungsspektrum von ^{58}Fe.

Bei höheren Anregungsenergien wird die Situation komplexer. Sie kann nach Bild 5.24 mit einer vereinfachten Darstellung erläutert werden, deren wesentliche Punkte Bild 5.28 zeigt. Bei einer Anregungsenergie von etwa 8 MeV ist der Rand des Potentialtopfs erreicht und es wird möglich, ein Nukleon aus dem Kern zu entfernen, z.B. durch eine der Reaktionen (γ, n), (γ, p), (e, ep) oder (e, en). Direkt über dem Potentialtopf sind solche Prozesse noch nicht sehr wahrscheinlich, und die meisten angeregten Zustände werden durch Emission von einem oder mehreren Photonen zum Grundzustand des Kerns zurückkehren. Die Teilchenemission ist wegen der Reflexionen an der Kernoberfläche (Bild 5.24), Drehimpulseffekten und der kleinen Anzahl der pro Energieeinheit verfügbaren Zustände (kleiner Phasenraum) verboten. Trotzdem sind diese Zustände nicht mehr gebunden und werden jetzt als Resonanzen bezeichnet. In der idealisierten Streuquerschnittsfunktion in Bild 5.28 sind die individuellen Resonanzen im Bereich II zu sehen. Wird die Energie weiter erhöht, so werden die Resonanzen immer zahlreicher und breiter. Sie fangen an sich zu überlappen und die Einzelstrukturen mitteln sich heraus. Im Bereich III, statistischer Bereich genannt, wird die Einhüllende der sich überlappenden individuellen Resonanzen gemessen. Sie zeigt ein charakteristisches Verhalten, das als Riesenresonanz bezeichnet wird: Bei einer Anregungsenergie von ungefähr 20 MeV geht der Gesamtstreuquerschnitt durch ein ausgeprägtes Maximum. Bei noch höheren Energiewerten verliert das Kontinuum jede Struktur.

Die drei Bereiche in Bild 5.28 werden durch drei Zahlen charakterisiert, durch die mittlere Breite $\bar{\Gamma}$ der Niveaus, durch den mittleren Abstand $\bar{D}$ zwischen den Niveaus und durch die Anregungsenergie E. Typische Werte für diese drei Größen in den drei Bereichen enthält Tabelle 5.10. Die Einzelheiten sind von Nuklid zu Nuklid sehr verschieden, aber die allgemeine Erscheinung bleibt dieselbe.

Tabelle 5.10 Charakteristika der Kernniveaus für die drei Bereiche aus Bild 5.28. E ist die Anregungsenergie, $\bar{\Gamma}$ die mittlere Breite und $\bar{D}$ der mittlere Abstand der Niveaus.

Bereich	Charakteristik	Typische Werte		
		E(MeV)	$\bar{\Gamma}$(eV)	$\bar{D}$(eV)
I. Gebundene Zustände	$\bar{\Gamma} \ll \bar{D} \approx E$	1	10^{-3}	10^5
II. Resonanzbereich	$\bar{\Gamma} < \bar{D} \ll E$	8	1	10^2
III. statistischer Bereich	$\bar{D} \ll \bar{\Gamma} \ll E$	20	10^4	1

Die Erforschung der angeregten Zustände von Baryonen mit $A = 1$ ist aus drei Gründen schwieriger: (1) Es gibt keine gebundenen Zustände, und Resonanzen sind schwerer zu untersuchen als gebundene Zustände. (2) Die meisten der Resonanzen zerfallen durch hadronische Prozesse, sie sind sehr breit und es ist schwierig, die individuellen Niveaus zu sehen. (3) Das einzige stabile Baryon, das als Target verwendet werden kann, ist das Proton. Targets aus flüssigem Wasserstoff gehören deswegen zur Standardausrüstung aller Hochenergielaboratorien. Es gibt kein Target, das ausschließlich aus Neutronen besteht. Alle anderen Baryonen, siehe Tabelle 5.6, haben eine so kurze Lebensdauer, daß Experimente

5.12 Angeregte Zustände von Baryonen

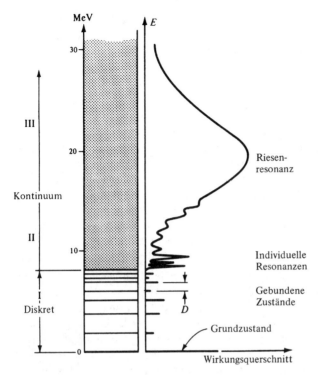

Bild 5.28 Typische Eigenschaften der angeregten Zustände im Kern. Die Kurve für den Wirkungsquerschnitt ist idealisiert, sie kann näherungsweise durch inelastische Elektronenstreuung oder durch die Absorption von γ-Strahlen als Funktion der γ-Energie bestimmt werden. Drei Bereiche sind zu unterscheiden: I, gebundene (diskrete) Zustände; II, einzelne Resonanzen; und III, statistischer Bereich (überlappende Resonanzen).

von der in Bild 5.26 gezeigten Art unmöglich sind und auf indirekte Methoden ausgewichen werden muß.

Der erste angeregte Zustand des Protons wurde 1951 von Fermi und Mitarbeitern entdeckt. Sie maßen die Streuung von Pionen an Protonen und fanden, daß der Streuquerschnitt mit der Energie schnell zunahm bis hinauf zu etwa 200 MeV kinetischer Energie der Pionen und dann gleich blieb oder wieder abnahm.[37] Brueckner schlug vor, die Ergebnisse als eine Nukleonenisobar (angeregter Nukleonenzustand) mit Spin $3/2$ zu interpretieren.[38] Es dauerte noch sehr lange und bedurfte noch vieler Experimente, bevor klar wurde, daß die *Fermiresonanz* nur der erste von vielen angeregten Zuständen des Nukleons ist.

Die Untersuchung der angeregten Protonenzustände verläuft ähnlich wie die Untersuchung der angeregten Kernzustände. Hochenergetische Teilchen, meist Elektronen oder Pionen, treffen auf ein Wasserstofftarget und der durchgehende und der gestreute Strahl werden gemessen und analysiert. Das Verhalten des Gesamtstreuquerschnitts für Pionen

---

[37] H. L. Anderson, E. Fermi, E. A. Long und D. E. Nagle, *Phys. Rev.* **85**, 936 (1952).
[38] K. A. Brueckner, *Phys. Rev.* **86**, 106 (1952).

an Protonen zeigt Bild 5.29. Das Auftreten von Resonanzen ist deutlich zu erkennen. Seit 1951 wurden mit großem Aufwand solche Resonanzen gesucht und ihre Quantenzahlen bestimmt. Die gegenwärtig bekannten sind in Tabelle A5 im Anhang aufgeführt. Die oben besprochene Fermiresonanz, die als erstes Maximum in Bild 5.29 erscheint, wird $\Delta(1232)$ genannt, wobei die Zahl die Ruheenergie der Resonanz in MeV angibt.

In den Bildern 5.30 und 5.31 werden die Energiespektren des Nuklids ^{58}Fe und des Nukleons verglichen. Bild 5.30 stellt die Gesamtmasse (Ruheenergie) dar, während Bild 5.31 die Anregungsspektren wiedergibt, d.h. die Energie über dem Grundzustand. Die Bilder machen klar, daß die Anregungen des Kerns sehr klein sind, verglichen mit der Ruheenergie des Grundzustands, während die Anregungsenergien des Teilchens sehr groß sein können im Vergleich zur Ruheenergie des Grundzustands. Die Anregungsenergien des Teilchens sind um etwa 2-3 Größenordnungen höher als die des Kerns. Noch ein Unterschied besteht zwischen den angeregten Zuständen des Kerns und des Teilchens: Kerne besitzen gebundene Zustände *und* Resonanzen, wie Bild 5.28 zeigt. Die angeregten Teilchenzustände sind dagegen ausschließlich Resonanzen.

Zum Abschluß weisen wir noch darauf hin, daß wir die Spektroskopie von Kernen und Teilchen hier extrem kurz behandelt haben. Wir haben nur eine Methode skizziert, um angeregte Zustände zu finden, daneben gibt es viele andere. Ferner kann die Bestimmung der verschiedenen Quantenzahlen eines Zustands (Spin, Parität, Ladung, Isospin, magnetisches Moment, Quadrupolmoment) eine außerordentlich schwierige Aufgabe sein. Tatsächlich lassen sich einige dieser Quantenzahlen nur für sehr wenige Zustände messen. Die Literaturstellen in Abschnitt 5.13 beschreiben die meisten der verwendeten Techniken und Ideen der subatomaren Spektroskopie, aber wir werden dieses Thema nicht weiter behandeln.

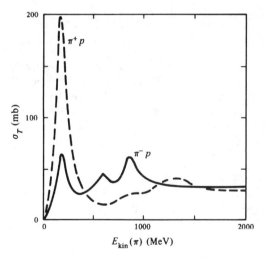

Bild 5.29 Gesamtwirkungsquerschnitt der Streuung von positiven und negativen Pionen an Protonen als Funktion der kinetischen Energie der Pionen. (1 mb = 1 millibarn = 10^{-27} cm^2).

5.12 Angeregte Zustände von Baryonen 115

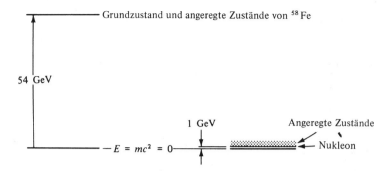

Bild 5.30 Ruheenergie des Nuklids ^{58}Fe und des Nukleons und seiner angeregten Zustände. Bei dem hier gezeigten Maßstab sind die angeregten Zustände des ^{58}Fe so nahe am Grundzustand, daß sie ohne Vergrößerung nicht zu unterscheiden sind. Ein vergrößertes Spektrum ist in Bild 5.31 zu sehen.

Bild 5.31 Grundzustand und angeregte Zustände des Nuklids ^{58}Fe und des Nukleons (Neutron oder Proton). Der Bereich über dem nuklearen Grundzustand aus Bild 5.30 ist um den Faktor 10^4 vergrößert. Das Spektrum des Nukleons aus Bild 5.30 ist 25-fach vergrößert. Die nuklearen Zustände haben Breiten von der Größenordnung eV oder weniger und können deshalb getrennt beobachtet werden. Die angeregten Teilchenzustände oder Resonanzen dagegen haben Breiten in der Größenordnung von einigen hundert MeV; sie überlappen und sind oft schwer zu finden. Wahrscheinlich gibt es viele Niveaus zusätzlich zu den hier gezeigten. Die Niveaus von ^{58}Fe stammen aus L. K. Peker, *Nucl. Data Sheets* **42**, 457 (1984).

(siehe nächste Seite →)

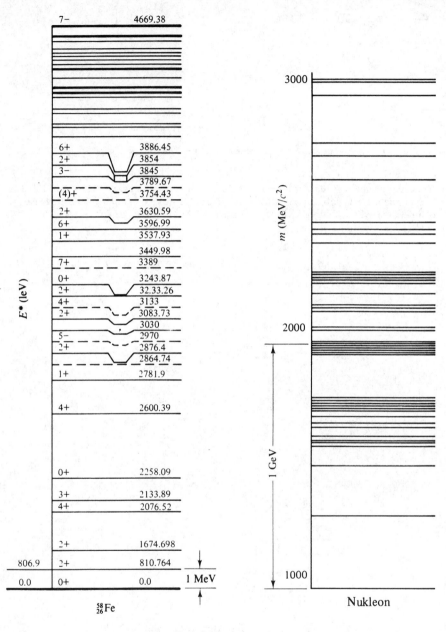

Bild 5.31

5.13 Literaturhinweise

Die Veröffentlichungen über die Mitglieder des subatomaren Zoos nehmen sehr schnell an Zahl zu, und jede Sammlung ist schon fast veraltet, sobald sie gedruckt ist. Die Eigenschaften von Elementarteilchen werden periodisch von der Particle Data Group in „Review of Particle Properties" zusammengefaßt und die Sammlung wird jährlich veröffentlicht, abwechselnd in *Reviews of Modern Physics* und *Physics Letters B*.

Die Eigenschaften von Kernniveaus sind z.B. zusammengefaßt in *Table of Isotopes*, Wiley, New York, 7. Ausgabe (C. M. Lederer und V. Shirley Eds.), 1978.

Neuere Informationen findet man in den Zeitschriften *Nuclear Data Table* und *Nuclear Data Sheets*, herausgegeben von Academic Press und in Spezialausgaben von Nucl. Phys.

Die Kernspektroskopie wird an vielen Stellen besprochen und die folgenden Bücher liefern zusätzliche Informationen zu den meisten in diesem Kapitel behandelten Problemen:

F. Ajzenberg-Selove, ed., *Nuclear Spectroscopy*, Academic Press, New York, 1960 (zwei Bände).

K. Siegbahn, ed., *Alpha-, Beta-, and Gamma-Ray Spectroscopy*, North-Holland, Amsterdam, 1965 (zwei Bände).

J. Cerny, *Nuclear Spectroscopy and Reactions*, Academic, New York, 1974.

In Konferenzberichten jüngeren Datums findet man:

Nuclear Spectroscopy, (G. F. Bertsch und D. Kurath, Eds.) Springer Notes in Physics, Nr. 119, Springer New York, 1980.

Nuclear Spectroscopy and Nuclear Interactions, (H. Ejiri und T. Fukada, Eds.), World Scientific, Singapur, 1984.

Die *Teilchenspektroskopie* wird in Lehrbüchern und Monographien weit weniger ausführlich behandelt. Einige Konferenzberichte und Übersichtsartikel zum Beispiel in *Physics Reports* und *Annual Reviews of Nuclear and Particle Science* liefern jedoch gute Einführungen in die Originalliteratur.

Eine Übersicht sowohl über die Kern- als auch über die Teilchenspektroskopie findet man in der Novemberausgabe 1983 von *Physics Today*, **36**; Kernspektroskopie von F. Ajzenberg-Selove und E. K. Warburton, S. 26 und Teilchenspektroskopie von N. Isgur und G. Karl auf S. 36.

Der *Photonenbegriff*, in Abschnitt 5.5 kurz behandelt, führt oft zu langen und hitzigen Streitgesprächen. Eine interessante und kurze Besprechung steht in M. O. Scully und M. Sargent III, „The Concept of the Photon", *Phys. Today* **25**, 38 (März 1972).

Eine vollständigere Darstellung findet sich bei M. Sargent III, M. O. Scully, und W. E. Lamb, Jr., *Laser Physics*, Addison-Wesley, Reading, 1974.

Aufgaben

5.1 Bedeutet eine verschwindende Ruhemasse, daß das entsprechende Teilchen keine Gravitationswechselwirkung erfährt? Wenn nicht, wie kann die Kraft im Gravitationsfeld definiert werden?

5.2 Erläutern Sie das Mößbauerexperiment, in dem gezeigt wird, daß im Gravitationsfeld der Erde fallende Photonen Energie gewinnen. Warum kann ein solches Experiment nicht mit optischen Photonen durchgeführt werden? [R.V. Pound and J. L. Snider, *Phys. Rev.* **140 B**, 788 (1965).]

5.3 Berechnen Sie mit Hilfe von Gl. 5.4 und den entsprechenden vollständigen Ausdrücken für die Operatoren L^2 und L_z die Eigenwerte l und m für die Funktionen

$$Y_0^0(\theta, \varphi) = (4\pi)^{-1/2}$$
$$Y_1^0(\theta, \varphi) = \frac{1}{2}\left(\frac{3}{\pi}\right)^{1/2} \cos\theta$$
$$Y_1^{\pm 1}(\theta, \varphi) = \pm\frac{1}{2}\left(\frac{3}{2\pi}\right)^{1/2} \sin\theta\, e^{\pm i\varphi}.$$

θ und φ sind die Winkel der sphärischen Koordinaten.

5.4 Beweisen Sie Gl. 5.5.

5.5 Elektron und Myon seien homogene Kugeln mit Radius 0,1 fm. Wie groß sind die Geschwindigkeiten an der Oberfläche bei einer Rotation mit Spin $(¾)^{1/2}\hbar$?

5.6 Ein System bestehe aus zwei identischen Teilchen und werde durch eine Gesamtwellenfunktion der Form

$$\psi(\mathbf{x}_1, \mathbf{x}_2) = A\psi(\mathbf{x}_1)\varphi(\mathbf{x}_2) + B\psi(\mathbf{x}_2)\varphi(\mathbf{x}_1)$$

beschrieben. Bestimmen Sie die Werte von A und B, so daß die Gesamtwellenfunktion auf 1 normiert ist und (a) symmetrisch, (b) antisymmetrisch oder (c) keines von beiden bezüglich des Austausches $1 \Leftrightarrow 2$ ist.

5.7 Hat ein Teilchen ohne elektrische Ladung notwendigerweise keine Wechselwirkung mit einem äußeren elektromagnetischen Feld? Geben Sie ein Beispiel für ein neutrales Teilchen an, das mit einem äußeren elektromagnetischen Feld wechselwirkt. Suchen Sie ein Beispiel für ein Teilchen, das nicht wechselwirkt. Wechselwirkt ein Teilchen mit elektrischer Ladung notwendigerweise mit äußeren elektromagnetischen Feldern?

5.8 Ein Kern mit Spin $J = 2$ und einem g-Faktor von $g = -2$ wird in ein magnetisches Feld von 1 MG gesetzt.
(a) Wo findet man so ein Feld?
(b) Skizzieren Sie die eintretende Aufspaltung der Energieniveaus. Bezeichnen Sie die Niveaus mit den magnetischen Quantenzahlen M. Wie groß ist die Aufspaltung zwischen zwei benachbarten Niveaus in eV und K?

5.9 Zeigen Sie, daß das magnetische Dipolmoment eines Teilchens mit Spin $J = 0$ verschwinden muß.

5.10 Die Besprechung der Massenbestimmung von Nukliden im Text ist stark vereinfacht. In konkreten Experimenten wird die sogenannte *Dublettmethode* benutzt. Erläutern Sie die dieser Methode zugrundeliegende Idee.

5.11 Zur Massenbestimmung eines Teilchens muß man oft die Geschwindigkeit kennen. Erläutern Sie das Prinzip des Čerenkovzählers. Zeigen Sie, daß der Čerenkovzähler ein geschwindigkeitsabhängiger Detektor ist.

5.12 Wie wurde die Masse der folgenden Teilchen bestimmt:
(a) Myon.
(b) Geladenes Pion.
(c) Neutrales Pion.
(d) Geladenes K.
(e) Geladenes Σ.
(f) Kaskadenteilchen (Ξ).

5.13 In Gl. 5.24, $\pi^- p \to n\pi^+\pi^-$, bleibt das Neutron im Endzustand unbeobachtet. Die Tatsache, daß das „fehlende" Teilchen ein Neutron ist, wird durch das *Diagramm der fehlenden Masse* nachgewiesen: Gegeben sei eine Reaktion der Form $a + b \to 1 + 2 + 3 + \dots$. Bezeichnen Sie die Gesamtenergie mit $E_\alpha = E_a + E_b$ und den Gesamtimpuls der zusammenstoßenden Teilchen mit $p_\alpha = p_a + p_b$. Bezeichnen Sie entsprechend die Summen für alle *beobachteten* Teilchen im Endzustand mit E_β und p_β. Das unbeobachtete (neutrale) Teilchen nimmt dann die „fehlende" Energie $E_m = E_\alpha - E_\beta$ und den „fehlenden" Impuls $p_m = p_\alpha - p_\beta$ mit. Die „fehlende Masse" wird definiert durch

$$m_m^2 c^4 = E_m^2 - p_m^2 c_m^2.$$

(a) Skizzieren Sie ein Diagramm der fehlenden Masse, d.h. die Anzahl von Ereignissen, die man für die Masse m_m erwartet, als Funktion von m_m, wenn das einzige unbeobachtete Teilchen ein Neutron ist.

(b) Wiederholen Sie Teil (a) für den Fall, daß ein Neutron und ein neutrales Pion verschwinden.

(c) Suchen Sie ein Diagramm der fehlenden Masse in der Literatur.

5.14 Erläutern Sie die Reaktion $d\pi^+ \to pp\pi^+\pi^-\pi^0$. Das Spektrum der invarianten Masse für die drei Pionen im Endzustand liefert den Hinweis auf zwei kurzlebige Mesonen. Lesen Sie die entsprechende Literatur und erläutern Sie, wie diese Mesonen gefunden wurden.

5.15 Betrachten Sie Gl. 5.24. Nehmen Sie an, daß die beiden Pionen keinen Resonanzzustand (ρ^0) bilden, sondern unabhängig emittiert werden. Berechnen Sie dann die obere und untere Grenze für das Spektrum im Phasenraum in Bild 5.11.

5.16 Beweisen Sie Gl. 5.29.

5.17 Erläutern Sie die Bestimmung der oberen Schranke für die Masse
(a) des Elektronenneutrinos
(b) des Myonenneutrinos.
(c) Wie kann die Schranke für die Masse des Myonenneutrinos verbessert werden?

5.18 Wie kann man die Stabilität von Elektronen messen? Entwerfen Sie ein einfaches Experiment und schätzen Sie die Grenze für die Lebensdauer ab, die von diesem Experiment zu erwarten ist.

5.19 Was war Prof. Moriartys Beruf? Wo verschwand er schließlich?

5.20 Beschreiben Sie die experimentellen Ergebnisse, die Pauli veranlaßten, die Existenz des Neutrinos zu postulieren.

5.21 ^{64}Cu zerfällt zu 62% in ^{64}Ni und zu 38% durch Elektronenemission in ^{64}Zn. Die Gesamthalbwertszeit von ^{64}Cu beträgt 12,8 h. Ein Spektrometer (Magnet und Szintillationszähler) wird so angebracht, daß nur der Elektronenzerfall in ^{64}Zn registriert wird. Wie lange dauert es, bis die Intensität dieser Zerfallsart um den Faktor 2 reduziert ist?

5.22 Beweisen Sie Gl. 5.33.

5.23 Bestimmen Sie die Fouriertransformierte der Funktion

$$f(x) = \begin{cases} 1, & |x| < a, \\ 0, & |x| > a. \end{cases}$$

5.24 Bestimmen Sie die Fouriertransformierte der Funktion

$$f(x) = \begin{cases} 0, & x < -1, \\ \tfrac{1}{2}, & -1 < x < 1, \\ 0, & x > 1. \end{cases}$$

5.25 Beweisen Sie Gl. 5.42.

5.26 Der Zustand, von dem die 14,4 keV γ-Strahlen in ^{57}Fe stammen, zerfällt mit einer Halbwertszeit von 98 ns. Berechnen Sie Γ, die Halbwertsbreite, in eV.

5.27 Beweisen Sie Gl. 5.44

5.28 Erläutern Sie Methoden zur Messung von Lebensdauern in der Größenordnung von
(a) 10^6 a.
(b) 1 s.
(c) 10^{-8} s.
(d) 10^{-12} s.
(e) 10^{-20} s.

5.29 Man nimmt an, daß das ρ^0 zur starken Wechselwirkung zwischen den Hadronen beiträgt. Berechnen Sie die Reichweite dieser Kraft.

5.30 Mit welchen Experimenten könnte man überprüfen, ob das Myon das von Yukawa vorhergesagte Teilchen ist? Vergleichen Sie diese Experimente mit den tatsächlichen Hinweisen, die zu dem Schluß führten, daß das Myon nicht das Yukawateilchen ist. [M. Conversi, E. Pancini und O. Piccioni, *Phys. Rev.* **71**, 209 (1947); E. Fermi, E. Teller und V. F. Weisskopf, *Phys. Rev.* **71**, 314 (1947).]

5.31 Erfüllt ein im Atom gebundenes Elektron die Gl. 1.2?

5.32 Erläutern Sie folgende Methoden zur Bestimmung der Kernladungszahl Z:
(a) Röntgenstreuung.
(b) Beobachtung der charakteristischen Röntgenstrahlung.

5.33 Vor der Entdeckung des Neutrons stellte man sich vor, der Kern bestehe aus A Protonen und $A - Z$ Elektronen. Führen Sie Argumente gegen diese Hypothese an.

5.34 Ab welcher kinetischen Energie der Pionen ist der Prozeß $p\pi^- \to \Lambda^\circ K^\circ$ möglich? (D.h. bestimmen Sie die Schwelle für diese Reaktion.)

5.35 Führen Sie zwei Reaktionen an, die zur Erzeugung des Ξ^- führen; berechnen Sie die zugehörige Schwellenenergie.

5.36
(a) Geben Sie die Herleitung von Gl. 5.55 an.
(b) Skizzieren Sie die Transmission T als Funktion von E/V_0 für einen eindimensionalen, rechteckigen Potentialtopf mit den Parametern $(2mV_0)^{1/2}a/\hbar = 100$.

5.37 Betrachten Sie einen Potentialtopf mit den Parametern $a = 1$ fm und $V_0 = -100$ MeV. Bestimmen Sie (numerisch oder graphisch) die zwei niedrigsten Energieniveaus für ein Proton in diesem Topf.

5.38 Betrachten Sie einen Potentialtopf, wie er in Bild 5.32 gezeigt wird.

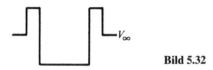

Bild 5.32

(a) In welchem Bereich gibt es gebundene Zustände?
(b) Wie verhalten sich Teilchen im Bereich über V_∞?

5.39 Für das im Abschnitt 5.11 besprochene Experiment braucht man angereichertes ^{58}Fe.
(a) Wie wird das angereicherte Eisen hergestellt?
(b) Wie teuer ist 1 mg angereichertes ^{58}Fe?

5.40 In der elastischen und inelastischen Streuung wird etwas Energie auf das Targetteilchen als Rückstoß übertragen.
(a) Betrachten Sie die Reaktion ^{58}Fe(p, p') ^{58}Fe*. Die einfallenden Protonen sollen eine Energie von 7 MeV haben, die Protonenstreuung im Labor unter einem Winkel von 130° beobachtet und der erste angeregte Zustand von ^{58}Fe untersucht werden. Wie groß ist die Energie der gestreuten Protonen?
(b) Es soll die erste Nukleonenresonanz, $N^*(1232)$, durch inelastische Proton-Proton-Streuung angeregt werden. Die kinetische Anfangsenergie der Protonen sei 1 GeV. Wie groß ist der maximale Streuwinkel, bei dem gestreute Protonen beobachtet werden können? Bei welcher Energie liegt das Maximum der inelastisch gestreuten Protonen bei diesem Winkel?

5.41 Erläutern Sie die Resonanzfluoreszenz:
(a) Um was für einen Prozeß handelt es sich dabei?
(b) Wie kann die Resonanzfluoreszenz beobachtet werden?
(c) Welche Informationen kann man daraus erhalten?

5.42 Beschreiben Sie die Entdeckung der $W^\pm$-Teilchen.

5.43
(a) Wie werden Tau-Teilchen bei e^+e^--Stößen produziert?
(b) Wie groß ist die minimale Strahlenergie, die zur Herstellung eines Tau-Teilchens erforderlich ist, wenn die e^+ und die e^--Strahlen gleiche Energie haben?
(c) Protonen, die auf stationären Wasserstoff treffen, können durch die Reaktion $pp \to \tau^+\tau^- X$ Tau-Teilchen produzieren. Dabei ist X irgendein Satz von Hadronen. Wie groß ist die minimale Protonenenergie für diese Reaktion?

5.44
(a) Kann das Z^0 durch e^+e^--Stöße hergestellt werden? Welche Energie ist mindestens nötig?
(b) Wie kann man feststellen, daß das Z^0 durch die Reaktion in (a) hergestellt worden ist?

5.45 Auf Grundlage der Massen der schweren Eichbosonen ($W^\pm$, Z^0) bestimme man den Bereich der schwachen Kraft.

6 Die Struktur der subatomaren Teilchen

In Kapitel 5 haben wir die Einwohner des subatomaren Zoos nach ihrer Wechselwirkung, ihrem Symmetrieverhalten und ihrer Masse geordnet. Im vorliegenden Kapitel werden wir einige Teilchen genauer untersuchen, insbesondere die Struktur des Grundzustands von einigen Nukliden, der geladenen Leptonen und der Nukleonen. Was meinen wir aber mit *Struktur des Grundzustands*? Für *Atome* ist die Antwort bekannt: Unter ihrer Struktur versteht man die räumliche Verteilung der Elektronen, wie sie durch die Wellenfunktion des Grundzustands beschrieben wird. Für das Wasserstoffatom ist, bei Vernachlässigung des Spins, die Wahrscheinlichkeitsdichte $\rho(\mathbf{x})$ am Ort $\mathbf{x}$ gegeben durch

(6.1) $\quad \rho(\mathbf{x}) = \psi^*(\mathbf{x})\psi(\mathbf{x})$,

wobei $\psi(\mathbf{x})$ die Wellenfunktion des Elektrons bei $\mathbf{x}$ ist. Die elektrische Ladungsdichte ist durch $e\rho(\mathbf{x})$ gegeben, Ladungs- und Aufenthaltswahrscheinlichkeit sind also proportional zueinander. Zur Struktur gehören natürlich auch die angeregten Zustände, und nur wenn die Wellenfunktionen aller möglichen Atomzustände bekannt sind, ist die Struktur bestimmt. Wir werden uns hier jedoch auf die Besprechung des Grundzustands beschränken.

Für *Kerne* ist der Begriff der Ladungsverteilung noch sinnvoll, aber Ladungs- und Masseverteilung sind nicht mehr identisch. Für *Nukleonen* tritt ein neues Problem auf. Zur Untersuchung ihrer Struktur benötigt man so hohe Energiewerte, daß die ursprünglich sich in Ruhe befindenden Nukleonen mit Geschwindigkeiten nahe der Lichtgeschwindigkeit weggestoßen werden. Es ist dann sehr schwierig, die Ladungsverteilung der Nukleonen aus den beobachteten Wirkungsquerschnitten zu berechnen. Um dieses Problem zu umgehen, beschreibt man die Nukleonenstruktur durch *Formfaktoren*. Es dauert zwar einige Zeit, bis man sich an diesen Begriff gewöhnt hat, aber er hängt direkter mit den experimentellen Daten zusammen als die Ladungsverteilung. Für *Leptonen* fand man überhaupt keine Struktur, auch nicht bei den kleinsten untersuchten Abständen von weniger als 10^{-18} m. Sie scheinen echte punktförmige Diracteilchen zu sein.

6.1 Der Ansatz: Elastische Streuung

Den elastischen Streuexperimenten verdanken wir viele Erkenntnisse über die Struktur der subatomaren Teilchen. Wie unterscheiden sich solche Untersuchungen von den spektroskopischen Experimenten aus Kapitel 5? Eine scharfe Trennung ist nicht möglich, aber die wesentlichen Punkte sind die folgenden: Beide Untersuchungsarten verwenden eine Anordnung von der Art, wie sie in Bild 5.27 dargestellt ist. In der Spektroskopie wählt man einen Winkel aus und untersucht das Spektrum der gestreuten Teilchen bei diesem Winkel. Die Energieniveaus des untersuchten Nuklids erhält man aus Daten ähnlich den in Bild 5.28 gezeigten. Bei Strukturuntersuchungen (des elastischen Formfaktors) beobachtet man im Detektor nur den elastischen Peak und bestimmt die Intensität als Funktion des Streuwinkels. Dabei ist zu beachten, daß die Energie des elastischen Peaks wegen des Rückstoßes des Targetteilchens vom Streuwinkel abhängt, deshalb muß der Detektor bei jedem neuen Winkel entsprechend nachgeregelt werden. Aus der beobachteten Intensität berechnet man dann den differentiellen Wirkungsquerschnitt, der im Abschnitt 6.2 definiert wird. Aus dem Wirkungsquerschnitt erhält man dann Aufschluß über die Struktur der Targetteilchen.

Rutherford untersuchte 1911 die elastische Streuung von α-Teilchen an Kernen. Er fand eine kleine Abweichung von der für Punktteilchen erwarteten Streuung und kam so zu einer guten Abschätzung für die Größe des Kerns.[1] Viele der späteren Untersuchungen verwendeten ebenfalls Hadronen, meist α-Teilchen oder Protonen. Diese Experimente haben jedoch einen schwerwiegenden Nachteil: Effekte durch die Kernform überlagern sich mit solchen von den Kernkräften, und die beiden müssen erst getrennt werden. Bei Untersuchungen mit *Leptonen* tritt dies nicht auf, weshalb man die genauesten Informationen über die Kernladungsverteilung mit Elektronen und Myonen gewinnt.

6.2 Wirkungsquerschnitte und Luminosität

Stöße sind die wichtigsten Prozesse bei Strukturuntersuchungen in der subatomaren Physik. Das Stoßverhalten wird gewöhnlich durch einen Wirkungsquerschnitt charakterisiert. Zur Definition des Wirkungsquerschnitts geht man von einem monoenergetischen Teilchenstrahl wohldefinierter Energie aus, der auf ein Target treffen soll (Bild 6.1). Der Fluß F des einfallenden Strahls wird *definiert* als die Anzahl von Teilchen, die pro Flächen- und Zeiteinheit eine Fläche senkrecht zum Strahl durchqueren. Ist der Strahl homogen und enthält n_i Teilchen pro Volumeneinheit, die sich mit der Geschwindigkeit v auf das ruhende Target zubewegen, so ist der Fluß durch

(6.2) $\qquad F = n_i v$

gegeben. In den meisten Berechnungen wird die Zahl der einfallenden Teilchen auf *ein Teilchen pro Volumeneinheit V* normiert. Die Anzahl n_i ist dann gleich $1/V$. Die am Target gestreuten Teilchen werden mit einem Zähler registriert, der alle um den Winkel θ ge-

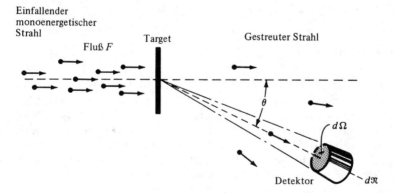

Bild 6.1 Ein monoenergetischer Strahl wird an einem Target gestreut. Der Zähler, mit dem die gestreuten Teilchen nachgewiesen werden, steht im Winkel θ zum einfallenden Strahl, umfaßt den Raumwinkel $d\Omega$ und registriert dN Teilchen pro Zeiteinheit.

---

[1] E. Rutherford *Phil. Mag.* **21**, 669 (1911).

streuten Teilchen im Raumwinkelelement $d\Omega$ nachweist. Die pro Zeiteinheit gemessene Anzahl dN ist proportional zum einfallenden Fluß F, dem Raumwinkel $d\Omega$ und der Anzahl N der unabhängigen Streuzentren im Target, auf die der Strahl trifft[2]:

(6.3) $\quad dN = FN\sigma(\theta)d\Omega$.

Die Proportionalitätskonstante wird mit $\sigma(\theta)$ bezeichnet, sie heißt *differentieller Wirkungsquerschnitt* (*Streuquerschnitt*) und kann auch als

(6.4) $\quad \sigma(\theta)\, d\Omega = d\sigma(\theta) \quad$ oder $\quad \sigma(\theta) = \dfrac{d\sigma(\theta)}{d\Omega}$

geschrieben werden. Die Gesamtzahl der pro Zeiteinheit gestreuten Teilchen erhält man durch Integration über den gesamten Raumwinkel,

(6.5) $\quad N_s = FN\sigma_{\text{tot}}$,

wobei

(6.6) $\quad \sigma_{\text{tot}} = \int \sigma(\theta)\, d\Omega$

der *totale Wirkungsquerschnitt* ist. Gleichung 6.5 zeigt, daß der totale Wirkungsquerschnitt die Dimension einer Fläche hat und üblicherweise werden Wirkungsquerschnitte in barn, b, oder dezimalen Vielfachen davon angegeben. Es ist

$$1\,\text{b} = 10^{-24}\,\text{cm}^2 = 100\,\text{fm}^2.$$

Die Bedeutung von σ_{tot} wird klar, wenn man den Bruchteil der gestreuten Teilchen berechnet. Bild 6.2 stellt das Target vom Strahl aus gesehen dar. Die Fläche a, auf die der Strahl trifft, enthält N Streuzentren. Die gesamte Anzahl der einfallenden Teilchen pro Zeiteinheit wird durch

$$N_{\text{in}} = Fa,$$

die gesamte Anzahl der gestreuten Teilchen durch Gl. 6.5 gegeben, so daß das Verhältnis der gestreuten zu einfallenden Teilchen durch

(6.7) $\quad \dfrac{N_s}{N_{\text{in}}} = \dfrac{N\sigma_{\text{tot}}}{a}$

gegeben ist. Was diese Beziehung bedeutet, ist klar: Wenn keine Mehrfachstreuung auftritt, so ist der Bruchteil der gestreuten Teilchen gleich dem effektiven Teil der Gesamtfläche, der von Streuzentren angefüllt ist. $N\sigma_{\text{tot}}$ muß folglich die Gesamtfläche aller Streuzentren sein und σ_{tot} die Fläche eines Streuzentrums. Wir weisen darauf hin, daß σ_{tot} die ef-

---

[2] Es wird hier angenommen, daß jedes Teilchen höchstens einmal im Target streut und daß jedes Streuzentrum unabhängig von den anderen wirkt.

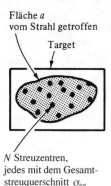

Fläche a vom Strahl getroffen

Target

N Streuzentren, jedes mit dem Gesamtstreuquerschnitt σ_{tot}

Bild 6.2 Vom einfallenden Strahl wird die Fläche a getroffen. Die Fläche a enthält N Streuzentren, jedes mit dem Streuquerschnitt σ_{tot}.

fektive Fläche für die Streuung ist. Sie hängt von der Art und Energie der Teilchen ab und ist nur manchmal gleich der tatsächlichen geometrischen Fläche der Streuzentren.

Schließlich stellen wir noch fest, daß für die Anzahl von n Streuzentren pro Volumeneinheit, die Targetdicke d und die vom Strahl getroffene Fläche a, N durch

$$N = and$$

gegeben ist. Wenn das Target aus Kernen mit dem Atomgewicht A und der Dichte ρ besteht, so wird n zu

(6.8) $$n = \frac{N_0 \rho}{A},$$

wobei $N_0 = 6{,}0222 \times 10^{23}$ Teilchen/Mol die Loschmidtsche Zahl ist.

Gleichung (6.5) gibt die Zahl N_s der Ereignisse pro Zeiteinheit in einem Experiment an, bei dem der einfallende Strahl auf ein festes Target trifft. Da die Zahl N der Streuzentren in einem festen oder flüssigen Target sehr groß ist, kann N_s sogar bei Prozessen mit kleinem Wirkungsquerschnitt gemessen werden. In Abschnitt 2.6 haben wir jedoch gezeigt, daß die im Schwerpunktsystem verfügbare Energie bei Experimenten mit festem Target begrenzt ist. Bei Experimenten mit gegeneinander laufenden Strahlen (Abschnitt 2.7) kann man sehr hohe Energien erhalten, die Zahl der Streuereignisse wird allerdings viel kleiner. Die Anzahl der Ereignisse pro Zeiteinheit wird durch die Luminosität L charakterisiert. Sie ist als die Anzahl der Ereignisse pro Wirkungsquerschnitt definiert, die in einem von einem Strahl getroffenen Bereich pro Zeiteinheit stattfinden. Im einfachsten Falle soll jeder kollidierende Strahl aus einem einzelnen Bündel bestehen, die Bündel kollidieren frontal und jeder Strahl ist homogen über eine Fläche A. Wenn die Strahlbündel mit einer Frequenz f zusammenstoßen und wenn das Bündel i N_i Teilchen enthält, dann ist die Luminosität im Wechselwirkungsbereich der Strahlen 1 und 2 durch die Beziehung

(6.9) $$L = \frac{N_s}{\sigma_{tot}} = \frac{N_1 N_2 f}{A}$$

gegeben. Geplante Werte für die Luminositäten liegen typischerweise bei 10^{32} cm^{-2} s^{-1}, die beobachteten Luminositäten (so weit sie überhaupt bestimmt wurden) liegen etwa eine Größenordnung niedriger.

6.3 Rutherford- und Mott-Streuung

Bild 6.3 zeigt das klassische Bild der elastischen Streuung von α-Teilchen am Coulombfeld eines Kerns mit der Ladung Ze. Wenn der Kern keinen Spin besitzt und das α-Teilchen ebenfalls Spin 0 hat, heißt sie *Rutherfordstreuung*. Der Wirkungsquerschnitt für die Streuung von Teilchen mit Spin 0 an Kernen ohne Spin kann klassisch oder quantenmechanisch berechnet werden, was zum selben Ergebnis führt. Die *Rutherfordsche* Streuformel ist eine der wenigen Gleichungen, die ohne Änderung in der Quantenmechanik gelten, was Rutherford außerordentlich befriedigte.[3]

Ein schneller Weg zur Herleitung des differentiellen Wirkungsquerschnitts für die Rutherfordstreuung beruht auf der 1. Bornschen Näherung. Der differentielle Wirkungsquerschnitt wird im allgemeinen als

(6.10) $$\frac{d\sigma}{d\Omega} = |f(\mathbf{q})|^2$$

geschrieben, wobei $f(\mathbf{q})$ als Streuamplitude bezeichnet wird und $\mathbf{q}$ der Impulsübertrag ist,

(6.11) $$\mathbf{q} = \mathbf{p} - \mathbf{p}'.$$

$\mathbf{p}$ ist der Impuls des einfallenden und $\mathbf{p}'$ der des gestreuten Teilchens. Für die elastische Streuung sieht man aus Bild 6.3(b), daß die Größe des Impulsübertrags mit dem Streuwinkel θ über

(6.12) $$q = 2p \sin \tfrac{1}{2} \theta$$

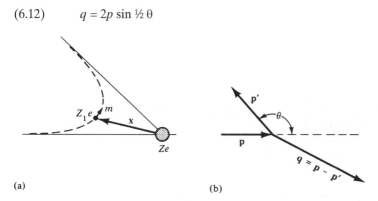

(a) (b)

Bild 6.3 Rutherfordstreuung. (a) Klassische Bahn eines Teilchens mit der Ladung $Z_1 e$ im Feld eines schweren Kerns mit der Ladung Ze. (b) Darstellung des Stoßes im Impulsraum.

---

[3] Rutherford verachtete komplizierte Theorien und pflegte zu sagen, eine Theorie tauge nur dann etwas, wenn auch eine Bardame sie verstehen kann. (G. Gamow, *My World Line*, Viking, New York, 1970.)

zusammenhängt. Bei der 1. Bornschen Näherung wird angenommen, daß man das einfallende und das gestreute Teilchen durch ebene Wellen beschreiben kann. Die Streuamplitude läßt sich dann als

$$(6.13) \qquad f(\mathbf{q}) = -\frac{m}{2\pi\hbar^2} \int V(\mathbf{x}) \exp\left(\frac{i\mathbf{q}\cdot\mathbf{x}}{\hbar}\right) d^3x$$

schreiben.[4] $V(\mathbf{x})$ ist das Streupotential. Wenn es kugelsymmetrisch ist, so kann man die Integration über die Winkel durchführen. Die Streuamplitude wird dann mit $x = |\mathbf{x}|$ zu

$$(6.14) \qquad f(\mathbf{q}^2) = -\frac{2m}{\hbar q} \int_0^\infty dx\, x \sin\left(\frac{qx}{\hbar}\right) V(x).$$

Da f nicht mehr von der Richtung von $\mathbf{q}$ abhängt, sondern nur noch von seinem Betrag, wird es als $f(\mathbf{q}^2)$ geschrieben.

Für die Rutherfordstreuung ist $V(x)$ das Coulombpotential.[5] Üblicherweise wird die Coulombwechselwirkung zwischen zwei Ladungen q_1 und q_2 im Abstand x als

$$V(x) = \frac{q_1 q_2}{x}$$

geschrieben. Im Streuexperiment von Bild 6.3 ist der Kern von einer Elektronenwolke umgeben, die die Kernladung Ze abschirmt. Die Abschirmung wird berücksichtigt, indem man schreibt:

$$(6.15) \qquad V(x) = \frac{Z_1 Z e^2}{x} e^{-x/a},$$

wobei a eine für die *atomare* Ausdehnung charakteristische Länge ist. Mit Gl. 6.15 kann man das Integral in Gl. 6.14 lösen und erhält für die Streuamplitude

$$(6.16) \qquad f(\mathbf{q}^2) = -\frac{2m Z_1 Z e^2}{q^2 + (\hbar/a)^2}.$$

Bei allen Stößen zur Erforschung von Kernstrukturen ist der Impulsübertrag q wenigstens in der Größenordnung von einigen MeV/c und der Term $(\hbar/a)^2$ kann völlig vernachlässigt

---

[4] Wir führen hier Gl. 6.10 und die Bornsche Näherung ohne Herleitung ein. Diese Unterlassung wird später in Abschnitt 6.12 wieder gutgemacht und noch einmal in Aufgabe 10.3 auf eine andere Weise. Wem die Gleichungen 6.10 und 6.13 noch nicht begegnet sind, sollte sie hier einfach als Werkzeug benutzen und ihre Herleitung später studieren. Herleitungen findet man auch in Eisberg, Abschnitt 15.3; Merzbacher, Abschnitt 11.4; und Park, Abschnitt 9.3.
[5] Im ursprünglichen Rutherfordexperiment waren die gestreuten Teilchen α-Teilchen. Diese sind Hadronen und wenn sie nahe genug an den Kern herankommen, muß die starke Wechselwirkung berücksichtigt werden. Die hier besprochenen Experimente werden mit Elektronen durchgeführt, weshalb sich aus der starken Wechselwirkung keine Probleme ergeben.

6.3 Rutherford- und Mott-Streuung

werden. Mit Gl. 6.16 und Gl. 6.10 folgt für den differentiellen Rutherford-Wirkungsquerschnitt

(6.17) $$\left(\frac{d\sigma}{d\Omega}\right)_R = \frac{4m^2(Z_1 Z e^2)^2}{q^4}.$$

Die Rutherfordsche Streuformel Gl. 6.17 beruht auf einer Anzahl von Annahmen. Die vier wichtigsten sind

1. Die Bornsche Näherung.
2. Das Targetteilchen ist schwer und nimmt keine Energie auf, d.h. kein Rückstoß.
3. Das einfallende und das Targetteilchen haben Spin 0.
4. Das einfallende und das Targetteilchen haben keine Struktur, d.h. sie werden als punktförmig angenommen.

Diese vier Einschränkungen müssen gerechtfertigt oder ausgeräumt werden. Wir werden die ersten beiden beibehalten und begründen, und die letzten beiden teilweise beseitigen.

1. Die Bornsche Näherung geht davon aus, daß man das einfallende und das gestreute Teilchen durch ebene Wellen beschreiben kann. Diese Annahme ist erlaubt, solange gilt:

(6.18) $$\frac{Z_1 Z e^2}{\hbar c} \ll 1.$$

Wenn die Bedingung Gl. 6.18 nicht erfüllt ist, so ist eine genauere Rechnung notwendig, die sog. Phase-shift-Analyse oder Bornsche Näherungen höherer Ordnung.[6] Die wesentlichen physikalischen Aspekte sind jedoch auch mit der 1. Bornschen Näherung zu verstehen und wir werden hier deshalb nicht über sie hinausgehen.

2. Hier wird nur die elastische Streuung betrachtet. Das Targetteilchen bleibt in seinem Grundzustand und nimmt keine Anregungsenergie auf. Ferner wird angenommen, es sei so schwer, daß seine Rückstoßenergie zu vernachlässigen ist. Wie Bild 6.3(b) zeigt, kann jedoch ein großer Impuls auf das Targetteilchen übertragen werden. Zunächst erscheint die Vorstellung eines Stoßes mit großem Impulsübertrag, aber vernachlässigbarem Energieübertrag unrealistisch. Ein einfaches Experiment wird jedoch etwaige Zweifler davon überzeugen, daß ein solcher Prozeß möglich ist: Man nehme ein Auto oder Motorrad und rase damit gegen eine Betonwand. Wenn sie gut gebaut ist, wird die Wand den gesamten Impuls, aber wenig Energie aufnehmen. Hier werden wir es im folgenden meist mit der Streuung von Elektronen an Kernen und Nukleonen zu tun haben. In diesem Fall ist die Einschränkung 2 erfüllt, solange das Verhältnis der Energie der einfallenden Elektronen zur Ruheenergie des Targets klein ist. Bei höheren Energiewerten kann man den Rückstoß des Kerns oder Nukleons jedoch leicht für den Wirkungsquerschnitt berücksichtigen. Das Ergebnis bleibt im wesentlichen dasselbe und wir werden deshalb die Rückstoßkorrekturen hier nicht behandeln.

3. Wie gerade festgestellt, betreffen die meisten der Experimente, die hier besprochen werden, die Streuung von Elektronen. In diesem Fall muß man den Spin berücksichti-

---
[6] D. R. Yennie, D. G. Ravenhall, und R. N. Wilson, *Phys. Rev.* **95**, 500 (1954).

gen. Die Streuung von Teilchen mit Spin ½ und Ladung $Z_1 = 1$ an Targetteilchen ohne Spin wurde von Mott behandelt, der Wirkungsquerschnitt für die Mott-Streuung ist[7]

$$(6.19) \quad \left(\frac{d\sigma}{d\Omega}\right)_{\text{Mott}} = 4(Ze^2)^2 \frac{E^2}{(qc)^4} \left(1 - \beta^2 \sin^2 \frac{\theta}{2}\right).$$

E ist dabei die Energie der einfallenden Elektronen und $\upsilon = \beta c$ ihre Geschwindigkeit. Der Term $\beta^2 \sin^2 \theta/2$ stammt von der Wechselwirkung des magnetischen Moments der Elektronen mit dem Magnetfeld des Targets. Im Ruhesystem des Targets verschwindet dieses Feld, aber im Ruhesystem des Elektrons ist es vorhanden. Der Term tritt speziell für Spin ½ auf, er verschwindet für $\beta \to 0$ und wird für $\beta \to 1$ so wichtig wie die normale elektrische Wechselwirkung, da die magnetischen und elektrischen Kräfte dann gleich stark werden. Im Grenzfall $\beta \to 0$ ($E \to mc^2$) reduziert sich der Mottsche Wirkungsquerschnitt auf die Rutherfordsche Streuformel Gl. 6.17.

4. Das Ziel des vorliegenden Kapitels ist die Erforschung der Struktur subatomarer Teilchen und die Einschränkung 4 muß folglich beseitigt werden. Dies wird im folgenden Abschnitt durchgeführt.

6.4 Formfaktoren

Wie ändert sich der Wirkungsquerschnitt, wenn die zusammenstoßenden Teilchen ausgedehnte Strukturen besitzen? Wir werden die Leptonen in Abschnitt 6.6 behandeln und feststellen, daß sie sich wie Punktladungen verhalten. Dadurch eignen sie sich ideal zur Untersuchung, und die Korrekturen zu Gl. 6.19 betreffen nur die räumliche Verteilung der betrachteten Targetteilchen. Zur Vereinfachung nehmen wir hier eine kugelsymmetrische Ladungsverteilung in den Targetteilchen an. Weiter unten wird dann gezeigt, daß der Wirkungsquerschnitt für die Streuung von Elektronen an einem solchen Target von der Form

$$(6.20) \quad \frac{d\sigma}{d\Omega} = \left(\frac{d\sigma}{d\Omega}\right)_{\text{Mott}} |F(\mathbf{q}^2)|^2$$

ist. Der multiplikative Faktor $F(\mathbf{q}^2)$ heißt *Formfaktor* und

$$(6.21) \quad \mathbf{q}^2 = (\mathbf{p} - \mathbf{p}')^2$$

ist das Quadrat des Impulsübertrags.

Formfaktoren spielen eine immer wichtigere Rolle in der subatomaren Physik, da sie die direkte Verbindung zwischen den experimentellen Beobachtungen und der theoretischen Analyse darstellen. Aus Gl. 6.20 sieht man, daß sich der Formfaktor direkt aus der Messung ergibt. Zur Klärung der theoretischen Seite betrachtet man ein System, das durch die Wellenfunktion $\psi(\mathbf{r})$ beschrieben wird, die man als Lösung der Schrödinger-Gleichung fin-

---

[7] Eine verhältnismäßig leichtverständliche Herleitung von Gl. 6.19 befindet sich in R. Hofstadter, *Ann. Rev. Nucl. Sci.* **7**, 231 (1958). Ein anspruchsvollerer Beweis steht bei J.D. Bjorken und S.D. Drell, *Relativistic Quantum Mechanics*, McGraw-Hill, New York, 1964, p. 106, oder in J. J. Sakurai, *Advanced Quantum Mechanics*, Addison-Wesley, Reading, Mass., 1967, p. 193.

6.4 Formfaktoren

den kann. Für ein geladenes Objekt ist dann die Ladungsdichte als $Q\rho(\mathbf{r})$ darstellbar, wobei $\rho(\mathbf{r})$ die normierte Wahrscheinlichkeitsdichte ist: $\int d^3r\, \rho(\mathbf{r}) = 1$. Weiter unten wird gezeigt, daß man den Formfaktor als Fouriertransformierte der Wahrscheinlichkeitsdichte schreiben kann,

(6.22) $$F(\mathbf{q}^2) = \int d^3r\, \rho(\mathbf{r}) \exp\left(\frac{i}{\hbar} \mathbf{q} \cdot \mathbf{r}\right).$$

Der Formfaktor für den Fall, daß kein Impuls übertragen wird, $F(0)$, wird für geladene Teilchen gewöhnlich auf 1 normiert, für neutrale Teilchen jedoch auf $F(0) = 0$. Die Kette, die den experimentell beobachteten Wirkungsquerschnitt mit dem theoretischen Ausgangspunkt verbindet, läßt sich dann so skizzieren:

$$\underset{\text{Experiment}}{\frac{d\sigma}{d\Omega}} \rightarrow |F(q^2)| \underset{\text{Vergleich}}{\Leftrightarrow} F(q^2) \leftarrow \rho(\mathbf{r}) \leftarrow \psi(\mathbf{r}) \underset{\text{Theorie}}{\leftarrow \text{Schrödinger-Gleichung}}$$

In Wirklichkeit sind die einzelnen Schritte oft komplizierter als hier dargestellt, aber der wesentliche Zusammenhang ist immer derselbe.

Zur Verdeutlichung dieser einleitenden Bemerkungen berechnen wir die Streuung eines Elektrons ohne Spin an einem kugelsymmetrischen Kern in erster Bornscher Näherung, siehe Bild 6.4. Das Streupotential $V(x)$ in Gl. 6.13 am Ort des Elektrons setzt sich aus den Beiträgen der differentiellen Elemente des ganzen Kerns zusammen. Jedes Volumenelement d^3r enthält die Ladung $Ze\rho(r)d^3r$ und liefert den Beitrag

$$dV(x) = -\frac{Ze^2}{z} e^{-z/a} \rho(r) d^3r,$$

so daß

(6.23) $$V(x) = -Ze^2 \int d^3r \rho(r) \frac{e^{-z/a}}{z}.$$

Der Vektor $\mathbf{z}$ vom Volumenelement d^3r zum Elektron wird in Bild 6.4 gezeigt. Einsetzen von $V(x)$ in Gl. 6.13 und $\mathbf{x} = \mathbf{r} + \mathbf{z}$ ergibt

$$f(\mathbf{q}^2) = \frac{mZe^2}{2\pi\hbar^2} \int d^3r \exp\left(\frac{i}{\hbar} \mathbf{q} \cdot \mathbf{r}\right) \rho(r) \int d^3x\, \frac{e^{-z/a}}{z} \exp\left(\frac{i}{\hbar} \mathbf{q} \cdot \mathbf{z}\right).$$

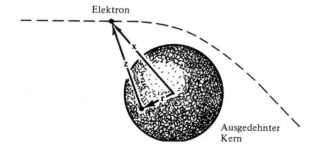

Bild 6.4
Streuung eines punktförmigen Elektrons an einem Kern mit Spin 0 und ausgedehnter Ladungsverteilung.

Für feste **r** kann d^3x durch d^3z ersetzt werden. Das Integral über d^3z ist dann dasselbe, wie es bei der Herleitung von Gl. 6.16 auftrat und hat den Wert

(6.24) $$\int d^3z \, \frac{e^{-z/a}}{z} \exp\left(\frac{i}{\hbar}\, \mathbf{q}\cdot\mathbf{z}\right) = \frac{4\pi\hbar^2}{\mathbf{q}^2 + (\hbar/a)^2} \to \frac{4\pi\hbar^2}{\mathbf{q}^2}.$$

Das Integral über d^3r ist der in Gl. 6.22 definierte Formfaktor, damit wird der Wirkungsquerschnitt $d\sigma/d\Omega = |f|^2$ zu

(6.25) $$\frac{d\sigma}{d\Omega} = \left(\frac{d\sigma}{d\Omega}\right)_R |F(\mathbf{q}^2)|^2.$$

Die Berechnung für Elektronen mit Spin verläuft ganz ähnlich. Gleichung 6.20 ist die korrekte Verallgemeinerung von Gl. 6.25. Zur Dichte $\rho(r)$ ist noch eine Anmerkung nötig. Durch Gl. 6.22 wurde die Dichte so definiert, daß gilt

(6.26) $$\int \rho(r)\, d^3r = 1.$$

Gleichung 6.20 zeigt, wie der Formfaktor $|F(\mathbf{q}^2)|$ experimentell bestimmt werden kann. Man mißt dazu den differentiellen Wirkungsquerschnitt bei verschiedenen Winkeln, berechnet den Mott-Wirkungsquerschnitt und das Verhältnis liefert $|F(\mathbf{q}^2)|$. Der Schritt von $F(\mathbf{q}^2)$ zu $\rho(r)$ ist weniger einfach. Im Prinzip kann man Gl. 6.22 umkehren und erhält dann

(6.27) $$\rho(r) = \frac{1}{(2\pi)^3} \int d^3q\, F(\mathbf{q}^2) \exp\left(\frac{i}{\hbar}\, \mathbf{q}\cdot\mathbf{r}\right).$$

Die Gleichungen 6.22 und 6.27 sind die dreidimensionale Verallgemeinerung von Gl. 5.39 und Gl. 5.40. Der Ausdruck für $\rho(r)$ zeigt, daß die Wahrscheinlichkeitsverteilung vollständig bestimmt ist, wenn $F(q^2)$ für alle Werte von q^2 bekannt ist. Experimentell ist der maximale Energieübertrag jedoch durch den verfügbaren Teilchenimpuls begrenzt. Ferner wird der Wirkungsquerschnitt für große Werte von q^2 sehr klein, wie wir bald sehen werden und es ist dann extrem schwierig, $F(q^2)$ zu bestimmen. Man geht deshalb in der Praxis anders vor. Man macht für $\rho(\mathbf{r})$ bestimmte Ansätze mit einer Anzahl freier Parameter. Die Parameter bestimmt man durch Berechnung von $F(\mathbf{q}^2)$ mit Gl. 6.22 und Anpassung an die gemessenen Formfaktoren.[8]

Um etwas mehr Einblick in die Bedeutung von Formfaktoren und Wahrscheinlichkeitsverteilungen zu gewinnen, verknüpfen wir $F(\mathbf{q}^2)$ mit dem Kernradius und zeigen Beispiele für die Beziehung zwischen dem Formfaktor und der Wahrscheinlichkeitsverteilung. Für

---

[8] Ein häufiges Problem zeigt sich in der nach Gl. 6.22 dargestellten Kette. Experimentell erhält man das absolut genommene Quadrat des Formfaktors und nicht den Formfaktor selbst. Dasselbe Problem entsteht bei Strukturbestimmungen mit Röntgenstrahlen. Um weitere Informationen über den Formfaktor zu erhalten, müssen Interferenzeffekte studiert werden. In Röntgenuntersuchungen von großen Molekülen wird die Interferenz erzeugt, indem man ein schweres Atom, z.B. Gold, in das große Molekül substituiert und die entstehenden Änderungen des Röntgenbildes betrachtet. Was könnte man in der subatomaren Physik verwenden?

6.4 Formfaktoren

$qR \ll \hbar$, wobei R ungefähr der Kernradius ist, läßt sich die Exponentialfunktion in Gl. 6.22 entwickeln, wodurch $F(q^2)$ zu

(6.28) $$F(\mathbf{q}^2) = 1 - \frac{1}{6\hbar^2}\,\mathbf{q}^2\,\langle r^2\rangle + \ldots$$

wird, wobei $\langle r^2\rangle$ durch

(6.29) $$\langle r^2\rangle = \int d^3r\, r^2 \rho(r)$$

definiert ist und als mittlerer quadratischer Radius bezeichnet wird. Für kleinen Impulsübertrag mißt man nur das nullte und erste Moment der Ladungsverteilung, weitere Einzelheiten sind nicht zu erhalten.

Wenn es sich um eine Gaußsche Wahrscheinlichkeitsdichte handelt, gilt

(6.30) $$\rho(r) = \rho_0 \exp\left[-\left(\frac{r}{b}\right)^2\right],$$

dann ist der Formfaktor einfach zu berechnen und man erhält

(6.31) $$F(\mathbf{q}^2) = \exp\left[\frac{q^2 b^2}{4\hbar^2}\right], \qquad \langle r^2\rangle = 3/2 b^2.$$

Wird b sehr klein, so nähert sich die Verteilung einer Punktladung und der Formfaktor geht gegen eins. Dieser Grenzfall ist der Punkt, an dem wir begannen. In Tabelle 6.1 sind einige Wahrscheinlichkeitsdichten und Formfaktoren aufgeführt.

Tabelle 6.1 Wahrscheinlichkeitsdichten und Formfaktoren für einige einparametrige Ladungsverteilungen. (Nach R. Herman und R. Hofstadter, *High-Energy Electron Scattering Tables*, Stanford University Press, Stanford, Calif., 1960).

Wahrscheinlichkeitsdichte, $\rho(r)$	Formfaktor, $F(\mathbf{q}^2)$
$\delta(r)$	1
$\rho_0 \exp(-r/a)$	$(1 + \mathbf{q}^2 a^2/\hbar^2)^{-2}$
$\rho_0 \exp(-(r/b)^2)$	$\exp(-\mathbf{q}^2 b^2/4\hbar^2)$
$\left.\begin{array}{l}\rho_0,\, r \leq R \\ 0,\, r > R\end{array}\right\}$	$\dfrac{3[\sin(|\mathbf{q}|R/\hbar) - (|\mathbf{q}|R/\hbar)\cos(|\mathbf{q}|R/\hbar)]}{(|\mathbf{q}|R/\hbar)^3}$

Ein abschließendes Wort betrifft die Abhängigkeit des Formfaktors von experimentellen Größen. Gleichung 6.22 impliziert, daß $F(\mathbf{q}^2)$ nur vom Quadrat des auf das Target übertragenen Impulses abhängt und nicht von der Energie des einfallenden Teilchens. Deshalb kann man $F(\mathbf{q}^2)$ für einen bestimmten Wert von $\mathbf{q}^2$ mit Geschossen verschiedener Energie bestimmen. Gleichung 6.12 besagt, daß dazu nur der Streuwinkel entsprechend geändert werden muß, damit man denselben Wert für $F(\mathbf{q}^2)$ erhält. Die Tatsache, daß $F(\mathbf{q}^2)$ nur von $\mathbf{q}^2$ abhängt, gilt nur für die erste Bornsche Näherung, bei höheren Ordnungen wird sie ungültig. Deshalb kann man sie zur Überprüfung der ersten Bornschen Näherung benutzen.

6.5 Die Ladungsverteilung kugelförmiger Kerne

Die Untersuchung der Kernstruktur durch Elektronenstreuung wurde durch Hofstadter und seine Mitarbeiter eingeleitet.[9] Die grundsätzliche experimentelle Anordnung dazu ist ähnlich zu der in Bild 5.26 gezeigten: Ein Elektronenbeschleuniger erzeugt einen intensiven Elektronenstrahl mit Energien zwischen 250 MeV und einigen GeV. Die Elektronen werden zu einer Streukammer geleitet, wo sie auf das Target treffen und gestreut werden. Die Intensität der elastisch gestreuten Elektronen wird als Funktion des Streuwinkels bestimmt.

Viele Verbesserungen sind seit den ersten Experimenten von Hofstadter vorgenommen worden. Außer höheren Energien und höheren Strahlintensitäten des Elektronenstrahls, wodurch eine höhere Impulsübertragung untersucht werden kann, erzielt man heute eine viel höhere Auflösung (~100 keV oder $\leq 10^{-3}$ der Strahlenergie). Die hohe Auflösung erlaubt eine Trennung zwischen elastischer und unelastischer Streuung und Untersuchungen von unelastischer Streuung an einzelnen Niveaus zusätzlich zur elastischen Streuung. Der differentielle Wirkungsquerschnitt für die Streuung von 500 MeV-Elektronen an ^{40}Ca ist in Bild 6.5 dargestellt.[10] Die Werte erstrecken sich über 12 Größenordnungen; daraus erhält man Ausdrücke für $|F(\mathbf{q}^2)|$. Aus diesen kann man nun wieder Informationen über die Ladungsverteilung erhalten.

Der einfachste Ansatz für die Kernladungsverteilung ist eine einparametrige Funktion, z.B. eine gleichmäßige Verteilung oder eine Gaußverteilung. Solche Verteilungen ergeben schlechte Anpassungen, und der einfachste von den brauchbaren Ansätzen ist die *Fermiverteilung* mit zwei Parametern

(6.32) $$\rho(r) = \frac{N}{1 + e^{(r-c)/a}} \ .$$

N ist die Normierungskonstante und c und a sind die Parameter zur Beschreibung des Kerns. Bild 6.6 zeigt die Fermiverteilung. c ist der Radius der halben Dichte und t die Oberflächendicke. Der Parameter a aus Gl. 6.32 und t hängen durch

(6.33) $$t = (4 \ln 3)a$$

zusammen. Man kann die Ergebnisse vieler Experimente mit den in Gl. 6.29 und Gl. 6.32 definierten Parametern folgendermaßen zusammenfassen:

1. Für mittlere und schwere Kerne ist der mittlere quadratische Radius der Ladung näherungsweise durch die Beziehung

    (6.34) $$\langle r^2 \rangle^{1/2} = r_0 A^{1/3}, r_0 = 0{,}94 \text{ fm},$$

    gegeben, wobei A die Massenzahl (Anzahl der Nukleonen) ist. Das Kernvolumen ist folglich proportional zur Anzahl der Nukleonen. Die Kerndichte ist näherungsweise konstant. Kerne verhalten sich demnach eher wie Festkörper oder Flüssigkeiten und nicht wie Atome.

---

[9] R. Hofstadter, H. R. Fechter und J. A. McIntyre, *Phys. Rev.* **92**, 978 (1953).
[10] B. Frois et al., *Phys. Rev. Lett.* **38**, 152 (1977); I. Sick, *Phys. Lett.* **88 B**, 245 (1979).

6.5 Die Ladungsverteilung kugelförmiger Kerne   135

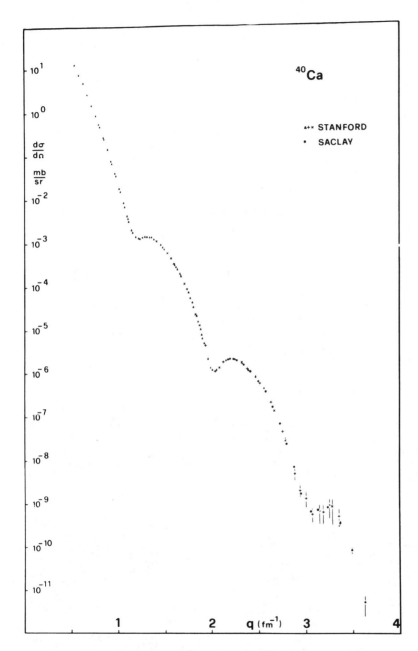

Bild 6.5 Der Wirkungsquerschnitt für die elastische Streuung von Elektronen an ^{40}Ca, bestimmt aus Experimenten, die in Stanford und Saclay (Frankreich) durchgeführt wurden. (Mit freundlicher Genehmigung I. Sick, Phys. Lett. 88 B, 245 (1979).)

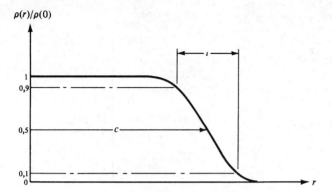

Bild 6.6 Fermiverteilung für die Kernladungsdichte. c ist der Radius der halben Dichte und t die Oberflächendicke.

2. Der Radius der halben Dichte und die Oberflächendicke erfüllen näherungsweise

(6.35) $$c \text{ (in fm)} = 1{,}18 \, A^{1/3} - 0{,}48$$
$$t \approx 2{,}4 \text{ fm}.$$

Aus diesen Werten folgt für die Dichte der Nukleonen im Zentrum

(6.36) $\rho_n \approx 0{,}17$ Nukleonen/fm³.

Dieser Wert liegt in der Nähe von dem für Kernmaterie, d.h. bei der Dichte, von der man annimmt, daß sie in einem unendlich großen Kern ohne Oberflächeneffekte herrscht.

3. In der älteren Literatur, die aus der Zeit stammt, als die Form von Kernen noch nicht gut bekannt war, war es üblich, den Kernradius anders zu schreiben. Man nahm an, der Kern habe gleichmäßige Dichte und den Radius R. Aus Gl. 6.29 folgt dann, daß R^2 und $\langle r^2 \rangle$ durch

(6.37) $$\langle r^2 \rangle = 4\pi \int_0^R \frac{3 r^4 dr}{4\pi R^3} = \frac{3}{5} R^2$$

zusammenhängen. R erfüllt näherungsweise die Beziehung

(6.38) $R = R_0 A^{1/3}, \quad R_0 = 1{,}2$ fm.

4. Die tatsächliche Ladungsverteilung ist komplexer als eine zweiparametrige Fermiverteilung. Insvesondere ist die Dichte im Inneren des Kern nicht konstant, wie in Gl. 6.32 angenommen wird. Sie kann zum Zentrum hin sowohl zu- als auch abnehmen. Bild 6.7 zeigt die Dichteverteilung für ^{40}Ca und für ^{208}Pb.[10] Die Unterschiede sind in erster Linie auf Einflüsse der Schalenstruktur zurückzuführen (siehe Kapitel 17). Es ist möglich die

---

[10] B. Frois et al., *Phys. Rev. Lett.* **38**, 152 (1977); I. Sick, *Phys. Lett.* **88 B**, 245 (1979).

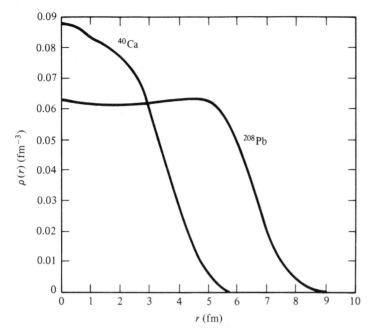

Bild 6.7 Wahrscheinlichkeitsverteilung für ^{40}Ca und ^{208}Pb, durch Elektronenstreuung ermittelt. [Aus I. Sick, *Phys. Lett.* **88 B**, 245 (1979).]

Ladungsverteilung aus dem gemessenen Elektronenstreuquerschnitt nahezu modellunabhängig zu gewinnen.[11] Man muß dazu die Ladungsverteilung als Überlagerung von Gaußverteilungen beschreiben,

$$\rho \propto \sum_{i=1}^{N} A_i \exp\left[-\frac{(r-R_i)^2}{\delta^2}\right].$$

Die in Bild 6.7 gezeigten Ladungsverteilungen wurden auf diese Weise erhalten.[10]

5. Kerne, die von Null verschiedene Spins haben, besitzen auch magnetische Momente. Die Verteilung der Magnetisierung kann auch durch einen Formfaktor beschrieben werden. Experimentelle Informationen über die Magnetisierungsdichte erhält man aus der Rückstreuung von Elektronen (Großwinkelstreuung).[12, 13]

Die bisher in diesem Abschnitt gegebenen Informationen liefern einen ersten Einblick in die Struktur der Kerne. Man weiß jedoch schon sehr viel mehr. Weitere Details wurden un-

---

[11] I. Sick, *Nucl. Phys.* **A 218**, 509 (1974).
[12] S. K. Platchkov et al., *Phys. Rev.* **C 25**, 2318 (1982); S. Auffret, *Phys. Rev. Lett.* **54**, 649 (1985); T. W. Donnely und I. Sick, *Rev. Mod. Phys.* **56**, 461 (1984).
[13] R. G. Arnold et al., *Phys. Rev. Lett.* **35**, 776 (1975); B. T. Chertok, *Prog. Part. Nucl. Phys.* (D. H. Wilkinson, Ed.), **8**, 367 (1982); P. S. Justen, *Phys. Rev. Lett.* **55**, 2261 (1985); R. G. Arnold et al., *Phys. Rev. Lett.* **58**, 1723 (1987).

tersucht[14]. Insbesondere bei den leichten Kernen ^{2}H, ^{3}H und ^{3}He wurden mit 10-20 GeV-Elektronen Streuexperimente mit sehr hoher Impulsübertragung durchgeführt. Mit neuen Elektronenbeschleunigern wird man weitere Verbesserungen erreichen können. Darüber hinaus ist die unelastische Streuung an vielen angeregten Kernzuständen untersucht worden.[15] Schließlich muß noch daran erinnert werden, daß man mittels Streuung geladener Leptonen nur Information über die Ladungs- und Stromverteilung im Kern erzielt und daß entsprechende Daten über die hadronische Struktur (Materieverteilung) nur durch Streuung mit Hadronen erhältlich sind.[16]

6.6 Leptonen sind punktförmig

Wir kehren nun zum g-Faktor der Elektronen zurück. 1926 war die Vorstellung vom kreiselnden Elektron und seinem magnetischen Moment allgemein akzeptiert[17], aber der g-Faktor, siehe Gl. 5.16,

$$g(1926) = -2,$$

mußte experimentell bestimmt werden. (Das Minuszeichen besagt, daß das magnetische Moment für das negative Elektron in die entgegengesetzte Richtung wie der Spin zeigt.) Der g-Faktor war genau doppelt so groß wie der für die Bahnbewegung, siehe Gl. 5.14. Mit anderen Worten, obwohl das Elektron Spin ½ hatte, besaß es *ein* Bohrsches Magneton. 1928 stellte Dirac seine berühmte Gleichung auf, aus der sich das magnetische Moment und der Wert $g = -2$ als natürliche Folge ergaben.[18]

Kusch und Foley maßen 1947 den g-Faktor sorgfältig mit der damals neuen Mikrowellentechnik und entdeckten eine kleine Abweichung von -2.[19] Schon kurz darauf konnte Schwinger die Abweichung erklären. Das Experiment war auf 5×10^{-5} genau und die Theorie noch etwas besser. Seitdem wetteifern die theoretischen und experimentellen Physiker miteinander, den Wert zu verbessern. Der Gewinner war immer die Physik, da jeder etwas dazulernte. Der Vergleich zwischen Experiment und Theorie ist sehr wichtig, weshalb wir darauf noch etwas näher eingehen werden.

Zur theoretischen Erklärung sind virtuelle Photonen nötig, ein bereits in Abschnitt 5.8 besprochener Begriff. Ein physikalisches Elektron existiert nicht immer als Diracelektron.

---

[14] B. Frois in *Niels Bohr Centennial Conference, 1985 – Nuclear Structure 1985* (R. Broglia, G. Hageman, B. Herskind, Eds.) North Holland, Amsterdam, 1985; J. M. Cavedon et al., *Phys. Rev. Lett.* **58**, 1723 (1987).

[15] J. Heisenberg und H. P. Blok, *Ann. Rev. Nucl. Part. Sci.* **33**, 569 (1983).

[16] A. W. Thomas, *Nucl. Phys.* **A 354**, 51 c (1981); R. Campi, *Nucl. Phys.* **A 374**, 435 c (1982).

[17] Eine faszinierende Beschreibung der Geschichte des Spins gibt B. L. Van der Waerden, in *Theoretical Physics of the Twentieth Century* (M. Fierz und V. F. Weisskopf, eds.), Wiley-Interscience, New York, 1960. Siehe auch S. A. Goudsmit, *Phys. Today* **14**, 18 (Juni 1961) und P. Kusch, *Phys. Today* **19**, 23 (Februar 1966).

[18] Für die Herleitung des magnetischen Moments des Elektrons aus der Diractheorie, siehe z.B. Merzbacher, Gl. 24.37 oder Messiah, Abschnitt XX, 29. Tatsächlich kann das magnetische Moment schon als nichtrelativistische Erscheinung hergeleitet werden, wie z.B. in A. Galindo und C. Sanchez del Rio, *Am. J. Phys.* **29**, 582 (1961) oder R. P. Feynman, *Quantum Electrodynamics*, Benjamin, Reading, Mass., 1961, S. 37.

[19] P. Kusch and H. M. Foley, *Phys. Rev.* **72**, 1256 (1947); **74**, 250 (1948).

6.6 Leptonen sind punktförmig

Zeitweise emittiert es virtuelle Photonen, die es dann wieder absorbiert. (Dies entspricht in der klassischen Betrachtung der Wechselwirkung des Elektrons mit seinem eigenen elektromagnetischen Feld.) Die Messung des *g*-Faktors erfolgt über die Wechselwirkung des Elektrons mit Photonen. Die Anwesenheit von virtuellen Photonen ändert die Wechselwirkung und folglich auch den *g*-Faktor. Bild 6.8 zeigt, wie die einfache Wechselwirkung eines Photons mit einem Diracelektron sich durch dessen eigenes elektromagnetisches Feld ändert und komplizierter wird. Insgesamt bewirkt dieser Effekt ein zusätzliches *anomales* magnetisches Moment. Ein enormer Aufwand wurde in die Berechnung des magnetischen Moments von Teilchen unter Berücksichtigung der in Bild 6.8 gezeigten Korrekturen gesteckt. Das Ergebnis wird durch die Zahl

(6.39) $$a = \frac{|g| - 2}{2}$$

ausgedrückt. Ein reines *Diracteilchen*, d.h. ein Teilchen, dessen Eigenschaften allein durch die Diracgleichung bestimmt sind, hätte den Wert $a = 0$. Der Wert von *a* für ein *physikalisches Elektron* wurde vielfach berechnet und der gegenwärtig beste theoretische Wert ist[20]

(6.40) $$a_e^{th} = \frac{1}{2}\left(\frac{\alpha}{\pi}\right) - 0{,}328478966 \left(\frac{\alpha}{\pi}\right)^2 + 1{,}176 \left(\frac{\alpha}{\pi}\right)^3 + \ldots,$$

wobei α die Feinstrukturkonstante ist, $\alpha = e^2/\hbar c$.

Die frühen experimentellen Ergebnisse für a_e beruhen auf einem Verfahren, das anhand von Bild 5.5 zu erklären ist: Für ein Elektron im äußeren magnetischen Feld tritt Zeemanaufspaltung auf. Eine genaue Bestimmung des Energieabstands der Niveaus und des angelegten Felds ergibt *g*. Tatsächlich wurde der nichtverschwindende Parameter a_e mit dieser Technik entdeckt. Neuere Experimente beruhen auf einem anderen Verfahren, in

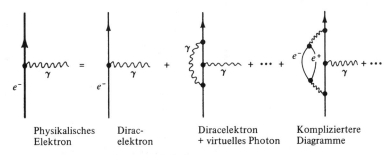

Physikalisches Elektron Diracelektron Diracelektron + virtuelles Photon Kompliziertere Diagramme

Bild 6.8 Ein physikalisches Elektron ist nicht immer ein reines Diracelektron. Die Anwesenheit von virtuellen Photonen ändert die Eigenschaften des Elektrons, insbesondere ändert sie den *g*-Faktor um einen Betrag, der berechnet und gemessen werden kann.

---

[20] S. J. Brodsky and S. D. Drell, *Ann. Rev. Nucl. Sci.* **20**, 147 (1970); T. Kinoshitu und W. B. Lindqvist, *Physl. Rev. Lett.* **47**, 1573 (1981); T. Kinoshitu und J. Saparstein in *Atomic Physics* Vol. 9, (R. S. Van-Dyck, Jr., und E. N. Fortso, Eds.) World Scientific, Singapore, 1984, S. 38; T. Kinoshitu, *Proc. Conf. on Precision Electromagnetic Measurements,* Gaithersburg 1986, IEEE *Trans. on Instrum. Measurement,* **IM-36**, 201 (1987).

dem $|g|-2$ anstelle von g bestimmt wird[21]: Es gibt dafür zwei verschiedene Methoden. Sie sind für die subatomare Physik von solcher Wichtigkeit, daß wir beide skizzieren werden.

Die erste Methode geht auf Crane[22] zurück. Ihr liegt folgender Gedanke zugrunde. In einem homogenen Magnetfeld bleibt der Winkel zwischen Spin und Impuls für ein Teilchen mit dem Spin ½ und $|g|=2$ konstant. Nun betrachten wir eine experimentelle Anordnung wie in Bild 6.9. Man schießt longitudinal polarisierte Elektronen, das heißt Elektronen mit Spin und Impuls in gleicher Richtung, in das Magnetfeld einer Spule. Die Elektronen bewegen sich in diesem Feld auf Kreisbahnen. Nach vielen Umläufen bestimmt man ihren Spin und ihren Impuls. Wäre der g-Faktor exakt gleich zwei, müßten Spin und magnetisches Moment der austretenden Elektronen noch parallel sein, unabhängig von der Zeit, die sie im Magnetfeld **B** verbrachten. Der geringe anomale Anteil a verursacht jedoch eine etwas verschiedene Rotation für Spin und magnetisches Moment. Nach der Zeit t im Feld **B** beträgt der Winkel α zwischen **p** und **J**

(6.41) $\alpha = a\omega_c t$

wobei

(6.42) $\omega_c = \dfrac{eB}{mc}$

die Zyklotronfrequenz ist. Wenn das Produkt Bt sehr groß ist, wird auch α sehr groß und α kann sehr exakt gemessen werden. Diese Methode wurde für Elektronen und Myonen beiderlei Vorzeichens angewandt.

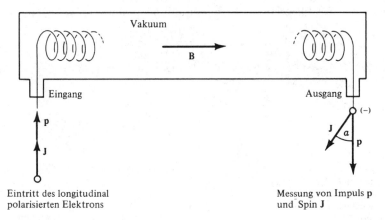

Bild 6.9 Prinzip der direkten Bestimmung von a = $(|g|-2)/2$. Erklärung im Text.

---

[21] Eine genauere Beschreibung der den $(|g|-2)$ Experimenten zugrundeliegenden Ideen findet sich bei R. D. Sard, *Relativistic Mechanics*, Benjamin, Reading, Mass., 1971.

[22] H. R. Crane, *Sci. Amer.* **218**, 72 (Januar 1968); A. Rich und J.C. Wesley, *Rev. Mod. Phys.* **44**, 250 (1972).

6.6 Leptonen sind punktförmig

Die lineare Feldanordnung in Bild 6.9 ist für Elektronen günstig, da Elektronen stabil sind und das Ende der Spule nach vielen Drehungen auch bei geringer Geschwindigkeit erreichen. Myonen zerfallen dagegen. Deswegen nimmt man Myonen mit hoher Geschwindigkeit, weil dadurch Flugzeit und Entfernung (Gl. 1.9) größer werden. Die Zahl der Rotationen von hochenergetischen Myonen in einem linearen Feld ist zu klein, um die gewünschte Genauigkeit zu erzielen. Dieses Problem wurde bei CERN durch ein zirkulares Feld anstelle des linearen gelöst.

Pionen mit einem Impuls von 3,1 GeV/c werden in einen Speicherring von 14 m Durchmesser geschossen. Bei ihrem Zerfall während des Fluges werden polarisierte Myonen im Speicherring erzeugt. Mit einer solchen Anordnung konnte $|g|-2$ für Myonen beiderlei Vorzeichens mit großer Genauigkeit bestimmt werden.[23]

Die zweite Methode der Messung von $|g|-2$ geht auf Dehmelt und Mitarbeiter zurück.[24] Grundlage dafür ist eine komplizierte Form des Zeeman-Experiments. Die Methode stellt einen Triumph der experimentellen Physik dar. Ein einzelnes Elektron wird wochenlang in einer Falle, die aus einer Kombination von einem magnetischen und einem elektrischen Quadrupolfeld besteht („PenningTrap") gefangen gehalten. Elektron und Apparatur bilden ein Atom mit makroskopischen Dimensionen, das Geonium, Erdatom, genannt wird. In der Falle, die in Bild 6.10 (a) skizziert ist, führt das Elektron eine Bewegung aus, die aus drei Komponenten (siehe Bild 6.10 (b)) besteht: eine Zyklotronbewegung im konstanten Magnetfeld, eine axiale Bewegung im elektrischen Feld und eine Magnetronbewegung bei Überlagerung der Felder. Wir betrachten zuerst ein Elektron mit der Spinstellung spinab. Die Bewegung dieses Elektrons im Magnetfeld ist quantisiert. Die Bahnen, die in Bild 6.10 (a) und (b) gezeigt sind, können nur Energien besitzen, die durch die Quantisierung erlaubt sind. Je höher die Energie desto größer ist der Radius. Die Energiedifferenz zwischen zwei beliebigen Zeeman-Niveaus (Bild 6.10 (c)) ist durch die Zyklotronfrequenz ω_c, Gl. (6.42), mit

(6.43) $\quad \hbar\omega_c = 2\mu_B B$

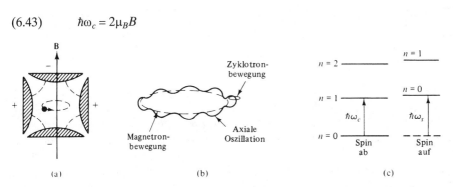

Bild 6.10 (a) Die Penningfalle – eine Kombination aus einem magnetischen Feld **B** und einem zylindrischen elektrischen Quadrupolfeld. (b) Die Bewegung eines Elektrons in den Feldern einer Penningfalle. (c) Magnetische Energieniveaus des Elektrons in der Falle (Trap).

---

[23] F. J. M. Farley und E. Picasso, *Ann. Rev. Nucl. Part. Sci.* **29**, 243 (1979).
[24] R. S. van Dyck, Jr., P. B. Schwinberg und H. G. Dehmelt in *New Frontiers in High Energy Physics*, (B. Kursunoglu, A. Perlmutter und L. Scott, Eds.) Plenum New York, 1978, S. 159; P. Ekstrom und D. Wineland, *Sci. Amer.* **243**, 105 (August 1980); H. Dehmelt, in *Atomic Physics*, Band 7. (D. Kleppner und F. Pipkin, Eds.) Plenum, New York, 1981.

gegeben. Die Energie kann jedoch auch durch das Umklappen des Spins verändert werden. Wenn der Spin sich von spinab zu spinauf umkehrt, beträgt die Energieänderung, die in Bild 6.10 (c) angedeutet wird,

(6.44) $\hbar\omega_s = g\mu_B B$.

Durch Anlegen eines geeigneten hochfrequenten Feldes können Übergänge induziert werden, bei denen sich nur die Bahn ändert, oder solche, bei denen sich Spin und Bahn ändern. Die Resonanzfrequenz ist im ersten Fall durch ω_c und im zweiten Fall durch

$$\omega_a = \omega_s - \omega_c = \frac{(|g|-2)\mu_B B}{\hbar}$$

gegeben. Das Verhältnis der beiden Frequenzen ergibt

(6.45) $\dfrac{\omega_a}{\omega_c} = \dfrac{(|g|-2)}{2}$

Durch genaue Messung dieser Frequenzen haben Dehmelt, Schwinberg und VanDyck die Werte von $|g|-2$ für das Elektron und das Positron mit extremer Genauigkeit bestimmt.[25] In Tabelle 6.2 sind die experimentellen und theoretischen Werte von $a = (|g|-2)/2$ zusammengestellt. Die Zahlen in den Klammern geben den Fehler an.

Tabelle 6.2 Vergleich der theoretischen und experimentellen Werte von $a = (|g|-2)/2$.

Teilchen	Exp/Th	a
e^-	Exp	1 159 652 188,4 (4,3) × 10^{-12}
e^+	Exp	1 159 652 187,9 (4,3) × 10^{-12}
$e^\pm$	Th	1 159 652 133 (29) × 10^{-12}
$\mu^\pm$	Exp	1 165 924 (8,5) × 10^{-9}
$\mu^\pm$	Th	1 165 921 (8,3) × 10^{-9}

Tabelle 6.2 macht deutlich, daß die theoretischen und experimentellen Werte von a für das Elektron besser als 5×10^{-8} übereinstimmen; die Übereinstimmung für den g-Faktor ist folglich besser als 5×10^{-10}. Der Fehler in den theoretischen Berechnungen von a für das Elektron ist hauptsächlich auf den Fehler der Feinstrukturkonstante zurückzuführen. Die Quantenelektrodynamik (QED), die Quantentheorie der Wechselwirkungen von geladenen Leptonen und Photonen, ist eine außerordentlich erfolgreiche Theorie.

Die theoretischen Berechnungen für das Elektron wurden unter der Voraussetzung durchgeführt, daß die Leptonen punktförmige Teilchen sind und nur elektromagnetische Wechselwirkungen haben. Für die massiveren Leptonen, das Myon und das Tau, sind auch die starke und die schwache Wechselwirkung bei der experimentell erreichten Genauigkeit von Bedeutung. Zusätzlich zu den Diagrammen von der Art des Bildes 6.8 müssen auch

---

[25] R. S. VanDyck, Jr., P. B. Schwinberg und H. G. Dehmelt, *Phys. Rev. Lett.* **38**, 310 (1977); P. B. Schwinberg, R. S. VanDyck, Jr., und H. G. Dehmelt, *Phys. Rev. Lett.* **47**, 1679 (1981); R. S. VanDyck, Jr., P. B. Schwinberg und H. G. Dehmelt, *Phys. Rev. Lett.* **59**, 26 (1987).

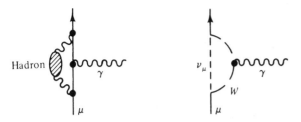

Bild 6.11 Korrekturterme der starken und schwachen Wechselwirkung, die bei der Wechselwirkung eines geladenen Leptons mit Photonen auftreten.

starke und schwache Vakuumpolarisationsterme berücksichtigt werden. Bild 6.11 stellt solche dar. Für das Myon sind die Korrekturen der starken Wechselwirkung in der Größenordnung von 70×10^{-9}, die der schwachen wurden zu 2×10^{-9} abgeschätzt. Diese Korrekturen sind für das Elektron viel weniger wichtig, weil sie vom Quadrat der Masse der Leptonen abhängen.

Die in Tabelle 6.2 gezeigte Übereinstimmung zwischen Experiment und Theorie bestätigt nicht nur die Korrektur durch starke Wechselwirkung für Myonen, sondern kann auch dazu verwendet werden, eine obere Grenze für die Größe der Leptonen festzusetzen. Sowohl Myon als auch Elektron müssen kleiner als einige 10^{-18} m sein.

Die durchgeführten Experimente mit hochenergetischen geladenen Leptonen beweisen auch, daß die Quantenelektrodynamik alle beobachteten Erscheinungen richtig vorhersagt, wenn geeignete theoretische Korrekturen, wie zum Beispiel die starke Vakuumpolarisation (siehe Bild 6.11) berücksichtigt werden. Messungen bei Experimenten mit gegeneinander laufenden Strahlen, insbesondere bei

$$e^-e^+ \to e^-e^+, \quad e^-e^+ \to \mu^-\mu^+ \quad \text{und} \quad e^-e^+ \to \tau^-\tau^+$$

zeigen, daß die QED bis zu Abständen kleiner als etwa 10^{-18} m gültig bleibt.[26] Wir können deshalb die Frage, die durch den unglaublichen Erfolg der QED aufgeworfen wurde, jetzt noch nicht beantworten: Wird diese Theorie ihre Gültigkeit verlieren, und wenn ja, bei welchen Dimensionen?

6.7 Der elastische Formfaktor der Nukleonen

1932 war bekannt, daß Elektronen den Spin ½ und ein magnetisches Moment von $1\mu_B$ (Bohrsches Magneton) haben, wie es die Dirac-Gleichung vorhersagt. Zwei andere Teilchen mit Spin ½ waren damals bekannt, das Proton und das Neutron. Man glaubte sicher, daß diese ebenfalls die aus der Dirac-Gleichung folgenden magnetischen Momente hätten, nämlich ein nukleares Magneton für das Proton und kein magnetisches Moment für das Neutron. Für Otto Stern war es wichtig, allgemein anerkannte Theorien auf die Probe zu stellen. Als er begann, seine Apparatur zur Messung des magnetischen Moments des Protons aufzubauen, verspotteten ihn seine Freunde und rieten ihm, seine Zeit nicht mit Ex-

---

[26] K. G. Gan und M. L. Perl, *Int. J. Mod. Phys.* **A 3**, 531 (1988).

perimenten zu verschwenden, deren Ausgang von vornherein feststeht. Die Überraschung war groß, als Stern und seine Mitarbeiter für das Proton ein magnetisches Moment von 2,5 μ_N und für das Neutron eines von etwa -2 μ_N fanden.[27]

Wie kann die Abweichung des magnetischen Moments des Protons und Neutrons von den „Diracwerten" verstanden werden?

Bevor die Quarks bekannt waren, wurden die anomalen magnetischen Momente der Nukleonen durch virtuelle Mesonen erklärt, die in ihren Strukturen vorhanden sind. Die virtuellen Mesonen umgeben („bekleiden") das Diracsche („nackte") Nukleon. Jetzt ist klar, daß Nukleonen in erster Linie aus drei Quarks zusammengesetzt sind. Das Proton hat die Zusammensetzung (uud) und das Neutron (udd), wobei u ein Up-Quark und d ein Down-Quark bezeichnet. Nukleonen bestehen nicht aus einem einzigen Punktteilchen und einer Mesonenwolke. Es befinden sich darin drei Punktteilchen. Die Wechselwirkung zwischen den Quarks wird durch Gluonen übertragen. Die Kraft ist bei kleinen Abständen schwach ($\lesssim 0,1$ fm) und stark bei großen ($\gtrsim 0,5$ fm). Die dazugehörige Theorie wird „QCD"-Theorie (Quantenchromodynamik) genannt. Da die Wechselwirkung stark ist, sind Berechnungen detaillierter Struktureffekte schwierig. Die Mesonen sind ein effektives Mittel zur Beschreibung hadronischer Strukturen bei großen Abständen. Die Pionen sind die leichtesten Mesonen, daher bilden sie den äußersten Teil der Struktur und sind neben den Quarks am wichtigsten. Die oben angegebene Quarkzusammensetzung ist jedoch ausreichend, um das korrekte Verhältnis der magnetischen Momente von Neutron und Proton anzugeben[28]. Dieses Ergebnis war einer der ersten Erfolge des Quarkmodells. Zusätzlich wurde eine Anzahl von Bag-Modellen konstruiert. Einige der erfolgreicheren beinhalten neben den Quarks eine Pionenwolke und erklären so die Struktur der Nukleonen[29]. Solch eine Darstellung zeigt Bild 6.12. Ein Photon wechselwirkt nicht nur mit dem Rumpf (nacktes Proton oder Quarks), sondern auch mit der umgebenden Mesonenwolke. Da die Pionen das Nukleon nicht verlassen, sondern zurückkehren müssen, beträgt ihre Reichweite nur etwa eine halbe Comptonwellenlänge (siehe Gl. 5.51). Es wird deshalb erwartet, daß der Radius der Nukleonen etwa $\hbar/2m_\pi c$ oder ungefähr 0,7 fm ist. In diesem Modell, das die statischen Eigenschaften von Protonen und Neutronen erklären kann, tragen Quarks und Pionenwolke zum magnetischen Moment bei. Die anomalen magnetischen Momente der Nukleonen sind die Folge von hadronischen Effekten, daher können sie nicht so genau wie die anomalen g-Faktoren der Leptonen berechnet werden.

Das beste Verfahren zur Erforschung der Ladungs- und Stromverteilung der Nukleonen ist wieder die Elektronenstreuung. Experimentell gibt es für Protonen keine Schwierigkeiten. Man bringt ein Target aus flüssigem Wasserstoff in einen Elektronenstrahl und bestimmt den differentiellen Wirkungsquerschnitt der elastisch gestreuten Elektronen. Für Neutronen ist die Situation nicht so einfach. Es gibt kein Target, das nur aus Neutronen besteht, so daß man Deuterium benutzen und den Effekt der Protonen abziehen muß. Diese Subtraktion enthält einige Unsicherheiten. Der Wirkungsquerschnitt der Streuung e^-n ist folglich weniger gut bestimmt als der von e^-p.

---

[27] I. Estermann, R. Frisch und O. Stern, *Nature* **132**, 169 (1933); R. Frisch und O. Stern, *Z. Physik* **85**, 4 (1933).
[28] F. E. Close, *An Introduction to Quarks and Partons,* Academic Press, New York, 1979; Kapitel 4 und 7.
[29] A. W. Thomas und G. A. Miller, *Phys. Rev.* **D24**, 216 (1981).

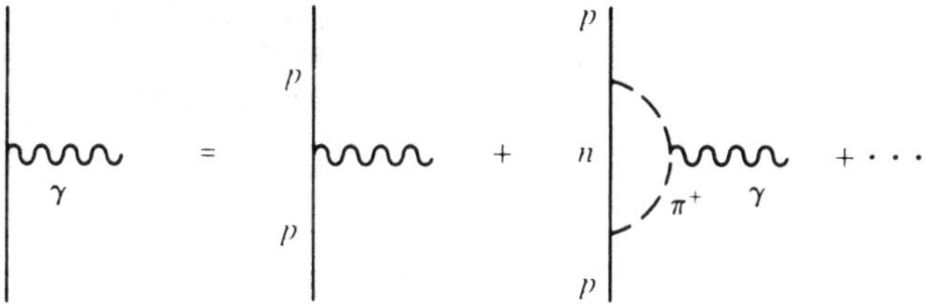

6.7 Der elastische Formfaktor der Nukleonen

Bild 6.12
Ein physikalisches Proton wird als Überlagerung von vielen Zuständen betrachtet; zum Beispiel nacktes Proton oder drei Quarks, nacktes Neutron plus ein Pion und so weiter.

Physikalisches Proton — Nacktes Proton oder 3 Quarks (uud) — Neutron oder udd-Quarks + positives Pion

Für Targetteilchen ohne Spin kann der Formfaktor mit Gl. 6.20 aus dem Wirkungsquerschnitt berechnet werden. Nukleonen haben den Spin ½ und Gl. 6.20 muß deshalb verallgemeinert werden. Auch ohne Berechnung kann man einige Eigenschaften dieser Verallgemeinerung angeben. $F(q^2)$, Gl. 6.20, beschreibt die Verteilung der elektrischen Ladung und kann deshalb als *elektrischer Formfaktor* bezeichnet werden. Das Proton besitzt aber zusätzlich zu seiner Ladung ein magnetisches Moment. Es ist unwahrscheinlich, daß es sich wie ein punktförmiges Moment verhält und im Zentrum des Protons sitzt. Man erwartet, daß die Magnetisierung ebenfalls über das Volumen des Nukleons verteilt ist und daß diese Verteilung durch einen *magnetischen* Formfaktor beschrieben wird.[30] Die genaue Berechnung beweist tatsächlich, daß die elastische Streuung an ausgedehnten Teilchen mit Spin ½ durch zwei Formfaktoren beschrieben werden muß. Der Wirkungsquerschnitt im Laborsystem kann folgendermaßen geschrieben werden:

$$(6.46) \quad \frac{d\sigma}{d\Omega} = \left(\frac{d\sigma}{d\Omega}\right)_{\text{Mott}} \left\{ \frac{G_E^2 + bG_M^2}{1+b} + 2bG_M^2 \tan^2\left(\frac{\theta}{2}\right) \right\},$$

wobei

$$(6.47) \quad b = \frac{-q^2}{4m^2c^2}.$$

Gleichung 6.46 wird als Rosenbluth-Formel bezeichnet.[31] m ist die Masse der Nukleonen, θ der Streuwinkel und q der auf das Nukleon übertragene Viererimpuls.[32] Der Wirkungs-

---

[30] Atomkerne mit Spin $J \geq \frac{1}{2}$ besitzen ebenfalls ein magnetisches Moment und die Magnetisierung ist auch über das Kernvolumen verteilt. Für solche Kerne muß die Abhandlung in Abschnitt 6.5 verallgemeinert werden.

[31] M. N. Rosenbluth, *Phys. Rev.* **79**, 615 (1950).

[32] Hier ist eine Erklärung nötig: Die Variable q ist der Viererimpulsübertrag. Er ist als

$$q = \left\{ \frac{E}{c} - \frac{E'}{c}, \mathbf{p} - \mathbf{p}' \right\}$$

definiert. Sein Quadrat

$$q^2 = \frac{1}{c^2}(E - E')^2 - (\mathbf{p} - \mathbf{p}')^2 = \frac{1}{c^2}(E - E')^2 - \mathbf{q}^2$$

ist eine lorentzinvariante Größe. Da q^2 ein Lorentzskalar ist, wird dies in der Hochenergiephysik bevorzugt. Für elastische Streuung im Schwerpunktsystem oder bei niedrigen Energien gilt $q^2 = -\mathbf{q}^2$.

querschnitt der Mottstreuung ist durch Gl. 6.19 gegeben. G_E und G_M sind der elektrische bzw. magnetische Formfaktor und beide sind eine Funktion von q^2. Die Bezeichnung *elektrisch* und *magnetisch* stammt daher, daß für $q^2 = 0$, den statischen Grenzfall, die Formfaktoren durch

(6.48)
$$G_E(q^2 = 0) = \frac{Q}{e}$$
$$G_M(q^2 = 0) = \frac{\mu}{\mu_N}$$

gegeben sind, wobei Q und μ die Ladung bzw. das magnetische Moment des Nukleons sind. Die speziellen Werte von $G_E(0)$ und $G_M(0)$ für das Proton und Neutron sind

(6.49) $\quad G_E^p(0) = 1, \qquad G_E^n(0) = 0$
$\qquad G_M^p(0) = 2{,}79, \qquad G_M^n(0) = -1{,}91.$

Frühe Elektron-Proton-Streuexperimente[33] mit einer Elektronenenergie von 188 MeV wurden durch Anpassung der beobachteten differentiellen Wirkungsquerschnitte an einen Ausdruck der Form Gl. 6.46 mit festen Werten für die Parameter G analysiert. Ein Beispiel ist in Bild 6.13 gegeben.

Ein Vergleich der verschiedenen theoretischen Kurven mit den experimentellen zeigt, daß das Proton nicht punktförmig ist. Die Schlußfolgerungen aus der Diskussion des anomalen magnetischen Moments wurden also folgerichtig durch eine direkte Messung bestätigt. Elektronenenergien um 200 MeV sind jedoch zu klein, um Untersuchungen bei den entscheidenden Werten des Impulsübertrags durchzuführen und Informationen über die q^2-Abhängigkeit von G_E und G_M zu erhalten. Seit 1956 sind viele Experimente an Beschleunigern mit viel höheren Elektronenenergien durchgeführt worden. Um aus dem gemessenen Wirkungsquerschnitt die Formfaktoren zu erhalten, werden die Wirkungsquerschnitte für einen festen Wert von q^2 durch Division mit dem Mottschen Wirkungsquerschnitt normiert und gegen $\tan^2 \theta/2$ aufgetragen, siehe Bild 6.14. Diese Funktion sollte eine gerade Linie geben. Aus der Steigung erhält man den Wert für G_M^2 und aus dem Schnitt mit der y-Achse den von G_E^2.

Bild 6.15 zeigt den magnetischen Formfaktor des Protons. Der Deutlichkeit halber ist $G_M/(\mu/\mu_N)$ aufgetragen, wobei μ das magnetische Moment des Protons ist. Zusätzlich wird eine besonders einfache Anpassung an die Meßwerte gezeigt: Man fand empirisch, daß ein Dipolfit der Form

(6.50) $\qquad G_D(q^2) = \dfrac{1}{(1 + |q|^2/q_0^2)^2},$

mit $q_0^2 = 0{,}71$ (GeV/c)^2, den Verlauf der Formfaktorkurve gut beschreibt. Für den Dipolfit gibt es keine theoretische Grundlage. Bei sehr hohen Impulsübertragungen sagt jedoch die QCD-Theorie voraus, daß der Formfaktor mit q^{-4} fallen soll. Das ist in Übereinstimmung

---
[33] R. W. McAllister und R. Hofstadter, *Phys. Rev.* **102**, 851 (1956).

6.7 Der elastische Formfaktor der Nukleonen

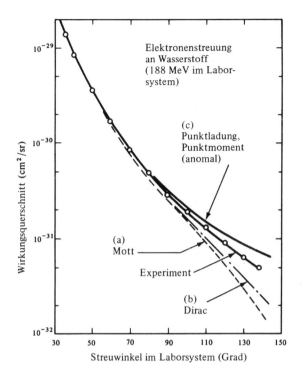

Bild 6.13 Elektron-Proton-Streuung mit Elektronen von 188 MeV. [R.W. McAllister und R. Hofstadter, *Phys. Rev.* **102**, 851 (1956).] Die theoretischen Kurven entsprechen den folgenden Werten von G_E und G_M: Mott (1;0), Dirac (1;1), anomal (1;2,79).

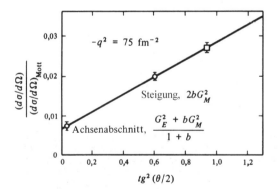

Bild 6.14 Rosenbluthdiagramm. Beschreibung im Text.

mit Gl. 6.50. Ein Vergleich des magnetischen Formfaktors des Protons multipliziert mit q^4 zeigt die Einfügung in Bild 6.15.

Ähnliche Werte, wenn auch mit größeren Fehlern, wurden für die anderen Formfaktoren der Nukleonen ermittelt. In guter Näherung gilt für die Formfaktoren

(6.51)
$$G_E^p(q^2) \approx \frac{G_M^p(q^2)}{(\mu_p/\mu_N)} \approx \frac{G_M^n(q^2)}{(\mu_n/\mu_N)} = G_D(q^2)$$

$$G_E^n \approx 0.$$

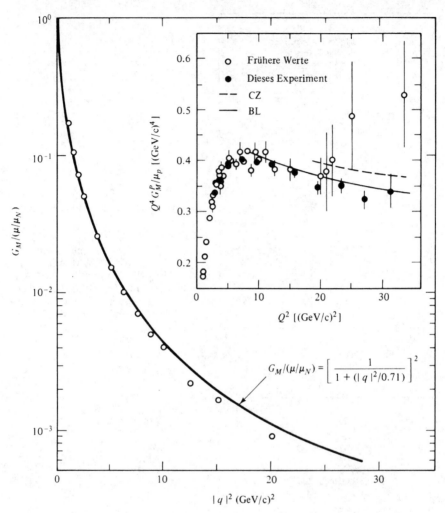

Bild 6.15 Werte des magnetischen Formfaktors G_M für Protonen, durch Division mit dem magnetischen Moment von Protonen normiert, aufgetragen gegen die quadratische Impulsübertragung q^2. Ein empirischer Dipolfit an die Werte ist als durchgezogene Linie eingezeichnet. Die Einfügung rechts oben zeigt $Q^4 G_M / \mu_P$ als Funktion von Q zusammen mit einigen theoretischen Kurven; Q^2 ist dabei $= -q^2$. (Aus R. Arnold et al., *Phys. Rev. Lett.* **57**, 174 (1986).)

Aus diesen Beziehungen werden einige Eigenschaften der Nukleonenstruktur deutlich:

1. Die Nukleonen sind nicht punktförmig. Für punktförmige Teilchen wären die Formfaktoren konstant. Die Ladungsverteilung, die dem beobachteten Dipolformfaktor Gl. 6.50 entspricht, ergibt sich aus Tabelle 6.1 zu

(6.52)
$$\rho(r) = \rho(0) e^{-r/a}$$
$$a = \frac{\hbar}{q_0} = 0{,}23 \text{ fm}.$$

Nukleonen sind ausgedehnte Systeme, aber besitzen keine wohldefinierte Oberfläche. Eine Bemerkung muß dem hinzugefügt werden: Die hier verwendete Fouriertransformation gilt nur für kleine Werte von $|q|^2$. Für große Werte von $|q|^2$ erfährt das ursprünglich ruhende Proton einen Rückstoß mit einer Geschwindigkeit nahe der Lichtgeschwindigkeit und $\exp(-r/a)$ stellt nicht mehr die Ladungsverteilung dar.

2. Alle Formfaktoren außer dem Ladungsformfaktor des Neutrons haben ungefähr dieselbe q^2-Abhängigkeit und erfüllen das Normierungsgesetz Gl. 6.51.

3. Wird eine bestimmte Eigenschaft, z.B. die Ladung, durch einen Formfaktor G, mit $G(0) = 1$, beschrieben, so gilt nach Gl. 6.28, daß der mittlere quadratische Radius dieser Eigenschaft aus der Steigung von $G(q^2)$ am Ursprung berechnet werden kann:

$$(6.53) \quad \langle r^2 \rangle = -6\hbar^2 \left(\frac{dG(q^2)}{dq^2} \right)_{q^2=0}.$$

Mit dem Dipolfit Gl. 6.50 werden die mittleren quadratischen Radien zu

$$(6.54) \quad \langle r_E^2(\text{Proton}) \rangle \approx \langle r_M^2(\text{Proton}) \rangle \approx \langle r_M^2(\text{Neutron}) \rangle \approx 0{,}74 \text{ fm}^2.$$

Die vorherige Abschätzung für den Protonenradius aus der Betrachtung der virtuellen Pionen stimmt qualitativ mit diesen Werten überein. Die Annahme, daß die Abweichungen der magnetischen Momente von den Diracwerten aus der hadronischen Struktur herrühren, ist damit bestätigt.

4. Die Bestimmung des mittleren quadratischen Radius der Neutronenladung wird durch die Unsicherheit bei der Verwendung des Deuteriumtargets erschwert. Glücklicherweise gibt es noch einen anderen Weg, um $\langle r_E^2(\text{Neutron}) \rangle$ zu bestimmen, nämlich durch Streuung von niederenergetischen Neutronen an im Atom gebundenen Elektronen. Der größte Beitrag zur Wechselwirkung zwischen Neutronen und Elektronen kommt aus der Dipol-Dipol-Wechselwirkung zwischen den magnetischen Momenten der Elektronen und Neutronen. In abgeschlossenen Elektronenschalen treten alle Elektronenspins paarweise auf und tragen nichts bei. Die beiden wichtigen Beiträge sind demnach die Wechselwirkung des magnetischen Moments des Neutrons mit dem Coulombfeld der Elektronen (Foldy-Term) und der Beitrag einer möglichen elektrischen Ladung „im" Neutron zu $\langle r_E^2(\text{Neutron}) \rangle$ ungleich Null.[34] Die Verallgemeinerung von Gl. 6.53 enthält beide Ausdrücke:

$$(6.55) \quad -6\hbar^2 \left(\frac{dG_E^n(q^2)}{dq^2} \right)_{q^2=0} = \frac{3}{2} \frac{\mu_n}{\mu_N} \left(\frac{\hbar}{m_n c} \right)^2 + \langle r_E^2(\text{Neutron}) \rangle.$$

Der Beitrag des Foldy-Terms ergibt

$$(6.56) \quad \frac{3}{2} \frac{\mu_n}{\mu_N} \left(\frac{\hbar}{m_n c} \right)^2 = -0{,}127 \text{ fm}^2.$$

---

[34] L. L. Foldy, *Phys. Rev.* **83**, 688 (1955); *Rev. Modern Phys.* **30**, 471 (1958); G. Höhler und E. Pieteraninen, *Phys. Lett.* **35 B**, 471 (1975).

Der Streuquerschnitt langsamer Neutronen an Elektronen in schweren Atomen wird durch $(dG_E^n/dq^2)_{q^2=0}$ bestimmt. Da die Wechselwirkung zwischen Neutronen und Elektronen sehr schwach ist, sind die Experimente sehr schwierig und es hat viele Jahre gedauert, bis zuverlässige Werte für die Stärke der Wechselwirkung bekannt waren. Der gegenwärtige Wert[35]

$$(6.57) \qquad 6\hbar \left(\frac{dG_E^n}{dq^2}\right)_{q^2=0} \cong 0{,}117 \pm 0{,}002 \text{ fm}^2$$

beweist zwei wesentliche Tatsachen:

(a) Der Anstieg des Formfaktors G_E^n am Ursprung ist nicht gleich Null. Selbst wenn Gl. 6.51 anzeigt, daß $G_E^n(q^2)$ nahezu Null ist, kann es doch nicht völlig verschwinden.

(b) Der mittlere quadratische Radius für die Ladung des Neutrons kann aus den Gleichungen 6.55 bis 6.57 zu

$$(6.58) \qquad \langle r_E^2 \text{(Neutron)} \rangle \approx 0{,}010 \pm 0{,}002 \text{ fm}^2$$

bestimmt werden. Die Gleichungen 6.54 und 6.58 zeigen, daß das Neutron, grob gesprochen, vollkommen aus Magnetismus besteht und nur sehr wenig elektrische Ladung enthält. Diese Eigenschaft ist mit einfachen Vorstellungen sehr schwer zu verstehen, kann aber durch das Quarkmodell beschrieben werden.[29, 36]

6.8 Die Ladungsradien vom Pion und Kaon

Wir wissen bisher, daß der Radius von Leptonen extrem klein oder sogar Null ist. Der Radius der Ladungsverteilung von Protonen wird durch Gl. 6.54 angegeben und beträgt $r_p \approx 0{,}8$ fm. In Beschleunigern auftretende intensive Pionen- und Kaonenstrahlen haben eine Bestimmung auch der Ladungsradien von geladenen Pionen[37] und geladenen Kaonen[38] ermöglicht. Pionen und Kaonen haben den Spin 0, und die Streuung von Elektronen und Pionen oder Elektronen und Kaonen wird durch Gl. 6.20 mit nur einem Formfaktor beschrieben. Bei den Experimenten wird die elastische Streuung von hochenergetischen Pionen- oder Kaonenstrahlen an den Elektronen in einem Target aus flüssigem Wasserstoff beobachtet. Die Abschätzung des Streuquerschnittes mit Gl. 6.20 liefert den Formfaktor als Funktion von q^2. Der Anstieg des Formfaktors im Ursprung bestimmt den Radius wie Gl. 6.53 zeigt. Die Wurzeln aus den mittleren quadratischen Radien sind[37, 38]

$$(6.59) \qquad \sqrt{\langle r_\pi^2 \rangle} = 0{,}66 \pm 0{,}01 \text{ fm} \qquad \sqrt{\langle r_K^2 \rangle} = 0{,}53 \pm 0{,}05 \text{ fm}$$

---

[35] L. Koester, W. Nistler und W. Waschkowski, *Phys. Rev. Lett.* **36**, 1021 (1976); G. Höhler et al., *Nucl. Phys.* **B 114**, 505 (1976).
[36] R. D. Carlitz, S. D. Ellis und R. Savit, *Phys. Lett.* **68 B**, 443 (1977).
[37] G. T. Adylov et al., *Phys. Lett.* **51 B**, 402 (1974); E. B. Dally et al., *Phys. Rev. Lett.* **48**, 375 (1982); T. F. Hoang et al., *Z. Physik* **C 12**, 345 (1982); S. Amendolia et al., *Nucl. Phys.* **B 277**, 168 (1986).
[38] E. B. Dally et al., *Phys. Rev. Lett.* **45**, 232 (1980); S. R. Amendolia et al., *Phys. Lett.* **178 B**, 435 (1986).

Der Pionenradius ist geringer als der Protonenradius, jedoch größer als der Kaonenradius. Die Unterschiede sind bisher noch nicht völlig verstanden.

6.9 Unelastische Elektronenstreuung

Bei der unelastischen Elektronenstreuung wird der differentielle Wirkungsquerschnitt von Elektronen gemessen, die einen bestimmten Energiebetrag an das Target abgegeben haben. Die Diagramme für elastische und unelastische Elektronenstreuung an einem Proton zeigt Bild 6.16. Die Wechselwirkung zwischen dem Elektron und dem Proton oder dem Kern wird durch ein Photon, wie in Bild 5.18, vermittelt. Bei der elastischen Streuung ist der Endzustand der gleiche wie der Anfangszustand und keine neuen Teilchen werden erzeugt. Bei der unelastischen Streuung erhält man angeregte Kernzustände oder es werden zusätzliche Teilchen erzeugt. Ein typisches Streuspektrum für ein nukleares Target ist in Bild 6.17 skizziert. Mehrere Besonderheiten treten hervor, ein elastischer Peak, relativ schmale Resonanzen, eine breite Resonanz und ein Kontinuum. Die schmalen Resonanzen entsprechen angeregten Kernzuständen, die im Detail untersucht werden können, man kann z.B. Übergangsformfaktoren erhalten.[39] Die breite Resonanz oder Schulter wird quasi-elastischer Peak genannt. Der Name stammt von seiner Erklärung als elastische Streuung an einem einzelnen Nukleon, nicht am gesamten Kern. Im Laborsystem ist die Rückstoßenergie des Kerns bei elastischer Streuung auch ein Energieverlust, v, des Elektrons

(6.60) $\quad v = E - E'$

Der Energieverlust wird berechnet durch

(6.61) $\quad v = \dfrac{|q^2|}{2m_A}$.

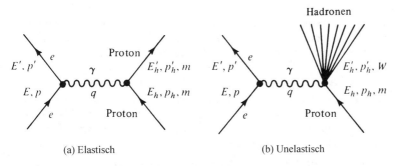

Bild 6.16 Elastische und unelastische Elektronenstreuung

---

[39] J. Heisenberg und H. P. Blok, *Ann. Rev. Nucl. Part. Sci.* **33**, 569 (1983).

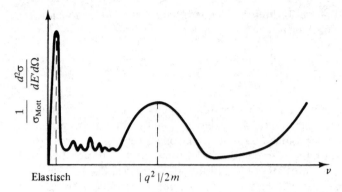

Bild 6.17 Typische zweifach differentielle Wirkungsquerschnitte, normiert durch Division mit dem Mottschen Wirkungsquerschnitt, für unelastische Elektronenstreuung an einem Kern. Der Anstieg am Ende zeigt den Beginn der Pionenproduktion.

m_A ist die Masse des Kerns und q^2 das Quadrat des Viererimpulses, der vom Elektron auf den Kern übertragen wird,

$$(6.62) \qquad q^2 = \frac{v^2}{c^2} - \left(\mathbf{p}-\mathbf{p}'\right)^2 = \frac{v^2}{c^2} - \mathbf{P}_h'^2$$

dabei sind **p** und **p**' der Elektronenimpuls vor und nach dem Stoß, und $\mathbf{p}_h'$ gibt den Impuls der Hadronen nach dem Stoß an. Bild 6.16 (a) verdeutlicht das, allerdings im Laborsystem, wo $\mathbf{p}_h = 0$ ist. Der Energieverlust bei quasi-elastischer Streuung wird dagegen von einem einzigen Nukleon, das aus dem Kern herausgestoßen wird, aufgenommen. v ist dann

$$(6.63) \qquad v = \frac{|q^2|}{2m} ,$$

m ist dabei die Masse des Nukleons. Der Peak ist nicht scharf, weil das Nukleon an den Kern gebunden ist und deshalb eine Impulsverbreiterung von der Größenordnung der Unbestimmtheitsrelation besitzt, nämlich $\hbar/R \sim 100$ MeV/c, wobei R der Kernradius ist. Schließlich erreicht man das strukturlose Kontinuum, in dem viele breite Zustände angeregt sind. Zur Messung des differentiellen Wirkungsquerschnittes in dieser Kontinuumregion und bei breiten Resonanzen ist es nötig, einen zweifach differentiellen Wirkungsquerschnitt $d^2\sigma / dE' d\Omega$ zu bestimmen. Dieser ist proportional zur Streuwahrscheinlichkeit in einem Raumwinkel $d\Omega$ und in einem Energieintervall zwischen E' und $E' + dE'$. Bei noch höheren Energien, die in Bild 6.17 nur angedeutet sind, kommt es zur Pionenproduktion, und andere neue Erscheinungen treten auf.

Das Streuspektrum an einem Protonentarget ist in Bild 6.18 skizziert. Sein Aussehen ähnelt Bild 6.17. Es wurde jedoch gegen E' aufgetragen und nicht gegen v, und es zeigt keinen quasi-elastischen Peak. Der Grund für das Fehlen dieses Peaks besteht darin, daß die Quarks immer innerhalb des Protons gefangen sind und es nicht verlassen können. Der elastische Wirkungsquerschnitt wurde bereits in Abschnitt 6.7 diskutiert und ist in Bild 6.19 normiert durch Division mit dem Mottschen Wirkungsquerschnitt (siehe

Gl. 6.19) dargestellt. Der differentielle Wirkungsquerschnitt für die Produktion von besonderen Resonanzen kann auch untersucht werden. Die Winkelverteilung hat ähnliche Merkmale wie beim elastischen Fall. Genau wie der Kern besitzt das Nukleon in seinen angeregten Zuständen eine räumliche Ausdehnung, die der des Grundzustandes ähnelt.

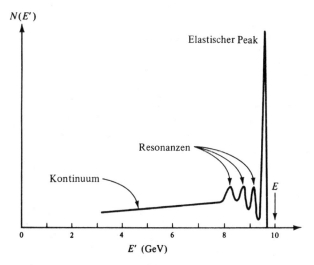

Bild 6.18 Unelastische Elektronenstreuung an Protonen. $N(E)$ gibt die Zahl der gestreuten Elektronen mit der Energie E an. Man beachte, daß dieses Bild gegenüber Bild 6.17 seitenvertauscht dargestellt ist.

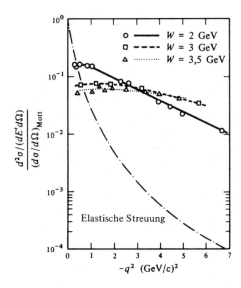

Bild 6.19
Elastischer und zweifach differentieller Wirkungsquerschnitt, normiert durch Division mit $\sigma_{Mott} = (d\sigma/d\Omega)_{Mott}$. $(d^2\sigma/dE'd\Omega)/\sigma_{Mott}$ in GeV^{-1} ist für $W = 2, 3$ und $3{,}5$ GeV angegeben. (Nach M. Breidenbach et al., *Phys. Rev. Lett.* 23, 935 (1969).) Es gibt schon bessere Daten, aber wir zeigen diese Ergebnisse, weil sie sehr deutlich die hervorstechenden Merkmale erkennen lassen.

6.10 Tief unelastische Elektronenstreuung

Das Thomsonmodell des Atoms, vor 1911 in Mode, ging davon aus, daß die positiven und negativen Ladungen gleichförmig über das Atom verteilt seien. Rutherfords Streuexperiment bewies, daß die positive Ladung im Kern konzentriert ist. Diese Entdeckung beeinflußte die Atomphysik wesentlich und begründete die Kernphysik. Neuere Experimente mit sehr stark unelastischer Elektronenstreuung haben für die Teilchenphysik ähnliche Folgen und wir besprechen deshalb hier die überraschenden Ergebnisse dieser Experimente.

Bei tief unelastischer Streuung werden nur Energie und Impulse der Elektronen am Anfang und am Ende beobachtet, jedoch nicht die am Target erzeugten Teilchen. Diese Messungen führen zu den sogenannten inklusiven Wirkungsquerschnitten. Trotzdem können einige kinematische Informationen über den hadronischen Endzustand erzielt werden. Energie- und Impulserhaltungssatz ergeben für die Energie E'_h und den Impuls $\mathbf{p}'_h$ des hadronischen Endzustandes im Laborsystem (siehe Bild 6.16)

(6.64) $\qquad E'_h = v + mc^2, \qquad \mathbf{p}'_h = \mathbf{p} - \mathbf{p}'$.

Hierbei ist m die Masse des beschossenen Teilchens. Mit E'_h und $\mathbf{p}'_h$ oder mit q und v kann man eine relativistisch invariante effektive Masse W der gesamten Hadronen im Endzustand definieren

(6.65) $\qquad W^2 = {E'_h}^2 - (\mathbf{p}'_h c)^2 = m^2 c^4 + q^2 c^2 + 2\, v m c^2$.

Da q^2 und W^2 relativistische Skalare oder Invarianten sind, folgt aus Gl. 6.65, daß auch v eine Lorentzinvariante ist und deshalb in jedem Bezugssystem denselben Wert annimmt. Wir können v tatsächlich durch die Energie E_h und den Impuls $\mathbf{p}_h$[32] der Targetteilchen ausdrücken

(6.66) $\qquad v = \dfrac{p_h \cdot q}{m} = \left(\dfrac{E_h \cdot q_0}{mc^2} - \dfrac{\mathbf{p}_h \cdot \mathbf{q}}{m} \right)$

was die Lorentzinvarianz offenkundig macht.

Welche Energien E' sollten bei den verschiedenen Streuwinkeln ausgewählt werden? Die Antwort kann man von der elastischen und der unelastischen Streuung bei Resonanzen erhalten: die elastische Streuung entspricht der Betrachtung eines Endzustandes mit $W = mc^2$. Die Beobachtung einer Resonanz bedeutet Auswahl eines Endzustandes mit $W = m_{res} \cdot c^2$, wobei m_{res} die Masse der Resonanz ist. W charakterisiert hier auch die Gesamtmasse der Hadronen im Endzustand, und der Wirkungsquerschnitt $d^2\sigma / dE'\, d\Omega$ für das Kontinuum ist folglich als Funktion von q^2 bei einem festen Wert von W bestimmt.

Unelastische Elektron-Proton-Streuung im Kontinuum wurde sowohl bei mittleren Energien ($E \sim 500$ MeV) an Kernen als auch mit hochenergetischen Elektronen hauptsächlich am SLAC[40] untersucht. Am SLAC wurde die Anfangsenergie der Elektronen zwischen 4,5

---

[40] A. Bodek et al., *Phys. Rev.* **D 20**, 1471 (1979); M. D. Mestayer et al., *Phys. Rev.* **D 27**, 285 (1983); S. Stein et al., *Phys. Rev.* **D 12**, 1884 (1975).

6.10 Tief unelastische Elektronenstreuung

und 24 GeV variiert, v erreichte Werte bis zu 15 GeV und $|q^2|$ bis über 20 (GeV/c)². Seit den späten 70er Jahren wurden im Fermilabor und bei CERN auch Myonenstrahlen zur tief unelastischen Streuung an Wasserstoff, Deuterium und an schweren Kernen benutzt.[41, 42] Die Strahlenergien wurden auf fast 300 GeV, $|q^2|$ auf 200 (GeV/c)² und v auf 200 GeV erhöht. Die Verhältnisse

$$\frac{d^2\sigma}{dE'd\Omega} : \left(\frac{d\sigma}{d\Omega}\right)_{Mott}$$

sind für drei Werte von W aus früheren Messungen in Bild 6.19 dargestellt. Der Unterschied zwischen der elastischen und der unelastischen Kontinuumstreuung ist gravierend: das Verhältnis beim elastischen Wirkungsquerschnitt fällt stark mit steigendem $|q^2|$, dagegen ist es im unelastischen Fall nahezu unabhängig von $|q^2|$. Das Verhältnis stellt einen Formfaktor dar, und nach Tabelle 6.1 bedeutet ein konstanter Formfaktor ein punktförmiges Streuzentrum. Diese Schlußfolgerung wird durch Betrachtung des Verhältnisses der Wirkungsquerschnitte verstärkt. Der Wirkungsquerschnitt $d^2\sigma/dE'\,d\Omega$, wie er in Bild 6.19 gezeigt wird, stellt den Wirkungsquerschnitt für die Streuung in das Energieintervall zwischen E' und $E' + dE'$ dar, wobei dE' 1GeV ist. Um den Wirkungsquerschnitt des Kontinuums zu erhalten, muß $d^2\sigma/dE'\,d\Omega$ über alle Werte von E' integriert werden. Um diese Integration grob durchführen zu können, berücksichtigen wir, daß das Verhältnis der Wirkungsquerschnitte im Bild 6.19 über einen weiten Bereich nahezu unabhängig von q^2 und W ist. Gleichung 6.64 besagt, daß es dann auch unabhängig von E' ist. Die Integration über dE' kann folglich durch eine Multiplikation mit dem gesamten Energiebereich von E' ersetzt werden. E' erstreckt sich über etwa 10 GeV. Demnach ist der gesamte Wirkungsquerschnitt für die unelastische Streuung im Kontinuum etwa 10 mal größer als $d^2\sigma/dE'\,d\Omega$ in Bild 6.19 oder

$$\left(\frac{d\sigma}{d\Omega}\right)_{cont} \approx \frac{1}{2}\left(\frac{d\sigma}{d\Omega}\right)_{Mott}$$

Das erinnert an Rutherford. Der Mottsche Wirkungsquerschnitt gilt für ein punktförmiges Streuzentrum, und die tief unelastische Streuung verhält sich folglich so, als ob sie durch punktförmige Streuzentren im Inneren des Protons erzeugt würde. Aus anderen Experimenten kamen weitere Hinweise auf punktförmige Bestandteile innerhalb der Nukleonen. Der Wirkungsquerschnitt für die Erzeugung von Myonenpaaren durch 10 GeV Photonen ist zum Beispiel viel größer als man bei einer verschmierten Ladungsverteilung erwarten könnte[43]. Anfangs war die Natur dieser punktförmigen Streuzentren nicht klar. Zu ihrer Beschreibung prägte Feynman das Wort „Partonen"[44.] Jetzt werden die geladenen Unter-

---

[41] B. A. Gordon et al., *Phys. Rev.* **D 20**, 2645 (1980); R. C. Ball et al., *Phys. Rev. Lett.* **42**, 866 (1979); A. R. Clark et al., *Phys. Rev. Lett.* **51**, 1826 (1983).
[42] J. J. Aubert et al., *Phys. Lett.* **123 B**, 123 (1983); D. Bollikni et al., *Phys. Lett.* **104 B**, 403 (1981); J. Ashman et al., *Phys. Lett.* **202 B**, 603 (1988).
[43] J. F. Davis, S. Hayes, R. Imlay, P. C. Stein und P. J. Wanderer, *Phys. Rev. Let.* **29**, 1356 (1972).
[44] R. P. Feynman, in *High Energy Collisions*, Third International Conference, State University of New York, Stony Brook, 1969 (C. N. Yang, J. A. Cole, M Good, R. Hwa und J. Lee-Franzini, Eds.), Gordon and Breach, New York, 1969; R. P. Feynman, *Photon-Hadron Interactions*, W. A. Benjamin, Reading, MA, 1972, Lectures 25–35.

einheiten allgemein als Quarks anerkannt. In Verbindung mit der tief unelastischen Streuung spricht man oft von Quark-Partonen[45]. Tatsächlich lieferte die tief unelastische Streuung einen der ersten Beweise für Quarks. Einige Schlußfolgerungen bezüglich der Untereinheiten kann man durch einfache Diskussion der ersten Experimente (siehe Bild 6.19) ziehen. Die Wellenlänge, die dem übertragenen Impuls entspricht, ist genügend klein, um eine Wechselwirkung von einem Elektron mit einzelnen Quarks zu ermöglichen. Bild 6.20 zeigt das. Der Stoß mit jedem Quark ist elastisch und solche mit verschiedenen Quarks sind inkohärent. Die Ladung $Z \cdot e$ in Gl. 6.17 ist dann die Ladung eines Quarks, und die beobachtete Streuung sollte man durch quadratische Mittelung der Ladung der drei Quarks in einem Proton

$$uud: \langle (Ze)^2 \rangle = \left(\frac{1}{3}\right)\left[\left(\frac{2}{3}\right)^2 + \left(\frac{2}{3}\right)^2 + \left(\frac{1}{3}\right)^2\right] e^2 = \left(\frac{1}{3}\right) e^2$$

erhalten. Der Wirkungsquerschnitt für die tief unelastische Streuung sollte deshalb 1/3 des Wertes für ein punktförmiges Streuzentrum mit der Ladung e betragen. Diese Abschätzung stimmt gut mit dem Experiment überein. (Das ändert sich auch nicht angesichts der Tatsache, daß jedes Quark in drei Farben vorkommt, weil die elektromagnetische Wechselwirkung farbenblind ist.)

Wie bei der elastischen Streuung werden zwei Formfaktoren zur Beschreibung der tief unelastischen Streuung an Protonen benötigt. Diese beiden Funktionen sind miteinander verbunden, wenn $v \gg mc^2$. Die Kopplung dieser beiden Funktionen gilt auch dann noch in guter Näherung, wenn sie unabhängig von q^2 und nur von $q^2/2mv$ abhängen[32]. Ausführlicher werden diese Angelegenheiten im nächsten Abschnitt diskutiert.

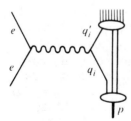

Bild 6.20 Tief unelastische Streuung von Elektronen an den Quarks eines Protons.

---

[45] J. D. Bjorken, *Phys. Rev.* **163**, 1767 (1967); J. D. Bjorken und E. A. Paschos, *Phys. Rev.* **185**, 1975 (1969); J. Kuti und V. F. Weisskopf, *Phys. Rev.* **D 4**, 3418 (1971).

6.11 Quark-Parton-Modell für tief unelastische Streuung

• Durch eine quantitative Betrachtung der tief unelastischen Streuung können wir weitere Einsichten gewinnen. Zunächst stellen wir fest, daß die Leptonenmassen bei den hier betrachteten Energien vernachlässigt werden können. Die Impulsübertragung auf das Target ist so groß, daß die Wechselwirkung der Elektronen mit den Quarks fast unmittelbar stattfindet, aber ganz sicher sehr schnell im Vergleich zur Periode der Quarkbewegung im Nukleon. Diese Bedingungen ermöglichen die Impulsnäherung. In dieser Näherung kann die Bindung der Quarks während des Stoßes vernachlässigt werden. Die Quarks können als frei betrachtet werden, allerdings mit einer Impulsverteilung, die durch ihre Wellenfunktionen bestimmt ist (siehe Bild 6.20). Die Impulsnäherung ist in der Kernphysik wohlbekannt[46], wo sie erfolgreich bei Stößen schneller Teilchen mit Kernen angewandt wird. Die Nukleonen werden während der Stoßzeit als frei betrachtet, aber mit einer Impulsverteilung, die durch die Wellenfunktion ihres gebundenen Zustands bestimmt wird. Für eine einfache bildliche Darstellung kann man einen Stoß mit einem Teilchen betrachten, das am Ende einer Feder befestigt ist. Wenn die Stoßzeit klein ist im Vergleich zur Schwingungsdauer der Feder ist, kann die Feder für die Stoßzeit vernachlässigt werden, allerdings nicht für die Übertragung eines Impulses auf das Teilchen, die durch die Federkonstante und die Teilchenposition bestimmt ist. Daher können wir bei tief unelastischer Streuung an einem Wasserstofftarget die Impulsverteilung der Quarks in einem Proton messen. Bei einem Deuteriumtarget kann die Impulsverteilung der Quarks auch in einem Neutron festgestellt werden.

Was mit den Teilchen nach dem sehr schnellen Stoßprozeß passiert, findet in einem solch großen Zeitintervall statt, daß es nicht den Wirkungsquerschnitt beeinflußt. Deshalb können Wechselwirkungen zwischen den Teilchen im Endzustand vernachlässigt werden. Da jeder Stoß mit einem Quark elastisch ist, kann der Wirkungsquerschnitt nach Gl. 6.19 bestimmt werden, hätten die Quarks einen Spin von Null und wären sie sehr schwer. Da Experimente eindeutig beweisen, daß die Quark-Partonen einen Spin ½ haben und sehr leicht sind, muß die Formel verallgemeinert werden. Für zwei punktförmige Teilchen der Ladung e und im Vergleich zu ihrer Energie vernachlässigbarer Masse ist der differentielle Wirkungsquerschnitt in einem beliebigen Bezugssystem durch

(6.67 a) $$\frac{d\sigma}{d|q^2|} = \frac{2\pi\alpha^2\hbar^2}{q^4}\left[1 + \left(\frac{p_h \cdot p'}{p_h \cdot p}\right)^2\right]$$

gegeben. Dabei sind $p_i \cdot p_j = E_i E_j/c^2 - \mathbf{p}_i \cdot \mathbf{p}_j$. In Gl. 6.67 sind p und p' der Viererimpuls des Elektrons vor und nach dem Stoß und p_h und p'_h sind die Viererimpulse des Targetteilchens wie in Bild 6.16. Im Laborsystem kann Gl. 6.67 a so geschrieben werden:

(6.67 b) $$\frac{d\sigma}{d|q^2|} = \frac{2\pi\alpha^2\hbar^2}{q^4}\left[1 + \left(\frac{E'}{E}\right)^2\right].$$

Der tief unelastische Wirkungsquerschnitt kann durch eine Gleichung mit zwei Formfaktoren, ähnlich wie Gl. 6.46, beschrieben werden

(6.68)
$$\frac{d^2\sigma}{d\Omega dE'} = \frac{\alpha^2\hbar^2}{4E^2 m \sin^4\frac{\theta}{2}}\left\{W_2\left(q^2, \nu\right) + \left[2W_1\left(q^2, \nu\right) - W_2\left(q^2, \nu\right)\right]\sin^2\frac{\theta}{2}\right\}$$

$$\frac{d^2\sigma}{d|q^2|d\nu} = \frac{4\pi\alpha^2\hbar^2 E'}{q^4 mc^2 E}\left\{W_2\left(q^2, \nu\right) + \left[2W_1\left(q^2, \nu\right) - W_2\left(q^2, \nu\right)\right]\sin^2\frac{\theta}{2}\right\}$$

---

[46] Siehe z.B. L. S. Rodberg und R. M. Thaler, *Introduction to the Quantum Theory of Scattering*, Academic Press, New York, NY, 1967, Kap. 12.

Dabei gilt für die Impulsübertragung q^2:

(6.69) $\qquad q^2c^2 = -4EE' \sin^2 \dfrac{\theta}{2}$

E und E' sind die Elektronenenergien vor und nach dem Stoß, in dem hier betrachteten Energiebereich ist $E = |\mathbf{p}|c$ und $E' = |\mathbf{p'}|c$. Bei unelastischer Streuung sind W_1 und W_2 sowohl Funktionen der Impulsübertragung als auch des Energieverlustes. Sie werden als Strukturfunktionen bezeichnet. Bei elastischer Streuung ist v im Laborsystem durch Gl. 6.63 gegeben, und W_1 und W_2 können durch G_E und G_M ausgedrückt werden (siehe Gl. 6.46).

(6.70) $\qquad W_2 = \dfrac{G_E^2 + bG_M^2}{1+b}, \qquad W_1 = bG_M^2$

Für den Bereich der tief unelastischen Streuung vermutete Bjorken[45, 47], daß im Grenzfall $q^2 \to \infty$ und $v \to \infty$, aber $q^2 c^2/v$ endlich, die Strukturfunktionen nur von einem einzigen dimensionslosen Parameter x abhängen

(6.71) $\qquad x = \dfrac{-q^2}{2mv}$.

Beim Einsetzen in diesen Grenzwert erhält man eine dimensionslose Größe. Man nennt das die Scalingeigenschaft. Anstelle von W_1 und W_2 führt man in diesen Grenzwert

(6.72) $\qquad F_1 = W_1 \text{ und } F_2 = \dfrac{v}{mc^2} W_2$

ein. Diese Strukturfunktionen sind meist eng mit der Impulsverteilung der Quarks verbunden, wie wir noch zeigen werden.

Wir werden auch sehen, daß W_1 und W_2 in diesem Grenzfall zusammenhängen. Wenn allerdings unendliche Impulsübertragungen oder Energieverluste tatsächlich erreicht werden müßten, wäre die Vermutung von Bjorken nicht brauchbar. Wie Bild 6.21[42, 47] jedoch zeigt, setzt das Scaling bei viel geringeren Werten von q^2 und v ein (z.B. bei einigen GeV).

Um eine Vorstellung von tief unelastischen Stößen zu haben, betrachten wir ein Quark i, das den Anteil x_i des longitudinalen Impulses (längs der Bewegungsrichtung) eines Protons mit dem Impuls p_h trägt[48]. Da p_h im betrachteten Bezugssystem groß ist, ist es unwahrscheinlich, daß sich irgendein Quark mit einer zu p_h entgegengesetzten Geschwindigkeit bewegt. Somit erhält man

(6.73) $\qquad 0 \leq x_i \leq 1 \text{ und } \sum_i x_i = 1$.

Der Summationsindex i läuft über alle Quarks. Der dimensionslose Anteil des Impulses x entspricht der kinematischen Variablen x, die durch Gl. 6.71 eingeführt wurde. Daher erhalten wir bei einem elastischen Stoß eines Elektrons mit einem Quark, das den Impuls xp_h hat, unter Anwendung des Energie- und Impulserhaltungssatzes

(6.74) $\qquad (xp'_h)^2 = m_q^2 c^2 = (xp_h + q)^2$,

$\qquad\qquad x = \dfrac{-q^2}{2p_h \cdot q}$.

---

[47] J. T. Friedman und W. H. Kendell, *Ann. Rev. Nucl. Sci.* **22**, 203 (1972).
[48] Die Analyse ist tatsächlich in einem Impulssystem durchgeführt worden, in dem sich ein Proton sowohl vor als auch nach dem Stoß mit einer Geschwindigkeit nahe der Lichtgeschwindigkeit bewegt. In diesem System kann der Impuls senkrecht auf der Bewegungsrichtung vernachlässigt werden und wird in unserer Ableitung nicht erwähnt.

6.11 Quark-Parton-Modell für tief unelastische Streuung

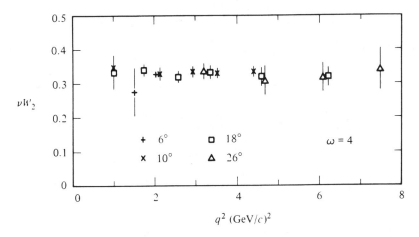

Bild 6.21 νW_2 für ein Proton als Funktion von q^2 für $W > 2$ GeV. (Reproduziert mit Genehmigung von *Ann. Rev. Nucl. Sci.* **22**, 203 (1972).)

Gl. 6.66 liefert jedoch $\nu = p_h \cdot q/m$, mit Gl. 6.74 erhält man somit $\nu = -q^2/2mx$ und deshalb ist $x = -q^2/2m\nu$.

$P(x_i)$ soll die Wahrscheinlichkeit dafür sein, ein Quark i mit dem Impuls $x_i p_h$ zu finden. Der Wirkungsquerschnitt für elastische Streuung an dem Quark ist dann durch die Gleichungen 6.67 gegeben und für das Proton erhält man im Laborsystem

(6.75)
$$\frac{d^2\sigma}{dx\,d|q^2|} = \frac{2\pi\alpha^2\hbar^2}{q^4}\left[1 + \left(\frac{E'}{E}\right)^2\right]P(x),$$
$$= \frac{4\pi\alpha^2\hbar^2}{q^4}\frac{E'}{E}\left(1 - \frac{\nu}{mx}\frac{q^2}{4EE'}\right)P(x),$$

da $E^2 + E'^2 = \nu^2 + 2EE'$ und $x = -q^2/2m\nu$ ist. Wir haben $P(x)$ durch

(6.76)
$$P(x) \equiv \sum_i \frac{e_i^2}{e^2} P(x_i)$$

definiert. Wir sehen, daß die tief unelastische Streuung durch eine einzige Strukturfunktion beschrieben werden kann, die mit der Wahrscheinlichkeit für das Auffinden eines Quarks mit dem Impulsanteil x verknüpft ist. Gleichung 6.75 ähnelt natürlich Gleichung 6.69. Wir sehen die Übereinstimmung deutlicher, wenn wir beachten, daß

(6.77)
$$dx = (q^2/2m\nu^2)d\nu = -(x/\nu)\,d\nu$$

Damit kann Gl. 6.75 wie folgt geschrieben werden

(6.78)
$$\frac{d^2\sigma}{d|q^2|\,d\nu} = \frac{4\pi\alpha^2\hbar^2}{q^4}\frac{E'}{E}\left(\frac{x}{\nu} + \frac{1}{mc^2}\sin^2\frac{\theta}{2}\right)P(x)$$

Durch Vergleich von Gl. 6.78 mit den Gleichungen 6.69 und 6.72 erhält man

(6.79)
$$F_2(x) = x\,P(x),$$
$$2F_1(x) - \frac{mc^2}{\nu}F_2(x) = P(x)$$

Da $x_i \leq 1$ und $v/mc^2 \gg 1$ ist, erhalten wir die Callan-Gross-Beziehung[49]

(6.80) $\qquad F_2(x) = 2x F_1(x)$

woraus man sieht, daß W_1 und W_2 zusammenhängen. Die Callan-Gross-Beziehung ist für Teilchen mit Spin ½ spezifisch. Für Quarks mit Spin 0 ist $F_1 = 0$. In Bild 6.22 zeigen wir einen experimentellen Vergleich von F_2 und xF_1.

Wir wollen kurz zu der Wahrscheinlichkeit P zurückkehren. Wir bezeichnen die Wahrscheinlichkeit ein u-Quark im Proton zu finden mit u^P, die ein d-Quark zu finden mit d^P. Dann kann man schreiben[50]

(6.81) $\qquad P(x) = \dfrac{4}{9} u^P + \dfrac{1}{9} d^P,$

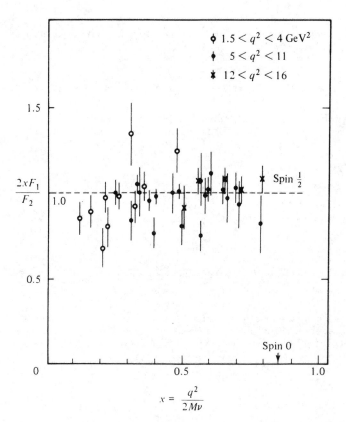

Bild 6.22 Das Verhältnis $2 F_1 / F_2$ aus Elektron-Nukleon-Streuexperimenten am SLAC. Die Callan-Gross-Beziehung sagt für dieses Verhältnis den Wert eins voraus. (Aus D. H. Perkins, *Introduction to High Energy Physics*, 2. Ed., Addison Wesley, Menlo Park, CA, 1987.)

---

[49] C. G. Callan und D. G. Gross, *Phys. Rev. Lett.* **21**, 311 (1968); *Phys. Rev.* **D 22**, 156 (1969).
[50] Der Einfachheit halber vernachlässigen wir alle außer den „Valenzquarks"; die anderen, die „Seequarks", liefern einen geringen Beitrag.

6.11 Quark-Parton-Modell für tief unelastische Streuung

da die Ladungen vom u- und d-Quark 2/3 bzw. $-1/3$ sind. Wir kennen jedoch die Gesamtwahrscheinlichkeit, nämlich

(6.82) $\quad \int_0^1 u^P(x)dx = 2 \quad$ und $\quad \int_0^1 d^P(x)\,dx = 1,$

da zwei u-Quarks und ein d-Quark in einem Proton sind. Der mittlere Impuls, den die Quarks haben, kann so beschrieben werden:

(6.83) $\quad \langle \mathbf{p}_q \rangle = \int_0^1 x\mathbf{p}_h(u^P + d^P)\,dx$

Die gleiche Analyse kann natürlich für ein Neutron wiederholt werden. Experimentell wurde gefunden, daß $\langle \mathbf{p}_q \rangle \approx 0{,}5\,\mathbf{p}_h$ ist, so daß die Quarks nur ungefähr 50% des Impulses des Nukleons besitzen. Deshalb müssen andere neutrale Teilchen die verbleibenden 50% des Impulses besitzen. Es wird angenommen, daß diese Teilchen die Gluonen sind. Eine graphische Darstellung der Strukturfunktion F_2 eines Protons, multipliziert mit x, ist in Bild 6.23 für das u-Quark gezeigt[51]. Obwohl es kleine Unterschiede (die nicht auf die Normierung zurückzuführen sind) zwischen u^P und d^P gibt, zeigen wir $F_2(x)$ für das d-Quark in dieser Darstellung nicht.

Es gab noch weitere Überraschungen. Experimente von der „Europäischen Myonenzusammenarbeit" (EMC) in CERN zeigten, daß die aus tief unelastischer Streuung an Eisen und Kupfer hergeleiteten Strukturfunktionen sich von denen an Deuterium unterscheiden. In Bild 6.24 zeigen wir das Verhältnis $F_2(\text{Fe})/F_2(\text{d})$ und $F_2(\text{Cu})/F_2(\text{d})$. Da Deuterium durch eine sehr kleine Energie gebunden ist, scheinen diese Ergebnisse anzudeuten, daß ein Nukleon in einem Kern sich von einem freien unterscheidet. Die Differenz bei sehr kleinen x führt man auf die Abschattung des beschossenen Nu-

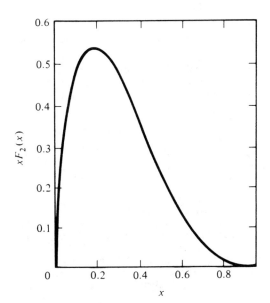

Bild 6.23 Graphische Darstellung von $xF_2(x)$ als Funktion von x für ein u-Quark in einem Proton.

---

[51] Neuere Angaben findet man z.B. bei A. C. Benvenuti et al., BCDMS Collaboration, *Phys. Lett.* **223 B**, 485 (1989).

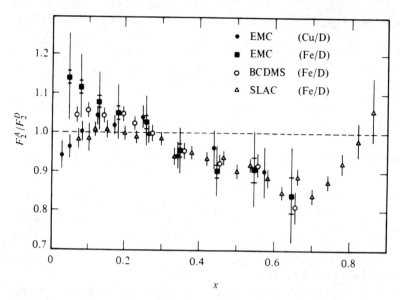

Bild 6.24 Verhältnisse der Strukturfunktionen von Nukleonen, hergeleitet aus $F_2(Cu)/F_2(d)$ und $F_2(Fe)/F_2(d)$. (Aus J. Ashman et al., European Muon Collaboration, Phys. Lett. **202 B**, 603 (1988).)

kleons durch andere Nukleonen dieses Kerns zurück[52]. Dieses Konzept werden wir ausführlicher in Kapitel 10 diskutieren. Der Abfall des Verhältnisses von F_2 im Bereich von $0{,}2 \lesssim x \lesssim 0{,}7$ ist jetzt zumindest teilweise bekannt. Er wird auf die Bindung des Nukleons im Kern zurückgeführt. Der Anstieg jenseits von $x \approx 0{,}7$ wird durch die Bewegung dieser gebundenen Nukleonen verursacht (siehe Kapitel 16)[53].

Ist das nun die vollständige Erklärung oder gibt es noch feinere Unterschiede zwischen einem gebundenen und einem freien Nukleon? Ist ein Nukleon in einem Kern etwas größer (sagen wir etwa 5%) als ein freies? Solche Fragen sind aufgeworfen worden und der sogenannte EMC-Effekt bleibt von starkem Interesse, weil er noch nicht vollkommen erklärt werden konnte.●

6.12 Streuung und Struktur

● Die Abschnitte 6.4 – 6.11 haben gezeigt, daß aus Streuexperimenten viel über die subatomaren Strukturen zu erfahren ist. Selbst ein flüchtiger Blick auf den differentiellen Wirkungsquerschnitt, ohne weitere Berechnungen, macht die groben Eigenschaften deutlich. Als Beispiel wird die in den Bildern 6.5, 6.7, 6.13 und 6.15 enthaltene Information in Bild 6.25 schematisch wiedergegeben. Sie erhellt einen Unterschied zwischen schweren Kernen und Nukleonen: Schwere Kerne haben typischerweise gut definierte Oberflächen. Wie in der Optik ergeben sich dann Minima und Maxima im differentiellen Wirkungsquerschnitt aus Interferenzeffekten. Nukleonen dagegen haben keine solchen Oberflächen, ihre Dichte nimmt langsam ab und sie zeigen also keine auffallenden Beugungseffekte.

---

[52] F. E. Close und R. G. Roberts, *Phys. Lett.* **213 B**, 91 (1988).
[53] E. L. Berger und F. Coester, *Ann. Rev. Nucl. Part. Sci.* **37**, 463 (1987).

6.12 Streuung und Struktur

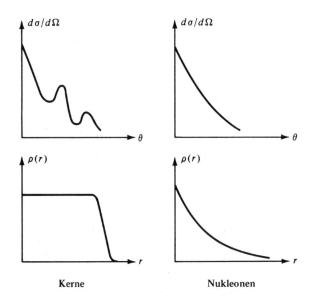

Kerne   Nukleonen

Bild 6.25 Wirkungsquerschnitt und Ladungsverteilung: Das Beugungsminimum im Wirkungsquerschnitt der schweren Kerne weist auf die wohldefinierte Kernoberfläche hin. Nukleonen dagegen besitzen eine langsam abnehmende Ladungsdichte an der Oberfläche.

Die Streuamplitude. In diesem Abschnitt werden wir die Streuung in einigen Punkten genauer behandeln als dies vorher geschehen ist. Ein Blick in irgend ein neueres Buch über Streuung[54] wird klarmachen, daß der hier vorgestellte Stoff nur ein winziger Bruchteil dessen ist, was tatsächlich in der Forschung verwendet wird. Aber auch dies wenige sollte einen Einblick in die Zusammenhänge von Streuung und Struktur vermitteln.

Wir beginnen die Diskussion mit einem einfachen Fall, der nichtrelativistischen Streuung an einem festen Potential $V(\mathbf{x})$, und wir beschreiben das einfallende Teilchen näherungsweise durch eine ebene Welle, die sich entlang der z-Achse ausbreitet, $\psi = \exp(ikz)$. Die Lösung des Streuproblems ist eine Lösung der zeitunabhängigen Schrödinger-Gleichung

$$-\frac{\hbar^2}{2m} \nabla^2 \psi + V\psi = E\psi$$

oder

(6.84) $$(\nabla^2 + k^2)\psi = \frac{2m}{\hbar^2} V\psi,$$

wobei die Wellenzahl mit der Energie durch

(6.85) $$k = \frac{p}{\hbar} = \frac{1}{\hbar} \sqrt{2mE}$$

zusammenhängt. Weit weg vom Streuzentrum wird die gestreute Welle kugelförmig, mit dem Streu-

---

[54] M. L. Goldberger und K. M. Watson, *Collision Theory*, Wiley, New York, 1964; R. G. Newton, *Scattering Theory of Waves and Particles*, McGraw-Hill, New York, 1966; L. S. Rodberg und R. M. Thaler, *Introduction to the Quantum Theory of Scattering*, Academic Press, New York, 1967.

zentrum als Mittelpunkt, das hier in den Ursprung des Koordinatensystems gelegt wird. Die gesamte asymptotische Wellenfunktion, wie sie in Bild 6.26 gezeigt wird, hat folglich die Form

(6.86) $\quad \psi = e^{ikz} + \psi_s, \quad \psi_s = f(\theta, \varphi) \dfrac{e^{ikr}}{r}$.

Die Streuamplitude f beschreibt die Winkelabhängigkeit der auslaufenden Kugelwelle, ihre Bestimmung ist das Ziel des Streuexperiments.

Der Zusammenhang zwischen dem differentiellen Wirkungsquerschnitt und der Streuamplitude ist durch Gl. 6.10 gegeben. Zur Bestätigung dieser Beziehung benutzen wir Gl. 6.3 und Gl. 6.4 angewendet für den Fall eines Streuzentrums ($N = 1$), und erhalten für den differentiellen Wirkungsquerschnitt:

$$\frac{d\sigma}{d\Omega} = \frac{(dN/d\Omega)}{F_{in}} \,.$$

Der vom Streuzentrum ausgehende Fluß, d.h. die Anzahl von Teilchen, die pro Zeiteinheit durch die Flächeneinheit im Abstand r gehen, ist mit $dN/d\Omega$ durch

$$F_{out} = \frac{dN}{da} = \frac{dN}{r^2 d\Omega}$$

verknüpft, so daß

(6.87) $\quad \dfrac{d\sigma}{d\Omega} = \dfrac{r^2 F_{out}}{F_{in}}$.

Da der Fluß durch den Wahrscheinlichkeitsstrom gegeben ist, wird jetzt die Berechnung von $d\sigma/d\Omega$ einfach. Für die einfallende Welle, $\Psi = e^{ikz}$, finden wir

$$F_{in} = \frac{\hbar}{2mi} \left| \psi^* \nabla \psi - \psi \nabla \psi^* \right| = \frac{\hbar k}{m} \,.$$

In allen Richtungen, außer direkt nach vorn (0°), wird die gestreute Welle durch den zweiten Ausdruck in Gl. 6.86 gegeben, so daß gilt

$$F_{out} = \frac{\hbar k}{mr^2} |f(\theta, \varphi)|^2 .$$

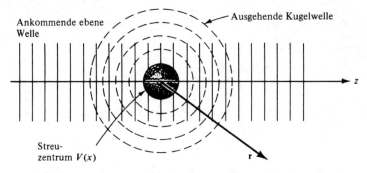

Bild 6.26 Die asymptotische Wellenfunktion besteht aus einer einfallenden ebenen Welle und einer vom Streuzentrum ausgehenden Kugelwelle.

6.12 Streuung und Struktur

Mit Gl. 6.87 ist die Beziehung Gl. 6.10 zwischen der Streuamplitude und dem Wirkungsquerschnitt bewiesen[55].

In *Vorwärtsrichtung* kann die Interferenz zwischen der einfallenden und der gestreuten Welle nicht mehr vernachlässigt werden. Sie ist notwendig für die Flußerhaltung: Die gestreuten Teilchen verschwinden aus dem einfallenden Strahl und zwischen der Streuung in Vorwärtsrichtung und dem gesamten Wirkungsquerschnitt muß ein Zusammenhang bestehen. Dieser Zusammenhang heißt *optisches Theorem*: Der gesamte Wirkungsquerschnitt und der Imaginärteil der Streuamplitude in Vorwärtsrichtung sind verbunden durch[56]

(6.88) $$\sigma_{\text{tot}} = \frac{4\pi}{k} \, \text{Im} \, f(0°)$$

Die Integralgleichung der Streuung. Um die allgemeine Lösung der Schrödinger-Gleichung 6.84 zu finden, erinnern wir uns daran, daß sie als Summe einer speziellen Lösung und der allgemeinen Lösung der entsprechenden homogenen Gleichung mit $V = 0$ geschrieben werden kann. Um eine spezielle Lösung von Gl. 6.84 zu finden, ist es vorteilhaft, den Ausdruck $(2m/\hbar^2)V\Psi$ auf der rechten Seite als gegebene Inhomogenität zu betrachten, obwohl er die unbekannte Wellenfunktion ψ enthält. Als ersten Schritt lösen wir dann das Streuproblem für eine Punktquelle, für die die Inhomogenität eine dreidimensionale Diracsche Deltafunktion wird. Gleichung 6.84 nimmt dann folgende Form an:

(6.89) $$(\nabla^2 + k^2)G(\mathbf{r}, \mathbf{r'}) = \delta(\mathbf{r} - \mathbf{r'}).$$

Die Lösung dieser Gleichung, die einer auslaufenden Welle entspricht, ist

(6.90) $$G(\mathbf{r}, \mathbf{r'}) = \frac{-1}{4\pi} \frac{e^{ik|\mathbf{r}-\mathbf{r'}|}}{|\mathbf{r}-\mathbf{r'}|}.$$

Um zu zeigen, daß diese *Greensche Funktion* tatsächlich Gl. 6.89 erfüllt, setzen wir zur Vereinfachung $\mathbf{r'} = 0$ und $|\mathbf{r}| = r$ und benutzen die Beziehungen[57]

(6.91) $$\nabla^2 \left(\frac{1}{r}\right) = -4\pi\delta(\mathbf{r})$$

(6.92) $$\nabla^2(FG) = (\nabla^2 F)G + 2(\nabla F)\cdot(\nabla G) + F\nabla^2 G$$

(6.93) $$\nabla^2 \text{(Polarkoord.)} = \frac{1}{r^2}\frac{\partial}{\partial r}\left(r^2 \frac{\partial}{\partial r}\right) + \frac{1}{r^2\sin\theta}\frac{\partial}{\partial \theta}\left(\sin\theta \frac{\partial}{\partial \theta}\right) + \frac{1}{r^2\sin^2\theta}\frac{\partial^2}{\partial \varphi^2}.$$

Nach einigen Umrechnungen erhalten wir

(6.94) $$(\nabla^2 + k^2)\frac{e^{ikr}}{r} = -4\pi\delta(\mathbf{r})e^{ikr} = -4\pi\delta(\mathbf{r}).$$

Der zweite Schritt in dieser Gleichungskette folgt aus der Tatsache, daß $\int d^3r\delta(\mathbf{r})f(r)$ und $\int d^3r\delta(\mathbf{r})e^{ikr}$ $f(\mathbf{r})$ dasselbe Ergebnis $f(0)$ für jede stetige Funktion f liefern. Die Lösung von (6.66) für ein Potential $V(\mathbf{r})$ findet man, indem man annimmt, daß die Inhomogenität $(2m/\hbar^2)V(\mathbf{r})\Psi(\mathbf{r})$ sich aus Deltafunktionen $\delta(\mathbf{r'})$ aufbaut, jede mit dem Gewicht $(2m/\hbar^2)V(\mathbf{r'})\Psi(\mathbf{r'})$, so daß gilt

---

[55] Die hier gezeigte Herleitung ist oberflächlich. Eine sorgfältigere Abhandlung findet sich in K. Gottfried, *Quantum Mechanics*. Benjamin, Reading, Mass., 1966, Abschnitt 12.2.
[56] Für die Herleitung des optischen Theorems, siehe Park, S. 376; Merzbacher, S. 505; und Messiah, S. 867.
[57] Für eine Herleitung von Gl. 6.91 siehe z.B. Jackson, Abschnitt 1.7.

(6.95) $$\psi_s(\mathbf{r}) = \frac{2m}{\hbar^2} \int d^3r' G(\mathbf{r}, \mathbf{r}') V(\mathbf{r}') \psi(\mathbf{r}'),$$

wobei $G(\mathbf{r}, \mathbf{r}')$ die Greensche Funktion für ein Deltapotential ist, siehe Gl. 6.90. Die allgemeine Lösung der homogenen Schrödingergleichung beschreibt ein Teilchen, das entlang der z-Achse auf das Target zufliegt. Die allgemeine Lösung der inhomogenen Gleichung ist demnach

(6.96) $$\psi(\mathbf{r}) = e^{ikz} + \frac{2m}{\hbar^2} \int d^3r' G(\mathbf{r}, \mathbf{r}') V(\mathbf{r}') \psi(\mathbf{r}').$$

Die ursprüngliche Schrödingersche Differentialgleichung für die Wellenfunktion ψ wurde in eine Integralgleichung umgeformt, die als *Integralgleichung der Streuung* bezeichnet wird. Für viele Probleme ist es einfacher, von einer Integralgleichung anstelle einer Differentialgleichung auszugehen.

In Streuexperimenten wird der einfallende Strahl weit weg vom Streupotential erzeugt und die gestreuten Teilchen werden auch weit entfernt davon analysiert und nachgewiesen. Die genaue Form der Wellenfunktion im Streubereich wird folglich nicht untersucht und man benötigt nur die *asymptotische Form* der gestreuten Welle $\psi_s(\mathbf{r})$. Mit $\hat{\mathbf{r}} = \mathbf{r}/r$ und $\mathbf{k} = k\hat{\mathbf{r}}$, siehe Bild 6.27, wird $|\mathbf{r} - \mathbf{r}'|$ zu

(6.97) $$|\mathbf{r} - \mathbf{r}'| = r \left\{ 1 - \frac{2\mathbf{r} \cdot \mathbf{r}'}{r^2} + \frac{r'^2}{r^2} \right\}^{1/2} \xrightarrow[r \to \infty]{} r - \hat{\mathbf{r}} \cdot \mathbf{r}'$$

und die Greensche Funktion nimmt den asymptotischen Wert

(6.98) $$G(\mathbf{r}, \mathbf{r}') \underset{r \to \infty}{\sim} \frac{-1}{4\pi} \frac{e^{ikr}}{r} e^{-i\mathbf{k} \cdot \mathbf{r}'}$$

an. Einsetzen von $G(\mathbf{r}, \mathbf{r}')$ in Gl. 6.95 und Vergleich mit Gl. 6.86 liefert den Ausdruck für die Streuamplitude

(6.99) $$f(\theta, \varphi) = \frac{-m}{2\pi\hbar^2} \int d^3r' \exp(i\mathbf{k} \cdot \mathbf{r}') V(\mathbf{r}') \psi(\mathbf{r}')$$

Die erste Bornsche Näherung. Die erste Bornsche Näherung entspricht einer schwachen Wechselwirkung. Wäre die Wechselwirkung zu vernachlässigen, so würde die Streuamplitude verschwinden und $\psi(\mathbf{r}')$ wäre durch $e^{ikz'} \equiv e^{i\mathbf{k}_0 \cdot \mathbf{r}'}$ gegeben. Als erste Näherung wird dieser Wert der Wellenfunktion in Gl. 6.99 eingesetzt, mit dem Ergebnis

(6.100) $$f(\theta, \varphi) = \frac{-m}{2\pi\hbar^2} \int d^3\mathbf{r}' V(\mathbf{r}') \exp\left(\frac{i}{\hbar} \mathbf{q} \cdot \mathbf{r}'\right)$$

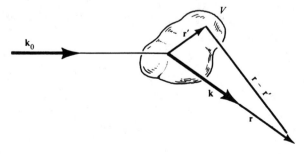

Bild 6.27 Bei der Beschreibung der Streuung benutzte Vektoren.

6.12 Streuung und Struktur

wobei $\mathbf{q} = \hbar(\mathbf{k}_0 - \mathbf{k})$ der Impuls ist, den, wie bereits in Gl. 6.11 definiert, das gestreute Teilchen dem Streuzentrum überläßt. Gleichung 6.100 heißt die erste Bornsche Näherung. Wir haben sie in Gl. 6.13 ohne Beweis zitiert. Die Streuung von hochenergetischen Elektronen an Nukleonen und leichten Kernen, sowie schwache Prozesse werden durch die Bornsche Näherung zutreffend beschrieben. In Abschnitt 6.3 verwendeten wir sie zur Herleitung des Rutherfordschen Wirkungsquerschnitts. Als nächstes wenden wir uns einer Näherung zu, die unter bestimmten Bedingungen auch für starke Kräfte gilt.

Beugungsstreuung – Fraunhofersche Näherung. Wenn die Wellenlänge der einfallenden Teilchen klein ist im Vergleich zum Wechselwirkungsbereich, so ist selbst für starke Kräfte eine halbklassische Behandlung möglich. Ein solches Vorgehen ist gerechtfertigt, da sich die Bahn der Teilchenbewegung im Mittel der klassischen nähert. Die Näherung für die elastische Streuung ist aus der Optik gut bekannt, nämlich als Fraunhoferbeugung. Bei der Streuung von elektromagnetischen Wellen, optischen oder Mikrowellen, sind Beugungsfiguren schon sehr lange bekannt und ihre Beschreibung ist gut verstanden.[58] Ein charakteristisches Beispiel, die Beugung an einer schwarzen Scheibe, zeigt Bild 6.28. *Schwarz* heißt, daß jedes Photon, das auf die Scheibe trifft, absorbiert wird. Die optische Beugung zeigt eine Anzahl von charakteristischen Eigenschaften, von denen wir drei hervorheben:

1. Ein sehr großer Peak in Vorwärtsrichtung, das erste Beugungsmaximum.

2. Das Auftreten von Minima und Maxima, mit dem ersten Minimum näherungsweise bei dem Winkel

(6.101) $\quad \theta_{\min} \approx \dfrac{\lambda}{2R_0}$,

wobei R_0 der Radius der Scheibe ist.

3. Bei sehr kurzen Wellenlängen (was unendlichen Energiewerten entspricht) nähert sich der gesamte Wirkungsquerschnitt für die Streuung von Licht an der Scheibe einem konstanten Wert,

(6.102) $\quad \sigma \to$ const. für $E \to \infty$.

Eine genaue Betrachtung der Beugungsmuster für verschiedene Wellenlängen erlaubt es, Schlüsse bezüglich der Form des streuenden Objekts zu ziehen. Beugungsstreuung gibt es nicht nur in der

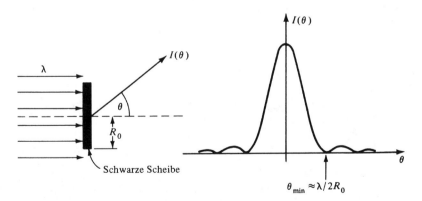

Bild 6.28 Optisches Beugungsmuster einer schwarzen Scheibe.

---

[58] J. R. Meyer-Arendt, *Introduction to Classical and Modern Optics*, Prentice-Hall, Englewood Cliffs, N.J., 1972, Abschnitt 2.3; M.V. Klein, *Optics*, Wiley, New York, 1970, Kapitel 7; M. Born und E. Wolf, *Principles of Optics*, Pergamon, Elmsford, N.Y., 1959; Jackson, Kapitel 9.

Optik, sondern auch in der subatomaren Physik, wo sie ein nützliches Instrument für Strukturuntersuchungen ist. Beugungserscheinungen treten auf, da die Wellenlänge des einfallenden Teilchens kleiner als die Ausdehnung des Targetteilchens gewählt werden kann. Die Fraunhofernäherung gilt, weil die einfallende und die gestreute Welle als ebene Welle betrachtet werden können. Wir werden die der theoretischen Behandlung der Beugungsstreuung zugrundeliegenden Ideen[59] beschreiben und dann einige Beispiele anführen.

Wir betrachten ein lokalisiertes Streuzentrum, auf das eine ebene Welle auftrifft, wie in Bild 6.29. Wir werden zeigen, daß die gestreute Wellenfunktion $\psi_s(\mathbf{r})$ vollständig durch den Wert der Wellenfunktion und ihrer Ableitungen in einer Ebene senkrecht zum Strahl und direkt hinter dem Target festgelegt ist. Um diese Beziehung herzustellen, wird Gl. 6.89 für die Greensche Funktion mit $\psi_s(\mathbf{r})$ multipliziert und über einen Bereich außerhalb des Streuzentrums integriert:

$$\int d^3r' \psi_s(\mathbf{r}')[\nabla'^2 + k^2]G(\mathbf{r}', \mathbf{r}) = \int d^3r' \psi_s(\mathbf{r}')\delta(\mathbf{r}' - \mathbf{r}) = \psi_s(\mathbf{r}).$$

Außerhalb des Streuzentrums erfüllt $\psi_s(\mathbf{r}')$ die Wellenfunktion Gl. 6.84 des freien Teilchens mit $V = 0$. Die Multiplikation dieser Gleichung mit $G(\mathbf{r}', \mathbf{r})$ und die Integration über denselben Bereich ergibt

$$\int d^3r' G(\mathbf{r}', \mathbf{r})[\nabla'^2 + k^2]\psi_s(\mathbf{r}') = 0.$$

Die Subtraktion der beiden letzten Gleichungen liefert

(6.103) $\quad \psi_s(\mathbf{r}) = \int d^3\mathbf{r}' \{\psi_s(\mathbf{r}')\nabla'^2 G(\mathbf{r}', \mathbf{r}) - G(\mathbf{r}', \mathbf{r})\nabla'^2 \psi_s(\mathbf{r}')\}.$

Mit dem Greenschen Theorem wird dieses Volumenintegral in ein Oberflächenintegral verwandelt

(6.104) $\quad \psi_s(\mathbf{r}) = \oint ds' \{\psi_s(\mathbf{r}')\hat{\mathbf{n}}' \cdot \nabla' G(\mathbf{r}', \mathbf{r}) - G(\mathbf{r}', \mathbf{r}) \hat{\mathbf{n}}' \cdot \nabla' \psi_s(\mathbf{r}')\}.$

Hierbei ist $\hat{\mathbf{n}}'$ ein Einheitsvektor senkrecht zur Oberfläche mit Richtung nach außen. Wenn man als Oberfläche die Ebene hinter dem Target und die Halbkugel wie in Bild 6.29 nimmt, so verschwindet der Beitrag von der Halbkugel im Unendlichen für endliches r. Nur das Integral über die Ebene hinter dem Target trägt noch bei und die vorhergehende Behauptung wurde damit bestätigt.

Gleichung 6.104 ist exakt. Zu ihrer Berechnung macht man dann Näherungen. Wir beschränken die Diskussion auf die *Fraunhoferstreuung*. In der Optik gibt es Fraunhoferbeugung, wenn der Abstand vom Streuzentrum (Scheibe) zur Quelle und zum Detektor groß ist, verglichen mit der Ausdehnung des Streuzentrums. Diese Bedingung, $r \gg r'$, kann hier erfüllt werden, wie sich mit dem Prinzip von

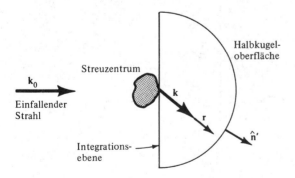

Bild 6.29 Streuung an einem lokalisierten Target.

---

[59] J. S. Blair, in *Lectures in Theoretical Physics,* (P. D. Kunz, D. A. Lind und W. E. Brittin, eds.), Vol. VIII-C, University of Colorado Press, Boulder, 1966, S. 343.

6.12 Streuung und Struktur

Babinet zeigen läßt:[55] Demnach ist das Beugungsbild eines Targets wie in Bild 6.26 das gleiche, wie das von einem Schirm mit einem dem Target entsprechenden Loch. $\Psi(\mathbf{r}')$ ist dann nur im Bereich des Lochs von Null verschieden. Die Integration über ds' in Gl. 6.104 erstreckt sich folglich nur über einen der Targetgröße vergleichbaren Bereich. In der subatomaren Physik sind Quelle und Detektor immer weit weg vom Target und $r \gg r'$ ist erfüllt. Setzt man die Entwicklung Gl. 6.97 in $G(\mathbf{r}', \mathbf{r})$ ein, so erhält man die asymptotische Form Gl. 6.98 und (für $r \to \infty$)

$$\Psi_s(\mathbf{r}) = \frac{e^{ikr}}{r} \left\{ \frac{-1}{4\pi} \int_{\text{Ebene}} ds' [\psi_s(\mathbf{r}') \hat{\mathbf{n}}' \cdot \nabla' e^{-i\mathbf{k} \cdot \mathbf{r}'} - e^{-i\mathbf{k} \cdot \mathbf{r}'} \hat{\mathbf{n}}' \cdot \nabla' \psi_s(\mathbf{r}')] \right\}.$$

Der Vergleich mit Gl. 6.86 zeigt, daß die Größe in der geschweiften Klammer die Streuamplitude ist:

(6.105) $$f(\theta) = \frac{-1}{4\pi} \int_{\text{Ebene}} ds' [\psi_s(\mathbf{r}') \hat{\mathbf{n}}' \cdot \nabla' e^{i\mathbf{k} \cdot \mathbf{r}'} - e^{i\mathbf{k} \cdot \mathbf{r}'} \hat{\mathbf{n}}' \cdot \Delta' \psi_s(\mathbf{r}')].$$

Als Beispiel wenden wir dies auf die schwarze Scheibe in Bild 6.28 an. Die Integrationsebene legen wir direkt hinter die Scheibe. Für $\Psi_s(\mathbf{r}')$ gilt nach Gl. 6.86

(6.106) $$\psi_s(\mathbf{r}') = \psi(\mathbf{r}') - e^{ikz}.$$

Für ein schwarzes Streuzentrum ist die gesamte Welle $\Psi(\mathbf{r}')$ in der Integrationsebene durch die ebene Welle gegeben, außer im Schatten des Streuzentrums, wo sie Null ist. Folglich ist der Wert von $\Psi_s(\mathbf{r}')$ überall in der Ebene Null, außer hinter der Scheibe, dort ist er

$$\Psi_s(\mathbf{r}') = -e^{ikz}.$$

Als Integrationsebene nimmt man $z = 0$ und erhält dann für die Streuamplitude

$$f(\theta) = \frac{ik}{4\pi} (1 + \cos\theta) \int_{\text{Schatten}} ds' \exp(-i\mathbf{k} \cdot \mathbf{r}').$$

Zur Lösung des Integrals legen wir die Schattenebene in die xy-Ebene, nehmen an, daß k in der xz-Ebene liegt und führen Zylinderkoordinaten, z, ρ und φ, ein. Dann ist $ds' = \rho\, d\rho\, d\varphi$, $\mathbf{k} \cdot \mathbf{r}' = k\rho \sin\theta \cos\varphi$ und

$$f(\theta) = \frac{ik}{4\pi} (1 + \cos\theta) \int_0^{R_0} d\rho\, \rho \int_0^{2\pi} d\varphi \exp(-ik\rho \sin\theta \cos\varphi).$$

Für $kR_0 \gg 1$ verschwindet das Integral, außer für kleine θ. Für kleine θ wird $\cos\theta \approx 1$ und

$$f(\theta) = \frac{ik}{2\pi} \int_0^{R_0} d\rho\, \rho \int_0^{2\pi} d\varphi \exp(-ik\, \rho\theta \cos\varphi).$$

Das Integral über $d\varphi$ ist proportional zur nullten Besselfunktion[60],

$$\int_0^{2\pi} d\varphi \exp(iz \cos\varphi) = 2\pi J_0(z).$$

Mit
$$\int dz\, z J_0(z) = z J_1(z)$$

---

[60] Besselfunktionen werden in nahezu jedem Buch über mathematische Methoden der Physik behandelt, z.B. in Mathews und Walker. Für Gleichungen, Tabellen und Abbildungen siehe M. Abramowitz und I. A. Stegun (eds.), *Handbook of Mathematical Functions*, Government Printing Office. Washington, D.C., 1964 (eine lohnende Anschaffung).

erhalten wir schließlich

(6.107) $\quad f(\theta) = ikR_0^2 \, \dfrac{J_1(kR_0\theta)}{kR_0\theta}$

(6.108) $\quad \dfrac{d\sigma}{d\Omega} = (kR_0^2)^2 \left(\dfrac{J_1(z)}{z}\right)^2, \; z = kR_0\theta$

und

(6.109) $\quad \sigma = \int d\Omega \, \dfrac{d\sigma}{d\Omega} \approx \pi R_0^2.$

die letzten drei Beziehungen wurden für eine schwarze Scheibe abgeleitet. Sie sind jedoch auch für eine schwarze Kugel mit dem Radius R_0 gültig, da Kugel und Scheibe den gleichen Schatten werfen. Die Gleichungen 6.107–6.109 zeigen die drei vorher aufgeführten charakteristischen Eigenschaften der Fraunhoferschen Streuung:

1. Der differentielle Wirkungsquerschnitt hat die in Bild 6.28 gezeigte Form für $I(\theta)$ mit einem auffallenden Maximum in Vorwärtsrichtung.

2. Die erste Nullstelle von $J_1(z)$ liegt bei $z = 3{,}84$. Das erste Minimum des Beugungsmusters erscheint demnach bei

(6.110) $\quad \theta_{\min} = \dfrac{3{,}84}{kR_0} = 0{,}61 \, \dfrac{\lambda}{R_0},$

in Übereinstimmung mit der Abschätzung Gl. 6.101. Der Winkel $\theta_{\min}$ nimmt bei fester Targetgröße R_0 mit $1/k$ ab.

3. Der gesamte und der elastische Wirkungsquerschnitt sind unabhängig von der Energie. Sie hängen nur von der Ausdehnung des Wechselwirkungsbereichs R_0 ab.

4. Zusätzlich zu diesen drei charakteristischen Eigenschaften drückt Gl. 6.108 einen weiteren Tatbestand aus: Da $J_1(z) \to z/2$ für $z \to 0$ gilt, ist der differentielle Wirkungsquerschnitt für die elastische Vorwärtsstreuung durch

(6.111) $\quad \dfrac{d\sigma(0°)}{d\Omega} = \dfrac{1}{4} \, k^2 R_0^4$

gegeben.

Bei hohen Energien nimmt der differentielle Wirkungsquerschnitt bei $0°$ mit k^2 ($k = p/\hbar$) zu.

Diese Beobachtungen werden oft in einer anderen Formulierung dargestellt. Im Schwerpunktsystem ist der Impulsübertrag für die Kleinwinkelstreuung durch $|\mathbf{q}| = 2\hbar k \sin(\theta/2) \approx \hbar k\theta$ gegeben. Ausgedrückt durch das Quadrat dieser Größe

(6.112) $\quad -t \equiv \mathbf{q}^2,$

wird $-dt = 2\hbar^2 k^2 \theta \, d\theta = \hbar^2 k^2 \, d\Omega/\pi$ und Gl. 6.108 zu

(6.113) $\quad \dfrac{d\sigma}{dt} = \dfrac{-\pi}{\hbar^2 k^2} \, \dfrac{d\sigma}{d\Omega} = \dfrac{\pi R_0^4}{\hbar^2} \, \dfrac{J_1^2(\sqrt{-tR_0^2/\hbar^2})}{tR_0^2/\hbar^2}.$

Anstelle von Gl. 6.111 erhält man dann

(6.114) $\quad \dfrac{d\sigma}{dt}(t=0) = \dfrac{-\pi}{4\hbar^2} \, R_0^4.$

6.12 Streuung und Struktur

Demnach sollte $d\sigma/dt$ nur von t, dem Quadrat des Impulsübertrags, abhängen und nicht von der Einfallsenergie. Der Wert von $d\sigma/dt$ bei $t = 0$ sollte unabhängig von der Energie der einfallenden Teilchen sein.

Wir werden jetzt einige Beispiele der Beugungsstreuung aus der Kern- und Elementarteilchenphysik vorstellen. Zuerst betrachten wir *Kerne*.[59] Bild 6.30 zeigt den differentiellen Wirkungsquerschnitt für die elastische Streuung von α-Teilchen mit 42 MeV an ^{24}Mg.[61] Ein scharfes Maximum in Vorwärtsrichtung und ausgeprägte Beugungsminima und -maxima sind deutlich zu sehen. Gleichung 6.108 gibt die Lage der Minima und Maxima gut wieder, aber mit zunehmendem Streuwinkel werden die beobachteten Maxima zunehmend kleiner als die vorhergesagten. Der Grund für diese Abweichung ist offensichtlich: Kerne haben keine scharfen Ränder, wie sie in der Herleitung von Gl. 6.108 vorausgesetzt waren. Bild 6.7 zeigt, daß sie eine Oberflächenschicht von beträchtlicher Dicke haben. Zudem sind Kerne nicht immer kugelförmig, sondern können eine dauerhafte Deformation besitzen, was in Abschnitt 18.1 besprochen wird. Schließlich sind Kerne noch teilweise durchlässig für nieder- und mittelenergetische Hadronen. Man kann die einfache Theorie zur Berücksichtigung dieser Effekte verallgemeinern und erhält eine Theorie, die ziemlich gut mit den experimentellen Daten übereinstimmt.[61, 62]

Beugungserscheinungen treten auch in der *Elementarteilchenphysik* auf.[63, 64] Wir beschränken unsere Besprechung auf die elastische Proton-Proton-Streuung, da sie alle charakteristischen Beugungseigenschaften zeigt. Die differentiellen Wirkungsquerschnitte $d\sigma/dt$ für die elastische pp-Streuung mit verschiedenen Impulswerten werden in Bild 6.31 gezeigt.[65] Das auffallende Maximum in Vor-

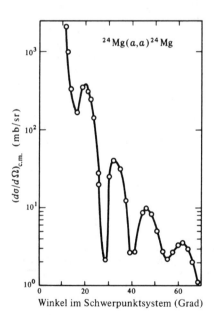

Bild 6.30 Differentieller Wirkungsquerschnitt für die elastische Streuung von α-Teilchen an ^{24}Mg. [I. M. Naqib und J. S. Blair, *Phys. Rev.* **165**, 1250 (1968).]

---

[61] I. M. Naqib und J. S. Blair, *Phys. Rev.* **165**, 1250 (1968); S. Fernbach, R. Serber und T. B. Taylor, *Phys. Rev.* **75**, 1352 (1949).
[62] E. Gadioli und P. E. Hodgson, *Rep. Prog. Phys.* **49**, 951 (1986); P. E. Hodgson, *Growth Points in Nuclear Physics*, Vol. 1, Pergamon, Elmsford, NY, 1984.
[63] F. Zachariasen, *Phys. Rep.* **C 2**, 1 (1971); B. T. Feld, *Models of Elemantary Particles*, Ginn/Blaisdell, Waltham, Mass., 1969, Kap. 11.
[64] M. M. Islam, *Phys. Today* **25**, 23 (May 1972).
[65] J. V. Allaby et al., *Nucl. Phys.* **B 52**, 316 (1973); G. Barbiellini et al., *Phys. Lett.* **39 B**, 663 (1972); A. Böhm et al., *Phys. Lett.* **49 B**, 491 (1974).

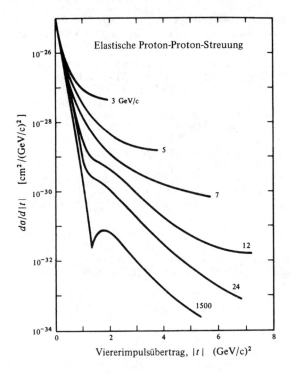

Bild 6.31
Differentieller Wirkungsquerschnitt für die elastische pp-Streuung. Der Parameter an den Kurven gibt den Impuls der einfallenden Protonen im Laborsystem an. Die Wirkungsquerschnitte bis hinauf zu $p_{lab} = 24$ GeV/c wurden im Protonensynchroton von CERN gemessen; der für $p_{lab} = 1500$ GeV/c stammt aus dem ISR von CERN.

wärtsrichtung ist deutlich zu sehen und einige andere Beugungseigenschaften sind ebenfalls zu erkennen. Insbesondere ist der Wert von $d\sigma/dt$ bei $t = 0$ näherungsweise unabhängig vom einfallenden Impuls, wie in Gl. 6.114 vorhergesagt. Mit $-d\sigma/dt \approx 10^{-25}$ cm^2/(GeV/c)^2 ergibt Gl. 6.114 für $R_0^2 \approx 0{,}7$ fm^2. Dieser Wert widerspricht dem Wert des elektromagnetischen Radius aus Gl. 6.58 nicht.

Ein anderes Verhalten der Beugungsstreuung, nämlich die Konstanz des gesamten Wirkungsquerschnittes bei hohen Energien, ist über einen weiten Energiebereich erfüllt. Wie Bild 6.32 zeigt, liegt der Wirkungsquerschnitt bei etwa 39 mb bei Impulsen von ungefähr 10–500 GeV/c im Laborsystem. Der Gesamtwirkungsquerschnitt kann auf zwei verschiedenen Wegen erhalten werden. Einer davon ist, die Abnahme der Strahlintensität nach Durchgang durch flüssigen Wasserstoff gegebener Dicke zu messen. Der andere besteht darin, die elastische Vorwärtsstreuung zu untersuchen und das optische Theorem Gl. 6.88 anzuwenden. Beide Wege wurden beschritten, und die Hochenergiemessungen wurden bei CERN, Serpuchov und im Fermilabor[66] durchgeführt. Bei ultrahohen Energien, oberhalb eines Impulses von 500 GeV/c im Laborsystem steigt der Gesamtwirkungsquerschnitt der pp-Streuung wieder an, wie Bild 6.32[67] zeigt. Dieser Anstieg ist noch nicht vollständig verstanden[68]. Wir werden in Abschnitt 14.7 kurz darauf zurückkommen.

Eine andere Vorhersage der Hochenergiephysik besteht darin, daß sich die Wirkungsquerschnitte von Teilchen und Antiteilchen unter Verwendung des gleichen Targets bei sehr hohen Energien einander annähern, weil es so viele mögliche Reaktionen gibt, daß die Unterschiede verwischt werden. Bild 6.32 zeigt, daß das tatsächlich für den Gesamtwirkungsquerschnitt geschieht.

---

[66] A *Compilation of Cross Sections, III*: p- und $\bar{p}$-Reaktionen wurden von V. Flaminio et al., CERN – HERA 84 – 01, April 1984 durchgeführt; N. A. Amos et al., *Phys. Rev. Lett* **63**, 2784 (1989).
[67] UA 4 Collaboration, *Phys. Lett.* **147 B**, 392 (1984).
[68] Siehe jedoch, K. A. Ter-Martirosyan, Yad. Fiz. **44**, 1257 (1986) (Übersetzung in *Sov. J. Nucl. Phys.* **44**, 817 (1987).) L. Durand und H. Pi, *Phys. Rev. Lett.* **58**, 303 (1987).

6.12 Streuung und Struktur

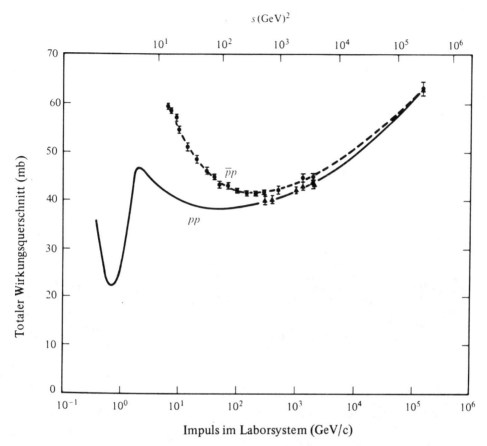

Bild 6.32 Gesamter Proton-Proton- und Antiproton-Proton-Wirkungsquerschnitt als Funktion des Impulses im Laborsystem und des äquivalenten Energiequadrats im Schwerpunktsystem. [Die Daten basieren auf M. M. Islam, *Phys. Today* **25**, 23 (May 1972); J. V. Allaby et al., *Nucl. Phys.* **B 52**, 316 (1973); G. Barbiellini et al., *Phys. Lett.* **39 B**, 663 (1972); A. Böhm et al., *Phys. Lett.* **49 B**, 49 (1974).] Bei der pp-Streuung sind Fehler nur für Impulse ≥ 300 GeV/c angegeben.

In den Beugungsmustern der Kernphysik gibt es auffällige Maxima und Minima, siehe Bild 6.30. In der Elementarteilchenphysik wird durch die gleichmäßige Verteilung der elektrischen Ladung und vermutlich auch der nuklearen Materie die Beugungsstruktur bis hinauf zu Impulsen von wenigstens 20 GeV/c verschmiert. Beim höchsten Impuls jedoch erscheint das erste Minimum und das folgende Maximum, wie in der untersten Kurve von Bild 6.31 zu sehen ist. Es ist bemerkenswert, daß die Form dieser Kurve mit einer nuklearen Materieverteilung erklärt werden kann, die proportional ist zu der elektrischen Verteilung, die vom Dipolformfaktor, Gl. 6.50, beschrieben wird.[69]

---

[69] R. Serber, *Rev. Mod. Phys.* **36**, 649 (1964); T. T. Chou und C. N. Yang, *Phys. Rev.* **170**, 1591 (1968); L. Durand und R. Lipes, *Phys. Rev. Lett.* **20**, 637 (1968); J. N. J. White, *Nucl. Phys.* **B 51**, 23 (1973).

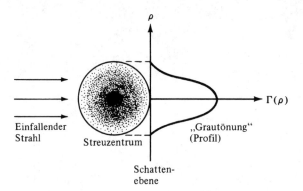

Bild 6.33 Graues Streuzentrum und Profil seines Schattens. $\Gamma(\rho)$ und ρ werden im Text erklärt.

Das Profil.[70] Die bislang verwendete Näherung der schwarzen Scheibe gibt die groben Eigenschaften, aber nicht die feineren Einzelheiten der Beugungsstreuung wieder. Die Näherung läßt sich verbessern, wenn man annimmt, das Streuzentrum sei *grau*. Der Schatten eines grauen Streuzentrums ist nicht gleichmäßig schwarz; sein Grauwert (Transmission) ist eine Funktion von ρ, wobei ρ der Radiusvektor in der Schattenebene ist, siehe Bild 6.33. Für die schwarze Scheibe ist die Wellenfunktion $\Psi(\mathbf{r}') \equiv \Psi(\boldsymbol{\rho})$ in der Schattenebene hinter der Scheibe Null, und dies wurde bei der Herleitung von Gl. 6.107 verwendet. Für ein graues Streuzentrum nimmt man für die gesamte Wellenfunktion hinter der Scheibe in der Schattenebene folgende Form an:

(6.115) $\quad \psi(\boldsymbol{\rho}) = \exp(i\mathbf{k}_0 \cdot \boldsymbol{\rho}) \exp[i\chi(\boldsymbol{\rho})]$.

Die gesamte Welle wird also durch einen multiplikativen Faktor modifiziert. Für schwarze Scheiben ist die Phase χ rein imaginär und groß. Der Faktor $\exp(i\mathbf{k}_0 \cdot \boldsymbol{\rho})$ ist gleich 1, aber wir behalten ihn bei, da er für die weitere Rechnung nützlich ist. Mit Gl. 6.106 und $kz = \mathbf{k}_0 \cdot \boldsymbol{\rho}$ in der Schattenebene, wird die gestreute Welle zu

(6.116) $\quad \psi_s(\boldsymbol{\rho}) = \exp(i\mathbf{k}_0 \cdot \boldsymbol{\rho}) \, \Gamma(\boldsymbol{\rho})$,

wobei

(6.117) $\quad \Gamma(\boldsymbol{\rho}) = 1 - \exp[i\chi(\boldsymbol{\rho})]$

als *Profil* bezeichnet wird.[70] Setzt man Gl. 6.116 in Gl. 6.105 ein, so erhält man mit $ds' = d^2\rho$ und $\mathbf{r}' = \boldsymbol{\rho}$ die Streuamplitude bei kleinen Winkeln ($\cos \theta \approx 1$):

(6.118) $\quad f(\mathbf{q}) = \dfrac{ik}{2\pi} \int d^2\rho \exp\left(\dfrac{i\mathbf{q} \cdot \boldsymbol{\rho}}{\hbar}\right) \Gamma(\boldsymbol{\rho})$.

Dabei ist $\mathbf{q} = \hbar(\mathbf{k}_0 - \mathbf{k})$ der Impulsübertrag. Die Streuamplitude ist die Fouriertransformierte des Profils. Für azimutale Symmetrie des Streuzentrums ergibt die Integration über den azimutalen Winkel

(6.119) $\quad f(\theta) = ik \int d\rho \, \rho \Gamma(\rho) \, J_0(k\rho\theta)$.

---

[70] R. J. Glauber, in *Lectures in Theoretical Physics*, Band 1, (W. E. Brittin et al., Eds.), Wiley-Interscience, New York, 1959, S. 315; R. J. Glauber, in *High Energy Physics and Nuclear Structure* (G. Alexander, Ed.), North-Holland, Amsterdam, 1967, S. 311; W. Czyz, in *The Growth Points of Physics*; Rivista Nuovo Cimento 1, Special Nr., 42 (1969) (Aus Conf. European Physical Society).

6.12 Streuung und Struktur

Dieser Ausdruck stimmt für $\Gamma(\rho) = 1$ mit $f(\theta)$ für schwarze Streuzentren überein. Die Beziehung, die $\Gamma(\rho)$ und $f(\theta)$ in Gl. 6.119 verknüpft, heißt Fourier-Bessel- (oder Hankel-) Transformation.[71]
Für ein gegebenes Profil kann man die Streuamplitude berechnen. Als Beispiel nehmen wir ein Gauß-Profil an:

(6.120) $\quad \Gamma(\rho) = \Gamma(0) \exp\left[-\left(\dfrac{\rho}{\rho_0}\right)^2 \right].$

Die Fourier-Bessel-Transformation wird dann[60]

$$f(\theta) = \dfrac{i}{k} \Gamma(0) \rho_0^2 \exp\left[-\left(\dfrac{k\theta\rho_0}{2}\right)^2 \right].$$

Mit $-t = (\hbar k \theta)^2$ wird der entsprechende differentielle Wirkungsquerschnitt zu

(6.121) $\quad -\dfrac{d\sigma}{dt} = \dfrac{\pi}{4\hbar^2} \Gamma^2(0)\rho_0^4 \exp\left[-\left(\dfrac{\rho_0^2}{2\hbar^2}\right)|t| \right].$

Ein Gauß-Profil führt also zu einem exponentiell abfallenden Wirkungsquerschnitt $d\sigma/dt$. Die physikalische Interpretation des Profils wird klar, wenn man den totalen Wirkungsquerschnitt betrachtet. Das optische Theorem Gl. 6.88 liefert mit Gl. 6.118 für $\theta = 0°$.

(6.122) $\quad \sigma_{tot} = 2 \int d^2\rho \, Re\Gamma(\rho).$

Für schwarze Streuzentren ist $\Gamma(\rho) = 1$ real und $f(\theta)$ rein imaginär. Wenn wir annehmen, daß im Grenzfall sehr hoher Energien die Amplitude imaginär ist,[72] dann ist Γ real und Gl. 6.122 wird zu

(6.123) $\quad \sigma_{tot} = 2 \int d^2\rho \, \Gamma(\rho).$

$2\Gamma(\rho)$ kann folglich als die Wahrscheinlichkeit betrachtet werden, daß im Element $d^2\rho$ im Abstand ρ vom Zentrum eine Streuung stattfindet, siehe Bild 6.33. $\Gamma(\rho)$ ist die Wahrscheinlichkeitsverteilung der Streuung in der Schattenebene, daher der Name Profil.
Zur Anwendung all dieser Betrachtungen kehren wir zur elastischen *pp*-Streuung zurück.[69] Bild 6.31 zeigt, daß das Beugungsmaximum über viele Größenordnungen exponentiell abfällt. Dieses Verhalten läßt vermuten, daß der Wirkungsquerschnitt im Bereich des Vorwärtsmaximums näherungsweise durch

(6.124) $\quad \dfrac{d\sigma}{dt}(s, t) = \dfrac{d\sigma}{dt}(s, t=0) e^{-b(s)|t|}$

zu beschreiben ist. Hierbei ist s das übliche Symbol für das Quadrat der gesamten Energie der stoßenden Protonen in ihrem Schwerpunktsystem und $b(s)$ wird als *Neigungsparameter* bezeichnet. Es ist bemerkenswert, daß man die experimentellen Werte über einen weiten Bereich von s und t tatsächlich durch solch einen einfachen Ausdruck beschreiben kann. Der Neigungsparameter erweist sich als eine langsam veränderliche logarithmische Funktion der gesamten Energie s, siehe Bild 6.34. Der exponentielle Abfall von $d\sigma/dt$ kann durch ein Gauß-Profil wie in Gl. 6.120 gedeutet werden. Der Vergleich von Gl. 6.121 und Gl. 6.124 führt zu der Beziehung

(6.125) $\quad \rho_0 = \hbar(2b)^{1/2}.$

---

[71] W. Magnus und F. Oberhettinger, *Formulas and Theorems for the Functions of Mathematical Physics*, Chelsea, New York, 1954, S. 136, 137.
[72] Das Verhältnis zwischen dem Real- und dem Imaginärteil der Amplitude der Proton-Proton-Vorwärtsstreuung ist gemessen worden. Es wird bei hohen einfallenden Impulsen tatsächlich klein. (G. G. Beznogikh, *Phys. Lett.* **39 B**, 411 (1972).

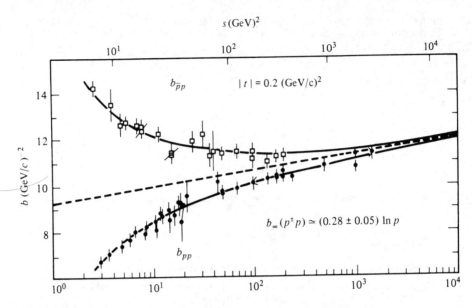

Bild 6.34 Neigungsparameter b des Beugungsmaximums für die elastische $\bar{p}p$- und pp-Streuung bei $|q^2| = |t| = 0{,}2$ $(\text{GeV}/c)^2$ als Funktion des Impulses im Laborsystem und des Quadrates der Energie s im Schwerpunktsystem. (Aus M. Kamran, *Phys. Rep.* **108**, 275 (1984).) Die gestrichelte Linie zeigt die Anpassungsgerade $b = b_0 + b_1 \ln p_{\text{lab}}$, dieser Fit ähnelt $b = B_0 + B_1 \ln s$. Man erkennt in der Darstellung, daß sich $b(\bar{p}p)$ und $b(pp)$ asymptotisch annähern.

ρ_0 charakterisiert die Breite des Gauß-Profils, das die Streuung von zwei ausgedehnten Protonen durch starke Wechselwirkungen beschreibt. Es ist deshalb nicht zulässig, ρ_0^2 oder einen entsprechenden mittleren Radius, direkt mit dem mittleren Radius der Protonen zu vergleichen, den man mit der elektromagnetischen Streuung bestimmt hat. Trotzdem ist es beruhigend, daß die beiden Messungen der Protonenausdehnung vergleichbar sind: Der elektromagnetische Radius ist durch Gl. 6.54 gegeben als $\langle r^2 \rangle \approx 0{,}7$ fm, während der Wert für $b = 10$ $(\text{GeV}/c)^{-2}$ aus Bild 6.34 zu $\rho_0 \approx 0{,}9$ fm führt.

Die „Ausdehnung" des Protons und der Neigungsparameter $b(s)$ sind durch Gl. 6.125 verknüpft, ein konstantes ρ_0 bedeutet auch ein konstantes $b(s)$. Bild 6.34 zeigt jedoch, daß $b(s)$ logarithmisch mit dem Quadrat der Energie im Schwerpunktsystem zunimmt. Da $b(s)$ die Breite des Beugungsmaximums beschreibt, bedeutet ein zunehmendes $b(s)$ ein abnehmendes Beugungsmaximum und weist auf eine Zunahme der Ausdehnung ρ_0 des Wechselwirkungsbereichs hin.

Dieses Verhalten kann durch ein geometrisches Bild, bei dem die Fläche des Wechselwirkungsbereiches mit dem gesamten Wirkungsquerschnitt zusammenhängt, verstanden werden[73,74]. In Bild 6.32 haben wir gesehen, daß der gesamte Wirkungsquerschnitt mit s oder dem Impuls im Laborsystem bei sehr hohen Energien ansteigt. Tatsächlich ist das Verhältnis $b/\sigma_{\text{tot}} \approx$ konstant[73], wie man aus einem Vergleich der Bilder 6.34 und 6.32 erkennen kann.

Die Glauber-Näherung.[70,75] Bisher haben wir nur die Beugung an einem einzelnen Objekt behandelt. Wir wenden uns jetzt der kohärenten Streuung eines Projektils an einem Target aus mehreren Untereinheiten, z.B. einem aus Nukleonen aufgebauten Kern, zu. Ein einfallendes hochenergetisches

---

[73] M. Kamran, *Phys. Rep.* **108**, 275 (1984); K. Goulianos, *Phys. Rep.* **101**, 169 (1983).
[74] J. Dias de Deus, *Nucl. Phys.* **B 59**, 231 (1973).
[75] R. J. Glauber, *Phys. Rev.* **100**, 252 (1955).

6.12 Streuung und Struktur

Teilchen kann mit einem einzelnen Nukleon zusammenstoßen, mit vielen hintereinander oder mit mehreren gleichzeitig stark wechselwirken. Die Behandlung eines solchen Vielfachprozesses ist schwierig, aber mit der Beugungstheorie ist das Problem zu lösen. Sie führt zur Glauber-Näherung.[75]

Zum besseren Verständnis der Glauber-Näherung betrachten wir zunächst das optische Analogon, den Durchgang einer Lichtwelle mit dem Impuls $p = \hbar k$ durch ein Medium mit dem Brechungsindex n und der Dicke d. Der elektrische Vektor E_1, nach dem Durchgang durch den Absorber, hängt mit dem der einfallenden Welle E_0, über[76]

(6.126) $\qquad E_1 = E_0 \, e^{i\chi_1}, \quad \chi_1 = k(1-n)d$

zusammen. Bei komplexem Brechungsindex beschreibt der Imaginärteil die Absorption der Welle. Wenn die Welle mehrere Absorber hintereinander durchläuft, von denen jeder durch ein Phase χ_i charakterisiert wird, so ist das Endergebnis

(6.127) $\qquad E_n = E_0 \exp(i\chi_1) \exp(i\chi_2) \ldots \exp(i\chi_n) = E_0 \exp[i(\chi_1 + \ldots + \chi_n)].$

Die Phasen der verschiedenen Absorber addieren sich. Dieselbe Technik läßt sich auf die Streuung hochenergetischer Teilchen anwenden. Gleichung 6.115 zeigt, daß die Wellen hinter einem einzelnen Streuzentrum sich zur einfallenden Welle verhalten wie die elektrischen Wellen in Gl. 6.126. In der Glauber-Näherung wird angenommen, daß sich die Phasen der einzelnen Streuzentren in einem zusammengesetzten System, z.B. einem Kern, ebenfalls addieren. Zur Formulierung der Näherung nehmen wir an, daß die einzelnen Streuzentren wie in Bild 6.35 angeordnet sind. Der Abstand jedes Streuzentrums von der Achse senkrecht zur Schattenebene wird mit s_i bezeichnet. Der Abstand, der das Profil für jedes Nukleon bestimmt, ist nicht länger ρ, sondern $\rho - s_i$ und der Phasenfaktor für das i-te Nukleon ist durch Gl. 6.117 gegeben als

$$\exp(i\chi_i) = 1 - \Gamma_i(\rho - s_i).$$

Für den gesamten Phasenfaktor ergibt die Additivität der einzelnen Phasen

$$\exp(i\chi) = \exp(i\chi_1) \exp(i\chi_2) \ldots \exp(i\chi_A) = \prod_{i=1}^{A} [1 - \Gamma_i(\rho - s_i)],$$

und für das vollständige Profil

(6.128) $\qquad \Gamma(\rho) = 1 - \prod_{i=1}^{A} [1 - \Gamma_i(\rho - s_i)].$

Diese Beziehung beschreibt die Glauber-Näherung. Sind die Profile der einzelnen Nukleonen bekannt, so kann das Profil des ganzen Kerns berechnet werden. Um den Glauber-Ausdruck für die Streuamplitude zu erhalten, ist ein weiterer Schritt nötig. Nukleonen sind nicht fest, wie in Bild 6.35, sondern bewegen sich und ihre Aufenthaltswahrscheinlichkeit ist durch die entsprechende Wellenfunktion gegeben. Für die *elastische Streuung* sind die einfallende und die gestreute Wellenfunktion identisch, und $\Gamma(\rho)$ in Gl. 6.118 muß durch

$$\int d^3x_1 \ldots d^3x_A \psi^*(\mathbf{x}_1, \ldots, \mathbf{x}_A) \Gamma(\rho) \psi(\mathbf{x}_1 \ldots, \mathbf{x}_A) \equiv \langle i | \Gamma(\rho) | i \rangle.$$

ersetzt werden. Die Streuamplitude Gl. 6.118 wird so zu

(6.129) $\qquad f(\mathbf{q}) = \dfrac{ik}{2\pi} \int d^2\rho \, \exp\left(\dfrac{i}{\hbar} \, \mathbf{q} \cdot \boldsymbol{\rho}\right) \langle i | \Gamma(\rho) | i \rangle.$

---

[76] *The Feynman Lectures* 1–31–3.

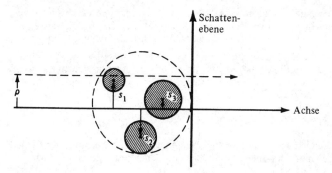

Bild 6.35 Anordnung der einzelnen Streuzentren in einem Kern.

mit der Umkehrung

$$\langle i | \Gamma(\rho) | i \rangle = \frac{1}{2\pi i k} \int \exp\left(-\frac{i}{\hbar} \mathbf{q} \cdot \boldsymbol{\rho}\right) f(\mathbf{q}) d^2q.$$

Als Beispiel betrachten wir die elastische Streuung eines hochenergetischen Geschosses am einfachsten Kern, dem Deuteron, Bild 6.36. Wenn die Energie der einfallenden Teilchen so hoch ist, daß die Wellenlänge viel kleiner als der Deuteronenradius ($R \approx 4$ fm) ist, kann man zunächst annehmen, daß die Streuung am Neutron und Proton unabhängig verläuft und der gesamte Wirkungsquerschnitt einfach die Summe der beiden einzelnen ist. Die Anwendung der Glauber-Näherung zeigt, daß diese Annahme falsch ist und das Experiment bestätigt die Berechnungen. Für das Deuteron, mit $\mathbf{r} = \mathbf{r}_p - \mathbf{r}_n$, wird Gl. 6.128 zu

(6.130) $\quad \Gamma_d(\boldsymbol{\rho}) = \Gamma_p\left(\boldsymbol{\rho} + \frac{1}{2}\mathbf{r}\right) + \Gamma_n\left(\boldsymbol{\rho} - \frac{1}{2}\mathbf{r}\right) - \Gamma_p\left(\boldsymbol{\rho} + \frac{1}{2}\mathbf{r}\right)\Gamma_n\left(\boldsymbol{\rho} - \frac{1}{2}\mathbf{r}\right).$

Setzt man $\Gamma_d(\boldsymbol{\rho})$ in Gl. 6.129 ein und benutzt die Tatsache, daß die Wellenfunktion des Deuterons $\psi_d(\mathbf{r})$ nur eine Funktion der relativen Koordinate $\mathbf{r}$ ist, so erhält man für die Streufunktion des Deuterons

(6.131) $\quad f_d(\mathbf{q}) = f_p(\mathbf{q}) F\left(\frac{1}{2}\mathbf{q}\right) + f_n(\mathbf{q}) F\left(\frac{1}{2}\mathbf{q}\right) + \frac{i}{2\pi k} \int F(\mathbf{q}') f_p\left(\frac{1}{2}\mathbf{q} - \mathbf{q}'\right) f_n\left(\frac{1}{2}\mathbf{q} + \mathbf{q}'\right) d^2q',$

wobei $F(\mathbf{q})$ der Formfaktor des Deuterongrundzustands ist,

(6.132) $\quad F(\mathbf{q}) = \int d^3r \exp\left(\frac{i}{\hbar} \mathbf{q} \cdot \mathbf{r}\right) |\psi_d(\mathbf{r})|^2.$

Die ersten beiden Glieder in Gl. 6.131 beschreiben die einzelnen Streuungen, das letzte stellt die Korrektur durch die Doppelstreuung dar. Für den gesamten Wirkungsquerschnitt liefert das optische Theorem Gl. 6.88

(6.133) $\quad \sigma_d = \sigma_p + \sigma_n + \frac{2}{k^2} \int d^2q \, F(\mathbf{q}) Re\{f_p(-\mathbf{q}) f_n(\mathbf{q})\}.$

Der Deuteronradius ist beträchtlich größer als die Reichweite der starken Wechselwirkung. Der Formfaktor $F(\mathbf{q})$ hat also ein scharfes Maximum in Vorwärtsrichtung und der gesamte Wirkungsquerschnitt wird

6.12 Streuung und Struktur

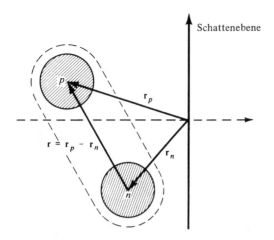

Bild 6.36 Bei der Beschreibung der Streuung an Deuteronen verwendete Koordinaten.

$$\sigma_d \approx \sigma_p + \sigma_n + \frac{2}{k^2} \text{Re}\ [f_p(0)f_n(0)]\langle r^{-2}\rangle_d,$$

wobei $\langle r^{-2}\rangle_d$ der Erwartungswert von r^{-2} im Deuterongrundzustand ist. Wird die Streuung wieder als voll absorbierend angenommen, so daß die Vorwärtsstreuamplituden imaginär sind, so gilt

(6.134) $$\sigma_d \approx \sigma_p + \sigma_n - \frac{1}{4\pi}\sigma_p\sigma_n\langle r^{-2}\rangle_d.$$

Das letzte Glied zeigt hier die Wirkung des Schattens des einen Nukleons auf dem anderen. Der Schatten- oder Doppelstreuterm hat ein negatives Vorzeichen: Der gesamte Wirkungsquerschnitt ist kleiner als die Summe der Wirkungsquerschnitte der einzelnen Nukleonen. Diese Eigenschaft folgt schon aus Gl. 6.130, wo der Doppelstreubeitrag das entgegengesetzte Vorzeichen der Beiträge der Einzelstreuung hat. Bei der Entwicklung von Gl. 6.128 zeigt sich allgemeiner, daß die Vorzeichen aufeinanderfolgender Beiträge abwechseln. Dieses Verhalten wurde experimentell bestätigt.

Die Winkelverteilung der Streuung an Deuteronen liefert weitaus mehr Erkenntnisse als der totale Wirkungsquerschnitt. Mit Gl. 6.10 und Gl. 6.113 wird $d\sigma/dt$ zu

(6.135) $$\frac{d\sigma}{dt} = \frac{-\pi}{\hbar^2 k^2}\ |f(\mathbf{q})|^2.$$

Zur Berechnung von $d\sigma/dt$ wird $f_d(\mathbf{q})$ aus Gl. 6.131 in Gl. 6.135 eingesetzt. Wir betrachten speziell die Proton-Deuteron-Streuung. Die Streuamplituden f_n und f_p erhält man aus der pp- und np-Streuung, die entsprechenden Grundlagen wurden am Anfang dieses Abschnitts behandelt. Um den Formfaktor $F(\mathbf{q})$ zu finden, muß man von einer speziellen Form der Deuteronenwellenfunktion als Annahme ausgehen. Für eine gegebene Form ψ_d kann man $f_d(\mathbf{q})$ und daraus $d\sigma/dt$ berechnen. Bild 6.37 zeigt $d\sigma/dt$ für die Streuung von Protonen mit 1 und 2 GeV an Deuteronen. Einige charakteristische Eigenschaften sind deutlich sichtbar: Ein schneller Abfall am Anfang, ein flaches Minimum und dann eine langsamere Abnahme für $d\sigma/dt$. Dieses Verhalten kann mit Gl. 6.131 verstanden werden. Die beiden ersten Beiträge, die der Einzelstreuung entsprechen, haben Beugungsmaxima mit Breiten proportional zu $1/k$, wie in Gl. 6.110 gezeigt. Bei der Doppelstreuung absorbiert jedes Nukleon den halben Impulsübertrag, die entsprechende Beugungsbreite ist größer. Der schnelle Abfall am Anfang kommt von der Einzelstreuung, die Doppelstreuung herrscht dagegen bei größeren Werten von t vor. Die explizite Berechnung von $d\sigma/dt$ zeigt, daß die Streuung tatsächlich die Struktur von Kernen wie-

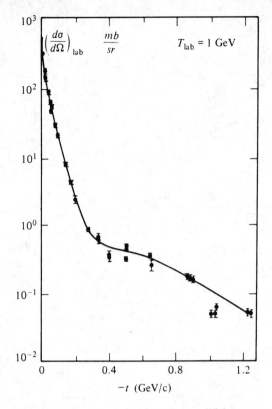

Bild 6.37 Gemessener und berechneter Wirkungsquerschnitt für elastische pd-Streuung. Die Größe $t = -q^2$. (Nach M. Bleszynski et al., *Phys. Lett.* **87 B**, 198 (1979).)

dergibt.[77] Wie wir in Abschnitt 14.5 sehen werden, sind die beiden Nukleonen im Deuteron überwiegend in einem Zustand mit relativer Bahndrehimpulszahl $L = 0$ (s-Zustand), aber es besteht eine kleine Beimischung des Drehimpulses $L = 2$ (d-Zustand), siehe Bild 14.9. Um die gute Übereinstimmung zu erhalten, wie sie die durchgezogene Linie zeigt, muß man einen kleinen Anteil (4–6%) des d-Zustandes beimengen. Diese kleine Überlagerung verwischt die tiefen Interferenzminima zwischen der Einfach- und der Doppelstreuung.

Die hier für das Deuteron beschriebene Technik wurde auch zur Erforschung der Struktur anderer Nuklide benutzt.[70, 78] Sie ist auch für andere Projektile als Protonen anwendbar, z.B. für Pionen oder Antiprotonen.●

---

[77] M. Bleszynski et al., *Phys. Lett.* **87 B**, 198 (1979).
[78] W. Czyz, *Adv. Nucl. Phys.* **4**, 61 (1971).

6.13 Literaturhinweise

Ergebnisse elastischer und unelastischer Elektronenstreuung an Kernen findet man in einer ganzen Reihe von Arbeiten: *Nuclear Physics with Electromagnetic Interactions*, (H. Arenhövel und D. Drechsel, Eds.), Springer, New York, 1979; B. Frois in *Nuclear Structure 1985*, (R. Broglia, G. Hageman und B. Herskind, Eds.), North Holland, Amsterdam, 1985, S. 25; J. Heisenberg und H. P. Blok, Ann. Rev. Nucl. Part. Sci. **33**, 569 (1983); J. Heisenbeg, Comm. Nucl. Part. Phys. **13**, 267 (1984). D. Drechsel und M. M. Giannini, Rep. Prog. Phys. **52**, 1089 (1989). Die Theorie der Kernstrukturuntersuchungen mit Hilfe der Elektronenstreuung findet man bei T. W. Donnelly und J. D. Walecka, Ann. Rev. Nucl. Sci. **25**, 329 (1975).

Im vorliegenden Kapitel wurde nur ein Verfahren zur Bestimmung der Kernladungsverteilung behandelt, nämlich die elastische Elektronenstreuung. Es gibt jedoch noch eine ganze Reihe anderer Möglichkeiten. Von besonderer Wichtigkeit ist die Beobachtung myonischer Röntgenstrahlen. Einen Überblick darüber liefern folgende Publikationen: F. Scheck, *Leptons, Hadrons and Nuclei*, North Holland, Amsterdam, 1983; J. Hufner und C. S. Wu, in *Muonic Physics*, (V. W. Hughes und C. S. Wu, Eds.) Band I, Academic Press, N.Y., 1975, Kap. 3; R. C. Barrett im Anhang; *Exotic Atoms*, (K. Crowe, G. Fiorentini und G. Torelli, Eds.), Plenum, New York, 1980.

Hilfreiche Einführungen in moderne Aspekte der Nukleonenstruktur und der tief unelastischen Streuung findet man bei: R. P. Feynman, *Photon-Hadron Interactions*, W. A. Benjamin, Inc., Reading, MA, 1972; F. E. Close, *An Introduction to Quarks and Partons*, Academic Press, New York, 1979; *Pointlike Structures Inside and Outside Hadrons*, (A. Zichichi, Ed.), Plenum, New York, 1982; K. Gottfried und V. F. Weisskopf, *Concepts of Particle Physics*, Band 2, Oxford University Press, New York, NY, 1986; R. Jaffe, Comm. Nucl. Part. Phys., **13**, 39 (1984); D. H. Perkins, *Introduction to High Energy Physics*, 2. Ausgabe, Addison-Wesley, Reading, MA, 1987.

Neue Übersichtsartikel und Daten sind im Text zitiert, aber eine Arbeit soll zusätzlich erwähnt werden: F. Sciulli, Ann. Rev. Nucl. Part. Sci. **39**, 259 (1989).

Aufgaben

6.1 Eine Elektronenstrahl von 10 GeV Energie und einem Strom von 10^{-8} A wird auf eine Fläche von 0,5 cm^2 gebündelt. Wie groß ist der Fluß F?

6.2 Ein Teilchen-Puls im 100 GeV Beschleuniger enthalte 10^{13} Protonen, werde auf eine Fläche von 2 cm^2 gebündelt und sei gleichmäßig auf 0,5 s verteilt. Berechnen Sie den Fluß.

6.3 Ein Kupfertarget, 0,1 cm dick, befindet sich in einem Teilchenstrahl von 4 cm^2 Fläche. Die Kernstreuung wird beobachtet.
a) Berechnen Sie die Anzahl der Streuzentren, die im Strahl liegen.
b) Der gesamte Wirkungsquerschnitt für einen Streuvorgang sei 10 mb. Welcher Bruchteil des einfallenden Strahls wird gestreut?

6.4 Positive Pionen mit der kinetischen Energie von 190 MeV treffen auf ein 50 cm langes Target aus flüssigem Wasserstoff. Welcher Bruchteil der Pionen erfährt Pion-Proton-Streuung? (Siehe Bild 5.28.)

6.5 Untersuchen Sie den Stoß eines α-Teilchens mit einem Elektron. Zeigen Sie, daß der maximale Energieverlust und der maximale Impulsübertrag in einem Stoß klein sind. Berechnen Sie den maximalen Energieverlust, den ein α-Teilchen mit 10 MeV durch Stoß mit einem ruhenden Elektron verlieren kann.

6.6 Geben Sie die klassische Ableitung der Rutherfordschen Streuformel kurz an.

6.7 Zeigen Sie, daß für ein kugelsymmetrisches Potential Gl. 6.14 aus Gl. 6.13 folgt.

6.8 Beweisen Sie Gl. 6.16.

6.9
a) Zeigen Sie, daß in allen Experimenten, die Auskunft über die Struktur subatomarer Teilchen geben, der Term $(\hbar/a)^2$ in Gl. 6.16 vernachlässigt werden kann.
b) Für welche Streuwinkel ist der Korrekturterm $(\hbar/a)^2$ wichtig?

6.10 Drücken Sie Gl. 6.17 durch die kinetische Energie des einfallenden Teilchens und den Streuwinkel aus. Beweisen Sie, daß dieser Ausdruck mit der Rutherfordschen Formel übereinstimmt.

6.11 Ein Elektron mit der Energie von 100 MeV trifft einen Bleikern.
a) Berechnen Sie den maximalen Impulsübertrag.
b) Berechnen Sie die Rückstoßenergie für den Bleikern bei diesem Impulsübertrag.
c) Zeigen Sie, daß das Elektron für dieses Problem als masselos betrachtet werden kann.

6.12 Beweisen Sie Gl. 6.28 und geben Sie das nächste Glied in der Entwicklung an.

6.13 Es sei folgende Wahrscheinlichkeitsverteilung gegeben ($x = |\mathbf{x}|$):
$\rho(x) = \rho_0$ für $x \leq R$
$\rho(x) = 0$ für $x > R$.
a) Berechnen Sie den Formfaktor für diese „gleichmäßige Ladungsverteilung".
b) Berechnen Sie $\langle x^2 \rangle^{1/2}$.

6.14 Elektronen mit 250 MeV werden an ^{40}Ca gestreut.
a) Berechnen Sie mit den in Text gegebenen Gleichungen die numerischen Werte des Wirkungsquerschnitts als Funktion des Streuwinkels für folgende Annahmen:
a1) Elektronen ohne Spin, punktförmiger Kern.
a2) Elektronen mit Spin, punktförmiger Kern.
a3) Elektronen mit Spin, „gaußförmiger" Kern, siehe Gl. 6.31.
b) Suchen Sie experimentelle Werte für den Wirkungsquerschnitt und vergleichen Sie sie mit den Berechnungen. Bestimmen Sie einen Wert für b in Gl. 6.31.

6.15
a) Was sind myonische Atome?
b) Wie kann man mit myonischen Atomen Kernstrukturen untersuchen?
c) Berechnen Sie den Wert des $2p - 1s$ myonischen Übergang in ^{208}Pb unter Annahme, daß Pb einen punktförmigen Kern hat. Vergleichen Sie dies mit dem beobachteten Wert von 5,8 MeV.
d) Benutzen Sie die in Teil c) beechneten und gegeben Werte zur Abschätzung des Kernradius von Pb. Vergleichen Sie dies mit dem tatsächlichen Wert.

6.16 Berechnen Sie mit Gl. 6.26 die Normierungskonstante N in Gl. 6.32.

6.17 Bestimmen Sie mit den Werten aus Gl. 6.35 den mittleren Abstand zweier Nukleonen in einem Kern.

6.18 Erläutern Sie die $(g-2)$-Experimente für das Elektron und das Myon.
a) Leiten Sie Gl. 6.41 für den nichtrelativistischen Fall her.
b) Skizzieren Sie die experimentelle Anordnung für das $(g-2)$-Experiment mit negativen Elektronen. Wie werden die Elektronen polarisiert? Wie wird die Polarisation am Ende gemessen?
c) Wiederholen Sie Teil b) für Myonen.

6.19 Wie bestimmten Stern, Estermann und Frisch das magnetische Moment des Protons?

6.20
a) Wie wurde das magnetische Moment des Neutrons zuerst bestimmt (indirektes Verfahren)?
b) Erläutern Sie ein direktes Verfahren zur Bestimmung des magnetischen Moments des freien Neutrons.
c) Kann man Speicherringe für Neutronen bauen? Wenn ja, skizzieren Sie eine mögliche Anordnung und beschreiben Sie die zugrundeliegenden physikalischen Ideen.

6.21 Ein Neutron soll zeitweise als Diracneutron ohne magnetisches Moment und zeitweise als Diracproton (ein nukleares Magneton) mit einem negativen Pion existieren. Das negative Pion und das Diracproton sollen ein System mit Bahndrehimpuls 1 bilden. Schätzen Sie ab, welchen Teil der Zeit sich das physikalische Neutron im Proton-Pion-Zustand befinden muß, um das beobachtete magnetische Moment zu erhalten.

6.22 Beweisen Sie Gl. 6.53 und Gl. 6.58.

6.23 Erläutern Sie eine der Methoden zur Bestimmung des mittleren Radius für die Ladung des Neutrons aus der Streuung langsamer Neutronen an Materie.

6.24 Bei der Bestimmung des elastischen Formfaktors von Protonen durch Elektronenstreuung erreicht man Werte für q^2, die größer als 20 $(GeV/c)^2$ sind. Bei der Pion-Elektron-Streuung liegen die höchsten q^2 Werte in der Größenordnung von 1 $(GeV/c)^2$. Warum ist das so?

6.25 Man beschreibe die Penningfalle (Abschnitt 6.6) ausführlich. Könnte man damit ein $\bar{p}$ einfangen? Könnte die Methode von Dehmelt verwendet werden, um $|g|-2$ für ein $\bar{p}$ zu messen?

6.26 Welche quadratische Impulsübertragung t ist erforderlich, um die Struktur eines Elektrons, dessen Radius 1 am (10^{-18} m) betragen soll, zu untersuchen. Welche Strahlenergie ist bei einem e^-e^+-Stoßexperiment nötig? Welche bei Stößen von energetischen e^- mit einem Target aus schweren Atomen?

6.27 Man zeige, daß der Wirkungsquerschnitt für tief unelastische Elektronenstreuung an den drei Quarks mit der Ladung 2/3 und $-1/3$ in einem Proton (d.h. $\langle Z e^2 \rangle = 1/3\, e^2$) nicht durch die Eigenschaft verändert wird, daß jedes Quark in drei Farben vorkommt, solange diese drei Farben in gleichen Anteilen vorhanden sind.

6.28 Die Größenordnung des Wirkungsquerschnitts steht in einem groben Zusammenhang mit der Stärke der Wechselwirkung. Unter Verwendung von Vorstellungen, die der ähneln, die zu Gl. 5.46 führte, leite man den gesamten Wirkungsquerschnitt für die hadronische, die elektromagnetische und die schwache Wechselwirkung näherungsweise her.

6.29 Man schätze die Breite des quasielastischen Peaks bei $q^2/2m$ ab, der durch Elektronenstreuung an einem Kern (Bild 6.17) gefunden wurde.

6.30
a) Man zeige die Richtigkeit von Gl. 6.61.
b) Man beweise Gl. 6.66 und zeige, daß sie Gl. 6.60 entspricht.

6.31 Welche Maximalwerte von W (Gl. 6.65) kann man am SLAC mit Elektronen und im Fermilabor mit Myonenstreuung an Wasserstoff erreichen?

6.32
a) Man zeige, daß Gl. 6.69 richtig ist.
b) Man leite die Beziehung zwischen dq^2 und $d\Omega$ her.
c) Unter Verwendung der Resultate von a) und b) zeige man die Übereinstimmung der beiden Gleichungen 6.68.

6.33 Man zeige, daß $q^2 = -2 p_h \cdot q$ für elastische Streuung gilt. Dabei sind p_h und q Vierervektoren, für die $p_h \cdot q = E_h q_0 / c^2 - \mathbf{p}_h \cdot \mathbf{q}$ gilt. $\mathbf{p}_h$ ist der Anfangsimpuls der Hadronen (siehe Abschnitt 6.11).

6.34
a) Man bestimme das Verhältnis des tief unelastischen Wirkungsquerschnitts für Elektronenstreuung an Neutronen zu dem an Protonen.
b) Man bestimme das Verhältnis aus tief unelastischem Wirkungsquerschnitt bei Elektronenstreuung an einem Target mit dem Isospin null und dem bei Protonen.

6.35 Man vergleiche eine typische Luminosität bei gegeneinander laufenden (kollidierenden) Strahlen mit einer beim Auftreten von 1 µA Protonen auf ein 30 cm langes ruhendes Wasserstofftarget.

6.36 Elektronen- und Protonenstrahlen, die beide nahezu Lichtgeschwindigkeit besitzen, kollidieren miteinander. Elektronen und Protonen sind in Bündeln von 2 cm Länge in zwei Ringen von 300 m Umfang. Jeder der Ringe enthält ein Bündel. Jedes Bündel enthält 3×10^{11} Teilchen, und die Kreisfrequenz beträgt für jeden Strahl 10^6/s, so daß 10^6 Bündel pro Sekunde miteinander kollidieren. Die Teilchen sollen über eine Querschnittsfläche von 0,2 mm² gleichmäßig verteilt sein und diese Fläche soll auch den Wechselwirkungsbereich darstellen.
a) Man bestimme die Luminosität.
b) Man bestimme die Zahl der Streuereignisse, die von einem Zähler registriert würde, der den Wechselwirkungsbereich vollkommen umschließt, wenn der Wirkungsquerschnitt für die Stöße 10 µb beträgt.
c) Man bestimme den mittleren Elektronenfluß.
d) Wie groß ist die Zahl der Streuereignisse, wenn der Elektronenstrahl von einem stationären 2 cm langen Target aus flüssigem Wasserstoff (Dichte ≈ 0,1 g/cm³) und nicht an einem zirkulierenden Protonenstrahl gestreut wird. Man vergleiche das Ergebnis mit der Antwort auf Frage b).

Teil III – Symmetrien und Erhaltungssätze

Wenn die Gesetzmäßigkeiten der subatomaren Welt vollständig bekannt wären, so bestände keine Notwendigkeit mehr zur Untersuchung von Symmetrien und Erhaltungssätzen. Der Zustand jedes Teils der Welt könnte aus einer Grundgleichung berechnet werden, in der alle Symmetrien und Erhaltungssätze enthalten wären. In der klassischen Elektrodynamik z.B. enthalten die Maxwellschen Gleichungen bereits alle Symmetrien und Erhaltungssätze. In der subatomaren Physik jedoch sind die grundlegenden Gleichungen noch nicht aufgestellt, wie wir in Teil IV sehen werden. Die Untersuchung der verschiedenen Symmetrien und Erhaltungssätze und die Konsequenzen daraus liefern deshalb wesentliche Hinweise für die Formulierung der fehlenden Gleichungen. Eine besondere Konsequenz von Symmetriegesetzen ist dabei von äußerster Wichtigkeit: *Immer wenn ein Gesetz bezüglich einer bestimmten Symmetrieoperation invariant ist, gibt es einen dazugehörigen Erhaltungssatz.* Invarianz bezüglich der Translation der Zeit z.B. führt zur Energieerhaltung, Invarianz bezüglich der räumlichen Drehung führt zur Erhaltung des Drehimpulses. Diese grundlegende Beziehung gilt in beiden Richtungen: Findet oder vermutet man eine Symmetrie, so wird die zugehörige Erhaltungsgröße gesucht, bis sie entdeckt wird. Sobald eine Erhaltungsgröße auftaucht, beginnt die Suche nach dem entsprechenden Symmetrieprinzip. Hier ist jedoch Vorsicht geboten: Die Intuition kann sich irren. Oft sieht ein Symmetrieprinzip verlockend aus, stellt sich aber dann als teilweise oder völlig falsch heraus. Das Experiment ist der alleinige Richter darüber, ob ein Symmetrieprinzip gilt oder nicht.

Die Erhaltungsgrößen können zur Kennzeichnung von Zuständen benutzt werden. Ein Teilchen kann man durch seine Masse oder Ruheenergie charakterisieren, da die Energie erhalten bleibt. Dasselbe gilt für die elektrische Ladung q. Sie bleibt erhalten und tritt nur in Einheiten der Elementarladung e auf. Der Wert q/e eignet sich deshalb zur Unterscheidung von Teilchen gleicher Masse. Positive, neutrale und negative Pionen können so getauft werden: Pion ist der „Familienname" und positiv der „Vorname".

In den nächsten drei Kapiteln werden wir eine Anzahl von Symmetrien und Erhaltungssätzen besprechen. Es gibt noch weitere Symmetrien und manchen davon werden wir später begegnen. Einige der Symmetrien sind selbst bei genauester Betrachtung vollkommen und keine Verletzung des zugehörigen Erhaltungssatzes wurde je gefunden. Die Rotationssymmetrie und die Erhaltung des Drehimpulses ist ein Beispiel dieser „vollkommenen" Klasse. Andere Symmetrien werden „verletzt" und der zugehörige Erhaltungssatz gilt nur näherungsweise. Die Invarianz bezüglich der Spiegelung (Parität) ist ein Beispiel einer solchen verletzten Symmetrie. Gegenwärtig ist nicht klar, warum einige Symmetrien verletzt werden und andere nicht. Es ist nicht einmal klar, ob die Frage heißen muß „Warum werden Symmetrien verletzt?" oder „Warum sind einige Symmetrien vollkommen?"

Wir müssen die Symmetrien und ihre Folgen weiter untersuchen und hoffen, damit ein vollständigeres Verständnis dieser Gesetze zu erreichen.[1]

---

[1] Interessante Abhandlungen zur Bedeutung der Symmetrien für die Physik und ganz allgemein für den Erkenntnisgewinn der Menschheit findet man in folgender Literatur:
R. P. Feynman, R. B. Leighton und M. L. Sands, *The Feynman Lectures on Physics*, Band 1, Addison-Wesley, Reading, Mass., 1963, Kapitel 52; H. Weyl, *Symmetry*, Princeton University Press, Princeton, N. J., 1952; E. P. Wigner, *Symmetries and Reflections*, Idiana University Press, Bloomington, 1967; C. N. Yang, *Elementary Particles*, Princeton University Press, Princeton, N. J., 1962 R. P. Feynman, *The Character of Physical Law*, MIT Press, Cambridge, MA, 1965; A. V. Shubnikov und V. A. Kopstik, *Symmetry in Science and Art*, Plenum, New York, 1974; L. Tarasov, *This Amazingly Symmetrical World*, Mir, Moskau, 1986; J. P. Elliot und P. G. Dawber, *Symmetry in Physics*, Oxford University Press, New York, 1979.

7 Additive Erhaltungssätze

In diesem Kaptitel werden wir zuerst die Beziehung zwischen den Erhaltungsgrößen und den Symmetrien allgemein besprechen. Dies ist ein wenig theoretisch, ebnet aber den Weg zum Verständnis der Beziehung zwischen den Symmetrien und Invarianzen. Anschließend werden wir einige zusätzliche Erhaltungssätze behandeln, beginnend mit der elektrischen Ladung. Die elektrische Ladung ist der Prototyp einer Größe, für die ein additiver Erhaltungssatz gilt: Die Ladung einer Ansammlung von Teilchen ist die algebraische Summe der Ladungen der einzelnen Teilchen. Außerdem ist sie quantisiert und wurde nur in Vielfachen der Elementarladung e gefunden. Es gibt andere additive, erhaltende und quantisierte Beobachtungsgrößen und in diesem Kapitcl werden wir die besprechen, die zweifelsfrei feststehen.

7.1 Erhaltungsgrößen und Symmetrie

Wann bleibt eine physikalische Größe erhalten? Zur Beantwortung dieser Frage betrachten wir ein System, das durch einen zeitunabhängigen Hamiltonoperator H beschrieben wird. Die Wellenfunktion dieses Systems erfüllt die Schrödinger-Gleichung

(7.1) $\qquad i\hbar \dfrac{d\psi}{dt} = H\psi.$

Der Wert einer Beobachtungsgröße (Observablen)[1] F im Zustand $\psi(t)$ ist durch den Erwartungswert $\langle F \rangle$ gegeben. Wann ist $\langle F \rangle$ unabhängig von der Zeit? Um dies herauszufinden, nehmen wir an, daß der Operator F nicht von t abhängt und berechnen $(d/dt)\langle F \rangle$:

---

[1] Erfahrungsgemäß sind die Begriffe der *Observablen* und des *Matrixelements* den Studenten zunächst fremd. Kontinuierliche Beschäftigung und gelegentliches Lesen eines Quantenmechanikbuches – z.B. Eisberg, Abschnitt 7.8 oder noch besser Kapitel 8 von Merzbacher – wird die Schwierigkeiten beseitigen. Hier soll nur angemerkt werden, daß eine Observable durch einen quantenmechanischen Operator F dargestellt wird, dessen Erwartungswert einer Messung entspricht. Der Erwartungswert von F im Zustand ψ_a ist definiert als

$\langle F \rangle = \int d^3 x \psi_a^*(\mathbf{x}) F \psi_a(\mathbf{x}).$

Da der Erwartungswert von F gemessen werden kann, muß er reell sein und deshalb muß F hermitesch sein. Werden zwei Zustände betrachtet, so kann man eine ähnliche Größe wie $\langle F \rangle$ bilden, indem man schreibt

$F_{ba} = \int d^3 x \psi_b^*(\mathbf{x}) F \psi_a(\mathbf{x}).$

F_{ba} heißt das Matrixelement von F zwischen den Zuständen a und b. Der Erwartungswert von F im Zustand a ist das Diagonalelement von F_{ba} für $b = a$:

$\langle F \rangle = F_{aa}.$

Die nichtdiagonalen Elemente entsprechen keinen klassischen Größen. Übergänge zwischen den Zuständen a und b hängen jedoch mit F_{ba} zusammen (Eisberg, Abschnitt 9.2; Merzbacher, Abschnitt 5.4).

$$\frac{d}{dt}\langle F\rangle = \frac{d}{dt}\int d^3x\ \psi^*F\psi = \int d^3x\ \frac{d\psi^*}{dt}F\psi + \int d^3x\psi^*F\frac{d\psi}{dt}\ .$$

Zur Berechnung des letzten Ausdrucks benötigt man die konjugiert komplexe Schrödinger-Gleichung

(7.2) $\quad -i\hbar\ \dfrac{d\psi^*}{dt} = (H\psi)^* = \psi^*H.$

Hierbei wurde berücksichtigt, daß H reell ist. Mit Gl. 7.1 und Gl. 7.2 wird $(d/dt)\langle F\rangle$ zu

(7.3) $\quad \dfrac{d}{dt}\langle F\rangle = \dfrac{i}{\hbar}\ \int d^3x\ \psi^*(HF - FH)\psi.$

Der Ausdruck $HF - FH$ heißt *Kommutator* von H und F und wird durch Klammern abgekürzt:

(7.4) $\quad HF - FH = [H, F].$

Gleichung 7.3 zeigt, daß $\langle F\rangle$ erhalten bleibt (d.h. eine Konstante der Bewegung ist), wenn der Kommutator von H und F verschwindet

(7.5) $\quad [H, F] = 0 \rightarrow \dfrac{d}{dt}\langle F\rangle = 0.$

Kommutieren H und F, so können die Eigenfunktionen von H so gewählt werden, daß sie auch Eigenfunktionen von F sind,

(7.6) $\quad \begin{aligned}H\psi &= E\psi \\ F\psi &= f\psi.\end{aligned}$

Hierbei ist E der Eigenwert der Energie und f der Eigenwert des Operators F im Zustand ψ.

Wie findet man Erhaltungsgrößen? Nach Beantwortung der Frage, wann eine Observable erhalten bleibt, gehen wir das mehr physikalische Problem an: *Wie findet man Erhaltungsgrößen?* Der direkte Weg, H hinzuschreiben und alle Observablen in den Kommutator einzusetzen, ist normalerweise undurchführbar, da H nicht vollständig bekannt ist. Glücklicherweise muß H nicht explizit bekannt sein; eine Erhaltungsgröße findet man, wenn H bezüglich einer Symmetrieoperation invariant ist. Zur Definition der Symmetrieoperation führen wir den Transformationsoperator U ein. U verwandelt die Wellenfunktion $\psi(\mathbf{x}, t)$ in die Wellenfunktion $\psi'(\mathbf{x}, t)$:

(7.7) $\quad \psi'(\mathbf{x}, t) = U\psi(\mathbf{x}, t).$

Eine solche Transformation muß die Normierung der Wellenfunktion unverändert lassen:

$$\int d^3x\ \psi^*\psi = \int d^3x\ (U\psi)^*\ U\psi = \int d^3x\psi^*U^\dagger U\psi.$$

7.1 Erhaltungsgrößen und Symmetrie

Der Transformationsoperator U muß folglich *unitär* sein,[2]

(7.8) $\qquad U^\dagger U = UU^\dagger = I.$

U ist ein *Symmetrieoperator*, wenn $U\psi$ dieselbe Schrödinger-Gleichung erfüllt wie ψ. Aus

$$i\hbar \frac{d(U\psi)}{dt} = HU\psi$$

folgt

$$i\hbar \frac{d\psi}{dt} = U^{-1} HU\psi,$$

wobei U als zeitunabhängig angenommen wird und U^{-1} der inverse Operator ist. Der Vergleich mit Gl. 7.1 liefert

$$H = U^{-1} HU = U^\dagger HU$$

oder

(7.9) $\qquad HU - UH \equiv [H, U] = 0.$

Der Symmetrieoperator U kommutiert mit dem Hamiltonoperator.

Der Vergleich von Gl. 7.5 und Gl. 7.9 zeigt, wie man Erhaltungsgrößen findet: Wenn U hermitesch ist, so ist es eine Observable. Ist U nicht hermitesch, so kann man einen hermiteschen Operator finden, der mit U verwandt ist und Gl. 7.5 erfüllt. Bevor wir ein Beispiel eines solchen verwandten Operators angeben, fassen wir noch einmal die wesentlichen Punkte über die Operatoren F und U zusammen.

Der Operator F ist eine *Observable*, er stellt eine physikalische Größe dar. Seine Erwartungswerte müssen reell sein, um gemessenen Werten zu entsprechen und F muß folglich hermitesch sein.

(7.10) $\qquad F^\dagger = F.$

Der *Transformationsoperator* U ist unitär; er verwandelt eine Wellenfunktion in eine andere, wie in Gl. 7.7.

Im allgemeinen sind Transformationsoperatoren nicht hermitesch und entsprechen folglich auch keiner Observablen. Es gibt jedoch Ausnahmen, und bevor wir diese besprechen,

---

[2] **Notation und Definitionen:** Zu einem Operator A ist der hermitesch adjungierte Operator $A^\dagger$ *definiert* durch
$\int d^3x\, (A\psi)^*\phi = \int d^3x \psi^* A^\dagger \phi$.
Der Operator A ist hermitesch, falls $A^\dagger = A$. Er ist ein unitärer Operator, wenn $A^\dagger = A^{-1}$ oder $A^\dagger A = 1$ gilt. Unitäre Operatoren sind Verallgemeinerungen von $e^{i\alpha}$, den komplexen Zahlen mit Absolutwert 1 (Merzbacher, Kapitel 14). **Notation:** Zu einer Matrix A mit den Elementen a_{ik} ist A^* mit den Elementen a^*_{ik} die konjugiert komplexe Matrix. $\tilde{A}$ mit den Elementen a_{ki} ist die transponierte Matrix. $A^\dagger$ mit den Elementen a^*_{ki} ist die hermitesch konjugierte Matrix. $(AB)^\dagger = B^\dagger A^\dagger$. I ist die Einheitsmatrix. Die Matrix F heißt hermitesch, wenn $F^\dagger = F$ gilt. Die Matrix U ist unitär, falls $U^\dagger U = UU^\dagger = I$ gilt.

stellen wir zunächst fest, daß es in der Natur zwei Arten von Transformationen gibt, *kontinuierliche* und *diskontinuierliche*. Die kontinuierlichen lassen sich einfach mit dem Einheitsoperator verknüpfen, bei den diskontinuierlichen ist dies nicht möglich. Unter den letzteren finden wir Operatoren, die gleichzeitig unitär und hermitesch sind. Die Paritätsoperation (Inversion des Raums) z.B., die **x** in − **x** verwandelt, stellt eine Spiegelung am Ursprung dar. Eine solche Operation ist offensichtlich nicht kontinuierlich. Es ist unmöglich „nur ein bißchen" zu spiegeln. Entweder spiegelt man oder nicht. Wenn die Raumumkehr zweimal angewandt wird, erhält man wieder die ursprüngliche Lage. Diskontinuierliche Operatoren haben oft diese Eigenschaft

(7.11) $\quad U_h^2 = 1$.

Wie man aus Gl. 7.8 und Gl. 7.10 sieht, ist U_h dann unitär *und* hermitesch und demnach eine Observable.

Ein bekanntes Beispiel einer kontinuierlichen Transformation ist die gewöhnliche Drehung (Rotation). Die Drehung um eine gegebene Achse kann um jeden beliebigen Winkel α erfolgen und man kann α so klein machen, wie man will. Im allgemeinen kann man eine kontinuierliche Transformation so klein machen, daß ihr Operator sich dem Einheitsoperator nähert. Der Operator U kann für eine kontinuierliche Transformation als

(7.12) $\quad U = e^{i\varepsilon F}$

geschrieben werden, wobei ε ein reeller Parameter ist. F heißt die Erzeugende von U. Die Wirkung eines solchen exponentiellen Operators auf die Wellenfunktion ψ ist durch

$$U\psi = e^{i\varepsilon F}\psi \equiv \left[1 + i\varepsilon F + \frac{(i\varepsilon F)^2}{2!} + ... \right]\psi$$

definiert. Im allgemeinen gilt $\exp(i\varepsilon F) \neq \exp(-i\varepsilon F^\dagger)$ und ist U nicht hermitesch. Die Unitaritätsbedingung Gl. 7.8 gibt jedoch, falls $[F, F^\dagger] = 0$ ist,

$$\exp(-i\varepsilon F^\dagger) \exp(i\varepsilon F) = \exp[i\varepsilon(F-F^\dagger)] = 1$$

oder

(7.13) $\quad F^\dagger = F$.

Die Erzeugende F des Transformationsoperators U ist ein hermitescher Operator und sie ist die zu U gehörige Observable, falls U nicht hermitesch ist. Um F zu finden, ist es meist am günstigsten, nur infinitesimal kleine Transformationen zu betrachten:

(7.14) $\quad U = e^{i\varepsilon F} \rightarrow U = 1 + i\varepsilon F, \qquad \varepsilon F \ll 1$.

Wenn ein System invariant bezüglich einer endlichen Transformation ist, dann ist es sicher auch invariant bezüglich einer infinitesimalen Transformation. Die Untersuchung infinitesimaler Transformationen ist jedoch viel weniger mühselig, als die der endlichen Transfor-

7.1 Erhaltungsgrößen und Symmetrie

mationen. Ist U insbesondere ein Symmetrieoperator, so kommutiert er mit H, wie in Gl. 7.9 gezeigt. Einsetzen der Entwicklung Gl. 7.14 in Gl. 7.9 ergibt

$$H(1 + i\varepsilon F) - (1 + i\varepsilon F) H = 0$$

oder

(7.15) $[H, F] = 0$.

Die Erzeugende F ist ein hermitescher Operator, der erhalten bleibt, wenn U erhalten bleibt.

Die Darstellung in diesem Abschnitt war bis jetzt ziemlich formal und abstrakt. Die Anwendungen werden jedoch die weitreichenden Konsequenzen dieser etwas trockenen Betrachtungen zeigen. Kontinuierliche und diskontinuierliche Transformationen spielen eine bedeutende Rolle in der subatomaren Physik. Invarianz bezüglich einer kontinuierlichen Transformation führt zu einem additiven Erhaltungssatz. Wichtige Beispiele dafür werden in diesem und im folgenden Kapitel besprochen. Invarianz bezüglich einer diskontinuierlichen Transformation kann zu einem multiplikativen Erhaltungssatz führen und spezielle Beispiele dafür werden in Kapitel 9 behandelt.

Ein Beispiel. Die Abhandlungen in den folgenden Abschnitten und Kapiteln sind kurz gefaßt und deshalb stellen wir hier zunächst ein einfaches Beispiel sehr ausführlich dar, um die folgenden Fälle leichter verdaulich zu machen.

Wir betrachten das Verhalten eines Teilchens (oder Systems), das sich in einer Dimension, x, bewegt. Bild 7.1 zeigt das Teilchen an zwei verschiedenen Stellen mit den entsprechenden Wellenfunktionen. $\psi(x)$ ist die Wellenfunktion des Teilchens am Ort x_0 und $\psi^\Delta(x)$ ist die Wellenfunktion des um den Abstand Δ verschobenen Teilchens. Nach Gl. 7.7 sind ψ und ψ^Δ *an derselben Stelle x* durch einen Transformationsoperator U verknüpft,

(7.7a) $\psi^\Delta(x) = U(\Delta)\psi(x)$.

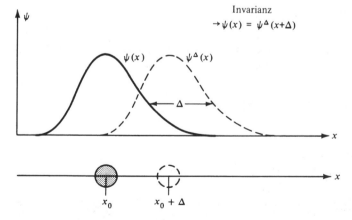

Bild 7.1 Ein Teilchen in einer Dimension. Es ist an zwei verschiedenen Stellen im Abstand Δ mit den entsprechenden Wellenfunktionen eingezeichnet.

Bis hierhin wurden keine Invarianzeigenschaften verwandt und die Wellenfunktionen ψ und ψ^Δ können völlig verschiedene Formen haben. Wenn das System jedoch *invariant bezüglich der Translation* ist, dann erfüllen ψ und ψ^Δ dieselbe Schrödinger-Gleichung und H und U kommutieren. Die Invarianz besagt, daß die Wellenfunktion ihre Form nicht ändert, wenn sie mit dem Teilchen entlang x verschoben wird und demnach wie in Bild 7.1 zu sehen,

$$\psi(x) = \psi^\Delta(x + \Delta).$$

Das Ziel ist es nun, einen expliziten Ausdruck für den Symmetrieoperator U und die zugehörige Erzeugende F zu finden. Für infinitesimal kleine Verschiebungen Δ ergibt die Entwicklung der obigen Gleichung

$$\psi(x) \approx \psi^\Delta(x) + \frac{d\psi^\Delta(x)}{dx}\Delta = \left(1 + \Delta\frac{d}{dx}\right)\psi^\Delta(x).$$

Die Multiplikation mit $(1 - \Delta d/dx)$ von links und Vernachlässigung des Terms proportional zu Δ^2 liefert

$$\psi^\Delta(x) \approx \left(1 - \Delta\frac{d}{dx}\right)\psi(x).$$

Der Vergleich mit Gl. 7.7a zeigt, daß

$$U(\Delta) \approx 1 - \Delta\,\frac{d}{dx}.$$

Der allgemeine infinitesimale Operator U steht in Gl. 7.14. Der reelle Parameter ε ist die Verschiebung Δ und es zeigt sich, daß die Erzeugende F proportional zum Impulsoperator p_x ist:

$$F = i\frac{d}{dx} = -\frac{1}{\hbar}\,p_x.$$

Da U mit H kommutiert, kommutiert auch F mit H, wie in Gl. 7.15 gezeigt wurde. Die Invarianz bezüglich einer Translation entlang der x-Achse führt zur Erhaltung des zugehörigen Impulses p_x.

7.2 Die elektrische Ladung

Als erstes Beispiel einer Erhaltungsgröße betrachten wir die elektrische Ladung. Wir sind so daran gewöhnt, daß Elektrizität nicht spontan erscheint oder verschwindet, daß wir oft vergessen zu fragen, wie gut die Erhaltung der elektrischen Ladung bewiesen ist. Eine gute Möglichkeit zur Überprüfung der Ladungserhaltung ist die Suche nach dem Zerfall des Elektrons. Wenn die Ladung nicht erhalten bleibt, so wäre der Zerfall des Elektrons in ein Neutrino und ein Photon,

7.2 Die elektrische Ladung

$$e \to \nu\gamma,$$

nach allen bekannten Erhaltungssätzen erlaubt. Wie könnte ein solches Ereignis beobachtet werden? Wenn ein im Atom gebundenes Elektron zerfällt, hinterläßt es ein Loch in der Schale. Das Loch wird dann von einem Elektron aus einem höheren Zustand gefüllt, und dabei ein Röntgenquant emittiert. Eine solche Röntgenstrahlung wurde nie beobachtet und die mittlere Lebensdauer eines Elektrons ist demnach größer als 2×10^{21} a.[3] Das Ergebnis wird verallgemeinert, indem man sagt, die elektrische Ladung wird in jeder Reaktion erhalten. Die elektrische Ladung im Anfangs- und Endzustand jeder Reaktion muß die gleiche sein:

(7.16) $\quad \Sigma q_{\text{Anfang}} = \Sigma q_{\text{Ende}}.$

Dieser Erhaltungssatz stimmt mit allen Beobachtungen überein.

Die Quantisierung der elektrischen Ladung erlaubt es uns, die Ladungserhaltung etwas anders darzustellen. Alle Untersuchungen stimmen darin überein, daß die elektrische Ladung eines Teilchens immer ein ganzzahliges Vielfaches der Elementarladung e ist:

(7.17) $\quad q = Ne.$

N heißt elektrische Ladungszahl oder manchmal einfach nur die elektrische Ladung. Wenn freie Quarks existieren würden, könnten die Ladungen in Vielfachen von $e/3$ auftreten. Die Beziehung Gl. 7.17 besagt, daß die Ladung des Neutrons genau Null und die Ladungen des Elektrons und Protons genau gleich groß sein müssen. Tatsächlich zeigt die Beobachtung von Neutronenstrahlen oder neutralen Atomstrahlen in elektrischen Feldern, daß die Neutronenladung kleiner als $3 \times 10^{-20} e$ und die Summe der Elektronen- und Protonenladung kleiner als $3 \times 10^{-17} e$ ist.[4] Jedem Teilchen wird deshalb eine Ladungszahl N zugeordnet. Die Erhaltung der elektrischen Ladung, Gl. 7.16, bedeutet, daß N einen *additiven Erhaltungssatz* erfüllt: In jeder Reaktion

$$a + b \to c + d + e$$

bleibt die Summe der Ladungszahlen konstant,

(7.18) $\quad N_a + N_b = N_c + N_d + N_e.$

Gleichung 7.16 ist ein Beispiel eines Erhaltungssatzes. Wir haben in der Einführung festgestellt, daß zu jedem Erhaltungssatz ein Symmetrieprinzip gehört. Welches Symmetrieprinzip bewirkt die Erhaltung der elektrischen Ladung? Zur Beantwortung dieser Frage gehen wir wie in Abschnitt 7.1 vor, nur diesmal speziell für die elektrische Ladungserhaltung. Beim Lesen der folgenden Ableitung ist es empfehlenswert, nebenher die allgemeinen Schritte in Abschnitt 7.1 zu verfolgen. ψ soll einen Zustand mit Ladung q beschreiben und die Schrödinger-Gleichung Gl. 7.1 erfüllen:

---

[3] M. K. Moe und F. Reines, *Phys. Rev.* **140B**, 992 (1965).
[4] C. G. Shull, W. K. Billman und F. A. Wedgwood, *Phys. Rev.* **153**, 1415 (1967); J. G. King, *Phys. Rev. Letters* **5**, 562 (1960).

(7.19) $$i\hbar \frac{d\psi}{dt} = H\psi.$$

Wenn Q der Operator der elektrischen Ladung ist, so wissen wir aus Gl. 7.5 und Gl. 7.6, daß $\langle Q \rangle$ erhalten bleibt, wenn H und Q kommutieren. ψ kann dann als Eigenfunktion von Q gewählt werden,

(7.20) $$Q\psi = q\psi,$$

und der Eigenwert q bleibt auch erhalten. Welche Symmetrie garantiert, daß H und Q kommutieren? Die Antwort darauf stammt von Weyl,[5] der eine Transformation vom Typ der Gl. 7.12 betrachtete:

(7.21) $$\psi' = e^{i\varepsilon Q}\psi.$$

Dabei ist ε ein beliebiger reeller Paramter und Q der Operator der elektrischen Ladung. Diese Transformation nennt man globale Eichtransformation[6], da sie unabhängig von den Raum- und Zeitkoordinaten ist. *Eichinvarianz* bedeutet, daß ψ' dieselbe Schrödinger-Gleichung wie ψ erfüllt:

$$i\hbar \frac{d\psi'}{dt} = H\psi'$$

oder

$$i\hbar \frac{d}{dt}(e^{i\varepsilon Q}\psi) = H e^{i\varepsilon Q}\psi.$$

Multipliziert man dies von links mit $e^{-i\varepsilon Q}$ und berücksichtigt, daß Q ein zeitunabhängiger und hermitescher Operator ist, so erhält man nach Vergleich mit Gl. 7.19

(7.22) $$e^{-i\varepsilon Q} H e^{i\varepsilon Q} = H.$$

Da ε ein beliebiger Parameter ist, kann es so klein gewählt werden, daß $\varepsilon Q \ll 1$ ist. Die Entwicklung der Exponentialfunktion gibt dann

$$(1 - i\varepsilon Q)H(1 + i\varepsilon Q) = H$$

oder

(7.23) $$[Q, H] = 0.$$

---

[5] H. Weyl, *The Theory of Groups and Quantum Mechanics*, Dover, New York, 1950 pp. 100, 214.
[6] Das Wort „Eich" (englisch gauge) stammt aus der Übersetzung von Hermann Weyls erster Einführung im Jahre 1919 als Maßstabsinvarianz; H. Weyl, *Ann. Physik* **59**, 101 (1919). Die Idee wurde etwa 40 Jahre lang nicht beachtet, weil Weyls Anwendung davon nicht korrekt war.

7.2 Die elektrische Ladung

Die Invarianz bezüglich der Eichtransformation Gl. 7.21 garantiert die Erhaltung der elektrischen Ladung. Sie ist ein additiver Erhaltungssatz, weil bei Transformation der Produkte der Wellenfunktionen mit dem Operator in Gl. 7.21 der hermitesche Operator Q im Exponenten auftritt, so daß man Gl. 7.18 für die Ladungen erhält.

Zusätzlich zur globalen Eichtransformation können wir eine lokale Eichtransformation definieren, bei der der Parameter ε in Gl. 7.21 eine beliebige Funktion ε ($\mathbf{x}$, t) von Raum und Zeit wird. In diesem Fall stehen die Phasen der zwei verschiedenen Raum-Zeit-Punkte in keinem Zusammenhang mehr. Diese lokale Eichtransformation und die entsprechende Symmetrie bilden die entscheidende Untermauerung aller modernen subatomaren physikalischen Kräfte, der hadronischen, der elektromagnetischen und der schwachen. Hier werden wir die Brauchbarkeit der lokalen Eichtransformation nur an einem einfachen Beispiel verdeutlichen. Ausführlicher werden wir die lokale Eichtransformation im Kapitel 12 behandeln.

Wir haben bewiesen, daß die globale Eichinvarianz zur Ladungserhaltung führt, aber wir haben die Ladung bisher nicht als eine elektrische identifiziert. Dafür benötigen wir die lokale Eichinvarianz, wie wir jetzt zeigen werden. Wir nehmen an, daß q eine elektrische Ladung ist und bringen das System in ein statisches elektrisches Feld $\mathbf{E}$, das durch das skalare Potential A_0 definiert wird

(7.24) $\mathbf{E} = -\nabla A_0$

Der Hamiltonoperator H in der Schrödingergleichung 7.1 kann dann geschrieben werden

(7.25) $H = H_0 + q A_0$

H beschreibt das System ohne das Feld A_0. Für ein freies Teilchen der Masse m gilt

$$H_0 = \frac{p^2}{2m} = \frac{-\hbar^2 \nabla^2}{2m}.$$

Aus der klassischen Elektrizitätslehre und dem Magnetismus ist bekannt, daß die elektrischen und magnetischen Feldvektoren $\mathbf{E}$ und $\mathbf{B}$ durch eine Eichtransformation $A_0 \to A'_0$, $\mathbf{A} \to \mathbf{A}'$ nicht verändert werden.

(7.26) $A'_0 = A_0 - \dfrac{1}{c} \dfrac{\partial \Lambda(\mathbf{x}, t)}{\partial t}$, $\mathbf{A}' = \mathbf{A} + \nabla \Lambda(\mathbf{x}, t)$

Λ ($\mathbf{x}$, t) ist hier eine beliebige Funktion von $\mathbf{x}$ und t.[7] Wir ersetzen die globale Eichtransformation aus Gl. 7.21 durch die lokale Eichtransformation

(7.27) $\psi' = e^{i\varepsilon(x,t)Q} \psi$

Obwohl die Phase ε($\mathbf{x}$, t) im allgemeinen eine beliebige Funktion von Raum und Zeit ist, ist es für unsere Zwecke hier ausreichend, Λ und ε als konstant im Raum und nur als Funk-

---
[7] Jackson, Abschnitte 6.4 und 6.5.

tion der Zeit $\Lambda(t)$ und $\varepsilon(t)$ zu betrachten. Diese Beschränkung vereinfacht die Rechnung und wird in Kapitel 12 aufgehoben. Invarianz gegenüber der lokalen Eichtransformation erfordert, daß die Schrödingergleichung für ψ und ψ' dieselbe Form hat.

(7.28a) $\qquad i\hbar \dfrac{\partial \psi'}{\partial t} = (H_0 + qA'_0)\,\psi'.$

Gegenüber den gleichzeitigen Eichtransformationen von ψ und A_0 erhält man aus den Gleichungen 7.26 und 7.27 und mit Gl. 7.24 die Schrödingergleichung (7.28) zu

(7.28b) $\qquad i\hbar \dfrac{\partial}{\partial t} e^{i\varepsilon(t)Q}\psi = \left(\dfrac{-\hbar^2\nabla^2}{2m} + qA_0 - \dfrac{q}{c}\dfrac{\partial \Lambda}{\partial t}\right) e^{i\varepsilon(t)Q}\psi$

$\qquad\qquad e^{i\varepsilon(t)Q}\left(\dfrac{i\hbar\partial \psi}{\partial t} - \hbar\, Q\,\psi\,\dfrac{\partial \varepsilon}{\partial t}\right) = e^{i\varepsilon(t)Q}\left(-\dfrac{\hbar^2\nabla^2}{2m} + q\,A_0 - \dfrac{q}{c}\dfrac{\partial \Lambda}{\partial t}\right)\psi$

Ein Vergleich der Gleichung 7.1 mit 7.25 und 7.28 zeigt, daß die Invarianzbedingung

(7.29) $\qquad \hbar Q \dfrac{\partial \varepsilon(t)}{\partial t} = \dfrac{q}{c}\dfrac{\partial \Lambda(t)}{\partial t}$

impliziert. Da $\varepsilon(t)$ und $\Lambda(t)$ beliebige Funktionen von Raum und Zeit sind, setzen wir

(7.30) $\qquad \Lambda(t) = \hbar c\, \varepsilon(t),$

so daß Gl. 7.29 identisch mit der Eigenwertgleichung 7.20 wird. Gl. 7.25 bedeutet, daß q die elektrische Ladung ist und Q demzufolge der elektrische Ladungsoperator. Die globale Eichtransformation führt zum Erhaltungssatz der Quantenzahl, die lokale Eichtransformation 7.27 identifiziert zusammen mit der Eichtransformation des elektromagnetischen Feldes (Gl. 7.26) die Ladung. Die Phase der Wellenfunktion verändert sich in Raum und Zeit wie durch $\varepsilon(\mathbf{x}, t)$ beschrieben. Diese Änderung wird durch analoge Veränderungen des elektromagnetischen Potentials, die durch

$$\Lambda(\mathbf{x}, t) = \hbar c\, \varepsilon(\mathbf{x}, t)$$

gegeben sind, neutralisiert, so daß kein Nettoeffekt zu beobachten ist.

7.3 Die Baryonenzahl

Die Erhaltung der elektrischen Ladung allein garantiert noch keine Stabilität gegen Zerfall. Das Proton z.B. könnte in ein Positron und ein γ-Quant zerfallen, ohne die Ladungs- oder Drehimpulserhaltung zu verletzen. Was verhindert diesen Zerfall? Stueckelberg schlug als erster vor, daß die Gesamtzahl der Nukleonen erhalten bleiben soll.[8] Dieses Ge-

---

[8] E. C. G. Stueckelberg, *Helv. Phys. Acta* **11**, 225, 299 (1938); E. P. Wigner, *Proc. Am. Phil. Soc.* **93**, 521 (1949).

7.3 Die Baryonenzahl

setz kann kurz formuliert werden, indem man dem Proton und dem Neutron eine *Baryonenzahl* $A = 1$ und dem Antiproton und dem Antineutron $A = -1$ zuordnet. (Antiteilchen werden in Abschnitt 7.5 behandelt.) Leptonen, Photonen und Mesonen erhalten $A = 0$. Die Elementarteilchenphysiker bezeichnen die Baryonenzahl mit B, wir verwenden hier aber die in der Kernphysik übliche Bezeichnung A. Der additive Erhaltungssatz für die Baryonenzahl lautet dann

(7.31) $\quad \sum A_i = \text{const.}$

Wie genau Gl. 7.24 gilt, kann man durch eine Grenze für die Lebensdauer von Nukleonen angeben. Einen guten Wert erhält man, indem man den Wärmefluß aus dem Innern der Erde betrachtet. Sollten Nukleonen zerfallen, würde Wärme frei und der Wärmefluß könnte zur Bestimmung der Lebensdauer der Nukleonen benutzt werden. Zieht man die Beiträge von den bekannten radioaktiven Elementen vom beobachteten Wärmefluß ab, so ergibt sich eine Grenze von 10^{20} a. Eine noch bessere Begrenzung findet man durch Messung von möglichen Zerfällen in einem großen Materieblock mit sehr großen Zählern, die tief unter der Erde von der kosmischen Strahlung abgeschirmt sind.[9] Der Grenzwert wird dann 10^{30} a. Für den speziellen Zerfall $p \rightarrow e^+\pi^0$ beträgt die untere Grenze 3×10^{32} Jahre.[10] Wir brauchen uns also keine Sorgen zu machen, durch den Zerfall von Nukleonen zu vergehen, sondern wir haben nur den biologischen Zerfall zu fürchten.

Die Entdeckung der seltsamen (strange) Teilchen führte zu einer Verallgemeinerung der Nukleonenzahlerhaltung. Betrachtet man z.B. die Zerfälle

$$\Lambda^0 \rightarrow n\pi^0$$
$$\Sigma^+ \begin{cases} \rightarrow p\pi^0 \\ \rightarrow \Lambda e^+ \nu \end{cases}$$
$$\Sigma^- \rightarrow n\pi^-$$

oder irgendeinen der im Anhang A3 aufgeführten Hyperonenzerfälle, so bleibt in jedem dieser Zerfälle die Baryonenzahl erhalten, wenn sie zu

$$A = 1 \quad \text{für } p, n, \Lambda, \Sigma, \Xi, \Omega$$

und $A = -1$ für die entsprechenden Antiteilchen verallgemeinert wird. Ähnlich können *Resonanzen* und *Kerne* durch ihre Baryonenzahl charakterisiert werden. Da Kerne aus Protonen und Neutronen aufgebaut sind, ist ihre Baryonenzahl A identisch mit der Massenzahl, wie sie in Abschnitt 5.9 eingeführt wurde. *Hyperkerne* sind Kerne, in denen ein oder zwei Nukleonen durch Hyperonen ersetzt wurden.

Wie im Fall der elektrischen Ladung erhebt sich auch hier die Frage nch der Symmetrie, die für die Baryonenzahlerhaltung verantwortlich ist. Wieder führt formal die Eichtransformation

---

[9] S. Weinberg, *Sci. Amer.* **231**, 50 (Juli 1974); J. M. Lo Secco, F. Reines und D. Sinclair. *Sci. Amer.* **252**, 54 (Juni 1985).
[10] J. Bartelt et al., *Phys. Rev. Lett.* **50**, 651 (1983); M. Goldhaber in *Interactions and Structures in Nuclei*, (R. J. Blin-Stoyle und W. D. Hamilton, Eds.), (Adam Hilger, Philadelphia, 1988), S. 99.

(7.32) $\quad \psi' = \psi e^{i\varepsilon A}$

zum Erhaltungssatz, Gl. 7.31. Der physikalische Ursprung dieser Eichtransformation ist jedoch noch ein Rätsel.

Die bisher angegebenen Werte zeigen, daß eine weitere Suche nach einer Verletzung der Baryonenerhaltung unnötig ist, da die Grenzwerte von 10^{30} bzw. 3×10^{32} Jahren sehr groß im Vergleich zum Alter des Universums sind, das nur etwa 10^{10} Jahre alt ist. Theoretische Betrachtungen legen jedoch nahe, daß die Lebensdauer von Protonen zwar sehr groß, aber nicht unendlich ist. Es ist wichtig festzustellen, daß es zwischen den Erhaltungssätzen für die elektrische Ladung und für die Baryonenzahl einen grundlegenden Unterschied gibt. Die Erhaltung der elektrischen Ladung ist bezogen auf oder erhalten aus der Kontinuitätsgleichung für den elektrischen Strom und der Eichinvarianz, die mit den Maxwellschen Gleichungen verbunden sind. Eine solch kräftige theoretische Grundlage wurde für die Baryonenerhaltung nicht gefunden. Sie ist lediglich eine empirische Regel und basiert auf genauen experimentellen Messungen. Außerdem hat der Erfolg der Vereinigung der schwachen und der elektromagnetischen Wechselwirkung, die wir in Kapitel 13 diskutieren werden, die Theoretiker dazu geführt, über eine (große vereinigte) Theorie zu spekulieren, die auch die starke Wechselwirkung umfaßt[11,12]. Alle diese Theorien und die damit verbundenen Argumente vom Überschuß der Materie gegenüber der Antimaterie in unserem Universum enthalten eine sehr kleine Verletzung der Baryonenerhaltung[13]. Die vorausgesagte Lebensdauer der Protonen hängt von der speziellen Theorie ab, liegt aber bei vielen Modellen bei etwa 10^{31} a.

7.4 Leptonen- und Myonenzahl

In Abschnitt 5.6 wurden die grundlegenden Eigenschaften der vier Leptonen (Elektron, Myon und zwei Neutrinos) skizziert und darauf hingewiesen, daß es vier Antileptonen gibt. Zur Erklärung, warum einige Zerfälle nicht stattfinden, obwohl sie durch alle anderen Erhaltungssätze erlaubt wären, führten im wesentlichen Konopinski und Mahmoud eine Leptonenzahl L und die Leptonenerhaltung ein.[14] Sie wählten $L = 1$ für e^-, μ^-, ν_e und ν_μ; $L = -1$ für die Antileptonen e^+, μ^+, $\bar\nu_e$ $\bar\nu_\mu$; und $L = 0$ für alle anderen Teilchen. Die Leptonenerhaltung fordert dann

(7.33) $\quad \sum L_i = \text{const.}$

Leptonen, wie Baryonen, können nur in Paaren von Teilchen und Antiteilchen erzeugt oder vernichtet werden. Hochenergetische Photonen können Paare der Art

$$\gamma \to e^- e^+, \quad \gamma \to p\bar{p}$$

---

[11] M. Goldhaber, P. Langacker und R. Slansky, *Science* **210**, 851 (1980); M. K. Gaillard, *Comm. Nucl. Part. Phys.* **9**, 39 (1980); H. Georgi, *Sci. Amer.* **244**, 48 (Juni 1981).
[12] S. L. Glashow, *Rev. Mod. Phys.* **52**, 539 (1980); P. Langacker, *Phys. Rep.* **72**, 185 (1981); P. Ramond, *Ann. Rev. Nucl. Part. Sci.* **33**, 31 (1984); H. P. Niles, *Phys. Rep.* **110**, 1 (1984).
[13] F. Wilczek, *Sci. Amer.* **243**, 82 (Dezember 1980).
[14] E. J. Konopinski und H. M. Mahmoud, *Phys. Rev.* **92**, 1045 (1953).

7.4 Leptonen- und Myonenzahl

erzeugen, aber nicht $\gamma \rightarrow e^- p$. Wir erinnern daran, daß solche Prozesse nur im Feld eines Kerns stattfinden können, der den Impuls übernimmt, siehe auch Aufgabe 3.22.

Wenn die Fermionenzahl erhalten und die Baryonenzahl nicht erhalten bleibt, kann die Leptonenzahl auch nicht erhalten bleiben, da die Fermionenzahl die Summe aus Leptonen- und Baryonenzahl ist. Der Protonenzerfall könnte tatsächlich ein einzelnes Lepton oder Antilepton erzeugen, z.B. $p \rightarrow e^+ \pi^0$. Schwere Leptonen, solche wie das Tau könnten in ein Baryon und Mesonen mit einer Lebensdauer, die etwa der der Protonen entspricht, zerfallen. Die Leptonenerhaltung hat keine festere theoretische Begründung als die Baryonenerhaltung, und solche Zerfälle können deshalb nicht ausgeschlossen werden. Experimentell ist die Verletzung der Leptonenerhaltung noch schwieriger zu beobachten als der Protonenzerfall, da schwere Leptonen rar sind. Wir wissen aber, daß die Verletzung der Leptonenzahl, falls sie existiert, sehr klein ist. Daher können wir für alle Erscheinungen, die wir diskutieren werden, die Leptonenerhaltung als gültig annehmen, und die folgende Frage stellen:

Ist die Zuordnung einer Leptonenzahl sinnvoll und richtig? Wenn ja, wie kann man dann sicher sein, daß die Zuordnung stimmt? Wir stellen zunächst fest, daß eine positive Antwort auf die erste Frage eine Herausforderung an die Intuition darstellt. Zu den Leptonen gehören die Neutrinos, die keine Ladung und eine sehr kleine oder eine verschwindende Masse haben. Wie kann solch ein einfaches Teilchen in sechs Versionen auftreten? Wenn sich jedoch herausstellt, daß Neutrino und Antineutrino identisch sind, dann ist die Zuordnung einer Leptonenzahl falsch.

Die Beweise für die Leptonenerhaltung stammen von Neutrinoreaktionen und von Untersuchungen des doppelten Betazerfalls. Wir werden hier nur über Neutrinoreaktionen sprechen. Wir betrachten zuerst den Einfang von Antineutrinos

(7.34) $\quad \bar{\nu}_e p \rightarrow e^+ n$.

Dieser Prozeß ist durch die Leptonenerhaltung erlaubt, da die Leptonenzahl auf beiden Seiten -1 ist. Der Einfang von Antineutrinos wurde von Reines, Cowan und Mitarbeitern mit Antineutrinos aus einem Kernreaktor untersucht.[15] Ein Reaktor erzeugt überwiegend Antineutrinos, da die Kernspaltung neutronenreiche Kerne liefert. Diese zerfallen durch Prozesse, bei denen folgende Reaktion stattfindet:

(7.35) $\quad n \rightarrow p e^- \bar{\nu}_e$.

Da das Neutron $L = 0$ hat, muß auch auf der rechten Seite $L = 0$ stehen und das zusammen mit dem negativen Elektron emittierte masselose Teilchen muß ein Antineutrino sein. Die Beobachtung der Reaktion Gl. 7.34 ist in Übereinstimmung mit Gleichung 7.35. Reaktionen vom Typ $\bar{\nu}_e n \rightarrow e^- p$ und $\nu_e p \rightarrow e^+ n$ sind jedoch durch die Leptonenerhaltung verboten. Davis hat nach einer Reaktion dieser Art gesucht.

(7.36) $\quad \bar{\nu}_e\, ^{37}\text{Cl} \rightarrow e^-\, ^{37}\text{Ar}$

---

[15] F. Reines, C. L. Cowan, F. B. Harrison, A. D. McGuire und H. W. Kruse, *Phys. Rev.* **117**, 159 (1960).

Wiederum wurden Antineutrinos aus dem Reaktor benutzt. Auf der linken Seite ist hier $L = -1$ und auf der rechten Seite $L = +1$. Die Leptonenerhaltung würde also verletzt, wenn die Reaktion beobachtet würde. Davis konnte die Reaktion (7.36) nicht beobachten. Er konnte eine Grenze $(2 \times 10^{-42}\text{ cm}^2/\text{Atom})^{16}$ für den Wirkungsquerschnitt der durch Antineutrinos verursachten Reaktion angeben. Man beachte, daß die Reaktion

(7.37) $\qquad \nu_e\ ^{37}\text{Cl} \rightarrow e^-\ ^{37}\text{Ar}$

stattfinden könnte, und sie wurde tatsächlich von Davis beobachtet. Dieses Ergebnis zeigt, daß innerhalb der Genauigkeit der Experimente Antineutrinos und Neutrinos nicht identisch sind. Andere Ergebnisse bestätigten und verbesserten dieses Resultat. Wir werden diesen Punkt ausführlich in Kapitel 11 diskutieren. Davis hat die Reaktion (7.37) dazu benutzt, Neutrinos zu beobachten, die durch thermonukleare Reaktionen in der Sonne emittiert werden.[16] (Siehe Kapitel 19).

Die Ergebnisse aus den Neutrinoreaktionen Gl. 7.34 und Gl. 7.37 wurden durch andere Experimente bestätigt und es steht fest, daß Neutrinos und Antineutrinos verschieden sind. Ein Unterschied wurde beim β-Zerfall beobachtet und ist in Bild 7.2 gezeigt: Das Neutrino hat seinen Spin immer entgegengesetzt zu seiner Bewegungsrichtung, während das Antineutrino parallelen Spin und Impuls hat. Mit anderen Worten, das Neutrino ist ein linksdrehendes und das Antineutrino ein rechtsdrehendes Teilchen. Diese Situation ist mit der Leptonenerhaltung nur verträglich, wenn die Neutrinos keine Masse haben. Masselose Teilchen bewegen sich mit Lichtgeschwindigkeit und ein rechtsdrehendes Teilchen bleibt rechtsdrehend in jedem Bezugssystem. Für ein massives Teilchen kann man eine Lorentztransformation bezüglich des Impulses so durchführen, daß der Impuls im neuen Koordinatensystem seine Richtung umgekehrt hat. Der Spin kann jedoch als Rotation des Teilchens um die Impulsachse betrachtet werden. Die Richtung dieser Rotation im Raum wird durch eine Lorentztransformation bezüglich der Impulsrichtung nicht verändert. Die Lorentztransformation, die die Impulsrichtung umkehrt, läßt folglich den Drehsinn bezüglich des Raums unverändert und ein rechtsdrehendes Teilchen verwandelt sich in ein linksdrehendes, in Bewegungsrichtung betrachtet. Ein massives Antineutrino würde sich also in ein Neutrino verwandeln und die Leptonenzahl bliebe nicht erhalten. Details findet man in Abschnitt 11.10.

Die in Bild 7.2 gezeigte Situation liefert einen beobachtbaren Unterschied zwischen Neutrino und Antineutrino. Warum haben wir auch ein μ-Neutrino und ein e-Neutrino unterschieden? Beide haben $L = 1$. Wodurch unterscheiden sie sich? Um diese Frage anzugehen, muß ein weiteres Rätsel um die Neutrinos vorgestellt werden. Das Myon zerfällt durch

(7.38) $\qquad \mu \rightarrow e\,\bar{\nu}\nu,$

aber die Möglichkeit

(7.39) $\qquad \mu \rightarrow e\gamma$

---

[16] R. Davis, *Phys. Rev.* **97**, 766 (1955); J. K. Rowley et al., in *Solar Neutrinos and Neutrino Astronomy*, (M. L. Cherry, K. Lande und W. A. Fowler, Eds.) American Institute of Physics, New York, 1985), S. 1.

7.4 Leptonen- und Myonenzahl

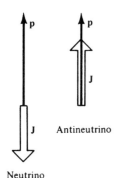

Bild 7.2 Das Neutrino und das Antineutrino sind immer *polarisiert*. Das Neutrino hat seinen Spin immer entgegengesetzt zum Impuls, das Antineutrino hat parallelen Spin und Impuls.

ist durch alle bisher besprochenen Erhaltungssätze erlaubt. Über Jahre hinweg haben viele Gruppen nach dem γ-Zerfall des Myons gesucht, ohne Erfolg. Die Grenze[17] für den Anteil dieses Zerfalls ist kleiner als $4{,}9 \times 10^{-11}$. Der einfachste Weg zur Erklärung des fehlenden γ-Zerfalls des Myons ist ein neuer Erhaltungssatz, die Erhaltung der Myonenzahl L_μ. Dem negativen Myon wird $L_\mu = +1$ und dem positiven $L_\mu = -1$ zugeordnet. Die Leptonenzahl der zu den Myonen gehörigen Neutrinos kann man durch den Pionenzerfall feststellen:

(7.40)
$$\begin{array}{cccccc} & \pi^- \to & \mu^- & \bar{\nu}_\mu, & \pi^+ \to & \mu^+ & \nu_\mu \\ L_\mu: & 0 & 1 & -1 & 0 & -1 & 1 \end{array}$$

Das μ-Neutrino hat $L_\mu = 1$ und das μ-Antineutrino $L_\mu = -1$. Allen anderen Teilchen wird $L_\mu = 0$ zugeordnet. $\bar{\nu}_\mu$ wird als Antineutrino bezeichnet, da es rechtsdrehend ist.

Die Erhaltung der Myonenzahl erklärt den fehlenden Zerfall $\mu \to e\gamma$. Wenn die Einführung der Myonenzahl nichts anderes liefert, ist sie nicht sinnvoll. Tatsächlich aber führt sie zu neuen Vorhersagen, wie man bei Betrachtung dieser beiden Reaktionen sieht:

(7.41) $\quad \nu_\mu n \to \mu^- p, \quad \nu_\mu n \to e^- p.$

Wenn die Myonenzahl erhalten bleibt, ist nur die erste erlaubt, die zweite ist dann verboten. Die Reaktionen können überprüft werden, da der Pionenzerfall Gl. 7.40 nur μ-Neutrinos erzeugt. Die experimentelle Beobachtung ist schwierig, da Neutrinos einen extrem kleinen Wirkungsquerschnitt haben und der Detektor für die Reaktion Gl. 7.41 gegen alle anderen Teilchen abgeschirmt sein muß. 1962 führte eine Gruppe der Columbia-Universität (USA) ein erfolgreiches Experiment am Beschleuniger in Brookhaven durch und fand, daß tatsächlich keine Elektronen durch μ-Neutrinos erzeugt werden.[18] Seit diesem ersten Experiment wurde diese Tatsache vielfach bestätigt. Die Entdeckung des Tau-Leptons hat zur Einführung von noch einer neuen Leptonenquantenzahl, der Tauzahl, geführt. Viele Zerfälle sind nach der Tauzahl erlaubt, z.B.

---

[17] R. D. Bolton et al., *Phys. Rev. Lett.* **56**, 2461 (1986).
[18] G. Danby, J. M. Gaillard, K. Goulianos, L. M. Lederman, N. Mistry, M. Schwartz und J. Steinberger, *Phys. Rev. Letters* **9**, 36 (1962). Siehe auch *Adventures in Experimental Physics.*, Vol. α, 1972; World Sci. Communic, Princeton, NJ, 1972.

$$\tau^- \rightarrow \mu^- \bar{\nu}_\mu \nu_\tau$$
$$\rightarrow \mu^- \nu_\tau$$
$$\rightarrow e^- \bar{\nu}_e \nu_\tau.$$

Diese Zerfälle und noch einige andere sind beobachtet worden.[19]

7.5 Teilchen und Antiteilchen

Wir haben Antiteilchen mehrere Male erwähnt, aber wir haben bisher noch nicht das Konzept erklärt. Das Teilchen-Antiteilchen-Konzept ist eines der faszinierendsten in der Physik. Gleichzeitig führt es zu vielen Fagen, und die Konfusion ist nach der Erklärung oft größer als zuvor. Dieser Abschnitt ist kurz und wird viele Probleme offen lassen. Es sollten aber doch einige der in den späteren Abschnitten benötigten Betrachtungen etwas deutlicher werden.

Die Geschichte beginnt um 1927 mit der Gleichung 1.2:

(1.2) $E^2 = (pc)^2 + (mc^2)^2.$

Dies ist die Energie eines Teilchens mit dem Impuls **p** und der Masse m. Aber jeder von uns lernte früher einmal, eine Wurzel mit Plus und Minus zu schreiben:

(7.42) $E^\pm = \pm[(pc)^2 + (mc^2)^2]^{1/2}.$

Es erscheinen also *zwei* Lösungen, eine positive und eine negative. Was bedeutet die Lösung mit negativer Energie? In der klassischen Physik richtete sie keinen Schaden an. Als die klassischen Götter die Welt erschufen, wählten sie die Anfangsbedingungen ohne negative Energien. Die Kontinuität sorgte dafür, daß später keine mehr auftauchten. In der Quantenmechanik ist die Lage ernster. Betrachtet man die Energieniveaus eines Teilchens mit der Masse m, so besagt Gl. 7.42, daß positive und negative Zustände möglich sind, wie sie in Bild 7.3 gezeigt werden. Die kleinstmögliche positive Energie ist $E = mc^2$, die höchste negative Energie ist $-mc^2$. Nach Gl. 7.42 kann das Teilchen Energien zwischen mc^2 und $+\infty$ und von $-mc^2$ bis $-\infty$ haben. Haben die möglichen negativen Energiezustände beobachtbare Folgen? Wir werden sehen, daß dies zutrifft und eine gewaltige Fülle experimenteller Beweise diese Behauptung belegt. Bevor wir dies zeigen, bringen wir ein mathematisches Argument, das ebenfalls die Existenz der negativen Energiezustände verlangt: Eines der grundlegendsten Theoreme der Quantenmechanik besagt, daß jede Observable einen vollständigen Satz von Eigenfunktionen besitzt.[20] In der relativistischen Quantenmechanik wird gezeigt, daß die Eigenfunktionen ohne die negativen Energiezustände *keinen* vollständigen Satz bilden.

Wenn es die negativen Energiezustände gibt, was bedeuten sie dann? Sie können keine normalen Energiezustände sein, wie in Bild 7.3 angedeutet. Andernfalls könnten gewöhn-

---

[19] Siehe z.B., Particle Data Group, *Phys. Lett.* **204 B**, 1 (1988); M. L. Perl, *Ann. Rev. Nucl. Part. Sci*, **30**, 299 (1980).
[20] Merzbacher, Abschnitt 8.3.

7.5 Teilchen und Antiteilchen

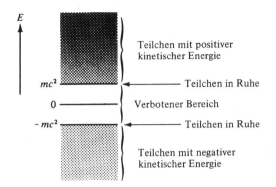

Bild 7.3 Positive und negative Energiezustände eines Teilchens mit der Masse m.

liche Teilchen unter Energieabgabe in die negativen Energiezustände übergehen und die gesamte Materie würde schnell verschwinden. Die erste brauchbare Interpretation der negativen Energiezustände stammt von Dirac[21], der sie als vollständig besetzt betrachtete und fehlende Teilchen (Löcher) darin als Antiteilchen erkannte. Wir werden seine *Löchertheorie* nicht besprechen, sondern sofort zu einer modernen Deutung übergehen, wie sie zuerst von Stueckelberg und später viel durchschlagender von Feynman vorgeschlagen wurde.[22] Wir werden hier deren Vorgehen in vereinfachter Form darstellen und betrachten zunächst ein Teilchen, das sich entlang der positiven x-Achse mit dem positiven Impuls p und der positiven Energie E^+ bewegt. Die Bahn dieses Teilchens in der xt-Ebene zeigt Bild 7.4. Seine Wellenfunktion ist von der Form

$$(7.43) \qquad \psi(x, t) = \exp\left[\frac{i(px - E^+ t)}{\hbar}\right]$$

Die Tatsache, daß das Teilchen sich nach rechts bewegt, sieht man am einfachsten, wenn man beachtet, daß die Phase der Wellenfunktion konstant bleibt, falls

$$px - E^+ t = \text{const.}$$

oder wenn

$$(7.44) \qquad x = \frac{E^+}{p} t.$$

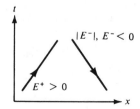

Bild 7.4 Das Teilchen mit positiver Energie E^+ bewegt sich wie ein gewöhnliches Teilchen. Das Teilchen mit negativer Energie E^- ist als Teilchen mit der positiven Energie $|E^-|$ dargestellt, das sich aber rückwärts in der Zeit bewegt. Beide bewegen sich nach rechts.

---

[21] P. A. M. Dirac, *Proc. Roy. Soc. (London)* **A 126**, 360 (1930).
[22] E. C. G. Stueckelberg, *Helv. Phys. Acta,* **14**, 588 (1941); R. P. Feynman, *Phys. Rev.* **74**, 939 (1948).

Der Punkt x bewegt sich nach rechts. (Die Ableitung wäre genauer, wenn man ein Wellenpaket verwenden würde.) Für die Lösungen negativer Energie gilt

$$(7.45) \qquad \psi(x,t) = \exp\left[\frac{i(px-E^-t)}{\hbar}\right], E^- < 0,$$

und Gl. 7.44 wird zu

$$(7.46) \qquad x = \frac{E^-}{p} t = -\frac{|E^-|}{p} t = \frac{|E^-|}{p} (-t),$$

und kann als ein Teilchen betrachtet werden, das sich zeitlich rückwärts bewegt, mit der positiven Energie $|E^-|$.

Was ist ein sich zeitlich rückwärts bewegendes Teilchen? Die klassische Bewegungsgleichung eines Teilchens mit der Ladung $-q$ im magnetischen Feld wird, mit der Lorentzkraft Gl. 2.13, zu

$$(7.47) \qquad m\frac{d^2\mathbf{x}}{dt^2} = \frac{-q}{c}\frac{d\mathbf{x}}{dt} \times \mathbf{B} = \frac{q}{c}\frac{d\mathbf{x}}{d(-t)} \times \mathbf{B}.$$

Ein Teilchen mit der Ladung q, das sich zeitlich rückwärts bewegt, erfüllt dieselbe Bewegungsgleichung wie ein Teilchen mit der Ladung $-q$, das sich zeitlich vorwärts bewegt.[23]

Die Aussagen von den Gl. 7.46 und Gl. 7.47 kann man zusammenfassen: Gleichung 7.46 legt nahe, daß die Lösung mit negativer Energie als ein Teilchen betrachtet wird, das sich mit positiver Energie zeitlich rückwärts bewegt. Gleichung 7.47 beweist, daß ein sich zeitlich rückwärts bewegendes Teilchen dieselbe Bewegungsgleichung erfüllt, wie ein Teilchen mit entgegengesetzter Ladung, das sich zeitlich vorwärts bewegt. Zusammengenommen beinhalten die beiden Beziehungen, daß ein Teilchen mit der Ladung q und *negativer* Energie sich wie ein Teilchen mit der Ladung $-q$ und *positiver* Energie verhält. Das Teilchen mit der Ladung $-q$ ist das Antiteilchen zu dem mit der Ladung q. Die negativen Energiezustände verhalten sich also wie Antiteilchen. Mit dieser Interpretation kann der in Bild 7.5 gezeigte Prozeß auf zwei verschiedene, aber gleichwertige Arten, beschrieben werden: Im üblichen Sprachgebrauch wird zur Zeit t_1 am Ort x_1 ein Teilchen-Antiteilchen-Paar erzeugt. Das Antiteilchen trifft zur Zeit t_2 am Ort x_2 auf ein anderes Teilchen, wodurch zwei γ-Quanten entstehen, die sich zeitlich vorwärts fortbewegen. In der Stueckelberg-Feynman-Sprache gibt es nur ein Teilchen, das sich aber vorwärts und rückwärts durch Raum und Zeit bewegt. Zur Zeit t_2 emittiert das Teilchen zwei Photonen und kehrt zeitlich um, bis zum Punkt (x_1, t_1). Dort wird es durch ein Photon gestreut und bewegt sich wieder zeitlich vorwärts.

Welchen Vorteil bringt es, die negativen Energiezustände so zu betrachten? Die negativen Energiezustände werden so durch Antiteilchen mit positiver Energie ersetzt. Die Beschreibung macht deutlich, daß der Antiteilchenbegriff für Bosonen und Fermionen gleichermaßen gut anwendbar ist.

---

[23] Die Begründung wird überzeugender in der kovarianten Formulierung, wie sie z.B. in Jackson, Kapitel 12 benutzt wird.

7.5 Teilchen und Antiteilchen

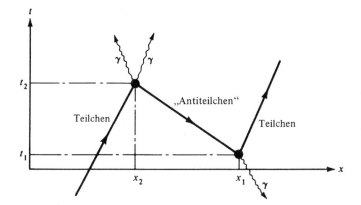

Bild 7.5
Paarerzeugung bei (x_1, t_1) und Teilchen-Antiteilchen-Vernichtung bei (x_2, t_2). Wie in Kapitel 3 gezeigt wurde, kann die Paarerzeugung nur im Feld eines Kerns stattfinden, der den Impuls aufnimmt. Nahe dem Punkt (x_1, t_1) wird ein Kern angenommen.

Aus der Vorstellung des Antiteilchens als ein Teilchen, das sich zeitlich rückwärts bewegt, kann sofort eine Anzahl von Schlüssen gezogen werden. Ein Teilchen und sein Antiteilchen müssen dieselbe Masse und denselben Spin haben, da sie dasselbe Teilchen darstellen und sich nur in verschiedener Zeitrichtung bewegen:

$$(7.48) \quad \begin{aligned} m\,(\text{Teilchen}) &= m\,(\text{Antiteilchen}) \\ J\,(\text{Teilchen}) &= J\,(\text{Antiteilchen}). \end{aligned}$$

Teilchen und Antiteilchen sollen jedoch entgegengesetzte additive Quantenzahlen haben. Dies sieht man an der Paarerzeugung zur Zeit t_1 in Bild 7.5. Zu Zeiten $t < t_1$ ist nur ein Photon in der Gegend um x_1 da und seine additiven Quantenzahlen q, A, L und L_μ sind Null. Wenn diese Quantenzahlen erhalten bleiben, so muß die Summe der entsprechenden Quantenzahlen für das Teilchen-Antiteilchen-Paar auch Null betragen, also

$$(7.49) \quad N(\text{Teilchen}) = - N(\text{Antiteilchen}).$$

Hier steht N für jede additive Quantenzahl, deren Wert für das Photon Null ist.

Wir machen hier eine abschließende Bemerkung zur Bezeichnung bei Feynman-Diagrammen, um eine mögliche Verwirrung zu vermeiden. Die Paarerzeugung wird gewöhnlich wie in Bild 7.6(a) dargestellt. Das entstandene Teilchen hat seinen Richtungspfeil parallel zum Impuls. Das Antiteilchen jedoch hat seinen entgegengesetzt dazu. Die Übereinkunft macht die Diagramme eindeutig und das Beispiel in Bild 7.6(b) sollte somit klar sein.

Ist der Stueckelberg-Feynman-Begriff von Teilchen und Antiteilchen korrekt? Nur das Experiment kann dies entscheiden und die Experimente haben tatsächlich eine starke Un-

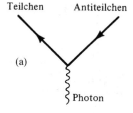
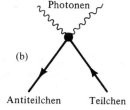

Bild 7.6
Richtungspfeile für Teilchen und Antiteilchen.

terstützung dafür geliefert. Dirac sagte 1931 das Antielektron voraus und 1933 wurde es gefunden.[24] Nach diesem wichtigen Erfolg erhob sich die Frage, ob es ein Antiproton gibt, aber trotz hartnäckiger Suche in der kosmischen Strahlung wurde es nicht entdeckt. Es wurde schließlich 1955 nachgewiesen, als das Betatron in Berkeley in Betrieb genommen wurde.[25] Seitdem wurden im wesentlichen zu allen Teilchen die Antiteilchen gefunden. Ein bedeutsames Beispiel ist die Beobachtung des Antiomega.[26] Dieses Hyperon wurde in der Reaktion

(7.50) $dK^+ \to \bar{\Omega}\Lambda\Lambda p\pi^+\pi^-.$

erzeugt. Erzeugung und Zerfall sind in Bild 7.7 und 7.8 gezeigt.

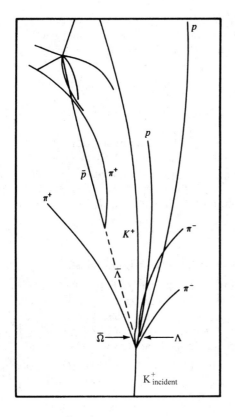

Bild 7.7
Zeichnung der Reaktion $dK^+ \to \bar{\Omega}\Lambda\Lambda p\pi^+\pi^-$ und der folgenden Zerfälle. [A. Firestone et al., *Phys. Rev. Letters* **26**, 410 (1971).]

---

[24] C. D. Anderson, *Phys. Rev.* **43**, 491 (1933); *Am. J. Phys.* **29**, 825 (1961).
[25] O. Chamberlain, E. Segrè, C. Wiegand und T. Ypsilantis, *Phys. Rev.* **100**, 947 (1955).
[26] A. Firestone, G. Goldhaber, D. Lissauer, B. M. Sheldon und G. H. Trilling, *Phys. Rev. Letters* **26**, 410 (1971).

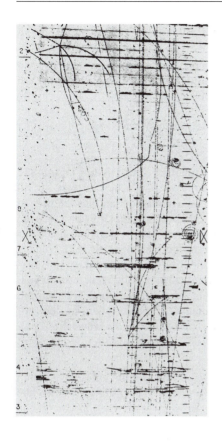

Bild 7.8
Erzeugung des $\overline{\Omega}$, beobachtet bei der Untersuchung von K^+d Wechselwirkungen bei einem Impuls von 12 GeV/c in der 2 m langen Blasenkammer des SLAC (Stanford Linear Accelerator Center, USA).[28] (Mit freundlicher Genehmigung von Gerson Goldhaber, Lawrence Berkeley Laboratory).

7.6 Hyperladung und Strangeness (Seltsamkeit)

Rochester und Butler beobachteten 1947 die ersten V-Teilchen,[27] siehe Bild 5.21. Um 1952 waren schon viele V-Ereignisse beobachtet worden und dabei war ein Problem entstanden: Die V-Teilchen entstehen reichlich, aber zerfallen langsam. Die Erzeugung, z.B. über Gl. 5.54 $p\pi^- \to \Lambda^0 K^0$, geschieht mit einem Wirkungsquerschnitt in der Größenordnung von mb, während die Zerfälle nach der mittleren Lebensdauer von etwa 10^{-10} s stattfinden. Wirkungsquerschnitte in der Größenordnung von mb sind typisch für die starke Wechselwirkung, während Zerfälle in der Größenordnung von 10^{-10} s charakteristisch für die schwache Wechselwirkung sind. Kaonen und Hyperonen werden also stark erzeugt, aber zerfallen schwach. Pais tat den ersten Schritt zur Lösung dieses Widerspruchs, indem er vorschlug, daß V-Teilchen immer paarweise erzeugt werden.[28] Die vollständige Lösung stammt von Gell-Mann und von Nishijima, die beide eine neue Quantenzahl einführten.[29] Gell-Mann nannte sie *Strangeness* (Seltsamkeit, Fremdartigkeit) und der Name setzte sich

---

[27] G. D. Rochester und C. C. Butler, *Nature* **160**, 855 (1947).
[28] A. Pais, *Phys. Rev.* **86**, 663 (1952).
[29] M. Gell-Mann, *Phys. Rev.* **92**, 833 (1953); T. Nakano und K. Nishijima, *Progr. Theoret. Phys.* **10**, 581 (1953).

durch. Wir werden die Zuordnung dieser neuen additiven Quantenzahl zu den Teilchen durch wohlbekannte hadronische Reaktionen beschreiben.[30]

Wir fangen damit an, daß wir den Nukleonen und Pionen die Strangeness $S = 0$ zuweisen und feststellen, daß die Strangeness für Leptonen nicht definiert ist. Die Strangeness soll eine Erhaltungsgröße in allen nichtschwachen Wechselwirkungen sein:

(7.51) $\sum_i S_i$ = const. in starken und elektromagnetischen Wechselwirkungen

Wir haben hier das erste Beispiel einer „verletzten" Symmetrie: S wird in der starken und der elektromagnetischen Wechselwirkung erhalten, aber in der schwachen verletzt. Mit einer solchen Quantenzahl kann das Rätsel der reichlichen Erzeugung und des langsamen Zerfalls leicht erklärt werden. Wir betrachten z.B. die Erzeugungsreaktion $p\pi^- \to \Lambda^0 K^0$ und teilen K^0 die Strangeness $S = 1$ zu. Die gesamte Strangeness auf beiden Seiten der Reaktion muß Null sein, da anfangs nur Teilchen ohne Strangeness gegenwärtig sind. Folglich muß das Λ^0 die Strangeness -1 besitzen und damit ist die Regel von Pais erklärt: In Reaktionen, in denen nur Teilchen ohne Strangeness im Anfangszustand auftreten, müssen Teilchen mit Strangeness paarweise erzeugt werden. Ferner kann ein einzelnes Teilchen mit Strangeness nicht stark oder elektromagnetisch in einen Zustand zerfallen, in dem nur Teilchen ohne Strangeness vorkommen. Solche Prozesse müssen über die schwache Wechselwirkung ablaufen und sind deshalb langsam. Die große Lebensdauer der Teilchen mit Strangeness ist demnach erklärt.

Die Zuordnung der Strangeness zu den verschiedenen Hadronen beruht auf beobachteten Reaktionen, die über die starke Wechselwirkung verlaufen. *Per Definition* wird die Strangeness des positiven Kaons gleich 1 gesetzt:

(7.52) $S(K^+) = 1$

Die Reaktion

(7.53) $p\pi^- \to nK^+K^-$

verläuft mit einem für die starke Wechselwirkung charakteristischen Wirkungsquerschnitt und liefert deshalb

(7.54) $S(K^-) = -1$.

Positive und negative Kaonen haben entgegengesetzte Strangeness und wir nehmen mit Gl. 7.49 an, daß sie ein Teilchen-Antiteilchen-Paar bilden.

Als nächstes wenden wir uns den stabilen Baryonen zu, die in Tabelle A3 im Anhang aufgelistet sind. Als erstes stellen wir fest, daß alle $A = 1$ haben und also alle Teilchen sind. Den zugehörigen Satz von Antiteilchen gibt es auch und die Quantenzahl für die

---

[30] Es muß gesagt werden, daß diese Zuordnung heute viel einfacher ist als 1952 oder 1953. Heute sind eine ungeheure Anzahl von Reaktionen bekannt, während Pais, Gell-Mann und Nishijima mit wenigen Hinweisen arbeiten mußten und auf intelligentes Raten angewiesen waren.

7.6 Hyperladung und Strangeness (Seltsamkeit)

Strangeness dieser Antiteilchen ist entgegengesetzt zu der, die wir für die Teilchen finden werden.

Die beiden geladenen Kaonen sind ein ausgezeichnetes Hilfsmittel, um die Werte von S festzustellen. Wir betrachten zunächst die Reaktion

(7.55) $\quad p\pi^- \to XK.$

Der Anfangszustand enthält nur Teilchen ohne Strangeness und die Beobachtung der Reaktion, Gl. 7.55, liefert folglich $S(X) = -S(K)$. Das Hyperon hat $S = -1$, wenn das Kaon positiv, und $S = +1$, wenn das Kaon negativ ist. In modernen Beschleunigern stehen getrennte Kaonenstrahlen zur Verfügung und Reaktionen der Art

(7.56) $\quad pK^- \begin{array}{l} \to X\pi \\ \to X'K^+ \end{array}$

oder die entsprechenden mit positiven Kaonen lassen sich einfach beobachten. In der ersten Reaktion von Gl. 7.56 ist $S(X) = S(K^-) = -1$ und in der zweiten $S(X') = -2$. Die Reaktionen Gl. 7.55 und Gl. 7.56 sind nur zwei typische Beispiele. Es werden noch viel komplexere Prozesse untersucht, um S zu bestimmen.

Als Beispiel der Art Gl. 7.55 weist der Prozeß

$$p\pi^- \to \Sigma^- K^+$$

dem negativen Sigma $S = -1$ zu. Ein Beispiel der Art Gl. 7.56 ist

$$pK^- \to \Sigma^+ \pi^-,$$

was $S(\Sigma^+) = -1$ liefert. Σ^- und Σ^+ sind beides Baryonen mit $A = 1$, sie haben dieselbe Strangeness, aber entgegengesetzte Ladung. Dies widerspricht nicht der Bedingung Gl. 7.49, die nur verlangt, daß Antiteilchen entgegengesetzte Ladung haben, aber nicht sagt, daß ein Paar mit entgegengesetzter Ladung ein Teilchen-Antiteilchen-Paar ist.

Die Reaktionen

$$pp \to p\Sigma^0 K^+ \quad \text{und} \quad pK^- \to \Lambda^0 \pi^0$$

weisen Λ^0 und Σ^0 die Strangeness -1 zu. Die Reaktion

$$pK^- \to \Xi^- K^+$$

ergibt $S = -2$ für Ξ^-. Ähnlich findet man die Strangeness von Ω^- als -3 und die von $\bar{\Omega}^-$ folgt aus Gl. 7.49 als $+3$.

Wir kehren nun zu den *Kaonen* zurück. Die Reaktion Gl. 5.54

$$p\pi^- \to \Lambda^0 K^0$$

bestimmt die Strangeness des K^0 als positiv. Diese Tatsache wirft eine Frage auf. Wir haben

$$S(K^+) = 1, \quad S(K^-) = -1$$
$$S(K^0) = 1, \quad ?$$

Es fehlt etwas: Wir haben zwei Kaonen mit $S = 1$ und nur eines mit $S = -1$. Gell-Mann schlug deshalb vor, daß das K^0 auch ein Antiteilchen haben sollte, $\overline{K^0}$, mit $S = -1$. Dieses Antiteilchen wurde gefunden. Es kann z.B. durch die Reaktion

$$p\pi^+ \to pK^+ \overline{K^0}$$

erzeugt werden. Die Existenz von zwei neutralen Kaonen, die sich nur durch ihre Strangeness und sonst keine andere Quantenzahl unterscheiden, ist die Ursache von wahrhaft schönen quantenmechanischen Interferenzeffekten, sie werden in Kapitel 9 besprochen. Diese Effekte sind das subatomare Analogon zum Inversionsspektrum von Ammoniak.

Für die meisten Anwendungen ist es üblich, die Hyperladung Y an Stelle der Strangeness zu verwenden. Die *Hyperladung* ist definiert als

(7.51) $\qquad Y = A + S.$

In Tabelle 7.1 sind für einige Hadronen die Werte der Baryonenzahl, Strangeness und Hyperladung zusammengefaßt. In der letzten Spalte steht der mittlere Wert der Ladungszahl aller in der entsprechenden Zeile aufgeführten Teilchen. Diese Größe wird später gebraucht.

Tabelle 7.1 Baryonenzahl A, Strangeness S, Hyperladung Y und mittlerer Wert der Ladungszahl $N_q = q/e$.

Teilchen		A	S	Y	$\langle N_q \rangle$
Photon	γ	0	0	0	0
Pion	$\pi^+\pi^0\pi^-$	0	0	0	0
Kaon	K^+K^0	0	1	1	½
Nukleon	pn	1	0	1	½
Lambda	Λ^0	1	-1	0	0
Sigma	$\Sigma^+\Sigma^0\Sigma^-$	1	-1	0	0
Kaskadenteilchen (Xi)	$\Xi^-\Xi^0$	1	-2	-1	$-½$
Omega	Ω^-	1	-3	-2	-1

Tabelle 7.1 liefert reichlich Stoff zum Nachdenken und es fallen einige bemerkenswerte Tatsachen auf. Ein paar davon werden wir später erklären können. Zunächst stellen wir fest, daß sich die Anzahl von Teilchen in jeder Zeile ändert. Es gibt drei Pionen, zwei Kaonen, zwei Nukleonen, ein Lambda und so weiter. Warum? Wir werden dies in Kapitel 8 erklären. Zweitens stellen wir fest, daß alle Antiteilchen existieren und gefunden wurden. In einigen Fällen ist der Satz von Antiteilchen identisch zum Teilchensatz. Wann kann dies zutreffen? Gleichung 7.49 besagt, daß ein Teilchen nur gleich seinem Antiteilchen sein kann, wenn alle additiven Quantenzahlen verschwinden. Die einzigen Teilchen in Tabelle 7.1, die diese Bedingung erfüllen, sind das Photon und das neutrale Pion. Der Satz von Pionen ist identisch mit seinem Antisatz und das positive Pion ist das Antiteilchen des negati-

ven. Alle anderen Teilchen in Tabelle 7.1 sind von ihrem Antiteilchen verschieden. Drittens stellen wir fest, daß

(7.58) $\qquad Y = 2 \langle N_q \rangle = 2 \langle \frac{q}{e} \rangle.$

Diese Beziehung wird später benötigt.

7.7 Zusätzliche Quantenzahlen von Quarks

Die in Tabelle 7.1 angegebenen zusätzlichen Quantenzahlen sind nicht vollständig. Es wurden noch weitere gefunden. Bevor wir die neuen Quantenzahlen diskutieren, ändern wir zunächst die Art der Zuordnung. Bisher haben wir die Quantenzahlen von beobachteten Teilchen besprochen, von Baryonen und Mesonen. Die Prinzipien werden jedoch viel durchsichtiger, wenn wir den Quarks, die das Gegenstück zu den Leptonen darstellen, additive Quantenzahlen zuordnen. Wir erinnern daran, daß ein Baryon aus drei Quarks zusammengesetzt ist (qqq) und ein Meson aus einem Quark und einem Antiquark ($q\bar{q}$). Wir haben bereits gesehen, daß jede Leptonenfamilie ihre eigene Quantenzahl hat. Im Falle der Quarks hat, mit Ausnahme der leichtesten Quarkfamilie (up und down), jedes Quark eine additive spezifische, individuelle Quantenzahl, die es von den anderen unterscheidet und die bei hadronischen und elektromagnetischen Wechselwirkungen erhalten bleibt. Durch Zuordnung der additiven Quantenzahlen zu jedem Quark, findet man leicht, daß die Quantenzahlen eines beliebigen Hadrons gleich der Summe der Quantenzahlen der Quarks ist, aus denen es zusammengesetzt ist. Damit die Zuordnung mit den früheren Werten übereinstimmt, muß das s-Quark die Seltsamkeitsquantenzahl (Strangeness) -1 erhalten. Dann hat das K^+-Teilchen, das aus ($u\bar{s}$) zusammengesetzt ist, die Strangeness $+1$; das Λ^0, das aus (uds) besteht, hat die gewünschte Strangeness -1; die S-Werte der anderen Hadronen sind ebenfalls schnell ermittelt. Diese Zuordnung erklärt auch, warum Baryonen eine Strangeness S zwischen 0 und -3 haben können; das Ω^--Teilchen ist aus drei s-Quarks (sss) zusammengesetzt; Mesonen dagegen haben nur $S = 0$ oder ± 1. Die additive Quantenzahl S, die zum Quark s und zum Antiquark $\bar{s}$ gehört, kann versteckt oder offen auftreten: ($s\bar{s}$) enthält zwei seltsame Objekte, das seltsame Quark und das seltsame Antiquark; es erscheint aber nach außen als nicht seltsam. Andererseits enthält ($u\bar{s}$) ein seltsames Objekt und es zeigt auch diese Seltsamkeit (Strangeness) explizit.

1964 waren drei Quarks und vier Leptonen bekannt. Vorschläge zur Existenz eines vierten Quarks wurden zum Beispiel von Bjorken und Glashow[31] gemacht. Sie beschrieben ein hypothetisches Quark durch die additive Quantenzahl „Charm". 1970 führten Glashow, Iliopoulos und Maiani[32] ein Modell ein, das das vierte Quark, den Charm, beinhaltet; es zeigt Quark-Leptonen-Symmetrie und erklärt ein ungelöstes Problem, die starke Unterdrückung oder sogar das Fehlen eines Zerfalls wie $K^0 \to \mu^+\mu^-$ und $K^\pm \to \pi^\pm e^+ e^-$ (siehe Abschnitt 11.4). Der große Durchbruch fand mit der „Novemberrevolution" 1974 statt. Ting und seine Gruppe in Brookhaven[33] sowie Richter und seine Mitarbeiter am SLAC[34] ent-

---

[31] J. D. Bjorken und S. L. Glashow, *Phys. Lett.* **11**, 255 (1964).
[32] S. L. Glashow, J. Iliopoulos und L. Maiani, *Phys. Rev.* **D 2**, 1285 (1970).
[33] J. J. Aubert et al., *Phys. Rev. Lett.* **33**, 1404 (1974).
[34] J. E. Augustin et al., *Phys. Rev. Lett.* **33**, 1406 (1974).

deckten gleichzeitig ein neues Teilchen, J/ψ. Die lange Lebensdauer, die Zerfallscharakteristik und die angeregten Zustände dieses Teilchens bewiesen, daß es sich um den gebundenen Zustand $(c\bar{c})$ handelte. Wir werden in Abschnitt 10.10 noch einmal über das J/ψ sprechen.

Hier benutzen wir nur ein Ergebnis dieser Experimente, nämlich die Existenz der neuen additiven Quantenzahl C. Mit vier Leptonen und vier Quarks war die Lepton-Quark-Symmetrie nun erfüllt, und die Natur könnte hier nun damit aufhören. Es wurden jedoch weitere Teilchen mit neuen additiven Quantenzahlen entdeckt. In Abschnitt 5.6 haben wir kurz das schwerste bekannte Lepton, das Tau, beschrieben. Wenn die Lepton-Quark-Symmetrie Bestand haben soll, und gewichtige theoretische Überlegungen sprechen für diese Symmetrie, fordern das Tau und sein Neutrino zwei weitere Quarks, das sogenannte b-Quark (Bottom-Quark oder manchmal auch Beauty-Quark genannt) und das t-Quark (Top-Quark oder auch Truth-Quark genannt) mit den entsprechenden Quantenzahlen B und T. Tatsächlich fanden Lederman und Mitarbeiter 1977 ein neues Teilchen, das sie Y nannten[35]. Diesen Experimenten konnte man entnehmen, daß das Y ein $(b\bar{b})$ gebundener Zustand ist; wir kommen in Abschnitt 10.10 darauf zurück. Das Teilchen $(t\bar{t})$ wurde bisher noch nicht gefunden, wir haben aber einige Quantenzahlen von allen sechs Quarks in Tabelle 7.2 eingetragen.

Mit den neuen additiven Quantenzahlen C, B und T kann man eine verallgemeinerte Hyperladung einführen und die Gleichungen 7.57 und 7.58 ergeben

(7.59) $\qquad Y_{gen} = A + S + C + B + T = 2 \langle q/e \rangle.$

Tabelle 7.2 Quantenzahlen für die sechs Quarks

Quark	Quantenzahl					
	A	S	C	B	T	Y_{Gen}
d	1/3	0	0	0	0	1/3
u	1/3	0	0	0	0	1/3
s	1/3	-1	0	0	0	$-2/3$
c	1/3	0	1	0	0	4/3
b	1/3	0	0	-1	0	$-2/3$
t	1/3	0	0	0	1	4/3

---

[35] S. W. Herb et al., *Phys. Rev. Lett.* **39**, 252 (1977); L. M. Lederman, *Sci. Amer.* **239**, 72 (Oktober 1978).

7.8 Literaturhinweise

Ein genauer und interessanter Überblick über die Literatur wird von R. Park, „Resource Letter SP on Symmetry in Physics", *Am. J. Phys.* **36**, 577 (1968) und von J. Rosen, „Resource Letter SP-2: Symmetry and Group Theory in Physics", *Am. J. Phys.* **49**, 304 (1981) gegeben.

Ein Führer durch die Literatur der neuen Teilchen und viele Arbeiten, die in diesem Kapitel zitiert sind, findet man bei J. L. Rosner, *New Particles*, A.A.P.T., Stony Brook, New York, 1981. Grundlage dafür ist „Resource Letter NP-1", *Am. J. Phys.* **48**, 290 (1980). Ein weiterer Führer ist *„Quarks"*, (O. W. Greenberg, Ed.), A.A.P.T., Stony Brook, New York, 1986. Es basiert auf „Resource Letter Q-1", *Am. J. Phys.* **50**, 1074 (1982). Es gibt auch ein Buch für Anfänger von H. Fritzsch *Quarks*, Penguin Books, London, 1983.

Charm und ähnliche Aspekte werden diskutiert in S. D. Drell, *Sci. Amer.* **232**, 50 (Juni 1975); S. L. Glashow, *Sci. Amer.* **233**, 38 (Oktober 1975); S. C. Ting, *Science*, **196**, 1167 (1977), *Rev. Mod. Phys.* **49**, 235 (1977); B. Richter, *Science* **196**, 1286 (1977); T. Appelquist, R. M. Barnett und K. Lane, *Ann. Rev. Nucl. Part. Sci.* **28**, 387 (1978); G. Goldhaber und J. E. Wiss, *Ann. Rev. Nucl. Part. Sci.* **30**, 337 (1980); R. A. Sidwall, N. W. Reay und N. R. Stanton, *Ann. Rev. Nucl. Part. Sci.* **33**, 539 (1983); A. Kernan und G. Van Dalen, *Phys. Rep.* **C 106**, 297 (1984).

Symmetrien und Invarianzprinzipien sind Gegenstand der folgenden Bücher: J. J. Sakurai, *Invariance Principles and Elementary Particles*, Princeton University Press, Princeton, N. J., 1964; F. Low, *Symmetries and Elementary Particles*, Gordon & Breach, New York, 1967. Beide Bücher haben ein höheres Niveau als das vorliegende (trotz des einleitenden Satzes bei Low: „Diese Vorlesungen sind äußerst elementar"). Trotzdem sind diese Bücher zur tieferen Einsicht in dieses und die folgenden Kapitel zu empfehlen.

Die Grenzwerte für die Gültigkeit der verschiedenen Erhaltungssätze werden in G. Feinberg und M. Goldhaber, *Proc. Natl. Acad. Sci, U.S.* **45**, 1301 (1959) behandelt. Zwei weitere Arbeiten sind: A. Zee, *Fearful Symmetry*, Macmillan, New York, 1986 und L. Tarasov, *This Amazingly Symmetrical World*, Mir, Moskau, 1986, Vertrieb durch Imported Publications, Chicago.

Aufgaben

7.1 Zeigen Sie, daß der Operator F hermitesch sein muß, wenn der Erwartungswert $\langle F \rangle$ reell ist.

7.2 Erläutern Sie sorgfältiger und ausführlicher als im Text
a) Die quantenmechanischen Operatoren und die mit ihnen verknüpften Matrizen. Wie ist die Matrix mit der Observablen F und dem Transformationsoperator U verknüpft?
b) Wie ist Hermitizität für Operatoren und die zugehörigen Matrizen definiert?
c) Wie ist Unitarität für Operatoren und Matrizen definiert?

7.3 Erläutern Sie die Beweise für die Erhaltung der elektrischen Ladung und des elektrischen Stroms im makroskopischen System (klassische Elektrodynamik).

7.4 Denken Sie sich ein Experiment aus, mit dem eine mögliche Neutronenladung zu messen wäre. Nehmen Sie realistische Werte für Neutronenfluß, Neutronengeschwindigkeit, elektrische Feldstärke und räumliche Auflösung der Neutronenzähler an und schätzen Sie die Grenze ab, die man erhalten kann.

7.5 Nehmen Sie an, daß die Nukleonen mit einer Halbwertszeit von 10^{15} a zerfallen und alle Energie der in der Erde zerfallenden Nukleonen in Wärme verwandelt wird. Berechnen Sie den Wärmefluß an der Erdoberfläche. Vergleichen Sie die erzeugte Energie mit der Energie, die die Erde in derselben Zeit von der Sonne empfängt.

7.6 Skizzieren Sie die experimentelle Anordnung von Reines und Kropp [*Phys. Rev.* **137B**, 740 (1965)] zur Messung der Nukleonenlebensdauer. Wie könnte das Experiment verbessert werden?

7.7 Der Wirkungsquerschnitt für die Absorption von Antineutrinos mit Energiewerten, wie sie aus Kernreaktoren kommen, ist etwa 10^{-43} cm².
a) Berechnen Sie, wie dick ein Absorber aus Wasser sein muß, um die Intensität eines Antineutrinostrahls um den Faktor 2 zu reduzieren.
b) Nehmen Sie einen flüssigen Szintillator mit einem Volumen von 10^3 l und einen Antineutrinostrahl mit der Intensität von 10^{13} $\bar{\nu}$/cm²s an. Wie viele Einfangereignisse Gl. 7.34 sind pro Tag zu erwarten?
c) Wie ist der Antineutrinoeinfang von anderen Reaktionen zu unterscheiden?

7.8 Wie läßt sich Gl. 7.37 beobachten? (Beginnen Sie bei Bahcall and Davis, *Phys. Rev. Letters* **26**, 662 (1971), und arbeiten Sie sich von dort aus zurück).

7.9 Verwenden Sie Wellenpakete, um die Darstellung eines Teilchens mit negativer Energie als ein Teilchen mit positiver Energie, das sich zeitlich rückwärts bewegt, zu beweisen.

7.10 Verwenden Sie die kovariante Formulierung der Bewegungsgleichung von geladenen Teilchen im elektromagnetischen Feld, um zu zeigen, daß ein Teilchen mit der Ladung $-q$, das sich zeitlich rückwärts bewegt, sich wie ein Antiteilchen mit der Ladung q verhält, das sich zeitlich vorwärts bewegt.

7.11 Können einzelne Teilchen mit Strangeness durch Reaktionen von Teilchen ausschließlich ohne Strangeness erzeugt werden? Wenn ja, geben Sie eine mögliche Reaktion an.

7.12 Folgen Sie der Erzeugung und dem Zerfall des $\bar{\Omega}$ in Bild 7.7 und 7.8 und prüfen Sie, ob die additiven Quantenzahlen A und q in jeder Wechselwirkung erhalten bleiben. Wo bleibt S erhalten und wo nicht?

7.13 Erläutern Sie die Reaktion(en), die die Zuordnung $S = -3$ zu Ω^- und $S = +3$ zu $\bar{\Omega}^-$ rechtfertigen.

7.14 Welche der folgenden Reaktionen können stattfinden? Falls sie verboten sind, geben Sie an, durch welche Auswahlregel. Falls sie erlaubt sind, geben Sie an, über welche Wechselwirkung die Reaktion abläuft.
a) $p\bar{p} \to \pi^+\pi^-\pi^0\pi^+\pi^-$.
b) $pK^- \to \Sigma^+\pi^-\pi^+\pi^-\pi^0$.
c) $p\pi^- \to pK^-$.
d) $p\pi^- \to \Lambda^0\bar{\Sigma^0}$.
e) $\bar{\nu}_\mu p \to \mu^+ n$.
f) $\bar{\nu}_\mu p \to e^+ n$.
g) $\nu_e p \to e^+\Lambda^0 K^0$.
h) $\nu_e p \to e^-\Sigma^+ K^+$.

7.15 Schätzen Sie die Lebensdauer eines Protons ab, wenn es durch Gravitationskräfte zerfällt.

7.16 Man skizziere das Experiment von Ting und Mitarbeitern, das zur Entdeckung von J/ψ geführt hat.

7.17
a) Man nehme die Erhaltung der Fermionenzahl, aber nicht die separate Erhaltung der Leptonen- und der Baryonenzahl an. Man trage einige der möglichen Zerfälle eines Protons in ein Lepton und andere Teilchen zusammen. Welche Anzahl von anderen Teilchen ist mindestens notwendig? Warum?
b) Man wiederhole Teil (a) der Aufgabe für den Zerfall in ein Antilepton und andere Teilchen.

8 Drehimpuls und Isospin

In diesem Kapitel werden wir zeigen, daß die Invarianz bezüglich der Drehung im Raum zur Erhaltung des Drehimpulses führt. Dann werden wir den Isospin einführen, eine Größe, die viele Eigenschaften mit dem gewöhnlichen Spin gemeinsam hat und anschließend werden wir die Verletzung der Isospinerhaltung erläutern.

8.1 Invarianz bezüglich der räumlichen Drehung

Die Invarianz bezüglich der räumlichen Drehung stellt eine wichtige Anwendung der allgemeinen Überlegungen aus Abschnitt 7.1 dar. Wir betrachten einen idealisierten experimentellen Aufbau wie in Bild 8.1 und nehmen der Einfachheit halber an, daß die Apparatur in der xy-Ebene liegt, ihre Orientierung wird dann durch den Winkel φ beschrieben. Ferner nehmen wir an, daß sich das Ergebnis des Experiments durch eine Wellenfunktion $\psi(x)$ darstellen läßt. Dann wird die Anordnung um den Winkel α um die z-Achse gedreht. Diese Drehung wird durch $R_z(\alpha)$ beschrieben und verschiebt den Punkt $\mathbf{x}$ zum Punkt $\mathbf{x}^R$:

(8.1) $\quad \mathbf{x}^R = R_z(\alpha)\mathbf{x}.$

Die Drehung ändert die Wellenfunktion, der Zusammenhang zwischen der gedrehten und ungedrehten Wellenfunktion am Punkt $\mathbf{x}$ ist durch Gl. 7.7 gegeben:

(8.2) $\quad \psi^R(\mathbf{x}) = U_z(\alpha)\psi(\mathbf{x}).$

Die Bezeichnungen besagen, daß die Drehung um den Winkel α um die z-Achse stattfindet. Bislang wurden keine Invarianzeigenschaften benutzt und Gl. 8.1 und Gl. 8.2 sind auch dann gültig, wenn sich das System während der Drehung ändert.

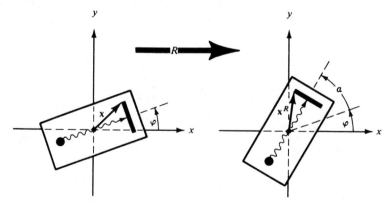

Bild 8.1 Drehung um die z-Achse. Der Winkel φ gibt die ursprüngliche Achsenlage der Anordnung an, er beschreibt keine Drehung. Die Anordnung wird um die z-Achse um den Winkel α gedreht. Invarianz bezüglich der Rotation heißt, daß die Drehung das Ergebnis des Experiments nicht beeinflußt.

8.1 Invarianz bezüglich der räumlichen Drehung

Die Invarianz kann nun verwendet werden, um U zu finden. Wenn der Zustand des Systems von der Drehung nicht beeinflußt wird, dann ist die Wellenfunktion am Punkt **x** im ursprünglichen System identisch mit der gedrehten Wellenfunktion am gedrehten Punkt $\mathbf{x}^R$:

(8.3) $\quad \psi(\mathbf{x}) = \psi^R(\mathbf{x}^R).$

Dies unterscheidet sich von Gl. 8.2, wo $\psi(\mathbf{x})$ mit ψ^R am selben Punkt verknüpft wird, während in Gl. 8.3 $\psi(\mathbf{x})$ mit ψ^R am gedrehten Punkt $\mathbf{x}^R$ verknüpft wird. U kann bestimmt werden, wenn man $\psi^R(\mathbf{x}^R)$ durch $\psi^R(\mathbf{x})$ ausdrücken kann. Da Drehungen kontinuierlich sind, läßt sich jede Drehung um einen endlichen Winkel aus Drehungen um infinitesimal kleine Winkel zusammensetzen. Es genügt also eine *infinitesimal kleine* Drehung, um U zu finden. Wenn das System um den infinitesimalen Winkel $\delta\alpha$ um die z-Achse gedreht wird, so wird $\psi^R(\mathbf{x}^R)$ zu

$$\psi^R(\mathbf{x}^R) = \psi^R(\mathbf{x}) + \frac{\partial \psi^R(\mathbf{x})}{\partial \varphi} \delta\alpha = \left(1 + \delta\alpha \frac{\partial}{\partial \varphi}\right) \psi^R(\mathbf{x}).$$

Diese Beziehung kann man durch Multiplikation mit $[1 - \delta\alpha(\partial/\partial\varphi)]$ umkehren. Die Vernachlässigung der Glieder mit $\delta\alpha^2$ liefert dann zusammen mit Gl. 8.3

(8.4) $\quad \psi^R(\mathbf{x}) = \left(1 - \delta\alpha \dfrac{\partial}{\partial \varphi}\right) \psi(\mathbf{x}).$

Der Vergleich mit Gl. 8.2 zeigt, daß der Operator vor $\psi(\mathbf{x})$ der gesuchte Operator $U_z(\delta\alpha)$ ist. Der allgemeine Ausdruck für den Operator einer infinitesimalen unitären Transformation ist durch Gl. 7.14 gegeben. Gleichsetzen von ε mit $\delta\alpha$ und der Vergleich der beiden Ausdrücke für U gibt den gewünschten hermiteschen Operator F[1]:

(8.5) $\quad F = i \dfrac{\partial}{\partial \varphi}.$

---

[1] Hier könnte Verwirrung entstehen, da formal $F^\dagger = -i\partial/\partial_\varphi$ anders aussieht als F. Hermitesch ist jedoch keine Eigenschaft des Operators allein, sondern auch der beiden Wellenfunktionen und des Integrationsbereichs (Park, Seite 61). Für einen hermiteschen Operator, mit $F^\dagger = F$, wird die Gleichung in der Anmerkung 2 von Kapitel 7 zu

$$\int d^3x (F\psi)^* \phi = \int d^3x \psi^* F\phi.$$

$F = i\partial/\partial\varphi$ erfüllt die Beziehung:

$$\int d^3x \left(i \frac{\partial \psi}{\partial \varphi}\right)^* \phi = \int d^3x \left(-i \frac{\partial}{\partial \varphi}\right) \psi^* \phi = \int d^3x \psi^* i \frac{\partial \phi}{\partial \varphi}.$$

Im letzten Schritt hat eine partielle Integration den Operator auf die rechte Seite von ψ^* gebracht. Die tatsächliche Form eines hermiteschen Operators hängt also deutlich von seiner Lage relativ zur Wellenfunktion ab.

Falls U mit H kommutiert, so kommutiert nach Gl. 7.15 auch F mit H und wir haben die gewünschte Erhaltungsgröße gefunden. Wir könnten nun anfangen, die physikalischen Wirkungen von F zu untersuchen und die Eigenfunktionen und Eigenwerte zu bestimmen. Dieses Vorgehen ist überflüssig, da F ein alter Bekannter ist. Gleichung 5.3 zeigt, daß

(8.6) $$F = -\frac{L_z}{\hbar} \ .$$

F ist, nicht ganz unerwartet, proportional zur z-Komponente des Bahndrehimpulses. Die Invarianz eines Systems bezüglich der Drehung um die z-Achse führt zur Erhaltung von F und demnach auch zu der von L_z.

Zwei Verallgemeinerungen sind physikalisch vernünftig und wir geben sie hier ohne Beweis an: (1) Wenn das System den Gesamtdrehimpuls J (Spin und Bahn) hat, dann wird L_z durch J_z ersetzt. (2) U ist für eine Drehung um den Winkel δ um eine beliebige Richtung $\hat{\mathbf{n}}$ (wobei $\hat{\mathbf{n}}$ ein Einheitsvektor ist)

(8.7) $$U_{\mathbf{n}}(\delta) = \exp\left(\frac{-i\delta\hat{\mathbf{n}} \cdot \mathbf{J}}{\hbar}\right) \ .$$

Wenn das System invariant bezüglich der Drehung um $\hat{\mathbf{n}}$ ist, dann kommutiert der Hamiltonoperator mit $U_{\mathbf{n}}$ und also auch mit $\hat{\mathbf{n}} \cdot \mathbf{J}$:

(8.8) $$[H, U_{\mathbf{n}}] = 0 \rightarrow [H, \hat{\mathbf{n}} \cdot \mathbf{J}] = 0.$$

Die Komponente des Drehimpulses in Richtung $\hat{\mathbf{n}}$ bleibt erhalten. Da $\hat{\mathbf{n}}$ jede beliebige Richtung sein kann, werden alle Komponenten von $\mathbf{J}$ erhalten und $\mathbf{J}$ ist demnach eine Konstante der Bewegung.

Mit Gl. 8.7 lassen sich die Kommutatorregeln für die Komponenten von $\mathbf{J}$ leicht finden:

(5.6) $$[J_x, J_y] = i\hbar J_z, \quad \text{zyklisch.}$$

Die einzelnen Schritte der Herleitung sind in Aufgabe 8.1 dargelegt. Die Kommutatorregeln Gl. 5.6 sind eine Folge der unitären Transformation Gl. 8.7, die wiederum eine Folge der Invarianz von H bezüglich der Drehung ist.

8.2 Symmetrieverletzung durch das magnetische Feld

Ein Teilchen mit dem Spin $\mathbf{J}$ und dem magnetischen Moment μ kann durch den Hamiltonoperator

(8.9) $$H = H_0 + H_{\text{mag}}$$

beschrieben werden, wobei H_{mag} in Gl. 5.20 gegeben ist. Gewöhnlich ist H_0 isotrop und das durch H_0 beschriebene System invariant bezüglich der Drehung in beliebige Richtungen. Dies wird durch

(8.10) $[H_0, \mathbf{J}] = 0$

ausgedrückt. Die Energie des Teilchens ist unabhängig von seiner räumlichen Orientierung. Schaltet man ein magnetisches Feld ein, so wird die Symmetrie verletzt und Gl. 8.10 gilt nicht mehr:

(8.11) $[H, \mathbf{J}] = [H_0 + H_{\text{mag}}, \mathbf{J}] \neq 0.$

Falls er benötigt wird, läßt sich der Kommutator aus Gl. 5.20 und Gl. 5.6 berechnen. Die Drehimpulskomponente in Richtung des Felds bleibt jedoch erhalten. Es ist üblich, die Quantisierungsachse z in Richtung des magnetischen Felds zu legen. Die Gleichungen 5.6 und 5.20 liefern dann

(8.12) $[H_0 + H_{\text{mag}}, \mathbf{J}_z] = 0.$

Das System ist immer noch invariant bezüglich Drehungen um die Richtung des angelegten Felds, nämlich die z-Achse. Jedoch wird durch die Auszeichnung einer Richtung durch das angelegte magnetische Feld die vollständige Symmetrie zerstört und $\mathbf{J}$ bleibt nicht mehr erhalten. Vor Anlegen des Felds waren die Energieniveaus des Systems $(2J + 1)$-fach entartet, wie auf der linken Seite von Bild 5.5 gezeigt. Die Einführung des Felds bewirkt die Aufhebung der Entartung und die entsprechende Zeemanaufspaltung zeigt Bild 5.5

8.3 Ladungsunabhängigkeit der starken Wechselwirkung

Als 1932 das Neutron entdeckt wurde, war die Natur der Kräfte, die die Kerne zusammenhalten, noch ein Rätsel. Um 1936 waren dann die grundlegenden Eigenschaften der Kernkräfte bekannt.[2] Besonders erfolgreich war die Analyse der *pp*– und *np*-Streudaten. In jenen Jahren konnten solche Streuexperimente natürlich nur mit niedrigen Energien durchgeführt werden, aber das Ergebnis war trotzdem überraschend: Nachdem die Wirkung der Coulombkraft in der *pp*-Streuung abgezogen war, stellte man fest, daß die starke *pp*– und *np*-Wechselwirkung von etwa gleicher Stärke und gleicher Reichweite war.[3] Dieses Ergebnis wurde durch Untersuchungen der Massen von ³H und ³He bestätigt, die annähernd gleiche Werte für die *pp*-, *np*- und *nn*-Wechselwirkung ergaben. Einen deutlichen Beweis für die *Ladungsunabhängigkeit* der Kernkräfte fanden auch Feenberg und Wigner.[4] Die Ladungsunabhängigkeit der Kernkräfte bedeutet, daß die Kräfte zwischen zwei Nukleonen im selben Zustand bis auf elektromagnetische Effekte gleich sind. Heute ist die experimentelle Bestätigung der Ladungsunabhängigkeit gesichert und man weiß, daß alle starken Wechselwirkungen, nicht nur die zwischen Nukleonen, ladungsunabhän-

---

[2] 1936 und 1937 gaben Bethe und Mitarbeiter in einer Serie von drei Artikeln einen Überblick über den Stand der Forschung, die später als *Bethes Bibel* bekannt wurden. Es ist auch heute noch von Nutzen, diese bewundernswerten Übersichtsartikel in *Rev. Modern Phys.* **8**, 82 (1936), **9**, 69 (1937) und **9**, 245 (1937) zu lesen. (neu aufgelegt als „Basic Bethe", *Am. Inst. Phys.*, New York, 1986).
[3] G. Breit, E. U. Condon und R. D. Present, *Phys. Rev.* **50**, 825 (1936).
[4] E. Feenberg und E. P. Wigner, *Phys. Rev.* **51**, 95 (1937).

gig sind.[5] Wir werden hier die experimentellen Bestätigungen für die Ladungsunabhängigkeit nicht erläutern, sondern nur darauf hinweisen, daß der Begriff des Isospins, der in den folgenden Abschnitten behandelt werden wird, eine direkte Folge der Ladungsunabhängigkeit der starken Wechselwirkung ist.

8.4 Der Isospin der Nukleonen

Die Ladungsunabhängigkeit der Kernkräfte bewirkte die Einführung einer neuen Quantenzahl, die erhalten bleibt, des Isospins. Schon 1932 behandelte Heisenberg das Neutron und das Proton als zwei Zustände *eines* Teilchens, des Nukleons N.[6] Ohne die elektromagnetische Wechselwirkung haben die beiden Zustände vemutlich die gleiche Masse, aber mit ihr sind die Massen leicht verschieden. Die Massendifferenz zwischen dem u- und dem d-Quark liefert auch einen Beitrag, wir vernachlässigen hier und im gesamten Kapitel diesen Beitrag. Unterstützt wird die Idee, daß das Neutron und Proton zwei Zustände desselben Teilchens sind, durch die Strukturuntersuchungen, wie sie in Abschnitt 6.7 vorgestellt wurden. Gleichung 6.51 zeigt, daß die magnetischen Formfaktoren G_M des Neutrons und Protons dieselbe Abhängigkeit besitzen. Nimmt man an, daß das magnetische Moment mit der hadronischen Struktur zusammenhängt, ist die Ähnlichkeit beeindruckend.

Zur Beschreibung der beiden Zustände des Nukleons führt man den Isospinraum ein und stellt die folgende Analogie zu den beiden Zuständen eines Teilchens mit Spin ½ her:

	Spin-½-Teilchen im Ortsraum	Nukleon im Isospin-Raum
Orientierung	nach oben	nach oben, Proton
	nach unten	nach unten, Neutron

Die beiden Zustände eines normalen Teilchens mit Spin ½ werden nicht als zwei Teilchen behandelt, sondern als zwei Zustände eines Teilchens. Ähnlich wird das Proton und Neutron als der Zustand des Nukleons mit Orientierung nach *oben* bzw. nach *unten* betrachtet. Formal wird dies durch eine neu eingeführte Größe, den Isospin $\vec{I}$ beschrieben.[7] Das Nukleon mit Isospin ½ hat $2I + 1 = 2$ Einstellmöglichkeiten im Isospinraum. Die drei Komponenten des Isospinvektors $\vec{I}$ werden mit I_1, I_2 und I_3 bezeichnet. Der Wert von I_3 unterscheidet *per Definition* zwischen dem Proton und dem Neutron. $I_3 = +\frac{1}{2}$ ist das Proton und $I_3 = -\frac{1}{2}$ das Neutron.[8] Am einfachsten schreibt man den Wert von I und I_3 als Diracschen Ketvektor:

$$|I, I_3\rangle.$$

---

[5] Die experimentelle Bestätigung für die Ladungsunabhängigkeit der starken Wechselwirkung ist bei E. M. Henle in *Isospin in Nuclear Physics* (D. H. Wilkinson, ed.), North-Holland, Amsterdam, 1969, dargelegt.
[6] W. Heisenberg, *Z. Physik* **77**, 1 (1932).
[7] Um Spin und Isospin zu unterscheiden, schreiben wir die Isospinvektoren mit einem Pfeil.
[8] In der Kernphysik wird der Isospin oft auch Isobarenspin genannt und mit T bezeichnet. Für das Neutron wird dort $I_3 = \frac{1}{2}$ und für das Proton $I_3 = -\frac{1}{2}$ genommen, da es in stabilen Kernen mehr Neutronen als Protonen gibt und I_3 (bzw. T_3) in diesem Fall positiv wird.

Dann sind Proton und Neutron

(8.13)
$$\text{Proton } |½, ½\rangle$$
$$\text{Neutron } |½, -½\rangle.$$

Die Ladung des Teilchens $|I, I_3\rangle$ ist durch

(8.14) $q = e \, (I_3 + ½).$

gegeben. Mit dem Wert der dritten Komponente I_3 aus Gl. 8.13 hat das Proton die Ladung e und das Neutron die Ladung 0.

8.5 Isospininvarianz

Was gewinnt man durch die Einführung des Isopins? Bis jetzt sehr wenig. Das Neutron und das Proton können formal als zwei Zustände eines Teilchens beschrieben werden. Neue Gesichtspunkte und neue Ergebnisse erhält man jedoch, wenn die Ladungsunabhängigkeit eingeführt und der Isospin auf alle Teilchen verallgemeinert wird.

Die Ladungsunabhängigkeit besagt, daß die starke Wechselwirkung nicht zwischen Proton und Neutron unterscheidet. Solange nur die starke Wechselwirkung vorhanden ist, kann der Isospinvektor $\vec{I}$ in jede beliebige Richtung zeigen. Mit anderen Worten, es besteht Rotationsinvarianz im Isospinraum; das System ist invariant bezüglich Drehungen in jede Richtung. Wie in Gl. 8.10 wird dies durch

(8.15) $[H_h, \vec{I}] = 0$

ausgedrückt. Ist nur H_h vorhanden, so sind die $2I + 1$ Zustände mit verschiedenen Werten von I_3 entartet, sie haben dieselbe Energie (Masse). Einfacher ausgedrückt, falls es nur die starke Wechselwirkung gäbe, hätten Neutron und Proton dieselbe Masse. Die elektromagnetische Wechselwirkung zerstört die Isotropie des Isospinraums. Sie verletzt die Symmetrie und gibt, wie in Gl. 8.11,

(8.16) $[H_h + H_{em}, \vec{I}] \neq 0.$

Aus Abschnitt 7.1 wissen wir jedoch, daß die elektrische Ladung immer erhalten bleibt, auch in Gegenwart von H_{em}:

(8.17) $[H_h + H_{em}, Q] = 0.$

Q ist der Operator, der zur elektrischen Ladung q gehört, er hängt mit I_3 über Gl. 8.14: $Q = e \, (I_3 + ½)$ zusammen. Einsetzen von Q in den Kommutator Gl. 8.17 ergibt

(8.18) $[H_h + H_{em}, I_3] = 0.$

Die dritte Komponente des Isospins bleibt selbst in Gegenwart der elektromagnetischen Wechselwirkung erhalten. Die Analogie zum Fall des magnetischen Felds ist offensichtlich, Gl. 8.18 ist die Isospinentsprechung von Gl. 8.12.

In Abschnitt 8.4 wurde darauf hingewiesen, daß die Ladungsunabhängigkeit nicht nur für Nukleonen, sondern für alle Hadronen gilt. Bevor wir den Begriff des Isospins auf alle Hadronen verallgemeinern und die Folgerungen aus dieser Annahme untersuchen, machen wir einige einführende Bemerkungen über den Isospinraum. Die Richtung im Isospinraum hat nichts mit irgendeiner Richtung im gewöhnlichen Ortsraum zu tun und der Wert des Operators $\vec{I}$ oder I_3 im Isospinraum hat nichts mit dem Ortsraum zu tun. Bis jetzt haben wir nur für die dritte Komponente einen Zusammenhang mit einer physikalischen Observablen angegeben, mit der Ladung q, siehe Gl. 8.14. Was bedeuten I_1 und I_2 physikalisch? Diese beiden Größen hängen nicht direkt mit meßbaren physikalischen Größen zusammen. Der Grund liegt auf der Hand: im Labor kann man zwei magnetische Felder aufbauen. Das erste kann in z-Richtung und das zweite in x-Richtung zeigen. Die Wirkung beider zusammen auf den Spin eines Teilchens kann man ausrechnen und die Messung ist in jeder Richtung sinnvoll (im Rahmen der Unschärferelation). Das elektromagnetische Feld im Isospinraum kann jedoch nicht an- oder ausgeschaltet werden.

Die Ladung hängt immer mit einer Komponente von $\vec{I}$ zusammen und als diese Komponente nimmt man konventionell I_3. Eine Umbenennung der Komponenten und der Verknüpfung der Ladung z.B. mit I_2 ändert die Situation nicht.

Wir gehen jetzt von der allgemein gültigen Existenz des Isospins aus, dessen dritte Komponente mit der Ladung des Teilchens durch eine lineare Beziehung der Form

(8.19) $\quad q = aI_3 + b$

zusammenhängt. Mit dieser Beziehung beinhaltet die Ladungserhaltung die Erhaltung von I_3. I_3 ist folglich eine gute Quantenzahl, selbst bei Anwesenheit der elektromagnetischen Wechselwirkung. Der unitäre Operator für die Drehung im Isospinraum um den Winkel ω und um die Achse $\hat{\alpha}$ ist

(8.20) $\quad U_{\hat{\alpha}}(\omega) = \exp(-i\omega\hat{\alpha} \cdot \vec{I})$.

Hierbei ist $\vec{I}$ die hermitesche Erzeugende des unitären Operators U und $\vec{I}$ sollte eine Observable sein. Die Schlußfolgerungen verlaufen wie für den Drehimpulsoperator $\mathbf{J}$ nach den in Abschnitt 7.1 gezeigten allgemeinen Schritten. Um die physikalischen Eigenschaften von $\vec{I}$ zu untersuchen, nehmen wir zunächst an, es wäre nur die starke Wechselwirkung vorhanden. Dann ist die elektrische Ladung für alle Systeme Null und die Richtung von I_3 wird nicht durch Gl. 8.19 bestimmt. Die Ladungsunabhängigkeit besagt also, daß ein hadronisches System ohne elektromagnetische Wechselwirkung invariant bezüglich jeder Drehung im Isospinraum ist. Wir wissen aus Abschnitt 7.1, Gl. 7.9, daß U dann mit H_h kommutiert:

(8.21) $\quad [H_h, U_{\hat{\alpha}}(\omega)] = 0$.

Wie in Gl. 7.15 folgt sofort die Erhaltung des Isospins,

$$[H_h, \vec{I}] = 0.$$

8.5 Isospininvarianz

Die Ladungsunabhängigkeit der starken Wechselwirkung führt also zur Erhaltung es Isospins.

Im Fall des gewöhnlichen Drehimpulses folgen die Kommutatorregeln für **J** durch einfache algebraische Berechnungen aus dem unitären Operator Gl. 8.7. Es sind dabei keine weiteren Annahmen gemacht worden. Dieselben Schlüsse kann man demnach für $U_{\hat{\alpha}}(\omega)$ ziehen und alle drei Komponenten des Isospinvektors müssen die Kommutatorregeln

(8.22)
$$[I_1, I_2] = iI_3$$
$$[I_2, I_3] = iI_1$$
$$[I_3, I_1] = iI_2$$

erfüllen. Die Eigenwerte und Eigenfunktionen des Isospinoperators müssen nicht neu berechnet werden, da sie analog zu den entsprechenden Größen für den gewöhnlichen Spin sind. Die Schritte von Gl. 5.6 nach Gl. 5.7 und 5.8 sind unabhängig von der physikalischen Bedeutung der Operatoren. Alle Ergebnisse des gewöhnlichen Drehimpulses können folglich übernommen werden. Insbesondere gehorchen I^2 und I_3 den Eigenwertgleichungen

(8.23) $\quad I_{op}^2 |I, I_3\rangle = I(I+1)|I, I_3\rangle$

(8.24) $\quad I_{3,op} |I, I_3\rangle = I_3 |I, I_3\rangle.$

Hier sind I_{op}^2 und $I_{3,op}$ auf der linken Seite Operatoren und I und I_3 auf der rechten Seite Quantenzahlen. $|I, I_3\rangle$ bezeichnet die Eigenfunktion ψ_{I,I_3}. (In Situationen, in denen keine Verwechslung zu befürchten ist, wird der Index „op" weggelassen.) Die möglichen Werte von I sind dieselben wie für J in Gl. 5.9,

(8.25) $\quad I = 0, ½, 1, ^3/_2, 2, ...$

Für jeden Wert von I kann I_3 die $2I + 1$ Werte von $-I$ bis I annehmen.

In den folgenden Abschnitten wenden wir die durch Gl. 8.22–8.25 ausgedrückten Ergebnisse auf Kerne und Teilchen an. Es wird sich zeigen, daß der Isospin wesentlich zum Verständnis und zur Ordnung der subatomaren Teilchen beiträgt.

• Wir haben oben gesagt, daß die Komponenten I_1 und I_2 nicht direkt mit Observablen zusammenhängen. Die Linearkombinationen

(8.26) $\quad I_\pm = I_1 \pm iI_2$

haben jedoch eine physikalische Bedeutung. Wenn sie auf den Zustand $|I, I_3\rangle$ angewendet werden, erhöht I_+ und erniedrigt I_- den Wert von I_3 um eine Einheit

(8.27) $\quad I_\pm |I, I_3\rangle = [(I \mp I_3)(I \pm I_3 + 1)]^{1/2} |I, I_3 \pm 1\rangle.$

Gl. 8.27 läßt sich mit Hilfe von Gl. 8.22–Gl. 8.24 herleiten.[9] •

---

[9] Merzbacher, Abschnitt 16.2; Messiah, Abschnitt XIII.I.

8.6 Der Isospin von Elementarteilchen

Der Begriff des Isospins wurde zuerst auf Kerne angewandt, aber seine charakteristischen Eigenschaften sind an Teilchen leichter zu sehen. Wie im vorhergehenden Abschnitt festgestellt wurde, ist der Isospin eine Erhaltungsgröße, solange ausschließlich die starke Wechselwirkung vorhanden ist. Die elektromagnetische Wechselwirkung zerstört die Isotropie des Isospinraums, genau wie ein magnetisches Feld die Isotropie des Ortsraums zerstört. Der Isospin und seine Auswirkungen sollte folglich in Situationen, in denen die elektromagnetische Wechselwirkung klein ist, am deutlichsten in Erscheinung treten. Für Kerne kann die gesamte Ladungszahl Z bis zu 100 werden, während sie für Teilchen gewöhnlich 0 oder 1 ist. Der Isospin sollte demnach in der Teilchenphysik eine bessere und leichter erkennbare Quantenzahl sein.

Wenn der Isospin eine in der Natur vorhandene Observable ist, dann muß er nach Gl. 8.15 und Gl. 8.23–8.25 folgende Eigenschaften haben: Die Quantenzahl I kann nur die Werte 0, ½, 1, ³/₂, ... annehmen. Für ein gegebenes Teilchen ist I eine unveränderliche Eigenschaft. Ein Teilchen mit Isospin I ist in Abwesenheit der elektromagnetischen Wechselwirkung $(2I+1)$-fach entartet und die $(2I+1)$ *Subteilchen* haben alle die gleiche Masse. Da H_h und $\vec{I}$ kommutieren, haben alle Subteilchen dieselben hadronischen Eigenschaften und unterscheiden sich nur durch den Wert von I_3. Die elektromagnetische Wechselwirkung hebt die Entartung teilweise oder vollständig auf, wie in Bild 8.2 dargestellt, und bewirkt so die Isospin-Analogie zum Zeemaneffekt. Man sagt, die $2I+1$ Subteilchen, die zu einem gegebenen Zustand mit Isospin I gehören, bilden ein *Isospin-Multiplett*. Die elektrische Ladung jedes Mitglieds hängt mit I_3 über Gl. 8.19 zusammen. Quantenzahlen, die in der elektromagnetischen Wechselwirkung erhalten bleiben, ändern sich nicht, wenn H_{em} angeschaltet wird. Da dies für die meisten Quantenzahlen gilt, zeigen die Mitglieder eines Isospin-Multipletts ein fast identisches Verhalten. Sie haben z.B. denselben Spin, dieselbe Baryonenzahl, Hyperladung und Parität. (Die Parität wird in Abschnitt 9.2 behandelt.) Die verschiedenen Mitglieder eines Isospin-Multipletts stellen im wesentlichen dasselbe Teilchen dar, das mit verschiedenen Orientierungen des Isospins auftritt, genau wie die verschiedenen Zeemanniveaus Zustände des gleichen Teilchens mit verschiedener Einstellung seines Spins zum angelegten magnetischen Feld sind. Die Bestimmung der Quantenzahl I für einen gegebenen Zustand ist unproblematisch, wenn man alle Subteilchen findet, die zum Multiplett gehören. Ihre Anzahl ist $2I+1$, woraus sich I ergibt. Manchmal ist eine Zählung jedoch nicht möglich. Man muß dann auf andere Verfahren zurückgreifen wie z.B. die Ausnutzung von Auswahlregeln.

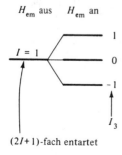

Bild 8.2 Ein Teilchen mit Isospin I ist bei Abwesenheit der elektromagnetischen Wechselwirkung $(2I+1)$-fach entartet. H_{em} hebt die Entartung auf und die entstehenden Subteilchen sind durch ihre I_3-Werte bezeichnet.

8.6 Der Isospin von Elementarteilchen

Die bislang gezeigten Folgerungen lassen sich am einfachsten auf das Pion anwenden. Die möglichen Werte des Isospins des Pions findet man aus Bild 5.19. Werden virtuelle Pionen zwischen den Nukleonen ausgetauscht, so sollte die grundlegende Yukawa-Reaktion

$$N \to N' + \pi$$

den Isospin erhalten. Nukleonen haben den Isospin ½. Die Isospins addieren sich wie Drehimpulse und die Pionen müssen folglich Isospin 0 oder 1 haben. Wenn I Null wäre, gäbe es nur ein Pion. Die Zuordnung $I = 1$ andererseits beinhaltet die Existenz von drei Pionen.[10] Tatsächlich sind drei, und nur drei, Hadronen mit einer Masse um 140 MeV bekannt. Diese drei bilden einen *Isovektor* mit der Zuordnung

$$I_3 = \begin{cases} +1 & \pi^+, \quad m = 139{,}569 \text{ MeV}/c^2, \\ 0 & \pi^0, \quad m = 134{,}964 \text{ MeV}/c^2, \\ -1 & \pi^-, \quad m = 139{,}569 \text{ MeV}/c^2. \end{cases}$$

Die Ladung ist mit I_3 über

(8.28) $\qquad q = eI_3$

verknüpft, einem Sonderfall von Gl. 8.19. Die Pionen zeigen außergewöhnlich deutlich, daß die Eigenschaften im gewöhnlichen Raum und im Isospinraum nicht zusammenhängen, da sie im Isospinraum einen Vektor bilden, aber im Ortsraum ein Skalar sind (Spin 0).

Im gewöhnlichen Zeemaneffekt kann man leicht zeigen, daß die verschiedenen Subniveaus Mitglieder eines Zeeman-Multipletts sind: Wenn das angelegte Feld gegen Null geht, fallen sie in ein entartetes Niveau zusammen. Dieses Verfahren läßt sich auf das Isospin-Multiplett nicht anwenden, da die elektromagnetische Wechselwirkung nicht abgeschaltet werden kann. Um zu zeigen, daß an der beobachteten Aufspaltung nur H_{em} schuld ist, muß man auf Berechnungen zurückgreifen. Der Vergleich des Pions mit dem Nukleon zeigt, daß das Problem nicht trivial ist: Das Proton ist leichter als das Neutron, während die geladenen Pionen schwerer als das neutrale sind. Trotzdem lassen die bis heute durchgeführten Berechnungen es als wahrscheinlich erscheinen, daß die Massenaufspaltung von der elektromagnetischen Wechselwirkung herrührt.[11]

Nachdem wir beträchtliche Zeit auf den Isospin des Pions verwandt haben, können die anderen Hadronen nun kürzer besprochen werden.

Das *Kaon* erscheint in zwei Teilchen und zwei Antiteilchen. Die Zuordnung $I = \frac{1}{2}$ widerspricht keiner bekannten Erfahrung.

Die Zuordnung von I für die *Hyperonen* ist ebenfalls unproblematisch. Man nimmt an, daß Hyperonen mit annähernd gleicher Masse Isospin-Multipletts bilden. Das Lambda erscheint allein und ist ein Singulett. Das Sigma zeigt drei Ladungszustände und ist ein Isovektor. Das Kaskadenteilchen ist ein Dublett und das Omega ein Singulett.

---

[10] N. Kemmer, *Proc. Cambridge Phil. Soc.* **34**, 354 (1938).
[11] Der Massenunterschied zwischen dem u- und dem d-Quark wird auch benötigt. Siehe z.B. A. De Rújula, H. Georgi und S. L. Glashow, *Phys. Rev.* **D 12**, 147 (1975); N. Isgur und G. Karl, *Phys. Rev.* **D 20**, 1191 (1979).

Die bisher bekannten Hadronen können alle durch einen Satz von additiven Quantenzahlen, A, q, Y und I_3 charakterisiert werden. Für Pionen ist die Ladung und I_3 durch Gl. 8.28 verknüpft. Gell-Mann und Nishijima zeigten, wie diese Beziehung für Teilchen mit Strangeness verallgemeinert werden kann. Sie nahmen zwischen der Ladung und I_3 einen linearen Zusammenhang an, wie in Gl. 8.19. Die Konstante a in Gl. 8.19 ist nach Gl. 8.28 e. Um die Konstante b zu finden, stellen wir fest, daß I_3 Werte von $-I$ bis $+I$ annehmen kann. Die mittlere Ladung eines Multipletts ist demnach gleich b:

$$\langle q \rangle = b.$$

Die mittlere Ladung eines Multipletts wurde aber bereits in Gl. 7.52 bestimmt:

(8.29) $\quad \langle q \rangle = \frac{1}{2} eY.$

Nur Teilchen mit Hyperladung Null haben den Ladungsmittelpunkt eines Multipletts bei $q = 0$; für alle anderen ist er verschoben. Folglich ist die Verallgemeinerung von Gl. 8.14 und Gl. 8.24

(8.30) $\quad q = e(I_3 + \frac{1}{2} Y) = e(I_3 + \frac{1}{2} A + \frac{1}{2} S).$

Diese Gleichung heißt Gell-Mann-Nishijima-Relation. Betrachtet man q als Operator, so kann man sagen, daß der Operator der elektrischen Ladung sich aus einem Isoskalar ($\frac{1}{2} eY$) und der dritten Komponente eines Isovektors (eI_3) zusammensetzt. Für Teilchen mit den Quantenzahlen Charm, Bottom oder Top wird Y in Gl. 8.30 durch Y_{gen} aus Gl. 7.59 ersetzt.

Die Gell-Mann-Nishijima-Gleichung kann man in einem Diagramm Y gegen q/e deutlich machen, siehe Bild 8.3. Einige Isospin-Multipletts sind eingezeichnet. Die Multipletts mit $Y \neq 0$ sind *verschoben*: Ihr Ladungsmittelpunkt ist nicht bei Null, sondern nach Gl. 8.29 bei $\frac{1}{2} eY$.

Die Überlegungen in diesem Abschnitt zeigten, daß der Isospin in der Teilchenphysik eine nützliche Quantenzahl ist. Der Wert von I für ein gegebenes Teilchen bestimmt die Anzahl von Subteilchen, die zu diesem speziellen Isospin-Multiplett gehören. Die dritte Komponente I_3 bleibt bei allen Wechselwirkungen erhalten, während $\vec{I}$ nur bei der starken Wechselwirkung erhalten bleibt. Im folgenden Abschnitt werden wir vorführen, daß der Isospin auch in der Kernphysik ein nützliches Prinzip darstellt.

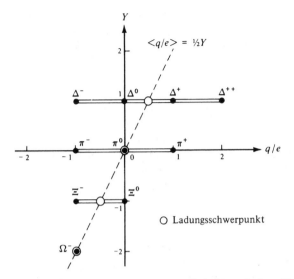

Bild 8.3 Isospin-Multipletts mit $Y \neq 0$ sind verschoben: Ihr Ladungsschwerpunkt (mittlere Ladung) ist $\tfrac{1}{2}eY$. Das Bild zeigt ein paar repräsentative Multipletts, es gibt aber noch viel mehr.

8.7 Der Isospin in Kernen[12]

Ein Kern mit A Nukleonen, Z Protonen und N Neutronen hat die Gesamtladung Ze. Die Gesamtladung kann mit Gl. 8.14 als eine Summe über die A Nukleonen geschrieben werden:

$$(8.31) \qquad Ze = \sum_{i=1}^{A} q_i = e(I_3 + \tfrac{1}{2} A),$$

wobei man die dritte Komponente des gesamten Isospins durch Addition über alle Kerne erhält,

$$(8.32) \qquad I_3 = \sum_{i=1}^{A} I_{3,i}.$$

Der Isospin $\vec{I}$ verhält sich mathematisch wie der gewöhnliche Spin $\mathbf{J}$ und der gesamte Isospin des Kerns A ist die Summe über die Isospinwerte der Nukleonen:

$$(8.33) \qquad \vec{I} = \sum_{i=1}^{A} \vec{I_i}.$$

---

[12] E. P. Wigner, *Phys. Rev.* **51**, 106, 947 (1937); Proc. Robert A. Welch Confer. *Chem. Res.* **1**, 67 (1958).

Haben diese Gleichungen einen Sinn? Alle Zustände eines bestimmten Nuklids werden durch dieselben Werte von A und Z charakterisiert. Was bedeuten die Werte von I und I_3? Nach Gl. 8.31 haben alle Zustände eines Nuklids denselben Wert von I_3, nämlich

(8.34) $\qquad I_3 = Z - \frac{1}{2} A = \frac{1}{2}(Z - N)$.

Die Zuordnung einer gesamten Isospinquantenzahl I ist nicht so einfach. Es sind A Isospinvektoren mit $I = \frac{1}{2}$ vorhanden und da sie sich vektoriell addieren, können sie zu vielen unterschiedlichen Werten von I zusammengesetzt werden. Der größtmögliche Wert für I ist $\frac{1}{2}A$ und er tritt auf, wenn die Beiträge aus allen Nukleonen parallel sind. Der kleinstmögliche Wert ist $|I_3|$, da ein Vektor nicht kleiner als eine seiner Komponenten sein kann. Für I gilt deshalb

(8.35) $\qquad \frac{1}{2}|Z - N| \leq I \leq \frac{1}{2} A$.

Kann man nun einem gegebenen Kernniveau einen bestimmten Wert I zuordnen und kann man ihn auch experimentell bestimmen? Zur Beantwortung dieser Frage kehren wir wieder zu der Welt zurück, in der alle Wechselwirkungen außer der starken ausgeschaltet sind und betrachten einen Kern aus A Nukleonen. In der rein hadronischen Welt ist I eine Erhaltungsgröße und jeder Zustand des Kerns ist durch einen Wert von I charakterisiert. Gleichung 8.35 zeigt, daß I für gerades A ganzzahlig und für ungerades A halbzahlig ist. Der Zustand ist $(2I + 1)$-fach entartet. Wird die elektromagnetische Wechselwirkung angeschaltet, so wird die Entartung aufgehoben, wie in Bild 8.4 zu sehen ist. Jeder der Subzustände ist durch einen eigenen Wert von I_3 charakterisiert und tritt, wie in Gl. 8.31 gezeigt, in einem anderen Isobar auf. Solange die elektromagnetische Wechselwirkung ausreichend klein ist, $(Ze^2/\hbar c) \ll 1$, kann man erwarten, daß sich die wirklichen Kernzustände so verhalten, wie es eben beschrieben wurde, und durch I gekennzeichnet sind. Es stellt sich heraus, daß man sogar den Zuständen in schweren Kernen ein I zuordnen kann, obwohl dort diese Bedingung nicht erfüllt ist. Solche Zustände nennt man *isobare Analogzu-*

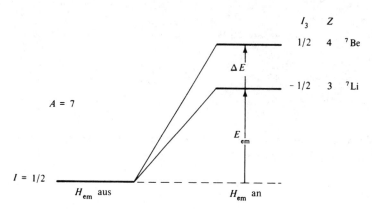

Bild 8.4 Isospin-Dublett. Ohne die elektromagnetische Wechselwirkung sind die beiden Subzustände entartet. Wird H_{em} angeschaltet, so wird die Entartung aufgehoben und jedes Subniveau erscheint in einem anderen Isobar. Man sagt, die Niveaus in den Nukliden bilden ein Isospin-Multiplett.

stände, sie wurden 1961 entdeckt.[13] Bild 8.4 ist die nukleare Entsprechung von Bild 8.2. Beide sind die Isospin-Analogie des in Bild 5.5 gezeigten Zeemaneffekts. Im magnetischen Fall (Spin) werden die Niveaus mit J und J_z bezeichnet und im Isospinfall mit I und I_3. Im magnetischen Fall wird die Aufspaltung durch das magnetische Feld bewirkt und im Isospinfall durch die Coulombwechselwirkung.

Den Wert von I findet man auf dieselbe Weise wie bei den Teilchen: Findet man alle Mitglieder eines Isospin-Multipletts, so kann man sie zählen. Es sind $2I + 1$ Mitglieder und damit ist I bestimmt. Wie in Abschnitt 8.6 dargelegt wurde, erwartet man, daß alle Mitglieder eines Isospin-Multipletts dieselben Quantenzahlen haben, abgesehen von I_3 und q. Andere Eigenschaften als die diskreten Quantenzahlen können durch die elektromagnetische Wechselwirkung beeinflußt sein, sollten aber noch annähernd gleich sein. Man beginnt die Suche mit einem bestimmten Isobar und hält nach Niveaus mit ähnlichen Eigenschaften in den Nachbarkernen Ausschau. Im Gegensatz zur Teilchenphysik, wo der Effekt der elektromagnetischen Wechselwirkung schwierig zu berechnen ist, kann hier die Lage der Niveaus ziemlich sicher vorhergesagt werden. Die elektromagnetische Kraft bewirkt zwei Effekte, die Abstoßung zwischen den Protonen im Kern und den Massenunterschied zwischen Neutron und Proton. Die Coulombabstoßung kann man berechnen und den Massenunterschied entnimmt man dem Experiment. Der Energieunterschied zwischen Mitgliedern eines Isospin-Multipletts in Isobaren $(A, Z + 1)$ und (A, Z) ist

(8.36) $\quad \Delta E = E(A, Z + 1) - E(A, Z) \approx \Delta E_{\text{Coul}} - (m_n - m_H)c^2,$

Die Energien beziehen sich auf neutrale Atome und beinhalten auch die Elektronen. $(m_n - m_H)c^2 = 0{,}782$ MeV ist die Massendifferenz zwischen dem Neutron und dem Wasserstoffatom. Die einfachste Abschätzung der Coulombenergie erhält man, indem man annimmt, daß die Ladung Ze gleichmäßig über eine Kugel vom Radius R verteilt ist. Die klassische elektrostatische Energie ist dann durch

(8.37) $\quad E_{\text{Coul}} = \dfrac{3}{5} \dfrac{(Ze)^2}{R}$

gegeben und führt zu der in Bild 8.4 gezeigten Verschiebung. Der Energieunterschied zwischen Isobaren der Ladung $Z + 1$ und Z wird annähernd zu

(8.38) $\quad \Delta E_{\text{Coul}} \approx \dfrac{6}{5} \dfrac{e^2}{R} Z,$

falls beide Nuklide den gleichen Radius haben. (Sie sollten den gleichen Radius haben, da ihre hadronische Struktur gleich ist.) Die Werte für R erhält man aus Gl. 6.38 und damit läßt sich der elektromagnetische Energieunterschied berechnen.

Der Kernspin nimmt Werte von 0 bis mehr als 10 an. Sind die Isospinwerte ähnlich reichhaltig? Dies ist der Fall, es gibt viele Isospinwerte und wir werden ein paar davon besprechen, um zu zeigen, wie wichtig der Isospinbegriff ist. Alle Beispiele zeigen ein Gesetz-

---

[13] J. D. Anderson und C. Wong, *Phys. Rev. Letters* **7**, 250 (1961). Isobare Analogzustände werden in Abschnitt 17.6 behandelt.

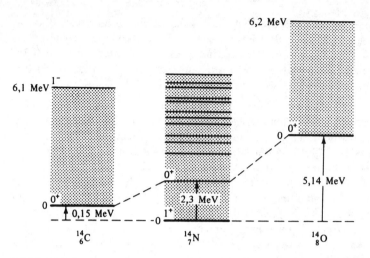

Bild 8.5 Die Isobaren mit $A = 14$. Die Bezeichnung gibt Spin und Parität an, z.B. 0^+ (Konfiguration). Der Grundzustand von ^{14}N ist ein Isospin-Singlett, der erste angeregte Zustand ein Mitglied eines Isospin-Tripletts.

mäßigkeit: Der Isospin des Kerngrundzustands nimmt immer den kleinsten nach Gl. 8.35 erlaubten Wert an, $I_{min} = |Z - N|/2$.

Isospin-*Singuletts*, $I = 0$, können nur in Nukliden mit $N = Z$ auftreten, wie man aus Gl. 8.35 sieht. Solche Nuklide nennt man selbstkonjugiert. Die Grundzustände von ^{2}H, ^{4}He, ^{6}Li, ^{8}Be, ^{12}C, ^{14}N und ^{16}O haben $I = 0$. ^{14}N ist ein gutes Beispiel. Die untersten Niveaus der Isobaren mit $A = 14$ sind in Bild 8.5 gezeigt. Da A gerade ist, sind nur ganzzahlige Isospinwerte erlaubt. Wenn der Grundzustand von ^{14}N einen Wert von $I \ne 0$ hätte, müßten ähnliche Niveaus in ^{14}C und ^{14}O mit $I_3 = \pm 1$ auftreten. Diese Niveaus müßten denselben Spin und dieselbe Parität wie der Grundzustand des ^{14}N haben, nämlich 1^+. Gleichung 8.36 erlaubt es, ihre ungefähre Lage zu berechnen: Das Niveau in ^{14}O sollte etwa 2,4 MeV höher und das Niveau in ^{14}C etwa 1,8 MeV tiefer liegen als der Grundzustand des ^{14}N. Diese Zustände gibt es nicht. Im Sauerstoff erscheint das erste Niveau bei 5,1 MeV und hat den Spin 0 und positive Parität. Im ^{14}C ist der erste angeregte Zustand höher anstatt tiefer und hat ebenfalls den Spin 0. Alle Beweise sprechen dafür, daß der Grundzustand des ^{14}N den Isospin 0 hat.

Isospin-*Dubletts* treten in Spiegelkernen auf, für die $Z = (A \pm 1)/2$ gilt. In Bild 8.6 sind zwei Beispiele gezeigt. Der Grundzustand und die ersten fünf angeregten Zustände haben Isospin ½. Gleichung 8.36 sagt einen Energieverschiebung um 1,3 MeV voraus, was in vernünftiger Übereinstimmung mit der beobachteten Verschiebung um 0,86 MeV ist.

Ein Beispiel für ein Isospin-*Triplett* zeigt Bild 8.5. Die Grundzustände von ^{14}C und ^{14}O bilden mit dem ersten angeregten Zustand des ^{14}N ein Triplett mit $I = 1$. Alle drei Zustände haben Spin 0 und positive Parität. Die Energien sind in vernüftiger Übereinstimmung mit der Vorhersage aus Gl. 8.36. Es wurden auch *Quartette* und *Quintette* gefunden,[14] das Auftreten von Isospin-Multipletts in Isobaren kann als gesichert betrachtet werden.

---

[14] J. Cerny, *Ann. Rev. Nucl. Sci.* **18**, 27 (1968); W. Beneuson und S. Kashy, *Rev. Mod. Phys.* **51**, 527 (1979); F. Ajzenberg-Selove, *Nucl. Phys.* **A 449**, 1 (1986).

8.7 Der Isospin in Kernen

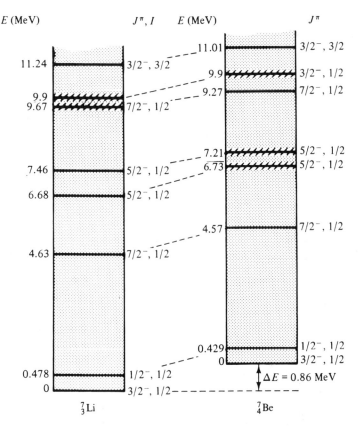

Bild 8.6 Termschema der beiden Isobaren ^{7}Li und ^{7}Be. Beide Nuklide enthalten die gleiche Anzahl von Nukleonen und abgesehen von elektromagnetischen Effekten, sollten ihre Niveaus identisch sein. J^π gibt den Spin und die Parität eines Zustand an, I seinen Isospin. Die Parität wird in Kapitel 9 erläutert. (siehe F. Ajzenberg-Selove, *Nucl. Phys.* **A 490**, 1 (1988).

8.8 Literaturhinweise

Allgemeine Literaturhinweise für Invarianzeigenschaften sind in Abschnitt 7.7 angegeben. Zusätzlich werden die folgenden Bücher und Artikel empfohlen.

Drehungen im Ortsraum und die daraus folgende Quantenmechanik des Drehimpulses sind überall in der subatomaren Physik wichtig. Wir haben hier nur die Oberfläche berührt. Für weitere Einzelheiten sind die Bücher von Messiah und Merzbacher nützlich. Ausführlicher wird das Gebiet durch D. M. Brink und G. R. Satchler, *Angular Momentum*, Oxford University Press, London, 1968, behandelt.

Frühe Überlegungen zum Isospin sind gut verständlich von E. Feenberg und E. P. Wigner, *Rept. Progr. Phys.* **8**, 274 (1941), und von W. E. Burcham, *Progr. Nucl. Phys.* **4**, 171 (1955) beschrieben. Eine neuere Übersicht gibt D. Robson, *Ann. Rev. Nucl. Sci.* **16**, 119 (1966). Das Buch *Isospin in Nuclear Physics* (D. H. Wilkinson, ed.), North-Holland, Amsterdam, 1969, liefert einen aktuellen Überblick über das gesamte Gebiet. Obwohl einige Beiträge in diesem Buch weit über dem Niveau der hier gebrachten Abhandlungen liegen, kann es bei Fragen zu Rate gezogen werden. Eine weitere Übersicht geben. E. M. Henley und G. A. Miller in *Mesons in Nuclei*, (M. Rho und D. Wilkinson, Eds.), North-Holland, Amsterdam, 1979, S. 406. Eine moderne Beschreibung der gegenwärtigen Erkenntnisse wird von E. M. Henley in *Prog. Part. Nucl. Phys.* (A. Faessler, Ed.) **20**, 387 (1987) gegeben.

Gleichung 8.37 für die Coulombenergie reicht für Abschätzungen aus. Für eine genauere Berechnung muß sie verbessert werden. Eine gründliche Erläuterung der Coulombenergien gibt der Übersichtsartikel von J. A. Nolan, Jr., und J. P. Schiffer, *Ann. Rev. Nucl. Sci.* **19**, 471 (1969).

Aufgaben

8.1 Leiten Sie die Kommutatorregel für J_x und J_y her:
a) Gleichung 8.2 gibt den Zusammenhang zwischen einer Wellenfunktion vor und nach der Drehung an, $\psi^R = U\psi$. Man kann Matrixelemente eines Operators F zwischen den ursprünglichen und den gedrehten Zuständen angeben. Man kann jedoch auch die Drehung des Operators F betrachten und die Zustände unverändert lassen. Beweisen Sie, daß die Beziehung zwischen dem gedrehten und dem ursprünglichen Operator durch

$$F^R = U^\dagger F U$$

gegeben ist.
b) $\mathbf{J} \equiv (J_x, J_y, J_z)$ sei ein Vektor. Betrachten Sie eine infinitesimale Drehung von $\mathbf{J}$ um den Winkel ε um die y-Achse. Drücken Sie $\mathbf{J}^R \equiv (J_x^R, J_y^R, J_z^R)$ durch $\mathbf{J}$ und ε aus.
c) $\mathbf{J}$ sei die Erzeugende der Drehung U, siehe Gl. 8.7. Leiten Sie mit Hilfe infinitesimaler Drehungen und mit $F = J_x$ in Teil a) und dem Ergebnis aus Teil b) die Kommutatorregeln zwischen J_x und J_y her.

8.2 Untersuchen Sie den Operator $U = \exp(-i\mathbf{a} \cdot \mathbf{p}/\hbar)$, wobei $\mathbf{a}$ eine Verschiebung im Ortsraum und $\mathbf{p}$ ein Impulsvektor ist.
a) Welche Operation wird durch U beschrieben?
b) Nehmen Sie an, H sei invariant bezüglich räumlicher Translation. Suchen Sie die zu dieser Symmetrieoperation gehörige Erhaltungsgröße und untersuchen Sie ihre Eigenfunktionen und Eigenwerte.

8.3 Erläutern Sie einige Beweise für die Ladungsunabhängigkeit der Pion-Nukleon-Wechselwirkung.

8.4 Beweisen Sie die Rechenschritte in Anmerkung 1.

8.5 Berechnen Sie den Kommutator Gl. 8.11.

8.6 Beweisen Sie, daß der Isospin des Deuterons Null ist
a) aus den experimentellen Daten.
b) durch die Verallgemeinerung des Pauliprinzips, die besagt, daß die gesamte Wellenfunktion, die ein Produkt aus Orts-, Spin- und Isospinanteil sein soll, antisymmetrisch bezüglich des Austauschs zweier Nukleonen sein muß.

8.7 Die Reaktion

$$dd \to \alpha \pi^0$$

wurde nicht beobachtet. Der Isospin des Deuterons und des α-Teilchens sind Null. Was besagt das Fehlen dieser Reaktion?

8.8 Beweisen Sie Gl. 8.37 und Gl. 8.38.

8.9 Untersuchen Sie die Energieniveaus der Isobaren mit $A = 12$.
a) Skizzieren Sie die Termschemata.
b) Zeigen Sie, daß der Grundzustand und die ersten angeregten Zustände in ^{12}C Isospin Null haben.
c) Suchen Sie den ersten Zustand in ^{12}C mit $I = 1$ und zeigen Sie, daß er mit den Grundzuständen des ^{12}B und ^{12}N ein Triplett bildet.

8.10 Betrachten Sie die Reaktionen

$$d\ ^{16}O \to \alpha\ ^{14}N$$
$$d\ ^{12}C \to p\ ^{13}C.$$

Die Isospininvarianz sei vorausgesetzt. Welche Werte von I der Zustände in ^{14}N und ^{13}C kann man durch diese Reaktionen erreichen? (^{16}O, ^{12}C, α und d sollen Grundzustände sein, ^{14}N und ^{13}C können angeregt sein.)

8.11 Betrachten Sie den β-Zerfall des ^{14}O. Normalerweise hat der β-Zerfall eine Halbwertszeit proportional zu E^{-5}, wobei E die maximale Energie der β-Teilchen ist. Erklären Sie mit der Isospininvarianz das beobachtete Verhältnis der Zerfallsarten.

8.12 Vergleichen Sie ΔE_{Coul} für $A = 10$, 80 und 200. Warum ist es schwieriger (oder unmöglich), alle Mitglieder eines Isospin-Multipletts in schweren Kernen zu finden als in leichten?

8.13 Betrachten Sie die Reaktionen

$$\gamma A \to nA'$$
$$dA \to pA'$$
$$dA \to \alpha A'$$
$$^3\text{He}A'' \to {}^3\text{H}A'.$$

Welche Isospinzustände in A' kann man durch diese Reaktion erreichen, wenn A ein selbstkonjugiertes Nuklid ist (N = Z)? Das Photon „besitzt" Isospin 0 *und* 1. Was sind die möglichen Werte für die Isospinzustände in A', wenn A'' den Isospin 0, ½ oder ³⁄₂ hat?

8.14
a) Beweisen Sie die Kommutatorregeln

$$[I_\pm, I^2] = 0, \qquad [I_3, I_\pm] = \pm I_\pm, \qquad [I_+, I_-] = 2I_3.$$

b) Beweisen Sie mit diesen Kommutatorregeln und mit Gl. 8.24 die Beziehung Gl. 8.27.

8.15 a) Man verwende die Verallgemeinerung von Gl. 8.30, um die Strangeness des D^0-Mesons mit dem Isospin ½, des η_c-Mesons mit dem Isospin 0 und das Λ_c^+-Baryons mit dem Isospin 0 abzuleiten. Die Quantenzahlen B und I sollen 0 sein.

b) Man wiederhole Teil (a) für die Bottomquantenzahl des B^--Teilchens mit dem Isospin ½, wenn die Quantenzahlen $C = T = 0$ sind.

8.16 Die Winkelverteilung des neutralen Pions, das bei der Reaktion $np \to d\pi^0$ entsteht, ist im Schwerpunktsystem symmetrisch um 90°. Man zeige, daß dieses Ergebnis aus der Isospinerhaltung folgt.

9 P, C und T

In den vorangegangenen Kapiteln haben wir zwei kontinuierliche Symmetrieoperationen besprochen: die Drehung im Ortsraum und im Isospinraum. Diese Drehungen können beliebig klein sein und sind folglich durch infinitesimale Transformationen zu beschreiben. Die Invarianz bezüglich dieser Drehungen führte zur Erhaltung von Spin und Isospin. In diesem Kapitel werden wir Beispiele für diskontinuierliche Transformationen besprechen, die zu Operatoren der Art führen, wie sie in Gl. 7.11 gegeben wurden, nämlich

$$U_h^2 = 1.$$

Solche Operatoren sind hermitesch *und* unitär. Die Invarianz bezüglich U_h führt zu einem multiplikativen Erhaltungssatz, in dem das Produkt von Quantenzahlen invariant ist.

9.1 Die Paritätsoperation

Invarianz bezüglich der Parität bedeutet, einfach ausgedrückt, Invarianz bezüglich der Vertauschung von links und rechts, oder die Symmetrie von Spiegelbild und Gegenstand. Lange waren die Physiker überzeugt, daß alle Naturgesetze bezüglich solcher Spiegelungen invariant sind. Diese Ansicht hat ersichtlich nichts mit der täglichen Erfahrung zu tun, da unsere Welt nicht links/rechts-invariant ist. Schlüssel, Schrauben und DNA-Moleküle haben eine Vorzugsrichtung. Woher kommt dann der Glaube an die Invarianz bezüglich der Raumspiegelung? Die Geschichte der Paritätsoperation zeigt, wie eine Gesetzmäßigkeit gefunden wird, wie sie verstanden wird, sich zu einem Dogma entwickelt und wie das Dogma schließlich gestürzt wird. 1924 entdeckte Laporte, daß die Atome zwei Arten von Anregungszuständen haben.[1] Er stellte die Auswahlregeln für die Übergänge zwischen den beiden Arten auf, aber er konnte sie nicht erklären. Wigner zeigte dann, daß die zwei Arten aus der Invarianz der Wellenfunktion bezüglich der Raumspiegelung folgen.[2] Diese Symmetrie war so bestechend, daß sie zu einem Dogma erhoben wurde. Die beobachteten Links-Rechts-Asymmetrien in der Natur wurden sämtlich den Anfangsbedingungen angelastet. Es war deshalb eine ziemliche Überraschung, als Lee und Yang 1956 zeigten, daß in der schwachen Wechselwirkung kein Hinweis auf die Paritätserhaltung existiert,[3] und daraufhin von Wu und Mitarbeitern im β-Zerfall die Paritätsverletzung gefunden wurde.[4] Der Sturz der Parität erfolgte jedoch nur teilweise. Die Parität bleibt in der starken und elektromagnetischen Wechselwirkung erhalten.

Die *Pariätsoperation* (Raumumkehr) P ändert das Vorzeichen jedes echten (polaren) Vektors:

(9.1) $\qquad \mathbf{x} \xrightarrow{p} -\mathbf{x}, \quad \mathbf{p} \xrightarrow{p} -\mathbf{p}.$

---
[1] O. Laporte, *Z. Physik* **23**, 135 (1924).
[2] E. P. Wigner, *Z. Physik* **43**, 624 (1927).
[3] T. D. Lee und C. N. Yang, *Phys. Rev.* **104**, 254 (1956).
[4] C. S. Wu, E. Ambler, R. W. Hayward, D. D. Hoppes und R. P. Hudson, *Phys. Rev.* **105**, 1413 (1957).

Axiale Vektoren bleiben jedoch unter P unverändert. Ein Beispiel ist der Bahndrehimpuls $\mathbf{L} = \mathbf{r} \times \mathbf{p}$. Unter P ändern $\mathbf{r}$ und $\mathbf{p}$ das Vorzeichen, folglich bleibt $\mathbf{L}$ unverändert. Ein allgemeiner Drehimpulsvektor $\mathbf{J}$ verhält sich genauso:

(9.2) $\mathbf{J} \xrightarrow{P} \mathbf{J}$.

Dieses Verhalten folgt aus der Feststellung, daß P mit infinitesimalen Drehungen und folglich auch mit $\mathbf{J}$ kommutiert. Ferner läßt die Transformation, Gl. 9.2, die Kommutatorregeln, Gl. 5.6, für den Drehimpuls unverändert. Die Wirkung der Paritätsoperation auf den Impuls und Drehimpuls wird in Bild 9.1 gezeigt.

Der Paritätsoperator ist ein Sonderfall des in Abschnitt 7.1 besprochenen Transformationsoperators U. P verwandelt die Wellenfunktion in eine andere Wellenfunktion:

(9.3) $P\psi(\mathbf{x}) = \psi(-\mathbf{x})$.

Wird P ein zweites mal auf Gl. 9.3 angewandt, so erhält man wieder den ursprünglichen Zustand.[5]

(9.4) $P^2\psi(\mathbf{x}) = P\psi(-\mathbf{x}) = \psi(\mathbf{x})$.

Folglich erfüllt P die Operatorgleichung

(9.5) $P^2 = I$.

P ist ein Beispiel des Operators Gl. 7.11, der dort mit U_h bezeichnet wurde und hermitesch und unitär ist. Gleichung 9.5 zeigt, daß die Eigenwerte von P entweder $+1$ oder -1 sind.

Bis hierher wurden keine Invarianzen berücksichtigt. Die Überlegungen bezogen sich ausschließlich auf die Paritätsoperation und behandelten nur, was sich unter P abspielt. Die

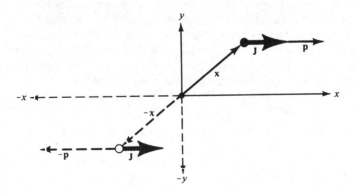

Bild 9.1 Die Paritätsoperation transformiert $\mathbf{x}$ in $-\mathbf{x}$, $\mathbf{p}$ in $-\mathbf{p}$, läßt aber den Drehimpuls $\mathbf{J}$ unverändert. Der Deutlichkeit halber erfolgt die Darstellung in zwei Dimensionen.

---

[5] Für relativistische Wellenfunktionen muß Gl. 9.4 verallgemeinert werden.

9.1 Die Paritätsoperation

Wellenfunktionen $\psi(\mathbf{x})$ und $\psi(-\mathbf{x})$ können völlig verschieden sein. Die Situation wird jedoch eingeschränkt, wenn die Invarianz bezüglich der Parität eingeführt wird. Ein System sei durch den Hamiltonoperator H beschrieben, der mit P kommutieren soll:

(9.6) $[H, P] = 0.$

In diesem Fall kann die Wellenfunktion $\psi(\mathbf{x})$ als eine Eigenfunktion des Paritätsoperators gewählt werden, wie man folgendermaßen sehen kann: $\psi(\mathbf{x})$ ist eine Eigenfunktion von H,

$$H\psi(\mathbf{x}) = E\psi(\mathbf{x}).$$

Anwendung von P gibt mit Gl. 9.6

$$HP\psi(\mathbf{x}) = PH\psi(\mathbf{x}) = PE\psi(\mathbf{x}),$$

oder

$$H\psi'(\mathbf{x}) = E\psi'(\mathbf{x}),$$

wobei

$$\psi'(\mathbf{x}) \equiv P\psi(\mathbf{x}).$$

Die Wellenfunktionen $\psi(\mathbf{x})$ und $P\psi(\mathbf{x})$ erfüllen dieselbe Schrödinger-Gleichung mit denselben Eigenwerten E und es gibt jetzt zwei Möglichkeiten. Der Zustand mit der Energie E kann entartet sein, so daß zwei verschiedene physikalische Zustände, die durch die Wellenfunktion $\psi(\mathbf{x})$ und $\psi'(\mathbf{x}) \equiv P\psi(\mathbf{x})$ beschrieben werden, dieselbe Energie haben. Wenn der Zustand *nicht* entartet ist, dann müssen $\psi(\mathbf{x})$ und $P\psi(\mathbf{x})$ dieselbe physikalische Situation beschreiben und folglich einander proportional sein:

(9.7) $P\psi(\mathbf{x}) = \pi\psi(\mathbf{x}).$

Diese Beziehung hat die Form einer Eigenwertgleichung und der Eigenwert π wird als Parität der Wellenfunktion $\psi(\mathbf{x})$ bezeichnet. Die Begründung in Anschluß an Gl. 9.5 besagt, daß der Eigenwert $+1$ oder -1 sein muß:

(9.8) $\pi = \pm 1.$

Man sagt, die entsprechenden Wellenfunktionen haben gerade (+) oder ungerade (−) Parität. Da nach Gl. 9.6 P mit H kommutiert, bleibt die Parität erhalten und π ist der beobachtete Eigenwert, der zum hermiteschen Operator P gehört.

Ein besonders nützliches Beispiel einer Eigenfunktion der Parität ist $Y_l^m(\theta, \varphi)$, die Eigenfunktion des Bahndrehimpulsoperators. In Gl. 5.4 schrieben wir diese Eigenfunktion als $\psi_{l,m}$ und definierten sie als die Eigenfunktion der Operatoren L^2 und L_z. Die Funktion Y_l^m heißt Kugelfunktion. Die Eigenschaften der Funktionen Y_l^m und ihre explizite Form bis $l = 3$ sind in Tabelle A8 im Anhang gegeben. In Polarkoordinaten ist die Paritätsoperation $\mathbf{x} \to -\mathbf{x}$ durch

(9.9)
$$\begin{aligned} r &\to r \\ \theta &\to \pi - \theta \\ \varphi &\to \pi + \varphi \end{aligned}$$

gegeben. Unter einer solchen Transformation ändert Y_l^m das Vorzeichen, wenn l ungerade ist, und bleibt gleich, wenn l gerade ist:

(9.10) $\quad PY_m^l = (-1)^l Y_l^m.$

Die Erhaltung der Parität führt zu einem *multiplikativen* Erhaltungssatz, wie man durch Betrachtung der folgenden Reaktion sehen kann

$$a + b \to c + d.$$

Der Anfangszustand kann symbolisch als

$$|\text{Anfang}\rangle = |a\rangle |b\rangle |\text{relative Bewegung}\rangle$$

geschrieben werden, wobei $|a\rangle$ und $|b\rangle$ den inneren Zustand der beiden Teilchen darstellt und $|\text{relative Bewegung}\rangle$ den Teil der Wellenfunktion, der die relative Bewegung von a und b beschreibt. Die Raumspiegelung wirkt sich auf jeden Faktor aus, so daß

(9.11) $\quad P|\text{Anfang}\rangle = P|a\rangle P|b\rangle P|\text{relative Bewegung}\rangle.$

Gleichung 9.9 zeigt, daß der radiale Teil der Wellenfunktion der relativen Bewegung durch P nicht beeinflußt wird und der Bahnanteil den Beitrag $(-1)^l$ liefert, wobei l der relative Drehimpuls zwischen den beiden Teilchen a und b ist. Die Ausdrücke $P|a\rangle$ und $P|b\rangle$ beziehen sich auf die inneren Wellenfunktionen der beiden Teilchen.

Wir können den Teilchen eine Eigenparität zuordnen, z.B.

$$P|a\rangle = \pi_a |a\rangle.$$

Gleichung 9.11 wird dann

(9.12) $\quad \pi_{\text{Anfang}} = \pi_a \pi_b (-1)^l.$

Eine ähnliche Gleichung gilt für den Endzustand und die Paritätserhaltung bei der Reaktion verlangt, daß

(9.13) $\quad \pi_a \pi_b (-1)^l = \pi_c \pi_d (-1)^{l'},$

wobei l' der relative Bahndrehimpuls der Teilchen c und d im Endzustand ist. Gleichung 9.13 besagt, daß die Parität eine multiplikative Quantenzahl ist, die erhalten bleibt.

Warum führt die Eichtransformation zu einer additiven Quantenzahl und P zu einer multiplikativen?

P ist selbst ein hermitescher Operator, deshalb führt er zu einer multiplikativen Quantenzahl, während die Eichtransformation zu einer additiven Quantenzahl führt, da bei ihr der hermitesche Operator im Exponenten erscheint. Das Produkt zweier Exponentialfunktionen führt zur Summe der Exponenten und demnach zu einem additiven Gesetz.

9.2 Die Eigenparität der subatomaren Teilchen

Kann man den subatomaren Teilchen eine Eigenparität wie in Abschnitt 9.1 zuordnen? Wir werden zeigen, daß eine solche Zuordnung möglich ist, aber wir werden auch ein schönes Beispiel für eine unerwartete Falle kennenlernen.

Wie immer ist auch hier das Vorzeichen eine Frage der Definition. Bei der elektrischen Ladung wird die Aufladung des Katzenfells als positiv definiert, weshalb das Proton eine positive Ladung trägt. Die Eigenparität des Protons wird ebenfalls als positiv definiert,

(9.14) $\quad \pi(\text{Proton}) = +.$

Die Bestimmung der Parität der anderen Teilchen beruht dann auf Beziehungen der Art Gl. 9.13. Als Beispiel betrachten wir den Einfang negativer Pionen durch Deuterium.[6] Niederenergetische negative Pionen treffen auf ein Deuteriumtarget und man beobachtet die Reaktionsprodukte. Von den drei Reaktionen

(9.15) $\quad d\pi^- \to nn$

(9.16) $\quad d\pi^- \to nn\gamma$

(9.17) $\quad d\pi^- \to nn\pi^0$

werden nur die beiden ersten beobachtet, die dritte fehlt. Die Paritätserhaltung für die erste Reaktion führt zu der Beziehung

$$\pi_d \pi_{\pi^-} (-1)^l = \pi_n \pi_n (-1)^{l'} = (-1)^{l'}.$$

Zunächst betrachten wir Spin und Parität des Anfangszustands. Das Deuteron ist der gebundene Zustand eines Protons und eines Neutrons. Die Nukleonenspins sind parallel und addieren sich zum Deuteronenspin 1. Der relative Bahndrehimpuls der beiden Nukleonen ist hauptsächlich Null. (Das Deuteron wird in Kapitel 14 genauer behandelt.) Folglich ist die Parität des Deuterons $\pi_d = \pi_p \pi_n$. Das negative Pion wird im Target abgebremst und schließlich von einem Deuteron eingefangen. Es umkreist das Deuteron und bildet mit ihm ein pionisches Atom. Unter Photonenemission fällt das Pion schnell in eine Bahn mit Bahndrehimpuls Null, von wo aus die Reaktionen Gl. 9.15 und Gl. 9.16 stattfinden. Folglich ist der Bahndrehimpuls $l = 0$ und die Parität des Anfangszustands durch $\pi_{\pi^-} \pi_p \pi_n$ gegeben. Den Drehimpuls l' des Endzustands erhält man genauso einfach: Die gesamte Wellenfunktion im Endzustand muß antisymmetrisch sein, da es sich um zwei identische Fermionen handelt. Wenn der Spin der beiden Neutronen antiparallel ist, so ist der Spinzustand antisymmetrisch und der Ortsteil muß symmetrisch sein. Folglich muß l' gerade sein

---

[6] W. K. H. Panofsky, R. L. Aamodt und J. Hadley, *Phys. Rev.* **81**, 565 (1951).

und die möglichen Werte für den gesamten Drehimpuls sind 0, 2, ... Der gesamte Drehimpuls im Anfangszustand ist 1. Die Drehimpulserhaltung verbietet also den antisymmetrischen Spinzustand. Für den symmetrischen Spinzustand, bei dem die beiden Spins parallel sind, muß der Drehimpuls l' ungerade sein, $l' = 1, 3, ...$. Nur für $l' = 1$ kann der gesamte Drehimpuls 1 sein und der Endzustand ist deshalb $^3P_1$. Mit $l' = 1$ wird die Paritätsgleichung zu

(9.18) $\pi_p \, \pi_n \, \pi_{\pi^-} = -1$.

Diese Gleichung hat zwei Lösungen, mit der Anfangsbedingung Gl. 9.14 sind sie

(9.19) $\pi_p = \pi_n = 1, \quad \pi_{\pi^-} = -1$,

und

(9.19a) $\pi_p = \pi_{\pi^-} = 1, \quad \pi_n = -1$.

Die beiden Lösungen sind vom Experiment her gleichwertig. Es stellt sich heraus, daß kein Experiment möglich ist, das diese Zweideutigkeit aufheben und die relative Parität zwischen Proton und Neutron messen kann.

Die Entscheidung wird also theoretisch getroffen. Proton und Neutron bilden ein Isodublett. Nach Gl. 8.15 sollten die Mitglieder eines Isospin-Multipletts dieselben hadronischen Eigenschaften besitzen und man nimmt an, daß sie dieselbe Eigenparität haben. Setzt man

(9.20) π(Neutron) = +,

so wird die Parität des Pions negativ. Das Pion ist ein *Pseudoskalar*-Teilchen. Das Fehlen der Reaktion Gl. 9.17 bedeutet, daß das neutrale Pion ebenfalls ein Pseudoskalar ist.

• Warum läßt sich die relative Parität des Protons und Neutrons, oder des positiven und neutralen Pions, nicht messen? Der Grund hängt mit der Existenz der additiven Erhaltungssätze zusammen. Wir betrachten die Paritätsgleichungen für das Proton und das Neutron,

$$P|p\rangle = |p\rangle$$
$$P|n\rangle = |n\rangle$$

Durch die Definition

(9.21) $P' = P e^{i\pi Q}$

wird ein modifizierter Paritätsoperator P' eingeführt, wobei Q der Operator der elektrischen Ladung ist. Physikalisch ist der neue Operator P' nicht von P zu unterscheiden. Er übt dieselbe Funktion aus, z.B. Verwandlung von x und $-$x und kommutiert nach Gl. 7.22 mit H. P und P' sind deshalb gleich gute Paritätsoperatoren. Wendet man P' auf $|p\rangle$ und $|n\rangle$ an, so erhält man

$$P'|p\rangle = P e^{i\pi Q}|p\rangle = -P|p\rangle = -|p\rangle, \quad P'|n\rangle = |n\rangle.$$

Der modifizierte Paritätsoperator weist dem Proton eine negative Eigenparität zu und läßt die des Neutrons unverändert. Da P und P' gleich gute Paritätsoperatoren sind und wir keinen Grund dafür haben, den einen oder anderen vorzuziehen, schließen wir daraus, daß die relative Parität zwischen

9.2 Die Eigenparität der subatomaren Teilchen 241

Systemen mit verschiedener elektrischer Ladung keine meßbare Größe ist. Es gibt also keine Möglichkeiten experimentell zu bestimmen, welche der beiden Lösungen in Gl. 9.19 richtig ist. Die Zuordnung der gleichen Parität für das Proton und Neutron läßt sich nicht durch Messungen beweisen, aber sie beruht auf festen theoretischen Grundlagen.

Anstelle der Modifikation Gl. 9.21 lassen sich auch Paritätsoperatoren der Form

$$P'' = Pe^{i\pi A}$$

einführen, wobei A der Operator der Baryonenzahl oder einer anderen additiven Erhaltungsgröße ist. Die Überlegungen verlaufen dann wie oben und man sieht, daß die relative Parität nur innerhalb von Systemen mit gleichen additiven Quantenzahlen Q, A und Y meßbar ist. •

Wir haben gerade gezeigt, daß die relative Parität zweier Systeme nur meßbar ist, wenn die beiden Systeme die gleichen additiven Quantenzahlen besitzen. Diese Einschränkung begrenzt die Nützlichkeit des Paritätsbegriffs aber nicht so stark, wie man vermuten könnte. Man muß nur die Eigenparität von so vielen Hadronen wie man additive Quantenzahlen hat, festlegen. Die Parität aller anderen Hadronen findet man dann durch Bildung von aus diesen *Standardteilchen* zusammengesetzten Systemen und Messung der relativen Parität aller anderen Zustände zu diesen Systemen. Die Parität des Protons und Neutrons wurde bereits als positiv festgelegt. Üblicherweise nimmt man das Λ als drittes Standardteilchen, so daß

(9.22) $\quad \pi(\text{Proton}) = \pi(\text{Neutron}) = \pi(\text{Lambda}) = +$.

Mit diesen Definitionen lassen sich die Paritäten aller anderen Hadronen, einschließlich aller Kernzustände, experimentell bestimmen, zumindest im Prinzip. Zur Bestimmung der Parität von Teilchen mit anderen additiven Quantenzahlen, z.B. Charm, müssen die Paritäten der entsprechenden Teilchen mit diesen Quantenzahlen definiert werden. Die Eichbosonen γ, die Gluonen, $W^\pm$ und Z^0 haben negative Eigenparitäten, die vom Photon wurde experimentell bestimmt. (Die Leptonen wurden hier ausgelassen; warum, wird in Abschnitt 9.3 klar.)

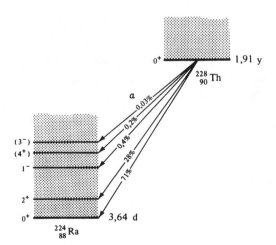

Bild 9.2 Der α-Zerfall von ^{228}Th. Die Intensitäten der verschiedenen α-Zerfallszweige sind in % angegeben. Spin- und Paritätswerte, die noch nicht völlig gesichert sind, stehen in Klammern [siehe M. J. Martin, *Nucl. Data Sheets* **49**, 83 (1986)].

Ein erstes Beispiel für die Paritätsbestimmung eines Teilchens wurde bereits oben angegeben, als gezeigt wurde, daß die Reaktion Gl. 9.15 zur Zuordnung der negativen Parität für das Pion führt. Als zweites Beispiel werden folgende Reaktionen betrachtet:

(9.23) $\quad dd \to p\,{}^3\text{H}$

(9.24) $\quad dd \to n\,{}^3\text{He}$

(9.25) $\quad d\,{}^3\text{H} \to n\,{}^4\text{He}.$

Spin und Parität des Deuterons d wurden bereits oben erläutert und dabei festgestellt, daß die Konfiguration 1^+ heißt. Die Spins von ${}^3\text{H}$, ${}^3\text{He}$ und ${}^4\text{He}$ lassen sich mit den üblichen Verfahren bestimmen. Die Untersuchung der Reaktionen Gl. 9.23–9.25 liefert die Werte für l und l' und die Konfiguration J^π wird zu $\tfrac{1}{2}^+$ für ${}^3\text{H}$ und ${}^3\text{He}$ und 0^+ für ${}^4\text{He}$.

Im Prinzip können die Paritäten anderer Zustände mit ähnlichen Reaktionen erforscht werden. Ein weiteres Beispiel ist in Bild 9.2 angegeben. Angenommen, die Konfiguration 0^+ für ${}^{228}\text{Th}$ ist bekannt und die Spins der verschiedenen Zustände in ${}^{224}\text{Ra}$ sind auch bestimmt. Wie oben festgestellt wurde, hat das α-Teilchen Spin 0 und positive Parität. Wird es mit dem Bahndrehimpuls L emittiert, so hat es die Parität $(-1)^L$. Da der Anfangszustand vor dem Zerfall Spin 0 hat, kann ein mit Drehimpuls L emittiertes α-Teilchen nur Zustände mit $J = L$ erreichen. Die Parität dieser Zustände muß dann $(-1)^L = (-1)^J$ oder 0^+, 1^-, 2^+, 3^-, 4^+, ... sein. Tatsächlich beobachtet man die Besetzung solcher Zustände durch den α-Zerfall, siehe Bild 9.2.

Die bisher gegebenen Beispiele sind einfach. Für die tatsächliche Zuordnung der Parität für Teilchen und angeregte Zustände sind oft umfangreichere Methoden notwendig, aber die grundlegenden Ideen bleiben dieselben. Die verschiedenen in der Kern- und Elementarteilchenphysik verwendeten Methoden sind in der in Abschnitt 5.12 angegebenen Literatur beschrieben.

9.3 Erhaltung und Verletzung der Parität

Im vorhergehenden Abschnitt haben wir die experimentelle Bestimmung der Eigenparität einiger subatomarer Teilchen besprochen. In allen Überlegungen steckte die Erhaltung der Parität in den zur Bestimmung von π betrachteten Prozessen. Wie gut ist der Nachweis für die Paritätserhaltung bei den verschiedenen Wechselwirkungen? Zur Beantwortung dieser Frage muß ein Maß für die Paritätserhaltung eingeführt werden. Wenn $|\alpha\rangle$ ein nichtentarteter Zustand eines Systems mit z.B. positiver Parität ist, wird er als

$$|\alpha\rangle = |\text{gerade}\rangle$$

geschrieben. Wenn die Parität nicht erhalten bleibt, läßt sich $|\alpha\rangle$ als Kombination aus einem geraden und ungeraden Teil schreiben

(9.26) $\quad \begin{aligned} &|\alpha\rangle = c\,|\text{gerade}\rangle + d\,|\text{ungerade}\rangle \\ &|c|^2 + |d|^2 = 1. \end{aligned}$

9.3 Erhaltung und Verletzung der Parität

Ein Zustand dieser Art, mit $c \neq 0$ und $d \neq 0$, ist kein Eigenzustand des Paritätsoperators P mehr, da

$$P|\alpha\rangle = c \mid \text{gerade}\,\rangle - d \mid \text{ungerade}\,\rangle \neq \pi|\alpha\rangle.$$

$F = d/c$ ist also ein Maß für die Paritätsnichterhaltung ($d \leq c$). Die Paritätsverletzung ist am größten, wenn der Zustand gleiche Amplituden für $|\text{gerade}\rangle$ und $|\text{ungerade}\rangle$ besitzt, d.h. wenn $|F| = 1$.

Eine empfindliche Überprüfung der Paritätserhaltung in der starken und elektromagnetischen Wechselwirkung beruht auf den Auswahlregeln für den α-Zerfall. In Bild 9.2 wurde gezeigt, wie ein bekannter α-Zerfall zur Bestimmung der Parität eines Zustands, zu dem ein Übergang stattfindet, benutzt werden kann. Die Überlegung läßt sich umkehren: Da ein α-Teilchen mit dem Bahndrehimpuls L die Parität $(-1)^L$ besitzt, sind Zerfälle wie $1^+ \xrightarrow{\alpha} 0^+$ oder $2^- \xrightarrow{\alpha} 0^+$ von der Parität verboten. Sie können nur stattfinden, wenn einer oder beide auftretende Zustände eine Beimengung der entgegengesetzten Parität enthalten. Bild 9.3 zeigt die im ersten Experiment verwendeten Zustände.[7] Das Niveau mit 1^+ in ^{20}Ne bei der Anregungsenergie von etwa 14 MeV läßt sich erreichen, indem man ^{19}F mit Protonen beschießt. Es zerfällt durch α-Emission in den 3^--Zustand bei 6,13 MeV in ^{16}O. Dieser Übergang ist von der Parität her erlaubt, da die vektorielle Addition des Drehimpulses die Emission eines α-Teilchens mit $L = 3$ für den Übergang $1^+ \xrightarrow{\alpha} 3^-$ erlaubt. Der Übergang zum Grundzustand kann jedoch nur mit $L = 1$ verlaufen, die entsprechende Parität ist also negativ und der Zerfall $1^+ \xrightarrow{\alpha} 0^+$ ist von der Parität her verboten. Die Suche nach einem solchen paritätsverbotenen Zerfall bedeutet folglich die Suche nach $|F|^2$. Im gerade besprochenen Experiment wurde als obere Grenze für $|F|^2$ etwa 4×10^{-8} gefunden. Spätere Experimente[8] insbesondere am Alphazerfall des 2^--Zustandes von ^{16}O haben gezeigt, daß der Zerfall mit einer Rate auftritt, die einem $|F|^2 \leq 10^{-13}$ entspricht.[9] Diese geringfügige

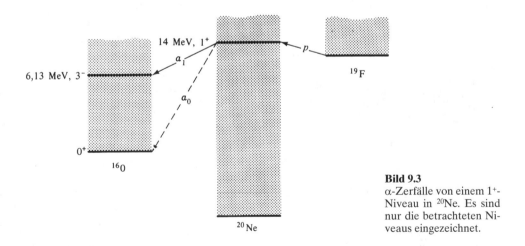

Bild 9.3
α-Zerfälle von einem 1^+-Niveau in ^{20}Ne. Es sind nur die betrachteten Niveaus eingezeichnet.

---

[7] N. Tanner, *Phys. Rev.* **107**, 1203 (1957).
[8] Die Experimente wurden in E. M. Henley, *Ann. Rev. Nucl. Sci.* **19**, 367 (1967) sowie in E. G. Adelberger und W. C. Haxton, *Ann. Rev. Nucl. Sci.* **35**, 501 (1985) diskutiert.
[9] N. Neubeck et al., *Phys. Rev.* **C 10**, 320 (1974).

Verletzung der Parität ist die Folge der schwachen Wechselwirkung, für die starke (hadronische) Wechselwirkung erhält man folglich den Grenzwert

(9.27) $\quad |F|^2 \leq 10^{-13}$.

Eine so kleine Zahl liefert einen sehr guten Beweis für die Paritätserhaltung bei der starken Wechselwirkung. Gleichzeitig zeigt sie, daß die Parität auch bei der elektromagnetischen Wechselwirkung erhalten bleibt. Wenn die Parität bei der elektromagnetischen Wechselwirkung verletzt würde, wäre nämlich die Wellenfunktion des Kerns auch von der Form Gl. 9.26 und von der Parität verbotene α-Zerfälle würden möglich. Da die elektromagnetische Wechselwirkung um den Faktor 100 schwächer ist als die starke, liegt die Grenze für die entsprechende Verletzung der Parität um etwa 10^4 höher als Gl. 9.27, ($|F|^2 \leq 10^{-9}$) aber immer noch sehr tief.

Die Grenze, Gl. 9.27, ist neueren Datums, vor 1957 waren die Werte viel weniger überzeugend. Da die Paritätserhaltung jedoch bereits zu einem Dogma geworden war, waren nur wenige Physiker bereit, ihre Zeit darauf zu verwenden, einen Wert zu verbessern, der ohnehin als gesichert galt. Das Erstaunen war deshalb groß, als Anfang 1957 entdeckt wurde, daß die Parität in der *schwachen Wechselwirkung* nicht erhalten bleibt.[10] Das Problem, das die entscheidenden Gedankengänge auslöste, ergab sich vor 1956. Um 1956 war schließlich klar, daß es zwei Teilchen mit seltsamen Eigenschaften gab. Sie wurden Tau und Theta genannt und schienen in jeder Hinsicht identisch zu sein (Masse, Wirkungsquerschnitt bei der Entstehung, Spin, Ladung), außer in ihrem Zerfall. Eines zerfiel in einen Zustand negativer Parität und das andere in einen Zustand positiver Parität. Das Dilemma sah also folgendermaßen aus: Entweder gab es zwei praktisch identische Teilchen mit verschiedener Parität oder die Paritätserhaltung mußte aufgegeben werden. Lee und Yang untersuchten das Problem sehr genau[3] und fanden zu ihrer großen Überraschung, daß es zwar Beweise für die Paritätserhaltung gab, aber nur bei der starken und elektromagnetischen Wechselwirkung, nicht jedoch bei der schwachen. Die Zerfälle des Tau und Theta waren so langsam, daß sie schwach sein mußten. Lee und Yang schlugen ein Experiment speziell zur Überprüfung der Paritätserhaltung bei der schwachen Wechselwirkung vor. Das erste Experiment wurde von Wu und Mitarbeitern durchgeführt und zeigte, daß die Annahmen von Lee und Yang richtig waren.[4]

Das Prinzip des Experiments von Wu et al. wird in Bild 9.4 erklärt. ^{60}Co-Kerne werden polarisiert, so daß ihre Spins **J** entlang der positiven z-Achse ausgerichtet sind. Wenn die Kerne zerfallen,

$$^{60}\text{Co} \rightarrow {}^{60}\text{Ni} + e^- + \bar{\nu},$$

wird die Intensität der emittierten Elektronen in den zwei Richtungen 1 und 2 gemessen. Die Impulswerte der Elektronen werden mit $\mathbf{p}_1$ und $\mathbf{p}_2$ bezeichnet und die entsprechenden

---

[10] Die Entdeckung der Paritätsverletzung bedeutete einen großen Schock für die meisten Physiker. Der Hintergrund und die Geschichte ist in einer Anzahl von Büchern und Übersichtsartikeln beschrieben. Wir empfehlen R. Novick, Ed., *Thirty Years Since Parity Nonconservation – A Symposium for T. D. Lee*, Birkhäuser, Boston, 1988. Ein Brief von Pauli an Weisskopf (Deutsch mit englischer Übersetzung) ist abgedruckt in W. Pauli, *Collected Scientific Papers*, Band 1 (R. Kronig und V. F. Weisskopf, Eds.) Wiley-Intersience, New York, 1964, S. XII. Der Brief zeigt, wie sehr die Verletzung der Parität die Physiker erschütterte.

9.3 Erhaltung und Verletzung der Parität

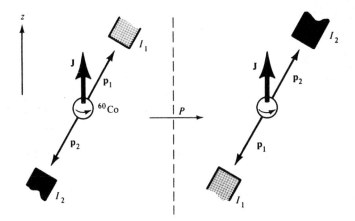

Bild 9.4 Prinzip des Experiments von Wu et al. Ein polarisierter Kern emittiert Elektronen mit den Impulsen $\mathbf{p}_1$ und $\mathbf{p}_2$. Links ist die ursprüngliche Lage, recht die paritätstransformierte. Invarianz bezüglich der Parität bedeutet, daß diese beiden Anordnungen nicht unterschieden werden können.

Intensitäten mit I_1 und I_2. Bei der Paritätstransformation bleibt der Spin unverändert, aber die Impulswerte $\mathbf{p}_1$ und $\mathbf{p}_2$ und die Intensitäten I_1 und I_2 werden vertauscht. Invarianz bezüglich der Paritätsoperation bedeutet, daß sich die ursprüngliche und die paritätstransformierte Situation nicht unterscheiden lassen. Bild 9.4 zeigt, daß die beiden Anordnungen gleiche Intensitäten liefern, wenn $I_1 = I_2$ ist. Die Paritätserhaltung verlangt also, daß die Intensität der parallel zu $\mathbf{J}$ und der antiparallel zu $\mathbf{J}$ emittierten Elektronen gleich ist.

Formaler ausgedrückt, ist der wesentliche Gesichtspunkt des Experiments die Beobachtung des Erwartungswerts des Operators

(9.28) $\quad P = \mathbf{J} \cdot \mathbf{p},$

wobei $\mathbf{J}$ der Spin des Kerns und $\mathbf{p}$ der Impuls des emittierten Elektrons ist. P ist ein Pseudoskalar, der sich bei der Paritätsoperation folgendermaßen transformiert

(9.29) $\quad \mathbf{J} \cdot \mathbf{p} \xrightarrow{P} - \mathbf{J} \cdot \mathbf{p}.$

Invarianz bezüglich der Paritätsoperation bedeutet, daß die Übergangsraten in den beiden Situationen $\mathbf{J} \cdot \mathbf{p}$ und $-\mathbf{J} \cdot \mathbf{p}$ identisch sind. Gleichung 9.29 liefert die Anleitung für den Experimentalphysiker, wie er die Paritätserhaltung überprüfen kann. Demnach muß die Übergangsrate für eine feste Richtung von $\mathbf{J}$ und $\mathbf{p}$ gemessen und das Ergebnis mit der Übergangsrate für den Zustand $-\mathbf{J} \cdot \mathbf{p}$ verglichen werden. Der Zustand $-\mathbf{J} \cdot \mathbf{p}$ läßt sich durch Umkehrung von $\mathbf{J}$ oder $\mathbf{p}$ erreichen. Das Experiment von Wu et al. bestand darin, die Übergangsrate für $\mathbf{J} \cdot \mathbf{p}$ und $-\mathbf{J} \cdot \mathbf{p}$ zu vergleichen, indem $\mathbf{J}$ durch Umkehrung der Polarisation der ^{60}Co-Kerne umgekehrt wurde.

In einer radioaktiven Quelle bei Zimmertemperatur zeigen die Kernspins in beliebige Richtungen. Es ist also nötig, die Kerne zu polarisieren, damit alle Spins $\mathbf{J}$ in die gleiche Richtung zeigen. Dann kann die Übergangsrate für die Elektronenemission parallel und antiparallel zu $\mathbf{J}$ verglichen werden. Zur Bechreibung des experimentellen Vorgehens betrachten wir den hypothetischen Zerfall in Bild 9.5(a). Ein Nuklid mit Spin 1 und g-Faktor $g > 0$ zerfällt unter Emission eines Elektrons und eines Antineutrinos in einen Zustand mit Spin 0. Um die Kerne auszurichten, wird die Probe in ein starkes Magnetfeld **B** gesetzt und auf sehr tiefe Temperaturen T abgekühlt. Die magnetischen Subniveaus des ursprünglichen Zustands spalten wie in Bild 9.5 auf, und die Energie des Zustands mit der magnetischen Quantenzahl M ist durch Gl. 5.21 als $E(M) = E_0 - g\mu_N BM$ gegeben. Das Verhältnis der Besetzungszahlen $N(M')/N(M)$ der beiden Zustände M' und M bestimmt der Boltzmannfaktor

(9.30) $$\frac{N(M')}{N(M)} = \exp\left[-\frac{E(M') - E(M)}{kT}\right],$$

oder mit Gl. 5.21

(9.31) $$\frac{N(M')}{N(M)} = \exp\left[\frac{(M'-M)g\mu_N B}{kT}\right].$$

Wenn die Bedingung

(9.32) $$kT \ll g\mu_N B$$

erfüllt ist, dann ist nur das tiefste Zeemanniveau besetzt und der Kern vollständig polarisiert. Seine Spins zeigen in Richtung des magnetischen Felds, siehe Bild 9.5(b). Der Wechsel von **J** · **p** nach $-$ **J** · **p** findet statt, wenn man das äußere Feld **B** umkehrt. Die experimentelle Durchführung verlangt die Beherrschung vieler Techniken. Die radioaktiven Kerne werden in einen Cer-Magnesium-Nitrat-Kristall eingebracht und durch adiabatische Entmagnetisierung bis auf eine Temperatur von 0,01 K abgekühlt. Das zur Erfüllung der Bedingung Gl. 9.32 benötigte Feld ist sehr hoch. Um ein so hohes Feld zu erhalten, nimmt man paramagnetische Atome, bei denen das Feld am Kernort dann hauptsächlich von der eigenen Elektronenhülle erzeugt wird. Die radioaktive Quelle muß so dünn sein, daß die Elektronen sie verlassen und in einem Zähler innerhalb des Kryostaten nachgewiesen werden können, siehe Bild 9.6(a). Das Ergebnis ist in Bild 9.6(b) wiedergegeben.

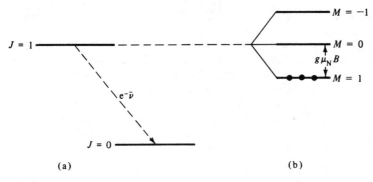

Bild 9.5 (a) β-Zerfall eines Zustands mit Spin 1 in einen Zustand mit Spin 0. (b) Bei sehr tiefen Temperaturen und einem starken Magnetfeld ist nur das tiefste Zeeman-Niveau besetzt. Der Kern (mit $g > 0$) ist dann vollständig polarisiert und die Polarisation zeigt in Richtung von **B**.

9.3 Erhaltung und Verletzung der Parität

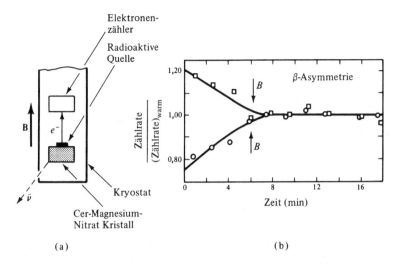

Bild 9.6 (a) Anordnung zur Messung der β-Emission von polarisierten Kernen. (b) Ergebnis des ersten Experiments, das Paritätsverletzung zeigte. [C. S. Wu, E. Ambler, R. W. Hayward, D. D. Hoppes und R. P. Hudson, *Phys. Rev.* **105**, 1413 (1957).] Die normierte Zählrate im β-Detektor ist für die beiden Richtungen im äußeren Magnetfeld angegeben. Nach der adiabatischen Entmagnetisierung erwärmt sich die Quelle, die Polarisation nimmt ab und der Effekt verschwindet.

Der Beweis ist schlagend. Der Erwartungswert von $P = \mathbf{J} \cdot \mathbf{p}$ verschwindet nicht und die Parität bleibt folglich beim β-Zerfall nicht erhalten. Viele weitere Experimente bestätigen das bemerkenswerte Ergebnis, daß die Parität bei der schwachen Wechselwirkung verletzt wird. Wir können nun zu einem früheren Bild zurückkehren und dieses besser verstehen. In Bild 7.2 werden das Neutrino und Antineutrino als vollständig polarisiert gezeigt. Vollständige Polarisation bedeutet, daß das Neutrino und Antineutrino einen nicht verschwindenden Wert $\mathbf{J} \cdot \mathbf{p}$ haben und deshalb eine ständige Bestätigung der Paritätsverletzung bei der schwachen Wechselwirkung darstellen.

- Üblicherweise beschreibt man die Polarisation eines Teilchens mit Spin 1/2 nicht durch $\mathbf{J} \cdot \mathbf{p}$, sondern durch den Helizitätsoperator

(9.33) $$H = 2\,\frac{\mathbf{J} \cdot \hat{\mathbf{p}}}{\hbar} \;,$$

wobei $\hat{\mathbf{p}}$ der Einheitsvektor in Richtung des Impulses ist. Der Erwartungswert von H für ein Teilchen, dessen Spin parallel zu seinem Impuls ist, beträgt $+1$. $\langle |H| \rangle = -1$ beschreibt ein Teilchen mit Spin entgegengesetzt zu $\hat{\mathbf{p}}$. Teilchen mit nichtverschwindender Helizität treten bei vielen Experimenten auf, bei denen es immer eine Vorzugsrichtung gibt, z.B. durch ein angelegtes Magnetfeld. Wenn es keine Vorzugsrichtung gibt, dann ist ein nichtverschwindender Wert von $\langle |\mathbf{J} \cdot \hat{\mathbf{p}}| \rangle$ und demnach von $\langle |H| \rangle$ ein Zeichen für die Paritätsverletzung. Ein Beispiel ist die Helizität von Leptonen, die von isotropen schwachen Quellen emittiert werden, wie der β- oder Myonenzerfall. Die Helizität sowohl der neutralen als auch der geladenen Leptonen in diesen schwachen Zerfällen wurde gemessen.[11] Das Ergebnis

---

[11] H. Frauenfelder und R. M. Steffen, in *Alpha-, Beta- and Gamma-Ray Spectroscopy*, Vol. 2, (K. Siegbahn, ed.), North-Holland, Amsterdam, 1965; M. Goldhaber, L. Grodzins und A. W. Sunyar, *Phys. Rev.* **109**, 1015 (1958).

(9.34) $\langle H(e^-)\rangle = -\dfrac{\upsilon}{c}$, $\langle H(e^+)\rangle = +\dfrac{\upsilon}{c}$,

wobei υ die Leptonengeschwindigkeit ist, bestätigt die Paritätsverletzung in der schwachen Wechselwirkung. ●

Wir haben festgestellt, daß die Parität bei elektromagnetischen und starken (hadronischen) Wechselwirkungen erhalten bleibt. Diese Feststellung erfordert einige Erklärungen. Wenn man die Gravitation vernachlässigt, kann der Gesamthamiltonoperator wie folgt geschrieben werden:

$$H = H_h + H_{em} + H_W$$

Die Wirkungsquerschnitte oder Übergangswahrscheinlichkeiten sind immer proportional zu $|H|^2$. Deshalb werden Interferenzterme zwischen der schwachen und den beiden anderen Wechselwirkungen auftreten. Da H_W die Parität nicht erhält, sollten die Interferenzterme auch eine Verletzung der Parität zeigen. Experimente zum Nachweis dieser Interferenzterme sind extrem schwierig, aber die die Parität verletzenden Asymmetrien sind tatsächlich in vielen Experimenten[12] in der erwarteten Größenordnung gefunden worden. Für die elektromagnetische Wechselwirkung wurde der Effekt in der Atomphysik[13] und bei Streuexperimenten von polarisierten Elektronen an Deuteronen[14] festgestellt. Die Interferenz von schwacher und starker Wechselwirkung wurde bei strahlenden Kernumwandlungen, Kernreaktionen und bei Nukleon-Nukleon-Streuung beobachtet.

9.4 Die Ladungskonjugation

In Abschnitt 7.5 wurde der Begriff des Antiteilchens eingeführt. Dieser Begriff löste lange und im wesentlichen philosophische Diskussionen aus über Fragen wie „Gibt es wirklich einen See mit negativen Energiezuständen?" oder „Kann sich ein Teilchen wirklich zeitlich rückwärts bewegen?" Die wichtigen Fragen sind jedoch nicht mit solch vagen Gesichtspunkten verbunden, sondern betreffen die nicht zu leugnende Tatsache, daß es Antiteilchen gibt. In diesem Abschnitt wird der Zusammenhang von Teilchen und Antiteilchen in einem formaleren Rahmen behandelt als in Abschnitt 7.5. Viele der Ideen sind den schon in Abschnitt 9.1 im Zusammenhang mit der Parität eingeführten ähnlich, weshalb ihre Darstellung kurz gefaßt werden kann.

Wir beschreiben ein Teilchen durch den Ket-Vektor $|q_{Gen}\rangle$, wobei q_{Gen} für die additiven Quantenzahlen A, q, S, L und L_μ steht. Die Operation der Ladungskonjugation C ist dann definiert durch

(9.35) $C\,|\,q_{Gen}\rangle = |-q_{Gen}\rangle$

---

[12] E. G. Adelberger und W. Haxton, *Ann. Rev. Nucl. Part. Sci,* **35**, 501 (1985); E. M. Henley in *Prog. Part. Nucl. Phys.*, (A. Faessler, Ed.), **20**, 387 (1987).
[13] E. A. Hinds, *Amer. Sci.* **69**, 430 (1981); E. N. Fortson und L. L. Lewis, *Phys. Rept* **113**, 289 (1984); M. C. Noecker, B. P. Masterson und C. E. Wiemann, *Phys. Rev. Lett.* **61**, 310 (1988).
[14] C. Y. Prescott et al., *Phys. Lett.* **77 B**, 347 (1978); **84 B**, 524 (1979).

9.4 Die Ladungskonjugation

Die Ladungskonjugation kehrt das Vorzeichen der additiven Quantenzahlen um, läßt aber Impuls und Spin unverändert. C wird zuweilen auch Teilchen-Antiteilchen-Konjugation genannt, um auszudrücken, daß nicht nur die elektrische Ladung, sondern alle inneren additiven Quantenzahlen (Baryonenzahl, Leptonenzahl, Myonenzahl, Strangeness) das Vorzeichen ändern. Die Situation ist in Bild 9.7 dargestellt. Die Invarianz der Ladungskonjugation bedeutet, daß zu jedem Teilchen ein Antiteilchen mit gleicher Masse, gleichem Spin und anderen gleichen Raum-Zeit-Eigenschaften (z.B. Lebensdauer, Zerfall), aber mit entgegengesetzten inneren additiven Quantenzahlen existiert. Wenn C ein zweites Mal angewandt wird, erhält man die ursprünglichen Ladungen wieder und es gilt

(9.36) $\quad C^2 = 1$.

C ist wie P ein diskontinuierlicher Operator der Art Gl. 7.11 und ist unitär und hermitesch.

Gleichung 9.36 besagt, daß die Eigenwerte der Ladungskonjugation $+1$ oder -1 sind. Es gibt jedoch einen wesentlichen Unterschied zwischen P und C, da C *nicht* immer Eigenzustände besitzt. Um dieses neue Verhalten zu untersuchen, machen wir den Ansatz

(9.37) $\quad C \mid q_{\text{Gen}} \rangle \stackrel{?}{=} \eta_c \mid q_{\text{Gen}} \rangle$

und fragen, ob eine solche Beziehung sinnvoll ist. Als Beispiel nehmen wir den Zustand $\mid q_{\text{Gen}} \rangle$ als Eigenzustand des Ladungsoperators Q an. Für ein Teilchen mit der Ladung q, das durch $\mid q \rangle$ beschrieben wird, gilt die Eigenwertgleichung

(9.38) $\quad Q \mid q \rangle = q \mid q \rangle$

Aber mit Gl. 9.35 folgt für C angewandt auf $\mid q \rangle$

$$C \mid q \rangle = \mid -q \rangle.$$

Den Kommutator der beiden Operatoren Q und C, wenn sie auf $\mid q \rangle$ wirken, kann man einfach berechnen:

$$CQ \mid q \rangle = qC \mid q \rangle = q \mid -q \rangle$$
$$QC \mid q \rangle = Q \mid -q \rangle = -q \mid -q \rangle$$

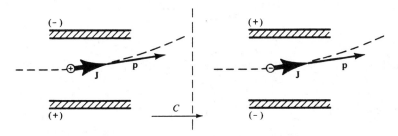

Bild 9.7 Geladene Teilchen im elektrischen Feld. Die Ladungskonjugation, angewandt auf das ganze System, kehrt die additiven Quantenzahlen des Teilchens um, läßt aber die Raum-Zeit-Eigenschaften (**p** · **J**) unverändert. Die Ladungen des äußeren Felds werden auch umgekehrt, so daß die Bahn des Teilchens und Antiteilchens gleich ist.

oder

(9.39) $(CQ - QC)\,|q\rangle = 2q\,|-q\rangle = 2CQ\,|q\rangle.$

Die Operatoren C und Q kommutieren also nicht, oder in Operatorschreibweise ausgedrückt

(9.40) $[C, Q] = 2CQ.$

Da die beiden Operatoren C und Q nicht kommutieren, ist es im allgemeinen nicht möglich, Zustände zu finden, die gleichzeitig Eigenzustände beider Operatoren sind. Ein geladenes Teilchen kann die Eigenwertgleichung, Gl. 9.37, nicht erfüllen, da die Teilchen in der Natur Eigenzustände von Q sind. Dasselbe gilt für alle Quantenzahlen q_{Gen}. Die Teilchen erscheinen in der Natur als Eigenzustände des zu q_{Gen} gehörenden Operators und diese Operatoren kommutieren auch nicht mit C. Es gibt jedoch eine Lücke. Vollkommen neutrale Teilchen, das heißt Teilchen, bei denen alle Quantenzahlen q_{Gen} verschwinden, können ein Eigenzustand von C sein. Für solche Systeme gilt Gl. 9.37:

(9.41) $C\,|q_{\text{Gen}} = 0\rangle = \eta_c\,|q_{\text{Gen}} = 0\rangle, \quad \eta_c = \pm 1$

η_c heißt die *Ladungsparität* oder Quantenzahl der Ladungskonjugation. Sie gehorcht einem multiplikativen Erhaltungssatz.

Was ist die Ladungsparität der völlig neutralen Teilchen, des Photons, des neutralen Pions und des η^0? Um eine befriedigende Antwort zu geben, muß man die Quantenfeldtheorie heranziehen, aber die richtigen Werte erhält man auch durch Plausibilitätsüberlegungen. Das Photon wird durch sein Vektorpotential **A** beschrieben. Das Potential wird durch Ladungen und Ströme hervorgerufen und ändert folglich unter C sein Vorzeichen

(9.42) $\mathbf{A} \overset{C}{\to} -\mathbf{A}.$

Ein Beispiel für diesen Vorzeichenwechsel wurde bereits in Bild 9.7 gezeigt. Gleichung 9.42 legt die Zuordnung

(9.43) $\eta_c(\gamma) = -1$

nahe. π^0 und η^0 zerfallen elektromagnetisch in zwei Photonen,

$$\pi^0 \to 2\gamma \quad \text{und} \quad \eta^0 \to 2\gamma,$$

und müssen deshalb positive C-Parität besitzen, wenn C in diesen Zerfällen erhalten bleibt:

(9.44) $\eta_c(\pi^0) = 1, \quad \eta_c(\eta^0) = 1.$

Wäre die Ladungskonjugation C lediglich auf das Photon, π^0 und η^0 anwendbar, so wäre sie nicht sehr nützlich. Es gibt jedoch viele Teilchen-Antiteilchen-Systeme, die vollständig neutral sind. Beispiele sind das Positronium (e^+e^-), $\pi^+\pi^-$, $p\bar{p}$, $n\bar{n}$. Die C-Parität dieser Sy-

9.4 Die Ladungskonjugation

steme hängt vom Drehimpuls und Spin ab und ist bei der Überlegung der möglichen Zerfallswege nützlich.

Die Verwendung der Ladungsparität bei der Betrachtung von Zerfällen verlangt, daß η_c eine Erhaltungsgröße ist. Sie bleibt erhalten, wenn C mit dem Hamiltonoperator H kommutiert. Man sieht schnell, daß C in der schwachen Wechselwirkung H_W nicht erhalten bleibt,

(9.45) $[H_W, C] \neq 0$.

In Bild 7.2 wurde gezeigt, daß das Neutrino und Antineutrino entgegengesetzte Polarisation (Helizität) besitzen. Wenn die Ladungskonjugation in der schwachen Wechselwirkung erhalten bliebe, müßten die beiden Teilchen die gleiche Helizität haben.

Der Erhaltungssatz für C bei hadronischen Wechselwirkungen wurde durch viele Reaktionen überprüft, wie z.B.

(9.46a) $p\bar{p} \to \pi^+\pi^-\pi^0$

Wirkt C auf diese Reaktionen, so folgt

(9.46b) $\bar{p}p \to \pi^-\pi^+\pi^0$

Wenn das Proton in der Reaktion Gl. 9.46a das π^+ vorwärts und $\bar{p}$ das π^- rückwärts produziert, dann sollte die Reaktion Gl. 9.46b π^- vorwärts und π^+ rückwärts produzieren. Daher müssen, wenn der hadronische Hamiltonoperator mit C kommutiert, die Winkelverteilung und die Energiespektren von positiven und negativen Pionen identisch sein. Der Vergleich der beiden Verteilungen und ähnliche Untersuchungen bei anderen Reaktionen zeigen die erwartete Symmetrie. Das Ergebnis läßt sich durch

(9.47) $\left| \dfrac{\text{Amplitude bei C-Verletzung}}{\text{Amplitude bei C-Erhaltung}} \right| \leq 0{,}01$

darstellen.[15]

Zur Überprüfung der Erhaltung von C bei der elektromagnetischen Wechselwirkung sucht man nach Zerfällen, die durch die Ladungsparität verboten sind. Man betrachtet z.B.

$\pi^0 \to 3\gamma$ und $\eta^0 \to 3\gamma$

π^0 und η^0 haben positive Ladungsparität. Die drei Photonen im Endzustand haben aber negative Ladungsparität, und der Zerfall ist verboten. Die Zerfälle wurden auch nicht gefunden. Vielleicht liefert die Reaktion

$e^+e^- \to \mu^+\mu^-$

---

[15] C. Baltay, N. Barash, P. Franzini, N. Gelfand, L. Kirsch, G. Lütjens, J. C. Severiens, J. Steinberger, D. Tycko und D. Zanello, *Phys. Rev. Letters* **15**, 591 (1965).

die beste Grenzbedingung. Die Invarianz der Ladungskonjugation erfordert eine Winkelverteilung von positivem und negativem Myon, die symmetrisch um 90° ist. Experimentell wurde eine geringfügige Asymmetrie gefunden (siehe Kapitel 10), deren Betrag durch die schwache Wechselwirkung verursacht sein könnte. Dieses Experiment zeigt, daß C bei elektromagnetischer Wechselwirkung erhalten bleibt. Das vorliegende Material beweist, daß die Ladungskonjugation sowohl für den starken als auch für den elektromagnetischen Hamiltonoperator eine gültige Symmetrie darstellt.

9.5 Die Zeitumkehr

In den beiden vorhergehenden Abschnitten wurden die beiden nicht stetigen Transformationen P und C eingeführt. Beide Operationen sind unitär und hermitesch zugleich und liefern multiplikative Quantenzahlen. In diesem Abschnitt wird eine dritte nicht stetige Transformation eingeführt, die Zeitumkehr T. Es wird sich herausstellen, daß T nicht unitär ist und es von daher Schwierigkeiten geben wird. Es ist keine Erhaltungsgröße damit verknüpft, wie mit der Parität oder Ladungsparität. Trotzdem ist die *Invarianz* der Zeitumkehr eine sehr brauchbare Symmetrie in der subatomaren Physik.

Die Zeitumkehroperation ist formal definiert als

(9.48) $\quad t \xrightarrow{T} -t, \quad \mathbf{x} \xrightarrow{T} \mathbf{x}.$

Da klassisch $\mathbf{p} = dx/dt$ gilt, ändern Impuls und Drehimpuls unter T ihr Vorzeichen:

(9.49) $\quad \begin{array}{l} \mathbf{p} \xrightarrow{T} -\mathbf{p} \\ \mathbf{J} \xrightarrow{T} -\mathbf{J}. \end{array}$

In der klassischen Mechanik und Elektrodynamik sind die grundlegenden Gleichungen invariant bezüglich T. Die Newtonsche Bewegungsgleichung und die Maxwellgleichungen sind Differentialgleichungen zweiter Ordnung in t und bleiben deshalb beim Austausch von t mit $-t$ unverändert.

Die wesentlichen Punkte der Zeitumkehrinvarianz in der Quantenmechanik treten schon bei der Behandlung eines nichtrelativistischen Teilchens ohne Spin auf, das durch die Schrödinger-Gleichung beschrieben wird.

(9.50) $\quad i\hbar \dfrac{d\psi(t)}{dt} = H\psi(t).$

Diese Gleichung ähnelt in der Form der Diffusionsgleichung, die bezüglich $t \to -t$ *nicht* invariant ist. Wie sich T von P und C unterscheidet, zeigt sich, wenn die Verbindung zwischen ψ und $T\psi$ untersucht wird. Nach den in Abschnitt 7.1 entwickelten Überlegungen ist T ein Symmetrieoperator und erfüllt

(9.51) $\quad [H, T] = 0,$

wenn $T\psi(t)$ und $\psi(t)$ derselben Schrödinger-Gleichung gehorchen. Die Schrödinger-Gleichung für $T\psi(t)$ ist

9.5 Die Zeitumkehr

(9.52) $\quad i\hbar \dfrac{dT\psi(t)}{dt} = HT\psi(t).$

Der einfache Lösungsansatz

(9.53) $\quad T\psi(t) = \psi(-t),$

ist falsch. Setzt man Gl. 9.53 in Gl. 9.52 ein und schreibt $-t = t'$, so erhält man

(9.54) $\quad -i\hbar \dfrac{d\psi(t')}{dt'} = H\psi(t').$

Diese Gleichung stimmt nicht mit Gl. 9.50 überein. Die Tatsache, daß in Gl. 9.54 t' anstelle von t steht, ist unerheblich, da t nur ein Parameter ist. Was zählt, ist die *Invarianz der Form*: $\psi(t)$ und $T\psi(t)$ müssen Gleichungen derselben Form erfüllen.

Die richtige Zeitumkehrtransformation wurde von Wigner gefunden, der den Ansatz

(9.55) $\quad T\psi(t) = \psi^*(-t)$

machte.[16] Setzt man $\psi^*(-t)$ in Gl. 9.52 ein und nimmt das konjugiert-komplexe der gesamten Gleichung, so erhält man eine Beziehung von derselben Form wie die ursprüngliche Schrödinger-Gleichung, wenn H reell ist.

Die einfachste Anwendung der Zeitumkehrtransformation, Gl. 9.55, ist die auf ein Teilchen mit dem Impuls **p**, das durch die Wellenfunktion

$$\psi(x, t) = e^{i(\mathbf{p}\cdot\mathbf{x} - Et)/\hbar}$$

beschrieben wird. Die zeitumgekehrte Wellenfunktion ist

(9.56) $\quad T\psi(\mathbf{x}, t) = \psi^*(\mathbf{x}, -t) = e^{-i(\mathbf{p}\cdot\mathbf{x} + Et)/\hbar} = e^{i(-\mathbf{p}\cdot\mathbf{x} - Et)/\hbar}.$

Die zeitumgekehrte Wellenfunktion beschreibt ein Teilchen mit dem Impuls $-\mathbf{p}$, was mit Gl. 9.49 übereinstimmt. Man muß die Funktion $T\psi(\mathbf{x}, t)$ nicht als Beschreibung eines Teilchens auffassen, das sich zeitlich rückwärts bewegt. Die physikalische Betrachtungsweise von T ist die der *Bewegungsumkehr*: T kehrt den Impuls und Drehimpuls um

(9.57) $\quad T|\mathbf{p}, \mathbf{J}\rangle = |-\mathbf{p}, -\mathbf{J}\rangle.$

An diesem Punkt war bei P und C die Frage nach den Eigenwerten, die erhalten bleiben, fällig. Die Antwort war die Parität π und die Ladungsparität η_c. Hat T Eigenwerte, die beobachtbar sind und erhalten bleiben? Solche Eigenwerte wären Lösungen der Gleichung

$$T\psi(t) = \eta_T \psi(t).$$

---

[16] E. Wigner, *Nachr. Akad. Wiss. Goettingen, Math. Physik, Kl. IIa*, **31**, 546 (1932).

Gleichung 9.55 zeigt jedoch, daß die Funktion ψ durch T in ihre konjugiert komplexe verwandelt wird und die Eigenwertgleichung ist damit sinnlos. Dies hängt damit zusammen, daß T *antiunitär* ist. P und C sind unitäre Operatoren, unitäre Operatoren sind linear und genügen der Beziehung

(9.58) $\qquad U(c_1\psi_1 + c_2\psi_2) = c_1 U\psi_1 + c_2 U\psi_2.$

Antiunitäre Operatoren gehorchen jedoch der Beziehung

(9.59) $\qquad T(c_1\psi_1 + c_2\psi_2) = c_1^* T\psi_1 + c_2^* T\psi_2.$

Die Zeitumkehrtransformation ist antiunitär. Warum sind P und C unitär, aber T nicht? In Abschnitt 9.1 und 9.4 rechtfertigen wir die Wahl von P und C als unitäre Operatoren, indem wir feststellten, daß sie die Normierung N invariant lassen müssen, wobei N als

$$N = \int d^3x \psi^*(\mathbf{x})\psi(\mathbf{x})$$

definiert ist. Ein antiunitärer Operator läßt N auch invariant, wie man durch Einsetzen von Gl. 9.55 in N sieht. Die Wahl zwischen den beiden Möglichkeiten wird durch die physikalische Natur der Transformation bestimmt. Für P und C erfüllt die transformierte Wellenfunktion die ursprünglichen Gleichungen, wenn die Transformation unitär ist. Für T verlangt die Forminvarianz, daß es antiunitär ist.

Wir haben gerade gesehen, daß T keine beobachtbaren Eigenwerte besitzt. Es können also keine Zustände mit diesen Eigenwerten gekennzeichnet werden und T läßt sich nicht überprüfen, indem man nach Zerfällen sucht, die von der *Zeitparität* her verboten sind. Glücklicherweise gibt es andere Überprüfungsmöglichkeiten. Die Invarianz der Zeitumkehr sagt z.B. voraus, daß die Übergangswahrscheinlichkeiten für eine Reaktion und für die dazu inverse Reaktion gleich sind (Prinzip des detaillierten Gleichgewichts, „detailed balance") und fordert, daß die elektrischen Dipolmomente der Teilchen verschwinden. Die Zeitumkehrinvarianz wurde mit großem Aufwand überprüft, aber es wurde kein Beweis für eine Verletzung bei starker, elektromagnetischer und Strangeness erhaltender schwachen Wechselwirkung gefunden.[17] Den niedrigsten Grenzwert erhielt man bisher durch Messen des elektrischen Dipolmoments ultrakalter Neutronen.[18] Man fand ein elektrisches Dipolmoment von $\leq 8 \times 10^{-26}\, e$ cm. Da die Größe der Neutronen etwa 1 fm beträgt, bedeutet das, daß der Effekt T-ungerade, F_T, kleiner als etwa 10^{-12} ist. Das elektrische Dipolmoment verschwindet auch, wenn die Parität nicht erhalten bleibt, ein geringer Wert ist nicht überraschend, aber der Wert von 10^{-12} ist um einen Faktor von über 10^5 kleiner als die Stärke der schwachen Wechselwirkung. Es gibt jedoch Hinweise für die Verletzung der Zeitumkehrinvarianz bei bemerkenswerten Experimenten, die mit den Strangeness verändernden Zerfällen von neutralen Kaonen in Zusammenhang stehen. Wir werden das System von neutralen Kaonen in den folgenden Abschnitten beschreiben und die Zeitumkehrinvarianz in Abschnitt 9.8 diskutieren.

---

[17] L. Wolfenstein, *Ann. Rev. Nucl. Part. Sci.* **36**, 137 (1986); E. M. Henley in *Progr. Part. Nucl. Phys.*, (A. Faessler, Ed.), **20**, 387 (1987).

[18] N. F. Ramsey, *Ann. Rev. Nucl. Part. Sci.* **32**, 211 (1982); I. S. Alterev et al., *J. E. T. P. Lett.* **44**, 4601 (1986); K. F. Smith et al., *Phys. Lett.* **234 B**, 191 (1990).

9.6 Das Zweizustandsproblem

Bevor wir uns den neutralen Kaonen zuwenden, betrachten wir zur Einführung zwei identische, getrennte Potentialtöpfe L und R, siehe Bild 9.8(a). Die Energiewerte der stationären Zustände $|L\rangle$ und $|R\rangle$ sind durch die Schrödinger-Gleichung gegeben.

$$H_0|L\rangle = E_0|L\rangle, \quad H_0|R\rangle = E_0|R\rangle.$$

Da H_0 die beiden Töpfe nicht verbindet, schreiben wir

$$\langle L|H_0|R\rangle = \langle R|H_0|L\rangle = 0.$$

Der Einfachheit halber nehmen wir an, daß nur die Zustände $|L\rangle$ und $|R\rangle$ eine Rolle spielen. Alle anderen Zustände sollen bei so hohen Energien liegen, daß sie vernachlässigt werden können. Wenn wir jetzt eine Wechselwirkung H_{int} als Störung einführen, die die Schranke zwischen den Töpfen erniedrigt und Übergänge $L \Leftrightarrow R$ induziert, dann sind die stationären Zustände des Systems durch

(9.60) $\quad H|\psi\rangle \equiv (H_0 + H_{\text{int}})|\psi\rangle = E|\psi\rangle.$

bestimmt. Das Problem besteht darin, die Eigenwerte und Eigenfunktionen des gesamten Hamiltonoperators $H \equiv H_0 + H_{\text{int}}$ zu finden. Da die beiden ungestörten Zustände $|L\rangle$ und $|R\rangle$ entartet sind, braucht man zur Lösung die richtigen Linearkombinationen der ungestörten Eigenfunktionen.[19] Diese Kombinationen lassen sich durch Symmetrieüberlegungen finden. Da die Potentiale symmetrisch zum Ursprung liegen, ist der Hamiltonoperator invariant bezüglich der Spiegelung am Ursprung und H und der Paritätsoperator P kommutieren,

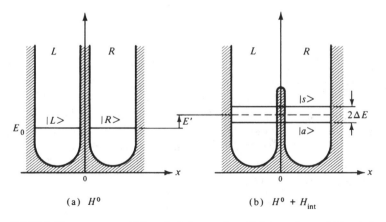

Bild 9.8 Eigenwerte und Eigenfunktionen eines Teilchens in zwei identischen Potentialtöpfen, mit und ohne Durchgang durch eine Trennwand.

---

[19] Merzbacher, Abschnitt 17.5; Park, Abschnitt 8.4; Eisberg, Abschnitt 9.4.

(9.61) $\quad [H, P] = [H_0 + H_{\text{int}}, P] = 0.$

Mit der Wahl der Koordinaten wie in Bild 9.8 ergibt der Paritätsoperator

(9.62) $\quad P|L\rangle = |R\rangle, \quad P|R\rangle = |L\rangle.$

Die gemeinsamen Eigenfunktionen von H_0 und P sind leicht zu finden. Sie sind die symmetrische und die antisymmetrische Kombination der ungestörten Zustände $|L\rangle$ und $|R\rangle$:

(9.63) $\quad \begin{aligned} |s\rangle &= \sqrt{\tfrac{1}{2}}\{|L\rangle + |R\rangle\} \\ |a\rangle &= \sqrt{\tfrac{1}{2}}\{|L\rangle - |R\rangle\}. \end{aligned}$

Diese Kombinationen sind tatsächlich Eigenzustände von P,

(9.64) $\quad \begin{aligned} P|s\rangle &= +|s\rangle \\ P|a\rangle &= -|a\rangle. \end{aligned}$

Die Gleichungen 9.61 und 9.64 zusammen beweisen, daß H keine Verbindung zwischen $|a\rangle$ und $|s\rangle$ herstellt:

$$\langle a|H|s\rangle = \langle a|HP|s\rangle = \langle a|PH|s\rangle = \langle a|P^\dagger H|s\rangle = -\langle a|H|s\rangle,$$

oder

(9.65) $\quad \langle a|H|s\rangle = 0.$

Auf die Zustände $|a\rangle$ und $|s\rangle$ kann deshalb die normale Störungstheorie angewandt werden. Die durch die Störung H_{int} verursachte Energieverschiebung ist durch den Erwartungswert von H_{int} gegeben,

(9.66) $\quad \begin{aligned} \langle s|H_{\text{int}}|s\rangle &= E' + \Delta E \\ \langle a|H_{\text{int}}|a\rangle &= E' - \Delta E \end{aligned}$

wobei

(9.67) $\quad \begin{aligned} \langle L|H_{\text{int}}|L\rangle &= \langle R|H_{\text{int}}|R\rangle = E' \\ \langle L|H_{\text{int}}|R\rangle &= \langle R|H_{\text{int}}|L\rangle = \Delta E. \end{aligned}$

Die Wechselwirkung verschiebt den Mittelwert der Energieniveaus um E' und spaltet die entarteten Niveaus um $2\Delta E$ auf, siehe Bild 9.8(b). Diese Aufspaltung tritt im ionisierten Wasserstoffmolekül und besonders deutlich im Inversionsspektrum von Ammoniak auf.[20]

Was geschieht mit einem Teilchen, das man zur Zeit $t = 0$ in *einen* Potentialtopf, z.B. L, wirft? Gleichung 9.63 gibt den Zustand bei $t = 0$ an:

(9.68) $\quad |\psi(0)\rangle = |L\rangle = \sqrt{\tfrac{1}{2}}\{|s\rangle + |a\rangle\}.$

---

[20] Zweizustandssysteme und der Ammoniak-MASER sind sehr schön in Feynman, Vorlesungen über Physik 8-11, behandelt.

Der Zustand hat keine definierte Parität und ist kein Eigenzustand von H. Die Untersuchung des Teilchenverhaltens zu späteren Zeiten erfolgt mit der zeitabhängigen Schrödinger-Gleichung

(9.69) $\quad i\hbar \dfrac{d}{dt} |\psi(t)\rangle = (H_0 + H_{\text{int}}) |\psi(t)\rangle$

und die Entwicklung

(9.70) $\quad \begin{aligned} &|\psi(t)\rangle = \alpha(t)|L\rangle + \beta(t)|R\rangle \\ &|\alpha(t)|^2 + |\beta(t)|^2 = 1. \end{aligned}$

Setzt man die Entwicklung Gl. 9.70 in die Schrödinger-Gleichung 9.69 ein und multipliziert von links mit $\langle L|$ und $\langle R|$, so erhält man ein System von zwei gekoppelten Differentialgleichungen für $\alpha(t)$ und $\beta(t)$:

(9.71) $\quad \begin{aligned} i\hbar\dot{\alpha}(t) &= (E_0 + E')\alpha(t) + \Delta E \beta(t) \\ i\hbar\dot{\beta}(t) &= \Delta E \alpha(t) + (E_0 + E')\beta(t). \end{aligned}$

Die Lösungen dieser Gleichungen mit den Anfangsbedingungen $\alpha(0) = 1$ und $\beta(0) = 0$ ergeben

(9.72) $\quad |\psi(t)\rangle = \exp\left[\dfrac{-i(E_0+E')t}{\hbar}\right] \left\{ \cos\left(\dfrac{\Delta E t}{\hbar}\right) |L\rangle - i \sin\left(\dfrac{\Delta E t}{\hbar}\right) |R\rangle \right\}.$

Die Wahrscheinlichkeit dafür, ein Teilchen, das zur Zeit $t = 0$ in den Topf L fiel, zur Zeit t im Topf R zu finden, ist durch das Quadrat des Entwicklungskoeffizienten von $|R\rangle$ gegeben, oder

(9.73) $\quad \text{prob}(R) = \sin^2\left(\dfrac{\Delta E t}{\hbar}\right).$

Das Teilchen oszilliert also mit der Kreisfrequenz

(9.74) $\quad \omega = \dfrac{\Delta E}{\hbar} = \langle L | H_{\text{int}} | R \rangle \dfrac{1}{\hbar}$

zwischen den beiden Töpfen hin und her.

9.7 Die neutralen Kaonen

Die Hyperladung ist die einzige Quantenzahl, die das neutrale Kaon von seinem Antiteilchen unterscheidet: $Y(K^0) = 1$, $Y(\overline{K^0}) = -1$. Da in der starken und elektromagnetischen Wechselwirkung die Hyperladung erhalten bleibt, erscheinen K^0 und $\overline{K^0}$ als zwei deutlich verschiedene Teilchen in allen Experimenten mit diesen beiden Kräften. In der schwachen Wechselwirkung bleibt die Hyperladung jedoch nicht erhalten und es können virtuelle schwache Übergänge zwischen den beiden Teilchen auftreten. Beide Teilchen zerfallen z.B. in zwei Pionen, $K^0 \to 2\pi$ und $\overline{K^0} \to 2\pi$. Sie sind deshalb durch virtuelle schwache Übergänge zweiter Ordnung verknüpft,

(9.75) $\qquad K^0 \Leftrightarrow 2\pi \Leftrightarrow \overline{K^0}$,

siehe Bild 9.9. Diese virtuellen Übergänge führen zu bemerkenswerten Effekten, wie als erste Gell-Mann und Pais feststellten.[21] Die Effekte sind einfach zu verstehen, wenn man die Analogie zum Zweitopfproblem erkannt hat. Ohne die schwache Wechselwirkung sind $|K^0\rangle$ und $|\overline{K^0}\rangle$ zwei getrennte, entartete Zustände wie $|L\rangle$ und $|R\rangle$ ohne H_{int}. Die schwache Wechselwirkung H_w spielt dann die Rolle von H_{int} und verbindet die beiden Zustände $|K^0\rangle$ und $|\overline{K^0}\rangle$. Mit kleinen Änderungen können dann die Gleichungen und Ergebnisse des vorhergehenden Abschnitts auf das neutrale Kaonensystem angewandt werden, wenn man

(9.76) $\qquad H_0 = H_h + H_{em} \equiv H_s, \quad H_{\text{int}} = H_w$

setzt. Um die Transformation zu finden, die Gl. 9.62 entspricht, stellen wir fest, daß die Ladungskonjugation K^0 in $\overline{K^0}$ und umgekehrt verwandelt

(9.77) $\qquad C|K^0\rangle = |\overline{K^0}\rangle, \quad C|\overline{K^0}\rangle = |K^0\rangle$.

Gell-Mann und Pais verwendeten diese Beziehungen anstelle von Gl. 9.62 in ihrer Originalarbeit, um die richtigen Linearkombinationen der ungestörten Eigenzustände $|K^0\rangle$ und $|\overline{K^0}\rangle$ zu finden. Nach der Entdeckung der Paritätsverletzung wurde deutlich, daß C nicht mit dem gesamten Hamiltonoperator kommutiert, was durch Gl. 9.45 ausgedrückt wird. Die zusammengesetzte Parität CP stellt eine bessere Wahl dar, wie man folgendermaßen sehen kann. Wendet man C auf ein Neutrino mit negativer Helizität an, so wird dies in ein Antineutrino mit negativer Helizität verwandelt, im Widerspruch zum Experiment. CP jedoch verwandelt ein Neutrino mit negativer Helizität in ein Antineutrino mit positiver Helizität, was mit der Beobachtung übereinstimmt. Wir suchen nun die Wirkung von CP auf die Zustände $|K^0\rangle$ und $|\overline{K^0}\rangle$. Die Eigenparität des Kaons ist negativ

(9.78) $\qquad P|K^0\rangle = -|K^0\rangle, \quad P|\overline{K^0}\rangle = -|\overline{K^0}\rangle$,

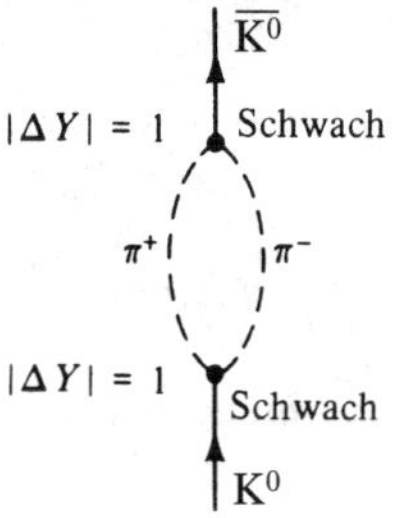

Bild 9.9 Beispiel eines virtuellen schwachen Übergangs zweiter Ordnung $K^0 \to \overline{K^0}$.

---

[21] M. Gell-Mann und A. Pais, *Phys. Rev.* **97**, 1387 (1955).

9.7 Die neutralen Kaonen

woraus die Wirkung durch die kombinierte Parität folgt

(9.79) $\quad CP \mid K^0 \rangle = - \mid \overline{K^0} \rangle, \quad CP \mid \overline{K^0} \rangle = - \mid K^0 \rangle.$

Wenn beim gesamten Hamiltonoperator CP erhalten bleibt,

(9.80) $\quad [H, CP] = [H_s + H_w, CP] = 0,$

so können die Eigenzustände von H gleichzeitig als Eigenzustände von CP gewählt werden. (Wir kehren in Abschnitt 9.8 zur Frage der CP-Erhaltung zurück.) Wie in Gl. 9.63 schreiben wir diese Eigenzustände als[22]

(9.81) $\quad \begin{aligned} \mid K_1^0 \rangle &= \sqrt{\tfrac{1}{2}} \{ \mid K^0 \rangle - \mid \overline{K^0} \rangle \} \\ \mid K_2^0 \rangle &= \sqrt{\tfrac{1}{2}} \{ \mid K^0 \rangle + \mid \overline{K^0} \rangle \}, \end{aligned}$

mit

(9.82) $\quad CP \mid K_1^0 \rangle = + \mid K_1^0 \rangle, \quad CP \mid K_2^0 \rangle = - \mid K_2^0 \rangle.$

K_1^0 hat eine kombinierte Parität η_{CP} von $+1$ und K_2^0 eine von -1.

Die Analogie mit dem Zweitopfproblem in Abschnitt 9.6 ist offensichtlich: Die Zustände $\mid K^0 \rangle$ und $\mid \overline{K^0} \rangle$ sind wie die Zustände $\mid L \rangle$ und $\mid R \rangle$ Eigenzustände des ungestörten Hamiltonoperators. Die Zustände $\mid K_1^0 \rangle$ und $\mid K_2^0 \rangle$ sind wie $\mid s \rangle$ und $\mid a \rangle$ gleichzeitig Eigenzustände des gesamten Hamiltonoperators und des entsprechenden Symmetrieoperators. Die Ergebnisse aus Abschnitt 9.6 können auf die neutralen Kaonen angewandt werden und daraus folgen bemerkenswerte Vorhersagen:

1. Das K^0 ist das Antiteilchen des $\overline{K^0}$. Beide sollten deshalb die gleiche Masse und Lebensdauer haben. K_1^0 ist jedoch nicht das Antiteilchen von K_2^0 und diese beiden Teilchen können sehr verschiedene Eigenschaften besitzen.

2. Das Gedankenexperiment „man lasse ein Teilchen bei $t = 0$ in einen Potentialtopf fallen", wie es in Abschnitt 9.6 besprochen wurde, läßt sich mit Kaonen verwirklichen. Kaonen werden durch die starke Wechselwirkung erzeugt, z.B. durch die Reaktion $\pi^- p \to K^0 \Lambda^0$. Eine solche Erzeugung mit einem Zustand wohldefinierter Hyperladung entspricht dem Fallenlassen in einen Potentialtopf. Das Teilchen wird gemäß Gl. 9.72 und Gl. 9.73 nach einiger Zeit in den anderen Potentialtopf tunneln. Der andere Potentialtopf entspricht der entgegengesetzten Hyperladung. Ein neutrales Kaon, im Zustand $Y = 1$ erzeugt, wird sich nach einer bestimmten Zeit teilweise in den Zustand $Y = -1$ transformiert haben.

3. Die Zustände $\mid s \rangle$ und $\mid a \rangle$ haben geringfügig verschiedene Energien, wie aus Gl. 9.66 und Bild 9.8 ersichtlich ist. Die entsprechenden Kaonenzustände, $\mid K_1^0 \rangle$ und $\mid K_2^0 \rangle$ sollten deshalb auch geringfügig verschiedene Energiewerte besitzen.

Im folgenden werden wir die Richtigkeit zweier dieser drei Vorhersagen beweisen.

---

[22] Die Freiheit, die in der beliebigen Phasenwahl für die Definition von C und P liegt, führte zu verschiedenen Schreibweisen der Linearkombinationen Gl. 9.81. Die beobachtbaren Konsequenzen werden durch die Phasenwahl jedoch nicht geändert.

1. K_1^0 und K_2^0 *zerfallen auf verschiedene Weise.* Energetisch können Kaonen in zwei oder drei Pionen zerfallen. Da der Kaonenspin Null ist, muß der gesamte Drehimpuls der Pionen am Ende auch Null sein. Wir betrachten zunächst das Zwei-Pionen-System $\pi^+\pi^-$. Im Schwerpunktsystem der beiden Pionen vertauscht die Paritätsoperation π^+ und π^-. Die Ladungskonjugation vertauscht π^- und π^+ noch einmal, so daß die kombinierte *CP*-Operation den ursprünglichen Zustand wieder herstellt. Dasselbe gilt für zwei neutrale Pionen, so daß

(9.83) $CP \mid \pi\pi \rangle = + \mid \pi\pi \rangle$ in allen Zuständen mit $J = 0$.

Zwei Pionen mit dem Gesamtdrehimpuls Null haben die kombinierte Parität $\eta_{CP} = +1$. Wenn beim gesamten Hamiltonoperator *CP* erhalten bleibt, wie in Gl. 9.80 angenommen, dann muß *CP* beim Zerfall des neutralen Kaons erhalten bleiben. K_1^0 mit $\eta_{CP} = 1$ kann dann in zwei Pionen zerfallen K_2^0 mit $\eta_{CP} = -1$ kann *nicht* in zwei Pionen zerfallen, es muß wenigstens in drei zerfallen

(9.84) $K_2^0 \nrightarrow 2\pi$ falls *CP* erhalten bleibt.

Die für den Zwei-Pionen-Zerfall zur Verfügung stehende Energie beträgt etwa 220 MeV und die für den Drei-Pionen-Zerfall etwa 90 MeV. Der verfügbare Phasenraum für den Zerfall in drei Pionen ist deshalb beträchtlich kleiner als der für zwei Pionen (Kapitel 10) und man erwartet eine viel kleinere Lebensdauer τ_1 für K_1^0 als τ_2 für K_2^0.

Der Zerfall des K^0 (oder des $\overline{K^0}$) ist viel komplizierter. Das K^0, das z.B. durch die Reaktion $\pi^- p \rightarrow K^0 \Lambda^0$ erzeugt wird, ist im Zustand mit der Hyperladung $Y = 1$. Mit Gl. 9.81 ist der Anfangszustand

(9.85) $\mid t = 0 \rangle \equiv \mid K^0 \rangle = \sqrt{½} \{ \mid K_1^0 \rangle + \mid K_2^0 \rangle \}$.

Wenn das Teilchen frei zerfallen kann, dann tut es dies über die schwache Wechselwirkung. Wir haben oben festgestellt, daß man für den Zerfall von K_1^0 und K_2^0 verschiedene Lebensdauer τ_1 und τ_2 erwartet. K^0 wird deshalb *nicht* mit einer einzigen Lebensdauer zerfallen. Gell-Man und Pais kleideten ihre Vorhersage in folgende Worte[21]: „Zusammenfassend kann man sagen, daß unser Bild vom K^0 bedeutet, daß es eine Teilchenmischung mit zwei verschiedenen Lebensdauern darstellt. Jede Lebensdauer hängt mit verschiedenen Zerfallsarten zusammen und es können *nicht mehr als die Hälfte aller* K^0 den bekannten Zerfall in zwei Pionen erfahren." Sie stellten auch fest: „Da wir genaugenommen das Wort 'Elementarteilchen' für ein Objekt mit einer eindeutigen Lebensdauer reservieren sollten, sind K_1^0 und K_2^0 die wahren 'Elementarteilchen', während K^0 und $\overline{K^0}$ die 'Teilchenmischungen' sind."

Die eindeutigen Vorhersagen von Gell-Man und Pais über die Zerfallseigenschaften des K^0 stellten eine Herausforderung an die Experimentalphysiker dar: Besitzt das K^0 eine langlebige Komponente, die in drei Pionen zerfällt? Zur Zeit der Veröffentlichung von Gell-Man und Pais kannte man eine Kaonenzerfallszeit von etwa 10^{-10} s. Die langlebige Komponente wurde von einer Gruppe aus Columbia-Brookhaven mit einer Nebelkammer gefunden.[23] Die experimentelle Anordnung ist in Bild 9.10 skizziert. Auf ein Kupfertarget

---

[23] K. Lande, E. T. Booth, J. Impeduglia, L. M. Lederman und W. Chinowsky, *Phys. Rev.* **103**, 1901 (1956); **105**, 1925 (1957).

9.7 Die neutralen Kaonen

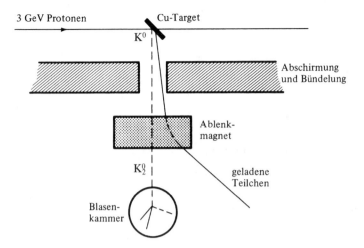

Bild 9.10 Beobachtung der langlebigen neutralen Kaon-Komponenten K_2^0 durch eine Columbia-Brookhaven-Gruppe in einer Blasenkammer. [K. Lande et. al., *Phys. Rev.* **103**, 1901 (1956); **105**, 1925 (1957).] Die geladenen Teilchen werden durch einen Magnet aus dem Strahl gelenkt. Die neutralen Teilchen im Strahl werden nach etwa 3×10^{-8} s beobachtet. Die beobachteten V-Zerfälle lassen sich nicht durch Zwei-Teilchen-Zerfälle erklären.

treffen Protonen mit 3 GeV und erzeugen einen neutralen Strahl, der eine Nebelkammer von 90 cm Durchmesser durchläuft. Geladene Teilchen werden durch einen Ablenkmagnet ausgesondert. Zum Durchfliegen des Abstands von 6 m zwischen Target und Nebelkammer braucht das Teilchen etwa die 100-fache Lebensdauer der bekannten Zerfallskomponente. Die K_1^0-Komponente war deshalb in der Nebelkammer nicht mehr vorhanden. Die Beobachtung vieler V-Ereignisse, die vom Energie- und Impulssatz her keine Zwei-Pionen-Zerfälle sein konnten, zeigt die Existenz des langlebigen Drei-Pionen-Zerfalls des K_2^0 und stellt eine deutliche Bestätigung der glänzenden Vorhersagen von Gell-Mann und Pais dar. Spätere Experimente unterstützen diese Folgerungen und liefern für die Lebensdauern der zwei Komponenten $\tau(K_2^0) = 0{,}52 \times 10^{-7}$ s und $\tau(K_1^0) = 0{,}86 \times 10^{-10}$ s.

2. *Hyperladungsoszillationen.*[24] Gleichung 9.72 besagt, daß ein zur Zeit $t = 0$ in einen Potentialtopf geworfenes Teilchen ewig zwischen beiden Töpfen mit der in Gl. 9.74 gegebenen Frequenz oszilliert. Wenn die neutralen Kaonen stabil wären, täten sie dies auch. Da sie jedoch zerfallen, sind die Schwingungen gedämpft. Wir betrachten ein zur Zeit $t = 0$ erzeugtes K^0, wie in Gl. 9.85. Nach einer Zeit, die groß gegen $\tau(K_1^0)$ ist, sind alle K_1^0 zerfallen und nur die K_2^0 bleiben übrig, siehe Bild 9.10. Gleichung 9.81 gibt K_2^0 ausgedrückt durch die Eigenzustände der Hyperladung,

$$|K_2^0\rangle = \sqrt{½}\,\{|K^0\rangle + |\overline{K^0}\rangle\}.$$

Der Kaonenstrahl wird zu gleichen Teilen aus K^0 und $\overline{K^0}$ bestehen. Ein Kaonenstrahl, der bei der Erzeugung ein reiner Zustand mit $Y = 1$ war, hat sich in einen Zustand mit gleichen Anteilen $Y = 1$ und $Y = -1$ verwandelt. Experimentell kann man das Auftreten der $\overline{K^0}$-

---
[24] A. Pais und O. Piccioni, *Phys. Rev.* **100**, 1487 (1955).

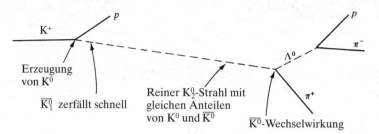

Bild 9.11 Beobachtung der K^0-Komponente eines ursprünglich reinen K^0-Strahls.

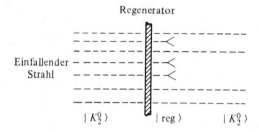

Bild 9.12 Regeneration von K_1^0. Ein reiner K_2^0-Strahl durchdringt Materie und wandelt sich dabei in einen Strahl um, der wieder eine K_1^0-Komponente enthält. Die K_1^0-Teilchen zerfallen in der Nähe des Regenerators in zwei Pionen und sind deshalb eindeutig identifizierbar.

Komponente durch die Beobachtung starker Wechselwirkungen wie z.B. $\overline{K^0}p \to \pi^+\Lambda^0$ nachweisen. Da Nukleonen $Y = 1$ besitzen und Λ^0 $Y = 0$, kann ein Zustand $\pi^+\Lambda^0$ aus $\overline{K^0}$ und nicht aus K^0 entstehen. Der Ablauf des $\overline{K^0}$-Nachweises ist in Bild 9.11 dargestellt.

3. *Regeneration und Massenaufspaltung.* Wenn ein reiner K_2^0-Strahl, wie in Bild 9.11 dargestellt, Materie durchdringt, erscheint die kurzlebige Komponente K_1^0 wieder. Dieser Prozeß wird Regeneration genannt und ist in Bild 9.12 skizziert. Da das Experiment starke Wechselwirkung der Kaonen mit der Materie beinhaltet, verwenden wir wieder die Schreibweise K^0 und $\overline{K^0}$,

$$K_2^0 = \sqrt{\tfrac{1}{2}}\,(\mid K^0 \rangle + \mid \overline{K^0} \rangle).$$

K^0 und $\overline{K^0}$ wechselwirken unterschiedlich mit Materie. Das $\overline{K^0}$ kann sich an Reaktionen wie etwa $\overline{K^0}\,p \to \pi^+\Lambda^0$ und $\overline{K^0}\,n \to \pi^0\Lambda^0$ beteiligen. Diese Reaktionen sind für das K^0 wegen der Erhaltung der Strangeness verboten. Wir beschreiben die Regenerationseffekte durch zwei komplexe Zahlen, f und $\bar{f}$. Wenn man den Zerfall nicht berücksichtigt, wird die Amplitude des regenerierten Strahls unmittelbar nach dem Regenerator

(9.86) $\quad \mid \mathrm{reg} \rangle = \sqrt{\tfrac{1}{2}}\,\{f \mid K^0 \rangle + \bar{f} \mid \overline{K^0} \rangle\} = \tfrac{1}{2}\,(f - \bar{f})\,(\mid K_1^0 \rangle + \tfrac{1}{2}\,(f + \bar{f}) \mid K_2^0 \rangle.$

Da K^0 und $\overline{K^0}$ unterschiedlich wechselwirken, sind f und $\bar{f}$ verschieden, und der regenerierte Strahl enthält wieder eine K_1^0-Komponente. Experimentell kann diese Komponente

9.8 Der Sturz der CP-Invarianz

durch das Auftauchen eines Zweifachereignisses in der Nähe des Regnerators erkannt werden[25].

Die Regeneration ist eine Methode zur Bestimmung der Massedifferenz zwischen K_1^0 und K_2^0.[26] Wir betrachten den einfachsten Fall, die kohärente Regeneration in Vorwärtsrichtung. Die Wellenfunktion von K_2^0 bewegt sich durch den Regenerator und wird proportional zu exp $(ip_2\,x/\hbar)$ sein. Deshalb wird die Regeneration von K_1^0 auch an jedem Punkt x längs des Weges proportional zu exp $(ip_2\,x/\hbar)$ sein. Aber die regenerierte Welle bewegt sich durch den Absorber mit einer Wellenfunktion proportional zu exp $(ip_1\,x/\hbar)$. Die Interferenz zwischen den beiden Wellen am Ende des Regenerators der Länge L wird daher einen Term enthalten, der proportional zu exp $[i\,(p_2 - p_1)\,L/\hbar]$ ist. In Vorwärtsrichtung wird keine Energie verloren, so daß $p^2 \cdot c^2 + m^2 c^4 =$ konstant, oder

$$\Delta p\, c = \left(\frac{mc}{p}\right) \Delta m\, c^2.$$

$\Delta p \equiv p_2 - p_1$ und $\Delta m = m_1 - m_2$ ist die Massendifferenz zwischen K_1^0 und K_2^0. Messungen zur Wahrscheinlichkeit des Auffindens eines K_1^0 hinter einem Regenerator der Länge L als Funktion von L ergeben die Massendifferenz[27]. Weitere Experimente liefern auch das Vorzeichen der Massendifferenz mit dem Ergebnis, daß

(9.87) $\qquad \Delta m = m_1 - m_2 = -3{,}521 \times 10^{-6}$ eV/c^2.

Diese Massenaufspaltung ist unglaublich gering; sie ist ein Effekt zweiter Ordnung der schwachen Wechselwirkung. Das Verhältnis $\Delta m / m_K \approx 10^{-14}$ beweist, daß die schwache Wechselwirkung verantwortlich für H_{int}, Gl. 9.76, ist, wie das in Bild 9.9 gezeigt wird.

Damit konnten alle Voraussagen der Gell-Man-Pais-Theorie experimentell nachgewiesen werden. Zusätzlich zu den tieferen Einsichten in das Kaonensystem zeigten die Experimente, daß Teilchen Eigenschaften von Wellen haben und sich der Quantenmechanik entsprechend verhalten.

9.8 Der Sturz der CP-Invarianz

Die Kaonen stellen eine Quelle immer neuer überraschender Effekte dar. In Abschnitt 9.3 beschrieben wir, wie die Beobachtung der beiden verschiedenen Zerfallsarten zum Sturz der Paritätsinvarianz führte. Im vorhergehenden Abschnitt zeigten wir, daß das Kohärenzverhalten des neutralen Kaons zwei verschiedene Zerfallszeiten und Hyperladungsoszillationen bewirkt. Die Kohärenzeigenschaften wurden theoretisch vorhergesagt und die nachfolgende experimentelle Bestätigung war aufregend, aber nicht überraschend. Der Zusammenbruch der Parität kam unerwartet, wurde aber spielend erledigt und schnell in die Theorie eingebaut. In diesem Abschnitt werden wir die nächste große Überraschung

---

[25] R. H. Good et. al., *Phys. Rev.* **124**, 1223 (1961).
[26] Die verschiedenen Methoden zur Massebestimmung sind in T. D. Lee und C. S. Wu, *Ann. Rev. Nucl. Sci.* **16**, 511 (1966) beschrieben; siehe auch K. Kleinknecht, *Ann. Rev. Nucl. Sci.* **26**, 1 (1976).
[27] T. Fujii et al., *Phys. Rev. Lett.* **13**, 253, 324 (1964); J. H. Christenson et al., *Phys. Rev.* **140 B**, 74 (1965).

behandeln, die Verletzung der *CP*-Invarianz. Ihre Wirkung wird am besten durch die angeführte Karikatur beschrieben. Bis jetzt war es nicht möglich, sie auf befriedigende Weise zu erklären.

Den Experimenten zum Nachweis der *CP*-Verletzung liegen drei im vorhergehenden Abschnitt besprochene Prinzipien zugrunde:

1. Ein neutraler Kaonenstrahl ist weit weg vom Ort seiner Erzeugung ein reiner $|K_2^0\rangle$-Zustand.

2. Der Zustand $|K_2^0\rangle$ ist ein Eigenzustand des Hamiltonoperators. Im Vakuum ist kein Übergang von $|K_2^0\rangle$ zu $|K_1^0\rangle$ möglich. Für die beiden Potentialtöpfe wird das Fehlen eines solchen Übergangs durch Gl. 9.65 ausgedrückt. Die entsprechende Beziehung für Kaonen folgt aus Gl. 9.80 und Gl. 9.81,

(9.88) $\langle K_1^0 | H | K_2^0 \rangle = 0.$

3. Nach Gl. 9.84 kann K_2^0 nicht in zwei Pionen zerfallen, wenn *CP* erhalten bleibt.

In Princeton wurde 1964 ein Experiment durchgeführt, um für den Zwei-Pionen-Zerfall des K_2^0 eine tiefere Grenze zu erhalten.[28] Gleichzeitig wurde ein anderes Experiment in Il-

J. Fabergé, CERN Courier, **6**, Nr. 10, 193 (Oktober 1966). (Mit freundlicher Genehmigung von Madame Fabergé.)

---

[28] J. H. Christenson, J. W. Cronin, V. L. Fitch und R. Turlay, *Phys. Rev. Letters* **13**, 138 (1964). V. L. Fitch, *Rev. Mod. Phys.* **53**, 367 (1981); *Science* **212**, 939 (1981); J. W. Cronin, *Rev. Mod. Phys.* **53**, 373 (1981); *Science* **212**, 1221 (1981).

9.8 Der Sturz der CP-Invarianz

linois gemacht.[29] Beide hatten das verblüffende Ergebnis, daß der Zerfall in zwei Pionen stattfindet. Die Zerfallsverzweigung fand man annähernd zu

(9.89) $$\frac{\text{Int}(K_L^0 \to \pi^+\pi^-)}{\text{Int}(K_L^0 \to \text{alle geladenen Zweige})} \approx 2 \times 10^{-3}.$$

Wir haben hier die Bezeichnung geändert und das langlebige neutrale Kaon mit K_L^0 und das kurzlebige mit K_S^0 bezeichnet. Der Grund liegt in Gl. 9.82, wo K_1^0 und K_2^0 als Eigenzustände von *CP definiert* sind. Gleichung 9.89 besagt jedoch, daß das langlebige Kaon *kein* Eigenzustand von *CP* ist. Üblicherweise behält man die Bezeichnung K_1^0 und K_2^0 für die Eigenzustände von *CP* bei und nennt die echten Teilchen K_S^0 und K_L^0.

Die Neuigkeit von der *CP*-Verletzung breitete sich nahezu mit Lichtgeschwindigkeit in der physikalischen Welt aus, genauso wie sieben Jahre vorher die der Paritätsverletzung. Man begegnete ihr eher noch skeptischer. Um den Grund für diese Zweifel besser zu sehen, fügen wir hier die Beschreibung des berühmten *TCP-Theorems* ein. Das *TCP*-Theorem ist leicht einzusehen, aber schwer zu beweisen. Einfach ausgedrückt lautet es so: Das Produkt der drei Operatoren *T, C* und *P* kommutiert praktisch mit jedem denkbaren Hamiltonoperator,

(9.90) $[TCP, H] = 0.$

Mit anderen Worten, unsere Welt und eine zeit- und paritätsgespiegelte Antiwelt müßten sich gleich verhalten. Die Reihenfolge der drei Operatoren *T, C* und *P* ist dabei gleichgültig.[30] Der Operator *TCP* unterscheidet sich demnach stark von den Einzeloperatoren *T, C* und *P*. Man kann sehr einfach einen lorentzinvarianten Hamiltonoperator bilden, der z.B. *P* und *C* verletzt, und wir werden einen solchen in Kapitel 11 besprechen. Es ist jedoch fast unmöglich einen lorentzinvarianten Hamiltonoperator zu bilden, der *TCP* verletzt. (Diese Feststellungen sind etwas vereinfacht, stimmen aber im wesentlichen.)

Das *TCP*-Theorem führte lange ein Aschenbrödeldasein. In einer Vorform wurde es unabhängig von Schwinger und von Lüders entdeckt[31] und Pauli verallgemeinerte es dann.[32] Bis 1956 wurde es jedoch als ziemlich esoterisch angesehen. Das Dogma besagte, daß die drei Operatoren *T, C* und *P* einzeln erhalten bleiben und man nahm an, daß das *TCP*-Theorem darüberhinaus wenig nützliche Information liefert. Als die Verletzung der Parität möglich wurde, wurde das *TCP*-Theorem plötzlich wieder wichtig.[33] Nach Gl. 9.88 muß bei Verletzung von *P* auch noch eine andere Operation verletzt werden. Wir haben in Abschnitt 9.4 erwähnt, daß *C* in der schwachen Wechselwirkung auch nicht erhalten bleibt.

---

[29] A. Abashian, R. J. Abrams, D. W. Carpenter, G. P. Fisher, B. M. K. Nefkens und J. H. Smith, *Phys. Rev. Letters* **13**, 243 (1964).
[30] Da die Reihenfolge der Operatoren *T, C* und *P* unwichtig ist, gibt es 3! Möglichkeiten, das Theorem zu benennen. Lüders und Zumino sorgten dafür, daß ihre Wahl mit dem Namen eines bekannten Benzinzusatzes übereinstimmt. Wir verwenden ihre Wahl. [G. Lüders, *Physikalische Blätter* **22**, 421 (1966)].
[31] J. Schwinger, *Phys. Rev.* **82**, 914 (1952); **91** 713 (1953); G. Lüders, *Kgl. Danske Videnskab Selskab, Mat. fys. Medd.* **28**, No. 5 (1954).
[32] W. Pauli, in *Niels Bohr and the Development of Physics,* (W. Pauli, ed.) McGraw-Hill, New York, 1955.
[33] T. D. Lee, R. Oehme und C. N. Yang, *Phys. Rev.* **106**, 340 (1957).

Das *TCP*-Theorem kann überprüft werden. Es sagt z.B. voraus, daß die Massen und Lebensdauern von schwach zerfallenden Teilchen und Antiteilchen, wie etwa vom negativen und positiven Myon, identisch sein sollten, sogar wenn die Invarianz der Ladungskonjugation bei schwachen Wechselwirkungen nicht mehr gültig ist. Es wurde keine Verletzung des *TCP*-Theorems gefunden. Der beste Test ist die Gleichheit der Massen von K^0 und $\overline{K^0}$ auf etwa 10^{-14}.

Nach dieser Abschweifung kehren wir zur Situation von 1964 zurück. Die beobachtete *CP*-Verletzung im Zerfall der neutralen Kaonen führt zusammen mit dem *TCP*-Theorem unweigerlich zu einer der beiden Schlußfolgerungen: Entweder bleibt *T* nicht erhalten oder das *TCP*-Theorem ist falsch. Die Theoretiker haben aber inzwischen starke Beweise für das *TCP*-Theorem gefunden[34] und gäben es nur widerwillig auf. Andererseits ist die Zeitumkehr auch eine geheiligte Symmetrie. Der einfachste Ausweg wäre die Kapitulation der Experimentalphysiker und das Eingeständnis, daß die Experimente falsch sind. Zusätzliche Meßwerte bestärkten jedoch inzwischen die ersten Ergebnisse. Die genaue Analyse aller Informationen aus den Zerfällen des neutralen Kaons liefert wenigstens einen etwas tieferen Einblick. Demnach gilt das *TCP*-Theorem, aber nicht nur *CP*-, sondern auch die *T*-Invarianz ist verletzt.[35] Es scheint daher sicher zu sein, daß die Invarianz der Zeitumkehr beim Zerfall des neutralen Kaons verletzt wird. Ein phänomenologischer Grund für diese Verletzung wurde von Kobayashi und Maskawa[36] mit der Einführung einer nichtverschwindenden Phase vorgeschlagen. Ein neueres Experiment mit dem K^0-System scheint dieses Modell zu unterstützen[37]. Eine grundlegende Erklärung für die *CP*- und die *T*-Verletzung entzieht sich noch unseren Kenntnissen. Trotz gewaltiger Anstrengungen wurde kein weiterer Anhaltspunkt für die *CP*- und die *T*-Verletzung in einem anderen System gefunden. Es bleibt wichtig, eine Verletzung dieser Symmetrien irgendwo zu finden, solche Experimente wurden bereits angeregt.[38]

9.9 Literaturhinweise

Allgemeine Literaturhinweise über Invarianzeigenschaften sind in Abschnitt 7.7 gegeben. Ein Überblick über die Literatur der Paritätsverletzung steht in L. M. Lederman, „Resource Letter Neu-1 History of the Neutrino", *Am. J. Phys.* **38**, 129 (1970).

Nichtkontinuierliche Transformationen, unitäre und antiunitäre Operatoren werden genauer bei Messiah, Band II, Kapitel XV behandelt. Einige der theoretischen Aspekte von

---

[34] Beweise des *TCP*-Theorems benötigen die relativistische Quantenfeldtheorie und sind sehr schwierig. Für den, der sich selbst davon überzeugen will, führen wir hier einige Literaturhinweise an, etwa in der Reihenfolge zunehmender Schwierigkeit: J. J. Sakurai, *Invariance Principles and Elementary Particles*, Princeton University Press, Princeton, N.J., 1964; G. Lüders, *Ann. Phys.* (New York) **2**, 1 (1957); R. F. Streater und A. S. Wightmann, *PCT, Spin, and Statistics, and All That*, Benjamin, Reading, Mass., 1964.

[35] R. C. Casella, *Phys. Rev. Letters* **21**, 1128 (1968); **22**, 554 (1969); K. R. Schubert, B. Wolff, J. C. Chollet, J. M. Gaillard, M. R. Jane, T. J. Ratcliffe und J.-P. Repellin, *Phys. Letters* **31B**, 662 (1970); G. V. Dass, *Fortschritte Phys.* **20**, 77 (1972).

[36] M. Kobayashi und T. Maskawa, *Prog. Theor. Phys.* **49**, 652 (1973).

[37] H. Burkhardt et al., *Phys. Lett.* **206B**, 169 (1988); widersprechende Ergebnisse wurden von J. R. Patterson et al., *Phys. Rev. Lett.* **64**, 1491 (1990) erhalten.

[38] J. F. Donaghue, B. R. Holstein und G. Valencia, *Int. J. Mod. Phys.* **2**, 319 (1987).

Parität und Zeitumkehr werden in E. M. Henley, „Parity and Time Reversal Invariance in Nuclear Physics", *Ann. Rev. Nucl. Sci.* **19**, 367 (1969) diskutiert. Eine ausführliche Abhandlung ist Robert G. Sachs, *The Physics of Time Reversal Invariance*, University of Chicago Press, Chicago, 1987. Die Theorie und der Zustand dieser Symmetrien werden in einer großen Zahl von Übersichtspartikeln diskutiert: E. N. Fortson und L. L. Lewis, „Atomic Parity Nonconservation Experiments", *Phys. Rep.* **113**, 289 (1984); E. G. Adelberger und W. Haxton, „Parity Violation in the Nucleon-Nucleon Interaction", *Ann. Rev. Nucl. Part. Sci.* **35**, 501 (1985); E. M. Henley, „Status of Some Symmetries", *Prog. Part. Nucl. Phys.*, (A. Faessler, Ed.) **20**, 387 (1987); und *Tests of Time Reversal Invariance,* (N. R. Roberson, C. R. Gould und J. D. Bowman, Eds.), World Scientific, Teaneck, NJ, 1988.

Die Theorie der *CP*-Invarianz wird in dem Buch von Sachs und in K. Kleinknecht, *Ann. Rev. Nucl. Sci.* **26**, 1 (1976) behandelt. Eine populäre Darstellung der *CP*- und der *T*-Verletzung wird von R. G. Sachs in *Science* **176**, 587 (1972) gegeben. Der Zustand der CP-Invarianz wird von L. Wolfenstein in „Present Status of CP Violation", *Ann. Rev. Nucl. Part. Sci.* **36**, 187 (1986) und in „CP Noninvariance in K^0 Decay", *Comm. Nucl. Part. Phys.* **14**, 135 (1985) diskutiert; I. I. Bigi und A. I. Sanda, „CP Violation in Nature – A Status Report", *Comm. Nucl. Part. Phys.* **14**, 149 (1985). Obwohl die meisten dieser Übersichtsartikel auf einem höheren Niveau geschrieben sind, kann man doch viele nützliche Informationen auf dem Niveau des vorliegenden Buches entnehmen.

Aufgaben

9.1
a) Zeigen Sie, daß eine infinitesimale Drehung R und die Raumumkehr (Parität) P kommutieren, indem Sie in einer Skizze darstellen, daß PR und RP einen beliebigen Vektor **x** in denselben Vektor **x**′ transformieren.
b) Zeigen Sie mit a), daß P und **J** kommutieren, wobei **J** die Erzeugende der infinitesimalen Drehung R ist.

9.2 Zeigen Sie, daß die Kommutatorregeln für den Drehimpuls bei der Paritätsoperation unverändert bleiben.

9.3 Zeigen Sie, daß $\psi(-\mathbf{x})$ die Schrödinger-Gleichung mit dem Hamiltonoperator $H = (p^2/2m) + V(\mathbf{x})$ erfüllt, wenn $\psi(\mathbf{x})$ dies tut und $V(\mathbf{x}) = V(-\mathbf{x})$ gilt.

9.4 Zeigen Sie, daß die Eigenfunktion ψ_{lm} in Aufgabe 5.3 Eigenfunktionen von P sind. Berechnen Sie die Eigenwerte und vergleichen Sie das Ergebnis mit Gl. 9.10.

9.5 Verwenden Sie eine Eichtransformation der Form Gl. 7.32 mit einem geeigneten Wert für ε, um zu zeigen, daß die relative Parität des Protons und des positiven Pions keine meßbare Größe ist.

9.6 Wäre es möglich, allen Hadronen eine sinnvolle Eigenparität zuzuordnen, wenn man in Gl. 9.22 anstelle der Parität des Λ die des
a) π^0 oder
b) K^+
genommen hätte? Begründen Sie die Antwort.

9.7 Erläutern Sie die Reaktion

$$np \to d\gamma$$

und verwenden Sie Informationen aus der Literatur zur Bestimmung der Eigenparität des Deuteron.

9.8 Suchen Sie Informationen über die Reaktionen

$$dd \to p\,{}^3H$$
$$dd \to n\,{}^3He$$

und erläutern Sie die Paritäten von ^3H und ^3He.

9.9 Erläutern Sie die Paritätsbestimmung eines Hyperons (nicht des Λ).

9.10 Wie würden Sie die Parität des Kaons bestimmen? Vergleichen Sie Ihren Vorschlag mit tatsächlichen Experimenten.

9.11 Der Operator für die Emission der elektrischen Dipolstrahlung hat die Form $q\mathbf{x}$, wobei q die Ladung ist. Das Matrixelement für den Übergang $i \to f$ hat die Form

$$F_{fi} = \int d^3x\,\psi_f^*(\mathbf{x})q\mathbf{x}\psi_i(\mathbf{x}).$$

Verwenden Sie diesen Ausdruck zur Bestimmung der Auswahlregeln der Parität für die elektrische Dipolstrahlung.

9.12 Erläutern Sie die Überlegungen und Fakten, die dem α-Teilchen (Grundzustand von ^4He) Spin 0 und positive Parität zuordnen.

9.13 Elektronen und Positronen, die bei schwachen Wechselwirkungen entstehen, können durch ihre Impuls- und Spinwerte charakterisiert werden.
a) Zeigen Sie, daß ein nicht verschwindender Erwartungswert $\langle \mathbf{J} \cdot \mathbf{p} \rangle$ Paritätsverletzung bedeutet.
b) Erläutern Sie ein Experiment, mit dem die Helizität von Elektronen gemessen werden kann.

9.14 Ein Kern mit dem g-Faktor $g = 1$ befinde sich in einem Magnetfeld von 1 MG. Berechnen Sie die Temperatur, bei der wenigstens 99% der Kerne polarisiert sind.

9.15 Verwenden Sie die Informationen aus den Bildern 7.1 und 9.6 zur Beantwortung der folgenden Frage: Werden Elektronen und Antineutrinos vorwiegend in dieselbe oder entgegengesetzte Richtung emittiert? (Der Einfachheit halber nehme man an, daß der ^{60}Co-Zustand 1^+ und der ^{60}Ni-Zustand 0^+ ist).

9.16 Erläutern Sie den Beweis für die Paritätsverletzung im Zerfall

$$\pi^+ \to \mu^+\nu:$$

a) Welche Polarisation erwartet man für das Myon?
b) Wie kann man die Myonenpolarisation messen?

Aufgaben 269

9.17 Die beim nuklearen β-Zerfall entstehenden Elektronen besitzen negative Helizität, während Positronen positive Helizität zeigen. Was kann man aus dieser Beobachtung schließen?

9.18 Gegeben sei ein System aus einem positiven und einem negativen Pion ($\pi^+\pi^-$), mit dem Bahndrehimpuls l im Schwerpunktsystem.
a) Bestimmen Sie die *C*-Parität dieses Systems.
b) Kann das System für $l = 1$ in zwei Photonen zerfallen? Begründen Sie Ihre Antwort.

9.19 Zeigen, Sie daß die Maxwellschen Gleichungen invariant gegen die Zeitumkehr sind.

9.20 Gegeben sei ein Pauli-Spinor mit zwei Komponenten,

$$\psi = \begin{pmatrix} \psi_1 \\ \psi_2 \end{pmatrix}$$

der die Pauligleichung erfüllt. Bestimmten Sie die Wellenfunktion $T\psi$, die die Pauligleichung erfüllt.

9.21 Erläutern Sie eine Möglichkeit zur Überprüfung der Zeitumkehrinvarianz in der starken und eine in der elektromagnetischen Wechselwirkung.

9.22 Zeigen Sie, daß die Helizität $\mathbf{J} \cdot \hat{\mathbf{p}}$ invariant gegen die Zeitumkehroperation ist.

9.23 Bei Kernzerfällen wurde eine sehr kleine Verletzung der Parität beobachtet ($F \approx 10^{-7}$). Wie kann man diese Verletzung erklären, ohne die Paritätserhaltung in der starken Wechselwirkung aufzugeben?

9.24 Zeigen Sie kurz die Anwendung des Modells mit den zwei Potentialtöpfen auf das Ammoniummolekül. Wie groß ist die Gesamtaufspaltung $2\Delta E$ zwischen den Zuständen $|a\rangle$ und $|s\rangle$? Welcher Zustand liegt höher? Beobachtet man Übergänge zwischen den Zuständen $|a\rangle$ und $|s\rangle$? Wenn ja, wo sind diese Übergänge wichtig?

9.25
a) Bestimmen Sie die allgemeine Lösung von Gl. 9.71.
b) Zeigen Sie, daß Gl. 9.72 eine spezielle Lösung von Gl. 9.71 mit den Anfangsbedingungen $\alpha(0) = 1$ und $\beta(0) = 0$ ist.

9.26 Das Neutron und Antineutron sind neutrale Antiteilchen, wie das K^0 und $\overline{K}^0$. Warum ist es trotzdem nicht sinnvoll, Linearkombinationen N_1 und N_2 analog zu K_1^0 und K_2^0 zu bilden?

9.27 Ein K^0 werde zur Zeit $t = 0$ erzeugt.
a) Zeigen Sie, daß die Wellenfunktion des ruhenden K^0 zur Zeit t als

$$|t\rangle = \sqrt{\frac{1}{2}} \left\{ |K_1^0\rangle \exp\left(\frac{-im_1c^2t}{\hbar} - \frac{t}{2\tau_1}\right) + |K_2^0\rangle \exp\left(\frac{-im_2c^2t}{\hbar} - \frac{t}{2\tau_2}\right) \right\}$$

geschrieben werden kann, wobei m_i und τ_i Masse und Lebensdauer des K_i sind.
b) Drücken Sie $|t\rangle$ durch $|K^0\rangle$ und $|\overline{K}^0\rangle$ aus.
c) Berechnen Sie die Wahrscheinlichkeit dafür, $\overline{K}^0$ zur Zeit t zu finden, als Funktion von $\Delta m = m_1 - m_2$.
d) Skizzieren Sie die Wahrscheinlichkeit für

$$\Delta m = 0, \quad \Delta m = \frac{\hbar}{c^2 \tau_1}, \quad \Delta m = \frac{2\hbar}{c^2 \tau_1}.$$

9.28 K_1^0 und K_2^0 haben geringfügig verschiedene Massen.
a) Schätzen Sie den Betrag des Massenunterschieds unter der Annahme ab, daß die Aufspaltung von einem schwachen Effekt zweiter Ordnung herrührt und daß die schwache Wechselwirkung um den Faktor 10^7 schwächer ist als die starke.
b) Beschreiben Sie, wie die Massendifferenz bestimmt werden kann.
c) Vergleichen Sie den tatsächlichen Wert mit Ihrer Abschätzung.

9.29
a) Strahlen von K^0 und $\overline{K}^0$ gleicher Energie gehen durch einen Festkörper. Werden die Strahlen auf die gleiche Weise absorbiert? Wenn nicht, warum nicht?
b) Ein reiner K_2^0-Strahl geht durch einen Festkörper. Wird der austretende Strahl rein aus K_2^0 bestehen? Erklären Sie die Antwort.
c) Wie kann man experimentell feststellen, ob der Strahl nach dem Durchgang noch völlig aus K_2^0 besteht?

9.30 Beschreiben Sie die zum Nachweis des Zwei-Pionen-Zerfalls des langlebigen neutralen Kaons verwendete experimentelle Anordnung.

9.31 Nehmen Sie an, Sie hätten Verbindung mit Physikern einer anderen Galaxie. Sie können jedoch nur Informationen austauschen. Können Sie feststellen, ob die anderen Physiker aus Materie oder Antimaterie bestehen? Untersuchen Sie die folgenden Möglichkeiten:
a) C, P und T bleiben bei allen Wechselwirkungen erhalten.
b) C und P werden bei der schwachen Wechselwirkung verletzt, aber CP bleibt erhalten.
c) C, P und CP werden verletzt, wie in Abschnitt 9.8 besprochen.

9.32 Zeigen Sie, daß aus der TCP-Erhaltung die gleiche Masse für Teilchen und Antiteilchen folgt.

9.33 Man zeige, daß der Zerfall eines K^0
a) in $\pi^0\pi^0$ verboten ist, wenn der Spin vom K^0 ungeradzahlig ist
b) in $\pi^0\gamma$ erlaubt ist, wenn der Spin des K^0 nicht null ist.

9.34 Wie kann man die Parität eines Photons bestimmen? Man beschreibe ein mögliches Experiment.

9.35
a) Für den Wirkungsquerschnitt bei elastischer Elektronenstreuung an Wasserstoff mit einer Energie von 20 GeV und einer Impulsübertragung von 1 GeV/c bestimme man die Größenordnung vom Verhältnis der Amplituden der Interferenzterme bei der die Parität verletzenden schwachen Wechselwirkung und bei der elektromagnetischen Wechselwirkung. Man vergleiche das Ergebnis mit dem Experiment.
b) Man wiederhole Teil (a) der Aufgabe für den gesamten Wirkungsquerschnitt der Proton-Proton-Streuung bei einer Laborenergie von etwa 50 MeV.

9.36 Man zeige, daß der von der Parität verbotene Alphazerfall des 2^--Niveaus in ^{20}Ne oder ^{16}O proportional zum Quadrat der schwachen Wechselwirkung, d.h. zu $|F|^2$ ist, und nicht von einem Interferenzterm zwischen schwachen und starken Amplituden abhängt.

9.37 Der Zerfall des η ist zur Überprüfung der C-Invarianz geeignet. Welche der folgenden Fälle sind durch die C-Invarianz erlaubt und welche verboten?

$$\eta \to \gamma\gamma$$
$$\eta \to \pi^0\gamma$$
$$\eta \to \pi^0\pi^0\pi^0$$
$$\eta \to 3\gamma$$
$$\eta \to \pi^+\pi^-\pi^0$$

9.38 Man zeige, daß das Neutron oder irgend ein anderes nichtentartetes System kein elektrisches Dipolmoment haben kann, wenn nicht sowohl die P- als auch die T-Erhaltung verletzt werden.

9.39 Man vergleiche die erwarteten Größenordnungen der Dipolmomente von einem Neutron und einem schweren neutralen Atom. Man erkläre das Resultat.

9.40 Ein B^0-Meson besteht aus einem b-Antiquark und einem d-Quark. Man betrachte ein System aus einem B^0 und einem $\overline{B^0}$ und vergleiche es mit dem System aus K^0 und $\overline{K^0}$. Sollte es ein B_1^0 und ein B_2^0 geben? Sollte man erwarten, daß CP bei den Zerfällen verletzt wird? Kann CP geprüft werden, wenn das System durch e^+e^--Stöße erzeugt wird? Falls ja, schlage man mögliche Experimente zur Überprüfung von CP in diesem System vor.

9.41 Man bestimme die Energiedifferenz zwischen einem Neutron und einem Proton, wenn sie aus u- und d-Quarks bestehen. Die mittlere Masse der Quarks soll 330 MeV/c^2 betragen, das d-Quark soll jedoch 5 MeV/c^2 schwerer als das u-Quark sein.

9.42 Das ρ^0-Meson zerfällt hadronisch in zwei Pionen. Sein Spin ist $1\hbar$, $\pi_\rho = -1$, $\eta_c = -1$ und sein Isospin beträgt $I = 1$. Kann das ρ^0 in $\pi^0\pi^0$ zerfallen oder in $\pi^+\pi^-$? Kann es elektromagnetisch in $\pi^0\gamma$ zerfallen?

9.43
a) Eine Kugelfunktion sei durch $\widetilde{Y}_l^m = i^l Y_l^m(\theta, \varphi)$ definiert, wobei Y_l^m die übliche Kugelfunktion darstellt. Zeigen Sie, daß bei einer Zeitumkehrtransformation folgendes gilt:

$$T\,|\,\widetilde{Y}_l^m(\theta, \varphi) = (-1)^{l-m}\,\widetilde{Y}_l^{-m}(\theta, \varphi)$$

b) Unter Verwendung von Teil (a) der Aufgabe können wir schreiben

$$T\,|\,a, s, m\rangle = (-1)^{s-m}\,|\,a_T, s, -m\rangle$$

a bezeichnet hier die anderen Quantenzahlen außer dem Spin s und der magnetischen Quantenzahl m. a_T kennzeichnet die a entsprechenden Quantenzahlen bei Zeitumkehr. Unter Verwendung dieser Gleichung zeige man, daß der Hamiltonoperator T^2 die Eigenwerte +1 für Bosonen und −1 für Fermionen hat.

Teil IV – Wechselwirkungen

In den vorigen neun Kapiteln haben wir das Konzept der *Wechselwirkung* ohne detaillierte Diskussion benutzt. Jetzt wollen wir das Versäumte nachholen und die wichtigsten Aspekte der drei Wechselwirkungen darstellen, die die subatomare Physik beherrschen: es sind die hadronische, die elektromagnetische und die schwache Wechselwirkung.

In der Behandlung von Wechselwirkungen ist es angebracht, zwischen Bosonen und Fermionen zu unterscheiden. Bosonen können einzeln erzeugt und vernichtet werden. Baryonen- und Leptonenerhaltung garantieren, daß Fermionen immer in Paaren emittiert oder absorbiert werden. Die einfachste Wechselwirkung ist also die Emission oder Absorption eines einzelnen Bosons. Zwei Beispiele werden in Bild IV.1 gezeigt. Die Wechselwirkungen erscheinen an den Vertices, wo drei Teilchenlinien zusammentreffen. Die Fermionen verschwinden nicht, aber das Boson wird entweder erzeugt oder vernichtet. In beiden Fällen kann die Stärke der Wechselwirkung durch eine Kopplungskonstante charakterisiert werden. Die Kopplungskonstante ist an den Vertex geschrieben. Ein Boson kann auch in ein anderes Boson transformiert werden, wie in Bild IV.2 gezeigt. Dort verschwindet ein Photon und ein Vektormeson, z.B. ein ρ, übernimmt seinen Platz. Die Kopplungskonstante steht wieder neben dem Vertex. Die Kraft zwischen zwei Teilchen wird üblicherweise als durch Teilchen vermittelt angenommen, wie es in Abschnitt 5.8 diskutiert wurde. Der Austausch eines Pions zwischen zwei Nukleonen, Bild 5.19, ist ebenfalls in Bild IV.3 gezeigt.

Die in den Bildern IV.1 und IV.3 dargestellten Kräfte können jedoch nicht mehr als elementar betrachtet werden. Wie im Abschnitt 5.10 dargelegt, sind Baryonen und Mesonen aus Quarks zusammengesetzt, und die fundamentalen Wechselwirkungen treten zwischen den Quarks und den Leptonen auf. Bild IV.4 verdeutlicht die hadronische Kraft zwischen den Quarks, die durch ein Gluon vermittelt wird. Bild IV.5 zeigt die schwache Kraft zwischen zwei Leptonen, vermittelt durch ein W-Boson. Die hier vorgestellten Beispiele geben einen Eindruck von den Kräften, die zwischen Teilchen wirken. In den folgenden Kapiteln werden wir die Wechselwirkungen ausführlicher untersuchen.

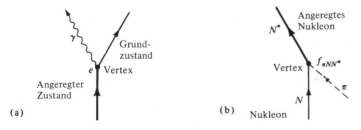

Bild IV.1 Emission und Absorption eines Bosons durch ein Fermion. Die Kopplungskonstanten werden durch e und $f_{\pi NN}{}^*$ bezeichnet.

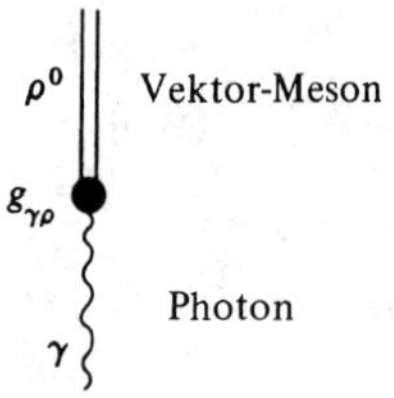

ρ⁰ | Vektor-Meson

$g_{\gamma\rho}$

γ Photon

Bild IV.2 Transformation eines Bosons in ein anderes.

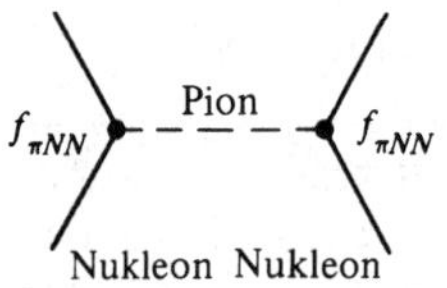

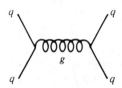

Bild IV.3 Die Kraft zwischen zwei Nukleonen wird durch den Austausch von Mesonen vermittelt, z.B. wie hier durch Pionen.

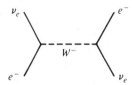

Bild IV.4 Die Kraft zwischen zwei Quarks q wird durch den Austausch von Gluonen erzeugt.

Bild IV.5 Die schwache Kraft entsteht durch den Austausch von W- und Z-Bosonen.

10 Elektromagnetische Wechselwirkung

Die elektromagnetische Wechselwirkung ist in der subatomaren Physik aus zwei Gründen wichtig. Erstens tritt sie immer auf, wenn ein geladenes Teilchen als Sonde benutzt wird. Zweitens ist sie die einzige Wechselwirkung, die mit Hilfe der klassischen Physik studiert werden kann, und sie liefert damit ein Modell, mit dem andere Wechselwirkungen nachgebildet werden können.

Ohne einige, wenigstens angenäherte Berechnungen können Wechselwirkungen nicht verstanden werden. In ihrer einfachsten Form basieren solche Rechnungen auf der quantenmechanischen Störungstheorie und im besonderen auf dem Ausdruck für die Übergangsrate von einem Anfangszustand α in einen Endzustand β

$$(10.1) \quad w_{\beta\alpha} = \frac{2\pi}{\hbar} |\langle \beta | H_{\text{int}} | \alpha \rangle|^2 \rho(E).$$

Fermi nannte diesen Ausdruck wegen seiner Nützlichkeit und Wichtigkeit die *Goldene Regel*.

In Abschnitt 10.1 werden wir diese Beziehung ableiten, in Abschnitt 10.2 wollen wir die Zustandsdichte $\rho(E)$ diskutieren. Leser, die mit diesen Tatsachen vertraut sind, können diese Abschnitte übergehen.

10.1 Die Goldene Regel

Man betrachte ein System, das durch einen zeitunabhängigen Hamiltonoperator H_0 beschrieben wird. Die Schrödinger-Gleichung ist

$$(10.2) \quad i\hbar \frac{\partial \varphi}{\partial t} = H_0 \varphi.$$

Die stationären Zustände findet man, wenn man den Ansatz

$$(10.3) \quad \varphi = u_n(\mathbf{x}) e^{-iE_n t/\hbar}$$

in Gl. 10.2 einsetzt. Das Ergebnis ist die zeitunabhängige Schrödinger-Gleichung

$$(10.4) \quad H_0 u_n = E_n u_n.$$

Für die weitere Diskussion wird angenommen, daß diese Gleichung gelöst wurde, daß die Eigenwerte E_n und die Eigenfunktionen u_n bekannt sind, und daß die Eigenfunktionen eine vollständige orthonormale Menge bilden, mit

$$(10.5) \quad \int d^3x \, u_N^*(\mathbf{x}) u_n(\mathbf{x}) = \delta_{Nn}.$$

Wenn das System in einem der Eigenzustände u_n gebildet wird, bleibt es für immer in diesem Zustand und es gibt keine Übergänge zu anderen Zuständen.

Als nächstes betrachten wir ein ähnliches System, wie wir es eben diskutiert haben, dessen Hamiltonoperator H sich aber durch einen kleinen Term H_{int} – den Wechselwirkungsterm – von H_0 unterscheidet

$$H = H_0 + H_{int}.$$

Der Zustand dieses Systems kann in nullter Näherung immer noch durch die Energien E_n und die Eigenfunktionen u_n gekennzeichnet werden. Es bleibt möglich, das System in einem Zustand zu bilden, der durch die Eigenfunktionen u_n beschrieben werden kann, und wir bezeichnen einen solchen bestimmten Anfangszustand mit $|\alpha\rangle$. Jedoch wird ein solcher Zustand im allgemeinen nicht länger stationär sein. Die Störung H_{int} wird Übergänge zu anderen Zuständen, z.B. $|\beta\rangle$, verursachen. Im folgenden wollen wir einen Ausdruck für die Übergangsrate $|\alpha\rangle \to |\beta\rangle$ entwickeln. Zwei Beispiele solcher Übergänge sind in Bild 10.1 gezeigt. Im Bild 10.1(a) ist die Wechselwirkung für den Zerfall des Zustands durch γ-Emission verantwortlich. In Bild 10.1(b) wird ein im Zustand $|\alpha\rangle$ einfallendes Teilchen in den Zustand $|\beta\rangle$ gestreut.

Um die Übergangsrate zu berechnen, benützen wir die Schrödinger-Gleichung

(10.6) $\qquad i\hbar \dfrac{\partial \psi}{\partial t} = (H_0 + H_{int})\psi.$

Zur Lösung dieser Gleichung wird ψ durch ein vollständiges System ungestörter Eigenfunktionen Gl. 10.3 entwickelt:

(10.7) $\qquad \psi = \sum\limits_n a_n(t) u_n \exp\left(\dfrac{-iE_n t}{\hbar}\right).$

Die Koeffizienten $a_n(t)$ hängen gewöhnlich von der Zeit ab und $|a_n(t)|^2$ ist die Wahrscheinlichkeit dafür, das System zur Zeit t im Zustand n mit der Energie E_n zu finden. Setzt man ψ in die Schrödinger-Gleichung ein, so erhält man ($\dot{a}_n \equiv da_n/dt$)

$$i\hbar \sum_n \dot{a}_n u_n e^{-iE_n t/\hbar} + \sum_n E_n a_n u_n e^{-iE_n t/\hbar} = \sum_n a_n (H_0 + H_{int}) u_n e^{-iE_n t/\hbar}.$$

Wegen Gl. 10.4 heben sich der zweite Ausdruck auf der linken Seite und der erste Ausdruck auf der rechten Seite heraus. Multipliziert man mit u_N^* von links, integriert über den ganzen Raum und benutzt die Orthonormalitätsrelation, so ergibt sich

Bild 10.1 Der Wechselwirkungsoperator H_{int} ist für den Übergang von einem ungestörten Eigenzustand $|\alpha\rangle$ zu einem ungestörten Eigenzustand $|\beta\rangle$ verantwortlich.

10.1 Die Goldene Regel

(10.8) $$i\hbar \dot{a}_N = \sum_n \langle N | H_{\text{int}} | n \rangle a_n \exp\left[\frac{i(E_N - E_n)t}{\hbar}\right].$$

Hier wurde eine gebräuchliche Abkürzung für das Matrixelement von H_{int} eingeführt:

(10.9) $$\langle N | H_{\text{int}} | n \rangle \equiv \int d^3x\, u_N^*(\mathbf{x}) H_{\text{int}} u_n(\mathbf{x}).$$

Die Menge der Beziehungen Gl. 10.8 für alle N ist äquivalent zur Schrödinger-Gleichung 10.6. Es wurde dabei keine Näherung eingeführt. Eine nützliche Näherungslösung der Gl. 10.8 erhält man, wenn man annimmt, daß sich das wechselwirkende System anfänglich in einem speziellen Zustand des ungestörten Systems befindet und daß die Störung H_{int} schwach ist. In Bild 10.1 ist $|\alpha\rangle$ der Anfangszustand. Er kann z.B. ein wohldefinierter angeregter Zustand sein. Mit der Entwicklung Gl. 10.7 wird die Situation durch

(10.10) $$a_\alpha(t) = 1, \quad a_n(t) = 0 \text{ für alle } n \neq \alpha, \quad \text{für } t < t_0$$

beschrieben. Nur einer der Entwicklungskoeffizienten ist von Null verschieden; alle anderen verschwinden. Die Annahme einer schwachen Störung bedeutet, daß während der Beobachtungszeit so wenige Übergänge aufgetreten sind, daß der Anfangszustand nicht merklich gestört wurde und daß andere Zustände nicht wesentlich bevölkert wurden. In der niedrigsten Ordnung kann man dann

(10.11) $$a_\alpha(t) \approx 1, \quad a_n(t) \ll 1 \text{ für alle } n \neq \alpha, \quad \text{für alle } t$$

setzen. Gleichung 10.8 vereinfacht sich dann zu

$$\dot{a}_N = (i\hbar)^{-1} \langle N | H_{\text{int}} | \alpha \rangle \exp\left[\frac{i(E_N - E_\alpha)t}{\hbar}\right].$$

Wenn H_{int} zur Zeit $t_0 = 0$ eingeschaltet wird und danach zeitunabhängig ist, ergibt die Integration für $N \neq \alpha$

$$a_N(T) = (i\hbar)^{-1} \langle N | H_{\text{int}} | \alpha \rangle \int_0^T dt \exp\left[\frac{i(E_N - E_\alpha)t}{\hbar}\right].$$

oder

(10.12) $$a_N(T) = \frac{\langle N | H_{\text{int}} | \alpha \rangle}{E_N - E_\alpha} \left[1 - \exp\left(\frac{i(E_N - E_\alpha)T}{\hbar}\right)\right].$$

Die Wahrscheinlichkeit, das System nach einer Zeit T in einem bestimmten Zustand N zu finden, ist durch das Absolutquadrat von $a_N(T)$ gegeben:

(10.13) $$P_{N\alpha}(T) = |a_N(T)|^2 = 4 |\langle N | H_{\text{int}} | \alpha \rangle|^2 \frac{\sin^2[(E_N - E_\alpha)T/2\hbar]}{(E_N - E_\alpha)^2}$$

Ist die Energie E_N verschieden von E_α, dann drückt der Faktor $(E_N - E_\alpha)^{-2}$ die Übergangswahrscheinlichkeit so stark herab, daß man Übergänge zu entsprechenden Niveaus für große Zeiten T vernachlässigen kann. Es kann jedoch eine Gruppe von Zuständen mit Energien $E_N \approx E_\alpha$ geben, wie in Bild 10.2 gezeigt, für die das Matrixelement $\langle N | H_{int} | \alpha \rangle$ fast immer unabhängig von N ist. Dieser Fall erscheint z.B., wenn die Zustände N im Kontinuum liegen. Um die Tatsache auszudrücken, daß das Matrixelement als von N unabhängig angesehen wird, schreibt man $\langle \beta | H_{int} | \alpha \rangle$. Die Übergangswahrscheinlichkeit wird durch den Faktor $\sin^2 [(E_N - E_\alpha)T/2\hbar] (E_N - E_\alpha)^{-2}$ bestimmt und ist in Bild 10.2(b) gezeigt. Die Übergangswahrscheinlichkeit ist nur in einem Energiebereich

(10.14) $\quad E_\alpha - \Delta E$ bis $E_\alpha + \Delta E, \quad \Delta E = \dfrac{2\pi\hbar}{T}$

wesentlich. Mit wachsender Zeit wird die Breite geringer: innerhalb der durch die Unbestimmtheitsrelation gegebenen Grenzen ist die Energieerhaltung eine Konsequenz der Berechnung und muß nicht als separate Annahme hinzugefügt werden.

Gleichung 10.13 gibt die Übergangswahrscheinlichkeit von einem Anfangs- zu einem Endzustand an. Die totale Übergangswahrscheinlichkeit zu allen Zuständen E_N im Intervall Gl. 10.14 ist die Summe über alle individuellen Übergänge

(10.15) $\quad P = \sum\limits_N P_{N\alpha} = 4 |\langle \beta | H_{int} | \alpha \rangle|^2 \sum\limits_N \dfrac{\sin^2[(E_N - E_\alpha)T/2\hbar]}{(E_N - E_\alpha)^2}$,

wobei angenommen wurde, daß das Matrixelement unabhängig von N ist. Diese Annahme ist gerechtfertigt, so lange $\Delta E/E_\alpha$ klein gegen 1 ist. Mit Gl. 10.14 wird die Bedingung zu

(10.16) $\quad T \gg \dfrac{2\pi\hbar}{E_\alpha} \approx \dfrac{4 \times 10^{-21} \text{ MeV s}}{E_\alpha \text{ (in MeV)}}$,

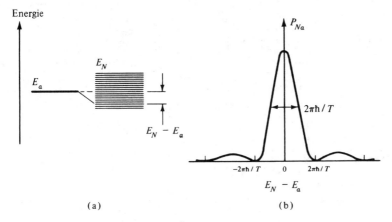

Bild 10.2 (a) Hauptsächlich treten Übergänge auf, die zu Zuständen mit Energien E_N gehen, die nahe bei der ursprünglichen Energie E_α liegen. (b) Übergangswahrscheinlichkeit als Funktion der Energiedifferenz $E_N - E_\alpha$.

10.1 Die Goldene Regel

wo T die Beobachtungszeit ist. In den meisten Experimenten ist diese Bedingung erfüllt.

Nun kehren wir zum ursprünglichen Problem zurück, wie es z.B. in Bild 10.1(a) gezeigt wird. Hier ist die Energie im Anfangszustand genau definiert, aber im Endzustand ist das emittierte Photon frei und kann eine beliebige Energie annehmen (Bild 10.3). Die diskreten Energiezustände E_N in Bild 10.2(a) werden daher durch ein Kontinuum ersetzt. Diese Tatsache drückt man dadurch aus, daß man die Energie als $E(N)$ schreibt. N kennzeichnet nun die Energiezustände des Photons im Kontinuum und ist eine kontinuierliche Variable. Die gesamte Übergangswahrscheinlichkeit folgt aus Gl. 10.15, wenn die Summe durch ein Integral ersetzt wird, $\Sigma_N \to \int dN$:

$$(10.17) \quad P(T) = 4 |\langle \beta | H_{\text{int}} | \alpha \rangle|^2 \int \frac{\sin^2[(E(N) - E_\alpha)T/2\hbar]}{(E(N) - E_\alpha)^2} \, dN.$$

Das Integral erstreckt sich über die Zustände, zu denen die Übergänge erfolgen können. Da das Integral sehr schnell konvergiert, können die Grenzen nach $\pm\infty$ ausgedehnt werden. Mit

$$x = \frac{(E(N) - E_\alpha)T}{2\hbar}, \quad dN = \frac{dN}{dE} dE = \frac{2\hbar}{T} \frac{dN}{dE} dx$$

wird die Übergangswahrscheinlichkeit

$$P(T) = 4 |\langle \beta | H_{\text{int}} | \alpha \rangle|^2 \frac{dN}{dE} \frac{T}{2\hbar} \int_{-\infty}^{+\infty} dx \frac{\sin^2 x}{x^2}.$$

Das Integral hat den Wert π, so daß die Übergangswahrscheinlichkeit schließlich

$$(10.18) \quad P(T) = \frac{2\pi T}{\hbar} |\langle \beta | H_{\text{int}} | \alpha \rangle|^2 \frac{dN}{dE}$$

wird.

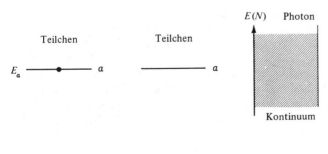

Bild 10.3 Im Anfangszustand ist das subatomare Teilchen im angeregten Zustand α, ein Photon ist nicht vorhanden. Im Endzustand ist das subatomare System im Zustand β und ein Photon mit der Energie $E(N)$ wurde emittiert. Die Energie des Photons liegt „im Kontinuum".

Die Bezeichnung $\langle \beta | H_{\text{int}} | \alpha \rangle$ zeigt an, daß der Übergang von Zuständen $|\alpha\rangle$ zu Zuständen $|\beta\rangle$ erfolgt. Da H_{int} als zeitunabhängig angenommen wird, ist die Übergangswahrscheinlichkeit proportional zu T. Die Übergangs*rate* ist die Übergangswahrscheinlichkeit pro Zeiteinheit:

$$(10.19) \qquad w_{\beta\alpha} = \dot{P}(T) = \frac{2\pi}{\hbar} \; |\langle \beta | H_{\text{int}} | \alpha \rangle |^2 \; \frac{dN}{dE} \; .$$

Wir haben damit die Goldene Regel abgeleitet (Fermi nannte sie die *Goldene Regel Nr. 2*). Sie ist bei der Beschreibung von Übergängen sehr nützlich, und wir werden häufig auf sie verweisen. Der Faktor

$$(10.20) \qquad \frac{dN}{dE} \equiv \rho(E)$$

wird *Zustandsdichte* genannt. Er gibt die Zahl der verfügbaren Zustände pro Energieeinheit an und wird in Abschnitt 10.2 erklärt.

● Bei einigen Anwendungen kommt es vor, daß das Matrixelement $\langle \beta | H_{\text{int}} | \alpha \rangle$ verschwindet, das Zustände gleicher Energie verbindet. Die Näherung, die zu Gl. 10.18 führt, kann dann einen Schritt weiter geführt werden. Fermi nannte dieses Ergebnis die Goldene Regel Nr. 1. Die Regel läßt sich einfach beschreiben: man ersetze das Matrixelement $\langle \beta | H_{\text{int}} | \alpha \rangle$ in Gl. 10.19 durch

$$(10.21) \qquad \langle \beta | H_{\text{int}} | \alpha \rangle \to - \sum_n \frac{\langle \beta | H_{\text{int}} | n \rangle \langle n | H_{\text{int}} | \alpha \rangle}{E_n - E_\alpha} \; .$$

Der einstufige Übergang $|\alpha\rangle \to |\beta\rangle$ vom Anfangszustand zum Endzustand wird durch eine Summe zweistufiger Übergänge ersetzt. Diese erfolgen vom Anfangszustand $|\alpha\rangle$ zu allen möglichen Zwischenzuständen $|n\rangle$ und von dort zu dem Endzustand $|\beta\rangle$.●

10.2 Der Phasenraum

In diesem Abschnitt wollen wir einen Ausdruck für den Faktor der Zustandsdichte $\rho(E) \equiv dN/dE$ ableiten. Wir betrachten zuerst ein eindimensionales Problem, wo sich die Teilchen mit einem Impuls p_x in x-Richtung bewegen. Lage und Impuls eines Teilchens werden gleichzeitig in einem x-p_x-Koordinatensystem (Phasenraum) beschrieben. Die Darstellungen in der klassischen Mechanik und in der Quantenmechanik unterscheiden sich. In der klassischen Mechanik können Lage und Impuls gleichzeitig mit beliebiger Genauigkeit gemessen werden, und der Zustand eines Teilchens kann durch einen Punkt beschrieben werden [Bild 10.4(a)]. Die Quantenmechanik dagegen beschränkt die Beschreibung im Phasenraum. Die Unschärferelation

$$\Delta x \, \Delta p_x \geq \hbar$$

besagt, daß Lage und Impuls nicht gleichzeitig mit beliebiger Genauigkeit gemessen werden können. Das Produkt der Unsicherheiten muß größer als $\hbar$ sein. Ein Teilchen muß daher durch eine Zelle, nicht durch einen Punkt repräsentiert werden. Die Form der Zelle hängt von den gemachten Messungen ab, aber das Volumen bleibt immer gleich $h = 2\pi\hbar$.

10.2 Der Phasenraum

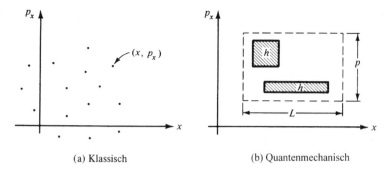

(a) Klassisch (b) Quantenmechanisch

Bild 10.4 Klassischer und quantenmechanischer, eindimensionaler Phasenraum. Im klassischen Fall kann der Zustand eines Teilchens durch einen Punkt beschrieben werden. Im quantenmechanischen Fall muß ein Zustand durch eine Zelle mit dem Volumen $h = 2\pi\hbar$ beschrieben werden.

Im Bild 10.4(b) ist ein Volumen Lp gezeigt. Die maximale Zahl der Zellen, die in dieses Volumen passen, ist durch das Verhältnis Gesamtvolumen zu Zellenvolumen gegeben

$$(10.22) \quad N = \frac{Lp}{2\pi\hbar}.$$

N ist die *Zahl der Zustände* im Volumen Lp[1].

Die Zustandsdichte $\rho(E)$ in einer Dimension erhält man aus Gl. 10.22 unter Verwendung von $E = p^2/2m$

$$(10.23) \quad \rho(E) = \frac{dN}{dE} = 2\frac{dN}{dp}\frac{dp}{dE} = \frac{L}{2\pi\hbar}\frac{2m}{p} = \frac{L}{2\pi\hbar}\sqrt{\frac{2m}{E}}$$

In Gl. 10.23 wurde ein Faktor 2 eingeführt, weil es für jede Energie E zwei entartete Zustände mit dem Impuls p und $-p$ gibt.

Gl. 10.22 kann durch Betrachtung einer freien Welle in einer eindimensionalen „Schachtel" der Länge L verifiziert werden. Die normierte Lösung der Schrödingergleichung in dieser Schachtel

$$\frac{d^2\psi}{dx^2} + \frac{2m}{\hbar^2}E\psi = 0 \quad \text{ist} \quad \psi = \frac{1}{\sqrt{L}}e^{ikx}.$$

Die periodischen Randbedingungen $\psi(x) = \psi(x+L)$ ergeben

$$(10.24) \quad \psi(0) = \psi(L) \text{ und } k = \pm\frac{2\pi n}{L}, n = 0, 1, 2, \ldots$$

---

[1] Man beachte, daß N die Zahl der Zustände, nicht die Zahl der Teilchen ist. Ein Zustand kann ein Fermion aufnehmen, aber eine beliebige Anzahl von Bosonen.

Die Zahl der Zustände pro Impulsintervall für n >> 1 ist durch

$$\frac{\Delta n}{\Delta p} \approx \frac{dn}{dp} = \frac{1}{\hbar}\frac{dn}{dk} = \frac{L}{2\pi\hbar}$$

gegeben und in Übereinstimmung mit Gl. 10.22.

Gleichung 10.22 gilt für ein Teilchen mit einem Freiheitsgrad. Für ein Teilchen in drei Dimensionen ist das Zellenvolumen durch $h^3 = (2\pi\hbar)^3$ gegeben und die Zahl der Zustände in einem Volumen $\int d^3x\, d^3p$ in dem sechsdimensionalen Phasenraum ist

(10.25) $\quad N_1 = \dfrac{1}{(2\pi\hbar)^3} \int d^3x\, d^3p.$

Der Index 1 bedeutet, daß N_1 die Zahl der Zustände für ein Teilchen ist. Wenn sich das Teilchen in einem Raumvolumen V befindet, ergibt die Integration über d^3x

(10.26) $\quad N_1 = \dfrac{V}{(2\pi\hbar)^3} \int d^3p.$

Die Zustandsdichte Gl. 10.20 kann jetzt leicht berechnet werden:

(10.27) $\quad \rho_1 = \dfrac{dN_1}{dE} = \dfrac{V}{(2\pi\hbar)^3}\dfrac{d}{dE}\int d^3p = \dfrac{V}{(2\pi\hbar)^3}\dfrac{d}{dE}\int p^2\, dp\, d\Omega.$

Hier ist $d\Omega$ das Raumwinkelelement. Mit $E^2 = (pc)^2 + (mc^2)^2$, wird d/dE

$$\frac{d}{dE} = \frac{E}{pc^2}\frac{d}{dp}$$

und daher [mit $(d/dp) \int dp \to 1$]

(10.28) $\quad \rho_1 = \dfrac{V}{(2\pi\hbar)^3}\dfrac{pE}{c^2}\int d\Omega.$

Für Übergänge zu allen Endzuständen, unabhängig von der Richtung des Impulses **p** ist die Zustandsdichte

(10.29) $\quad \rho_1 = \dfrac{VpE}{2\pi^2 c^2 \hbar^3}\,.$

Als nächstes betrachten wir die Zustandsdichte für *zwei Teilchen* 1 und 2. Wenn der Gesamtimpuls der beiden Teilchen fest ist, bestimmt der Impuls des einen den Impuls des anderen und es gibt keine weiteren Freiheitsgrade. Die Gesamtzahl der Zustände im Impulsraum ist die gleiche wie für ein Teilchen, nämlich N_1, wie in Gl. 10.26. Jedoch ist die Zustandsdichte ρ_2 verschieden von Gl. 10.28, weil E nun die Gesamtenergie der *beiden* Teilchen ist:

10.2 Der Phasenraum

$$(10.30) \quad \rho_2 = \frac{V}{(2\pi\hbar)^3} \frac{d}{dE} \int d^3p_1 = \frac{V}{(2\pi\hbar)^3} \frac{d}{dE} \int p_1^2\, dp_1\, d\Omega_1,$$

wobei

$$dE = dE_1 + dE_2 = \frac{p_1 c^2}{E_1}\, dp_1 + \frac{p_2 c^2}{E_2}\, dp_2.$$

Die Berechnung ist am leichtesten im Schwerpunktsystem, wo $\mathbf{p}_1 + \mathbf{p}_2 = 0$, oder

$$p_1^2 = p_2^2 \rightarrow p_1\, dp_1 = p_2\, dp_2$$

und

$$dE = p_1\, dp_1\, \frac{(E_1 + E_2)}{E_1 E_2}\, c^2.$$

Die Zustandsdichte ist dann durch

$$\rho_2 = \frac{V}{(2\pi\hbar)^3 c^2}\, \frac{E_1 E_2}{(E_1 + E_2) p_1}\, \frac{d}{dp_1} \int p_1^2\, dp_1\, d\Omega_1$$

oder

$$(10.31) \quad \rho_2 = \frac{V}{(2\pi\hbar)^3 c^2}\, \frac{E_1 E_2 p_1}{(E_1 + E_2)} \int d\Omega_1$$

gegeben.

Die Erweiterung von Gl. 10.30 auf 3 oder 4 Teilchen ist recht einfach. Man betrachte 3 Teilchen. In ihrem Schwerpunktsystem sind die Impulse auf

$$(10.32) \quad \mathbf{p}_1 + \mathbf{p}_2 + \mathbf{p}_3 = 0.$$

beschränkt. Die Impulse zweier Teilchen können unabhängig variieren, aber der des dritten ist festgelegt. Die Zahl der Zustände ist daher

$$(10.33) \quad N_3 = \frac{V^2}{(2\pi\hbar)^6} \int d^3p_1 \int d^3p_2,$$

und die Zustandsdichte wird

$$(10.34) \quad \rho_3 = \frac{V^2}{(2\pi\hbar)^6}\, \frac{d}{dE} \int d^3p_1 \int d^3p_2.$$

Für n Teilchen ist die Verallgemeinerung von Gl. (10.34):

(10.35) $\quad \rho_n = \dfrac{V^{n-1}}{(2\pi\hbar)^{3(n-1)}} \dfrac{d}{dE} \int d^3p_1 \dots \int d^3p_{n-1}.$

Eine Anwendung von Gl. 10.34 wollen wir in Kapitel 11 besprechen und dann auch die weitere Auswertung diskutieren.

10.3 Die klassische elektromagnetische Wechselwirkung

Die Energie (die Hamiltonfunktion) für ein freies nichtrelativistisches Teilchen mit der Masse m und dem Impuls $\mathbf{p}_{\text{frei}}$ ist durch

(10.36) $\quad H_{\text{frei}} = \dfrac{\mathbf{p}_{\text{frei}}^2}{2m}$

gegeben. Wie ändert sich die Hamiltonfunktion, wenn das Teilchen einem elektrischen Feld $\mathbf{E}$ und einem Magnetfeld $\mathbf{B}$ ausgesetzt wird? Die resultierende Modifikation kann man besser durch Potentiale als durch die Felder $\mathbf{E}$ und $\mathbf{B}$ ausdrücken. Ein skalares Potential A_0 und ein Vektorpotential $\mathbf{A}$ werden eingeführt, und die Felder sind mit den Potentialen durch[2]

(10.37) $\quad \mathbf{B} = \nabla \times \mathbf{A}$

(10.38) $\quad \mathbf{E} = -\nabla A_0 - \dfrac{1}{c} \dfrac{\partial \mathbf{A}}{\partial t}$

verknüpft. Man erhält die Hamiltonfunktion eines punktförmigen Teilchens mit der Ladung q in Anwesenheit externer Felder aus der freien Hamiltonfunktion durch eine Prozedur, die durch Larmor eingeführt wurde[3].

Energie und Impuls des freien Teilchens werden durch

(10.39) $\quad H_{\text{frei}} \to H - qA_0, \qquad \mathbf{p}_{\text{frei}} \to \mathbf{p} - \dfrac{q}{c} \mathbf{A}$

ersetzt. Die resultierende Wechselwirkung heißt *minimale elektromagnetische Wechselwirkung*. Dieser Ausdruck wurde von Gell-Mann eingeführt, um die Tatsache auszudrücken, daß nur die Ladung q als fundamentale Größe eingeht. Alle Ströme werden durch die Bewegung der Teilchen erzeugt. Im speziellen ist der Strom eines punktförmigen Teilchens

---

[2] Jackson, Abschnitt 6.4.
[3] J. Larmor, *Aether and Matter*, Cambridge University Press, Cambridge 1900. Siehe auch Messiah, Abschnitt 20.4 und 20.5; Jackson, Abschnitt 12.1; Park, Abschnitt 7.6. Man beachte, daß q positiv oder negativ sein kann, e ist dagegen immer positiv.

10.3 Die klassische elektromagnetische Wechselwirkung

durch $q\mathbf{v}$ gegeben. Alle höheren Momente (Dipolmoment, Quadrupolmoment, etc.) werden als von der Teilchen*struktur* herrührend angesehen; sie werden nicht als fundamentale Konstanten eingeführt.

Mit der Substitution Gl. 10.39 ändert sich die Hamiltonfunktion Gl. 10.36 zu

$$(10.40) \qquad H = \frac{1}{2m}\left(\mathbf{p} - \frac{q}{c}\mathbf{A}\right)^2 + qA_0$$

oder

$$(10.41) \qquad H = H_{\text{frei}} + H_{\text{int}} + \frac{q^2 A^2}{2mc^2},$$

wobei H_{frei} durch Gl. 10.36 und H_{int} durch

$$(10.42) \qquad H_{\text{int}}(\mathbf{x}) = -\frac{q}{mc}\mathbf{p}\cdot\mathbf{A} + qA_0$$

gegeben sind.

Für alle praktischen Feldstärken ist der letzte Ausdruck in Gl. 10.41 so klein, daß er vernachlässigt werden kann. Wenn keine externen Ladungen vorhanden sind, verschwindet das Skalarpotential und die Wechselwirkungsenergie wird

$$(10.43) \qquad H_{\text{int}}(\mathbf{x}) = -\frac{q}{mc}\mathbf{p}\cdot\mathbf{A} = -\frac{q}{c}\mathbf{v}\cdot\mathbf{A}$$

$H_{\text{int}}(\mathbf{x})$ in Gl. 10.42 ist die Wechselwirkungsenergie eines nichtrelativistischen punktförmigen Teilchens in der Position $\mathbf{x}$ mit den Feldern, die durch die Potentiale $\mathbf{A}$ und A_0 charakterisiert werden. Diese Form ist für viele Anwendungen schon ausreichend. Im besonderen erlaubt sie eine Beschreibung der Photonenemission und -absorption. Für einige andere Anwendungen, z.B. die elektromagnetische Wechselwirkung zwischen zwei Teilchen, müssen die Gleichungen umgeschrieben werden, indem die Potentiale durch die Ströme und die sie erzeugenden Ladungen ausgedrückt werden. Anstatt den allgemeinen Ausdruck abzuleiten, wollen wir lieber spezielle Beispiele behandeln, die später von Nutzen sind.

Die einfachste Situation entsteht, wenn das elektromagnetische Feld durch eine Punktladung q' in Ruhe bei $\mathbf{x}'$, erzeugt wird. Das Potential ist dann durch

$$(10.44) \qquad A_0(\mathbf{x}) = \frac{q'}{|\mathbf{x} - \mathbf{x}'|}$$

gegeben, und die Wechselwirkung ist die gewöhnliche *Coulombenergie*, die schon in Gl. 6.15 eingeführt wurde. Ist die Ladung q' über ein Volumen V, z.B. das Volumen eines Kerns, verteilt, dann ist das Skalarpotential durch[4]

(10.45) $\quad A_0(\mathbf{x}) = q' \int d^3 x' \, \frac{\rho'(\mathbf{x}')}{|\mathbf{x} - \mathbf{x}'|}$

gegeben, und die Wechselwirkung hat die Form von Gl. 6.23. Die im Volumen d^3x' am Punkt $\mathbf{x}'$ enthaltene Ladung ist durch $q'\rho'(\mathbf{x}')\,d^3x'$ gegeben. Die Wahrscheinlichkeitsdichte $\rho'(\mathbf{x}')$ ist durch Gl. 6.26 normiert.

Die Wechselwirkung eines Punktteilchens mit dem Vektorpotential ist durch Gl. 10.43 gegeben. Für ein Teilchen mit einer ausgedehnten Struktur, die durch die Ladungsverteilung $q\rho(\mathbf{x})$ beschrieben wird, muß der Faktor $q\mathbf{p}/m = q\mathbf{v}$ in Gl. 10.43 durch

$$q \int d^3x \, \rho(\mathbf{x})\mathbf{v}(\mathbf{x})$$

ersetzt werden.

Es ist leicht einzusehen, daß

(10.46) $\quad q\rho(\mathbf{x})\mathbf{v}(\mathbf{x}) = q\mathbf{j}(\mathbf{x})$,

wobei $q\mathbf{j}(\mathbf{x})$ die *Ladungsstromdichte* ist, nämlich die Ladung, die pro Zeiteinheit durch eine Flächeneinheit fließt. Mit Gl. 10.46 wird die Wechselwirkung mit einem äußeren Potential $\mathbf{A}(\mathbf{x})$

(10.47) $\quad H_{\text{int}} = -\frac{q}{c} \int d^3x \, \mathbf{j}(\mathbf{x}) \cdot \mathbf{A}(\mathbf{x})$.

Hier tritt das berühmte Skalarprodukt $\mathbf{j} \cdot \mathbf{A}$ („jay-dot-A") auf. Gleichung 10.47 ist eine der fundamentalen Gleichungen, auf der viele Berechnungen beruhen.

Das Vektorpotential $\mathbf{A}(\mathbf{x})$, das durch die Stromdichte $q'\mathbf{j}'(\mathbf{x}')$ erzeugt wird, ist durch[5]

(10.48) $\quad \mathbf{A}(\mathbf{x}) = \frac{q'}{c} \int d^3x' \, \mathbf{j}'(\mathbf{x}') \, \frac{1}{|\mathbf{x} - \mathbf{x}'|}$

gegeben. Setzt man diesen Ausdruck in Gl. 10.47 ein, so erhält man

(10.49) $\quad H_{\text{int}} = -\frac{qq'}{c^2} \int d^3x \, d^3x' \, \mathbf{j}(\mathbf{x}) \cdot \mathbf{j}'(\mathbf{x}') \frac{1}{|\mathbf{x} - \mathbf{x}'|}$.

---

[4] Jackson, Gl. 1.17. Die Gleichungen hier unterscheiden sich von denen bei Jackson durch einen Faktor q oder q', weil unser $\rho(\mathbf{x})$ die Wahrscheinlichkeitsdichte und nicht die Ladungsdichte ist. Ähnlich ist unser $\mathbf{j}(\mathbf{x})$, das weiter unten eingeführt wird, eine Wahrscheinlichkeitsstromdichte und keine Stromdichte.
[5] Jackson, Gl. 5.32.

Eine solche *Strom-Strom-Wechselwirkung* wurde zuerst von Ampère angegeben, und sie wird bei der Behandlung der schwachen Wechselwirkung ein hilfreicher Führer sein. Eine weitere klassische Beziehung ist in der subatomaren Physik ebenso nützlich: die *Kontinuitätsgleichung*. Maxwells Gleichungen zeigen, daß die Dichte ρ und die Stromdichte **j** die Beziehung

(10.50) $$\frac{\partial \rho}{\partial t} + \nabla \cdot \mathbf{j} = 0$$

erfüllen. Eine Verbindung der Kontinuitätsgleichung und der Erhaltung der elektrischen Ladung erreicht man durch Integration der Gl. 10.50 über ein Volumen V:

$$\int_V d^3x \, \frac{\partial \rho(x)}{\partial t} = -\int_V d^3x \, \nabla \cdot \mathbf{j} = -\int_S d\mathbf{S} \cdot \mathbf{j}$$

Hier ist S die Oberfläche, die das Volumen V umgibt. Wenn die Oberfläche weit vom betrachteten System entfernt ist, verschwindet der Strom. Vertauscht man Integration und Differentiation auf der linken Seite und multipliziert mit der Konstanten q, so erhält man

(10.51) $$\frac{\partial}{\partial t} \int_V d^3x \, q\rho(\mathbf{x}) = \frac{\partial}{\partial t} Q_{\text{total}} = 0.$$

Die Kontinuitätsgleichung impliziert Erhaltung der gesamten elektrischen Ladung.

10.4 Photonenemission[6]

Die Beziehungen im letzten Abschnitt wurden klassisch hergeleitet. Sie können deswegen nicht direkt auf die Elementarprozesse in der Quantenmechanik angewendet werden. Eine zweifache Aufgabe kommt damit auf uns zu. Erstens muß die Wechselwirkungsenergie in die Quantenmechanik übersetzt werden, wo sie zu einem Operator wird, dem Wechselwirkungsoperator. Ist H_{int} gefunden, muß zweitens die Übergangsrate oder der Wirkungsquerschnitt für einen bestimmten Prozeß berechnet werden, so daß er mit dem Experiment verglichen werden kann. Wir kommen bei der Lösung dieser Aufgabe ohne plausible Annahmen nicht sehr weit. Das Hauptproblem liegt beim Photon. Es bewegt sich immer mit Lichtgeschwindigkeit, und eine nichtrelativistische Beschreibung des Photons hat keinen Sinn. Zusätzlich haben die Teilchen in den meisten interessierenden Prozessen Energien, die groß sind im Vergleich zu ihrer Ruheenergie, und sie müssen daher auch relativistisch behandelt werden. Eine korrekte Diskussion der Quantenelektrodynamik steht somit weit über unserem Niveau. Wir wollen deshalb hier nur einen Prozeß etwas ausführli-

---

[6] Die Probleme, die bei einer Behandlung der Strahlungstheorie auftreten, machen es schwer, eine wirklich einfache Einführung zu schreiben. Der wahrscheinlich leichteste Übersichtsartikel stammt von E. Fermi, Rev. *Modern Phys.* **4**, 87 (1932). Eine moderne lesbare Einführung ist R. P. Feynman, *Quantenelektrodynamik,* R. Oldenbourg Verlag, 1997. Dieser Abschnitt ist etwas schwieriger als die anderen. Einige Abschnitte können auch übersprungen werden, da sie für das rechtliche Buch nicht essentiell sind.

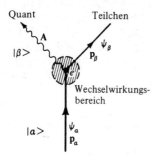

Bild 10.5 Emission eines Photons durch ein atomares oder subatomares System bei einem Übergang $|\alpha\rangle \to |\beta\rangle$.

cher behandeln, nämlich die Emission eines Photons durch ein quantenmechanisches System. Viele der in der Quantenelektrodynamik wichtigen Ideen werden an diesem einfachen Problem klar.

Der elementare Strahlungsprozeß, die Emission oder Absorption eines Quants ist in Bild 10.5 gezeigt. Man kann zwei Arten von Fragen in bezug auf einen solchen Prozeß stellen, kinematische und dynamische. Die *kinematischen* sind vom Typ: „Wie groß sind Energie und Impuls des Photons, wenn es unter einem bestimmten Winkel emittiert wird?" Diese Frage kann mit Hilfe der Energie- und Impulserhaltung beantwortet werden. Die *dynamischen* betrachten z.B. die Zerfallswahrscheinlichkeit oder die Polarisation der emittierten Strahlung. Sie können nur beantwortet werden, wenn die Form der Wechselwirkung bekannt ist. In diesem Abschnitt wollen wir das einfachste dynamische Problem lösen, die Berechnung der Lebensdauer eines elektromagnetischen Zerfalls mit Hilfe der Goldenen Regel, Gl. 10.1. Der erste Schritt ist die Wahl einer geeigneten Hamiltonfunktion für die Wechselwirkung H_{int}. Ein geeigneter Kandidat ist Gl. 10.43 in Abschnitt 10.3[7]. Für ein Elektron mit der Ladung $q = -e$, $e > 0$ ist die Hamiltonfunktion der Wechselwirkung, jetzt als H_{em} geschrieben,

$$(10.52) \qquad H_{em} = e\,\frac{\mathbf{p}\cdot\mathbf{A}}{mc}.$$

Die drei Faktoren in diesem Ausdruck können mit den Elementen des Diagramms in Bild 10.5 verknüpft werden: das Vektorpotential $\mathbf{A}$ beschreibt das emittierte Photon, ($\mathbf{p}/mc$) charakterisiert das Teilchen und die Konstante e gibt die Stärke der Wechselwirkung an.

Die klassische Größe H_{em} wird zu einem Operator, indem man $\mathbf{p}$ und $\mathbf{A}$ in die Quantenmechanik übersetzt. Der Impuls $\mathbf{p}$ wird einfach durch

$$(10.53) \qquad \mathbf{p} \to -i\hbar\nabla$$

---

[7] Für viele Studenten ist der folgende Lösungsweg für physikalische Aufgaben der beste: man schreibt alle physikalischen Größen auf, die in dem Problem auftreten. Dann sucht man die Gleichung im Text, die die gleichen Symbole enthält. Dann setzt man ein und erhält die Lösung. Sonst lachen wir über eine solch naive Methode, aber wir tun das gleiche, wenn wir mit einem neuen Phänomen konfrontiert werden. Wir schauen, welche Observable die Natur uns geliefert hat. Dann bilden wir eine Kombination mit den Eigenschaften, die man aus Invarianzgesetzen erwartet.

zum Impulsoperator. Diese Ersetzung ist von der nichtrelativistischen Quantenmechanik her gut bekannt. Die entsprechende Substitution von **A** hängt vom betrachteten Prozeß ab. Zwei Arten von Emissionsereignissen sind vom Zustand $|\alpha\rangle$ aus möglich. Das erste findet in Gegenwart eines äußeren elektromagnetischen Feldes statt, das z.B. von den einfallenden Photonen hervorgerufen wird, die auf das System treffen. **A** ist das Feld der Photonen und verursacht *stimulierte* oder *induzierte* Emission von Photonen. Stimulierte Photonenemission ist der physikalische Grundprozeß bei Lasern. Hier sind wir an der zweiten Art der Emission interessiert, die *spontane* Emission genannt wird. Der Zustand $|\alpha\rangle$ kann auch ohne ein äußeres elektromagnetisches Feld zerfallen. Den Ausdruck von **A** für spontane Emission kann man nicht aus der nichtrelativistischen Quantenmechanik erhalten, weil die Photonen immer relativistisch sind. Wir umgehen die Quantenelektrodynamik durch das *Postulat*, daß **A** die Wellenfunktion des erzeugten Photons ist[8]. Die Form von **A** kann man durch Betrachtung des Vektorpotentials einer ebenen elektromagnetischen Welle

$$(10.54) \quad \mathbf{A} = a_0 \hat{\boldsymbol{\varepsilon}} \cos(\mathbf{k} \cdot \mathbf{x} - \omega t)$$

finden. Hier ist $\hat{\boldsymbol{\varepsilon}}$ der Polarisationsvektor und a_0 die Amplitude. Wenn diese Welle in einem Volumen V enthalten ist, dann ist die durchschnittliche Energie durch

$$W = \frac{V}{4\pi} \overline{|\mathbf{E}|^2}$$

oder mit den Gleichungen 10.37 und 10.38 durch

$$(10.55) \quad W = \frac{V\omega^2 a_0^2}{4\pi c^2} \overline{\sin^2(\mathbf{k} \cdot \mathbf{x} - \omega t)} = \frac{V\omega^2 a_0^2}{8\pi c^2}$$

gegeben. Wenn **A** ein Photon im Volumen V beschreiben soll, muß W gleich der Energie $E_\gamma = \hbar\omega$ dieses Photons sein. Diese Bedingung bestimmt die Konstante a_0 zu

$$(10.56) \quad a_0 = \left[\frac{8\pi\hbar c^2}{\omega V}\right]^{1/2}.$$

Mit $E_\gamma = \hbar\omega$ und $\mathbf{p}_\gamma = \hbar\mathbf{k}$ ist die Wellenfunktion des Photons, Gl. 10.54, bestimmt. **A** ist reell, da es mit den beobachtbaren, und damit reellen Feldern **E** und **B** durch die Gln. 10.37 und 10.38 verbunden ist. Für die Anwendung auf die Emission und Absorption ist es üblich, die Gl. 10.54 in die Form

$$(10.57) \quad \mathbf{A}\text{ (ein Photon)} = \left[\frac{2\pi\hbar^2 c^2}{E_\gamma V}\right]^{1/2} \hat{\boldsymbol{\varepsilon}} \left\{ \exp\left[\frac{i(\mathbf{p}_\gamma \cdot \mathbf{x} - E_\gamma t)}{\hbar}\right] + \exp\left[\frac{-i(\mathbf{p}_\gamma \cdot \mathbf{x} - E_\gamma t)}{\hbar}\right] \right\}$$

umzuschreiben. Hier ist **A** nicht länger ein klassisches Vektorpotential, sondern man postuliert, daß es die Wellenfunktion des emittierten Photons sein soll. **A** ist ein Vektor, wie

---

[8] Dieser Schritt kann durch die Anwendung der Quantenelektrodynamik gerechtfertigt werden. Hier haben wir weiter keine Wahl, als ihn ohne weitere Erklärung zu postulieren. S. Merzbacher, Kap. 22; Messiah, Abschnitt 21.27.

er für Photonen als Spin-1-Teilchen passend ist (Abschnitt 5.5). Der nächste Schritt ist die Konstruktion des Matrixelements von H_{em}

$$\langle \beta | H_{em} | \alpha \rangle \equiv \int d^3x \psi_\beta^* H_{em} \psi_\alpha$$
(10.58)
$$= \frac{e}{mc} \int d^3x \psi_\beta^* \mathbf{p} \psi_\alpha \cdot \mathbf{A} = -i \frac{e\hbar}{mc} \int d^3x \psi_\beta^* \nabla \psi_\alpha \cdot \mathbf{A}.$$

Zur Auswertung von $\langle \beta | H_{em} | \alpha \rangle$ machen wir Näherungen. Die erste ist die *elektrische Dipolnäherung*. Der Impulsanteil des Exponenten von $\mathbf{A}$ kann entwickelt werden

(10.59) $$\exp\left(\frac{\pm i \mathbf{p}_\gamma \cdot \mathbf{x}}{\hbar}\right) = 1 \pm i \frac{\mathbf{p}_\gamma \cdot \mathbf{x}}{\hbar} + \cdots.$$

Die Exponentialfunktion kann durch eins ersetzt werden, wenn $\mathbf{p}_\gamma \cdot \mathbf{x} \ll \hbar$ ist. Um eine ungefähre Idee davon zu bekommen, was diese Näherung bedeutet, nehmen wir an, daß x ungefähr die Größe des Systems ist, daß das Photon emittiert, und wir beschreiben diese Dimension mit R. Die Bedingung für die γ-Strahlung ist dann

(10.60) $$E_\gamma = p_\gamma c \ll \frac{\hbar c}{R} \simeq \frac{197 \text{ MeV fm}}{R(\text{in fm})}.$$

Die zweite Annahme bezieht sich auf das zerfallende System. Wir nehmen an, daß es spinlos und so schwer ist, daß es vor und nach der Emission des Photons in Ruhe ist. Die Wellenfunktionen ψ_α und ψ_β kann man dann als

(10.61)
$$\psi_\alpha(\mathbf{x}, t) = \Phi_\alpha(\mathbf{x}) \exp\left(-\frac{iE_\alpha t}{\hbar}\right)$$

$$\psi_\beta(\mathbf{x}, t) = \Phi_\beta(\mathbf{x}) \exp\left(-\frac{iE_\beta t}{\hbar}\right)$$

schreiben, wobei $\Phi_\alpha(\mathbf{x})$ und $\Phi_\beta(\mathbf{x})$ die räumliche Ausdehnung des Systems vor und nach der Photonenemission beschreiben (Kap. 6). E_α und E_β sind die Ruheenergien im Anfangs- und Endzustand. Die Energieerhaltung fordert

(10.62) $$E_\alpha = E_\beta + E_\gamma.$$

Mit den Gln. 10.57, 10.59 und 10.61 wird das Matrixelement Gl. 10.58 zu

(10.63)
$$\langle \beta | H_{em} | \alpha \rangle = \frac{-i\hbar^2 e}{m} \left[\frac{2\pi}{E_\gamma V}\right]^{1/2} \left\{\exp\left[\frac{i(E_\beta - E_\gamma - E_\alpha)t}{\hbar}\right]\right.$$
$$\left. + \exp\left[\frac{i(E_\beta + E_\gamma - E_\alpha)t}{\hbar}\right]\right\} \hat{\boldsymbol{\varepsilon}} \cdot \int d^3x \, \Phi_\beta^* \nabla \Phi_\alpha.$$

10.4 Photonenemission

Die beiden Exponentialfaktoren, die in dem Matrixelement auftreten, benehmen sich völlig unterschiedlich. Mit Gl. 10.62 wird der erste Faktor zu $\exp[-2iE_\gamma t/\hbar]$. Die in Abschnitt 10.1 entwickelte Störungstheorie gemäß Gl. 10.16 gilt nur, wenn die Zeit t groß ist im Vergleich mit $2\pi\hbar/E_\gamma$. Für solche Zeiten ist der Exponentialfaktor eine sehr schnell oszillierende Funktion der Zeit. Jede Beobachtung bedeutet eine Zeitmittelung, die Gl. 10.16 erfüllt. Die schnelle Oszillation wischt jeden Beitrag des ersten Terms zum Matrixelement aus.

Der zweite Exponentialfaktor ist eins wegen der Energieerhaltung Gl. 10.62, und das Emissionsmatrixelement wird zu

$$(10.64) \quad \langle \beta | H_{em} | \alpha \rangle = -i \frac{\hbar^2 e}{m} \left[\frac{2\pi}{E_\gamma V} \right]^{1/2} \hat{\varepsilon} \cdot \int d^3x \, \Phi_\beta^* \nabla \Phi_\alpha.$$

Wenn ein Photon im Übergang $|\alpha\rangle \to |\beta\rangle$ absorbiert statt emittiert wird, so liest sich Gl. 10.62 als $E_\alpha + E_\gamma = E_\beta$. Der erste Exponentialausdruck in Gl. 10.63 ist dann eins und der zweite trägt nichts bei. Die Übergangsrate für spontane Emission erhält man nun mit der Goldenen Regel, Gl. 10.19, die wir als

$$(10.65) \quad dw_{\beta\alpha} = \frac{2\pi}{\hbar} |\langle \beta | H_{em} | \alpha \rangle|^2 \rho(E_\gamma)$$

schreiben. Mit $p_\gamma = E_\gamma/c$ ist die Zustandsdichte $\rho(E_\gamma)$ durch Gl. 10.28 als

$$(10.66) \quad \rho(E_\gamma) = \frac{E_\gamma^2 V \, d\Omega}{(2\pi\hbar c)^3}$$

gegeben. Hier ist $dw_{\beta\alpha}$ die Wahrscheinlichkeit pro Zeiteinheit, daß das Photon mit dem Impuls $\mathbf{p}_\gamma$ in den Raumwinkel $d\Omega$ emittiert wird. Mit dem Matrixelement Gl. 10.64 wird die Übergangsrate

$$(10.67) \quad dw_{\beta\alpha} = \frac{e^2 E_\gamma}{2\pi m^2 c^3} \left| \hat{\varepsilon} \cdot \int d^3x \, \Phi_\beta^* \nabla \Phi_\alpha \right|^2 d\Omega.$$

Wenn die Wellenfunktionen Φ_α und Φ_β bekannt sind, kann die Übergangsrate berechnet werden. Das Integral, das die Wellenfunktionen enthält, kann jedoch in eine Form gebracht werden, die die hervorstechenden Eigenschaften klarer beschreibt. Die Hamiltonfunktion H_0, die das zerfallende System, aber nicht die elektromagnetische Wechselwirkung beschreibt, sei

$$H_0 = \frac{p^2}{2m} + V(\mathbf{x}).$$

$V(\mathbf{x})$ soll nicht vom Impuls abhängen und kommutiert daher mit $\mathbf{x}$. H_0 erfüllt die Eigenwertgleichungen

$$(10.68) \quad H_0 \Phi_\alpha = E_\alpha \Phi_\alpha, \qquad H_0 \Phi_\beta = E_\beta \Phi_\beta.$$

Mit der Vertauschungsrelation

(10.69) $\quad xp_x - p_x x = i\hbar,$

und den entsprechenden Beziehungen für die y- und z-Komponenten wird der Kommutator von $\mathbf{x}$ und H_0 zu

(10.70) $\quad \mathbf{x}H_0 - H_0\mathbf{x} = \dfrac{i\hbar}{m}\,\mathbf{p} = \dfrac{\hbar^2}{m}\,\nabla.$

Mit diesem Ausdruck kann der Nablaoperator in Gl. 10.67 ersetzt werden und mit Gl. 10.68 wird das Integral

$$\int d^3x\, \Phi_\beta^* \nabla \Phi_\alpha = \frac{m}{\hbar^2} \int d^3x\, \Phi_\beta^* (\mathbf{x}H_0 - H_0\mathbf{x})\Phi_\alpha = \frac{m}{\hbar^2}(E_\alpha - E_\beta) \int d^3x\, \Phi_\beta^* \mathbf{x}\Phi_\alpha$$
$$= \frac{m}{\hbar^2} E_\gamma \int d^3x\, \Phi_\beta^* \mathbf{x}\Phi_\alpha.$$

Das Integral ist das Matrixelement des Vektors $\mathbf{x}$ und wird

(10.71) $\quad \int d^3x\, \Phi_\beta^* \mathbf{x}\Phi_\alpha \equiv \langle \beta | \mathbf{x} | \alpha \rangle$

geschrieben. Die Übergangsrate in den Raumwinkel $d\Omega$ ist daher

(10.72) $\quad dw_{\beta\alpha} = \dfrac{e^2}{2\pi\hbar^4 c^3} E_\gamma^3 |\hat{\boldsymbol{\varepsilon}} \cdot \langle \beta | \mathbf{x} | \alpha \rangle|^2\, d\Omega.$

Zieht man e^2 in das Matrixelement hinein, dann wird es zu $\langle \beta | e\mathbf{x} | \alpha \rangle$. Da $e\mathbf{x}$ das elektrische Dipolmoment ist, wird die durch Gl. 10.72 beschriebene Strahlung elektrische Dipolstrahlung genannt, wie oben erwähnt. Der Vektor $\langle \beta | \mathbf{x} | \alpha \rangle$ charakterisiert das zerfallende System. Die Energie E_γ und der Polarisationsvektor $\hat{\boldsymbol{\varepsilon}}$ beschreiben das emittierte Photon. Für ein freies Photon ist der Einheitsvektor $\hat{\boldsymbol{\varepsilon}}$ senkrecht zum Photonenimpuls $\mathbf{p}_\gamma$ (Abschnitt 5.5). Die Vektoren $\langle \beta | \mathbf{x} | \alpha \rangle$, $\mathbf{p}_\gamma$ und $\hat{\boldsymbol{\varepsilon}}$ sind in Bild 10.6 gezeigt. Ohne Verlust der Allgemeinheit kann das Koordinatensystem so gewählt werden, daß $\mathbf{p}_\gamma$ in die z-Richtung weist

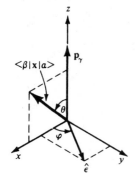

Bild 10.6 Der Polarisationsvektor $\hat{\boldsymbol{\varepsilon}}$ eines Photons, das in Richtung der z-Achse emittiert wird, liegt in der xy-Ebene. Der Vektor $\langle \beta | \mathbf{x} | \alpha \rangle$, der das zerfallene System beschreibt, soll in der xz-Ebene liegen.

10.4 Photonenemission

und $\langle \beta | \mathbf{x} | \alpha \rangle$ in der xz-Ebene liegt. Der Polarisationsvektor $\hat{\varepsilon}$ muß in der xy-Ebene liegen. Mit den in Bild 10.6 definierten Winkeln θ und φ sind die Komponenten von $\langle \beta | \mathbf{x} | \alpha \rangle$ und $\hat{\varepsilon}$: $\langle \beta | \mathbf{x} | \alpha \rangle = |\langle \beta | \mathbf{x} | \alpha \rangle| (\sin \theta, 0, \cos \theta)$, $\hat{\varepsilon} = (\cos \varphi, \sin \varphi, 0)$. Nach Ausführung des Skalarprodukts in Gl. 10.72 erhält man

$$(10.73) \qquad dw_{\beta\alpha} = \frac{e^2}{2\pi \hbar^4 c^3} E_\gamma^3 |\langle \beta | \mathbf{x} | \alpha \rangle|^2 \sin^2 \theta \cos^2 \varphi \, d\Omega.$$

Wenn die Polarisation des emittierten Photons nicht beobachtet wird, muß $dw_{\beta\alpha}$ über den Winkel φ integriert und über die beiden Polarisationszustände summiert werden. Die Summe ergibt einen Faktor 2. Mit $d\Omega = \sin \theta \, d\theta \, d\varphi$ und

$\int_0^{2\pi} d\varphi \cos^2 \varphi = \pi$ wird die Übergangsrate für ein unpolarisiertes Photon zu

$$(10.74) \qquad dw_{\beta\alpha} = \frac{e^2}{\hbar^4 c^3} E_\gamma^3 |\langle \beta | \mathbf{x} | \alpha \rangle|^2 \sin^3 \theta \, d\theta.$$

Die gesamte Übergangsrate $w_{\beta\alpha}$ erhält man durch Integration über $d\theta$

$$(10.75) \qquad w_{\beta\alpha} = \int_0^\pi dw_{\beta\alpha} = \frac{4}{3} \frac{e^2}{\hbar^4 c^3} E_\gamma^3 |\langle \beta | \mathbf{x} | \alpha \rangle|^2.$$

Die Lebensdauer ist das Reziproke von $w_{\beta\alpha}$.

Der physikalische Inhalt des Ausdrucks (10.75) für die gesamte Übergangsrate wird klarer, wenn man passende Einheiten einführt. Wenn das zerfallende System oder Teilchen eine Masse m hat, dann ist die damit verbundene charakteristische Länge die Comptonwellenlänge $\lambdabar_c = \hbar/mc$. $E_0 = mc^2$ ist die charakteristische Energie. Die Zeit, die das Licht benötigt, um die Strecke $\lambdabar_c$ zu durchlaufen, ist durch $t_0 = \hbar/mc^2$ gegeben und das Inverse dieser Zeit, $w_0 = 1/t_0 = mc^2/\hbar$ ist die charakteristische Übergangsrate. Mit $\lambdabar_c$, $E_0 = mc^2$ und w_0 kann man die Übergangsrate als

$$(10.76) \qquad \frac{w_{\beta\alpha}}{w_0} = \frac{4}{3} \left(\frac{e^2}{\hbar c} \right) \left(\frac{E_\gamma}{mc^2} \right)^3 \frac{|\langle \beta | \mathbf{x} | \alpha \rangle|^2}{\lambdabar_c^2}.$$

schreiben. Die Übergangsrate, ausgedrückt in Einheiten einer „natürlichen" Übergangsrate w_0, wird ein Produkt von drei dimensionslosen Faktoren, von denen jeder eine klare physikalische Erklärung hat. Der letzte Ausdruck $|\langle \beta | \mathbf{x} | \alpha \rangle|^2/\lambdabar_c^2$ enthält die Information über die Struktur des zerfallenden Systems. Wenn die Wellenfunktionen Φ_α und Φ_β bekannt sind, kann das Matrixelement des elektrischen Dipols $\langle \beta | \mathbf{x} | \alpha \rangle$ berechnet werden. Auch ohne Rechnung kann man jedoch einige Eigenschaften ableiten. Z.B. müssen die Zustände $|\alpha\rangle$ und $|\beta\rangle$ entgegengesetzte Parität haben. Ansonsten verschwindet $\langle \beta | \mathbf{x} | \alpha \rangle$ und es kann keine elektrische Dipolstrahlung emittiert werden.

Der Term $(E_\gamma/mc^2)^3$ gibt die Abhängigkeit der elektrischen Dipolstrahlung von der Energie des emittierten Photons an. Gl. 10.66 zeigt, daß zwei der drei Potenzen von E_γ durch die Zustandsdichte vermittelt werden: mit wachsender Photonenenergie wird das zugängliche Volumen im Phasenraum größer und der Zerfall wird daher schneller. Der dritte Faktor E_γ

wird durch das Matrixelement $\langle \beta | \nabla | \alpha \rangle$ hereingebracht und ist dynamischen Ursprungs, wie man sagt.

Der Faktor

$$\text{(10.77)} \qquad \frac{e^2}{\hbar c} \equiv \alpha \approx \frac{1}{137}$$

charakterisiert die Stärke der Wechselwirkung zwischen den geladenen Teilchen und dem Photon und wird gewöhnlich Feinstrukturkonstante genannt. Einige Bemerkungen über α sind hier angebracht. Erstens wird die dimensionslose Zahl α aus drei Naturkonstanten gebildet. Da α eine reine Zahl ist, muß es überall den gleichen Wert haben, auch auf Trantor und Terminus[9]. Weiter sollte der Wert in einer wirklich fundamentalen Theorie berechenbar sein. Gegenwärtig existiert keine solche Theorie, die allgemein akzeptiert und verstanden wird. Die zweite Bemerkung betrifft die Größe von α. Glücklicherweise ist α klein gegen 1, und diese Tatsache macht die Anwendung der Störungstheorie erfolgreich. Der Ausdruck für die Übergangsrate, Gl. 10.76, wurde mit dem Ausdruck erster Ordnung, Gl. 10.1, berechnet und das Ergebnis ist proportional zu α. Der Term zweiter Ordnung Gl. 10.21 involviert H_{em} zweimal und der Einfluß ist daher von der Größenordnung α^2 und wesentlich kleiner als der Term erster Ordnung. Ein Beispiel dieser schnellen Konvergenz wurde schon in der Diskussion des g-Faktors des Elektrons in Gl. 6.40 gezeigt. In der dritten Bemerkung weisen wir darauf hin, daß die elektrische Ladung e eine doppelte Rolle spielt. In Abschnitt 7.2 trat die Ladung als eine additive Quantenzahl auf. In diesem Abschnitt wurde gezeigt, daß die Stärke der elektromagnetischen Wechselwirkung proportional zu e^2 ist. e wird daher *Kopplungskonstante* genannt.

10.5 Multipolstrahlung

Im vorigen Abschnitt wurde ein einfaches Beispiel für den Einfluß der elektromagnetischen Wechselwirkung, nämlich die Emission der elektrischen Dipolstrahlung, etwas genauer berechnet. In diesem Abschnitt wird der Zerfall von wirklich subatomaren Systemen diskutiert, und es wird sich zeigen, daß die vorangegangenen Bemerkungen etwas verallgemeinert werden müssen. Zwei subatomare elektromagnetische Zerfälle sind in Bild 10.7 gezeigt. Beim nuklearen Beispiel zerfällt das Nuklid ^{170}Tm mit einer Halbwertszeit von 130 d zu einem angeregten Zustand von ^{170}Yb, das dann über eine γ-Emission von 0,084 MeV in den Grundzustand zerfällt. Das zweite Beispiel ist der Zerfall des neutralen Σ^0. In dem Übergang $\Sigma^0 \xrightarrow{\gamma} \Lambda^0$ wird ein γ-Strahl von 77 MeV Energie emittiert.

Die Lebensdauer des Σ_0 beträgt 6×10^{-20} s. Die Halbwertszeit des 84 keV-Zustands in ^{170}Yb andererseits wurde zu 1,57 ns gemessen. (Es ist üblich, von mittleren Lebensdauern in der Teilchenphysik und von Halbwertszeiten in der Kernphysik zu sprechen.) Die Grundidee bei der Halbwertszeitmessung ist in Bild 10.8[10] gezeigt. Die radioaktive Quelle, im Beispiel ^{170}Tm, wird zwischen zwei Zähler gesetzt. Der β-Zähler registriert den β-Strahl, der den 2^+-Zustand in ^{170}Yb bevölkert. Nach einiger Verzögerung zerfällt der angeregte Zustand unter Emission eines 0,084 MeV Photons. Dieses Photon hat eine bestimm-

---

[9] I. Asimov, *Foundation*, Avon Books, New York, 1951. Deutsch bei Heyne, 1080, 1082, 1084.

10.5 Multipolstrahlung

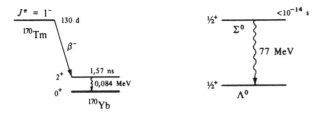

Bild 10.7 Zwei Beispiele von subatomaren Gamma-Zerfällen. Man beachte die Energieskalen, die sich um den Faktor 100 unterscheiden.

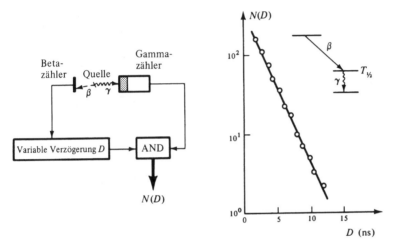

Bild 10.8 Bestimmung der Halbwertszeit eines kurzlebigen Kernzustands, der durch γ-Emission zerfällt. Links wird die Schaltung gezeigt; eine typische Kurve der Koinzidenzzählrate $N(D)$ als Funktion der Verzögerungszeit D ist rechts dargestellt.

te Wahrscheinlichkeit, um die Zeit D verzögert emittiert zu werden. Die Koinzidenzrate zwischen den verzögerten β-Impulsen und den γ-Impulsen wird mit einer UND-Schaltung (Abschnitt 4.9) gemessen. Die Koinzidenzzählrate $N(D)$ ist in halblogarithmischem Plot gegen D aufgetragen und die Steigung der resultierenden Kurve gibt die gewünschte Halbwertszeit. Die entsprechenden Ideen wurden schon in Abschnitt 5.7 diskutiert, und die Zeichnung in Bild 10.8 ist ein spezielles Beispiel eines exponentiellen Zerfalls, der in Bild 5.15 dargestellt wurde.

Die hier gezeigte Methode, in der die Zerfallskurve Punkt für Punkt gemessen wird, ist nicht die einzige. Viele andere Techniken zur Untersuchung von Zerfallszeiten sind entwickelt worden[10]. Gegenwärtig sind die Halbwertszeiten von mehr als 1 500 Zuständen bekannt.

---

[10] Die Messung kurzer Halbwertzeiten wird diskutiert von R. E. Bell, in *Alpha-, Beta- and Gamma-Ray Spectroscopy*, Bd. 2 (K. Siegbahn, ed.), North-Holland, Amsterdam 1965, und von A. Z. Schwarzschild und E. K. Warburton, *Ann. Rev. Nucl. Sci.* **18**, 265 (1968); G. Bellini et al., *Phys. Rept.* **83**, 1 (1982); siehe auch Literaturangaben am Ende von Kapitel 4.

Nach diesem kurzen Ausflug in die experimentellen Aspekte der elektromagnetischen Übergänge von subatomaren Teilchen kehren wir zur Theorie zurück und fragen: können die Zerfälle, die als Beispiel in Bild 10.7 gezeigt sind, durch die in Abschnitt 10.4 gegebene Behandlung erklärt werden? Man sieht sofort, daß der Übergang $\Sigma^0 \to \Lambda^0$ nicht durch elektrische Dipolübergänge veranlaßt werden kann: das Matrixelement, das in der Übergangsrate des elektrischen Dipols auftritt, Gl. 10.75, hat die Form

$$\langle \beta | \mathbf{x} | \alpha \rangle \equiv \langle \Lambda^0 | \mathbf{x} | \Sigma^0 \rangle \equiv \int d^3x \, \psi_\Lambda^* \mathbf{x} \psi_\Sigma.$$

Die Wellenfunktionen ψ_Λ und ψ_Σ haben gleiche Parität und ihr Produkt bleibt gerade unter einer Paritätsoperation. Der Vektor $\mathbf{x}$ jedoch zeigt ungerade Parität, und der Integrand ist daher auch ungerade; das Integral muß daher verschwinden. Ähnlich kann man zeigen, daß die Dipolstrahlung den $2^+ \to 0^+$-Übergang des ^{170}Yb nicht erklären kann. Die im vorigen Abschnitt gegebene Behandlung muß daher verallgemeinert werden, wenn sie alle elektromagnetischen Strahlungen erklären soll, die von subatomaren Systemen emittiert werden.

Die Näherung, mit der die elektrische Dipolstrahlung berechnet wurde, bestand darin, nur den ersten Term in der Entwicklung (10.59) mitzunehmen. Die Entwicklung ohne diese Beschränkung ist einfach, aber langwierig und wir geben nur das Endresultat an[11]: die emittierte Strahlung kann charakterisiert werden durch ihre Parität π und ihre Drehimpulsquantenzahl j. Für einen gegebenen Wert von j kann das Photon gerade oder ungerade Parität mit sich forttragen. Es ist üblich, einen der beiden einen elektrischen und den anderen einen magnetischen Übergang zu nennen. Parität und Drehimpuls sind durch

(10.78) elektrische Strahlung: $\pi = (-1)^j$
magnetische Strahlung: $\pi = -(-1)^j$

verknüpft.

Als Beispiel trägt die elektrische Dipolstrahlung $E1$ einen Drehimpuls $j = 1$ und gemäß Gl. 10.78 negative Parität mit sich fort. Allgemeiner wird die elektrische (magnetische) Strahlung mit der Quantenzahl j als $Ej(Mj)$ geschrieben. [Wir erinnern den Leser daran, daß die Quantenzahl j durch Gl. 5.4 definiert ist: wenn $\mathbf{J}$ der Drehimpulsoperator des Photons ist, so ist $j(j+1)\hbar^2$ der Eigenwert von J^2.]

Die Werte von j und π der Photonen, die in einem Übergang $\alpha \to \beta$ emittiert werden, sind durch die Erhaltung des Drehimpulses und der Parität beschränkt:

(10.79) $\mathbf{J}_\alpha = \mathbf{J}_\beta + \mathbf{J}$
$\pi_\alpha = \pi_\beta \pi.$

---

[11] Einführungen in die Theorie der Multipolstrahlung finden sich in folgenden Literaturstellen: G. Baym, *Lectures on Quantum Mechanics*, Benjamin, Reading, Mass., 1959, Seite 281, 376; Jackson, Kapitel 16; Blatt und Weisskopf, Kapitel 12 und Anhang; S. A. Moszkowski, in *Alpha-, Beta- and Gamma-Ray Spectroscopy*, Bd. 2, (K. Siegbahn, ed.), North-Holland, Amsterdam, 1965, Kapitel 15; T. W. Donnely und J. D. Walecka; *Ann. Rev. Nucl. Sci.* **25**, 329 (1975).

10.5 Multipolstrahlung 297

Einige wenige Beispiele von möglichen Werten von j und π sind in Bild 10.9 gegeben. Man beachte, daß Anfangs- und Endspin Vektoren sind. Die verschiedenen Werte des Drehimpulses der emittierten Strahlung erhält man durch Vektoraddition, wie in Bild 10.9 gezeigt. Die Auswahlregeln Gl. 10.79 bestimmen, welche Übergänge bei einem gegebenen Zerfall erlaubt sind, aber sie geben keine Information über die Wahrscheinlichkeit, mit der sie auftreten. Zu diesem Zweck müssen dynamische Rechnungen durchgeführt werden. Im vorigen Abschnitt wurde die Übergangsrate für $E1$-Strahlung gefunden, und Gl. 10.75 drückt diese Rate durch das Matrixelement $\langle \beta | \mathbf{x} | \alpha \rangle$ aus. Zu Gl. 10.75 ähnliche Ausdrücke können für alle Multipolordnungen E_j und M_j bestimmt werden. Das wirkliche Problem beginnt dann: die relevanten Matrixelemente müssen berechnet werden und dieser Schritt erfordert die Kenntnis der Wellenfunktionen ψ_α und ψ_β. Die Suche nach der korrekten Wellenfunktion für ein bestimmtes subatomares System ist gewöhnlich ein langer und mühsamer Prozeß, und nur in einigen Fällen ist man zu einer befriedigenden Lösung gekommen. Für eine Abschätzung der Übergangsrate ist daher ein grobes Modell notwendig. Es sorgt für einen, wenigstens angenäherten Wert, der mit beobachteten Halbwertszeiten verglichen werden kann. Für Kerne wird oft das Einteilchenmodell benutzt, um die Halbwertszeiten verschiedener Multipolordnungen abzuschätzen. Im Einteilchenmodell wird angenommen, daß der Übergang eines Nukleons Strahlung verursacht. (Das Einteilchenmodell werden wir in Kapitel 17 behandeln.) Bei Verwendung einer einfachen Form für die Einnukleonwellenfunktion können die Übergangsraten berechnet werden[11]. Ein Ergebnis ist in Bild 10.10 gezeigt. Die Kurven in Bild 10.10 sind für ein einzelnes Proton in einem Kern mit $A = 100$ berechnet worden. Unter diesen Annahmen sieht man, daß die niedrigsten Multipole dominieren, die durch die Paritäts- und Drehimpulsauswahlregeln erlaubt sind. Bei der Verwendung der Einteilchenübergangsrate muß man vorsichtig sein. In realen Kernen treten Abweichungen von einer oder mehreren Größenordnungen auf.

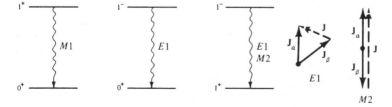

Bild 10.9 Einige Beispiele von möglichen Werten des Drehimpulses und der Parität, die bei einem vorgegebenen Übergang auftreten. Die Vektordiagramme für den $1^- \to 1^+$-Übergang werden rechts gezeigt.

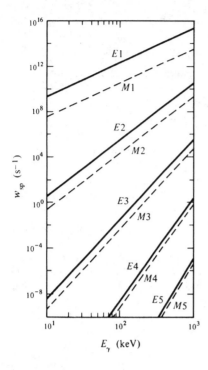

Bild 10.10
Übergangsrate für einzelne Protonen als Funktion der γ-Energie (in keV) für verschiedene Multipolaritäten. (Nach S. A. Moskowski, in *Alpha-, Beta and Gamma-Ray Spectroscopy*, Vol. 2 (K. Siegbahn, ed.), North Holland, Amsterdam, 1965, Kapitel 15, S. 882.)

10.6 Elektromagnetische Streuung von Leptonen

Wir sind schon einige Male auf elektromagnetische Prozesse gestoßen, in denen nur Leptonen und Photonen involviert waren. Photoeffekt, Comptonstreuung, Paarerzeugung und Bremsstrahlung wurden in Abschnitt 3.3 und 3.4 erwähnt. Der g-Faktor der Leptonen, in Abschnitt 6.6 diskutiert, involviert ebenfalls nur die elektromagnetische Wechselwirkung der Leptonen. In diesem Abschnitt wollen wir einige Aspekte der elektromagnetischen Wechselwirkung der Leptonen aufzeigen, ohne Rechnungen durchzuführen. Der Prozeß, der erklärt werden soll, ist die Streuung von Elektronen. Die Diagramme für die Streuung von Elektronen an Elektronen (Møllerstreuung) oder von Elektronen an Positronen (Bhabhastreuung) sind in Bild 10.11 gezeigt. Die beiden Elektronen der Møllerstreuung sind nicht unterscheidbar, und beide Graphen, Bild 10.11(a) und (b), müssen berücksichtigt werden. Da es nicht möglich ist zu sagen, welcher Prozeß stattgefunden hat, müssen die *Amplituden* für die beiden Diagramme in Bild 10.11(a) und (b) addiert werden und nicht die Intensitäten. Die Teilchen in der Bhabhastreuung können durch ihre Ladung unterschieden werden. Trotzdem erscheinen zwei Graphen und es ist unmöglich zu sagen, durch welchen die Streuung erfolgt ist. Wiederum müssen für beide Prozesse die Amplituden addiert werden. Der Beitrag von Bild 10.11(c) wird Photonenaustauschterm und der von Bild 10.11(d) Annihilationsterm genannt.

Der Vernichtungsterm, Bild 10.11(d), erfordert nähere Betrachtung. Er tritt auf, weil die additiven Quantenzahlen eines Elektron-Positron-Paares die gleichen sind wie die des Photons, nämlich $A = q = S = L = L_\mu = 0$. Ist das virtuelle Photon einmal gebildet, so erin-

10.6 Elektromagnetische Streuung von Leptonen

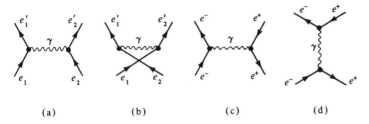

Bild 10.11 Diagramme der Streuung $e^-e^- \to e^-e^-$ und $e^+e^- \to e^+e^-$.

nert es sich nicht mehr daran, woher es kommt, und es kann eine Reihe von Prozessen verursachen:

$$\begin{aligned}
e^- e^+ \to \ & e^- e^+ \\
& 2\gamma \\
& \mu^+ \mu^- \\
& \tau^+ \tau^- \\
& \pi^+ \pi^-, \quad \pi^+ \pi^- \pi^0 \\
& K^+ K^-, \quad \bar{p}p, \quad \bar{n}n \\
& \vdots
\end{aligned}$$

Nur die ersten drei beinhalten ausschließlich die elektromagnetische Wechselwirkung, und nur der erste ist in Bild 10.11(d) gezeigt.

Die Berechnung des Wirkungsquerschnitts für die Møller- und Bhabhastreuung ist einfach, aber erfordert Kenntnisse der Quantenelektrodynamik und der Diractheorie. Die Wirkungsquerschnitte hängen ab von der gesamten Energie der beiden Elektronen und vom Streuwinkel θ. Wenn E die Energie eines der beiden Leptonen im Schwerpunktsystem ist, dann hat der Wirkungsquerschnitt der Møllerstreuung für große Energien ($E \gg m_e c^2$) die Form

(10.80) $$\frac{d\sigma}{d\Omega} = \frac{\alpha^2}{E^2} (\hbar c)^2 f(\theta).$$

Hier ist α die Feinstrukturkonstante und $f(\theta)$ eine Funktion von θ, die in verschiedenen Texten der Quantenelektrodynamik explizit angegeben ist. Wir weisen darauf hin, daß $\alpha = e^2/\hbar c$ in Gl. 10.80 *quadratisch* auftritt, in Übereinstimmung mit der Tatsache, daß in allen Graphen von Bild 10.11 *zwei* Vertizes erscheinen.

Die Form der Gl. 10.80 folgt eindeutig aus Dimensionsargumenten: bei sehr hohen Energien kann die Elektronenmasse keine Rolle spielen, und die einzigen Größen, die in den Wirkungsquerschnitt eingehen, sind die dimensionslose Kopplungskonstante α und die Energie E. Aus diesen beiden Größen und den Naturkonstanten $\hbar$ und c läßt sich eine einzige Kombination mit der Dimension eines Wirkungsquerschnitts (Fläche) erzeugen, wie in Gl. 10.80 gegeben. Nur die dimensionslose Funktion $f(\theta)$ hängt von der Theorie ab.

Experimentell kann man Møller- und Bhabhastreuung auf zwei verschiedenen Wegen studieren. Die einfache Methode: man beobachtet die Streuung eines Elektronen- oder Positronenstrahls an den Elektronen einer Metallfolie, Bild 10.12. Dabei ergibt sich eine Schwierigkeit, wenn die Wirkungsquerschnitte der Møller- und Rutherfordstreuung verglichen werden. Für ein Material mit der Ladungszahl Z ist das Verhältnis der Wirkungsquerschnitte ungefähr $1/Z^2$. Für die meisten vernünftigen Targetmaterialien ist Rutherfordstreuung häufiger als Møllerstreuung. Wie kann man beide Prozesse trennen? Zur Vereinfachung nehmen wir an, daß die Projektilenergie E_0 viel größer sein soll als die Bindungsenergie des Elektrons im Atom. Die Elektronen im Target sind daher im wesentlichen frei. Bei symmetrischer Streuung, Bild 10.12, haben beide emittierten Elektronen den gleichen Winkel θ_{lab} zur Strahlachse, die Energien $E_0/2$ und treten simultan auf. Befinden sich zwei Zähler unter geeigneten Winkeln, die nur Elektronen mit der Energie $E_0/2$ akzeptieren, und werden die simultanen Signale herausgefiltert, dann kann man Møller- und Bhabhastreuung sauber von der Rutherfordstreuung trennen. Eine zweite Schwierigkeit bei der eben erwähnten Methode ist nicht so leicht zu überwinden: die im Schwerpunktsystem verfügbare Energie zur Untersuchung der Struktur der elektromagnetischen Wechselwirkung ist klein wegen der kleinen Elektronenruhemasse. Wir haben dieses Problem in Abschnitt 2.6 untersucht. In Gl. 2.32 haben wir die gesamte verfügbare Energie im Schwerpunktsystem gefunden.

(10.81) $\qquad W \approx [2E_0 m_e c^2]^{1/2}.$

Mit $E_0 = 10$ GeV wird die gesamte verfügbare Energie im Schwerpunktsystem

$$W \approx 100 \text{ MeV}.$$

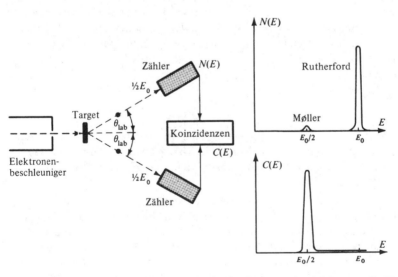

Bild 10.12 Beobachtung der Møller- und Bhabha-Streuung durch Messung der Zusammenstöße mit Elektronen in Materie. $N(E)$ bedeutet die Zahl der Elektronen mit der Energie E, die in einem Zähler beobachtet werden. $C(E)$ bezeichnet die Zahl der Koinzidenzen, in denen beide Elektronen die Energie E haben.

10.6 Elektromagnetische Streuung von Leptonen

Auch bei 10 GeV Einfallenergie ist nicht genügend Schwerpunktenergie vorhanden, um ein Myonenpaar zu erzeugen. Der Ausweg aus dieser Schwierigkeit wurde schon in Abschnitt 2.7 gezeigt: es ist die Verwendung von Speicherringen.

e^+e^--Stöße haben einige der schönsten Ergebnisse erbracht und versprechen, auch in Zukunft noch von Interesse zu sein. Ein paar Experimente und Daten werden wir in den folgenden Abschnitten besprechen. Ein interessanter Punkt taucht bei der Bhabhastreuung auf. Die virtuellen Photonen im Photonenaustausch- und Vernichtungsdiagramm, Bild 10.11(c) und (d), haben verschiedene Eigenschaften. Beide Photonen sind virtuell und erfüllen nicht die Beziehung $E = pc$. Man betrachte beide Reaktionen im Schwerpunktsystem. Im Austauschdiagramm haben einfallende und emittierte Elektronen die gleiche Energie, aber entgegengesetzte Impulse. Daher sind Energie und Impuls des virtuellen Photons durch

(10.82) $$E_\gamma = E_e - E'_e = 0$$
$$\mathbf{p}_\gamma = \mathbf{p}_e - \mathbf{p}'_e = +2\mathbf{p}_e$$

gegeben. Wenn wir eine „Masse" des virtuellen Photon durch die Beziehung $E^2 = (pc)^2 + (mc^2)^2$ definieren, finden wir[12]

(10.83) $$(mc^2)^2 = -(2p_e c)^2 < 0.$$

Das virtuelle Photon trägt nur Impuls, aber keine Energie mit sich. Das Quadrat seiner Masse ist negativ. Ein solches Photon wird *raumartig* genannt. Im Vernichtungsdiagramm ist die Situation umgekehrt.

(10.84) $$E_\gamma = E_{e^-} + E_{e^+} = 2E$$
$$\mathbf{p}_\gamma = \mathbf{p}_{e^-} + \mathbf{p}_{e^+} = 0$$

Das virtuelle Photon trägt nur Energie, aber keinen Impuls. Das Quadrat der Masse ist durch

(10.85) $$(mc^2)^2 = (2E)^2 > 0$$

gegeben, es ist positiv und das Photon wird *zeitartig* genannt. Bei der Elektron-Positronstreuung kommen beide Photonen, raum- und zeitartige vor. Die Übereinstimmung der Experimente mit der Theorie zeigt, daß diese Konzepte korrekt sind, auch wenn sie zuerst etwas fremd klingen.

---

[12] Wem der Vierervektor geläufig ist, wird erkennen, daß die hier definierte „Masse" mit dem Viererimpulsübertrag q über $m^2 = (q/c)^2$ zusammenhängt. Er stimmt mit der wirklichen Teilchenmasse nur bei freien Teilchen überein.

10.7 Kollidierende Elektron-Positron-Strahlen

Wir haben bereits in Abschnitt 2.7 gegeneinander laufende (kollidierende) Strahlen diskutiert; in Abschnitt 7.7 haben wir gezeigt, daß e^+e^--Experimente wichtig bei der Entdeckung der neuen Quantenzahlen Charm und Beauty (bzw. Bottom) waren[13]. Tatsächlich wurden die ersten e^+e^--Experimente zur Überprüfung der QED bei hohen Impulsübertragungen durchgeführt, aber der Schwerpunkt lag bald bei Untersuchungen der Hadronenproduktion mit Hilfe der Photonenannihilation[13], siehe Bild 10.11(d). Ein virtuelles Photon hat den Spin 1 und negative Parität. Deshalb werden Hadronen in einem wohldefinierten Zustand von Gesamtdrehimpuls und Parität produziert. Trotz dieser Einfachheit bilden Elektron-Positron-Stöße eine unerwartet reiche Quelle von neuen Informationen und Überraschungen. Sie sind ideal für die Suche nach neuen Leptonen und Quarks. Zusätzlich erlauben diese Experimente eine Überprüfung der QED und der Theorien der starken Wechselwirkungen. In den folgenden Abschnitten beschreiben wir einige Resultate.

Zwei technische Errungenschaften sind für die vielen Resultate aus e^+e^--Experimenten verantwortlich: die guten Beschleuniger[14] und die neuen Detektoren[13,15]. Wir haben diese Entwicklungen schon in den Kapiteln 2 und 4 behandelt und ergänzen hier nur einige spezifische Informationen. In Tabelle 10.1 haben wir einige der existierenden und geplanten Hochenergie e^+e^--Speicherringe zusammengestellt. Der größte, das LEP bei CERN in Genf ist in Bild 2.19 gezeigt. Eine andere Anordnung kollidierender Strahlen ist am Stanford Linear Collider (SLC) realisiert worden (Bild 10.13).

Tabelle 10.1 Einige existierende und geplante e^+e^--Speicherringe

Ring	Ort	Fertigstellung	Strahlenergie in GeV
ADONE	Frascati	1969	0,7 – 1,55
SPEAR	Stanford	1972	1,2 – 4,2
DORIS	Hamburg	1974	1 – 5,6
DCI	Orsay	1976	0,5 – 1,7
VEPP–4	Nowosibirsk	1978	5 – 6,5
DESY-PETRA	Hamburg	1978	5 – 35
CESR	Cornell	1979	4,5 – 6
PEP	Stanford	1980	5 – 18
TRISTAN	KEK, Tokio	1986	25 – 30
SLC	Stanford	1988	50
BEPC	Peking	1990	2,2 – 2,8
LEP	CERN	1989	50 – 100
VLEP	Nowosibirsk	1996	500
LEP II	CERN	1995	150

---

[13] *New Quarks and Leptons*, (R. N. Cahn, Ed) Benjamin/Cummings, Menlo Park, CA, 1985; L. Criegee und G. Knies, *Phys. Rep.* **83**, 151 (1982); S. L. Wu, *Phys. Rep.* **107**, 59 (1984); Mark J. Collaboration, *Phys. Rep.* **109**, 131 (1984); B. Naroska, *Phys. Rep.* **148**, 68 (1987); F. Barreiro, *Fortschr. Phys.* **34**, 503 (1986).

[14] R. D. Kohaupt und G.-A. Voss, *Ann. Rev. Nucl. Part. Sci.* **33**, 67 (1983); R.H. Siemann, *Ann. Rev. Nucl. Part. Sci.* **37**, 243 (1987).

[15] K. Kleinknecht, *Phys. Rep.* **84**, 85 (1982); G. Charpak und F. Sauli, *Ann. Rev. Nucl. Part. Sci.* **34**, 285 (1984); H. H. Williams, *Ann. Rev. Nucl. Part. Sci.* **36**, 361 (1986).

10.7 Kollidierende Elektron-Positron-Strahlen

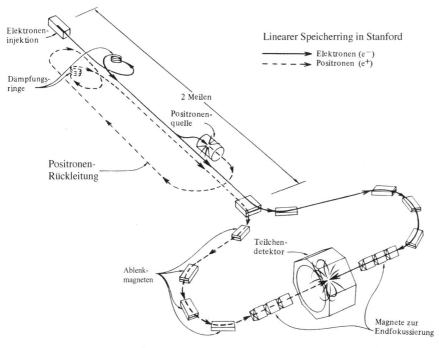

Bild 10.13 Konzeption des SLC. Elektronen und Positronen werden im Linearteil auf fast 50 GeV beschleunigt und dann durch Magnete geführt und fokussiert bis sie im Vordergrund kollidieren. (Das Bild wurde von Walter Zawojski gezeichnet und mit Genehmigung des SLAC reproduziert.)

Wie in Abschnitt 6.2 besprochen, sind die Ereignisraten bei kollidierenden Strahlen um mehrere Größenordnungen kleiner als bei den typischen Experimenten mit einem stationären Target. Deshalb sind die Detektoren so gebaut, daß möglichst alle Ereignisse beobachtet werden können. Die Grundzüge der Anordnung sind in Bild 10.14 angegeben. Der Detektor, der für die Entdeckung von ψ und damit für den Charm bei SPEAR entscheidend war, ist in Bild 10.15[16] gezeigt.

---

[16] Die anderen Detektoren sind in den Zitaten 13–15 beschrieben.

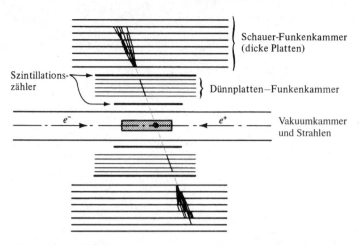

Bild 10.14 Prinzipielle Anordnung der Detektoren an e^+e^--Speicherringen.

10.8 Gültigkeit der Quantenelektrodynamik (QED) bei hoher Impulsübertragung

Die sehr hohe Genauigkeit bei der Bestimmung von $g-2$, die wir in Abschnitt 6.6 besprochen haben, erlaubt eine Überprüfung der QED bei geringen Energien, aber in einer hohen Ordnung der elektromagnetischen Kopplungskonstante oder der Feinstrukturkonstante $\alpha = e^2/\hbar c$. Hohe Ordnung bedeutet hier, daß zur Beschreibung des Prozesses komplizierte Feynmandiagramme mit vielen virtuellen Teilchen und damit Integrationen über innere Impulse auf geschlossenen Bahnen erforderlich sind. Erweitert man diese Integrationen auf hohe Impulse, entspricht das kurzen Abständen. Die QED kann auch bei sehr hohen Energien (im Schwerpunktsystem) von e^+e^--Stößen untersucht werden. Diese Experimente überprüfen nur die Terme erster Ordnung in α, aber bei sehr hohen Impulsübertragungen und damit kurzen Distanzen.

Die eindrucksvollsten Experimente sind an e^+e^--Speicherringen durchgeführt worden, bei denen die folgenden rein leptonischen QED-Reaktionen studiert wurden[17]:

$$e^+e^- \to e^+e^-, \quad \mu^+\mu^-, \quad \tau^+\tau^-, \quad \gamma\gamma.$$

Bei Energien, bei denen die Masse der Myonen und Tau-Teilchen vernachlässigt werden kann, sagt die QED den differentiellen Wirkungsquerschnitt für die Myonen- und Tau-Paarerzeugung voraus. Er hat die Form von Gl. 10.80:

(10.86) $$\frac{d\sigma}{d\Omega} = \frac{\alpha^2}{4s} (\hbar c)^2 (1 + \cos^2\theta)$$

---

[17] B. Naroska, *Phys. Rep.* **148**, 68 (1981); P. Dittmann und V. Hepp, *Z. Physik* **C 10**, 283 (1981); W. Braunschweig et al., Tasso Collaboration, *Z. Physik* **C 37**, 171 (1988); B. Adeva et al., Mark J. Collaboration, *Phys. Rev.* **D 38**, 2665 (1988).

10.8 Gültigkeit der Quantenelektrodynamik (QED)

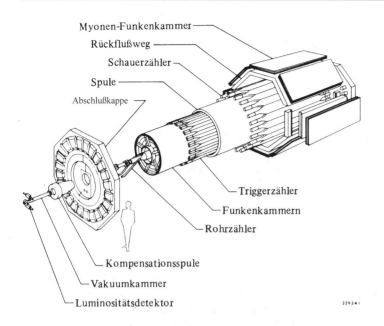

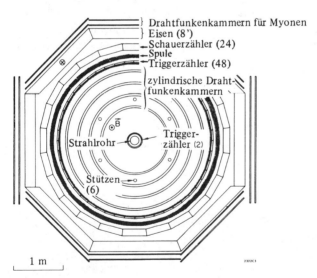

Bild 10.15 Der magnetische Detektor bei SPEAR. Der Detektor beinhaltet eine Funkenkammer, Szintillationszähler und eine Spule. Die Spule hat einen Durchmesser von 3 m, ist 3 m lang und erzeugt ein Magnetfeld von 4 kG parallel zum Strahl. (Mit Genehmigung des SLAC).

Dabei ist $s = W^2 = (2E_e)^2$ das Quadrat der Energie im Schwerpunktsystem (Gl. 10.81) und θ ist der Streuwinkel im gleichen Bezugssystem. Der gesamte Wirkungsquerschnitt ist

$$(10.87) \qquad \sigma = \frac{4\pi\alpha^2}{3s}\,(\hbar c)^2$$

Die Form von Gl. 10.87 folgt wie Gl. 10.80 direkt aus Dimensionsbetrachtungen. Eine graphische Darstellung des gesamten Wirkungsquerschnittes für die Myonen- und Tau-Paarerzeugung ist in Bild 10.16 zusammen mit den Vorhersagen der QED gezeigt. Die Übereinstimmung zwischen Theorie und Experiment ist ausgezeichnet.

$$(10.88) \qquad \sigma = \sigma_{\text{QED}}\left(1 + \frac{s}{s - \Lambda^2}\right)$$

Quantitativ kann die Übereinstimmung durch Verwendung von Parametern ausgedrückt werden, wobei der Parameter Λ eine Energiegrenze (im Schwerpunktsystem) angibt, bis zu der die QED gültig ist. Die Ergebnisse von Bild 10.17 zeigen, daß $\Lambda \gtrsim 500\,\text{GeV}$ ist[17]. Die QED ist bis hinab zu etwa 0,5 am gültig, so daß Leptonen kleiner als 0,5 am sind. Damit beweisen also sowohl die niederenergetischen Hochpräzisionsangaben von Abschnitt 6.6 als auch die sehr hochenergetischen Werte, daß die QED bis zu Abständen von mindestens 0,5 am außerordentlich erfolgreich ist. Für die Winkelverteilung gibt es eine nicht vernachlässigbare Korrektur durch die schwache Wechselwirkung, die die von Gl. 10.86 vorausgesagte Symmetrie um 90° zerstört. Wie bereits in Kapitel 9 berichtet, interferieren

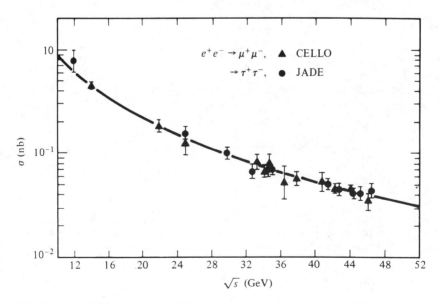

Bild 10.16 Der Wirkungsquerschnitt von $e^+e^- \to \mu^+\mu^-$ und $e^+e^- \to \tau^+\tau^-$ als Funktion der Energie $W = \sqrt{s}$ (im Schwerpunktsystem). Die durchgezogene Linie zeigt die niedrigste Ordnung der QED-Vorhersage. (Nach Cello Collaboration, *Phys. Lett.* **191 B**, 209 (1987) und JADE Collaboration, *Phys. Lett.* **161 B**, 188 (1985).)

10.8 Gültigkeit der Quantenelektrodynamik (QED)

schwache und elektromagnetische Wechselwirkung. Die schwache Wechselwirkung respektiert nicht die Symmetrie der Ladungskonjugation. Deshalb wird eine Asymmetrie zwischen der Erzeugung von positiven und negativen Leptonen eingeführt. Das findet in einem kleinen cos θ-Term in Gl. 10.86 seinen Niederschlag. Bild 10.17 zeigt deutlich die Asymmetrie für e^+e^--Stöße bei W = 43 GeV. Die Vorwärts-Rückwärts-Asymmetrie wurde als Funktion der Energie gemessen und stimmt mit der Theorie überein.

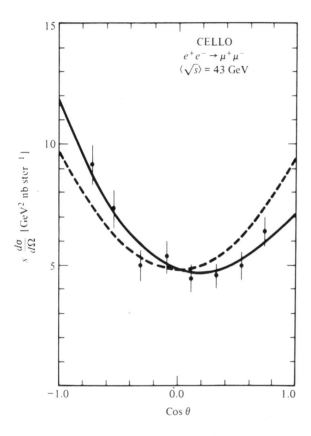

Bild 10.17
Die Winkelverteilung für $e^+e^- \to \mu^+\mu^-$ bei einer Energie $W = \sqrt{s} = 43$ GeV im Schwerpunktsystem. (Aus Cello Collaboration, *Phys. Lett.* **191 B**, 209 (1987).)

10.9 Die Photon-Hadron-Wechselwirkung: Vektormesonen

> The changing of Bodies into Light, and Light into Bodies, is very conformable to the Course of Nature, which seems delighted with Transmutations.
>
> Newton, *Opticks*

In den vorigen Abschnitten und in Abschnitt 6.6 wurden Quantenelektrodynamik und Wechselwirkung von Photonen und Leptonen behandelt. Bevor wir uns der elektromagnetischen Wechselwirkung mit Hadronen zuwenden, wollen wir eine der zentralen Annahmen der Quantenelektrodynamik nochmals ansehen, nämlich die Form des Hamiltonoperators der Wechselwirkung. Wie in Abschnitt 10.3 dargestellt, erhält man den Hamiltonoperator aus dem Prinzip der minimalen elektromagnetischen Wechselwirkung, Gl. 10.39. Dieses Prinzip führt nur die Ladung als eine fundamentale Konstante ein, und die Ströme werden als Bewegungen von Ladungen betrachtet. Leptonen werden als Punktladungen angesehen und die Wahrscheinlichkeitsstromdichte eines Leptons mit der Geschwindigkeit **v** ist durch Gl. 10.46 gegeben

(10.89) $\mathbf{j}_{em}$ (Lepton) = $\rho \mathbf{v}$.

Der Wechselwirkungsoperator, Gl. 10.42, kann als

(10.90) H_{em} (Lepton) = $\dfrac{q}{c} \int d^3x \, (c\rho A_0 - \mathbf{j}_{em} \cdot \mathbf{A})$

geschrieben werden. Der Strom bleibt *erhalten*, er genügt der Kontinuitätsgleichung 10.50.

● Wechselwirkungsoperator und Kontinuitätsgleichung können mit Vierervektoren kürzer geschrieben werden[18]. Die Größe $A \equiv A_\mu = (A_0, \mathbf{A})$ wird Vierervektor genannt, wenn sie sich unter Lorentztransformation wie $(ct, \mathbf{x})$ verhält. Das Skalarprodukt zweier Vierervektoren A_μ und B_μ ist durch

(10.91) $A \cdot B \equiv A_\mu B_\mu = A_0 B_0 - \mathbf{A} \cdot \mathbf{B}$

definiert. Das Skalarprodukt von zwei beliebigen Vierervektoren ist ein Lorentzskalar oder Invariante. Es bleibt unter Lorentztransformation konstant. Die am häufigsten vorkommenden Vierervektoren sind

(10.92)

	Zeit-Raum	$x_\mu = (ct, \mathbf{x})$
	Viererimpuls	$p_\mu = \left(\dfrac{E}{c}, \mathbf{p}\right)$
	Viererstrom	$j_\mu = (c\rho, \mathbf{j})$
	Viererpotential	$A_\mu = (A_0, \mathbf{A})$
	Vierergradient (Vorzeichen!)	$\nabla_\mu = \left(\dfrac{1}{c}\dfrac{\partial}{\partial t}, -\nabla\right)$

Mit Vierervektoren wird die minimale elektromagnetische Wechselwirkung Gl. 10.39 als

(10.93) $(p_\mu)_{\text{frei}} \to \left(p_\mu - \dfrac{q}{c} A_\mu\right)$

geschrieben, der Wechselwirkungsoperator wird lorentzinvariant

---

[18] Feynman, *Vorlesungen über Physik*, Band 1, Kapitel 17; Band II, Kapitel 25.

10.9 Die Photon-Hadron-Wechselwirkung: Vektormesonen

(10.94) $\quad H_{em}(\text{Lepton}) = \dfrac{q}{c} \int d^3x \, j_\mu A_\mu,$

und die Kontinuitätsgleichung nimmt die lorentzinvariante Form

(10.95) $\quad \nabla_\mu j_\mu = 0$

an. Im folgenden verwenden wir wieder gewöhnliche Dreiervektoren. Der Leser jedoch, der die Vierervektoren kennt, sollte sich an die zugrundeliegende, einfachere Form erinnern, die Viererströme und Viererpotentiale mit sich bringen. •

Wir wissen schon, daß der elektromagnetische Strom von *Hadronen* nicht so einfach ist wie der der Leptonen. Der g-Faktor und der elastische Formfaktor von Nukleonen, beide in Abschnitt 6.7 erklärt, zeigen an, daß die Wechselwirkung von Nukleonen mit dem elektromagnetischen Feld nicht direkt durch die minimale elektromagnetische Wechselwirkung gegeben ist. Daher schreiben wir für die totale elektromagnetische Stromdichte eines Systems

(10.96) $\quad e\mathbf{j}_{em} = e\mathbf{j}_{em}(\text{Leptonen}) + e\mathbf{j}_{em}(\text{Hadronen})$

und fragen: welche Experimente zeigen uns den hadronischen Anteil? Da angenommen wird, daß die elektromagnetische Wechselwirkung durch Photonen vermittelt wird, kann die Frage anders formuliert werden: welche Experimente geben Informationen über die Wechselwirkung der Photonen mit Hadronen? Wie wechselwirkt das Photon mit Hadronen?

Die Wechselwirkung eines Photons mit einem Hadron geschieht nicht nur durch die elektrische Ladung, wie sich beim elektromagnetischen Zerfall des *neutralen* Pions in zwei Photonen zeigt. Ein möglicher Weg, wie ein Photon mit einem Hadronenstrom wechselwirken kann, ist in Bild 10.18 gezeigt. In Bild 10.18(a) erzeugt das Photon ein Hadron-Antihadron-Paar, und die Partner des Paares wechselwirken hadronisch mit dem Hadronenstrom. Schon 1960 machte Sakurai den Vorschlag, daß die beiden Hadronen des Paares stark gekoppelt sein sollen und ein Vektormeson bilden, wie in Bild 10.18(b) gezeigt[19]. Das

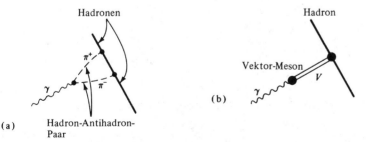

Bild 10.18 Wechselwirkung eines Photons mit einem Hadron. (a) Das Photon kann ein Hadron-Antihadron-Paar erzeugen (b) Das Photon kann ein Vektormeson erzeugen, das dann mit dem Hadron wechselwirkt.

---

[19] J. J. Sakurai, *Ann. Phys.* (New York) **11**, 1 (1960); J. J. Sakurai, *Currents and Mesons*, University of Chicago Press, Chicago, 1969.

Photon würde sich so in ein Vektormeson transformieren, wie das in Bild IV.2 vorweggenommen wurde. Sakurai machte seinen Vorschlag lange bevor die Vektormesonen experimentell entdeckt wurden. Theoretische Spekulationen können nützliche Führer bei der Planung von Experimenten sein, aber nur die experimentellen Ergebnisse liefern die Schlüssel für die Natur der Wechselwirkung zwischen Photon und Hadronen.

Drei Arten von Experimenten, die Informationen über die Photon-Hadron-Wechselwirkung liefern können, sind durch Feynmandiagramme in Bild 10.19 illustriert. Zwei davon bringen virtuelle Photonen mit, das dritte reelle. In allen drei Fällen ist der Photon-Hadron-Vertex von Interesse.

In diesem Abschnitt diskutieren wir zeitartige Photonen in der Elektron-Positron-Streuung. Im Abschnitt 10.11 werden reelle und raumartige Photonen behandelt.

Die experimentelle Anordnung, um die Produktion von Hadronen in Elektron-Positron-Stößen zu studieren, ist ähnlich der in Bild 10.15 gezeigten. Nur ein wesentlicher Unterschied existiert: die Aufnahme der Funkenkammerereignisse werden nach Hadronen abgetastet und nicht nach Leptonen[13, 20]. Das virtuelle Photon, das in Elektron-Positron-Zusammenstößen erzeugt wird, ist zeitartig, wie aus den Gln. 10.84 und 10.85 folgt. Im e^-e^+-Schwerpunktsystem hat es Energie, aber keinen Impuls. Das System der Hadronen, die durch zeitartige Photonen erzeugt werden, muß Quantenzahlen besitzen, die durch diejenige des Photons bestimmt werden. Da die elektromagnetische Wechselwirkung Strangeness, Parität und Ladungskonjugation erhält, können nur Endzustände mit Strangeness 0, negativer Parität und negativer Ladungsparität erzeugt werden. Zusätzlich erfordert die Drehimpulserhaltung, daß der Endzustand Drehimpuls 1 hat. Gibt es solche Endzustände, die häufig erzeugt werden? Die Experimente deuten darauf hin, daß Hadronen, die alle Bedingungen erfüllen, tatsächlich erzeugt werden. Man betrachte zuerst Bild 10.20. Es zeigt die Zahl der Pionenpaare, die bei einer gegebenen Gesamtenergie der zusammen-

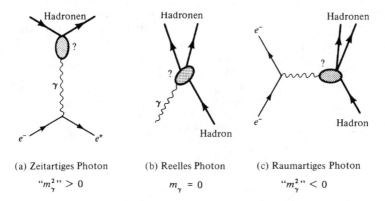

(a) Zeitartiges Photon $\quad$ (b) Reelles Photon $\quad$ (c) Raumartiges Photon
$\text{``}m_\gamma^2\text{''} > 0 \qquad\qquad m_\gamma = 0 \qquad\qquad \text{``}m_\gamma^2\text{''} < 0$

Bild 10.19 Diagramme von drei experimentellen Möglichkeiten, die Wechselwirkung von Photonen mit Hadronen zu studieren. Details werden im Text erklärt.

---

[20] V. L. Auslander, et al., *Phys. Letters* **25B**, 433 (1967); *Soviet J. Nucl. Phys.* **9**, 144 (1969). J. E. Augustin et al., *Phys. Letters* **28B**, 508 (1969). D. Benaksas, et al., *Phys. Letters* **39B**, 289 (1972); V. E. Balakin et al., *Phys. Letters* **34B**, 328 (1971).

10.9 Die Photon-Hadron-Wechselwirkung: Vektormesonen 311

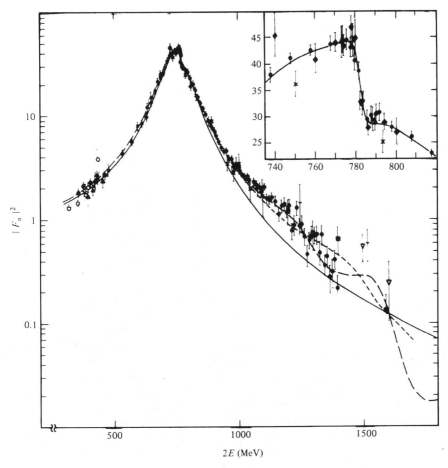

Bild 10.20 Der Prozeß $e^+e^- \to \pi^+\pi^-$. Die Zahl der Pionen, die bei einer gegebenen Energie $2E$ beobachtet wurden, wird durch Division mit der Zahl der beobachteten Elektronen und Myonenpaare gleicher Energie normiert und in einen quadrierten Pionenformfaktor umgewandelt. Anders als die Formfaktoren in Kapitel 6 erhält man diese Formfaktoren im zeitartigen Bereich, in dem die quadratische Impulsübertragung $q^2 > 0$ ist. Die Energie $2E$ ist die der zusammenstoßenden Strahlen. Das Bild rechts oben zeigt den steilen Abfall von $2E$ in der Nähe von 780 MeV, der durch Interferenz von ω- und ρ-Mesonen hervorgerufen wird. Die Kurven sind theoretische Berechnungen, die Interferenzeffekte einschließen. (Aus L. M. Barkov et al., *Nucl. Phys.* **B 256**, 365 (1985).)

stoßenden Elektronen beobachtet werden, normiert durch die Division mit der Zahl der Elektronen, die bei der gleichen Energie beobachtet werden. Ein deutlicher Peak zeigt sich bei 770 MeV mit einer Breite von etwa 100 MeV. Der Leser mit einem guten Gedächtnis wird sagen „aha", und zu Bild 5.12 zurückkehren, wo ein ähnlicher Peak bei der gleichen Energie gezeigt ist. Dieser Peak wurde mit dem ρ-Meson identifiziert. Warum taucht das ρ hier auf? Vor der Beantwortung dieser Frage werden zwei weitere Experimente diskutiert, um zusätzliche Informationen bereit zu haben. In Bild 10.21 ist der Wirkungsquerschnitt für den Prozeß $e^+e^- \to K^+K^-$ als Funktion der totalen Energie $2E_0$ gezeigt. Wieder erscheint ein Resonanzpeak, aber diesmal mit einer Peakenergie von ungefähr 1020 MeV und einer Breite von ungefähr 4 MeV. Tabelle A4 im Anhang zeigt, daß das ϕ^0 Meson diese beiden Eigenschaften besitzt. Die Beobachtung der Reaktion $e^+e^- \to \pi^+\pi^-\pi^0$ liefert einen Peak bei ungefähr 780 MeV mit einer ungefähren Breite von 10 MeV. Diese Werte weisen auf das ω^0 hin. Das virtuelle Photon in der Reaktion $e^+e^- \to$ Hadronen erzeugt Resonanzen an den Stellen von ρ^0, ω^0 und ϕ^0. Um zu sehen, was diese drei Mesonen gemeinsam haben, fassen wir ihre Eigenschaften in Tabelle 10.2 zusammen.

Tabelle 10.2 Vektor-Mesonen. π ist die Parität und η_c die Ladungsparität des Vektor-Mesons.

Meson	I	J	π	ηc	Y	Ruhe-Energie (MeV)	Breite (MeV)	Hauptsächlicher Zerfallsmodus
ρ^0	1	1	-1	-1	0	770	153	$\pi\pi$
ω^0	0	1	-1	-1	0	783	10	$\pi^+\pi^-\pi^0$
ϕ^0	0	1	-1	-1	0	1020	4	$K\bar{K}$

Die drei Mesonen in Tabelle 10.2 genügen den oben gestellten Bedingungen: sie haben Spin $J = 1$, negative Parität, negative Ladungsparität und Strangeness 0. Da ein Vektor negative Parität hat und die gleiche Anzahl von unabhängigen Komponenten wie ein Spin 1-Teilchen, werden die Mesonen *Vektormesonen* genannt. Das ρ hat Isospin 1 und ist ein Isovektor, während die beiden anderen Isoskalare sind. Wie in Abschnitt 8.6 nach Gl. 8.30 ausgeführt, ist der Operator der elektrischen Ladung aus einem Isoskalar und der dritten Komponente eines Isovektors zusammengesetzt. Das Photon als Träger der elektromagnetischen Kraft sollte die gleichen Transformationseigenschaften haben, und es stimmt mit den Vektormesonen in seinen Isospineigenschaften überein. Die Diagramme für die Erzeugung der drei Vektormesonen aus Tabelle 10.2 sind in Bild 10.22 gegeben.

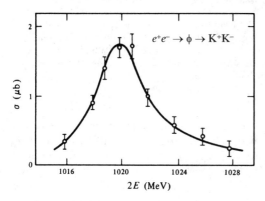

Bild 10.21 Wirkungsquerschnitt für den Prozeß $e^+e^- \to K^+K^-$. [Aus V. A. Sidorov (NOVOSIBIRSK), *Proceedings of the 4th International Symposium on Electron and Photon Interactions*, (D.W. Braben, ed.) Daresbury Nuclear Phys. Lab., 1969.]

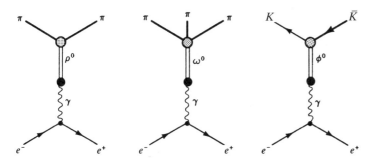

Bild 10.22 Die Umwandlung virtueller Photonen in Vektormesonen erzeugen Resonanzen, deren Zerfälle experimentell in Speicherringen beobachtet werden.

10.10 Elektron-Positron-Stöße und Quarks

In Abschnitt 7.7 haben wir bereits die „Novemberrevolution von 1974" erwähnt, in der ein neues langlebiges Teilchen, J/ψ gleichzeitig durch pp-Streuung im Nationallaboratorium Brookhaven und durch e^+e^--Stöße im SLAC entdeckt wurde. 1977 wurde ein anderes langlebiges Teilchen, das Y, durch p-Kern-Stöße im Fermilabor gefunden. Das J/ψ-Teilchen wird als $c\bar{c}$-Zustand vom c-Quark mit seinem Antiquark interpretiert. Ähnlich sieht man das Y als $b\bar{b}$-Zustand. Ausführliche Untersuchungen dieser Teilchen und einiger verwandter Zustände bei e^+e^--Stößen ergeben einfache und grundlegende Erkenntnisse.

Als Beispiel zeigen wir in Bild 10.23 den Gesamtwirkungsquerschnitt für die Produktion von Hadronen bei e^+e^--Stößen als Funktion der Gesamtenergie W im Schwerpunktsystem in der Nähe von 3,1 GeV[21]. Zwei Besonderheiten fallen auf, der sehr große Wirkungsquerschnitt und der schmale Resonanzpeak.

In Abschnitt 10.8, insbesondere in Bild 10.16 haben wir gezeigt, daß die Myonenpaarproduktion sehr gut durch die QED beschrieben wird und der Wirkungsquerschnitt demzufolge für jede Energie W (im Schwerpunktsystem) gut bekannt ist. Deshalb ist es praktisch, alle anderen Wirkungsquerschnitte auf den der Myonenpaarproduktion durch Einführung einer Verhältniszahl R

(10.97) $$R = \frac{\sigma\,(e^+e^- \to \text{Hadronen})}{\sigma\,(e^+e^- \to \mu^+\mu^-)}$$

zu beziehen. Dieses Verhältnis ist als Funktion von W in Bild 10.24 gezeigt[22]. Eine Reihe von Resonanzen ragen wie Bohnenstangen aus der ebenen Landschaft heraus. Die Resonanzen und der ebene Untergrund können durch einfache Diagramme, wie in Bild 10.25, beschrieben werden. Die Resonanzen (Teilchen) haben eine Energieabhängigkeit, die durch eine Breit-Wigner-Form (Gl. 5.44) beschrieben wird und sie haben große Gesamt-

---

[21] A. M. Boyarski et al., *Phys. Rev. Lett.* **34**, 1357 (1975); R. F. Schwitters und K. Strauch, *Ann. Rev. Nucl. Sci.* **26**, 89 (1976).
[22] M. Althoff et al., Tasso Collaboration, *Z. Physik* **C 22**, 307 (1984); *Phys. Lett.* **138 B**, 441 (1984).

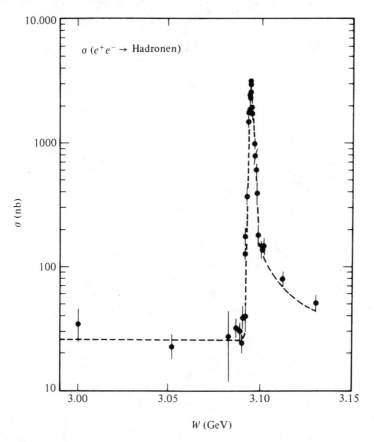

Bild 10.23 Der Gesamtwirkungsquerschnitt der Hadronenproduktion bei e^+e^--Stößen in der Nähe von 3,1 GeV und der J/ψ- Peak. (Aus A.M. Boyarski et al., *Phys. Rev. Lett.* **34**, 1357 (1975).)

wirkungsquerschnitte. Wie schon in Abschnitt 10.9 diskutiert, ist die Spin-Parität-Zuordnung 1^-: die Resonanzen sind „gebundene" (gefesselte) Quark-Antiquark-Paare, die als Vektormesonen auftreten. Der ebene Untergrund zwischen den Resonanzen wird nichtresonanter Quark-Antiquark-Paarproduktion zugeschrieben. Da Quarks gebunden sind, muß das nichtresonante Quark-Antiquark-Paar, das durch das Photon produziert wird, zumindest auf ein anderes Quark-Antiquark-Paar treffen und mit ihm kombinieren, bevor es als freies Teilchen auftaucht. Dieser Prozeß ist in Bild 10.25(b) dargestellt.

Wenn Quarks tatsächlich punktförmige Teilchen sind, wie in Abschnitt 5.10 postuliert, dann sollte der Wirkungsquerschnitt für die Herstellung eines $q\bar{q}$-Paars durch Gl. 10.87 gegeben sein, allerdings mit einer Feinstrukturkonstante, die das Quadrat der Quarkladung und nicht e^2 enthält; für ein $d\bar{d}$-Paar würde diese Konstante $1/9\ e^2/\hbar c$ sein.

Wenn wir die elektrische Ladung eines Quarks i als ein Vielfaches von e mit q_i bezeichnen, liefert die Annahme einer Punktladung für das Verhältnis R unmittelbar

(10.98) $$R = \sum_i q_i^2$$

10.10 Elektron-Positron-Stöße und Quarks

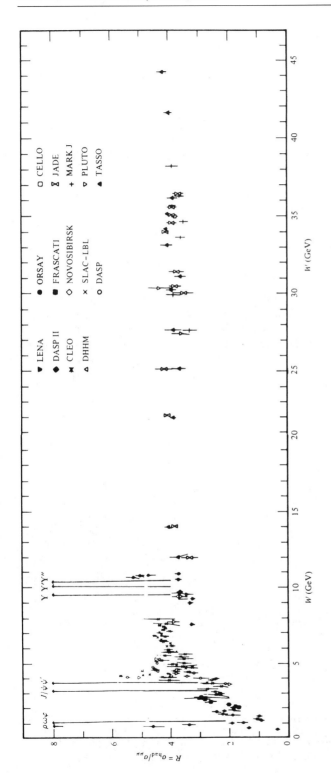

Bild 10.24 Das Verhältnis R aus dem Gesamtwirkungsquerschnitt von e^+e^--Annihilation in Hadronen und dem Wirkungsquerschnitt der Myonenpaarproduktion. (Aus M. Althoff et al., (Tasso Collaboration) *Z. Physik*, **C 22**, 307 (1984).)

weil alle anderen Faktoren verschwinden. Die Summe in Gl. 10.98 erstreckt sich über alle Quarkarten mit einer Masse kleiner als $W/(2c^2)$. Für $W < 6$ GeV können drei Quarks produziert werden, das u- das d- und das s-Quark mit den Ladungen 2/3, -1/3 und -1/3 (siehe Tabelle 5.7). Damit liefert Gl. 10.98 $R = 2/3$. Bild 10.25 zeigt jedoch, daß $R_{\text{exp}} = 2$ ist! Diese Diskrepanz wird durch Einführung der Farbe (color) beseitigt, die bereits in Abschnitt 5.10 erwähnt wurde. Wenn jedes Quark in drei Farben vorkommt, ergibt sich R durch $3 \cdot q_i^2 = 2$ für die u-, d- und s-Quarks. Das ist in Übereinstimmung mit dem Experiment. Oberhalb der Schwelle für die Produktion des J/ψ gibt es ein viertes Quark mit der Ladung 2/3, und oberhalb der Y-Schwelle sind alle fünf bekannten Quarks s, u, d, s, c und b vorhanden; mit Farbe erwartet man dann für R

$$R = 3\left[\left(\frac{2}{3}\right)^2 + \left(-\frac{1}{3}\right)^2 + \left(-\frac{1}{3}\right)^2 + \left(\frac{2}{3}\right)^2 + \left(-\frac{1}{3}\right)^2\right] = \frac{11}{3}$$

Die Daten in Bild 10.25 stimmen näherungsweise mit dieser Vorhersage überein. Das Verhältnis R liefert somit einen strengen Beweis für zwei entscheidende Eigenschaften der Quarks, ihre punktförmige Natur und ihre Farbe.

Wir haben hauptsächlich Experimente diskutiert, bei denen Leptonenpaare vernichtet und Hadronen produziert werden. Das umgekehrte Experiment ist auch möglich und wird Drell-Yan-Prozeß[23] genannt. Bei einem typischen Drell-Yan-Prozeß stößt ein hochenergetisches Pion mit einem Proton zusammen. Das Antiquark im Pion vernichtet ein Quark im Proton und produziert ein virtuelles Photon, das wiederum ein Leptonenpaar erzeugt, wie in Bild 10.26 dargestellt. Dieser Prozeß hat sich als brauchbar für das Studium der QCD[24] erwiesen.

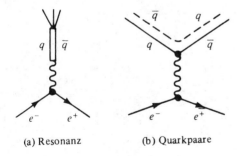

Bild 10.25
Produktion von (a) Resonanzen und (b) von „individuellen" Quarkpaaren. Das zweite $q\bar{q}$-Paar, das in (b) gezeigt wird, ist zur Produktion von beobachtbaren Mesonen erforderlich.

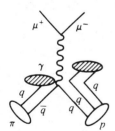

Bild 10.26 Der Drell-Yan-Prozeß zur $\mu^+\mu^-$-Produktion bei Pion-Proton-Streuung.

---

[23] S. D. Drell und T. M. Yan, *Phys. Rev. Lett.* **25**, 316 (1970); **24**, 181 (1970); *Ann. Phys.* (New York) **66**, 578 (1971).
[24] I. R. Kenyon, *Rep. Prog. Phys.* **45**, 1261 (1982); J. C. Collins, D. E. Soper und G. Sterman, *Phys. Lett.* **134 B**, 263 (1984); G. T. Bodwin, *Phys. Rev.* **D 31**, 2616 (1985).

10.11 Die Photon-Hadron-Wechselwirkung: reelle und raumartige Photonen

Are there not other original Properties of the Rays of Light, besides those already described?
Newton, *Opticks*

Die Wechselwirkung von *reellen* Photonen mit Hadronen bei kleiner und mittlerer Energie (etwa unterhalb 20 MeV) war der Gegenstand umfangreicher Untersuchungen in den letzten 40 Jahren. Ein Beispiel, die Multipolstrahlung, wurde in Abschnitt 10.5 behandelt. Ein anderer, sehr bekannter Fall, ist die Photospaltung des Deuterons

$$\gamma d \to pn,$$

die 1934 durch Chadwick und Goldhaber[25] entdeckt und zur Messung der Deuteronenmasse benutzt wurde. Ein drittes Beispiel ist die Untersuchung von angeregten Kernzuständen durch Beschuß mit γ-Strahlen. Der Wirkungsquerschnitt für Gammastrahlenabsorption zeigt die Existenz von diskreten angeregten Zuständen und das Auftreten von Riesendipolresonanzen[26]. Die grundlegenden Eigenschaften des resultierenden Wirkungsquerschnitts wurden schon in Bild 5.27 gezeigt. Solche Untersuchungen liefern eine Menge Informationen über die Kernstruktur, aber sie bringen uns wenig Neues über die Natur der Photon-Hadron-Wechselwirkung: das Photon wechselwirkt mit den Ladungen und Strömen im Kern. Die Verteilungen der Ladungen und Ströme sind durch die hadronischen Kräfte bestimmt. Nimmt man an, daß sie gegeben sind, dann kann die Wechselwirkung mit den untersuchten Photonen mit dem Hamiltonoperator Gl. 10.90 beschrieben werden. Unterhalb von etwa 100 MeV für das einfallende Photon kann dieses Verhalten verstanden werden: die reduzierte Photonenwellenlänge ist von der Größenordnung 2 fm oder größer. Kurz genug, um einige Details der Kernladung und der Stromverteilungen zu untersuchen, aber nicht kurz genug, um Einzelheiten der Photon-Nukleon-Wechselwirkung zu studieren[27].

Die Wechselwirkungen von Photonen mit sehr hohen Energien (E ≥ einige GeV) mit Hadronen bringt ein anderes Bild und neue Aspekte tauchen auf: *die Photonen zeigen hadronenähnliche Eigenschaften*[28]. Die Wurzeln dieser Eigenschaften können mit Konzepten verstanden werden, die schon früher eingeführt wurden. In Abschnitt 3.3 wurde die Produktion von reellen Elektron-Positronpaaren durch reelle Photonen erwähnt. Im vorigen Abschnitt wurde gefunden, daß zeitartige Photonen Hadronen erzeugen können, wie die Bilder 10.23 und 10.26 zeigen. Um das Hochenergieverhalten reeller Photonen zu be-

---

[25] J. Chadwick und M. Goldhaber, *Proc. Roy. Soc.* (London) **A151**, 479 (1935).
[26] Siehe z.B., F. W. K. Firk, *Ann. Rev. Nucl. Sci.* **20**, 39 (1970).
[27] Durch verschiedene Rechnungen wurde gezeigt, daß die Streuung von Photonen, deren Energie gegen Null geht, insgesamt durch die statischen Teilcheneigenschaften, Masse, Ladung und höhere Momente bestimmt wird. Die Dynamik der Hadronenstruktur ist nicht von Bedeutung. Der Grenzwert stimmt mit dem klassischen Resultat überein. W. Thirring, *Phil. Mag.* **41**, 1193 (1950); F. E. Low, *Phys. Rev.* **96**, 1428 (1954); M. Gell-Mann und M. L. Goldberger, *Phys. Rev.* **96**, 1433 (1954).
[28] L. Stodolsky, *Phys. Rev.* **18**, 135 (1967); S. J. Brodsky und J. Pumplin, *Phys. Rev.* **182**, 1794 (1969); V. N. Gribov, *Soviet Phys. JETP* **30**, 709 (1970); D. R. Yennie, *Rev. Mod. Phys.* **47**, 311 (1975); T. H. Bauer et al., *Rev. Mod. Phys.* **50**, 261 (1978).

schreiben, betrachten wir jetzt solche Prozesse detaillierter. Wie schon in Abschnitt 3.3 (Aufgabe 3.22) festgestellt wurde, kann ein Photon kein reelles Paar schwerer Teilchen im freien Raum erzeugen. Ein Kern muß vorhanden sein, der den Impuls aufnimmt, um die Erhaltungssätze für Energie und Impuls zu erfüllen. Das Unbestimmtheitsprinzip erlaubt jedoch eine Verletzung der Energieerhaltung um den Betrag ΔE für Zeiten kleiner als $\hbar/\Delta E$. Ein Photon kann daher ein *virtuelles* Paar oder ein *virtuelles* Teilchen mit den gleichen Quantenzahlen wie das Photon und mit der Gesamtenergie ΔE erzeugen, aber ein solcher Zustand kann nur für eine Zeit kleiner als $\hbar/\Delta E$ existieren. Man betrachte als einfaches Beispiel den virtuellen Zerfall eines Photons der Energie E_γ in ein Hadron h mit der Masse m_h. Die Impulserhaltung fordert, daß Photon und Hadron den gleichen Impuls $p \equiv p_\gamma = E_\gamma/c$ haben. Die Energie eines freien Hadrons mit der Masse m_h und dem Impuls p ist

$$E_h = [(pc)^2 + m_h^2 c^4]^{1/2} = [E_\gamma^2 + m_h^2 c^4]^{1/2},$$

und die Energiedifferenz zwischen Photon und virtuellem Hadron wird

(10.99) $\quad \Delta E = E_h - E_\gamma = [E_\gamma^2 + m_h^2 c^4]^{1/2} - E_\gamma.$

Die Grenzfälle für Photonenenergien, klein und groß, verglichen mit $m_h c^2$, sind

(10.100a) $\quad \Delta E = m_h c^2, \qquad E_\gamma \ll m_h c^2,$

(10.100b) $\quad \Delta E = \dfrac{m_h^2 c^4}{2E_\gamma}, \qquad E_\gamma \gg m_h c^2.$

Die Zeiten, während derer die Hadronen „virtuell existieren" können, sind

(10.101a) $\quad T = \dfrac{\hbar}{m_h c^2}, \qquad E_\gamma \ll m_h c^2,$

(10.101b) $\quad T = \dfrac{2\hbar E_\gamma}{m_h^2 c^4}, \qquad E_\gamma \gg m_h c^2.$

Das Hadron kann höchstens Lichtgeschwindigkeit haben, und der Abstand, den es während seiner virtuellen Existenz durchläuft, ist durch

(10.102a) $\quad L \lesssim \dfrac{\hbar}{m_h c} = \lambdabar_h, \qquad E_\gamma \ll m_h c^2,$

(10.102b) $\quad L \lesssim \dfrac{2\hbar E_\gamma}{m_h^2 c^3} = 2\lambdabar_h \dfrac{E_\gamma}{m_h c^2}, \qquad E_\gamma \gg m_h c^2$

begrenzt, wobei $\lambdabar_h$ die reduzierte Comptonwellenlänge des Hadrons ist. Die Quantenzahlen des Photons erlauben keinen Zerfall des Photons in ein Pion; der kleinste mögliche Hadronenzustand besteht aus zwei Pionen, und $\lambdabar_h$ ist daher durch

(10.103) $\quad \lambda_h \lesssim \dfrac{\hbar}{2 m_\pi c} \approx 0{,}7 \text{ fm}$

begrenzt. Das Teilchen der kleinsten Masse mit $J^\pi = 1^-$ ist das ρ-Meson, für das $\lambda_h \approx 0{,}3$ fm ist. Gleichung 10.102 a zeigt dann, daß die Weglänge von virtuellen Hadronen, die mit Photonen geringer Energie verbunden sind, viel kleiner ist als die Kern- und sogar kleiner als die Nukleonendimension. Gleichung 10.102b aber macht klar, daß die Weglängen bei Photonenenergien, die über einige GeV hinausgehen, viel größer als die Kerndurchmesser werden können.

Das bisher gegebene Argument bringt eine Erklärung, wie weit ein virtuelles Hadron laufen kann, wenn es das Photon begleitet, es macht aber keine Aussage darüber, wie oft eine hadronische Fluktuation entsteht. Um die zweite Eigenschaft zu beschreiben, geben wir die normierte Zustandsfunktion $|\gamma\rangle$ des reellen Photons an:

(10.104) $\quad |\gamma\rangle = c_0 |\gamma_0\rangle + c_h |h\rangle.$

Hier ist $c_0 |\gamma_0\rangle$ der reine elektromagnetische Teil des Photons (*nacktes Photon*) und $c_h |h\rangle$ der hadronische Anteil (*Hadronenwolke*). Das Absolutquadrat $c_h^* c_h$ gibt die Wahrscheinlichkeit an, das Photon in einem Hadronenzustand zu finden; wie wir später sehen werden, ist sie proportional zu α. Wir werden weiter unten zu einer genaueren Diskussion von $|h\rangle$ zurückkehren, bemerken aber hier, daß wir z.B. in Analogie zu der Produktion von reellen Leptonenpaaren (Bild 3.7) erwarten, daß das Verhältnis c_h / c_0 mit steigender Energie größer wird. Selbst ein kleiner Anteil wird experimentell beobachtbar sein, weil die hadronische Kraft so viel stärker ist als die elektromagnetische. In Bild 10.27 stellen wir nieder- und hochenergetische Photonen zusammenfassend dar.

Die Frage, ob das Photon tatsächlich von einer Hadronenwolke begleitet wird, muß durch das Experiment entschieden werden. Wir wollen zwei Beispiele diskutieren, die die Existenz einer hadronischen Komponente deutlich machen. Das erste ist die Streuung von Photonen an Nukleonen. Die Gesamtwirkungsquerschnitte der Photonenstreuung mit Energien bis zu 185 GeV an Protonen und bis zu 16 GeV an Neutronen wurden gemessen, und das Ergebnis ist in Bild 10.28 gezeigt[29]. Wenn die Energie über einige GeV ansteigt, beginnen die beiden Wirkungsquerschnitte zusammenzulaufen. Wenn die Photonen nur mit der elektrischen Ladung wechselwirken würden, dann müßten Proton und Neutron verschiedene Gesamtwirkungsquerschnitte haben, weil ihre elektromagnetischen Eigenschaften verschieden sind, wie es durch ihre Quark-Zusammensetzung (Flavor-Quantenzahl) und durch ihre Formfaktoren G_E und G_M angezeigt wird. Die Gln. 6.49 und 6.51 geben an, daß der elektrische Formfaktor des Neutrons verschwindet oder sehr klein ist, d.h. daß das Neutron höchstens eine sehr kleine elektrische Nettoladung besitzt. Der magnetische Formfaktor des Neutrons ist im Verhältnis $|\mu_n/\mu_p| \approx 0{,}7$ kleiner als der des Protons. Wenn das Photon nur mit den elektrischen Ladungen und Strömen wechselwirken würde, dann wäre die Streuung an Neutronen kleiner als die am Proton. Für die hadronische Komponente $c_h |h\rangle$ ist die Situation anders. Proton und Neutron bilden ein Isospinduplett. Nach Gl. 8.15 kommutiert der hadronische Hamiltonoperator mit $\vec{I}$ und die hadronische

---

[29] D. O. Caldwell et al., *Phys. Rev. Letters* **25**, 609, 613 (1970); *Phys. Rev.* **D7**, 1362 (1973); *Phys. Rev. Lett.* **40**, 1222 (1978).

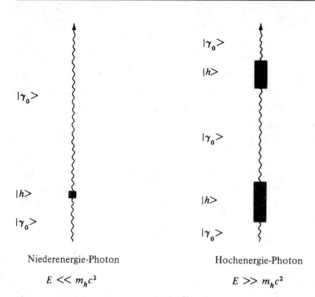

Bild 10.27
Photonen mit niedriger und hoher Energie. Der hadronische Anteil für Photonen mit niedriger Energie ist unbedeutend. Das Photon mit hoher Energie wird von einer Hadronenwolke umgeben, die zu beobachtbaren Effekten führt.

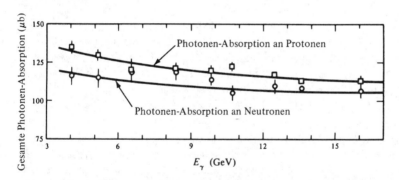

Bild 10.28 Totaler Absorptionsquerschnitt von Photonen an Nukleonen. Sehr unterschiedliche Wirkungsquerschnitte werden erwartet, wenn das Photon mit der elektrischen Ladung wechselwirkt. Wenn die Absorption über Vektormesonen (Hadronen) erfolgt, sollte die Absorption für Neutronen- und Protonen-Targets die gleiche sein. [Nach D.O. Caldwell et al., *Phys. Rev. Letters* **25**, 613 (1970).]

Struktur ist unabhängig von der Orientierung im Isospinraum. Protonen und Neutronen haben daher die gleiche hadronische Struktur. Die Kräfte zwischen Hadronen sind ladungsunabhängig und hängen nicht von der Orientierung des Nukleonenisospinvektors ab. Experimentell ist tatsächlich bekannt, daß Hadronen-Protonen- und Hadronen-Neutronen-Wirkungsquerschnitte bei hohen Energien ungefähr gleich sind [30]. Die Komponente $c_h |h\rangle$ sollte daher gleiche Streuung an Protonen und Neutronen erzeugen. Wie Bild 10.28 zeigt, nähern sich die Wirkungsquerschnitte $\sigma(\gamma, p)$ und $\sigma(\gamma, n)$ bei Energien $E_\gamma \gg m_h c^2$ tatsächlich einander an und zeigen damit, daß der Term $c_h |h\rangle$ dominant wird.

---

[30] J. V. Allaby et al., *Phys. Letters* **30B**, 500 (1969).

10.11 Die Photon-Hadron-Wechselwirkung: reelle und raumartige Photonen 321

Das Verhalten des Gesamtwirkungsquerschnitts für die Streuung von Photonen an Kernen als Funktion der Baryonenzahl A liefert einen zweiten deutlichen Hinweis für eine hadronische Eigenschaft von hochenergetischen Photonen. Unterhalb einiger GeV ist der totale Wirkungsquerschnitt proportional zu A,

(10.105) $\quad \sigma_{tot}(\gamma) \propto A, \quad E < \text{GeV},$

Oberhalb einiger GeV ist der Gesamtwirkungsquerschnitt jedoch nicht mehr proportional zu A[31]. Dieser Abschattungseffekt ist in Bild 10.29 graphisch durch σ_{eff}/σ gegen E[32] dargestellt. σ_{eff}/σ ist das Verhältnis von Wirkungsquerschnitt der Photoproduktion eines Kerns mit Z Protonen und N Neutronen zur Summe der individuellen Wirkungsquerschnitte der einzelnen Nukleonen. Wenn die hochenergetischen Photonen alle Nukleonen im Kern gleich gut sehen würden, dann würde σ_{eff}/σ gleich 1 sein. Bild 10.29 zeigt, daß das Verhältnis σ_{eff}/σ bei 60 GeV deutlich mit ansteigendem A abfällt; bei festem A (Cu, $A = 64$) fällt es stetig mit ansteigender Energie.

Um zu zeigen, daß dies experimentelle Ergebnis mehr Evidenz für die Existenz eines hadronischen Beitrags zum Photon liefert, wollen wir das Verhalten der beiden Komponenten $|\gamma_0\rangle$ und $|h\rangle$ getrennt diskutieren. Betrachten wir zuerst ein nacktes Photon $|\gamma_0\rangle$. Die

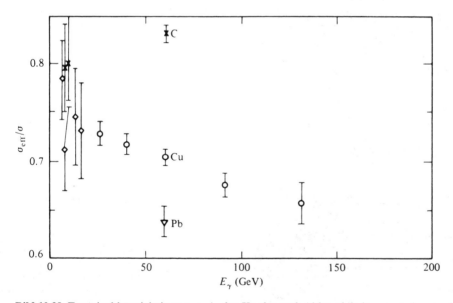

Bild 10.29 Energieabhängigkeit von σ_{eff}/σ für Kupfer und Abhängigkeit von σ_{eff}/σ von der Ordnungszahl bei einer Photonenenergie von 60 GeV. (Nach D.O. Caldwell et al., *Phys. Rev. Lett.* **42**, 553 (1979).)

---

[31] E. M. Henley, Comments *Nucl. Particle Phys.* **4**, 107 (1970); F. V. Murphy und D. E. Yount, *Sci. Amer.* **224**, 94 (Juli 1971).
[32] D. O. Caldwell, V. B. Elings, W. P. Hesse, G. E. Jahn, R. J. Morrison, F. V. Murphy und D. E. Yount, *Phys. Rev. Letters* **23**, 1256 (1969); D. O. Caldwell et al., *Phys. Rev. Lett.* **42**, 553 (1979).

mittlere freie Weglänge von Photonen mit ca. 15 GeV Energie in Kernmaterie (ein unendlich großer Kern) beträgt ungefähr 600 fm. Diese Zahl folgt mit Gl. 6.8 aus den Werten der Photon-Nukleon-Wechselwirkung in Bild 10.28, $\sigma \approx 10^{-2}$ fm^2, und die Kerndichte beträgt ungefähr $\rho_n \approx 0{,}17$ Nukleonen/fm^3 [s.Gl. 6.36]. Da der Kerndurchmesser, auch der schwersten Kerne, kleiner als 20 fm ist, „beleuchten" nackte Photonen die Kerne gleichförmig und der Beitrag des Terms $c_0|\gamma_0\rangle$ zum Wirkungsquerschnitt ist proportional zu A (Bild 10.30). Der hadronische Term $c_h|h\rangle$ liefert zwei Beiträge zum Gesamtquerschnitt. Wie im Kapitel 14 gezeigt werden wird, ist der Wirkungsquerschnitt der Hadronen von der Größenordnung von 3 fm^2 und die mittlere freie Weglänge beträgt etwa 2 fm. Wenn sich das Photon *innerhalb* des Kerns in den Hadronenzustand transformiert, dann wird das Hadron in der Nähe seiner Entstehung wechselwirken (Bild 10.31). Da das Hadron überall entstehen kann, ist der Anteil zum gesamten Querschnitt proportional zu A, genauso wie bei einem nackten Photon. Andererseits wechselwirken virtuelle Hadronen, die entstehen, *bevor* sie auf den Kern treffen, mit Nukleonen der Oberfläche wegen ihrer kurzen freien mittleren Weglänge. Der entsprechende Anteil zum totalen Wirkungsquerschnitt ist daher proportional zur Kernoberfläche oder zu $A^{2/3}$. Bei einer gegebenen Photonenenergie ist der Gesamtwirkungsquerschnitt die Summe der drei Anteile und er sollte die Form

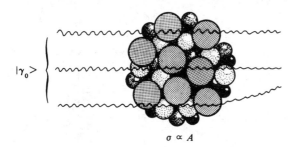

Bild 10.30 Das nackte Photon ohne hadronische Wechselwirkung hat in Kernmaterie eine mittlere freie Weglänge von etwa 600 fm. Es beleuchtet die Kerne gleichförmig. Der entsprechende Wirkungsquerschnitt ist proportional zur Massenzahl A.

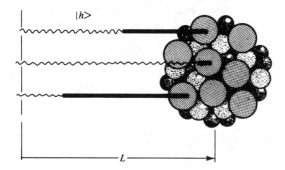

Bild 10.31 Photonen, die sich in virtuelle Hadronen verwandeln, wechselwirken mit Kernen auf zwei Arten: wenn sich das Photon innerhalb des Kerns umwandelt, ist der Beitrag zum Wirkungsquerschnitt proportional zu A. Wenn die Umwandlung vor dem Kern auftritt, wechselwirken die Hadronen an der Oberfläche, und der Wirkungsquerschnitt ist proportional zu $A^{2/3}$. Das Bild zeigt nur wechselwirkende Photonen. Weit mehr Photonen durchlaufen den Kern ohne eine Umwandlung in Hadronen.

(10.106) $\quad \sigma(\gamma A) = aA + bA^{2/3}$

haben. Wie oben festgestellt, kommt der zweite Term von Photonen, die sich in Hadronen transformieren, bevor sie den Kern treffen. Bild 10.31 macht klar, daß solche Hadronen eine Chance haben zu wechselwirken, wenn sie innerhalb der Entfernung L erzeugt werden. Bei hohen Photonenenergien ist nach Gl. 10.102b L groß gegen die Kerndurchmesser und proportional zu E_γ. Bei gleichen Bedingungen sollte der Koeffizient b daher proportional zu E_γ sein und der Oberflächenterm sollte bei Energien, die groß im Vergleich zu $m_h c^2$ sind, dominant werden. Das Verhalten des Wirkungsquerschnitts in Gl. 10.105 und Bild 10.29 kann daher mit virtuellen Hadronen verstanden werden.

Den Ausdruck für die Hadronenwolke des Photons, $c_h | h \rangle$, kann man in einer informativen Form unter Verwendung der Störungstheorie schreiben. Die Zustände der verschiedenen Hadronen und des Photons seien in Abwesenheit einer elektromagnetischen Wechselwirkung durch die Schrödinger-Gleichung

(10.107) $\quad \begin{aligned} H_h |\gamma_0\rangle &= 0 \\ H_h |n\rangle &= E_n |n\rangle \end{aligned}$

gegeben. H_h ist der hadronische Hamiltonoperator, $|\gamma_0\rangle$ die Zustandsfunktion des nackten Photons und $|n\rangle$ stellt einen hadronischen Zustand dar. Wird die elektromagnetische Wechselwirkung eingeschaltet, dann werden dem Zustand des nackten Photons hadronische Zustände überlagert:

(10.108) $\quad \begin{aligned} |\gamma\rangle &= c_0 |\gamma_0\rangle + \sum_n c_n |n\rangle \\ |c_0|^2 &+ \sum_n |c_n|^2 = 1. \end{aligned}$

Da H_{em} viel schwächer als H_h ist, sind die Entwicklungskoeffizienten c_n klein und $c_0 \approx 1$. Der Zustand des physikalischen Photons ist eine Lösung der vollständigen Schrödinger-Gleichung

(10.109) $\quad (H_h + H_{em}) |\gamma\rangle = E_\gamma |\gamma\rangle.$

Setzt man die Entwicklung Gl. 10.108 in Gl. 10.109 ein, so erhält man mit Gl. 10.107 und $\langle n | \gamma_0 \rangle = 0$, $c_n \ll 1$,

(10.110) $\quad c_n = \dfrac{\langle n | H_{em} | \gamma_0 \rangle}{E_\gamma - E_n}.$

Die Energiedifferenz zwischen der Photonenenergie E_γ und der Hadronenenergie E_n ist durch Gl. 10.99 gegeben. Für große Photonenenergien wird der Entwicklungskoeffizient mit Gl. 10.100b

(10.111) $\quad c_n = \langle n | H_{em} | \gamma_0 \rangle \, \dfrac{2 E_\gamma}{m_h^2 c^4}.$

Das Quadrat des Matrixelements ist von der Größenordnung $\alpha \approx 1/137$. Wenn es konstant ist, dann sollte der Beitrag des hadronischen Zustandes $|n\rangle$ zum Photonenzustand proportional zur Photonenenergie sein. Bei E_γ-Werten, die klein gegen $m_h c^2$ sind, verhält sich das Photon wie ein gewöhnliches Lichtquant. Um wirkliche Werte von c_n zu berechnen und so die Hadronenwolke zu finden, müssen die Wellenfunktion des Zustands $|n\rangle$ und H_{em} bekannt sein. Gegenwärtig glaubt man, daß H_{em} durch die minimale elektromagnetische Wechselwirkung gegeben ist, und daß alle Schwierigkeiten bei der Berechnung der Matrixelemente von dem Fehlen eines detaillierten Verständnisses der Struktur des Hadronenzustands $|n\rangle$ herstammen.

- Da es, wie wir gerade festgestellt haben, keine allgemeine Theorie gibt, die eine vollständige Berechnung von $|h\rangle$ erlaubt, werden dafür vereinfachte Modelle hergenommen. Kein Modell beschreibt gegenwärtig alle Experimente, aber das Vektor-Dominanz-Modell (VDM) ist bei der Korrelierung vieler Aspekte verhältnismäßig erfolgreich. Dieses Modell wurde von Sakurai[19] eingeführt. Es beruht auf der Annahme, daß die leichtesten Vektormesonen ρ, ω und ϕ die einzigen hadronischen Zustände von Bedeutung in der Summe der Gl. 10.108 sind. Daher erscheinen nur drei Matrixelemente der Form $\langle V|H_{em}|\gamma_0\rangle$ und die genäherten Werte davon erhält man aus Experimenten bei der Erzeugung von Vektormesonen in Speicherringen.

Als Beispiel für die Anwendung des VDM wollen wir wieder kurz die A-Abhängigkeit des Gesamtquerschnitts für die Photonen-Kernwechselwirkung diskutieren[31]. Man betrachte zuerst die in Bild 10.32 gezeigten Prozesse. Ein einfallendes Photon transformiert sich in ein Vektormeson V mit einer Wahrscheinlichkeitsamplitude g_V, und die Wechselwirkung mit dem Kern erfolgt durch das Vektormeson V. Der Gesamtwirkungsquerschnitt $\sigma_{tot}(V)$ für die Wechselwirkung von V mit dem Kern erhält man aus dem optischen Theorem, Gl. 6.88,

(10.112) $\qquad \sigma_{tot}(V) = \dfrac{4\pi}{k} \, \mathrm{Im} f_V(0°).$

Hier ist $f_V(0°)$ die elastische Streuamplitude bei $0°$ (Vorwärtsstreuung). An diesem Punkt ergibt sich ein neues Problem: Streuung kann durch Transformation eines Photons in ein ρ, ω oder ϕ auftreten. Können wir die drei Wirkungsquerschnitte addieren oder müssen wir die Amplituden addieren? Die Antwort ist aus der Optik und Quantenmechanik gut bekannt: die Intensitäten (Wirkungsquerschnitte) können addiert werden, wenn entschieden werden kann, durch welchen Kanal ein gegebenes Ereignis aufgetreten ist. In diesem Fall ist eine solche Entscheidung möglich: das vorwärtsgestreute Vektormeson kann durch seine Zerfallprodukte identifiziert werden. Aus Gl. 10.112 folgt dann, daß keine Interferenz zwischen den drei Wirkungsquerschnitten $\sigma(\rho)$, $\sigma(\omega)$ und $\sigma(\phi)$ auftritt. Wenn die Wahrscheinlichkeitsamplitude des Photons, das sich in ein ρ-Vektormeson transformiert, durch g_ρ gegeben ist, dann ist der Wirkungsquerschnitt für die Wechselwirkung durch die Erzeugung eines Rho durch $|g_\rho|^2 \sigma_{tot}(\rho)$ gegeben. Der Gesamtquerschnitt für die Gammastrahlung ist die Summe über die drei Anteile

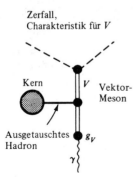

Bild 10.32 Vorwärtsstreuung eines Vektormesons. Das einfallende, hochenergetische Photon verwandelt sich in ein Vektormeson, das dann mit dem Kern durch den Austausch eines Hadrons wechselwirkt.

10.11 Die Photon-Hadron-Wechselwirkung: reelle und raumartige Photonen

(10.113) $\quad \sigma_{tot}(\gamma) = \sum_V |g_V|^2 \sigma_{tot}(V).$

Da die Vektormesonen in Kernmaterie eine mittlere freie Weglänge von etwa 1 fm haben[33], wechselwirken sie nur mit den Nukleonen an der Kernoberfläche, und der gesamte Wirkungsquerschnitt für das Vektormeson ist proportional zur Kernoberfläche

(10.114) $\quad \sigma_{tot}(V) \propto A^{2/3}.$

Diese Gleichung sagt aus, daß der Gesamtwirkungsquerschnitt der Photonen proportional zu dem der Vektormesonen, oder zu $A^{2/3}$ sein sollte. Wir haben so den Oberflächenterm aus Gl. 10.106 mit einem speziellen Modell zurückgewonnen.

Obwohl das Vektordominanzmodell im Bereich einiger GeV recht erfolgreich ist, versagt es bei Energien von einigen zehn GeV. In diesem Energiebereich ist es notwendig, QCD-Effekte zu berücksichtigen, die durch Quark-Antiquark-Paare auftreten[34]. Mit Hilfe von Elektron-Positron-Stößen wird es möglich, den Quarkanteil des Photons zu messen. Diese Experimente sind gegenwärtig von großem Interesse[34, 35].

Schließlich kommen wir zum dritten Fall, s. Bild 10.20, dem Austausch von raumartigen Photonen in der Leptonen-Hadronenstreuung. Ein Spezialfall, die elastische Elektron-Nukleon-Streuung, wurde schon in Abschnitt 6.7 diskutiert. Dort wiesen wir darauf hin, daß die Nukleonenstruktur Anlaß zu einer Abweichung des Streuquerschnitts von dem gibt, den man für ein Punktteilchen erwartet, und daß diese Abweichung durch Formfaktoren ausgedrückt wird. Ein Beispiel, der magnetische Formfaktor des Protons, ist in Bild 6.15 gezeigt. Die Blase in Bild 10.19c ist nur ein Ausdruck für die gleiche Tatsache, und der Formfaktor beschreibt die Eigenschaften der Wechselwirkung von raumartigen Photonen mit dem Nukleon. Es ist interessant festzustellen, daß die erste Vermutung für die Existenz eines isoskalaren Vektormesons im Jahre 1957 von Nambu kam, um den Formfaktor des Nukleons[36] zu erklären; ein Isovektor-Vektormeson wurde ebenso postuliert[37]. Da Vektormesonen erfunden wurden, um den Formfaktor von Nukleonen zu beschreiben, und da Nukleonenformfaktoren raumartige Photonen involvieren, würde man annehmen, daß das VDM raumartige Photonen besonders gut beschreiben würde. Diese Erwartung wird jedoch nicht erfüllt. Das einfache VDM beschreibt die Formfaktoren nicht angemessen. Erfolgreich ist das Modell jedoch bei der Beschreibung des Pionenformfaktors im zeitartigen Bereich. Weiterhin kann Elektronenstreuung auch zu inelastischen Ereignissen führen, wie wir in Kap. 6 gesehen haben, wobei das Proton im Endzustand durch andere Hadronen begleitet wird, die während der Wechselwirkung entstanden sind. Von besonderem Interesse ist die „tiefinelastische Elektronenstreuung", bei der der Impulsübertrag auf das Nukleon groß ist und das Nukleon hoch angeregt wird (Abschnitt 6.10). Versuche, die Eigenschaften dieser Prozesse mit der Vektordominanz zu erklären, schlugen fehl.

---

[33] J. G. Asbury, U. Becker, W. K. Bertram, P. Joos, M. Rohde, A. S. S. Smith, C. L. Jordan und S. C. C. Ting, *Phys. Rev. Letters* **19**, 865 (1967).
[34] C. Berger und W. Wagner, *Phys. Rep.* **146**, 1 (1987).
[35] M. Glück und E. Reya, *Phys. Rev.* **D 28**, 2749 (1983).
[36] Y. Nambu, *Phys. Rev.* **106**, 1366 (1957).
[37] W. R. Frazer und J. Fulco, *Phys. Rev. Letters* **2**, 365 (1959).

10.12 Zusammenfassung und offene Probleme

> Are not all Hypotheses erroneous which have hitherto been invented for explaining the Phaenomena of Light, by new Modifications of the Rays?
>
> Newton, *Opticks*

Die Quantenelektrodynamik, die Beschreibung der *Wechselwirkung von Photonen und Leptonen*, ist eine extrem erfolgreiche Theorie. Brodski und Drell sagen zu dieser Situation[38]: „QED ist mit vollem und phantastischem Erfolg über einen Bereich von 24 Dekaden für die Wellenlänge des Photons angewendet worden, von subnuklearen Dimensionen von 10^{-14} cm bis hin zu $5,5 \times 10^{10}$ cm (ungefähr 80 Erdradien)." Die Situation ist noch dieselbe mit Ausnahme der Erweiterung des Gültigkeitsbereiches bis zu 5×10^{-17} cm[17]. Die Probleme bleiben, jedoch sie liegen außerhalb des Gültigkeitsbereiches der QED. Sie beinhalten die QCD und die schwache Wechselwirkung genauso wie die Fragen, die jetzt noch nicht beantwortet werden können: Warum ist die Ladung quantisiert? Was bestimmt die Massen von Elektron, Myon und Tau-Teilchen? Haben Leptonen eine Struktur oder angeregte Zustände?[39]. Es gibt noch andere Fragen und einige Antworten darauf werden im Rahmen von „Großen Vereinheitlichten Theorien" gesucht[40]. Diese Theorien verbinden die drei Wechselwirkungen der subatomaren Physik und behandeln Quarks und Leptonen auf gleicher Basis.

Schließlich kommen wir zu einem anderen, ungelösten Aspekt der elektromagnetischen Wechselwirkung, der möglichen Existenz von *magnetischen Monopolen*. Die klassische Elektrodynamik beruht auf der Beobachtung, daß elektrische, aber nicht magnetische Ladungen existieren. Das Magnetfeld wird immer durch magnetische Dipole, niemals durch magnetische Ladungen (*Monopole*) erzeugt. Diese Tatsache wird durch die Maxwellgleichung

$$(10.115) \quad \nabla \cdot \mathbf{B} = 0$$

ausgedrückt. Da diese Relation einen experimentellen Befund beschreibt, muß die Frage nach ihrer Gültigkeit gestellt werden. Schon 1931 schlug Dirac eine Theorie mit magnetischen Monopolen vor[41]. In dieser Theorie wird Gl. 10.115 durch

$$(10.116) \quad \nabla \cdot \mathbf{B} = 4\pi \rho_m$$

ersetzt, wo ρ_m die magnetische Ladungsdichte ist. In einer Erweiterung seines Werks zeigte Dirac, daß die Regeln der Quantenmechanik zu einer Quantisierung der elektrischen Ladung e und der magnetischen Ladung g führen[42]:

---

[38] S. J. Brodsky und S. D. Drell, *Ann. Rev. Nucl. Sci.* **20**, 147 (1970).
[39] Der Solvay-Kongreß von 1961 war der Quantenfeldtheorie gewidmet (*The Quantum Theory of Fields*, Wiley-Interscience, New York, 1961). Zwar sind einige Berichte und Diskussionen überholt und einige liegen weit über dem Niveau dieses Buches, der größte Teil ist aber eine faszinierende Lektüre und gibt einen Einblick in das Denken von Menschen, die die Grundlagen der bestehenden Theorie geschaffen haben.
[40] H. Georgi, *Sci. Amer.* **244**, 48 (April 1981).
[41] P. A. M. Dirac, *Proc. Roy. Soc.* (London) **A133**, 60 (1931).
[42] P. A. M. Dirac, *Phys. Rev.* **74**, 817 (1948).

(10.117) $eg = \frac{1}{2} n\hbar c$,

wobei n eine ganze Zahl ist. Schwinger bestätigte diese Beziehung[43], (aber mit einem Faktor 2 statt ½) und zog daraus einige spekulative Schlüsse. Zwei wichtige Eigenschaften folgen aus Gl. 10.117: (1) die Existenz eines magnetischen Monopols würde die Quantisierung der elektrischen Ladung erklären. (2) Das Quadrat der Gl. 10.117 gibt ungefähr

(10.118) $\dfrac{g^2}{\hbar c} \approx \dfrac{\hbar c}{e^2} \approx 137.$

Die dimensionslose Konstante, die die Wechselwirkung zwischen zwei magnetischen Monopolen beschreibt, ist außerordentlich groß: Diracs Vorstellungen führten zu einer erfolglosen Suche nach magnetischen Monopolen, sowohl in kosmischer Strahlung als auch in Beschleunigern[44]. Diese Jagd empfing neue Impulse, als klar wurde, daß die großen vereinigten Theorien die Existenz von sehr schweren Monopolen mit einer Masse von etwa 10^{16} GeV/c^2 [45]) voraussagen; das ist ungefähr die Masse von einer Bakterie. Es ist klar, daß solche Teilchen nicht mit Beschleunigern hergestellt werden können, sie könnten aber im frühen Universum erzeugt worden sein[46]. Die Suche nach sich langsam bewegenden, sehr massiven magnetischen Monopolen wird fortgesetzt.

10.13 Literaturhinweise

Eine klare Einführung in die klassische Elektrodynamik wird in den Feynman lectures, Band II gegeben. Eine umfassendere und abstraktere Abhandlung findet man bei Jackson.

Eine sehr einfache Einführung in die Quantenelektrodynamik gibt es nicht. Doch ist der Artikel von Fermi, wie schon in Fußnote 6 erwähnt, (*Rev. Modern Phys.* **4**, 87 (1932)) und das Buch von Feynman (*Quantenelektrodynamik*) auch von Studenten im Hauptstudium zu lesen, wenn sie nicht zu schnell aufgeben. Kurze Einführungen in die Quantisierung des elektromagnetischen Feldes können z.B. in den Quantenmechaniktexten von Merzbacher, Messiah oder E. G. Harris, *Quantenfeldtheorie, Eine elementare Einführung*, R. Oldenbourg München / J. Wiley New York, 1975 gefunden werden.

Auf einem anspruchsvolleren Niveau gibt es eine Anzahl von exzellenten Büchern, aber sie sind nicht leicht zu lesen. Trotzdem schreiben wir hier drei solcher Bücher für den Leser auf, der sich darum bemüht, die Quantenelektrodynamik zu verstehen: (1) W. Heitler, *The Quantum of Theorie of Radiation*, Oxford University Press, London 1954. Dieses Buch ist durch drei Auflagen gegangen und viele Physiker haben daraus ihre Strahlungstheorie gelernt. Es ist ein bißchen altmodisch, aber die physikalischen Gesichtspunkte werden klar dargestellt. (2) J.D. Bjorken und S. D. Drell, *Relativistic Quantum Mechanics*, Mc Graw-Hill, New York, 1964 (in deutscher Übersetzung als BI-Taschenbuch Bd. 98,

---

[43] J. Schwinger, *Science* **165**, 757 (1969).
[44] M. J. Longo, *Phys. Rev.* **D 25**, 2399 (1982); B. Cabrera, *Phys. Rev. Lett.* **48**, 1378 (1982); D. E. Groom et al., *Phys. Rev. Lett.* **50**, 573 (1983); J. Bartelt et al., *Phys. Rev. Lett.* **50**, 655 (1983).
[45] G. 't Hooft, *Nucl. Phys.* **B 79**, 276 (1974); A. Polyakov, *ZhETF Pis. Red.* **20**, 430 (1974) (transl. *JETP Lett.* **20**, 194 (1974).)
[46] J. Preskill, *Phys. Rev. Lett.* **43**, 1365 (1979); P. Langacker, *Phys. Rep.* **72**, 185 (1981).

1966). Dieses Buch ist moderner als das von Heitler und bringt eine klare Darstellung der physikalischen Ideen und der Rechenmethoden der relativistischen Quantenmechanik.
(3) J. J. Sakurai, *Advanced Quantum Mechanics*, Addison-Wesley, Reading, Mass., 1967. Dieses Buch ist ein idealer Begleiter zu Bjorken und Drell. Es beleuchtet viele der gleichen Probleme von einem anderen Standpunkt aus.

Die klassischen Veröffentlichungen über QED sind zusammengefaßt und herausgegeben in J. Schwinger, ed., *Quantum Elektrodynamics*, Dover, New York, 1958.

Der Beweis für die Gültigkeit der Quantenelektrodynamik wird diskutiert von S. J. Brodski und S. D. Drell, *Ann. Rev. Nucl. Sci.* **20**, 147 (1970); R. Gatto in *High Energy Physics*, Vol. 5 (E. H. S. Burhop, ed.) Academic Press, New York, 1972; und B. E. Lautrup, A. Peterman, und E. de Rafael, *Phys. Rep.* **3C**, 196 (1972). P. Dittmann und V. Hepp, *Z. Phys.* **C 10**, 283 (1981); P. Duinker, *Rev. Mod. Phys.* **54**, 325 (1982); *Present Status and Aims of Quantum Electrodynamics*, (G. Gräff, E. Klempt und G. Werth, Eds.), Springer Lecture Notes in Physics, Vol. 143, Springer, New York, 1981. Literatur, die die Überprüfung der Quantenelektrodynamik behandelt, wurde von M. M. Sternheim zusammengefaßt, „Resource Letter TQE – 1", *Am. J. Phys.* **40**, 1363 (1972).

Eine ausführliche Darstellung der Wechselwirkung von Photonen im MeV-Energiebereich mit Kernen ist enthalten in J. M. Eisenberg und W. Greiner, *Nuclear Theorie*, Band 2: *Excitation Mechanisms of the Nucleus*, North-Holland, Amsterdam, 3. überarbeitete Ausgabe, 1988. Eine große Zahl von Artikeln und Büchern geben einen Überblick über den nuklearen Photoeffekt; F. W. K. Firk, *Ann. Rev. Nucl. Sci.* **20**, 39 (1970).

Die Wechselwirkung von hochenergetischen Photonen mit Hadronen wird behandelt von R. P. Feynman, *Photon-Hadron Interactions*, W. A. Benjamin, Reading, MA, 1972; A. Donnachie und G. Shaw, *Electromagnetic Interactions of Hadrons*, Plenum, New York, 1978 und T. M. Bauer, R. D. Spital, D. R. Yennie und F. M. Pipkin, *Rev. Mod. Phys.* **50**, 261 (1978).

e^+e^--Stöße werden in vielen Arbeiten behandelt, z.B. R. F. Schwitters und K. Strauch, *Ann. Rev. Nucl. Sci.* **26**, 89 (1976); B. Wiik und G. Wolf, *Electron-Positron Interactions*, Springer Tracts in Modern Physics, Springer, New York, Band 86, 1979; G. Goldhaber und J. E. Wiss, *Ann. Rev. Nucl. Part. Sci.* **30**, 299 (1980); F. Renard, *Basics of Electron-Positron Collisions*, Editions Frontieres, Band 32, 1981; *High Energy Electron-Positron Physics*, (A. Ali und P. Söding, Eds.), World Scientific, Teaneck, NJ, 1988; R. Marshall, *Rep. Prog. Phys.* **52**, 1329 (1989).

Aufgaben

10.1 Zeichnen Sie den Faktor der Übergangswahrscheinlichkeit $P_{N\alpha}(T)/[4\,|\langle N|\,H_{\text{int}}\,|\alpha\rangle|^2]$ aus Gl. 10.13 für die folgenden Zeiten T:
a) $T = 10^{-7}$ s.
b) $T = 10^{-22}$ s.

10.2 Leiten Sie die Goldene Regel Nr. 1, Gl. 10.21, ab, indem Sie die Näherung in Gl. 10.19 bis zur zweiten Ordnung entwickeln.

10.3 Betrachten Sie eine nichtrelativistische Streuung eines Teilchens mit dem Impuls $\mathbf{p} = m\mathbf{v}$ an einem festen Potential $H_{\text{int}} \equiv V(\mathbf{x})$ [Bild 10.1(b)]. Nehmen Sie an, daß die einfallen-

Aufgaben

den und gestreuten Teilchen durch ebene Wellen beschrieben werden können (Born'sche Näherung). L^3 ist das Quantisierungsvolumen.

a) Zeigen Sie mit der Goldenen Regel, daß die Übergangsrate in den Raumwinkel $d\Omega$ durch

$$dw = \frac{\upsilon}{L^3} \left| \frac{m}{2\pi\hbar^2} \int d^3x \, \exp\left[\frac{i(\mathbf{p}_\alpha - \mathbf{p}_\beta)\cdot \mathbf{x}}{\hbar}\right] H_{\text{int}} \right|^2 d\Omega$$

gegeben ist.

b) Zeigen Sie, daß die Verbindung zwischen Wirkungsquerschnitt $d\sigma$ und Übergangsrate durch

$$w_{\beta\alpha} = F d\sigma$$

gegeben ist, wobei F der einfallende Fluß ist (Gl. 6.2).

c) Verifizieren Sie den Ausdruck der Bornschen Näherung, Gl. 6.13, für die Streuamplitude $f(\mathbf{q})$.

10.4 Verifizieren Sie die Gl. 10.26 durch die Berechnung der Zustandszahl in einem dreidimensionalen Kasten mit dem Volumen L^3.

10.5 Leiten Sie die Lorentz-Kraft ab, wobei Sie mit der Hamiltongleichung 10.40 beginnen.

10.6 Zeigen Sie, daß der Term $q^2A^2/2mc^2$ in Gl. 10.41 in realistischen Situationen vernachlässigt werden kann.

10.7 Zeigen Sie, daß $q\rho(\mathbf{x})\mathbf{v}(\mathbf{x})$ in Gl. 10.46 die Ladung ist, die pro Zeiteinheit durch die Flächeneinheit geht.

10.8 Zeigen Sie, daß die Kontinuitätsgleichung, Gl. 10.50, eine Konsequenz der Maxwell'schen Gleichungen ist.

10.9 Beweisen Sie, daß die Gesamtenergie in einer ebenen elektromagnetischen Welle in einem Volumen V durch

$$W = V \frac{\overline{|\mathbf{E}|^2}}{4\pi}$$

gegeben ist, wobei der **E** der Vektor des elektrischen Feldes ist.

10.10 Gleichung 10.67 beschreibt die Übergangsrate der spontanen *Emission* einer Dipolstrahlung im Übergang $\alpha \to \beta$.

a) Berechnen Sie den entsprechenden Ausdruck für die *Absorption* eines Photons durch Dipolstrahlung, die den Übergang $\beta \to \alpha$ veranlaßt.

b) Vergleichen Sie die Übergangsraten für Emission und Absorption. Vergleichen Sie die Rate mit der, die man aus Zeitumkehr-Invarianz erwartet.

10.11 Beweisen Sie Gl. 10.69 und Gl. 10.70.

10.12 Stellen Sie das Strahlungsmuster dar, das durch die Gln. 10.73 und 10.74 für die Dipolstrahlung vorhergesagt wird, wenn man annimmt, daß der Vektor $\langle\beta|\mathbf{x}|\alpha\rangle$ in die z-

Richtung zeigt. Vergleichen Sie damit das Strahlungsmuster einer klassischen Dipolstrahlung.

10.13 Verwenden Sie die Gl. 10.75 für eine grobe Abschätzung der mittleren Lebensdauer eines elektrischen Dipolübergangs
a) in einem Atom, $E_\gamma = 10$ eV,
b) in einem Kern, $E_\gamma = 1$ MeV.
Suchen Sie nach relevanten Übergängen in Kernen und Atomen, und vergleichen Sie ihr Ergebnis mit den tatsächlichen Werten.

10.14 Diskutieren Sie eine genaue Methode zur Bestimmung der Feinstrukturkonstante.

10.15 Warum haben Kerne und Teilchen kein permanentes Dipolmoment? Warum können manche Moleküle ein dauerndes elektrisches Dipolmoment haben?

10.16 Warum erfolgt der Übergang $\Sigma^0 \to \Lambda^0$ durch einen elektromagnetischen, und nicht durch einen hadronischen Zerfall?

10.17 Welcher Multipolübergang tritt bei dem Zerfall $\Sigma^0 \to \Lambda^0$ auf? Verwenden Sie eine Extrapolation von Bild 10.10, um die mittlere Lebensdauer abzuschätzen. Vergleichen Sie den Wert mit dem jetzt bekannten Grenzwert.

10.18 Erklären Sie Zeit-Amplituden-Wandler (Converter) (TAC's).
a) Beschreiben Sie die Funktion eines TAC's.
b) Wie kann ein TAC zur Messung der mittleren Lebensdauer verwendet werden?
c) Zeichnen Sie das Blockdiagramm eines TAC's.

10.19 Zeigen Sie, daß ein $2^+ \xrightarrow{\gamma} 0^+$ Übergang, wie z.B. in Bild 10.7, nicht durch Dipolstrahlung zerfallen kann.

10.20 Zeigen Sie, daß die Auswahlregeln in Gl. 10.78 und die Erhaltungsgesetze in Gl. 10.79 zusammen zu den Multipolzuordnungen führen, die in Bild 10.9 angegeben sind.

10.21 Der Übergang von einem angeregten in einen Kerngrundzustand kann durch zwei konkurrierende Prozesse erfolgen, Emission von Photonen und Emission von *Konversionselektronen*.
a) Erklären Sie den Prozeß der internen Konversion.
b) Nehmen Sie an, daß ein bestimmter Zerfall eine Halbwertszeit von 1 s und einen Konversionskoeffizienten von 10 hat. Wie groß ist die Halbwertszeit eines nackten Kerns, d.h. wenn alle seine Elektronen abgestreift sind?
c) Das Nuklid ^{111}Cd hat einen ersten angeregten Zustand bei 247 keV Anregungsenergie. Beobachtet man das Elektronenspektrum dieses Nuklids, so treten Linien auf. Zeichnen Sie die Position der Konversions-Elektronenlinien für den 247-keV Übergang.

10.22 Betrachten Sie die Møller-Streuung wie in Bild 10.12 (symmetrischer Fall).
a) Nehmen Sie an, daß das einfallende Elektron eine kinetische Energie von 1 MeV hat. Berechnen Sie den Winkel θ_{lab}.
b) Wiederholen Sie das Problem für ein einfallendes Elektron mit 1 GeV Energie.
c) Berechnen Sie das Verhältnis der Wirkungsquerschnitte aus a) und b), indem Sie annehmen, daß die Winkelverteilung $f(\theta)$ in Gl. 10.80 für beide Fälle die gleiche ist.

10.23 Betrachten Sie die Møller-Streuung. Nehmen Sie an, daß die Elektronen vollständig in Richtung der einfallenden Elektronen polarisiert sind. Versuchen Sie mit dem Pauliprinzip eine Idee davon zu bekommen, wie einfallende Elektronen, die longitudinal polarisiert sind, streuen, wenn ihr Spin a) parallel und b) antiparallel zu dem Spin des Targets

Aufgaben

risiert sind, streuen, wenn ihr Spin a) parallel und b) antiparallel zu dem Spin des Targets steht. Betrachten Sie nur die symmetrische Streuung, die in Bild 10.12 gezeigt wird.

10.24 Um das Hochenergieverhalten von Photonen zu studieren, sind monoenergetische Teilchen erforderlich. Ein raffiniertes Experiment, solche Photonen zu erzeugen, bedient sich eines intensiven Laserpulses, der mit einem gut fokussierten Elektronenstrahl zusammenstößt. Die Photonen, die um 180° gestreut werden, verbrauchen beträchtliche Energien. Berechnen Sie die Energie der Photonen aus einem Rubin-Laser, die durch Elektronen mit einer Energie von
a) 1 MeV
b) 1 GeV
c) 100 GeV
um 180° gestreut werden.

10.25 Schätzen Sie das Wahrscheinlichkeitsverhältnis für die Emission eines ρ zu der Emission eines γ-Strahls aus einem hochenergetischen Nukleon ab, das nahe bei einem anderen vorbeiläuft.

10.26 Magnetische Monopole (magnetische Ladungen) würden bemerkenswerte Eigenschaften haben:
a) Wie würde ein magnetischer Monopol mit Materie wechselwirken?
b) Wie würde die Spur eines Monopols in einer Blasenkammer aussehen?
c) Wie könnte ein Monopol nachgewiesen werden?
d) Berechnen Sie die Energie eines Monopols, der in einem Feld von 20 kG beschleunigt wird.

10.27 Schätzen Sie die Masse eines magnetischen Monopols mit der folgenden, sehr spekulativen Näherung ab: der *klassische Elektronenradius* r_e ist durch

$$r_e = \frac{e^2}{m_e c^2}$$

gegeben. Nehmen Sie an, daß der magnetische Monopol einen ähnlichen Radius hat, wobei e durch g und m_e durch die Monopolmasse ersetzt wird.

10.28 Beweisen Sie Gl. 10.110.

10.29 Man zeige, daß ein magnetischer Monopol, der eine supraleitende Stromschleife durchsetzt, eine permanente Änderung des Flusses induziert; eine Ladung oder ein magnetischer Dipol machen das dagegen nicht.

10.30 Man zeige, daß der elektromagnetische Übergang von einem hadronischen Zustand des Drehimpulses und der Parität 0^+ und 1^- zu einem Zustand des Drehimpulses und der Parität 0^+ verboten ist, wenn beide Zustände den Isospin null haben.

11 Die schwache Wechselwirkung

Die Erforschung der schwachen Wechselwirkung liest sich wie eine Folge von Kriminalromanen. Jede Geschichte beginnt mit einem ungelösten Rätsel, das zunächst nur undeutlich als solches erkannt wird, dann aber immer klarer hervortritt. Die Hinweise zur Lösung sind vorhanden, werden aber, meist aus falschen Gründen, übersehen oder beiseite geschoben. Am Ende findet der Held die richtige Lösung und alles ist klar, bis die nächste Leiche auftaucht. Bei der elektromagnetischen Wechselwirkung konnte man sich bei der Entwicklung der Quantenelektrodynamik von der bekannten klassischen Theorie, richtig übersetzt und umformuliert, leiten lassen. Eine solche klassische Analogie gibt es für die schwache Wechselwirkung nicht. Die richtigen Eigenschaften muß man dem Experiment und Analogien mit der elektromagnetischen Wechselwirkung entnehmen. Wir werden hier einige der Rätsel und ihre Lösungen darstellen. Dies wird durch den selbstauferlegten Verzicht auf die Diractheorie erschwert. Wir können deshalb die Wechselwirkung nicht exakt darstellen, sondern müssen uns mit der Erklärung der wesentlichen Begriffe begnügen.

Bei geringen Energien und in niedrigster Ordnung der Störungstheorie kann die schwache Wechselwirkung gut halbphänomenologisch beschrieben werden. Bei hohen Energien treten jedoch Probleme auf, die keine Lösung haben, wenn die schwache Wechselwirkung allein betrachtet wird. Die Vereinigung von schwacher und elektromagnetischer Wechselwirkung führt jedoch zu einem tieferen Verständnis und zur Lösung dieser Probleme. In diesem Kapitel liefern wir einen Überblick über den experimentellen Kenntnisstand und die grundlegenden Erscheinungen, die man aus dem Studium der schwachen Wechselwirkung gewinnt. In den nächsten beiden Kapiteln leisten wir Vorarbeit für die Theorie der elektroschwachen Wechselwirkung und skizzieren diese.

11.1 Das kontinuierliche β-Spektrum

Das kontinuierliche β-Spektrum würde verständlich, wenn man annimmt, daß beim β-Zerfall mit jedem Elektron ein leichtes neutrales Teilchen emittiert wird, so daß die Gesamtenergie des Elektrons und des Neutrinos konstant bleibt.

W. Pauli

1896 wurde von Becquerel die Radioaktivität entdeckt und innerhalb weniger Jahre war bekannt, daß die zerfallenden Kerne drei Arten von Strahlung emittieren, die α-, β- und γ-Strahlen genannt wurden. Bei den β-Strahlen blieb ein Problem ungelöst. Sorgfältige Messungen über mehr als 20 Jahre ergaben, daß die β-Teilchen Elektronen sind und nicht mit diskreten Energien emittiert werden, sondern als Kontinuum. Ein Beispiel für ein solches β-Spektrum ist in Bild 11.1 gezeigt. Die Besprechung der Kernzustände in Kapitel 5 ergab quantisierte Zustände. Quantisierte Zustände waren 1920 wohl bekannt und das erste Rätsel, das das kontinuierliche β-Spektrum aufgab, war deshalb: Warum ist das Spektrum der Elektronen kontinuierlich und nicht diskret? Ein zweites, genauso ernstes Problem ergab sich einige Jahre später, als man feststellte, daß es im Kern keine Elektronen gibt. Woher kommen also die Elektronen?

11.1 Das kontinuierliche β-Spektrum

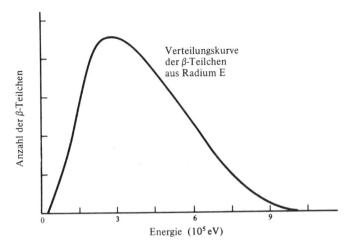

Bild 11.1 Beispiel eines β-Spektrums. Diese Abbildung wurde einer der klassischen Veröffentlichungen entnommen: C. D. Ellis und W. A. Wooster, *Proc. Roy. Soc.* (London) **A117**, 109 (1927). Die heutigen experimentellen Techniken liefern genauere Energiespektren, aber in der hier wiedergegebenen Kurve sind bereits alle wesentlichen Aspekte enthalten.

Das erste Rätsel wurde von Pauli gelöst, der die Existenz eines neuen, sehr leichten, ungeladenen Teilchens, des *Neutrinos*, vorschlug, das Materie fast ungehindert durchläuft.[1] Bei der heute bekannten Fülle von Teilchen erregt die Einführung eines neuen Teilchens kaum noch Aufsehen. 1930 jedoch war dies ein revolutionärer Akt. Es waren nur zwei Teilchen bekannt, das Elektron und das Proton. Die Einfachheit der subatomaren Welt durch die Einführung eines neuen Bewohners zu stören, wurde als Häresie betrachtet und so nahmen wenige Leute diese Idee ernst. Einer der es jedoch tat, war Fermi. Er benutzte die Neutrino-Hypothese von Pauli, um das zweite Rätsel zu lösen. Fermi nahm mit Pauli an, daß bei jedem β-Zerfall zusammen mit dem β-Teilchen ein Neutrino emittiert wird. Folglich sieht der einfachste nukleare β-Zerfall, der des Neutrons, so aus

$$n \to p e^- \bar{\nu}.$$

Da das Neutrino ungeladen ist, sieht man es im Spektrometer nicht. Das Elektron und das Neutrino teilen sich die Zerfallsenergie, dabei erhält das Elektron manchmal sehr wenig davon und manchmal fast alles. Das in Bild 11.1 gezeigte Spektrum ist damit qualitativ erklärt. Um das Problem der Elektronen im Kern zu umgehen, postulierte Fermi, daß das Elektron und das Neutrino erst beim Zerfall *entstehen*, genauso, wie ein Photon entsteht, wenn ein Atom oder ein Kern von einem angeregten Zustand in den Grundzustand übergeht, oder wie zwei Photonen beim Zerfall des neutralen Pions entstehen.

---

[1] Pauli schlug das Neutrino zum ersten mal in einem Brief an einige Freunde vor, die eine physikalische Tagung in Tübingen besuchten. Er erklärte, daß er bei dem Treffen nicht anwesend sein könne, da er an dem berühmten Jahresball der Eidgenössischen Technischen Hochschule teilnehmen wolle. Dieser Brief sollte von jedem Physiker gelesen werden. Er ist abgedruckt in R. Kronig und V. F. Weisskopf, eds., *Collected Scientific Papers by Wolfgang Pauli*, Vol. II, Wiley-Interscience, New York 1964, S. 1316. Siehe auch L. M. Brown, *Phys. Today* **31**, 23 (September 1978).

Fermi spekulierte nicht nur einfach darüber, wie der β-Zerfall stattfinden könnte. Er führte Berechnungen durch, um Ausdrücke für das Elektronenspektrum und die Zerfallswahrscheinlichkeit zu finden. Seine Originalarbeit[2] ist zu anspruchsvoll für uns und kann hier nur verdünnt wiedergegeben werden. In diesem Abschnitt werden wir aber zeigen, daß schon eine grobe Näherung die Form des β-Spektrums liefert. Da die für den β-Zerfall verantwortliche Wechselwirkung schwach ist, kann man störungstheoretisch rechnen. Die Übergangsrate wird dann durch die Goldene Regel Gl. 10.11 gegeben

$$dw_{\beta\alpha} = \frac{2\pi}{\hbar} \, |\langle \beta | H_w | \alpha \rangle|^2 \rho(E).$$

Dabei ist H_w der für den β-Zerfall verantwortliche Hamiltonoperator und wir haben $dw_{\beta\alpha}$ statt $w_{\beta\alpha}$ geschrieben, um anzuzeigen, daß wir an der Übergangsrate für Elektronen mit Energien zwischen E_e und $E_e + dE_e$ interessiert sind. Wir betrachten zunächst die Zustandsdichte $\rho(E)$. Im Endzustand sind drei Teilchen anwesend, $\rho(E)$ ist also nach Gl. 10.34

(11.1) $$\rho(E) = \frac{V^2}{(2\pi\hbar)^6} \frac{d}{dE_{max}} \int p_e^2 \, dp_e \, d\Omega_e \, p_{\bar{\nu}}^2 dp_{\bar{\nu}} d\Omega_{\bar{\nu}}.$$

V ist das Quantisierungsvolumen. Da die Ergebnisse von diesem Volumen unabhängig sind, wird es gleich 1 gesetzt. Zur Ableitung d/dE_{max} ist etwas anzumerken. E_{max} ist konstant, also sieht es so aus, als müßte d/dE_{max} verschwinden. Die Differentiation hat hier jedoch die Bedeutung einer Variation; $(d/dE_{max}) \int \cdots$ gibt an, wie sich das Integral mit der Variation der maximalen Energie verändert.

Um $\rho(E)$ zu finden, müssen wir uns zuerst entschließen, was wir berechnen wollen. Bild 11.1 zeigt das Elektronenspektrum, d.h. die Anzahl von emittierten Elektronen mit einer Energie zwischen E_e und $E_e + dE_e$. Um die entsprechende Übergangsrate zu berechnen, werden E_e und folglich auch p_e konstant gehalten. Dann beeinflußt d/dE_{max} in Gl. 11.1 die Terme für die Elektronen nicht und Gl. 11.1 wird zu

(11.2) $$\rho(E) = \frac{d\Omega_e \, d\Omega_{\bar{\nu}}}{(2\pi\hbar)^6} \, p_e^2 \, dp_e \, p_{\bar{\nu}}^2 \, \frac{dp_{\bar{\nu}}}{dE_{max}}.$$

Der nächste Schritt wird sehr vereinfacht, da der Kern im Endzustand sehr viel schwerer ist als die beiden Leptonen und deshalb sehr wenig Rückstoßenergie aufnimmt. In guter Näherung teilen sich somit Elektronen und Neutrino die Gesamtenergie:

(11.3) $$E_e + E_{\bar{\nu}} = E_{max}.$$

---

[2] E. Fermi, *Z. Physik* **88**, 161 (1934); englisch in *The Development of Weak Interaction Theory* (P. K. Kabir, ed.), Gordon & Breach, New York, 1963. Siehe auch L. M. Brown und H. Rechenberg, *Am. J. Phys.* **56**, 982 (1988).

11.1 Das kontinuierliche β-Spektrum

Für das masselose Neutrino gilt $E_{\bar{\nu}} = p_{\bar{\nu}}c$ und für konstante E_e wird

$$\frac{dp_{\bar{\nu}}}{dE_{\max}} = \frac{1}{c}\frac{dE_{\bar{\nu}}}{dE_{\max}} = \frac{1}{c},$$

so daß

(11.4) $\quad \rho(E) = \frac{d\Omega_e \, d\Omega_{\bar{\nu}}}{(2\pi\hbar)^6 c} p_e^2 \, p_{\bar{\nu}}^2 \, dp_e.$

Wie angegeben, ist $\rho(E)$ die Zustandsdichte für den Übergang zu einem Impuls des Elektrons zwischen p_e und $p_e + dp_e$, das in den Raumwinkel $d\Omega_e$ emittiert wird. Mit Gl. 11.3 wird $p_{\bar{\nu}}^2$ durch $(E_{\max} - E_e)^2/c^2$ ersetzt. Wenn das Matrixelement $\langle \beta | H_w | \alpha \rangle$ über den Winkel zwischen dem Elektron und dem Neutrino gemittelt wird, kann $dw_{\beta\alpha}$ über $d\Omega_e d\Omega_{\bar{\nu}}$ integriert werden und man erhält mit Gl. 11.4

(11.5) $\quad dw_{\beta\alpha} = \frac{1}{2\pi^3 c^3 \hbar^7} \overline{|\langle pe^-\bar{\nu}| H_w | n\rangle|^2} p_e^2 (E_{\max} - E_e)^2 dp_e.$

Dieser Ausdruck gibt die Übergangsrate für den Zerfall eines Neutrons in ein Proton, ein Elektron und ein Antineutrino an, wobei das Elektron einen Impuls zwischen p_e und $p_e + dp_e$ besitzt. Wie gut stimmt dieser Ausdruck mit dem Experiment überein? Da wir noch nichts über das Matrixelement wissen, ist es am einfachsten, anzunehmen, daß es vom Impuls des Elektrons unabhängig ist, um zu prüfen, wie die anderen Faktoren in Gl. 11.5 in das beobachtete β-Spektrum passen. Im Prinzip könnte dann die Funktion

$$p_e^2 (E_{\max} - E_e)^2 \, dp_e$$

an die experimentellen Daten angepaßt werden. Es gibt jedoch einen einfacheren Weg: Gleichung 11.5 wird umgeschrieben in

(11.6) $\quad \left[\frac{dw_{\beta\alpha}}{p_e^2 \, dp_e}\right]^{1/2} = \text{const.} \left[\overline{|\langle pe^-\bar{\nu}|H_w|n\rangle|^2}\right]^{1/2} (E_{\max} - E_e).$

Wird der Ausdruck auf der linken Seite experimentell bestimmt und gegen die Elektronenenergie E_e aufgetragen, so muß eine gerade Linie herauskommen, falls das Matrixelement vom Impuls unabhängig ist. Eine solche Darstellung heißt Fermi- oder Kurie-Darstellung (bzw. -„plot"). Bild 11.2 zeigt die Kurie-Darstellung für den Neutronenzerfall. Sie ist tatsächlich über fast den ganzen Energiebereich eine Gerade. Die Abweichung am niederenergetischen Ende ist eine Folge der experimentellen Schwierigkeiten dieser frühen Messung. Der Elektronenzähler hatte nämlich ein Fenster von 5 mg/cm^2 Dicke und absorbierte niederenergetische Elektronen, siehe Bild 3.8 und Gl. 3.7. Dieser Verlust ist in Bild 11.2 nicht berücksichtigt.

Die eben beschriebene Technik läßt sich auch auf andere β-Zerfälle und nicht nur auf den des Neutrons anwenden, aber bevor wir dies tun, müssen wir uns mit einem noch nicht erwähnten Problem befassen. Wenn ein Kern mit der Ladung Ze durch β-Emission zerfällt, spürt das Lepton die Coulombkraft, sobald es den Kern verlassen hat. Diese Kraft bremst

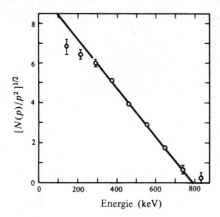

Bild 11.2 Kurie-Darstellung für den Neutronenzerfall. Aus J. M. Robson, *Phys. Rev.* **83**, 349 (1951). N(p) entspricht dw/dp_e in Gl. 11.6.

Elektronen und beschleunigt Positronen. Das Spektrum wird verzerrt: Es wird mehr Positronen mit hoher Energie und mehr Elektronen mit niedriger Energie geben, als in Gl. 11.5 vorhergesagt. Glücklicherweise kann der Einfluß des Coulombpotentials auf die emittierten Elektronen genau berechnet werden. Die *Coulombkorrektur* wird durch einen zusätzlichen Faktor in Gl. 11.5 beschrieben. Für den Zerfall $N \to N'$eν gilt

$$(11.7) \quad dw_{\beta\alpha} = \frac{1}{2\pi^3 c^3 \hbar^7} \, |\langle N'e\nu | H_w | N \rangle |^2 \, F(\mp, Z, E_e) \, p_e^2 (E_{\max} - E_e)^2 dp_e.$$

$F(\mp, Z, E)$ heißt Fermifunktion. Das Vorzeichen gibt an, ob es sich um Elektronen oder Positronen handelt, Ze ist die Kernladung und E_e die Elektronenenergie. Es wurden ausführliche Tabellen der Fermifunktion erstellt und veröffentlicht.[3]

Durch die Fermifunktion wird auch die Kurie-Darstellung um die Coulombstörung korrigiert. Die Impulsabhängigkeit des Matrixelements kann an vielen Zerfällen überprüft werden. Es stellt sich heraus, daß das Matrixelement in allen interessanten Fällen bis hinauf zu Zerfallsenergien von einigen MeV im wesentlichen impulsunabhängig ist. Die Form des Elektronenspektrums für β-Zerfälle wird durch Phasenraumbetrachtungen und nicht durch die Eigenschaften des Matrixelements bestimmt. Folglich kann man aus der Form des Spektrums nicht viel über die Struktur der schwachen Wechselwirkung lernen.

Es gibt eine Ausnahme. Das hochenergetische Ende des Betaspektrums kann Informationen über die Masse des Neutrinos liefern. Bei der Herleitung von Gl. 11.7 haben wir ein masseloses Elektronneutrino angenommen. Wenn die Masse nicht null ist, wird die Kurie-Darstellung an der oberen Grenze von einer geraden Linie abweichen; die Abweichung ist besonders stark bei Zerfällen mit geringen Maximalenergien, z.B. bei ^{3}H $\to$ ^{3}He $e^- \, \bar{\nu}_e$. Untersuchungen mit diesem Kern zeigen, daß die Ruheenergie des Neutrinos kleiner als ungefähr 20 eV ist.[4]

---

[3] H. Behrens und J. Jänecke, *Numerical Tables for Beta Decay and Electron Capture*, Landolt-Börnstein, New Series, Vol I/4, Springer, Berlin, 1969. H. Behrens und W. Bühring, *Electron Radial Wave Functions and Nuclear Beta-Decay*, Clarendon Press, Oxford, 1982.

[4] J. F. Wilkerson et al., *Phys. Rev. Lett.* **58**, 2023 (1987); W. Kündig et al., *Nucl. Phys.* **A 478**, 425 c (1988); H. Kawakami, *J. Phys. Soc.* (Japan) **57**, 2873 (1988).

11.2 Halbwertszeiten beim β-Zerfall

Während die Form des β-Spektrums dafür nicht sehr nützlich ist, kann man aus der Lebensdauer der β-Emitter etwas über den Wert des Matrixelements erfahren. Da gezeigt wurde, daß das Matrixelement impulsunabhängig ist, kann man die gesamte Übergangsrate $w_{\beta\alpha}$ und die mittlere Lebensdauer τ aus Gl. 11.7 durch Integration über den Impuls erhalten:

$$(11.8) \quad w = \frac{1}{\tau} = \frac{1}{2\pi^3 c^3 \hbar^7} \overline{|\langle N'e\nu | H_w | N \rangle|^2} \int_0^{p_{\max}} dp_e \, F(\mp, Z, E_e) \, p_e^2 (E_{\max} - E_e)^2.$$

Das Integral läßt sich berechnen, wenn F bekannt ist. Speziell für große Energien, für die $E_{\max} \approx cp_{\max}$ und für kleine Z, für die $F \approx 1$ gilt, wird es zu

$$(11.9) \quad \int_0^{p_{\max}} dp_e \, p_e^2 (E_{\max} - E_e)^2 \simeq \frac{1}{30c^3} E_{\max}^5.$$

Obwohl diese Beziehung manchmal für Abschätzungen ganz nützlich ist, braucht man doch für die vernünftige Auswertung von Meßergebnissen genauere Werte des Integrals. Glücklicherweise wurde es tabelliert.[3] In den Tabellen wird folgende Abkürzung gebraucht:

$$(11.10) \quad \int_0^{p_{\max}} dp_e \, F(\mp, Z, E_e) \, p_e^2 (E_{\max} - E_e)^2 = m_e^5 c^7 f(E_{\max}).$$

Der Faktor $m_e^5 c^7$ wurde eingeführt, um f dimensionslos zu machen. Mit Gl. 11.10 und Gl. 11.8 wird das Matrixelement zu

$$(11.11) \quad \overline{|\langle N'e\nu | H_w | N \rangle|^2} = \frac{2\pi^3}{f\tau} \frac{\hbar^7}{m_e^5 c^4}.$$

Hat man τ gemessen und f berechnet,[3] so erhält man das Quadrat des Matrixelements aus Gl. 11.11. Unglücklicherweise ist es üblich, $ft_{1/2}$ und nicht $f\tau$ zu tabellieren. $ft_{1/2}$ heißt die *komparative* oder *reduzierte Halbwertszeit*. Der Name kommt daher, daß alle Zustände, die β-Zerfall zeigen, gleiche Werte für $ft_{1/2}$ besäßen, wenn alle Matrixelemente gleich wären. In der Natur gibt es einen großen Bereich von $ft_{1/2}$-Werten, von etwa 10^3 bis 10^{23} s. Wenn diese Spanne dadurch zustande käme, daß die schwache Wechselwirkung H_w nicht universell ist, sondern vom speziellen Zerfallsereignis abhängt, ließe sich wohl kaum eine befriedigende Theorie finden. Man nimmt an, daß H_w für alle Zerfälle gleich ist und daß die nuklearen Wellenfunktionen, die in $\langle N'e\nu | H_w | N \rangle$ eingehen, für die Unterschiede verantwortlich sind. Im allgemeinen kann man dann erwarten, daß die fundamentalsten Zerfälle die „beste" Wellenfunktion haben und die größten Matrixelemente liefern. Diese Zerfälle sollten folglich die kleinsten $ft_{1/2}$-Werte besitzen. Einige wichtige Fälle sind in Tabelle 11.1 aufgezählt.

Mit $ft_{1/2} = (\ln 2) f\tau$, siehe Gl. 5.33, und mit den Zahlenwerten der Konstanten, wird Gl. 11.11 zu

Tabelle 11.1 Relative Halbwertzeiten einiger β-Zerfälle.

Zerfall	Spin-Parität Übergang	$t_{1/2}$	E_{max} (MeV)	$ft_{1/2}$ (s)
$n \to p$	$½^+ \to ½^+$	10,1 min	0,782	1 100
$^6\text{He} \to {}^6\text{Li}$	$0^+ \to 1^+$	0,813 s	3,50	810
$^{14}\text{O} \to {}^{14}\text{N}$	$0^+ \to 0^+$	71,1 s	1,812	3 076

(11.12) $\qquad \overline{|\langle N'e\nu|H_w|N\rangle|^2} = \dfrac{43 \times 10^{-6} \text{ MeV}^2 \text{ fm}^6 \text{ s}}{ft_{1/2} \text{ (in s)}}$.

Für den Fall des Neutronenzerfalls, mit dem $ft_{1/2}$-Wert aus Tabelle 11.1, wird der Wert des Matrixelements von H_w

(11.13) $\qquad \overline{|\langle \text{pe}\bar{\nu}|H_w|n\rangle|} \approx 2 \times 10^{-4} \text{ MeV fm}^3$.

Das Matrixelement Gl. 11.13 hat die Dimension Energie mal Volumen. Das Volumen des Protons folgt aus Gl. 6.51 zu annähernd 2 fm³. Die Energie der schwachen Wechselwirkung, verteilt über das Protonenvolumen, ist von der Größenordnung

(11.14) $\qquad H_w \approx 10^{-4}$ MeV.

Diese Zahl zeigt deutlich, wie gering die schwache Wechselwirkung ist: Man setzt voraus, daß die Masse des Protons, etwa 1 GeV, durch die starke Wechselwirkung gegeben wird. Die schwache Wechselwirkung ist folglich etwa um den Faktor 10^7 kleiner.

11.3 Die Strom-Strom-Wechselwirkung

In den beiden vorhergehenden Abschnitten wurde zweierlei deutlich: Die beherrschenden Eigenschaften des β-Spektrums sind durch den Phasenraumfaktor bestimmt und die Wechselwirkung des β-Zerfalls ist so schwach, daß man die Störungstheorie anwenden kann. Wir haben jedoch wenig über den für den β-Zerfall verantwortlichen Hamiltonoperator erfahren. Kann man dennoch versuchen, einen *Hamiltonoperator* für die schwache Wechselwirkung zu konstruieren? Wir sagten oben, daß die erste erfolgreiche Theorie des β-Zerfalls von Fermi formuliert wurde[2] und daß 1933 noch weniger über den β-Zerfall bekannt war, als wir bis jetzt dargestellt haben. Es ist deshalb nur gerecht, zu zeigen, wie Fermis Genialität zu einem tieferen Verständnis der schwachen Wechselwirkung führte. Wir folgen der Argumentation Fermis, benutzen aber eine modernere Ausdrucksweise.

Fermi nahm an, daß das Elektron und das Neutrino beim Zerfallsprozeß entstehen. Dieser Entstehungsvorgang ist dem bei der Photonenemission ähnlich. 1933 war die Quantentheorie der Strahlung gut verstanden und Fermi baute seine Theorie nach dieser Vorlage auf. Das Ergebnis war unglaublich erfolgreich und widerstand allen Anfechtungen für beinahe 25 Jahre. Als 1957 die Verletzung der Parität nachgewiesen wurde, mußte Fermis Theorie schließlich modifiziert werden. Die erfolgreichste Erweiterung stammt von Feyn-

11.3 Die Strom-Strom-Wechselwirkung

man und Gell-Mann und, in etwas anderer Form, von Marshak und Sudershan.[5] Erstaunlicherweise hält sich die modifizierte Theorie, die die Grundlage der gegenwärtig üblichen Formulierung ist, sehr eng an die ursprüngliche Version von Fermi. Man kann sagen, die schwache Wechselwirkung versucht so gut wie möglich, wie ihr stärkerer Verwandter, die elektromagnetische Wechselwirkung, auszusehen.

Bild 11.3(a) zeigt das Diagramm für den Zerfall des Neutrons. Ein solcher Zerfall ist didaktisch nicht der günstigste, um eine Wechselwirkung schematisch darzustellen, da ein Teilchen ankommt und drei Teilchen entstehen. Die Analogie zur elektromagnetischen Kraft ist leichter zu sehen, wenn zwei Teilchen zerstört werden und zwei entstehen. In Abschnitt 7.5 lernten wir, daß man Antiteilchen als Teilchen betrachten kann, die sich rückwärts in der Zeit bewegen. Deshalb ist es sinnvoll, eines der entstehenden Teilchen, z.B. das Antineutrino, durch ein ankommendes Teilchen zu ersetzen, hier also durch ein Neutrino. Der Prozeß läuft dann ab wie in Bild 11.3(b). Man nimmt an, daß die Matrixelemente für die beiden Prozesse in Bild 11.3(a) und (b) denselben Wert haben. [Die Übergangsraten sind jedoch verschieden, wegen der verschiedenen Phasenraumfaktoren $\rho(E)$.]

Es ist hilfreich, insbesondere für spätere Betrachtungen, dieselben Abbildungen mit Hilfe von Quarks darzustellen. Die Umwandlung eines Neutrons in ein Proton erfordert die Umbildung eines d-Quarks in ein u-Quark. Die Diagramme in Bild 11.3 geben in Klammern die Quarks an. Das d-Quark ersetzt das n und das u-Quark das p.

Im nächsten Schritt vergleichen wir die elektromagnetische und die schwache Wechselwirkung (Bild 11.4). Die elektromagnetische Wechselwirkung hat die inzwischen vertraute Form, bei der die Kraft durch ein virtuelles Photon übertragen wird. Die schwache Wechselwirkung wurde gegenüber Bild 11.3(b) nochmals verändert, und zwar wurde ein hypothetisches Teilchen eingeführt, das *intermediäre Boson* oder W (für weak, d.h. schwach). Die Annahme eines solchen kraftübertragenden Teilchens verbessert die Analogie. Die meisten der folgenden Überlegungen sind auch richtig, ohne daß man die Existenz des W voraussetzt, aber mit ihm sind sie klarer und leichter zu merken.

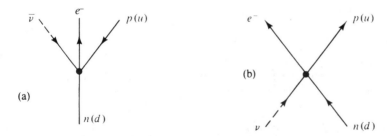

Bild 11.3 Neutronenzerfall und Neutrinoabsorption. Man nimmt an, daß die Absolutwerte der Matrixelemente für beide Prozesse gleich sind. Die Diagramme verwenden u- und d-Quarks anstelle von p und n.

---

[5] R. P. Feynman und M. Gell-Mann, *Phys. Rev.* **109**, 193 (1958); E. C. G. Sudarshan und R. E. Marshak, *Phys. Rev.* **109**, 1860 (1958).

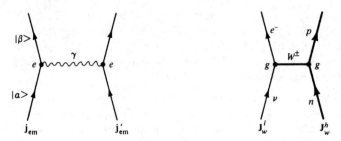

Bild 11.4 Vergleich der elektromagnetischen und der schwachen Wechselwirkung. Die Indizes l und h geben die schwachen Ströme von Leptonen und Hadronen an.

Zunächst sei der Fall betrachtet, bei dem zwei Ströme, die jeweils durch ein Teilchen mit der Ladung e erzeugt werden, über ein virtuelles Photon wechselwirken. Die Wechselwirkungsenergie ist durch Gl. 10.49 gegeben:

$$(11.15) \quad H_{em} = -\frac{e^2}{c^2} \int d^3x \, d^3x' \, \mathbf{j}(\mathbf{x}) \cdot \mathbf{j}'(\mathbf{x}') \frac{1}{|\mathbf{x}-\mathbf{x}'|} = \int d^3x \, d^3x' \, \mathbf{j}(\mathbf{x}) \cdot \mathbf{j}'(\mathbf{x}') f_{em}(r)$$

Dabei ist $r = |\mathbf{x}-\mathbf{x}'|$ und f_{em} gibt die Abhängigkeit des H_{em} von der Aufspaltung in $\mathbf{j}(\mathbf{x})$ und $\mathbf{j}'(\mathbf{x}')$ an. Die große Reichweite der Wechselwirkung, die sich durch $|\mathbf{x}-\mathbf{x}'|^{-1}$ zeigt, wird durch die verschwindende Photonenmasse verursacht.

Für die schwache Wechselwirkung, wie sie Bild 11.4 zeigt, nimmt man an, daß sie von einer *schwachen Strom-Strom-Wechselwirkung* herrührt und daß die Form von H_w nach dem Muster von H_{em} gebaut ist. Die Leptonenerhaltung im schwachen Fall entspricht der Ladungserhaltung bei der elektromagnetischen Wechselwirkung und jeder schwache Strom behält seine Leptonenzahl. Demnach muß die Leptonenzahl von W Null sein. [Hätten wir beim Übergang von Bild 11.3(a) nach (b) das entstehende Proton durch ein ankommendes Antiproton ersetzt, so hätten die Ströme diesen Erhaltungssatz nicht erfüllt.] Die schwachen Ströme in Bild 11.4 ändern an der Verknüpfungsstelle den Wert der elektrischen Ladung um eine Einheit, z.B. wird das Neutrino zum Elektron. Ein solcher Wechsel der elektrischen Ladung tritt in fast allen bisher beobachteten schwachen Prozessen auf.

Da die elektrische Ladung erhalten bleiben muß, muß W an jedem Vertex in Bild 11.4 geladen sein. In Analogie zur elektromagnetischen Wechselwirkung, Gl. 11.15, kann nun der schwache Hamiltonoperator so geschrieben werden:

$$(11.16) \quad H_w = -\frac{g^2}{c^2} \int d^3x \, d^3x' \, \mathbf{J}_w^l(\mathbf{x}) \, \mathbf{J}_w^h(\mathbf{x}') f(r)$$

$f(r)$ gibt die Abhängigkeit der schwachen Wechselwirkung vom Abstand an. Die Reichweite R_W von $f(r)$ muß sehr kurz sein: Die Masse von W ist etwa 80 GeV/c^2 (Tabelle 5.8). Gl. 5.51 liefert

$$(11.17) \quad R_W = \frac{\hbar}{m_W c} \approx 2{,}5 \text{ am}$$

11.3 Die Strom-Strom-Wechselwirkung

Üblicherweise werden solche kurzreichweitigen Kräfte durch ein Yukawapotential beschrieben:

$$(11.18) \qquad f(r) = \frac{\exp\left(-\dfrac{r}{R_W}\right)}{r}.$$

Wir werden in Kapitel 14 zu dieser Form zurückkehren. Hier reicht es, festzustellen, daß es eine Funktion ist, die nur für Abstände der Größenordnung R_W oder kleiner merklich von Null verschieden ist. Wenn wir noch annehmen, daß sich die schwachen Ströme über eine Entfernung der Größenordnung R_W wenig ändern, dann ist $\mathbf{J}_w^h(\mathbf{x}') \approx \mathbf{J}_w^h(\mathbf{x})$, Gl. 11.18 kann in Gl. 11.16 eingesetzt werden, und das Integral über d^3x' läßt sich ausführen. Das Ergebnis ist

$$(11.19) \qquad H_w = -4\pi \frac{g^2 R_W^2}{c^2} \int d^3x \, \mathbf{J}_w^l(\mathbf{x}) \cdot \mathbf{J}_w^h(\mathbf{x}).$$

Gl. 11.19 wird umgeschrieben zu

$$(11.20) \qquad H_w = -\frac{G}{\sqrt{2}\, c^2} \int d^3x \, \mathbf{J}_w^l(\mathbf{x}) \cdot \mathbf{J}_w^h(\mathbf{x}),$$

mit

$$(11.21) \qquad G = \sqrt{2}\, 4\pi g^2 \, R_W^2 = \sqrt{2}\, 4\pi \left(\frac{\hbar}{m_W c}\right)^2 g^2.$$

Der Faktor $1/\sqrt{2}\, c^2$ in Gl. 11.20 ist Konvention. G ist eine neue schwache Kopplungskonstante, die nicht mehr dieselbe Dimension wie die elektrische Ladung e hat.

Gl. 11.20 ist aus folgenden Gründen noch nicht ganz richtig: H_w muß ein hermitescher Operator sein. Wenn die Ströme $\mathbf{J}_w^l$ und $\mathbf{J}_w^h$ hermitesch wären, so wäre auch H_w hermitesch. Bei der elektromagnetischen Wechselwirkung ist die Hermitezität von $\mathbf{j}_{em}$ dadurch garantiert, daß der elektromagnetische Strom beobachtet werden kann. Das Photon ist neutral. Eine solche Garantie gibt es für die schwache Wechselwirkung nicht und tatsächlich, wie bereits angedeutet, ist der schwache Strom *nicht* hermitesch. H_w muß deshalb hermitesch gemacht werden. Es gibt zwei Methoden, um dies zu erreichen. Eine davon ist, den hermitesch konjugierten Ausdruck zu Gl. 11.20 zu addieren. Die zweite folgt wieder aus der Analogie zum elektromagnetischen Fall. In Gl. 10.96 wurde der elektromagnetische Strom als Summe aus zwei Beiträgen geschrieben, wobei einer von den Leptonen und der andere von den Hadronen herrührt. Ähnlich wird angenommen, daß der gesamte schwache Strom aus zwei Bestandteilen zusammengesetzt ist, die von den Leptonen und Hadronen stammen,

$$(11.22) \qquad \mathbf{J}_w = \mathbf{J}_w^l + \mathbf{J}_w^h.$$

Der schwache Hamiltonoperator ist dann hermitesch, wenn Gl. 11.20 zu

(11.23) $$H_w = -\frac{G}{\sqrt{2}\,c^2} \int d^3x\, \mathbf{J}_w(\mathbf{x}) \cdot \mathbf{J}^\dagger_w(\mathbf{x}),$$

verallgemeinert wird. Diese Form ist immer noch unvollständig. Unser Ausgangspunkt, die elektromagnetische Wechselwirkung der Form Gl. 11.15 beschreibt nur die Energie, die von zwei Strömen herrührt, läßt aber die Coulombwechselwirkung außer acht. Die Coulombenergie zwischen zwei Ladungen, die durch die elektrischen Ladungsdichten $e\rho(\mathbf{x})$ und $e\rho'(\mathbf{x}')$ beschrieben sind, ist durch

$$H_c = e^2 \int d^3x\, d^3x'\, \frac{\rho(\mathbf{x})\,\rho'(\mathbf{x}')}{|\mathbf{x}-\mathbf{x}'|}$$

gegeben. Wenn es *schwache Ladungen* $g\rho_w$ gibt, so kann man die Überlegungen, die zu Gl. 11.23 führen, wiederholen und erhält als vollständigen schwachen Hamiltonoperator

(11.24) $$H_w = \frac{G}{\sqrt{2}\,c^2} \int d^3x [c^2 \rho_w(\mathbf{x}) \rho^\dagger_w(\mathbf{x}) - \mathbf{J}_w(\mathbf{x}) \cdot \mathbf{J}^\dagger_w(\mathbf{x})].$$

Mit H_w in dieser Form lassen sich schwache Wechselwirkungen behandeln. Eine allgemeinere Formulierung macht die Überlegungen jedoch einfacher und klarer. Die Wahrscheinlichkeitsdichte und der Wahrscheinlichkeitsstrom bilden zusammen einen Vierervektor, wie bereits in Gl. 10.92 angegeben:

$$J_w = (c\rho_w, \mathbf{J}_w).$$

Für den Rest dieses Kapitels bezeichnen wir Vierervektoren mit gewöhnlichen Buchstaben. Das Skalarprodukt zweier Vierervektoren wird durch Gl. 10.91 definiert. Das Produkt $J_w \cdot J^\dagger_w$ ist

$$J_w \cdot J^\dagger_w = c^2 \rho_w \rho^\dagger_w - \mathbf{J}_w \cdot \mathbf{J}^\dagger_w,$$

und der schwache Hamiltonoperator wird zu

(11.25) $$H_w = \frac{G}{\sqrt{2}\,c^2} \int d^3x\, J_w(\mathbf{x}) \cdot J^\dagger_w(\mathbf{x}).$$

Diese Gleichung macht die Lorentzinvarianz von H_w deutlich.

Der Leser, dem Vierervektoren Unbehagen bereiten, kann ohne großen Schaden das Produkt als gewöhnliches Skalarprodukt betrachten.

Bisher haben wir den schwachen Strom J_w und das intermediäre Boson W als geladen betrachtet, wie in Bild 11.4 dargestellt. Diese Annahme wurde allgemein bis 1979 akzeptiert und basierte auf experimentellen Daten. Es war z.B. bekannt, daß der in Bild 11.5 a gezeigte Zerfall $K^0 \to \mu^+\mu^-$ nicht auftritt oder relativ zu dem primären Zerfall von K^+, $K^+ \to \mu^+\nu_\mu$ (siehe Bild 11.5 b) stark unterdrückt wird. Solche schwachen Zwei-Körper-Zerfälle

11.3 Die Strom-Strom-Wechselwirkung

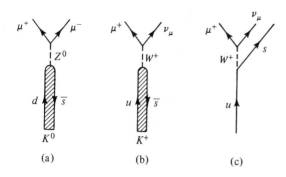

Bild 11.5 Leptonischer Zerfall von K^0 und K^+ sowie das Quarkanalogon; der für K^0 angegebene Zerfall ist verboten.

können leichter in der Quarkdarstellung verstanden werden, wie in Bild 11.5 c dargestellt. Die Zusammensetzung von K^+ ist $(u\bar{s})$ und die von K^0 $(d\bar{s})$. Die Analogie zu Bild 11.3 wird nun offensichtlich, noch mehr, wenn $\bar{s}$ im Anfangszustand als ein s im Endzustand dargestellt wird, wie in Bild 11.5 c gezeigt. Ein neutraler schwacher Strom, vermittelt durch ein neutrales, intermediäres Vektorboson Z^0, würde Prozesse wie $K^0 \to \mu^+\mu^-$ und die elastische Streuung von Neutrinos an Leptonen und Protonen, $\nu_\mu e \to \nu_\mu e$, $\nu_\mu p \to \nu_\mu p$ erlauben, siehe Bild 11.6. Um 1968 herum sagten Weinberg[6] und Salam[7] unabhängig voneinander die Existenz von schwachen neutralen Strömen mit Hilfe einer Theorie voraus, die die schwache und die elektromagnetische Wechselwirkung vereinigen. Das Fehlen des Zerfalls $K^0 \to \mu^+\mu^-$ war die größte Hürde für die Akzeptanz der Weinberg-Salam-Theorie bis zum Jahre 1970, als Glashow, Iliopoulos und Maiani[8] (GIM) zeigten, daß das Fehlen des K^0-Zerfalls verstanden werden kann, wenn man Charm-Quarks (c-Quarks) postuliert. (Abschnitt 7.7 und Kapitel 13). Schwache neutrale Ströme wurden in CERN durch Beobachtung der elastischen Streuung von Neutrinos und Antineutrinos an Elektronen entdeckt, $\nu_\mu e \to \nu_\mu e$ und $\bar{\nu}_\mu e \to \bar{\nu}_\mu e$.[9] Diese Reaktionen sind durch die Erhaltung der Myonenzahl verboten, falls nur geladene schwache Ströme existieren. Neutrale schwache Ströme sind in der Zwischenzeit durch viele andere Experimente nachgewiesen worden.[10]

Bild 11.6 Durch Z^0-Teilchen vermittelte schwache neutrale Ströme.

---

[6] S. Weinberg, *Phys. Rev. Lett.* **19**, 1264 (1967); **27**, 1688 (1977); *Phys. Rev.* **D 5**, 1962 (1972).
[7] A. Salam, in *Elementary Particle Theory*, (N. Swartholm, Ed.), Almqvist und Wiksells, Stockholm, 1969, S. 367.
[8] S. L. Glashow, J. Iliopoulos und L. Maiani, *Phys. Rev.* **D 2**, 1285 (1970).
[9] F. J. Hasert et al., *Phys. Lett.* **B 46**, 121 (1973); H. Faissner et al., *Phys. Rev. Lett.* **41**, 213 (1978).
[10] J. E. Kim et al., *Rev. Mod. Phys.* **53**, 211 (1981); P. Q. Hung und J. J. Sakurai, *Ann. Rev. Nucl. Part. Sci.* **31**, 375 (1981).

Die Begriffe der schwachen Ströme und der schwachen Ladung bedürfen noch einiger erklärender Bemerkungen. Wir sind an elektrische Ladungen und Ströme gewöhnt, sie lassen sich beobachten und messen und sind Bestandteil unseres täglichen Lebens. Für schwache Ströme und schwache Ladungen andererseits gibt es keine klassische Analogie. Der einzige Weg, um mit ihnen vertraut zu werden, ist ihr Vorhandensein vorauszusetzen und die sich daraus ergebenden Konsequenzen zu untersuchen. Wenn alle Experimente mit den Vorhersagen übereinstimmen, die auf der schwachen Strom-Strom-Wechselwirkung beruhen, wie sie in Gl. 11.25 gegeben ist, so ist das Vertrauen in die Existenz von schwachen Ladungen und Strömen gerechtfertigt. In den folgenden Abschnitten werden wir drei mit H_w im Zusammenhang stehende Fragen untersuchen: (1) Welche Erscheinungen werden durch H_w beschrieben? (2) Welche Form hat der schwache Strom J_w? (3) Wie groß ist der Wert der Kopplungskonstanten G?

11.4 Ein Überblick über schwache Prozesse

Die Diskussion blieb bislang auf den β-Zerfall beschränkt, er ist das älteste und bekannteste Beispiel einer schwachen Wechselwirkung. Wenn er der einzige Fall der schwachen Kraft wäre, so wäre das Interesse daran nicht so groß.

Inzwischen ist jedoch eine überraschende Vielfalt von schwachen Prozessen bekannt und sie bilden eine reiche Quelle unerwarteter neuer Phänomene, wie etwa den Sturz der Parität, die CP-Erhaltung und viele andere Erscheinungen, die mit neutralen Kaonen und anderen Systemen in Verbindung stehen. Außerdem hat die Vereinigung von schwacher und elektromagnetischer Wechselwirkung (Kapitel 13) einen grundlegenden Einfluß auf unser Verständnis von den fundamentalen Kräften gehabt. In diesem Abschnitt werden wir die schwachen Prozesse klassifizieren, einige Beispiele zusammenstellen und begründen, warum sie alle als schwach bezeichnet werden.

Die *Klassifizierung* der schwachen Prozesse kann auf der Teilung des schwachen Stroms in einen leptonischen und einen hadronischen Anteil, siehe Gl. 11.22, aufbauen. Einsetzen von Gl. 11.22 in der Form $J_w = J_w^l + J_w^h$ in den schwachen Hamiltonoperator Gl. 11.25 liefert vier Skalarprodukte. Eines enthält nur Leptonen und eines nur Hadronen und zwei verbinden leptonische und hadronische Ströme. Man führt die Klassifizierung gemäß diesen Termen durch:

(11.26)
- leptonische Prozesse: $J_w^l \cdot J_w^{l\dagger}$
- semileptonische Prozesse: $J_w^l \cdot J_w^{h\dagger} + J_w^h \cdot J_w^{l\dagger}$
- hadronische Prozesse: $J_w^h \cdot J_w^{h\dagger}$.

Von jeder dieser drei Kategorien sind schwache Prozesse bekannt. In Kapitel 10, bei der Behandlung der elektromagnetischen Wechselwirkung, erfuhren wir, daß das Leben sehr einfach wäre, wenn es nur Leptonen gäbe. Dies wiederholt sich bei der schwachen Wechselwirkung: Leptonische Prozesse lassen sich berechnen und die Theorien stimmen mit dem Experiment überein. Semileptonische Prozesse machen schon viele Schwierigkeiten und schwache Prozesse, bei denen nur Hadronen beteiligt sind, sind in ihren Details noch unverstanden. Wir werden nun Prozesse für jede der drei Klassen darstellen.

Leptonische Prozesse. Der einzige rein leptonische Zerfall, der bis jetzt untersucht wurde, ist der des Myons,

(11.27) $\mu \to e\,\bar{\nu}\nu$.

Der Zerfall des Myons wird im folgenden Abschnitt besprochen, wo es sich zeigen wird, daß die maximale Energie der emittierten Elektronen etwa 53 MeV und die Lebensdauer 2,2 µs ist und die Parität nicht erhalten bleibt.

Untersuchungen des Tau-Zerfalls sind schwieriger, weil das Tau-Teilchen nur durch elektromagnetische Prozesse, wie etwa $e^+e^- \to \tau^+\tau^-$, produziert wird und nicht durch den Zerfall eines schwereren Mesons, wie das beim Myon der Fall ist, wo die zahlreich erzeugten Pionen die Myonenherstellung ermöglichen.

Die Streuung von Neutrinos an geladenen Leptonen ist ebenfalls rein leptonisch. Die Prozesse

(11.28) $\nu_e e^- \to \nu_e e^-$, $\nu_\mu e^- \to \nu_e \mu^-$

erfolgen ohne elektromagnetische oder hadronische Störungen, und sie sind, zusammen mit den entsprechenden Vorgängen mit Antineutrinos, ideal zur Untersuchung der schwachen Wechselwirkung bei hoher Energie. Solche Reaktionen wurden tatsächlich sowohl an Beschleunigern[9, 10] als auch an Reaktoren[11] untersucht.

Semileptonische Prozesse. Bei semileptonischen Prozessen ist ein Strom leptonisch und der andere hadronisch. In Tabelle 11.2 sind drei semileptonische Zerfälle eingetragen. Die $\pi^\pm$-Zerfälle sind dem ^{14}O-Zerfall, Tabelle 11.1, ähnlich und die $ft_{1/2}$-Werte sind eng verwandt.

Tabelle 11.2 Zerfallseigenschaften von drei semileptonischen Zerfällen. $t_{1/2}$ bezeichnet die partielle Halbwertszeit.

Zerfall	Spin-Parität Übergang	$t_{1/2}$ (s)	E_{max} (MeV)	$ft_{1/2}$ (s)
$\pi^\pm \to \pi^0 e\nu$	$0^- \to 0^-$	1,7	4,1	$3,3 \times 10^3$
$n \to pe\bar{\nu}$	$\tfrac{1}{2}^+ \to \tfrac{1}{2}^+$	615	0,78	$1,1 \times 10^3$
$\Sigma^- \to \Lambda^0 e\bar{\nu}$	$\tfrac{1}{2}^+ \to \tfrac{1}{2}^+$	$1,8 \times 10^{-6}$	79	6×10^3

Können diese Zerfälle genügend Informationen für ein gründliches Studium der semileptonischen schwachen Wechselwirkung liefern? Die maximale Energie in Tabelle 11.2 beträgt 79 MeV, die elektromagnetische Wechselwirkung hat uns jedoch gelehrt, daß Energien von vielen GeV notwendig sind, um einige Eigenschaften zu erkunden. Schwache Zerfälle mit solchen Energien sind sehr schwierig zu beobachten, weil ein Zustand mit sehr hoher Anregung generell hadronisch oder elektromagnetisch zerfällt. Die schwache Wechselwirkung kann damit nicht konkurrieren. Ein Beispiel ist ψ/J und seine angeregten Zustände mit Energien über 3 GeV. Selbst wenn die Auswahlregeln den Zerfall in Hadronen verlangsamen, ist der Beitrag der schwachen Wechselwirkung zum Zerfall so gering, daß er bisher noch nicht beobachtet wurde. Bei noch höheren Energien ist die Situation noch ungünstiger.

---

[11] F. Reines, H. S. Gurr und H. W. Sobel, *Phys. Rev. Lett.* **37**, 315 (1976); S. P. Rosen in *Proc. Santa Fe Meeting*, (T. Goldman und M. M. Nieto, Eds.), World Scientific, Philadelphia, 1985, S. 171.

Einer der besten Wege, das Hochenergieverhalten der schwachen Wechselwirkung zu studieren, besteht in den semileptonischen, neutrinoinduzierten Reaktionen wie

(11.29) $\quad \nu_\mu n \to \mu^- p, \quad \nu_\mu p \to \nu_\mu p$
$\quad\quad\quad\;\; \overline{\nu}_\mu p \to \mu^+ n, \quad \nu_\mu p \to \nu_\mu n \pi^+$

und in der tief unelastischen Streuung

(11.30) $\quad \nu_\mu p \begin{array}{l} \to \nu_\mu X \\ \to \mu^- X \end{array}$

X ist ein beliebiges Teilchen oder mehrere.

Die Reaktionen auf der linken Seite von Gl. 11.29 beinhalten geladene schwache Ströme und den Austausch von einem W^+, die auf der rechten Seite erfordern neutrale schwache Ströme und den Austausch von einem Z^0. Reaktionen vom Typ der Gln. 11.29 und 11.30 haben geholfen, die Gültigkeit der Weinberg-Salam (WS)-Theorie zu bestätigen und sind zum Erhalt von Strukturfunktionen benutzt worden. Sie werden weiter unten und in Abschnitt 11.11 ausführlicher diskutiert.

Wie wir in Kapitel 10 gesehen haben, wird die Streuung von hochenergetischen Elektronen an Protonen durch die elektromagnetische Wechselwirkung beherrscht. Die Interferenz von elektromagnetischer und schwacher Wechselwirkung bewirkt jedoch die Nichterhaltung von C und P, die in den Abschnitten 9.3 und 10.8 diskutiert wurde. Messungen dieser Effekte[10, 12] führten zu einer weiteren Unterstützung der WS-Theorie.

Bei den semileptonischen Prozessen, die bisher angegeben wurden, schließen die schwachen Zerfälle keine Änderung der Strangeness (Fremdartigkeit, Seltsamkeit) ein. Es ist zwar wahr, daß der Zerfall $\Sigma^+ \to \Lambda^0 e^+ \nu$ in Tabelle 11.2 fremdartige Teilchen enthält, aber die Hadronen im Anfangs- und im Endzustand haben die gleiche Strangeness. Wir haben jedoch bereits in Abschnitt 7.6 erwähnt, daß Strangeness und Hyperladung nicht notwendig bei schwachen Wechselwirkungen erhalten bleiben. Es gibt tatsächlich schwache Zerfälle mit Strangenessänderung, drei davon sind in Tabelle 11.3 eingetragen. Sie alle werden durch geladene Ströme vermittelt. Bisher wurden keine Zerfälle oder Reaktionen mit Strangenessänderung beobachtet, die sich durch neutrale schwache Ströme ereignen; z.B. den Zerfall $\Lambda^0 \to n e^+ e^-$ gibt es nicht.

Tabelle 11.3 Änderung der Strangeness (Fremdartigkeit) bei semileptonischen Zerfällen. $t_{1/2}$ ist die partielle Halbwertszeit.

Zerfall	Spin-Parität Übergang (von Hadronen)	$t_{1/2}$ (s)	$E_{\max}(e)$ (MeV)	$ft_{1/2}$ (s)
$K^+ \to \pi^0 e^+ \nu_e$	$0^- \to 0^-$	$1{,}8 \times 10^{-7}$	358	1×10^6
$\Lambda^0 \to p e^- \overline{\nu}_e$	$\tfrac{1}{2}^+ \to \tfrac{1}{2}^+$	$2{,}2 \times 10^{-7}$	177	2×10^4
$\Sigma^- \to n e^- \overline{\nu}_e$	$\tfrac{1}{2}^+ \to \tfrac{1}{2}^+$	$1{,}0 \times 10^{-7}$	257	1×10^5

---

[12] C. Y. Prescott et al., *Phys. Lett.* **77 B**, 347 (1978); **84 B**, 524 (1979); M. A. Bouchiat und L. Pottier in *Atomic Physics*, Band 9 (R. S. van Dyck, Jr. und E. N. Fortson, Eds.), World Scientific, Singapur, 1984, S. 246.

Hadronische Prozesse. Beispiele für schwache Zerfälle, bei denen nur Hadronen beteiligt sind:

(11.31)
$$K^+ \begin{array}{l} \rightarrow \pi^+\pi^0 \\ \rightarrow \pi^+\pi^+\pi^- \\ \rightarrow \pi^+\pi^0\pi^0 \end{array}$$

und

(11.32)
$$\Lambda^0 \begin{array}{l} \rightarrow p\pi^- \\ \rightarrow n\pi^0 \end{array}$$

Andere schwache Zerfälle, an denen nur Hadronen beteiligt sind, werden in den Tabellen im Anhang angegeben. Sie alle gehorchen der Auswahlregel für die Strangeness.

$$|\Delta S| = 1$$

Das Fehlen von Übergängen mit $\Delta S = 0$ kann leicht erklärt werden: Übergänge ohne Änderung der Fremdartigkeit können durch hadronische oder elektromagnetische Zerfälle geschehen und der schwache Zweig wird überdeckt.

Warum werden alle Prozesse in diesem Abschnitt als schwach bezeichnet, unabhängig davon, ob Leptonen, Hadronen oder beide beteiligt sind? Die Rechtfertigung kommt von der Tatsache, daß die Stärke der Wechselwirkung, die für die verschiedenen Prozesse verantwortlich ist, die gleiche zu sein scheint. Zusätzliche Unterstützung kommt aus Betrachtungen der Auswahlregeln und aus der Beobachtung, daß alle Prozesse, die bezüglich der Stärkeeinteilung schwach sind, auch Verletzungen der Parität und der Invarianz der Ladungskonjugation zeigen.

Wenn die anderen Parameter vergleichbar sind, drückt sich die Stärke der Wechselwirkung, die für den Zerfall verantwortlich ist, in der Lebensdauer aus. Die Zerfälle in Tabelle 11.2 sind vom Typ $A \rightarrow Bev$. Während die Zerfallsenergien um etwa einen Faktor 100 und die Zustandsdichtefaktoren um einen Faktor 10^{10} variieren, sind die *ft*-Werte fast gleich. Es ist deshalb wahrscheinlich, daß die drei sehr verschiedenen Zerfälle in Tabelle 11.2 durch die selbe Kraft verursacht werden. Eine Diskrepanz tritt auf, wenn die *ft*-Werte in Tabelle 11.2 und in Tabelle 11.3 miteinander verglichen werden. Während die Zerfälle ähnlich zu sein scheinen, sind die *ft*-Werte bei Zerfällen mit einer Änderung der Hyperladung zwischen einer und drei Größenordnungen höher als die entsprechenden Werte bei Zerfällen mit Erhaltung der Hyperladung. Wir werden in Abschnitt 11.8 auf diese Diskrepanz zurückkommen und zeigen, daß es eine Erklärung im Rahmen der schwachen Strom-Strom-Wechselwirkung gibt.

Die *Paritätsverletzung* wurde bereits in Abschnitt 9.3 behandelt; die elektromagnetische und die hadronische Kraft erhalten die Parität, die Verletzung tritt bei der schwachen Kraft auf. Das in Abschnitt 9.3 diskutierte Beispiel war ein semileptonischer Zerfall. Der Originalbeweis für die Nichterhaltung der Parität kam vom Zerfall eines geladenen Kaons in zwei und drei Pionen. Bei diesen schwachen Zerfällen sind Hadronen beteiligt. Im nächsten Abschnitt werden wir zeigen, daß der rein leptonische Zerfall eines Myons auch die Parität verletzt. Diese Beispiele zeigen, daß die verschiedenen Prozesse alle die Paritätserhaltung verletzen. Diese Tatsache allein würde jedoch nicht ausreichen, sie alle in eine

Kategorie einzuordnen. Sie zeigt jedoch eine Ähnlichkeit in der Form der Wechselwirkung, die diese Zerfälle verursacht, und sie unterstützt den Schluß, den wir bereits aus der Betrachtung der Lebensdauer gezogen haben.

Die Erhaltung der Strangeness oder der Hyperladung bei hadronischer und elektromagnetischer Wechselwirkung wurde in Gl. 7.51 postuliert. Die Beispiele für den schwachen Zerfall, die in diesem Abschnitt und in Abschnitt 7.6 diskutiert wurden, zeigen, daß viele Fälle bekannt sind, bei denen sich die Fremdartigkeit um eine Einheit ändert. Es wurde jedoch kein Fall festgestellt, bei dem eine Änderung um zwei Einheiten auftrat. Die Auswahlregel für die Strangeness

(11.33) $\quad \begin{aligned} &\Delta S = 0 \quad &&\text{bei hadronischer und elektromagnetischer Wechselwirkung} \\ &\Delta S = 0, \pm 1 \quad &&\text{bei schwacher Wechselwirkung} \end{aligned}$

bildet ein anderes charakteristisches Merkmal für die schwache Wechselwirkung.

11.5 Der Zerfall des Myons

Im letzten Abschnitt gaben wir einen Überblick über schwache Prozesse, und wir haben die erste Frage am Ende von Abschnitt 11.3 teilweise beantwortet, nämlich welche Phänomene durch H_w beschrieben werden. Die Form des schwachen Stroms und der Wert der Kopplungskonstante müssen noch untersucht werden. Es ist zu erwarten, daß die grundlegenden Eigenschaften der schwachen Wechselwirkung in den rein leptonischen Prozessen am einfachsten zu erkunden sind, da bei diesen kein nennenswerter Einfluß der starken Kraft besteht. In diesem Abschnitt werden wir die hervorstechenden Eigenschaften des Myonenzerfalls beschreiben.

Myonen nehmen an der starken Wechselwirkung nicht teil. Deshalb ist es unmöglich, sie in einer Reaktion direkt und in großen Mengen zu erzeugen. Der Zerfall von geladenen Pionen stellt jedoch eine brauchbare Myonenquelle dar. Die Pionen werden z.B. mit einem Beschleuniger erzeugt. Dann sortiert man in einem Pionenkanal die richtigen aus und bremst sie in einem Absorber ab (Bild 11.7). Ist ihre Energie nicht zu hoch, werden sie in der Regel gestoppt, bevor sie wie folgt zerfallen

(11.34) $\quad \pi^+ \to \mu^+ \nu_\mu.$

Was nun geschieht, ist weitgehend durch Erhaltungssätze bestimmt: Die Erhaltung der Leptonen- und Myonenzahl verlangt, daß das neutrale Teilchen ein myonisches Neutrino ist. Die Impulserhaltung verlangt, daß das Myon und das myonische Neutrino gleich großen und entgegengesetzten Impuls im Schwerpunktsystem besitzen. Das myonische Neutrino hat seinen Spin entgegengesetzt zu seinem Impuls, wie in Bild 7.2 gezeigt wurde. Da das Pion den Spin 0 hat, verlangt die Drehimpulserhaltung folglich die vollständige Polarisation des Myons, mit seinem Spin entgegengesetzt zu seinem Impuls. Die Myonen verlassen das Piontarget und ein Teil wird vom Myonentarget gestoppt. Ihr Zerfallspositron kann man nachweisen. Durch geeignete Wahl des Myonentargets bleibt das Myon bis zum Zerfall polarisiert, mit Spin **J** in die Richtung, aus der es kam.

11.5 Der Zerfall des Myons

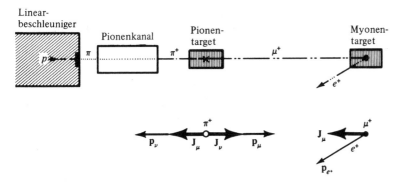

Bild 11.7 Ein positives Pion wird im Pionenkanal ausgesondert und kommt im Pionentarget zur Ruhe. Der Pionenzerfall liefert ein vollständig polarisiertes Myon. Das Myon verläßt das Pionentarget und kommt im Myonentarget zur Ruhe. Sein Spin zeigt in die Richtung, aus der es kam. Anschließend wird das Zerfallselektron beobachtet.

Der eben beschriebene und in Bild 11.7 gezeigte Vorgang erlaubt eine Anzahl von Messungen, die Erkenntnisse über die schwache Wechselwirkung liefern. Wir werden hier drei Gesichtspunkte erläutern, nämlich die Nichterhaltung der Parität, die Zerfallszeit des Myons und das Spektrum des Zerfallselektrons.

Verletzung der Parität. In Bild 11.7 sieht man an zwei Stellen eine Verletzung der Parität. Man erwartet ein polarisiertes Myon, weil das gleichzeitig emittierte Neutrino polarisiert ist. Ein longitudinal polarisiertes Myon verletzt die Parität, wie in Abschnitt 9.3 erklärt wurde. Beobachtet man also eine Polarisation des Myons, so beweist dies, daß die Parität beim schwachen Zerfall des Pions nicht erhalten bleibt. Diese Polarisation wurde nachgewiesen.[13] Die zweite Stelle, an der sich die Nichterhaltung der Parität zeigt, ist der Zerfall des Myons. Wie in Bild 11.7 skizziert, zeigt der Spin des Myons in eine wohldefinierte Richtung und die Wahrscheinlichkeit der Positronenemission kann nun bezüglich dieser Richtung bestimmt werden. Dieses Experiment verläuft analog zu dem in Abschnitt 9.3 erläuterten und in Bild 9.6 gezeigten. Tatsächlich fand man, wie im Wu-Ambler-Experiment, daß das Positron bevorzugt parallel zum Spin des einfallenden Myons emittiert wird, was bedeutet, daß auch beim Myonenzerfall die Parität verletzt wird.[14]

Zerfallszeit des Myons. Die experimentelle Anordnung zur Bestimmung der Myonenlebensdauer wurde schon in Kapitel 4 beschrieben. In Bild 4.16 wurden die logischen Elemente gezeigt und man sieht sofort, wie sie sich in den Aufbau von Bild 11.7 einfügen. Die Elektronenzahl, die im Zähler D als Funktion der Verzögerungszeit zwischen den Zählern B und D gemessen wird, liefert eine Kurve von der in Bild 5.15 gezeigten Form. Die Neigung der Kurve bestimmt die Lebensdauer des Myons. Für die meisten Abschätzungen reicht es, sich den Wert 2,2 µs zu merken.

---

[13] G. Backenstoss, B. D. Hyams, G. Knop, P. C. Marin und U. Stierlin, *Phys. Rev. Letters* **6**, 415 (1961); M. Bardon, P. Franzini und J. Lee, *Phys. Rev. Letters* **7**, 23 (1961).
[14] R. L. Garwin, L. M. Lederman und M. Weinrich, *Phys. Rev.* **105**, 1415 (1957); J. L. Friedman und V. L. Telegdi, *Phys. Rev.* **105**, 1681 (1957).

Elektronenspektrum. Zur Untersuchung des Elektronenspektrums mißt man die Anzahl der Elektronen als Funktion des Impulses. Zur Bestimmung des Impulses wird der Weg des Elektrons in einem Magnetfeld beobachtet, z.B. in einer Drahtfunkenkammer.[15] Das Ergebnis eines solchen Experiments zeigt Bild 11.8. Es besteht einige Ähnlichkeit mit dem Elektronenspektrum des β-Zerfalls, Bild 11.1, aber der Abfall bei hohen Werten des Elektronenimpulses ist viel steiler. Das Elektronenspektrum wird nicht mehr nur durch den Phasenraumfaktor allein bestimmt. Man erwartet deshalb aus dem genauen Vergleich mit der Theorie einige Erkenntnisse über die Form des schwachen Hamiltonoperators.

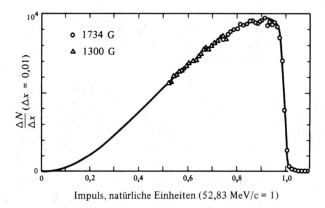

Bild 11.8 Elektronenspektrum von unpolarisierten Myonen. Der Impuls wurde in Einheiten des maximalen Elektronenimpulses gemessen. Aus B. A. Sherwood, *Phys. Rev.* **156**, 1475 (1967).

---

[15] M. Bardon, P. Norton, J. Peoples, A. M. Sachs und J. Lee-Franzini, *Phys. Rev. Letters* **14**, 449 (1965); B. A. Sherwood, *Phys. Rev.* **156**, 1475 (1967).

11.6 Der schwache Strom aus Leptonen

Im vorangegangenen Abschnitt wurden einige der wichtigsten Eigenschaften des Myonenzerfalls behandelt. Diese Daten und einige zusätzliche Erkenntnisse werden wir nun verwenden, um den schwachen Hamiltonoperator Gl. 11.25 genauer zu konstruieren. Insbesondere werden wir die Form des schwachen Stroms J_w^l bestimmen müssen, soweit dies mit unseren beschränkten Mitteln möglich ist. Als erstes werden wir die Ähnlichkeit zwischen Elektron und Myon benutzen. Diese wird oft als *Myon-Elektron-Universalität*[16] bezeichnet. Diese Universalität drückt man aus, indem man den gesamten schwachen Leptonenstrom als Summe eines Elektronen- und eines Myonenstroms schreibt,

(11.35) $\quad J_w^l = J_w^e + J_w^\mu$

und annimmt, daß sich beide gleich verhalten. Den leptonischen Anteil des schwachen Hamiltonoperators H_w findet man, indem man Gl. 11.35 in Gl. 11.25 einsetzt:

(11.36) $\quad H_w = \dfrac{G}{\sqrt{2}\,c^2} \int d^3x \, \{J_w^e \cdot J_w^{e\dagger} + J_w^e \cdot J_w^{\mu\dagger} + J_w^\mu \cdot J_w^{e\dagger} + J_w^\mu \cdot J_w^{\mu\dagger}\}.$

Um den schwachen Strom J_w^e explizit auszudrücken, verwenden wir die Analogie zum Elektromagnetismus. In Kapitel 10 gingen wir systematisch vom klassischen Hamiltonoperator Gl. 10.47

$$H_{em} = \frac{e}{c} \int d^3x \, \mathbf{j}_{em} \cdot \mathbf{A}$$

zum Matrixelement Gl. 10.58,

$$\langle \beta | H_{em} | \alpha \rangle = -i \, \frac{e\hbar}{mc} \int d^3x \, \psi_\beta^* \nabla \psi_\alpha \cdot \mathbf{A}.$$

Der Vergleich dieser beiden Ausdrücke zeigt, daß die Substitution

(11.37) $\quad \mathbf{j}_{em} = -i\, \dfrac{\hbar}{m} \, \psi_\beta^* \nabla \psi_\alpha = \psi_\beta^* \left(\dfrac{\mathbf{p}_{op}}{m} \right) \psi_\alpha = \psi_\beta^* \mathbf{v}_{op} \psi_\alpha$

den Übergang vom klassischen Hamiltonoperator zum quantenmechanischen Matrixelement bewirkt. Die entsprechende Substitution für die Wahrscheinlichkeitsdichte lautet

(11.38) $\quad \rho_{em} = \psi_\beta^* \psi_\alpha.$

---

[16] Da drei geladene Leptonen bekannt sind, sollte die Elektron-Myon-Universalität durch die Elektron-Myon-Tau-Universalität ersetzt werden und Gl. 11.35 sollte durch $J_w^l = J_w^e + J_w^\mu + J_w^\tau$ verallgemeinert werden. Um die Gleichungen handhabbar zu halten, verwenden wir weiter die Form Gl. 11.35; die Verallgemeinerung mit der Berücksichtigung von Tau ist problemlos.

Die Gleichungen 11.37 und 11.38 gelten für nichtrelativistische Elektronen. Um Verallgemeinerungen möglich zu machen, führen wir zwei Operatoren V_0 und $\mathbf{V}$ ein und schreiben

$$\rho_{em} = \psi_\beta^* V_0 \psi_\alpha, \qquad \mathbf{j}_{em} = c\psi_\beta^* \mathbf{V} \psi_\alpha.$$

Die Lichtgeschwindigkeit c wurde eingeführt, um $\mathbf{V}$ dimensionslos zu machen. Ladungsdichte und Stromdichte bilden zusammen einen Vierervektor,

$$j_{em} = (c\rho, \mathbf{j}),$$

oder, mit den Operatoren V_0 und $\mathbf{V}$,

(11.39) $\qquad j_{em} = c\psi_\beta^* V \psi_\alpha.$

Die Schreibweise $V \equiv (V_0, \mathbf{V})$ soll daran erinnern, daß sich das „sandwich" $\psi^* V \psi$ wie ein Vierervektor transformiert. Mit den Gln. 11.37 und 11.38 wird die explizite Form von V für ein nichtrelativistisches Elektron

(11.40) $\qquad V \equiv (V_0, \mathbf{V}), \quad V_0 = 1, \quad \mathbf{V} = \dfrac{\mathbf{p}}{mc}.$

Es gibt zahlreiche Unterschiede zwischen elektromagnetischen und schwachen Strömen. Während der elektromagnetische Strom immer neutral ist und die Ladung erhält, hat der schwache Strom zusätzlich zum neutralen Anteil $J_w^{(0)}$ auch einen ladungsändernden Anteil, $J_w^{(-)}$. Für Elektronen kann die schwache Stromdichte in Analogie zur elektromagnetischen folgendermaßen geschrieben werden:

(11.41) $\qquad \begin{aligned} J_w^{e(-)} &= c\psi_e^* V \psi_{\nu_e}, \\ J_w^{e(0)} &= c\psi_e^* V \psi_e, \qquad J_w^{\nu(0)} = c\psi_{\nu_e}^* V \psi_{\nu_e}. \end{aligned}$

In anderen Bereichen ist der schwache Strom komplizierter als der elektromagnetische. Wir haben in Kapitel 9 und in diesem Kapitel festgestellt, daß schwache Wechselwirkung die Parität nicht erhält. Der Operator $V = (V_0, \mathbf{V})$ verhält sich bei Paritätsoperationen wie

(11.42) $\qquad V_0 \xrightarrow{P} V_0 \qquad \mathbf{V} \xrightarrow{P} -\mathbf{V}$

Die Tatsache, daß der Vektoranteil das Vorzeichen ändert folgt aus Gl. 9.1. V_0 dagegen ist eine Wahrscheinlichkeitsdichte und bleibt bei Paritätsoperationen unverändert. Nach der goldenen Regel ist die Übergangsrate für eine Reaktion von einer polarisierten oder nichtpolarisierten Quelle proportional zum Quadrat des Matrixelementes oder

$$w_\mu \propto \left| \int d^3x \, \psi_e^* V \psi_{\nu_e} \cdot \psi_{\nu_\mu}^* V \psi_\mu \right|^2.$$

Das Vektorprodukt $V \cdot V = V_0 V_0 - \mathbf{V} \cdot \mathbf{V}$ bleibt unter P unverändert. Wenn w_μ^p die Übergangsrate nach der Paritätsoperation bezeichnet, dann ist es gleich w_μ:

$$w_\mu^p = w_\mu$$

11.6 Der schwache Strom aus Leptonen

Dieses Ergebnis stimmt mit der Elektronenasymmetrie, die bei Beta- und Myonenzerfällen beobachtet wird, nicht überein. Wie kann man den Ausdruck für den schwachen Strom so verallgemeinern, daß die Analogie zum elektromagnetischen Strom nicht völlig zerstört wird, aber die Nichterhaltung der Parität trotzdem berücksichtigt wird? Ein Hinweis für die Antwort kommt aus dem Vergleich zwischen Impuls und Drehimpuls. Bei normalen Rotationen verhalten sich beide gleich. Wir haben diese Tatsache nicht explizit nachgewiesen, der Beweis ist jedoch einfach, wenn man die Argumente aus Abschnitt 8.2 benutzt. Bei Paritätsoperationen zeigen der polare Vektor **p** und der axiale **J** einen Unterschied: **p** ändert sein Vorzeichen und **J** nicht. Diese Eigenschaft bleibt bei allgemeinen Operatoren V und A erhalten: V und A verhalten sich bei normalen Rotationen identisch, aber bei Rauminversionen unterschiedlich. Die Eigenschaften eines allgemeinen axialen Vierervektors **A** bei P sind gegeben durch

(11.43) $\qquad A_0 \overset{P}{\to} -A_0, \qquad \mathbf{A} \overset{P}{\to} \mathbf{A}$

Das Verhalten der *axialen Wahrscheinlichkeitsdichte* sieht man nicht so einfach, wie das einer normalen Wahrscheinlichkeitsdichte: Die elektrische Ladung ist zwar ein Beispiel für die Eigenschaften von V_0, aber es gibt kein klassisches Beispiel für eine axiale Ladung.[17] Die naheliegende Verallgemeinerung des schwachen Stroms, Gl. 11.41 ist zum Beispiel

(11.44) $\qquad J_w^{e(-)} = c\psi_e^* \, (V + \mathbf{A}) \, \psi_{\nu_e}.$

Wir vereinfachen Gl. 11.41 zunächst, um mehr von der Physik, die hinter der Gleichung steckt, zu verstehen. Dazu betrachten wir die hermitesch Konjugierte des Stroms J_w^e. Die Operatoren V und A sind hermitesch; unter Beachtung, daß für eine einkomponentige Wellenfunktion $\psi^\dagger = \psi^*$ gilt, erhält man

(11.45) $\qquad \begin{aligned} J_w^{e(-)\dagger} &= c \, [\psi_e^* \, (V + \mathbf{A}) \, \psi_{\nu_e}]^\dagger \\ &= c \, \psi_{\nu_e}^* \, (V + \mathbf{A}) \, \psi_e = J_w^{e(+)} \\ J_w^{e(0)\dagger} &= J_w^{e(0)}, \qquad J_w^{\nu(0)\dagger} = J_w^{\nu(0)}. \end{aligned}$

Ein Vergleich mit J_w^e und mit Bild 11.4 zeigt, daß $J_w^{e(-)\dagger} = J_w^{e(+)}$ die Vernichtung eines Elektrons und die Erzeugung eines Elektronneutrinos beschreibt. Das Vierervektorprodukt $J_w^e \cdot J_w^{e\dagger}$ in H_w^e ist deshalb teilweise verantwortlich für die Streuung von Elektronneutrinos an Elektronen, $\nu_e \, e^- \to \nu_e \, e^-$, ein Prozeß, der schon in Gl. 11.28 angegeben wurde. Die schwachen neutralen Ströme liefern über die Produkte $J_w^{e(0)} \cdot J_w^{\nu(0)\dagger}$ und $J_w^{\nu(0)\dagger} \cdot J_w^{e(0)}$ auch einen Beitrag zu dieser Streuung. Die verschiedenen Ströme und Streuprozesse sind in Bild 11.9 dargestellt. Der Operator $J_w^{e(-)} \cdot J_w^{e(-)\dagger}$ kann auch Antineutrinostreuung an Elektronen oder Positronen induzieren, z.B.

(11.46) $\qquad e^+ \, \bar{\nu}_e \to e^+ \, \bar{\nu}_e.$

---

[17] Wenn es magnetische Monopole gibt, so stellen sie ein Beispiel für axiale Ladungen dar. Die magnetische Ladungsdichte ρ_m, eingeführt in Gl. 10.116, ändert ihr Vorzeichen bei der Paritätsoperation. Das kann bewiesen werden, indem man die Energie eines magnetischen Monopols im magnetischen Feld betrachtet und Invarianz bezüglich P für den entsprechenden Hamiltonoperator annimmt.

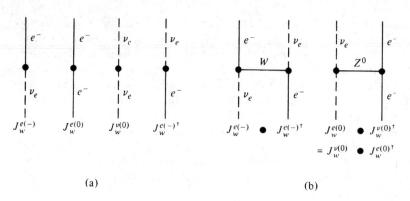

Bild 11.9 (a) Darstellung von einigen leptonischen Strömen und (b) ihren Produkten.

Die anderen Terme im Hamiltonoperator (Gl. 11.36) bewirken schwache Prozesse, bei denen nur Leptonen beteiligt sind. Einen Term, der für den Myonenzerfall verantwortlich ist, erkennt man leicht:

(11.47) $\quad J_w^e \cdot J_w^{\mu\dagger} = c^2 \psi_e^* (V + \mathbf{A}) \psi_{\nu_e} \cdot \psi_{\nu_\mu}^* (V + \mathbf{A}) \psi_\mu.$

Im vorigen Abschnitt haben wir den Myonenzerfall diskutiert. Die Vorhersagen basierten auf dem Skalarprodukt Gl. 11.47. Jetzt müssen wir das mit den experimentellen Tatsachen vergleichen. Mit den Gleichungen 10.1 und 11.25 wird die Übergangsrate für den Myonenzerfall

(11.48) $\quad w_\mu = \dfrac{\pi G^2}{\hbar} \left| \int d^3x \, \psi_e^* (V + \mathbf{A}) \psi_{\nu_e} \cdot \psi_{\nu_\mu}^* (V + \mathbf{A}) \psi_\mu \right|^2 \rho(E)$

oder

$$w_\mu = \dfrac{\pi G^2}{\hbar} |M_{\text{gerade}} + M_{\text{ung.}}|^2 \rho(E),$$

mit

$M_{\text{gerade}} = \int d^3x \, (\psi_e^* V \psi_{\nu_e} \cdot \psi_{\nu_\mu}^* V \psi_\mu + \psi_e^* \mathbf{A} \psi_{\nu_e} \cdot \psi_{\nu_\mu}^* \mathbf{A} \psi_\mu)$

$M_{\text{ung.}} = \int d^3x \, (\psi_e^* V \psi_{\nu_e} \cdot \psi_{\nu_\mu}^* \mathbf{A} \psi_\mu + \psi_e^* \mathbf{A} \psi_{\nu_e} \cdot \psi_{\nu_\mu}^* V \psi_\mu).$

Bei der Paritätsoperation bleibt M_{gerade} unverändert und $M_{\text{ung.}}$ ändert das Vorzeichen. Die Übergangsrate wird

(11.49) $\quad w_\mu^p = \dfrac{\pi G^2}{\hbar} |M_{\text{gerade}} - M_{\text{ung.}}|^2 \rho(E).$

Ein Vergleich von Gl. 11.48 mit Gl. 11.49 zeigt, daß

$$w_\mu^p \neq w_\mu$$

11.6 Der schwache Strom aus Leptonen

Das gleichzeitige Auftreten eines normalen und eines axialen Vektoroperators im schwachen Strom erlaubt die Beschreibung der beobachteten Verletzung der Parität. Die Verletzung wird am größten, wenn V und A die gleiche Größenordnung besitzen.

Eine genaue Berechnung von Übergangsraten und Wirkungsquerschnitten kann man nur durchführen, wenn die explizite Form der Operatoren V und A bekannt ist. Diese Form hängt von der Art der Teilchen ab, die den jeweiligen schwachen Strom bilden. Für nichtrelativistische Elektronen sind die Operatoren V_0 und $\mathbf{V}$ in Gl. 11.40 gegeben. Der axiale Vektorstrom wird normalerweise nicht in Einführungen der Quantenmechanik behandelt. Wir leiten deshalb hier seine Form aus Erhaltungssätzen her. Ein Elektron wird durch seine Energie, seinen Impuls $\mathbf{p}$ und seinen Spin $\mathbf{J}$ beschrieben. Es ist üblich anstelle des Spins $\mathbf{J}$ den dimensionslosen Pauli-Spinoperator σ zu verwenden. Er hängt mit $\mathbf{J}$ folgendermaßen zusammen:

$$(11.50) \qquad \sigma = \frac{2\mathbf{J}}{\hbar}$$

Der einzige axiale Vektor, der hier auftritt ist $\mathbf{J}$ bzw. σ. Der Operator $\mathbf{A}$ muß deshalb proportional zu σ sein. Der axiale Ladungsoperator A_0 ändert bei der Paritätsoperation sein Vorzeichen, wie in Gl. 11.46 angegeben. Da $\sigma \cdot \mathbf{p}$ dieses Verhalten zeigt, setzen wir

$$(11.51) \qquad A = (A_0, \mathbf{A}), \qquad A_0 = \frac{\sigma \cdot \mathbf{p}}{mc}, \qquad \mathbf{A} = \sigma.$$

Der Faktor $1/mc$ in A_0 wurde eingeführt, um den Operator dimensionslos zu machen.

Die nichtrelativistischen Operatoren Gl. 11.40 und Gl. 11.51 sind zur Beschreibung des Myonenzerfalls unbrauchbar, da alle Teilchen im Endzustand relativistisch zu behandeln sind. Die Verallgemeinerung der Operatoren V und $\mathbf{A}$ auf relativistische Leptonen ist jedoch bekannt.[18] Berechnungen mit den relativistischen Operatoren liegen hier jenseits unserer Möglichkeiten und wir geben deshalb die Übergangsrate für den Myonenzerfall ohne Beweis an. Die Rate $dw_\mu(E_e)$ für die Emission eines Elektrons mit einer Energie zwischen E_e und $E_e + dE_e$ wird für $E_e \gg m_e c^2$

$$(11.52) \qquad dw_\mu(E_e) = G^2 \frac{m_\mu^2}{4\pi^3 \hbar^7 c^2} E_e^2 \left[1 - \frac{4}{3} \frac{E_e}{m_\mu c^2} \right] dE_e.$$

Dieser Ausdruck stimmt, wenn man die Energie durch den Impuls ausdrückt, sehr gut mit dem in Bild 11.7 gezeigten Spektrum überein.

---

[18] Merzbacher, Abschnitt 23.3; Messiah, Abschnitt 20.10; W.A. Blanpied, *Modern Physics*, Holt, Rinehart und Winston, New York, 1971, Abschnitt 15.4 und 25.5.

11.7 Die schwache Kopplungskonstante G

Die elektromagnetische Kopplungskonstante e läßt sich bestimmen, indem man die Kraft auf ein geladenes Teilchen in einem bekannten Feld beobachtet, den Rutherfordschen oder Mottschen Streuquerschnitt, Gl. 6.17 bzw. Gl. 6.19, an einem punktförmigen Streuzentrum mißt, oder durch Bestimmung der Zerfallszeit bei bekanntem Matrixelement $\langle f | \mathbf{x} | i \rangle$, Gl. 10.75. Auf welche Weise läßt sich die schwache Kopplungskonstante G am besten bestimmen? Es gibt auch hier eine Anzahl von Möglichkeiten und ein gutes Verfahren ist, die Lebensdauer des Myons zu benutzen. Dafür gibt es zwei Gründe: Der Zerfall des Myons verläuft ohne Hadronen, so daß keine Störungen von der starken Wechselwirkung zu berücksichtigen sind, und die Lebensdauer des Myons wurde sehr genau bestimmt.

Die gesamte Übergangsrate für den Myonenzerfall erhält man durch Integration von Gl. 11.52, mit $E_{max} \approx m_\mu c^2/2$

$$(11.53) \quad w_\mu = \int_0^{E_{max}} dw_\mu(E_e) = G^2 \frac{m_\mu^2}{4\pi^3 \hbar^7 c^2} \int_0^{E_{max}} dE_e E_e^2 \left[1 - \frac{4}{3} \frac{E_e}{m_\mu c^2} \right] = \frac{G^2 m_\mu^5 c^4}{192\pi^3 \hbar^7}.$$

Unter Verwendung der Myonenlebensdauer $\tau = 1/w_\mu$ erhält man für die Kopplungskonstante[19]

$$(11.54) \quad \begin{aligned} G &= (1{,}16637 \pm 0{,}00004) \times 10^{-5} \text{ GeV}^{-2} \, (\hbar c)^3 \\ &= 0{,}896 \times 10^{-4} \text{ MeV fm}^3 \\ &= 1{,}435 \times 10^{-49} \text{ erg cm}^3. \end{aligned}$$

Im elektromagnetischen Fall haben wir die Stärke der Wechselwirkung ausgedrückt, indem wir e^2 dimensionslos machten, siehe Gl. 10.77,

$$\alpha = \frac{e^2}{\hbar c} \approx \frac{1}{137}.$$

Der Vergleich von Gl. 11.15 und Gl. 11.16 macht deutlich, daß die schwache Analogie zur elektrischen Ladung g und nicht G ist. Wie e^2 wird g^2 durch Division durch $\hbar c$ dimensionslos gemacht. Die Verbindung mit G, wie sie in Gl. 11.21 gegeben ist, erlaubt uns dann, $g^2/\hbar c$ als Funktion von G und der Masse m zu schreiben,

$$\frac{g^2}{\hbar c} = \frac{1}{\sqrt{2}} \frac{1}{4\pi} \frac{1}{\hbar c} \left(\frac{m_W c}{\hbar} \right)^2 G.$$

Mit $m_W \approx 80 \text{ GeV}/c^2$ erhält man

$$(11.55) \quad \frac{g^2}{\hbar c} \approx \frac{1}{240}.$$

---

[19] Particle Data Group, *Phys. Lett.* **204B**, 1 (1988).

Die Kopplungskonstanten g und e sind von gleicher Größenordnung. Das legt nahe, daß schwache und elektromagnetische Wechselwirkung miteinander verwandt sind. Die beobachtete Schwäche der schwachen Wechselwirkung bei den bisher erreichten Energien wird nicht durch eine kleine Kopplungskonstante verursacht, sondern eher durch eine kurze Reichweite (Gl. 11.17). Als diese Argumente zum ersten Mal vorgebracht wurden, war die Masse vom W-Teilchen noch nicht bekannt und die Formulierung der vereinigten elektroschwachen Theorie führte zur Vorhersage der richtigen Masse von W.

• Wenn man die hier angegebenen Ausdrücke für g^2 mit solchen aus der Literatur vergleichen will, muß man sich daran erinnern, daß wir nichtrationalisierte Einheiten verwenden, während die meisten Veröffentlichungen rationalisierte Einheiten benutzen. Rationalisierte und nichtrationalisierte Ladungen sind durch

$$e^2(\text{rat.}) = 4\pi e^2(\text{unrat.}), \quad g^2(\text{rat.}) = 4\pi g^2(\text{unrat.}).$$

verknüpft.•

11.8 Seltsame und nichtseltsame schwache Ströme

Die universelle Fermi-Wechselwirkung in der Strom-Strom-Form Gl. 11.36 mit $V-A$-Strömen beschreibt erfolgreich alle beobachteten schwachen leptonischen Wechselwirkungen. Bei den Berechnungen sind zwar mehr Tricks nötig, als wir sie hier zur Verfügung haben, aber es tritt kein neues physikalisches Prinzip auf, und wir können behaupten, daß bei Energiewerten unter einigen GeV die schwache leptonische Wechselwirkung so gut verstanden ist wie die elektromagnetische. Weniger klar ist die Lage bei der Behandlung der schwachen semileptonischen und hadronischen Vorgänge, bei denen die starken Effekte Schwierigkeiten machen. Das erste Problem taucht beim Vergleich der schwachen Zerfälle ohne und mit Änderung der Hyperladung auf. Zerfälle ähnlicher Teilchenzustände, aber ohne und mit Änderung der Hyperladung sind in den Tabellen 11.2 und 11.3 aufgeführt. Die wesentlichen Eigenschaften der sechs Zerfälle sind in Tabelle 11.4 zusammengestellt. In der letzten Spalte dieser Tabelle ist das Verhältnis der relativen Halbwertszeiten der Zerfälle mit Hyperladungserhaltung zu denen mit Änderung der Hyperladung angegeben. Die verglichenen Zerfälle sind immer ähnlicher Natur. Das Neutron und das Λ z.B. haben ähnliche hadronische und elektromagnetische Eigenschaften und die Zerfälle $n \to pe\nu$ und $\Lambda \to pe\nu$ sollten deshalb ähnliche ft-Werte besitzen. Die ft-Werte der Zerfälle mit $|\Delta S| = 1$ in Tabelle 11.4 sind jedoch wenigstens eine Größenordnung größer als die entsprechenden Werte für $\Delta S = 0$. Mit anderen Worten, die Übergangsraten für $|\Delta S| = 1$ sind generell um etwa den Faktor 20 langsamer als die entsprechenden Raten für $\Delta S = 0$. Dieser Unterschied wäre im Prinzip zu verstehen, wenn die Matrixelemente stark

Tabelle 11.4 Vergleich der $ft_{1/2}$-Werte für ähnliche Zerfälle mit und ohne Änderung der Strangeness.

Art	Strangeness-erhaltung $\Delta S = 0$	Strangeness-änderung $\|\Delta S\| = 1$	$\dfrac{ft(\|\Delta S\| = 1)}{ft(\Delta S = 0)}$
$0^- \to 0^-$	$\pi^\pm \to \pi^0 e\nu$	$K^+ \to \pi^0 e^+\nu$	50
$\frac{1}{2}^+ \to \frac{1}{2}^+$	$n \to pe^-\bar{\nu}$	$\Lambda \to pe^-\bar{\nu}$	17
$\frac{1}{2}^+ \to \frac{1}{2}^+$	$\Sigma^- \to \Lambda^0 e^-\bar{\nu}$	$\Sigma^- \to ne^-\bar{\nu}$	12

von der Zerfallsenergie abhingen, da die Zerfälle mit $|\Delta S|=1$ größere Energie besitzen als die entsprechenden Zerfälle mit $\Delta S = 0$. Es gibt jedoch keinen Beweis für eine solche Energieabhängigkeit.

Cabibbo[20] schlug eine Modifikation des schwachen Stroms vor, die die experimentellen Ergebnisse erklärt. Wir beschreiben einige Züge seiner Theorie, indem wir die Analogie zum elektrischen Strom I benutzen, der durch zwei Widerstände fließt, siehe Bild 11.10(a). Ist der Widerstand R_1 unendlich, so fließt der gesamte Strom durch R_0. Ist R_1 jedoch endlich, so wird Strom auch durch diesen Zweig fließen. Hält man den Gesamtstrom I konstant, so wird der Strom I_1 dem anderen Zweig fehlen, da das Kirchhoffsche Gesetz besagt, daß $I = I_0 + I_1$. Jetzt betrachten wir den schwachen Strom aus Hadronen und nehmen zunächst an, daß bei der schwachen Wechselwirkung die Strangeness erhalten bleibt. Der gesamte schwache Strom von Hadronen fließt dann in den Zweig mit Strangenesserhaltung. Wenn jedoch die Fremdartigkeit (Strangeness) nicht erhalten bleibt, werden Zerfälle mit $|\Delta S|=1$ möglich. Die neuen Zerfälle gehen auf Kosten der Zerfälle mit $\Delta S = 0$, wenn man annimmt, daß der geladene Gesamtstrom J_w^h unverändert bleibt. Um das schwache Analogon zu diesem Kirchhoffschen Gesetz auszudrücken, wird der geladene schwache Strom von Hadronen wie folgt geschrieben:

$$J_w^h = a J_w^0 + b J_w^1$$

Hierbei sind J_w^0 und J_w^1 die Ströme, die den Übergängen $\Delta S = 0$ bzw. $|\Delta S|=1$ entsprechen. J_w^0 und J_w^1 sind so normiert, daß die Stärke der entsprechenden Übergänge durch die Koeffizienten a und b gegeben wird. Man nimmt an, daß der gesamte schwache Wahrscheinlichkeitsstrom J_w^h unverändert bleibt, deshalb gilt für die Koeffizienten a und b die Einschränkung

(11.56) $\qquad |a|^2 + |b|^2 = 1.$

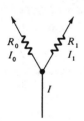
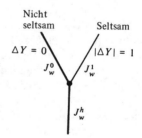

(a) Elektromagnetischer Strom

(b) Schwacher Hadronenstrom

Bild 11.10 Kirchhoffsche und Cabibbosche Regel: Verzweigung des elektromagnetischen und des schwachen Stroms. (a) Elektromagnetischer Strom. (b) Schwacher Hadronenstrom.

---

[20] N. Cabibbo, *Phys. Rev. Letters* **10**, 531 (1963).

Cabibbos Bezeichnung folgend, ist es heute üblich $a = \cos \theta_c$ und $b = \sin \theta_c$ zu schreiben. Die Normierungsbedingung Gl. 11.56 ist dann von selbst erfüllt und der schwache Hadronenstrom wird zu

(11.57) $\quad J_w^h = \cos \theta_c J_w^0 + \sin \theta_c J_w^1.$

Um einen Näherungswert für den *Cabibbo-Winkel* θ_c zu finden, halten wir fest, daß die Übergangsrate proportional zu $|\langle \beta | H_w | \alpha \rangle|^2$ ist. Die Rate für Übergänge mit $\Delta S = 0$ ist folglich proportional zu $G^2 \cos^2 \theta_c$ und die für $|\Delta S| = 1$ zu $G^2 \sin^2 \theta_c$. Das Verhältnis der in Tabelle 11.3 aufgeführten *ft*-Werte ergibt $\cot^2 \theta_c$:

$$\cot^2 \theta_c \approx \frac{ft(|\Delta S| = 1)}{ft(\Delta S = 0)}.$$

Die Zerfälle des Neutrons und des Λ sind bestens bekannt: Aus $\cot^2 \theta_c = 17$ folgt $\theta_c = 0{,}24$. Eine ausgefeiltere Betrachtung liefert

(11.58) $\quad \theta_c = 0{,}222 \pm 0{,}002$

Wie wir in Abschnitt 13.2 zeigen werden, gibt es keine neutralen Ströme mit Fremdartigkeitsänderung, daher erscheinen auch keine neutralen Teilströme.

11.9 Schwache Ströme in der Kernphysik

Die Erforschung der Struktur von schwachen Hadronenströmen ist ein Problem, das viele Physiker für lange Zeit beschäftigte. Auch jetzt ist sie noch nicht vollständig bekannt, aber eine Anzahl von Eigenschaften haben sich herausgeschält. In diesem Abschnitt werden Erkenntnisse behandelt, die man aus dem nuklearen β-Zerfall gewinnen kann. Tatsächlich ist die Fülle an experimentellem Material, das allein im β-Zerfall vorliegt, überwältigend. Wir beschränken uns jedoch auf ein Beispiel, den Zerfall $^{14}\text{O} \xrightarrow{\beta^+} {^{14}\text{N}}$. Die Auswahl dieses speziellen Zerfalls werden wir gleich begründen. Schon aus diesem einen Übergang erfahren wir wichtige Tatsachen. Bild 8.5 zeigt die Isobare $A = 14$, ^{14}C, ^{14}N und ^{14}O. Der Grundzustand von ^{14}C und ^{14}O und der erste angeregte Zustand von ^{14}N bilden ein Isospintriplett. Der Positronenzerfall, der hier wichtig ist, führt vom Grundzustand des ^{14}O zum angeregten Zustand des ^{14}N. Die maximale Positronenenergie ist 1,81 MeV, die Halbwertszeit des ^{14}O beträgt 71 s und der *ft*-Wert ist 3100 s (siehe Tabelle 11.1). Zwei Gründe machen diesen Zerfall so nützlich: (1) Der Übergang findet zwischen Mitgliedern eines Isospinmultipletts statt. Abgesehen von elektromagnetischen Korrekturen, beschreiben die Wellenfunktionen des Anfangs- und Endzustands bei diesem Zerfall konsequenterweise denselben hadronischen Zustand und sind folglich in ihren Spin- und Raumeigenschaften identisch. Die Matrixelemente, in denen sie vorkommen, können genau berechnet werden. Solche Übergänge heißen *übererlaubt*. (2) Anfangs- und Endzustand besitzen die Konfiguration $J^\pi = 0^+$. Die Auswahlregeln für die Parität und den Drehimpuls beschränken dann die Matrixelemente drastisch.

Das Ziel ist es, Gl. 11.57 für den schwachen Hadronenstrom so weit wie möglich zu bestätigen. Im β-Zerfall von Atomkernen bleibt die Hyperladung immer erhalten, so daß

(11.59) J_w^h (Kernphysik) $= \cos\theta_c\, J_w^0$.

Bezeichnet man die Wellenfunktionen des Anfangs- und Endzustands mit $\psi_{0^+\alpha}$ und $\psi_{0^+\beta}$ und schreibt den schwachen Strom J_w^0 in derselben Form wie J_w^e, Gl. 11.44, so wird J_w^h zu

$$J_w^h\,(0^+ \to 0^+) = c\cos\theta_c\, \psi_{0^+\beta}^*\,(V+\mathbf{A})\psi_{0^+\alpha}.$$

Mit Gl. 11.25 und Gl. 11.44 wird das Matrixelement von H_w dann zu

$$\langle\beta\,|\,H_w\,|\,\alpha\rangle = \frac{1}{\sqrt{2}}\,G\cos\theta_c\int d^3x\psi_{e^+}^*\,(V+\mathbf{A})\,\psi_{\bar{\nu}_e}\cdot\psi_{0^+\beta}^*(V+\mathbf{A})\psi_{0^+\alpha}.$$

Das Positron und das Neutrino sind Leptonen, sie haben also keine starke Wechselwirkung mit dem Kern. Nach der Emission können sie folglich wie freie Teilchen als ebene Wellen beschrieben werden:

(11.60) $\psi_{e^+} = u_e e^{i\mathbf{p}_e\cdot\mathbf{x}/\hbar}, \qquad \psi_{\bar{\nu}} = u_{\bar{\nu}} e^{i\mathbf{p}_\nu\cdot\mathbf{x}/\hbar}.$

Hier sind die Spinanteile der Wellenfunktion u_e und $u_{\bar{\nu}}$ nicht mehr Funktionen von $\mathbf{x}$. (Die ebene Welle des Elektrons ist durch das Coulombfeld des Kerns geringfügig gestört. Die Störung bewirkt eine kleine Korrektur, die in Abschnitt 11.2 erläutert wurde und durch die dort eingeführte Funktion F gegeben ist.) Die Energie der Leptonen ist kleiner als einige MeV, die reduzierte Wellenlänge $\lambdabar = \hbar/p$ ist lang verglichen mit dem Kernradius und die Wellenfunktion der Leptonen kann durch ihren Wert am Ursprung, u_e bzw. $u_{\bar{\nu}}$, ersetzt werden. Das Matrixelement wird dann

(11.61) $\langle\beta\,|\,H_w\,|\,\alpha\rangle = \dfrac{1}{\sqrt{2}}\,G\cos\theta_c u_e^*\,(V+\mathbf{A})u_{\bar{\nu}}\cdot\int d^3x\psi_{0^+\beta}^*\,(V+\mathbf{A})\psi_{0^+\alpha}.$

Die Erhaltungssätze für die Parität und den Drehimpuls vereinfachen diesen Ausdruck beträchtlich. Wir betrachten zunächst die Parität[21]. Unter P bleiben die nuklearen Wellenfunktionen $\psi_{0^+\alpha}$ und $\psi_{0^+\beta}$ unverändert. Gemäß Gl. 11.42 und Gl. 11.43 ändern $\mathbf{V}$ und A_0 ihr Vorzeichen. Folglich sind die zugehörigen Integranden ungerade unter P und das Integral verschwindet. Um zu zeigen, daß der Term mit $\mathbf{A}$ auch verschwindet, stellen wir fest, daß die Wellenfunktionen Skalare bezüglich der Rotation sind, während sich $\mathbf{A}$ wie ein Vektor verhält. Der Mittelwert eines Vektors über eine Kugeloberfläche verschwindet: Skalare transformieren sich wie Y_0 und Vektoren wie Y_1 und das Integral $\int d^3x Y_0^* Y_1 Y_0$ verschwindet. Der einzige Term, der unter dem Integral übrigbleibt, ist V_0, also erhält das Matrixelement die Form

(11.62) $\langle\beta\,|\,H_w\,|\,\alpha\rangle = \dfrac{1}{\sqrt{2}}\,G\cos\theta_c u_e^*\,(V_0+A_0)u_{\bar{\nu}}\langle 1\rangle,$

---

[21] Auf den ersten Blick scheint das Paritätsargument hier falsch am Platz, da bei der schwachen Wechselwirkung die Parität nicht erhalten bleibt. Die Parität des Anfangs- und Endzustands ist jedoch durch die starke Wechselwirkung gegeben und V und $\mathbf{A}$ besitzen wohldefinierte Transformationseigenschaften bezüglich P. Das Argument ist deshalb zutreffend.

11.9 Schwache Ströme in der Kernphysik

wobei $\langle 1 \rangle$ das Symbol ist, das in der Kernphysik für das Integral

(11.63) $\quad \langle 1 \rangle = \int d^3x \psi^*_{0^+\beta} V_0 \psi_{0^+\alpha}$

steht. Die auf den zerfallenden Kern übertragene Rückstoßenergie ist sehr klein, so daß das nukleare Matrixelement $\langle 1 \rangle$ nichtrelativistisch berechnet werden kann. Als Ergebnis erhält man

(11.64) $\quad \langle 1 \rangle = \sqrt{2},$

wenn die Zustände β und α den gleichen Isospin haben.

• Um Gl. 11.64 zu beweisen, verwendeten wir den nichtrelativistischen Operator $V_0 = 1$ aus Gl. 11.40, so daß

$$\langle 1 \rangle = \int d^3x \psi^*_{0^+\beta} \psi_{0^+\alpha}$$

Hier ergibt sich ein neues Problem. Die Wellenfunktionen ψ_β und ψ_α gehören zu verschiedenen Isobaren und sind deshalb orthogonal. So wie es dasteht, ist das Integral Null. Die Lösung des Problems ist einfach, wenn man den Isospinformalismus einführt. Die Zustände ^{14}O und ^{14}N gehören zum selben $I = 1$ Isospinmultiplett, mit den I_3-Werten 1 bzw. 0. Sie haben dieselbe räumliche Wellenfunktion, so daß die gesamte Wellenfunktion als

^{14}O: $\psi_\alpha = \psi_0(\mathbf{x})\Phi_{1,1}$
^{14}N: $\psi_\beta = \psi_0(\mathbf{x})\Phi_{1,0}$

geschrieben werden kann, wobei $\Phi_{1,1}$ und $\Phi_{1,0}$ die normierten Isospinfunktionen bezeichnen. Der schwache Strom verwandelt ^{14}O in ^{14}N, er vermindert den I_3-Wert um eine Einheit. Diese Verminderung wird durch den in Gl. 8.26 gegebenen Operator I_- ausgedrückt. Im Isospinformalismus wird das vollständige Matrixelement $\langle 1 \rangle$ demnach

$$\langle 1 \rangle = \int d^3x \psi^*_0(x) \psi_0(x) \Phi^*_{1,0} I_- \Phi_{1,1}.$$

Der Isospinteil wird mit Gl. 8.27 berechnet:

$$\Phi^*_{1,0} I_- \Phi_{1,1} = \sqrt{2}\, \Phi^*_{1,0} \Phi_{1,0} = \sqrt{2}\,.$$

Die räumliche Wellenfunktion wird auf 1 normiert, so daß das endgültige Ergebnis, $\langle 1 \rangle = \sqrt{2}$ in Gl. 11.64 bewiesen ist.•

Mit Gl. 11.64 wird das Quadrat des Matrixelements von H_w

$$|\langle \beta | H_w | \alpha \rangle|^2 = G^2 \cos^2\theta_c |u_e^* (V_0 + \mathbf{A}_0) u_{\bar\nu}|^2.$$

Den Wert des leptonischen Matrixelements erhält man, indem man vom nichtrelativistischen Elektron ohne Spin ausgeht und zunächst nur den Vektorterm proportional zu V_0 betrachtet. Gleichung 11.40 gibt dann

$$u_e^* V_0 u_{\bar\nu} = u_e^* u_{\bar\nu} \quad \text{und} \quad |u_e^* V_0 u_{\bar\nu}|^2 = u_e^* u_e u_{\bar\nu}^* u_{\bar\nu}.$$

Wenn die Leptonen auf ein Teilchen pro Volumeneinheit normiert sind, gibt Gl. 11.60 $u_e^* u_e = u_{\bar\nu}^* u_{\bar\nu} = 1$. Das Matrixelement von $\mathbf{A}_0$ verschwindet im nichtrelativistischen Fall, wie man aus Gl. 11.51 mit $p/m \to 0$ sieht. Für stark relativistische Elektronen geht $p/mc \to pc/E \to 1$ und das Matrixelement von $\mathbf{A}_0$ nähert sich dem von V_0. Zwischen $\mathbf{A}_0$ und V_0 besteht in diesem Fall keine Interferenz, so daß das Quadrat des leptonischen Matrixelements

(11.65) $|u_e^*(V_0 + \mathbf{A}_0)u_{\bar{\nu}}|^2 = 2$

wird. Das Quadrat des Matrixelements für einen schwachen Übergang $0^+ \to 0^+$ ist demnach

(11.66) $|\langle \beta | H_w | \alpha \rangle|^2 = 2G^2 \cos^2 \theta_c$

Mit Gl. 11.11 und $ft_{1/2} = f\tau \ln 2$ erhält man als endgültiges Ergebnis

(11.67) $G^2 \cos^2 \theta_c = \pi^3 \ln 2 \, \dfrac{\hbar^7}{m_e^5 c^4} \dfrac{1}{ft_{1/2}}$.

Der ft-Wert von ^{14}O ist in Tabelle 11.1 gegeben. Es wurden noch eine Anzahl anderer übererlaubter Übergänge der Art $0^+ \to 0^+$ sorgfältig untersucht. Bei Berücksichtigung kleiner Korrekturen wird der Wert für $G \cos \theta$ schließlich[22]

(11.68) $G_V \cos \theta_{Vc} = (1{,}410 \pm 0{,}002) \times 10^{-49}$ erg cm^3.

Die Indizes V an G und θ besagen, daß diese Konstanten in einem Zerfall bestimmt wurden, bei dem nur die Vektorwechselwirkung im nuklearen (hadronischen) Matrixelement auftritt. Untersuchungen von Zerfällen, bei denen die axiale Vektorwechselwirkung beiträgt, z.B. dem des Neutrinos, liefern den Wert für die entsprechende Kopplungskonstante G_A. Das Verhältnis $|G_A/G_V|$ wurde bestimmt:[19, 23]

(11.69) $\left| \dfrac{G_A}{G_V} \right| = 1{,}257 \pm 0{,}005$

In vielen Kriminalgeschichten verstecken sich die wesentlichen Hinweise zunächst unter völlig normal erscheinenden Gesichtspunkten und der offensichtlich Schuldige stellt sich meist als unschuldig heraus. Wir haben nun G, $\cos \theta_c$, $G_V \cos \theta_{Vc}$ und $|G_A/G_V|$, gegeben in Gl. 11.54, Gl. 11.58, Gl. 11.68 und Gl. 11.69. Innerhalb der angegebenen Fehlergrenzen gelten die folgenden Beziehungen:

(11.70) $\begin{aligned} G_V &= G \\ \theta_{Vc} &= \theta_c \\ G_A &\neq G. \end{aligned}$

Was sagen uns diese Beziehungen über die schwache Wechselwirkung? Auf den ersten Blick sieht es so aus, als ob die gleichen Kopplungskonstanten für den Vektorstrom (G_V)

---

[22] R. J. Blin-Stoyle und J. M. Freeman, *Nucl. Phys.* **A150**, 369 (1970); S. A. Fayans, *Phys. Letters* **37B**, 155 (1971); C. J. Christensen, A. Nielsen, A. Bahnsen, W. K. Brown und B. M. Rustad, *Phys. Rev.* **D5**, 1628 (1972). Siehe Particle Data Group für den neuesten Wert, *Phys. Lett.* **239B**, 1 (1990).
[23] E. Klemt et al., *Z. Physik* **C37**, 179 (1988).

und für den rein leptonischen Strom (G) einfach die *Universalität* der schwachen Wechselwirkung ausdrückt und daß $G_A \neq G$ erklärt werden muß. Leider ist die Sache nicht so einfach. Ein Proton ist z.B. kein einfaches punktförmiges Teilchen. Es ist aus drei Quarks in geringem Abstand aufgebaut, die durch Gluonen festgehalten werden. Im Abstand von $\gtrsim 1$ fm wird es am besten durch eine umgebende Mesonenwolke (Bild 6.10) beschrieben. Warum sollte das physikalische Proton den gleichen Vektorstrom wie ein punktförmiges Lepton haben? Es gibt a priori keinen Grund, warum G_V und G gleich sein sollten. Das Ergebnis $G_A \neq G$ scheint mehr mit den intuitiven Argumenten übereinzustimmen und die eigentliche Frage ist die Erklärung von $G_V = G$. Die Lösung dieses Rätsels ist die *Hypothese von der Erhaltung des Vektorstroms* („conserved vector current", CVC). Sie wurde zuerst von Gershtein und Zeldovich[24] eher provisorisch vorgeschlagen und dann von Feynman und Gell-Mann[5] in eine sehr brauchbare Form gebracht. Um die CVC-Hypothese zu erklären, betrachten wir zunächst den elektromagnetischen Fall. In Abschnitt 7.2 wurde dargelegt, daß die elektromagnetische Ladung erhalten bleibt. Das Positron und das Proton besitzen dieselbe elektrische Ladung, obwohl das Proton von einer Mesonenwolke umgeben ist, das Positron jedoch nicht. Oder anders ausgedrückt, die Kopplungskonstante e, die die Wechselwirkung mit dem elektromagnetischen Feld charakterisiert, ist dieselbe für Teilchen gleicher Ladung, unabhängig ihrer anderen Wechselwirkungseigenschaften. Die hadronische Kraft, die die Quarks zusammenhält, ändert den Wert der Kopplungskonstanten e nicht. Der klassische Begriff für diese Tatsache ist der der Stromerhaltung Gl. 10.50. Ein spezielles Beispiel ist das Kirchhoffsche Gesetz, wie es Bild 11.8(a) zeigt. Die CVC-Hypothese postuliert, daß der *schwache Vektorstrom* auch erhalten bleibt:

(11.71) $\quad \dfrac{1}{c} \dfrac{\partial V_0}{\partial t} + \nabla \cdot \mathbf{V} = 0.$

Dann folgt, daß die Kopplungskonstanten G_V und G gleich sind: Wenn sich ein Hadron virtuell in andere Hadronen zerlegt (z.B. ein Proton in ein Neutron und ein negatives Pion), bleibt der schwache Strom erhalten. Die schwache Wechselwirkung des nackten Hadrons und des Hadrons mit Wolke ist dieselbe. Die Gleichheit von G_V und G ist aber nicht der einzige Hinweis auf die Erhaltung des Vektorstroms (CVC), sondern es gibt viele weitere Experimente, die Gl. 11.71 unterstützen.[25]

Ein Beispiel sind die Betazerfallsraten von ^{14}O und π^+. Diese Systeme sind ziemlich verschieden und haben doch einige Gemeinsamkeiten. Beide zerfallen aus einem Zustand und in einen Zustand mit dem Spin 0 und dem Isospin 1. Da der hadronische Anfangs- und Endzustand in einem Isospin-Multiplett liegen, sind die Zerfälle übererlaubt mit den Matrixelementen aus Gl. 11.64. Die $ft_{1/2}$ sollten deshalb für ^{14}O und π^+ identisch sein. Die Tabellen 11.1 und 11.2 zeigen, daß sie fast identisch sind. Tatsächlich sind sie bei Berücksichtigung der Strahlkorrektur innerhalb der experimentellen Fehler zueinander gleich.[26]

---

[24] S. S. Gershtein und A. B. Zeldovich, *Zh. Eksperim. i. Teor. Fiz.* **29**, 698 (1955); (Tr.) *Soviet phys. JETP* **2**, 576 (1957).
[25] C. S. Wu, *Rev. Modern Phys.* **36**, 618 (1964), C. S. Wu, Y. K. Lee und L. W. Mo, *Phys. Rev. Lett.* **39**, 72 (1977), W. Kaina et al., *Phys. Lett.* **70B**, 411 (1977), L. Grenacs, *Ann. Rev. Nucl. Part. Sci.* **35**, 455 (1985).
[26] P. DePommier et al., *Nucl. Phys.* **B4**, 189 (1968).

Die Hypothese der Erhaltung des *Vektorstroms* beruht auf der Analogie mit dem elektrischen Strom, der ebenfalls ein Vektorstrom ist. Es gibt keinen *axialen* elektromagnetischen Vektorstrom, deshalb ist es nicht möglich, sich auf eine bekannte Theorie als Anleitung zu stützen. Tatsächlich zeigt $G_A \neq G$, daß der axiale Vektorstrom nicht erhalten bleibt. Die Tatsache, daß G_A von G um nicht mehr als 25% abweicht, zeigt jedoch, daß der axiale Strom fast erhalten bleibt. Die genaue Beschreibung dieser Tatsache heißt PCAC-Hypothese oder die *Hypothese der teilweisen Erhaltung des axialen Vektorstroms* („partially conserved axial vector current").

Schließlich stellen wir noch fest, daß die Übereinstimmung zwischen G_V und G beinhaltet, daß der hadronische Strom, bei dem die Strangeness erhalten bleibt, durch eine Kopplungskonstante $G \cos \theta_c$ und nicht einfach durch G charakterisiert ist. Ohne den Faktor $\cos \theta_c$ würden Theorie und Experiment um einige Prozent voneinander abweichen, weit mehr als es die Fehlergrenzen erlauben. Der Cabibbowinkel wird also nicht nur gebraucht, um den langsamen Zerfall mit Änderung der Strangeness zu erklären, sondern auch um Übereinstimmung zwischen den Zerfallsraten des Myons und der übererlaubten Kernübergänge herzustellen.

11.10 Massive (massebehaftete) Neutrinos

Bei unseren bisherigen Betrachtungen haben wir masselose Neutrinos angenommen. In Abschnitt 11.2 haben wir darauf hingewiesen, daß die hochenergetische Grenze des Betaspektrums zur Suche nach einem Elektronneutrino mit endlicher Masse verwendet werden kann. Man erhält für die Masse einen Grenzwert von $m_\nu c^2 < 20$ eV. Andere Tests für nichtverschwindende Neutrinomassen sind möglich. solche Tests sind von besonderem Interesse, weil nichtverschwindende Neutrinomassen von der großen vereinigten und von verwandten Theorien[27] vorhergesagt werden (siehe Kapitel 14) und auch wegen des Solarneutrinoproblems[28] (Kapitel 19). Ein solcher Test ist die Suche nach Neutrinooszillationen, ähnlich zu jenen des neutralen Kaonensystems, das in Kapitel 9 untersucht wurde. Wenn z.B. die Leptonen-Flavorquantenzahl keine exakte Quantenzahl ist, dann werden Elektronen-, Myonen- und Tauzahlen nicht erhalten, denn die physikalischen Neutrinoeigenzustände ν_1, ν_2 und ν_3 sind eine Mischung aus Elektron-, Myon- und Tau-Neutrinos. Wir verdeutlichen diesen Effekt und vernachlässigen der Einfachheit halber ν_τ. Dann haben wir ein Zwei-Zustand-Problem, ähnlich dem neutralen Kaonensystem, bei dem K_1 und K_2 aus K^0 und $\overline{K^0}$ bestehen. Die orthonormalen Zustände ν_1 und ν_2 sind:

(11.72) $\quad \nu_1 = \cos \theta_\nu \nu_e + \sin \theta_\nu \nu_\mu$
$\quad\quad\quad \nu_2 = \cos \theta_\nu \nu_\mu - \sin \theta_\nu \nu_e.$

ν_1 und ν_2 haben wohldefinierte Zeitabhängigkeiten. Der Winkel θ_ν (man sollte ihn nicht mit θ_c verwechseln) sollte klein sein, da die Flavorquantenzahl (flavor) mit hoher Genauigkeit erhalten bleibt.

---

[27] P. Langacker, *Comm. Nucl. Part. Phys.* **15**, 41 (1985); D. V. Nanopoulos, *Comm. Nucl. Part. Phys.* **15**, 161 (1985).
[28] A. K. Mann, *Comm. Nucl. Part. Phys.* **10**, 155 (1981); W. C. Haxton, *Comm. Nucl. Part. Phys.* **16**, 95 (1986); A. J. Baltz und J. Weneser, *Comm. Nucl. Part. Phys.* **18**, 227 (1988).

11.10 Massive (massebehaftete) Neutrinos

Wenn wir mit Elektronneutrinos beginnen, die in einem Reaktor erzeugt werden, dann ist die Wahrscheinlichkeit ein Myonneutrino nach der Zeit t zu finden (siehe Gl. 9.73)

$$(11.73) \quad P_{\nu_\mu}(t) = \sin^2 2\theta_\nu \sin^2\left[\frac{1}{2}\frac{(E_1 - E_2)t}{\hbar}\right].$$

Da die Massen der Neutrinos sehr klein sein sollten, gilt $m_\nu \ll p/c$, wobei p der Neutrinoimpuls ist und

$$E_i \approx pc + \frac{m_i^2 c^3}{2p}$$

In dieser Näherung kann Gl. 11.73 wie folgt geschrieben werden

$$P_{\nu_\mu}(t) = \sin^2 2\theta_\nu \sin^2\left(\Delta m^2 \frac{c^3 t}{4p\hbar}\right)$$

$\Delta m^2 = m_1^2 - m_2^2$. In Bild 11.11 zeigen wir die Grenzen von Δm^2 und θ, die durch Experimente gesetzt werden[29]. Es wurden keine Oszillationen beobachtet, d.h. diese Experimente liefern keinen Beweis für endliche Neutrinomassen und eine Mischung der Leptonensorten (flavors).

Eine weitere Möglichkeit, endliche Neutrinomassen zu suchen, stellen die doppelten Betazerfälle dar. Einige Kerne besitzen nicht genug Energie für einen normalen Betazerfall, aber die Energiedifferenz zwischen den Kernen mit Z und $(Z + 2)$ Protonen kann ausreichen, um einen Zerfall unter Emission von zwei Elektronen und Antineutrinos zu erlauben:

$$(11.74) \quad (Z, N) \rightarrow (Z + 2, N - 2) + 2e^- + 2\bar{\nu}_e.$$

Dieser Zerfall ist sehr langsam und er wurde direkt im Labor bei ^{82}Se mit einer mittleren Lebensdauer von etwa 10^{20} Jahren beobachtet.[30] Wenn die Leptonenzahl nicht exakt erhalten bleibt und wenn das Elektronneutrino eine endliche Masse hat, dann wird der doppelte Betazerfall ohne Emission von Neutrinos möglich:

$$(11.75) \quad (Z, N) \rightarrow (Z + 2, N - 2) + 2e^-.$$

Nach solchen doppelten Betazerfällen ohne Neutrinos wurde mit großer Sorgfalt gesucht, aber sie wurden bisher noch nicht beobachtet. Die Nichtbeobachtung dieses Zerfalls be-

---

[29] F. Boehm, *Comm. Nucl. Part. Phys.* **13**, 183 (1984); K. Kleinknecht, *Comm. Nucl. Part. Phys.* **16**, 267 (1986); V. Flaminio und B. Saitta, *Riv. Nuovo Cim.* **10**, Nr. 8 (1987); B. Blumenfeld et al., *Phys. Rev. Lett.* **62**, 2237 (1989).
[30] S. R. Elliot, A. A. Hahn und M. K. Moe, *Phys. Rev. Lett.* **59**, 2020 (1987); S. P. Rosen, *Comm. Nucl. Part. Phys.* **18**, 31 (1988).

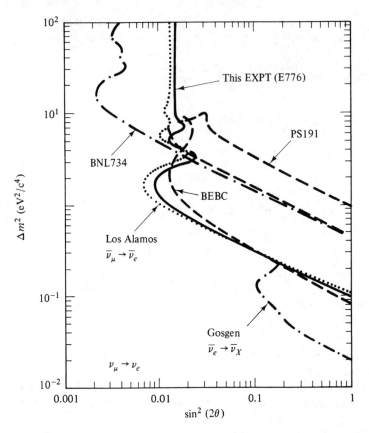

Bild 11.11 Grenzen von Parametern der Neutrinooszillation, insbesondere für $\nu_\mu \leftrightarrow \nu_e$. (Aus B. Blumenfeld et al., *Phys. Rev. Lett.* **62**, 2237 (1989).)

grenzt die Neutrinomasse auf weniger als 20 eV[31], ein Wert, der mit astrophysikalischen Daten übereinstimmt.[32]

• Bei massiven Neutrinos unterscheidet man zwischen Majorana- und Dirac-Neutrinos. Majorana-Neutrinos sind zu ihren Antiteilchen identisch, vergleichbar mit dem π^0, dagegen unterscheiden sie sich bei Dirac-Neutrinos, wie das K^0 und das $\overline{K^0}$. Der Unterschied kann mit den Linien von Kayser[33] erklärt werden. Wir betrachten ein Links-Neutrino. Nach dem *CPT*-Theorem (siehe Kapitel 9) gibt es dann auch ein Rechts-Antineutrino. Für ein massives Neutrino können wir ein Bezugssystem finden, das sich schneller als das Neutrino bewegt. In diesem neuen Bezugssystem scheint sich das Neutrino in entgegengesetzte Richtung zu bewegen, allerdings mit gleichem Spin, so daß es ein Rechts-Neutrino wird. Diese Transformationen sind in Bild 11.12 (a) dargestellt. Es gibt daher vier Dirac-Zustände von gleicher Masse, wie in Bild 11.12 (a) gezeigt. Wir nehmen nun an, daß man die Rechts-Teilchen durch die *CPT*-Transformation erhält und die Änderung des Bezugssystems gleich ist. Dann

---

[31] W. C. Haxton und G. J. Stephenson, *Jr., Prog. Part. Nucl. Phys.*, (A. Faessler, Ed.) **12**, 409 (1985); D. O. Caldwell et al., in *Nuclear Beta Decay and Neutrinos*, (T. Kotani, H. Ejiri und E. Takasugi, Eds.) World Scientific, Singapur, 1986, S. 86.
[32] D. N. Spergel und J. N. Bahcall, *Phys. Lett.* **200B**, 366 (1988).
[33] B. Kayser, *Comm. Nucl. Part. Phys.* **14**, 69 (1985).

ist $v_R = \bar{v}_R$ und $v_L = \bar{v}_L$ und nur zwei Zustände einer gegebenen Masse existieren, wie in Bild 11.12(b) gezeigt. Da Lepton und Antilepton identisch sind, wird die Erhaltung der Leptonenzahl für dieses Majorana-Neutrino klar verletzt. In diesem Fall ist ein doppelter Betazerfall ohne Neutrinos möglich.[33, 34]●

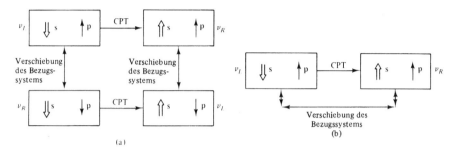

Bild 11.12 (a) Die vier Zustände eines Dirac-Neutrinos und (b) die zwei Zustände eines Majorana-Neutrinos.

11.11 Der schwache Strom von Hadronen bei hoher Energie

Hohe Energien sind für die Erforschung von zwei Aspekten der schwachen Wechselwirkung unerläßlich: (1) Nukleonen und Kerne besitzen schwache Ladungen und schwache Ströme genauso wie elektromagnetische. Um ihre Verteilung (schwache Formfaktoren) zu untersuchen, benötigt man schwach wechselwirkende Geschosse mit Wellenlängen kleiner als die zu untersuchende Struktur. Das Problem ist ähnlich der Untersuchung von elektromagnetischen Strukturen subatomarer Teilchen, wie sie in Kapitel 6 besprochen wurde. Wenn die schwachen Formfaktoren dasselbe Verhalten wie die elektromagnetischen zeigen, dann folgt aus der Erläuterung in Kapitel 6, daß schwache Geschosse mit Energien in der Größenordnung von einigen GeV benötigt werden. (2) Die Reichweite der schwachen Wechselwirkung ist durch Gl. 11.17 mit etwa 2,5 am gegeben. Um die Charakteristika der schwachen Wechselwirkung zu studieren, benötigt man Energien, die nahe bei $m_w c^2$ liegen oder diesen Wert überschreiten.

Im elektromagnetischen Fall führt man die Strukturuntersuchungen mit geladenen Leptonen (Elektronen oder Myonen) und Photonen durch. Im schwachen Fall liefern sowohl Neutrinos als auch geladene Leptonen Informationen. Da Neutrinos nur schwache Wechselwirkung zeigen, bieten sie sich für Strukturuntersuchungen an. Selbst wenn die Wirkungsquerschnitte der Wechselwirkung klein sind, liefern die existierenden und geplanten Bechleuniger einen sehr großen Neutrinofluß von den Pionen- und Kaonen-Zerfällen. Gewaltige Detektoren sind für sinnvolle Untersuchungen erforderlich. Im folgenden werden wir einige theoretische und experimentelle Aspekte der Neutrinostreuung diskutieren. Geladene Leptonen besitzen auch eine schwache Wechselwirkung, die von der viel stärke-

---

[34] In Wirklichkeit ist dieses Problem etwas komplizierter. Details findet man in der Literatur, die am Ende dieses Kapitels angegeben ist.

ren elektromagnetischen unterschieden werden kann, weil sie die Parität und die Invarianz der Ladungskonjugation verletzt. Interferenz von elektromagnetischen und schwachen die Parität oder die Ladungskonjugation verletzenden Amplituden können in dem Wirkungsquerschnitt beobachtet werden, wie wir bereits in den Kapiteln 9 und 10 festgestellt haben.

Als erstes Beispiel betrachten wir die „elastische" Streuung von Neutrinos oder Antineutrinos durch geladene schwache Ströme, z.B.

(11.76) $\quad \bar{\nu}p \to l^+n$,

wobei l^+ ein positives Lepton ist. Die Übergangsrate für diesen semileptonischen Prozeß wird durch die Goldene Regel bestimmt,

$$dw = \frac{2\pi}{\hbar} |\langle nl^+|H_w|p\bar{\nu}\rangle|^2 \rho(E).$$

Die Übergangsrate gibt die Anzahl von Teilchen an, die pro Zeiteinheit an einem Streuzentrum gestreut werden. Gleichung 6.5 zeigt dann, daß der Streuquerschnitt und die Übergangsrate durch

(11.77) $\quad d\sigma = \dfrac{dw}{F}$

zusammenhängen. Antineutrinos bewegen sich mit Lichtgeschwindigkeit, mit der Normierung von einem Teilchen pro Volumeneinheit wird der Fluß F gleich der Lichtgeschwindigkeit, $F = c$. Folglich wird der Streuquerschnitt

(11.78) $\quad d\sigma = \dfrac{2\pi}{hc} |\langle nl^+|H_w|p\bar{\nu}\rangle|^2 \rho(E).$

Die Zustandsdichte für zwei Teilchen im Endzustand in ihrem Schwerpunktsystem ist durch Gl. 10.31 gegeben. Mit $V = 1$ ist $\rho(E)$ durch

$$\rho(E) = \frac{E_n E_l p_l}{(2\pi\hbar)^3 c^2 (E_n + E_l)} d\Omega_l$$

gegeben, wobei $d\Omega_l$ das Raumwinkelelement ist, in welches das Lepton gestreut wird. Der differentielle Wirkungsquerschnitt für den Antineutrinoeinfang im Schwerpunktsystem wird

(11.79) $\quad d\sigma_{cm}(\bar{\nu}p \to ln) = \dfrac{1}{4\pi^2\hbar^4 c^3} \dfrac{E_n E_l p_l}{E_n + E_l} |\langle nl|H_w|p\bar{\nu}\rangle|^2 d\Omega_l.$

Zunächst werden wir diesen Ausdruck auf *niederenergetische elektronische Antineutrinos* anwenden. Wir weisen hier darauf hin, daß die Größenordnung des Matrixelements $\langle ne^+|H_w|p\bar{\nu}\rangle$ die gleiche ist wie beim Neutronenzerfall, $\langle pe\bar{\nu}|H_w|n\rangle$. Das Matrixelement für den Neutronenzerfall steht mit dem Wert $f\tau$ für Neutronen aus Gl. 11.11 in Zusammenhang. Wenn man Gl. 11.79 über $d\Omega_l$ integriert, Gl. 11.11 in Gl. 11.79 einsetzt und beachtet, daß für geringe Elektronenenergien $E_n \approx m_n c^2$, $E_e \ll m_n c^2$ ist, erhält man

$$(11.80) \quad \sigma(\bar{\nu}_e p \to e^+ n) = \frac{2\pi^2 \hbar^3}{m_e^5 c^7} \frac{p_e E_e}{(f\tau)_{\text{neutron}}}.$$

Mit den Zahlenwerten für die Konstanten und dem gemessenen $f\tau$-Wert (Tabelle 11.1) und unter Verwendung geeigneter Energie- und Impulseinheiten, wird der Wirkungsquerschnitt zu

$$\sigma(\text{cm}^2) = 2{,}3 \times 10^{-44} \frac{p_e}{m_e c} \frac{E_e}{m_e c^2}.$$

Bei den Antineutrinoenergien, wie sie an Reaktoren auftreten, kann die Rückstoßenergie des Neutrons in der Reaktion $\bar{\nu} p \to e^+ n$ vernachlässigt werden, wodurch die Gesamtenergie des Positrons mit der Antineutrinoenergie durch $E_{e^+} = E_{\bar{\nu}} + (m_p - m_n)c^2 = E_{\bar{\nu}} - 1{,}293$ MeV zusammenhängt. Für eine Antineutrinoenergie von 2,5 MeV wird der Wirkungsquerschnitt 12×10^{-44} cm^2.

Der Antineutrinoeinfang wurde erstmals von Reines, Cowan und Mitarbeitern 1956 beobachtet.[35] Sie bauten nahe einem Reaktor einen großen und gut abgeschirmten Flüssigkeits-Szintillationszähler auf. Reaktoren emittieren einen intensiven Antineutrinofluß, beim Los Alamos Experiment waren es etwa $10^{13} \bar{\nu}/\text{cm}^2\text{s}$. Ein paar davon werden in der Flüssigkeit eingefangen und erzeugen ein Neutron und ein Positron und diese lösen ein charakteristisches Signal aus. Die Gruppe in Los Alamos war in der Lage, den Wirkungsquerschnitt zu bestimmen, und zwar

$$\sigma_{\text{exp}} = (11 \pm 4) \times 10^{-44} \text{ cm}^2.$$

Um diese Zahl mit der aus Gl. 11.76 erwarteten zu vergleichen, muß man das Antineutrinospektrum kennen. Es kann aus dem β-Spektrum der Spaltprodukte von ^{238}U abgeleitet werden.[36] Auf diese Weise wurde ein Wirkungsquerschnitt von etwa 10×10^{-44} cm^2 berechnet, was mit dem tatsächlich beobachteten Wert gut übereinstimmt. Die Übereinstimmung ist ermutigend. Sie bedeutet, daß der niederenergetische Teil der Theorie der schwachen Wechselwirkung in der Lage ist, Neutrinoreaktionen zu beschreiben.

Als nächstes wenden wir uns *Neutrinoreaktionen bei hohen Energien* zu. Pontecorvo und Schwartz wiesen auf die Möglichkeit solcher Experimente hin.[37] Lee und Yang erforschten als erste die theoretischen Möglichkeiten.[38] Wie so oft in der Physik, ist die zugrundeliegende Idee einfach. Sie ist in Bild 11.13 skizziert: Protonen aus einem hochenergetischen Beschleuniger treffen auf ein Target und erzeugen hochenergetische Pionen und Kaonen.

---

[35] F. Reines und C. L. Cowan, *Science* **124**, 103 (1956); *Phys. Rev.* **113**, 273 (1959); F. Reines, C. L. Cowan, F. B. Harrison, A. D. McGuire und H. W. Kruse, *Phys. Rev.* **117**, 159 (1960).
[36] R. E. Carter, F. Reines, J. J. Wagner und M. E. Wyman, *Phys. Rev.* **113**, 280 (1959).
[37] B. Pontecorvo, *Soviet Phys. JETP* **37**, 1751 (1959); M. Schwartz, *Phys. Rev. Letters* **4**, 306 (1960). Eine faszinierende persönliche Darstellung steht bei B. Maglich, ed., *Adventures in Experimental Physics*, Vol. α, World Science Communications, Princeton, N.J., 1972, S. 82.
[38] T. D. Lee und C. N. Yang, *Phys. Rev. Letters* **4**, 307 (1960); *Phys. Rev.* **126**, 2239 (1962)

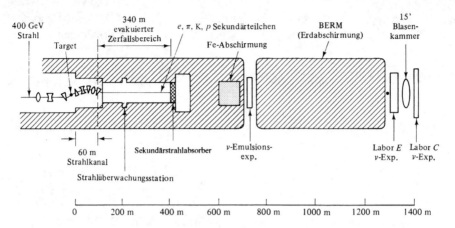

Bild 11.13 Das Neutrinogebiet des Fermilabors im Jahre 1980. Der schmalbandige Strahl ist hier dargestellt. (Zur Verfügung gestellt von H. E. Fisk und F. Sciulli und abgedruckt mit Erlaubnis von *Ann. Rev. Nucl. Part. Sci.* **32**, 499 (1982), Annual Reviews, Inc.)

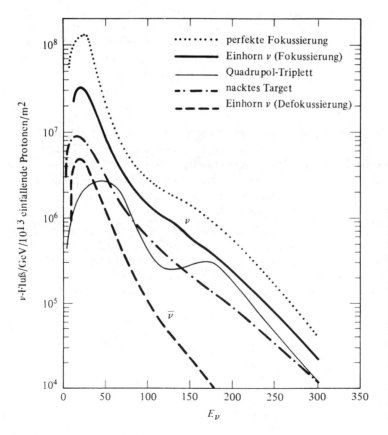

Bild 11.14 Der berechnete Neutrinofluß für verschiedene breitbandig fokussierende Aufbauten, die im Fermilabor verwendet werden, im Vergleich zu einer perfekten Fokussierung. Als Energie des Protonenstrahl wurden 400 GeV angenommen. (Zur Verfügung gestellt von H. E. Fisk und F. Sciulli; siehe Bild 11.13).

Mesonen mit einer bestimmten Ladung, z.B. π^+, werden ausgesondert und in eine gewünschte Richtung fokussiert. Wenn ihnen auf ihrer Bahn keine Materie im Weg steht, so zerfallen sie im Flug und erzeugen dabei positive Myonen und myonische Neutrinos. Im Schwerpunktsystem des Pions werden das Myon und das Neutrino mit entgegengesetztem Impuls emittiert. Wegen des großen Impulses des zerfallenden Pions im Laborsystem, fliegen die meisten der Zerfallsprodukte in einem schmalen Kegel gerade aus weiter. Eine weitere Fokussierung ist möglich, oder man kann einschmales Band von Neutrinos selektieren, indem Pionen mit begrenzten Impulsen ausgewählt werden, wie das Bild 11.13 zeigt. Einen typischen Fluß von „Breitband"-Neutrinos zeigt Bild 11.14. Der Detektor wird in ziemlich großer Entfernung (z.B. > 300 m) vom Target aufgestellt und ist so gut abgeschirmt, daß ihn nur Neutrinos erreichen können. Ein typischer Detektor ist in Bild 11.15 dargestellt. Seine gigantischen Ausmaße werden im Vergleich mit dem abgebildeten Menschen deutlich. Auf den ersten Blick erscheinen Neutrinoexperimente an hochenergetischen Beschleunigern hoffnungslos, da der Neutrinofluß dort viel kleiner ist, als an Reaktoren. Glücklicherweise wächst der Wirkungsquerschnitt sehr stark mit der Energie: Für Energien, für die gilt $m_p c^2 \ll E_{cm} \ll m_w c^2$ wobei E_{cm} die Schwerpunktsenergie ist, gibt es keine andere Dimension als die Energie $E_{cm} = \sqrt{s}$ für den Maßstab. Daher können wir wie in Gl. 10.80 die Energieabhängigkeit des Wirkungsquerschnitts berechnen. Im vorliegenden Fall hat die Kopplungskonstante G die Dimension Energie · Volumen, so daß der Wirkungsquerschnitt durch

(11.81) $\quad \sigma = CG^2 s/(\hbar c)^4 = 2CG^2 m_p E_{\text{lab}}/(\hbar c)^4$

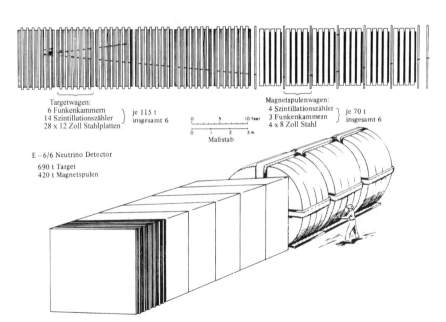

Bild 11.15 Der CFRR-Detektor im Labor E des Fermilabors. Der Bereich des Stahltargets ist mit Zählern und Funkenkammern ausgerüstet, um den Wechselwirkungspunkt und die Spur des Myonenstroms nachzuweisen. Die Ringspulen ermöglichen die Messung des Endzustandes vom Myonenimpuls. (Zur Verfügung gestellt von H. E. Fisk und F. Sciulli; siehe Bild 11.13).

bestimmt ist. C ist eine dimensionslose Konstante, und E_{lab} ist die Laborenergie der Neutrinos. Die lineare Abhängigkeit des gesamten Neutrino- und des Antineutrino-Wirkungsquerschnittes von der Laborenergie ist in Bild 11.16 gezeigt.

• Der Faktor drei zwischen σ_ν und $\sigma_{\bar\nu}$ in Bild 11.16 kann aus der Drehimpulserhaltung verstanden werden. Neutrinos sind reine Links-, Antineutrinos Rechtsteilchen. Bei masselosen Quarks und Leptonen beteiligen sich nur die Linkskomponenten der Teilchen am geladenen Strom der schwachen Wechselwirkung, wie wir in Kapitel 13 ausführlich zeigen werden. Dann kann der Drehimpuls für rückwärts gestreute Neutrinos erhalten werden, nicht jedoch für Antineutrinos, wie Bild 11.17 zeigt. Als Folge davon ist die Winkelverteilung der Neutrinos isotrop und die der Antineutrinos beträgt $[(1 + \cos\theta)/2]^2$. Der resultierende Abfall im Integral des differentiellen Wirkungsquerschnitts erklärt den kleineren Gesamtwirkungsquerschnitt der Antineutrinos. •

Bei elastischer Streuung sind die Formfaktoren wichtig, und die effektive Größe der Targetteilchen liefert einen Maßstab. Folglich flacht der Wirkungsquerschnitt als Funktion der Laborenergie nach dem Anfangsanstieg ab. Lee und Yang berechneten mit der Hypothese von der Erhaltung des Vektorstroms von Gell-Mann und Feynman die zu erwartenden Wirkungsquerschnitte. Das Ergebnis ist in Bild 11.18 zu sehen. Der Wirkungsquerschnitt steigt sehr steil an, bis zu Neutrinoenergien (im Laborsystem) von etwa 1 GeV und flacht dann ab. Der maximale Wirkungsquerschnitt ist von der Größenordnung 10^{-38} cm^2, etwa

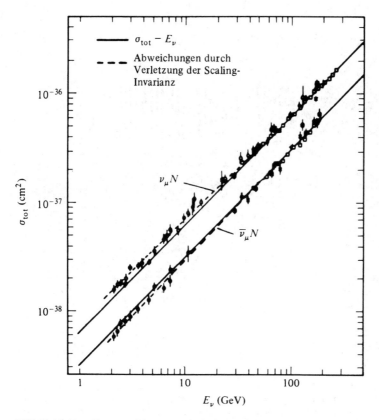

Bild 11.16 Der Gesamtwirkungsquerschnitt von Neutrinos und Antineutrinos in Abhängigkeit von der Energie. (Aus F. Eisele, *Rep. Prog. Phys.* **49**, 233 (1986).)

11.11 Der schwache Strom von Hadronen bei hoher Energie

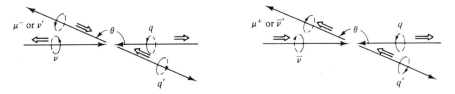

Bild 11.17 Darstellung der Erhaltung des Drehimpulses für Rückwärtsstreuung (180°) von Neutrinos und Antineutrinos an Quarks. Der Übersichtlichkeit halber ist θ nahe bei, aber nicht exakt gleich 180° gezeichnet.

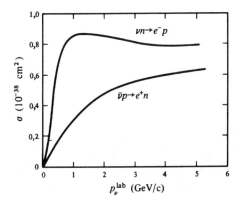

Bild 11.18 Wirkungsquerschnitt für die Reaktion $vn \to l^-p$, wie sie von T. D. Lee und C. N. Yang, *Phys. Rev. Letters*, **4**, 307 (1960), vorhergesagt wurde.

fünf Größenordnungen höher als der im Neutrinoexperiment von Los Alamos beobachtete. Dieser größere Wirkungsquerschnitt machte es der Gruppe aus Columbia möglich, das bemerkenswerte Experiment durchzuführen, bei dem die Existenz von zwei Arten von Neutrinos gezeigt wurde (Abschnitt 7.4). In diesem Kapitel setzen wir die Existenz des myonischen Neutrinos voraus und wenden uns dem Verhalten des Matrixelements von H_w bei hoher Energie zu. Wir werden den Wirkungsquerschnitt für die Reaktion $v_\mu N \to \mu^- N'$ berechnen, wobei N und N' hypothetische Nukleonen ohne Spin sind. Wir werden die für echte Nukleonen notwendigen Korrekturen später besprechen. Der Wirkungsquerschnitt für diese Reaktionen ist durch Gl. 11.79 gegeben, mit geringfügigen Änderungen bei den Bezeichnungen. Bei hoher Energie kann man die Leptonenmasse vernachlässigen und E_μ durch $p_\mu c$ ersetzen. Gleichung 11.79 lautet dann

$$d\sigma_{c.m.}(v_\mu N \to \mu^- N') = \frac{1}{4\pi^2 \hbar^4 c^2} \frac{E}{W} p_\mu^2 |\langle \mu^- N'|H_w|vN\rangle|^2 d\Omega.$$

Dabei ist E die Energie von N' und W die gesamte Energie im Schwerpunktsystem. Die Reaktion $v_\mu N \to \mu^- N'$ ist in Bild 11.19 dargestellt. Im Schwerpunktsystem haben alle Impulse die gleiche Größe, so daß das Quadrat des Impulsvektors zu

(11.82) $\quad -\mathbf{q}^2 = (\mathbf{p}_v - \mathbf{p}_\mu)^2 = 2p_v^2(1 - \cos\delta)$

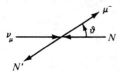

Bild 11.19 „Elastische" Reaktion $\nu_\mu N \to \mu^- N'$ im Schwerpunktsystem.

wird, wobei δ der Streuwinkel im Schwerpunktsystem ist. Mit Gl. 11.82 kann man das Raumwinkelelement $d\Omega = 2\pi \sin \delta \, d\delta$ als

$$d\Omega = -\frac{\pi}{p_\nu^2} \, dq^2$$

schreiben, so daß

(11.83) $\quad d\sigma = \dfrac{-1}{4\pi\hbar^4 c^2} \dfrac{E}{W} |\langle \mu^- N' | H_w | \nu N\rangle|^2 dq^2.$

Das zentrale Problem ist jetzt das Matrixelement. Bei niedriger Energie, bei der die Teilchenstruktur zu vernachlässigen ist, haben wir schon schwache Übergänge $0^+ \to 0^+$ betrachtet, die durch schwache Ströme verursacht werden. Das Matrixelement ist in Gl. 11.66 gegeben und der differentielle Wirkungsquerschnitt für diesen Fall ist

(11.84) $\quad d\sigma = -\dfrac{G^2 \cos^2\theta_c}{2\pi\hbar^4 c^2} \dfrac{E}{W} \, dq^2.$

Den gesamten Wirkungsquerschnitt erhält man durch Integration über dq^2. Der minimale Impulsübertrag ist $-4p_\nu^2$ der maximale ist durch Gl. 11.77 als 0 gegeben, die Integration von 0 bis $-4p_\nu^2$ liefert

(11.85) $\quad \sigma_{\text{tot}} = \dfrac{2G^2 \cos^2\theta_c}{\pi\hbar^4 c^2} \dfrac{E}{W} p_\nu^2$

Bei hohen Energien wird $E \approx W/2$ und der Wirkungsquerschnitt würde mit p_ν^2 ansteigen wie der Gesamtwirkungsquerschnitt in Gl. 11.81, wenn die Struktur der Hadronen nicht den elastischen Wirkungsquerschnitt dämpfen würde. Gl. 11.84 ist deshalb analog zum Rutherford-Wirkungsquerschnitt Gl. 6.17. In Kapitel 6 wurden wegen der endlichen Teilchengröße und wegen des Spins Modifikationen eingeführt. Für den Fall von Spin null, der hier betrachtet wird, modifiziert sich der Wirkungsquerschnitt um einen schwachen Formfaktor F_w und Gl. 11.84 wird zu

(11.86) $\quad d\sigma = -\dfrac{G^2 \cos^2\theta_c}{2\pi\hbar^4 c^2} \dfrac{E}{W} |F_w(q^2)|^2 dq^2.$

Der schwache Formfaktor F_w wird von der CVC-Hypothese vorausgesagt. Feynman und Gell-Mann postulierten, daß die vektoriellen Formfaktoren in den elektromagnetischen

11.11 Der schwache Strom von Hadronen bei hoher Energie

und schwachen Strömen dieselbe Form besitzen müssen. Für unser vereinfachtes Beispiel besagt CVC, daß für die vektorielle Wechselwirkung gilt:

(11.87) $\quad F_w(q^2) = F_{em}(q^2)$.

Es gibt kein Nukleon ohne Spin, weshalb der Formfaktor F_{em} für unser spezielles Beispiel nicht bestimmt werden kann. Wir können jedoch annehmen, daß F_{em} dieselbe Form hat wie die Formfaktoren, die die Nukleonenstruktur beschreiben. Insbesondere können wir F_{em} mit G_D aus Gl. 6.50 identifizieren: Der schwache Wirkungsquerschnitt wird dann mit Gl. 11.87 zu

(11.88) $\quad d\sigma = -\dfrac{G^2 \cos^2 \theta_c}{2\pi \hbar^4 c^2} \dfrac{E}{W} \dfrac{dq^2}{(1+|q^2|/q_0^2)^4}$.

Den gesamten Wirkungsquerschnitt erhält man durch Integration von 0 bis $-4p_v^2$

(11.89) $\quad \sigma = \dfrac{G^2 \cos^2 \theta_c}{6\pi \hbar^4 c^2} \dfrac{E q_0^2}{W} \left\{ 1 - \dfrac{1}{(1+4p_v^2/q_0^2)^3} \right\}$.

Dieser Ausdruck zeigt alle wesentlichen Eigenschaften der in Bild 11.18 gezeigten theoretischen Wirkungsquerschnitte: Bei niedriger Energie kann der Ausdruck in den geschweiften Klammern entwickelt werden, das Ergebnis ist dann dasselbe wie in Gl. 11.85 und der Wirkungsquerschnitt nimmt mit p_v^2 zu. Bei sehr hoher Energie wird der Term in den geschweiften Klammern eins und der Wirkungsquerschnitt bleibt konstant.

Der Wirkungsquerschnitt Gl. 11.89 ist für einen übererlaubten $0^+ \rightarrow 0^+$-Übergang abgeleitet worden, bei dem nur ein einziger Vektorformfaktor eingeht. Nukleonen haben den Spin ½ und mindestens drei Formfaktoren sind zur Beschreibung des Wirkungsquerschnitts erforderlich. Zwei dieser Formfaktoren sind nach Vorhersagen der CVC-Hypothese identisch mit denen der elektromagnetischen Streuung der Elektronen, in Gl. 6.46 als G_E und G_M eingeführt. Der schwache Strom enthält jedoch auch einen axialen Anteil **A**, und ein einziger Formfaktor reicht aus, diesen zu beschreiben. Es wird angenommen, daß er die gleiche Form wie G_D, Gl. 6.50, hat. Daher ist nur ein freier Parameter übriggeblieben, $q_0^2 \equiv M_A^2 c^2$. Bild 11.20 stellt Daten für die elastische Streuung $\nu_\mu n \rightarrow \mu^- p$ und elastische Streuungen neutraler Ströme an Protonen vor. Die theoretischen Kurven sind Wirkungsquerschnitte, die mit den drei Formfaktoren G_E, G_M und G_A berechnet wurden. G_E und G_M sind durch Gl. 6.51 gegeben und G_A durch Gl. 6.50; mit $q_0^2 \equiv M_A^2 \cdot c^2$ und M_A wie in Bild 11.20 angegeben. Die Daten zeigen, daß die experimentellen Ergebnisse kompatibel mit diesen Formfaktoren und mit einer axialen Masse $M_A = 1{,}06$ GeV/c^2 sind. M_A ist etwas größer als die Vektormasse $M_V \equiv q_0/c = 0{,}71$ GeV/c^2. Dieses Ergebnis wurde erwartet, weil axiale Vektormesonen eine größere Masse als ihre Vektorentsprechungen haben. Das kleinste axiale Vektormeson ist das h_1 mit einer Masse von 1 190 MeV/c^2.

Bisher war die Diskussion auf elastische Streuung an geladenen Strömen beschränkt. Der Wirkungsquerschnitt der wahren elastischen Streuung durch neutrale Ströme

$\nu_\mu p \rightarrow \nu_\mu p$

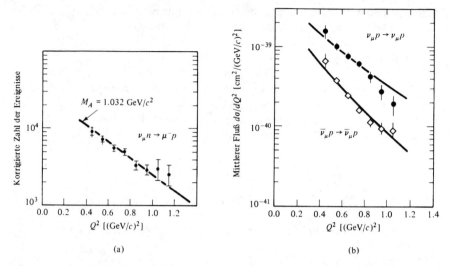

Bild 11.20 (a) Der über den Fluß gemittelte differentielle Wirkungsquerschnitt für quasielastische Ereignisse. Die Ausgleichsgerade entspricht $M_A = 1{,}032$ GeV/c^2. (b) Der über den Fluß gemittelte differentielle Wirkungsquerschnitt für Neutrino- und Antineutrino-Streuung an Protonen. Die durchgezogenen Kurven entsprechen $M_A = 1{,}06$ GeV/c^2. (Aus L. A. Ahrens et al., *Phys. Rev.* **D 35**, 785 (1987).)

ist schwieriger zu messen, wurde aber untersucht[39] und zeigt die Merkmale des Wirkungsquerschnitts bei geladenem Strom. Er wurde zur Bestimmung der Parameter der Weinberg-Salam-Theorie benutzt (Kapitel 13).

Sowohl geladene als auch neutrale Ströme schwacher Wechselwirkungen von Neutrinos rufen viele andere Reaktionen hervor, wie z.B.

$$\nu_\mu p \to \mu^- \pi^+ p.$$

Von besonderem Interesse sind die inklusiven Reaktionen

$$\nu_\mu p \to \mu^- X, \quad \bar{\nu}_\mu p \to \mu^+ X,$$
$$\nu_\mu p \to \nu_\mu X, \quad \bar{\nu}_\mu p \to \bar{\nu}_\mu X,$$

wobei X eine beliebige Zahl von Teilchen bedeutet. Wie die inklusive Elektronenstreuung, die in den Abschnitten 6.10 und 6.11 diskutiert wurde, werden diese Reaktionen zur Erforschung des Quark-Parton-Modells und zur Bestimmung der Quarkverteilungsfunktionen verwendet. Wir haben bereits den Gesamtwirkungsquerschnitt des geladenen Stroms für Neutrinos und Antineutrinos als Funktion der Laborenergie gezeigt. Die lineare Abhängigkeit des Wirkungsquerschnitts liefert den Beweis für die punktförmige Partonunterstruktur des Protons. Wie in Gl. 11.85 für die Streuung an punktförmigen Teilchen gezeigt, ist der Wirkungsquerschnitt proportional zum Quadrat des Impulses und der Ener-

---

[39] L. A. Ahrens et al., *Phys. Rev.* **D35**, 785 (1987).

gie im Schwerpunktsystem. Dieses Quadrat der Energie ist proportional zur Laborenergie (siehe Gl. 11.81).

Die tief unelastische Streuung der Neutrinos oder Antineutrinos ergänzt die der Elektronen. Die inklusiven Reaktionen bei geladenem Strom sind leichter zu untersuchen, da ein geladenes Lepton im Endzustand einfacher als ein Neutrino zu detektieren ist. Die Ableitung ist ähnlich zu der in Abschnitt 6.10 und 6.11. Die Streuung der Neutrinos an Quark-Partonen ist zum Beispiel elastisch und inkohärent, wie bei Elektronen. Bild 11.21 ist ein historischer Überblick über Experimente mit hochenergetischen Neutrinos. Es ist interessant zu bemerken, daß die wichtigste Entdeckung, die Existenz von zwei Arten von Neutrinos, im Jahre 1961 gemacht wurde als die Anzahl der Experimente am kleinsten war.

● Es gibt auch Unterschiede zwischen der inklusiven tief unelastischen Elektronen- und Neutrino-Streuung. Bei ν-Streuung ist die Wechselwirkung von sehr kurzer Reichweite, kürzer als $1/r$. Dieser Unterschied erfordert, daß das elektromagnetische α/q^2 durch $G^2/8\pi$ in Gl. 6.78 ersetzt wird. Die schwache Wechselwirkung des geladenen Stroms mit u-Quarks und d-Quarks ist auch nicht proportional zu ihrer elektrischen Ladung, und Gl. 6.76 muß deshalb modifiziert werden zu

(11.90) $\quad P(x) = \sum_i P(x_i).$

Weiterhin kann die schwache Wechselwirkung auch bei Gluonen erscheinen (wurde unten vernachlässigt) und erhält nicht die Parität. Der axiale Strom verursacht eine dritte die Parität verletzende Strukturfunktion F_3 aus der Interferenz des normalen und des axialen Vektorstrom-Matrixelements

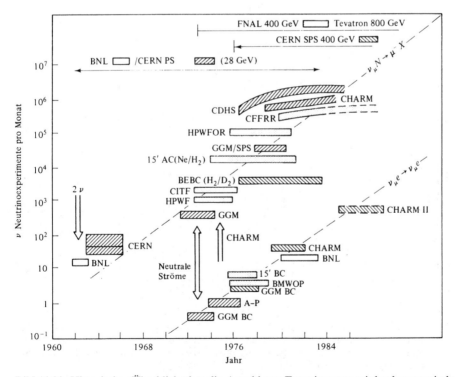

Bild 11.21 Historischer Überblick über die Anzahl von Experimenten mit hochenergetischen Neutrinos. (Nach F. Eisele, *Rep. Prog. Phys.* **49**, 233 (1986).)

im Wirkungsquerschnitt. Dieser Ausdruck ändert sein Vorzeichen bei Neutrino- und bei Antineutrinostreuung an Nukleonen. Daher kann die Strukturfunktion F_3 aus der Differenz der inklusiven Wirkungsquerschnitte von geladenem Strom (cc) (oder neutralem Strom) von Neutrinos und Antineutrinos bestimmt werden[40]

(11.91) $\quad F_3 \propto \sigma_{cc}(\nu) - \sigma_{cc}(\bar{\nu}).$

F_3 ist für Protonen in Bild 11.22 dargestellt. Die anderen beiden Strukturfunktionen F_1 und F_2 sind wegen der CVC-Relation bis auf eine Konstante identisch mit den elektromagnetischen. In Bild 11.22 ist F_2 für ν- und für $\bar{\nu}$-Streuung mit F_2 für geladene Leptonen-Streuung verglichen. Aus den Gleichungen 6.76 und 11.90 und der Beziehung $F_2(x) = xP(x)$, Gl. 6.79, erhalten wir für ein isoskalares Target mit gleicher Zahl von Protonen und Neutronen und deshalb gleicher Zahl von u- und d-Quarks

(11.92) $\quad \dfrac{F_2(e)}{F_2(\nu)} = \dfrac{5}{18}$

Da F_3 die Wahrscheinlichkeit für das Auffinden eines Quarks mißt (wenn die Anwesenheit von Antiquarks vernachlässigt werden kann), folgt, daß $\int F_3\, dx = 3.$●

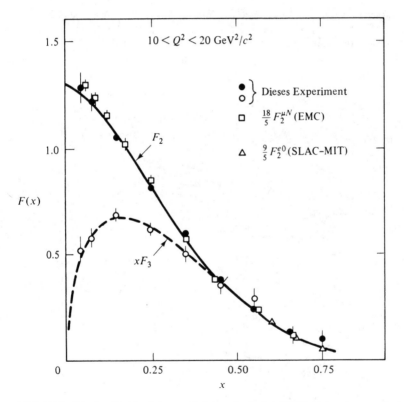

Bild 11.22 Die Strukturfunktionen $F_2(x)$ und $xF_3(x)$ für Neutrinostreuung bei einem festen Wert der quadratischen Impulsübertragung Q^2. Ebenfalls dargestellt ist die renormierte Funktion $F_2(x)$, die man aus Myonen- und Elektronen-Streuung erhält. (Nach F. Eisele, *Rep. Prog. Phys.* **49**, 233 (1986).)

---

[40] J. V. Allaby et al., *Phys. Rev.* **213 B**, 554 (1988).

11.12 Literaturhinweise

Es gibt viele Übersichtsartikel über die schwachen Wechselwirkungen. Wir führen hier nur ein paar Bücher und Veröffentlichungen an. Diese enthalten ausführliche Literaturverzeichnisse, so daß der Leser ohne großen Aufwand weitere Literaturstellen finden kann. Wir geben zuerst Bücher an, die den nuklearen β-Zerfall behandeln.

C. S. Wu und S. A. Moszkowski geben in *Beta Decay*, Wiley-Interscience, New York, 1966, eine ausgewogene und klare Darstellung von Theorie und Experiment insbesondere des nuklearen β-Zerfalls (Stand 1965), aber auch von Teilchenzerfällen. Das Niveau ist etwa das gleiche wie in diesem Werk.

Eine leicht lesbare Einführung in die physikalischen Vorstellungen beim nuklearen β-Zerfall, speziell bei Experimenten, die die Nichterhaltung der Parität testen, ist H. J. Lipkin, *Beta Decay for Pedestrian*, North-Holland, Amsterdam, 1962.

Die experimentellen Gesichtspunkte des nuklearen β-Zerfalls werden in Siegbahn und in O. M. Kofoed-Hansen und C. J. Christensen, *Experiments on Beta Decay*, in *Encyclopedia of Physics*, Vol. XLI/2, (S. Flügge, ed.), Springer, Berlin, 1962, besprochen. Ein etwas modernerer Überblick ist B. Holstein, *Rev. Mod. Phys.* **46**, 789 (1974).

Mehr allgemeine Informationen über die schwache Wechselwirkung kann man finden in *Weak Interactions,* (M. K. Gaillard und M. Nikolic, Eds.), Institut National Physique Nucléaire et Physique des Particules, Paris, 1976; E.D. Cummins und P. H. Bucksbaum, *Weak Interactions of Leptons and Quarks*, Press Syndicate University of Cambridge, New York, 1983.

Andere Bücher, die auch ausführliche Behandlungen von Aspekten der schwachen Wechselwirkung beinhalten, sind R. J. Blin-Stoyle, *Fundamental Interactions and the Nucleus*, North-Holland, Amsterdam, und Elsevier, New York, 1973; L. B. Okun, *Leptons and Quarks*, Kap. 3, North-Holland, Amsterdam, 1982; F. Scheck, *Leptons, Hadrons, and Nuclei*, North-Holland, Amsterdam, und Elsevier, New York, 1983; F. Halzen und A. D. Martin, *Quarks and Leptons*, John Wiley, New York, 1984; K. Gottfried und V. F. Weisskopf, *Concepts of Particle Physics*, Band I und II, Oxford University Press, New York, 1984 und 1986. Einige dieser Bücher haben ein höheres Niveau als dieses Buch.

Eine Zusammenfassung der Entwicklung der schwachen Wechselwirkung in den letzten dreißig Jahren kann man finden in *Thirty Years Since Parity Nonconservation*, ein Symposium für T. D. Lee, (R. Novick, Ed.), Birkhäuser, Boston, 1988. *History of Weak Interactions* von T. D. Lee in *Elementary Processes at High Energy*, (A. Zichichi, Ed.), Academic Press, New York, 1971, S. 828. Viele der einflußreichen Arbeiten über schwache Wechselwirkung einschließlich einer Übersetzung von Fermis klassischem Werk findet man in P. K. Kabir, *The Development of Weak Interaction Theory*, Gordon Breach, New York, 1963. Originalarbeiten mit einführenden Diskussionen sind gesammelt in C. Strachan, *The Theory of Beta Decay*, Pergamon, Elmsford, N.Y., 1969.

Es gibt viele Übersichtsartikel zu verschiedenen Aspekten der schwachen Wechselwirkung. Zum Beispiel werden die Eigenschaften des Myonenzerfalls ausführlich in *Muon Physics* diskutiert, (V. Hughes und C. S. Wu, Eds.), Academic Press, New York, 1975; und R. Engfer und H. K. Walter, *Ann. Rev. Nucl. Part. Sci.* **36**, 327 (1986).

Der doppelte Betazerfall und Majorana-Neutrinos werden behandelt von M. K. Moe und S. P. Rosen, *Sci. Amer.* **261**, 48 (Nov. 1989); ausführliche Übersichten beinhalten W. C. Haxton und G. J. Stephenson, *Jr., Prog. Part. Nucl. Phys.* (D. Wilkinson, Ed.), **12**, 409 (1984); M. Doi, T. Kotani und E. Takasugi, *Prog. Theor. Phys. Suppl.* **83**, 1 (1985); F. T. Avignone III und R. L. Brodzinski, *Prog. Part. Nucl. Phys.*, (A. Faessler, Ed.), **21**, 99 (1988).

Einen Überblick über Neutrinooszillationen kann man bei S. M. Bilenky und S. T. Petcov, *Rev. Mod. Phys.* **59**, 671 (1987) finden. Zwei neuere Bücher über massive Neutrinos und damit verbundenen Phänomene einschließlich Neutrinooszillationen und doppeltem Betazerfall, sind F. Boehm und P. Vogel, *Physics of Massive Neutrinos*, Cambridge University Press, New York, 1987; und B. Kayser, F. Gibrat-Debu und F. Perrier, *The Physics of Massive Neutrinos*, World Scientific, Singapur, 1988. Neueste Übersichten über Messung und Bestimmung von Neutrinomassen kann man finden in C-r Ching und T-h Ho, *Phys. Rep.* **112**, 1 (1984) sowie in R. G. H. Robertson und D. A. Knapp, *Ann. Rev. Nucl. Part. Sci.* **38**, 185 (1988).

Eigenschaften der Neutrinos sind bei K. Winter, *Neutrino Properties*, angegeben. Es erscheint in der 2. Auflage bei *ESO-CERN, Symposium on Cosmology, Astronomy and Fundamental Physics*, Garching, Deutschland, 1986, (Q. Setti und L. van Hove, Eds.), ESO und CERN, Genf, 1986, S. 3.

Einen Überblick über Neutrinos und ihre hochenergetischen Wechselwirkungen, einschließlich der Informationen über Nukleonenstrukturen, liefern: D. Cline und W. F. Fry, *Ann. Rev. Nucl. Part. Sci.* **27**, 209 (1977); H. E. Fisk und F. Sciulli, *Ann. Rev. Nucl. Part. Sci.* **32**, 499 (1982); P. Eisele, *Rep. Prog. Phys.* **49**, 233 (1986); M. Diemoz, F. Ferroni und E. Longo, *Phys. Rep.* **130**, 293 (1986).

Aufgaben

11.1 Zeigen Sie, daß die Rückstoßenergie des Protons bei der Behandlung des β-Zerfalls des Neutrons vernachlässigt werden kann.

11.2 Zeichnen Sie die Phasenraumverteilung Gl. 11.4 und zeigen Sie, daß ein typisches β-Spektrum durch sie gut wiedergegeben wird.

11.3 a) Erläutern Sie, wie das obere Ende des β-Spektrums und die Kurie-Darstellung gestört würden, wenn das Neutrino eine endliche Ruhemasse hätte.
b) Man zeige die Abweichung der Kurie-Darstellung für den Betazerfall von ^{3}H, wenn das Elektronneutrino eine Masse von 50 eV/c^2 besitzt. Welche grundlegenden Probleme machen eine Messung dieser Abweichung besonders schwierig?

11.4 Erläutern Sie den β-Zerfall des Neutrons:
a) Skizzieren Sie, wie Halbwertszeit gemessen wird.
b) Erläutern Sie die Aufnahme des Spektrums.
c) Berechnen Sie mit Hilfe von Gl. 11.9 und Gl. 11.10 den Wert von f für den Neutronenzerfall. Nehmen Sie an, daß F(-,1,E) = 1 gilt. Vergleichen Sie den *ft*-Wert, den Sie erhalten, mit dem in Tabelle 11.1.
d) In welchen Meßgrößen zeigt sich die Paritätsverletzung beim Neutronenzerfall? Wie ist sie experimentell zu bestimmen? Erläutern Sie die Ergebnisse solcher Messungen.

11.5 β-Spektren können mit einer Vielzahl von Instrumenten aufgenommen werden. Zwei häufig benutzte sind das magnetische β-Spektrometer und der Halbleiterdetektor.

a) Erläutern Sie beide Verfahren. Vergleichen Sie Impulsauflösung und Zählercharakteristik für eine gegebene Strahlerstärke.
b) Was sind die Vorzüge und Nachteile jedes Verfahrens?

11.6 Nehmen Sie an, der Massenunterschied zwischen den geladenen und dem neutralen Pion rührt von der elektromagnetischen Wechselwirkung her. Vergleichen Sie die entsprechende Energie mit der in Gl. 11.14 gegebenen schwachen Energie.

11.7 Überprüfen Sie die Integration, die zu Gl. 11.19 führt.

11.8 Geben Sie drei nukleare β-Zerfälle an, einen mit einem sehr kleinen, einen mit einem mittleren und einen mit einem sehr großen ft-Wert. Betrachten Sie die auftretenden Spins und Paritäten und erklären Sie, warum die verschiedenen ft-Werte kein Argument gegen die universelle Fermiwechselwirkung sind.

11.9 Berechnen Sie das Verhältnis der Halbwertszeiten für diese Zerfälle

$$\Sigma^+ \to \Lambda^0 e^+ \nu \quad \text{und} \quad \Sigma^- \to \Lambda^0 e^- \bar{\nu}.$$

Vergleichen Sie Ihren Wert mit dem experimentellen Ergebnis.

11.10 Überprüfen Sie alle Angaben in Tabelle 11.3.

11.11 Betrachten Sie die Zerfallsverzweigung (Intensitätsverhältnis)

$$\frac{\pi \to e\nu}{\pi \to \mu\nu}.$$

a) Wie werden diese beiden Zerfallsarten beobachtet?
b) Berechnen Sie die zu erwartende Zerfallsverzweigung, wenn die Matrixelemente für beide Zerfälle als gleich angenommen werden. Vergleichen Sie das Ergebnis mit dem experimentellen Wert.
c) Erläutern Sie die Helizitäten der im Pionenzerfall emittierten geladenen Leptonen. Nehmen Sie an, daß die Neutrinos und Antineutrinos vollständig polarisiert sind, wie in Bild 7.2 gezeigt. Skizzieren Sie die Helizitäten von e^+ und e^-.
d) Das Experiment zeigt, daß die Helizität der beim β-Zerfall emittierten negativen Leptonen durch $-v/c$ gegeben ist, wobei v die Leptonengeschwindigkeit ist. Benutzen Sie diese Tatsache, zusammen mit dem Ergebnis aus c), um das geringe Verhältnis der Zerfallsverzweigung zu erklären, das man experimentell findet.

11.12 Warum kommen positive Myonen in Materie gewöhnlich zum Stillstand, bevor sie zerfallen? Beschreiben Sie die Vorgänge und geben Sie Näherungswerte für die charakteristischen Zeiten, die in die Betrachtungen eingehen. Warum verhalten sich negative Myonen anders?

11.13 Erläutern Sie die experimentelle Bestimmung der Polarisation des im Pionenzerfall emittierten Myons.

11.14 Erläutern Sie die experimentelle Bestimmung des Elektronenspektrums beim Myonenzerfall:
a) Skizzieren Sie eine typische Versuchsanordnung.
b) Wie dünn sollte das Target sein (in g/cm²), um das Spektrum nicht merklich zu beeinträchtigen?

c) Wie kann man sichergehen, daß das beobachtete Spektrum das der unpolarisierten Myonenquelle ist?
d) Wie kann man das Spektrum für kleine Impulswerte der Elektronen aufnehmen?

11.15 Verwenden Sie das Spektrum aus Bild 11.6, um eine genäherte Kurie-Darstellung des Myonenzerfalls anzugeben. Zeigen Sie, daß ein einfaches Phasenraumspektrum nicht zu den gemessenen Werten paßt.

11.16 Zählen Sie die Reaktionen und Zerfälle auf, die durch den leptonischen Hamiltonoperator Gl. 11.36 beschrieben werden.

11.17 Zeigen Sie, daß der Impuls und der Drehimpuls bei gewöhnlichen Rotationen dasselbe Transformationsverhalten zeigen.

11.18 Zeigen Sie, daß neutrale Ströme nicht zum Betazerfall in der niedrigsten Ordnung von G beitragen.

11.19 Zeigen Sie, daß das Elektronenspektrum in Bild 11.8 nach geeigneter Änderung der Variablen mit Gl. 11.52 angepaßt werden kann.

11.20
a) Bestimmen Sie den Wert von E_{max} in Gl. 11.53. Nehmen Sie an, daß $m_e = 0$ gilt.
b) Bestätigen Sie das Ergebnis der Integration in Gl. 11.53.
c) Verwenden Sie den Wert für die Lebensdauer des Myons aus dem Anhang, um den in Gl. 11.54 gegebenen Wert von G zu bestätigen.

11.21 Beweisen Sie Gl. 11.55.

11.22
a) Welche Eigenschaften besitzt W nach den in Abschnitt 11.3 und 11.6 vorgebrachten Überlegungen?
b) Erläutern Sie Experimente, die Informationen über W liefern könnten.

11.23 Suchen Sie Beispiele, außer den in Tabelle 11.3 gegebenen, die zeigen, daß die schwachen Zerfälle, bei denen sich die Strangeness ändert, grundsätzlich langsamer ablaufen, als die entsprechenden mit Strangenesserhaltung. Berechnen Sie aus Ihren Beispielen den Cabibbowinkel.

11.24 Bestätigen Sie, daß die in Gl. 11.60 gegebenen Wellenfunktionen des Neutrinos und des Elektrons über das Kernvolumen im wesentlichen konstant sind.

11.25 Beweisen Sie im Einzelnen, daß das Integral in Gl. 11.61, das $\mathbf{A}$ enthält, verschwindet.

11.26 Die Berechnung der leptonischen Matrixelemente in Gl. 11.65 ergibt

$$|u_e^*(V_0 + \mathbf{A}_0)u_{\bar{\nu}}|^2 = 2\left(1 + \frac{\upsilon}{c}\cos\theta_{e\nu}\right),$$

wobei υ die Positronengeschwindigkeit und $\theta_{e\nu}$ der Winkel zwischen dem Impuls des Positrons und des Neutrinos ist.
a) Wie kann man die Positron-Neutrino-Korrelation messen? Erläutern Sie das Prinzip und ein typisches Experiment.
b) Zeigen Sie, daß die beobachtete Positron-Neutrino- (und Elektron-Antineutrino-) Korrelation in Übereinstimmung mit einer $V - A$-Wechselwirkung steht.

11.27 Zählen Sie übererlaubte Übergänge $0^+ \to 0^+$ auf und zeigen Sie, daß ihre ft-Werte alle nahezu identisch sind.

11.28 Hochenergetische Neutrinos wurden in Blasenkammern (Propan und Wasserstoff) und in Funkenkammern gefunden.
a) Vergleichen Sie die typischen Zählraten.
b) Was sind die Vor- und Nachteile der verschiedenen Detektoren?

11.29 Zeichnen Sie einige Zahlenwerte des Wirkungsquerschnitts Gl. 11.89 als Funktion des Neutrinoimpulses auf,
a) im Schwerpunktsystem.
b) im Laborsystem.
Vergleichen Sie Ihre Werte mit denen in den Bildern 11.18 und 11.20.

11.30 Betrachten Sie den schwachen Strom aus Hadronen, z.B. den Fall $\Lambda^0 \to p$. Ein solcher Strom erfüllt die Auswahlregel

$$\Delta S = \Delta Q,$$

wobei ΔS die Änderung der Strangeness und ΔQ die Ladungsänderung ist.
a) Geben Sie einige weitere beobachtete Ströme an, die diese Auswahlregeln erfüllen.
b) Hat man Ströme mit $\Delta S = -\Delta Q$ gefunden? (Die Quantenzahlen S und Q beziehen sich immer auf die Hadronen.)

11.31 Erläutern Sie die Auswahlregeln für den Isospin, die von der schwachen Wechselwirkung eingehalten werden,
a) in nichtseltsamen Zerfällen.
b) in Zerfällen mit Änderung der Strangeness.
c) welche Experimente kann man zur Überprüfung dieser Auswahlregeln durchführen?

11.32 Erwägen Sie die Indizien für und wider die Existenz neutraler Ströme.

11.33 Zeigen Sie, daß der maximale Wirkungsquerschnitt für eine Punktwechselwirkung durch die sogenannte Unitaritätsgrenze

$$\sigma_{max} = 4\pi\hbar^2/p^2$$

gegeben ist; p ist dabei der Impuls im Schwerpunktsystem.

11.34 Welche Experimente kann man durchführen, um das Fehlen von schwachen Strömen mit $\Delta S \geq 2$ festzustellen?

11.35 Zeigen Sie, daß die Reaktion $\nu_\mu e \to \nu_\mu e$ verboten ist, wenn nur geladene Ströme existieren.

11.36 Geben Sie einen oder mehrere Tests an, mit denen man die Hypothese von der Erhaltung des Vektorstroms überprüfen kann und erklären Sie kurz diese Tests.

11.37 Man verwende die Lebensdauer für den Betazerfall von ^{14}O und Gl. 11.9 zur Bestimmung der Lebensdauer beim Betazerfall eines positiven Pions (siehe die Tabellen 11.1 und 11.2). Man vergleiche das Ergebnis mit dem Experiment.

11.38 Wie kann der Zerfall $\Lambda^0 \to n\pi^0$ trotz des Fehlens eines neutralen Stromes mit Strangenessänderung (Änderung der Fremdartigkeit) auftreten?

11.39 Man bestimme aus Gl. 11.72 die Massen m_1 und m_2 als Funktion der Massen vom Myon- und Elektronneutrino und durch die gemischten Matrizen

$$\langle \nu_e | H_w | \nu_\mu \rangle = \langle \nu_\mu | H_w | \nu_e \rangle.$$

11.40 Wie groß ist die Wahrscheinlichkeit P_{ν_e}, daß ein Elektronneutrino nach der Zeit t noch ein Elektronneutrino ist und sich noch nicht in ein Myonneutrino umgewandelt hat, wie in Gl. 11.73?

11.41 Für Nukleonen, die aus punktförmigen Quarks zusammengesetzt sind,
a) zeige man, daß sich der Gesamtwirkungsquerschnitt für hochenergetische Neutrinostreuung linear mit der Laborenergie E verändert.
b) Wie verändert sich der Gesamtwirkungsquerschnitt, wenn sich die Schwerpunktenergie an $m_w c^2$ annähert?
c) Wie groß ist die Laborenergie für Neutrinos, wenn die Schwerpunktenergie gleich $m_w c^2$ ist?

11.42 Man leite Gl. 11.92 her.

12 Einführung in die Eichfeldtheorien

12.1 Einführung

In Kapitel 7 haben wir sowohl die globale als auch die lokale Eichtransformation eingeführt. In diesem Kapitel werden wir die Diskussion über die Eichinvarianz und ihre Anwendungen fortsetzen. Diese Invarianz stellt die primäre Untermauerung aller fundamentalen subatomaren Wechselwirkungen dar. Es wird heute angenommen, daß alle Kräfte durch Eichfeldtheorien beschrieben werden können. Bei diesen Theorien ist die lokale Eichinvarianz gültig. Die Bedeutung der Eichfeldtheorien wurde durch die Entwicklung der vereinigten elektroschwachen Theorie klar. In diesem Kapitel diskutierten wir die Ideen, auf denen moderne Eichfeldtheorien basieren. Der Stoff ist etwas schwieriger als der bisher behandelte, aber er wird für das Verständnis unserer gegenwärtigen Sicht der subnuklearen Kräfte benötigt.

In Kapitel 7 haben wir gesehen, daß additive Erhaltungssätze, einschließlich der Ladungserhaltung, auch der globalen Eichtransformation, Gl. 7.21, folgen. Wir haben auch gezeigt, daß die lokale Eichtransformation, Gl. 7.27, die Ladung als elektrische Ladung identifiziert. Die Ableitung in Kapitel 7 wurde für eine statische Ladung durchgeführt. Die Schrödingergleichung 7.1

(7.1) $$i\hbar \frac{\partial \psi}{\partial t} = H\psi$$

mit dem Hamiltonoperator aus Abschnitt 10.3 für ein Teilchen der Ladung q unter dem Einfluß des elektromagnetischen Feldes

(12.1) $$H = \frac{1}{2m}\left(\mathbf{p} - \frac{q}{c}\mathbf{A}\right)^2 + qA_0,$$

ist jedoch auch gegenüber einer kombinierten lokalen Eichtransformation

(12.2) $$\psi'_q = e^{iQ\varepsilon(\mathbf{x},t)}\psi_q \equiv U_Q(\varepsilon)\psi_q,$$

und

(12.3) $$A'_0 = A_0 - \hbar\frac{\partial \varepsilon(\mathbf{x},t)}{\partial t}$$

$$\mathbf{A}' = \mathbf{A} + \hbar c\, \nabla\varepsilon(\mathbf{x},t)$$

invariant.

Die lokale Eichinvarianz der Maxwellschen Gleichungen für die klassische Elektrizität und den Magnetismus ist seit vielen Jahrzehnten bekannt. Im klassischen Elektromagnetismus haben nur die elektromagnetischen Felder $\mathbf{E}$ und $\mathbf{B}$ eine physikalische Bedeutung. Die Eichinvarianz hängt mit der teilweisen Freiheit bei der Auswahl der elektromagnetischen Potentiale A_0 und **A** in den Gleichungen 10.37 und 10.38 zusammen. Wie wir in Abschnitt 12.2 zeigen werden gilt Gleiches in der Quantenmechanik nicht. Nach dem Erscheinen der allgemeinen Relativitätstheorie, die die lokale Eichinvarianz verwendet, hat Weyl im Jahre 1919 versucht, die elektromagnetische lokale Eichinvarianz als ein geometrisches Mittel zur Vereinigung von Elektromagnetismus und Gravitation zu verallgemeinern[1]. Sein Bemühen war erfolglos, und danach passierte 30 Jahre lang in dieser Richtung nichts mehr. In den letzten Jahrzehnten jedoch wurde die lokale Eichinvarianz erfolgreich erweitert und auf die Vereinigung von elektromagnetischer und schwacher Wechselwirkung angewandt. Die Invarianz liegt auch der Basistherorie der starken Wechselwirkung, dem „Standardmodell" der schwachen, elektromagnetischen und starken Wechselwirkung, der großen einheitlichen Eichfeldtheorie und der supersymmetrischen Theorie, die auch noch die Gravitation einschließt, zugrunde. Tatsächlich sind alle modernen Beschreibungen der grundlegenden Kräfte Eichfeldtheorien.

Die Eichinvarianz ist ein leistungsstarkes Werkzeug. Wir werden zeigen, daß sie die Form der Wechselwirkung diktiert und masselose Vektorfelder erfordert, wie z.B. das elektromagnetische Feld mit seinem masselosen Photon; Tabelle 5.8 zeigt, daß die Quanten aller subatomarer Kräfte den Spin 1 haben und deshalb Vektorfeldern entsprechen.

In Kapitel 7 haben wir gezeigt, daß die Form der Gleichungen 12.2 und 12.3 zur Invarianz gegenüber der lokalen Eichtransformation führt. Hier kehren wir die Argumentation um. Wenn die Schrödingergleichung 7.1 mit dem Hamiltonoperator H für ein freies Teilchen, $H = \mathbf{p}^2/2m$, gegenüber der lokalen Eichtransformation (12.2) invariant bleibt, dann muß ein kompensierendes Vierervektorfeld mit Zeit- und Raumkomponenten, die man dann A_0 und **A** nennen kann, abgekürzt (A_0, **A**), eingeführt werden. Seine Begleittransformationen müssen durch Gl. 12.3 gegeben werden. In Abschnitt 10.9, in den Gleichungen 10.91 – 10.95, haben wir eine Bezeichnung des Vierervektors eingeführt, die die Schreibweise der Gleichungen, in denen Raum und Zeit eng miteinander verbunden sind, beträchtlich vereinfacht. Das Vierervektorfeld ist in dieser Bezeichnung $A_\mu = (A_0, \mathbf{A})$. In den folgenden Ableitungen werden wir manchmal diese Kurzbezeichnung für den Vierervektor verwenden. Die relativistischen Ausdrücke und ausführlichere Rechnungen sind in Klammern oder Einschüben gesetzt.

Die Forderung nach einem kompensierenden Vektorfeld zur Aufrechterhaltung der Invarianz der Schrödingergleichung gegenüber der lokalen Eichtransformation erkennt man am leichtesten durch Einführung der kovarianten Ableitungen der Eichung (manchmal einfach Kovarianten genannt) $D_\mu = (D_0, \mathbf{D})$

(12.4)
$$D_0 \equiv \frac{1}{c}\frac{\partial}{\partial t} + \frac{iqA_0}{\hbar c},$$

$$\mathbf{D} \equiv \nabla - \frac{iq\mathbf{A}}{\hbar c}.$$

Wenn diese Ableitungen die normalen, $(1/c)\,\partial/\partial t$ und ∇, ersetzen, dann folgt mit den Gleichungen 7.1 und 12.2, daß

---
[1] H. Weyl, *Ann. Physik* **59**, 101 (1919).

12.1 Einführung

(12.5)
$$D'_0 \psi'_q = D'_0 U_Q \psi_q = U_Q D_0 \psi_q,$$
$$\mathbf{D}' \psi'_q = \mathbf{D}' U_Q \psi_q = U_Q \mathbf{D} \psi_q,$$

ist, wobei D'_0 und $\mathbf{D}'$ A'_0 und $\mathbf{A}'$ als abhängige Variable haben.

Wenn U_Q links von D_0 und $\mathbf{D}$ steht, ist es ein einfacher Phasenfaktor, da die Ableitungen nur auf die Größen der rechten Seite wirken. Durch Einführung der kovarianten Ableitungen der Eichung tranformieren sich D_0 und $\mathbf{D}$ bei lokalen Eichtransformationen so wie $1/c\, \partial/\partial t$ und ∇ bei globaler Eichtransformation (ε = konstant). Die Vektornatur des kompensierenden Feldes, das in der kovarianten Ableitung auftritt, wird durch die Vektoreigenschaften des Impulses $\mathbf{p}$ für den freien Hamiltonoperator und die Zeitabhängigkeit von Gl. 7.1 bestimmt. Wenn die kovariante Ableitung in die Schrödingergleichung eingeführt wird (einschließlich des kompensierenden Feldes), hat der resultierende Teilchen-Hamiltonoperator die Form von Gl. 12.1. Die Forderung nach lokaler Eichinvarianz erzeugt daher die qA_0 und $\mathbf{j} \cdot \mathbf{A}$ Wechselwirkung des geladenen Teilchens mit dem elektromagnetischen Feld. Wir erwähnen, daß Raum- und Zeittransformationen miteinander in Verbindung stehen.

Bisher haben wir die Bewegungsgleichung für das Vektorfeld $(A_0, \mathbf{A})$ vernachlässigt. Im Falle des elektromagnetischen Feldes ist sie durch die Maxwellschen Gleichungen gegeben ($i = x, y, z$).

(12.6)
$$\frac{1}{c^2} \frac{\partial^2 A_0}{\partial t^2} - \nabla^2 A_0 = \rho = \psi^* q \psi,$$
$$\frac{1}{c^2} \frac{\partial^2 A_i}{\partial t^2} - \nabla^2 A_i = -c j_i = -\psi^* q \mathbf{v}_i \psi,$$

Wenn wir die Lorentzbedingung anwenden:

(12.7) $\quad \dfrac{1}{c} \dfrac{\partial A_0}{\partial t} + \nabla \cdot \mathbf{A} = 0$.

Die Gleichungen 12.6 sind gegenüber den Eichtransformationen Gl. 12.3 invariant, wenn wir die Bedingung stellen

(12.8) $\quad \dfrac{1}{c^2} \dfrac{\partial^2 \varepsilon(\mathbf{x}, t)}{\partial t^2} - \nabla^2 \varepsilon(\mathbf{x}, t) = 0$.

- In der Vierervektor-Schreibweise wird aus Gl. 12.6

$$\left[\Box A_\mu = \Sigma_\nu \nabla_\nu \nabla_\nu A_\mu = \frac{j_\mu}{c} \right].$$

Wenn wir nicht die Lorentzbedingung voraussetzen, gilt für die Maxwellschen Gleichungen

$$\frac{1}{c} \frac{\partial}{\partial t} \nabla \cdot \mathbf{A} + \nabla^2 A_0 = -\rho$$

(12.6a) $$\frac{1}{c}\frac{\partial^2 \mathbf{A}}{\partial t^2} + \nabla \frac{\partial A_0}{\partial t} = \mathbf{j}$$

oder $\quad \Box A_\mu - \nabla_\mu \Sigma_\nu \nabla_\nu A_\nu = \Sigma_\nu (\nabla_\nu \nabla_\nu A_\mu - \nabla_\mu \nabla_\nu A_\nu) = \dfrac{j_\mu}{c}$.

Diese Gleichungen sind gegenüber den Eichtransformationen Gl. 12.3 für eine beliebige Funktion $\varepsilon(\mathbf{x}, t)$ invariant. •

Wenn das elektromagnetische Feldquant die Masse m_γ hätte, würde sich Gl. 12.6 wie folgt verändern

$$\frac{1}{c^2}\frac{\partial^2 A^0}{\partial t^2} - \nabla^2 A_0 + \frac{m_\gamma^2 c^2 A_0}{\hbar^2} = \rho,$$

(12.9) $$\frac{1}{c^2}\frac{\partial^2 \mathbf{A}}{\partial t^2} - \nabla^2 \mathbf{A} + \frac{m_\gamma^2 c^2 \mathbf{A}}{\hbar^2} = \frac{\mathbf{j}}{c},$$

$$\left[\text{oder } \Box A_\mu + \frac{m_\gamma^2 c^2}{\hbar^2} A_\mu = \frac{j_\mu}{c} \right],$$

und dieser zusätzliche Masseterm zerstört die Invarianz gegenüber der Eichtransformation. Die Eichinvarianz der vollständigen Theorie, die das elektromagnetische Eichfeld beinhaltet, bleibt deshalb nur bei masselosen Photonen oder Eichteilchen erhalten.

Andererseits können wir die Maxwellschen Gleichungen durch die elektrische und die magnetische Feldstärke $\mathbf{E}$ und $\mathbf{B}$, die durch die Gleichungen 10.37 und 10.38 definiert sind, ausdrücken. Die Feldstärken sind invariant gegenüber der Eichtransformation 12.3, was schon vom klassischen Elektromagnetismus her bekannt ist.

12.2 Potentiale in der Quantenmechanik – der Aharanov-Bohm-Effekt

Die lokalen Eichtransformationen enthalten die globalen als Spezialfall. Für die letzteren können wir feststellen, daß die Phase der Wellenfunktion beliebig ist und nach Belieben verändert werden kann, allerdings muß die Phase in allen Punkten von Raum und Zeit identisch sein. Daß diese Einschränkung nicht wesentlich ist, war lange Zeit nicht völlig klar. Bei der lokalen Eichinvarianz wird die Phase ein Freiheitsgrad, der sich mit Raum und Zeit ändert. Seine Abhängigkeit hängt jedoch mit den Vektorpotentialen A_0 und $\mathbf{A}$ zusammen. Die Potentiale erhalten dadurch eine physikalische Bedeutung, die sie im klassischen Elektromagnetismus nicht haben, und das war bis vor einigen Jahrzehnten nicht bekannt[2]. Ihre Wirkung kann experimentell bestimmt werden, wie wir nun zeigen werden.

---

[2] Y. Aharanov und D. Bohm, *Phys. Rev.* **115**, 485 (1959).

12.2 Potentiale in der Quantenmechanik – der Aharanov-Bohm-Effekt

Ohne elektromagnetisches Feld lautet die stationäre nichtrelativistische Wellengleichung für ein freies Elektron

(12.10) $\quad -\dfrac{\hbar^2}{2m} \nabla^2 \psi_0 = E \psi_0$.

Die Lösung ist eine ebene Welle mit einer Phase, die durch $\mathbf{p} \cdot \mathbf{x} / \hbar$ bestimmt ist.

$$\psi_0 = \exp\left(\frac{i\mathbf{p} \cdot \mathbf{x}}{\hbar}\right).$$

Bei Anwesenheit eines statischen elektromagnetischen Vektorpotentials $\mathbf{A}$, wird die stationäre Schrödingergleichung unter Verwendung von Gl. 12.4

(12.11) $\quad -\dfrac{\hbar^2}{2m} \mathbf{D}^2 \psi = -\dfrac{\hbar^2}{2m}\left(\nabla + \dfrac{ie\mathbf{A}(\mathbf{x})}{\hbar c}\right)^2 \psi$
$\quad\quad\quad = E\psi$.

Wenn das Feld $\mathbf{B} = 0$ ist, d.h. $\nabla \times \mathbf{A} = 0$ in dem Bereich, in dem ψ bestimmt werden soll, dann kann die Lösung der Gleichung folgendermaßen geschrieben werden

(12.12) $\quad \psi = \psi_0 \, e^{i\varphi}$

mit der Phase φ

(12.13) $\quad \varphi = \dfrac{e}{\hbar c} \int_{\text{Kurve}} \mathbf{A} \cdot d\mathbf{x}$.

Wir betrachten nun eine experimentelle Anordnung, wie in Bild 12.1 dargestellt, bei der ein Elektronenstrahl von einer Quelle S am Doppelspalt gebeugt wird, hinter denen sich eine zylinderförmige Spule geeigneter Länge befindet, so daß wir äußere magnetische Streufelder in dem Bereich, in dem sich die Elektronen befinden, vernachlässigen können. Die Wellenfunktion der dargestellten experimentellen Anordnung sollte deshalb bei P ψ_0' sein, eine Überlagerung von zwei freien Kugelwellen, die von den Spalten 1 und 2 mit den Phasenverschiebungen $\mathbf{p} \cdot \mathbf{s}_1 / \hbar$ für die Welle vom Spalt 1 und $\mathbf{p} \cdot \mathbf{s}_2 / \hbar$ für die vom Spalt 2 ausgehen. Selbst wenn jedoch das magnetishe Feld $\mathbf{B}$ auf die Spule beschränkt ist, kann das Vektorpotential $\mathbf{A}$ nicht überall außerhalb der Spule Null sein, da der Fluß durch irgendeine Schleife, die die Spule umgibt, durch

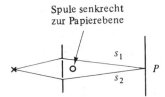

Bild 12.1 Doppelspaltenanordnung zur Beobachtung des Aharanov-Bohm-Effekts.

(12.14) $$\Phi = \int \mathbf{B} \cdot d\mathbf{S} = \oint_{\text{Kurve}} \mathbf{A} \cdot d\mathbf{x},$$

gegeben ist. Dabei ist $d\mathbf{S}$ ein Flächenelement der Schleife. Deshalb erhält man nach Gl. 12.13 zusätzliche Phasenverschiebungen für die zwei verschiedenen Wege

(12.15) $$\varphi_1 = \frac{e}{\hbar c} \int_{S_1} \mathbf{A} \cdot d\mathbf{x}, \qquad \varphi_2 = \frac{e}{\hbar c} \int_{S_2} \mathbf{A} \cdot d\mathbf{x}.$$

Das auf dem Bildschirm beobachtete Interferenzmuster wird durch die Phasendifferenz der beiden Wellen bestimmt. Wenn $|s_1| = |s_2|$ ist, so daß P gleiche Abstände von den beiden Spalten hat, gilt für die Phasendifferenz $\delta\varphi$

(12.16)
$$\delta\varphi = \varphi_1 - \varphi_2 = \frac{e}{\hbar c} \left(\int_{S_1} \mathbf{A} \cdot d\mathbf{x} - \int_{S_2} \mathbf{A} \cdot d\mathbf{x} \right)$$
$$= \frac{e}{\hbar c} \oint \mathbf{A} \cdot d\mathbf{x} = \frac{e}{\hbar c} \Phi.$$

Selbst wenn kein Magnetfeld längs des Weges der Elektronen existiert, treten Interferenzeffekte auf, die vom Vektorpotential $\mathbf{A}$ abhängen und sich mit ihm verändern. Somit erhält das Vektorpotential eine physikalische Bedeutung, die es in der klassischen Mechanik nicht hatte. Der Effekt tritt deshalb auf, weil die lokale Phase von zwei Raum-Zeit-Punkten durch das Potential in Verbindung steht. Die Bedeutung des Potentials in der Quantentheorie wurde durch Aharanov und Bohm[2] betont und die Abhängigkeit der Phasendifferenz vom Vektorpotential $\mathbf{A}$ wurde auch beobachtet[3].

Von Berry[4] wurde gezeigt, daß der Aharanov-Bohm-Effekt ein Spezialfall einer geometrischen Phase ist, die in einem beliebigen System existiert, das adiabatisch (langsam) auf einem geschlossenen Kreis transportiert wird. Die Phase kann durch eine Schwebung des Systems, das sich auf dem Kreis bewegt, mit dem gleichen System, das sich direkt zum Detektor bewegt, sichtbar gemacht werden. Ein anderer Weg besteht in der Überprüfung der Überlagerung der stationären Spinzustände von einem Teilchensystem (zum Beispiel Neutronen) vor und nach der Vollendung der geschlossenen Bahn, wie in einem schraubenförmigen Magnetfeld. Berry gibt dazu ein klassisches Analogon an: Ein Körper bewegt sich auf einer geschlossenen Bahn einer gekrümmten Oberfläche. Ein Streichholz zeigt bei einer geschlossenen Bahn auf einer Ebene, wenn es nicht rotiert, am Anfang und am Ende in die gleiche Richtung. Wenn das Streichholz dagegen einen Weg auf einer Kugel macht, z.B. vom Nordpol der Erde zum Äquator, dann zu einem anderen Längengrad und zurück zum Nordpol, landet es gegenüber dem Start bei einer anderen Länge. Wie beim quantenmechanischen Effekt hängt die Änderung der Richtung nur von geometrischen Fakten ab.

---

[3] R. G. Chambers, *Phys. Rev. Lett.* **5**, 3 (1960).
[4] V. M. Berry, *Proc. R. Soc. London* **A 392**, 45 (1984); *Sci. Amer.* **259**, 46 (Dezember 1988).

12.3 Eichinvarianz für Nicht-Abelsche Felder

Das elektromagnetische Feld ist ein einfaches Beispiel für ein Eichfeld. Wenn wir die schwachen Wechselwirkungen einschließen wollen, dann müssen zwei Probleme gelöst werden. Das erste besteht darin, daß sowohl neutrale als auch geladene Vektorbosonen erforderlich sind. Das zweite besteht darin, daß die schwachen Bosonen W^+ und Z^0 eine Masse haben (massiv sind), wir aber gezeigt haben, daß die Eichinvarianz masselose Felder erfordert. In diesem Abschnitt gehen wir das erste Problem an.

Wie kann man die Eichinvarianz eines einzelnen Vektorfeldes (Abelscher Fall) verallgemeinern zu den Theorien von mehreren nicht vertauschbaren (nichtabelschen) masselosen Vektorfeldern? Ein Beispiel würde ein Vektorfeld mit inneren Freiheitsgraden sein, wie etwa die Ladung. Wir nehmen an, das Photon hätte den Isopin Eins und käme in drei Ladungszuständen vor. In Kapitel 8 haben wir gesehen, daß diese Verallgemeinerung bei einer globalen Eichtransformation unter Einführung des Isospins möglich ist. Dort haben wir jedoch eine konstante Phasenrotation $U = \exp(-i\omega\vec{\alpha}\cdot\mathbf{I})$, Gl. 8.20 benutzt. Die Erweiterung auf eine Raum-Zeit-abhängige Phase wurde durch Yang und Mills[5] formuliert. Ihr Ergebnis wurde viele Jahre nicht beachtet, weil die starke Wechselwirkung durch Austausch von massiven Bosonen (z.B. π, ρ) beschrieben wurde, nur einige davon sind Vektorteilchen. Die schwache Wechselwirkung erfordert auch sehr massive Bosonen, aber es gab keine Theorie mit solchen Bosonen.

Wir betrachten ein Vektorfeld V mit drei inneren (nicht räumlichen) Komponenten $V^{(a)}$ (z.B. Isospin = 1, mit $a = 1\ldots 3$). In Analogie zu Gl. 8.20 verallgemeinern wir Gl. 12.2 durch Einführung einer verschiedenen Funktion $\xi^{(a)}$ für jede innere (Isospin) Komponente des Vektorenfeldes $V^{(a)}$

$$(12.17) \qquad \psi' \equiv U\psi = \exp[ig\, I^{(a)}\xi^{(a)}(\mathbf{x},t)]\psi = \exp[ig\,\vec{I}\cdot\vec{\xi}(\mathbf{x},t)]\psi,$$

dabei sind die Größen $\vec{I}$ und $\vec{\xi}$ Vektoren des inneren Raumes. Es existieren nun drei separate raum- und zeitabhängige Phasenwinkel $\xi^{(a)}$ und drei nicht vertauschbare Isospinvektoren $I^{(a)}$. Diese Nicht-Vertauschbarkeit macht die Theorie nichtabelsch. Der Unterschied zwischen der lokalen Eichinvarianz und der globalen, der in Kapitel 8 beschrieben wurde, kann in den Neutronen- und Protonentermen festgestellt werden. Diese Teilchen stellen zwei Zustände mit unterschiedlichem I_3 dar. Die Auswahl der Phase $I_3 = +1/2$ für Protonen ist Vereinbarungssache, aber sie hat überall im Raum den gleichen Wert. Da wir uns mit von Feldern übertragenen lokalen Kräften beschäftigen und nicht mit Wechselwirkungen über große Distanzen, fragten Yang und Mills[5], ob zwei durch einen großen Abstand getrennte Nukleonen ihre Phase unmittelbar übermitteln können. Oder anders ausgedrückt: Könnte das Proton an einem Ort $I_3 = 1/2$ und an einem anderen $I_3 = -1/2$ haben? Sie untersuchten die Konsequenzen dieser lokalen Invarianz so wie wir es hier tun.

In Analogie zum elektromagnetischen Fall, bei dem man die Wechselwirkung aus der Verschiebung von

$$\nabla_\mu = \left(\frac{1}{c}\frac{\partial}{\partial t}, -\nabla\right) \qquad \text{durch} \qquad D_\mu = (D_0, \mathbf{D})$$

---

[5] C. N. Yang und R. L. Mills, *Phys. Rev.* **96**, 191 (1954).

erhalten kann, definieren wir einen allgemeinen Operator D_μ durch

(12.18) $\quad D_\mu = \nabla_\mu + ig\vec{I}\cdot\vec{V}_\mu$

mit $V_\mu = (V_0, \mathbf{V})$. Die Pfeile werden für die inneren Vektoren verwendet. Diese Gleichung ähnelt Gl. 12.4. Die Dimensionen sind allerdings unterschiedlich, q wird durch g ersetzt und ist Teil der geforderten Verallgemeinerung für eine nichtabelsche Theorie.

Wir werden noch die Verallgemeinerung der Eichtransformation, Gl. 12.3, für die Felder V_μ benötigen. Die Isospinkomponenten des Vektorfeldes $V^{(a)}$ sind nicht miteinander vertauschbar, deshalb schreiben wir Gl. 8.22 um

(12.19) $\quad [I^{(a)}, I^{(b)}] = i\varepsilon_{abc}\, I^{(c)}.$

Das Symbol ε_{abc} ist +1, wenn abc normal angeordnet oder zyklisch vertauscht sind, in den anderen Fällen ist es –1.

Für die Herleitung der geeigneten Eichtransformation fragen wir, ob $D'_\mu \psi' = UD_\mu\psi$, da diese Bedingung die Invarianz der Bewegungsgleichungen sichert, wie wir bereits früher festgestellt haben. Mit Gl. 12.18 haben wir

$$D'_\mu\psi' = (\nabla_\mu + ig\vec{I}\cdot\vec{V}'_\mu)\,\psi'$$

$$\psi' = \exp(ig\vec{I}\cdot\vec{\xi})\,\psi.$$

(12.20)
$$\begin{aligned}D'_\mu\psi' &= \psi[\nabla_\mu \exp(ig\vec{I}\cdot\vec{\xi})] + \exp(ig\vec{I}\cdot\vec{\xi})\nabla_\mu\psi \\ &\quad + ig\vec{I}\cdot\vec{V}'_\mu \exp(ig\vec{I}\cdot\vec{\xi}) \\ &= \exp(ig\vec{I}\cdot\vec{\xi})\,\{ig\vec{I}\cdot(\nabla'_{\mu\xi}) + \nabla_\mu + ig\vec{I}\cdot\vec{V}'_\mu \\ &\quad + [ig\vec{I}\cdot\vec{V}'_\mu, \exp(ig\vec{I}\cdot\vec{\xi})]\}\,\psi.\end{aligned}$$

Um die Abschätzung des Kommutators in Gl. 12.20 einfacher zu machen, nehmen wir an, daß $\xi^{(a)}(\mathbf{x}, t)$ infinitesimal ist und behalten nur lineare Ausdrücke in ξ. Der Kommutator in Gl. 12.20 ist dann

(12.21)
$$\begin{aligned}[ig\vec{I}\cdot\vec{V}'_\mu, 1 + ig\vec{I}\cdot\vec{\xi}] &= -ig^2 V'^{(a)}_\mu \varepsilon_{abc}\, \xi^{(b)} I^{(c)} \\ &= -ig^2\vec{V}'_\mu\cdot\vec{\xi}\times\vec{I} \approx -ig^2 \vec{V}_\mu\times\vec{\xi}\cdot\vec{I}.\end{aligned}$$

Da wir nur lineare Terme in ξ behalten und Gl. 12.21 bereits linear ist, haben wir in der letzten Umformung $V'_\mu = V_\mu$ gesetzt. Die Gleichheit $D'_\mu \psi' = UD_\mu\psi$ führt dann zu[6]

---

[6] Die Verallgemeinerung dieses Ausdrucks für masselose Teilchen mit mehr Freiheitsgraden ist relativ problemlos. Wie weiter oben gezeigt, würde ein Masseterm die Eichinvarianz brechen. Es ist deswegen wichtig, daß die Eichfeldquanten, die durch $V^{(a)}$ repräsentiert werden, masselos bleiben.

12.3 Eichinvarianz für Nicht-Abelsche Felder

(12.22) $\quad \vec{I} \cdot \vec{V}_\mu = \vec{I} \cdot \vec{V}'_\mu + \vec{I} \cdot \vec{\nabla}_\mu \xi - g\vec{V}_\mu \times \vec{\xi} \cdot \vec{I}$,

oder $\quad \vec{V}'_\mu = \vec{V}_\mu - \nabla_\mu \vec{\xi} + g\vec{V}_\mu \times \vec{\xi}$.

Das ist die gewünschte Verallgemeinerung der Gleichung 12.3. Man beachte das Erscheinen der Kopplungskonstanten g in dem zusätzlichen Term von Gl. (12.22).

Noch einmal, wir sehen, daß die Forderung der Eichinvarianz die „minimale" Wechselwirkung angibt. In der Quantengleichung der Bewegung ersetzten wir ∇_μ durch D_μ. Für die nichterelativistische Schrödingergleichung erhalten wir dann zum Beispiel

(12.23) $\quad \left(i\hbar \dfrac{\partial}{\partial t} - g\hbar c\, \vec{I} \cdot \vec{V}_0\right)\psi = \dfrac{1}{2m}(-i\hbar\nabla - g\hbar\, \vec{I} \cdot \vec{V})^2 \psi$.

Ein wichtiger Unterschied gegenüber Ladungskopplungen, die für verschiedene Teile eines Isomultipletts (Ladungsmultiplett) unterschiedlich sein können, besteht darin, daß die Kopplungsstärke g für alle Isospinkomponenten des Vektorfeldes $\vec{V}_\mu$ gleich ist. Die lokale Eichinvarianz erzwingt die globe Eichinvarianz und fordert in unserem Beispiel die Isospininvarianz der Theorie mit einer einzigen Kopplungsstärke g.

Es ist auch insteressant, die freien Feldgleichungen für die masselosen Vektorfelder V_μ zu überprüfen. Den Fall des elektromagnetischen Feldes haben wir bereits kurz überprüft. Dort sind die elektrischen und magnetischen Felder **E** und **B** invariant gegenüber Eichtransformationen (12.3), so daß die Gleichungen für die freien Felder nicht von der Wahl der Eichung abhängen. Im Gegensatz dazu können die elektrischen und magnetischen Felder der nichtabelschen Theorie nicht eichinvariant sein. Wenn wir sie wie in den Gleichungen 10.37 und 10.38 definieren, dann finden wir bei der Eichtransformation des Vektorfeldes $V^{(a)}$ unter Verwendung von Gl. 12.22

(12.24)
$$\mathbf{E}'^{(a)} = -\dfrac{1}{c}\dfrac{\partial \mathbf{V}'^{(a)}}{\partial t} - \nabla V'^{(a)}_0$$
$$= -\dfrac{1}{c}\dfrac{\partial \mathbf{V}^{(a)}}{\partial t} - \nabla V^{(a)}_0 - g\varepsilon_{abc}\left[\dfrac{1}{c}\dfrac{\partial}{\partial t}(\mathbf{V}^{(b)}\xi^{(c)}) + \nabla V^{(b)}_0 \xi^{(c)}\right],$$
$$\mathbf{B}'^{(a)} = \nabla \times \mathbf{V}'^{(a)} = \mathbf{B}^{(a)} + g\varepsilon_{abc} \nabla \times (\mathbf{V}^{(b)}\xi^{(c)}).$$

Deshalb müssen die Definitionen der nichtabelschen Felder $\mathbf{E}^{(a)}$ und $\mathbf{B}^{(a)}$ modifiziert werden. Die neuen Definitionen werden die Kopplungskonstante g einschließen, und wir werden zeigen, daß

(12.25)
$$\mathbf{E}^{(a)} = -\dfrac{1}{c}\dfrac{\partial \mathbf{V}^{(a)}}{\partial t} - \nabla V^{(a)}_0 - g\varepsilon_{abc}\mathbf{V}^{(b)} V^{(c)}_0$$
$$\mathbf{B}^{(a)} = \nabla \times \mathbf{V}^{(a)} - g\varepsilon_{abc}\mathbf{V}^{(b)} \times \mathbf{V}^{(c)}$$

geeignete Ausdrücke sind. Durch diese Definitionen ergeben sich folgende Beziehungen zwischen den ursprünglichen und den eichtransformierten Feldern

(12.26)
$$E'^{(a)} = E^{(a)} + g\varepsilon_{abc} E^{(b)}\xi^{(c)}$$
$$B'^{(a)} = B^{(a)} + g\varepsilon_{abc} B^{(b)}\xi^{(c)},$$

der zusätzliche Term ist dem in Gl. 12.22 ähnlich. E und B sind nicht nur Vektoren im Raum, sondern auch Vektoren im inneren (Isospin) Raum. Wir kennzeichnen diesen Sachverhalt durch Pfeile über dem Symbol, $\vec{E}$ und $\vec{B}$. Der Beweis für Gl. 12.26 ist einfach, sogar ein bißchen langweilig. Wir werden den Beweis für das elektrische Feld $E^{(a)}$ führen, den für das magnetische Feld $B^{(a)}$ lassen wir dem Leser als Übungsaufgabe. Wir verwenden hier die Isospinindizes (a), um nicht Isospin und normale Vektoren durcheinander zu bringen. Mit der Definition 12.25 und Gl. 12.22 erhält man

$$E'^{(a)} = E^{(a)} - \frac{g}{c}\frac{\partial}{\partial t}(\varepsilon_{abc} V^{(b)}\xi^{(c)}) - g\nabla(\varepsilon_{abc} V_0^{(b)}\xi^{(c)}) - gV^{(b)}\varepsilon_{abc}V_0^{(c)}$$
$$+ g\left[(V^{(b)} + \nabla\xi^{(b)} + \varepsilon_{bde}gV^{(d)}\xi^{(e)}) \times \varepsilon_{abc} V_0^{(c)} - \frac{1}{c}\frac{\partial}{\partial t}\xi^{(c)} + \varepsilon_{ctg}V_0^{(f)}\xi^{(g)}\right].$$

Der letzte Ausdruck in eckigen Klammern kann vereinfacht werden, weil wir wie bei der Ableitung von Gl. 12.22 nur Terme von erster Ordnung in ξ berücksichtigen. Zusammen mit dem vorletzten Term erhält man (wir verwenden Vektorzeichen für den Isospin)

(12.28)
$$-\frac{g}{c}V \times \frac{\partial \xi}{\partial t} + g^2 V \times (\vec{V}_0 \times \vec{\xi}) + g\nabla\vec{\xi} \times \vec{V}_0 + g^2(\vec{V} \times \vec{\xi}) \times \vec{V}_0$$
$$= -g\left(V \times \frac{1}{c}\frac{\partial \vec{\xi}}{\partial t} - \nabla\vec{\xi} \times \vec{V}_0\right) + g^2(\vec{V} \times V_0) \times \vec{\xi}.$$

Durch Kombination der Gleichungen 12.27 und 12.28 verschwinden die unerwünschten Terme in Gl. 12.24. Die Beziehung zwischen $\vec{E}$ und $\vec{E}'$ wird

(12.29) $$E'^{(a)} = E^{(a)} = g\varepsilon_{abc} E^{(b)}\xi^{(c)}$$

oder $$\vec{E}' = \vec{E} + g\vec{E} \times \vec{\xi}.$$

Damit hat man das elektrische Feld $E^{(a)}$ in Gl. 12.26 bestimmt. Der letzte Ausdruck, der proportional zu $\vec{E} \times \xi$ ist, wird wegen der nichtabelschen Natur der Theorie erforderlich und kommt durch die Nichtvertauschbarkeit der verschiedenen Isospinkomponenten zustande. Die Ähnlichkeit des letzten Ausdruckes in Gl. 12.26 mit dem für die Transformation des Vektorfeldes $V^{(a)}$ in Gl. 12.22 ist deshalb nicht überraschend, sondern ist erforderlich. Außerdem ist der letzte Term in Gl. 12.25, der zum Verschwinden des unerwünschten Terms in Gl. 12.24 erforderlich ist, quadratisch im Vektorfeld V_μ. Die Theorie wird dadurch nichtlinear, und dieser zusätzliche Term hat drastische Konsequenzen, die wir nun untersuchen werden.

Die Kopplungskonstante g in den Gleichungen 12.22 und 12.24 ist wie die Ladung e ein Quant der Elektrodynamik und wird deshalb manchmal als „Ladung" bezeichnet. Die nichtabelsche Theorie beschreibt daher ein „geladenes" Feld, im Gegensatz zum „ungela-

12.3 Eichinvarianz für Nicht-Abelsche Felder

denen" oder neutralen elektromagnetischen Feld A_μ. Wir prüfen die Konsequenzen dieser „Ladung", die sich auf den Isospin bezieht. Wir betrachten die Energie des Feldes, die dem Hamiltonoperator entspricht. Die Energiedichte u ist gegeben durch

(12.30) $$u = \frac{1}{2}(\vec{\mathbf{E}}^2 + \vec{\mathbf{B}}^2)$$

Wenn wir die Gleichungen 12.25 in 12.30 einsetzen, stellen wir fest, daß der zusätzliche Term in Gl. 12.25 zu Selbstwechselwirkungen des nichtabelschen „freien" Feldes in dritter und vierter Potenz führt. Beispiele sind

(12.31)
$$\text{kubische Terme} \quad \propto g\left(\frac{1}{c}\frac{\partial \vec{\mathbf{V}}}{\partial t} + \nabla \vec{V}_0\right) \cdot (\vec{V}_0 \times \vec{\mathbf{V}})$$
$$\text{Terme 4. Grades} \quad \propto g^2(\vec{V}_0 \times \vec{\mathbf{V}})^2.$$

Es gibt kein freies Feld! Das Eichfeld $V^{(a)}$ und seine Quanten sind „geladen", da die Quanten direkt miteinander wechselwirken, anders als die Photonen. Die Selbstwechselwirkungen sind die kubischen Terme und proportional zu der „Ladung" g. Die Terme vierten Grades sind proportional zu g^2 in Gl. 12.31. Feynman-Diagramme dieser Wechselwirkungen sind in Bild 12.2 gezeigt. Die Stärke dieser Wechselwirkungen ist durch die Kopplung g eindeutig gegeben und kann nicht ng sein, wenn n eine beliebige Konstante ist. Deshalb ist eine nichtabelsche Eichfeldtheorie notwendigerweise stark nichtlinear. Wenn g die „Ladung" des Materiefeldes ist, wie es q im elektromagnetischen Fall war, dann müssen die Eichvektorfelder diese „Ladung" tragen. Sie sind nicht „neutral".

Die Quantenchromodynamik (QCD) ist eine dazu völlig analoge Theorie, allerdings etwas allgemeiner als die Ableitungen in diesem Abschnitt. In der QCD wird die Ladung „Farbladung" (color charge) genannt und die masselosen Vektoreichbosonen sind die farbigen Gluonen (Color-Gluonen). Die Gluonen kommen jedoch in acht Farben, nicht in drei Ladungen vor. Die Selbstwechselwirkungen sind vorhanden und es gibt kein freies Gluonenfeld. Da die Gluonen Farbladung haben, wechselwirken sie immer miteinander. Unser Modell kann auf diese Situation verallgemeinert werden.

 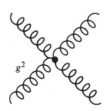

Bild 12.2 Feynmandiagramme für Selbstwechselwirkungen eines „geladenen" Feldes.

12.4 Massives (massebehaftetes) Eichboson

Wir haben in Abschnitt 12.1 gesehen, daß Eichfeldtheorien masselose Vektorbosonen erfordern. Irgendeine Verbindung zur Theorie schwacher Wechselwirkungen, bei der die Vektorbosonen sehr massiv sind, erscheint deshalb aussichtslos. Eine nichteichinvariante Theorie führt jedoch zu einer Vielzahl von Problemen, wie etwa Unendlichkeitsstellen von physikalischen Größen in zweiter Ordnung der Störungstheorie. Die Lösung für dieses Dilemma liegt in der Symmetriebrechung.

Es gibt zwei Arten von Symmetriebrechung. Die erste haben wir diskutiert, nämlich eine Symmetrie, die nur näherungsweise gilt. In diesem Fall zerstört ein kleiner Teil des Hamiltonoperators die exakte Symmetrie. Ein Beispiel ist die Verletzung der exakten Isospininvarianz durch die elektromagnetische (und die schwache) Wechselwirkung, die in Abschnitt 8.5 diskutiert wurde. Die zweite Art der Symmetriebrechung wird oft „spontan" genannt und wurde bis in die 1960er Jahre nicht ernsthaft untersucht[7]. Hier erhält der Hamiltonoperator, der die Dynamik des Systems beschreibt, die volle Symmetrie, aber der Grundzustand bricht sie. Diese Erscheinung kann dann auftreten, wenn der Grundzustand des Hamiltonoperators entartet ist. Die Auswahl eines speziellen Zustands unter den entarteten bricht dann die Symmetrie. Ein wohlbekanntes Beispiel ist ein Ferromagnet. Obwohl der Hamiltonoparator, der den Ferromagneten beschreibt, rotationsinvariant ist, würde ein Gnom, der längs der Domänen eines Ferromagneten mit in eine bestimmte Richtung ausgerichteten Spins spazieren geht, die Symmetrie nicht bemerken. Aus diesem Grunde wird diese Symmetrie auch manchmal als „verborgene Symmetrie" bezeichnet. Sie erscheint nur, wenn der Gnom sich bewußt wird, daß die Spins des Ferromagneten in beliebige Richtung des Raumes zeigen könnten. Für einen bestimmten Ferromagneten wird die Rotationssymmetrie gebrochen.

Wir haben bisher noch nicht gezeigt, wie eine verborgene Symmetrie massive Eichbosonen erklären kann und eine Erklärung erscheint auf den ersten Blick unmöglich. Goldstone[8] wies darauf hin, daß eine verborgene Symmetrie immer mit einem masselosen Feld in Verbindung stehen muß, weil keine Energie für die Verschiebung aus einem ausgewählten Grundzustand zu einem anderen entarteten Zustand erforderlich ist. In einem Ferromagneten sind diese massefreien Anregungen (langwellige) Spinwellen.

Das Auftreten von masselosen „Goldstone-Bosonen" in einer Theorie mit spontaner Symmetriebrechung könnte darauf hinweisen, daß solche Theorien keine Verbindung zu schwachen Wechselwirkungen haben. Durch die Bemühungen von Higgs[9], Kibble[10], Weinberg und Salam und anderen, die an ihrem Glauben festhielten, daß verborgene Symmetrien verwendet werden könnten, haben wir nun eine brauchbare Theorie der elektroschwachen Wechselwirkung. Bevor wir dieses Theorie im nächsten Kapitel beschreiben, erklären wir nun, wie verborgene Symmetrien Massen erzeugen können.

Es ist günstig ein Beispiel zu betrachten. Zu diesem Zweck führen wir komplexe skalare Felder (Higgs-Felder) ϕ und ϕ^* ein, die gegenüber der globalen Eichtransformation inva-

---

[7] M. Baker und S. L. Glashow, *Phys. Rev.* **128**, 2462 (1962).
[8] J. Goldstone, *Nuovo Cim.* **19**, 154 (1961); J. Goldstone, A. Salam und S. Weinberg, *Phys. Rev.* **127**, 965 (1962).
[9] P. W. Higgs, *Phys. Lett.* **12**, 132 (1964); *Phys. Rev.* **145**, 1156 (1966).
[10] T. W. B. Kibble, *Phys. Rev.* **155**, 1554 (1967).

12.4 Massives (massebehaftetes) Eichboson

riant sind und die die skalaren Mesonen H^+ und H^- darstellen könnten. Diese Felder kann man als Kombination von zwei realen Feldern ϕ_1 und ϕ_2 betrachten.

(12.32) $\quad \phi = \dfrac{1}{\sqrt{2}}(\phi_1 + i\phi_2), \qquad \phi^* = \dfrac{1}{\sqrt{2}}(\phi_1 - i\phi_2).$

Diese Skalarfelder gehorchen der Klein-Gordon-Gleichung, der relativistischen Verallgemeinerung der Schrödingergleichung. Für ein freies Teilchen der Masse m ist diese Gleichung die quantenmechanische Übersetzung von

(12.33) $\quad E^2 = (pc)^2 + (mc^2)^2,$

mit

(12.34) $\quad E \to i\hbar \dfrac{\partial}{\partial t} \qquad \mathbf{p} \to -i\hbar \nabla.$

Die Klein-Gordon-Gleichung für ϕ wird deshalb

(12.35) $\quad \left(\dfrac{1}{c^2} \dfrac{\partial^2}{\partial t^2} - \nabla^2 + \dfrac{m^2 c^2}{\hbar^2} \right) \phi(\mathbf{x}, t) = 0.$

Dieselbe Gleichung ist auch für ϕ^* gültig, so daß es hier eine eindeutige Symmetrie zwischen den Feldern und den Quanten, die durch ϕ und ϕ^* oder durch ϕ_1 und ϕ_2 dargestellt werden, gibt. Die Lösungen von Gl. 12.35 sind ebene Wellen

(12.36) $\quad \phi = \exp\left(\dfrac{i\mathbf{p} \cdot \mathbf{x} - Et}{\hbar} \right)$

mit $E = \pm \sqrt{(p^2 \cdot c^2 + m^2 \cdot c^4)}$. Der Zustand geringster absoluter Energie, den wir Grundzustand nennen werden, hat $\mathbf{p} = 0$ und $E = mc^2$. Wenn die Masse $m = 0$ ist, dann ist dieser Zustand eine Konstante sowohl in Raum als auch in der Zeit mit dem Impuls null und der Energie null. Bei Anwesenheit eines (skalaren) Potentials V kann die Klein-Gordon-Gleichung so geschrieben werden

(12.35a) $\quad \left(\dfrac{1}{c^2} \dfrac{\partial^2}{\partial t^2} - \nabla^2 + V + \dfrac{m^2 c^2}{\hbar^2} \right) \phi(\mathbf{x}, t) = 0.$

Wir können daher die Masse als ein konstantes Potential betrachten und schreiben

(12.35b) $\quad \left(\dfrac{1}{c^2} \dfrac{\partial^2}{\partial t^2} - \nabla^2 + U \right) \phi = 0.$

Die Größe U hat die Dimension einer (Länge)$^{-2}$. Der Zustand geringster Energie erscheint für $\phi =$ konstant $= 0$, wenn U nicht Null ist.

Wir nehmen jetzt an, daß die Massen der Quanten der Felder ϕ und ϕ^* Null sind, daß sich die Teilchen aber in einem Potential bewegen, das vom Feld selbst abhängt. Als Beispiel betrachten wir die Bewegungsgleichung für ϕ in einem Potential $V = -\lambda^2 + 2\eta^2 \phi^* \phi$:

(12.37) $\quad \left(\dfrac{1}{c^2} \dfrac{\partial^2}{\partial t^2} - \nabla^2 - \lambda^2 + 2\eta^2 (\phi^*\phi) \right) \phi = 0.$

Wenn λ imaginär ist oder $\lambda^2 = -u^2 < 0$, dann würde der Zustand geringster Energie erscheinen, wenn $\phi = \phi^* = 0$ ist, genau wie oben. Bei kleinen Abweichungen von diesem Minimum können wir ϕ entwickeln. Wenn wir nur lineare Terme berücksichtigen, würde der zu η^2 proportionale Ausdruck keinen Beitrag liefern und die Klein-Gordon-Gleichung würde ergeben

(12.37a) $\quad \left(\dfrac{1}{c^2} \dfrac{\partial^2}{\partial t^2} - \nabla^2 + u^2 \right) \phi = 0.$

Das ist aber gerade Gl. 12.34 für ein freies Teilchen der Masse $\hbar u/c$.

Da die Größen η^2 und λ^2 in Gl. 12.37 positiv definit sind, kann λ nicht so interpretiert werden, als wäre es proportional zur Masse. Für diesen Fall erscheint die minimale kinetische Energie noch wenn ϕ räumlich konstant ist, allerdings nur, wenn sie folgende Bedingung erfüllt

(12.38) $\quad \phi^*\phi = \dfrac{\lambda^2}{2\eta^2} = \dfrac{1}{2} \upsilon^2.$

Da dieselbe Gleichung (12.37) auch für ϕ^* gilt, ist die Energie null unter den Bedingungen ϕ und $\phi^* = $ konstant und $\phi^*\phi$ gleich dem Wert von Gl. 12.38. Wenn wir diese Bedingung in der ϕ_1, ϕ_2-Ebene aufzeichnen, entspricht sie einem Kreis mit dem Radius λ/η, wie in Bild 12.3 gezeigt. Aus diesem Ergebnis wird klar, daß der Grundzustand des Systems entartet ist und die Auswahl eines beliebigen ϕ auf diesem Kreis entspricht derselben Nullenergie. Da man erwartet, daß es nur jeweils einen Grundzustand gibt, nehmen wir an, daß die Natur einen besonderen Zustand von diesen Lösungen aussucht. Diese Auswahl bricht „spontan" die Symmetrie, das heißt, sie verbirgt die Symmetrie, die der Bewegungsgleichung (12.37) und ihrem Gegenstück für ϕ^* eigen ist. Diese Symmetriebrechung ist der eines Ferromagneten ähnlich, wo die Auswahl der im Raum ausgerichteten Magnete die Symmetrie verbirgt. Eine besonders einfache Auswahl für den Grundzustand ist $\phi_1 = \upsilon$ und $\phi_2 = 0$, oder

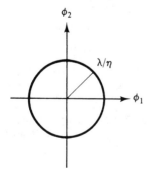

Bild 12.3 Die Bedingung minimaler Energie, Gl. 12.37.

12.4 Massives (massebehaftetes) Eichboson

(12.39) $\quad \phi = \phi^* = \dfrac{\upsilon}{\sqrt{2}}.$

Wir haben einen einfachen Grundzustand angenommen. Es ist auch eine andere Wahl möglich, aber wenn die Wahl getroffen wurde, ist die Symmetrie verloren. Bei geringen Anregungen ins Kontinuum nehmen wir an, daß ϕ und ϕ^* um die Lösungen des „Grundzustands" entwickelt werden können,

(12.40)
$$\phi = \frac{1}{\sqrt{2}}(\upsilon + R)e^{i\theta/\upsilon} \approx \frac{1}{\sqrt{2}}(\upsilon + R + i\theta)$$
$$\phi^* = \frac{1}{\sqrt{2}}(\upsilon + R)e^{-i\theta/\upsilon} \approx \frac{1}{\sqrt{2}}(\upsilon + R - i\theta).$$

Die neuen Felder werden R und θ genannt. Mit der Entwicklung um die asymmetrische Lösung υ, haben wir die Symmetrie zwischen ϕ_1 und ϕ_2 verloren. Wir wollen nur kurz erklären, warum für eins der Felder eine exponentielle Form gewählt wurde. Wenn wir Gl. 12.40 in die Klein-Gordon-Beziehung 12.37 einsetzen, erhalten wir in erster Ordnung von R und θ

(12.41)
$$\left(\frac{1}{c^2}\frac{\partial^2}{\partial t^2} - \nabla^2 + 2\lambda^2\right)R(\mathbf{x},t) = 0,$$
$$\left(\frac{1}{c^2}\frac{\partial}{\partial t^2} - \nabla^2\right)\theta(\mathbf{x},t) = 0.$$

Ein Vergleich mit Gl. 12.35 zeigt, daß das Teilchen, das dem Feld R entspricht, eine Masse m erworben hat

(12.42) $\quad m = \dfrac{\sqrt{2}\lambda\hbar}{c},$

während das Feld θ masselos bleibt. Das masselose Quant dieses Feldes wird Goldstone-Boson[8] genannt. Solch ein (Spin null) Boson tritt immer auf, wenn eine globale Symmetrie spontan gebrochen wird, wie es hier durch die Auswahl eines speziellen Grundzustandes getan wurde. Andererseits hat das zum Feld *R* gehörige Teilchen eine Masse erworben. Diese Masse hängt mit der Minimalenergie zusammen, die erforderlich ist, um einen angeregten Zustand für eine radiale Oszillation in Bild 12.3 zu erreichen. Das hier verwendete einfache Modell startet mit zwei masselosen Bosonen, die durch die Felder ϕ_1 und ϕ_2 oder durch ϕ und ϕ^* beschrieben wurden. Die spontane Symmetriebrechung führte aber zu einem neuen Feld mit einer nichtverschwindenden Masse und einem anderen Feld, das masselos bleibt.

Wir haben jetzt den Hintergrund für den Einbau der lokalen Eichinvarianz durch Kopplung der masselosen (Spin null) Bosonenfelder ϕ und ϕ^* mit dem elektromagnetischen Feld. Diese Kopplung ist vollkommen durch die Forderung der Eichinvarianz (siehe Abschnitt 12.1) spezifiziert. Wir werden sehen, daß das Goldstone-Theorem bei dem Beispiel, das wir betrachten, umgangen wird und daß das Goldstone-Boson hilft, dem Photon eine Masse zu geben. Zuerst zeigen wir, daß eine Ladung und ein Strom mit der Klein-Gordon-Gleichung (12.35) verbunden sein kann. Tatsächlich können wir ρ und **j** definieren durch

(12.43)
$$\rho = \frac{i}{c}\, q \left(\phi^* \frac{\partial \phi}{\partial t} - \phi \frac{\partial \phi^*}{\partial t} \right),$$

$$\mathbf{j} = -iqc\,(\phi^* \nabla \phi - \phi \nabla \phi^*),$$

so daß die Kontinuitätgleichung Gl. 10.50 gültig bleibt.

(10.50) $\quad \dfrac{\partial \rho}{\partial t} + \nabla \cdot \mathbf{j} = 0.$

Aus Gl. 12.43 folgt, daß ϕ die Dimension (Länge)$^{-1}$ hat. Wir nehmen an, daß die mit dem Feld ϕ verbundene Ladung die elektrische Ladung q ist. Die Bewegungsgleichung ist dann durch Gl. 12.37 gegeben, wobei D_0 und **D** $c^{-1}\,\partial/\partial t$ und ∇ ersetzen.

(12.44) $\quad [D_0^2 - \mathbf{D}^2 - \lambda^2 + 2\eta^2\,(\phi^*\phi)]\phi = 0.$

Diese Gleichung und die entsprechende für ϕ^* sind invariant gegenüber den lokalen Eichtransformationen

(12.45)
$$\phi \to \phi' = \exp\,[iQ\varepsilon(\mathbf{x}, t)]\phi$$

$$\phi^* \to \phi^{*\prime} = \exp\,[-iQ\varepsilon(\mathbf{x}, t)]\phi^*$$

$$A_\mu \to A'_\mu = A_\mu - \hbar c \nabla_\mu \varepsilon(\mathbf{x}, t).$$

Die Lösung mit dem Impuls null würde wiederum für $\phi = 0$ erscheinen, wenn λ^2 negativ wäre, und $-\lambda^2$ würde proportional zur Masse des (Spin null) Bosons sein. Mit $\lambda^2 > 0$ ist eine solche Interpretation nicht möglich. Die (Spin null) Teilchen haben keine Masse und der niedrigste Energiewert wird wie in Bild 12.3 verschoben. Durch Auswahl eines entarteten Grundzustandes wird die Symmetrie der Bewegungsgleichungen gebrochen und sowohl das Eichfeld (das heißt das Photon) als auch eins der (Spin-null) Feldteilchen erhalten eine Masse.

Der Grundzustand ist gegenüber dem des global eichinvarianten Beispiels verschoben. Die niedrigste Energie erscheint jetzt, wenn

(12.46) $\quad \phi^*\phi \equiv \dfrac{v'^2}{2} = \dfrac{\lambda^2}{2\eta^2} + \dfrac{q^2}{\hbar^2 c^2}\,\dfrac{1}{2\eta^2}\,(A_0^2 - \mathbf{A}^2),$

und die Entwicklung 12.40 kann verwendet werden. Bei geringen Anregungen, bei denen nur lineare Terme in R und θ auftreten, erhält man also für die Bewegungsgleichung von ϕ

12.4 Massives (massebehaftetes) Eichboson

(12.47)
$$\left(D_0^2 - \mathbf{D}^2 + 2\lambda^2 + \frac{3q^2}{\hbar^2 c^2}(A_0^2 - \mathbf{A}^2)\right) R = 0,$$

$$\left(D_0^2 - \mathbf{D}^2 + \frac{q^2}{\hbar^2 c^2}(A_0^2 - \mathbf{A}^2)\right)\theta + \frac{q}{\hbar c}\left(\frac{1}{c}\frac{\partial A_0}{\partial t} + \nabla \cdot \mathbf{A}\right) = 0.$$

Die Gleichung für R ist etwas komplizierter als Gl. 12.41, es gibt andererseits aber keine Überraschungen. Wie erwartet hat das R-Feld eine Masse von $\sqrt{2}\,\lambda\hbar/c$ erworben und das θ-Feld bleibt masselos. Obwohl es einen zusätzlichen Term gibt, der das elektromagnetische Feld berücksichtigt, kann dieser durch die Lorentzbedingung Gl. 12.7 eliminiert werden. Es tritt allerdings eine andere Veränderung auf. Das Quant des elektromagnetischen Feldes hat nämlich eine Masse erworben. Um diese Tatsache explizit zu erkennen, wenden wir uns noch einmal der Ladung und dem Strom zu, siehe Gl. 12.43. Durch das Ersetzen von $\partial/\partial t$ durch cD_0 und ∇ durch $\mathbf{D}$ finden wir zum Beispiel

(12.48) $\quad \rho = iq[\phi^* D_0 \phi - \phi(D_0 \phi)^*].$

Wenn wir Gl. 12.40 einsetzen und nur Ausdrücke erster Ordnung in R und θ berücksichtigen, erhalten wir

(12.49)
$$\rho = \frac{iq}{c}\left(\phi^* \frac{\partial \phi}{\partial t} - \phi \frac{\partial \phi^*}{\partial t} + \frac{2iq}{\hbar} A_0 \phi^* \phi\right)$$

$$\approx -\upsilon' \frac{q}{c}\frac{\partial \theta}{\partial t} - \frac{2q^2}{\hbar c} A_0 \upsilon'^2 - \frac{4q^2}{\hbar c} A_0 \upsilon' R.$$

Wenn diese Ladungsdichte in der Bewegungsgleichung von A_0, Gl. 12.6, angewendet wird, erhalten wir

(12.50)
$$\frac{1}{c^2}\frac{\partial^2 A_0}{\partial t^2} - \nabla^2 A_0 + \frac{2q^2}{\hbar c}\upsilon'^2 A_0 = \frac{iq}{c}\left(\phi^* \frac{\partial \phi}{\partial t} - \phi \frac{\partial \phi^*}{\partial t}\right)$$

$$\approx \frac{\upsilon' q}{c}\frac{\partial \theta}{\partial t} - \frac{4q^2}{\hbar c} A_0 \upsilon' R.$$

Durch Vergleich mit Gl. 12.9 erkennen wir, daß der neue Term $(2q^2/\hbar c)\upsilon'^2 A_0$ der Masse eines „Eichphotons" des elektromagnetischen Feldes entspricht. Diese Masse beträgt

$$m = \sqrt{2\,\frac{\hbar}{c}\,\frac{q}{c}\,\upsilon'}.$$

Diese Masse zerstört nicht die Eichinvarianz, weil die ursprüngliche Gleichung 12.44 eichinvariant ist.

Wenn wir keine lineare Näherung machen, können wir die Bewegungsgleichung für die Skalarfelder R und θ durch Verwendung der lokalen Eichinvarianz vereinfachen, nämlich durch Auswahl der Transformation (lokaler Phasenrotation)

$$\phi \to \phi' = \exp\left(\frac{-i\theta(\mathbf{x}, t)}{\upsilon}\right) \phi \approx \frac{1}{\sqrt{2}} (\upsilon + R)$$

(12.51) $$\phi^* \to \phi^{*\prime} = \exp\left(\frac{i\theta(\mathbf{x}, t)}{\upsilon}\right) \phi^* \approx \frac{1}{\sqrt{2}} (\upsilon + R)$$

$$A_\mu \to A'_\mu = A_\mu + \frac{\hbar c}{q\upsilon} \nabla_\mu \theta.$$

Diese Auswahl legt die Eichung fest, die unitäre oder U-Eichung genannt wird. Bei dieser Eichung wird das θ-Feld eliminiert und ϕ und ϕ* sind gleich. Die Bewegungsgleichung 12.44 ist eichinvariant. Folglich bleibt in der U-Eichung Gl. 12.44 für das neue Feld ϕ' erhalten, wenn wir gleichzeitig A_μ durch A'_μ ersetzen.

(12.52) $[D'^2_0 - \mathbf{D}'^2 - \lambda^2 + \eta^2(\upsilon' + R')^2](\upsilon' + R') = 0.$

Das θ-Feld erscheint bei dieser Auswahl der Eichung nicht mehr in der Bewegungsgleichung. Wohin ist es gegangen? Zur Antwort auf diese Frage überprüfen wir die Freiheitsgrade in unserem Problem. Am Anfang hatten wir zwei innere Freiheitsgrade für die Bosonen mit dem Spin null, nämlich ϕ und ϕ* mit den Ladungen ± e und zwei Polarisationsrichtungen (Helizitäten) für das Photon. Am Ende haben wir ein R-Feld und ein massives Photon mit dem Spin 1, das drei Polarisationsgrade hat. Deshalb haben wir wieder vier Freiheitsgrade. Wenn das Photon eine Masse erwirbt, gewinnt es auch einen logitudinalen Polarisationsgrad, der ursprünglich nicht vorhanden war. Das masselose Goldstone-Boson θ wurde dazu benutzt, diesen zusätzlichen Freiheitsgrad zu liefern, und man sagt, daß das Eichfeld das Goldstone-Boson „aufgegessen" hat, um eine Masse zu bekommen und seine longitudinale Polarisation zu erhalten. Vor der Eliminierung von θ durch die Auswahl der Eichung hatten wir einen zusätzlichen nicht echten Freiheitsgrad.

Diese Art von Modell, verallgemeinert zu einem nichtabelschen Vektoreichfeld, ist bei der Beschreibung der schwachen Wechselwirkung in Verbindung mit der elektromagnetischen erfolgreich. Wir werden diesen Fall im nächsten Kapitel betrachten.

Zusammenfassend können wir sagen: wir haben gezeigt, daß die Annahme der Eichinvarianz die Form der Wechselwirkung bestimmt. Obwohl die Eichinvarianz masselose Felder oder Eichquanten fordert, erlaubt die spontane Symmetriebrechung die Einführung von Massen in die Theorie, allerdings um den Preis der Einführung zusätzlicher (Higgs) Felder, ϕ_1 und ϕ_2 oder ϕ und ϕ*. Diese Methode zur Erzeugung von Massen wird oft „Higgs-Mechanismus"[11] genannt. In unserem einfachen abelschen „Spielmodell" erwirbt das Photon eine Masse. Da das wirkliche Photon aber masselos ist, wird dieses Beispiel von der Natur nicht verwirklicht.

---

[11] M. J. Veltman, *Sci. Amer.* **255**, 76 (November 1986).

12.5 Allgemeine Literaturhinweise

Eine gute allgemeine Einführung in die Eichfeldtheorien findet man in M. K. Gaillard, *Comm. Nucl. Part. Phys.* **8**, 45 (1978) und R. Mills, Am. J. Phys. **57**, 493 (1989). Es gibt auch eine Zahl von Büchern mit unterschiedlichem Schwierigkeitsgrad zu diesem Thema. In der Reihenfolge zunehmender Schwierigkeit sind das: K. Moriyasu, *An Elementary Primer For Gauge Theory*, World Scientific, Singapur, 1983; C. Quigg, *Gauge Theories of the Strong, Weak and Electromagnetic Interactions*, Benjamin – Cummings, Reading, MA, 1983; I. J. R. Aitchison, *An Informal Introduction of Gauge Field Theories*, Cambridge University Press, Cambridge, UK, 1982; I. J. R. Aitchison und A. J. G. Hey, *Gauge Theories in Particle Physics*, Adam Hilger, Bristol, UK (1982). Eine vollständige Zusammenstellung der Literatur findet man bei R. H. Stuewer, „Ressource Letter GI-1, Gauge Invariance", *Am. J. Phys.* **56**, 586 (1988). Eine sehr moderne Einführung ist R. Barlow, *Eur. J. Phys.* **11**, 45 (1990).

Der Aharanow-Bohm-Effekt wird diskutiert bei Y. Imry und R. A. Webb, *Sci. Amer.* **260**, 56 (April 1989). Eine allgemeinere Behandlung der geometrischen Phasen kann man finden in *Geometric Phases in Physics*, (A. Shapere und F. Wilczek, Eds.) World Scientific, Teaneck, NJ, 1989.

Aufgaben

12.1 Man zeige, daß die Schrödingergleichung mit dem Hamiltonoperatur, Gl. 12.1, invariant gegenüber den lokalen Eichtransformationen, Gleichungen 12.2 und 12.3 ist.

12.2 Man zeige, daß die Beziehungen

$$D'_0 \psi'_q = U_Q D_0 \psi_q,$$

$$\mathbf{D}' \psi'_q = U_Q \mathbf{D} \psi_q,$$

gelten.

12.3 Man zeige, daß die Gleichungen 12.9 wegen des Masseterms nicht invariant gegenüber den lokalen Eichtransformationen sind, daß aber Gl. 12.6 dieser Invarianz genügt.

12.4 Man zeige, daß die durch Gl. 12.25 gegebenen Definitionen von $\mathbf{E}^{(a)}$ und $\mathbf{B}^{(a)}$ zu den Eichtransformationen (Gl. 12.26) führen.

12.5 Wiederholen Sie die theoretische Ableitung aus Abschnitt 12.3 für ein nichtabelsches Vektorenfeld mit dem Isospin 1/2 und nicht 1 wie im Text. Verwenden Sie Paulimatrizen $\vec{\tau}$ anstelle von $\vec{I}$.

12.6 Man leite die Beziehung zwischen $\mathbf{B}'^{(a)}$ und $\mathbf{B}^{(a)}$, Gl. 12.26, ab.

12.7 Wählen Sie einen anderen Grundzustand als den durch Gl. 12.39 gegebenen aus und zeigen Sie, daß die physikalischen Schlußfolgerungen die gleichen sind.

12.8 Man betrachte das Beispiel eines Streichholzes, das ohne Rotation auf einer geschlossenen Bahn längs eines festen Längengrades auf der Erdoberfläche vom Nordpol zum Äquator, dann zu einem anderen Längengrad und schließlich zurück zum Nordpol geführt wird. Man bestimme die geometrischen Faktoren, die die Änderung der Orientierung des Streichholzes vom Anfang bis zum Ende der Bahn angeben.

12.9 Skizzieren Sie ein Experiment zur Bestimmung der Berry-Phase.

12.10 Zeigen Sie die Richtigkeit von Gl. 12.13, wenn **B** = 0 ist.

12.11 Zeigen Sie, daß die lokale Eichinvarianz von Gl. 12.6 die Gl. 12.8 erforderlich macht.

13 Die elektroschwache Theorie

13.1 Einleitung

In diesem Kapitel geben wir eine Einführung zum „Standardmodell" der elektroschwachen Wechselwirkung. Der Gegenstand ist komplex, zu Details geben wir unten Literaturstellen an.

Die phänomenologische Strom-Strom-Wechselwirkung, die wir in Kapitel 11 beschrieben haben, liefert eine sehr gute Übereinstimmung mit dem Experiment. Sie ist jedoch keine fundamentale Theorie. Alle Berechnungen wurden in niedrigster Ordnung der effektiven Kopplungskonstante G durchgeführt, das heißt in Störungstheorie niedrigster (erster) Ordnung. Die Berechnungen höherer Ordnungen oder von Strahlungskorrekturen führen zu physikalisch sinnlosen Unendlichkeitsstellen, die man nicht entfernen kann. Aus Experimenten ist andererseits bekannt, daß die höheren Ordnungen schwacher Prozesse extrem klein sind. So ist zum Beispiel die Massedifferenz zwischen K_L und K_S von zweiter Ordnung in G und sehr winzig (siehe Abschnitt 9.7). Die in Kapitel 11 angegebene „Theorie" ist folglich ungenügend. Es konnte für die schwache Wechselwirkung alleine keine befriedigende Theorie gefunden werden. Dieser Mangel war die Herausforderung, ein umfassenderes Problem zu lösen. Es entstand eine fundamentalere Theorie, die die schwache Wechselwirkung zusammmen mit der elektromagnetischen beschreibt.

Die elektroschwache Theorie ist ein gewaltiger Triumph. 1879 formulierte James Clerk Maxwell eine Theorie, die Elektrizität und Magnetismus vereinigt. Genau einhundert Jahre später erhielten Sheldon Glashow, Abdus Salam und Steven Weinberg den Nobelpreis für eine vergleichbare Tat, die Vereinigung von schwacher und elektromagnetischer Kraft[1]. Wie wir in Kapitel 11 sahen, sind die zwei Wechselwirkungen von einer Strom-Strom-Art und erfordern Vektorströme (auch axiale Vektoren für die schwache Wechselwirkung). Sowohl der schwache Vektorstrom als auch der elektromagnetische Strom werden erhalten. Trotz dieser und anderer Übereinstimmungen scheinen die beiden Kräfte auf den ersten Blick wenig gemeinsam zu haben. Die elektromagnetische Kraft hat eine unendliche Reichweite und wird von masselosen Photonen übertragen, dagegen hat die schwache Kraft eine sehr kurze Reichweite und wird durch sehr schwere Vektorbosonen übertragen. Weiterhin fordert die Endlichkeit von Resultaten in höherer Ordnung der elektromagnetischen Prozesse Eichinvarianz, die wiederum Teilchen ohne Masse fordert. Wie kann nun ein massives Boson eingebaut werden? Glashow diskutierte dieses Problem 1961[2], stellte fest, daß das eine prinzipielle Hürde war und schlug neutrale Ströme vor. Sowohl Salam als auch Weinberg glaubten, daß die spontane Symmetriebrechung, die wir in Kapitel 12 eingeführt haben, für die intermediären Bosonen eine Masse ergeben könnte in einer Eichfeldtheorie, die von masselosen Teilchen ausgeht und im Resultat endlich ist[3]. Der mathematische Beweis für die Tatsache, daß eine endliche Theorie auf diese Weise für

---

[1] S. Weinberg, *Rev. Mod. Phys.* **52**, 515 (1980); A. Salam, *Rev. Mod. Phys.* **52**, 525 (1980); S. L. Glashow, *Rev. Mod. Phys.* **52**, 539 (1980).
[2] S. L. Glashow, *Nucl. Phys.* **22**, 579 (1961).
[3] S. Weinberg, *Phys. Rev. Lett.* **19**, 1264 (1967); A. Salam, *Nobel Symposium*, Nr. 8 (N. Svartholm. Ed.), Almqvist und Wiksell, Stockholm, 1968, S. 367.

alle Ordnungen einer geeigneten Kopplungskonstante konstruiert werden könnte, kam erst später[4]. Der Beweis macht von dem wichtigen Punkt Gebrauch, daß die Symmetriebrechung nicht die Eichinvarianz der Theorie zerstört. Die elektroschwache Theorie wurde formuliert, und die Massen des W^+- und des Z^0-Teilchens vorausgesagt *bevor diese Teilchen experimentell gefunden wurden.*

13.2 Die Eichbosonen und der schwache Isospin

Wenn eine Theorie Elektromagnetismus und schwache Wechselwirkung kombinieren will, muß sie sowohl das Photon als auch massive intermediäre Bosonen beinhalten. Eine Eichfeldtheorie, wie in Abschnitt 12.4 beschrieben, fordert, daß die geladenen Bosonen durch neutrale ergänzt werden, um ein Isospinmultiplett zu erzeugen und Stromerhaltung zu haben. Die massiven Eichbosonen haben keine starke Wechselwirkung, deshalb wird die Beziehung zwischen ihnen als „schwacher Isospin" bezeichnet. Da es drei Ladungszustände gibt, die geladenem und neutralem Strom entsprechen, muß das intermediäre Boson einen schwachen Isospin von 1 haben. Diese Teilchen werden nicht notwendigerweise in der Natur beobachtet. Trotzdem nennen wir die drei Eichbosonen W^+, W^- und W^0. Sie haben am Anfang die Masse null, wie von der Eichfeldtheorie gefordert. Zusätzlich gibt es ein neutrales „elektromagnetisches Feld" mit einem weichen Isospinsingulett-Teilchen, das wir B^0 nennen. Dann sind die neutralen Teilchen, die mit dem schwachen und dem elektromagnetischen Feld in Verbindung stehen und in der Natur beobachtet wurden (das Z^0 und das Photon) Mischungen aus B^0- und W^0-Teilchen der Theorie von Weinberg und Salam

(13.1) $\quad \gamma = \cos\theta_W B^0 - \sin\theta_W W^0 \qquad Z^0 = \cos\theta_W W^0 + \sin\theta_W B^0.$

Der Mischungswinkel θ_W wird Weinbergwinkel genannt und kann aus dem Experiment bestimmt werden, wie wir sehen werden. Das Photon und das Z^0-Teilchen sind aus einem schwachen Isospin-Singulett B^0 und einer Komponente W^0 des Isospintriplett-W-Bosons zusammengesetzt. Sie sind keine einfachen Teilchen, obwohl das Photon die Masse null hat. Wir sehen, daß das Photon eine Mischung aus Isospin null und eins für schwachen und starken Isospin ist. Der Higgs-Mechanismus ist dafür verantwortlich, daß W- und Z-Bosonen ihre Masse erhalten. Die Massen vom Z^0- und vom W^+- (oder W^-) Teilchen brauchen wegen der Zumischung neutraler Teilchen nicht die gleichen zu sein.

In Kapitel 7 haben wir festgestellt, daß jeder Typ von Leptonen (Elektronen, Myonen, Tau-Teilchen) und der mit ihnen verbundenen Neutrinos separat erhalten bleibt. Es ist deshalb sinnvoll, jedes Leptonenpaar getrennt zu diskutieren, das heißt jede „Familie", die aus einem geladenen Lepton und einem dazugehörigen Neutrino besteht. Die grundlegende Theorie enthält masselose Leptonen, so daß das geladene Lepton und sein Neutrino die gleiche Masse haben. Weinberg führte zur Charakterisierung jeder Leptonenfamilie schwache Isospindubletts ein[5].

---

[4] G. t'Hooft, *Nucl. Phys.* **B 33**, 173 (1971); **B 35**, 167 (1971); G. 't Hooft und M. Veltman, *Nucl. Phys.* **B 44**, 189 (1972); **B 50**, 318 (1972).
[5] S. Weinberg, *Phys. Rev. Lett.* **19**, 1264 (1967); *Phys. Rev.* **D 11**, 3583 (1975).

13.2 Die Eichbosonen und der schwache Isospin

Zum Beispiel können wir für das Elektron und sein Neutrino schreiben

(13.2) $\quad |I, I_3\rangle = |1/2, 1/2\rangle = \nu_{e_L}, \qquad |I, I_3\rangle = |1/2, -1/2\rangle = e_L,$

den unteren Index L werden wir kurz erklären. Dieser Formalismus ist analog zu dem bei Neutronen und Protonen verwendeten, Gl. 8.13. Wir verwenden hier die gleiche Bezeichnung, weil wir nicht glauben, daß das zu Konfusionen führen wird. Wie bei den Nukleonen erhält das Teilchen mit der größten Ladung (hier ist das null) $I_3 = 1/2$. Dann können wir wie in Gl. 8.14 oder 8.30 schreiben

(13.3) $\quad q = I_{3l} + \dfrac{Y_l}{2},$

wobei Y_l die „schwache Hyperladung" des Leptons ist. Daraus folgt, daß $Y_l = -1$. Tatsächlich führte Weinberg das oben erwähnte Dublett für die Kombination aus normalem und axialem Vektorstrom ein, die beim Betazerfall und anderen schwachen Wechselwirkungen, die in Kapitel 11 untersucht wurden, auftritt. Diese Kombination ist bei Leptonen $V-A$ und $V-g_A A$ bei Hadronen. Sie wird gewöhnlich „linkshändig" genannt, und diese Richtungsabhängigkeit wird durch die schwache Wechselwirkung aufrechterhalten. In Übereinstimmung mit dem Beweis aus Kapitel 11 ist das Neutrino masselos und rein „linkshändig". Sein Spin ist antiparallel zu seinem Impuls ausgerichtet und nur die Linkskomponente des Elektrons ist an der schwachen Wechselwirkung beteiligt. In Abschnitt 9.3, Gl. 9.34 haben wir gesehen, daß das beim Betazerfall emittierte Elektron und das beim π^--Zerfall (Aufgabe 9.16) emittierte negative Myon entgegengesetzt zu ihrer Impulsrichtung polarisiert sind, so wie das Neutrino in Bild 7.2. Diese Teilchen werden als linkshändig bezeichnet, weil der Drehimpuls die Bewegung einer Schraube mit Linksgewinde macht. Das masselose Neutrino hat keinen rechtshändigen Partner, es ist immer linkshändig (L), wie wir in Kapitel 11 gesehen haben. Das Elektron hat eine Masse, deshalb kann es nicht rein linkshändig sein und ist nicht völlig polarisiert, seine Polarisation bei einer Geschwindigkeit υ beträgt nur $-\upsilon/c$, wie in Gl. 9.34 angegeben. Deshalb hat das Elektron einen rechtshändigen (R) Partner, der allerdings nicht am schwachen, sondern nur am elektromagnetischen Strom beteiligt ist. Der elektromagnetische Strom erhält die Parität, deshalb sind linkshändige und rechtshändige Elektronen mit gleicher Stärke beteiligt. Bei schwacher Wechselwirkung ist das geeignete schwache Isospindublett E_L mit

(13.4) $\quad E_L = \begin{pmatrix} \nu_e \\ e \end{pmatrix}_L$

und mit den Isospinkomponenten für ν_{e_L} und e_L, die durch Gl. 13.2 gegeben werden. Ähnliche Paarbildungen werden für das Myon und sein Neutrino für das Tau-Teilchen und das Tauneutrino gemacht. Zur Erhaltung der Isospininvarianz müssen die Massen der geladenen Leptonen genau so groß sein wie die der dazugehörigen Neutrinos, nämlich null. Außerdem bevorzugt die elektromagnetische Wechselwirkung nicht links gegenüber rechts, so daß es auch Rechtskomponenten (Spin parallel zum Impuls) für die geladenen Leptonen e_R, μ_R und τ_R geben muß. Diese Leptonen sind schwache Isospinsinguletts. Natürlich sind die geladenen Leptonen nicht wirklich ohne Masse, aber die Massen der rechtshändigen und der linkshändigen Komponente müssen identisch sein, da wir ein massives linkshändiges Elektron in ein rechtshändiges durch eine Tranformation des Bezugssystems (Bild 11.12) umwandeln können. Folglich muß das rechtshändige Elektron zu Beginn auch als masselos behandelt werden. Wenn die Gell-Mann-Nishijima-Ladungsrelation (Gl. 13.3) für die rechtshändige Komponente eines geladenen Leptons gültig bleiben soll, benötigen wir $Y_{lR} = -2$, während $Y_{lL} = -1$ ist. Daraus folgt aus $I_{3R} = 0$.

Auch für die Quarks kann ein schwacher Isospin eingeführt werden. Wir haben wieder drei Familien und in einer zu den Leptonen analogen Weise kann man schreiben

(13.5) $\quad f_L = \begin{pmatrix} u \\ d_W \end{pmatrix}_L, \quad m_L = \begin{pmatrix} c \\ s_W \end{pmatrix}_L, \quad h_L = \begin{pmatrix} (t) \\ b_W \end{pmatrix}_L,$

mit der schwachen dritten Komponente des Isospins = 1/2 bzw. –1/2 für die obere und untere Komponente. In Gl. 13.5 haben wir die Bezeichnung f, m und h für federleichte, mittlere und schwere Quarks verwendet. Da alle Quarks elektromagnetische Wechselwirkung haben, gibt es auch rechtshändige Isospinsinguletts

(13.6) $\quad u_R, d_R, c_R, s_R, (t_R), b_R.$

Um die gebräuchlichen Ladungsbezeichnungen zu haben (Gl. 13.3), fordern wir

(13.7)
$$Y_{fL} = Y_{mL} = Y_{hL} = \frac{1}{3},$$
$$Y_{uR} = Y_{cR} = Y_{tR} = \frac{4}{3},$$
$$Y_{dR} = Y_{sR} = Y_{bR} = -\frac{2}{3}.$$

Durch Einführung des schwachen Isospins können wir das Fehlen von neutralen, die Strangeness ändernden Strömen erklären.

Der sorgfältige Leser wird bemerkt haben, daß wir d_W, s_W, und b_W für die linkshändigen Komponenten des Isodubletts in Gl. 13.5 benutzt haben, weil wir die verallgemeinerte Cabibbo-Aufspaltung des schwachen Stromes (Gl. 11.57) integriert haben. Für die drei in Gl. 13.5 betrachteten Familien wurde die Cabibbo-Mischung durch Kobayashi und Maskawa[6] verallgemeinert. Wir vernachlässigen die dritte Familie in unserer Analyse, bemerken aber, daß ihre Einführung einer nichtverschwindenden Phase erlaubt, die zur Beschreibung der CP-Nichtinvarianz bei den Zerfällen der K_L[6] benutzt werden kann.

Der schwache Strom J^0 aus Gl. 11.57 ändert beim Betazerfall eines Neutrons ein Neutron in ein Proton oder ein d-Quark in ein u-Quark und erhält die Strangeness, $\Delta S = 0$. Im Quarkbild können wir diesen Strom als denjenigen identifizieren, der zwischen den zwei Zuständen des federleichten Isospin-1/2-Dubletts wirkt. Diese Identifizierung ist analog zu der bei Leptonen, wo der schwache Strom auch innerhalb einer einzigen Familie bleibt. Wir können dann Gl. 11.57 durch Quarks ausdrücken, indem wir nicht die Kopplung von u-Quarks mit d-Quarks machen, sondern mit einer Kombination von d- und s-Quarks. Beide haben die Ladung –1/3, das bedeutet

---

[6] M. Kobayashi und T. Maskawa, *Progr. Theor. Phys.* **49**, 652 (1973).

13.2 Die Eichbosonen und der schwache Isospin

(13.8) $\quad d_W = d \cos \theta_C + s \sin \theta_C,$

θ_C ist der Cabibbo-Winkel. Daher kann der Zerfall

$$K^-(\bar{u}s) \to \pi^0(\bar{u}u)\, e^-\, \nu_e,$$

der ein s-Quark mit einem u-Quark in Verbindung bringt, wie innerhalb der f Familie beschrieben werden.

Glashow, Iliopoulos und Maiani (GIM)[7] führten das c-Quark (Charm-Quark) als linkshändigen Partner des s-Quarks ein, um die Änderung der Strangeness schwacher neutraler Ströme zu eliminieren. Bis zu jener Zeit wurde das s-Quark als ein starkes Isospin-Singulett betrachtet. Seit dem Erscheinen des Charms gehören s- und c-Quark zu einem schwachen Isospin 1/2 Dublett und die Familie mit mittlerem Gewicht muß orthogonal zu der leichtgewichtigen sein; somit gilt für s_W

(13.9) $\quad s_W = s \cos \theta_C - d \sin \theta_C.$

Die Aufhebung der Strangenessänderung neutraler Ströme kann nun wie folgt gezeigt werden: Der neutrale Strom erscheint für das linkshändige Dublett und demzufolge für d_W und s_W und nicht für d und s. In jeder Reaktion ist es die Summe der Matrixelemente für die beiden Familien, die einen Beitrag liefert. Für den neutralen Strom J^{nc} ist diese Summe

(13.10)
$$\langle d \cos \theta_C + s \sin \theta_C | J^{nc} | d \cos \theta_C + s \sin \theta_C \rangle$$
$$+ \langle s \cos \theta_C - d \sin \theta_C | J^{nc} | s \cos \theta_C - d \sin \theta_C \rangle$$
$$= \langle d | J^{nc} | d \rangle (\cos^2 \theta_C + \sin^2 \theta_C) + \langle s | J^{nc} | s \rangle (\cos^2 \theta_C + \sin^2 \theta_C)$$
$$+ \langle s | J^{nc} | d \rangle (\sin \theta_C \cos \theta_C - \sin \theta_C \cos \theta_C)$$
$$+ \langle d | J^{nc} | s \rangle (\cos \theta_C \sin \theta_C - \sin \theta_C \cos \theta_C)$$
$$= \langle d | J^{nc} | d \rangle + \langle s | J^{nc} | s \rangle.$$

Es gibt daher keinen Beitrag für irgendeinen Prozeß eines neutralen Stromes, der s- und d-Quarks verbindet oder eines neutralen Stromes mit Strangenessänderung. Der Beitrag dieses Stromes hebt sich durch die Symmetrie zwischen der zweiten und der ersten Familie, die durch das c-Quark eingeführt wird, auf.

---

[7] S. L. Glashow, J. Iliopoulos und L. Maiani, *Phys. Rev.* **D 2**, 1285 (1970).

13.3 Die elektroschwache Wechselwirkung

In diesem Abschnitt konzentrieren wir uns auf die Wechselwirkungsterme der elektroschwachen Theorie, um die Einheit von schwacher und elektromagnetischer Wechselwirkung zu beweisen. Zuerst müssen wir die Ströme in einer übersichtlichen Form schreiben. Mit der Bezeichnung von Kapitel 11 (siehe z.B. Gl. 11.37) können wir schreiben

$$j_{\mu,em}(e) = \psi_e^* V_{\mu,em} \psi_e$$
(13.11)
$$= \psi_{e_L}^* V_{\mu,em} \psi_{e_L} + \psi_{e_R}^* V_{\mu,em} \psi_{e_R}.$$

Wir haben die Operatoren I und $\mathbf{p}/m$ oder $\mathbf{v}_{op}$ durch die relativistischen $\upsilon_{\mu,em}$ mit $\mu = 0, ..., 4$ verallgemeinert,

$$V_{0,em} = 1 \quad \text{and} \quad V_{i,em} = \upsilon_{i,op}$$

für $i = 1, 2, 3$ oder x, y, z im nichtrelativistischen Fall. Wir haben auch die Wellenfunktion ψ_α und ψ_β von Gl. 11.37 durch ψ_e, ψ_{e_L} oder ψ_{e_R} ersetzt. Das Aufbrechen in linkshändige (L) und rechtshändige (R) Ströme in Gl. 13.11 ist eine formale Änderung ohne Bedeutung für die elektromagnetische Wechselwirkung. Für die schwache Welchselwirkung wird dieses Aufbrechen jedoch wichtig. Wie bereits früher festgestellt, enthält der schwache Strom sowohl einen normalen als auch einen axialen Vektoroperator in der Kombination $V_\mu - \mathbf{A}_\mu$ mit $A_0 = \sigma \cdot \mathbf{p}/m$ und $A_i = \sigma_i$ in der nichtrelativistischen Näherung. Anstelle von zwei Operatoren zwischen der vollständigen Wellenfunktion ψ_e, können wir den Operator V_μ zwischen die linkshändige oder die rechtshändige Wellenfunktion schieben:

(13.12) $\quad \psi_{e_L}^* V_\mu \psi_{e_L} = \dfrac{1}{2} \psi_e^*(V_\mu - \mathbf{A}_\mu)\psi_e,$

(13.13) $\quad \psi_{e_R}^* V_\mu \psi_{e_R} = \dfrac{1}{2} \psi_e^*(V_\mu + \mathbf{A}_\mu)\psi_e.$

Beide Seiten der Gleichungen 13.12 und 13.13 sind äquivalent, aber die linke Seite liefert eine günstige Beschreibung des schwachen Stroms von Leptonen. Der schwache geladene Strom von Leptonen ist rein linkshändig. Gleichung 13.12 erlaubt uns folglich, diesen Strom von Elektronen und ihren Neutrinos so zu schreiben

(13.14) $\quad j_{\mu,wk}^{ch} = \psi_{e_L}^* V_\mu \psi_{\nu_L} + \psi_{\nu_L}^* V_\mu \psi_{e_L},$

Diese Ströme kann man mit der Bezeichnung des schwachen Isospins kürzer ausdrücken. Sie bringt auch die Symmetrie der Ströme bei dieser Operation zum Vorschein. Für diese Beschreibung verwenden wir Matrizen.

Die Ströme für das Dublett E_L, Gl. 13.14, kann man in der Matrizenschreibweise durch den Isospin wie folgt ausdrücken

$$j_{\mu,em} = \psi_{E_L}^* V_\mu \left(I_3 + \frac{Y}{2}\right)\psi_{E_L} + \psi_{E_R}^* V_\mu \frac{Y}{2} \psi_{E_R}$$

13.3 Die elektroschwache Wechselwirkung

$$= \psi_{E_L}^* V_\mu I_3 \psi_{E_L} + \psi_E^* V_\mu \frac{Y}{2} \psi_E$$

(13.15)
$$j_{\mu,wk}^{ch} = \psi_{E_L}^* V_\mu 2I_- \psi_{E_L} + \psi_{E_L}^* V_\mu 2I_+ \psi_{E_L},$$

$$j_{\mu,wk}^{nc} = \psi_{E_L}^* V_\mu 2I_3 \psi_{E_L}$$

mit $E_R = e_R$ und $E = E_L + E_R$. In dieser Gleichung ist Y der Operator der schwachen Hyperladung mit den Eigenwerten Y_l, das heißt $Y|l\rangle = Y_l|l\rangle$, wobei $|l\rangle$ ein Lepton ist. Wir haben auch Operatoren zur Isospinerhöhung und Isospinreduzierung sowie die Matrizen I_+, I_- und I_3 eingeführt.

$$I_\pm = \frac{1}{2}(I_1 \pm iI_2),$$

(13.16) $\quad I_+ = \frac{1}{2}\begin{pmatrix} 0 & 1 \\ 0 & 0 \end{pmatrix}, \quad I_- = \frac{1}{2}\begin{pmatrix} 0 & 0 \\ 1 & 0 \end{pmatrix},$

$$I_3 = \frac{1}{2}\begin{pmatrix} 1 & 0 \\ 0 & -1 \end{pmatrix}.$$

Die Eigenschaften dieser Erzeugungs- und Vernichtungsoperatoren sind

(13.17)
$$I_+|v_L\rangle = 0, \quad 2I_+|e_L\rangle = |v_L\rangle,$$
$$I_-|e_L\rangle = 0, \quad 2I_-|v_L\rangle = |e_L\rangle.$$

Die Koeffizienten vor dem Isospin und die Hyperladungsoperatoren in Gl. 13.15 sind durch Gl. 13.3 festgelegt. Ebenso die Eigenschaften des Elektrons (Ladung = $-e$) und des Neutrinos (Ladung = 0).

Diese Ströme können nun in die Bewegungsgleichung eingeführt werden. Wie wir in Kapitel 12 festgestellt haben, wird die Form dieser Gleichung durch die Eichinvarianz diktiert und dadurch die Wechselwirkung bestimmt. Die Leptonen e und v sind leicht, so daß eine nichtrelativistische Bewegungsgleichung mit Ausnahme von Elektronen sehr geringer Energie nicht verwendet werden kann. Die Schrödingergleichung muß modifiziert werden, da sie erste Ableitungen nach der Zeit, aber zweite Ableitungen nach dem Ort enthält. Sie ist demzufolge nicht relativistisch invariant. Dieses Problem wurde von Dirac gelöst. Er fand eine Gleichung in erster Ordnung für Raum und Zeit. Wir werden die Diracgleichung nicht einführen, aber die Tatsache verwenden, daß die elektroschwache Theorie bei hohen Energien, bei denen die Leptonenmassen vernachlässigt werden können, am wichtigsten ist. Die Verallgemeinerung der Schrödingergleichung für ein Teilchen der Masse null wurde von Weyl eingeführt. Sie kann leicht für ein masseloses Elektron unter Beachtung der Tatsache, daß die einzigen Observablen Spin und Impuls sind, aufgeschrieben werden. Die einfachste Gleichung ist folglich

$$\frac{i\hbar \partial \psi}{\partial t} = \sigma \cdot \mathbf{p}\, \psi = -i\hbar\, \sigma \cdot \nabla \psi.$$

Diese Gleichung hat die richtige Form, ist aber noch nicht allgemein genug für die elektroschwache Theorie. Wir verallgemeinern sie durch Einführung des Vektors $V_\mu = (V_0, \mathbf{V})$ wie in Gl. 13.11 und schreiben[8]

(13.18) $\quad i\hbar V_0 \dfrac{\partial \psi}{\partial t} = \mathbf{V} \cdot \mathbf{p} c \psi = -i\hbar c\, \mathbf{V} \cdot \nabla \psi.$

Der Vektor $\mathbf{V}_\mu$ bezieht sich auf den Spin des Fermions. Bei Anwesenheit eines elektromagnetischen Feldes schreibt die Eichinvarianz vor, daß die Ableitungen $\partial/\partial t$ und ∇ durch D_0 und $\mathbf{D}$ ersetzt werden. Gl. 13.18 wird damit zu

(13.19)
$$i\hbar c V_0 D_0 \psi = i\hbar V_0 \left(\dfrac{\partial}{\partial t} + \dfrac{ieA_0}{\hbar} \right) \psi$$
$$= -i\hbar c \mathbf{V} \cdot \mathbf{D}\psi = -i\hbar c \mathbf{V} \cdot \left(\nabla - \dfrac{ie\mathbf{A}}{\hbar c} \right) \psi.$$

Diese Gleichung wird verwendet für Teilchen der Ladung e. Bei der elektroschwachen Theorie benötigen wir Eichinvarianz sowohl bezüglich des isoskalaren B-Feldes als auch der isovektoriellen W-Felder. Die letzteren sind nicht vertauschbar und deshalb nichtabelsch. Wir haben das Neutrino und das Elektron zu betrachten. Die linkshändigen Komponenten von Elektron und Neutrino sind sowohl mit den isovektoriellen schwachen W-Feldern als auch mit dem isoskalaren $\mathbf{B}$-Feld gekoppelt. Dagegen ist die rechtshändige Komponente des Elektrons nur mit dem Isosingulett-Feld B gekoppelt, da sie nicht an der schwachen Wechselwirkung beteiligt ist. Wir betrachten zuerst die Bewegungsgleichung für e_R. Für ein freies Elektron kann Gl. 13.18 verwendet werden. Bei Anwesenheit des $\mathbf{B}$-Feldes erhalten wir aus Gl. 13.19

(13.20) $\quad i\hbar V_0 \left(\dfrac{\partial}{\partial t} - i\dfrac{g'}{\hbar} B_0 \dfrac{Y}{2} \right) \psi_{e_R} = -i\hbar c \mathbf{V} \cdot \left(\nabla + i\dfrac{g'}{\hbar c} \mathbf{B} \dfrac{Y}{2} \right) \psi_{e_R},$

mit der Kopplungsstärke g' zum B-Feld. Wenn wir diese Gleichung links mit $\psi_{e_R}^*$ multiplizieren, können wir den Erwartungswert des Wechselwirkungsterms so schreiben

(13.21)
$$H_{\text{int}}(e_R) = \dfrac{-g'}{2} \psi_{e_R}^* (V_0 B_0 - \mathbf{V} \cdot \mathbf{B}) Y \psi_{e_R}$$
$$= -\dfrac{g'}{2} \psi_{e_R}^* V_\mu B_\mu Y \psi_{e_R}.$$

Summiert wird über die wiederholten Indizes. Für die linkshändigen Komponenten von Elektron und Neutrino benutzen wir das Isospindublett ψ_{E_L}. Es ist mit der Kopplungsstärke g an die $\mathbf{W}$-Felder und mit der Kopplungsstärke g' an das $\mathbf{B}$-Feld gekoppelt, Gl. 13.9 wird somit zu

---

[8] Merzbacher, Kapitel 23.

13.3 Die elektroschwache Wechselwirkung

(13.22)
$$i\hbar V_0\left(\frac{\partial}{\partial t} - i\frac{g'}{\hbar}B_0\frac{Y}{2} - i\frac{g}{\hbar}\vec{I}\cdot\vec{W}_0\right)\psi_{E_L}$$
$$= -i\hbar c\mathbf{V}\cdot\left(\nabla - i\frac{g'}{\hbar c}\mathbf{B}\frac{Y}{2} - i\frac{g}{\hbar c}\vec{I}\cdot\vec{W}\right)\psi_{E_L}.$$

Wir multiplizieren wieder links mit $\psi_{E_L}^*$ und isolieren die Wechselwirkungsterme, die in der Kurzbezeichnung von Gl. 13.21 lauten

(13.23) $\quad H_{\text{int}}(E_L) = -V_\mu\psi_{E_L}^*\left(\frac{g'}{2}B_\mu Y + g\vec{I}\cdot\vec{W}_\mu\right)\psi_{E_L}.$

Der Operator der Hyperladung Y vertauscht sich mit dem Isospinoperator I und hat die Eigenwerte Y, die in Tabelle 13.1 angegeben sind. In diesem Stadium zeigt sich, daß wir zwei neue Kopplungskonstanten g und g' eingeführt haben. Da wir jedoch die Kopplungsstärke des Elektrons zum elektromagnetischen Feld kennen, ist nur eine von den beiden unbekannt. Um die Beziehung zwischen den Kopplungskonstanten g, g' und e zu erkennen, drücken wir die zwei Wechselwirkungsterme Gl. 13.21 und Gl. 13.23 durch die physikalischen Felder $W^\pm$, Z^0 und A aus. Der Wechselwirkungsanteil des geladenen Stroms beträgt

(13.24)
$$H_{\text{int}}\text{ (geladener Strom)} = \frac{-g}{2}(\sqrt{2}\psi_{\nu_L}^*V_\mu W_\mu^{(+)}\psi_{e_L} + \psi_{e_L}^*V_\mu W_\mu^{(-)}\psi_{\nu_L})$$
$$= -(g/\sqrt{2})V_\mu(\psi_{\nu_L}^*W_\mu^{(+)}\psi_{e_L} + \psi_{e_L}^*W_\mu^{(-)}\psi_{\nu_L}),$$

Tabelle 13.1 Eigenwerte der schwachen Hyperladung.
Die Eigenwerte können auf massivere Familien übertragen werden.

Teilchen oder Multiplett	E_L	e_R	f_L	u_R	d_R
Y	−1	−2	1/3	4/3	−2/3

mit $W^{(\mp)} = 1/\sqrt{2}\,(W_1 \pm iW_2)$. Die Wechselwirkung des neutralen Stroms beträgt

(13.25)
$$H_{\text{int}}\text{ (neutraler Strom)} = \frac{1}{2}V_\mu[\psi_{E_L}^\dagger(g\sin\theta_W 2I_3 - g'\cos\theta_W Y)A_\mu\psi_{E_L}$$
$$- \psi_{e_R}^*g'\cos\theta_W A_\mu Y\psi_{e_R}$$
$$- \psi_{E_L}^\dagger(g\cos\theta_W 2I_3 + g'\sin\theta_W Y)Z_\mu\psi_{E_L}$$
$$- \psi_{e_R}^*g'\sin\theta_W Z_\mu Y\psi_{e_R}].$$

Die mit A_μ multiplizierten Terme stellen die elektromagnetische Wechselwirkung dar. Da wir wissen, daß die elektromagnetische Kopplungskonstante e ist, folgt daraus

(13.26) $\quad g \sin \theta_W = -g' \cos \theta_W = e.$

Deshalb ist die elektroschwache Wechselwirkung des neutralen Stroms

(13.27)
$$H_{\text{int}} \ (\text{neutraler Strom}) = -\left[e\psi_e^* V_\mu A_\mu \psi_e + \frac{g}{2\cos\theta_W}(\psi_{\nu_L}^* Z_\mu V_\mu \psi_{\nu_L} \right.$$
$$\left. - \psi_{e_L}^* V_\mu Z_\mu \psi_{e_L} + 2\psi_e^* V_\mu Z_\mu \sin^2\theta_W \psi_e)\right].$$

Sie ist vollständig durch die Forderung der Eichinvarianz bestimmt. Die Gl. 13.26 verknüpft g, g', θ_W und e. Da e bekannt ist, bleibt dort nur ein einziger unbekannter Parameter, den wir als $\sin^2 \theta_W$ festsetzen. Durch die globale Isospinsymmetrie wird nicht nur ein neutraler Strom gefordert, sondern auch die Wechselwirkungsstärken von neutralen und geladenen Strömen können durch nur zwei Konstanten, e und θ_W, ausgedrückt werden. Tatsächlich ist die Kopplung der schwachen Wechselwirkung proportional zu e, wie gewünscht.

Bis jetzt waren die Leptonen und Eichbosonen masselos, aber wir wissen bereits aus Kapitel 12 wie diese Situation behoben werden kann. Es gibt vier Feldquanten, das W^+, das W^-, das Z^0 und das γ. Drei davon müssen eine Masse erwerben. Daher führen wir ein Dublett eines Skalarfelds vom Isospin 1/2 und mit den Ladungen +1 und 0 ein

(13.28) $\quad \Phi \equiv \begin{pmatrix} \phi^{(+)} \\ \phi^{(0)} \end{pmatrix}.$

$\phi^{(0)}$ und $\phi^{(+)}$ sind beides komplexe Felder

$$\phi^{(0)} = \frac{1}{\sqrt{2}}(\phi_1 + i\phi_2) \quad \text{and} \quad \phi^{(+)} = \frac{1}{\sqrt{2}}(\phi_3 + i\phi_4),$$

so daß es vier reale Felder gibt. Aus Gl. 13.3 folgt, daß die Hyperladung dieser Felder $Y_\phi = 1$ sein muß. Die Bewegungsgleichung für diese Felder gibt Gl. 12.37 an

(13.29) $\quad \left(\frac{1}{c^2}\frac{\partial^2}{\partial t^2} - \nabla^2 - \lambda^2 + 2\eta^2(\Phi^\dagger \Phi)\right)\Phi = 0.$

Wir entwickeln nun um das Minimum Φ_0,

(13.30) $\quad \Phi_0 = \begin{pmatrix} 0 \\ \upsilon/\sqrt{2} \end{pmatrix}$

(13.31) $\quad \Phi \approx \begin{pmatrix} 0 \\ (\upsilon + H)/\sqrt{2} \end{pmatrix} \exp(i\vec{\theta} \cdot \vec{I}/\upsilon)$

13.3 Die elektroschwache Wechselwirkung

Es gibt keine linearen Ausdrücke in der Entwicklung von $\phi^{(+)}$. Der Grund für die Auswahl von $\phi^{(0)}$ besteht darin, daß ein nichtverschwindender Vakuumerwartungswert bedeutet, daß das Photon masselos bleibt. Die Wahl des Grundzustands, Gl. 13.30, zerstört die Isospin- und die Y-Symmetrie, da

(13.32) $\quad e^{i\varepsilon Y} \Phi_0 \approx (1 + i\varepsilon Y + \cdots)\Phi_0 \neq \Phi_0$

(d.h. $Y\upsilon \neq 0$). Der Grundzustand zerstört jedoch nicht die Ladungserhaltung und ist invariant gegenüber der kombinierten Isospin- und Hyperladung-Transformation, für die der Ladungsoperator der Erzeuger ist. Das bedeutet

(13.33)
$$e^{i\varepsilon Q} \Phi_0 = (1 + i\varepsilon Q + \cdots)\Phi_0$$
$$= [1 + i(I_3 + Y/2) + \cdots]\Phi_0 = \Phi_0,$$

da die Ladung von $\Phi^{(0)}$, $q\upsilon = 0$ ist. Daraus folgt, daß das Photon masselos bleibt, während die drei Freiheitsgrade, die zu den anderen drei $(\vec{\theta})$ Feldern gehören „aufgegessen" werden und zusätzliche longitudinale Polarisationen der drei Eichfelder $W^\pm$ und W^0 liefern, die dadurch Massen erhalten. Dieser Vorgang ist ähnlich zum abelschen Fall.

Wie in Abschnitt 12.5 transformieren wir in die U-Eichung

(13.34)
$$\Phi \to \Phi' = \exp\left(\frac{-i\vec{\theta}\cdot\vec{I}}{\upsilon}\right)\Phi = \begin{pmatrix} 0 \\ (\upsilon + H)/\sqrt{2} \end{pmatrix},$$
$$B_\mu \to B'_\mu = B_\mu,$$
$$W_\mu \to W'_\mu = W_\mu,$$
$$\psi_{E_L} \to \psi'_{E_L} = \exp\left(\frac{-i\vec{\theta}\cdot\vec{I}}{\upsilon}\right)\psi_{E_L},$$
$$\psi_{e_R} \to \psi'_{e_R} = \psi_{e_R}.$$

Als Ergebnis finden wir, daß das (Higgs) Feld H und die W-Felder Masse erworben haben. Die Masse des Higgs-Bosons, des Quants des H-Felds, beträgt

(13.35) $\quad m_H = \dfrac{\sqrt{2}\lambda\hbar}{c}$.

Das Higgs-Boson muß noch entdeckt werden. Die geladenen W-Felder haben eine Masse von

(13.36) $\quad m_{W^\pm} = \dfrac{g\upsilon}{2\hbar c}$.

Schließlich erhalten wir aus den in Gl. 13.1 gegebenen Kombinationen für das neutrale Z^0-Meson eine Masse von

(13.37) $$m_{Z^0} = m_{W^\pm}\sqrt{1 + \frac{g'^2}{g^2}} = \frac{m_{W^\pm}}{\cos\theta_W}.$$

Aus Gl. 11.20 finden wir auch

(13.38) $$\frac{G}{\sqrt{2}} = \frac{e^2\hbar^2}{8m_W^2 \sin^2\theta_W c^2}$$

oder

(13.39) $$m_W c^2 = \frac{37{,}3 \text{ GeV}}{\sin^2\theta_W}.$$

Was wir hier getan haben, kann für die Familie der Myonen und der Tau-Leptonen wiederholt werden, für die die Kopplungen identisch sind.

Es gibt noch andere Aspekte der elektroschwachen Theorie, die wir aber hier nicht diskutieren werden. Zum Beispiel müssen die geladenen Leptonen noch Masse erwerben. Diese Massen können durch Yukawa-Kopplungen an die Higgs-Bosonen geliefert werden. Wir werden auch den Hadronenbereich nicht behandeln. Die Entwicklung mit Hilfe von Quarktermen ist analog zu der mit Leptonen. Eine Besonderheit besteht darin, daß alle Quarks rechtshändige Komponenten haben, da sie alle Masse besitzen. Die Wechselwirkung für Hadronen, wie z.B. Protonen, erhält man dann durch Addition der Beiträge von den Quarks, die ihre Struktur bilden.

13.4 Tests des Standardmodells

Die Weinberg-Salam-Theorie (WS) in der hier beschriebenen Form bildet einen Teil des „Standardmodells". Die Theorie macht eine Reihe äußerst wichtiger Vorhersagen, insbesondere zur Existenz von schweren intermediären Bosonen $W^\pm$, Z^0 und neutralen schwachen Strömen. Die Theorie führt eine einzige neue Konstante ein, den Weinbergwinkel θ_W, und zusammen mit dem GIM-Mechanismus hat sie keine neutralen Ströme, die die Strangeness ändern. Alle Vorhersagen der WS-Theorie sind experimentell bestätigt worden[9]. Die Bestägung ist in der Tat so eindeutig, daß es für die Experimentalphysiker schon bedrückend ist, weil zumindest bisher noch keine unerwartete Erscheinung gefunden wurde. Hier wollen wir nun die wichtigsten experimentellen Ergebnisse skizzieren.

Der wichtigste und direkteste Test der WS-Theorie war die Entdeckung der W^+, W^-- und Z^0-Teilchen. Im letzten Abschnitt wurde bereits darauf hingewiesen, daß das Standardmodell nicht nur die Existenz, sondern auch die Massen dieser Eichbosonen voraussagt. Sie können durch Reaktionen wie $p + \bar{p} \to W^+ + \ldots$ oder $\to Z^0 + \ldots$ hergestellt und durch ihre Zerfälle nachgewiesen werden. Soche Zerfälle sind z.B.

(13.40) $$\begin{array}{ll} W^+ \to e^+\nu_e & Z^0 \to e^+e^- \\ \hookrightarrow \mu^+\nu_\mu & \hookrightarrow \mu^+\mu^-. \end{array}$$

---

[9] A. Sirlin, *Comm. Nucl. Part. Phys.* **17**, 279 (1987).

Obwohl die Produktionsrate sehr klein ist, erhält man ein sehr sauberes Nachweissignal. Im Falle des W^+-Teilchens wird ein einzelnes geladenes Lepton bei relativ zur Herstellungsachse großem transversalen Impuls ($\lesssim m_W c/2$) und mit großer Energie $m_W c^2/2$ nachgewiesen, und kein anderes hochenergetisches Teilchen wird beobachtet. Beim Z^0-Teilchen werden zwei geladene Teilchen bei einer Energie von $m_Z c^2/2$ nachgewiesen. Ein besonders sauberes Ereignis ist in Bild 13.1 gezeigt. Diese Abbildung zeigt die in einem Kalorimeter abgeschiedene Energie als Funktion des polaren und des azimutalen Winkels bezogen auf die Protonenachse. Sowohl das W^+- als auch das Z^0-Teilchen wurden bei den vorhergesagten Massen entdeckt; die besten gegenwärtigen Messungen liefern $m_W c^2 = 80,5 \pm 0,5$ GeV und $m_Z c^2 = 91,10 \pm 0,05$ GeV[10].

In Kapitel 11 haben wir uns auf geladene Ströme des schwachen Wechselwirkungsprozesses konzentriert. Diese sind in die elektroschwache Theorie eingebaut. Im letzten Abschnitt haben wir die neutralen Stromanteile der elektroschwachen Theorie betont, weil man hierbei wichtige Tests der Theorie finden kann. Anders als beim geladenen Strom sind die schwachen Wechselwirkungen des neutralen Stroms nicht einfach linkshändig oder von der Form $V - \mathbf{A}$, sondern beinhalten eine Mischung von $V - \mathbf{A}$ und von $V + \mathbf{A}$ wegen der Mischung von schwacher und elektromagnetischer Wechselwirkung (B^0 und W^0). Diese Mischung ist durch die Konstante θ_W völlig bestimmt. So kann zum Beispiel der effektive schwache neutrale Strom J_μ^n und seine Kopplung zu den Leptonen für das Elektron und sein Neutrino wie folgt geschrieben werden (siehe Gl. 13.27)

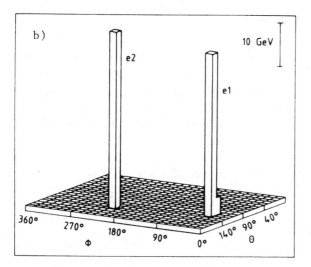

Bild 13.1 Transversale Energieverteilung beim Zerfall des Z^0-Teilchens in $e^+ e^-$ in der (θ, ϕ)-Ebene. (Aus P. Bagnaia et al., (UA2 Collaboration), *Phys. Lett.* **129 B**, 130 (1983).)

---

[10] G. S. Abrams et al., *Phys. Rev. Lett.* **63**, 2173 (1989); L 3 Collaboration, *Phys. Lett.* **231 B**, 509 (1989); Aleph Collaboration, *Phys. Lett.* **231 B**, 519 (1989); Opal Collaboration, *Phys. Lett.* **231 B**, 530 (1989); Delphi Collaboration, *Phys. Lett.* **231 B**, 539 (1989); J. Alitti et al., *Phys. Lett.* **241 B**, 150 (1990).

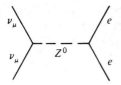

Bild 13.2 Feynman-Diagramm für die elastische Streuung von Myonneutrinos an Elektronen.

(13.41) $\quad g_{\text{eff}} J_\mu^n = \dfrac{g}{4\cos\theta_W} [\psi^*_{\nu_e}(V_\mu - \mathbf{A}_\mu)\psi_{\nu_e} - \psi^*_e V_\mu (1 - 4\sin^2\theta_W)\psi_e - e\psi^*_e V_\mu \psi_e].$

Ein Test für die Theorie besteht darin, ob alle schwachen Wechselwirkungen infolge der neutralen Ströme durch den Parameter θ_W allein beschrieben werden können.

Als erstes Beispiel betrachten wir einen rein leptonischen Prozeß, der in Bild 13.2 dargestellt ist, $\nu_\mu e \to \nu_\mu e$, bei Energien $m_e c^2 \ll E \ll m_W c^2$. Der berechnete Wirkungsquerschnitt in der Bornschen Näherung beträgt

(13.42) $\quad \sigma = \dfrac{G^2 m_e E_{\nu,\text{Lab}}}{2\pi\hbar^4 c^2}\left[(1 - 2\sin^2\theta_W)^2 + \dfrac{4}{3}\sin^4\theta_W\right].$

Im Gegensatz dazu beträgt der für $\bar{\nu}_\mu e \to \bar{\nu}_\mu e$

(13.43) $\quad \sigma = \dfrac{G^2 m_e E_{\nu,\text{Lab}}}{2\pi\hbar^4 c^2}\left[4\sin^4\theta_W + \dfrac{1}{3}(1 - 2\sin^2\theta_W)^2\right].$

Es ist klar, daß diese Wirkungsquerschnitte zur Bestimmung des Weinbergwinkels θ_W und damit zur Überprüfung der Theorie verwendet werden können.

Bei der Streuung von Elektronneutrinos an Elektronen tritt eine Interferenz zwischen der Wechselwirkung des neutralen und des geladenen schwachen Stroms auf, da beide Diagramme in Bild 13.3 einen Beitrag liefern können. Die berechneten Wirkungsquerschnitte sind

(13.44)
$\sigma(\nu_e e \to \nu_e e) = \dfrac{G^2 m_e E_{\nu,\text{Lab}}}{2\pi\hbar^4 c^2}\left[(1 + 2\sin^2\theta_W)^2 + \dfrac{4}{3}\sin^4\theta_W\right],$

$\sigma(\bar{\nu}_e e \to \bar{\nu}_e e) = \dfrac{G^2 m_e E_{\nu,\text{Lab}}}{2\pi\hbar^4 c^2}\left[4\sin^4\theta_W + \dfrac{1}{3}(1 + 2\sin^2\theta_W)^2\right].$

Bild 13.3 Feynman-Diagramme für die elastische Streuung von Elektronneutrinos an Elektronen.

In ähnlicher Weise können wir die elastische Neutrino- und Antineutrino-Streuung an Protonen vergleichen. Bei einer Übertragung des Impulses null (Vorwärtsstreuung) gibt es keine Interferenz zwischen dem Vektorstrom und dem axialen Vektorstrom und die Formfaktoren sind Eins, so daß das Verhältnis des Antineutrino- oder Neutrino-Streuquerschnitts infoge der neutralen Ströme zu dem für geladene Ströme folgendermaßen wird

$$(13.45) \quad \frac{\sigma(\bar{v}_\mu p \to \bar{v}_\mu p)}{\sigma(\bar{v}_\mu p \to \mu^+ n)} = \frac{\sigma(v_\mu p \to v_\mu p)}{\sigma(v_\mu n \to \mu^- p)} = \frac{1}{4\cos^2\theta_C}\left(\frac{(1-4\sin^2\theta_W)^2 + g_A^2}{1+g_A^2}\right),$$

dabei ist $g_A \approx 1{,}26$. Es gibt eine Vielzahl anderer Tests und die Theorie hat alle glänzend bestanden. Die Übereinstimmung des aus verschiedenen Experimenten bestimmten Weinbergwinkels zeigt Tabelle 13.2. Es wurde ein Mittelwert für $\sin^2\theta_W = 0{,}2305 + 0{,}0006$ gefunden[11].

Tabelle 13.2 Bestimmungen des Weinbergwinkels (9). Die in den Klammern angegebenen Fehler sind theoretische.

Vorgang	$\sin^2\theta_W$	
$v_\mu e \to v_\mu e$	$0{,}223 \pm 0{,}018$	$(\pm 0{,}002)$
$\bar{v}_\mu e \to \bar{v}_\mu e$	$0{,}223 \pm 0{,}018$	$(\pm 0{,}002)$
$v_\mu p \to v_\mu p$	$0{,}210 \pm 0{,}033$	
$\bar{v}_\mu p \to \bar{v}_\mu p$	$0{,}210 \pm 0{,}033$	
W und Z-Zerfälle	$0{,}228 \pm 0{,}007$	$(\pm 0{,}002)$
Tief unelastische v-Streuung	$0{,}233 \pm 0{,}003$	$(\pm 0{,}005)$
Atomare Paritätsverletzung	$0{,}209 \pm 0{,}018$	$(\pm 0{,}014)$
SLAC e d Paritätsverletzung	$0{,}221 \pm 0{,}015$	$(\pm 0{,}013)$

Ein anderer Test der WS-Theorie ist das die Parität nicht erhaltende Merkmal, das durch Wechselwirkungen vom gemischten Vektor- und neutralen axialen Vektorstrom erscheint. Diese Nichthaltung der Parität wurde zuerst bei tief unelastischer Streuung von longitudinal polarisierten Elektronen an Deuterium[12] gefunden. Folgendes Verhältnis wurde dabei beobachtet

$$(13.46) \quad a = \frac{\sigma(e_R d) - \sigma(e_L d)}{\sigma(e_R d) + \sigma(e_L d)},$$

R und L kennzeichnen Elektronen mit positiver und negativer Helizität. Die Asymmetrie a wird durch Interferenz von elektromagnetischer und schwacher Wechselwirkung der Elektronen und Hadronen verursacht, da beide Diagramme in Bild 13.4 kohärent zum elastischen Wirkungsquerschnitt beitragen. Der experimentelle Befund wird in Bild 13.5 mit der Theorie verglichen.

Die Higgs-Struktur der Theorie kann durch Messung des Parameters ρ überprüft werden

$$(13.47) \quad \rho = M_W^2/(M_Z^2 \cos^2\theta_W),$$

---

[11] J. J. Hernández et al., Particle Data Group, *Phys. Lett.* **239 B**, 1, (1990); R. Marshall, *Z. Phys.* **C 43**, 607 (1989).
[12] C. Y. Prescott et al., *Phys. Lett.* **77 B**, 347 (1979); **84 B**, 524 (1979).

Bild 13.4 Feynman-Diagramme für Streuung eines inklusiven Elektrons an einem Hadron unter Berücksichtigung der elektromagnetischen und der schwachen Wechselwirkung.

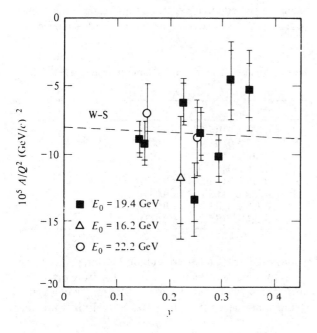

Bild 13.5
Die Asymmetrie a aus Gl. 13.46 dividiert durch die quadratische Impulsübertragung wurde bei der tief unelastischen Streuung von Elektronen an Deuterium beobachtet. Die gestrichelte Linie vergleicht die experimentellen Befunde mit der elektroschwachen (Weinberg-Salam) Theorie. Aus C. Y. Prescott et al., *Phys. Lett.* **84 B**, 524 (1979).

der in der WS-Theorie Eins ist, aber einen anderen Wert haben könnte, wenn die Higgs-Bosonen nicht in einem Dublett wären. Experimentell wurde der Parameter ρ mit wenigen Prozent Fehler zu Eins bestimmt[13].

Kurz gesagt hat der elektroschwache Bereich des Standardmodells alle Tests bestanden und bisher ist kein Fehler dabei gefunden worden. Das ist ein bemerkenswertes Ergebnis. Die Größe des Weinbergwinkels ist jedoch nicht durch die Theorie gegeben. Die Higgs-Bosonen bleiben allerdings schwer faßbar und müssen noch entdeckt werden[14]. Aus diesen und anderen Gründen wird die Theorie weiterhin immer genauer überprüft, um ihre Grenzen zu bestimmen und zu verstehen, wie man sie erweitern kann.

---

[13] G. Myatt, *Rep. Prog. Phys.* **45**, 1 (1982); L. A. Ahrens et al., *Phys. Rev.* **D 35**, 785 (1987).
[14] M. J. G. Veltman, *Sci. Amer.* **255**, 76 (November 1986); M. A. B. Beg, *Com. Nucl. Part. Phys.* **17**, 119 (1987); R. N. Cahn, *Rep. Prog. Phys.* **52**, 389 (1989).

13.5 Literaturhinweise

Ein etwas technisches, aber komplettes Buch über die schwachen Wechselwirkungen und die elektroschwache Theorie ist E. D. Commins und P. H. Bucksbaum, *Weak Interactions of Leptons and Quarks,* Cambridge University Press, New York, 1983.

Es gibt auch eine Anzahl historischer Übersichten. Die Nobelvorlesungen von S. L. Glashow, *Rev. Mod. Phys.* **52**, 539 (1980), A. Salam, *Rev. Mod. Phys.* **52**, 525 (1980) und S. Weinberg, *Rev. Mod. Phys.* **52**, 515 (1980) geben einen Einblick in die Entwicklung der Theorie. Andere historische Übersichten sind: S. Weinberg, *Sci. Amer.* **231**, 50 (Juli 1974); P. Q. Hung und C. Quigg, *Science,* **210**, 1205, (1980); M. K. Gaillard, *Comm. Nucl. Part. Phys.* **9**, 39 (1980); G. 't Hooft, *Sci. Amer.* **242**, 104 (Juni 1980); H. Georgi, *Sci. Amer.* **244**, 40 (April 1981); M. A. B. Beg und A. Sirlin, *Phys. Rep.* **88**, 1 (1982); S. Weinberg, *Phys. Today,* **39**, 35 (August 1986; P. Langacker und A. K. Mann, *Phys. Today,* **42**, 22 (Dezember 1989).

Eine historische Betrachtung der Entdeckung der neutralen Ströme wird von P. Galison, *Rev. Mod. Phys.* **55**, 477 (1983) und von F. Sciulli, *Prog. Part. Nucl. Phys.* (D. H. Wilkinson, Ed.) **2**, 41 (1979) gegeben. Andere Übersichten über neutrale Ströme sind T. W. Donnely und R. D. Peccei, *Phys. Rep.* **50**, 1 (1979); C. Baltay, *Comm. Nucl. Part. Phys.* **8**, 157 (1979); J. E. Kim et al., *Rev. Mod. Phys.* **53**, 211 (1981); P. Q. Hung und J. J. Sakurai, *Ann. Rev. Nucl. Part. Sci.* **31**, 375 (1981); L. M. Sehgal, *Prog. Part. Nucl. Phys.,* (A. Faessler, Ed.) **14**, 1 (1985).

Versuche zur Überprüfung der elektroschwachen Theorie werden beschrieben in C. Kiesling, *Recent Experimental Tests of the Standard Theory of Elektroweak Interactions,* Springer Tracts in Modern Physics, **112**, Springer, New York, 1988; in W. J. Marciano und Z. Parsa, *Ann. Rev. Nucl. Part. Sci.* **36**, 171 (1986) und in P. Langacker, *Comm. Nucl. Part. Phys.* **19**, 1 (1989).

Die Suche nach den W und Z Eichbosonen ist zusammengefaßt in den Nobelvorträgen von C. Rubbia und S. van der Meer, *Rev. Mod. Phys.* **57**, 689 und 699 (1985); D. B. Cline, C. Rubbia und S. van der Meer, *Sci. Amer.* **246**, 48 (März 1982); J. Ellis et al., *Ann. Rev. Nucl. Part. Sci.* **32**, 443 (1982); und E. Radermacher, *Prog. Part. Nucl. Phys.,* (A. Faessler, Ed.) **14**, 23 (1985).

Messungen von $\sin^2 \theta_W$ werden diskutiert in A. Sirlin, *Comm. Nucl. Part. Pys.* **17**, 279 (1987).

Messungen von ρ und anderen Größen, die sich auf den Higgsbereich beziehen, werden diskutiert in P. Q. Hung und J. J. Sakurai, *Ann. Rev. Nucl. Part. Sci.* **31**, 375 (1981); M. K. Gaillard, *Comm. Nucl. Part. Phys.* **9**, 39 (1980); R. N. Cahn, *Rep. Prog. Phys.* **52**, 389 (1989).

Die Paritätsverletzung in der Atomphysik wurde in Kapitel 8 behandelt und Literaturzitate können auch dort gefunden werden; Tests der elektroschwachen Theorie bei Elektronenstreuung werden überblicksartig dargestellt in E. D. Commins und P. H. Bucksbaum, *Ann. Rev. Nucl. Part. Sci.* **30**, 1 (1980); E. M. Henley, *Prog. Part. Nucl. Phys.,* (A. Faessler, Ed.) **13**, 403 (1984).

Aufgaben

13.1 Man zeige die Richtigkeit der Beziehungen in Gl. 13.7

13.2 Man verallgemeinere den Cabibbo-Mischungsformalismus auf drei Familien und zeige, daß kein neutraler Strom auftritt, der die „Bottomness" ändert.

13.3 Man leite Gl. 13.15 ab.

13.4 Man leite Gl. 13.17 ab.

13.5
a) Man bestimme die Matrizen I_1 und I_2 (siehe Gl. 13.16).
b) Man zeige, daß $[I_i, I_j] = i\,\varepsilon_{ijk}\,I_k$, wobei $\varepsilon_{ijk} = +1$ für 1, 2, 3 oder zyklische Vertauschungen davon und -1 für antizyklische Vertauschungen.
c) Man bestimme $I_1 | E_L>$.

13.6 Man leite Gl. 13.25 her.

13.7 Man zeige, daß $m_H = \sqrt{2}\,\hbar\lambda/c$, Gl. 13.35, gültig ist.

13.8 Man zeige, daß $m_W = g\upsilon/2\hbar c$, Gl. 13.36, gültig ist.

13.9 Man bestimme die Wechselwirkungen des geladenen und des neutralen schwachen Stroms für die federleichte Quarkfamilie ($^u_{dw}$), u_R und d_R in Analogie zur Ableitung für die Leptonenfamilie E_L und e_R. Verwenden Sie dazu Tabelle 13.1. Das bedeutet, finden Sie das Analogon zu den Gleichungen 13.24 und 13.25 oder 13.27 im Quarkbereich.

13.10 Verwenden Sie die Quarkstruktur vom Proton und vom Neutron sowie die Lösung der Aufgabe 13.9, um folgendes zu bestimmen:
a) Die schwache Kopplung des Z^0-Teilchens an das Proton und an das Neutron bei einer Impulsübertragung von null. Nehmen Sie an, daß der Vektorstrom erhalten bleibt, daß aber der axiale Strom durch den multiplikativen Faktor g_A aus Kapitel 11 „renormiert" wird.
b) Drücken Sie die Antwort der Teilaufgabe (a) mit Hilfe des Isospinoperators oder der Matrizen für das Isospindublett $\binom{p}{n}$ aus.
Hinweis: Die Wechselwirkung kann durch einen Isoskalar und die dritte Komponente I_3 des Isovektors angegeben werden.

13.11 Man bestimme die Verhältnisse (für $\sin^2\theta_W = 0{,}225$)

a) $\dfrac{\sigma(\nu_\mu e \to \nu_\mu e)}{\sigma(\bar\nu_\mu e \to \bar\nu_\mu e)}$,

b) $\dfrac{\sigma(\nu_e e \to \nu_e e)}{\sigma(\bar\nu_\mu e \to \bar\nu_\mu e)}$,

und vergleiche mit den Experimenten.

13.12 Man leite Gl. 13.45 her.

13.13 Schätzen Sie die Größenordnung der die Parität verletzenden Asymmetrie a in Gl. 13.46 für eine Impulsübertragung der Größe 1 GeV/c ab. Vernachlässigen Sie Formfaktoreffekte.

13.14 Schätzen Sie die Größenordnung der Zumischung der Parität zur atomaren 1S Wellenfunktion des Wasserstoffs ab, die durch die neutrale schwache Stromwechselwirkung zwischen Elektron und Proton hervorgerufen wird.

14 Hadronische Wechselwirkungen

Alle guten Dinge müssen zu einem Ende kommen. Die beiden letzten Kapitel haben gezeigt, daß die elektromagnetischen und die schwachen Wechselwirkungen der Leptonen durch einheitliche Theorien beschrieben werden können. Bei der Beschreibung der elektromagnetischen und schwachen Wechselwirkungen der Hadronen ergeben sich Schwierigkeiten, aber es gibt Gründe dafür, zu glauben, daß die hadronische Wechselwirkung die Schuld daran trägt. Ohne diese Komplikationen erscheinen beide Wechselwirkungen als universell: alle Teilchen werden durch das gleiche Gesetz beherrscht, und jede Wechselwirkung wird durch eine Kopplungskonstante charakterisiert. Bei den hadronischen Wechselwirkungen ist die Situation in drei Punkten verschieden: (1) die hadronischen Wechselwirkungen sind so stark, daß die Störungstheorie nur schlecht oder überhaupt nicht anwendbar ist. Wenn eine Berechnung Resultate liefert, die nicht mit den Beobachtungen übereinstimmen, ist es nicht immer klar, ob die zugrundeliegenden Annahmen oder die Rechentechniken für die Abweichungen verantwortlich sind. (2) Die hadronische Wechselwirkung ist bei niedrigen Energien (≤ 1 GeV) sehr komplex. In der Nukleon-Nukleon-Wechselwirkung erscheint z.B. fast jeder Term notwendig, der durch allgemeine Symmetriegesetze erlaubt ist, um die experimentellen Daten zu fitten. Diese Situation ist in scharfem Gegensatz zu den anderen drei Wechselwirkungen. Die Natur verwendet nur einen Term in den elektromagnetischen und Gravitationswechselwirkungen. Die erste ist eine Vektor- und die zweite eine Tensorkraft. In der schwachen Wechselwirkung erscheinen zwei Ausdrücke, ein Vektor und ein achsialer Vektor. Die Komplexität der hadronischen Wechselwirkung kann ein Hinweis darauf sein, daß wir noch nicht die wirklich fundamentalen Kräfte sehen, sondern nur sekundäre.

Tatsächlich glauben wir heute, daß alle Hadronen eine Struktur haben, so daß die Kräfte zwischen ihnen sekundärer Natur sein können. Die fundamentalere Kraft ist die zwischen den Quarks, die die Struktur bilden.[1] Bei „niedrigen" Energien, unterhalb etwa 1 GeV, liefern die hadronischen Wechselwirkungen keinerlei Hinweis dafür, daß sie von einer universellen Kopplungskonstante beherrscht werden. Bei diesen Energien wird die elektromagnetische Wechselwirkung durch eine einzige Konstante, durch e, charakterisiert, die schwache Wechselwirkung durch die effektive Kopplungskonstante G (die, wie wir wissen, in Zusammenhang mit e steht) und die Gravitationswechselwirkung durch die universelle Gravitationskonstante. In den hadronischen Wechselwirkungen taucht eine Anzahl von Konstanten auf. Man betrachte z.B. die Bilder IV.1 und IV.3. Die Stärke der Wechselwirkung des Pions mit den Baryonen wird im ersten Fall durch die Konstante $f_{\pi NN^*}$ beschrieben und im zweiten Fall durch $f_{\pi NN}$. Die beiden Konstanten sind nicht identisch. Die Wechselwirkung des Pions mit Pionen ist wieder durch eine andere Konstante charakterisiert. Da viele Hadronen existieren, gibt es eine große Zahl von Kopplungskonstanten. Die entsprechenden Wechselwirkungen werden hadronisch oder stark genannt, weil sie ungefähr ein bis zwei Größenordnungen stärker sind als die elektromagnetische. Sie sind jedoch

---

[1] I. R. Aitchison, *An Informal Introduction to Gauge Field Theories* (Cambridge University Press, Cambridge, 1982); I. R. Aitchison und A. J. G. Hey, *Gauge Theories in Particle Physics*, Adam Hilger, Bristol, 1982; C. Quigg, *Gauge Theories of the Strong, Weak and Electromagnetic Interactions* (Benjamin, Reading, Ma, 1983); K. Gottfried und V. F. Weisskopf, *Concepts of Particle Physics* (Oxford University Press, New York, 1984).

nicht exakt gleich. Zwar lassen sich durch Symmetrieargumente Beziehungen zwischen den Kopplungskonstanten finden, doch werden diese Relationen nur näherungsweise erfüllt, und viele Konstanten erscheinen gegenwärtig ohne Zusammenhang zu sein. Die Situation ähnelt einem Puzzle, in dem nicht bekannt ist, ob alle Stücke vorhanden sind, und in dem die Form der Stücke nicht klar erkannt werden kann.

Ist das wirklich die vorliegende Situation, oder maskiert die starke Wechselwirkung bei niedrigen Energien nur die Einfachheit, die dann bei hohen Energien zum Vorschein kommt? In den vergangenen Jahren wurde eine Theorie entwickelt, bei der die starke Wechselwirkung bei genügend hohen Energien (wirkliche Impulsübertragungen oder geringe Abstände) genauso einfach ist wie die elektroschwache Theorie und nur durch eine einzige Kopplungskonstante beschrieben wird. Diese Theorie wird Quantenchromodynamik[1] (QCD) genannt und wird insbesondere durch Experimente bei höchsten Energien gestützt. Die QCD besitzt Merkmale, die analog zu denen in der Theorie des Elektrons und des elektromagnetischen Feldes (Quantenelektrodynamik) sind, aber es gibt auch wesentliche Unterschiede. Die Analogie wird durch Tabelle 14.1 sichtbar. Die fundamentalen Teilchen der QED sind die Leptonen, die der QCD sind die Quarks. Das Eichquant des elektromagnetischen Feldes ist das Photon und das des QCD-Feldes das Gluon. Die Stärke des elektromagnetischen Feldes wird durch die Ladung bestimmt, die des QCD durch die Farbladung. QCD und QED werden durch eine einzige Kopplungskonstante bestimmt, das Quadrat davon, α_s, ist analog zur Feinstrukturkonstanten $\alpha = e^2/\hbar c$. Es gibt aber auch Unterschiede zwischen QED und QCD. Während das Photon elektrisch neutral ist und deshalb keine Ladung überträgt, besitzt das Gluon eine Farbladung. Dieser Unterschied ist fundamental. Die starke quadratische Kopplungskonstante α_s hängt von der Impulsübertragung und dem Abstand ab und wird schwächer, wenn die Impulsübertragung steigt. Im Gegensatz dazu zeigt die quadratische Kopplungskonstante der QED α nur eine schwache Abhängigkeit von der Impulsübertragung und steigt mit wachsendem Impuls. Bei sehr hohen Impulsübertragungen wird die Störungstheorie für die QCD praktikabel, so daß die Theorie in diesem Bereich getestet werden kann. Man sagt, die Theorie ist „asymptotisch frei". Es wird vorhergesagt, daß die Kopplungskonstante verschwindet, wenn der untersuchte Abstand gegen null strebt. Bei großen Abständen wird die quadratische Kopplungskonstante α_s sehr groß. Das führt zu einem Einschluß der Quarks (Quarkconfinement), oft auch „Infrarotsklaverei" genannt. Das Wort infrarot suggeriert große Wellenlängen oder Abstände. Dieses Merkmal der QCD impliziert, daß weder einzelne Quarks noch Gluonen als freie Teilchen beobachtet werden können. Die Theorie ist daher in starkem Maße nichtlinear, und es ist das Verhalten bei großen Abständen, das bei niedrigen Energien untersucht wird. Das kann nicht durch eine einzige Kopplungskonstante beschrieben werden, aber durch Mesonenaustausch und ihre Kopplung zu Baryonen. Wir werden einige Merkmale der niederenergetischen Theorie in Abschnitt 14.1 beschreiben.

Tabelle 14.1 Analogien zwischen QCD und QED.

	QED	QCD
Fundamentalteilchen	geladene Leptonen	Quarks
Eichquanten	Photon	Gluonen
Ursache der Wechselwirkung	Ladung	Farbladung
Kopplungskonstante	$\alpha = e^2/\hbar c$	α_s

14.1 Reichweite und Stärke von niederenergetischen hadronischen Wechselwirkungen

Einige Merkmale haben alle niederenergetischen hadronischen Wechselwirkungen gemeinsam, und wir wollen in diesem Abschnitt zwei der wichtigsten, die Reichweite und die Stärke, beschreiben. Die Reichweite ist der Abstand, in dem die Kraft wirksam ist. Historisch wurden viele Informationen über hadronische Kräfte durch das Studium der Kerne gewonnen. Deswegen werden auch wir die Kraft zwischen den Nukleonen in die Diskussion mit einbeziehen. Das dient auch als Einführung dafür, wie dynamische Informationen aus Experimenten abgeleitet werden können.

Reichweite. Die frühen Alphateilchenstreuexperimente von Rutherford machten klar, daß die Kernkräfte höchstens eine Reichweite von einigen fm haben. Wigner zeigte 1933, daß ein Vergleich der Bindungsenergien des Deuterons, des Tritons und des Alphateilchens zum Schluß führte, daß die Kernkräfte eine ungefähre Reichweite von 1 fm haben und sehr stark sein müssen[2]. Die Argumentation läuft folgendermaßen. Die Bindungsenergien der drei Nuklide sind in Tabelle 14.2 gegeben. Ebenso sind die Bindungsenergien pro Teilchen und pro „Bindung" aufgeführt. Das Ansteigen der Bindungsenergie kann nicht nur von der größeren Zahl der Bindungen verursacht sein. Wenn die Kraft jedoch von sehr kurzer Reichweite ist, kann der Anstieg erklärt werden: die größere Zahl der Bindungen zieht die Nukleonen näher zusammen, und sie erfahren ein tieferes Potential. Die Bindungsenergien pro Partikel und pro Bindung wachsen entsprechend.

Stärke. Die Stärke einer hadronischen Kraft wird am besten durch eine Kopplungskonstante beschrieben. Um jedoch eine Kopplungskonstante aus experimentellen Daten zu gewinnen, muß eine definierte Form des hadronischen Hamiltonoperators angenommen werden. Wir wollen das in späteren Abschnitten tun. Hier vergleichen wir die Stärke der hadronischen Kräfte mit der der elektromagnetischen und schwachen durch Angabe der totalen Wirkungsquerschnitte.

Dieser Vergleich ist etwas willkürlich, weil die Energieabhängigkeit der Wirkungsquerschnitte unterschiedlich ist. Der Gesamtwirkungsquerschnitt für die Streuung von Neutrinos an Nukleonen bei hohen Energien wächst linear mit der Laborenergie, wie in Bild 11.16 gezeigt. Er ist etwa $5 \times 10^{-39} E_{\text{lab}}$ (GeV) cm^2. Der Wirkungsquerschnitt für Elektronenstreuung an Protonen liegt bei hohen Energien in der Größenordnung des Mottschen Wirkungsquerschnitts (siehe Gl. 6.19 und Abschnitt 6.9). Wir nehmen einen Ge-

Tabelle 14.2 Bindungsenergien von ^{2}H, ^{3}H und ^{4}He.

Nuklide	Zahl der Bindungen	Bindungsenergie (MeV)		
		Gesamt	pro Teilchen	pro Bindung
^{2}H	1	2,2	1,1	2,2
^{3}H	3	8,5	2,8	2,8
^{4}He	6	28	7	4,7

---

[2] E. P. Wigner, *Phys. Rev.* **43**, 252 (1933).

14.1 Reichweite und Stärke niederenergetischer hadronischer Wechselwirkungen

samtwirkungsquerschnitt von ungefähr 90 μb/(E_{cm} in GeV)^2 an. In Bild 14.1 ist der Gesamtwirkungsquerschnitt bei Neutron-Proton-Streuung in einem weiten Energiebereich dargestellt. In Bild 14.2 vergleichen wir verschiedene hadronische Wirkungsquerschnitte als Funktion des Laborimpulses. In allen Fällen ist der Wirkungsquerschnitt einige 10^{-26} cm^2, oder näherungsweise dem geometrischen. In Bild 14.3 wird der Gesamtwirkungsquerschnitt für hadronische, elektromagnetische und schwache Prozesse miteinander verglichen.

Um die relative Stärke der drei Wechselwirkungen zu erhalten, vergleichen wir die Wirkungsquerschnitte an der etwas willkürlichen Grenze zwischen niedriger und hoher Ener-

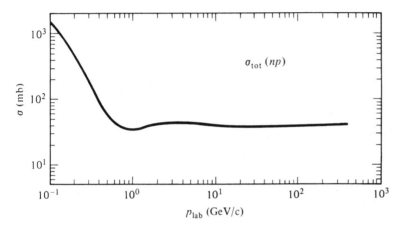

Bild 14.1 Hadronische Wechselwirkung: Gesamtwirkungsquerschnitt für np-Streuung.

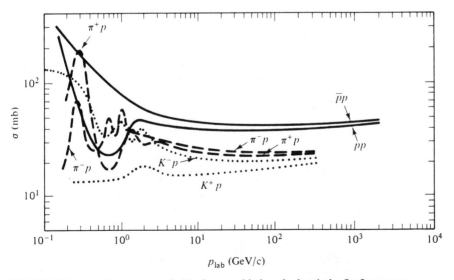

Bild 14.2 Gesamtwirkungsquerschnitte für verschiedene hadronische Stoßprozesse.

gie, nämlich bei 1 GeV kinetischer Energie im Laborsystem. Für die Größenordnung der relativen Stärken verwenden wir die Verhältnisse der Quadratwurzeln der Wirkungsquerschnitte, da die Stärken in den Streuamplituden erscheinen. Aus Bild 14.3 folgt dann, daß

(14.1) hadronisch / elektromagnetisch / schwach $\approx 1 / 10^{-3} / 10^{-6}$.

Die elektromagnetische Stärke ist bei dieser Vergleichsenergie etwas klein. Ein allgemein akzeptierter Wert liegt nahe bei 10^{-2} oder $e^2/\hbar c = 1 / 137$. Da die Kopplungskonstante der elektromagnetischen Wechselwirkung bei etwa 10^{-2} in dimensionslosen Einheiten liegt (siehe Gl. 10.77), ist die entsprechende Kopplungskonstante der hadronischen Kraft bei etwa eins. Folglich stößt bei diesen Energien die Störungsnäherung der hadronischen Wechselwirkungen an ihre Grenzen.

Die Tatsache, daß die absolute Stärke der hadronischen Wechselwirkungen durch eine Kopplungskonstante mit einem Wert von ungefähr eins charakterisiert wird, zeigt Bild 14.3 auf verschiedene Weise. Bei der Energie, bei der der Vergleich der Kopplungsstärken durchgeführt wurde (bei einem GeV), entspricht der hadronische Wirkungsquerschnitt et-

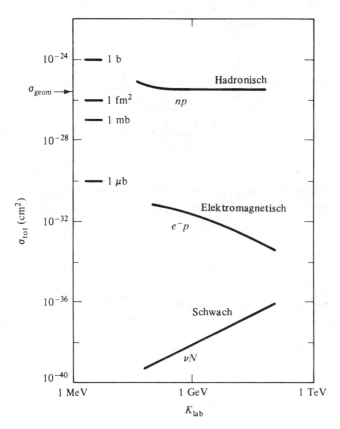

Bild 14.3 Vergleich der Gesamtwirkungsquerschnitte von hadronischen, elektromagnetischen und schwachen Prozessen an Nukleonen. σ_{geom} bezeichnet den geometrischen Wirkungsquerschnitt eines Nukleons, und K gibt die kinetische Energie an.

wa dem geometrischen des Protons, der ungefähr 3 fm² ist. Wenn das Proton für die auftreffenden Hadronen transparent wäre, würden wir einen Wirkungsquerschnitt erwarten, der viel kleiner als der geometrische ist. Die Größe des Gesamtquerschnitts (einige fm²) zeigt jedoch, daß fast jedes einfallende Hadron, das in den Bereich des Streuzentrums gelangt, eine Wechselwirkung erleidet. In diesem Sinne ist die hadronische Wechselwirkung tatsächlich stark. Sogar wenn sie noch stärker wäre, könnte sie nicht viel mehr streuen. Andererseits scheint es, daß die hadronische Wechselwirkung bei genügend hoher Energie und Impulsübertragung schwächer und vielleicht einer Störungsbehandlung zugänglich wird. Diese Beobachtung folgt aus der QCD, bei der die Kopplungskonstante mit geringer werdendem Abstand fällt.

Ein genauer Blick auf Bild 14.3 legt nahe, daß sich der schwache, der elektromagnetische und vielleicht auch der hadronische Wirkungsquerschnitt mit ansteigender Energie einander annähern könnten. Wir werden in Abschnitt 14.8 darauf hinweisen, daß die neue „große vereinigte" Theorie von diesen drei Wechselwirkungen voraussagt, daß die Messungen bei den derzeit möglichen Laborenergien die niederenergetischen Erscheinungen einer einzigen Kraft darstellen. Der Wert, bei dem die drei subatomaren Kräfte identisch werden, wird mit 10^{15} GeV vorausgesagt, eine sehr viel höhere Energie als heute möglich ist.

14.2 Die Pion-Nukleon-Wechselwirkung – Überblick

Die Erklärung der Kernkräfte war seit den frühen Tagen der subatomaren Physik eine ihrer Hauptaufgaben. Wir haben schon in Abschnitt 5.8 darauf hingewiesen, daß fast vollständige Unkenntnis über die Natur der Kernkraft herrschte, bevor Yukawa 1934 die Existenz eines schweren Bosons postulierte[3]. Yukawas revolutionärer Schritt löste das Problem der Kernkraft nicht vollständig, weil keine Berechnung die Daten gut reproduzierte, und weil es nicht einmal klar war, welche Eigenschaften das vorgeschlagene Quant haben sollte[4]. Als das Pion entdeckt, mit dem Yukawateilchen identifiziert, und als ein pseudoskalares Isovektorteilchen erkannt wurde, waren einige Unsicherheiten beseitigt, aber es war noch nicht möglich, die Kernkraft befriedigend zu beschreiben. Heute wissen wir, daß viel mehr Teilchen existieren und berücksichtigt werden müssen. Trotzdem spielen das Pion und dessen Wechselwirkung mit den Nukleonen eine besondere Rolle. Erstens lebt das Pion lang genug, so daß man starke Pionenstrahlen erzeugen und die Wechselwirkung der Pionen mit Nukleonen im Detail studieren kann. Zweitens ist das Pion das leichteste Meson. Es ist mehr als dreimal leichter als das nächst schwerere. Im Energiebereich bis hinauf zu 500 MeV kann die Pion-Nukleon Wechselwirkung ohne Interferenz mit anderen Mesonen studiert werden. Außerdem ist die Reichweite der Kraft, $R = \hbar/mc$, umgekehrt proportional zu der Masse des Teilchens. Das Pion ist somit allein verantwortlich für den langreichweitigen Anteil der Kernkraft. Prinzipiell können die Eigenschaften der Kernkräfte jenseits einer Entfernung von ungefähr 1,5 fm ohne ernste Komplikationen von anderen Mesonen mit den theoretischen Vorhersagen verglichen werden. Die Pionen spielen somit, experimentell und theoretisch, die Rolle eines Testfalles und wir wollen daher einige wichtige Aspekte diskutieren.

---
[3] H. Yukawa, *Proc. Phys. Math. Soc. Japan* **17**, 48 (1935).
[4] W. Pauli, *Meson Theory of Nuclear Forces*, Wiley-Interscience, New York, 1946.

Pionen als Bosonen können einzeln emittiert und absorbiert werden, s. Bild 14.4. Die wirkliche experimentelle Untersuchung der Pion-Nukleon-Kraft erfolgt z.B. durch Studien von Pion-Nukleon-Streuung und der Photoerzeugung der Pionen. Zwei typische Diagramme sind in Bild 14.5 gezeigt. So können prinzipiell verschiedene Pion-Nukleon-Streuprozesse beobachtet werden, aber nur die folgenden drei lassen sich bequem untersuchen:

(14.2) $\pi^+ p \to \pi^+ p$

(14.3) $\pi^- p \to \pi^- p$

(14.4) $\pi^- p \to \pi^0 n$.

Die totalen Wirkungsquerschnitte für die Streuung positiver und negativer Pionen wurden in Bild 5.29 gezeigt. Die Wirkungsquerschnitte für die elastischen Prozesse, Gln. 14.2 und 14.3 und für den Ladungsaustausch, Gl. 14.4, sind bis zu einer kinetischen Energie der Pionen von ungefähr 500 MeV[5] in Bild 14.6 eingezeichnet. Die am besten bekannten Prozesse der Photoerzeugung sind

(14.5) $\gamma p \to \pi^0 p$

(14.6) $\gamma p \to \pi^+ n$.

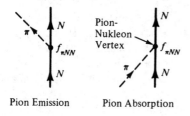

Bild 14.4
Pionen können einzeln emittiert und absorbiert werden. Die Stärke einer Pion-Nukleon-Wechselwirkung wird durch die Kopplungskonstante $f_{\pi NN}$ gekennzeichnet.

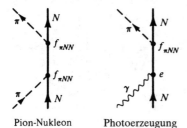

Bild 14.5
Typische Diagramme für Pion-Nukleon-Streuung und für Pion-Photoerzeugung.

---

[5] Es ist nicht mehr sinnvoll, genaue Daten über Wirkungsquerschnitte in Lehrbüchern anzugeben, da man jederzeit vollständige und aktuelle Computerlisten von Lawrence Radiation Laboratory, Berkeley und von CERN, Genf bekommen kann. Z.B. sind die Pion-Nukleon Streudaten in V. Flamino et al., *Compilation of Cross Sections I: π^+ and π^- Induced Reactions*, CERN-HERA Report 83-01, 1983. Siehe auch G. Höhler, Pion-Nucleon-Scattering, (H. Schopper, Ed.) Landoldt-Bernstein New Series I/9 b1 (1982) und I/9 b2 (1983).

14.2 Die Pion-Nukleon-Wechselwirkung – Überblick

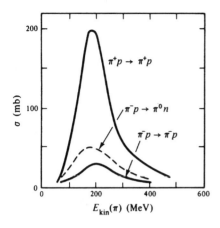

Bild 14.6
Wirkungsquerschnitte von niederenergetischen elastischen und Ladungsaustausch-Pion-Proton-Reaktionen.

Auch die Reaktion γn kann studiert werden, wenn man Deuteriumtargets verwendet und den Protonenanteil abzieht. Die Wirkungsquerschnitte für die Prozesse in den Gln. 14.5 und 14.6 sind in Bild 14.7 gezeigt. Eine hervorstechende Eigenschaft, die die Gln. 14.2 – 14.6 beherrscht, ist das Auftreten einer Resonanz. Bei der Pionstreuung tritt sie bei einer kinetischen Energie von etwa 170 MeV auf. In der Photoerzeugung beträgt die Photon-Energie am Peak etwa 300 MeV. Trotz der unterschiedlichen kinetischen Energien können die Peaks bei der Pion-Streuung und bei der Pion-Photoerzeugung durch *ein* Phänomen erklärt werden, die Bildung eines angeregten Nukleonenzustands N*, s. Bild 14.8. Die Masse dieses Resonanzteilchens ist bei der Pion-Streuung gegeben durch $m_N^* \approx m_N + m_\pi + E_{kin}/c^2 = 1260$ MeV/c^2 und durch $m_N^* \approx m_N + E_\gamma = 1240$ MeV/c^2 bei der Photon-Produktion. Bessere Berechnungen, die den Rückstoß des N* berücksichtigen, ergeben für beide Prozesse eine Masse von 1232 MeV/c^2 und es ist verlockend, sie als die gleiche Resonanz zu betrachten. Die Entdeckung dieser Resonanz, genannt $\Delta(1232)$, wurde schon in Abschnitt 5.11 beschrieben. Die Wirkungsquerschnitte in den Bildern 14.6 und 14.7 zeigen, daß die Wechselwirkung der Pionen mit Nukleonen bei Energien unterhalb etwa 500 MeV durch diese Resonanz beherrscht werden.

Isospin und Spin von $\Delta(1232)$ können durch einfache Argumente bestimmt werden. Pion ($I = 1$) und Nukleon ($I = \frac{1}{2}$) können Zustände mit $I = \frac{1}{2}$ und $I = \frac{3}{2}$ bilden. Wenn $\Delta(1232)$ $I = \frac{1}{2}$ hätte, dann würden nur zwei Ladungszustände der Resonanz erscheinen. Nach der

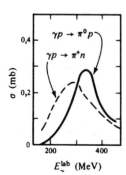

Bild 14.7 Gesamtwirkungsquerschnitte für die Photoproduktion von neutralen und geladenen Pionen in Wasserstoff, als Funktion der Energie der einfallenden Photonen.

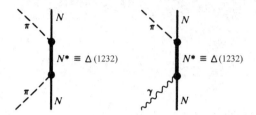

Bild 14.8 Pionstreuung und Pion-Photoerzeugung bei niedrigen Energien werden von der Bildung eines angeregten Nukleons, N^*, beherrscht, das man gewöhnlich $\Delta\,(1\,232)$ nennt.

Gell-Mann-Nishijima-Relation, Gl. 8.30, würden sie die gleichen elektrischen Ladungen wir die Nukleonen haben, nämlich 0 und 1. Diese beiden Resonanzen $\Delta^0\,(1\,232)$ und $\Delta^+\,(1\,232)$ werden tatsächlich beobachtet. Zusätzlich jedoch erscheint $\Delta^{++}(1\,232)$ im Prozeß $\pi^+p \rightarrow \pi^+p$ und Δ muß daher $I = {}^3/_2$ haben. Das vierte Mitglied des Isospinmultipletts, $\Delta^-(1\,232)$, kann mit Protonentargets nicht beobachtet werden. Deuteronentargets erlauben die Untersuchung der Reaktion $\pi^-n \rightarrow \pi^-n$, wobei Δ^- auftritt. Um den Spin von $\Delta(1\,232)$ zu bestimmen, bemerken wir, daß der maximale Wirkungsquerschnitt für die Streuung unpolarisierter Teilchen durch[6]

(14.7) $$\sigma_{max} = 4\pi\lambdabar^2 \frac{2J+1}{(2J_\pi + 1)\,(2J_N + 1)} = 4\pi\lambdabar^2\,(J + \tfrac{1}{2})$$

gegeben ist. J, J_π und J_N sind die Spins der Resonanz und der zusammenstoßenden Teilchen, und $\lambdabar$ ist die reduzierte Pionwellenlänge an der Resonanz. $4\pi\lambdabar^2$ bei 155 MeV ist ungefähr 100 mb und σ_{max} ungefähr 200 mb, so daß $J + \tfrac{1}{2} \approx 2$ oder $J = {}^3/_2$. Um einen Zustand mit Spin ${}^3/_2$ bei der Pion-Nukleon-Streuung zu bilden, müssen die einlaufenden Pionen eine Einheit des Bahndrehimpulses mit sich führen. Pion-Nukleon-Streuung bei niedrigen Energien erfolgt hauptsächlich in p-Wellen.

● Die Tatsache, daß Pion-Nukleon-Streuung bei niedrigen Energien hauptsächlich im Zustand $J = {}^3/_2$, $I = {}^3/_2$ (die sog. 3–3 Resonanz) erfolgt, kann durch eine Spin-Isospin-Phasenverschiebungsanalyse bestätigt werden. Wir wollen hier nicht die ganze Analyse vorführen, sondern nur den Isospinteil ausführen, da er ein Beispiel für die Anwendung der Isospin-Invarianz liefert. Zuerst stellen wir fest, daß die experimentellen Zustände mit wohldefinierten Ladungen versehen sind. Theoretisch jedoch ist es sinnvoller, gut definierte Werte für den Gesamtisospin zu verwenden. Es ist daher notwendig, die experimentell hergestellten Zustände durch Eigenzustände von I und I_3 auszudrücken, $|I, I_3\rangle$. Mit der in Aufgabe 15.7 verwendeten Technik werden folgende Relationen erstellt[7]:

(14.8) $$\begin{aligned}|\pi^+p\rangle &= |{}^3/_2, {}^3/_2\rangle \\ |\pi^-p\rangle &= \sqrt{{}^1/_3}\,|{}^3/_2, -{}^1/_2\rangle - \sqrt{{}^2/_3}\,|{}^1/_2, -{}^1/_2\rangle \\ |\pi^0n\rangle &= \sqrt{{}^2/_3}\,|{}^3/_2, -{}^1/_2\rangle + \sqrt{{}^1/_3}\,|{}^1/_2, -{}^1/_2\rangle\end{aligned}$$

---

[6] Der Maximalquerschnitt für spinlose Teilchen mit einem Bahndrehimpuls von Null ist durch $4\pi\lambdabar^2$ gegeben. Ein Teilchen mit dem Spin J ist $(2J + 1)$-fach entartet. Nimmt man an, daß der Wirkungsquerschnitt für jeden Unterzustand gilt, so folgt Gl. 14.7.

[7] Merzbacher, Abschnitt 16.6.

Um die Pion-Nukleon-Streuung zu beschreiben, wird der Streuoperator S eingeführt. Der Operator S ist nicht so schrecklich wie er dem Anfänger erscheint, und alles, was wir über ihn wissen müssen, sind zwei Eigenschaften, 1) Die Streuamplitude f für einen Stoß $ab \to cd$ ist proportional zu dem Matrixelement von S

$$f \propto \langle cd | S | ab \rangle.$$

Der Wirkungsquerschnitt ist mit f durch Gl. 6.10 verbunden, $d\sigma/d\Omega = |f|^2$.

2) Die Pion-Nukleon-Kraft ist hadronisch und wird als ladungsunabhängig angenommen. Der Hamiltonoperator $H_{\pi N}$ muß daher mit dem Isospinoperator

$$[H_{\pi N}, \vec{I}] = 0$$

kommutieren. Da die Pion-Nukleon-Streuung durch die Pion-Nukleon-Kraft verursacht wird, s. Bild 14.5, kann der Streuoperator aus $H_{\pi N}$ konstruiert werden. Er muß daher auch mit $\vec{I}$ kommutieren

(14.9) $\quad [S, \vec{I}] = 0$

und mit I^2,

(14.10) $\quad [S, I^2] = 0.$

Ist daher $|I, I_3\rangle$ ein Eigenzustand von I^2 mit den Eigenwerten $I(I+1)$, so ist es auch $S|I, I_3\rangle$. Daher ist der Zustand $S|I, I_3\rangle$ orthogonal zu dem Zustand $|I', I'_3\rangle$, und das Matrixelement verschwindet, wenn nicht $I' = I$ und $I'_3 = I_3$ ist. Weiter hängt S nicht von I_3 ab, wie durch Gl. 14.9 angedeutet wird; das Matrixelement ist unabhängig von I_3 und kann einfach als $\langle I | S | I \rangle$ geschrieben werden. Mit den Abkürzungen

$$f_{1/2} = \langle \tfrac{1}{2} | S | \tfrac{1}{2} \rangle, f_{3/2} = \langle \tfrac{3}{2} | S | \tfrac{3}{2} \rangle$$

und den Gln. 14.8 werden die Matrixelemente für die elastischen und Ladungsaustauschprozesse

(14.11)
$$\langle \pi^+ p | S | \pi^+ p \rangle = f_{3/2}$$
$$\langle \pi^- p | S | \pi^- p \rangle = \tfrac{1}{3} f_{3/2} + \tfrac{2}{3} f_{1/2}$$
$$\langle \pi^0 n | S | \pi^- p \rangle = \frac{\sqrt{2}}{3} f_{3/2} - \frac{\sqrt{2}}{3} f_{1/2}.$$

Die Matrixelemente sind komplexe Zahlen. Drei Reaktionen genügen nicht, um $f_{1/2}$ und $f_{3/2}$ zu bestimmen. Wenn jedoch die in Bild 14.6 gezeigten Resonanzen im $I = 3/2$ Zustand erscheinen, dann sollte $f_{3/2}$ bei der Resonanzenergie dominieren. Mit $|f_{3/2}| \gg |f_{1/2}|$ und mit $\sigma \propto |f|^2$ sagt die Gl. 14.11 für die Verhältnisse der Wirkungsquerschnitte an der Resonanz

(14.12) $\quad \sigma(\pi^+ p \to \pi^+ p)/\sigma(\pi^- p \to \pi^- p)/\sigma(\pi^- p \to \pi^0 n) = 9/1/2$

voraus. Die Übereinstimmung dieser Voraussage mit dem Experiment liefert eine zusätzliche Unterstützung für die Hypothese der Ladungsunabhängigkeit der Pion-Nukleon-Kraft.●

14.3 Die Form der Pion-Nukleon-Wechselwirkung

In diesem Abschnitt wollen wir eine mögliche Form für den Hamiltonoperator $H_{\pi N}$ bei niedrigen Pionenenergien konstruieren, indem wir Invarianzargumente mit Eigenschaften der Pionen und Nukleonen verbinden. Das Pion ist ein pseudoskalares Boson mit Isospin 1. Daher ist die Wellenfunktion $\vec{\Phi}$ des Pions ein Pseudoskalar im gewöhnlichen Raum, aber ein Vektor im Isospinraum. Das Nukleon ist ein Spinor im gewöhnlichen und im Isospinraum. Der Hamiltonoperator $H_{\pi N}$ muß ein Skalar im gewöhnlichen und im Isospinraum sein. Im nichtrelativistischen Fall (statischer Grenzfall) wird der Nukleonenrückstoß vernachlässigt und die möglichen Elemente für die Konstruktion von $H_{\pi N}$ sind

(14.13) $\vec{\Phi}$, $\vec{\tau}$, σ.

Hier ist $\vec{\Phi}$ die Wellenfunktion des Pions, $\vec{\tau} = 2\vec{I}$ der Nukleon-Isospin-Operator, und $\sigma = 2\mathbf{J}/\hbar$ ist mit dem Nukleon-Spinoperator verknüpft. Der Hamiltonoperator ist ein Skalar im Isospinraum, wenn er proportional zum Skalarprodukt der zwei Isovektoren aus Gl. 14.13 ist

$$H_{\pi N} \propto \vec{\tau} \cdot \vec{\Phi}.$$

$H_{\pi N}$ ist ein Skalar im gewöhnlichen Raum, wenn er proportional ist zu dem Skalarprodukt zweier Vektoren oder zweier Achsialvektoren. Die Liste 14.13 enthält nur einen Achsialvektor σ, und einen Pseudoskalar Φ. Der einfachste Weg, einen zweiten achsialen Vektor zu erzeugen, ist die Bildung des Gradienten von $\vec{\Phi}$:

$$H_{\pi N} \propto \sigma \cdot \vec{\nabla \Phi}.$$

Nimmt man die gewöhnlichen und die isoskalaren Faktoren zusammen, so erhält man

(14.14) $H_{\pi N} = F_{\pi N} \sigma \cdot (\vec{\tau} \cdot \vec{\nabla \Phi}(\mathbf{x}))$,

wo $F_{\pi N}$ eine Kopplungskonstante ist. Dieser Hamiltonoperator beschreibt eine Punktwechselwirkung: Pion und Nukleon wechselwirken nur, wenn sie am gleichen Ort sind. Um die Wechselwirkung zu verschmieren, wird eine Gewichts-(Quellen-)funktion $\rho(\mathbf{x})$ eingeführt. $\rho(\mathbf{x})$ kann man z.B. als die Wahrscheinlichkeitsfunktion $\rho = \psi^*\psi$ ansehen. Die Funktion $\rho(\mathbf{x})$ fällt außerhalb von 1 fm sehr schnell nach Null ab und ist so normiert, daß

(14.15) $\int d^3x\, \rho(\mathbf{x}) = 1.$

Der Hamiltonoperator zwischen einem Pion und einem ausgedehnten Nukleon, das fest im Nullpunkt des Koordinatensystems sitzt, wird

(14.16) $H_{\pi N} = F_{\pi N} \int d^3x\, \rho(\mathbf{x})\sigma \cdot (\vec{\tau} \cdot \vec{\nabla \Phi}(\mathbf{x})).$

Diese Wechselwirkung ist die einfachste, die zu einer Einzelemission und Absorption von Pionen führt. Sie ist nicht eindeutig. Zusätzliche Ausdrücke wie $F\vec{\Phi}^2$ können auftreten. Weiterhin ist sie nichtrelativistisch und daher in ihrem Geltungsbereich eingeschränkt.

Bei höheren Energien jedoch, wo Gl. 14.16 nicht länger gilt, verkomplizieren andere Teilchen und Prozesse die Situation, so daß die Betrachtung der Pion-Nukleon-Kraft alleine sinnlos wird.

Das Integral in Gl. 14.16 verschwindet für eine kugelförmige Quellenfunktion $\rho(r)$, es sei denn, daß die Pion-Wellenfunktion eine p-Welle ($l = 1$) beschreibt. Diese Voraussage stimmt mit den experimentellen Daten überein, die im vorigen Abschnitt beschrieben wurden.

14.3 Die Form der Pion-Nukleon-Wechselwirkung

Die erste erfolgreiche Beschreibung der Pion-Nukleon-Streuung und der Pion-Photoerzeugung stammt von Chew und Low[8], die den Hamiltonoperator Gl. 14.16 verwendeten. Wegen der Drehimpulsbarriere im ($l = 1$)-Zustand kann der niederenergetische Pion-Nukleon-Streuquerschnitt (unterhalb etwa 50 MeV) mit der Störungstheorie berechnet werden. Bei höheren Energien wird die Behandlung komplizierter, aber man kann zeigen, daß der Hamiltonoperator Gl. 14.16 zu einer anziehenden Kraft in den Zuständen $I = {}^3/_2$ und $J = {}^3/_2$ führt und daher die beobachtete Resonanz erklären kann[9]. Bei noch höheren Energien ist die nichtrelativistische Behandlung nicht mehr zulässig.

Der numerische Wert der Pion-Nukleon-Kopplungskonstanten $F_{\pi N}$ wird durch Vergleich der gemessenen und der berechneten Werte der Pion-Nukleon-Streuquerschnitte gewonnen. Es ist üblich, nicht $F_{\pi N}$ anzuführen, sondern die entsprechende dimensionslose und rationalisierte Kopplungskonstante $f_{\pi NN}$. Die Dimension von $F_{\pi N}$ in Gl. 14.16 hängt von der Normierung der Pion-Wellenfunktion $\vec{\Phi}$ ab. Da die Pionen relativistisch behandelt werden sollten, ist die Wahrscheinlichkeitsdichte nicht auf 1 normiert, sondern auf E^{-1}, wobei E die Zustandsenergie ist. Diese Normierung gibt der Wahrscheinlichkeitsdichte die korrekten Eigenschaften für die Lorentztransformation. Die Wahrscheinlichkeitsdichte ist kein relativistischer Skalar, sondern transformiert sich wie die Nullkomponente eines Vierervektors. Mit dieser Normierung hat $\vec{\Phi}$ die Dimension $E^{-1/2} L^{-3/2}$ und die dimensionslose rationalisierte Kopplungskonstante hat den Wert[10]

$$(14.17) \qquad f^2_{\pi NN} = \frac{m_\pi^2}{4\pi\hbar^5 c} F^2_{\pi N} = 0{,}080 \pm 0{,}005.$$

Als das Pion das einzige bekannte Meson war, spielte die Erscheinung der Pion-Nukleon-Wechselwirkung in den theoretischen und experimentellen Untersuchungen eine beherrschende Rolle. Man glaubte, daß die vollständige Kenntnis dieser Wechselwirkung der Schlüssel für das komplette Verständnis der Hadronenphysik sein würde. Jedoch waren Versuche, die Nukleon-Nukleon-Kraft und die Struktur der Nukleonen durch Pionen alleine zu erklären, niemals erfolgreich. Andere Mesonen wurden postuliert. Sie und einige nicht erwartete wurden entdeckt. Es wurde klar, daß die Pion-Nukleon-Wechselwirkung nicht das einzige interessante Problem ist, und daß eine Erklärung mit einzelnen, immer neuen Wechselwirkungen nicht notwendig das gesamte Problem löst.

Gegenwärtig ist das Gebiet sehr kompliziert und weit entfernt von einer kurzen und leicht verständlichen Beschreibung. Deswegen schließen wir hier die Diskussion ab. Wir wollen keine anderen Wechselwirkungen behandeln, sondern uns der Nukleon-Nukleon-Kraft zuwenden, weil sie eine wichtige Rolle in der Kern- und Teilchenphysik spielt.

---

[8] G. F. Chew, *Phys. Rev.* **95**, 1669 (1954); G. F. Chew und F. E. Low, *Phys. Rev.* **101**, 1570 (1956); G. C. Wick, *Rev. Modern Phys.* **27**, 339 (1955).
[9] Genauere Beschreibungen der Berechnung von Chew und Low findet man in G. Källen, *Elementary Particle Physics*, Addison-Wesley, Reading, Mass., 1964; E. M. Henley und W. Thirring, *Elementary Quantum Field Theory*, McGraw-Hill, New York, 1962; und J. D. Bjorken und S. D. Drell, *Relativistic Quantum Mechanics*, New York, 1964. Diese Darstellungen sind aber nicht elementar und enthalten mehr Details als die Originalveröffentlichungen.
[10] O. Dumbrajs et al., *Nucl. Phys.* **B 216**, 277 (1983).

14.4 Die Yukawa-Theorie der Kernkräfte

Wir haben zu Beginn des Abschnitts 14.2 bemerkt, daß Yukawa 1934 ein schweres Boson für die Erklärung der Kernkräfte eingeführt hat. Die grundlegende Idee datiert also Jahre vor der Entdeckung des Pions. Die Rolle der Mesonen in der Kernphysik wurde nicht experimentell entdeckt. Sie wurde durch eine brillante theoretische Spekulation vorhergesagt. Aus diesem Grund wollen wir zuerst die zugrundeliegende Idee von Yukawas Theorie schildern, bevor wir zu den experimentellen Tatsachen übergehen. Wir wollen das Yukawapotential in seiner einfachsten Form durch Analogie mit der elektromagnetischen Wechselwirkung einführen. Die Wechselwirkung eines geladenen Teilchens mit einem Coulombpotential wurde in Kapitel 10 diskutiert. Das Skalarpotential A_0, das durch eine Ladungsverteilung $q\rho(\mathbf{x}')$ erzeugt wird, genügt der Wellengleichung[11]

$$(14.18) \quad \nabla^2 A_0 - \frac{1}{c^2} \frac{\partial^2 A_0}{\partial t^2} = -4\pi q\rho.$$

Wenn die Ladungsverteilung zeitunabhängig ist, reduziert sich die Wellengleichung zur Poissongleichung

$$(14.19) \quad \nabla^2 A_0 = -4\pi q\rho.$$

Es ist einfach zu sehen, daß das Potential Gl. 10.45

$$(14.20) \quad A_0(\mathbf{x}) = \int d^3x' \frac{q\rho(\mathbf{x}')}{|\mathbf{x} - \mathbf{x}'|}$$

die Poissongleichung löst[12]. Für eine Punktladung q, die im Ursprung ruht, reduziert sich A_0 zum Coulomb-Potential

$$(14.21) \quad A_0(r) = \frac{q}{r}.$$

Als 1934 Yukawa die Wechselwirkung zwischen Nukleonen betrachtete, bemerkte er, daß die elektromagnetische Wechselwirkung als Modell dienen kann, aber daß sie nicht genügend schnell mit der Entfernung abfiel. Um einen schnelleren Abfall zu erhalten, fügte er einen Term $k^2\Phi$ zur Gl. 14.19 hinzu:

$$(14.22) \quad (\nabla^2 - k^2)\Phi(\mathbf{x}) = 4\pi \frac{g}{(\hbar c)^{1/2}} \rho(\mathbf{x}).$$

---

[11] Die inhomogene Wellengleichung findet man in den meisten Lehrbüchern der Elektrodynamik, z.B. in Jackson, Gl. 6.37. Wie in Kapitel 10 unterscheidet sich unsere Notation etwas von der bei Jackson; ρ bezeichnet die Wahrscheinlichkeitsverteilung und nicht die Ladungsverteilung.

[12] S. z.B. Jackson, Abschnitt 1.7. Der entscheidende Schritt läßt sich in der Beziehung $\nabla^2(1/r) = -4\pi\delta(\mathbf{x})$ zusammenfassen, wobei δ die Dirac'sche Deltafunktion ist.

14.4 Die Yukawa-Theorie der Kernkräfte

Gl. 14.22 ist die Klein-Gordon-Beziehung, die durch Gl. 12.34 eingeführt wurde. Das elektromagnetische Potential A_0 wurde durch das Feld $\Phi(\mathbf{x})$ ersetzt und die Stärke des Feldes wird durch die hadronische Quelle $g\rho(\mathbf{x})$ bestimmt, wo g die Stärke und ρ die Wahrscheinlichkeitsdichte festlegt. Das Vorzeichen des Quellenterms wurde entgegengesetzt zum elektromagnetischen Fall gewählt[4]. Die Lösung von Gl. 14.22, die im Unendlichen verschwindet, ist

(14.23) $\quad \Phi(\mathbf{x}) = \dfrac{-g}{(\hbar c)^{½}} \displaystyle\int \dfrac{e^{-k|\mathbf{x}-\mathbf{x}'|}}{|\mathbf{x}-\mathbf{x}'|} \rho(\mathbf{x}')d^3x'.$

Für eine hadronische Punktquelle bei $\mathbf{x}' = 0$ ist die Lösung das *Yukawapotential*,

(14.24) $\quad \Phi(r) = -\dfrac{g}{(\hbar c)^{½}} \dfrac{e^{-kr}}{r}.$

Die Konstante k kann bestimmt werden, wenn man Gl. 14.22 für ein nicht geladenes Teilchen [$\rho(\mathbf{x}) = 0$] betrachtet und sie mit der entsprechenden quantisierten Gleichung vergleicht.

Die Substitution

(14.25) $\quad E \to i\hbar \dfrac{\partial}{\partial t}, \quad \mathbf{p} \to -i\hbar \nabla$

ändert die Energie-Impuls-Beziehung

$$E^2 = (pc)^2 + (mc^2)^2$$

in die Klein-Gordon-Gleichung

(14.26) $\quad \left\{ \dfrac{1}{c^2} \dfrac{\partial^2}{\partial t^2} - \nabla^2 + \left(\dfrac{mc}{\hbar}\right)^2 \right\} \Phi(\mathbf{x}) = 0$

um. Für ein zeitunabhängiges Feld und für $\rho(\mathbf{x}) = 0$ liefert der Vergleich der Gln. 14.26 und 14.22

(14.27) $\quad k = \dfrac{mc}{\hbar}.$

Die Konstante k im Yukawapotential ist gerade das Inverse der Compton-Wellenlänge des Feldquants. Die Masse des Feldquants bestimmt die Reichweite des Potentials. Damit haben wir das gleiche Resultat erhalten, wie in Abschnitt 5.8. Zusätzlich haben wir eine radiale Abhängigkeit des Potentials für eine Punktquelle gefunden. Die einfache Form der Yukawa-Theorie liefert eine Beschreibung des hadronischen Potentials, das durch ein Punktnukleon erzeugt wird. Dieses Potential drückt man durch die Masse des Feldquants aus. Es erklärt die kurze Reichweite der hadronischen Kräfte. Bevor wir tiefer in die Mesonentheorie eindringen, wollen wir genauer beschreiben, was über die Kräfte zwischen den Nukleonen bekannt ist.

14.5 Eigenschaften der Nukleon-Nukleon-Kraft

Die Eigenschaften der Kräfte zwischen Nukleonen können *direkt* in Streuexperimenten oder *indirekt* durch Extraktion der Eigenschaften gebundener Systeme, nämlich der Kerne, studiert werden. In diesem Abschnitt wollen wir zuerst die Eigenschaften der Kernkraft diskutieren, wie sie aus Kerncharakteristika deduziert werden können, und dann einige Ergebnisse darstellen, die man bei Streuexperimenten unterhalb einiger hundert MeV erhält.

Aus den beobachteten Eigenschaften der Kerne können viele Schlüsse über die Kernkraft gezogen werden, d.h. über die hadronische Kraft zwischen Nukleonen. Die wichtigsten sollen hier aufgeführt werden.

Anziehung. Die Kraft ist überwiegend anziehend, ansonsten könnten keine stabilen Kerne bestehen.

Reichweite und Stärke. Wie in Abschnitt 14.1 erklärt, zeigt der Vergleich der Bindungsenergien von ^{2}H, ^{3}H und ^{4}He, daß die Reichweite der Kernkraft von der Größenordnung 1 fm ist. Wenn die Kraft durch ein Potential dieser Reichweite dargestellt wird, so findet man eine Tiefe von etwa 50 MeV (Abschnitt 16.2).

Ladungsabhängigkeit. Wie in Kapitel 8 erklärt, ist die hadronische Kraft ladungsunabhängig. Nach einer Korrektur für die „elektromagnetische Wechselwirkung"[13] sind die pp-, nn- und np-Kräfte zwischen Nukleonen in gleichen Zuständen identisch.

Sättigung. Wenn jedes Nukleon mit jedem anderen attraktiv wechselwirkte, gäbe es $A(A-1)/2$ verschiedene Wechselwirkungspaare. Die Bindungsenergie sollte proportional zu $A(A-1) \approx A^2$ sein, und alle Kerne würden einen Durchmesser haben, der der Reichweite der Kernkraft gleich ist. Beide Voraussagen – Bindungsenergie proportional A^2 und konstantes Volumen – widersprechen offensichtlich dem Experiment mit $A > 4$. Für die meisten Kerne sind Volumen und Bindungsenergie proportional zur Massenzahl A. Die erste Tatsache wird in Gl. 6.34 ausgedrückt. Die zweite wird in Abschnitt 16.1 diskutiert. Die Kernkraft zeigt also Sättigungscharakter: ein Teilchen zieht nur eine begrenzte Zahl anderer Teilchen an. Weitere Nukleonen werden entweder nicht beeinflußt oder abgestoßen. Ein ähnliches Verhalten zeigt sich bei der chemischen Bindung und bei van der Waals' Kräften. Sättigung kann auf zwei Arten erklärt werden: durch Austauschkräfte[14] oder durch stark abstoßende Kräfte bei kurzen Abständen (hard core)[15]. Austauschkräfte führen in der chemischen Bindung zur Sättigung, während klassische Flüssigkeiten mit dem hard-core Modell erklärt werden. Im hadronischen Fall kann eine Entscheidung zwischen beiden nicht getroffen werden, wenn man nur Kerneigenschaften betrachtet. Aber Streuexperimente zeigen, daß beide dazu beitragen. Wir wollen später auf beide Phänomene zurückkommen.

Die nächsten beiden Eigenschaften erfordern eine etwas längere Diskussion. Nach der Aufzählung ihrer Eigenschaften sollen beide gemeinsam behandelt werden.

---

[13] Wir haben „elektromagnetische Wechselwirkung" in Anführungszeichen gesetzt, weil es einen zusätzlichen Effekt der gleichen Ordnung gibt, der nicht elektromagnetischen Ursprungs ist: die Massen vom u- und d-Quark sind nicht identisch. Diese Massendifferenz, von der man nicht glaubt, daß sie primär elektromagnetischen Ursprungs ist, beeinflußt die Ladungsunabhängigkeit.
[14] W. Heisenberg, *Z. Physik* **77**, 1 (1932).
[15] R. Jastrow, *Phys. Rev.* **81**, 165 (1951).

14.5 Eigenschaften der Nukleon-Nukleon-Kraft

Spinabhängigkeit. Die Kraft zwischen zwei Nukleonen hängt von der Orientierung der Nukleonenspins ab.

Nichtzentrale Kräfte. Kernkräfte enthalten ein nicht zentrales Potential.

Die beiden Eigenschaften folgen aus den Quantenzahlen des Deuterons und aus der Tatsache, daß es nur einen gebundenen Zustand hat. Das Deuteron besteht aus einem Proton und einem Neutron. Spin, Parität und magnetisches Moment werden zu

(14.28) $\quad J^\pi = 1^+$
$\quad\quad\quad \mu_d = 0{,}85742\, \mu_N$

gefunden. Der Gesamtspin des Deuterons ist die Vektorsumme der beiden Nukleonenspins und ihres relativen Bahndrehimpulses

$$\mathbf{J} = \mathbf{S}_p + \mathbf{S}_n + \mathbf{L}.$$

Die gerade Parität des Deuterons impliziert, daß L gerade sein muß. Dann gibt es nur zwei Möglichkeiten für die Bildung des Gesamtdrehimpulses 1, nämlich $L = 0$ und $L = 2$. Im ersten Fall, s. Bild 14.9(a), addieren sich die beiden Nukleonenspins zum Deuteron-Spin. Im zweiten, Bild 14.9(b) sind Bahn- und Spinbeiträge antiparallel. Im s-Zustand mit $L = 0$ ist das erwartete magnetische Moment die Summe der Momente des Protons und des Neutrons

$$\mu(s\text{-Zustand}) = 0{,}879634 \mu_N.$$

Das wirkliche Deuteron-Moment weicht von diesem Wert um einige Prozent ab

(14.29) $\quad \dfrac{\mu_d - \mu(s)}{\mu_d} = -0{,}026$

Die ungefähre Übereinstimmung zwischen μ_d und $\mu(s)$ zeigt, daß sich das Deuteron vorwiegend im s-Zustand aufhält, wobei sich beide Nukleonenspins zum Deuteron-Spin addieren. Wären die Kernkräfte spinunabhängig, könnten Proton und Neutron einen gebundenen Zustand mit Spin 0 bilden. Die Abwesenheit eines solchen gebundenen Zustands ist ein Beweis für die *Spinabhängigkeit* der Nukleon-Nukleon-Kraft. Die Abweichung des wirklichen Deuteron-Moments vom Moment des s-Zustands kann erklärt werden, wenn

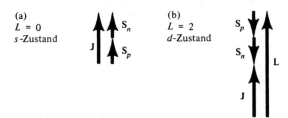

Bild 14.9 Die beiden möglichen Wege, auf denen Spin- und Bahnbeitrag ein Deuteron mit Spin 1 bilden können.

man annimmt, daß der Deuteronengrundzustand eine Überlagerung von s- und d-Zuständen ist. Zeitweise hat das Deuteron einen Bahndrehimpuls $L = 2$. Ein anderer Beweis für diese Tatsache stammt aus der Beobachtung, daß das Deuteron ein kleines, aber endliches *Quadrupolmoment* hat. Das elektrische Quadrupolmoment mißt die Abweichung einer Ladungsverteilung von einer kugelförmigen Verteilung. Man betrachte einen Kern mit der Ladung Ze, dessen Spin **J** in Richtung der z-Achse weist, Bild 14.10. Die Ladungsdichte am Punkt $\mathbf{r} = (x, y, z)$ ist durch $Ze\rho(\mathbf{r})$ gegeben. Das klassische Quadrupolmoment ist durch

(14.30) $$Q = Z \int d^3r \, (3z^2 - r^2)\rho(\mathbf{r}) = Z \int d^3r \, r^2(3\cos^2\theta - 1)\rho(\mathbf{r})$$

definiert. Für kugelsymmetrisches $\rho(\mathbf{r})$ verschwindet das Quadrupolmoment. Für einen zigarrenförmigen Kern (prolate) ist die Ladung entlang der z-Achse konzentriert und Q ist positiv. Das Quadrupolmoment eines scheibenförmigen (oblate) Kerns ist negativ. Das hier definierte Q hat die Dimension einer Fläche und wird in cm², barn (10^{-24} cm²) oder fm² angegeben. In einem äußeren inhomogenen elektrischen Feld erfährt ein Kern mit Quadrupolmoment eine Energie, die von der Orientierung des Kerns zum Feldgradienten abhängt[16]. Diese Wechselwirkung erlaubt die Bestimmung von Q. Für das Deuteron wurde ein nichtverschwindender Wert gefunden[17]. Der gegenwärtige Wert ist

(14.31) $$Q_d = 0{,}282 \text{ fm}^2.$$

s-Zustände sind kugelsymmetrisch und haben $Q = 0$. Der nichtverschwindende Wert von Q_d rechtfertigt den Schluß, den man aus der Nichtadditivität der magnetischen Momente gezogen hat: der Deuterongrundzustand muß eine Beimischung aus dem d-Zustand besitzen. (Siehe auch Abschnitt 6.12.)

Die Gegenwart einer d-Zustandskomponente impliziert, daß die Kernkraft nicht nur zentral sein kann, da der Grundzustand in einem Zentralpotential immer ein s-Zustand ist. Die Energie von Zuständen mit $L \neq 0$ wird durch das Zentrifugalpotential angehoben. Die *nichtzentrale Kraft*, die das Quadrupolmoment des Deuterons verursacht, wird *Tensorkraft* genannt. Eine solche Kraft hängt ab vom Winkel zwischen dem Vektor, der die beiden Nukleonen verbindet, und dem Deuteron-Spin. Bild 14.11 zeigt zwei Extrempositionen. Da das Deuteron-Quadrupolmoment positiv ist, zeigt der Vergleich zwischen den Bildern 14.10 und 14.11, daß die Tensorkraft bei der prolaten Konfiguration anziehend und bei der oblaten Form abstoßend sein muß. Ein einfaches und gut bekanntes Beispiel einer klassischen Tensorkraft ist in Bild 14.11 gezeigt. Zwei Stabmagnete mit den Dipolmomenten $\mathbf{m}_1$ und $\mathbf{m}_2$ ziehen sich in der zigarrenförmigen Anordnung an, stoßen sich aber in der scheibenförmigen ab. Die Wechselwirkungsenergie zwischen den Dipolen ist gut bekannt[18]:

(14.32) $$E_{12} = \frac{1}{r^3} \, (\mathbf{m}_1 \cdot \mathbf{m}_2 - 3(\mathbf{m}_1 \cdot \hat{\mathbf{r}})(\mathbf{m}_2 \cdot \hat{\mathbf{r}})).$$

---

[16] Eine sorgfältige Diskussion des Quadrupolmoments findet man bei E. Segrè, *Nuclei and Particles*, Benjamin, Reading, Mass., Abschnitt 6.8; und bei Jackson, Abschnitt 4.2.
[17] J. M. B. Kellog, I. I. Rabi und J. R. Zacharias, *Phys. Rev.* **55**, 318 (1939).
[18] Jackson, Abschnitt 4.2.

14.5 Eigenschaften der Nukleon-Nukleon-Kraft

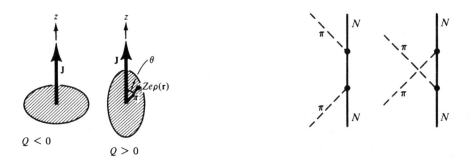

Bild 14.10 Zigarren- und scheibenförmige Kerne, deren Spins in die z-Richtung weisen. Die Kerne sollen axialsymmetrisch sein; z ist die Symmetrieachse.

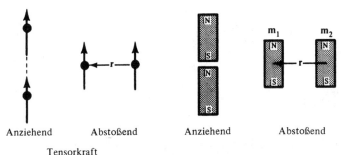

Anziehend   Abstoßend   Anziehend   Abstoßend

Tensorkraft

Bild 14.11 Die Tensorkraft im Deuteron ist für die zigarrenförmige Konfiguration anziehend und für die scheibenförmige abstoßend. Zwei Stabmagnete dienen als klassisches Beispiel der Tensorkraft.

Der Vektor **r** verbindet die beiden Dipole. $\hat{\mathbf{r}}$ ist ein Einheitsvektor in Richtung **r**. In Analogie zu diesem Ausdruck wird ein Tensoroperator eingeführt, um den nichtzentralen Teil der Kraft zwischen zwei Nukleonen[19] zu beschreiben. Dieser Operator ist durch

(14.33) $\quad S_{12} = 3(\sigma_1 \cdot \hat{\mathbf{r}})(\sigma_2 \cdot \hat{\mathbf{r}}) - \sigma_1 \cdot \sigma_2$

definiert, wobei σ_1 und σ_2 die Spinoperatoren der beiden Nukleonen sind (Gl. 11.50). E_{12} und S_{12} haben die gleiche Abhängigkeit von der Orientierung der beiden Komponenten. S_{12} ist dimensionslos. Der Term $\sigma_1 \cdot \sigma_2$ mittelt den Wert von S_{12} über alle Winkel zu Null und eliminiert daher Komponenten der Zentralkraft von S_{12}.

Der Austausch eines Pions zwischen zwei Nukleonen ist die Ursache für solch eine Tensorkraft, wie wir im nächsten Abschnitt zeigen werden, und diese Wechselwirkung ist der langreichweitigste Teil der Nukleon-Nukleon-Kraft.

---

[19] Eine gute Beschreibung der Tensorkraft und ihrer Effekte ist gegeben in J. M. Blatt und V. F. Weisskopf, *Theoretical Nuclear Physics*, John Wiley, New York, 1952, Kapitel 2. Die Beimischung des d-Zustands und die Tensorkraft im Deuterium werden in T. E. O. Ericson und M. Rosa-Clot, *Ann. Rev. Nucl. Part. Sci.* **35**, 271 (1985) im Überblick behandelt.

Die bisher vorgetragenen Argumente zeigen, daß die Eigenschaften der Kerne viele Rückschlüsse auf die Nukleon-Nukleon-Wechselwirkung erlauben. Es ist jedoch hoffnungslos, die Stärke und die radiale Abhängigkeit der verschiedenen Komponenten der Kernkraft aus Kerninformationen zu extrahieren. *Streuexperimente* mit Nukleonen sind für eine vollständige Klärung der Nukleon-Nukleon-Wechselwirkung erforderlich. Hier wollen wir zeigen, daß Streuexperimente den Beweis für *Austausch-* und *Spin-Bahn*-Kräfte liefern.

Austauschkräfte. Die Existenz von Austauschkräften ist leicht ersichtlich aus der Winkelverteilung (differentieller Wirkungsquerschnitt als Funktion des Streuwinkels) der *np*-Streuung bei Energien von einigen hundert MeV. Die erwartete Winkelverteilung kann mit Hilfe der Bornschen Näherung bestimmt werden. Diese Näherung ist hier vernünftig, da die kinetische Energie des einfallenden Teilchens viel größer ist als die Tiefe des Potentials. Das Teilchen durchläuft daher den Potentialbereich schnell und spürt kaum eine Wechselwirkung. Der differentielle Wirkungsquerschnitt für einen Streuprozeß ist mit den Gln. 6.10 und 6.13 zu

$$\frac{d\sigma}{d\Omega} = |f(\mathbf{q})|^2$$

gegeben, wobei

(14.34) $\quad f(\mathbf{q}) = -\dfrac{m}{2\pi\hbar^2} \int V(\mathbf{x}) e^{i\mathbf{q}\cdot\mathbf{x}/\hbar}\, d^3x.$

Hier ist $V(\mathbf{x})$ das Wechselwirkungspotential und $\mathbf{q} = \mathbf{p}_i - \mathbf{p}_f$ der Impulsübertrag. Für die elastische Streuung im Schwerpunktsystem ist $p_i = p_f = p$ und der Betrag des Impulstransfers wird

$$q = 2p \sin \tfrac{1}{2}\theta.$$

Der maximale Impulstransfer ist $q_{max} = 2p$. Bei niedrigen Energien gilt $2pR/\hbar \ll 1$, wo R die Reichweite der Kernkraft ist. Gl. 14.34 sagt dann isotrope Streuung voraus. Bei höheren Energien, wo $2pR/\hbar \gg 1$, liegt eine andere Situation vor. Für die Vorwärtsstreuung bei einem genügend kleinen Streuwinkel θ ist q klein und der Wirkungsquerschnitt bleibt groß. Bei Rückwärtsstreuung ist $q \approx q_{max} = 2p$, der Exponentialausdruck in Gl. 14.34 oszilliert stark und das Integral wird klein. Das vorhergesagte Verhalten, Isotropie bei kleinen Energien und Vorwärtsstreuung bei höheren Energien, ist in Bild 14.12 gezeigt. Die beiden

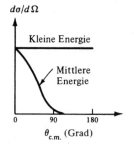

Bild 14.12 Vorhergesagter differentieller Wirkungsquerschnitt der *np*-Streuung bei kleinen und mittleren Energien. Die Kurven folgen aus der ersten Bornschen Näherung, wobei ein gewöhnliches Potential verwendet wurde.

14.5 Eigenschaften der Nukleon-Nukleon-Kraft

Eigenschaften hängen nicht von der Bornschen Näherung ab. Sie sind allgemeiner. Streuung bei niedriger Energie in einem kurzreichweitigen Potential ist immer isotrop, und die Hochenergiestreuung erhält gewöhnlich einen brechungsähnlichen Charakter, wo kleine Winkel (kleiner Impulstransfer) bevorzugt werden.

Experimente bei kleinen Energien geben tatsächlich einen isotropen, differentiellen Querschnitt im Schwerpunktsystem. Auch bei einer Neutronenenergie von 14 MeV ist die Win-

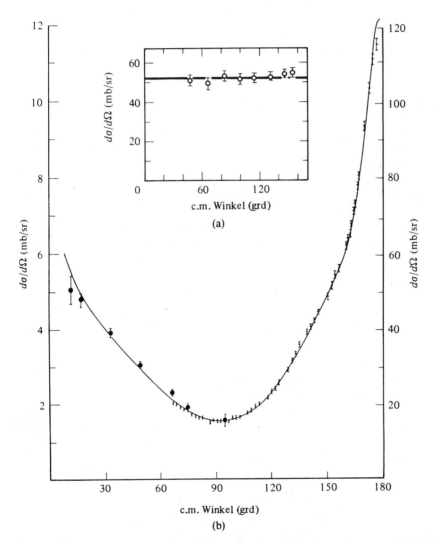

Bild 14.13 Beobachtete differentielle Wirkungsquerschnitte für np-Streuung. (a) Die Winkelverteilung bei einer Neutronenenergie von 14 MeV ist isotrop. (J. C. Alred et al., *Phys. Rev.* **91**, 90 (1953).) (b) Bei einer Neutronenenergie von 425 MeV ist ein deutlicher Rückwärtspeak vorhanden. (Mit Genehmigung von D. V. Bugg; siehe auch D. V. Bugg, *Prog. Part. Nucl. Phys.* (D. H. Wilkinson, Ed.) **7**, 47 (1981).)

kelverteilung isotrop, wie in Bild 14.13(a) gezeigt[20]. Bei höheren Energien ist das Verhalten jedoch sehr verschieden von dem in Bild 14.12 gezeigten. Eine Messung bei einer Neutronenenergie von 418 MeV ist in Bild 14.13(b) dargestellt[21]. Der differentielle Wirkungsquerschnitt zeigt einen deutlichen Peak in Rückwärtsrichtung. Solch ein Verhalten kann nicht mit einem gewöhnlichen Potential verstanden werden, das das Neutron als Neutron und das Proton als Proton beläßt. Es ist der Beweis für eine *Austauschwechselwirkung*, die das einfallende Neutron in ein Proton verwandelt, wobei ein geladenes Meson mit dem Targetproton ausgetauscht wird. Das vorwärtslaufende Nukleon wird nun zum Proton und das Rückstoß-Targetproton zum Neutron. Tatsächlich wird dann das Neutron nach der Streuung in Rückwärtsrichtung beobachtet.

Die Austauschnatur der Nukleon-Nukleon-Kraft kann auch einfach aus der Yukawa Meson Austauschtheorie verstanden werden. Wie in Bild 14.14 gezeigt, überträgt der Austausch eines geladenen Mesons die Ladung vom Proton zum Neutron und umgekehrt, so daß daraus eine Austauschkraft resultiert.

Spin-Bahn-Kraft. Die Existenz einer Spin-Bahn-Wechselwirkung kann in Streuexperimenten erkannt werden, die polarisierte Teilchen oder polarisierte Targets verwenden[22]. Die zu Grunde liegende Idee solcher Experimente kann mit einem einfachen Beispiel erklärt werden: Streuung polarisierter Nukleonen an einem spinlosen Targetkern, z.B. ^{4}He oder ^{12}C. Angenommen die Nukleon-Kernkraft ist attraktiv: das ergibt dann Trajektorien, wie sie in Bild 14.15(a) gezeigt sind. Weiter sei angenommen, daß die beiden einfallenden Teilchen vollständig polarisiert sind, mit Spins „auf" senkrecht zur Streuebene. Proton 1 wird nach rechts gestreut und hat einen Bahndrehimpuls $\mathbf{L}_1$, der, bezogen auf den Kern, nach unten („ab") weist. Das nach links gestreute Proton 2 hat seinen Bahndrehimpuls $\mathbf{L}_2$ nach oben („auf"). Man nehme an, daß die Kernkraft aus zwei Termen, einem Zentralpotential V_c und einem *Spin-Bahn-Potential* der Form $V_{LS}\mathbf{L} \cdot \boldsymbol{\sigma}$ besteht:

(14.35) $\quad V = V_c + V_{LS}\mathbf{L} \cdot \boldsymbol{\sigma}.$

Bild 14.15(b) impliziert, daß das Skalarprodukt $\mathbf{L} \cdot \boldsymbol{\sigma}$ für die Nukleonen 1 und 2 verschiedenes Vorzeichen hat. Das gesamte Potential V ist daher für ein Nukleon größer als für das andere, und polarisierte Nukleonen werden nach der einen Seite häufiger gestreut als nach der anderen. Experimentell werden solche Links-Rechts-Asymmetrien beobachtet[22] und liefern den Beweis für die Existenz einer Spin-Bahn-Kraft.

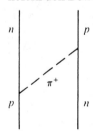

Bild 14.14 Geladene Pionen-Austauschkraft zwischen einem Neutron und einem Proton.

---

[20] J. C. Alred, A. H. Armstrong und L. Rosen, *Phys. Rev.* **91**, 90 (1953).
[21] D. V. Bugg, *Prog. Part. Nucl. Phys.*, (D. H. Wilkinson, Ed.) **7**, 47 (1981).
[22] Ausführliche Informationen zu solchen Experimenten findet man in verschiedenen Tagungsberichten über Polarisationsphänomene von Kernen, z.B. G. M. Bunce, Ed., *High Energy Spin Physics* 1982, *Amer. Inst. Phys. Conf. Proc. No.* 95, AIP, New York, 1983; *Proc. Int. Symp. Polariz. Phenomena in Nucl. Phys.* (M. Kondo et al., Ed.) *Suppl. J. Phys. Soc. Japan* **55**, 1986.

14.5 Eigenschaften der Nukleon-Nukleon-Kraft

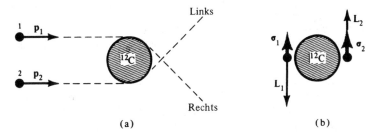

Bild 14.15 Streuung polarisierter Protonen an einem spinlosen Kern. (a) Die Teilchenbahnen in der Sreuebene. (b) Spins und Bahndrehimpulse der Nukleonen 1 und 2.

Die in diesem Kapitel gewonnenen Informationen können zusammengefaßt werden, indem man die potentielle Energie zwischen zwei Teilchen 1 und 2 als

(14.36) $\quad V_{NN} = V_c + V_{sc}\sigma_1 \cdot \sigma_2 + V_T S_{12} + V_{LS}\mathbf{L} \cdot \tfrac{1}{2}(\sigma_1 + \sigma_2)$

schreibt. Hier sind σ_1 und σ_2 die Spinoperatoren der beiden Nukleonen und $\mathbf{L}$ ist ihr relativer Bahndrehimpuls

(14.37) $\quad \mathbf{L} = \tfrac{1}{2}(\mathbf{r}_1 - \mathbf{r}_2) \times (\mathbf{p}_1 - \mathbf{p}_2)$.

V_c in Gl. 14.36 beschreibt die gewöhnliche potentielle Zentralenergie, V_{sc} ist der spinabhängige Zentralterm, der oben diskutiert wurde. V_T gibt die Tensorkraft an. Der Tensoroperator S_{12} wird in Gl. 14.33 definiert. V_{LS} charakterisiert die Spin-Bahn-Kraft, die in Gl. 14.35 eingeführt wurde. V_{NN} in Gl. 14.36 ist fast die allgemeinste Form, die durch Invarianzgesetze erlaubt wird[23].

Die Ladungsunabhängigkeit der hadronischen Kraft impliziert Invarianz gegen Rotation im Isospinraum. Die beiden Isospinoperatoren $\vec{I}_1$ und $\vec{I}_2$ der beiden Nukleonen können nur in der Kombination

$$1 \quad \text{und} \quad \vec{I}_1 \cdot \vec{I}_2$$

auftreten. Daher kann jeder Koeffizient V_i in V_{NN} immer noch die Form

(14.38) $\quad V_i = V_i' + V_i'' \vec{I}_1 \cdot \vec{I}_2$

haben, wo V' und V'' Funktionen von $r \equiv |\mathbf{r}_1 - \mathbf{r}_2|$, $p = \tfrac{1}{2}|\mathbf{p}_1 - \mathbf{p}_2|$ und $|\mathbf{L}|$ sein können.

Die Koeffizienten V_i werden durch eine Mischung von Theorie und Phänomenologie bestimmt. Die Merkmale, die verstanden werden, sind von Beginn an in das Potential eingebaut. Ein Beispiel ist das Ein-Pion-Austauschpotential. Andere Merkmale werden addiert,

---

[23] S. Okubo und R. E. Marshak, *Ann. Phys.* **4**, 166 (1958). In Gl. 14.36 fehlt aber ein Term, der durch Invarianzargumente erlaubt wäre: der quadratische Spin-Bahn-Term.

um Übereinstimmung mit dem Experiment zu erzielen[24, 25]. Eine unglaubliche Menge von pp- und np-Stoßexperimenten wurde durchgeführt[26]. Zusätzlich zu Gesamtwirkungsquerschnitten und Winkelverteilungen wurden Stöße mit polarisierten Teilchen und polarisierten Targets untersucht.

Die allgemeine Erscheinungsform des Potentials zeigt Bild 14.16. Die wesentlichen Merkmale von V_{NN} sind den verschiedensten Fits gemeinsam. Insbesondere ist die Anwesenheit aller Terme aus Gl. 14.36 erforderlich. Die Koeffizienten hängen vom Gesamtspin und vom Isospin des Paares ab. Bei großen Radien ($r \gtrsim 2$ fm) fällt V_{NN} mit einer Reichweite $\hbar/m_\pi c$, die der Comptonwellenlänge des Pions entspricht, ab, wie durch das Yukawapotential (Gl. 14.24) vorausgesagt. Das Potential ist bei mittleren Abständen anziehend, und ein gemeinsames Merkmal ist die starke Abstoßung in allen Zuständen bei Abständen, die kürzer als etwa 0,5 fm sind.

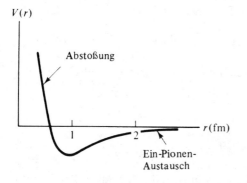

Bild 14.16

---

[24] K. Holinde, *Phys. Rep.* **68**, 121 (1981); S.-O. Backman, G. E. Brown und J. A. Niskanen, *Phys. Rep.* **124**, 1 (1985).

[25] G. E. Brown und A. D. Jackson, *The Nucleon-Nucleon-Interaction*, North-Holland, Amsterdam, 1976.

[26] G. M. J. Austen, T. A. Rijken und P. A. Verhoeven in *Few Body Systems and Nuclear Forces*; (J. Ehlers et al., Eds.) Band 82 und 87, Springer Verlag, New York, 1987; D. V. Bugg, *Comm. Nucl. Part. Phys.* **12**, 287 (1984); D. V. Bugg, *Ann. Rev. Nucl. Part. Sci.* **35**, 295 (1985); C. R. Newsom et al., *Phys. Rev.* **C 39**, 965 (1989).

14.6 Mesonentheorie der Nukleon-Nukleon-Kraft

Die neuesten und „besten" Potentiale[27] verwenden ein, zwei oder noch mehr Pionenaustauscheffekte, wie in Bild 14.17 gezeigt, mit Nukleonen oder Deltateilchen in intermediären Zuständen des Feynman-Diagramms. Die Potentiale enthalten auch den Austausch von massiveren Mesonen, bis zu Massen in der Größenordnung 1 GeV/c^2. In diesen Modellen ist der Austausch des ω-Vektormesons verantwortlich für einen großen Teil der kurzreichweitigen Abstoßung.

Wie bereits früher festgestellt ist der langreichweitigste Teil der Wechselwirkung zwischen zwei Nukleonen die Folge von einem Pionenaustausch.

• In Abschnitt 14.4 wurde das Yukawa-Potential in Analogie zum Elektromagnetismus eingeführt, in dem man die Lösung einer Poisson-Gleichung mit einem Massenterm suchte. In diesem Abschnitt werden wir den Ausdruck für die Wechselwirkungsenergie zwischen zwei Nukleonen angeben. Wir beginnen mit dem einfachsten Fall, bei dem die Wechselwirkung durch den Austausch eines neutralen Skalar-Mesons vermittelt wird. Die Emission und Absorption eines solchen Mesons wird durch einen Wechselwirkungsoperator beschrieben. Für den pseudoskalaren Fall wurde der entsprechende Hamiltonoperator $H_{\pi N}$ in Abschnitt 14.3 diskutiert. Den Hamiltonoperator H_s für die skalare Wechselwirkung erhält man durch ähnliche Invarianzargumente: Φ ist jetzt ein Skalar im gewöhnlichen und im Isospinraum, und der einfachste Ausdruck für die Wechselwirkungsenergie zwischen einem Skalar-Meson und einem festen Nukleon, das durch eine Quellenfunktion $\rho(\mathbf{x})$ charakterisiert ist, ergibt sich zu

(14.39) $H_s = g\,(\hbar c)^{3/2} \int d^3x\, \Phi(\mathbf{x})\rho(\mathbf{x})$.

Zwischen Emission und Absorption ist das Meson frei. Die Wellenfunktion eines freien spinlosen Mesons erfüllt die Klein-Gordon-Gleichung, Gl. 14.26. Im zeitunabhängigen Fall gilt

(14.40) $\left[\nabla^2 - \left(\dfrac{mc}{\hbar}\right)^2\right]\Phi(\mathbf{x}) = 0$.

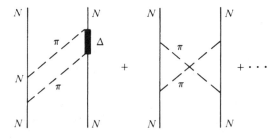

Bild 14.17 Typische Diagramme von Zweipionen-Austauschpotentialen.

---

[27] R. Vinh Mau, *Nucl. Phys.* **A 328**, 381 (1979); in *Mesons in Nuclei*, (M. Rho und D. H. Wilkinson, Ed.) Vol. 1, Kap. 12, North-Holland, Amsterdam, 1979; M. Lacombe et al., *Phys. Rev.* **C 21**, 861 (1980); S.-O. Bäckman, G. E. Brown und J. A. Niskanen, *Phys. Rep.* **124**, 1 (1985); R. Machleidt, K. Holinde und Ch. Elster, *Phys. Rep.* **149**, 1 (1987); R. Machleidt, *Adv. Nucl. Phys.* (J. W. Negele und E. Vogt, Eds.) **19**, 189 (1989).

Zusammen mit der Hamiltonschen Bewegungsgleichung[25, 28] führen die Gln. 12.39 und 12.40 zu

(14.41) $$\left[\nabla^2 - \left(\frac{mc}{\hbar}\right)^2\right]\Phi(\mathbf{x}) = \frac{4\pi g\rho(\mathbf{x})}{(\hbar c)^{\frac{1}{2}}} \ .$$

Dieser Ausdruck ist identisch mit Gl. 14.22. In Abschnitt 14.4 konstruierten wir ihn, ausgehend von der entsprechenden Gleichung des Elektromagnetismus, durch Hinzufügen eines Masseterms. Hier folgt er logisch aus der Wellenfunktion des Skalar-Mesons zusammen mit der einfachsten Form des Wechselwirkungsoperators. Die Lösung zu Gl. 14.42 wurde schon in Abschnitt 14.4 angegeben. Im besonderen ist es das Yukawa-Potential, Gl. 14.24, für ein Punktnukleon an der Stelle $\mathbf{x} = 0$. Das Nukleon wirkt als eine Quelle des Mesonenfelds und

(14.42) $$\Phi(\mathbf{x}) = -\frac{g}{(\hbar c)^{\frac{1}{2}}r} e^{-kr}, \quad r = |\mathbf{x}|, \quad k = \frac{mc}{\hbar}$$

ist das Feld, das bei $\mathbf{x}$ durch ein Punktnukleon im Ursprung erzeugt wird. Die Wechselwirkungsenergie zwischen diesem und einem zweiten Punktnukleon an der Stelle $\mathbf{x}$ findet man durch Einsetzen der Gl. 14.42 in Gl. 14.39 und mit Hilfe der Tatsache, daß $\rho(\mathbf{x})$ nun auch ein Punktnukleon beschreibt. Die Wechselwirkungsenergie wird dann

(14.43) $$V_s = -g^2 \frac{e^{-kr}}{r} \hbar c$$

Das negative Vorzeichen bedeutet Anziehung. Zwei Nukleonen ziehen sich also an, wenn die Kraft durch ein neutrales Skalar-Meson erzeugt wird.

Pionen sind pseudoskalare und keine skalaren Teilchen, obwohl das letztere beim Mesonenaustauschpotential, das zum Anpassen der Daten verwendet wird[25], der Fall zu sein scheint. Als nächste Stufe betrachten wir deshalb den Beitrag eines neutralen pseudoskalaren Mesons. Tabelle A4 im Anhang zeigt, daß η mit der Masse von 549 MeV/c^2 solch ein Teilchen ist. Der Hamiltonoperator der Wechselwirkung ist dem in Gl. 14.16 sehr ähnlich. Für ein isoskalares Teilchen vereinfacht sich diese Beziehung zu

(14.44) $$H_p = F \int d^3x \, \rho(\mathbf{x})\boldsymbol{\sigma} \cdot \nabla\Phi.$$

Das freie pseudoskalare Meson wird ebenfalls durch die Klein-Gordon-Gleichung, Gl. 14.44, beschrieben, weil es nicht möglich ist, zwischen freien skalaren und pseudoskalaren Teilchen zu unterscheiden. Die Gln. 14.44 und 14.40 zusammen liefern in Gegenwart eines Nukleons für das Mesonenfeld:

(14.45) $$\left[\nabla^2 - \left(\frac{mc}{\hbar}\right)^2\right]\Phi = -\frac{4\pi}{\hbar^2 c^2} F\boldsymbol{\sigma} \cdot \nabla \rho(\mathbf{x})$$

Diese Gleichung wird wie in Abschnitt 14.4 gelöst. Einsetzen der Lösung in Gl. 14.44 gibt dann die potentielle Energie, die durch den Austausch eines neutralen Pseudoskalar-Mesons zwischen Punktnukleonen A und B erzeugt wird:

(14.46) $$V_P = \frac{F^2}{\hbar^2 c^2} (\boldsymbol{\sigma}_A \cdot \nabla)(\boldsymbol{\sigma}_B \cdot \nabla) \frac{e^{-kr}}{r} \ .$$

---

[28] Eine kurze Ableitung wird in W. Pauli, *Meson Theory of Nuclear Forces*, Wiley Interscience, New York, 1946, gegeben. Die Elemente der Lagrange- und Hamiltonmechanik findet man in den meisten Lehrbüchern der Mechanik. Die Anwendung auf Wellenfunktionen (Felder) ist in E. M. Henley und W. Thirring, *Elementary Quantum Field Theory*, McGraw-Hill, New York, 1962, S. 29, oder F. Mandl, *Introduction to Quantum Field Theory*, Wiley Interscience, New York, 1959, Kapitel 2, beschrieben.

Die Differentiationen können ausgeführt werden und das Endresultat ist[25, 29]

$$(14.47) \quad V_P = \frac{F^2}{\hbar^2 c^2} \left\{ \frac{1}{3} \sigma_A \cdot \sigma_B + S_{AB} \left[\frac{1}{3} + \frac{1}{kr} + \frac{1}{(kr)^2} \right] \right\} k^2 \frac{e^{-kr}}{r},$$

wo k durch Gl. 14.42 gegeben ist und S_{AB} der in Gl. 14.33 definierte Tensoroperator ist. V_p kann sofort auf das Pion verallgemeinert werden: die einzige Modifikation ist ein Faktor $\vec{I}_A \cdot \vec{I}_B$ mit dem die Gl. 14.47 multipliziert wird.

$$(14.48) \quad V_\pi = 4\pi f^2_{\pi NN} \hbar c \, \vec{\tau}_A \cdot \vec{\tau}_B \left[\frac{1}{3} \sigma_A \cdot \sigma_B + S_{AB} \left(\frac{1}{3} + \frac{1}{kr} + \frac{1}{(kr)^2} \right) \right] \frac{\exp(-kr)}{r}.$$

Dabei haben wir von Gl. 14.17 Gebrauch gemacht.

Bemerkenswert ist, daß der Austausch eines pseudoskalaren Mesons zu der experimentell beobachteten Tensorkraft führt. Schon bevor das Pion entdeckt und seine pseudoskalare Natur bestätigt wurde, war Gl. 14.47 bekannt und wurde als Hinweis auf die Eigenschaften des Yukawa-Quants betrachtet[3]. Es erwies sich jedoch als unmöglich, alle Eigenschaften der Nukleon-Nukleon-Kraft allein durch den Austausch von Pionen zu erklären. Heute kennen wir den Grund für das Versagen: das Pion ist nur eines unter vielen Mesonen. Es ist verantwortlich für den Anteil der Nukleon-Nukleon-Kraft mit der längsten Reichweite.●

Einen Beweis für die Rolle der Pionen-Austauschwechselwirkung bei der größten Reichweite kann man zum Beispiel im d/s Verhältnis der Deuteronen finden. Dieses Verhältnis kann im asymptotischen Bereich der Wellenfunktion genau gemessen werden und stellt einen guten Test für die Existenz und die Genauigkeit der Beschreibung der langreichweitigen Nukleon-Nukleon-Kraft durch die Pion-Austauschtheorie dar[30].

Die Überzeugung nimmt zu, daß bei kurzen Abständen (sagen wir kleiner als ungefähr 0,7 fm) das Potential im wesentlichen von der Quarkstruktur des Nukleons und den Effekten der Quark-Quark-Kräfte herrührt. Die Abstoßung zwischen den Nukleonen bei geringen Abständen kann auf diese Weise erklärt werden. Vernünftige Fits von Streudaten erhält man durch die Quark-Quark-Wechselwirkung bei geringen Abständen und den Austausch einzelner Mesonen bei großen Abständen[31].

14.7 Hadronische Prozesse bei hohen Energien

Frühe Erforscher der Erde sahen sich einem ungewissen Schicksal gegenüber. Sie wußten nicht, ob sie in das Unbekannte fallen würden, wenn sie das Ende der scheibenförmigen Welt erreichten. Den möglichen Katastrophen wurden Grenzen gesetzt, als man feststellte, daß die Erde eine kugelförmige Gestalt hat. Weitere Entdeckungen führten zu weiteren Einschränkungen und die heutigen topographischen Karten lassen wenig Raum für größere Überraschungen. Die Situation der Hochenergiephysik spiegelt die der frühen Entdecker wider. Die unmittelbare Nachbarschaft, die hadronische Wechselwirkung bis zu

---

[29] Einzelheiten findet man bei L. R. B. Elton, *Introductory Nuclear Theory*, 2nd ed., Saunders, Philadelphia, Abschnitt 10.3. Das in Gl. 12.48 gegebene V_p ist nicht vollständig; es fehlt ein Term proportional zu $\delta(\mathbf{r})$. Die Vernachlässigung ist aber unwichtig, da die kurzreichweitige Abstoßung zwischen den Nukleonen diesen Term unwirksam macht.
[30] T. E. O. Ericson, *Comm. Nucl. Part. Phys.* **13**, 157 (1984).
[31] K. Maltman und N. Isgur, *Phys. Rev.* **D 29**, 952 (1984); A. Faessler, *Prog. Part. Nucl. Phys.*, (A. Faessler, Ed.) **13**, 253 (1985).

Energien von etwa 300 GeV, ist experimentell gut untersucht. Vieles bleibt zu erklären, aber es ist wahrscheinlich, daß keine größeren Überraschungen in dieser Energieregion bei zukünftigen Experimenten auftreten werden. Bei höheren Energien könnte sich jedoch für uns eine neue Welt auftun. Experimente mit den seltenen kosmischen Strahlen, am ISR bei Cern und am Tevatron im Fermilabor gestatten einige flüchtige Blicke in diesen Ultrahochenergiebereich, aber man wird sehr wahrscheinlich in den nächsten Jahren viel mehr lernen, wenn das SSC fertig ist. In diesem Abschnitt wollen wir drei Aspekte der Ultrahoch-Energie-Stöße skizzieren.

Inelastische Stöße.[32] Die meisten Diskussionen beschränkten sich bis jetzt auf elastische Stöße, die bei niedrigen Energien dominieren. Wenn die Energie steigt, können mehr und mehr Teilchen erzeugt werden. Bei ultrahohen Energien kann die Wechselwirkung zweier Teilchen tatsächlich zu einem spektakulären Ereignis werden. Ein solches Ereignis, hervorgerufen durch 300 GeV Protonen, ist in Bild 4.18 gezeigt. Die experimentellen Daten,

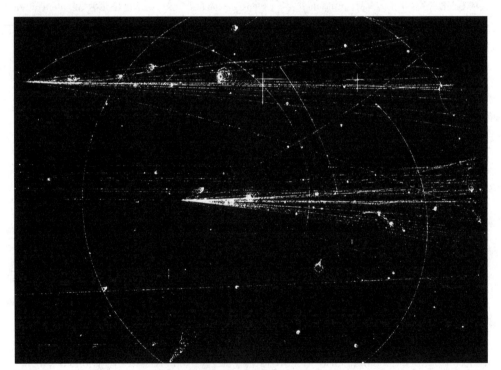

Bild 14.18 Ein Ereignis hoher Multiplizität, das durch 300 GeV-Protonen hervorgerufen wurde. (Mit freundlicher Genehmigung des National Accelarator Laboratory)

---

[32] Die Lehrbücher enthalten sehr wenige Informationen über Reaktionen, die bei sehr hohen Energien stattfinden. Die meisten Daten und Analysen findet man in Übersichtsartikeln oder Konferenzberichten. Einige neue Bücher sind am Ende des Kapitels angegeben. Moderne Übersichtsartikel sind G. Giacomelli und M. Jacob, *Phys. Rep.* **55**, 1 (1979); K. Tesima, *Prog. Theor. Phys.* **77**, 285 (1983); M. Kamran, *Phys. Rep.* **108**, 275 (1984); M. Jacob, *Int. J. Mod. Phys.* **A 4**, 1005 (1989); ein Konferenzbereicht ist *Fundamental Interactions, Cargèse* 1981, Ed. M. Levy et al., Plenum Press, New York, 1981.

14.7 Hadronische Prozesse bei hohen Energien

die man an verschiedenen Hochenergie-Beschleunigern und durch Studien mit kosmischen Strahlen gewonnen hat, zeigen folgende hervorstechende Eigenschaften:

1) Kleine transversale Impulse. Der elastische differentielle Wirkungsquerschnitt der pp-Streuung in Bild 6.31 fällt exponentiell mit dem Impulsquadrat t ab: Stoßereignisse mit großem, senkrechtem Impulstransfer sind selten. Die Abneigung der Teilchen, Impulse senkrecht zur Bewegungsrichtung zu übertragen, äußert sich in inelastischen Ereignissen. Anders ausgedrückt und mit Bezug auf unsere frühere Diskussion ist die Wechselwirkung bei hohen Impulsübertragungen oder kleinen Abständen schwach. Die Störungstheorie kann deshalb in diesem Bereich angewendet werden. Die Zahl der erzeugten Teilchen fällt sehr stark in Abhängigkeit von p_T, dem zum einfallenden Strahl transversalen Impuls, ab. Der mittlere Wert von p_T beträgt etwa 0,3 GeV/c und ist fast unabhängig von der einfallenden Energie.

2) Niedrige Multiplizität. Die Multiplizität, die Zahl n der Sekundärteilchen, kann mit dem Maximum verglichen werden, das durch die Energieerhaltung erlaubt ist. Nach diesem Kriterium wächst n nur langsam mit der Energie. Die durchschnittliche Multiplizität geladener Sekundärteilchen $\langle n_{ch} \rangle$ ist im Bild 14.19[33] für pp- und für $\bar{p}p$-Stöße als Funktion der

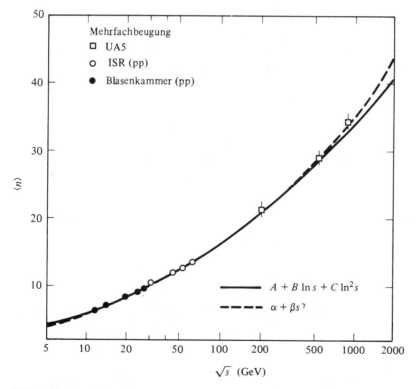

Bild 14.19 Multiplizität $\langle n_{ch} \rangle$ geladener Sekundärteilchen bei pp- und bei $\bar{p}p$-Stößen als Funktion der Schwerpunktsenergie. (Aus C. Geich-Gimbel, *Int. J. Mod. Phys.* **A 4**, 1527 (1989).)

---

[33] C. Geich-Gimbel, *Int. J. Mod. Phys.* **A 4**, 1527 (1989).

Schwerpunktsenergie $W = \sqrt{s}$ gezeigt. Die Kurven zeigen zwei mögliche Fits. Eine Kurve hat logarithmischen Anstieg und wird von der QCD-Theorie bevorzugt, die andere Kurve hat den Anstieg einer Potenzfunktion und wird von statistischen, thermodynamischen oder hydrodynamischen Modellen[34] bevorzugt. Die letzten Modelle sagen jedoch ein Potenzgesetz voraus, das proportional zu s^γ mit $\gamma = 1/4$ ist. Experimentell ist γ jedoch beträchtlich kleiner, $\gamma = 0{,}127 \pm 0{,}009$[33]. Der schwächere logarithmische Anstieg, der von der QCD-Theorie vorhergesagt wird, zeigt, daß nicht die gesamte Energie statistisch verteilt ist, sondern daß ein unverhältnismäßiger Anteil zu einigen „führenden" Teilchen[35] geht.

3) Poisson-ähnliche Verteilungen. Die Wirkungsquerschnitte für die Erzeugung von Ereignissen mit n Verzweigungen sind für zwei Energien in Bild 14.20[33, 36] gezeigt. Die Verteilungen sind als Funktion von $z = n/\langle n \rangle$ dargestellt. Bild 14.20 zeigt, daß die normierten Verteilungen einer Poisson-Verteilung ähneln (siehe Gl. 4.3). Sie sind allerdings etwas breiter. Auf Grundlage des Maßstabs (scaling) wurde von Koba, Nielsen und Olesen[37] vorausgesagt, daß die Multiplizität normierter geladener Teilchen bei asymptotisch hohen Energien unabhängig von der Energie werden sollte. Das wird oft als KNO-Maßstab (scaling) bezeichnet. Dieses Scalingverhalten scheint bei Schwerpunktsenergien von etwa 10 – 70 GeV gültig zu sein. Bei höheren Energien beobachten wir in Bild 14.20 jedoch, daß sich der Schwanz der Verteilungsfunktion verbreitert, so daß das asymptotische Gebiet noch nicht erreicht ist.

Hochenergie Theoreme (Asymptotischer Bereich). Wie Bild 14.20 zeigt, können Prozesse bei ultrahohen Energien sehr komplex sein. Trotzdem ist es möglich, Daten niedriger Energie zu extrapolieren, um Eigenschaften der Wirkungsquerschnitte vorherzusagen, die sich ergeben sollten, wenn die Gesamtenergie W im Schwerpunktsystem gegen unendlich geht. Dieser Energiebereich wird gewöhnlich „*asymptotisch*" genannt und es ist nicht klar, ob und wo dieses fremde Land beginnt.

In Abschnitt 9.8 stellten wir fest, daß das *TCP* Theorem mit sehr allgemeinen Argumenten bewiesen werden kann. Diese basieren auf der axiomatischen Quantenfeldtheorie, die eine Erweiterung der Quantenmechanik in das relativistische Gebiet ist. Diese Theorie kann auch dazu verwendet werden, Theoreme für Hochenergie-Stöße abzuleiten[38]. Quantenfeldtheorie liegt weit außerhalb des Themas diese Buchs, aber wir wollen zwei Theoreme erwähnen, weil sie typisch sind in den Resultaten, die man von dieser Behandlung erwarten kann. Das erste Theorem folgt streng aus der Quantenfeldtheorie[38], und es gibt eine obere Grenze für den Gesamtwirkungsquerschnitt an, wenn $s = W^2$ gegen unendlich geht:

(14.49) $\qquad \sigma_{tot} < \text{const.}(\log s)^2$.

Diese Grenze wurde von Froissart[39] entdeckt und sie beschränkt den Anstieg des Gesamtwirkungsquerschnitts mit wachsender Energie, unabhängig davon, welcher Typ der Wech-

---

[34] E. Fermi, *Phys. Rev.* **81**, 683 (1951); L. D. Landau, *Izv. Akad. Nauk SSSR* **17**, 51 (1953) (Übersetzung Collected Papers of L. D. Landau, (D. ter Haar, Ed.)) Pergamon Press und Gordon und Breach, New York, 1965; M. Kretzschmar, *Ann. Rev. Nucl. Sci.* **10**, 765 (1958).
[35] E. M. Friedlander und R. M. Weiner, *Phys. Rev.* **D 28**, 2903 (1983).
[36] G. J. Alner et al., (UA 5 Collaboration), *Phys. Lett.* **B 138**, 304 (1984).
[37] Z. Koba, H. B. Nielsen und P. Olesen, *Nucl. Phys.* **B 40**, 317 (1972).
[38] A. Martin, *Nuovo Cimento* **42**, 930 (1966); R. J. Eden, *Rev. Modern Phys.* **43**, 15 (1971).
[39] M. Froissart, *Phys. Rev.* **123**, 1053 (1961).

14.7 Hadronische Prozesse bei hohen Energien

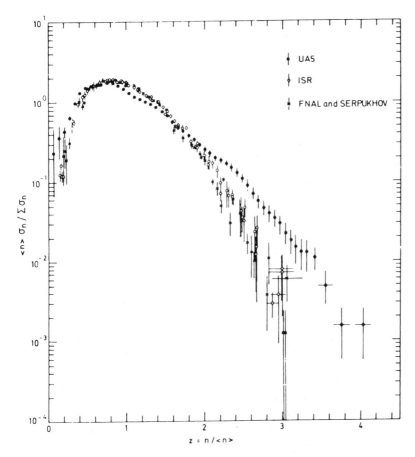

Bild 14.20 Normierte Verteilungen der Multiplizität geladener Teilchen bei Schwerpunktsenergien von 11,3 - 62,2 GeV (ISR, FNAL und Serpuchov) und bei 546 GeV (UA 5). (Aus J.G. Alner et al., (UA 5 Collaboration), *Phys. Lett.* **138 B**, 304 (1984).)

selwirkung beteiligt ist. Ein Beispiel eines Wirkungsquerschnitts, der mit wachsender Energie ansteigt, ist in Bild 6.32 gezeigt, nämlich der pp- und der $\bar{p}p$-Gesamtquerschnitt bei Werten von s größer als ungefähr 1 000 GeV². Dieser Anstieg folgt dem Maximalwert, der durch die Froissart-Grenze, Gl. 14.49, erlaubt wird. Man nimmt an, daß der Wirkungsquerschnitt aus zwei Gründen mit der Energie wächst, durch den Anstieg des effektiven Wechselwirkungsradius R der beiden Nukleonen oder von Nukleon und Antinukleon und durch einen Abfall der Transparenz bzw. einen Anstieg der Undurchsichtigkeit oder Schwärzung[33]. Bei einem schwarzen Target würde jede auftreffende Welle absorbiert werden und wir würden erhalten $\sigma_{el} = \sigma_{abs} = \pi R^2$, so daß $\sigma_{tot} = 2\pi R^2$. Wird dieser Anstieg des Wirkungsquerschnitts sich immer weiter fortsetzen oder wird er wieder abflachen? Die beobachteten Anstiege zeigen, daß bei den bisher erreichten höchsten Energien der asymptotische Bereich noch nicht erreicht wurde. Das zweite Theorem folgt aus der Quantenfeldtheorie, wenn man zusätzlich annimmt, daß die Gesamtwirkungsquerschnitte bei asymptotischen Energien konstant werden. Das Pomeranchuk-Theorem sagt dann voraus[40], daß die Gesamtwirkungsquerschnitte für Teilchen-Target- und Antiteilchen-Target-Stöße sich dem gleichen Wert nähern, wenn die Energie gegen unendlich geht:

(14.50) $\dfrac{\sigma_{\text{tot}}(\bar{A} + B)}{\sigma_{\text{tot}}(A + B)} \to 1$ im asymptotischen Bereich.

Mit einer vereinfachten, geometrischen Erklärung kann das Pomeranchuk-Theorem folgendermaßen verstanden werden: Wenn die Energie gegen unendlich geht, so sind viele Reaktionen möglich, so daß man sich den Stoß so vorstellen kann, als ob er zwischen zwei total absorbierenden schwarzen Scheiben stattfinden würde. Der Wirkungsquerschnitt ist daher im Grunde geometrisch (die Radien der beiden Objekte sind nicht genau definiert, aber uns genügt ein qualitatives Argument). Da die geometrischen Strukturen der positiven und negativen Pionen identisch sind (die Ladung ist sicher nicht wichtig), erwartet man, daß die Wirkungsquerschnitte für $\pi^+ p$ und $\pi^- p$ identisch sind. Die Tatsache, daß $\pi^+ p$ nur einen Isospinzustand $I = 3/2$ haben kann, während $\pi^- p$ in zwei Zustände, $I = 3/2$ und $I = 1/2$ streuen kann, ist nicht von Bedeutung, da es in beiden Fällen eine riesige (unendliche) Menge von möglichen Endzuständen gibt.

Das gleiche Argument kann zum Beispiel für die $\bar{p}p$- und die pp-Streuung verwendet werden, wobei die zusätzliche Annihilation bei der $\bar{p}p$-Streuung einen sehr kleinen Bruchteil des Gesamtwirkungsquerschnitts darstellt. Experimentell wurde gefunden, daß

(14.51) $\sigma^+ - \sigma^- \approx \text{const} \cdot p_{\text{lab}}^{-1/2}$

gilt. Die experimentellen Daten scheinen das Pomeranchuk-Theorem zu bestätigen. Bild 14.20 zeigt einige Resultate[41]. Die relevanten Wirkungsquerschnitte laufen tatsächlich auf einen gemeinsamen konstanten Wert zu und die Unterschiede $\Delta\sigma$ streben gegen null.

Skaleninvarianz.[42] Wo liegt das asymptotische Gebiet? Gegenwärtig ist diese Frage noch nicht beantwortet, aber man erhält mit einfachen Argumenten einen gewissen Einblick. Man betrachte zuerst eine Welt, in der nur Elektronen und Positronen existieren. Das gebundene System in einer solchen Welt ist das Positronium, ein „Atom", in dem sich ein Elektron und ein Positron um den gemeinsamen Schwerpunkt bewegen. Die Energieniveaus des Positroniums sind durch die Bohrsche Formel

(14.52) $E_n = -\alpha^2 m_e c^2 \dfrac{1}{(2n)^2}$, $n = 1, 2, \ldots$

gegeben, wo $\alpha = e^2/\hbar c$ die Feinstrukturkonstante ist. Abgesehen von dem Faktor $(2n)^{-2}$ werden die Energieniveaus von zwei Faktoren, α^2 und $m_e c^2$, bestimmt. Der erste beschreibt die Stärke der Wechselwirkung und der zweite bestimmt den *Maßstab*. Bei Energien von der Größenordnung oder kleiner als die Skalenenergie $m_e c^2$ werden die physika-

---

[40] I. Ia. Pomeranchuk, *Soviet Phys. JETP* **7**, 499 (1958).
[41] A. S. Carroll et al., *Phys. Lett.* **80 B**, 423 (1979); siehe auch R. E. Breedon et al., UA 6 Collaboration, *Phys. Lett.* **216 B**, 459 (1989).
[42] T. D. Lee, *Phys. Today* **25**, 23 (April 1972); R. Jackiw, *Phys. Today* **25**, 23 (Jan. 1972); J. D. Bjorken, *Phys. Rev.* **179**, 1547 (1969). M. S. Chanowitz und S. D. Drell, *Phys. Rev. Letters* **30**, 807 (1973).

14.7 Hadronische Prozesse bei hohen Energien 455

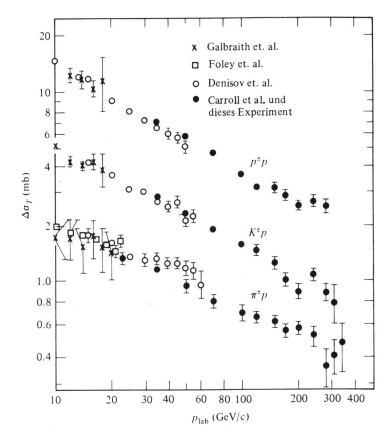

Bild 14.21 Unterschiede zwischen den Wirkungsquerschnitten bei Teilchen-Target und Antiteilchen-Target-Wechselwirkungen. (Nach A.S. Carroll et al., *Phys. Lett.* **80 B**, 423 (1979).)

lischen Phänomene durch die Existenz diskreter Energieniveaus beherrscht. Bei Energien groß im Vergleich zu $m_e c^2$ hat die Positronium-Welt Asymptotia erreicht und die physikalischen Phänomene genügen einfachen Gesetzen, in denen m_e nicht auftritt. Man denke an die Bhabha-Streuung

(14.53) $e^+ e^- \to e^+ e^-$.

Der Gesamtwirkungsquerschnitt für die Elektron-Positron-Streuung im asymptotischen Bereich kann nur von W, der gesamten Schwerpunktenergie, und dem Stärkefaktor α^2 abhängen, aber nicht von m_e. Der Wirkungsquerschnitt hat die Dimension einer Fläche, und die einzig mögliche Form, die m_e *nicht* enthält, ist

(14.54) $\sigma = \text{const.} \dfrac{\alpha^2}{W^2}$,   im asymptotischen Bereich.

Diese Form drückt die *Skaleninvarianz* aus und wurde in Abschnitt 10.8 besprochen: es ist nicht möglich, aus dem gemessenen Wirkungsquerschnitt die Masse der stoßenden Teilchen zu bestimmen.

Nun betrachten wir die e^+e^--Streuung in der realen Welt. Gleichung 14.54 gilt für Energien größer als einige MeV. Bei Energien von einigen hundert MeV treten Abweichungen auf und ein Peak erscheint bei $W = 760$ MeV, s. Bild 10.20. Die Abweichung und die beobachtete Resonanz zeigen, daß m_e nicht die einzige Masse ist, die die Skala bestimmt, sondern daß Teilchen mit größerer Masse existieren, in diesem Fall Pionen und ihre Resonanzen. Zusätzlich zur Bhabha-Streuung werden Prozesse wie

(14.55) $\quad e^+e^- \to$ Hadronen

möglich, und σ hängt von den Massen der verschiedenen Hadronen ab. Die Abweichung des Gesamtquerschnitts von der Form der Gl. 14.54 zeigt, daß eine neue grundlegende Energieskala gültig wird. Die Energieskala ist jetzt durch

(14.56) $\quad E_h = m_h c^2$

gegeben, wo m_h die Masse eines passend gewählten Quarks oder Hadrons ist. Gewöhnlich nimmt man für m_h die Nukleonenmasse: $m_h = m_N$. Was man als asymptotischen Bereich für die Bhabha-Streuung angesehen hatte, erwies sich als nichts anderes als ein Übergangsbereich. Man kann jedoch das Spiel wiederholen. Bei Energien, die groß sind im Vergleich zu der neuen Skalenenergie E_h, können wir wiederum erwarten, daß der gesamte Wirkungsquerschnitt unabhängig von der Hadronenmasse ist wie in Abschnitt 10.10 gezeigt. Dimensionsargumente zeigen dann, daß σ_{tot} wieder von der Form der Gl. 14.54 sein muß (siehe Gl. 10.87):

(14.57) $\quad \sigma_{\text{tot}} = \text{const.} \ \dfrac{\alpha^2}{W^2}, \quad \text{für } W \gg m_h c^2.$

Die Konstante kann von der in Gl. 14.54 gegebenen verschieden sein, aber die Energieabhängigkeit bleibt die gleiche. Gilt nun Gl. 14.57 bis zu beliebigen Energien oder ist der neue, hadronische asymptotische Bereich wieder nur eine Übergangsregion? Eine vollständige Antwort auf diese Frage ist noch nicht bekannt, aber bei Energien, die zur Erzeugung von $W^\pm$- und Z^0-Teilchen benötigt werden, setzt eine neue Skala ein.

14.8 Die Farbkraft, Quantenchromodynamik

Man glaubt heute, daß die starken Kräfte zutreffend von der Quantenchromodynamik (QCD) beschrieben werden. Sie wurde deshalb so genannt, weil eine Analogie zur Quantenelektrodynamik, der Quantentheorie der Elektrizität und des Magnetismus, besteht. Der Ausdruck „Chromodynamik" weist auf den Hauptbestandteil dieser Theorie, die Farbe, hin. In Abschnitt 10.10 haben wir gesehen, daß die experimentelle Erzeugung von Hadronen durch e^+e^--Stöße den Beweis liefert, daß Quarks in drei Farben vorkommen müssen. Dieser zusätzliche Freiheitsgrad ist für die Kräfte zwischen den Quarks verantwortlich.

14.8 Die Farbkraft, Quantenchromodynamik

Tabelle 14.1 verdeutlicht die Analogie zwischen der QCD und der QED. Das Eichquant des Feldes, das Gluon ist wie sein Gegenstück, das Photon, masselos und hat den Spin $1\hbar$; deshalb gibt es farbelektrische- und farbmagnetische Kräfte. Es gibt allerdings auch wesentliche Unterschiede zwischen der QCD und der QED. Die Gluonen selbst haben eine „Farbladung" und sind nicht neutral wie das Photon. Tatsächlich können die Gluonen als zweifarbig betrachtet werden, das bedeutet, sie bestehen aus einer Farbe und einer Antifarbe. Die Gluonenfarbe führt zu einer nichtabelschen (nichtvertauschbaren, nichtkommutierenden) Theorie. Es gibt acht farbige Gluonen. Aus den drei Farben und ihren Antifarben können wir neun mögliche Kombinationen bilden. Eine davon $r\bar{r} + g\bar{g} + b\bar{b}$ ist farblos, die restlichen acht ensprechen den Gluonen. Weil die Gluonen selbst eine Farbladung haben, können sie untereinander wechselwirken und es gibt nicht nur Quark-Gluon-Kopplungen wie in Bild 14.22(a) gezeigt, sondern auch Gluon-Gluon-Kopplungen, die in den Bildern 14.22(b) und 14.22(c) zu sehen sind. Die Quelle eines Gluonenfeldes brauchen nicht Quarks zu sein, sondern können andere Gluonen sein! Diese Selbstkopplung ist die Ursache für eine hochgradig nichtlineare Theorie mit keinem „freien" Gluonenfeld. Daraus ergibt sich die mögliche Existenz von Mesonen, die nur aus Gluonen bestehen. Solche Objekte werden „Glueballs" genannt. Sie werden gesucht, sind aber bis jetzt noch nicht gefunden worden. Die Farbkombinationen, die die Gluonen haben, können durch die drei Farben der Quarks beschrieben werden. In Bild 14.23 zeigen wir zwei Wege, den Austausch eines Gluons zwischen einem Quark und einem Antiquark darzustellen. Der Austausch führt von einer rot-antirot zu einer blau-antiblau Kombination. Das rote Quark wird in ein blaues umgewandelt, weil das Gluon die Farbe $r\bar{b}$ wegtransportiert, ähnlich

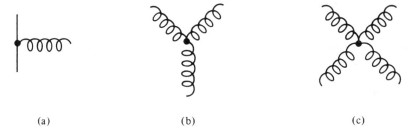

Bild 14.22 (a) Gluonkopplung an Quarks und (b) sowie (c) Gluon-Selbstkopplung.

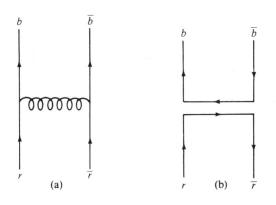

Bild 14.23
Zwei Möglichkeiten der Darstellung des Austausches von einem Gluon zwischen einem Quark und einem Antiquark: (a) Standardweg und (b) zweifarbiger Weg.

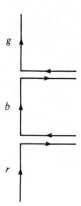

Bild 14.24 Die Emission von zwei Gluonen durch ein rotes Quark.

wird $\bar{r}$ in $\bar{b}$ umgewandelt. Die Farbe der Gluonen macht die Theorie nichtkommutierend: wenn ein rotes Quark ein $r\bar{b}$ Gluon emittiert, wird es blau, wie Bild 14.24 zeigt. Die folgende Emission des $b\bar{g}$ Gluons führt zu einem grünen Quark. Die umgekehrte Reihenfolge der Emission der Gluonen kann jedoch nicht auftreten: Ein rotes Quark kann kein $b\bar{g}$ Gluon emittieren.

Was sind nun die Merkmale der QCD-Kraft, die wir erwarten und/oder fordern? Die Theorie sollte die Ladung, die Fremdartigkeit (Strangeness), den Charm und andere Flavorquantenzahlen sowie die anderen in den Kapiteln 7 und 9 diskutierten additiven und multiplikativen Quantenzahlen erhalten. Wir erwarten, daß die Theorie zu einem Einschluß der Farbe führt: Das heißt, daß keine farbigen Objekte, die aus Gluonen oder Quarks bestehen, frei existieren können. Sie müssen kombiniert und in farblose (weiße) Hadronen eingebaut sein. Der Nachweis für den Farbeinschluß wird auf die Tatsache zurückgeführt, daß nur Teilchen, die einer weißen (farblosen) Quarkkombination entsprechen, beobachtet wurden; z.B. $q\bar{q}$ oder qqq. Farbige Kombinationen wie etwa qq oder $qq\bar{q}$ wurden niemals festgestellt. Die Kräfte sollten deshalb im farblosen Zustand stark anziehend und in den anderen Fällen abstoßend sein – für farbige Objekte gibt es tatsächlich eine unendliche Abstoßung, da sie nicht in der Natur erscheinen. Wir erwarten, daß die langreichweitige Kraft universal und deshalb flavorunabhängig ist (unabhängig vom Quarktyp). Dieses Merkmal verursacht die Isospinerhaltung, selbst wenn zum Beispiel die Theorie nichts über die Gleichheit der Massen von u- und d-Quarks aussagt! Das bedeutet auch, daß wir die Energieniveaus von gebundenen $u\bar{u}$, $d\bar{d}$, $s\bar{s}$, $c\bar{c}$, $b\bar{b}$ und $t\bar{t}$ Systemen in Zusammenhang bringen können. Die QCD hat oder kann diese wie auch andere Eigenschaften haben.

Die Theorie hat auch die Eigenschaft, daß die Kraft bei kurzen Abständen schwach wird. Diese „asymptotische Freiheit" der Theorie kann man bei hohen Energien und Impulsübertragungen überprüfen. Die QCD-Theorie sagt daher voraus, daß das Analogon der Feinstrukturkonstanten, das proportional zum Quadrat der starken Kopplungskonstante $\alpha_{s1} = g_s^2/\hbar c$ ist, sich mit der Impulsübertragung ändert[43]

$$(14.58) \qquad \alpha_s(q^2) = \frac{\alpha_s(\mu^2 c^2)}{1 + \dfrac{\alpha_s(\mu^2 c^2)}{12\pi}(33 - 2n_f)\ln\left(\dfrac{q^2}{\mu^2 c^2}\right)}$$

14.8 Die Farbkraft, Quantenchromodynamik

μ ist die Masse, die den Maßstab bestimmt (Renormierungsmasse), q ist die Viererimpulsübertragung mit $q^2 = q_0^2/c^2 - \mathbf{q}^2$, q_0 ist die Energieübertragung und n_f ist die Zahl der Quarksorten (sechs), $\alpha_s \approx 0{,}13$ bei $q^2 \approx m_w^2 c^2$. Die Feinstrukturkonstante der Elektrodynamik ändert sich auch mit der Impulsübertragung, allerdings viel weniger und in entgegengesetzter Richtung. Sie wird etwas größer bei höherer Impulsübertragung. Dieser Unterschied zwischen QCD und QED beruht auf der Selbstwechselwirkung der Gluonen infolge ihrer Farbladung. Wir können diesen Unterschied mit Hilfe eines Gedankenexperiments veranschaulichen. In Bild 14.25(a) ist ein äußeres Elektron gezeigt. Obwohl es keine realen Elektron-Positron-Paare erzeugen kann, kann es das virtuell tun, wenn das Paar eine kürzere Zeit als $\hbar/mc^2$ lebt (m ist die Masse des Elektrons). Ein Feynman-Diagramm, das Bild 14.25(a) entspricht, ist in Bild 14.25(b) gezeigt. Da das äußere Elektron positive Ladungen anzieht, wird das Positron des virtuellen Paares näher am Testelektron sein als das Elektron des Paares. Folglich wird die effektive Ladung (die Stärke der Wechselwirkung) des realen Elektrons, die von einer sehr kleinen Testladung gesehen wird, reduziert, wenn die Testladung einen bestimmten Abstand hat. Diese effektive Ladung wächst in ihrer Größe jedoch an, wenn die Testladung sich dem Elektron nähert, da sich die Abschirmung durch das Positron des e^-e^+-Paares reduziert. Die effektive Stärke der Wechselwirkung $\alpha = e^2/\hbar c$ steigt etwas an bei geringen Abständen und hohen Impulsübertragungen. Die Situation ist bei der QCD anders, weil zusätzlich zum Effekt der Abschirmung von Quark-Antiquark-Paaren die Gluonen mit sich selbst wechselwirken können, wie in Bild 14.25(d) und 14.25(e) gezeigt. Diese Gluonen tragen die Farbe weg, so daß es, wenn nicht zu viele Arten von Quark-Antiquark-Paaren erzeugt werden können, eine Gegenabschirmung gibt und die Farbladung bei Annäherung an das farbige Quark abfällt, wie in Bild 14.25(c) gezeigt.

Gl. 14.58 impliziert, daß dieser Abfall für $n_f < 33/2$ gültig ist. Deshalb wird α_s, das ein Maß für die Stärke der Wechselwirkung ist, bei geringen Abständen und großen Impulsübertragungen reduziert im völligen Gegensatz zur QED. Bei diesen Impulsübertragungen, die sehr hohe Energien erfordern, kann die QCD getestet werden. Wenn die effektive Stärke, die durch α_s gemessen wird, genügend schwach ist, dann kann die Störungstheorie verwendet werden.

Als ein Beispiel betrachten wir die Erzeugung von Quarkpaaren bei e^+e^--Stößen mit sehr hoher Energie, wie in Bild 10.26(b) gezeigt. In Analogie zu Bild 10.17(a), $e^+e^- \rightarrow \mu^+\mu^-$, sollte die Erzeugung von $q\bar{q}$, Bild 10.26(b), die gleiche Winkelverteilung zeigen, nämlich $(1 + \cos^2 \theta)$. Im Schwerpunktsystem müssen die $\mu^+\mu^-$ oder die $q\bar{q}$ mit entgegengesetztem Impuls auseinanderlaufen. Einzelne Quarks können jedoch nicht erscheinen. Die Quarks erzeugen weitere $q\bar{q}$-Paare. Dieser Prozeß geht so weiter bis nicht mehr genügend Energie für eine weitere $q\bar{q}$-Produktion vorhanden ist. Die Gluonen erzeugen daher Strahlen (Jets)

---

[43] Neue experimentelle Beweise für die nichtabelsche Natur der QCD und die Variation von α_s mit q^2 liefern I. H. Park et al., (AMY Collaboration), *Phys. Rev. Lett.* **62**, 1713 (1989); S. Bethke et al., (JADE Collaboration), *Phys. Lett.* **213 B**, 235 (1988); W. Braunschweig et al., (TASSO Collaboration), *Phys. Lett.* **213 B**, 286 (1988). Die Feinstrukturkonstante der Farbe α_s hat einen gemessenen Wert von $0{,}13 \pm 0{,}08$ bei $q^2 = m_w^2$. Gemessen wurde dieser Wert von R. Ansari et al., (UA 2 Collaboration), *Phys. Lett.* **215 B**, 175 (1988); R. Marshall, *Z. Phys.* **C 43**, 595 (1989). Auch W. T. Ford, *Phys. Rev.* **D 40**, 1385 (1989) hat diesen Wert gemessen. Ein Beweis für die Abhängigkeit von α_s von der Impulsübertragung wurde durch S. Komamiya et al., *Phys. Rev. Lett.* **64**, 987 (1990) geliefert.

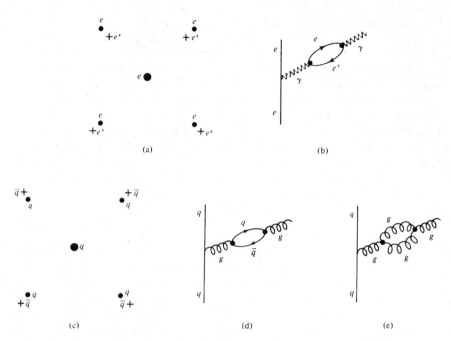

Bild 14.25 Abschirmung und Antiabschirmung. (a) Eine äußere Ladung -e umgeben von Elektron-Positron-Paaren wird gezeigt; (b) das entsprechende Feynman-Diagramm zu Bild (a); die Bilder (c), (d) und (e) sind ähnliche Diagramme wie (a) und (b), allerdings für die QCD und ein Quark q.

von entgegengesetzt auseinanderlaufenden Mesonen[44]. Bei Energien oberhalb von 10 – 20 GeV dominieren solche Zweijetereignisse und die Hadronen haben eine Winkelverteilung proportional zu $(1 + \cos^2 \theta)$. Diese Winkelverteilung zeigt auch, daß die Quarks den Spin ½ haben, genau wie das Myon.

Als Resultat des Farbeinschlusses (confinement) verlaufen die Kraftlinien zwischen einem Quark und einem Antiquark anders als zwischen positiver und negativer Ladung (Bild 14.26). Im Falle der QCD sind die Kraftlinien zu einem zylindrischen Bündel zusammengepreßt, weil bei einem linearen Confiningpotential (Einschlußpotential) die Kraft konstant ist. Die Energie, die zur Trennung von Quark und Antiquark erforderlich ist, wächst daher linear mit dem Abstand, und man benötigt eine unendliche Energie zur „Befreiung" der Teilchen. Deshalb sind sie eingeschlossen.

Das theoretische Studium des Farbeinschlusses (confinement) ist schwierig, weil die QCD hochgradig nichtlinear ist. Sie wurde für eine diskrete Raum-Zeit überprüft, nämlich an einem Gitter mit Hilfe von numerischen (Monte Carlo) Methoden, die für diese Art von Problem zum ersten Mal von Wilson eingesetzt wurden[45]. Diese numerischen Näherungen

---

[44] G. Kramer, *Theory of Jets in Electron-Positron Annihilation*, Springer Tracts in Modern Physics Nr. 102, (G. Höhler, Ed.) Springer, New York, 1984.
[45] K. G. Wilson, *Phys. Rev.* **D 10**, 2455 (1974) und in *New Phenomena in Subnuclear Physics*, (A. Zichichi, Ed.) Plenum, New York, 1977.

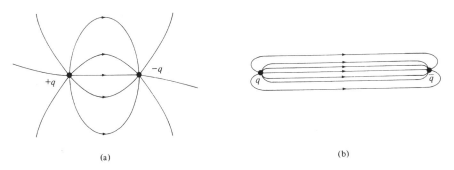

Bild 14.26 (a) Kraftlinien bei zwei Ladungen $\pm q$; (b) Kraftlinien bei einem Quark q und einem Antiquark $\bar{q}$.

lieferten einen Hinweis, aber keinen Beweis dafür, daß der Farbeinschluß aus der Theorie resultiert. Oft, insbesondere bei schweren Quarks, wird der Farbeinschluß durch einen linearen Anstieg oder ähnliche Potentiale modelliert.

Obwohl die Natur der langreichweitigen Farbkraft im einzelnen nicht bekannt ist, wird erwartet, daß sie ähnlich einer Feder eine rückstellende Kraft hat, die unabhängig von Spin, Farbe und Flavor ist. Eine Möglichkeit, diese Kraft theoretisch und experimentell zu überprüfen, besteht in einem schweren Quark-Antiquark-System, in dem die Quarks als nichtrelativistisch betrachtet werden können. Wir erwarten, daß die kurzreichweitige Ein-Gluon-Austauschkraft zwischen den schweren Quarks sich ähnlich wie die Coulombkraft verhält. Die Abhängigkeit vom Abstand ist dann r^{-2}, genau wie zwischen zwei festen (schweren) elektrischen Ladungen. Bei großen Abständen sollte die Kraft, die zum Farbeinschluß führt, dominieren. Gute Ergebnisse beim Fitten des Spektrums von $c\bar{c}$ (J/ψ)- und von $b\bar{b}$ (Υ)-Systemen hat man mit einem Potential der Form

$$(14.59) \quad V = -\frac{\alpha_s k}{r} + Ar$$

erhalten. k und A sind konstante Koeffizienten. Dieses Potential ist in Bild 14.27 skizziert.

Der Erfolg der Vereinigung von schwacher und elektromagnetischer Wechselwirkung hat zu Versuchen geführt, die starken Kräfte und sogar die Gravitation einzuschließen. Die erste Art von Theorien sind die „großen einheitlichen (Eichfeld)-Theorien" oder GUT's. Diese Theorien sagen voraus, daß die Stärken der drei Wechselwirkungen nur bei „geringen" Energien unterschiedlich sind, aber bei Energien in der Größe von 10^{15} bis 10^{17} GeV durch eine einzige Konstante beschrieben werden. Diese Energien sind nicht weit von der Planckschen Masse entfernt

$$\sqrt{\frac{\hbar c}{G}} = 1{,}22 \times 10^{19} \text{ GeV}/c^2$$

G ist dabei die Gravitationskonstante. In den GUT's erscheinen Quarks und Leptonen symmetrisch in einem einzigen Multiplett. Daraus erklärt sich, warum es genau so viele Leptonen- wie Quarkfamilien gibt (drei) und es wird auch vorhergesagt, daß Quarks und Leptonen ausgetauscht werden können. Deshalb gibt es keinen Grund mehr, warum das

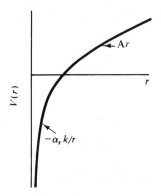

Bild 14.27 Das Potential V aus Gleichung 14.59.

Proton stabil sein sollte und die Theorie sagt eine Lebensdauer von 10^{30} bis 10^{33} Jahren voraus. Die lange Lebensdauer des Protons stammt aus der hohen Vereinigungsenergie. Die von der Nukleonenlebensdauer gesetzten Grenzen (Abschnitt 7.3) schließen die einfachsten GUT's[46] aus. Nicht nur die Baryonenzahl, sondern auch die Leptonenzahl wird nicht mehr erhalten. Auch die Myonenzahl wird nicht erhalten und deshalb sind $\mu^\pm \to e^\pm \gamma$, $\mu^\pm \to e^\pm e^+ e^-$ erlaubt, allerdings mit einer sehr geringen Rate. Diese Zerfälle wurden gesucht, allerdings wie in Abschnitt 7.4 beschrieben bisher nicht gefunden.

Die Theorien sagen auch voraus, daß die verschiedenen Neutrinos massiv sind und deshalb ineinander umgewandelt werden können. Solche Neutrinos zerfallen nicht nur, sondern man erwartet auch, daß sie sich mischen (so wie bei K^0 und $\overline{K^0}$). Folglich sollten Neutrinooszillationen erscheinen, aber trotz gründlichem Suchen wurden sie nicht gesehen (Abschnitt 11.10). Außerdem sagen die Theorien die Existenz von massiven Monopolen voraus, die auch nicht gefunden wurden. Daher muß man sagen, daß es gegenwärtig keinen klaren Beweis für eine dieser theoretischen Vermutungen gibt, aber sie eröffnen neue aufregende Horizonte. Mit dem supraleitenden Superspeicherring (SSC) können viele dieser Probleme erforscht werden.

Die andere Seite der Medaille ist, daß die Theorien viele Erfolge hatten. Viele davon sagen ein $\sin^2\theta_w \approx 0{,}20$ voraus[47]. Dieser Wert liegt nahe bei dem experimentellen Wert $(0{,}2305 \pm 0{,}0006)$[48]. Auch wird die Masse vom b-Quark mit etwa 5 GeV/c^2 richtig vorhergesagt.[47] Diese Theorien liefern auch interessante Verbindungen zur Kosmologie (siehe Kapitel 19). Sie erklären den möglichen Grund für die „fehlende Masse", die Gründe für das kleine Verhältnis von Baryonen- zu Photonendichte ($\sim 10^{-9}$) im Universum und den Grund für die Baryonenasymmetrie, das heißt, warum wir sehr viel mehr Baryonen als Antibaryonen[49] haben.

Den letzen Sachverhalt kann man aus dem Fehlen der Baryonenzahlerhaltung in den frühen Stadien des Universums verstehen als Energien in der Größenordnung von 10^{16} GeV vorhanden waren.

---

[46] D. V. Nanopoulos, *Comm. Nucl. Part. Phys.* **15**, 161 (1985); H. Georgi, *Sci. Amer.* **244**, 48 (April 1981); M. Goldhaber und W. J. Marciano, *Comm. Nucl. Part. Phys.* **16**, 23 (1986).
[47] A. J. Buras et al., *Nucl. Phys.* **B 135**, 66 (1978).
[48] J. J. Hernández et al., Particle Data Group, *Phys. Lett.* **239 B**, 1 (1990).
[49] E. W. Kolb und M. S. Turner, *Ann. Rev. Nucl. Part. Sci.* **33**, 645 (1983).

In letzter Zeit wurde eine Reihe noch ehrgeizigerer Theorien (supersymmetrische oder SUSY) konstruiert. Diese Theorien versuchen alle Wechselwirkungen einschließlich der Gravitation zu vereinigen[50]. Sie sagen voraus, daß jedes Teilchen in der Natur einen Partner mit entgegengesetzter Statistik hat: Spin 0 ↔ Spin ½. Bisher wurde aber keines dieser Teilchen beobachtet und die Theorien sind hochgradig spekulativ.

Eine letzte Ergänzung zu den Theorien von der Natur liefern die sogenannten Superstringtheorien der Teilchen[51]. Die natürlichsten dieser Theorien basieren auf einem Universum, das eine höhere Dimension als vier (drei Raum- und eine Zeitdimension) hat. Im allgemeinen sind sie zehndimensional (neun Raum- und eine Zeitdimension). Sechs von diesen Dimensionen werden dann zusammengelegt. Solche Theorien haben eine Reihe von reizvollen Merkmalen. Sie beinhalten das Quant der Gravitation, erzeugen Eichfeldtheorien mit Eichquanten vom Spin 1, masselose Teilchen vom Spin 2 (Gravitation) und eliminieren viele der Unendlichkeiten, die die Quantentheorie der Gravitation plagen. Grundlage dieser Theorien ist, daß fundamentale Teilchen wie etwa Quarks oder Leptonen keine Punkte sondern Fäden (strings) sind. Die Abmessungen dieser Fäden sind so klein, daß sie gegenwärtig nicht meßbar sind. Sie sollen in der Größenordnung der Planck-Länge $\sqrt{G\hbar/c^3}$ liegen (etwa 10^{-33} cm). Obwohl es keine experimentelle Unterstützung für diese Theorien gibt, werden sie mit großem Eifer verfolgt. Es ist noch nicht klar, ob die Stringtheorien (Fädentheorien) die physikalische Realität beschreiben. Sie haben aber beträchtliches Interesse bei den Mathematikern gefunden und damit die Wechselwirkungen zwischen Mathematikern und theoretischen Physikern verstärkt.

14.9 Literaturhinweise

Die Literatur für das Gebiet der starken Wechselwirkung ist immens. Die meisten Texte und Übersichtsartikel und besonders die theoretischen Originalveröffentlichungen sind sehr anspruchsvoll. Im folgenden führen wir einige Übersichtsartikel und Bücher auf, aus denen mit einigem Aufwand auch bei dem hier angenommenen Niveau einige Informationen gewonnen werden können.

Das Buch *Pion-Nukleon-Scattering* von R. J. Cence, Princeton University Press, Princeton, N.J. 1969, bringt die wesentlichen experimentellen Daten und sorgt bei der Diskussion dieser Daten für den nötigen theoretischen Unterbau.

Eine dichte und elegante Einführung in die theoretische Behandlung der Pion-Nukleon-Wechselwirkung wird in J. D. Jackson, *The Physics of Elementary Particles*, Princeton University Press, Princeton, N.J., 1958 gegeben. Die Pion-Nukleon-Wechselwirkung wird auch ausführlich in den Büchern von B. Bransden und R. G. Moorhouse, *The Pion-Nucleon System*, Princeton University Press, Princeton, N.J., 1977 diskutiert. Einen neuen, modernen Überblick findet man in *Pion-Nucleus Physics*, (R. J. Peterson und D. D. Strottman, Eds.), *AIP Conference Proceedings* **163**, Amer. Inst. Phys., NY, 1988.

Sowohl die Mesonentheorie als auch eine allgemeine Beschreibung der Kernkräfte kann man in K. S. Krane, *Introductory Nuclear Physics*, John Wiley, New York, 1987 finden. Ei-

---
[50] H. E. Haber und G. L. Kane, *Sci. Amer.* **255**, 52 (Juni 1986).
[51] M. B. Green, *Sci. Amer.* **255**, 48 (September 1986).

ne historische Schrift über Yukawas Entdeckung ist L. M. Brown, *Phys. Today* **39**, 55 (Dezember 1986). Eine interessante Einführung in die Kernkräfte und eine Zusammenstellung von einigen der ersten Arbeiten findet man in D. M. Brink, *Nuclear Forces*, Pergamon, Elmsford, N.Y., 1965. Die Nukleon-Nukleon-Wechselwirkung wird auch in folgenden Büchern und Übersichtsartikeln diskutiert: R. Wilson, *The Nucleon-Nucleon Interaction*, Wiley-Interscience, New York, 1963; G. E. Brown und A. D. Jackson, *The Nucleon-Nucleon Interaction*, North-Holland, Amsterdam, 1976; D. V. Bugg, *Prog. Part. Nucl. Phys.*, (D. H. Wilkinson, Ed.) **7**, 471 (1981); G. E. Brown, *Prog. Part. Nucl. Phys.* (D. H. Wilkinson, Ed.) **8**, 147 (1982); *The NN Interaction and Many Body Problems*, (S. S. Wu et al., Eds.), World Scientific, Teaneck, N.J., 1984.

Hochenergetische Nukleon-Nukleon- und Nukleon-Antinukleon-Experimente und die dazugehörige Theorie sind in M. Block und R. N. Cahn, *Rev. Mod. Phys.* **57**, 563 (1985) zusammengestellt; außerdem in *The Nucleon-Nucleon and Nucleon-Antinucleon Interactions*, (H. Mitter und W. Plessas, Eds.) Springer, New York, 1985.

Einführungen in die QCD kann man finden in F. E. Close, *An Introduction to Quarks and Partons*, Academic Press, New York, 1979; Y. Nambu, *Quarks*, World Scientific, Singapur, 1981; C. Quigg, *Gauge Theories of the Strong, Weak and Electromagnetic Interactions*, Benjamin-Cummings, Reading, MA., 1983; K. Gottfried und V. F. Weisskopf, *Concepts of Particle Physics*, Oxford University, New York, Band I, 1984, Band II, 1986; I. S. Hughes, *Elementary Particles*, 2. Ausgabe, Cambridge University Press, Cambridge, 1985; D.H. Perkins, *Introduction to High Energy Physics*, 3. Ausgabe, Addison-Wesley, Reading, MA, 1987: F. Wilczek, *Ann. Rev. Nucl. Part. Sci.* **32**, 177 (1982). Experimentelle Beweise für die QCD sind in P. Söding und G. Wolf, *Ann. Rev. Nucl. Part. Sci.* **31**, 231 (1981) zu finden.

Übersichtsartikel über Glueballs sind P. M. Fishbane und S. Meshkov, *Comm. Nucl. Part. Phys.* **13**, 325 (1984); J. Ishikawa, *Sci. Amer.* **247**, 142 (November 1984); J. F. Donoghue, *Comm. Nucl. Part. Phys.* **16**, 277 (1986); F. E. Close, *Rep. Prog. Phys.* **51**, 833 (1988).

QCD-Untersuchungen an einem Gitter werden diskutiert in „Lattices for Laymen" von D. J. E. Callaway in *Contemp. Phys.* **26**, 23 (1985); J. B. Kogut, *Rev. Mod. Phys.* **55**, 775 (1983); C. Rebbi, *Sci. Amer.* **248**, 54 (Februar 1983); C. Rebbi, *Comm. Nucl. Part. Phys.* **14**, 121 (1985); A. Hasenfratz und P. Hasenfratz, *Ann. Rev. Nucl. Part. Sci.* **35**, 559 (1985).

Es gibt eine Vielzahl Übersichtsartikel und Bücher über GUT's. Gut verständliche sind H. Georgi und S. L. Glashow, *Phys. Today,* **33**, 30 (September 1980); M. A. B. Beg und A. Sirlin, *Phys. Rep.* **72**, 185 (1981) und *Comm. Nucl. Part. Phys.* **15**, 41 (1980); M. K. Gaillard, *Amer. Scientist* **70**, 506 (1982); H. Georgi, *Sci. Amer.* **244**, 48 (April 1981); L. B. Okun, *Leptons and Quarks*, North-Holland, Amsterdam, 1982; L. B. Okun, *Particle Physics The Quest for the Substance of Substance*, Harwood Academic, New York, 1985; W. Lucha, *Fortschr. Phys.* **33**, 547 (1985) und *Comm. Nucl. Part. Phys.* **16**, 155 (1986); M. Goldhaber und W. J. Marciano, *Comm. Nucl. Part. Phys.* **16**, 23 (1986); M. Jacob und P. V. Landshoff, *Rep. Prog. Phys.* **50**, 1387 (1987).

Superstrings und Supersymmetrien gehen über das Niveau dieses Buches hinaus. Wir zitieren hier jedoch einige Bücher und Übersichtsartikel für interessierte Leser: D. Z. Freedman und P. Van Neuwenhuizen, *Sci. Amer.* **238**, 126 (Februar 1978); M. Waldrop, *Science*, **220**, 491 (1983) und **229**, 1252 (1985); J. H. Schwarz, *Comm. Nucl. Part. Phys.* **13**, 103 (1984) und **15**, 9 (1986); M. B. Green, *Sci. Amer.* **255**, 48 (September 1986); H. E. Haber und G. L. Kane, *Sci. Amer.* **255**, 52 (Juni 1986); M. Green und J. Schwarz, *Phys. Lett.* **149 B**, 117 (1984), **151 B**, 21 (1985); L. Hall in *Supersymmetry, Supergravity and Nonperturba-*

tive QCD, Springer Lecture Notes in Physics, **208**, (P. Roy und V. Singh, Eds.), Springer, New York, 1984; W. Müller-Kirsten und A. Wiedemann, Supersymmetry, *An Introduction with Concepts and Calculational Details*, World Scientific, Teaneck, N. J., 1987; P. G. O. Freund, *An Introduction to Supersymmetry*, Cambridge University Press, New York, 1986; P. P. Srivastava, *Supersymmetry, Superfields and Supergravity, An Introduction*, Adam Hilger, Boston, 1986, *Supersymmetry and Supergravity*, ein Reprintband aus Phys. Rep., (M. Jacob, Ed.) World Scientific, Teaneck, N.J., 1985; *Supersymmetry, A Decade of Development*, (P. C. West, Ed.) Adam Hilger, Boston, 1986.

Aufgaben

14.1
a) Geben Sie die 10 möglichen Pion-Nukleon-Streuprozesse an.
b) Welche davon sind durch die Zeitumkehrinvarianz miteinander verbunden?
c) Drücken Sie alle Wirkungsquerschnitte durch $M_{1/2}$ und $M_{3/2}$ aus.

14.2 Skizzieren Sie eine experimentelle Anordnung zum Studium der Pion-Nukleon-Streuung.
a) Wie wird der Gesamtwirkungsquerschnit bestimmt?
b) Wie wird die Ladungsaustauschreaktion untersucht?

14.3 Verwenden Sie die gemessenen Wirkungsquerschnitte, um zu zeigen, daß die Peaks der ersten Resonanz bei der Pion-Nukleon-Streuung und bei Photo-Nukleon-Reaktionen bei der gleichen Masse von Δ erscheinen. Berücksichtigen Sie dabei Rückstoßeffekte.

14.4 Behandeln Sie die Pion-Nukleon-Streuung in der ersten Resonanz klassisch: berechnen Sie den klassischen Abstand vom Zentrum des Nukleons, bei welchem ein Pion mit dem Drehimpuls $l = 0, 1, 2, 3$ (in Einheiten von $\hbar$) vorbeifliegt. Welche Teilwellen tragen signifikant zu diesem Argument bei? Benutzen Sie dabei ein Paritätsargument, um die Werte $l = 0$ und $l = 2$ auszuschließen.

14.5 Rechfertigen Sie Gl. 14.7 durch ein einfaches (nicht strenges) Argument.

14.6 Verifizieren Sie die Entwicklungen in Gl. 14.8.

14.7 Betrachten Sie $H_{\pi N}$, Gl. 14.16. Nehmen Sie eine sphärische Quellenfunktion $\rho(r)$ an. Die Pion-Wellenfunktion soll eine ebene Welle sein. Zeigen Sie, daß nur der *p*-Wellenteil dieser ebenen Welle zu einem nichtverschwindenden Integral beiträgt.

14.8 Betrachten Sie Bild 5.29. Die zweite und dritte Resonanz im π^-p-System haben kein Analogon im π^+p-System. Welchen Isospin haben diese Resonanzen?

14.9
a) Erlauben die Erhaltungsgesetze in der Pion-Nukleon-Wechselwirkung quadratische Ausdrücke in der Pion-Wellenfunktion $\vec{\Phi}$? Falls ja, geben Sie ein Beispiel an.
b) Wiederholen Sie Teilfrage a) für kubische Terme in $\vec{\Phi}$. Falls die Antwort ja lautet, geben Sie ein Beispiel an.

14.10 Verwenden Sie die nichtrelativistische Störungstheorie zweiter Ordnung und die beiden Diagramme in Bild P. 14.10, um den Wirkungsquerschnitt der niederenergetischen Pion-Nukleon-Streuung zu berechnen. Vergleichen Sie den Wert mit den experimentellen Daten.

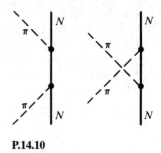

P.14.10

14.11 Verwenden Sie den Zerfall $\Delta \to \pi N$, um einen groben Näherungswert für die Kopplungskonstante $f_{\pi N\Delta}$ zu erhalten. Vergleichen Sie mit $f_{\pi NN}$.

14.12 Nehmen Sie an, daß Teilchen mit einer kinetischen Energie von 1 GeV in einem Bleikern erzeugt werden. Schätzen Sie den Bruchteil der Partikel ab, der ohne Wechselwirkung aus dem Kern entweicht, wenn die Teilchen
a) hadronisch
b) elektromagnetisch
c) schwach
wechselwirken.

14.13 Zeigen Sie, daß das Coulombpotential, Gl. 14.21, die Poissongleichung, Gl. 14.19, löst.

14.14 Zeigen Sie, daß das Yukawa-Potential, Gl. 14.24, eine Lösung der Gl. 14.22 ist.

14.15 Nehmen Sie anziehende, sphärisch symmetrische Kernkräfte an mit einer Reichweite R, die zwischen Punktnukleonen wirken. Zeigen Sie, daß der stabilste Kern einen Durchmesser hat, der ungefähr der Reichweite R der Kräfte entspricht. (Hinweis: Betrachten Sie die gesamte Bindungsenergie, die Summe der kinetischen und der potentiellen Energie, als eine Funktion des Kerndurchmessers. Der Kern befindet sich in seinem Grundzustand; die Nukleonen gehorchen der Fermistatistik. Die Argumente des Kapitels 16 dürften hilfreich sein.)

14.16 *Deuteron – experimentell.* Beschreiben Sie, wie die folgenden Deuteroneigenschaften bestimmt wurden:
a) Bindungsenergie,
b) Spin,
c) Isospin,
d) magnetisches Moment,
e) Quadrupolmoment.

14.17 Zeigen Sie, daß der Grundzustand eines Zweikörpersystems mit einer Zentralkraft ein s-Zustand sein muß, d.h. einen Bahndrehimpuls Null haben muß.

14.18 *Deuteron-Theorie.* Behandeln Sie das Deuteron als dreidimensionales Kastenpotential, mit einer Tiefe $-V_0$ und einer Reichweite R.
a) Geben Sie die Schrödinger-Gleichung an. Rechtfertigen Sie den verwendeten Massenwert in der Schrödinger-Gleichung.
b) Nehmen Sie an, daß der Grundzustand kugelsymmetrisch ist. Bestimmen Sie die Wellenfunktion innerhalb und außerhalb des Potentials. Bestimmen Sie die Bindungsenergie in Termen von V_0 und R. Zeigen Sie, daß B nur das Produkt $V_0 R^2$ festlegt.

c) Zeichnen Sie die Grundzustandswellenfunktion. Schätzen Sie den Anteil der Zeit ab, den Neutron und Proton außerhalb ihrer gegenseitigen Kraftanziehung verbringen. Warum zerfällt das Deuteron nicht, wenn die Nukleonen sich außerhalb des gegenseitigen Kraftbereichs bewegen?

14.19 Diprotonen und Dineutronen, d.h. gebundene Zustände zweier Protonen oder zweier Neutronen, sind nicht stabil. Erklären Sie, warum das so ist, mit den Informationen, die über das Deuteron bekannt sind.

14.20 Die Evidenz für einen gebundenen Zustand, der aus einem Antiproton und einem Neutron besteht, wurde gefunden. Die Bindungsenergie dieses $\bar{p}n$-Systems ist 83 MeV. [L. Gray, P. Hagerty, and T. Kalogeropoulos, *Phys. Rev. Letters* **26**, 1491 (1971).] Beschreiben Sie dieses System durch ein Kastenpotential mit dem Radius $b = 1{,}4$ fm und mit einer Tiefe von V_0. Berechnen Sie V_0 und vergleichen Sie den numerischen Wert mit dem des Deuterons.

14.21 Antideuteronen wurden beobachtet. Wie werden sie identifiziert? [D. E. Dorfan et al., *Phys. Rev. Letters* **14**, 1003 (1965); T. Massam et al., *Nuovo Cimento* **39**, 10 (1965).]

14.22 Verifizieren Sie, daß ein zigarrenförmiger Kern, dessen Kernsymmetrieachse parallel zu der z-Achse ausgerichtet ist, ein positives Quadrupolmoment hat.

14.23 Zeigen Sie, daß das Quadrupolmoment eines Kerns mit dem Spin ½ Null ist.

14.24 Zeigen Sie, daß das Quadrupolmoment eines Deuterons klein ist, daß es also einer kleinen Deformation entspricht.

14.25 Der niedrigste Singulett-Zustand des Neutron-Proton-Systems mit den Quantenzahlen $J = 0$, $L = 0$ wird manchmal Singulett-Deuteron genannt. Es ist nicht gebunden, und Streuexperimente weisen darauf hin, daß es gerade einige keV über der Nullenergie gebildet wird, daß es gerade nicht gebunden ist. Nehmen Sie an, daß der Singulettzustand bei der Energie Null auftritt. Finden Sie die Beziehung zwischen Potentialradius und -tiefe. Nehmen Sie an, daß die Singulett- und Triplettradien gleich sind, und zeigen Sie, daß die Singuletttiefe kleiner ist als die des Triplettzustands.

14.26 Zeigen Sie, daß der Tensoroperator, Gl. 14.33, verschwindet, wenn er über alle Richtungen $\hat{r}$ gemittelt wird.

14.27 Beweisen Sie, daß der Operator $L = \frac{1}{2}(\mathbf{r}_1 - \mathbf{r}_2) \times (\mathbf{p}_1 - \mathbf{p}_2)$ (Gl. 14.37) der Bahndrehimpuls zweier zusammenstoßender Nukleonen in ihrem Schwerpunktsystem ist.

14.28 Zeigen Sie, daß die Hermitizität von V_{NN}, Gl. 14.36, erfordert, daß die Koeffizienten V_i reell sind.

14.29 Zeigen Sie, daß die Translationsinvarianz für die Koeffizienten V_i in Gl. 14.36 fordert, daß sie nur von der relativen Koordinate $\mathbf{r} = \mathbf{r}_1 - \mathbf{r}_2$ der beiden zusammenstoßenden Teilchen abhängen, und nicht von $\mathbf{r}_1$ und $\mathbf{r}_2$ einzeln.

14.30 Die Galilei-Invarianz verlangt, daß bei einer Transformation
$$\mathbf{p}'_i = \mathbf{p}_i + m\mathbf{v}$$

die V_i in Gl. 14.36 unverändert bleiben. Zeigen Sie, daß diese Bedingung impliziert, daß die V_i nur vom relativen Impuls $\mathbf{p} = \frac{1}{2}(\mathbf{p}_1 - \mathbf{p}_2)$ abhängen.

14.31 Zeigen Sie, daß die Spinoperatoren σ_1 und σ_2 die Beziehungen

$$\sigma_x^2 = \sigma_y^2 = \sigma_z^2 = 1$$
$$\sigma_x\sigma_y + \sigma_y\sigma_x = 0$$
$$\sigma^2 = 3$$
$$(\mathbf{a} \cdot \boldsymbol{\sigma})^2 = a^2$$
$$(\sigma_1 \cdot \sigma_2)^2 = 3 - 2\sigma_1 \cdot \sigma_2$$

erfüllen.

14.32 Zeigen Sie, daß die folgenden Eigenwertgleichungen gelten:

$$\sigma_1 \cdot \sigma_2 |t\rangle = 1|t\rangle$$
$$\sigma_1 \cdot \sigma_2 |s\rangle = -3|s\rangle.$$

Hier sind $|s\rangle$ und $|t\rangle$ die Spineigenzustände des Zwei-Nukleonensystems: $|s\rangle$ ist der Singulett- und $|t\rangle$ der Triplett-Zustand.

14.33 Zeigen Sie, daß der Operator

$$P_{12} = \tfrac{1}{2}(1 + \sigma_1 \cdot \sigma_2)$$

die Spinkoordinaten der beiden Nukleonen in einem Zwei-Nukleonen-System vertauscht.

14.34 Bei welcher Energie im Laborsystem wird die pp-Streuung inelastisch, d.h. wann können Pionen erzeugt werden?

14.35 Zeigen Sie, daß die Hamiltongleichungen der Bewegung zusammen mit den Gln. 14.39 und 14.40 zu der Gl. 14.41 führen.

14.36 Verifizieren Sie Gl. 14.46.

14.37 Zeigen Sie, daß Gl. 14.47 aus Gl. 14.46 folgt.

14.38
a) Berechnen Sie den Erwartungswert der potentiellen Energie für den Ein-Pion-Austausch in den s-Zuständen zweier Nukleonen.
b) Berechnen Sie die effektive Kraft in einem Zustand mit geradem Drehimpuls mit dem Spin 1 und Spin 0.

14.39 Erklären Sie, warum die $\bar{p}p$- und die $\bar{p}n$-Wirkungsquerschnitte wesentlich größer sind als die der pp- und der pn-Reaktionen. [J. S. Ball and G. F. Chew, *Phys. Rev.* **109**, 1385 (1958).]

14.40 Verifizieren Sie Gl. 14.52.

14.41 Zeigen Sie, daß eine Dimensionsanalyse zu Gl. 14.54 führt. Bestimmen Sie die Dimension der Konstanten.

14.42 Zeigen Sie, daß der totale Wirkungsquerschnitt für die Streuung von Neutrinos und Nukleonen asymptotisch durch

$$\sigma_{\text{tot}} = \text{const.}\ G^2 W^2$$

gegeben ist, wobei G die Kopplungskonstante der schwachen Wechselwirkung und W die

Gesamtenergie im Schwerpunktsystem darstellt. Vergleichen Sie das Ergebnis mit dem Experiment.

14.43
a) Kann der Gesamtwirkungsquerschnitt der Photonenabsorption aus Bild 10.28 benutzt werden, um die relative Stärke der elektromagnetischen Wechselwirkung zu erhalten, wie in Abschnitt 14.1 ausgeführt?
b) Was ist eine geeignete Methode für einen Vergleich in diesem Fall? Man verwende sie zur Bestimmung der Verhältnisses von elektromagnetischer und hadronischer Kraft.

14.44 Welche Spins und Paritäten haben die vier niedrigsten Energiezustände von Glueballs?

14.45
a) Welche acht mögliche zweifarbige Kombinationen sind orthogonal zu $r\bar{r} + g\bar{g} + b\bar{b}$?
b) Welche Kombinationen können von einem roten Quark emittiert werden?
c) Welche Kombinationen können von einem einzelnen Gluon, das mit zwei anderen Gluonen verbunden ist, wie in Bild 14.22(b) gezeigt, emittiert werden?

14.46
a) Bei den Versuchen zur Vereinigung der subatomaren Kräfte mit der Gravitation tritt manchmal eine maximale Masseneinheit und eine minimale Länge auf; diese werden als Planck-Masse und Planck-Länge bezeichnet. Verwenden Sie Dimensionsbetrachtungen, um diese zwei Größen durch $\hbar$, c und die Gravitationskonstante G auszudrücken.
b) Schätzen Sie den Wert der Planck-Masse in GeV/c^2 und der Planck-Länge in cm ab.

14.47 Welche Reichweite hat die Ein-Gluon-Austauschkraft?

14.48 In Kapitel 10 haben wir gezeigt, daß die Farbe wichtig für das Verständnis des Wirkungsquerschnitts von Hadronen ist, die durch hochenergetische Elektron-Positron-Stöße erzeugt werden. Welche anderen Beispiele können Sie sich vorstellen, aus denen experimentelle Beweise für drei Farben erhalten werden können?

14.49 Falls die Kopplungen vom ρ und vom ω-Meson zu einem Nukleon ähnlich sind wie die zu einem Photon, bestimme man die Nukleon-Nukleon Potentiale infolge des Austausches von diesen Teilchen.

Teil V – Modelle

Ein Modell ist wie ein österreichischer Fahrplan. Österreichische Züge haben immer Verspätung. Ein preussischer Besucher fragt einen österreichischen Schaffner, warum sie sich mit dem Drucken von Fahrplänen Mühe machten. Der Schaffner antwortet: „Wie wüßten wir sonst, wie spät die Züge dran sind?"

V. F. Weisskopf

Die Atomphysik wird sehr gut verstanden. Ein einfaches Modell, das Rutherfordmodell, beschreibt die wesentliche Struktur: ein schwerer Kern erzeugt ein Zentralfeld und die Elektronen bewegen sich hauptsächlich in diesem Zentralfeld. Die Kraft ist gut bekannt. Die Gleichung, die diese Dynamik beschreibt, ist die Schrödingergleichung, oder bei Berücksichtigung der Relativität, die Diracgleichung. Historisch ist dieses befriedigende Bild nicht das Endresultat einer einzigen Forschungslinie, sondern der Zusammenfluß vieler verschiedener Forschungsrichtungen, Richtungen, die ursprünglich nichts miteinander gemeinsam zu haben schienen. Das Periodensystem der Elemente, die Balmerserien, das Coulombgesetz, Elektrolyse, Strahlung des schwarzen Körpers, Streuung von Alphateilchen und das Bohrsche Modell waren wesentliche Schritte und Meilensteine. Wie sieht es mit den Teilchen und Kernen aus? Wir haben den Elementarteilchenzoo und die Natur der Kräfte beschrieben. Genügen die bekannten Tatsachen, um ein kohärentes Bild der subatomaren Welt aufzubauen?

Die theoretische Beschreibung der Kerne ist befriedigend: Es existieren erfolgreiche Modelle, und die meisten Aspekte der Struktur und der Wechselwirkung der Nukleonen und Kerne können vernünftig beschrieben werden. Obwohl man viele Kerneigenschaften aus grundlegenden Prinzipien herleiten kann (z.B. aus einer zeitabhängigen Hartree-Fock-Behandlung), führt die Komplexität des Vielkörperproblems dazu, daß man solche Beschreibungen durch spezifische Modelle ersetzt. Die Modell beinhalten die bekannten Eigenschaften der Kernkräfte, konzentrieren sich aber auf einfache Bewegungszustände. Es bleibt noch viel zu tun, bis die Kerntheorie so wie die Atomphysik vollständig und frei von Annahmen ist. Die Situation bei den Teilchen ist ähnlich. Viele Eigenschaften des Teilchenzoos können recht gut durch Quarks und Gluonen erklärt werden. Das sogenannte Standardmodell, das die QCD für starke Wechselwirkungen und die elektroschwache Theorie aus Kapitel 13 einschließt, kann mit vielen experimentellen Daten in Einklang gebracht werden.

In den folgenden Kapiteln werden wir kurz das Quarkmodell der Teilchen und einige der erfolgreichsten Kernmodelle darstellen. Die Diskussion in diesen Kapiteln ist auf Hadronen beschränkt. Leptonen werden nur gestreift. Jedoch wird die Symmetrie zwischen Leptonen und Quarks beschrieben.

Bild V.1 Luft und Wasser I, (1938). Aus The Graphic Work of M. C. Escher, Hawthorn Books, New York. (Mit freundlicher Genehmigung der M. C. Escher Foundation, Gemeente Museum, The Hague). Vergleichen Sie diese Darstellung mit Bild 15.3.

15 Quarks, Mesonen und Baryonen

Betrachtet man alle Substanz, kann man darunter irgend eine Selbsterhaltung entdecken? Ist das nicht alles Zusammengesetztes, das früher oder später auseinanderbricht und zerfällt?

Aus Buddhas Lehren

15.1 Einführung

Die Zahl der Teilchen ist mindestens so groß wie die Zahl der Elemente. Um herauszufinden, wie sich ein Fortschritt beim Verständnis des Teilchenzoos entwickeln könnte, mag es eine gute Idee sein, kurz die Geschichte der Chemie und der Atomphysik zu betrachten. Die Entdeckung des Periodensystems der Elemente war ein wesentlicher Meilenstein für die Entwicklung der systematischen Chemie. Rutherfords Atommodell brachte ein erstes Verständnis der Atomstruktur und es bildete die Basis, mit der das Periodensystem der Elemente erklärt werden konnte. Die Quantenmechanik ermöglichte dann eine tiefere Einsicht in das Bohrsche Atom und in das periodische System. Fortschritt in der Atomtheorie begann so aus der empirischen Beobachtung, kam weiter durch ein Modell und zu einem Abschluß durch die Entdeckung der dynamischen Gleichungen.

Die Zeitdauer zwischen dem Erkennen von Gesetzmäßigkeiten und der vollständigen Erklärung war groß. Die Balmerformel wurde 1885 vorgeschlagen, die Schrödingergleichung erschien 40 Jahre später. Die Tafel des Periodensystems wurde 1869 entdeckt, die Erklärung durch das Ausschließungsprinzip kam 55 Jahre später. Wo stehen wir in der Teilchenphysik?

Die neuen Entwicklungen verlaufen analog zu den eben beschriebenen, aber viel schneller. Eindrucksvolle Fortschritte wurden gemacht, Gesetzmäßigkeiten wurden gefunden und erklärt und die QCD liefert eine theoretische Untermauerung und ein tieferes Verständnis. Alle Beweise haben wir jedoch noch nicht, und wir sind auch noch nicht sicher, daß alle Schlüssel passen.

15.2 Quarks als Bausteine der Hadronen

1964 schlugen Gell-Mann und unabhängig von ihm Zweig ein Triplett von hypothetischen Teilchen mit bemerkenswerten Eigenschaften[1] vor. Gell-Mann nannte diese Teilchen Quarks nach *Finnegan's Wake*[2] und Zweig nannte seine Teilchen Asse. Der Name Quark gewann. Es wird jetzt allgemein akzeptiert, daß Hadronen aus Quarks aufgebaut sind. Deren Eigenschaften haben wir in Abschnitt 5.10 diskutiert. Hier geben wir einige grundlegende Eigenschaften an, die Quarks besitzen müssen, wenn die Hadronen aus ihnen bestehen. Quarks müssen Fermionen sein. Es ist nur mit fermionischen Bausteinen möglich, Fermionen und Bosonen zu erzeugen. Quarks haben Spin 1/2, positive Parität und kom-

---
[1] M. Gell-Mann, *Phys. Lett.* **8**, 214 (1964); G. Zweig, CERN Report 8182/Th 401 (1964).
[2] James Joyce, *Finnegan's Wake*, Viking, New York, 1939, S. 38.

men in drei Farben vor. Mesonen sind in erster Linie aus einem Quark-Antiquark-Paar und Baryonen aus drei Quarks zusammengesetzt. Es wird nicht ausgeschlossen, daß Mesonen und Baryonen ein oder mehrere zusätzliche $q\bar{q}$-Paare enthalten.

Zunächst untersuchen wir die Struktur und die Beziehungen der Hadronen mit einer Masse kleiner als 1 GeV/c^2 und berücksichtigen alle Quarks mit kleinerer Masse, nämlich u-, d- und s-Quarks.

Können uns Symmetriebetrachtungen bei der Entwicklung von Beziehungen zwischen den Hadronen geringer Masse leiten? Der Isospin, eine innere Rotationssymmetrie, ist dabei hilfreich, wie in Kapitel 8 erwähnt. Diese Symmetrie vernachlässigt die Massendifferenz zwischen dem u- und dem d-Quark und behandelt sie wie Proton und Neutron, nämlich als zwei Arten mit gleichen hadronischen Eigenschaften und nur unterschiedlicher Ladung. Das s-Quark ist ein Isosingulett, wenn starke Wechselwirkungen beteiligt sind und sogar wenn es in einem schwach wechselwirkenden Isodublett ist. Kann die starke Isospinsymmetrie vergrößert werden? Würden sich zusätzliche Vereinfachungen ergeben, wenn bestimmte Teile der starken Wechselwirkung ausgeschaltet würden, wie etwa der Massenunterschied zwischen u- oder d- und s-Quarks? Ist diese Vernachlässigung in der Größenordnung von 150 MeV/c^2 vernünftig? Zur Beantwortung dieser Frage betrachten wir Teilchen mit gleichem Spin und gleicher Parität in einem angemessenen Massebereich. Zur Abschätzung des „angemessenen Massebereichs" erinnern wir uns, daß die Massenaufspaltung durch elektromagnetische Wechselwirkung in der Größenordnung von einigen MeV liegt, wie in Bild 15.1 dargestellt. Da die hadronische Wechselwirkung ungefähr einhundert Mal stärker als die elektromagnetische ist, kann eine Massenaufspaltung in der Größenordnung von wenigen hundert MeV erwartet werden. Da das Pion das leichteste Hadron ist, ist es verführerisch, zuerst das tiefliegende 0^--Boson zu betrachten. Es gibt neun Teilchen mit Energien unter 1 GeV (siehe die Tabellen A3 und A4): drei Pionen, zwei Kaonen, zwei Antikaonen, das Eta- und das Eta-Strich-Teilchen.

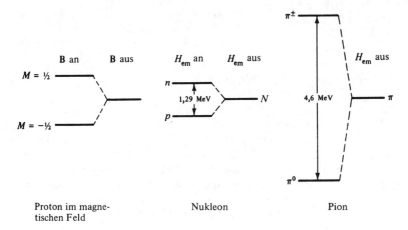

Bild 15.1 Massen-(Energie-)aufspaltung in einem Feld. Das Magnetfeld kann ausgeschaltet werden. Die beiden magnetischen Subniveaus des Protons sind dann entartet. Die elektromagnetische Wechselwirkung kann dagegen nur in einem Gedankenexperiment ausgeschaltet werden.

15.2 Quarks als Bausteine der Hadronen

Diese Teilchen sind links in Bild 15.2 gezeigt. In der Natur sind nur die positiven und negativen Mitglieder des gleichen Isomultipletts entartet, alle anderen Teilchen besitzen verschiedene Massen. Wenn die schwache Wechselwirkung ausgeschaltet wird, verschwindet die sehr kleine Aufspaltung zwischen K^0 und $\overline{K^0}$. Wenn zusätzlich H_{em} ausgeschaltet wird, so werden die neutralen und geladenen Mitglieder des gleichen Isospinmultipletts entartet. Schließlich nimmt man an, daß alle neun Pseudoskalarmesonen entartet sind, wenn auch Teile der hadronischen Wechselwirkung wegfallen. Wir nennen den neunfach entarteten Pseudoskalarzustand 0^--Teilchen. Die Masse des 0^--Teilchens wird durch den Teil der hadronischen Wechselwirkung bestimmt, der nicht ausgeschaltet wurde. Nach Bild 15.2 entsteht aus dem 0^--Teilchen eine Urfamilie mit neun verschiedenen Teilchen.

Eine nähere Betrachtung zeigt, daß drei weitere Teilchenmultipletts im Energiebereich bis 1 GeV unterschieden werden können. Die Charakteristika von diesen vier Multipletts sind in Tabelle 15.1 zusammengestellt.

Tabelle 15.1 Hadronen. Die vier niedrigsten Multipletts der Hadronen sind zusammengestellt. Sie sind für insgesamt 36 Teilchen verantwortlich. Als Ruheenergie wurde die Energie in der Mitte des Multipletts angegeben.

Spin-Parität J^π	Ruhenergie (GeV)	Typ	Mitglieder des Multipletts	Zahl der Mitglieder
0^-	0,5	Boson	$\pi K \overline{K} \eta \eta'$	9
1^-	0,8	Boson	$\rho K^* \overline{K}^* \omega \phi$	9
$\tfrac{1}{2}^+$	1,1	Fermion	$N \Lambda \Sigma \Xi$	8
$\tfrac{3}{2}^+$	1,4	Fermion	$\Delta \Sigma^* \Xi^* \Omega$	10

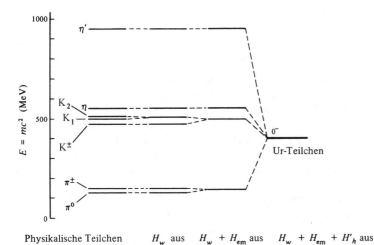

Bild 15.2 Die neun Pseudoskalar-Mesonen mit Massen unter 1 GeV. Links sind die Massen angegeben, wie sie in der Natur vorkommen. Geht man von links nach rechts, so wird zuerst die schwache Wechselwirkung ausgeschaltet, dann die elektromagnetische und schließlich ein Teil der hadronischen. Die Massenaufspaltung durch H_W und H_{em} wird aufgehoben. Die Lage des 0^--Teilchens ist unbekannt.

Die entscheidende Frage ist nun: Ist das Schema nützlich und kann es in eine noch präzisere Form gebracht werden? Liefert es dann neue Voraussagen? Um die Einteilung quantitativer zu machen, diskutieren wir das in Quarktermen.

15.3 Jagd auf Quarks

Existieren Quarks wirklich? Von vielen experimentellen Gruppen wurde seit 1964 ein beträchtlicher Aufwand betrieben, um Quarks zu finden, aber kein endgültiger, positiver Hinweis wurde entdeckt. Glücklicherweise würde die gebrochene elektrische Ladung die Quarks in sorgfältigen Experimenten eindeutig kennzeichnen.

Im Prinzip können die Quarks durch hochenergetische Protonen durch Reaktionen des Typs

$$(15.1) \quad \begin{aligned} pN &\to NNq\bar{q} + \text{Bosonen} \\ pN &\to Nqqq + \text{Bosonen.} \end{aligned}$$

erzeugt werden.

Die Schwellen der Reaktionen hängen von den Massen m_q der Quarks ab, die Größenordnungen der Wirkungsquerschnitte werden durch die Kräfte zwischen den Hadronen und den Quarks bestimmt. Da weder die Kräfte noch die Quarkmassen bekannt sind, ist die Suche eine unsichere Sache. Wenn man die Quarks nicht findet, weiß man nicht, ob es daran liegt, weil sie nicht existieren, weil ihre Masse zu groß oder der Produktionsquerschnitt zu klein ist.

Die hohen Energien, die zur Erzeugung massiver Teilchen nötig sind, können mit den größten Beschleunigern, mit Hochenergiespeicherringen und in der Höhenstrahlung erreicht werden. Mehr noch, wenn Quarks existieren und wenn die Welt durch einen „Urknall" entstanden ist, dann ist es wahrscheinlich, daß Quarks während der ersten Stufe erzeugt wurden, wo die Temperatur extrem hoch war. Einige dieser ursprünglichen Quarks könnten noch vorhanden sein; die Suche in Sedimentgesteinen war erfolglos.

Quarks können in Beschleunigern[3] und in den kosmischen Strahlen gejagt werden. Da mindestens ein Quark stabil ist, sollten sie sich darüberhinaus noch in der Erdkruste, in Meteoriten oder im Mondgestein angesammelt haben. Quarks können von anderen Teilchen unterschieden werden entweder durch ihre nicht ganzzahlige Ladung oder durch ihre Masse. Wenn die Masse studiert wird, betrachte man die Stabilität als zusätzliches Kriterium. Wird die Ladung als Hinweis betrachtet, so ist die Idee simpel. Gl. 3.2 zeigt, daß der Energieverlust eines Teilchens in Materie proportional ist zum Quadrat seiner Ladung. Ein Quark der Ladung $e/3$ würde $1/9$ der Ionisation eines einfach geladenen Teilchens mit der gleichen Geschwindigkeit ergeben. Ist das Teilchen relativistisch, so produziert es angenähert die Minimalionisation (s. Bild 3.5). Ein relativistisches Quark der Ladung $e/3$ würde daher nur $1/9$ der Minimalionisation zeigen und sollte eine völlig andere Wirkung zeigen als ein normal geladenes Teilchen. Ein Quark mit $2e/3$ ergäbe $4/9$ der Standardionisation.

---

[3] M. Banner et al., (UA 2 Collaboration) *Phys. Lett.* **121 B**, 187 (1983).

In Wirklichkeit sind die Experimente komplizierter, da es schwierig ist, schwache Spuren zu finden. Wir wollen hier keines der verschiedenen Experimente erläutern, da alle zuverlässigen davon negative Resultate geliefert haben[4]. Wenn Quarks gefunden werden, dann wird die Aufregung so enorm sein, daß die relevanten Experimente sehr schnell bekannt werden.

15.4 Mesonen als gebundene Quarkzustände

Nach Gl. 5.55 sind Mesonen gebundene Quark-Antiquark-Paare. Da der langreichweitige einschließende Teil der QCD Kraft vorwiegend zentral ist, hat der niedrigste Mesonenzustand einen relativen Bahndrehimpuls l von null (zwischen den Paaren). Die Eigenparität eines Fermion-Antifermion-Paares ist negativ und die beiden Spin-1/2-Quarks können zwei Zustände[5] mit $l = 0$ bilden;

$^1S_0$ $J^\pi = 0^-$ pseudoskalare Mesonen
$^3S_1$ $J^\pi = 1^-$ Vektormesonen

Um zu sehen, wie die beobachteten Mesonen mit diesen Zuordnungen verstanden werden können, betrachten wir die Quarkeigenschaften in Tabelle 15.2. Im niederenergetischen Modell der Hadronen sind die Quarks durch ihre Wechselwirkungen mit Gluonen umhüllt. Diese „bekleideten" Quarks, die besonders nützlich bei hadronischen Strukturberechnungen sind, werden konstituierende Quarks genannt. Die zusätzliche Trägheit der virtuellen Gluonen macht die leichten (u, d und s) Quarks in Tabelle 15.2 beträchtlich schwerer als ihre nackten Gegenstücke, die „Stromquarks" in Tabelle 5.7. Der Name dieser Quarks weist auf ihre Rolle in Quarkströmen und in der elektroschwachen Theorie hin.

Tabelle 15.2 Einige Eigenschaften von konstituierenden Quarks. Die Massen können nicht direkt gemessen werden; sie sind modellabhängig und deshalb Näherungen.

Quark	Ladung (e)	Spin	I	I_3	S	C	B	Masse MeV/c^2)
u	2/3	1/2	1/2	1/2	0	0	0	330
d	−1/3	1/2	1/2	−1/2	0	0	0	336
s	−1/3	1/2	0	0	−1	0	0	540
c	2/3	1/2	0	0	0	1	0	1550
b	−1/3	1/2	0	0	0	0	−1	4800
t	2/3	1/2	0	0	0	0	0	≥ 50000

---
[4] L. W. Jones, *Rev. Mod. Phys.* **49**, 717 (1977); L. Lyons, *Phys. Rep.* **129**, 226 (1985).
[5] Es wird die übliche spektroskopische Bezeichnung verwendet, wobei der Großbuchstabe den Bahndrehimpuls und der Index rechts unten den Wert des Gesamtdrehimpulses angeben. Der Index links oben ist gleich $2S + 1$, wobei S den Spin bezeichnet. $^3S_1$ kennzeichnet daher einen Zustand mit $l = 0$, $J = 1$, $S = 1$ und $2S + 1 = 3$.

Die Massenwerte in Tabelle 15.2 zeigen, daß nur die drei leichten Quarks u, d und s und ihre Antiteilchen für Mesonen mit Massen kleiner als 1 GeV/c^2 betrachtet werden müssen (siehe Tabelle 15.1). Die relevanten Flavorkombinationen sind

(15.2)
$$\begin{array}{ccc} u\bar{u} & d\bar{u} & s\bar{u} \\ u\bar{d} & d\bar{d} & s\bar{d} \\ u\bar{s} & d\bar{s} & s\bar{s} \end{array}$$

Beim Schreiben dieser Kombinationen muß man sich daran erinnern, daß jedes Quark in drei Farben (rot, grün, blau) vorkommt und daß die beobachteten Teilchen farbneutral sind (Farbsinguletts). Quarks aller drei Farben und in den drei Antifarben müssen mit gleicher Wahrscheinlichkeit auftreten, so daß zum Beispiel das Produkt $u\bar{u}$ in Wirklichkeit so geschrieben werden sollte

(15.3) $$\frac{u_r\bar{u}_r + u_g\bar{u}_g + u_b\bar{u}_b}{\sqrt{3}}$$

Die Indizes bezeichnen die Farbe.

Die Matrix 15.2 impliziert die Existenz von neun verschiedenen Mesonen. Das ist in Übereinstimmung mit der in Tabelle 15.1 angegebenen Zahl. Die Anordnung in Gl. 15.3 wurde nicht nach Quantenzahlen gemacht und deshalb ist der Vergleich mit den experimentell beobachteten Mesonen nicht klar. In Tabelle 15.3 sind die neun Kombinationen nach den Werten für die Strangeness S und Isospinkomponente I_3 geordnet. Tabelle 15.2 ist für solche Umordnungen hilfreich. Die Zustände in Tabelle 15.3 können nun mit den neun pseudoskalaren und den neun Vektormesonen verglichen werden. Die Anordnung der pseudoskalaren Mesonen im gleichen Schema liefert

Tabelle 15.3 Umordnung der $q\bar{q}$-Zustände nach der Strangeness S und der Isospinkomponente I_3.

$I_3 =$	-1	$-1/2$	0	$1/2$	1
$S = \begin{cases} 1 \\ 0 \\ -1 \end{cases}$	$d\bar{u}$	$d\bar{s}$ $s\bar{u}$	$u\bar{u}, d\bar{d}, s\bar{s}$	$u\bar{s}$ $s\bar{d}$	$u\bar{d}$

(15.4)
$$\begin{array}{ccccc} & K^0 & & K^+ & \\ \pi^- & & \pi^0\eta^0\eta' & & \pi^+ \\ & K^- & & \overline{K^0} & \end{array}$$

und für die Vektormesonen

(15.5)
$$\begin{array}{ccccc} & K^{*0} & & K^{*+} & \\ \rho^- & & \rho^0\omega^0\Phi^0 & & \rho^+. \\ & K^{*-} & & \overline{K^{*0}} & \end{array}$$

15.4 Mesonen als gebundene Quarkzustände

In beiden Fällen sind die Kennzeichnungen für die sechs Zustände im äußeren Ring eindeutig. Die drei Zustände im Zentrum haben jedoch die gleichen Quantenzahlen S und I_3. In welcher Beziehung stehen die Zustände $u\bar{u}$, $d\bar{d}$ und $s\bar{s}$ zu den entsprechenden Mesonen mit $S = I_3 = 0$? Da eine beliebige Linearkombination der Zustände $u\bar{u}$, $d\bar{d}$ und $s\bar{s}$ gleiche Quantenzahlen hat, ist es nicht möglich eine Quarkkombination mit einem Meson zu identifizieren. Um mehr Informationen zu erhalten, fassen wir die Eigenschaften der neutralen Mesonen ohne Strangeness in Tabelle 15.4 zusammen. Die Tabelle zeigt, daß es einfach ist, den Quarkinhalt des neutralen Pions und des neutralen Rho-Teilchens zu finden: diese zwei Teilchen sind Mitglieder des Isospintripletts. Die Kenntnis der Quarkkennzeichnung der anderen Mitglieder des Isotripletts sollte hilfreich sein. Wir betrachten zum Beispiel die drei Rho-Mesonen:

(15.6) $\rho^+ = u\bar{d}$ $\rho^0 = ?$ $\rho^- = d\bar{u}$

Tabelle 15.4 Neutrale Mesonen ohne Strangeness.

Meson	$I(J^\pi)$	Ruhenergie (MeV)	Meson	$I(J^\pi)$	Ruhenergie (MeV)
π^0	$1(0^-)$	135	ρ^0	$1(1^-)$	770
η^0	$0(0^-)$	549	ω^0	$0(1^-)$	782
η'	$0(0^-)$	958	ϕ^0	$0(1^-)$	1019

Die geladenen Mitglieder des Rho enthalten keinen Beitrag vom s-Quark in ihrer Wellenfunktion. Das neutrale Rho bildet ein Isospintriplett mit seinen beiden geladenen Verwandten und deshalb sollte es auch keine S-Komponente enthalten. Von den drei in Tabelle 15.3 eingetragenen Produkten mit $I_3 = 0$ und $S = 0$, können nur die ersten beiden auftreten und die Wellenfunktion muß die Form haben

$$\rho^0 = \alpha u\bar{u} + \beta d\bar{d}.$$

Normierung und Symmetrie liefern

$$|\alpha|^2 + |\beta|^2 = 1, \qquad |\alpha| = |\beta|, \qquad \text{oder } \alpha = \pm\beta = \frac{1}{\sqrt{2}}.$$

Wenn wir zwei normale Spin-1/2-Teilchen addieren würden, um ein Spin-1-System zu erhalten, wäre das richtige Vorzeichen leicht zu finden. Die Linearkombination muß eine Eigenfunktion von J^2 mit dem Eigenwert $j(j+1)\hbar^2 = 2\hbar^2$ sein. Diese Bedingung bestimmt, daß das Vorzeichen positiv ist[6]. Die Situation ist hier anders, weil wir uns mit Teilchen-Antiteilchen-Paaren beschäftigen und das Antiteilchen ein Minuszeichen einbringt. Wir werden das Auftreten des Minuszeichens nicht rechtfertigen, weil es in keiner meßbaren

---
[6] Park, Gl. 6.43; Merzbacher, Gl. 16.85; G. Baym, *Lectures in Quantum Mechanics*, Benjamin, Reading, Mass., 1969, Kapitel 15.

Größe in unserer Diskussion auftauchen wird. Die Wellenfunktionen der drei Rho-Mesonen, durch ihre Quarkbestandteile ausgedrückt lauten

(15.7) $$\rho^+ = u\bar{d}$$
$$\rho^0 = \frac{d\bar{d} - u\bar{u}}{\sqrt{2}}$$
$$\rho^- = d\bar{u}$$

Diese Quarkkombinationen kann man auch auf die Pionen anwenden. Der Unterschied zwischen dem Rho-Teilchen und dem Pion liegt im normalen Spin. Das Rho-Teilchen ist ein Vektormeson ($J^\pi = 1^-$), während das Pion ein pseudoskalares Meson ($J^\pi = 0^-$) ist. Die anderen neutralen Mesonen werden wir in Abschnitt 15.6 diskutieren.

Wenn Massen größer als 1 GeV/c^2 betrachtet werden, findet man auch Mesonen mit dem Bahndrehimpuls $I = 1\hbar$ und mit $J^\pi = 0^+$, 1^+ und 2^+. Sie entsprechen den q$\bar{\text{q}}$-Zuständen $^1P_1$, $^3P_0$, $^3P_1$ und $^3P_2$. Der Isospin kann null oder eins sein wie für die Mesonen mit geringerer Masse.

15.5 Baryonen als gebundene Quarkzustände

Drei Quarks bilden ein Baryon. Da die Quarks Fermionen sind, muß die Gesamtwellenfunktion der drei Quarks antisymmetrisch sein. Die Wellenfunktion muß bei beliebigem Austausch zweier Quarks ihr Vorzeichen ändern:

(15.8) $$|q_1 q_2 q_3\rangle = -|q_2 q_1 q_3\rangle.$$

Um deutlich zu machen, daß die Wellenfunktion der drei Quarks antisymmetrisch sein muß, werden die Ideen aus Kapitel 8 verallgemeinert. Mit der Einführung des Isospin wurden dort Proton und Neutron als zwei Zustände des gleichen Teilchens betrachtet. Die gesamte Wellenfunktion eines Zweinukleonen Systems, einschließlich Isospin, muß daher bei Austausch zweier Nukleonen antisymmetrisch sein. Hier nimmt man an, daß die drei Quarks drei Zustände des gleichen Teilchens sind, und Gl. 15.8 ist dann der Ausdruck für das Pauliprinzip. Die einfachste Situation entsteht, wenn die drei Quarks keinen Bahndrehimpuls haben und ihre Spins parallel stehen. Das resultierende Baryon hat dann Spin $^3/_2$ und positive Parität. Wie im Fall des Mesons findet man die Quantenzahlen der verschiedenen Quarkkombinationen ohne Schwierigkeiten. Man betrachte z.B. die Kombination uuu:

$$uuu: A = 1, \quad S = 0, \quad I_3 = 3/2, \quad q = 2e, \quad J = (3/2)$$

S ist die Strangeness. Das sind genau die Quantenzahlen des Δ^{++}, dem doppelt geladenen Mitglied des Δ (1 232). Für ein Δ^{++} mit nur parallelen Spinkomponenten ($J = 3/2, J_Z = 3/2$) und allen Quarks im S$^+$-Zustand oder keinem Bahndrehimpuls ist die Wellenfunktion symmetrisch bei Austausch von irgendeinem Quarkpaar.

Der Mangel an Antisymmetrie der Wellenfunktion war ein großes Hindernis für die Entwicklung eines Quarkmodells, bis die Idee von einem zusätzlichen Freiheitsgrad aufkam. Dieser neue Freiheitsgrad, die Farbe, wurde anfangs eingeführt, um das Rätsel der Anti-

15.5 Baryonen als gebundene Quarkzustände

symmetrie zu lösen[7]. Sein Einfluß auf die Mesonenwellenfunktion ist in Gl. 15.3 angegeben. Mit drei Farben kann eine antisymmetrische farblose (weiße) Wellenfunktion gebildet werden. Wenn die drei Farben die drei Einheitsvektoren längs der x-, y- und z-Achse des Farbraumes wären, würde die farblose (skalare) Kombination $\hat{x} \cdot \hat{y} \times \hat{z}$ sein. Wenn wir die drei Farben mit a, b und c bezeichnen, kann man die unnormierte Farbsingulettkombination der Quarks so schreiben

(15.9) $\sum_{a,b,c} \varepsilon_{abc} q_a q_b q_c$

a, b und c laufen über die drei Farben rot, grün und blau. ε_{abc} ist der antisymmetrische Tensor, der bei einer geraden Anzahl von Vertauschungen von a, b und c (r, g und b) +1 und bei einer ungeraden Anzahl –1 ist. Drei Farben sind das Minimum, das erforderlich ist, um einen antisymmetrischen Zustand der drei Quarks zu bilden. Die Farbe wurde als Hilfsmittel eingeführt, erlangte aber durch die QCD grundlegende Bedeutung für die Erklärung der starken Wechselwirkung, wie in Abschnitt 14.8 beschrieben wurde. Die Farbe erklärt die Sättigung der leichtesten Baryonen mit drei Quarks und der Mesonen durch $q\bar{q}$, die Zerfallsbreite des π^0 in zwei Photonen und die Größe des Wirkungsquerschnitts bei Reaktionen wie $e^+e^- \rightarrow$ Hadronen, die in Abschnitt 10.10 diskutiert wurden.

Die drei Quarks u, d und s können zu 10 Kombinationen kombiniert werden und zu allen 10 Kombinationen existieren auch Teilchen. Die Quarkkombinationen und die entsprechenden Baryonen sind in Bild 15.3 gezeigt. Auch die Ruhenergien der Isomultipletts sind angegeben. Da es 10 Teilchen gibt, wird die Anordnung $(3/2)^+$-Dekuplett (10-plett) genannt. Die Ähnlichkeit zu Eschers „Sky and Water I" auf Seite 438 ist beeindruckend, insbesondere, wenn man weiß, daß das Dekuplett auch für Antiteilchen existiert.

Drei Spin-1/2-Fermionen im S-Zustand können auch so gekoppelt werden, daß sie einen Zustand mit Spin 1/2 und positiver Parität bilden. Beispiele aus der Kernphysik sind ^{3}H und ^{3}He. Tabelle 15.1 zeigt, daß nur acht Mitglieder der $(1/2)^+$-Familie bekannt sind. Die acht Teilchen und die entsprechenden Quarkkombinationen werden in Bild 15.4 gezeigt.

Zwei Fragen ergeben sich beim Vegleich von existierenden Teilchen und Quarkkombinationen in Bild 15.4: 1) Warum sind die Eckteilchen uuu, ddd und sss im $(3/2)^+$-Dekuplett

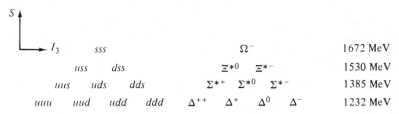

Bild 15.3 Quarks und das $(3/2)^+$-Dekuplett. Die Zustände und Teilchen sind so angeordnet, daß die x-Achse I_3 und die y-Achse S bezeichnet. Die Ruhenergien sind rechts angegeben.

---

[7] O. W. Greenberg, *Phys. Rev. Lett.* **13**, 598 (1964); M. Y. Han und Y. Nambu, *Phys. Rev.* **139, B** 1006 (1965).

	uss		dss		Ξ^0 $\quad$ Ξ^-	1318 MeV
uus		uds		dds	$\Sigma^+ \quad \Sigma^0 \quad \Sigma^-$	1192 MeV
		uds			Λ^0	1116 MeV
	uud		udd		$p \quad n$	939 MeV

Bild 15.4 Das $(1/2)^+$-Baryon-Oktett und die entsprechenden Quarkkombinationen. Die Ruhenergien des Isomultipletts sind rechts angegeben. Alle Zustände sind bezüglich der Farbe antisymmetrisch.

vorhanden, aber im $(1/2)^+$-Oktett nicht? 2) Warum erscheint die Kombination uds im Oktett doppelt, aber nur einmal im Dekuplett? Beide Fragen lassen sich einfach beantworten:

1. Es kann kein symmetrischer (oder antisymmetrischer) Zustand mit Spin 1/2 und Drehimpuls 0 aus drei identischen Fermionen gebildet werden. (Versuchen Sie es!) Die „Eckteilchen" im $(1/2)^+$-Oktett sind deshalb wegen des Pauliprinzips, Gl. 15.8 verboten und tatsächlich auch in der Natur nicht gefunden worden.

2. Wenn die z-Komponente jedes Quarkspins durch einen Pfeil gekennzeichnet wird, dann gibt es drei verschiedene Möglichkeiten, einen Zustand mit $L = 0$ und $J_z = 1/2$ zu bilden:

(15.10) $\quad u\uparrow d\uparrow s\downarrow, \quad u\uparrow d\downarrow s\uparrow, \quad u\downarrow d\uparrow s\uparrow$

Aus diesen drei Zuständen lassen sich drei verschiedene Linearkombinationen erzeugen, die alle zueinander orthogonal sind und einen Gesamtspin J haben. Zwei dieser Kombinationen haben den Spin $J = 1/2$ und eine hat den Spin $J = 3/2$. Die Kombination mit $J = 3/2$ tritt im Dekuplett auf. Die beiden anderen sind Mitglieder des Oktetts.

15.6 Die Hadronenmassen

Eine erstaunliche Regelmäßigkeit macht sich bemerkbar, wenn man die Massen der Teilchen gegen ihre *Quarkbestandteile* aufträgt. In den beiden letzten Abschnitten haben wir bestimmte Zuordnungen von Quarkkombinationen zu allen Hadronen gefunden, die den Satz der vier Multipletts in Tabelle 15.1 umfassen. Ein sorgfältiger Blick auf die Massenwerte verschiedener Zustände zeigt, daß die Masse stark von der Anzahl der s-Quarks abhängt. In Bild 15.5 sind die Ruhenergien der meisten Teilchen aufgezeichnet, und die Zahl der seltsamen Quarks (s-Quarks) ist für jeden Zustand angegeben. Die Massen der verschiedenen Zustände kann man verstehen, wenn man annimmt, daß die nicht-seltsamen Quarks die gleiche Masse haben, daß aber die seltsamen Quarks um einen Betrag Δ schwerer sind (siehe Tabelle 15.1)

(15.11) $\quad m(u) = m(d), \quad m(s) = m(u) + \Delta$

Bild 15.5 impliziert, daß der Wert von Δ in der Größenordnung von 200 MeV/c^2 liegt, in Übereinstimmung mit Tabelle 15.2. Die Tatsache, daß die beobachteten Niveaus nicht alle den gleichen Abstand haben, ist nicht überraschend. Die Masse eines Mesons aus den Quarks q_1 und $\bar{q}_2$ ist durch

15.6 Die Hadronenmassen

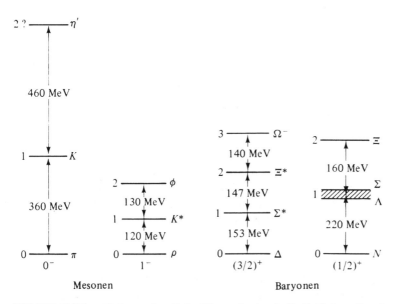

Bild 15.5 Teilchen-Ruhenergien. Jedes Niveau ist durch die Zahl der s-Quarks gekennzeichnet, die es enthält.

$$m = m(q_1) + m(\bar{q}_2) - \frac{B}{c^2}.$$

gegeben. Es wäre zu viel verlangt, daß die Bindungsenergie B für alle Mesonen und Baryonen die gleiche ist. B wird sehr wahrscheinlich von der Natur der Kräfte zwischen Quarks und von dem Zustand der Quarks abhängen. Bild 15.5 liefert daher nur einen groben Wert für die Massendifferenz Δ.

Einige Beobachtungen folgen sofort aus den einfachen Argumenten, die bis jetzt vorgetragen wurden. Die erste bezieht sich auf Ω^-. Als Gell-Mann zuerst die Strangeness (Seltsamkeit) einführte, kam er zu dem Schluß, daß ein Teilchen mit der Strangeness -3 existieren müßte, und er nannte es Ω^-.

Durch die Quarkstruktur der Hadronen und Bild 15.3 kann die Vermutung leicht verstanden werden. Mit u-, d- und s-Quarks als Einheiten besteht ein Baryon aus drei Quarks und ein Meson aus einem Quark-Antiquark-Paar. Ein Baryon kann eine Strangeness zwischen 0 und -3 haben und ein Meson 0 und ± 1. Die möglichen Isospins und Ladungscharakteristiken folgen auch aus diesem Bild. Gell-Mann benutzte gruppensymmetrische Betrachtungen, um die Masse des Ω^--Teilchens vorherzusagen[8], die Vorhersage kann aber auch durch einen Blick auf Bild 15.5 verstanden werden. Als Gell-Mann alle Teilchen mit Ausnahme des Ω^- aufgeschrieben hatte, war die Spitze der Pyramide die logische Folge. Bild 15.5 zeigt, daß die Energiedifferenz zwischen den drei unteren Schichten der Pyrami-

---

[8] Siehe M. Gell-Mann und Y. Ne'eman, *The Eightfold Way*, Benjamin, Reading, MA, 1964.

de 153 MeV bzw. 147 MeV beträgt. Deshalb sollte die Spitze der Pyramide etwa 140 MeV oberhalb der Ruhenergie des Ξ^* liegen und dort wurde das Ω^--Teilchen auch gefunden[9].

Die Massen der Mesonen sind etwas schwieriger zu erhalten. Es gibt keinen reinen $s\bar{s}$ Zustand für pseudoskalare Mesonen. Auch das Pion hat eine abnorm niedrige Masse, weil es kein reiner $q\bar{q}$ Zustand sein kann[10]. In Bild 15.5 haben wir willkürlich angenommen, daß die Masse des pseudoskalaren $s\bar{s}$ Zustandes auf halbem Weg zwischen den Massen vom Eta- und Eta-Strich-Meson liegen soll. Die pseudoskalaren Nonett-Massen können durch diese Näherung nicht erhalten werden.

Die zweite Beobachtung betrifft die Massenaufspaltung in einem Mulitplett bei gegebenem Spin und Parität. Diese Aufspaltung könnte durch die Tatsache verursacht werden, daß die Kraft zwischen einem seltsamen (strange) und einem nicht-seltsamen (nonstrange) Quark anders ist als zwischen zwei seltsamen oder zwei nicht-seltsamen. Aber viel einfacher interpretiert man es als Folge der Massendifferenz zwischen den konstituierenden seltsamen und nicht-seltsamen Quarks. Tatsächlich zeigen Untersuchungen von $c\bar{c}$ und $b\bar{b}$ Systemen, daß bei gegebenem Spin und Bahndrehimpuls die dominierende langreichweitige, einschließende Kraft der QCD unabhängig vom Flavor (Quarksorte) ist[11]. Daher können wir sagen, daß bei Vernachlässigung der Massenaufspaltung zwischen s- und u- oder d-Quarks degenerierte Multipletts von 0^- und 1^--Mesonen und auch von $1/2^+$- und $3/2^+$-Baryonen erscheinen würden, wie in Tabelle 15.1 gezeigt. Die u-, d- und s-Quarks bilden deshalb auch ein Multiplett, das eine Verallgemeinerung eines Isospinmultipletts ist.

Die dritte Beobachtung ist, daß die QCD Kraft vom Spin abhängt. Die Massenaufspaltung, in erster Linie die Folge einer Spin-Spin-Kraft (Gl. 15.16), liegt sowohl zwischen 0^- und 1^- als auch zwischen $1/2^+$ und $3/2^+$ Multipletts in der Größenordnung von 300 MeV/c^2, wie Tabelle 15.1 zeigt.

Die letzte Beobachtung führt uns zu dem Problem des neutralen Mesons zurück. Dieses Problem wurde in Abschnitt 15.4 nur teilweise gelöst. In Gl. 15.7 wurde die Quarkkombination des ρ^0 angegeben, aber ω^0 und Φ^0 wurden ohne Zuordnung belassen. Bild 15.5 impliziert, daß das Φ^0, das ungefähr 130 MeV oberhalb des K* liegt, zwei seltsame Quarks enthält:

(15.12) $\quad \Phi^0 = s\bar{s}.$

Die Zustandsfunktion des ω^0 kann man nun finden, wenn man setzt

(15.13) $\quad \omega^0 = c_1\, u\bar{u} + c_2\, d\bar{d} + c_3\, s\bar{s}.$

Der Zustand, der ω^0 repräsentiert, sollte orthogonal zu denen von ρ^0 und Φ^0 sein. Mit den Gleichungen 15.12 und 15.7 wird dann der ω^0-Zustand zu

---

[9] Das erste Ω^- wurde wahrscheinlich in einem Experiment mit kosmischer Strahlung 1954 festgestellt (Y. Eisenberg, *Phys. Rev.* **96**, 541 (1954)). Die eindeutige Bestimmung erfolgte jedoch 1964. (Barnes et al., *Phys. Rev. Letters* **12**, 204 (1964)). Siehe auch W. P. Fowler und N. P. Samios, *Sci. Amer.* **211**, 36 (April 1964).

[10] W. Weise, *Nucl. Phys.* **A 434**, 685 (1985) und *Prog. Part. Nucl. Phys.*, (A. Faessler, Ed.) 20, 113 (1988).

[11] N. Isgur und G. Karl, *Phys. Today* **36**, 36 (November 1983).

(15.14) $\omega^0 = \dfrac{1}{\sqrt{2}} (u\bar{u} + d\bar{d})$

und die Masse von ω^0 sollte

(15.15) $m_{\omega^0} \approx m_{\rho^0}$

sein. Diese Voraussage stimmt näherungsweise mit den experimentellen Daten überein.

15.7 QCD und Quarkmodelle der Hadronen

Es wird angenommen, daß die grundlegende Theorie der hadronischen Kräfte die Quantenchromodynamik oder QCD ist. Einige Merkmale der QCD haben wir in Abschnitt 14.8 entwickelt. Das Potential zwischen massiven Quarks wird durch Gl. 14.59 angegeben und ist in Bild 14.27 dargestellt. Es ist bei kurzen Abständen näherungsweise proportional zu $1/r$ und wird bei großen Abständen linear. Das Verhalten bei kurzen Abständen legt uns nahe, das Spektrum des Positroniums zu überprüfen. Das Positronium ist ein Atom aus einem e^+ und einem e^-, die durch coulombsche und magnetische Kräfte gebunden sind. Das Problem ist relativistisch, aber wir machen hier eine nichtrelativistische Näherung. In diesem Fall reduziert sich das Problem auf das eines Wasserstoffatoms mit einer effektiven reduzierten Masse des Elektrons $= m_e/2$. Die Paritäten der Zustände sind aber entgegengesetzt zu denen des Wasserstoffs, weil die Parität eines Teilchen-Antiteilchen-Systems negativ ist. Die niedrigsten Energieniveaus des Spektrums sind in Bild 15.6 gezeigt. Der Grundzustand ist der gewöhnliche $1S^-$-Zustand. Weil das Problem relativistisch ist, können wir die magnetische Kraft zwischen Elektron und Positron nicht völlig vernachlässigen. Diese Kraft ist spinabhängig und hat die Form

(15.16) $V = \text{konstant } \boldsymbol{\sigma}_1 \cdot \boldsymbol{\sigma}_2 \, \delta^3(\mathbf{r})$

wobei $\delta^3(\mathbf{r})$ eine Diracsche Deltafunktion ist, die mit Ausnahme von $\mathbf{r} = 0$ überall verschwindet und die die Eigenschaft hat, daß $\int \delta^3(\mathbf{r}) d^3r = 1$ ist. Die Spinabhängigkeit verursacht die Aufspaltung zwischen dem $^3S_1$ und dem $^1S_0$ Zustand, der letztere hat die niedrigere Energie. Im Wasserstoff sind die $2S$ und $1P$ Zustände entartet. Diese Entartung wird durch den langreichweitigen Teil der QED-Kraft aufgehoben, so daß der $1P$ Zustand tiefer liegt.

Merkmale, die ähnlich zum e^+e^--Spektrum sind, kann man beim Spektrum leichter Mesonen finden[11]. Der niedrigste Zustand der pseudoskalaren Mesonen entspricht dem $^1S_0$ Grundzustand. Die spinabhängige Aufspaltung liefert die $^3S_1$ Vektormesonen. Die $1P$ Mesonen entsprechen den $1P$ Zuständen des e^+e^-. Die Berechnungen, die auf einem Potential basieren, das dem in Gl. 14.59 ähnlich ist, liefern eine vernünftige Übereinstimmung mit den experimentellen Massen von Mesonen und Baryonen[12]. Wir werden diese Merkmale ausführlicher in Abschnitt 15.8 behandeln.

---

[12] A. de Rújula, H. Georgi und S. L. Glashow, *Phys. Rev.* **D 12**, 147 (1975); N. Isgur und G. Karl, *Phys. Rev.* **D 18**, 4187 (1978); **D 19**, 2653 (1979); **D 20**, 1191 (1979); N. Isgur in *Particles and Fields* – 1981: *Testing the Standard Model*, (C. A. Heusch und W. T. Kirk, Eds.), *AIP Conf. Proc.* 81, Amer. Inst. Phys., New York, 1982, S. 7; S. Godfrey und N. Isgur, *Phys. Rev.* **D 32**, 189 (1985).

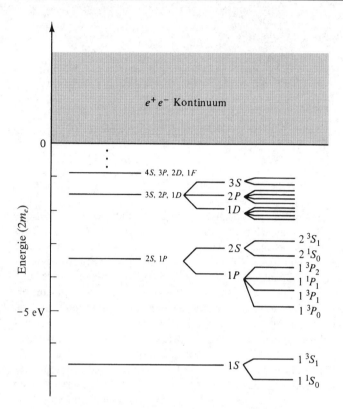

Bild 15.6 Energieniveaus eines Positroniumatoms. Die Aufspaltung der Coulombenergieniveaus, links dargestellt, ist schematisch und vergrößert. Ursache der Aufspaltung sind Spin-Bahn- und Spin-Spin-Kräfte. (Nach N. Isgur und G. Karl, *Phys. Today* **36**, 36 (November 1983).)

Die langreichweitige einschließende Kraft der QCD ist über den Raum nahezu konstant, entsprechend dem linearen Potential. Ein wohlbekanntes einschließendes Potential in der Physik ist das einer Feder oder eines harmonischen Oszillators. Obwohl dieses Potential sich von einem linearen unterscheidet, kann es doch einen Leitfaden liefern zur Ermittlung von Energieniveaus, Massen und anderen Eigenschaften der Hadronen. Tatsächlich verwendet eins der erfolgreichen Quarkmodelle zur Beschreibung von Hadronen und ihren Wechselwirkungen ein harmonisches Potential bei großen Abständen und zur Beschreibung der kurzreichweitigen Kraft zwischen den Quarks einen Eingluon-Austausch[13]. Wir skizzieren einige wichtige Ideen und beginnen mit der Diskussion der Energieniveaus eines dreidimensionalen harmonischen Oszillators. Da diese Energieniveaus im nuklearen Schalenmodell in Kapitel 17 wieder auftreten werden, wird der harmonische Oszillator

---

[13] M. G. Huber und B. C. Metsch, *Prog. Part. Nucl. Phys.*, (A.Faessler, Ed.) **20**, 187 (1988); M. Oka und K. Yazaki, *Prog. Theor. Phys.* **66**, 556, 572 (1981); A. Faessler et al., *Nucl. Phys.* **A 402**, 555 (1983).

15.7 QCD und Quarkmodelle der Hadronen

hier ausführlicher behandelt, als es sonst nötig wäre[14]. Die physikalischen Tatsachen sind einfach, aber die vollständige Mathematik ist etwas verwickelt. Wir werden nur die hier und in Kapitel 17 benötigten Teile werden angegeben.

Ein Teilchen, das in Richtung auf einen festen Punkt durch eine Kraft angezogen wird, die proportional ist zum Abstand r' von dem Punkt, hat eine potentielle Energie

(15.17) $\quad V(r') = \frac{1}{2}\kappa r'^2$.

Die Schrödinger-Gleichung für einen solchen dreidimensionalen harmonischen Oszillator ist

(15.18) $\quad \nabla^2 \psi + \frac{2m}{\hbar^2}\left(E - \frac{1}{2}\kappa r'^2\right)\psi = 0$.

Mit den Substitutionen

(15.19) $\quad \kappa = m\omega^2, \quad r' = \left(\frac{\hbar}{m\omega}\right)^{1/2} r, \quad E = \frac{1}{2}\hbar\omega\lambda$

wird die Schrödinger-Gleichung

(15.20) $\quad \nabla^2 \psi + (\lambda - r^2)\psi = 0$.

Da der harmonische Oszillator kugelsymmetrisch ist, läßt sich die Schrödinger-Gleichung vorteilhaft in sphärischen Polarkoordinaten r, θ und φ schreiben. In diesen Koordinaten ergibt sich der Operator ∇^2 zu

(15.21) $\quad \nabla^2 = \frac{1}{r^2}\frac{\partial}{\partial r}\left(r^2 \frac{\partial}{\partial r}\right) - \frac{1}{r^2 \hbar^2} L^2$

mit L^2 als Operator des quadratischen Drehimpulses

(15.22) $\quad L^2 = -\hbar^2 \left[\frac{1}{\sin\theta}\frac{\partial}{\partial\theta}\left(\sin\theta \frac{\partial}{\partial\theta}\right) + \frac{1}{\sin^2\theta}\frac{\partial^2}{\partial\varphi^2}\right]$.

Ein Ansatz der Form

(15.23) $\quad \psi = R(r) Y_l^m(\theta, \varphi)$

löst Gl. 15.20. Hier sind die Y_l^m Kugelfunktionen, die in Tabelle A8 im Anhang gegeben sind. Y_l^m ist eine Eigenfunktion von L^2 und L_z (vgl. Gl. 5.7),

---

[14] Der eindimensionale, harmonische Oszillator wird zum Beispiel in Eisberg Abschnitt 8.6 behandelt. Den dreidimensionalen Oszillator kann man finden in Messiah, Abschnitt 12.15 oder ausführlich in J. L. Powell und B. Crasemann, *Quantum Mechanics*, Addison-Wesley, Reading, Mass., 1961, Abschnitt 7.4.

(15.24) $\quad L^2 Y_l^m = l(l+1)\hbar^2 Y_l^m$
$\quad\quad\quad\; L_z Y_l^m = m\hbar Y_l^m.$

Die radiale Wellenfunktion $R(r)$ erfüllt

(15.25) $\quad \dfrac{1}{r^2}\dfrac{d}{dr}\left(r^2 \dfrac{dR}{dr}\right) + \left(\lambda - r^2 - \dfrac{l(l+1)}{r^2}\right)R = 0.$

Diese Gleichung läßt sich einfach lösen[14]. Die Resultate können, wie folgt, zusammengefaßt werden[15]. Gl. 15.25 hat nur Lösungen, wenn

(15.26) $\quad E_N = \left(N + \dfrac{3}{2}\right)\hbar\omega$

ist, wobei N eine ganze Zahl ist, $N = 0, 1, 2, \ldots$. Das Potential und die Energieniveaus sind in Bild 15.7 gezeigt. Die vollständige Wellenfunktion ist durch

(15.27) $\quad \psi_{Nlm} = \left(\dfrac{2}{r}\right)^{1/2} \Lambda_k^{l+1/2}(r^2) Y_l^m(\theta, \varphi), \quad k = \dfrac{1}{2}(N - l)$

gegeben, wobei $\Lambda(r^2)$ eine Laguerre-Funktion ist. Sie ist mit den bekannteren Laguerre-Polynomen $\Lambda_k^\alpha(r)$ durch

(15.28) $\quad \Lambda_k^\alpha(r^2) = \left[\Gamma(\alpha+1)\binom{k+\alpha}{k}\right]^{-1/2} \exp\left(-\dfrac{r^2}{2}\right) r^\alpha L_k^\alpha(r^2)$

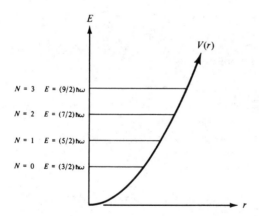

Bild 15.7 Dreidimensionaler harmonischer Oszillator und seine Energieniveaus.

---

[15] Es sind verschiedene Definitionen der Quantenzahlen gebräuchlich. Unsere Bezeichnung stimmt mit der von A. Bohr und B. R. Mottelson, *Nuclear Structure*, Vol I. Benjamin, Reading, Mass., 1969, S. 220, überein.

verbunden. Zuerst sehen diese Funktionen schrecklich aus. Sie werden jedoch verständlicher, wenn man einfach ihre Eigenschaften und ihr Verhalten in einem der vielen Bücher der mathematischen Physik nachschaut[16]. Die radialen Wellenfunktionen der ersten drei Niveaus sind in Bild 15.8 gezeigt. Welche physikalische Bedeutung haben die Indizes N, l und m? N wurde schon in Gl. 15.26 definiert. Es numeriert die Energieniveaus. Gl. 15.24 zeigt, daß l die Bahndrehimpulsquantenzahl ist. Sie ist auf Werte $l \leq N$ beschränkt. Für jeden Wert von l kann die magnetische Quantenzahl m $2l + 1$ Werte annehmen, von $-l$ bis l. Die Parität jedes Zustands ist durch Gl. 9.10 zu

$$\pi = (-1)^l$$

bestimmt. Es existieren Zustände gerader und ungerader Parität, und folglich sind die möglichen Bahndrehimpulse eines Zustands mit der Quantenzahl N durch

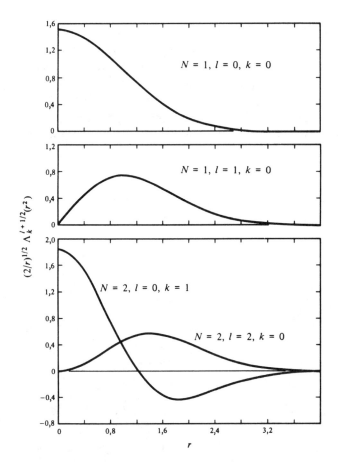

Bild 15.8
Normierte radiale Wellenfunktionen $(2/r)^{1/2}\, \Lambda$ des dreidimensionalen, harmonischen Oszillators. Der Abstand r wird in Einheiten von $(\hbar/m\omega)^{1/2}$ gemessen.

---

[16] Z. B. P. M. Morse und H. Feshbach, *Methods of Theoretical Physics*, McGraw-Hill, New York, 1953, Abschnitt 12.3, Gl. 12.3.37.

(15.29) N gerade π gerade $l = 0, 2, ..., N$
         N ungerade π ungerade $l = 1, 3, ..., N$.

gegeben. Die Entartung eines jeden Zustands N kann man nun durch Abzählen erhalten: Die möglichen Drehimpulse sind durch Gl. 15.29 festgelegt. Jeder Drehimpuls steuert $2l + 1$ Unterzustände bei und die Gesamtentartung wird

(15.30) Entartung $= \frac{1}{2}(N + 1)(N + 2)$.

Die radiale Wellenfunktion $R(r) = (2/r)^{1/2} \Lambda$ ist durch die Zahl der Knoten n_r charakterisiert. Es ist üblich, die Knoten bei $r = 0$ nicht mitzuzählen, jedoch die bei $r = \infty$. Für die Beispiele in Bild 15.8 gilt dann

(15.31) $n_r = 1 + k = 1 + \frac{1}{2}(N - l)$.

Diese Beziehung gilt für alle radialen Wellenfunktionen $R(r)$.

Nach dieser langen Vorbereitung kommen wir zu unserer Aufgabe zurück und verbinden die Eigenschaften des harmonischen Oszillators mit dem Teilchenmodell. Der Zustand eines Teilchens kann durch seine Masse (Energie) und seinen Drehimpuls charakterisiert werden.

In Bild 15.9 zeigen wir einige der untersten Niveaus eines harmonischen Oszillators, die durch die Quantenzahl N, die radiale Quantenzahl n_r und den Drehimpuls in Einheiten

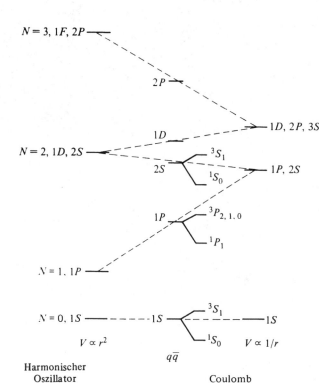

Bild 15.9
Einige der niedrigsten Energieniveaus für ein harmonisches Oszillatorpotential, ein Coulomb-Potential und $q\bar{q}$. Für das letzte wurde angenommen, daß die Niveaus etwa auf der Hälfte zwischen den Niveaus der beiden anderen Potentiale liegen; die Spin-Spin-Aufspaltung ist auch dargestellt. Zusätzlich zu N sind die Niveaus durch die radiale Quantenzahl und den Bahndrehimpuls gekennzeichnet.

von $\hbar$ gekennzeichnet sind. Zusätzlich sind die entsprechenden Niveaus des e^+e^--Systems ohne die Einflüsse der magnetischen Kraft dargestellt. Wir erwarten, daß die gebundenen $q\bar{q}$-Zustände irgendwo zwischen diesen beiden Extremen liegen, so wie in der Abbildung gezeigt. Wir haben auch den Effekt der kurzreichweitigen Spin-Spin-Kraft, Gl. 15.16, für mehrere der niedrigsten Zustände berücksichtigt. Die ersten beiden Zustände entsprechen den 0^-- und 1^--Multipletts, die nächsten zwei den ^3P- und $^1P_1$-Zuständen. Der ^3P-Zustand ist durch Spin-Bahn-Kräfte in 0^+-, 1^+- und 2^+-Mesonenmultipletts aufgespalten. Die meisten der dazugehörigen Mitglieder haben Massen, die größer als 1 GeV/c^2 sind. Das Zentrum des $^1P_1$-Zustands ist bei etwa 1 240 MeV/c^2, wie das des $^3P_0$-Zustands. Der $^3P_1$-Zustand liegt bei etwa 1 350 MeV/c^2 und der $^3P_2$-Zustand bei 1 400 MeV/c^2.

Der harmonische Oszillator zeigt noch ein anderes Merkmal eines Teilchenspektrums, nämlich einige allgemeine Beziehungen zwischen Teilchen verschiedenen Spins aber gleicher Parität. In einigen Fällen scheinen diese Teilchen angeregte Rotationszustände des Teilchens mit der geringsten Masse zu sein. Dann muß es wie für den untersten Massezustand auch für die höheren Spins komplette Multipletts geben. Wir wollen nun einige Aspekte der höheren Massenzustände und der langreichweitigen, einschließenden Kraft der Quarks – hier als linear angenommen – skizzieren. Eine graphische Darstellung des Drehimpulses l in Abhängigkeit von der Energie ist in Bild 15.10 gezeigt.

Die Zustände in Bild 15.10 können auf verschiedene Art in Familien angeordnet werden: Zustände mit gleichem N oder l oder n_r können verbunden werden. In Bild 15.10 wurde die letzte Möglichkeit gewählt, und das Resultat ist eine Reihe von Geraden, die mit wachsender Energie ansteigen. Die Linearität ist eine Eigenschaft des harmonischen Oszillators. Wählt man eine andere Potentialform, so sind die Linien im allgemeinen keine Geraden mehr, aber das Gesamtbild bleibt gleich. Warum wurden die Zustände mit gleichem n_r und nicht mit gleichem l verbunden? Die Quantenzahlen l und n_r haben verschiedenen physikalischen Ursprung. Im Prinzip können wir ein quantenmechanisches System nehmen und es mit verschiedenen Werten seines Drehimpulses herumdrehen, ohne seine interne Struktur zu ändern. Die Quantenzahl l beschreibt das Verhalten des Systems bei Rotation im Raum, und sie kann eine *externe Quantenzahl* genannt werden. Die Zahl der radialen Knoten jedoch ist eine Eigenschaft der Zustandsstruktur und n_r (wie die Eigenparität) kann man eine *interne Quantenzahl* nennen. In diesem Sinn haben die Zustände auf einer Trajektorie eine ähnliche Struktur. Tatsächlich können die Teilchen auf einer gege-

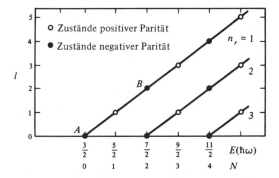

Bild 15.10 In dieser Darstellung sind die Drehimpulse gegen die Energie der Zustände des dreidimensionalen harmonischen Oszillators aufgetragen.

benen Linie weiterhin unterteilt werden: Zustände mit der gleichen Parität treten in Intervallen von $\Delta l = 2$ wieder auf.

Zustand B in Bild 15.10 wird als Wiederholung von Zustand A mit höhrerem Drehimpuls angesehen. Nun ergibt sich die Frage: zeigen die Teilchen ein ähnliches Verhalten, wenn die Teilchenmasse gegen den Teilchenspin für Teilchen aufgetragen wird, die die gleichen internen Quantenzahlen haben? Tatsächlich treten ausgeprägte Regelmäßigkeiten auf[17]. Wir stellen in Bild 15.11 ein Beispiel vor.

Hier zeigen wir die Spins negativer Parität von Isospin-0-Mesonen und positiver Parität von Isospin-3/2-Baryonen als Funktion des Quadrates der Teilchenmasse. Das Erscheinen einer Familie ist in beiden Fällen deutlich und die Ähnlichkeit zu Bild 15.10 offensichtlich. Die Darstellung wird Chew-Frautschi-Diagramm oder auch Regge-Trajektorie genannt. Die Teilchen höherer Masse werden Regge-Rekurrenz des niedrigsten Massezustandes genannt[18]. Es ist bemerkenswert, daß die Anstiege der zwei Regge-Trajektorien sehr ähnlich sind, ungefähr 0,9 (GeV^2/c^4). Dieser Anstieg hat im Fall des harmonischen Oszillators Beziehung zur Federkonstante.

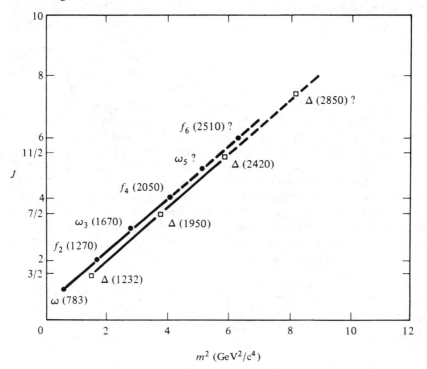

Bild 15.11 Darstellung des Spins als Funktion des Quadrates der Masse für den Isospin null und negative Parität der Mesonen und für den Isospin 3/2 und positive Parität der Baryonen.

---

[17] V. D. Barger und D. B. Cline, *Phenomenological Theories of High Energy Scattering, An Experimental Evaluation,* Benjamin, Reading, Mass., 1969.
[18] Regge-Trajektorien basieren auf viel allgemeineren Grundlagen (analytische Eigenschaften) als bei der hier gegebenen Ableitung dargestellt. Siehe z.B. T. Regge, *Nuovo Cim.* **14**, 951 (1959); **18**, 947 (1960).

15.7 QCD und Quarkmodelle der Hadronen

Die einschließenden Kräfte der QCD für Quarks sind stark, hochgradig nichtlinear und schwierig zu behandeln. Es ist daher nicht überraschend, daß eine ganze Reihe von anderen Modellen konstruiert wurde, die uns erlauben, Quarkwellenfunktionen sowie statische und spektroskopische Eigenschaften der Hadronen, insbesondere der Baryonen, zu erhalten.

Eins der ersten erfolgreichen Modelle war das MIT-Bagmodell[19]. Man stellt sich das Baryon als eine Tasche oder Blase mit dem Radius R vor, die die Quarks einschließt. Wenn konstituierende Quarks verwendet werden, dann sind die Impulse der Quarks in der Größenordnung $\hbar/R$ oder in der gleichen Größenordnung wie die Masse des Quarks multipliziert mit der Lichtgeschwindigkeit c. Eine nichtrelativistische Behandlung verursacht dann Probleme, und die MIT-Gruppe nahm deshalb Stromquarks (current quarks), die durch masselose Quarks approximiert wurden. In der einfachsten Form bewegen sich die drei masselosen Quarks frei im Inneren der Tasche. Die Randbedingung an der Oberfläche der Tasche wird so gewählt, daß der Farbfluß am Verlassen des Einschlußbereiches gehindert wird. Ein konstanter Druck B, der radial ins Innere der Tasche gerichtet ist, wirkt der kinetischen Energie der Quarks im Inneren der Tasche entgegen. Das Modell ist bei der Beschreibung einiger Eigenschaften der Nukleonen, wie etwa bei magnetischen Momenten und Radien, bemerkenswert erfolgreich. Der Taschenradius muß jedoch für einen Fit der Daten in der Größenordnung von 1 – 1,2 fm liegen, so daß es wenig Raum für Pionen und andere Mesonen gibt. Dieser Mangel wurde im „kleinen" oder „Chiral-Taschenmodell" beseitigt. In diesem Modell sind die Pionen an der Oberfläche der MIT-ähnlichen Tasche[20] gekoppelt. Die Pionenkopplung ermöglicht einen geringeren Taschenradius, etwa 0,5 fm. Dieses Modell wurde durch Behandlung der Dynamik von Pionen und Quarks in einer „wolkigen Tasche" weiter verbessert. Dabei ist es den Pionen erlaubt, in die Tasche einzudringen[21]. Die Pionen können nur an die Oberfläche gekoppelt sein, oder können eine äquivalente Kopplung überall im Volumen der Tasche haben[22]. In all diesen Modellen werden die Quarks als „Stromquarks" mit einer geringen Masse von etwa 4 – 10 MeV betrachtet, im Gegensatz zu den Potentialmodellen, die konstituierende Quarks verwenden. Es gibt auch noch andere Taschenmodelle, auch die sogenannten „Solitonen"[23] gehören dazu. Es bleibt abzuwarten, welche dieser vielen Modelle, wenn überhaupt eins, erfolgreich bleiben, wenn immer mehr Daten zugänglich werden.

---

[19] A. Chodos et al., *Phys. Rev.* **D 9**, 3471 (1974); **D 10**, 2599 (1974); T. De Grand et al., *Phys. Rev.* **D 12**, 2060 (1975); K. Johnson, *Acta Phys. Polon.*, **B 6**, 865 (1975).
[20] G. E. Brown und M. Rho, *Phys. Lett.* **82 B**, 177 (1979); G. E. Brown, M. Rho und V. Vento, *Phys. Lett.* **84 B**, 383 (1979).
[21] S. Theberge, A. Thomas und G. A. Miller, *Phys. Rev.* **D 22**, 2838 (1980); **D 23**, 2106 (E) (1981).
[22] A. W. Thomas, *Adv. Nucl. Phys.* **13**, 1 (1983); G. A. Miller in *Quarks and Nuclei*, (W. Weise, Ed.), Kap. 3, World Scientific, Singapur, 1984.
[23] L. Wilets, *Nontopological Solitons*, World Scientific, Teaneck, NJ, 1989; I. Zahed und G. E. Brown, *Phys. Rep.* **129**, 226 (1986).

15.8 Charmonium, Ypsilon: Schwere Mesonen

Die Existenz von Quarks, die schwerer als das s-Quark sind, wurde auf Grundlage der elektroschwachen Theorie, die wir in den Kapiteln 11-13 eingeführt haben, vorhergesagt. Das Fehlen von schwachen, neutralen Strömen, die die Strangeness ändern, macht ein neues Quark erforderlich, das Charm- oder c-Quark. Eine neue Ära der Physik wurde eingeleitet, als Richter am SLAC in Stanford und Ting in Brookhaven zusammen mit ihren Mitarbeitern fast gleichzeitig das J/ψ[24] entdeckten. Dieses Meson, das aus $c\bar{c}$ besteht, wurde am SLAC bei e^+e^--Stößen (siehe Abschnitt 10.10) und in Brookhaven bei Untersuchungen von hadronisch erzeugten e^+e^- gefunden. Es konnte nur wenig Zweifel geben, daß ein neues Kapitel der Physik begonnen hatte, da die Zerfallsbreite des J/ψ-Teilchens nur 70 keV beträgt und nicht in der Größenordnung von 100 MeV liegt. Die Zerfallsbreite bei dem spezifischen Kanal e^+e^- liegt nur bei etwa 5 keV, wie für Vektormesonen erwartet. Jetzt ist bekannt, daß das J/ψ-Teilchen ein $^3S_1$ (1^-) Zustand des $c\bar{c}$ ist. Die Aufregung bei den Physikern über den neuen Zustand der Materie wurde noch weiter vergrößert, als angeregte Zustände des $c\bar{c}$ entdeckt wurden.

Die Niveaustruktur von Charmonium, dem gebundenen $c\bar{c}$-System, ist in Bild 15.12 gezeigt. Sie ist ähnlich zu der des Positroniums. Die Unterschiede der Spektren versteht man, wenn man in die Schrödingergleichung die Massen $m(c) = m(\bar{c}) = 1550$ MeV/c^2 und ein Zentralpotential der Form[25]

$$(14.59) \qquad V = -\frac{\alpha_s k}{r} + Ar$$

einsetzt (siehe Bild 14.26). Die Energien für dieses Potential aus Gl. 14.59 liegen zwischen denen des Coulombpotentials und denen eines harmonischen Oszillators, wie in Bild 15.9 gezeigt. Durch Addition von Spin-Bahn- und Spin-Spin-Potentialen (siehe Gleichungen 14.35 und 15.16), wie durch den Eingluonaustausch[12] gegeben, können das Spektrum und die Zerfallsraten beim Gammazerfall reproduziert werden.

Die Breiten der $c\bar{c}$-Zustände sind gering. Unterhalb von etwa 3,7 GeV/c^2 nehmen die Breiten der Zustände mit ansteigender Energie von etwa 10 keV bis zu einigen MeV zu. Oberhalb dieser Energie wachsen die Breiten auf mehrere zehn MeV. Das $c\bar{c}$-System hat sich dann aus einem gebundenen in einen kontinuierlichen Zustand umgewandelt. Die Kontinuumsmerkmale kann man verstehen, wenn man fordert, daß das $c\bar{c}$-System oberhalb von 3,7 GeV in zwei Mesonen mit Charm, D und $\bar{D}$, zum Beispiel $c\bar{u}$ und $\bar{c}u$, zerfallen kann. Unterhalb dieser Energieschwelle sind diese Kanäle geschlossen und das System ist quasistabil oder gebunden. Die geringen Breiten der gebundenen $c\bar{c}$-Zustände deuten auf eine Auswahlregel hin. Solch eine Regel wurde bereits von Okubo, Zweig und Iizuka[26] postuliert. Die OZI-Regel besagt, daß Übergänge, die durch Diagramme mit Quarklinien be-

---

[24] J. J. Aubert et al., *Phys. Rev. Lett.* **33**, 1404 (1974); J. E. Augustin et al., *Phys. Rev. Lett.* **33**, 1406 (1974).
[25] Siehe zum Beispiel E. Eichten et al, *Phys. Rev. Lett.* **34**, 369 (1975); T. Appelquist, R. M. Barnett und K. Lane, *Ann. Rev. Nucl. Part. Sci.* **28**, 387 (1978); J. Richardson, *Phys. Rev. Lett.* **82 B**, 272 (1979).
[26] S. Okubo, *Phys. Lett.* **5**, 163 (1963); G. Zweig, CERN-Report Nr. 8419/Th 412 (unveröffentlicht); J. Iizuka, *Prog. Theor. Phys. Suppl.* Nr. 37 - 38, 21 (1966).

15.8 Charmonium, Ypsilon: Schwere Mesonen

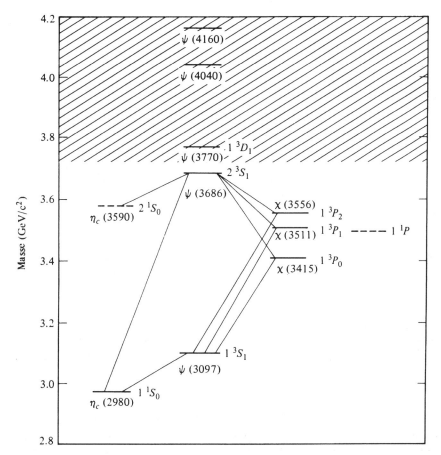

Bild 15.12 Spektrum des Charmonium. Die durchgezogenen Linien sind bekannte Zustände, die gestrichelten sind weniger gut bekannte oder lediglich erwartete Zustände. Die die Energieniveaus verbindenden Linien kennzeichnen Photonenübergänge. Der abgeschattete Bereich stellt das Kontinuum für Zerfälle in $D\bar{D}$-Mesonen dar.

schrieben werden, die unterbrochen sind (das heißt: Diagramme, die durch eine Linie zerschnitten werden können, die keine Quarklinie schneidet) stark unterdrückt sind. Ein Beispiel für solch einen OZI-gehemmten Zerfall und für die Schnittlinie (gestrichelt) für den Zerfall des $c\bar{c}$-Systems in zwei Pionen ist in Bild 15.13(a) gezeigt. In Bild 15.13(b) ist dagegen der erlaubte Zerfall in Mesonen mit Charm, $D\bar{D}$ oberhalb der 3,7 GeV/c^2 Energieschwelle, dargestellt. Unterhalb dieser Schwelle ist der Zerfall in Hadronen schwach und geschieht vorwiegend in Mesonen mit Strangeness (strange mesons), da s- und c-Quarks zur gleichen schwachen (mittlere Masse) Familie gehören, wie in Gl. 13.5 beschrieben. Der bevorzugte virtuelle schwache Zerfall ist deshalb $c \rightarrow sW^+$, wie in Bild 15.13(c) gezeigt.

Das c-Quark wurde aus theoretischen Überlegungen postuliert und die Entdeckung des $c\bar{c}$-Mesons, des J/ψ, war ein theoretischer und experimenteller Triumph. Im Gegensatz dazu geschah die Entdeckung des b-Quarks unerwartet. Einen ersten Hinweis auf das fünfte Quark erhielt man bereits 1968, aber erst die Beobachtung der schmalen Dimyon-Reso-

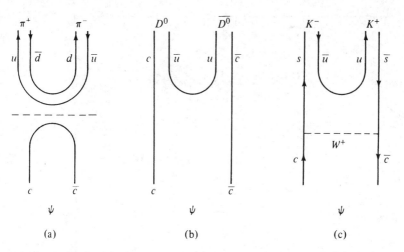

Bild 15.13 J/ψ-Zerfälle in Hadronen: (a) OZI-unterdrückte Zerfälle in nichtfremdartige Mesonen; (b) ein bevorzugter Zerfall oberhalb der $D\bar{D}$ Schwelle; (c) ein bevorzugter schwacher Zerfall.

nanz bei der Streuung von 400 GeV-Protonen an Kernen 1977 im Fermilabor lieferte den endgültigen Beweis für das neue Teilchen, das Ypsilon[27]. Das Ypsilon ist der gebundene Zustand des b-Quarks (Bottom oder Beauty) mit seinem Antiquark, $b\bar{b}$. Ähnlich wie das Charmonium besitzt das „Bottonium" ein Spektrum von angeregten positroniumähnlichen Resonanzen. Das Spektrum der $b\bar{b}$-Resonanzen kann mit Hilfe von Gl. 14.59 mit der gleichen Konstanten A und mit dem vom Eingluon-Austauschpotential vorhergesagten k verstanden werden. Die langreichweitige einschließende Kraft ist also flavor-unabhängig. Das t-Quark (top quark), der Partner des b-Quarks (bottom quark), ist nach wie vor nicht gefunden worden. Es wurde ohne Erfolg bei Zerfällen des $W^{\pm}$ und des Z^0 gesucht. Seine Masse sollte größer als 80 GeV/c^2 sein. Wenn man das t-Quark finden sollte, kann auch das „Toponium" untersucht werden.

15.9 Ausblick und Probleme

Wir haben nur ein bißchen an der Oberfläche der Teilchenmodelle gekratzt. Eine ausführliche Diskussion geht wesentlich tiefer und beinhaltet mehr als die Zusammensetzung der Hadronen aus Quarks und Gluonen. Sie schließt die Teilcheneigenschaften ein, wie etwa statische Momente, Zerfälle, Formfaktoren und Kopplungen von Mesonen an Baryonen.

Die Beschreibung der Hadronen durch Quarks ist sehr erfolgreich. Der Erfolg führt jedoch zu einer Reihe von Fragen. Einige dieser Fragen sind hier zusammengestellt:

1. Die indirekten Beweise für Quarks sind erdrückend, aber der Einschluß der Quarks ist noch nicht völlig verstanden. Man erwartet, daß er aus der QCD folgt und numerische

---

[27] S. W. Herb et al., *Phys. Rev. Lett.* **39**, 252 (1977); W. R. Innes et al., *Phys. Rev. Lett.* **39**, 1240 (1977); L. Lederman, *Sci. Amer.* **239**, 72 (Oktober 1978).

15.9 Ausblick und Probleme

Berechnungen (an einem Gitternetz, nicht an einem kontinuierlichen Raum) scheinen das zu bestätigen[28].

2. Sind die Quarks selbst strukturlose Teilchen? Da es mindestens 18 Quarks gibt, die aus sechs Sorten und drei Farben zusammengesetzt sind, müssen wir uns schon fragen, ob die Quarks tatsächlich fundamentale Bestandteile der Hadronen sind.

3. Welche Beziehung besteht zwischen starken Multipletts und den elektroschwachen Familien? Wie viele Generationen oder Familien von Quarks gibt es und warum?

4. Die Farbe ist eine wichtige Eigenschaft der Quarks für starke Wechselwirkungen. Die Sorte ist wichtiger für die elektroschwache Wechselwirkung. Warum ist das so? Welche Verbindung besteht zwischen Sorte und Farbe, zwischen schwachem und starkem Isospin? Welche Beziehung existiert zwischen starker und elektroschwacher Wechselwirkung?

5. Welchen Grund gibt es für den Isospin? Die Massen von u- und d-Stromquarks sind völlig verschieden, wie Tabelle 5.7 zeigt. Die Massen der konstituierenden u- und d-Quarks sind dagegen fast gleich. Was für eine Beziehung gibt es zwischen Stromquarks und konstituierenden Quarks?

6. Die Mesonen sind im wesentlichen aus $q\bar{q}$ und die Baryonen aus drei (Valenz) Quarks zusammengesetzt. Es gibt jedoch Beweise für einen „Untergrundsee" von Quark-Antiquark-Paaren. Wie wichtig sind diese „Seequarks" und welche Rolle spielen sie? Gibt es andere Bestandteile der bekannten Hadronen? Welche Rolle spielen die Gluonen? Die Pionen passen nicht so einfach in das Massenschema der Mesonen. Warum ist ihre Masse so klein? Ist das Pion teilweise ein Goldstone-Boson, wie in Abschnitt 12.5 beschrieben und kein $q\bar{q}$-Meson?[10]

7. Welche Verbindung besteht zwischen Quark-Gluon- und Baryon-Meson-Freiheitsgraden? Welche Rolle spielen Pionen und andere Mesonen in der Struktur der Baryonen?

8. Welche Beziehung besteht zwischen Hadronen und Leptonen? Während früher das „raison d'être" der Myonen ein Problem war, ist es jetzt das Verhältnis von Quarks und Leptonen. Die elektroschwache Theorie ergibt nur endliche Werte, wenn die Anzahl von Leptonen und Quarksorten gleich ist, so daß die Summe der Ladungen über alle Leptonen und Quarks gleich null ist. Steht diese Gleichheit in Beziehung zu der Ursache dafür, daß Quarkladungen Bruchteile der Ladung e sind? Oder bezieht sich die gebrochene elektrische Ladung auf die Rolle der Farbe?

9. Obwohl wir das Gebiet der Regge-Pole nur kurz gestreift haben, existieren auch hier viele Probleme. Zum Beispiel, beschreiben Regge-Pole wirklich alle Teilchen?

Die hier aufgelisteten Fragen sind nur ein kleiner Auszug von dem, was die Aufmerksamkeit der Teilchentheoretiker erregt. Der Erfolg der Weinberg-Salam-Theorie und die ganz offensichtlichen Erfolge der QCD haben zu spekulativen Theorien geführt, die versuchen, diese Kräfte zu kombinieren, wie wir das in Kapitel 14 beschrieben haben. Werden diese großen vereinigten Theorien und ihre Nachfolger in der Lage sein, auf die oben gestellten Fragen zu antworten?

---

[28] N. A. Campbell, L. A. Huntley und C. Michael, *Nucl. Phys.* **B 306**, 51 (1978).

15.10 Literaturhinweise

Die beiden folgenden Bücher liefern sehr gut lesbare Einführungen zur Rolle der Quarks in der Struktur der Hadronen:

Y. Nambu, *Quarks*, World Scientific, Singapore, 1985.

L. B. Okun, *Particle Physics, The Quest for the Substance of Substructure*, Harwood Academic, New York, 1985, insbesondere Kapitel 3.

Auf höherem Niveau werden Quarkmodelle in einer Anzahl von Büchern diskutiert. Besonders informativ sind:

F. E. Close: *An Introduction to Quarks and Partons*, Academic Press, New York, 1979.

K. Gottfried und V. F. Weisskopf, *Concepts of Particle Physics*, Oxford University Press, New York, Band I, 1984, Band II, 1986.

I. S. Hughes, *Elementary Particles*, 2. Ausgabe, Cambridge Univ. Press, Cambridge, 1985.

F. Halzen und A. D. Martin, *Quarks and Leptons*, John Wiley, New York, 1984.

Es gibt auch viele Übersichtsartikel zu verschiedenen Aspekten der Quarkmodelle. Darunter sind:

H. J. Lipkin, „Quark Models for Pedestrians", *Phys. Rep.* **18**, 175 (1973); N. Isgur und G. Karl, „Hadron Spectroscopy and Quarks", *Phys. Today* **36**, 36 (November 1983); A. W. Hendry und D. B. Lichtenberg, „Properties of Hadrons in the Quark Model", *Fortschr. Phys.* **33**, 139 (1985).

Übersichtsartikel zur leichten Hadronenspektroskopie findet man in A. J. G. Hey und R. L. Kelly, *Phys. Rep.* **96**, 72 (1983); B. Diekmann, *Phys. Rep.* **159**, 100 (1988); *Hadron Spectroscopy* 1985, (S. Oneda, Ed.) *Amer. Inst. Phys. Confer. Proc.* **132**, AIP, New York, 1985.

Taschenmodelle der Hadronen mit Betonung des MIT-Modells werden behandelt in G. E. De Tar und J. F. Donoghue, *Ann. Rev. Nucl. Part. Sci.* **33**, 325 (1983). Die kleine Tasche wird beschrieben in G. E. Brown und M. Rho, *Phys. Today* **36**, 24 (Februar 1983). Über die wolkige Tasche und andere Modelle berichtet A. Thomas, *Adv. Nucl. Phys.* **13**, 1 (1983) und G. A. Miller in *Quarks and Nuclei*, (W. Weise, Ed.), World Scientific, Singapur, 1984, Kap. 3. Solitonen-Taschenmodelle werden beschrieben in L. Wilets, *Nontopological Solitons*, World Scientific, Teaneck, NJ, 1989, und I. Zahed und G. E. Brown, *Phys. Rep.* **129**, 226 (1986).

Überblick über die Suche nach freien Quarks liefern L. W. Jones, *Rev. Mod. Phys.* **49**, 717 (1977); M. Marinelli und G. Morpurgo, *Phys. Rep.* **85**, 161 (1982); L. Lyons, *Phys. Rep.* **129**, 226 (1985); P. F. Smith, *Ann. Rev. Nucl. Part. Sci.* **39**, 73 (1989).

Eine Diskussion des $c\bar{c}$ findet man in E. D. Bloom und G. J. Feldman, *Sci. Amer.* **246**, 66 (Mai 1982). Übersichtsartikel zum Charmonium sind C. Quigg und J. L. Rosner, *Phys. Rep.* **56**, 167 (1979); K. Königsmann, *Phys. Rep.* **139**, 244 (1986); D. G. Hitlin und W. H. Toki, *Ann. Rev. Nucl. Part. Sci.* **38**, 497 (1988).

Sowohl über $c\bar{c}$ als auch über $b\bar{b}$ Mesonen berichtet W. Kwong und J. L. Rosner, *Ann. Rev. Nucl. Part. Sci.* **37**, 325 (1987). Eine Übersicht über die Mesonen gibt P. Franzini und J. Lee-Franzini, *Ann. Rev. Nucl. Part. Sci.* **33**, 1 (1983); K. Berkelman, *Phys. Rep.* **98**, 146 (1983). Ein mehr populärer Artikel ist N. B. Mistry, R. A. Poling und E. M. Thorndyke, *Sci. Amer.* **249**, 106 (Juli 1983).

Toponium wird diskutiert von J. H. Kuhn und P. M. Zerwas, *Phys. Rep.* **167**, 321 (1988).

Der Einschluß der Quarks wird beschrieben von C. Rebbi, *Sci. Amer.* **248**, 54 (Februar 1983). Gitterberechnungen dieses Aspektes der QCD werden in einem neuen, sehr lesenswerten Artikel von S. R. Sharpe in *Glueballs, Hybrids, and Exotic Hadrons*, (S-W. Chung, Ed.), Amer. Inst. Phys. Confer. Proc. 185, AIP, New York, 1989, S. 55 beschrieben.

Über Regge-Phänomene wird berichtet von A. C. Irving und R. P. Worden, *Phys. Rep.* **34**, 144 (1977). Beschreibungen kann man auch in den am Anfang dieses Abschnittes angegebenen Texten finden.

Aufgaben

15.1 Nehmen Sie an, daß die nichtseltsamen Quarks u und d frei und stabil sind. Beschreiben Sie ihren Lebensweg, wenn sie in einen Festkörper gelangen. Was ist das Endschicksal eines jeden von beiden und wo kommen sie ihrer Meinung nach zur Ruhe?

15.2 Beschreiben Sie die Möglichkeiten, an Beschleunigern nach Quarks zu suchen. Wie kann man Quarks von anderen Teilchen unterscheiden? Was beschränkt die Masse der Quarks, die gefunden werden können?

15.3 Könnte man Quarks in einem Experiment des Millikan-Typs (Öltröpfchen) sehen? Schätzen Sie die untere Grenze der Konzentration ab, die in einem Experiment mit gewöhnlichen Öltröpfchen beobachtet werden kann. Wie kann die Untersuchung verbessert werden?

15.4 Verwenden Sie das Quarkmodell, um das Verhältnis der magnetischen Momente von Proton und Neutron zu berechnen.

15.5 Verwenden Sie ein einfaches Potential mit einer Reichweite, die durch den Protonenradius gegeben ist, um die nichtrelativistische Behandlung der Quarks in einem Quarkmodell zu rechtfertigen.

15.6 Zeigen Sie, daß nur ein Baryonenzustand aus drei identischen Quarks mit $L = 0$ gebildet werden kann. Zeigen Sie, daß dieser Zustand einem Teilchen mit Spin 3/2 entspricht.

15.7
a) Zeigen Sie, daß das Quadrat der Summe zweier Drehimpulsoperatoren **J** und **J**′ als

$$(\mathbf{J} + \mathbf{J}')^2 = \mathbf{J}^2 + \mathbf{J}'^2 + 2\mathbf{J} \cdot \mathbf{J}'$$
$$= \mathbf{J}^2 + \mathbf{J}'^2 + 2J_z J'_z + J_+ J'_- + J_- J'_+$$

geschrieben werden kann, wobei

$$J_\pm = J_x \pm iJ_y, \quad J'_\pm = J'_x \pm iJ'_y$$

die Aufsteige- und Absteigeoperatoren sind, deren Eigenschaften in Gl. 8.27 angegeben wurden.

b) Betrachten Sie die beiden Quark-Zustände

$$|\alpha\rangle = |u\uparrow\rangle|d\downarrow\rangle$$
$$|\beta\rangle = |u\downarrow\rangle|d\uparrow\rangle$$

wo z.B. $|u\uparrow\rangle$ ein u-Quark mit Spin nach oben ($J_z = \frac{1}{2}$), und $|d\downarrow\rangle$ ein d-Quark mit Spin nach unten ($J'_z = -\frac{1}{2}$) beschreibt. Benutzen Sie das Ergebnis aus Teil (a), um eine Linearkombination der Zustände $|\alpha\rangle$ und $|\beta\rangle$ zu finden, die den Werten $J_{tot} = 1$ und $J_{tot} = 0$ des Gesamtdrehimpulses der Quantenzahl der beiden Quarks entspricht.

15.8 Verifizieren Sie die Gln. 15.14 und 15.15. Warum müssen die verschiedenen Teilchenzustände orthogonal zueinander sein?

15.9 Wenden Sie das Argument, das zu Gl. 15.15 führt, auf die neutralen Pseudoskalar-Mesonen an. Suchen Sie nach einer Erklärung, warum die Übereinstimmung mit dem Experiment weniger befriedigend ist als bei den Vektor-Mesonen.

15.10 Anstatt der Zuordnungen in Tabelle 15.2 kann man auch folgende wählen

	J	A	S	I	I_3
u	½	1	0	½	½
d	½	1	0	½	-½
s	½	1	-1	0	0.

a) Wie groß ist in diesem Fall q/e für jedes Quark?
b) Mesonen würden wie zuvor aus q'$\bar{q}$' zusammengesetzt werden, wobei das $\bar{q}$' ein Antiquark ist. Ist diese Zuordnung erlaubt? Erklären Sie alle Schwierigkeiten, die dabei auftreten.
c) Warum wird dieses Modell nicht verwendet? [S. Sakata, *Progr. Theoret. Phys.* **16**, 686 (1956)].

15.11 Sollte man jemals ein reales Quark entdecken, wie kann man es unter Verschluß halten? Wozu könnte es verwendet werden?

15.12
a) Zeigen Sie, daß „normale" Quarkkonfigurationen für Bosonen $\mathbf{B} = (q\bar{q})$ die Bedingung

$$|S| \leq 1, \quad |I| \leq 1, \quad \left|\frac{q}{e}\right| \leq 1$$

erfüllen müssen.
b) Wurden exotische Mesonen, d.h. Mesonen, die diese Bedingungen nicht erfüllen, gefunden?

15.13 Verifizieren Sie Gl. 15.20.

15.14 Zeigen Sie, daß L^2, Gl. 15.22, tatsächlich der Operator des Quadrats des Bahndrehimpulses ist.

15.15 Zeigen Sie, daß $R(r)$ die Gl. 15.25 erfüllt.

15.16 Beweisen Sie Gl. 15.30.

15.17 Stellen Sie die Energieniveaus des Wasserstoffatoms, wie in Bild 15.10 dar.

15.18
a) Man bestimme die Regge-Trajektorien für Baryonen mit dem Isospin 1/2 und positiver Parität. Man wiederhole das bei einem Isospin 1/2 und negativer Parität. Bestimmen Sie die Anstiege und vergleichen Sie diese mit denen in Bild 15.11.
b) Diskutieren Sie das Auftreten der Paritätsverdopplung im Baryonenspektrum. (Siehe F. Iachello, *Phys. Rev. Lett.* **62**, 2440 (1989).)

15.19 Wie kann man beweisen, daß Gluonen und Seequarks sich im Inneren von Hadronen befinden?

15.20 a) Vergleichen Sie die vorhergesagten und die experimentellen Spektren vom $b\bar{b}$-System und vom $c\bar{c}$-System, wenn das Hauptpotential durch Gl. 14.59 mit gleichen Konstanten für beide Fälle gegeben ist. Für die Zustände, die durch Spin-Bahn- und durch Spin-Spin-Kräfte aufgespalten sind, soll der Mittelwert der Energie angenommen werden.
b) Auf Grundlage der Resultate von (a) sage man das Spektrum für $t\bar{t}$ voraus mit einer Masse des t-Quarks von 50 GeV/c^2.

15.21 a) Man nehme an, daß das Spin-Spin-Potential, Gl. 15.16, proportional zum Inversen des Quadrates der Quarkmassen ist. Man beschreibe das Potential durch die dimensionslose Proportionalitätskonstante k. Man bestimme $k|\psi(0)|^2$ aus der Aufspaltung der $^3S_1$ und $^1S_0$ Zustände des $c\bar{c}$-Systems und sage die Aufspaltung für das $b\bar{b}$-System voraus. Man nehme an, daß $|\psi(0)|^2$ unabhängig von der Quarkmasse ist. Man vergleiche mit experimentellen Daten soweit möglich.
b) Man wende die Ergebnisse von (a) auf die Aufspaltung der leichten pseudoskalaren Mesonen und der Vektormesonen aus Tabelle 15.1 an. Wie gut sind die Resultate dabei?
c) Wenn das Spin-Bahn-Potential umgekehrt proportional zum Quadrat der Quarkmassen ist, wiederhole man (a) für die Aufspaltung der $^3P_2$, $^3P_1$ und $^3P_0$-Zustände. Können Sie den Unterschied zum Experiment erklären?

15.22 a) Wie hängt die Energieaufspaltung zwischen den S-Zuständen von der Masse der gebundenen Teilchen bei einem harmonischen Oszillator ab?
b) Man wiederhole (a) für ein Coulombpotential ($1/r$).
c) Man vergleiche diese Energieabstände mit denen beim Charmonium und beim Bottomium.

15.23 Tabelle 15.2 zeigt, daß sich die Massen von u- und d-Quarks um 6 MeV/c^2 unterscheiden. Zeigen Sie, daß in niedrigster Ordnung von $m_u - m_d$ diese Massedifferenz zum Massenunterschied zwischen Neutronen und Protonen beiträgt, aber nicht zu dem zwischen π^+ und π^0.

15.24 a) Zeigen Sie, daß es keine symmetrische Wellenfunktion mit Gesamtspin 1/2 im Spinraum für drei Quarks mit einem Spin 1/2 gibt.
b) Man wiederhole (a) für eine antisymmetrische Wellenfunktion.

15.25 a) Wenn der Massenunterschied zwischen leichten pseudoskalaren Mesonen und Vektormesonen auf einen Unterschied in den Kräften zwischen nicht seltsamen (nonstrange) Quarks, zwischen einem seltsamen und einem nicht seltsamen Quark und zwischen seltsamen (strange) Quarks zurückzuführen ist, bestimme man die Natur dieser Differenz.
b) Man wende (a) auf die niedrigen 1/2$^+$- und 3/2$^+$-Baryonen an.

15.26 Man bestimme die Randbedingungen im MIT-Taschenmodell, wenn die Farbe auf das Innere der Tasche mit dem Radius R beschränkt ist und wenn die Quarks sich im Inneren der Tasche frei bewegen können.

15.27 Erklären Sie, warum die Sättigung der Baryonenzustände mit der geringsten Masse mit drei Quarks und der Mesonen mit $q\bar{q}$ ein Beweis für die Farbe ist.

15.28 Man zeige, daß bei einem einfachen nichtrelativistischen zentralen Quark-Antiquark-Potential $\langle r(K^0)^2 \rangle$ negativ und $\langle r(\overline{K^0})^2 \rangle$ positiv ist.

16 Das Tröpfchen-Modell, das Fermi-Gas-Modell, schwere Ionen

In Kapitel 12 haben wir gesehen, daß die Beschreibung der Kernkräfte nicht vollständig ist, und daß einige Unklarheiten verbleiben, gerade im Bereich unterhalb von etwa 350 MeV. Weiterhin sind Berechnungen der Kerneigenschaften mit den besten Modell-Kräften von vorneherein extrem schwierig und überlasten auch die größten Computer. Die Kraft ist sehr kompliziert, und die Kerne stellen Vielkörperprobleme dar. Es ist deshalb bei den meisten Kernproblemen nötig, sie zu vereinfachen und spezifische Kernmodelle mit simplifizierten Kräften zu verwenden.

Im allgemeinen können Kernmodelle eingeteilt werden in Einteilchenmodelle (IPM – „independent particle models"), wo angenommen wird, daß sich die Nukleonen in erster Ordnung fast unabhängig in einem gemeinsamen Kernpotential bewegen, und Modelle starker Wechselwirkung (kollektive Modelle) (SIM – „strong interaction models"), in denen die Nukleonen stark aneinander gekoppelt sind. Das einfachste SIM ist das Tröpfchenmodell, das einfachste IPM ist das Fermi-Gas-Modell. Beide werden in diesem Kapitel behandelt. In den beiden folgenden Kapiteln wollen wir das Schalenmodell (IPM) diskutieren, in dem sich die Nukleonen fast unabhängig in einem statischen, sphärischen Potential bewegen, das durch die Kerndichteverteilung bestimmt ist, und das kollektive Modell (SIM), in dem die kollektiven Bewegungen des Kerns betrachtet werden. Das „unified" (vereinigte) Modell kombiniert Eigenschaften des Schalenmodells und des kollektiven Modells: die Nukleonen bewegen sich fast unabhängig in einem gemeinsamen, langsam veränderlichen, nichtsphärischen Potential, und man betrachtet die Anregungen der individuellen Nukleonen und des gesamten Kerns.

16.1 Das Tröpfchenmodell

Eine bemerkenswerte Eigenschaft der Kerne ist die annähernde konstante Kerndichte: das Volumen eines Kerns ist proportional zur Zahl A der Konstituenten. Die gleiche Tatsache gilt für Flüssigkeiten, und eines der frühen Kernmodelle war nach dem Muster der Flüssigkeitstropfen gebildet. Bohr[1] und von Weizsäcker[2] führten es ein. Kerne werden als fast inkompressible Flüssigkeitstropfen mit extrem hoher Dichte angesehen. Das Modell erklärt Trend der Bindungsenergien, mit der Massenzahl größer zu werden. Ebenso gibt es ein physikalisches Bild des Spaltungsprozesses. In diesem Kapitel wollen wir die einfachsten Aspekte des Tröpfchenmodells betrachten.

In Abschnitt 5.3 wurden die Messungen der Kernmasse eingeführt und in Abschnitt 5.4 wurden einige grundlegende Eigenschaften der Kerngrundzustände erwähnt. Im besonderen zeigt das Bild 5.20 die stabilen Kerne in der NZ-Ebene. Wir kommen hier auf die Kernmassen zurück und wollen ihr Verhalten detaillierter als in Kapitel 5 beschreiben. Man betrachte einen Kern aus A Nukleonen mit Z Protonen und N Neutronen. Die gesamte Mas-

---
[1] N. Bohr, *Nature* **137**, 344 (1936).
[2] C. F. von Weizsäcker, *Z. Physik* **96**, 431 (1935).

se eines solchen Kerns ist wegen der Bindungsenergie B, die die Nukleonen zusammenhält, etwas kleiner als die Summe der Massen seiner Bestandteile. Für gebundene Zustände ist B positiv und repräsentiert die Energie, die erforderlich ist, den Kern in seine Bestandteile, Neutronen und Protonen, zu zerlegen. B ist durch

(16.1) $$\frac{B}{c^2} = Zm_p + Nm_n - m_{\text{Kern}}(Z, N)$$

gegeben. Hier ist $m_{\text{Kern}}(Z, N)$ die Masse des Kerns mit Z Protonen und N Neutronen. Es ist üblich, *Atom*- und nicht *Kern*massen anzugeben. Die Atommasse schließt die Masse der Elektronen mit ein. Die Einheit der Atommasse ist definiert als ein Zwölftel des ^{12}C-Atoms. Sie wird Masseneinheit genannt und mit u abgekürzt. In MeV und g ausgedrückt ist

(16.2) $1\,\text{u} = 931{,}481\,\text{MeV}/c^2 = 1{,}66043 \times 10^{-24}\,\text{g}$.

Mit der Atommasse $m(Z, N)$ kann die Bindungsenergie als

(16.3) $$\frac{B}{c^2} = Zm_H + Nm_n - m(Z, N)$$

geschrieben werden. Der kleine Beitrag der Elektronenbindung ist in Gl. 16.3 vernachlässigt. m_H ist die Masse des Wasserstoffatoms. Der Unterschied zwischen der Atomruheenergie $m(Z, N)c^2$ und der Massenzahl mal u wird Massenexzeß (oder Massendefekt) genannt:

(16.4) $\Delta = m(Z, N)c^2 - A\text{u}c^2$.

Ein Vergleich zwischen den Gln. 16.3 und 16.4 zeigt, daß $-\Delta$ und B im wesentlichen die gleiche Größe messen und sich nur durch einen kleinen Energiewert unterscheiden. Gewöhnlich wird Δ angegeben, da das die Größe ist, die sich aus massenspektroskopischen Messungen ergibt. Die durchschnittliche Bindungsenergie pro Nukleon B/A ist in Bild 16.1 eingezeichnet. Diese Kurve zeigt eine Reihe von interessanten Eigenschaften:

1. Über den größten Bereich der stabilen Kerne ist B/A angenähert konstant und von der Größenordnung 8–9 MeV. Die Konstanz ist ein anderer Hinweis auf die Sättigung der Kernkräfte, die in Abschnitt 14.5 diskutiert wurde. Wenn alle Nukleonen innerhalb eines Kerns in den Kraftbereich eines jeden anderen gezogen würden, so sollte die Bindungsenergie proportional zur Zahl der Bindungen oder ungefähr proportional zu A^2 ansteigen. B/A wäre dann proportional zu A.
2. B/A erreicht sein Maximum in der Gegend von Eisen ($A \approx 60$). Es fällt zu großen A hin langsam, und zu kleinem A hin steiler ab. Dieses Verhalten ist ausschlaggebend für die Synthese von Elementen und für die Kernenergieproduktion: wenn ein Kern, z.B. $A = 240$ in zwei Teile mit $A \approx 120$ aufgespalten wird, so ist die Bindung in den beiden Teilen stärker als bei dem ursprünglichen Nuklid; dabei wird Energie freigesetzt. Dieser Prozeß ist für die Energieproduktion bei der Spaltung verantwortlich. Wenn andererseits zwei leichte Nuklide fusionieren, ist die Bindungsenergie des vereinten Systems stärker,

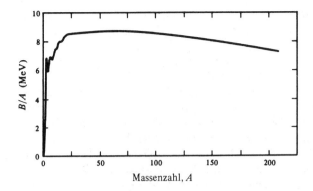

Bild 16.1
Bindungsenergie pro Teilchen in Kernen.

und wiederum wird Energie frei. Diese Freisetzung von Energie ist die Grundlage für die Energieproduktion bei der Fusion.

Die Regelmäßigkeit und die Fast-Konstanz der Bindungsenergie B/A als Funktion der Massenzahl A lassen vermuten, daß man die Kernmasse durch eine einfache Formel ausdrücken könnte. Die erste semiempirische Massenformel entwickelte von Weizsäcker, der feststellte, daß die konstante, durchschnittliche Bindungsenergie pro Teilchen und die konstante Kerndichte ein Tröpfchenmodell nahelegen[2]. Als erste Tatsache, die für die Ableitung einer Massenformel nötig ist, bietet sich die Tendenz von A/B an, für $A \gtrsim 50$ angenähert konstant zu bleiben. Die Bindungsenergie pro Teilchen eines unendlichen Kerns ohne Oberfläche sollte daher einen konstanten Wert a_v haben, die Bindungsenergie der Kernmaterie. Da es A Teilchen im Kern gibt, ist der *Volumenbeitrag* E_v zur Bindungsenergie

(16.5) $E_v = + a_v A$.

Nukleonen an der *Oberfläche* haben weniger Bindungen und die endliche Größe eines realen Kerns führt zu einem Energiebeitrag E_s, der proportional zur Oberfläche ist und die Bindungsenergie verkleinert

(16.6) $E_s = - a_s A^{2/3}$.

Volumen- und Oberflächenterm entsprechen dem Tröpfchenmodell. Wären nur diese beiden Terme vorhanden, so wären die Isobaren stabil, unabhängig von dem Wert von N und Z. Bild 5.20 jedoch zeigt, daß nur Nuklide in einem engen Band stabil sind. Bei leichteren Kernen sind die selbstkonjugierten Isobare ($N = Z$ oder $A = 2Z$) die stabilsten, während schwerere stabile Isobare $A > 2Z$ haben. Diese Eigenschaften werden durch zwei weitere Terme, den Asymmetrieterm und die Coulombenergie, erklärt.

Die *Coulombenergie* ergibt sich aus der abstoßenden, elektrischen Kraft zwischen zwei Protonen; diese Energie bevorzugt Kerne mit Neutronenüberschuß. Zur Vereinfachung nehmen wir an, daß die Protonen gleichmäßig über den kugelförmigen Kern mit dem Radius $R = R_0 A^{1/3}$ verteilt sind. Mit Gl. 8.37 wird die Coulombenergie

(16.7) $E_c = - a_c Z^2 A^{-1/3}$.

Die Tatsache, daß nur Nuklide in einem schmalen Band stabil sind, wird durch einen weiteren Term, den Asymmetrieterm, erklärt. Die Wirkung der *Asymmetrieenergie* läßt sich am besten verdeutlichen, wenn man den Massenexzeß Δ gegen Z für alle Isobare aufträgt, die durch einen gegebenen Wert von A charakterisiert sind. Ein Beispiel ist in Bild 16.2 für $A = 127$ gegeben. Die Figur erscheint wie ein Schnitt durch ein tiefes Tal. Der isobare Kern am Grund ist der einzig stabile. Kerne, die an den steilen Wänden hängen, fallen auf den Talgrund herab, gewöhnlich durch Elektronen- oder Positronenemission. Die Isobaren mit $A = 127$ sind kein isolierter Fall. Die Massenexzesse aller anderen Isobare zeigen auch die Form eines Talquerschnitts. Man kann daher Bild 5.20 informativer darstellen, indem man eine dritte Dimension in die Zeichnung bringt: die Bindungsenergie oder den Massenexzeß. Eine solche Zeichnung ist analog zu einer topographischen Karte und Bild 16.3 bringt die Konturkarte der Bindungsenergie in einer NZ-Ebene. Bild 16.2 ist der Querschnitt durch das Tal in der Position, die in Bild 16.3 angedeutet ist. Die Wände des Tals sind steil und es ist daher nicht möglich, experimentell das Tal nach „oben" zu erforschen, da die Kerne zu kurzlebig sind. Diese Tatsache wird in Bild 16.3 durch die gestrichelten Konturlinien angedeutet; dort ist eine experimentelle Untersuchung nicht mehr möglich.

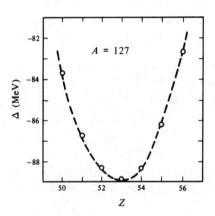

Bild 16.2
Massenexzeß Δ als Funktion von Z für $A = 127$.

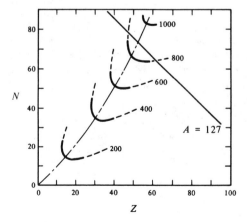

Bild 16.3
Die Bindungsenergie B ist in Form von Höhenlinien in der $N = Z$-Ebene eingetragen. Das Energietal zeigt sich deutlich; es bildet einen Canyon in der $N = Z$-Ebene. Die Zahlen an den Höhenlinien geben die gesamte Bindungsenergie in MeV an.

Die Asymmetrieenergie ergibt sich aus dem Ausschließungsprinzip, das vom Kern einen größeren Energieaufwand verlangt, wenn er Nukleonen einer Sorte bevorzugt einbauen will. Im folgenden Abschnitt wollen wir einen Näherungsausdruck für die Asymmetrieenergie ableiten. Er ist von der Form

(16.8) $$E_{sym} = -a_{asym}\frac{(Z-N)^2}{A}.$$

Sammelt man die Terme, so ergibt sich die Bethe-Weizsäcker-Beziehung für die Bindungsenergie eines Kerns (Z, N)

(16.9) $$B = a_v A - a_s A^{2/3} - a_{asym}(Z-N)^2 A^{-1} - a_c Z^2 A^{-1/3}.$$

Die Bindungsenergie pro Teilchen wird

(16.10) $$\frac{B}{A} = a_v - a_s A^{-1/3} - a_{asym}\frac{(Z-N)^2}{A^2} - a_c Z^2 A^{-4/3}.$$

Die Konstanten in dieser Relation werden durch Anpassung an experimentell beobachtete Bindungsenergien bestimmt. Ein typischer Satz ist

(16.11)
$$\begin{aligned} a_v &= 15{,}6\text{ MeV} \\ a_s &= 17{,}2\text{ MeV} \\ a_{asym} &= 22{,}5\text{ MeV} \\ a_c &= 0{,}70\text{ MeV}. \end{aligned}$$

Mit diesen Werten wird der allgemeine Trend der Kurven in den Bildern 16.1 und 16.2 gut reproduziert. Natürlich werden feinere Details nicht wiedergegeben, und Beziehungen mit viel mehr Termen werden angewendet, wenn kleine Abweichungen von dem glatten Verlauf studiert werden[3]. Zwei Bemerkungen zur Bindungsenergie sind noch angebracht.

1. Hier haben wir angenommen, daß die Koeffizienten in Gl. 16.9 adjustierbare Parameter sind, die durch das Experiment bestimmt werden. In einer gründlicheren Behandlung der Kernphysik werden die Koeffizienten aus den Charakteristiken der Kernkräfte abgeleitet. Im besonderen hat die Berechnung des wichtigsten Koeffizienten, a_v, theoretische Physiker für lange Zeit beschäftigt, da er sehr eng mit den Eigenschaften der *Kernenergie* verbunden ist. Kernmaterie ist der Zustand der Materie, wie sie in einem unendlichen Kern existieren würde. Die beste Annäherung an die Kernmaterie dürften die Neutronensterne sein (Kapitel 19).

2. Die Bethe-Weizsäcker-Beziehung kann man zur Erforschung der Stabilitätseigenschaften der Materie verwenden, indem man in nicht gut bekannte Bereiche extrapoliert. Solche Studien sind z.B. bei der Suche nach künstlichen superschweren Kernen, bei der Behandlung von Kernexplosionen und in der Astrophysik wichtig.

---

[3] Siehe z. B. J. Wing und P. Fong, *Phys. Rev.* **136**, B923 (1964); N. Zeldes, M. Gronau und A. Lev, *Nucl. Phys.* **63**, 1 (1965); oder G. T. Garvey. W. J. Gerace, r. L. Jaffe, I. Talmi und I. Kelson, *Rev. Modern Phys.* **41**, Nr. 4, Teil II (1969).

16.2 Das Fermi-Gas-Modell

Die im vorigen Abschnitt bestimmte semiempirische Beziehung beruht auf der Behandlung des Kerns als Flüssigkeitstropfen. Solch eine Analogie ist eine starke Vereinfachung, und der Kern hat viele Eigenschaften, die einfacher durch das Verhalten unabhängiger Teilchen erklärt werden können, als durch das Bild der starken Wechselwirkung, das durch das Tröpfchenmodell impliziert wird. Man erhält das primitivste Einteilchenmodell, wenn man den Kern als entartetes Fermi-Gas der Nukleonen behandelt. Die Nukleonen können sich innerhalb einer Kugel mit dem Radius $R = R_0 A^{1/3}$, $R_0 \approx 1{,}2$ fm frei bewegen (siehe Gl. 6.38). Die Situation wird in Bild 16.4 durch zwei Potentiale dargestellt. Eines gilt für die Neutronen, das andere für die Protonen. Freie Neutronen und freie Protonen haben die gleiche Energie, wenn sie sich weit weg vom Potential befinden, die Nullniveaus der beiden Potentiale sind gleich. Die beiden Potentiale haben jedoch wegen der Coulombenergie, Gl. 8.37, verschiedene Formen und Tiefen: Der Grund des Protonenpotentials liegt um den Betrag E_c höher als der des Neutronenpotentials. Außerdem zeigt das Protonenpotential eine *Coulombbarriere*. Protonen, die versuchen von außen in den Kern zu gelangen, werden durch die Kernladung abgestoßen. Sie müssen entweder duch die Barriere tunneln oder genügend Energie mitbringen, um darüber zu kommen.

Die Potentiale enthalten eine endliche Anzahl von Niveaus. Jedes Niveau kann durch zwei Nukleonen besetzt werden, eines mit Spin nach oben und eines mit Spin nach unten. Man nimmt an, daß die *Kerntemperatur* so niedrig ist, daß die Nukleonen die niedrigsten Zustände besetzen, die für sie zur Verfügung stehen. Diese Situation wird durch den Begriff „*entartetes Fermi-Gas*" beschrieben. Die Nukleonen besetzen alle Zustände bis zu einer maximalen kinetischen Energie, der Fermi-Energie E_F. Die Gesamtzahl n der Zustände mit Impulsen bis zu p_{max} folgt aus Gl. 10.25, nach Integration über d^3p als

(16.12) $\quad n = \dfrac{V p_{max}^3}{6\pi^2 \hbar^3}$.

Jeder Impulszustand kann zwei Nukleonen aufnehmen, so daß die Gesamtzahl einer Nukleonenart mit Impulsen bis zu p_{max} gleich $2n$ ist. Werden Neutronen betrachtet, dann ist $2n = N$, die Zahl der Neutronen, und N ist durch

(16.13) $\quad N = \dfrac{V p_N^3}{3\pi^2 \hbar^3}$.

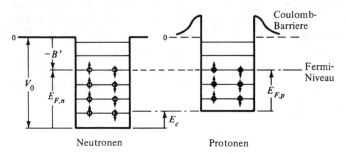

Bild 16.4 Kastenpotential für Neutronen und Protonen. Die Parameter des Potentials sind so gewählt, daß sie die beobachtete Bindungsenergie B' ergeben.

16.2 Das Fermi-Gas-Modell

gegeben. Hier ist p_N der maximale Neutronenimpuls und V das Kernvolumen. Mit $V = 4\pi R^3/3 = 4\pi R_0^3 A/3$ folgt daher der maximale Neutronenimpuls aus Gl. 16.13 zu

(16.14) $\quad p_N = \dfrac{\hbar}{R_0}\left(\dfrac{9\pi N}{4A}\right)^{1/3}.$

Ähnlich erhält man den Protonenimpuls

(16.15) $\quad p_Z = \dfrac{\hbar}{R_0}\left(\dfrac{9\pi Z}{4A}\right)^{1/3}.$

Der entsprechende Wert der Fermienergie ergibt sich, wenn man selbstkonjugierte Kerne mit $N = Z$ betrachtet. Gl. 16.14 liefert nach Einsetzen der numerischen Werte und mit der nichtrelativistischen Beziehung zwischen Energie und Impuls

(16.16) $\quad E_F = \dfrac{p_F^2}{2m} \approx 40 \text{ MeV}.$

Ebenso kann man die durchschnittliche kinetische Energie pro Nukleon berechnen, und es ergibt sich

(16.17) $\quad \langle E \rangle = \dfrac{\int_0^{P_F} E d^3p}{\int_0^{P_F} d^3p} = \dfrac{3}{5}\left(\dfrac{P_F^2}{2m}\right) \approx 24 \text{ MeV}.$

Dieses Ergebnis rechtfertigt die nichtrelativistische Näherung für Kerne. Mit den Gln. 16.14 und 16.15 wird die gesamte durchschnittliche kinetische Energie

$$\langle E(Z, N) \rangle = N\langle E_N \rangle + Z\langle E_Z \rangle = \dfrac{3}{10m}(Np_N^2 + Zp_Z^2)$$

oder

(16.18) $\quad \langle E(Z, N) \rangle = \dfrac{3}{10m}\dfrac{\hbar^2}{R_0^2}\left(\dfrac{9\pi}{4}\right)^{2/3}\dfrac{(N^{5/3} + Z^{5/3})}{A^{2/3}}.$

Für Protonen und Neutronen wurden gleiche Massen und gleiche Potentialtiefen angenommen. Außerdem bewegen sich Neutronen und Protonen unabhängig voneinander. Die Wechselwirkung zwischen den verschiedenen Teilchen wurde durch die endliche Ausdehnung des Kerns ersetzt und durch das Potential dargestellt.

Für einen gegebenen Wert von A hat $\langle E(Z, N) \rangle$ ein Minimum für gleiche Protonen- und Neutronenzahl, oder $N = Z = A/2$. Um das Verhalten von $\langle E(Z, N) \rangle$ in der Gegend dieses Minimums zu studieren, setzen wir

$$\begin{aligned} Z - N &= \varepsilon \\ Z + N &= A \quad \text{(fest)} \end{aligned}$$

oder $\quad Z = \dfrac{1}{2}A(1 + \varepsilon/A), \ N = \dfrac{1}{2}A(1 - \varepsilon/A)$ und nehmen an, daß $(\varepsilon/A) \ll 1$.

Mit

$$(1+x)^n = 1 + nx + \frac{n(n-1)}{2} x^2 + \cdots,$$

und nach Wiedereinsetzen von $Z - N$ für ε wird Gl. 16.18 in der Nähe von $N = Z$

(16.19) $\qquad \langle E(Z,N) \rangle = \dfrac{3}{10m} \dfrac{\hbar^2}{R_0^2} \left(\dfrac{9\pi}{8} \right)^{2/3} \left\{ A + \dfrac{5}{9} \dfrac{(Z-N)^2}{A} + \cdots \right\}.$

Der erste Term ist proportional zu A und beschreibt die Volumenenergie. Die Abweichung hat die Form der Asymmetrieenergie in Gl. 16.18, der Koeffizient von $(Z-N)^2/A$ kann numerisch entwickelt werden:

(16.20) $\qquad \dfrac{1}{6} \left(\dfrac{9\pi}{8} \right)^{2/3} \dfrac{\hbar^2}{mR_0^2} \dfrac{(Z-N)^2}{A} \approx 11 \text{ MeV} \dfrac{(Z-N)^2}{A}.$

Die Entwicklung hat die erwartete Form der Asymmetrieenergie geliefert, aber der Koeffizient ist nur etwa die Hälfte von a_{asym} in Gl. 16.11. Wir wollen nun kurz beschreiben, wo der fehlende Beitrag zur Asymmetrieenergie geblieben ist[4].

In der Diskussion, die zu Gl. 16.19 führte, wurde stillschweigend angenommen, daß die Potentialtiefe V_0 (Bild 16.4) nicht vom Neutronenüberschuß $(Z-N)$ abhängt. Diese Annahme ist nicht besonders gut, da die durchschnittliche Wechselwirkung zwischen ähnlichen Nukleonen schwächer ist als die zwischen Neutronen und Protonen, hauptsächlich wegen des Ausschließungsprinzips. Das Pauliprinzip schwächt die Wechselwirkung zwischen den gleichen Teilchen, indem es einige Zweikörperzustände verbietet, während die Wechselwirkung zwischen Neutronen und Protonen in allen Zuständen erlaubt ist. Die Änderung der Potentialtiefe wurde bestimmt, und sie ist von der Größenordnung[5]

(16.21) $\qquad \Delta V_0 \text{ (in MeV)} \approx (30 \pm 10) \dfrac{(Z-N)}{A}.$

Die Abnahme dieser Potentialtiefe sorgt für den fehlenden Beitrag zur Asymmetrieenergie[6].

16.3 Reaktionen schwerer Ionen

In den letzten Jahrzehnten sind Reaktionen schwerer Ionen wichtig für die Untersuchung von Kernen unter nicht normalen Bedingungen geworden. Reaktionen mit schweren Ionen erlauben uns, neue Kerne zu erzeugen, die abseits vom stabilen Tal, Bild 16.3, liegen und sie erlauben uns auch, Kerne bei höheren Dichten und Anregungen zu untersuchen. Es ist daher möglich, die *nukleare Zustandsgleichung*, die sich auf die Abhängigkeit der

---

[4] K. A. Brueckner, *Phys. Rev.* **97**, 1353 (1955).
[5] F. G. Perey, *Phys. Rev.* **131**, 745 (1963).
[6] B. L. Cohen, *Am. J. Phys.* **38**, 766 (1970).

16.3 Reaktionen schwerer Ionen

Energie von der Dichte und der Temperatur bezieht, zu erkunden[7]. Diese Gleichung ist für das Verständnis der Sternbildung und der Sternentwicklung (Kapitel 19) wesentlich. Einige typische Darstellungen der Energie in Abhängigkeit von der Dichte sind in Bild 16.5 für Kernmaterie gezeigt. Kernmaterie besteht aus einer gleichen und unendlichen Zahl von Neutronen und Protonen, die gleichmäßig über den Raum verteilt sind (Coulombkräfte werden vernachlässigt). Bei geringen Dichten ist Kernmaterie ungebunden, weil Kernkräfte nur bei geringen Abständen wirksam sind. Eine minimale Energie wird bei normaler Dichte der Kernmaterie, $\rho_n \approx 0{,}17$ Nukleonen/fm^3, der zentralen Dichte endlicher Kerne, erreicht. Die minimale Energie entspricht der Volumenenergie in Gl. 16.5, ungefähr 15,6 MeV. Die Krümmung am Minimum, $\delta^2 E/\delta \rho^2$, steht in Beziehung zur Kompressibilität der Kernmaterie

$$(16.22) \qquad K = 9 \left(\rho^2 \frac{\delta^2 E}{\delta \rho^2} \right)_{\min}.$$

Der Wert von K beträgt etwa 200 MeV und kann aus der Anregungsenergie der kollektiven 0$^+$ „Atem"-Mode (Abschnitt 18.6) erhalten werden[8]. Die Steilheit des Anstieges von E mit wachsender Dichte ist ein Gegenstand der Diskussion und es wird vermutet, daß metastabile Formen der Kernmaterie existieren können, wie durch die langgestrichelte Kurve in Bild 16.5 gezeigt.

Die Serie von Zeichnungen in Bild 16.6 zeigt typische Erscheinungen bei Stößen schwerer Ionen mit ansteigender Energie. Die Dynamik wird durch die Konkurrenz zwischen der Coulombkraft, der Zentrifugalbarriere und der nuklearen Kraft bestimmt. Wegen dieser Kräfte ändert sich die Form der Kerne, wenn sie sich einander annähern und die Oberflächenmoden der Bewegung werden angeregt (siehe Kapitel 17). Bei Energien unterhalb der Coulomb-Barriere beherrscht die Coulombanregung die Wechselwirkung. Oberhalb

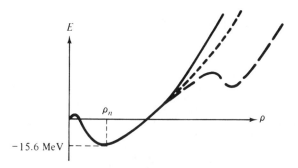

Bild 16.5 Energie der Kernmaterie als Funktion der Dichte bei einer Temperatur von 0 K. Die Steilheit des Anstieges im Bereich hoher Dichten ist nicht genau bekannt, wie die durchgezogene und die kurz gestrichelte Linie zeigen; es könnte sogar ein zweites Minimum auftreten, wie durch die lang gestrichelte Kurve angedeutet.

---

[7] B. Friedman und V. J. Pandharipande, *Nucl. Phys.* **A 361**, 502 (1981); H. A. Bethe, *Ann. Rev. Nucl. Part. Sci.* **38**, 1 (1988).
[8] J. P. Blaizot, *Phys. Rep.* **64**, 171 (1980).

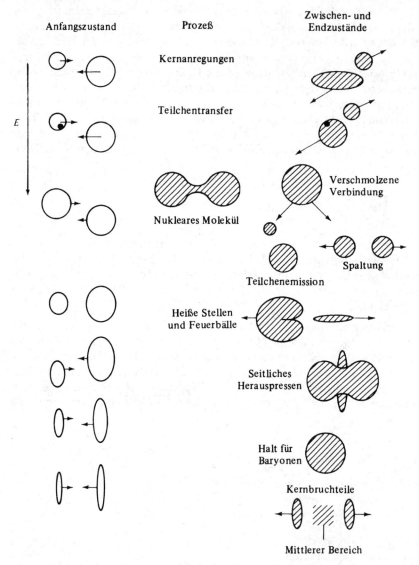

Bild 16.6 Skizzen einiger Reaktionen von schweren Ionen als Funktion zunehmender Energie.

der Coulomb-Barriere treten viele nukleare Prozesse auf. Beispiele sind Kernumwandlungen, Verschmelzungsreaktionen (Fusionsreaktionen) und nukleare Anregungen, oft mit großen Drehimpulsen, besonders bei streifenden Stößen. Um zu zeigen, daß sehr hohe Drehimpulse erzeugt werden können, und für ein detaillierteres Studium der Stöße, werden wir zeigen, daß halbklassische Näherungen verwendet werden können, weil $pr_c/\hbar \gg 1$, wobei p der relative Impuls der beiden sich stoßenden Ionen ist und r_c der ungefähre Abstand bei größter Annäherung. Bei Energien, die in der Nähe der Coulomb-Barriere lie-

16.3 Reaktionen schwerer Ionen

gen, kann dieser Abstand unter der Annahme, daß die Kerne unverformt bleiben, bestimmt werden. In diesem Fall wird der klassische Abstand der größten Annäherung durch

(16.23) $\quad r_c \approx \dfrac{Z_1 Z_2 e^2}{E_K}$

gegeben. Z_i ist die Ordnungszahl des Ions i und E_K ist die relative kinetische Energie im Schwerpunktsystem. Als Beispiel betrachten wir ^{16}O-Ionen von 150 MeV, die ^{199}Hg bombardieren. Die Schwerpunktenergie ist etwas größer als 139 MeV und der Abstand bei geringster Annäherung ist etwa 6,8 fm. Der Parameter $pr_c/K \approx 82$ ist viel größer als 1, wie das für die halbklassische Näherung gefordert wird. Die Drehimpulse können bis zu dieser Größe angeregt werden, insbesondere dann, wenn die Kerne miteinander verschmelzen, da die ungefähre Höhe der Coulombbarriere

$$\dfrac{Z_1 Z_2 e^2}{R_1 + R_2} \approx 90 \text{ MeV}$$

beträgt. R_i folgt aus Gl. 6.38. Reaktionen mit schweren Ionen erlauben uns deshalb Kerne bei sehr hohen Rotationen und Bahndrehimpulsen zu untersuchen.

Fusionsreaktionen sind bei Zentralstößen auch wahrscheinlich. Die Coulombbarriere bremst die Kerne ab, dadurch wird die Fusion wahrscheinlicher. Wenn die Kerne verschmelzen, dann kann der neu gebildete „zusammengesetzte Kern" schwerer als die bekannten stabilen Kerne sein. Er kann auf vielfältige Weise auseinanderfallen, z.B. in mehrere Bruchstücke oder durch Spaltung in zwei Teile. Transfermium-Elemente mit Ordnungszahlen von 105 bis 109 wurden zum Beispiel auf diese Weise gefunden[9]. Superschwere Kerne mit besonderer Stabilität ($Z = 110$ oder 114, $N = 184$; siehe Kapitel 17) wurden gesucht aber nicht gefunden[10]. In einigen Fällen können nukleare Quasimoleküle gebildet werden. Sie bilden wahrscheinlich eine Hantel mit zwei Zentren, die durch einen kurzen Hals getrennt und durch Valenznukleonen gebunden sind. Die z.B. bei ^{12}C + ^{12}C-Stößen beobachteten Resonanzen werden solchen Molekülen zugeschrieben[11]. Sie haben Rotations- und Schwingungszustände wie normale Moleküle und können als Zwischenstation zur vollständigen Fusion dienen.

Wenn die Stoßenergien anwachsen, steigt die Zahl der möglichen Reaktionsprodukte gewaltig an und die Reaktionen werden zunehmend komplex. Die Produktion von Pionen und anderen Mesonen gewinnt immer mehr an Bedeutung. Der Kern kann als eine Quantenflüssigkeit behandelt werden[12]. Wenn die Geschwindigkeit der Projektile viel größer ist als die mittlere Geschwindigkeit der Nukleonen im Kern (~ $c/4$), dann können sich diese

---

[9] P. Armbruster, *Ann. Rev. Nucl. Part. Sci.* **35**, 135 (1985), und in *The Response of Nuclei Under Extreme Conditions*, (R. A. Broglia und G. F. Bertsch, Eds.), Plenum, New York, 1988.
[10] J. R. Nix, *Phys. Today* **31**, 30 (April 1978); *Superheavy Elements*, (M. A. K. Lodhi, Ed.), Pergamon, New York, 1978.
[11] D. A. Bromley, J. A. Kuehner und A. Almqvist, *Phys. Rev. Lett.* **4**, 365 und 515 (1960); E. R. Cosman et al., *Phys. Rev. Lett.* **35**, 265 (1975); T. A. Cormier et al., *Phys. Rev. Lett.* **38**, 940 (1977).
[12] J. M. Eisenberg und W. Greiner, *Nuclear Theory*, Band 1, *Nuclear Models*, 3. Ausgabe, Kapitel 17, North Holland, Amsterdam, 1987.

Nukleonen nicht zur Seite bewegen, um den Projektilen auszuweichen. Das führt zu einer hohen Dichte und somit zu einer Aufheizung. Frontalstöße könnten Schockwellen (Stoßwellen) erzeugen, wenn die mittlere freie Weglänge der Nukleonen viel kleiner als der Kernradius ist. Es gibt allerdings keinen direkten Beweis. Besonders bei nichtzentralen Stößen könnte das Kernmaterial seitwärts herausgequetscht werden, wie in Bild 16.6 gezeigt.

Hochgradig relativistische Stöße ($E_K \gtrsim 10$ GeV/Nukleon im Schwerpunktsystem) sind von großem Interesse, weil man dadurch Prozesse ähnlich denen im Anfangsstadium des Universums herstellen kann. Man nimmt an, daß bei diesen oder höheren Energien ein Phasenübergang zu einem neuen Zustand der Materie, einem Quark-Gluon-Plasma, erscheint. Die Baryonen und die Baryonenzahl verlieren dann ihre Bedeutung. Wenn sich die Kerne bei Energien von 10–20 GeV/Nukleon durchdringen und abstoppen, wird die heiße Kernmaterie eine sehr große Dichte haben. Die Quarks eines speziellen Nukleons werden voneinander durch Gluonen und Quarks von anderen Nukleonen abgeschirmt, so daß die Farbbindung zu einem speziellen Nukleon aufgelöst wird und die Quarks sich frei durch den ganzen zusammengesetzten Kern bewegen können. Auf andere Weise kann man den Phasenübergang mit Hilfe von Bild 16.7 erklären. Wenn die Quarks genügend zusammengepreßt werden, spüren sie nicht mehr das linear ansteigende Potential, sondern nur noch den schwachen kurzreichweitigen r^{-1}-Term. Deconfinement (Freilassung) ist die Folge. Hohe Temperaturen können das gleiche Resultat liefern. Obwohl die Temperatur als Maß des Grades der inneren Anregung verwendet wird, ist dieses Maß nur für Gleichgewichtszustände sinnvoll und es ist nicht bekannt, ob die zusammengeschmolzenen Kerne eine Chance haben das Gleichgewicht zu erreichen, bevor sie auseinanderbrechen. Trotzdem sind Temperatur und Dichte nützliche Parameter, um zu beschreiben, was in einem Kern unter extremen Bedingungen geschieht. Ein typisches „Phasendiagramm" der Temperatur in Abhängigkeit vom Druck zeigt Bild 16.7. Der normale Kern besetzt nur einen winzigen Bereich von diesem Phasendiagramm. Man nimmt an, daß das frühe Uni-

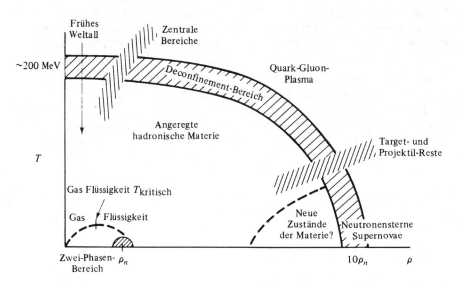

Bild 16.7 Phasendiagramm für Kerne. (Nach G. Baym, *Phys. Today* **38**, 40 (März 1985)).

16.3 Reaktionen schwerer Ionen

versum, sehr kurze Zeit nach dem Urknall durch eine Quark-Gluon-Plasmaphase gegangen ist, bevor Baryonen „ausgefroren" (gebildet) wurden. Der Phasenübergangsbereich ist in Bild 16.7 wegen der endlichen Kerngröße nicht scharf. Beide Modelle und numerische QCD Berechnungen sagen voraus, daß der Phasenübergang bei einer Dichte von etwa 10 ρ_n oder einer Energie von ungefähr 2 GeV/fm^3 erscheint. Das Stefan-Boltzmann-Gesetz, Energie/Volumen = $\sigma\, T^4$ mit $\sigma \approx 1\,300$ (GeV fm)$^{-3}$ [13], sagt eine äquivalente Temperatur des Systems von etwa 200 MeV für den Zentralbereich voraus, der beim Stoß schwerer Ionen gebildet wird. Bei dem relativistischen Speicherring für schwere Ionen, der im Nationallaboratorium Brookhaven gebaut wird, will man eine Energie von etwa 100 GeV/Nukleon für jeden Strahl erreichen. Das sollte ausreichen, um diesen neuen Zustand der Materie zu erzeugen. Bei den höchsten Energien dieses Beschleunigers sollten die Kerne wieder semitransparent werden, wie im letzten Diagramm von Bild 16.6 gezeigt wird. Die Kerne durchdringen einander. Sie lassen aber einen Zentralbereich von geringer Dichte und hoher Energie hinter sich, in dem viele $q\bar{q}$-Paare angeregt und emittiert werden, vorwiegend als Pionen. Die zwei wegfliegenden Bruchstücke können auch so stark aufgeheizt sein, daß sie bei genügend hoher Dichte ein Quark-Gluon-Plasma bilden.

Es gibt viele Probleme die mit dem Nachweis des Quark-Gluon-Plasmas in Zusammenhang stehen. Hochenergetische Stöße sind sehr komplex, wie das Bild 16.8 veranschaulicht. Es zeigt Ergebnisse von Stößen zwischen 200 GeV/Nukleon Sauerstoffionen und einem Bleitarget. Obwohl eine Anzahl von Signalen als Vorbote eines Quark-Gluon-Plasmas interpretiert wird, gibt es noch viele Zweifel daran. Aber sogar die Vorversuche bei CERN mit 200 GeV/Nukleon und in Brookhaven mit 15 GeV/Nukleon Sauerstoff- und Schwefelstrahlen[14] haben Ergebnisse geliefert, die neue Einsichten in füher unbekannte Bereiche des Phasenraumes geben. Sie haben Hinweise dafür gegeben, daß lokale Bereiche von hoher Dichte der Kernmatrie (2–3 GeV/fm^3) erreicht werden können[15].

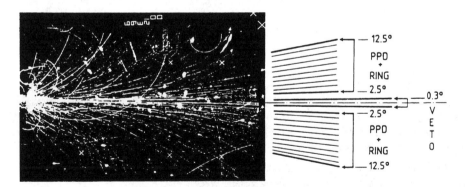

Bild 16.8 Bild aus der Streamerkammer bei einem zentralen ^{16}O-Pb-Stoß mit einer Energie von 200 GeV/Nukleon; die Winkelakzeptanz einiger Kalorimeter (PPD + RING und VETO) ist auch dargestellt. (Aus A. Bamberger et al., (NA 35 Collaboration), *Phys. Lett.* **184**, 271 (1987).)

---

[13] P. Siemens und A. S. Jensen, *Elements of Nuclei*, Kapitel 10, Addison-Wesley, Reading, MA, 1987.
[14] H. Satz, *Ann. Rev. Nucl. Part. Sci.* **35**, 245 (1985)
[15] H. Satz, *Nature* **336**, 425 (1988).

16.4 Literaturhinweise

Die Literatur über Kernstruktur bis 1964 ist bei M. A. Preston „Resource Letter NS-1 on Nuclear Structure" beschrieben und aufgeführt. Diese Resource Letter und eine Anzahl informativer Nachdrucke sind in *Nuclear Structure – Selected Reprints*, American Institute of Physics, New York 1965, gesammelt.

Einer Ableitung der semiempirischen Masseformel, die auf der Nukleon-Nukleon-Wechselwirkung beruht, wird in J. P. Wesley und A. E. S. Green, *Am. J. Phys.* **36**, 1093 (1968) wiedergegeben.

Die meisten Informationen über Kernmodelle sind schon seit vielen Jahren bekannt. Deshalb kann man für diesen Bereich ältere Bücher und Übersichtsartikel auch weiterhin verwenden.

Alle Texte über Kernphysik enthalten Abschnitte oder Kapitel über Kernmodelle. Eine moderne Darstellung der Kernstruktur etwa auf dem gleichen Niveau wie das vorliegende Buch, allerdings viel umfassender, liefert K. S. Krane, *Introductory Nuclear Physics*, John Wiley, New York, 1987. Eine kürzlich erschienene Übersicht über das Gebiet der Kernphysik einschließlich der Kernstruktur und von Stößen schwerer Ionen ist *Physics Through the 1990's. Nuclear Physics*, Physics Survey Comm. (W. F. Brinkman, Chairman), National Academy Press, Washington, D. C., 1986.

Ein nützlicher Text auf höherem Niveau ist M. A. Preston und R. K. Badhuri, *Structure of the Nucleus*, Addison-Wesley, Reading, MA, 1975. Die maßgebliche Arbeit über Kernstruktur ist A. Bohr und B. R. Mottelson, *Nuclear Structure*, Bände I und II, W. A. Benjamin, Reading, MA, 1969 und 1972. Ein anderer vollständiger Text ist A. de Shalit und H. Feshbach, *Theoretical Nuclear Physics, Band I: Nuclear Structure*, 1974; (Band II erscheint in Kürze). Neuere Arbeiten sind M. K. Pal, *Theory of Nuclear Structure*, Van Nostrand und Reinhold, New York, 1983; P. J. Siemens und A. S. Jensen, Elements of Nuclei, Addison-Wesley, Reading, MA, 1987.

Es gibt zahlreiche Übersichtsartikel über verschiedene Aspekte der Kernstruktur. Wir stellen einige relativ neue zusammen; dort kann man auch weitere Literatur finden.

Weit von der Stabilität entfernte Kerne werden diskutiert von P. G. Hansen in *Ann. Rev. Nucl. Part. Sci.* **29**, 69 (1979) und in *Future Directions in Studies of Nuclei Far from Stability*. (J. H. Hamilton, E. H. Spejeweski, C. R. Bingham und E. F. Zganjan, Eds.), North-Holland, New York, 1980. Heiße Kernmaterie wird beschrieben von W. Greiner und H. Stöcker, in *Sci. Amer.* **252**, 76, (Januar 1985). *Hot Nuclei*, (S. Shlomo, R. P. Schmitt und J. B. Natowitz, Eds.), World Scientific, Teaneck, NJ, 1988 behandelt dieses Gebiet ausführlich.

Ein umfassendes, siebenbändiges Werk über Schwerionenphysik ist *Treatise on Heavy Ion Science*, (D. A. Bromley, Ed.), Plenum, New York, 1984.

Übersichten über Reaktionen schwerer Ionen findet man in *Nuclear Structure and Heavy Ion Dynamics*, Int. School E. Fermi, 1982, Varenna, (L. Moretto und R. A. Ricci, Eds.), North-Holland, New York, 1983. Der Konferenzband über *Heavy Ion Collisions* (Cargèse 1984) (P. Bonche et al., Eds.), Plenum Press, Elmsford, NY, 1984, gibt eine Übersicht über den gegenwärtigen Stand auf diesem Gebiet. Resonanzen bei Schwerionenreaktionen sind zu finden bei T. M. Cormier, *Ann. Rev. Nucl. Part. Sci.* **33**, 271 (1983). Molekularphänomene bei schweren Ionen werden beschrieben in *Heavy Ion Collisions, Nuclear Molecular*

Phenomena, (N. Cindro, Eds.,), North-Holland, New York, 1978. Fusionen bei und unterhalb der Coulomb-Barriere werden behandelt von S. G. Steadman und M. J. Rhoades-Brown, *Ann. Rev. Nucl. Part. Sci.* **36**, 649 (1986); von P. Frobrich, *Phys. Rep.* **116**, 338 (1984) und von M. Beckerman, *Rep. Prog. Phys.* **51**, 1047 (1988). Übersichten über Reaktionen schwerer Ionen bei höheren Energien geben S. Nagamiya, J. Randrup, und T. J. M. Symons in *Ann. Rev. Nucl. Part. Sci.* **34**, 155 (1984). Stoßkompression wird diskutiert von K.-H. Kampart, *J. Phys.* **G 15**, 691 (1989). Einen Überblick über Reaktionsmechanismen liefert *Heavy Ion Reaction Mechanisms*, (M. Martinet, C. Ngô und F. LePage, Eds.), *Nucl. Phys.* **428 A**, (1984).

Die Bildung eines Quark-Gluon-Plasmas wird in einem Artikel über Beschleuniger in der Kernphysik einführend behandelt (einschließlich des relativistischen Schwerionen-Speicherringes (RHIC); G. Baym in *Phys. Today* **38**, 40 (März 1985). Umfassender und technische Übersichten sind H. Satz, *Ann. Rev. Nucl. Part. Sci.* **35**, 245 (1985), K. Kajantie und L. McLerran, *Ann. Rev. Nucl. Part Sci.* **37**, 293 (1987) und L. McLerran, *Rev. Mod. Phys.* **58**, 1021 (1988).

Eine Serie von Übersichtsarbeiten verschiedener Autoren über die Physik der relativistischen Schwerionenstöße wird ausführlich diskutiert und herausgegeben von M. Jacob und J. Tran Thanh Van, in *Phys. Rep.* **88**, 321 (1982); neue Konferenzberichte, die Literaturhinweise über frühere Arbeiten beinhalten, sind *Proceedings of Quark Matter*, 1987, *Z. Phys.* **C 38** (1988) und *Proc. Int. Conf. Phys. and Astrophys. of Quark Gluon Plasma*, Bombay, Indien, 1988, World Scientific, (wird demnächst veröffentlicht).

Eine erfrischende Darstellung darüber, was wir an falschen und richtigen Entwicklungen in der Kernphysik kennen, findet man in P. E. Hodgson, *Growth in Nuclear Physics*, Pergamon, Elmsford, NY, Band 1 und 2, 1980, Band 3, 1981. Eine Diskussion über Kernstruktur auf dem modernsten Stand liefert *Nuclear Structure*, 1985. (R. Broglia, G. Hagemann und B. Herskind, Eds.), North-Holland, New York, 1985. Eine andere Quelle ist *The Elementary Structure of Matter*, (J.-M. Richard, E. Aslanides und N. Boccara, Eds.), *Springer Proceedings in Physics* **26**, Springer, New York, 1988. Die Zustandsgleichung schließlich wird diskutiert von S. H. Kahana, *Ann. Rev. Nucl. Part. Sci.* **39**, 231 (1989).

Aufgaben

16.1 Schätzen Sie die Größe der Korrektur ab, die man in Gl. 16.3 anbringen muß, um Effekte der Atombindung zu berücksichtigen.

16.2 Finden Sie die Beziehung zwischen der Bindungsenergie B und dem Massenexzeß Δ. Können beide Größen verwendet werden, wenn man z.B. die Stabilität von Isobaren studiert?

16.3 Diskutieren Sie die Zerfälle der Nuklide in Bild 16.2.

16.4 Verwenden sie die Bethe-Weizsäcker-Formel, um in Bild 16.2 die Lage der Isobare mit $A = 127$ mit $Z = 48, 49, 57$ und 58 zu schätzen. Wie würden diese Isobare zerfallen? Mit welchen Zerfallsenergien? Schätzen Sie grob die Lebensdauern ab.

16.5 Stellen Sie eine ähnliche Zeichnung wie Bild 16.2 für die Isobare mit $A = 90$ her. Zeigen Sie, daß zwei Parabeln entstehen. Erklären Sie, warum. Wie kann man diese beiden Kurven in der Beziehung für die Bindungsenergie berücksichtigen?

16.6 Betrachten Sie mögliche Zerfälle $(A, Z) \to (A', Z')$. Beschreiben Sie Kriterien, die die entsprechenden Atommassen $m(A, Z)$ involvieren und die einen Hinweis geben, ob der Kern (A, Z) stabil gegen
a) Alphazerfall
b) Elektronenzerfall
c) Positronenzerfall
d) Elektroneneinfang
ist.

16.7 Leiten Sie Gl. 16.7 ab und bestimmen Sie einen Ausdruck für den Koeffizienten a_c in Abhängigkeit von R^0. Berechnen Sie a_c und vergleichen Sie diese mit dem empirischen Wert aus Gl. 16.11.

16.8 Verwenden Sie die Bilder 16.1 – 16.3, um Näherungswerte für die Koeffizienten der Bethe-Weizsäcker-Formel zu bestimmen. Vergleichen Sie diese Werte mit denen aus Gl. 16.11.

16.9 Zeigen Sie, daß die Nukleonen im Grundzustand eines Kerns tatsächlich ein entartetes Fermigas bilden, d.h. daß sie bei den Temperaturen, die man im Laboratorium erreichen kann, alle erlaubten Niveaus bis zur Fermigrenze besitzen. Bei welcher Temperatur wäre ein beträchtlicher Teil der Nukleonen angeregt?

16.10 Wie groß wäre das Verhältnis Z/A für einen Kern, wenn das Ausschließungsprinzip nicht bestände?

16.11 Betrachten Sie einen Kern mit $A = 237$. Verwenden Sie die semiempirische Massenformel,
a) um Z für das stabilste Isobar zu bestimmen.
b) um die Stabilität dieses Nuklides für verschiedene wahrscheinliche Zerfälle zu diskutieren.

16.12 Symmetrische Spaltung ist der Zerfall eines Kerns (A, Z) in zwei gleiche Fagmente $(A/2, Z/2)$. Verwenden Sie die Bethe-Weizsäcker-Beziehung, um eine Bedingung für die Spaltungsinstabilität abzuleiten.
a) Bestimmen Sie die Abhängigkeit von Z und A.
b) Für welchen Wert von A ist für Nuklide, die auf der Stabilitätslinie liegen, Spaltung möglich (Bild 5.20).
c) Vergleichen Sie das Ergebnis aus Teil (b) mit der Wirklichkeit.
d) Berechnen Sie die Energie, die bei der Spaltung von ^{238}U frei wird, und vergleichen Sie mit dem wirklichen Wert.

16.13
a) Betrachten Sie Isobare mit ungeradem A. Wieviele stabile Isobare erwartet man für einen gegebenen Wert von A? Warum?
b) Betrachten Sie die Isobare mit geradem N und Z. Erklären Sie, warum mehr als ein stabiles Isobar auftreten kann. Diskutieren Sie ein konkretes Beispiel.

16.14 Verifizieren Sie Gl. 16.19.

16.15 B/A beschreibt die *durchschnittliche* Bindungsenergie eines Nukleons im Kern. Die Separationsenergie ist die Energie, die nötig ist, das am leichtesten gebundene Nukleon aus dem Kern zu entfernen.
a) Bestimmen Sie die Separationsenergie in Abhängigkeit von der Bindungsenergie.
b) Verwenden Sie eine Tabelle des Massendefekts, um die Neutronen-Separationsenergie in ^{113}Cd und ^{114}Cd zu bestimmen.

16.16 Vergleichen Sie das Verhältnis der Bindungsenergie zur Masse des Systems von Atomen, Kernen und Elementarteilchen. (Nehmen Sie an, daß die Elementarteilchen aus schweren Quarks bestehen.)

16.17 Verwenden Sie Abhängigkeit der Potentialtiefe V_0 von $N - Z$, siehe Gl. 16.21, um den entsprechenden Beitrag zur Asymmetrieenergie zu berechnen.

16.18 Diskutieren Sie die Asymmetrieenergie für
a) eine gewöhnliche Zentralkraft.
a) ein Raum-Spin-Austausch-Potential (Heisenberg-Kraft). Wenn s_1 und s_2 die Spins der Teilchen 1 und 2 sind, ist dieses Potential durch

$$V\psi(\mathbf{r}_1, s_1; \mathbf{r}_2, s_2) = f(r)\psi(\mathbf{r}_2, s_2; \mathbf{r}_1, s_1)$$

gegeben, wobei $\mathbf{r} = \mathbf{r}_1 - \mathbf{r}_2$.

16.19
a) Wie kann die Kompressibilität eines Kerns gemessen werden?
b) Sollte es einen angeregten Kernzustand oder eine Resonanz geben, die einer sphärischen Kompression und Dekompression (einem Atmen) entspricht? Falls ja, bringen Sie seine Anregungsenergie ins Verhältnis zur Kompressibilität.

16.20 Betrachten Sie einen Stoß von ^{32}S mit ^{208}Pb bei einer Energie, die der Höhe der Coulomb-Barriere entspricht. Bestimmen Sie diese Energie im Laborsystem.

16.21 Bei einem Stoß von ^{64}Cu mit ^{208}Pb bei einer Laborenergie, die doppelt so hoch wie die Coulomb-Barriere ist:
a) Wie groß ist die Schwerpunktenergie?
b) Wie groß ist ungefähr der maximale Drehimpulszustand, der angeregt werden kann?

16.22 Schätzen Sie die (niedrigsten) Schwingungs- und Rotations-Anregungsenergien für ein Kernmolekül ab, das beim Stoß von ^{12}C mit ^{12}C gebildet wird. Vergleichen Sie mit dem Experiment.

16.23 Bei einem relativistischen Stoß schwerer Ionen (^{32}S mit ^{208}Pb) mit 250 GeV/Nukleon:
a) Wie groß ist die Schwerpunktenergie?
b) Schätzen Sie die Dichte der Kernmaterie ab, die gebildet wird, wenn die Kerne zu einem neuen Kern verschmelzen, der den gleichen Radius wie der Bleikern hat. Vernachlässigen Sie relativistische Kontraktionen.
c) Wie groß würde die Energiedichte unter den Bedingungen von (b) sein, wenn die gesamte Energie verfügbar wäre?

16.24 CERN will eine Bleiquelle für Schwerionenstöße bauen. Betrachten Sie einen Stoß von einem 2 TeV/Nukleon ^{208}Pb-Strahl mit einem stationären ^{238}U-Target.

a) Bestimmen Sie die Schwerpunktenergie und den relativistischen Faktor $\gamma = (1 - v^2/c^2)^{-1/2}$ für diesen Stoß, wobei v^2 die Geschwindigkeit im Schwerpunktsystem ist.
b) Bestimmen Sie das ungefähre Volumen, die Energiedichte und die Teilchendichte sowohl für den Strahl als auch für das Target, wenn die relativistische Kontraktion berücksichtigt wird.
c) Wenn der zentrale Stoß jeweils 100 Teilchen aus dem Strahl und dem Target enthält und einen Bereich ausfüllt, der dem kontrahierten Volumen von 100 Teilchen in (b) entspricht, bestimme man die Nukleonen- und die Energiedichte in diesem fusionierten Gebilde.

17 Das Schalenmodell

Das Tröpfchen- und das Fermi-Gas-Modell beschreiben den Kern in recht grober Weise. Sie geben zwar die Kerneigenschaften im allgemeinen ganz gut wieder, können aber spezielle Erscheinungen angeregter Kernzustände nicht erklären. Im Abschnitt 5.10 haben wir einige Aspekte des Energiespektrums eines Kerns gegeben, und wir haben auch darauf hingewiesen, daß Fortschritte in der Atomphysik eng mit der Aufklärung der Atomspektren verbunden waren. In der Atomphysik, der Festkörperphysik und der Quantenmechanik begann die Erforschung mit dem Einteilchenmodell (IPM). Es überrascht daher nicht, daß diese Behandlung auch zu Beginn der Kerntheorie versucht wurde. Bartlett und Elsasser[1] wiesen darauf hin, daß Kerne besonders stabile Konfigurationen haben, wenn Z oder N (oder beide) eine *magische Zahl* ist:

(17.1)   2,   8,   20,   28,   50,   82,   126.

Der damalige, hauptsächliche Hinweis bestand in der Zahl der Isotope, der Emissionsenergien der Alphateilchen und der Elementhäufigkeit. Elsasser versuchte diese Stabilität durch die Annahme zu verstehen, daß sich die Neutronen und Protonen unabhängig voneinander in einem Einteilchenpotential bewegen, aber er war nicht im Stande, die Stabilität von N oder $Z = 50$ und 82 und $N = 126$ zu erklären. Seine Arbeit fand aus zwei Gründen wenig Beachtung. Erstens schien das Modell keine theoretische Basis zu haben. Kerne haben, anders als die Atome, kein festes Zentrum, und die kurze Reichweite der Kernkräfte scheint zu bedeuten, daß man kein glattes, mittleres Potential verwenden kann, um das wirkliche Potential zu beschreiben, das ein Nukleon spürt. Der zweite Grund war das damals magere experimentelle Datenmaterial.

Die Evidenz für das Vorhandensein der magischen Zahlen nahm jedoch laufend zu. Wie bei den Atomen, deuten magische Zahlen auf die Existenz einer *schalenähnlichen* Struktur im Kern hin. Schließlich wurden die magischen Zahlen 1948 von Maria Goeppert Mayer[2] und J. H. D. Jensen[3] durch Einteilchenbahnen erklärt. Das entscheidende Element für das Verständnis der abgeschlossenen Schalen bei 50, 82 und 126 war die Einsicht, daß Spin-Bahn-Kräfte eine entscheidende Rolle spielen. Weiter erkannte man, daß das Pauliprinzip Zusammenstöße zwischen Nukleonen verbietet und daher für fast ungestörte Bahnen der Nukleonen in der Kernmaterie sorgt[4].

Für ein naives Schalenmodell nimmt man an, daß sich die Nukleonen unabhängig voneinander in einem sphärischen Potential bewegen. Die Annahme der Unabhängigkeit und der Kugelform sind starke Vereinfachungen. Es gibt Wechselwirkungen zwischen den Nukleonen, die nicht durch ein mittleres Potential beschrieben werden können, und die Kernform ist bekannterweise nicht immer sphärisch. Man kann das Schalenmodell verbessern,

---

[1] J. H. Bartlett, *Phys. Rev.* **41**, 370 (1932); W. M. Elsasser, *J. Phys. Radium* **4**, 549 (1933); **5**, 625 (1934).
[2] M. G. Mayer, *Phys. Rev.* **74**, 235 (1948); **75**, 1969, (1949); **78**, 16 (1950).
[3] O. Haxel, J. H. D. Jensen und H. Suess, *Phys. Rev.* **75**, 1766 (1949); *Z. Physik* **128**, 295 (1950).
[4] E. Fermi, *Nuclear Physics*. University of Chicago Press, Chicago, 1950; V. F. Weisskopf, *Helv. Phys. Acta* **23**, 187 (1950); Science **113**, 101 (1951).

wenn man einige *Restwechselwirkungen* berücksichtigt und Bahnen in einem deformierten Potential betrachtet.

Im folgenden Abschnitt wollen wir einige experimentelle Hinweise für die Existenz der magischen Zahlen behandeln. Wir werden dann Schalenabschlüsse und das Einteilchenschalenmodell diskutieren, und schließlich einige Verbesserungen andeuten.

17.1 Die magischen Zahlen

In diesem Abschnitt werden wir einige Hinweise dafür bringen, daß Nuklide besonders stabil sind, wenn ihr Z oder N eine magische Zahl 2, 8, 20, 28, 50, 82 oder 126 ist. Natürlich werden diese Zahlen durch das Schalenmodell gut erklärt, aber das Adjektiv *„magisch"* wurde beibehalten, da es so anschaulich ist.

In Bild 17.1 ist die relative *Häufigkeit* verschiedener gerade-gerade Nuklide als Funktion des Atomgewichts A für $A > 50$ eingetragen. Nuklide mit $N = 50, 82$ und 126 bilden drei deutliche Peaks.

Klare Hinweise auf magische Zahlen kommen von den *Separationsenergien der letzten Nukleonen*. Um dieses Konzept zu erklären, betrachten wir Atome. Die Separationsenergie oder das Ionisationspotential ist die Energie, die man benötigt, um das am schwächsten gebundene (das letzte) Elektron von einem neutralen Atom zu entfernen. Die Separationsenergien sind in Bild 17.2 gezeigt. Die Atomschalen sind verantwortlich für die ausgeprägten Peaks: Wenn das Elektron eine Hauptschale auffüllt, ist es besonders fest gebunden, und die Separationsenergie erreicht ein Maximum. Das nächste Elektron befindet sich außerhalb einer abgeschlossenen Schale, ist sehr schwach gebunden und kann leicht entfernt werden. Die zum Ionisationspotential analoge Größe im Kern ist die Separationsenergie des letzten Nukleons. Wenn z. B. ein Neutron aus einem Nuklid (Z, N) entfernt wird, entsteht ein Nuklid $(Z, N-1)$. Die dafür benötigte Energie ist die Differenz der Bindungsenergien zwischen diesen beiden Nukliden

(17.2) $\quad S_n(Z, N) = B(Z, N) - B(Z, N-1).$

Ein analoger Ausdruck gilt für die Protonenseparationsenergie. Mit den Gln. 16.3 und 16.4 kann man die Separationsenergie durch den Massendefekt ausdrücken:

(17.3) $\quad S_n(Z, N) = m_n c^2 - u + \Delta(Z, N-1) - \Delta(Z, N).$

Mit den Werten der Neutronenmasse und der Atommassen ergibt sich

$$S_n(Z, N) = 8{,}07 \text{ MeV} + \Delta(Z, N-1) - \Delta(Z, N).$$

Das Resultat läßt sich auf zweierlei Art darstellen: entweder ist Z fest, oder der Neutronenüberschuß $N - Z$ wird konstant gehalten. Der erste Fall läßt sich leichter überschauen: Wir beginnen mit einem bestimmten Nuklid und fügen weitere Neutronen hinzu. Dann berechnet man die dazu benötigte Energie. In Bild 17.3 wird diese Situation für die Isotope von Cer, $Z = 58$ dargestellt. Es zeigen sich zwei Effekte: ein gerade-ungerade Unterschied und eine Diskontinuität bei einer abgeschlossenen Schale. Das gerade-ungerade Verhalten weist darauf hin, daß Neutronen fester gebunden sind, wenn N gerade ist. Das gleiche

17.1 Die magischen Zahlen

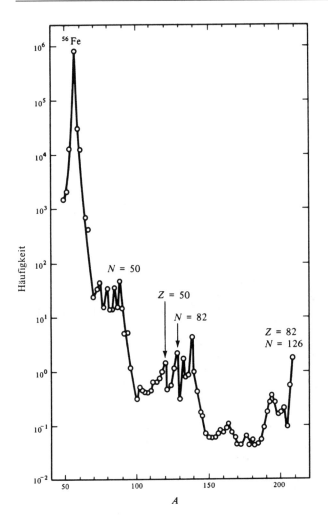

Bild 17.1
Relative Häufigkeit H verschiedener g-g-Kerne als Funktion von A. Die Häufigkeiten sind relativ zu Si gemessen, wobei $H(Si) = 10^6$ ist. [Nach A. G. W. Cameron, „A New Table of Abundance of the Elements in the Solar System", *Origin and Distribution of the Elements* (L. H. Arens, ed.), Pergamon Press, New York, 1968, S. 125.]

gilt bei Protonen. Diese Tatsache zusammen mit der empirischen Beobachtung, daß alle gerade-gerade Kerne im Grundzustand den Spin 0 haben, zeigt, daß eine spezielle Wechselwirkung auftritt, wenn sich zwei gleiche Teilchen zu einem Drehimpuls von 0 paaren. Die *Paarwechselwirkung* ist für das Verständnis der Kernstruktur im Schalenmodell wichtig. Wir werden es später erklären. Hier erwähnen wir nur, daß ein ähnlicher Effekt bei den Supraleitern auftritt, wo die Elektronen mit entgegengesetzten Impulsen und Spins ein Cooperpaar bilden[5]. In Kernen ersetzt das wechselwirkende Bosonen-Modell die Cooper-Paare. Dieses Modell wird in Kapitel 18 diskutiert. Aus Bild 17.3 folgt eine Paarungsenergie von etwa 2 MeV für Cer. Hat man einmal eine Korrektur für diese Paarung durchgeführt, indem man z.B. nur Isotope mit geradem N betrachtet, so zeigt sich der zweite Effekt, nämlich der Einfluß der abgeschlossenen Schale bei $N = 82$. Neutronen sind nach ei-

---

[5] Siehe z.B. G. Baym, *Lectures on Quantum Mechanics*, Benjamin, Reading, Mass., 1969, Kapitel 8.

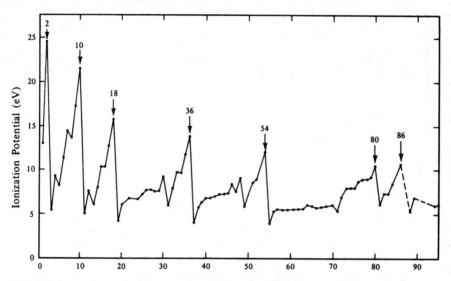

Bild 17.2 Separationsenergien neutraler Atome (Ionisationspotentiale). (Nach Daten von C. E. Moore, „Ionization Potentials and Ionization Limits Derived from the Analysis of Optical Spectra," *NSRDS-NBS 34*, 1970.)

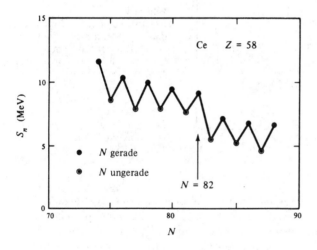

Bild 17.3 Separationsenergie für das letzte Neutron der Cer-Isotope.

ner abgeschlossenen Schale um etwa 2 MeV weniger stark gebunden als vor einer abgeschlossenen Schale. Ähnliche Graphen wie in Bild 17.3 können für andere Regionen hergestellt werden, und man kann bei allen magischen Zahlen einen Schalenabschluß beobachten.

Abgeschlossene Schalen sollten kugelsymmetrisch sein, einen Gesamtdrehimpuls Null haben und besonders stabil sein. Die Stabilität der abgeschlossenen Schale kann man an den Energien der ersten angeregten Zustände erkennen. Eine deutliche Stabilität verlangt, daß die Anregung einer abgeschlossenen Schale schwierig ist, und daher sollte der erste angeregte Zustand besonders hoch liegen. Ein Beispiel für dieses Verhalten zeigt Bild 17.4,

17.2 Die abgeschlossenen Schalen

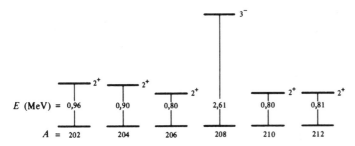

Bild 17.4 Grundzustände und erste angeregte Zustände der gerade-A-Isotope von Pb.

wo der Grundzustand und der erste angeregte Zustand der Pb-Isotope mit geradem A gezeigt werden. ^{208}Pb mit $N = 126$ hat eine Anregungsenergie, die um fast zwei MeV größer ist als die der anderen Isotope. Außerdem hat der erste angeregte Zustand von ^{208}Pb Spin und Parität 3$^-$, im Gegensatz zu den anderen Isotopen mit 2$^+$. Die abgeschlossene Schale wirkt nicht nur auf die Energie des ersten angeregten Zustands, sondern auch auf seinen Spin und seine Parität.

17.2 Die abgeschlossenen Schalen

Die erste Aufgabe bei der Konstruktion des Schalenmodells ist die Erklärung der magischen Zahlen. Im Einteilchenmodell (IPM) nimmt man an, daß sich die Teilchen unabhängig voneinander im Kernpotential bewegen. Wegen der kurzen Reichweite der Kernkräfte entspricht dieses Potential der Kerndichteverteilung. Um diese Ähnlichkeit deutlich zu sehen, betrachten wir Zweikörperkräfte vom Typ

(17.4) $\qquad V_{12} = V_0 \, \mathfrak{f}\,(\mathbf{x}_1 - \mathbf{x}_2)$

wobei V_0 die Tiefe in der Potentialmitte ist, und $\mathfrak{f}$ seine Form beschreibt. Die Funktion $\mathfrak{f}$ soll dabei glatt und von sehr kurzer Reichweite sein. Eine grobe Abschätzung der Stärke des Zentral-Potentials, das auf Teilchen 1 wirkt, erhält man durch Mittelung über Nukleon 2. Eine solche Mittelung repräsentiert die Wirkung aller Nukleonen (ausgenommen 1) auf 1. Die Mittelung wird durchgeführt, indem man V_{12} mit der Dichteverteilung $\rho(\mathbf{x}_2)$ des Nukleons 2 im Kern multipliziert

$$V(1) = V_0 \int d^3\mathbf{x}_2 \, \mathfrak{f}\,(\mathbf{x}_1 - \mathbf{x}_2)\rho(\mathbf{x}_2).$$

Wenn $\mathfrak{f}$ eine genügend kurze Reichweite hat, kann $\rho(\mathbf{x}_2)$ durch $\rho(\mathbf{x}_1)$ angenähert werden und man erhält für $V(1)$

(17.5)
$$V(1) = CV_0\rho(\mathbf{x}_1),$$
$$C = \int d^3\mathbf{x} \, \mathfrak{f}\,(\mathbf{x}).$$

Das Potential, das von einem Teilchen gesehen wird, ist tatsächlich proportional zur Kerndichteverteilung. Die Dichteverteilung wiederum entspricht etwa der Ladungsverteilung. Die Ladungsverteilung eines kugelförmigen Kerns wurde in Abschnitt 6.5 studiert, und es zeigte sich, daß sie in erster Näherung durch die Fermiverteilung, Bild 6.6, dargestellt werden kann. Es wäre daher angebracht, die Untersuchung der Einteilchenniveaus mit dem Potential zu beginnen, das die Form der Fermiverteilung hat, aber attraktiv ist. Die Schrödinger-Gleichung kann für ein solches Potential nicht in geschlossener Form gelöst werden. Für viele Diskussionen wird daher das wirkliche Potential durch ein einfacheres ersetzt. Dies ist entweder ein Rechteckpotential oder das Potential eines harmonischen Oszillators. Dieses Oszillatorpotential haben wir in Abschnitt 15.7 behandelt, und wir können hier die entsprechenden Informationen mit sehr geringen Änderungen verwenden. Das Kernpotential und seine Näherung durch das Potential des harmonischen Oszillators sind in Bild 17.5 gezeigt.

Man betrachte zuerst den harmonischen Oszillator und seine Energieniveaus in Bild 15.7. Die Gruppe der entarteten Niveaus, die zu einem bestimmten Wert von N gehören, nennt man eine Oszillatorschale. Die Entartung jeder Schale wird durch Gl. 15.30 bestimmt. Auf Kerne angewendet, heißt das, jedes Niveau kann durch zwei Nukleonen besetzt werden, und die Entartung ist daher durch $(N+1)(N+2)$ gegeben. In Tabelle 17.1 sind die Oszillatorschalen, ihre Eigenschaften und die Gesamtzahl der Zustände bis zur Schale N aufgelistet. Die Orbitale sind durch eine Zahl und einen Buchstaben gekennzeichnet, z.B. bedeutet $2s$ das zweite Niveau mit dem Bahndrehimpuls 0.

Tabelle 17.1 zeigt, daß der harmonische Oszillator die Schalenabschlüsse bei den Nukleonenzahlen 2, 8, 20, 40, 70, 112 und 168 vorhersagt. Die ersten drei stimmen mit den magischen Zahlen überein, aber nach $N=2$ unterscheiden sich die realen Schalenabschlüsse von den vorhergesagten. Wir können daraus zwei Schlüsse ziehen: entweder ist die Übereinstimmung zufällig, oder es fehlt noch eine wichtige Eigenschaft. Natürlich weiß man jetzt recht gut, daß der zweite Schluß richtig ist. Um die fehlende Eigenschaft einzuführen, wenden wir uns wieder dem Niveaudiagramm zu.

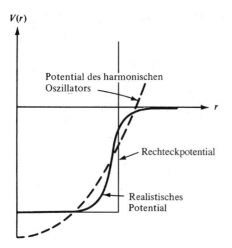

Bild 17.5 Das realistischere Potential, das die aktuelle Kerndichteverteilung beschreibt, wird durch das Potential des harmonischen Oszillators oder durch ein Rechteckpotential ersetzt.

17.2 Die abgeschlossenen Schalen

Tabelle 17.1 Oszillator-Schalen des dreidimensionalen Oszillators.

N	Orbitale	Parität	Entartung	Gesamtzahl der Zustände
0	$1s$	+	2	2
1	$1p$	−	6	8
2	$2s, 1d$	+	12	20
3	$2p, 1f$	−	20	40
4	$3s, 2d, 1g$	+	30	70
5	$3p, 2f, 1h$	−	42	112
6	$4s, 3d, 2g, 1i$	+	56	168

Die Energiezustände des harmonischen Oszillators sind aus zwei verschiedenen Gründen entartet. Man betrachte z.B. den $N = 2$-Zustand, der die Orbitale $2s$ und $1d$ enthält. Der $2s$-Zustand hat $l = 0$ und er kann wegen der beiden möglichen Spinzustände zwei Teilchen aufnehmen. Rotationssymmetrie gibt dem d-Zustand ($l = 2$) eine $(2l + 1)$-fache Entartung, und betrachtet man die beiden Spinzustände, so führt diese Entartung zu $2(4 + 1) = 10$ Zuständen. Die Tatsache, daß der $2s$- und der $1d$-Zustand die gleiche Energie haben, ist eine spezielle Eigenschaft des harmonischen Oszillators. Es ist etwas unglücklich, daß der harmonische Oszillator, der sonst so einfach zu verstehen ist, diese dynamische Entartung besitzt. Was geschieht mit der Entartung in einem realistischeren Potential, wie es in Bild 17.5 gezeigt wird? Die Wellenfunktionen des harmonischen Oszillators in Bild 15.8 zeigen, daß Teilchen in Zuständen mit höheren Drehimpulsen wahrscheinlicher bei größeren Radien zu finden sind als in Zuständen mit kleinen oder keinen Bahndrehimpulsen. Bild 17.5 zeigt, daß das Fermipotential einen flachen Boden hat. Für identische Tiefen in der Mitte ist es daher bei großen Radien tiefer als das Oszillatorpotential. Die Zustände mit höherem Drehimpuls sehen daher im realistischen Fall ein tieferes Potential, die Entartung wird aufgehoben, und die Zustände mit hohem l erscheinen bei einer kleineren Energie. Die Aufhebung der Entartung durch diese Eigenschaft kann für das Rechteckpotential explizit gezeigt werden. Die Resultate sind in Bild 17.6 dargestellt. Der realistische Fall liegt irgendwo zwischen dem Rechteckpotential und dem harmonischen Oszillator. Die Zahlen der Nukleonen in jeder Schale bleiben unverändert, die magischen Zahlen 50, 82 und 126 können immer noch nicht erklärt werden.

Bisher wurden Energieniveaus nur durch n und l gekennzeichnet, während der Nukleonenspin nicht berücksichtigt wurde. Ein Nukleon in einem Zustand mit dem Bahndrehimpuls l ergibt zwei Zustände mit dem Gesamtdrehimpuls $l \pm \frac{1}{2}$. Als Beispiel betrachte man die Oszillatorschale $N = 1$. Ein Nukleon im Zustand $1p$ kann den Gesamtdrehimpuls $\frac{1}{2}$ und $\frac{3}{2}$ haben, und die entsprechenden Zustände werden durch $1p_{1/2}$ und $1p_{3/2}$ gekennzeichnet. Im Potential des zentralen harmonischen Oszillators und im Rechteckpotential sind diese Zustände entartet. Diese Situation wird durch *spinabhängige* Kräfte geändert. Man betrachte z.B. die niedrigsten Energieniveaus von ^{5}He und ^{5}Li in Bild 17.7. Die Grundzustände dieser Nuklide haben Spin $\frac{3}{2}$ und negative Parität, und die ersten angeregten Zustände Spin $\frac{1}{2}$ und negative Parität. Diese Quantenzahlen werden dadurch erklärt, daß man ^{5}He (^{5}Li) als Kern mit abgeschlossener Schale plus ein Proton (Neutron) betrachtet. Im ^{4}He sind die $1s$-Zustände für Neutronen und Protonen gefüllt und es ist der erste, doppelt magische Kern. Das nächste Nukleon, Neutron oder Proton, muß in einen der $1p$-Zustände gehen, entweder $1p_{1/2}$ oder $1p_{3/2}$. Die Spins der beobachteten Niveaus

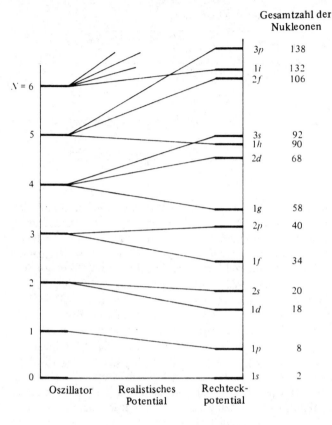

Bild 17.6
Schalen einzelner Teilchen. Links sind die Niveaus des harmonischen Oszillators. Wenn die zufällige Entartung in jeder Oszillatorschale durch einen Wechsel der Potentialform zu einem Rechteckpotential aufgehoben wird, ergibt sich ein Diagramm, wie rechts dargestellt. Die Gesamtzahl der Nukleonen, die im Potential bis zur jeweiligen Schale untergebracht werden kann, ist auch angegeben.

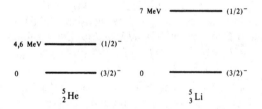

Bild 17.7
Die niedrigsten Energieniveaus von ^{5}He und ^{5}Li. Die Zustände sind allerdings sehr kurzlebig und haben deshalb sehr große Energiebreiten. Mit unserer momentanen Argumentation haben diese Breiten aber nichts zu tun; sie sind daher nicht eingezeichnet.

(Bild 17.8) zeigen uns, daß das $1p_{3/2}$-Niveau die niedrigere Energie hat. Wenn das Nukleon über der abgeschlossenen Schale, das sog. Valenznukleon, auf das nächst höhere Niveau gehoben wird, so ergibt sich der erste angeregte Zustand von ^{5}He. Die Spin- und Paritätswerte (½)⁻ dieses Zustands zeigen, daß das ein $1p_{1/2}$-Einteilchenzustand ist. Die Entartung der $1p_{1/2}$ und $1p_{3/2}$-Zustände wird in realen Kernen aufgehoben und die Energieaufspaltung beträgt bei leichten Kernen einige MeV. Dieser Schluß kann durch die Annahme verallgemeinert werden, daß die Entartung zwischen den Niveaus $l + ½$ und $l - ½$ in realen Kernen immer aufgehoben ist, wie Bild 17.9 zeigt.

Die Aufspaltung zwischen $l + ½$ und $l - ½$-Zuständen wird primär durch die Wechselwirkungen zwischen Nukleonenspin und Bahndrehimpuls hervorgerufen. Solch eine Spin-

17.2 Die abgeschlossenen Schalen

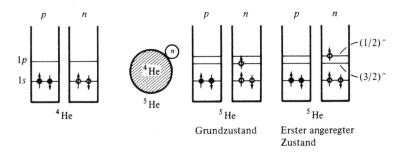

Bild 17.8 Besetzung der Kernenergieniveaus in ⁴He, ⁵He und ⁵He*. Zur Vereinfachung wurde die Coulombwechselwirkung vernachlässigt; die Neutronen- und Protonenpotentiale sind gleich gezeichnet. Außerdem wurden nur die beiden niedrigsten Energieniveaus dargestellt.

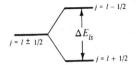

Bild 17.9 Aufspaltung der Zustände mit einem gegebenen Wert l in zwei Zustände: Die Spin-Bahn-Wechselwirkung drückt den Zustand mit dem Gesamtdrehimpuls $j = l + \frac{1}{2}$ nach unten und hebt den Zustand mit $j = l - \frac{1}{2}$ an.

Bahn-Kraft ist in der Atomphysik gut bekannt[6], aber man erwartete nicht, daß sie in den Kernen so stark sein würde. Der Bahndrehimpuls wächst mit A und damit auch die Bedeutung der Spin-Bahn-Kraft. Wir kommen im nächsten Abschnitt auf die Spin-Bahn-Kraft zurück, hier aber wollen wir zeigen, daß man die magischen Zahlen erklären kann, wenn ihre Effekte berücksichtigt werden. Ein Nukleon, das sich im Zentralpotential des Kerns mit dem Bahndrehimpuls $\mathbf{l}$, Spin $\mathbf{s}$ und dem Gesamtdrehimpuls $\mathbf{j}$

(17.6) $\qquad \mathbf{j} = \mathbf{l} + \mathbf{s}$

bewegt, erhält eine zusätzliche Energie

(17.7) $\qquad V_{ls} = C_{ls} \mathbf{l} \cdot \mathbf{s}$.

Den Effekt dieses zusätzlichen Operators der potentiellen Energie auf einen Zustand $|\alpha; j, l, s\rangle$ müssen wir bestimmen. Hier beschreibt α alle Quantenzahlen außer j, l, s. (Daß j, l, s gleichzeitig angegeben werden können, liegt daran, daß Zustände von $l = j \pm \frac{1}{2}$ entgegengesetzte Parität haben, und bei der hadronischen Kraft bleibt die Parität erhalten.) Mit dem Quadrat der Gl. 17.6 wird der Operator $\mathbf{l} \cdot \mathbf{s}$ geschrieben als

(17.8) $\qquad \mathbf{l} \cdot \mathbf{s} = \frac{1}{2}(j^2 - l^2 - s^2)$.

Die Wirkungen der Operatoren j^2, l^2 und s^2 auf $|\alpha; j, l, s\rangle$ sind in Gl. 5.7 gegeben, so daß

---

[6] Eisberg, Abschnitt 11.4; H. A. Bethe und R. Jackiw, *Intermediate Quantum Mechanics*, 2nd ed., Benjamin, Reading Mass., 1968, Kapitel 8; Park, Kapitel 14; G. P. Fisher, *Am J. Phys.* **39**, 1528 (1971).

(17.9) $\quad \mathbf{l} \cdot \mathbf{s} | \alpha; j, l, s \rangle = \frac{1}{2}\hbar^2 \{j(j+1) - l(l+1) - s(s+1)\} | \alpha; j, l, s \rangle$

gilt. Für ein Nukleon mit dem Spin $s = \frac{1}{2}$ existieren nur zwei Möglichkeiten, nämlich $j = l + \frac{1}{2}$ und $j = l - \frac{1}{2}$, und dafür ergibt Gl. 17.9

(17.10) $\quad \mathbf{l} \cdot \mathbf{s} | \alpha; j, l, \frac{1}{2} \rangle = \begin{cases} \frac{1}{2}\hbar^2 l | \alpha; j, l, \frac{1}{2} \rangle & \text{für } j = l + \frac{1}{2} \\ -\frac{1}{2}\hbar^2 (l+1) | \alpha; j, l, \frac{1}{2} \rangle & \text{für } j = l - \frac{1}{2}. \end{cases}$

Die Energieaufspaltung ΔE_{ls} in Bild 17.9 ist proportional zu $l + \frac{1}{2}$

(17.11) $\quad \Delta E_{ls} = (l + \frac{1}{2}) \hbar^2 C_{ls}$.

Die Spin-Bahn-Aufspaltung wächst mit größer werdendem Bahndrehimpuls l. Daher gewinnt sie für schwere Kerne an Bedeutung, wo größere l-Werte erscheinen. Für einen gegebenen Wert von l liegt der Wert mit größerem Gesamtdrehimpuls $j = l + \frac{1}{2}$ niedriger und er hat eine Entartung von $2j + 1 = 2l + 2$. Der höhere Zustand, $j = l - \frac{1}{2}$, ist $2l$-fach entartet. Mit diesen Ausführungen kann man den Schalenabschluß bei magischen Zahlen verstehen. Man betrachte Bild 17.6. Die Gesamtzahl der Nukleonen bis zur Oszillatorschale $N = 3$ ist 40. Die korrekte magische Zahl ist 50. Das $1g_{9/2}$-Niveau ist 10-fach entartet, wie Bild 17.10 zeigt. Dieses Niveau wird durch die Spin-Bahn-Wechselwirkung herabgedrückt, so daß es in die Oszillatorschale $N = 3$ gelangt. Die Gesamtzahl der Nukleonen addiert sich zu 50, dem richtigen magischen Abschluß. Ähnlich hat der $1h_{11/2}$-Zustand eine 12-fache Entartung. Heruntergezogen und zur $N = 4$-Oszillatorschale addiert, ergibt er die Zahl 82. Der $1i_{13/2}$, in die $N = 5$-Schale heruntergezogen, steuert 14 Nukleonen bei und das ergibt die magische Zahl 126. Die Situation ist in Bild 17.10 zusammengefaßt, wo das Niveauschema gezeigt wird. Im Detail gibt es kleine Unterschiede für Neutronen und Protonen. Die Situation läßt sich mit der Aussage zusammenfassen, daß eine genügend starke Spin-Bahn-Wechselwirkung, die in den $j = l + \frac{1}{2}$-Zuständen attraktiv wirkt, die experimentell beobachteten Schalenabschlüsse erklären kann.

17.3 Die Spin-Bahn-Wechselwirkung

Im vorigen Abschnitt wurde gezeigt, daß eine Spin-Bahn-Wechselwirkung in der Form der Gl. 17.7 die experimentell beobachteten Schalenabschlüsse erklären kann, vorausgesetzt, die Konstante C_{ls} ist genügend groß. Stimmen diese Schlüsse aus Kerneigenschaften überein mit dem, was über das Nukleon-Nukleon-Potential bekannt ist? In Abschnitt 14.5 wurde gezeigt, daß die potentielle Nukleon-Nukleon-Energie in Gl. 14.36 einen Spin-Bahn-Term

(17.12) $\quad V_{LS} \mathbf{L} \cdot \mathbf{S}$

enthält. Hier ist $\mathbf{L} = \frac{1}{2}(\mathbf{x}_1 - \mathbf{x}_2) \times (\mathbf{p}_1 - \mathbf{p}_2)$, der relative Bahndrehimpuls der beiden Nukleonen und $\mathbf{S} = \mathbf{s}_1 + \mathbf{s}_2 = \frac{1}{2}(\sigma_1 + \sigma_2)$, die Summe der Spins. Solch ein Term in der Nukleon-Nukleon-Kraft erzeugt einen Ausdruck

17.3 Die Spin-Bahn-Wechselwirkung

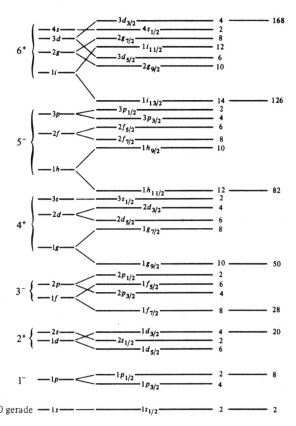

Bild 17.10 Ungefähres Niveauschema der Nukleonen. Die Zahl der Nukleonen in jedem Zustand und die kumulierte Summe sind angegeben. Die Oszillatoranordnung ist links gezeigt. Neutronen und Protonen haben im wesentlichen bis hinauf zu 50 das gleiche Muster. Von da an treten einige Abweichungen auf. Niedrige Neutronendrehimpulse werden gegenüber niedrigen Protonendrehimpulsen bevorzugt.

$$V_{ls} = C_{ls} \mathbf{l} \cdot \mathbf{s}$$

im *Kern*potential. Hier ist $\mathbf{l}$ der Bahndrehimpuls des Nukleons, das sich im Kernpotential bewegt, und $\mathbf{s}$ ist sein Spin. Um die Verbindung zu sehen, betrachten wir eine Bahn, wie sie in Bild 17.11 gezeigt wird. Im Innern des Kerns, wo die Kerndichte konstant ist, ist die Zahl der Nukleonen auf beiden Seiten der Bahn innerhalb der Reichweite der Kernkräfte gleich. Die Spin-Bahn-Wechselwirkung mittelt sich daher heraus. In der Nähe der Oberfläche jedoch befinden sich die Nukleonen nur auf der inneren Seite der Bahn. Der relative Bahndrehimpuls $\mathbf{L}$ in Gl. 17.12 zeigt immer in die gleiche Richtung, und die Zweikörper-Spin-Bahn-Wechselwirkung veranlaßt einen Term in der Form von Gl. 17.7. Um dieses Argument präziser auszudrücken, wird die Energie der Spin-Bahn-Wechselwirkung Gl. 17.12 zwischen zwei Nukleonen 1 und 2 als

(17.13) $\quad V(1,2) = \tfrac{1}{2} V_{LS}(r_{12})(\mathbf{x}_1 - \mathbf{x}_2) \times (\mathbf{p}_1 - \mathbf{p}_2) \cdot (\mathbf{s}_1 + \mathbf{s}_2)$

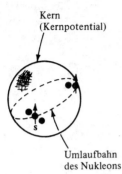

Kern
(Kernpotential)

Umlaufbahn
des Nukleons

Bild 17.11 Nukleonen mit dem Bahndrehimpuls **l** und dem Spin **s** im Kernpotential.

geschrieben. Wenn Teilchen 1 das untersuchte Teilchen ist, so kann man eine Abschätzung des Kernspin-Bahn-Potentials durch Mittelung von $V(1,2)$ über Nukleon 2 erhalten:

(17.14) $\quad V_{ls}(1) = \text{Av} \int d^3\mathbf{x}_2 \rho(\mathbf{x}_2) V(1,2),$

wobei Av andeutet, daß wir über den Spin und den Impuls des Nukleon 2 mitteln müssen, und wobei $\rho(\mathbf{x}_2)$ die Wahrscheinlichkeitsdichte von Nukleon 2 ist. Nach Einsetzen von $V(1,2)$ aus Gl. 17.13 wird $V_{ls}(1)$

(17.15) $\quad V_{ls}(1) = \tfrac{1}{2} \int d^3\mathbf{x}_2 \rho(\mathbf{x}_2) V_{LS}(r_{12})(\mathbf{x}_1 - \mathbf{x}_2) \times \mathbf{p}_1 \cdot \mathbf{s}_1.$

Das Mittel über alle anderen Teilchen ist null. Die Kerndichte am Ort $\mathbf{x}_2$ kann durch eine Taylorreihe um $\mathbf{x}_1$ entwickelt werden, da die Reichweite der Spin-Bahn-Kraft sehr klein ist:

(17.16) $\quad \rho(\mathbf{x}_2) = \rho(\mathbf{x}_1) + (\mathbf{x}_2 - \mathbf{x}_1) \cdot \nabla\rho(\mathbf{x}_1) + \cdots .$

Nach Einsetzen der Entwicklung in $V_{ls}(1)$ verschwindet das Integral, das den Faktor $\rho(\mathbf{x}_1)$ enthält. Das verbleibende Integral kann berechnet werden. Unter der Annahme, daß die Reichweite der Nukleonenspin-Bahn-Wechselwirkung klein ist im Vergleich zu der Dicke der Kernoberfläche – nur hier macht sich $\nabla\rho$ bemerkbar – ergibt sich

(17.17) $\quad V_{ls}(1) = C \, \dfrac{1}{r_1} \dfrac{\partial \rho(r_1)}{\partial r_1} \, \mathbf{l}_1 \cdot \mathbf{s}_1$

mit $\quad r \equiv |\mathbf{x}| \quad$ und

(17.18) $\quad C = -\dfrac{1}{6} \int V_{LS}(r) r^2 d^3r.$

Die Nukleon-Nukleon-Spin-Bahn-Wechselwirkung führt zu einer Spin-Bahn-Wechselwirkung für ein Nukleon, das sich in einem gemittelten Kernpotential bewegt. Wie Gl. 17.17 zeigt, verschwindet die Wechselwirkung dort, wo die Dichte konstant ist, und sie ist am stärksten an der Kernoberfläche. Numerische Abschätzungen mit den Gln. 17.17 und 17.18 ergeben für V_{ls} die richtige Größenordnung.

17.4 Das Einteilchen-Schalen-Modell

Das einfachste Atomsystem ist der Wasserstoff, der nur ein Elektron besitzt, das sich im Feld des schweren Kerns bewegt. Die in ihrer Einfachheit nächsten Atome sind die Alkaliatome, die aus einer abgeschlossenen Atom-Schale und einem zusätzlichen Elektron bestehen. In erster Näherung nimmt man an, daß sich ein Valenzelektron im Feld des Kerns bewegt, der durch die abgeschlossene Elektronenschale abgeschirmt wird, die ein kugelsymmetrisches System mit dem Drehimpuls 0 bildet. Der Gesamtdrehimpuls des Atoms stammt vom Valenzelektron (und vom Kern). In der Kernphysik hat das Zweikörpersystem (Deuteron) nur einen gebundenen Zustand und liefert nicht sehr viel Informationen. In Analogie zum Atom sind die nächst einfachen Kerne solche, die eine abgeschlossene Schale und ein zusätzliches Valenznukleon haben (oder Nuklide mit abgeschlossenen Schalen, in denen ein Nukleon fehlt). Bevor wir solche Nuklide studieren, betrachten wir abgeschlossene Schalen.

Welche Quantenzahlen haben Nuklide mit abgeschlossenen Schalen? Im Schalenmodell werden Protonen und Neutronen unabhängig voneinander behandelt. Man betrachte zuerst eine Unterschale mit einem gegebenen Wert des Gesamtdrehimpulses j, z.B. die Protonenunterschale $1p_{1/2}$ (Bild 17.10). Es gibt $2j + 1 = 2$ Protonen in dieser Unterschale. Da die Protonen Fermionen sind, muß die Gesamtwellenfunktion antisymmetrisch sein. Die Ortswellenfunktion von zwei Protonen in der gleichen Schale ist symmetrisch, und daher muß die Spinwellenfunktion antisymmetrisch sein. Von zwei Protonen kann nur ein total antisymmetrischer Zustand gebildet werden; aber *ein* Zustand, der durch *eine* einzige Wellenfunktion beschrieben wird, muß Spin $J = 0$ haben. Das gleiche Argument gilt für jede andere abgeschlossene Unterschale, oder eine Protonen- oder Neutronenschale: abgeschlossene Schalen haben immer einen Gesamtdrehimpuls von Null. Die Parität einer abgeschlossenen Schale ist gerade, weil sie von einer geraden Anzahl von Nukleonen gefüllt wird.

Grundzustandsspin und Parität von Nukliden, die über einer abgeschlossenen Schale ein zusätzliches Teilchen haben oder denen zum Schalenabschluß ein Teilchen fehlt, sind nun leicht vorherzusagen. Man betrachte zuerst ein einzelnes Proton außerhalb einer abgeschlossenen Schale. Da eine abgeschlossenen Schale Drehimpuls Null und gerade Parität hat, werden Drehimpuls und Spin des Kerns vom Valenzproton bestimmt. Drehimpuls und Parität des Protons findet man in Bild 17.10. Das entsprechende Niveauschema der Neutronen ist sehr ähnlich. Ein erstes Beispiel wurde schon in Bild 17.8 gezeigt, aus dem wir als Zuordnung des ^{5}He-Grundzustands $p_{3/2}$ ableiten, oder Spin = $^3/_2$ und negative Parität. Einige wenige zusätzliche Beispiele sind in Tabelle 17.2 gezeigt. Die vorhergesagten und beobachteten Werte von Spin und Parität stimmen vollständig überein. Ebenso kann man mit Bild 17.10 die Quantenzahlen von Kernen bestimmen, denen ein Teilchen in einer abgeschlossenen Schale fehlt. Ein solcher *Ein-Loch-Zustand* kann mit der Sprache für Antiteilchen aus Abschnitt 7.5 beschrieben werden. Das Loch erscheint als Antiteilchen, und Gl. 7.48 sagt uns, daß der Drehimpuls des Zustands der gleiche sein muß, wie der des fehlenden Nukleons. Ebenso muß der Lochzustand die Parität des fehlenden Nukleons haben[7]. Diese Eigenschaften der Löcher folgen auch aus der Tatsache, daß ein Loch und ein

---

[7] Eine genaue Diskussion der Lochzustände und der Teilchen-Loch-Konjugation steht in A. Bohr und B. R. Mottelson, *Nuclear Structure*, Benjamin, Reading Mass. 1969. Siehe Band I, S. 312 und Anhang 3B.

Tabelle 17.2 Spin und Parität einiger Grundzustände, vorhergesagt durch das Einteilchenschalenmodell und experimentell beobachtet.

Nuklid	Z	N	Schalenmodell Anordnung	Beobachteter Spin und Parität
^{17}O	8	9	$d_{5/2}$	$5/2^+$
^{17}F	9	8	$d_{5/2}$	$5/2^+$
^{43}Sc	21	22	$f_{7/2}$	$7/2^-$
^{209}Pb	82	127	$g_{9/2}$	$9/2^+$
^{209}Bi	83	126	$h_{9/2}$	$9/2^-$

Teilchen, das dieses Loch auffüllen kann, für die abgeschlossene Schale zu $J = 0^+$ koppeln können. Als einfaches Beispiel betrachte man ^{4}He in Bild 17.8. Entfernt man ein Neutron von ^{4}He, so erhält man ^{3}He. Das herausgenommene Neutron war in einem $s_{1/2}$-Zustand. Die Abwesenheit wird durch das Symbol $(s_{1/2})^{-1}$ beschrieben. Die entsprechende Zuordnung für Spin und Parität von ^{3}He ist (½)$^+$, in Übereinstimmung mit dem Experiment. Zuordnungen für andere Ein-Loch-Nuklide kann man leicht angeben. Auch sie stimmen mit den experimentellen Werten überein.

Als nächstes wenden wir uns den *angeregten Zuständen* zu. Im Bild des reinen Einteilchen-Modells werden sie alleine als Anregungen des Valenznukleons beschrieben. Es gelangt in eine höhere Bahn. Der Rumpf (abgeschlossene Schale) soll dabei ungestört bleiben. Bis zu welchen Energien kann man erwarten, daß dieses Bild gültig bleibt? Die Bilder 17.3 und 17.4 zeigen, daß die Paarungsenergie in der Größenordnung von 2 MeV liegt. Bei einer Anregungsenergie von einigen MeV ist es daher möglich, daß das Valenznukleon in seinem Grundzustand verbleibt, aber daß ein Paar aufgebrochen wird, wobei eines der Nukleonen aus dem Paar auf die nächst höhere Schale gehoben wird. Ebenso ist es möglich, daß ein Paar in die nächst höhere Schale angeregt wird. In beiden Fällen ist das resultierende Energieniveau nicht länger durch das Einteilchen-Modell beschreibbar. Es ist daher nicht überraschend, „fremde" Niveaus bei einigen MeV zu finden. Zwei Beispiele sind in Bild 17.12 gezeigt, beides doppelt magische Kerne mit einem zusätzlichen Valenznukleon. Bei ^{57}Ni gelten die Zuordnungen des Einteilchen-Schalen-Modells bis etwa 1 MeV, aber oberhalb von 2,5 MeV erscheinen fremde Zustände. Diese sind nicht wirklich unbekannt. Zwar lassen sie sich nicht mit Ausdrücken des reinen Einteilchen-Schalen-Modells beschreiben, jedoch kann man sie im allgemeinen Schalenmodell als Anregung des Rumpfs verstehen. Im Falle von ^{209}Pb erscheint der erste entsprechende Zustand bei 2,15 MeV. Die Vermutung aus den Bildern 17.3 und 17.4, daß die Rumpfanregung bei etwa 2 MeV eine Rolle spielt, erweist sich als richtig. Wir haben nur zwei Eigenschaften des Kerns diskutiert, die gut durch das Einteilchen-Modell erklärt werden: Spin und Parität des Grundzustands, die Niveaufolge und die Quantenzahlen der niedrigsten angeregten Zustände. Es gibt andere Eigenschaften, die durch das reine Einteilchen-Modell erklärt werden, z.B. die Existenz von recht langlebigen, ersten angeregten Zuständen in bestimmten Regionen von N und Z, die sog. Inseln der Isomerie. Das Modell ist jedoch nur auf eine beschränkte Klasse von Kernen anwendbar, nämlich diejenigen, die ein Nukleon außerhalb einer abgeschlossenen Schale haben. Eine Erweiterung auf allgemeinere Bedingungen ist notwendig.

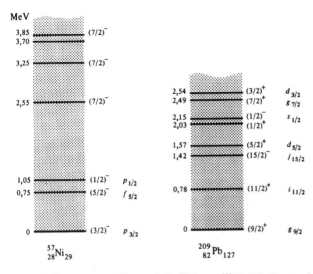

Bild 17.12 Angeregte Zustände in ^{57}Ni und ^{209}Pb. Die Zustände, die eine eindeutige Schalenmodell-Zuordnung erlauben, sind mit den entsprechenden Quantenzahlen versehen.

17.5 Verallgemeinerung des Einteilchen-Modells

Das reine Einteilchen-Schalen-Modell, das im vorigen Abschnitt besprochen wurde, beruht auf einer Anzahl von recht unrealistischen Annahmen: die Nukleonen bewegen sich in einem festen, sphärischen Potential, Wechselwirkungen zwischen den Teilchen werden nicht berücksichtigt, und nur das letzte ungerade Teilchen trägt zu den Niveaueigenschaften bei. Diese Einschränkungen werden schrittweise und bis zu verschiedenen Graden der Abstraktion aufgehoben. Wir führen kurz einige der Verallgemeinerungen vor.

1. Alle Teilchen außerhalb einer abgeschlossenen Schale werden berücksichtigt. Die Drehimpulse dieser Teilchen können durch verschiedene Kombinationen zum resultierenden Drehimpuls zusammengesetzt werden. Die beiden wichtigsten Schemata sind die Russel-Saunders- oder *LS*-Kopplung, und die *jj*-Kopplung. Bei der ersten wird angenommen, daß die Drehimpulse mit den Spins schwach gekoppelt sind. Spins und Drehimpulse aller Nukleonen in einer Schale werden separat addiert und man erhält **L** und **S**: $\sum_i \mathbf{l}_i = \mathbf{L}$, $\sum_i \mathbf{s}_i = \mathbf{S}$. Der Gesamtbahndrehimpuls **L** und der Gesamtspin **S** aller Nukleonen werden dann zur Bildung eines gegebenen **J** addiert. Im *jj*-Kopplungsschema wird angenommen, daß die Spin-Bahn-Kraft stärker ist als die Restkraft zwischen individuellen Nukleonen, so daß Spin und Drehimpuls eines jeden Nukleons zuerst zu einem Gesamtdrehimpuls **j** addiert werden. Diese **j**'s werden dann zu einem Gesamt **J** kombiniert. In den meisten Kernen weist die empirische Erfahrung darauf hin, daß die *jj*-Kopplung näher bei der Wirklichkeit liegt. In den leichtesten Kernen ($A \lesssim 16$) scheint das Kopplungsschema zwischen der *LS*- und der *jj*-Kopplung zu liegen.

2. Zwischen den Teilchen außerhalb von abgeschlossenen Schalen werden Restkräfte eingeführt. Daß man solche Restkräfte benötigt, sieht man auf verschiedene Weise. Man be-

trachte z.B. ^{69}Ga. Es hat 3 Protonen im $2p_{3/2}$-Zustand außerhalb der abgeschlossenen Protonenschale. Diese drei Protonen können ihre Spins zu Werten $J = {}^1/_2, {}^3/_2, {}^5/_2$ und $^7/_2$ addieren. (Der Zustand $J = {}^9/_2$ ist wegen des Pauli-Prinzips verboten.) Ohne Restwechselwirkung sind diese Zustände entartet. Experimentell beobachtet man einen niedrigsten Zustand – oft ist das der Zustand $J = j$ $(= {}^3/_2$ in diesem Fall). Es muß eine Wechselwirkung geben, die die entarteten Zustände aufspaltet. Im Prinzip sollte man die Restwechselwirkung als das ableiten, was übrig bleibt, wenn man die Nukleon-Nukleon-Wechselwirkung durch ein mittleres Ein-Nukleon-Potential ersetzt. In der Praxis ist ein solches Programm zu schwierig, und man bestimmt die Restwechselwirkung empirisch. Jedoch kann man viele Eigenschaften der Restwechselwirkung auf theoretischer Basis verstehen. Man betrachte z.B. die *Paarungskraft*, die in Abschnitt 17.1 beschrieben wurde. Wir haben darauf hingewiesen, daß es zwei gleiche Nukleonen vorziehen, in einem antisymmetrischen Spinzustand zu sein, mit antiparallelem Spin und mit einem relativen Bahndrehimpuls null ($^1S_0$). Wenn die Restkraft eine sehr kurze Reichweite hat und attraktiv ist, kann dieses Verhalten sofort verstanden werden. Man betrachte zur Vereinfachung eine Kraft mit der Reichweite null. Die beiden Nukleonen bemerken eine solche Kraft nur, wenn sie in einem relativen s-Zustand sind. Das Ausschließungsprinzip zwingt dann ihre Spins in entgegengesetzte Richtungen, was man tatsächlich beobachtet. Obwohl die wahren Kernkräfte nicht von so kurzer Reichweite sind (bei etwa 0,5 fm wird die Kraft abstoßend), bleibt der Nettoeffekt unverändert. Die Energie, die durch die Wirkung der *Paarungskraft* gwonnen wird, nennt man *Paarungsenergie*; sie wird empirisch zu etwa $12A^{-1/2}$ MeV bestimmt. Die Paarungsenergie führt zu einem Verständnis der Energie der ersten angeregten Zustände von gerade-gerade Kernen: ein Paar muß aufgebrochen werden, und der entsprechende erste angeregte Zustand liegt ca. 1–2 MeV über dem Grundzustand.

3. Beschreibungen von Kernen unter Berücksichtigung des dynamischen Verhaltens der abgeschlossenen Schalen sind durch moderne Großrechner möglich geworden. Solche „erweiterten" Schalenmodell-Berechnungen erlauben eine Anregung der Nukleonen der abgeschlossenen Schale in leere Schalen, wobei sie ein Loch zurücklassen. Diese erweiterten Schalenmodelle sind recht erfolgreich, z.B. bei der Struktur der Niveaus, der elektromagnetischen Übergangsrate und bei Asymmetrieberechnungen der schwachen Wechselwirkung[8].

4. Es ist bekannt, daß viele Kerne nicht kugelförmig sind und deshalb von einem sphärischen Potential nicht korrekt beschrieben werden. Bei solchen Kernen nimmt man an, daß sich die einzelnen Teilchen in einem nichtsphärischen Potential bewegen[9]. Dieses deformierte Schalen- oder Nilsson-Modell werden wir in Abschnitt 18.4 beschreiben.

5. Die restliche Wechselwirkung zwischen den Nukleonen kann auch dazu verwendet werden, neue dynamische, kollektive Variable zu erzeugen. Die Wichtigkeit solcher Variablen für das Verständnis der Spektren wurde zuerst von Arima und Iachello[10] bemerkt, und das von ihnen entwickelte Modell war im letzten Jahrzehnt sehr hilfreich. Wir werden diese Näherung im nächsten Kapitel behandeln.

---

[8] J. B. McGrory und B. H. Wildenthal, *Ann. Rev. Nucl. Part. Sci.* **30**, 383 (1980); B. A. Brown und B. H. Wildenthal, *Ann. Rev. Nucl. Part. Sci.* **38**, 29 (1988).
[9] S. G. Nilsson, *Kgl. Danske Videnskab. Selskab, Mat.-fys. Medd.* **29**, Nr. 16 (1955).
[10] A. Arima und F. Iachello, *Phys. Rev. Lett.* **35**, 1069 (1975); F. Iachello und A. Arima, *Phys. Lett.* **53 B**, 309 (1974); F. Iachello, *Comm. Nucl. Part. Phys.* **8**, 59 (1978).

Wenn die hier diskutierten Einschränkungen aufgehoben werden, beschreibt das Schalenmodell viele Zustände sehr gut. Es bleiben jedoch immer noch Eigenschaften, die das Schalenmodell nicht richtig erklären kann. Die beiden wichtigsten sind die Quadrupolmomente, die viel größer als erwartet sind, und die elektrischen Quadrupolübergänge, die viel schneller als berechnet vor sich gehen. Diese Erscheinungen sind weit weg von einer abgeschlossenen Schale am deutlichsten und sie weisen damit auf die Existenz von kollektiven Freiheitsgraden hin, die wir noch nicht betrachtet haben. Im nächsten Kapitel werden wir uns mit dem Kollektivmodell beschäftigen.

17.6 Isobare Analog-Resonanzen

> „Since 1964 isospin has become an industry."
> D. H. Wilkinson in *Isospin in Nuclear Physis,*
> D. H. Wilkinson, ed., North-Holland, Amsterdam,
> 1969, Kapitel 1.

Bisher haben wir Zustände eines gegebenen Nuklids diskutiert, ohne benachbarte Isobare zu betrachten. In Abschnitt 8.7 haben wir bewiesen, daß die Ladungsunabhängigkeit der Kernkräfte dazu führt, einem Kernzustand den Isospin I zuzuordnen. Solange man die Coulombwechselwirkung vernachlässigen kann, zeigt ein solcher Zustand $2I+1$ Isobare. Solche isobare Analogzustände wurden sogar in mittelschweren und schweren Kernen[11,12] gefunden, und sie wurden wegen ihres Werts für Kernstrukturuntersuchungen[13] genau untersucht.

Um Analogzustände zu beschreiben, betrachten wir die Isobare (Z, N) und $(Z+1, N-1)$. Die Energieniveaus in Abwesenheit der Coulombwechselwirkung sind in Bild 17.13 gezeigt. Die Differenz der Energien zwischen den beiden Grundzuständen kann aus dem Asymmetrieterm der semiempirischen Massenformel, Gl. 16.8 berechnet werden:

$$\Delta_{asym} = E_{asym}(Z+1, N-1) - E_{asym}(Z, N) = -4\, a_{asym} \frac{N-Z-1}{A}$$

oder

(17.19) $\Delta_{asym}(\text{in MeV}) = -90 \dfrac{N-Z-1}{A}$

Die Volumen- und Oberflächenterme sind für Isobare gleich, und daher liegt der Grundzustand des Isobars mit höherem Z um den Betrag Δ_{asym} tiefer. Für das Paar ^{209}Pb und ^{209}Bi z.B. beträgt Δ_{asym} ungefähr 19 MeV. In Abwesenheit der Coulombwechselwirkung ist der Isospin eine gute Quantenzahl. Wie in Abschnitt 8.7 festgestellt wurde, nimmt der Isospin eines Grundzustands eines Isobars (Z, N) den kleinsten erlaubten Wert an. Der Grundzustandsisospin eines Isobars (Z, N) ist daher durch Gl. 8.34 gegeben als

---

[11] J. D. Anderson und C. Wong, *Phys. Rev. Letters* **7**, 250 (1961); J. D. Anderson, C. Wong und T. W. McClure, *Phys. Rev.* **126**, 2170 (1962).
[12] J. D. Fox, C. F. Moore und D. Robson, *Phys. Rev. Letters* **12**, 198 (1964).
[13] H. Feshbach und A. Kerman, *Comments Nucl. Particle Phys.* **1**, 69 (1967); M. H. Macfarlane und J. P. Schiffer, *Comments Nucl. Particle Phys.* **3**, 107 (1969); D. Robson, *Science* **179**, 133 (1973).

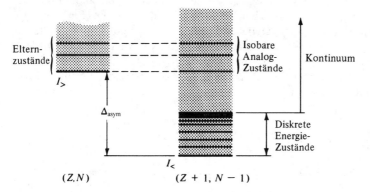

Bild 17.13 Energieniveauschema für die Isobare (Z, N) und $(Z + 1, N - 1)$, wobei die Coulombwechselwirkung ausgeschaltet ist.

(17.20) $\quad I_> = \dfrac{N - Z}{2},$

während für das Isobar $(Z + 1, N - 1)$ die Zuordnung

(17.21) $\quad I_< = \dfrac{N - Z}{2} - 1 = I_> - 1$

gilt. Wegen der Ladungsunabhängigkeit erscheinen die Zustände des *Elternkerns* (Z, N) mit der gleichen Energie im Isobar $(Z + 1, N - 1)$. Diese Analogzustände sind in Bild 17.13 gezeigt. Hier zeigt sich ein wesentlicher Unterschied zwischen leichten und schweren Kernen. Um ihn zu berücksichtigen, kehren wir zu Bild 5.28, Tabelle 5.10 und Gl. 17.3 zurück und stellen fest, daß die Kerne diskrete Niveaus (gebundene Zustände) bis zu einer Anregungsenergie von etwa 8 MeV haben. Oberhalb von 8 MeV wird die Emission von Nukleonen möglich und das Spektrum ist kontinuierlich. In *leichten Kernen*, wo die Asymmetrieenergie klein ist, liegen die isobaren Analogzustände im diskreten Teil des Spektrums und sind folglich *gebundene Zustände*. Ein Beispiel ist in Bild 8.5 gezeigt, wo der 0^+-Zustand von ^{14}C der Elternzustand ist. Der erste angeregte Zustand in ^{14}N ist der isobare Analogzustand. Die Situation in *schweren Kernen* ist in Bild 17.13 gezeigt: die Asymmetrieenergie ist größer als die Energie, bei der das Kontinuum beginnt, die Analogzustände liegen im Kontinuum. Trotzdem bleiben die Analogzustände in Abwesenheit der Coulombwechselwirkung gebunden, wie man folgenderweise sieht. Der Zerfall durch Neutronenemission führt zu einem Neutron und einem Kern $(Z + 1, N - 2)$. Der Isospin des Grundzustands und der niedrig liegenden angeregten Zustände des Nuklids $(Z + 1, N - 2)$ ist durch $I = \frac{1}{2}(N - Z - 3) = I_> - 3/2$ gegeben. Die Isospinerhaltung verbietet den Zerfall des Analogzustands mit $I = I_>$ in einen Zustand mit $I_> - 3/2$ und ein Neutron. In Abwesenheit der Coulombwechselwirkung ist die Schwelle für Neutronenemission so hoch, daß ein Zerfall des Analogzustands nicht möglich ist.

17.6 Isobare Analog-Resonanzen

Schaltet man die Coulombwechselwirkung ein, so ergeben sich zwei Effekte: die Analogzustände werden gegenüber den Energien der Elternzustände angehoben und sind im allgemeinen auch bei leichteren Kernen nicht länger gebunden, sondern werden zu *Resonanzen*. Nun betrachten wir zuerst die Verschiebung der Energieniveaus. Die Coulombenergie ist für die beiden Isobare (Z, N) und $(Z + 1, N - 1)$ verschieden. Mit Gl. 16.7 wird die relative Niveauverschiebung

$$(17.22) \quad \Delta_c = a_c \frac{2Z + 1}{A^{1/3}}.$$

Für das Paar ^{209}Pb und ^{209}Bi ist Δ_c ungefähr 19 MeV. Die Verschiebung durch die Coulombenergie hebt daher die Verschiebung durch die Asymmetrieenergie ungefähr auf, und es ergibt sich ein Niveauschema, wie es Bild 17.14 zeigt. Die Coulombwechselwirkung beeinflußt die Zerfallseigenschaften der isobaren Analogzustände in zweierlei Weise. Der Isospin bleibt nicht länger vollständig erhalten, und der Zerfall der Analogzustände durch Neutronenemission wird möglich. Weiterhin wird die Schwelle für die Protonemission herabgesetzt, so daß die Analogzustände auch durch Protonemission zerfallen können. Wäre die Breite dieser Analogresonanzen sehr groß, z.B. viele MeV, so wäre es extrem schwierig, sie zu beobachten, und sie wären nicht sehr interessant. Die Resonanzen sind aber mit einer Breite von etwa 200 keV tatsächlich recht schmal. Bevor wir die geringe Breite erklären, wollen wir für das Beispiel in Bild 17.14 zeigen, wie die isobaren Analogresonanzen beobachtet werden. Konzeptmäßig der einfachste Weg, isobare Analogresonanzen in ^{209}Bi zu erreichen, ist der durch Ladungsaustauschreaktionen, z.B.

$$p + {}^{209}\text{Pb} \to n + {}^{209}\text{Bi}^*$$

oder[14]

$$\pi^+ + {}^{209}\text{Pb} \to \pi^0 + {}^{209}\text{Bi}^*.$$

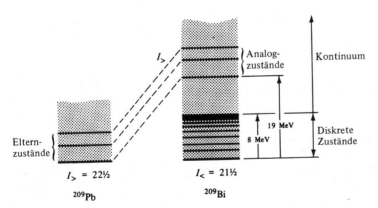

Bild 17.14 Energiediagramm für die Isobaren (Z, N) und $(Z + 1, N - 1)$, bei $A = 209$, $Z = 82$.

---

[14] J. Alster, D. Ashery, A. I. Yavin, J. Duclos, J. Miller und M. A. Moinester, *Phys. Rev. Letters* **28**, 313 (1972).

In beiden Fällen beginnt man mit dem Elternkern und wandelt ein Neutron in ein Proton um. (Tatsächlich ist ^{209}Pb unstabil und hat eine Halbwertszeit von etwa 3 Std. Die hier diskutierten Experimente wären daher recht schwierig durchzuführen. Die Ideen jedoch werden durch die Radioaktivität von ^{209}Pb nicht berührt.) In der Tat wurden isobare Analogresonanzen zuerst in (p, n)-Reaktionen beobachtet[11]. Doppelte Analogzustände können durch (π^+, π^-)-Reaktionen erreicht werden[15]. Hier wollen wir eine andere Methode erläutern, in der der Anfangszustand nicht der Elternkern ist. Man betrachte die Reaktion[16]

(17.23) $\qquad p + {}^{208}\text{Pb} \rightarrow {}^{209}\text{Bi}^* \rightarrow p' + {}^{208}\text{Pb}^*.$

Der Isospin von ^{208}Pb ist $I_0 = 22$. Nimmt man Isospin-Invarianz an, kann die Reaktion $p + {}^{208}$Pb in ^{209}Bi zu angeregten Zuständen mit Isospin 21 ½ und 22 ½ führen. Wie Bild 17.14 zeigt, haben die Analogresonanzen einen Isospin 22 ½ und können daher mit der Reaktion 17.23 erzeugt werden. Sie treten drastisch hervor, wenn die Energie des gestreuten Protons p' so ausgewählt wird, daß der Restkern ^{208}Pb* in einem bestimmten Zustand ist[17]. Den Grund für diese Tatsache wollen wir weiter unten diskutieren. Das Experiment geht wie folgt vor sich: der Wirkungsquerschnitt für inelastische Protonstreuung wird als Funktion der Energie des einfallenden Protons gemessen. Die Energie des gestreuten Protons wird so ausgewählt, daß der Restkern immer im gleichen angeregten Zustand ist. Ergebnisse sind in Bild 17.15 gezeigt. Links sind die Energieniveaus von ^{209}Pb angegeben. Die

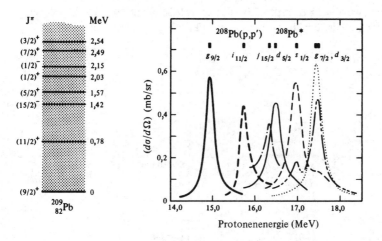

Bild 17.15 Links sind die Energieniveaus von ^{209}Pb gezeigt (vgl. Bild 17.12). Rechts die entsprechenden Analogresonanzen in ^{209}Bi*, die bei der Reaktion p+^{208}Pb → p'+^{208}Pb* zum Vorschein kommen. [P. von Brentano et al., *Phys. Letters* **26 B**, 666 (1968).] Die Kurven geben die Wirkungsquerschnitte als Funktion der Energie der einfallenden Protonen für die inelastische Protonenstreuung an, die zu einem bestimmten Endzustand führt. Beachten Sie die eindeutige Zuordnung zwischen den Resonanzen und den Elternzuständen in ^{209}Pb.

---

[15] W. R. Gibbs und B. F. Gibson, *Ann. Rev. Nucl. Part. Sci.* **37**, 411 (1987).
[16] S. A. A. Zaidi, J. L. Parish, J. G. Kulleck, C. F. Moore und P. von Brentano, *Phys. Rev.* **165**, 1312 (1968).
[17] P. von Brentano, W. K. Dawson, C. F. Moore, P. Richard, W. Wharton und H. Wieman, *Phys. Letters* **26 B**, 666 (1968).

17.6 Isobare Analog-Resonanzen

Wirkungsquerschnitte rechts zeigen das Auftreten der isobaren Analogresonanzen, die den verschiedenen Elternzuständen in ^{209}Pb entsprechen.

- Die in Bild 17.15 gezeigten Ergebnisse kann man verstehen, wenn man die Analogresonanzen genauer betrachtet. Der Übergang von einem Elternzustand zu der Analogresonanz entspricht dem Austausch eines Neutrons gegen ein Proton. Eine solche Transformation wird durch den Aufsteigeoperator I_+, Gl. 8.26 ausgedrückt[18]:

(17.24) $\quad I_+ |\text{Eltern}\rangle = \text{const.} |\text{analog}\rangle.$

Da der Grundzustand und die tiefsten angeregten Zustände des Elternkerns durch $I_> = |I_3|$ oder $I_3 = -I_>$ gekennzeichnet sind, kann Gl. 17.24 als

(17.25) $\quad I_+ |I_>, -I_>\rangle = (2I_>)^{1/2} |\text{analog}\rangle$

geschrieben werden, wobei die Konstante aus Gl. 8.27 entnommen wurde. Zur weiteren Behandlung benötigt man ein Modell. ^{209}Pb, der Elternzustand, besteht aus einem doppelt magischen Kern und einem zusätzlichen Valenznukleon (Tabelle 17.2). Diese Situation bringt man üblicherweise durch das Schema in Bild 17.16 zum Ausdruck: die gefüllten Protonen- und Neutronenschalen werden als Blöcke gezeigt. Der Neutronenblock ist größer, weil der Rumpf von ^{209}Pb, nämlich ^{208}Pb, 44 Neutronen mehr enthält als Protonen. Das einzelne Neutron wird über der gefüllten Neutronenschale angebracht. In der Schalenmodellnäherung kann die Wellenfunktion von ^{209}Pb daher als

(17.26) $\quad |^{209}\text{Pb}\rangle = |\text{Rumpf}\rangle |\text{Valenzneutron}\rangle \equiv |^{208}\text{Pb}\rangle |n\rangle$

geschrieben werden, wobei das Valenzneutron im $g_{9/2}$-Zustand sitzt, siehe Bild 17.12. Der Aufsteigeoperator kann in zwei Teile zerlegt werden

(17.27) $\quad I_+ = I_+^c + I_+^{sp},$

wobei c auf den Rumpf und sp auf das Einzelteilchen verweist. Mit den Gln. 17.25-17.27 wird der Analogzustand

(17.28) $\quad |\text{analog}\rangle = (2I_>)^{-1/2} (I_+^c + I_+^{sp}) |^{209}\text{Pb}\rangle$
$\quad\quad\quad\quad = (2I_>)^{-1/2} \{ |^{208}\text{Pb}\rangle I_+^{sp} |n\rangle + (I_+^c |^{208}\text{Pb}\rangle) |n\rangle \}.$

Gleichung 8.27 gibt

(17.29) $\quad I_+^{sp} |n\rangle = |p\rangle,$

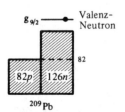

Bild 17.16 Schematische Darstellung des ^{209}Pb-Kerns. Der Rumpf ist durch die Kästchen angedeutet.

---
[18] Wie in Kapitel 8 festgestellt, ist die hier benutzte Konvention entgegengesetzt zu der in der Kernphysik üblichen, wo I_+ als I_- geschrieben wird.

wo sich das Proton jetzt im gleichen Zustand befindet, wie das Neutron vorher, nämlich im $g_{9/2}$. Der Term $I_+^c | {}^{208}\text{Pb}\rangle$ beschreibt einen Zustand, in dem ein Neutron aus dem Rumpf in ein Proton verwandelt wurde, das dabei in dem sonst gefüllten Neutronenniveau ein Loch hinterläßt. Das Pauliprinzip erlaubt keine zwei Protonen im gleichen Zustand. Nur Neutronen über der 82-Linie sind in Bild 17.16 daran beteiligt. Der ursprüngliche Rumpf entspricht ${}^{208}\text{Pb}$. Vertauscht man ein Neutron gegen ein Proton, so ergibt sich ein angeregter Zustand von ${}^{208}\text{Bi}$. Die Isospinquantenzahl von ${}^{208}\text{Pb}$ ist $I_> - \frac{1}{2}$, so daß Gl. 8.27

(17.30) $\quad I_+^c | {}^{208}\text{Pb}\rangle = (2I_> - 1)^{1/2} | {}^{208}\text{Bi}^*\rangle$

ergibt. Mit Gln. 17.29 und 17.30 wird der Analogzustand

(17.31) $\quad |\text{analog}\rangle = \left(\dfrac{1}{2I_>}\right)^{1/2} | {}^{208}\text{Pb} + p\rangle + \left(\dfrac{2I_> - 1}{2I_>}\right)^{1/2} | {}^{208}\text{Bi}^* + n\rangle.$

Mit Hilfe des Schemas von Bild 17.16 ist in Bild 17.17 die Analogresonanz dargestellt. Bild 17.17 und Gl. 17.31 erlauben die Diskussion einiger Punkte, die ohne Rechtfertigung behauptet wurden. Zuerst betrachtet man den Zerfall der isobaren Analogresonanz. Es kann entweder Protonen- oder Neutronenemission stattfinden. Bild 17.17 läßt folgende Zerfallsarten möglich erscheinen

$$\text{analog} \begin{cases} \to {}^{208}\text{Pb} + p \\ \to {}^{208}\text{Pb}^* + p \\ \to {}^{208}\text{Bi} + n \end{cases}$$

Der erste Fall kommt vom ersten Term im Bild 17.17, während die anderen beiden aus dem zweiten Term stammen. Man betrachte zuerst die *Neutronenemission*. Wie oben festgestellt, ist sie verboten, wenn die Isospininvarianz gilt. Sie kann nur bei Isospinvermischung auftreten, die durch die Coulombwechselwirkung verursacht werden. Aus zwei Gründen ist diese Vermischung gering[19]. Als erstes führt ein konstantes elektrisches Feld zu einer Aufspaltung der Niveaus mit verschiedenen I_3-Werten, verursacht aber keine Übergänge zwischen Zuständen mit verschiedenen I. In einem schweren Kern ist das elektrische Feld fast über das ganze Kernvolumen konstant, wie in Bild 6.7 gezeigt, und Übergänge treten im wesentlichen nur in der Nähe der Oberfläche auf. Zweitens zeigen die Überschußneutronen in einem Kern keine Coulombwechselwirkung. Da ihre Zahl $N - Z$ groß ist, *verringern* sie die Isospinvermischung, die durch die Protonen verursacht wird. Damit wird im allgemeinen die Breite der isobaren Analogzustände durch die Neutronenemission viel kleiner als man zuerst erwartet. Protonenemission ist durch die Isospinauswahlregeln erlaubt. Der Zerfall, der durch den ersten Term im Bild 17.17 beschrieben wird, ist jedoch durch $(2I_>)^{-1}$, das Quadrat des Entwicklungskoeffizienten, reduziert. Da $I_>$ in schweren Kernen groß ist, wird diese Reduktion beträchtlich. Das Proton aus dem zweiten Term hat eine kleinere Energie als das aus dem ersten und sein Zerfall wird ebenfalls behindert. Alle diese Faktoren bewirken eine Verminderung der Zerfallsraten der Analogresonanzen und erklären so die geringe Breite der beobachteten Resonanzen.

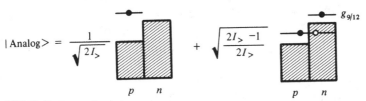

Bild 17.17 Darstellung der Analogzustände eines Einteilchen-Schalenmodell-Zustands.

---

[19] A. M. Lane und J. M. Soper, *Nucl. Phys.* **37**, 633 (1962); L. A. Sliv und Yu. I. Kharitonov, *Phys. Letters* **16**, 176 (1965); A. Bohr und B. R. Mottelson, *Nuclear Structure*, Benjamin, Reading, Mass., 1969. Band I, Abschnitt 2.1.

Die Analogresonanzen in ^{209}Bi* kann man genauer verstehen, wenn man den zweiten Ausdruck in Bild 17.17 so betrachtet, als ob er aus einem angeregten Zustand von ^{208}Pb mit einem zusätzlichen Proton bestünde. Etwas anders ausgedrückt kann der Zustand $|^{208}\text{Bi*} + n\rangle$ in Gl. 17.31 in Ausdrücke der $|^{208}\text{Pb}^i + p^i\rangle$-Zustände entwickelt werden, wobei $^{208}\text{Pb}^i$ der i-te angeregte Zustand von ^{208}Pb ist, der gleichen Spin und gleiche Parität wie der Elternzustand hat, und p^i das Proton ist, das beim Übergang zu diesem Zustand emittiert wird. Mit einer solchen Erweiterung wird Gl. 17.31 zu

(17.32) $\qquad |\text{analog}\rangle = a_0 |^{208}\text{Pb}^0 + p^0\rangle + a_1 |^{208}\text{Pb}^1 + p^1\rangle + \cdots .$

Diese Gleichung drückt die Nützlichkeit von Experimenten mit Analogresonanzen für Studien der Kernstruktur aus: im Prinzip können die Koeffizienten a_i experimentell durch die Messung der Zerfallsrate bestimmt werden, mit der ein spezieller Analogzustand in den angeregten Zustand von $^{208}\text{Pb}^i$ zerfällt. Die Wellenfunktion des Analogzustands kann daher untersucht und mit den Voraussagen verglichen werden, die auf einem speziellen Kernmodell beruhen. Gleichung 17.32 erläutert auch das Bild 17.15: angenommen, für eine bestimmte Analogresonanz ist der Koeffizient a_k besonders groß. Dann kann die Analogresonanz sehr leicht durch die Untersuchung der Reaktion $p + ^{208}\text{Pb} \rightarrow p^k + ^{208}\text{Pb}^k$ beobachtet werden. Für diesen speziellen, inelastischen Kanal wird der Wirkungsquerschnitt besonders groß sein, und die Analogresonanz wird sich deutlich zeigen. Die Kurven in Bild 17.15 wurden auf diese Weise bestimmt. •

17.7 Literaturhinweise

Eine sehr sorgfältige und leicht lesbare Einführung in das Schalenmodell, die auch eine eingehende Diskussion des experimentellen Materials enthält, wird durch die beiden Begründer des Modells gegeben: M. Goeppert Mayer und J. H. D. Jensen, *Elementary Theory of Nuclear Shell Structure*, Wiley, New York, 1955.

Modernere Aspekte des Schalenmodells und ein kritischer Überblick über viele experimentelle Aspekte stehen in Kapitel 3 von A. Bohr und B. R. Mottelson, *Nuclear Structure*, Vol. 1 W. A. Benjamin, Reading Mass. 1969.

Ein elementarer Zugang, der sich beträchtlich von dem im gegenwärtigen Kapitel gegebenen unterscheidet, wird in Kapitel 4 von B. L. Cohen, *Concepts of Nuclear Physics*, Mc Graw-Hill, New York, 1971, gegeben.

Die mathematischen Probleme, die beim Schalenmodell auftreten, werden detailliert in A. de-Shalit und I. Talmi, *Nuclear Shell Theory*, Academic Press, New York, 1963, behandelt.

Beschreibungen des nuklearen Schalenmodells kann man auch finden in G. A. Jones, *The Properties of Nuclei*, 2. Ausgabe, Clarendon Press, Oxford, 1987, Kapitel 3, und ausführlicher in R. D. Lawson, *Theory of the Nuclear Shell Model*, Clarendon Press, Oxford, 1980.

Übersichtsartikel findet man in I. Ragarsson, S. G. Nilsson und R. K. Sheline, *Phys. Rep.* **45**, 1 (1978); C. Mahaux et al., *Phys. Rep.* **120**, 1 (1985); *Nuclear Structure*, 1985, (R. Broglia, G. Hagemann und B. Herskind, Eds.), North-Holland, New York, 1985; *International Symposium on Nuclear Shell Models*, (M. Vallieres, Ed.); B. A. Brown und B. H. Wildenthal, *Ann. Rev. Nucl. Part. Sci.* **38**, 29 (1988); *Shell Model and Nuclear Structure: Where Do We Stand?*, (A. Covello, Ed.), World Scientific, Teaneck, NJ, 1989.

Analogresonanzen werden in Übersichtsartikeln behandelt, wie z.B. *Isospin in Nuclear Physics*, (D. H. Wilkinson, Ed.), North-Holland, Amsterdam, 1969; K. Heyde, M. Waroquier und H. Vincx, *Phys. Rep.* **26**, 228 (1976); E. G. Bilpuch et al., *Phys. Rep.* **28**, 146 (1976); H. J. Weber und H. Arenhövel, *Phys. Rep.* **36**, 278 (1978).

Aufgaben

17.1 Benutzen Sie die Massenexzesse z.B. aus J. H. C. Mattauch, W. Thiele und A. H. Wapstra, *Nucl. Phys.* **67**, 1 (1965), um die Evidenz der Schalenabschlüsse zu diskutieren, die man aus den Protonenseparationsenergien erhält:
a) Zeichnen Sie die Protonenseparationsenergie für einige Nuklide in der Umgebung magischer Zahlen bei konstantem N.
b) Wiederholen Sie Teil (a) bei konstantem $N - Z$.

17.2 Diskutieren Sie weitere Hinweise für die Existenz der magischen Zahlen, indem Sie folgende Eingenschaften betrachten:
a) Die Zahl der stabilen Isotope und Isotone.
b) Neutronen-Absorptions-Wirkungsquerschnitte.
c) Die Anregungsenergien der ersten angeregten Zustände von g-g-Nukliden.
d) β-Zerfallsenergien.

17.3 Fügen Sie folgenden Spin-Spin-Term der Zweikörperkraft, Gl. 17.4, hinzu:

$$\sigma_1 \cdot \sigma_2 \, V_0' g(\mathbf{x}_1 - \mathbf{x}_2).$$

Nehmen Sie an, daß g glatt ist und eine sehr kurze Reichweite hat. Zeigen Sie, daß dieser Term keinen Beitrag zu $V(1)$, Gl. 17.5, bei Kernen mit abgeschlossenen Schalen liefert. Zeigen Sie, daß der Term für einen Kern vernachlässigt werden kann, der ein Nukleon außerhalb einer abgeschlossenen Schale hat.

17.4 Studieren Sie die Niveaufolge in einem dreidimensionalen Kastenpotential. Vergleichen Sie diese Folge mit derjenigen, die man durch den harmonischen Oszillator erhält, siehe Bild 17.6.

17.5 Diskutieren Sie einen weiteren Hinweis für die Existenz eines starken Spin-Bahn-Terms in der Nukleon-Kern-Wechselwirkung, indem Sie die Streuung von Protonen an ^{4}He betrachten.

17.6 Verifizieren Sie Gl. 17.10.

17.7 Verifizieren Sie die Gln. 17.17 und 17.18.

17.8
a) Schätzen Sie die A-Abhängigkeit der Spin-Bahn-Kraft.
b) Wie groß muß die Zwei-Körper-Spin-Bahn-Kraft sein, um den empirischen Wert für die Spin-Bahn-Aufspaltung des Kerns zu erhalten? Vergleichen Sie mit den Werten für ^{5}He und ^{5}Li.
c) Welches Vorzeichen hat die Zwei-Körper-Spin-Bahn-Kraft, die den korrekten Spin-Bahn-Term des Kerns ergibt?

17.9 Verifizieren Sie den Schritt von Gl. 17.14 zu 17.15. Beweisen Sie, daß die Terme, die nicht in Gl. 17.15 gezeigt sind, sich herausmitteln.

17.10 Bestimmen Sie Spin und Paritätszuordnung für die folgenden Einloch-Kerngrundzustände: ^{15}O, ^{15}N, ^{41}K, ^{115}In, ^{207}Pb. Vergleichen sie Ihre Vorhersagen mit den gemessenen Daten.

17.11 Vergleichen Sie die ersten angeregten Zustände der Nuklide ^{15}N, ^{17}O, und ^{39}K mit den Vorhersagen des Einteilchenschalenmodells. Diskutieren Sie Spin-, Paritäts- und Niveauanordnung.

17.12 Verwenden Sie das Einteilchen-Schalenmodell, um die magnetischen Momente von Kernen mit ungerader Masse als Funktion des Spins für
a) Z ungerade und
b) N ungerade
auszurechnen.
c) Vergleichen Sie das Ergebnis mit experimentellen Werten.

17.13 Welchen Isospinwert erwarten Sie für den Grundzustand eines Kernes mit ungerader Masse (Z, N) nach dem Schalenmodell?

17.14 Verwenden Sie das Einteilchenschalenmodell, um zu erklären, warum „Inseln der Isomerie" existieren. (Traditionsgemäß wird ein langlebiger, angeregter Kernzustand Isomer genannt.) Im speziellen ist zu erklären, warum das Nuklid ^{85}Sr bei 0,225 MeV einen angeregten Zustand mit einer Halbwertszeit von ca. 70 min hat.

17.15 Diskutieren Sie direkte Kernreaktionen, z.B. $(p, 2p)$ im Schalenmodell und zeigen Sie für den Fall eines speziellen Beispiels (z.B. $p\ ^{16}O \to 2p\ ^{15}N$), daß sich durch die verschiedenen Wirkungsquerschnitte die Schalenstruktur deutlich bemerkbar macht. [Siehe z.B. Th. A. Maris, P. Hillman und H. Tyrèn, *Nucl. Phys.* 7, 1 (1958).]

17.16 Erklären Sie den Reaktionsmechanismus für die Anregung von Analogzuständen durch die (d, n)-Reaktion. Suchen Sie ein Beispiel in der Literatur.

17.17 Die Kraft, die auf ein Nukleon wirkt, wenn es auf einen Kern geschossen wird, kann durch ein optisches Einteilchenpotential dargestellt werden. Ein solches Potential kann den Term

$$C \vec{I} \cdot \vec{I}\,' f(\mathbf{r})$$

enthalten, wobei $\vec{I}$ der Isospin des einfallenden Nukleons und $\vec{I}\,'$ der Isospin des Targetkerns sind.
a) Zeigen Sie, daß ein solcher Term erlaubt ist.
b) Erklären Sie, warum ein solcher Term die Anregung isobarer Analogresonanzen in (p, n)- und (n, p)-Reaktionen, neben anderen, erlaubt. Sind diese Reaktionen (eine oder beide) noch erlaubt, wenn die elektromagnetische Wechselwirkung ausgeschaltet wird?
c) Schätzen Sie die Größe und die Massenzahlabhängigkeit der Konstanten C.

17.18 Betrachten Sie den Zustand eines Protons mit geringer Anregungsenergie in einem schweren Kern. Erklären Sie, warum die Anwendung des Operators I_-, der die Ladung vermindert, auf einen solchen Zustand Null ergibt.

17.19
a) Bestimmen Sie die nächste abgeschlossene Schale nach $Z = 82$ und $N = 128$. Welche Ordnungszahl und welche Massezahl würde der nächste doppelt magische Kern haben?
b) Würden Sie erwarten, daß dieser Kern stabil ist? Geben Sie Gründe an oder Erklärungen.
c) Wie würden Sie diesen doppelt magischen Kern suchen? Wurde er bereits gesucht und mit welchem Ergebnis?

18 Das Kollektiv-Modell

Obwohl das Schalenmodell die magischen Zahlen und die Eigenschaften vieler Niveaus sehr gut beschreibt, zeigt es doch eine Reihe von Unzulänglichkeiten. Die auffallendste ist die Tatsache, daß viele Quadrupolmomente größer sind als vom Schalenmodell vorhergesagt[1]. Rainwater zeigte, daß man solch große Quadrupolmomente im Rahmen des Schalenmodells erklären kann, wenn man annimmt, daß der Rumpf mit abgeschlossener Schale deformiert ist[2]. Tatsächlich zeigt ein ellipsoidförmiger Rumpf ein Quadrupolmoment, das zur Deformation proportional ist. Die Rumpfdeformation ist ein Beweis für Vielkörpereffekte und die Möglichkeit kollektiver Anregungen. Ihr Auftreten ist nicht überraschend. Lord Rayleigh erforschte 1877 Stabilität und Schwingungen von elektrisch geladenen Flüssigkeitstropfen[3], und Niels Bohr und F. Kalckar zeigten 1936, daß ein Teilchensystem, das durch gegenseitige Anziehung zusammengehalten wird, kollektive Schwingungen ausführen kann[4]. Ein klassisches Beispiel solch kollektiver Effekte sind Plasmaschwingungen[5]. Die Existenz von großen Kernquadrupolmomenten bringt den Beweis für die Möglichkeit von kollektiven Kerneffekten. Ungefähr seit 1950 begannen Aage Bohr und Ben Mottelson mit dem systematischen Studium von kollektiven Bewegungen in Kernen[6]. Im Laufe der Jahre haben sie und ihre Mitarbeiter das Modell so verbessert, daß heute die gewünschten Eigenschaften des Schalen- und kollektiven Modells miteinander verbunden sind. Man nennt dieses Modell das *„unified" Kernmodell* (kombiniertes oder vereinigtes Kernmodell).

Die wichtigsten Eigenschaften können sehr leicht mit der Beschreibung zweier extremer Situationen erläutert werden. Kerne mit *abgeschlossenen Schalen* sind kugelsymmetrisch und nicht deformiert. Die ersten kollektiven Bewegungen solcher Kerne sind Oberflächenschwingungen, ähnlich wie die Oberflächenwellen eines Flüssigkeitstropfens. Für kleine Oszillationen werden harmonische, rücktreibende Kräfte angenommen, und es ergeben sich äquidistante Vibrationsniveaus. Weit weg von der abgeschlossenen Schale polarisieren die Nukleonen außerhalb einer Schale den Kernrumpf, der dadurch eine *permanente Deformation* erhält. Der gesamte deformierte Kern kann rotieren, und diese Art der kollektiven Anregung führt zum Auftreten von Rotationsbanden. Der deformierte Kern wirkt wie ein nichtsphärisches Potential für die viel schnellere Einteilchenbewegung. Die Energieniveaus eines Einzelteilchens in einem solchen Potential können untersucht werden, und das Ergebnis ist das *Nilssonmodell*[7], das schon am Ende des vorigen Kapitels erwähnt wurde.

Wir wollen die Diskussion in diesem Kapitel mit Deformationen und Rotationsanregungen beginnen, da diese beiden Eigenschaften am leichtesten zu verstehen sind und den deutlichsten Effekt geben.

---

[1] C. H. Townes, H. M. Foley und W. Low, *Phys. Rev.* **76**, 1415 (1949).
[2] J. Rainwater, *Phys. Rev.* **79**, 432 (1950).
[3] J. W. S. Rayleigh, *The Theory of Sound*, Vol. II, Macmillan, New York, 1877, § 364.
[4] N. Bohr, *Nature* **137**, 344 (1936); N. Bohr und F. Kalckar, *Kgl. Danske Videnskab. Selskab. Mat.-Fys. Medd.* **14**, Nr. 10 (1937).
[5] Feynman, Vorlesungen über Physik, Band II, Kapitel 7; Jackson, Kapitel 10.
[6] A. Bohr, *Phys. Rev.* **81**, 134 (1951); A. Bohr und B. R. Mottelson, *Kgl. Danske Videnskab. Selskab. Mat-Fys. Medd.* **27**, Nr. 16 (1953).
[7] S. G. Nilsson, *Kgl. Danske Videnskab. Selskab. Mat.-fys. Medd.* **29**, Nr. 16 (1955).

18.1 Kerndeformationen

Schon 1935 gaben optische Spektren einen Hinweis auf die Existenz von Kernquadrupolmomenten[8]. In Abschnitt 14.5 sind wir auf das Quadrupolmoment gestoßen und wir haben dort gesehen, daß es die Abweichung der Kernladungsverteilung von der Kugelform beschreibt. Die Existenz eines Quadrupolmoments impliziert daher nichtsphärische (deformierte) Kerne. Für die Diskussion von Kernmodellen ist das Vorzeichen und die Größe der Deformation wichtig. Wie wir unten sehen werden, sind die Quadrupolmomente weit weg von abgeschlossenen Schalen so groß, daß sie nicht von einem einzelnen Teilchen herrühren und daher nicht durch das naive Schalenmodell erklärt werden können. Die Diskrepanz ist besonders deutlich bei $A \approx 25$ (Al, Mg), $150 < A < 190$ (Lanthaniden) und $A > 220$ (Aktiniden).

Die klassische Definition des Quadrupolmoments wurde schon in Gl. 14.30 als

$$(18.1) \quad Q = Z \int d^3r \, (3z^2 - r^2) \rho(\mathbf{r})$$

gegeben. Das hier definierte Quadrupolmoment hat die Dimension einer Fläche. In einigen Veröffentlichungen wird in die Definition von Q ein zusätzlicher Faktor e eingeführt. Für Abschätzungen wird Q für ein homogen geladenes Ellipsoid mit der Ladung Ze und den Halbachsen a und b berechnet. Mit b entlang der z-Achse wird Q

$$(18.2) \quad Q = {}^2/_5 \, Z \, (b^2 - a^2).$$

Wenn die Abweichung von der Kugelform nicht zu groß ist, kann der mittlere Radius $\bar{R} = \frac{1}{2}(a + b)$ und $\Delta R = b - a$ eingeführt werden. Mit $\delta = \Delta R / \bar{R}$ wird das Quadrupolmoment

$$(18.3) \quad Q = {}^4/_5 \, Z R^2 \delta.$$

Quantenmechanisch wird die Wahrscheinlichkeitsdichte $\rho(r)$ durch $\psi^*_{m=j} \psi_{m=j}$ ersetzt. Hier ist j die Spinquantenzahl des Kerns und $m = j$ deutet an, daß der Kernspin entlang der z-Achse betrachtet wird. Daher gilt

$$(18.4) \quad Q = Z \int d^3r \, \psi^*_{m=j} (3z^2 - r^2) \psi_{m=j}.$$

Es ist üblich, ein reduziertes Quadrupolmoment

$$(18.5) \quad Q_{\text{red}} = \frac{Q}{ZR^2}$$

einzuführen. Für ein gleichförmig geladenes Ellipsoid zeigt Gl. 18.3, daß das reduzierte Quadrupolmoment angenähert gleich dem Deformationsparameter δ ist:

$$(18.6) \quad Q_{\text{red}} \, (\text{Ellipsoid}) = {}^4/_5 \, \delta.$$

---

[8] H. Schüler und T. Schmidt, *Z. Phys.* **94**, 457 (1935).

Nach diesen einführenden Bemerkungen wenden wir uns einigen experimentellen Hinweisen zu. Bild 18.1 zeigt die reduzierten Quadrupolmomente als eine Funktion der Zahl von ungeraden Nukleonen (Z oder N). Man sieht, daß die Kerndeformation in der Nähe magischer Zahlen sehr klein ist, daß sie aber zwischen abgeschlossenen Schalen Werte bis zu 0,4 annimmt. Die großen Deformationen sind alle positiv. Gl. 18.1 bedeutet dann, daß diese Kerne in Richtung ihrer Symmetrieachse verlängert sind, sie sind zigarrenförmig (prolate).

Die erste Frage ist nun: können die beobachteten Deformationen durch das Schalenmodell erklärt werden? Im Einteilchen-Schalenmodell werden die elektromagnetischen Momente durch das letzte Nukleon bestimmt. Der Rumpf ist kugelsymmetrisch und trägt nichts zum Quadrupolmoment bei. Die Situation für ein einzelnes Proton und ein einzelnes Protonloch ist in Bild 18.2 dargestellt. Um das Quadrupolmoment, das von einem einzelnen Teilchen stammt, zu berechnen, wird eine Einteilchenwellenfunktion, wie z.B. in Gl. 15.27 in Gl. 18.4 eingesetzt. Ees ergibt sich

$$(18.7) \qquad Q_{\text{sp}} = - \langle r^2 \rangle \, \frac{2j-1}{2(j+1)} .$$

Hier ist j die Drehimpulsquantenzahl des Einzelteilchens und $\langle r^2 \rangle$ ist der mittlere quadratische Radius der Einnukleonenbahn. Mit $\langle r^2 \rangle \approx R^2$ wird das reduzierte Quadrupolmoment für ein einzelnes Proton ungefähr

$$(18.8) \qquad Q^p_{\text{red.sp}} \approx - \frac{1}{Z} .$$

Ein einzelnes Neutron erzeugt in erster Ordnung kein Quadrupolmoment. Jedoch beeinflußt seine Bewegung die Protonenverteilung durch Verschiebung des Schwerpunkts und der entsprechende Wert ist

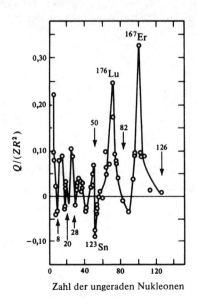

Bild 18.1 Reduziertes Quadrupolmoment, als Funktion der Zahl ungerader Nukleonen (Z oder N). Die Pfeile geben die Lage der abgeschlossenen Schalen an, für die $Q = 0$ ist.

18.1 Kerndeformationen

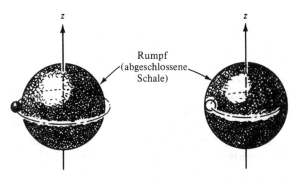

(a) Einzelnes Valenzproton   (b) Fehlendes Proton

Bild 18.2 Quadrupolmoment, das (a) durch eine abgeschlossene Schale mit einem zusätzlichen Proton und (b) durch ein Protonenloch entsteht.

(18.9) $$Q^n_{sp} \approx \frac{Z}{A^2} Q^p_{sp}.$$

Für Einloch-Zustände gelten Beziehungen ähnlich wie die Gln. 18.7 und 18.9, nur ist das Vorzeichen positiv.

Schon ein schneller Blick auf Bild 18.1 zeigt, daß viele der beobachteten Quadrupolmomente viel größer sind als die mit den Gln. 18.8 und 18.9 abgeschätzten. Ein ausführlicher Vergleich für vier spezielle Fälle ist in Tabelle 18.1 gegeben. Für die Schätzung der vorhergesagten Einteilchenquadrupolmomente wurde $\langle r^2 \rangle$ gleich dem Quadrat des Radius c bei halber Dichte genommen, der in Gl. 6.35 gegeben ist. Die Tabellenwerte zeigen im Falle eines doppeltmagischen Kerns mit einem zusätzlichen Proton, daß die Einteilchenabschätzung vernünftig mit dem tatsächlichen Quadrupolmoment übereinstimmt. In den anderen Fällen sind die beobachteten Werte sehr viel größer als die vorhergesagten. Bei ^{175}Lu ist auch noch das Vorzeichen falsch. Die in Tabelle 18.1 für einige wenige, typische Fälle gezeigten Eigenschaften behalten ihre Gültigkeit, wenn mehr Nuklide betrachtet werden. Das naive Einteilchenschalenmodell kann die beobachteten großen Quadrupolmomente nicht erklären.

Tabelle 18.1 Vergleich beobachteter und vorhergesagter Einteilchen-Quadrupolmomente.

Nuklid	Z	N	Charakter	j	Q_{obs} (fm^2)	Q_{sp} (fm^2)	Q_{obs}/Q_{sp}
^{17}O	8	9	Doppelt magisch + 1 Neutron	$5/2$	$-2{,}6$	$-0{,}1$	20
^{39}K	19	20	Doppelt magisch + Protonenloch	$3/2$	$+5{,}5$	$+5$	1
^{175}Lu	71	104	Zwischen Schalen	$7/2$	$+560$	-25	-20
^{209}Bi	83	126	Doppelt magisch + 1 Proton	$9/2$	-35	-30	1

Wie läßt sich dafür eine Erklärung finden? Wie schon früher bemerkt, hat Rainwater entscheidend zur Lösung des Rätsels beigetragen. Im naiven Schalenmodell nimmt man an, daß die abgeschlossenen Schalen nicht zu den Kernmomenten beitragen: der Rumpf wird als kugelförmig angesehen. Rainwater machte nun den Vorschlag, daß der Rumpf der Nuklide mit großen Quadrupolmomenten nicht kugelförmig, sondern durch Valenznukleonen permanent *deformiert* sein soll. Da der Rumpf die meisten der Nukleonen und daher auch die meiste Ladung enthält, erzeugt auch schon eine kleine Deformation ein beträchtliches Quadrupolmoment. Eine Abschätzung der Deformation, die nötig ist, um ein bestimmtes reduziertes Quadrupolmoment zu erzeugen, erhält man mit Gl. 18.6. Im Fall von ^{17}O z.B. ist nur eine Deformation $\delta = 0{,}07$ nötig, um den beobachteten Wert zu erhalten.

Die Kerndeformation läßt sich verstehen, wenn man bei einem Nuklid mit abgeschlossener Schale beginnt. Wie in Kapitel 17 erläutert, macht die kurzreichweitige Paarungskraft einen solchen Kern kugelförmig, der dann Drehimpuls Null hat.

Kommen bei einem Kern mit abgeschlossener Schale weitere Nukleonen hinzu, so versuchen sie den Rumpf durch den langreichweitigen Teil der Kernkraft zu polarisieren. Wenn es nur ein Nukleon außerhalb einer abgeschlossenen Schale gibt, ist die Störung von der Größenordnung $1/A$. Da ungefähr Z elektrische Ladungen im Kern vorhanden sind, führt eine solche Störung zu einem induzierten Quadrupolmoment der Größenordnung $(Z/A)Q_{sp}$. Die Störung durch Protonen und die durch Neutronen ist ungefähr gleich, und Kerne mit einem Neutron außerhalb einer abgeschlossenen Schale sollten daher ein Quadrupolmoment mit gleichem Vorzeichen und von ungefähr der gleichen Größe haben wie Nuklide mit ungerader Protonenzahl. Das in Tabelle 18.1 aufgeführte Quadrupolmoment von ^{17}O kann man daher leicht verstehen. Wenn mehr Nukleonen außerhalb einer abgeschlossenen Schale hinzukommen, wird der Polarisationseffekt verstärkt, und die beobachteten Quadrupolmomente können erklärt werden. Die Existenz einer Kerndeformation macht sich nicht nur bei statischen Quadrupolmomenten bemerkbar, sondern auch bei einer Anzahl anderer Eigenschaften. Wir wollen zwei davon in den folgenden Abschnitten diskutieren: das Auftreten eines Rotationsspektrums und das Verhalten von Schalenmodellzuständen in einem deformierten Potential.

18.2 Rotationsspektren von Kernen ohne Spin

Im vorigen Abschnitt haben wir gezeigt, daß deutliche Beweise für die Existenz von permanent deformierten Kernen vorhanden sind. Eine Kerndeformation impliziert, daß die Orientierung eines solchen Kerns im Raum bestimmt und durch einen Satz von Winkeln beschrieben werden kann. Diese Möglichkeit führt zu einer Vorhersage[9]. Es existiert eine Unschärferelation zwischen dem Winkel φ und dem entsprechenden Bahndrehimpulsoperator $L_\varphi = -i\hbar\,(\partial/\partial\varphi)$

(18.10) $\qquad \Delta\varphi \Delta L_\varphi \gtrsim \hbar.$

---

[9] A. K. Kerman, „Nuclear Rotational Motion", in *Nuclear Reactions*, Vol. I, (P. M. Endt und M. Demeur, eds.), North Holland, Amsterdam, 1959. Die Unschärferelation, Gl. 18.10, die hier diskutiert wird, gibt Anlaß zu interessanten Fragestellungen. Wer sich dafür interessiert, der sollte M. M. Nieto, *Phys. Rev. Letters* **18**, 182 (1967) und P. Carruthers und M. M. Mieto, *Rev. Modern Phys.* **40**, 411 (1968) lesen.

18.2 Rotationsspektren von Kernen ohne Spin

Da der Winkel mit einer bestimmten Genauigkeit gemessen werden kann, darf der entsprechende Drehimpuls nicht auf einen scharfen Wert beschränkt sein, sondern es müssen verschiedene Drehimpulszustände existieren. Solche Drehimpulszustände wurden in vielen Nukliden beobachtet. Sie werden *Rotationszustände* genannt, und ihre physikalischen Charakteristika werden weiter unten detaillierter erklärt. Ein besonders schönes Beispiel eines Rotationsspektrums wird in Bild 18.3 gezeigt. Eine große Zahl ähnlicher Spektren ist in anderen Nukliden gefunden worden.

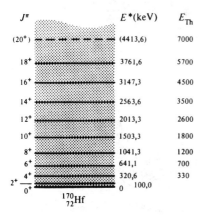

Bild 18.3 Rotationsspektrum des stark verformten Kerns ^{170}Hf. [Nach F. S. Stephens, N. L. Lark und R. M. Diamond, *Nucl. Phys.* **63**, 82 (1965).] Die Niveaus wurden in der Reaktion ^{165}Ho(^{11}B, 6n)^{170}Hf beobachtet, die Werte E_{Th} sind der Gl. 18.14 entnommen, mit $E_2 = 100$ keV.

Die Niveaus von ^{170}Hf in Bild 18.3 zeigen bemerkenswerte Regelmäßigkeiten: alle Zustände haben die gleiche Parität, der Spin wächst in Einheiten von 2 und die Abstände zwischen benachbarten Niveaus werden mit steigendem Spin größer. Diese Eigenschaften unterscheiden sich stark von jenen der Schalenmodellzustände, die in Kapitel 17 diskutiert wurden. Weiter ist ^{170}Hf ein gerade-gerade Kern. Wir erwarten, daß im Grundzustand alle Nukleonen ihre Spins gepaart haben. Die Energie, die man zum Aufbrechen des Paares benötigt, liegt bei etwa 2 MeV (Bild 17.3) und ist viel größer als die Energie des ersten angeregten Zustands von ^{170}Hf. Die Zustände erfordern also kein Aufbrechen eines Paares. ^{170}Hf ist keine Ausnahme. Bild 18.4 zeigt die Energien der niedrigsten 2^+ Zustände in gerade-gerade Kernen. Mit sehr wenigen Ausnahmen, die fast alle bei magischen Kernen erscheinen, sind das die ersten angeregten Zustände. Das Bild macht deutlich, daß die Anregungsenergien weit weg von abgeschlossenen Schalen viel kleiner sind als die Paarungsenergie.

Wir wollen nun zeigen, daß Zustände, wie sie in Bild 18.3 gezeigt werden, durch kollektive Rotationen deformierter Kerne erklärt werden können. Zur Vereinfachung nehmen wir an, daß der deformierte Kern achsialsymmetrisch (sphäroidal) ist, wie in Bild 18.5 gezeigt. Ein kartesisches System mit den Achsen 1, 2 und 3 ist im Kern fixiert, wobei 3 als Kernsymmetrieachse gewählt wurde. Die Achsen 1 und 2 sind äquivalent. Naiv könnte man erwarten, daß ein solcher Kern um seine Symmetrieachse genau so gut rotieren kann, wie um eine dazu senkrechte Achse. Die Rotation um die Symmetrieachse ist jedoch in der Quantenmechanik nicht möglich. Das kann man folgendermaßen einsehen: man bezeich-

Bild 18.4 Dreidimensionales Modell der ersten angeregten 2⁺-Zustände von g-g-Kernen. Die Abhängigkeit der Anregungsenergie dieser Zustände von der Protonen- und Neutronenzahl ist hier zu erkennen. Die magischen Zahlen sind durch starke Striche in der Z-N-Ebene gekennzeichnet. Das Modell zeigt, daß die Anregungsenergien zwischen den magischen Zahlen sehr klein und bei den magischen Zahlen sehr groß sind. (Mit freundlicher Genehmigung von Gertrude Scharff-Goldhaber, Brookhaven National Laboratory; die Daten beruhen auf einer Arbeit, die mit *Physics* **18**, 1105 (1952) und *Phys. Rev.* **90**, 587 (1953) beginnt, und Daten bis einschließlich 1967 enthält.)

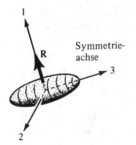

Bild 18.5 Permanent deformierter, axial-symmetrischer Kern. **R** ist der Drehimpuls der Rotation, der im Text erklärt wird.

net den Winkel um die Symmetrieachse 3 mit ϕ. Achsialsymmetrie bedeutet, daß die Wellenfunktion ψ unabhängig von ϕ ist

$$\frac{\partial \psi}{\partial \phi} = 0.$$

R_3, der Operator der Drehimpulskomponente entlang der 3-Achse ist durch $R_3 = -i\hbar\,(\partial/\partial\phi)$ gegeben. Achsialsymmetrie bedeutet dann, daß die Drehimpulskomponente

18.2 Rotationsspektren von Kernen ohne Spin

entlang der Symmetrieachse Null ist: es kann keine kollektive Rotation um die Symmetrieachse auftreten. Rotation um eine Achse senkrecht zur Symmetrieachse kann jedoch zu beobachtbaren Resultaten führen. Zur Vereinfachung nehmen wir zuerst einen deformierten Kern mit Eigendrehimpuls Null an und betrachten Rotationen um die 1-Achse (Bild 18.5). Wenn der Kern einen Rotationsdrehimpuls **R** besitzt, ist die Energie der Rotation durch

(18.11) $$H_{\text{rot}} = \frac{R^2}{2\mathfrak{J}}$$

gegeben, wobei $\mathfrak{J}$ das Trägheitsmoment um die 1-Achse ist. Überträgt man das in die Quantenmechanik, so ergibt sich die Schrödinger-Gleichung

(18.12) $$\frac{R_{\text{op}}^2}{2\mathfrak{J}} \psi = E\psi.$$

Dem Operator R_{op}^2 sind wir schon in Kapitel 15 begegnet. Dort haben wir ihn L^2 genannt und er ist durch Gl. 15.22 gegeben. Nach Gl. 15.24 sind die Eigenwerte und Eigenfunktionen von R_{op}^2 durch

(18.13) $$R_{\text{op}}^2 Y_J^M = J(J+1)\hbar^2 Y_J^M, \qquad J = 0, 1, 2, ...,$$

gegeben, wo Y_J^M eine Kugelfunktion ist (Anhang, Tabelle A8). Die Parität von Y_J^M wird durch Gl. 9.10 zu $(-1)^J$ bestimmt. Der spinlose Kern, den wir hier betrachten, soll invariant gegenüber Spiegelung an der 1-2-Ebene sein. Da die Kugelfunktionen mit ungeradem J eine ungerade Parität haben, ändern sie bei einer solchen Transformation das Vorzeichen. Sie sind daher keine erlaubten Eigenfunktionen. Nur gerade Werte von J sind zugelassen. Mit Gl. 18.12 werden die Eigenwerte der Rotationsenergie des Kerns

(18.14) $$E_J = \frac{\hbar^2}{2\mathfrak{J}} J(J+1), \qquad J = 0, 2, 4, ...$$

Die Spinzuordnung der Zustände in Bild 18.3 stimmt mit diesen Werten überein. Wenn die Energie des ersten angeregten Zustands als gegeben angenommen wird, so folgen die Energien der höheren Niveaus aus Gl. 18.14 als

(18.15) $$E_J = \tfrac{1}{6} J(J+1) E_2.$$

Die Werte E_J in ^{170}Hf, die durch diese Beziehung vorausgesagt werden, sind in Bild 18.3 gegeben. Der allgemeine Trend des experimentellen Spektrums wird reproduziert, aber die berechneten Werte sind höher als die beobachteten.

Die Abweichung kann durch eine zentrifugale Streckung erklärt werden. Berücksichtigt man diese Streckung, so sind die beobachteten Werte von ^{170}Hf zu verstehen[10].

---

[10] A. S. Davydov und A. A. Chaban, *Nucl. Phys.* **20**, 499 (1960); R. M. Diamond, F. S. Stephens und W. J. Swiatecki, *Phys. Rev. Letters* **11**, 315 (1964).

In Gl. 18.14 werden die Energien der Rotationsniveaus durch das Trägheitsmoment $\Im$ beschrieben. Die experimentellen Werte dieses Parameters für einen bestimmten Kern kann man durch die beobachteten Anregungsenergien erhalten, und dieser Wert kann dann mit dem für ein Modell berechneten verglichen werden. Zwei extreme Modelle bieten sich von selbst an, Bewegungen des starren Körpers und wirbelfreie Drehungen. Für einen gleichförmigen, kugelförmigen Körper mit dem Radius R_0 und der Masse Am ist das Trägheitsmoment durch

(18.16) $\quad \Im_{starr} = {}^2/_5 \, Am R_0^2$

gegeben. Im anderen Extrem wird die Kernrotation als eine Welle betrachtet, die auf der Kernoberfläche wandert. Die Kernoberfläche rotiert und die Nukleonen oszillieren. Das Trägheitsmoment ist durch

(18.17) $\quad \Im_{wf} = {}^2/_5 \, Am(\Delta R)^2$

oder

(18.18) $\quad \Im_{wf} = \Im_{starr} \delta^2$

gegeben. Hier ist $\delta = \Delta R/R_0$ der Deformationsparameter, der schon in Gl. 18.3 auftauchte. Das Stromlinienbild der beiden Rotationstypen, vom rotierenden Koordinatensystem aus gesehen, ist in Bild 18.6 gezeigt[11].

Der empirische Wert des Trägheitsmoments liegt zwischen beiden Extremen. Der Kern ist sicher kein starrer Kreisel, aber der Fluß ist auch nicht vollständig wirbelfrei.

Zum Schluß kommen wir zu einem begrifflichen Problem: eine beliebte Prüfungsfrage in der Quantenmechanik ist, warum ein Teilchen mit Spin J kleiner 1 kein beobachtbares Quadrupolmoment haben kann. Wir haben doch angenommen, daß ein Kern ohne Spin, wie in Bild 18.5 eine permanente Deformation besitzt. Wie stimmt diese Annahme mit dem eben erwähnten Theorem überein? Die Lösung des Problems liegt in einer Unterscheidung zwischen dem *statischen Quadrupolmoment* und dem *beobachteten Quadrupolmoment*[12]. Ein spinloser Kern kann eine permanente Deformation (inneres Quadrupolmoment) haben, und der Effekt davon kann in der Existenz von Rotationsniveaus gesehen werden, ebenso in den Übergangsraten zum Zustand $J = 0$ oder von diesem weg. Jedoch

Starr   Wirbelfrei (wf)

Bild 18.6
Starre und wirbelfreie Rotation. Die beiden Rotationen werden in einem Koordinatensystem betrachtet, das mit dem Kern rotiert. Bei der starren Rotation verschwinden die Geschwindigkeiten. Bei der wirbelfreien Rotation bilden die Stromlinien geschlossene Schleifen. Die Teilchen rotieren entgegengesetzt zu der Rotation des gesamten Kerns.

---

[11] Die beiden Modelle können besser verstanden werden, wenn man mit einem rohen und einem hartgekochten Ei spielt.
[12] K. Kumar, *Phys. Rev. Letters* **28**, 249 (1972).

kann das Quadrupolmoment nicht direkt beobachtet werden, da das Fehlen eines endlichen Spins es nicht erlaubt, eine besondere Achse auszuzeichnen. In jeder Messung tritt eine Mittelung über alle Richtungen auf und die permanente Deformation erscheint nur als eine besonders große Hautdicke.

18.3 Rotationsfamilien

Im Grundzustand zeigen deformierte Kerne mit dem Spin 0 eine Rotationsbande mit Spin-Paritätszuordnungen 0^+, 2^+, ... Da aber viele deformierte Kerne mit Spin ungleich 0 existieren, müssen die Rotationen allgemeiner behandelt werden. Die Situation ist dann komplizierter, und wir werden nur den einfachsten Fall besprechen, nämlich einen Kern, der aus einem deformierten, axialsymmetrischen, spinlosen Rumpf und aus einem Valenznukleon besteht. Die Wechselwirkung zwischen der Eigen- und Kollektiv-(Rotations-)Bewegung werden wir vernachlässigen. Wir nehmen an, daß das Valenznukleon nicht auf den Rumpf wirkt, so daß er sich wie der deformierte spinlose Kern benimmt, der im vorigen Abschnitt behandelt wurde. Der Rumpf ist dann verantwortlich für einen Rotationsdrehimpuls **R** senkrecht zur Symmetrieachse 3, so daß $R_3 = 0$. Das Valenznukleon verursacht einen Drehimpuls **j**. **R** und **j** sind in Bild 18.7(a) gezeigt, sie addieren sich zum Gesamtdrehimpuls **J**:

(18.19) $\mathbf{J} = \mathbf{R} + \mathbf{j}$.

Der Gesamtdrehimpuls **J** und seine Komponente J_3, entlang der Kernsymmetrieachse, bleiben erhalten und sie erfüllen die Eigenwertgleichung

(18.20) $\begin{aligned} J^2_{\text{op}}\psi &= J(J+1)\hbar^2\psi \\ J_{3,\text{op}}\psi &= K\hbar\psi. \end{aligned}$

Da $R_3 = 0$, ist der Eigenwert von $j_{3,\text{op}}$ ebenfalls durch $\hbar K$ gegeben.

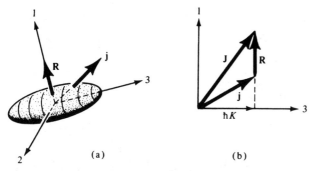

Bild 18.7 (a) Der deformierte Rumpf erzeugt einen kollektiven Drehimpuls **R**; das Valenznukleon erzeugt den Drehimpuls **j**. (b) **R** und **j** zusammen geben den Gesamtdrehimpuls **J** des Kerns. Die Eigenwerte der Komponente von **J** entlang der Symmetrieachse 3 sind mit $\hbar K$ bezeichnet.

Wenn, wie angenommen, der Zustand des Valenznukleons nicht durch die kollektive Rotation beeinflußt wird, dann kann angenommen werden, daß jeder Zustand des Valenznukleons die Basis (den Kopf) einer eigenen Rotationsbande bilden kann. Im folgenden werden wir die Energieniveaus dieser Banden berechnen. Der Hamiltonoperator ist die Summe der Rotationsenergie und der Energie des Valenznukleons,

$$H = H_{\rm rot} + H_{\rm nuk}$$

oder mit den Gln. 18.11 und 18.19

$$H = \frac{R_{\rm op}^2}{2\Im} + H_{\rm nuk} = \frac{1}{2\Im}(\mathbf{J}_{\rm op} - \mathbf{j}_{\rm op})^2 + H_{\rm nuk}.$$

Die physikalische Bedeutung wird klarer, wenn der Hamiltonoperator als Summe von drei Termen geschrieben wird

(18.21)
$$H = H_R + H_p + H_c$$
$$H_R = \frac{1}{2\Im}(J_{\rm op}^2 - 2J_{3,\rm op}j_{3,\rm op})$$
$$H_p = H_{\rm nuk} + \frac{1}{2\Im}j_{\rm op}^2$$
$$H_c = -\frac{1}{\Im}(J_{1,\rm op}j_{1,\rm op} + J_{2,\rm op}j_{2,\rm op}).$$

Der letzte Ausdruck gleicht der klassischen Corioliskraft und wird Coriolis- oder Rotations-Teilchenkopplungsterm genannt. Er kann bis auf den speziellen Fall $K = \frac{1}{2}$ vernachlässigt werden.[13] Der zweite Term ist unabhängig vom Rotationszustand des Kerns, und sein Beitrag zur Energie kann durch die Lösung von

$$H_p \psi = E_p \psi$$

bestimmt werden. Der erste Term beschreibt die Energie der Rotationsbewegung. Mit Gl. 18.20 sind die Energieeigenwerte dieses Terms durch

(18.22) $$E_R = \frac{\hbar^2}{2\Im}[J(J+1) - 2K^2], \qquad J \geq K$$

gegeben. Die totale Energie ist dann[13]

(18.23) $$E_{J,K} = \frac{\hbar^2}{2\Im}[J(J+1) - 2K^2] + E_p.$$

Diese Beziehung beschreibt die Folge der Niveaus, ähnlich wie sie durch die Gl. 18.14 für spinlose Teilchen gegeben ist. Folgt man der Terminologie der Molekülphysik, so wird die

---

[13] Zur Behandlung des Falles $K = \frac{1}{2}$, siehe Ref. 6 und 9.

18.3 Rotationsfamilien

Folge, die zu einem speziellen Wert von K gehört, eine *Rotationsbande* genannt, und der Zustand mit dem kleinsten Spin heißt *Bandenkopf*. Charakteristische Unterschiede existieren für $K = 0$ und $K \neq 0$.

1. Die Spins für den Fall $K = 0$ sind gerade und ganzzahlig, während die Spins für $K \neq 0$ durch

$$(18.24) \qquad J = K, K+1, K+2, \ldots, \qquad K \neq 0$$

gegeben sind.

2. Die Verhältnisse der Anregungsenergien über den Bandenköpfen sind nicht durch Gl. 18.15 gegeben. Z.B. ist das Verhältnis der Anregungsenergien des zweiten zum ersten angeregten Zustand nicht $^{10}/_3$, sondern

$$(18.25) \qquad \frac{E_{K+2,K} - E_{K,K}}{K_{K+1,K} - E_{K,K}} = 2 + \frac{1}{K+1}.$$

Der Wert der Komponente K kann durch dieses Verhältnis bestimmt werden. Als Beispiel für das Auftreten von Rotationsbanden in einem „ungerade A-Kern" ist das Niveaudiagramm von ^{249}Bk in Bild 18.8 gezeigt. Die Energiezustände mit Spin und Parität sind links gezeigt. Es können drei Banden unterschieden werden. Ihre Bandenköpfe haben Zuordnungen von $K = (^7/_2)^+$, $(^3/_2)^-$ und $(^5/_2)^+$. Die Niveaufolge erfüllt Gl. 18.24 und die Energien werden durch die Gl. 18.23 vernünftig beschrieben. Die Werte von K folgen eindeutig aus der Gl. 18.25.

Die Rotationsfamilien können als Trajektorien in einer Drehimpulszeichnung eingetragen werden, wie in Bild 15.10 die Niveaus des harmonischen Oszillators und in Bild 15.11 die

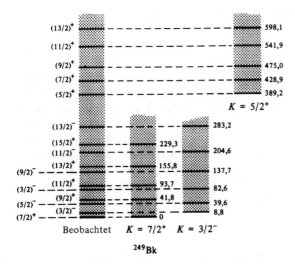

Bild 18.8 Energieniveaus von ^{249}Bk. Alle beobachteten Energieniveaus bis zu einer Anregungsenergie von ca. 600 keV sind links angegeben. Die Niveaus gehören zu drei Rotationsbanden, die rechts gezeigt sind. Alle Energien in keV.

Niveaus einiger Hyperonen. Solch eine Zeichnung ist in Bild 18.9 für drei Familien gezeigt, die aus dem Zerfallsschema von ^{249}Bk in Bild 18.8 hervorgehen. Die Zustände auf einer Trajektorie haben die gleiche interne Struktur und zeigen nur bei ihrer kollektiven Rotationsbewegung Unterschiede.

So weit haben wir Kerndeformationen und resultierende Rotationsstrukturen der Energieniveaus diskutiert. Zwar war die Beschreibung sehr abstrakt, und viele Komplikationen und Begründungen wurden ausgelassen, aber es zeigten sich dennoch die wichtigsten physikalischen Ideen. In den folgenden Abschnitten müssen zwei Aspekte der kollektiven Bewegung betrachtet werden – der Einfluß der Kerndeformationen auf die Schalenmodellzustände (Nilssonmodell) und kollektive Schwingungen.

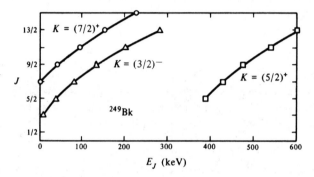

Bild 18.9 Die Energieniveaus der drei Rotationsfamilien von ^{249}Bk aus Bild 18.8 in der Drehimpulsdarstellung.

18.4 Einteilchenbewegung in deformierten Kernen (Nilssonmodell)

In Kapitel 17 wurde das Schalenmodell behandelt, im vorhergehenden Abschnitt wurden die Kerne als kollektive Systeme betrachtet, die rotieren können. Diese beiden Modelle sind Prototypen zweier extremer und entgegengesetzter Ansichten. Gibt es einen Weg, beide Modelle zu einem zu vereinigen? Im jetzigen Abschnitt werden wir den ersten Schritt zu einem gemeinsamen Bild beschreiben, nämlich dem Nilssonmodell[7]. Dieses Modell betrachtet einen deformierten Kern so, als ob er aus unabhängigen Teilchen bestünde, die sich in einem *deformierten Potential* bewegen. In Kapitel 17 wurden Schalenmodellzustände in einem sphärischen Potential behandelt. Wie in Abschnitt 17.2 bewiesen wurde, ähnelt das mittlere Potential, das von den Nukleonen gesehen wird, der Dichteverteilung im Kern. Mit den Gln. 15.12, 15.14 und 17.17 kann das Potential für das sphärische Schalenmodell als

(18.26) $\quad V(r) = \tfrac{1}{2}\, m\omega^2 r^2 - C\, \mathbf{l}\cdot\mathbf{s}$

geschrieben werden. Der erste Term ist das Zentralpotential und der zweite das Spin-Bahnpotential. Der Faktor ω ist durch Gl. 15.26: $E = (N + {}^3\!/_2)\hbar\omega$ mit der Energie eines Os-

18.4 Einteilchenbewegung in deformierten Kernen (Nilssonmodell)

ziallatorpotentials verknüpft (s. Bild 15.7). Die Zustände im Potential Gl. 18.26 sind z.B. in Bild 17.10 gegeben. Sie sind durch die Quantenzahlen N, l und j gekennzeichnet.

Wegen der Rotations- und Paritätsinvarianz sind der gesamte Drehimpuls j und der Bahndrehimpuls l (oder die Parität) des Nukleons gute Quantenzahlen, und N, l und j werden benutzt, um die Niveaus zu kennzeichnen.

Da manche Kerne große permanente Deformationen besitzen, wie in Abschnitt 18.1 beschrieben wurde, bewegen sich die Nukleonen nicht immer in einem sphärischen Potential, Gl. 18.26 muß daher verallgemeinert werden. Eine Verallgemeinerung geht auf Nilsson zurück, der statt Gl. 18.26

(18.27) $\quad V_{\text{def}} = \tfrac{1}{2} m [\omega_\perp^2 (x_1^2 + x_2^2) + \omega_3^2 x_3^2] + C \, \mathbf{l} \cdot \mathbf{s} + D l^2$

schrieb. Dieses Potential beschreibt eine axialsymmetrische Situation, es läßt sich bei den meisten Kernen anwenden. Die Koordinaten x_1, x_2, x_3 sind im Kern fixiert. x_3 liegt in Richtung der Symmetrieachse 3 (Bild 18.5). C bestimmt die Stärke der Spin-Bahnwechselwirkung. Der Term Dl^2 korrigiert die radiale Abhängigkeit des Potentials: das Oszillatorpotential unterscheidet sich beträchtlich von dem realen Potential in der Nähe der Kernoberfläche, wie in Bild 17.5 gezeigt wurde. Zustände mit großem Bahndrehimpuls werden stark durch diesen Unterschied beeinflußt. Der Term Dl^2 mit $D < 0$ verkleinert die Energie dieser Zustände. Kernmaterie ist fast imkompressibel: daher hängen die Koeffizienten $\omega_\perp$ und ω_3 für eine gegebene Form der Deformation voneinander ab. Für eine reine Quadrupoldeformation, die in dem folgenden Abschnitt beschrieben wird, wird die Beziehung zwischen den Koeffizienten $\omega_\perp$ und ω_3 durch einen Deformationsparameter ε ausgedrückt

(18.28) $\quad \begin{aligned} \omega_3 &= \omega_0 (1 + \tfrac{2}{3}\varepsilon) \\ \omega_\perp &= \omega_0 (1 + \tfrac{1}{3}\varepsilon). \end{aligned}$

Für $\varepsilon^2 \ll 1$ erfüllen $\omega_\perp^2$ und ω_3

(18.29) $\quad \omega_\perp^2 \omega_3 = \omega_0^3.$

Diese Beziehung drückt die Konstanz des Kernvolumens bei einer Deformation aus. Der Parameter ε ist mit dem Deformationsparameter δ, der in Abschnitt 18.1 eingeführt wurde, durch

(18.30) $\quad \delta = \varepsilon(1 + \tfrac{1}{2}\varepsilon)$

verknüpft. Mit den Gln. 18.3, 18.30 und 6.37 kann das innere Quadrupolmoment durch

(18.31) $\quad Q = \tfrac{4}{3} Z \langle r^2 \rangle \varepsilon (1 + \tfrac{1}{2}\varepsilon)$

beschrieben werden. Die Gln. 18.27 und 18.28 zeigen, daß V_{def} durch 4 Parameter, ω_0, C, D und ε, bestimmt wird. Nur ε wird stark von der Kernform beeinflußt. Für ein gegebenes Nuklid bestimmt man ε durch Messung von Q und $\langle r^2 \rangle$. Die ersten drei Parameter ω_0, C und D sind für $\varepsilon^2 \ll 1$ unabhängig von der Kernform, und sie werden durch die Spektren und Radien der sphärischen Kerne bestimmt, wobei $\varepsilon = 0$ ist. Angenäherte Werte dieser Parameter sind

(18.32) $\quad \hbar\omega_0 \approx 41 A^{-1/3}$ MeV

und

(18.33) $\quad C \approx -0{,}1\hbar\omega_0,\ D \approx -0{,}02\hbar\omega_0.$

Die Wahl 18.27 für das Potential V_{def} ist nicht eindeutig, und andere Formen als die von Nilsson eingeführten wurden ausgiebig studiert.[14] Da die haupteigenschaft der resultierenden Spektren ungeändert bleibt, beschränken wir die Diskussion auf das Nilssonmodell.

Im Nilssonmodell, wie im sphärischen Einteilchenmodell, das im Kapitel 17 behandelt wurde, nimmt man an, daß alle Nukleonen bis auf das letzte ungerade Nukleon gepaart sind und nicht zu den Kernmomenten beitragen. Um die Wellenfunktion und die Energie für das letzte Nukleon zu finden, muß die Schrödinger-Gleichung mit dem Potential V_{def} numerisch mit Hilfe eines Computers gelöst werden. Ein typisches Ergebnis für kleine A wird in Bild 18.10 gezeigt. Für eine Nulldeformation stimmen die Niveaus mit denen in Bild 17.10 überein, und sie können durch die Quantenzahlen N, j und l gekennzeichnet werden. (N charakterisiert die Oszillatorschale und ist in Tabelle 17.1 gegeben.) Bei diesem Extremwert ($\varepsilon = 0$) sind die Zustände $(2j+1)$-fach entartet. Die Deformation hebt die Entartung auf, wie man in Bild 18.10 erkennt: der Zustand $p_{3/2}$ spaltet in zwei, und der Zustand $d_{5/2}$ in drei Niveaus auf. Ein Nukleon mit dem totalen Drehimpuls j hat im sphärischen Fall $\tfrac{1}{2}(2j+1)$ verschiedene Energieniveaus, mit K-Werten $j, j-1, j-2, \dots, \tfrac{1}{2}$. Der Faktor $\tfrac{1}{2}$ beschreibt eine verbleibende zweifache Entartung, die durch die Symmetrie des Kerns in der 1-2 Ebene hervorgerufen wird: die Zustände K und $-K$ haben die gleiche Energie (s. Bild 18.11). Ein Zustand mit einem gegebenem K-Wert kann zwei Nukleonen von gegebener Art aufnehmen.

Welche *Quantenzahlen* beschreiben die Zustände in einem deformierten Potential? Die Rotationssymmetrie ist bis auf die um die Symmetrieachse gestört, und die Drehimpulse **j** und **l** bleiben nicht länger erhalten. Nur zwei Quantenzahlen bleiben im Nilssonmodell erhalten: die Parität $\pi = (-1)^N$ und die Komponente K. (Die Tatsache, daß ein Nukleon mit dem Gesamtdrehimpuls **j** verschiedene Zustände K verursacht, kann im Vektormodell verstanden werden: der Drehimpuls **j** präzediert schnell um seine Symmetrieachse 3. Jede zu 3 senkrechte Komponente wird herausgemittelt und hat keinen Einfluß.) Ein Zustand wird daher mit K^π bezeichnet. Tatsächlich werden drei teilweise erhaltene Quantenzahlen verwendet, um ein gegebenes Niveau zu beschreiben. Wir benützen diese *asymptotischen* Quantenzahlen hier jedoch nicht.

Als eine Anwendung des Nilssonmodells betrachten wir die Grundzustände einiger Nuklide mit einer Neutronen- oder Protonenzahl um 11 herum. Bild 18.1 zeigt, daß diese Nuklide eine Deformation der Größenordnung 0,1 haben sollten. Das Nilssonmodell müßte also darauf anwendbar sein. Die entsprechenden Eigenschaften für eine Anzahl von Nukliden sind in Tabelle 18.2 zusammengefaßt. Wenn man annimmt, daß die Kerne durch das Einteilchen-Schalen-Modell beschrieben werden, so kann man die Spin- und Paritätszuordnung für den Grundzustand aus Bild 17.10 ablesen: nur das letzte ungerade Nukleon

---

[14] Eine genaue Untersuchung der Einteilchen-Niveaus in nicht-sphärischen Kernen in der Gegend $150 < A < 190$ stammt von W. Ogle, S. Wahlborn, R. Piepenbring und S. Fredriksson, *Rev. Modern Phys.* **43**, 424 (1971).

18.4 Einteilchenbewegung in deformierten Kernen (Nilssonmodell)

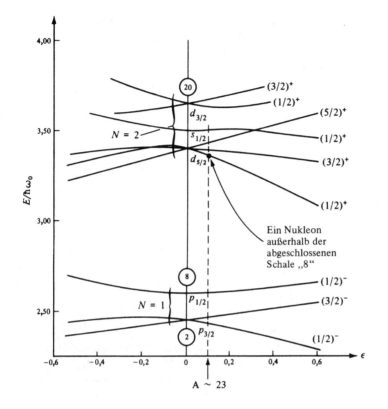

Bild 18.10
Niveaudiagramm im Nilsson-Modell. Die Bezeichnungen sind im Text erklärt. Jeder Zustand kann zwei Nukleonen aufnehmen.

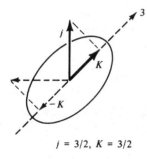

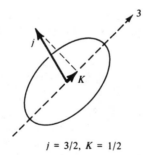

Bild 18.11
In einem nichtsphärischen Kern ist der Gesamtdrehimpuls j eines Nukleons keine Erhaltungsgröße mehr. Nur seine Komponente K entlang der Kernsymmetrieachse bleibt erhalten. Ein Nukleon mit dem Spin j (im sphärischen Fall) verursacht K-Werte $j, j-1, \ldots, \frac{1}{2}$. Die Zustände K und $-K$ haben die gleiche Energie.

soll die Momente bestimmen. Die aufgelisteten Nuklide haben ein oder drei Nukleonen außerhalb der abgeschlossenen 8-er Schale: nach Bild 17.10 sollten alle einen $(5/2)^+$-Zustand haben. In Wirklichkeit sind die Spins verschieden, sogar für ^{19}F, das nur ein Proton außerhalb einer abgeschlossenen Schale mit der magischen Zahl 8 hat. Das Quadrupolmoment wurde für zwei der aufgeführten Kerne gemessen, und $\langle r^2 \rangle$ kann aus Gl. 6.34 entnommen werden. Gl. 18.31 liefert dann den Deformationsparameter δ ($\approx \varepsilon$). In Übereinstimmung mit der Schätzung aus Bild 18.1 hat δ die Größenordnung 0,1. Der Wert $\delta = 0,1$ ist in Bild 18.10 eingezeichnet. Folgt man dieser Linie, so kann man die vorausgesagte Zuordnung ablesen: für ein Nukleon außerhalb einer abgeschlossenen 8er-Schale ergibt sich $(1/2)^+$. Drei Nukleonen außerhalb der Schale führen zu $(3/2)^+$. Wie Tabelle 18.2 zeigt, stimmen diese Werte mit dem Experiment überein und demonstrieren, daß das Nilssonmodell wenigstens einige Eigenschaften deformierter Kerne erklären kann. (Bei allen diesen Zuordnungen wird angenommen, daß die gerade Anzahl von Nukleonen, z.B. die 10 Neutronen in ^{19}F zu Null gekoppelt sind.)

Tabelle 18.2 Deformierte Kerne bei $A \approx 23$.

Nuklid	Z	N	Q	$\delta \approx \varepsilon$	Grundzustand beobachtet	Schalenmodell	Nilssonmodell
^{19}F	9	10			$(1/2)^+$	$(5/2)^+$	$(1/2)^+$
^{21}Ne	10	11	9 fm^2	0,09	$(3/2)^+$	$(5/2)^+$	$(3/2)^+$
^{21}Na	11	10			$(3/2)^+$	$(5/2)^+$	$(3/2)^+$
^{23}Na	11	12	14 fm^2	0,11	$(3/2)^+$	$(5/2)^+$	$(3/2)^+$
^{23}Mg	12	11			$(3/2)^+$	$(5/2)^+$	$(3/2)^+$

Die Voraussage der Grundzustandsmomente ist nur einer der Erfolge des Nilssonmodells. Ebenso ist es in der Lage, viele andere Eigenschaften deformierter Kerne zu deuten[15, 16].

Bisher haben wir die Bewegung eines einzelnen Teilchens in einem stationären deformierten Potential untersucht, ohne eine Bewegung dieses Potentials zu berücksichtigen, das im Kern fixiert ist. Wenn der Kern rotiert, so rotiert das Potential mit ihm. Im vorigen Abschnitt haben wir gezeigt, daß die Rotation eines deformierten Kerns eine Rotationsbande verursacht. Nun ergibt sich die Frage: Ist es korrekt, die Rotation und die Eigenbewegung wie in Gl. 18.21 getrennt zu behandeln? Die Trennung ist zulässig, wenn die Bewegung des Teilchens im deformierten Kern schnell ist im Vergleich zur Rotation des Potentials, und das Teilchen viele Umläufe in einer Periode der kollektiven Bewegung erlebt hat. In realen Kernen ist diese Bedingung genügend gut erfüllt, da bei der Rotation A Nukleonen beteiligt sind. Die Bewegung ist daher langsamer als die Bewegung des einzelnen Valenznukleons. Dennoch muß man bei realistischer Behandlung den Einfluß der Rotationsbewegung auf die innere Niveaustruktur berücksichtigen, die durch den Term H_p in Gl. 18.21 gegeben ist[17, 18].

Nach der Feststellung, daß Eigen- und Rotationsbewegung in guter Näherung tatsächlich unabhängig sind, können wir zur Interpretation der Spektren deformierter Kerne zurückkehren. Da der Kern in jedem Zustand des deformierten Kerns rotieren kann, ist jedes innere Niveau (Nilssonniveau) der Bandenkopf einer Rotationsbande. Mit anderen Worten, auf jedem Eigenniveau ist eine Rotationsbande aufgebaut. Bild 18.8 gibt ein Beispiel von drei Banden, die auf drei verschiedenen Nilssonzuständen aufgebaut sind.

---

[15] B. R. Mottelson und S. G. Nilsson, *Kgl. Danske Videnskab. Selskab. Math.-fys. Medd.* **1**, Nr. 8 (1959).
[16] M. E. Bunker und C. W. Reich, *Rev. Modern Phys.* **43**, 348 (1971).
[17] O. Nathan und S. G. Nilsson, in *Alpha-, Beta- und Gamma-Ray Spectroscopy*, Vol. 1 (K. Siegbahn, ed.), North-Holland, Amsterdam, 1965, S. 646.
[18] A. K. Kerman, *Kgl. Danske Videnskab. Selskab. Math.-fys. Medd.* **30**, Nr. 15 (1956).

18.5 Vibrationszustände in sphärischen Kernen

Bisher haben wir zwei Arten von Kernzuständen diskutiert, innere Zustände und Rotationszustände. Das Auftreten verschiedener Anregungen ist nicht auf die Kerne beschränkt. Seit langem ist bekannt, daß zweiatomige Moleküle auf drei verschiedene Arten angeregt werden können: innere (elektronische), Rotations- und Vibrationsanregungen[19]. In erster Näherung kann man die Wellenfunktion eines gegebenen Zustands durch

(18.34) $|\text{Total}\rangle = |\text{innere}\rangle |\text{Rotation}\rangle |\text{Vibration}\rangle.$

schreiben. Es zeigt sich, daß Kerne den Molekülen darin ähnlich sind, daß sie ebenfalls zu Vibrationen angeregt werden können[6, 20, 21]. In diesem Abschnitt werden wir einige Aspekte der Kernvibrationen beschreiben, wobei wir die Behandlung auf sphärische Kerne beschränken.

Die einfachste Vibration entspricht einer Dichtefluktuation um den Gleichgewichtswert, siehe Bild 18.12(a). Da eine solche Bewegung keinen Drehimpuls hat, wird sie Monopolschwingung oder „Atmung" genannt. Diese Monopolschwingung oder dieser „Atem-Mode" hat einen Isospin $I = 0$. Obwohl es Anzeichen für diesen Mode gab, konnte bis 1977 kein endgültiger Beweis für seine Existenz gegeben werden[22]. Dieser Mode ist auch deshalb so interessant, weil er in einer direkten Beziehung zur Kompressibilität der Kerne steht, Gl. 16.22. Die Kompressibilität geht in die Zustandsgleichung der Kernmaterie ein und ist für die Eigenschaften der Sterne wichtig. Die Anregungsenergie des „Atem-Modes" beträgt etwa $80\, A^{-1/3}$ MeV und liegt damit in der Nähe der „Riesendipolschwingung"[23].

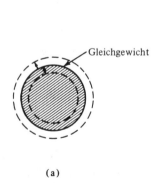
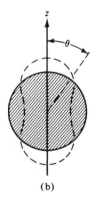

Bild 18.12 (a) Monopol-Vibration. (b) Quadrupol-Vibration, $l = 2, m = 0$.

(a)   (b)

---

[19] G. Herzberg, *Molecular Spectra and Molecular Structure*, Van Nostrand Rinehold, New York, 1950; L. D. Landau und E. M. Lifshitz, *Quantum Mechanics*, Pergamon, Elmsford, N.Y., 1958, Kapitel 11 und 13.
[20] N. Bohr und J. A. Wheeler, *Phys. Rev.* **56**, 426 (1939). D. L. Hill und J. A. Wheeler, *Phys. Rev.* **89**, 1102 (1953).
[21] A. Bohr, *Kgl. Danski Videnskab. Selskab. Mat.-fys. Medd.* **26**, Nr. 14 (1952).
[22] D. H. Youngblood et al., *Phys. Rev. Lett.* **39**, 1188 (1977).
[23] F. E. Bertrand, *Nucl. Phys.* **A 354**, 129 c (1981).

Ein anderer Schwingungszustand (Mode) kann sogar bei inkompressiblen Systemen auftreten. Das sind die Formoszillationen (Gestaltoszillationen), die ohne Änderung der Dichte vor sich gehen. Solche Osziallationen wurden zuerst von Rayleigh[3] behandelt. Er schrieb: „Die Flüssigkeitstropfen, in die ein Strahl sich auflöst, nehmen nicht sofort eine sphärische Form an und behalten sie bei, sondern führen eine Reiche von Osziallationen durch, indem sie abwechselnd in Richtung der Symmetrieachse komprimiert und ausgedehnt werden." Untersuchungen über die Kernvibrationen benutzen im wesentlichen die mathematischen Methoden, wie sie von Rayleigh angewendet wurde. Natürlich sind die Oszillationen quantisiert. Bevor wir Gestaltsoszillationen beschreiben, wollen wir kurz zeigen, wie man permanente *Kerndeformationen* mathematisch darstellt. Nach Rayleigh kann die Oberfläche einer Figur mit beliebiger Form durch

$$(18.35) \qquad R = R_0 \left[1 + \sum_{l=0}^{\infty} \sum_{m=-l}^{l} \alpha_{lm} Y_l^m(\theta, \varphi) \right]$$

entwickelt werden, wobei $Y_l^m(\theta, \varphi)$ Kugelfunktionen sind, die im Anhang, Tabelle A8, aufgeführt sind. θ und φ sind Polarwinkel in Bezug auf eine beliebige Achse, und die α_{lm} sind Entwicklungskoeffizienten. Wenn die Entwicklungskoeffizienten zeitunabhängig sind, beschreibt Gl. 18.35 eine permanente Deformation des Kerns. Ist α_{lm} zeitabhängig, dann beschreibt $l = 0$ die Atem-Mode. Der Term $l = 1$ entspricht einer Verschiebung des Schwerpunkts und ist nicht erlaubt, da keine äußere Kraft auf das System wirkt[24]. Der kleinste Term von Interesse ist der mit $l = 2$, der eine *Quadrupoldeformation* beschreibt. Da dabei die auffälligsten Eigenschaften von kollektiven Kernvibrationen auftreten, beschränken wir die folgende Diskussion auf diese Terme. Der Kernradius wird dann durch

$$(18.36) \qquad R(\theta, \varphi) = R_0 \left[1 + \sum_{m=-2}^{2} \alpha_{2m} Y_2^m(\theta, \varphi) \right]$$

beschrieben. Die Quadrupoldeformation wird durch fünf Konstanten α_{2m} bestimmt. Für eine Schwingung mit $\alpha_{2m} = 0, m \neq 0$ ist der Radius (s. im Anhang Tabelle A8)

$$(18.37) \qquad R(\theta) = R_0 \left[1 + \alpha_{20} \left(\frac{5}{16\pi} \right)^{1/2} (3\cos^2\theta - 1) \right].$$

Solch eine Deformation ($l = 2, m = 0$) ist im Bild 18.12(b) gezeigt. Gleichung 18.36 beschreibt eine Quadrupoldeformation, wenn die Koeffizienten α_{2m} konstant sind. Gestaltvibrationen werden durch die Zeitabhängigkeit der Entwicklungskoeffizienten ausgedrückt. Bevor wir die entsprechende Hamiltonfunktion angeben, weisen wir darauf hin, daß man nur Bewegungen mit kleinen Schwingungen um die Gleichgewichtslage als harmonische behandeln kann. Für eine solche harmonische Bewegung ist die kinetische Energie durch

---

[24] Die Dipolvibration der Protonen gegen die Neutronen ist dagegen erlaubt, weil sie den Kernschwerpunkt nicht bewegt. Die Riesendipolresonanz, die in Kernen zwischen 10 und 20 MeV auftritt, entsteht durch solche Dipolvibrationen; sie kann besonders deutlich in elektromagnetischen Prozessen beobachtet werden. Siehe Abschnitt 18.7.

18.5 Vibrationszustände in spärischen Kernen

$\frac{1}{2}mv^2 = \frac{1}{2}m\dot{x}^2$, die potentielle durch $\frac{1}{2}m\omega^2 r^2$ und die Hamiltonfunktion durch $H = \frac{1}{2}m\dot{x}^2 + \frac{1}{2}m\omega^2 r^2$ gegeben, wie wir in Abschnitt 13.7 gesehen haben. In der jetzigen Situation ist die dynamische Variable die Abweichung des Radiusvektors von seinem Gleichgewichtswert. Diese ist durch α_{2m} gegeben, so daß die Hamiltonfunktion eines schwingenden Flüssigkeitströpfchens mit $l = 2$ und kleinen Deformationen in der Form[3, 21, 25]

$$(18.38) \qquad H = \frac{1}{2} B \sum_m |\dot{\alpha}_{2m}|^2 + \frac{1}{2} C \sum_m |\alpha_{2m}|^2$$

dargestellt werden kann. Hier entspricht B der Masse und C der potentiellen Energie. H beschreibt einen fünfdimensionalen harmonischen Oszillator, weil es fünf unabhängige Variable α_{2m} gibt. In Analogie zu Gl. 15.26 sind die Energien des quantisierten Oszillators durch

$$(18.39) \qquad E_N = \left(N + \frac{5}{2}\right)\hbar\omega, \qquad \hbar\omega = \left(\frac{C}{B}\right)^{1/2}$$

gegeben. Die Winkelabhängigkeit der Formänderungen wird durch die Kugelfunktionen Y_2^m beschrieben, und wir wissen aus Gl. 15.24, daß diese Eigenfunktionen des Gesamtdrehimpulses mit der Quantenzahl $l = 2$ sind. Die Vibrationen haben den Drehimpuls 2 und positive Parität. Die Kernphysiker haben sich den Ausdruck *Phononen* von ihren Festkörperkollegen geborgt[26]. Die Situation wird beschrieben, indem man sagt, daß der Phononendrehimpuls den Wert 2 hat und daß im ersten angeregten Zustand ein Phonon vorhanden ist, im zweiten zwei und so fort. Da der Grundzustand von gerade-gerade Kernen immer den Spin Null hat, sollte der erste angeregte Zustand eine 2^+-Zuordnung haben. Zwei Phononen haben eine Energie von $2\hbar\omega$ und sie können zu $0^+, 2^+, 4^+$-Zuständen koppeln. Die Zustände mit Spin 1 und 3 sind durch die Forderung verboten, daß die Wellenfunktion zweier identischer Bosonen bei Austausch symmetrisch sein muß. Das erwartete Spektrum wird in Bild 18.13 gezeigt.

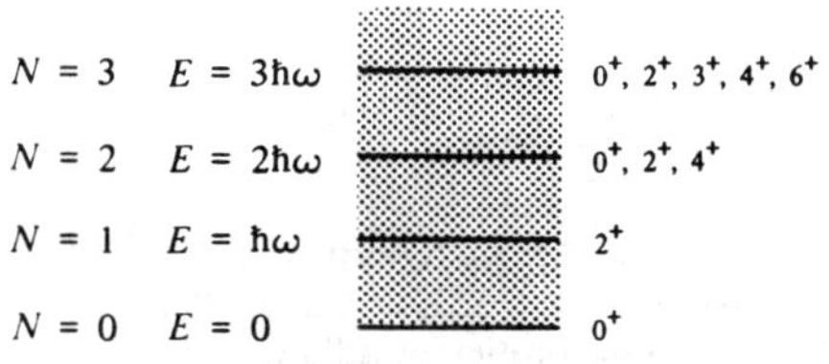

$N = 3$	$E = 3\hbar\omega$	————	$0^+, 2^+, 3^+, 4^+, 6^+$
$N = 2$	$E = 2\hbar\omega$	————	$0^+, 2^+, 4^+$
$N = 1$	$E = \hbar\omega$	————	2^+
$N = 0$	$E = 0$	————	0^+

Bild 18.13 Vibrationszustände. Das Vibrationsphonon hat den Drehimpuls 2 und positive Parität. Die Zustände sind durch die Zahl N der Phononen gekennzeichnet. Die Energie des Grundzustands wurde gleich Null gesetzt.

---

[25] Eine detaillierte Ableitung der Gl. 18.38 wird von S. Wohlrab gegeben, im *Lehrbuch der Kernphysik*, Bd. 2 (G. Hertz, ed.), Verlag Werner Dausien, 1961, S. 592.
[26] C. Kittel, *Introduction to Solid State Physiks*, 3rd ed., Wiley, New York, 1968, Kapitel 5; J. M. Ziman, *Electrons and Phonons*, Clarendon Press, Oxford University, 1960. J. A. Reisland, *The Physics of Phonons*, Wiley, New York, 1973.

Tatsächlich haben die Kerne Spektren mit den Charakteristika, wie sie durch das Vibrationsmodell[27] vorhergesagt werden. Sie zeigen sich in gerade-gerade Kernen in der Nähe abgeschlossener Schalen. Die Entartung zwischen den 0^+, 2^+, 4^+-Zuständen wird durch die Restkräfte aufgehoben; nicht in allen Fällen wurden alle drei Mitglieder des zweiten angeregten Zustands gefunden. In Bild 18.14 wird das Beispiel eines Vibrationsspektrums gezeigt.

Zusätzlich zu den oben beschriebenen Schwingungszuständen, bei denen sich alle Nukleonen gemeinsam bewegen, existieren auch Schwingungen mit dem Isospin 1, bei denen sich Protonen gegen Neutronen bewegen. Ein Beispiel ist die sogenannte „Scheren"-Schwingung, bei der Protonen und Neutronen unabhängige Kollektivbewegungen machen und zwar gegeneinander ähnlich einer Schere[28].

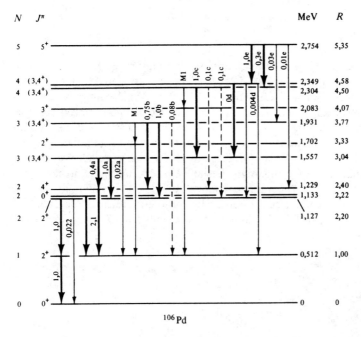

Bild 18.14 Beispiel eines Vibrationsspektrums. [Nach O. Nathan und S. G. Nilsson, in *Alpha-, Beta- and Gamma-Ray Spectroscopy*, Vol. 1 (K. Siegbahn, ed.), North-Holland, Amsterdam, 1965.] Die Niveaus, die man als Vibrationszustände interpretiert, sind durch die Phononenzahl N gekennzeichnet.

---

[27] G. Scharff-Goldhaber und J. Weneser, *Phys. Rev.* **98**, 212 (1955).
[28] D. Bohle et al., *Phys. Lett.* **137 B**, 27 (1984); A. Faessler und R. Nojara, *Prog. Part. Nucl. Phys.* (A. Faessler, Ed.), **19**, 167 (1987); A. Richter in *Interactions and Structures of Nuclei*, (R. J. Blin-Stoyle und W. D. Hamilton, Eds.), Adam Hilger, Philadelphia, 1988, S. 25.

18.6 Das wechselwirkende Bosonenmodell

Das wechselwirkende Bosonenmodel (IBM) ist eine Alternative und gleichzeitig eine ergänzende Beschreibung zum Kollektivmodell. Grundlage sind die Vorstellungen von Iachello und Feshbach. Vorgeschlagen wurde es zuerst von Arima und Iachello im Jahr 1975[29]. Obwohl Symmetriebetrachtungen Basis des ursprünglichen Modells waren, wurde der Name aus der Tatsache abgeleitet, daß das Modell Paare von gleichartigen Nukleonen annimmt, die zu Spins 0 und 2 koppeln. Da mit Ausnahme der leichtesten Kerne Neutronen und Protonen nicht in der gleichen Schale sind, scheint die Paarung zwischen Neutronen und Protonen weniger wichtig zu sein. Wir haben bereits über die kurzreichweitige Restwechselwirkung für gleichartige Nukleonen in relativen S-Zuständen eine Bemerkung gemacht. Diese Restkraft führt zur Paarung. Den Beweis für eine solche Paarung liefert eine beobachtete Energielücke im Spektrum der Kerne: Die erste intrinsische (Eigen-)Anregung für schwere gerade-gerade Kerne liegt bei etwa 1 MeV (Bild 17.4), während die benachbarten ungeraden Kerne viele Niveaus unterhalb dieser Energie besitzen. Gerade-gerade Kerne zeigen folglich eine Energielücke und diese Lücke wird als Beweis für die Paarungskraft betrachtet[30]: Nukleonen bilden gern Paare mit dem Drehimpuls null und die Energielücke beruht darauf, daß zum Erreichen des ersten angeregten Zustands eine minimale Energie erforderlich ist, die der Energie zum Aufbrechen eines solchen Paares entspricht. Die Paarung der Nukleonen hat starke Ähnlichkeit zu den Cooper-Paaren[31] bei Supraleitern und es ist deshalb möglich, die Hilfsmittel und Ideen, die zur Erklärung der Supraleitung[32] herangezogen wurden, auch in der Kernphysik anzuwenden. Arima und Iachello berücksichtigten auch die etwas schwächere Anziehung für Nukleonen in einem relativen d-Zustand. Das kann mit dem Schalenmodell und mit dem Konzept der Seniorität, das von Racah[33] eingeführt wurde, in Verbindung gebracht werden. In diesem Konzept paaren sich die Nukleonen vorzugsweise zum Spin null (Seniorität 0). Die nächstwahrscheinliche Paarung ist bei Spin 2 (Seniorität 1).

Im IBM werden die gepaarten Teilchen in den s- und d-Zuständen wie Bosonen behandelt und die bosonischen Freiheitsgrade können die Spektren von gerade-gerade Kernen ohne Berücksichtigung der Formvariablen gut beschreiben. Die Betonung liegt auf der Dynamik der Bosonen und nicht auf den Formvariablen des Kollektivmodells. Durch die Verwendung von s-Bosonen und d-Bosonen hat man sechs Freiheitsgrade im Vergleich zu den fünf Freiheitsgraden des Kollektivmodells, die durch die α_{2m} aus Gl. 18.36 repräsentiert werden. Diese Merkmale unterscheiden das IBM-Modell vom Kollektivmodell. Durch zusätzliche Einführung von ungepaarten Fermionen, wurde das Modell auf ungerade-gerade Kerne erweitert. Das IBM behandelt kollektive und Paarungsfreiheitsgrade auf gleicher Basis.

Ein Zustand wird durch eine feste Zahl von s-Bosonen (n_s) und d-Bosonen (n_d) beschrieben, die Gesamtzahl der Bosonen ist $N = n_s + n_d$. Im moderneren Modell IBM 2 werden

---

[29] A. Arima und F. Iachello, *Phys. Rev. Lett.* **35**, 1069 (1975); I. Talmi, *Comm. Nucl. Part. Phys.* **11**, 241 (1983); R. F. Casten, *Comm. Nucl. Part. Phys.* **12**, 119 (1984); A. E. L. Dieperink, *Comm. Nucl. Part. Phys.* **14**, 25 (1985).
[30] A. Bohr, B. R. Mottelson und D. Pines, *Phys. Rev.* **110**, 936 (1958).
[31] L. N. Cooper, *Phys. Rev.* **104**, 1189 (1956).
[32] J. Bardeen, L. N. Cooper und J. R. Schrieffer, *Phys. Rev.* **108**, 1175 (1957).
[33] G. Racah, *Phys. Rev.* **63**, 367 (1943); **76**, 1352 (1949).

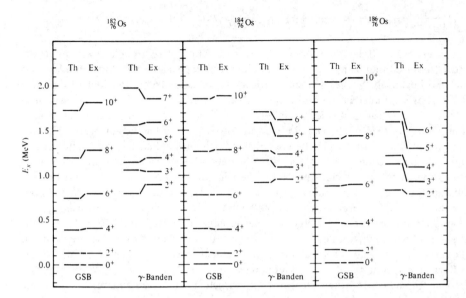

Bild 18.15 Energiespektren von gerade-gerade Os-Isotopen. Die theoretischen (th) Rotationsbanden (GSB) und die Schwingungsbanden (γ-Banden) bezogen auf den Grundzustand werden mit dem Experiment (Ex) verglichen. (Aus W.-T. Chou, Wm. C. Harris und O. Scholten, *Phys. Rev.* **C 37**, 2834 (1988).

die Neutronenpaare und die Protonenpaare getrennt behandelt. Für die Neutronen oder die Protonen besteht der Hamiltonoperator daher aus der kinetischen Energie der Bosonen im s- und im d-Zustand und den Wechselwirkungen zwischen ihnen. Eine Verbindung zum Kollektivmodell erhält man bei Betrachtung des klassischen Grenzfalls. Es kann gezeigt werden, daß ein kohärenter Zustand mit n_s s- und n_d d-Bosonen einem kollektiven Zustand entspricht, der durch die Variablen der kollektiven Deformation ausgedrückt wird. Durch Minimierung der Energie des Zustandes bezüglich dieser Variablen, erhält man die Gleichgewichtsdeformation eines Kerns und findet sowohl kugelförmige als auch deformierte Kerne im richtigen Bereich. Zusätzlich findet man, daß die niedrigen Niveaus denen des Kollektivmodells entsprechen. Einige berechnete niedrige Niveaus von Rotations- und Schwingungsspektren sind in Bild 18.15 mit experimentellen Werten verglichen.

18.7 Hochangeregte Zustände, Riesenresonanzen

Die letzten Jahrzehnte haben ein starkes Anwachsen der Untersuchungen von hochangeregten Kernzuständen gebracht. Besondere Beachtung fanden dabei Resonanzen und Zustände mit hohem Drehimpuls[34]. Diese Zustände können durch Reaktionen mit Photonen, Elektronen, Pionen, Nukleonen und anderen massiven Teilchen angeregt werden.

Um die Natur dieser Zustände zu verstehen, werden die restlichen Kräfte zwischen den Nukleonen betrachtet. Obwohl man Nukleonen vernünftig als Teilchen darstellen kann,

---

[34] G. F. Bertsch und R. A. Broglia, *Phys. Today* **39**, 44 (August 1986).

18.7 Hochangeregte Zustände, Riesenresonanzen

die sich in einem mittleren (Einteilchen-)Potential bewegen, das von den anderen Nukleonen hervorgerufen wird, gibt es trotzdem wichtige Restkräfte. Wir haben bereits die kurzreichweitige Paarungskraft erwähnt, die anziehend und besonders stark für ähnliche Nukleonen in einem relativen s-Zustand ist. Die Restkräfte versuchen die freie Nukleon-Nukleon-Kraft parallel zu machen, aber es gibt auch Restwirkungen durch langreichweitige kollektive Effekte.

Resonanzen im Kontinuum können mit Hilfe von hochauflösenden Detektoren untersucht werden. Oszillationen der „Atem"-Mode mit dem Drehimpuls $L = 0$, Dipolresonanzen ($L = 1$), Quadrupolresonanzen ($L = 2$), Oktupolresonanzen ($L = 3$), Resonanzen mit höherem L und andere Resonanzen, die auf angeregten Zuständen aufbauen, wurden beobachtet. Die meisten dieser Resonanzen können als gemeinsame Schwingungen von Neutronen und Protonen (Isospin $I = 0$) oder als gegeneinander oszillierende Neutronen und Protonen (Isospin $I = 1$) auftreten. Die erste gefundene Resonanz, die elektrische Dipolresonanz, ist ein Isovektorzustand mit einer Anregungsenergie von etwa $E_1^* = 77 A^{-1/3}$ MeV, der Energie, bei der die Stärke der 1⁻-Anregung konzentriert ist. Die Resonanz wurde bei Photoreaktionen wie etwa (γ, n) oder dem Inversen davon, dem Neutroneneinfang, beobachtet. Sie wird Riesenresonanz genannt, weil die Stärke ein Vielfaches einer Einteilchenanregung ist. Die nächste Resonanz, die entdeckt wurde, war die Riesenquadrupolresonanz mit $I = 0$ und $E_2^* = 64 A^{-1/3}$ MeV und einer Zerfallsbreite, die mit der Massenzahl A abfällt[35]. Es könnte seltsam erscheinen, daß die Riesenquadrupolresonanz bei einer Anregungsenergie liegt, die geringer ist als die der Riesendipolresonanz, da die letztere durch Bewegung eines Nukleons in die nächst höhere ungefüllte Schale verursacht werden kann, während der Quadrupol eine Anregung in zwei höhere Schalen erfordert. Daraus wird klar, daß das keine einfachen Einnukleon-Anregungen sind; starke Restkräfte und kooperative Phänomene sind darin eingeschlossen. Wir können die Wichtigkeit der Restkräfte erkennen und die $A^{-1/3}$-Abhängigkeit zeigen bei Behandlung der Ein-Teilchen-Bewegung im Potential eines harmonischen Oszillators.

Die Entartung eines Einteilchenniveaus der Energie $E = (N + 3/2)\hbar\omega$ ist durch Gl. 15.30 gegeben. Für einen Kern mit gleicher Neutronen- und Protonenzahl, bei dem jedes Teilchen Spin-auf und Spin-ab haben kann, gilt für die Entartung

(18.40) $\quad$ Entartung $= 2(N + 1)(N + 2)$.

Für einen schweren Kern mit $A \gg 1$ oder $N \gg 1$ und unter Berücksichtigung nur der Terme führender Ordnung findet man

(18.41) $\quad A \approx \sum_{N=0}^{N_{max}} 2N^2 \approx \int_0^{N_m} 2N^2 \, dN = \frac{2}{3} N_m^3$

und die Energieniveaus sind bis zu einer Energie E gefüllt

---

[35] M. B. Lewis und F. E. Bertrand, *Nucl. Phys.* **A 196**, 337 (1972).

(18.42)
$$E = \hbar\omega \sum_{N=0}^{N_{max}} (N + {}^3/_2) \times \text{Entartung}$$
$$\approx 2\hbar\omega \int_0^{N_m} dN\, N^3$$
$$= \tfrac{1}{2} N_m^4 \hbar\omega = \tfrac{1}{2}({}^3/_2\, A)^{4/3}\, \hbar\omega$$

Die Energie pro Nukleon in einem harmonischen Oszillator kann man dann schreiben: $E/A = m\omega^2 R^2$. Die Gesamtenergie zur führenden Ordnung in A ist deshalb gegeben durch

(18.43) $\qquad E = Am\omega^2 R^2$

R identifizieren wir als den Kernradius mit einheitlicher Ladungsdichte, Gl. 6.38. Durch Verknüpfung der Gleichungen 18.42 und 18.43 erhalten wir die A-Abhängigkeit der Niveauabstände des harmonischen Oszillators

(18.44) $\qquad \hbar\omega = \dfrac{5}{4}\left(\dfrac{3}{2}\right)^{1/3} \dfrac{\hbar^2}{mr_0^2}\, A^{-1/3} \approx 41\, A^{-1/3}\, \text{MeV}$

Damit reproduzieren wir die experimentell gefundene A-Abhängigkeit. Die vorhergesagte Energie der $L = 1$ Resonanz ist jedoch um fast einen Faktor zwei zu niedrig. Diese Diskrepanz zeigt die Bedeutung der Restwechselwirkungen.

Zusätzlich zu den elektrischen Anregungsmoden gibt es auch magnetische. Die Gamow-Teller-Resonanz, die sowohl auf Spin als auch auf Isospin-Oszillationen von $J^\pi = 1^+$, $I = 1$ zurückzuführen ist und die durch den Operator $\vec{\sigma}\vec{\tau}$ beschrieben wird, wurde sauber bei (p, n)-Reaktionen mit Protonen von 200 MeV beobachtet[36].

Resonanzen können auch auf angeregten Zuständen beruhen, zum Beispiel auf Zuständen einzelner Teilchen[37]. Solche Resonanzen wurden bei der Abregung von Zuständen mit hohem Drehimpuls, die bei Schwerionenreaktionen gebildet werden, gefunden.

Tatsächlich hat man in jüngster Zeit ein beträchtliches Interesse an Untersuchungen von Kernen mit sehr hohen Spins $J \gtrsim 30\, \hbar$ entwickelt[38]. Die oben erwähnten Drehimpulse von dieser Größenordnung zerstören Paarbildungseffekte durch Corioliskräfte und die Teilchen richten ihre Drehimpulse zu kollektiven Rotationsachsen aus[38]. Angeregte Spinzustände bis zu etwa 70 $\hbar$ wurden mit Hilfe von Fusionsreaktionen an schweren Ionen beobachtet (siehe Kapitel 16). Wenn der Spin zu groß wird, dann sind die angeregten Zustände instabil gegenüber einer Spaltung[39]. Es scheint, daß diese Zustände mit hohem Spin weder durch einzelne Teilchen noch durch Kollektivbewegungen, sondern durch eine Kombination von beiden miteinander gekoppelt sind.

---

[36] D. F. Barnum et al., *Phys. Rev. Lett.* **44**, 1751 (1980); C. D. Goodman, *Nucl. Phys.* **A 374**, 241c, (1982), *Comm. Nucl. Part. Phys.* **10**, 117 (1981); G. F. Bertsch, *Comm. Nucl. Part. Phys.* **10**, 91 (1981); *Nucl. Phys.* **A 354**, 157c (1981).
[37] K. A. Snover, *Comm. Nucl. Part. Phys.* **12**, 243 (1984); *Ann. Rev. Nucl. Part. Sci.* **36**, 545 (1986).
[38] F. S. Stephens, *Comm. Nucl. Part. Phys.* **6**, 173 (1976); R. M. Diamond und F. S. Stephens, *Ann. Rev. Nucl. Part. Sci.* **30**, 851 (1980); B. R. Mottelson und A. Bohr, *Nucl. Phys.* **A 354**, 303c (1981).
[39] N. Bohr und F. Kalckar, *Kgl. Danske Videnskab Selskab, Mat.-fys. Medd.* **14**, Nr. 10 (1937); S. Cohen, F. Plasil und W. J. Swiatecki, *Ann. Phys.* (New York) **82**, 557 (1974).

18.7 Hochangeregte Zustände, Riesenresonanzen

Von besonderem Interesse sind die Yrast-Niveaus[40]. Ein Yrast-Niveau eines gegebenen Nuklids bei einem bestimmten Drehimpuls ist das Niveau mit geringster Energie bei dem Drehimpuls[41]. Die Yrast-Linie verbindet die Yrast-Niveaus eines Nuklids und zeigt wie sich das Trägheitsmoment bei einer Änderung der Winkelgeschwindigkeit des Kerns verändert[42]. Bei den größten Drehimpulsen liegt das Trägheitsmoment in der Nähe desjenigen des festen Körpers.

Die Zustände mit hohem Spin erlauben ein Studium der Kernmaterie, wenn sie enormen Rotationskräften ausgesetzt ist. Zum Verständnis einiger experimenteller Ergebnisse bemerken wir, daß die Winkelgeschwindigkeit und das Trägheitsmoment eines axialsymmetrischen Rotors mit dem Drehimpuls $J = \hbar[J(J+1)]^{1/2}$ definiert ist durch[43]

(18.45) $\quad \omega_{\text{rot}} = \dfrac{dE}{d\hat{J}} = \dfrac{dE}{\hbar d[J(J+1)]^{1/2}} \approx \dfrac{dE}{\hbar dJ}$

(18.46) $\quad \mathfrak{J} = \dfrac{\hat{J}}{\omega_{\text{rot}}} \approx \dfrac{\hbar J}{\omega_{\text{rot}}}$

Diese beiden Definitionen ergeben zusammen

(18.47) $\quad \mathfrak{J} \approx \hbar^2 J \dfrac{dJ}{dE}$

Die Yrast-Linie eines Kerns liefert E als Funktion von J, wie das zum Beispiel für die Rotationsfamilien in Bild 18.9 dargestellt ist. Die Gleichungen 18.45 und 18.47 ermöglichen die Bestimmung von ω_{rot} und $\mathfrak{J}$ aus solchen graphischen Darstellungen für die Yrast-Zustände. Es hat sich eingebürgert $2\mathfrak{J}/\hbar^2$ gegen das Quadrat der Rotationsenergie $(\hbar\omega_{\text{rot}})^2$ graphisch aufzutragen. Die Punkte der Darstellung sind durch die Spinwerte der verschiedenen Yrast-Zustände charakterisiert. Wenn nichts Außergewöhnliches passiert, zeigt die graphische Darstellung einen glatten Anstieg der Rotationsenergie mit J und einen glatten Anstieg des Trägheitsmomentes mit der Rotationsenergie. Solch ein Verhalten wird tatsächlich bei vielen Kernen beobachtet. Bei einigen Kernen wurde jedoch eine dramatische Abweichung von diesem Verhalten entdeckt[42]. Bei einigen Werten des Spins J steigt das Trägheitsmoment so stark an, daß die Rotationsfrequenz tatsächlich fällt, wenn höhere Spinzustände erreicht werden. Als Beispiel ist die Yrast-Linie für die Spin-gerade-Zustände von ^{132}Ce in Bild 18.16 gezeigt. Die Yrast-Zustände bis zu $J = 18$ wurden unter Ver-

---

[40] J. R. Grover, *Phys. Rev.* **157**, 832 (1967).
[41] Der Ursprung des Wortes „Yrast" wird von Grover[40] angegeben.:
Die englische Sprache scheint keinen schönen Superlativ für Adjektive zu haben, die Rotation ausdrücken. Professor F. Rumplin (Sektion für germanische Sprachen der staatlichen Universität von New York, Stony Brook) schlug deshalb vor, das schwedische Adjektiv yr für die Bezeichnung dieser speziellen Niveaus zu verwenden. Dieses Wort ist von dem gleichen altnordischen Verb *hvirfla* (wirbeln) abgeleitet wie das englische Verb whirl und bildet den natürlichen Superlativ *yrast*. Es hat also etwa die Bedeutung „am wirbligsten", obwohl die wörtliche Übersetzung aus dem schwedischen „am schwindligsten" oder „am verwirrtesten" bedeutet.
[42] A. Johnson, H. Ryde und S. A. Hjorth, *Nucl. Phys.* **A 179**, 753 (1972).
[43] Die Gleichungen 18.45 und 18.46 sind das Analogon der Rotation zu den Translationsbeziehungen $\upsilon = dE/dp$ und $m = p/\upsilon$.

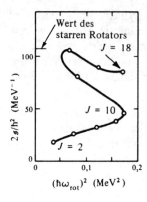

Bild 18.16 Darstellung des Kernträgheitsmomentes als Funktion des Quadrates der Kreisfrequenz. Der Wert des starren Rotors wurde für den Grundzustand des Kerns ($\omega = 0$) berechnet. (Nach O. Taras et al., Phys. Lett. **41 B**, 295 (1972).)

wendung der Reaktion ^{16}O + ^{120}Sn → 4n + ^{132}Ce gefunden[44]. Bei $J = 10$ biegt sich die Kurve zurück und die Rotationsfrequenz bei $J = 14$ ist ungefähr die gleiche wie bei $J = 2$! Dieses Zurückbiegen der Kurve kann als Aufbrechen der Bindung von Nukleonenpaaren bei Zuständen mit hohem Spin interpretiert werden.

Der Zerfall von Zuständen mit hohem Spin wurde auch untersucht. Der typische Zerfall eines gegebenen Zustands mit hohem Spin verläuft wie folgt: Zuerst geschieht eine Teilchenemission. Wenn sich dann die Kernanregung unter die Schwelle der Kernteilchen abgesenkt hat, tritt eine Abregung durch γ-Strahlen auf.

18.8 Kernmodelle – Abschließende Bemerkungen

In den letzten drei Kapiteln haben wir die einfachsten Aspekte der Kernmodelle behandelt. Das Schalenmodell ist in der Nähe der magischen Kernzahlen am erfolgreichsten, das Kollektivmodell dagegen ist bei Kernen weit weg von abgeschlossenen Schalen am besten. Der Übergang von kugelförmigen zu deformierten Kernen kann aus der Konkurrenz zwischen der kurzreichweitigen Paarungskraft und der Polarisationskraft, die eine etwas größere Reichweite hat, verstanden werden. Die letztere ist die Kraft, die Nukleonen außerhalb einer geschlossenen Schale auf die Nukleonen innerhalb der Schale ausüben. Bei einem einzigen Nukleon außerhalb der geschlossenen Schale ist der Polarisationseffekt so klein, daß er den Kern nicht deformieren kann. Wenn zwei Nukleonen außerhalb der geschlossenen Schale sind, treten zwei konkurrierende Effekte auf: Die Paarungskraft, die den Kern kugelförmig erhalten möchte und die Polarisationskraft, die den Kern zu deformieren versucht. Wenn nur wenige Nukleonen außerhalb der abgeschlossenen Schale vorhanden sind, siegt die Paarungskraft. Wenn aber immer mehr Nukleonen dazukommen, werden die Polarisationseffekte dominierend. Diese Eigenschaft wird in Bild 18.17 schematisch dargestellt.

Das Modell der deformierten Schale oder Nilsson-Modell, Abschnitt 18.4 kombiniert wesentliche Aspekte der beiden Extreme. Das Nilsson-Modell zeigt, daß besonders stabile Strukturen bei sehr anisotropen Orbitalen oder starken Deformationen auftreten sollten.

---

[44] O. Taras et al., *Phys. Lett.* **41 B**, 295 (1972).

18.8 Kernmodelle – Abschließende Bemerkungen

Die Nilsson-Energieniveaus (Bild 18.18) zeigen Energielücken, wenn das Verhältnis von großer zu kleiner Achse ganzzahlig ist, wie etwa 2 : 1 oder 3 : 1; etwas kleinere Energielücken ergeben sich, wenn das Verhältnis 3 : 2 ist. Diese „superdeformierten" Formen sind kürzlich bei hohen Drehimpulsen in Schwerionenreaktionen durch Gammastrahl-Abregungsuntersuchungen in ^{152}Dy und ^{149}Gd gefunden worden. Sie entsprechen Yrast-Niveaus von 50 - 60$\hbar$[45]. Obwohl das Schalenmodell und seine Erweiterungen uns viele Einsichten und Erkenntnisse geliefert haben, würde man sich eigentlich eine mikroskopische Theorie wünschen, in der die Merkmale des vereinigten Modells durch die bekannten Eigenschaften der Nuklearkräfte erklärt werden. Ein solches Vorhaben ist sehr ehrgeizig, aber man ist dabei, es durchzuführen[46].

Die Nukleonendichte und das effektive Ein-Teilchen-Potential, das auf ein Baryon wirkt, kann mit Hyperkernen[47] untersucht werden. In solchen Kernen werden ein oder manchmal auch zwei Neutronen durch Hyperonen, meist durch Lambda-Teilchen, ersetzt. Die Lambda-Teilchen werden durch das Pauli-Prinzip nicht beeinflußt und zerfallen schwach, so daß sie eine lange Zeit in der nuklearen Zeitskala leben ($10^{-22} - 10^{-23}$ s). Das Potential, das auf das Λ^0 in einem Kern wirkt, ist mit dem verwandt, das auf ein Nukleon wirkt, aber es gibt auch Unterschiede. Zum Beispiel ist das Spin-Bahn-Potential beträchtlich schwächer als das für Nukleonen. Diesen Unterschied kann man leicht mit Hilfe des Quarkmodells[47] verstehen, aber auch mit Nukleonen und Mesonen[48].

Das Studium der Hyperkerne wurde in den letzten Jahren eifrig verfolgt. Es wurden sowohl angeregte als auch Grundzustände beobachtet.

Die Hyperkerne werden bei (K^-, π^-) oder (π^+, K^+) Reaktionen gebildet. Im ersten Fall kann die Reaktion bei geringer Impulsübertragung vor sich gehen, so daß das Λ^0 eine gute Chance hat, den Grundzustand des Hyperkerns zu bilden und im Kern zu verbleiben. Die zweite Reaktion produziert bevorzugt Kerne in Zuständen mit hohen Drehimpulsen.

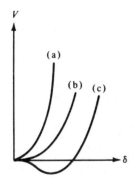

Bild 18.17 Die potentielle Energie als Funktion der Deformation (siehe Abschnitt 18.1). Die drei Kurven gelten für (a) einen Kern mit abgeschlossener Schale, (b) einen Kern in der Nähe einer abgeschlossenen Schale und (c) einen Kern weit entfernt von einer abgeschlossenen Schale. Im letzten Fall tritt eine permanente Deformation auf.

---

[45] P. J. Nolan und P. J. Twin, *Ann. Rev. Nucl. Part. Sci.* **38**, 533 (1988).
[46] B. D. Day in Proc. Int. Sch. Enrico Fermi, Course LXXIX, (A. Molinari, Ed.), North-Holland, New York, 1982, S. 1; S. Rosati, *ebd.*, S. 73; D. M. Brink, *ebd.* S. 113; J. W. Negele in *Proc. Int. Sch. Enrico Fermi, Course XCI*, (A. Molinari und R. A. Ricci, Eds.), North-Holland, New York, 1986, S. 32.
[47] A. Gal, Adv. Nucl. Phys. (J. W. Negele und E. Vogt, Eds.), **8**, 1 (1975); C. B. Dover und A. Gal, *Prog. Part. Nucl. Phys.*, (A. Faessler, Ed.), **12**, 171 (1984); R. E. Chrien, *Ann. Rev. Nucl. Part. Sci.* **39**, 113 (1989).
[48] B. Holzenkamp, K. Holinde und J. Speth, *Nucl. Phys.* **A 500**, 485 (1989).

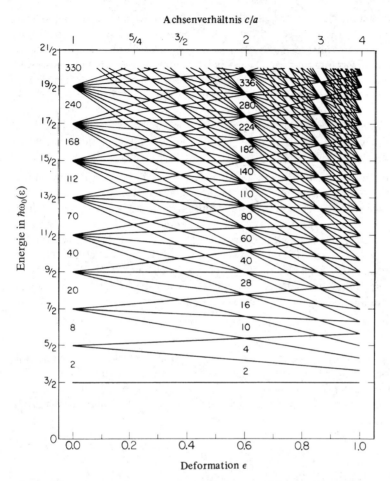

Bild 18.18 Energieniveaus für das Potential eines harmonischen Oszillators mit gestreckter (prolate) Deformation. Die Teilchenzahlen der abgeschlossenen Schalen sind für ein Kugelpotential und für ein Ellipsoid mit einem Verhältnis von großer zu kleiner Achse von 2 angegeben. (Mit Genehmigung von J. R. Nix und reproduziert mit Erlaubnis von *Ann. Rev. Nucl. Sci.* **22**, 65 (1972); © Annual Reviews, Inc.).

Vor kurzem hat man gefunden, daß einige Σ-Hyperkerne mit solch großen Lebensdauern existieren können, daß man sie untersuchen kann[49]. Diese Tatsache war etwas überraschend, da das Σ^0 sich durch einen Stoß mit einem Nukleon sehr schnell in ein Λ^0 umwandeln kann. Das Studium dieser und anderer Hyperkerne befindet sich noch im Anfangsstadium.

---

[49] A. Gal, *Adv. Nucl. Phys.* (J. W. Negele und E. Vogt, Eds.), Plenum, New York, **8**, 1 (1975); C. B. Dover und A. Gal, *Prog. Part. Nucl. Phys.*, (A. Faessler, Ed.), **12**, 171 (1984). 49. S. Povh, *Prog. Part. Nucl. Phys.*, (A. Faessler, Ed.), **18**, 183 (1987) und **20**, 353 (1988); A. Faessler in *Interactions and Structures of Nuclei*, (R. J. Blin-Style und W. D. Hamilton, Eds.), Adam Hilger, Philadelphia, 1988, S. 61.

Andere Baryonen, die im nuklearen Medium untersucht werden können, sind angeregte Zustände der Nukleonen, insbesondere das Δ(1232). Solche Kerne werden durch Streuung von Pionen an nuklearen Targets bei Energien gebildet, die in der Nähe von der des Δ(1232) liegen. Untersuchungen der Δ's in Kernen sind für das Verständnis der Streuung von Pionen an Kernen[50] und für die Untersuchung der Wahrscheinlichkeit des Auffindens von Δ's in der Wellenfunktion des Targetteilchens[51] wesentlich. Es gibt Anhaltspunkte dafür, daß die Wahrscheinlichkeit mindestens einige Prozent beträgt.

Eine Frage, die große Beachtung in den letzten Jahren erhalten hat, ist die nach der Änderung der Eigenschaften der Nukleonen im Kern. Diese Erscheinung wurde in Abschnitt 6.11 diskutiert. Zusätzliche Effekte, insbesondere Zwei-Körper-Korrelationen, treten auf, wenn zwei Nukleonen eng beieinander in einem Kern sind. Solche kurzreichweitigen Korrelationen sind bei Vielfachstreuung von hochenergetischen Nukleonen an Kernen zu erkennen. Wir haben darüber in Abschnitt 6.12 geschrieben. Auch Austauschreaktionen mit doppelter Ladung (π^+, π^-) an isobar analogen Zuständen[52] wurden studiert (bei diesem Prozeß müssen zwei Neutronen in Protonen umgewandelt werden).

Schließlich müssen wir anmerken, daß wir nur die Zwei-Körper-Kräfte zwischen den Nukleonen behandelt haben. Theoretische Behandlungen der Mesonen legen jedoch nahe, daß auch Drei-Körper-Kräfte existieren. Solche Kräfte sind aber nur dann von Bedeutung, wenn drei Nukleonen eng zusammen sind. Hinweise aus ^{3}He und ^{3}H zeigen, daß solche Kräfte keine große Rolle in den Kernen spielen[53]. Für eine vollständige Einschätzung der Bedeutung dieser Kräfte bleibt noch viel zu tun.

18.9 Literaturhinweise

Die theoretische Behandlung der Kernmodelle hängt von der Verfügbarkeit vollständiger und zuverlässiger Informationen über Kernspektroskopie, Kernmomente und Übergangswahrscheinlichkeiten ab. Hinweise auf wichtige experimentelle Verfahren und Informationen wurden am Ende des Kapitels 5 gegeben.

Originalarbeiten und Übersichtsartikel über die Kernstruktur wurden am Ende von Kapitel 16 zusammengestellt. Weitere Arbeiten, die speziell für die in diesem Kapitel diskutierten Themen wichtig sind: A. de Shalit und H. Feshbach, *Theoretical Nuclear Physics*, Band I: *Nuclear Structure*, Wiley, New York, 1974; Band II (erscheint demnächst); W. E. Burcham, *Elements of Nuclear Physics*, Longman, New York, 1979; J. M. Eisenberg und W.

---

[50] G. E. Brown, B. K. Jennings und V. I. Rostokin, *Phys. Rep.* **50**, 227 (1979); A. W. Thomas und R. H. Landau, *Phys. Rep.* **58**, 122 (1980); E. Oset, H. Toki und W. Weise, *Phys. Rep.* **83**, 282 (1982); M. Rho, *Ann. Rev. Nucl. Part. Sci.* **37**, 531 (1984); W. R. Gibbs und B. F. Gibson, *Ann. Rev. Nucl. Part. Sci.* **37**, 411 (1987).
[51] H. J. Weber und H. Arenhövel, *Phys. Rep.* **36**, 277 (1978); B. ter Haar und R. Malfliet, *Phys. Rep.* **149**, 207 (1987).
[52] W. R. Gibbs und B. F. Gibson, *Ann. Rev. Nucl. Part. Sci.* **37**, 411 (1987); E. Bleszynski, M. Bleszynski und R. Glauber, *Phys. Rev. Lett.* **60**, 1483 (1988); D. Ashery in *Proc. Int. Symp. Medium Energy Phys.*, (H.-C. Chiang und L. S. Zheng, Eds.), World Scientific, Teaneck, NJ, 1987, S. 324; H. W. Baer, *ebd.*, S. 277.
[53] J. L. Friar, B. F. Gibson und G. L. Payne, *Ann. Rev. Nucl. Part. Sci.* **34**, 403 (1984); *The Three-Body Force in the Three Nucleon System*, (B. L. Berman und B. F. Gibson, Eds.), Springer Lecture Notes in Physics, 260, Springer, New York, 1986.

Greiner, *Nuclear Theory,* Band I: Nuclear Models, 3. Ausgabe; Band II: *Excitation Mechanisms*, 3. Ausgabe, North-Holland, New York, 1987. Einen zusammenfassenden Zustandsbericht kann man finden in *Proc. Int. Nucl. Phys. Conf.*, (J. L. Durell, J. M. Irvine und G. C. Morrison, Eds.), Inst. Phys. Conf. Serie 86, Institute of Physics, Bristol, UK, 1987; *Contemporary Topics in Nuclear Structure Physics*, (R. F. Casten et al., Eds.), World Scientific, Teaneck, NJ, 1988.

Das maßgebende Werk für die phänomenologische Beschreibung des kollektiven Kernmodells ist A. Bohr und B. R. Mottelson, *Nuclear Structure*, Band II, Benjamin, Reading, Mass. 1975.

Eine sorgfältige und umfassende Beschreibung der gleichen Aspekte wird in J. P. Davidson, *Collective Models of the Nucleus*, Academic Press, New York, 1968 gegeben.

Das Kollektivmodell, Resonanzen und Hochspinzustände werden in folgenden Übersichten behandelt: *Collective Phenomena in Atomic Nuclei*, (T. Engeland, J. E. Rekstad und J. S. Vaagen, Eds.), World Scientific, Teaneck, NJ, 1984; *Nuclear Structure 1985*, (R. Broglia, G. Hagemann und B. Herskind, Eds.), North-Holland, New York, 1985; *Nuclear Structure at High Spin, Excitation, and Momentum Transfer*, (H. Nann, Ed.), AIP Proceedings **142**, Amer. Inst. Phys., New York, 1986; R. A. Eramzhyan et al., *Phys. Rep.* **136**, 229 (1986); B. Castel und L. Zamick, *Phys. Rep.* **148**, 217 (1987); L. Fonda, N. Mankoc-Borstnik und M. Rosina, *Phys. Rep.* **158**, 159 (1988); R. S. Walling und J. C. Weishut, *Phys. Rep.* **162**, 1 (1988).

Einen detaillierten Vergleich zwischen theoretischen Vorhersagen und experimentellen Daten liefern Bohr und Mottelson, *Nuclear Structure*, Band II, und B. R. Mottelson und S. G. Nilsson, *Kgl. Danske Videnskab. Selskab. Mat.-fys. Medd.* **1**, Nr. 8 (1959); M. E. Bunker und C. W. Reich, *Rev. Mod. Phys.* **43**, 348 (1971); und W. Ogle, S. Wahlborn, R. Piepenbring und S. Fredriksson, *Rev. Mod. Phys.* **43**, 424 (1971).

Die mikroskopische Theorie der Kernmodelle (Quasiteilchen, vereinigtes Modell, Hartree-Fock) ist in folgenden Büchern und Artikeln beschrieben:

M. Baranger, „Theory of Finite Nuclei", in *Cargèse Lectures in Theoretical Physics* (M. Lévy, Ed.), Benjamin, Reading, Mass., 1963. Sehr kompakt, gute erste Einführung.

A. M. Lane, *Nuclear Theory*, Benjamin, Reading, Mass., 1964.

D. Nathan und S. G. Nilsson, „Collective Nuclear Motion and the Unified Model", in Siegbahn, Band I.

G. E. Brown, Unified *Theory of Nuclear Models and Forces*, 3. Ausgabe, North-Holland, Amsterdam, 1971.

S. T. Belyaev, *Collective Excitations in Nuclei*, Gordon und Breach, New York, 1968.

D. J. Rowe, *Nuclear Collective Motion*, Methuen, London, 1970.

J. M. Eisenberg und W. Greiner, „Nuclear Theory", Band III, *Microscopic Theory of the Nucleus*, North-Holland, Amsterdam, 1972.

Riesenresonanzen werden diskutiert in G. F. Bertsch, *Phys. Today* 39, 44 (August 1986); G. J. Warner in *Giant Multipole Resonances*, (F. E. Bertrand, Ed.), Harwood Academic, New York, 1980. Einen Überblick über magnetische Resonanzen findet man in L. W. Fagg, *Rev. Mod. Phys.* **47**, 683 (1975); A. Arima et al., *Adv. Nucl. Phys.* (J. W. Negele und E. Vogt, Eds.), **18**, 1 (1987); E. Lipparini und S. Stringari, *Phys. Rep.* **175**, 104 (1989).

Das IBM-Modell wird in vielen Konferenzberichten und Übersichtsartikeln analysiert. Einige neuere sind: A. Arima und F. Iachello, *Ann. Rev. Nucl. Part. Sci.* **31**, 75 (1981); F. Iachello und I. Talmi, *Rev. Mod. Phys.* **59**, 339 (1987); R. F. Casten und D. Warner, *Rev. Mod. Phys.* **60**, 389 (1988). Es gibt auch zwei Bücher über dieses Gebiet: F. Iachello und A. Arima, *The Interacting Boson Model*, Cambridge University Press, New York, 1987; D. Bonatsos, *Interacting Boson Models of Nuclear Structure*, Oxford University Press, New York, 1988.

Die mikroskopische Theorie der Kerne wird diskutiert in *Phys. Rep.* **6**, 214 (1973); S. O. Backman, G. E. Brown und J. A. Niskanen, *Phys. Rep.* **124**, 1 (1985); *Microscopic Models in Nuclear Structure Physics*, (M. W. Guidry et al., Ed.), World Scientific, Teaneck, NJ, 1989.

Pionen in Kernen werden ausführlich diskutiert von T. Ericson und W. Weise, *Pions and Nuclei*, Oxford University Press, New York, 1989.

Eine vollständige Behandlung der Kernmodelle sollte auch die Kernmaterie beinhalten. Eine lesbare erste Einführung ist L. Gomes, J. D. Walecka und V. F. Weisskopf, *Ann. Phys.* (New York) **3**, 241 (1958), nachgedruckt in *Nuclear Structure,* selected reprints of the American Institute of Physics, New York, 1965.

Umfassende Übersichtsartikel stammen von H. A. Bethe, *Ann. Rev. Nucl. Sci.* **21**, 93 (1971) und A. D. Jackson, *Ann. Rev. Nucl. Part. Sci.* **33**, 105 (1983).

Aufgaben

18.1 Bestimmen Sie den Ausdruck für die Energie einer Wechselwirkung zwischen einem System mit dem Quadrupolmoment Q und einem elektrischen Feld **E** mit dem Feldgradienten ∇**E**.

18.2 Das elektrische Quadrupolmoment eines Kerns kann mit Hilfe eines Atomstrahls bestimmt werden.
a) Beschreiben Sie das der Methode zugrunde liegende Prinzip.
b) Skizzieren Sie den experimentellen Aufbau.
c) Welche hauptsächlichen Einschränkungen und Fehlerquellen treten auf?

18.3 Wiederholen Sie Aufgabe 18.2 bei der Methode, die die optische Hyperfeinstruktur verwendet.

18.4 Quadrupolmomente können auch mit Hilfe von Kernquadrupolresonanzen und des Mössbauereffekts bestimmt werden. Beantworten Sie die Fragen aus Aufgabe 18.2 für diese beiden Methoden.

18.5 Verifizieren Sie Gl. 18.2.

18.6 Die Riesendipolresonanz hat stark unterschiedliche Formen für sphärische und stark deformierte Kerne. Skizzieren Sie typische Resonanzen in beiden Fällen. Erklären Sie das Auftreten zweier Peaks bei deformierten Kernen. Wie kann man das Quadrupolmoment des Grundzustands aus der Lage der beiden Peaks ableiten? Wie wurden die diesbezüglichen Experimente durchgeführt? [F. W. K. Firk, *Ann. Rev. Nucl. Sci.* **20**, 39 (1970).]

18.7 Wie kann man die Deformation in einem Elektronenstreuexperiment beobachten? [Siehe z.B. F. J. Uhrhane, J. S. McCarthy und M. R. Yearian, *Phys. Rev. Letters,* **26**, 578 (1971).]

18.8 Deuten Sie in einer Z-N Ebene die Gegenden an, wo Sie sphärische Kerne und wo Sie große Deformationen erwarten. Tragen Sie die Lage einiger typischer Nuklide ein. [E. Marshalek, L. W. Person und R. K. Sheline, *Rev. Modern Phys.* **35**, 108 (1963).]

18.9 Verifizieren Sie Gl. 18.7.

18.10 Zeigen Sie, daß der Erwartungswert des Quadrupoloperators in Zuständen mit Spin 0 und ½ verschwindet.

18.11 Erklären Sie die Übergangsraten für elektrische Quadrupolübergänge in stark deformierten Kernen:
a) Suchen Sie ein bestimmtes Beispiel und vergleichen Sie die beobachtete Halbwertszeit mit der, die durch eine Einteilchenabschätzung vorhergesagt wird.
b) Wie läßt sich die beobachtete Diskrepanz erklären?

18.12 Coulombanregung. Erklären Sie:
a) den physikalischen Prozeß der Anregung und
b) die experimentelle Ausführung.
c) Welche Informationen sind aus der Coulombanregung zu gewinnen?
d) Skizzieren Sie die Informationen, die die Annahme kollektiver Anregungen in stark deformierten Kernen unterstützen. [K. Alder und A. Winther, *Coulomb Excitation,* Academic Press, New York, 1966; K. Alder et al., *Rev. Modern Phys.* **28**, 432 (1956).]

18.13 Verifizieren Sie die Zahlen in Tabelle 18.1.

18.14 Berechnen Sie die Einteilchenquadrupolmomente für ^{7}Li, ^{25}Mg und ^{167}Er. Vergleichen Sie diese mit den beobachteten Werten.

18.15
a) Zeichnen Sie die Energieniveaus von ^{166}Yb, ^{172}W und ^{234}U. Vergleichen Sie die Verhältnisse E_4/E_2, E_6/E_2, und E_8/E_2 mit denen, die auf Grund der Rotation sphärischer Kerne vorhergesagt werden.
b) Wiederholen Sie Teil (a) für ^{106}Pd und ^{114}Cd. Vergleichen Sie die Werte mit den Vorhersagen des Vibrationsmodells.

18.16 Nehmen Sie an, daß ^{170}Hf ein starrer Körper ist. Berechnen Sie grob die Zentrifugalkraft im Zustand $J = 20$. Was würde dem Kern passieren, wenn er ähnliche Eigenschaften wie Stahl hätte? Machen sie zu Ihren Überlegungen eine grobe Rechnung.

18.17 Verifizieren Sie die Unschärferelation Gl. 18.10.

18.18 Verifizieren Sie die Gln. 18.16 und 18.17.

18.19 Bild 18.6 zeigt die Stromlinien der Teilchen für starrre und wirbelfreie Bewegung in einem rotierenden Koordinatensystem. Zeichnen Sie die entsprechenden Stromlinien in einem Laborsystem.

18.20 Nehmen Sie an, daß das Trägheitsmoment $\Im$ in Gl. 18.14 eine Funktion der Energie E_J ist. Berechnen Sie $\Im(E_J)$ (in Einheiten von $\hbar^2$/MeV) für die Rotationsniveaus in ^{170}Hf, ^{184}Pt und ^{238}U. Zeichnen Sie $\Im(E_J)$ als Funktion von E_J und zeigen Sie, daß ein linearer Fit $\Im_{\text{eff}} = c_1 + c_2 E_J$ die empirischen Daten gut reproduziert.

Aufgaben

18.21 Betrachten Sie einen g-g-Kern mit einer Gleichgewichtsdeformation δ_0 und dem Spin $J = 0$ in seinem Grundzustand. Die Energie in einem Zustand mit dem Spin J und der Deformation δ ist die Summe eines potentiellen und eines kinetischen Terms.

$$E_J = a(\delta - \delta_0)^2 + \frac{\hbar^2}{2\mathfrak{J}} J(J+1).$$

a) Nehmen Sie wirbelfreie Bewegung an, $\mathfrak{J} = b\delta^2$. Verwenden Sie die Bedingung $(dE/d\delta) = 0$, um die Gleichung der Gleichgewichtsdeformation δ_{eq} in einem Zustand mit dem Spin J zu bestimmen.
b) Zeigen Sie für kleine Abweichungen der Deformation von der Grundzustandsdeformation, daß sich der Kern streckt und daß die Energie des Rotationszustands als

$$E_J = AJ(J+1) + B[J(J+1)]^2$$

geschrieben werden kann.
c) Verwenden Sie diese Form von E_J, um die beobachteten Energieniveaus von ^{170}Hf anzupassen, indem Sie die Konstanten A und B aus den beiden niedrigsten Niveaus bestimmen. Prüfen Sie dann, wie gut die berechneten Energien mit den beobachteten bis zu $J = 20$ übereinstimmen.

18.22 Betrachten Sie einen axialsymmetrischen, deformierten Rumpf mit einem zusätzlichen Valenznukleon (Bild 18.7). Warum sind J und K, nicht aber j, gute Quantenzahlen?

18.23 Warum sind die Zustände mit ungeradem J nicht aus der Sequenz (18.24) ausgeschlossen?

18.24 Diskutieren Sie die Rotationsfamilien von ^{249}Bk (Bild 18.8):
a) Prüfen Sie, wie gut Gl. 18.23 die beobachteten Energieniveaus in jedem Band beschreibt.
b) Zeigen Sie, daß K in jedem Band eindeutig aus den 3 niedrigsten Niveaus eines Bands mit Gl. 18.25 bestimmt werden kann.

18.25 Vergleichen Sie den Term H_c in Gl. 18.21 mit der klassischen Coriolis-Kraft.

18.26 Verwenden Sie die Steigung der Trajektorien in Bild 18.9 und die Gl. 18.23 für E_J, um das Trägheitsmoment als Funktion von J zu bestimmen. Tragen Sie $\mathfrak{J}$ gegen J für die drei Familien auf. Tritt „stretching" auf?

18.27 Suchen Sie ein anderes Beispiel für Rotationsfamilien und machen Sie eine ähnlichen Zeichnung wie Bild 18.9.

18.28 Bestimmen Sie die Energieniveaus eines anharmonischen Oszillators, der durch das Potential

$$V = \tfrac{1}{2}m[\omega_\perp(x_1^2 + x_2^2) + \omega_3^2 x_3^2]$$

beschrieben wird.

18.29 Beschreiben Sie die komplette Zuordnung von Nilssonniveaus.

18.30 Verifizieren Sie Gl. 18.30.

18.31 Zeigen Sie, daß die Rotations- und Eigenbewegung in deformierten Kernen separiert werden kann, indem man Näherungswerte für die Rotationszeit und die Zeit bestimmt, die ein Nukleon benötigt, um den Kern zu durchqueren.

18.32 Diskutieren Sie das Niveaudiagramm von ^{165}Ho [M. E. Bunker und C. W. Reich, *Rev. Modern Phys.* **43**, 348 (1971)]:
a) Bestimmen Sie die verschiedenen Bandenköpfe und ihre Rotationsspektren.
b) Tragen Sie die Banden in eine Regge-Darstellung (Abschnitt 15.7) ein.
c) Verwenden Sie ein Nilssondiagramm, um eine vollständige Zuordnung der Quantenzahlen für jeden Bandenkopf zu bestimmen.

18.33 Betrachten Sie einen vollständig asymmetrischen Kern mit $\omega_1 > \omega_2 > \omega_3$. Wie sieht das Spektrum von Einteilchenniveaus in einem solchen Kern aus, wenn $\omega_1/\omega_2/\omega_3 = \alpha/\beta/1$ gilt. (Hinweis: Verwenden Sie kartesische Koordinaten.)

18.34 Vergleichen Sie Molekül- und Kernspektren. Erklären Sie die Energien und die Energieverhältnisse, die bei den drei Typen der Anregung auftreten. Erklären Sie die entsprechenden charakteristischen Zeiten. Skizzieren Sie die wesentlichen Eigenschaften der Spektren.

18.35 Zeigen Sie, daß der Term $l = 1$ in Gl. 18.35 einer Translation des Kernschwerpunkts entspricht. Zeichnen Sie ein Beispiel.

18.36 Suchen Sie eine Beziehung zwischen den Koeffizienten α_{lm} und $\alpha^*_{l,-m}$ in Gl. 18.35, indem Sie R als reell voraussetzen und die Eigenschaften der Y_l^m verwenden, siehe Tab. A8 im Anhang.

18.37 Zeichnen Sie mit Hilfe von Gl. 18.35 einen deformierten Kern, der durch $\alpha_{30} \neq 0$, alle anderen $\alpha = 0$, beschrieben wird.

18.38 Verifizieren Sie die Lösung (18.39).

18.39 Zeigen Sie, daß die semiempirische Massenformel in einem inkompressiblen, wirbelfreien Kern die Koeffizienten B und C in Gl. 18.38 zu

$$B = \frac{3}{8\pi} A m R^2$$
$$C = \frac{1}{2\pi} \left(2 a_s A^{2/3} - \frac{3}{5} \frac{Z^2 e^2}{R} \right)$$

bestimmt.

18.40 Zeigen Sie, daß die Vibrationsbewegung die Existenz angeregter Vibrationszustände voraussetzt. (Hinweis: Betrachten Sie die Kerndichte und zeigen Sie, daß die Dichte immer konstant ist, wenn nur ein Zustand existiert. Betrachten Sie dann eine kleine Beimischung eines angeregten Zustands.)

18.41 Diskutieren Sie eine Darstellung des Energieverhältnisses E_2/E_1 für g-g Kerne. Zeigen Sie, wo Rotations- und Vibrationsspektren auftreten. Vergleichen Sie die entprechenden Anregungsenergien E_1.

18.42 Warum kann bei $N = 3$ ein 3^+-Zustand auftreten, aber nicht bei $N = 2$, siehe Bild 18.13?

18.43 Betrachten Sie nicht-azimutale, symmetrische Quadrupoldeformationen

$$R = R_0\left(1 + \sum_m \alpha_{2m} Y_2^m\right)$$

$$\alpha_{20} = \beta \cos\gamma, \quad \alpha_{22} = \alpha_{2,-2} = \frac{1}{\sqrt{2}} \beta \sin\gamma.$$

a) Was ist $V(\beta)$ für einen sphärischen, harmonischen Oszillator mit $\gamma = 0$?
b) Wie sieht $V(\beta)$ für einen zigarrenförmigen (prolaten) Kern bei harmonischen Kräften aus?
c) Betrachten Sie harmonische γ-Vibrationen für einen zigarrenförmigen Kern. Wie ist die Form des Potentials und das Energiespektrum dieser Vibrationen?

18.44 Wie macht sich ein Oktupolterm in Gl. 18.35 bei
a) einem Vibrationsspektrum
b) permanenten Deformationen
c) einem Rotationsspektrum
bemerkbar?

18.45 Kennzeichnen Sie Drehimpulse und zeigen Sie die Abstände der ersten beiden angeregten Zustände bei Kernoktupolvibrationen. (Beachten Sie dabei Kernsymmetrien.)

18.46 Die Riesen-Dipolresonanzen in gerade-gerade-Kernen sind $J^\pi = 1^-$ und haben den Isospin $I = 1$. Welchen Grund gibt es für das Fehlen von $1^-, I = 0$ Moden?

18.47 Welche Zerfallsarten sind für ein Λ^0-Teilchen in einem Kern möglich?

18.48 Zur Überprüfung der Genauigkeit von Gl. 18.42 bilde man die exakte Summe der Energie eines Kerns mit $Z = N = 64$ und vergleiche die Energie mit der aus Gl. 18.42.

18.49 Man betrachte den Effekt des Pauli-Prinzips in Hyperkernen, wenn das Λ^0 als zusammengesetztes Teilchen gesehen wird, das sich in seine Bestandteile s-, u- und d-Quarks auflöst und die Nukleonen sich in u- und d-Quarks zersetzen. Man vergleiche mit dem Fall, wenn Λ^0 und N ihre Identität behalten.
a) Was ist die niedrigste Baryonenzahl und Ladungszahl des Hyperkerns, bei der das Pauli-Prinzip einen Einfluß haben könnte?
b) Wie kann man bestimmen, ob ein Λ^0 in einem niederenergetischen Niveau eines Kerns als aus Quarks zusammengesetztes Teilchen oder als fundamentales Teilchen betrachtet werden sollte?
c) Gibt es darüber experimentelle Informationen und falls ja, was zeigen diese?

18.50 Wie groß ist ungefähr der Impuls eines einfallenden Kaons, der zur Herstellung eines Λ^0 in Ruhe oder zur Minimierung des auf den Targetkern übertragenen Impulses bei der Produktion eines Hyperkerns mit einfallenden K^- und austretenden π^- erforderlich ist? Als Beispiel betrachte man ein ^{12}C Target.

18.51
a) Im Falle eines normalen Kerns hat ^{4}He einen gefüllten S-Zustand. Ist das auch so, wenn Quarks zur Grundlage genommen werden und die Nukleonen aus u- und d-Quarks bestehen sollen?
b) Wenn s-Quarks berücksichtigt werden, wird das Farb-Singulett-Dibaryon mit vollem Raum-Spin-Duft S-Zustand H genannt. Welche starken Zerfälle sind für H erlaubt, wenn

seine Masse genügend groß ist? Welche Obergrenze muß seine Masse (in MeV/c^2) haben, wenn das H gegenüber hadronischen Zerfällen stabil sein soll?

c) Wie groß würde die erwartete Lebensdauer des H ungefähr sein, wenn die Masse geringer als der kritische Wert aus Teil b) ist?

18.52 Welche Reaktion könnte man zur Herstellung eines doppelten Hyperkerns, das heißt eines Kerns mit zwei Lambda-Teilchen anstelle von zwei Neutronen, verwenden?

19 Nukleare Astrophysik

Das unverständlichste an der Welt ist, daß sie verständlich ist.
Albert Einstein

The marriage between elementary particle physics and astrophysics is still fairly new. What will be born from this continued intimacy, while not foreseeable, is likely to be lively, entertaining, and perhaps even beautiful.
M. A. Ruderman und W. A. Fowler[1]

Seit Jahrtausenden faszinieren die Sterne, die Sonne und der Mond den Menschen, und über ihr Wesen wurde viel spekuliert. Bis vor kurzem war jedoch die Beobachtung des Himmels auf das sehr enge, optische Fenster zwischen 400 und 800 nm beschränkt, und die Mechanik war der Zweig der Physik, mit dem die Astronomie am engsten verbunden war. In diesem Jahrhundert hat sich die Situation jedoch grundlegend gewandelt, und Physik und Astronomie sind eine sehr enge Verbindung eingegangen. In diesem Kapitel wollen wir einige Gebiete der Kernphysik und der Astrophysik näher betrachten, bei denen sich ein enger Zusammenhang zeigt.

19.1 Kosmische Strahlung

The planetary system is a gigantic laboratory where nature has been performing an extensive high-energy physics experiment for billions of years.
T. A. Kirsten und O. A. Schaeffer[2]

Dauernd werden wir durch energiereiche Teilchen aus dem Weltraum bombardiert. Etwa ein Teilchen trifft pro Sekunde auf jeden cm² der Erdoberfläche. Diese Strahlen wurden 1912 durch Victor Hess entdeckt, der damals die Ionisation in einem Elektrometer beobachtete, das von einem bemannten Ballon getragen wurde. Etwa 1 000 m über dem Meeresspiegel begann die Intensität zu steigen und war bei etwa 4 000 m auf das Doppelte angestiegen[3]. Seit 1912 werden diese kosmischen Strahlen intensiv untersucht. Ihre Zusammensetzung, ihr Energiespektrum, ihre räumliche und zeitliche Verteilung werden mit ständig besseren Experimenten erforscht und manche Theorien über ihren Ursprung sind schon vorgeschlagen worden. Kosmische Strahlung ist ein Hauptbestandteil des Milchstraßensystems. Diese Behauptung gründet sich auf die Tatsache, daß die Energiedichte der kosmischen Strahlung in unserem Milchstraßensystem etwa 1 eV/cm³ beträgt und damit von der gleichen Größenordnung ist, wie die Energiedichte des magnetischen Feldes der Galaxis und der thermischen Bewegung des interstellaren Gases.

---

[1] M. A. Ruderman und W. A. Fowler, „Elementary Particles", *Science, Technology and Society* (L. C. L. Yuan, Ed.), Academic Press, New York, 1971, S. 72. Copyright © 1971 by Academic Press.
[2] T. A. Kirsten und O. A. Schaeffer, „Elementary Particles". *Science, Technology and Society* (L. C. L. Yuan, Ed.), Academic Press, New York, 1971, S. 76, Copyright © 1971 by Academic Press.
[3] V. F. Hess, *Physik. Z.* **13**, 1084 (1912).

Kosmische Strahlung wurde in verschiedenen Höhen beobachtet und studiert, tief unter dem Boden, in Laboratorien auf Berggipfeln, mit Ballons in Höhen bis zu etwa 40 km, mit Raketen und Satelliten.

Die auf die Erdatmosphäre einfallende Strahlung besteht aus Kernen, Elektronen und Positronen, Photonen und Neutrinos. Es ist üblich, nur die geladenen Teilchen kosmische Strahlung zu nennen. Röntgenstrahlen-Astronomie hat zu spektakulären Entdeckungen[4] geführt, aber wir werden sie hier nicht weiter behandeln. Man betrachte zuerst das Schicksal eines hochenergetischen Protons aus der kosmischen Strahlung, das in die Erdatmosphäre eindringt. Es wird mit einem Sauerstoff- oder Stickstoffkern wechselwirken, und dabei wird eine Prozeßkaskade ausgelöst. Ein vereinfachtes Schema ist in Bild 19.1 gezeigt. Wie in den Abschnitten 14.7 und 6.12 diskutiert, wird die Wechselwirkung eine große Zahl von Hadronen erzeugen. Pionen überwiegen, aber auch Antinukleonen, Kaonen und Hyperonen werden auftreten. Diese Hadronen können nun wiederum mit den Sauerstoff- und Stickstoffkernen wechselwirken. Die unstabilen zerfallen über die schwache Wechselwirkung. Die Zerfälle erzeugen Elektronen, Myonen, Neutrinos und Photonen (Kap. 11). Die Photonen können Paare produzieren. Die Myonen zerfallen, aber werden wegen der Zeitdilatation Gl. 1.9, noch z.T. tief in die Erde eindringen. Alles in allem erzeugt die sehr hohe Protonenenergie eine große Zahl von Photonen und Leptonen (Bild 3.10). So ein Schauer von kosmischen Strahlen kann eine Fläche von mehreren km² auf der Erdober-

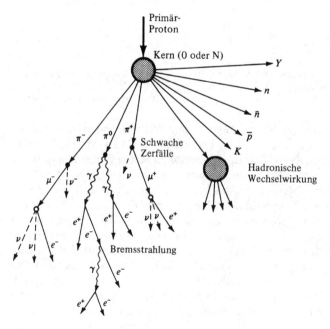

Bild 19.1 Ein einfallendes, hochenergetisches Proton tritt in die Atmosphäre ein und erzeugt einen Kaskadenschauer.

---

[4] E. Boldt, *Phys. Rep.* **146**, 215 (1987); *Cosmic Radiation in Contemporary Astrophysics*, (M. M. Shapiro, Ed.), Reidel, Boston, 1986; J. N. Bahcall, *Ann. Rev. Astronomy Astrophys.* **16**, 241 (1978); W. Forman und C. Jones, *Ann. Rev. Astronomy Astrophys.* **20**, 547 (1987).

fläche überdecken[5]. Photonen erzeugen im Gegensatz dazu Schauer mit sehr wenigen Myonen. Wir werden die Erscheinungen in der Atmosphäre nicht weiter diskutieren, sondern uns auf die Primärstrahlen beschränken.

Die *Zusammensetzung der nuklearen Komponente* des Primärstrahls wird in Bild 19.2[6] gezeigt und zum Vergleich die *universelle* Verteilung, die man in der Sonnenatmosphäre und in Meteoriten beobachtet. Einige bemerkenswerte Tatsachen lassen sich durch den Vergleich der kosmischen Strahlung und den universellen Daten beobachten: 1) Die Elemente Li, Be und B sind etwa 10^5 mal häufiger in der kosmischen Strahlung vertreten als universell. 2) Das Verhältnis von ^{3}He zu ^{4}He ist in der kosmischen Strahlung etwa 300 mal größer. 3) Sehr schwere Kerne beobachtet man viel häufiger in der kosmischen Strahlung. Die ersten beiden Tatsachen können durch die Annahme erklärt werden, daß die kosmi-

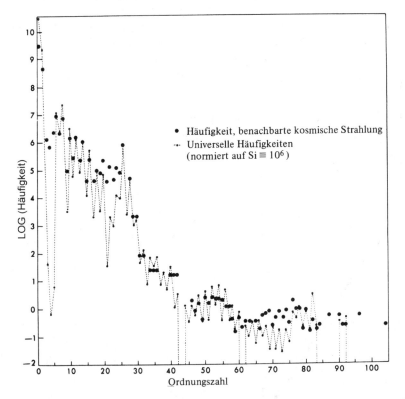

Bild 19.2 Zusammensetzung der nuklearen Komponente der primären kosmischen Strahlen. Zum Vergleich ist die Verteilung im Universum gezeigt. [Mit freundlicher Genehmigung von P. B. Price, aktualisiert von P. B. Price und R. L. Fleischer, *Ann. Rev. Nucl. Sci.* **21**, 295 (1971).]

---

[5] G. Cocconi, „Extensive Air Showers", in *Encyclopedia of Physics*, Band 46.1, Springer, Berlin, 1961; D. E. Nagle, T. K. Gaisser und R. J. Protheroe, *Ann. Rev. Nucl. Part. Sci.* **38**, 609 (1988).
[6] M. M. Shapiro und R. Silberberg, *Ann. Rev. Nucl. Sci.* **20**, 323 (1979); P. B. Price und R. L. Fleischer, *Ann. Rev. Nucl. Sci.* **21**, 295 (1971); J. A. Simpson, *Ann. Rev. Nucl. Part. Sci.* **33**, 323 (1983); N. Lund in *Cosmic Radiation in Contemporary Astrophysics*, (M. M. Shapiro, Ed.), Reidel, Boston, 1986, S. 1

sche Strahlung einige g/cm² Materie zwischen ihrer Entstehung und dem Beginn der Erdatmosphäre durchlaufen hat. Bei einer solchen Materiedicke erzeugen Kernreaktionen die beobachtete Verteilung. Da die interstellare Dichte etwa 10^{-25} g/cm³ beträgt, haben die kosmischen Strahlen eine Laufzeit von etwa 10^6-10^7 Jahre hinter sich. Zwei weitere Tatsachen haben sich als wichtig für Theorien erwiesen, die die Entstehung der kosmischen Strahlen beschreiben: 4) Bis jetzt wurden keine Antihadronen im primären kosmischen Strahl beobachtet[7]. 5) Auch Elektronen sind im Primärstrahl vertreten – im gleichen Energieintervall haben sie einen Anteil von etwa 1% der Kerne. Positronen bilden etwa 10% der Elektronenkomponente.

Das Energiespektrum – die Zahl der Primärteilchen als Funktion ihrer Energie – wurde über einen sehr großen Bereich gemessen. In Bild 19.3 wird das für die Nuklearkomponente gezeigt. Die Daten erstrecken sich über 14 Dekaden in der Energie und 32 Dekaden in der Intensität. Die höchste beobachtete Energie ist 4×10^{21} eV oder ungefähr 60 Joules[8]. Bild 19.3 beweist, daß die Verteilung der kosmischen Strahlung eine andere Form als die Wärmestrahlung hat. Der Abfall erfolgt nicht exponentiell, sondern viel langsamer. Ein guter Datenfit, mit Ausnahme der kleinsten Energien, ist durch

(19.1) $\quad I(E) \propto E^{-2,7}$

gegeben[9], wo $I(E)$ die Intensität der nuklearen Komponente mit der Energie E darstellt. Bei etwa 10^{15} eV existiert ein Knie im Spektrum, das man in Bild 19.3 aber nicht sehen

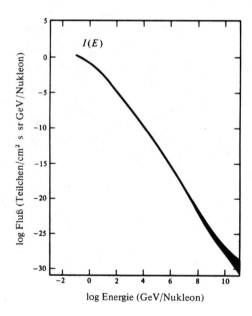

Bild 19.3
Energiespektrum der nuklearen Komponente der primären kosmischen Strahlen.

---

[7] A. Buffington, L. H. Smith, G. F. Smoot, L. W. Alvarez und M. A. Wahlig, *Nature* **236**, 335 (1972). G. Steigman, *Ann. Rev. Astronomy Astrophys.* **14**, 339 (1976).
[8] K. Suga, H. Sakuyama, S. Kawaguchi und T. Hara, *Pys. Rev. Letters* **27**, 1604 (1971).
[9] T. H. Burnett et al., *Phys. Rev. Lett.* **51**, 1010 (1983); J. P. Wefel in *Genesis and Propagation of Cosmic Rays*, (M. M. Shapiro und J. P. Wefel, Eds.), Reidel, Boston, 1988, S. 1.

kann. In Bild 19.4 wird es durch Betrachtung eines Ausschnitts im doppelt logarithmischen Maßstab sichtbar gemacht. Als Grund für dieses Knie werden entweder Ausbreitungserscheinungen oder neue Beschleunigungsmechanismen verantwortlich gemaht. Oberhalb von 10^{18} eV, dort wo das Spektrum etwas abflacht, nimmt man im allgemeinen an, daß die Teilchen der kosmischen Strahlung extragalaktischen Ursprungs sind, weil die galaktischen Magnetfelder nicht stark genug sind, sie gefangen zu halten. Das Elektronenspektrum ist bei Energien oberhalb von 1 GeV dem Bild 19.3 ähnlich. Oberhalb von 100 GeV ist es dagegen wegen elektromagnetischer Wechselwirkungseffekte während der Ausbreitung etwas steiler. Das Elektronenspektrum stellt deshalb einen empfindlichen Test des Ausbreitungsmodells dar[10]. Zwei weitere Tatsachen sind bei der Diskussion der Entstehung der kosmischen Strahlung wichtig, wenn man die Energiespektren betrachtet. Eine ist die Isotropie der kosmischen Strahlung, die andere ist die Konstanz über längere Zeit. Messungen im äußeren Raum zeigen, daß der Fluß der kosmischen Strahlung im wesentlichen isotrop ist bei Energien $\lesssim 10^{15}$ eV. Es ist allerdings möglich, daß der Fluß aus dem Zentrum unseres Milchstraßensystems etwa 1% größer ist als der durchschnittliche Wert, diese Annahme konnte jedoch noch nicht eindeutig bewiesen werden. Die Zeitabhängigkeit der Intensität über lange Perioden wurde mit Hilfe der Verteilung von Nukliden in Mondproben und Meteoriten untersucht. Die Intensität der kosmischen Strahlung ist etwa über eine Periode von 10^9 Jahren konstant geblieben.

Die oben diskutierten experimentellen Ergebnisse fordern also für die *Quellen der kosmischen Strahlung* folgende Eigenschaften[11]: Sie müssen kosmische Strahlung bis zu Ener-

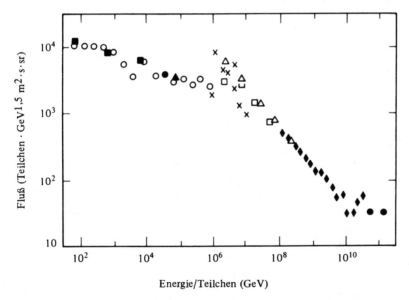

Bild 19.4 Das Energiespektrum für sehr hochenergetische kosmische Strahlen, gemessen von verschiedenen Gruppen. (Nach C. E. Fichtel und J. Linsey, *Astrophys. J.* **300**, 474 (1986).)

---
[10] J. Nishimura et al., *Astrophys. J.* **238**, 394 (1980).
[11] V. L. Ginzburg, *Sci. Amer.* **220**, 50 (Februar 1969); R. Cowsik und P. B. Brice, *Phys. Today* **24**, 30 (Oktober 1971). J. A. Simpson, *Ann. Rev. Nucl. Part. Sci.* **33**, 323 (1982).

gien von 10^{22} eV mit einem Energiespektrum erzeugem, das durch Gl. 19.1 gegeben ist. Die gesamte produzierte Energie muß in unserem Milchstraßensystem die Größenordnung 10^{49} erg/a haben. Die kosmische Strahlung muß isotrop und über mindestens 10^9 a konstant sein. Das Primärspektrum muß schwere Elemente bis $Z = 100$ einschließen, aber weniger als 1% Antihadronen.

Kein Modellvorschlag kann bis heute eindeutig und befriedigend alle Daten erklären. Drei der wichtigsten Fragen bleiben unbeantwortet. 1. Woher kommen die kosmischen Strahlen? 2. Wie werden sie erzeugt? 3. Wie werden sie beschleunigt? Zu jedem dieser Probleme lassen sich einige Bemerkungen machen.

1. Die 1. Frage kann mit Hilfe des Bildes 19.5 beantwortet werden, indem man einen Querschnitt durch unser Milchstraßensystem legt. Kosmische Strahlen können in dem inneren Ring oder dem galaktischen Halo entstehen, oder sie können von außen in das Milchstraßensystem eindringen[12]. Die meisten Experten glauben, daß kosmische Strahlung unter 10^{18} eV in unserer Milchstraße entsteht[12, 13].

2. Man nimmt heute an, daß Supernovae und Neutronensterne die kosmischen Strahlen mit den entsprechenden Eigenschaften erzeugen können[13, 14]. In unserem Milchstraßensystem erscheint alle 40 Jahre eine Supernova. Eine Supernova kann etwa 10^{51} bis $10^{52, 5}$ erg Energie erzeugen. Eine neue helle extragalaktische Supernova wurde 1987 beobachtet und SN 1987 a genannt. Sie wurde ausführlich untersucht[15]. Die Untersuchungen der Supernova zeigen, daß sie die für kosmische Strahlung erforderliche Energie, ungefähr 10^{49} erg · s / Jahr, liefern kann. Die Supernova-Stoßwellen-Beschleunigungs-Modelle haben jedoch Schwierigkeiten, Teilchen mit Energien größer 10^{15} eV zu

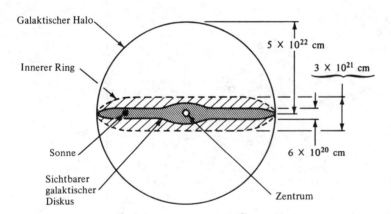

Bild 19.5 Querschnitt durch unsere Galaxie.

---

[12] V. L. Ginzburg, *Sov. Phys. Usp.* **14**, 21 (1971); A. W. Wolfendale in *Cosmic Radiation in Contemporary Astrophysics*, (M. M. Shapiro, Ed.), Reidel, Boston, (1986); R. Silberberg, in *Cosmic Radiation in Contemporary Astrophysics*, (M. M. Shapiro, Ed.), Reidel, Boston, S. 99.
[13] H. Bloemen in *Interstellar Processes*, (D. J. Hollenbach und H. A. Thronson, Jr., Eds.), Reidel, Dordrecht, 1987, S. 143; P. K. MacKeown und T. C. Weeles, *Sci. Amer.* **252**, 60 (November 1985).
[14] R. M. Kulsrud, J. P. Ostriker und J. E. Gunn, *Phys. Lett.* **28**, 636 (1972).
[15] V. Trimble, *Rev. Mod. Phys.* **60**, 859 (1988); S. Woosley und T. Weaver, *Sci. Amer.* **261**, 32 (August 1989).

erklären. Moderne Nachweisverfahren der kosmischen Strahlen mit dem binären System Cygnus X-3 und Hercules X-1 geben zu der Annahme Anlaß, daß die meisten kosmischen Strahlen mit Energien jenseits des Knies von Pulsaren oder binären Systemen, die aus einem Neutronenstern und einem riesigen Begleiter bestehen, kommen[13].

3. Möglicherweise werden die kosmischen Strahlen mit einem Energiespektrum emittiert, wie es schon in Gl. 19.1 beschrieben wurde. Es ist jedoch ebenfalls möglich, daß die Natur die Technik der Hochenergiebeschleuniger anwendet, nämlich eine Beschleunigung in Stufen. (Siehe Abschnitt 2.5.) Ein Mechanismus für die Beschleunigung im interstellaren Raum, nämlich ein Zusammenstoß mit sich bewegenden Magnetfeldern, wurde durch Fermi vorgeschlagen[16]. Heute wird jedoch im allgemeinen geglaubt, daß die Primärquellen kosmischer Strahlen Supernova-Explosionen und deren Überreste sind[15].

19.2 Sternenergie

Und Gott sprach, es werde Licht! und es ward Licht.

Genesis

Im vorigen Abschnitt haben wir gezeigt, daß die Quelle der energiereichsten Strahlung, die auf die Erde trifft – die kosmische Strahlung –, immer noch mit einem Geheimnis umgeben ist. Eine andere Strahlungsquelle ist jedoch gut bekannt, die Sonne. Man glaubt, den Mechanismus der Energieproduktion in der Sonne zu verstehen, und wir werden ihn als Beispiel für die Energieerzeugung der Sterne diskutieren. Die Konstruktion eines terrestrischen Fusionsreaktors ist schwierig. Das Hauptproblem liegt in der *Umhüllung*: Ein Plasma mit einer Temperatur von ungefähr 10^8 K muß in einem endlichen Volumen gehalten werden. Feste Wände können einer solchen Temperatur nicht standhalten, und so verwendet man magnetische oder Laser-Umhüllungen. Das Volumen des magnetischen Feldes muß relativ klein sein (einige m^3). Ansonsten wären die Kosten für Energie und Konstruktion unerschwinglich. Der Schöpfer der Sonne hat zwar keinen sehr eleganten, aber doch gangbaren Weg gefunden. Er machte den Behälter sehr groß, mit einem Radius von ungefähr 7×10^{10} cm, mit einer Außentemperatur von ungefähr 6000 K, und mit einer Zentraltemperatur von etwa $1{,}4 \times 10^7$ K. Die Fusionsreaktion verläuft dann viel langsamer als das bei terrestrischen Reaktoren nötig ist. Trotzdem ist die Produktion der Gesamtenergie immens, da das Volumen groß ist.

Bevor die Kernreaktionen entdeckt wurden, war die Energieproduktion in der Sonne unerklärlich. Keine bekannte Quelle konnte genügend Energie liefern. Im besonderen war durch geophysikalische Studien bekannt, daß die Sonne für mindestens 10^9 Jahre etwa die gleiche Temperatur geliefert haben muß. Einer der ersten, der die Natur der Energieerzeugung erkannte, war Eddington[17]. Er zeigte, daß bei einer Fusion von 4 Wasserstoffato-

---

[16] E. Fermi, *Phys. Rev.* **75**, 12 (1949). Reprinted in *Cosmic Rays, Selected Reprints*, American Institute of Physics, New York.

[17] A. S. Eddington, *Brit. Assoc. Advan. Sci. Rept. Cardiff*, 1920. In dieser Rede sagte Eddington auch: „Wenn tatsächlich die subatomare Energie in den Sternen frei verwendet wird, um die Energieproduktion zu unterhalten, so scheint das unseren Traum der Erfüllung etwas näher zu bringen, diese latente Energie zum Wohle der Menschheit einzusetzen – oder zu derem Selbstmord."

men zu einem Atom Helium etwa 7 MeV/Nukleon erzeugt werden. Die Fusion liefert daher millionenmal mehr Energie als eine chemische Reaktion. Ein Problem bleibt jedoch ungelöst. Klassisch kann keine Fusion auftreten, auch bei Sterntemperaturen nicht, da die Protonen nicht genügend Energie besitzen, um ihre gegenseitige Abstoßung zu überwinden. Quantenmechanisch jedoch erlaubt der Tunneleffekt Reaktionen auch bei viel kleineren Temperaturen[18]. Man führte spezifische Reaktionen ein, die für die Produktion der Sternenergie verantwortlich sind[19]. Die erste Reaktionsfolge, die vorgeschlagen wurde, war der Kohlenstoff- oder *CNO-Zyklus*, in dem ein ^{12}C und 4 Protonen in ein α-Teilchen und ein ^{12}C umgewandelt werden. Dieser Zyklus läuft in folgender Weise ab:

(19.2)
$$\begin{aligned}
^{12}C\,p &\to\, ^{13}N\,\gamma \\
^{13}N &\to\, ^{13}C\,e^+\,\nu \\
^{13}C\,p &\to\, ^{14}N\gamma \\
^{14}N\,p &\to\, ^{15}O\gamma \\
^{15}O &\to\, ^{15}N e^+\nu \\
^{15}N\,p &\to\, ^{12}C\,\,^{4}He.
\end{aligned}$$

In dieser Folge wirkt ^{12}C als Katalysator. Er wird zwar Änderungen unterworfen, aber nicht aufgebraucht, und erscheint im Endzustand wieder. Die Gesamtreaktion ist

$$4p \to\, ^{4}He.$$

Die gesamte freiwerdende Energie in dieser Reaktion kann man leicht mit Hilfe der Massenwerte berechnen. Es ergibt sich

(19.3) $\quad Q(4p \to\, ^{4}He) = 26{,}7$ MeV.

Von dieser Energie heizen etwa 25 MeV den Stern auf und der Rest wird von den Neutrinos davongetragen. Der CNO-Zyklus dominiert in *heißen* Sternen. In kühleren Sternen, speziell in der Sonne, ist jedoch der *pp-Zyklus* wichtiger. Die wesentlichen Schritte des *pp*-Zyklus sind

(19.4) $\quad \left.\begin{array}{r} pp \to de^+\nu \\ \text{oder} \\ ppe^- \to d\nu \end{array}\right\} \quad dp \to\, ^{3}He\,\gamma$

und

(19.5) $\quad \begin{array}{c} ^{3}He\,^{3}He \to\, ^{4}He\,2p \\ \text{oder} \\ ^{3}He\,^{4}He \to\, ^{7}Be\,\gamma. \end{array}$

---

[18] R. Atkinson und F. Houtermans, *Z. Physik* **54**, 656 (1928).
[19] H. A. Bethe, *Phys. Rev.* **55**, 434 (1939); C. F. Weizsäcker, *Phys. Z.* **39**, 633 (1938); H. A. Bethe und C. L. Critchfield, *Phys. Rev.* **54**, 248 (1938).

Im ersten Teil der Gl. 19.5 wurde das Endprodukt der Gesamtreaktion $4p \rightarrow {}^4\text{He} + 2e^+ + 2\nu$ schon erreicht. Im zweiten Teil wird ^{7}Be gebildet, aus dem dann ^{4}He durch die beiden Reihen:

(19.6)
$$^7\text{Be}\, e^- \rightarrow {}^7\text{Li}\,\nu; \qquad {}^7\text{Li}\, p \rightarrow 2\,{}^4\text{He}$$
oder
$$^7\text{Be}\, p \rightarrow {}^8\text{B}\,\gamma; \qquad {}^8\text{B} \rightarrow {}^8\text{Be}^*\, e^+\nu; \qquad {}^8\text{Be}^* \rightarrow 2\,{}^4\text{He}$$

entsteht. Der pp-Zyklus liefert die gleiche Energie wie der CNO-Zyklus, Gl. 19.3. Um die Reaktionsraten zu berechnen, sind zwei sehr verschiedene Eingangsdaten nötig. Zunächst muß die Temperaturverteilung im Innern der Sonne bekannt sein. Die ersten Berechnungen gehen auf Eddington zurück.[20] Modernere Versionen[21] werden für zuverlässig gehalten, und die Astrophysiker sind bereit zu wetten, daß die Temperatur der Sonne im Innern ungefähr 16 Millionen K beträgt.

Zweitens muß der Wirkungsquerschnitt für die oben aufgeführten Reaktionen bei einer Temperatur von 16 Mio. K bekannt sein. Diese Temperatur entspricht einer kinetischen Energie von nur einigen keV, und die entsprechenden Wirkungsquerschnitte sind extrem klein. Ein Blick auf die Gln. 19.4-19.6 zeigt, daß zwei Typen von Reaktionen auftreten, hadronische und schwache. Alle Reaktionen, bei denen Neutrinos entstehen, nennt man schwach. Die mittlere Lebensdauer des Zerfalls von ^{8}B nach ^{8}Be* $e^+\nu$ wurde gemessen. Die beiden schwachen Reaktionen in Gl. 19.4 jedoch sind so langsam, daß sie nicht im Laboratorium gemessen werden können. Sie müssen mit Hilfe des schwachen Hamiltonoperators berechnet werden, der in Kapitel 11 diskutiert wurde[22]. Um den Wirkungsquerschnitt für hadronische Reaktionen zu finden, mißt man die Werte bei höheren Temperaturen und extrapoliert sie hinunter bis zu einigen keV. Die meisten relevanten, sehr sorgfältig ausgeführten Experimente wurden am California Institute of Technology unter der Leitung von W. A. Fowler[23] durchgeführt. Experimentelle und theoretische Kernphysiker sind überzeugt, daß ihre Zahlen zuverlässig sind und kaum geändert werden müssen. Beide Aspekte, die Sternstruktur und die Kernphysik der Sonnenenergieproduktion, scheinen daher verstanden zu sein. Wir werden jedoch auf diesen Punkt im nächsten Abschnitt zurückkommen.

---

[20] A. S. Eddington, *Internal Consitution of Stars*, Cambridge University Press. Cambridge, 1926.
[21] D. D. Clayton, *Principles of Stellar Evolution and Nucleosynthesis*, McGraw-Hill, New York, 1968; M. Schwarzschild, *Structure and Evolution of the Stars*, Princeton University Press, Princeton. N.J., 1958; B. W. Filippone, *Ann. Rev. Nucl. Part. Sci.* **36**, 717 (1986).
[22] J. N. Bahcall und R. M. May, *Astrophys. J.* **155**, 501 (1969); J. N. Bahcall und C. P. Moeller, *Astrophys. J.* **155**, 511, (1969). M. J. Harris et al., *Ann. Rev. Astronomy Astrophys.* **21**, 165 (1983).
[23] T. A. Tombrello, in *Nuclear Research with Low Energy Accelerators* (J. B. Marion und D. M. van Patter, eds.), Academic Press, New York, 1967, S. 195. Siehe auch: *New Uses for Low-Energy Accelerators*, National Acad. Sciences, Washington, D. C., 1968. C. A. Barnes, in *Advances in Nuclear Physics*, Vol. 4 (M. Baranger und E. Vogt, eds.), Plenum Press, New York, 1971. J. N. Bahcall et al., *Rev. Mod. Phys.* **54**, 767 (1982); M. J. Harris et al., *Ann. Rev. Astronomy Astrophys.* **21**, 165 (1983); W. A. Fowler, *Rev. Mod. Phys.* **56**, 149 (1984).

19.3 Neutrino-Astronomie

Die klassische Astronomie beruht auf Beobachtungen in dem engen Band des sichtbaren Lichtes von 400 bis 800 mm. In wenigen Jahrzehnten erweiterte sich dieses Fenster enorm durch die Radioastronomie auf der einen Seite und durch die Röntgenstrahlen- und γ-Strahlenastronomie auf der anderen. Die geladenen kosmischen Strahlen sorgten für eine weitere Ausdehnung. Allerdings zeigt sich bei all diesen Beobachtungen eine allgemeine Beschränkung. Sie verschaffen uns keinen Einblick in das Innere der Sterne, da die Strahlung bereits durch wenig Materie absorbiert wird (Kapitel 3). Glücklicherweise gibt es ein Teilchen, das, wie allgemein angenommen wird, auch aus dem Inneren der Sterne entweicht, nämlich das *Neutrino*, und die Neutrino-Astronomie[24], obwohl extrem schwierig, verspricht ein unersetzliches Instrument in der Astrophysik zu werden. Die einzigartigen Eigenschaften des Neutrinos wurden schon in Abschnitt 7.4 und 11.11 behandelt:

1. Die Absorption von Neutrinos und Antineutrinos in Materie ist sehr klein. Für den Absorptionsquerschnitt, Gl. 11.80, ergibt sich

$$(19.7) \quad \sigma(\text{cm}^2) = 2{,}3 \times 10^{-44} \frac{p_e}{m_e c} \frac{E_e}{m_e c^2},$$

p_e und E_e sind dabei Impuls und Energie des Restelektrons in der Reaktion $\nu N \to e N'$. Mit den Gln. 6.8 und 6.9 findet man dann den mittleren freien Weg eines 1-MeV Neutrinos in Wasser zu etwa 10^{21} cm. Das überschreitet bei weitem die lineare Dimension der Sterne, die bis zu 10^{13} cm beträgt. (Siehe auch Bild 1.1.)

2. Neutrino und Antineutrino können durch ihre Reaktionen mit Wasser unterschieden werden.

Obwohl die Luminosität des Neutrinos auf der Erde wegen der Nähe der Sonne durch die Sonne beherrscht wird, glaubt man, daß die primäre galaktische Quelle der Neutrinos Supernovas und deren Reste sind. Während des Abkühlungsprozesses der Supernovas werden Neutrino-Antineutrino-Paare mit allen Düften durch neutrale Stromreaktionen, wie zum Beispiel $e^+ e^- \to \nu \bar{\nu}$, emittiert. Zusätzlich werden Elektronneutrinos und Antineutrinos durch Reaktionen des geladenen Stroms in Kernen erzeugt, z.B. $e^- p \to n \nu_e$. In erster Linie Elektron-Antineutrinos, aber auch Neutrinos wurden in Zusammenhang mit SN 1987 a beobachtet[15].

Wir werden weniger die Möglichkeiten der Neutrino-Astronomie im allgemeinen behandeln, sondern den Fall der Sonnenneutrinos besprechen, da das eine geheimnisvolle Geschichte ist, deren Ende noch nicht bekannt ist. In den Gleichungen 19.4-19.6 werden die Stufen des pp-Zyklus beschrieben. Vier Reaktionen in diesem Zyklus erzeugen Neutrinos. Diese Reaktionen sind in Tabelle 19.1 angegeben, zusammen mit der Neutrinoenergie und mit ihren berechneten relativen Intensitäten[22, 25]. Früheren unveröffentlichten Vorstellungen von Pontecorvo und Alvarez folgend wiesen Bahcall und

---
[24] K. Lande, *Ann. Rev. Nucl. Sci.* **29**, 395 (1979); J. N. Bahcall, *Neutrino Astrophysics*, Cambridge University Press, New York, 1989.
[25] J. N. Bahcall und R. K. Ulrich, *Astrophys. J.* **170**, 479 (1971); *Rev. Mod. Phys.* **60**, 297 (1988).

Davis[26] darauf hin, daß es möglich sein sollte, direkt das Erscheinen der pp-Fusionsreaktion in der Sonne zu verifizieren, indem man die Sonnenneutrinos durch Gl. 7.31 nachweist:

(19.8) $\nu_e\,{}^{37}\mathrm{Cl} \to e^-\,{}^{37}\mathrm{Ar}.$

Tabelle 19.1 Neutrinoerzeugende Reaktionen, pp-Zyklus.

Reaktion	Relative Intensität	Neutrino-Energie	
$pp \to de^+\nu_e$	0,9975	Spektrum	$E_{max} = 0{,}42$ MeV
$pp\,e^- \to d\nu_e$	0,0023	Monoenerg.	$E = 1{,}44$ MeV
${}^7\mathrm{Be}\,e^- \to {}^7\mathrm{Li}\,\nu_e$	0,078	Monoenerg.	$E = 0{,}86$ MeV, $0{,}38$ MeV
${}^8\mathrm{B} \to {}^8\mathrm{Be}^*\,e^+\nu_e$	0,0001	Spektrum	$E_{max} = 14{,}1$ MeV

Elektronenneutrinos (aber nicht Antineutrinos) mit einer Energie größer als 0,814 MeV werden von ${}^{37}\mathrm{Cl}$ eingefangen. Das Ergebnis ist ${}^{37}\mathrm{Ar}$ und ein Elektron. Wie Gl. 19.7 zeigt, ist der Wirkungsquerschnitt für diesen Prozeß extrem klein, jedoch sollte es aus vier Gründen möglich sein, diese Reaktion zu entdecken: 1) Der Neutrinofluß von der Sonne ist extrem groß. Die Größenordnung beträgt etwa 10^{11} Neutrinos/cm^2 s auf der Oberfläche der Erde. Es folgt dann aus Tabelle 19.1, daß der Fluß der energiereichen Neutrinos ungefähr 6×10^6 Neutrinos/cm^2 s beträgt. 2) Die Detektoren können sehr groß gemacht werden. 3) Das ${}^{37}\mathrm{Ar}$ kann selbst in winzigen Quantitäten nachgewiesen werden, da es radioaktiv ist. Es zerfällt durch Elektroneneinfang,

(19.9) $e^-\,{}^{37}\mathrm{Ar} \to \nu_e\,{}^{37}\mathrm{Cl},$

mit einer Halbwertszeit von 35 Tagen. Das Elektron wird gewöhnlich aus der K-Schale eingefangen und hinterläßt dort ein Loch. Wenn ein Elektron von einer höheren Schale in dieses Loch hineinfällt, wird die freiwerdende Energie als Röntgenstrahlung emittiert oder dazu benutzt, ein Elektron aus einer äußeren Schale hinaus zu werfen. Dieses Elektron nennt man Auger-Elektron. Diese Auger-Elektronen haben eine wohldefinierte Energie, in diesem Fall 2,8 keV. Sie können daher sauber gezählt werden. 4) Ar ist ein Edelgas. Folglich läßt es sich leicht von Chlor separieren und konzentrieren.

Das Experiment von Davis und Mitarbeitern basiert auf den oben angeführten vier Punkten[27]. Ein Tank mit 390 000 Litern von C_2Cl_4 (Tetrachloräthylen, ein übliches Reinigungsmittel) wurde in einer Felsenhöhle in der Homestake-Goldmine in Lead, South Dakota, untergebracht. Er befindet sich 1,5 km unter dem Boden, um den Untergrund der kosmischen Strahlen zu reduzieren. Die Häufigkeit des benötigten Isotops ${}^{37}\mathrm{Cl}$ beträgt 25%. Die Neutrino-Reaktion damit produziert ${}^{37}\mathrm{Ar}$. Das radioaktive Argon wird dann für einige Monate gesammelt und danach durch eine Spülung mit Helium aus dem Tank entfernt.

---

[26] J. N. Bahcall, *Phys. Rev. Lett.* **12**, 300 (1964); R. Davis, Jr., *Phys. Rev. Lett.* **12**, 303 (1964). J. N. Bahcall, *Sci. Amer.* **221**, 28 (Juli 1969). Weitere Literatur und eine historische Abhandlung findet man im Anhang von J. N. Bahcall und R. Davis, Jr., *Neutrino Astrophysics,* (J. N. Bahcall, Ed.), Cambridge University Press, New York, 1989, S. 487.

[27] R. Davis, Jr., D. S. Harmer und K. C. Hoffman, *Phys. Rev. Letters* **20**, 1205 (1968).

Das Argon wird dann vom Helium durch Adsorption in einer kalten Holzkohlenfalle separiert und in einem 0,5 cm³ Proportionalzähler gezählt. Das Resultat wird in Sonnen-Neutrino-Einheiten ausgedrückt, wo 1 SNU = 10^{-36} Ereignisse/Sekunde · Targetatom beträgt.

Die theoretisch vorhergesagten Neutrino-Zählraten sind in Tabelle 19.2 eingetragen.[28, 29]

Tabelle 19.2 Theoretische Vorhersagen der Neutrinozählrate. (1 SNU = 10^{-36} Neutrinoeinfänge/s Targetatom).

Annahme	Erwartete Zählrate (SNU)
CNO-Zyklus für die Sonnenenergie	35
Gegenwärtig beste Theorie, *pp*-Zyklus	7,9 ± 2,6

Die Energien der im CNO-Zyklus produzierten Neutrinos sind zu gering, um die Reaktion aus Gl. 19.8 stattfinden zu lassen. Folglich sollte Davis etwa 8 SNU messen.

Das neueste Resultat von Davis ist jedoch[29]

$$\text{Experimentelle Rate} = 2{,}3 \pm 0{,}3 \text{ SNU}.$$

Dieses Ergebnis wurde durch ein Experiment im Kamioka-Bergwerk bestätigt, das für den gemessenen Fluß von hochenergetischen Neutronen beim Zerfall von ^{8}B einen Bruchteil von 0,46 ± 0,21 des vom Standardsonnenmodell[30] vorausgesagten Wertes ergab.

Diese Experimente zeigen eine deutliche Diskrepanz zwischen den experimentellen Befunden und den theoretischen Vorhersagen. Solare Neutrinos (Sonnenneutrinos) fehlen und dieses Problem wurde Solarneutrinorätsel getauft. Um herauszufinden, ob dieses Problem nur auf Neutrinos mit Energien größer als 0,8 MeV beschränkt ist, die vorwiegend in der Nähe des Zentrums der Sonne produziert werden, wurden Experimente geplant und durchgeführt mit deren Hilfe man die niederenergetischen Sonnenneutrinos nachweisen kann. Eins davon benutzt die Neutrinoeinfangrate des Galliums, $\nu\,^{71}\text{Ga} \rightarrow e\,^{71}\text{Ge}$. Diese ist besonders empfindlich für niederenergetische Neutrinos der pp-Reaktion. Die Experimente werden zeigen, ob die vorhergesagte Intensität der Neutrinos, die die Erde von der solaren *pp*-Fusionsreaktion erreichen, tatsächlich gemessen wird. Diese Intensität steht in direktem Bezug zur Helligkeit der Sonne. Erste Ergebnisse von einem dieser Experimente weisen auf ein Defizit hin.

Die theoretischen Physiker haben nach Erklärungen für das Sonnenneutrinorätsel gesucht. Eine mögliche Antwort auf das Rätsel ist die Umwandlung von Elektronneutrinos in Myon- oder Tauneutrinos im Inneren der Sonne[31]. Wenn die Masse der Elektronneutrinos nicht null ist, dann kann eine solche Umwandlung auftreten, wie wir in Kapitel 11 gesehen haben. Im Inneren der Sonne wird eine solche Umwandlung durch die Anwesenheit

---

[28] W. C. Haxton, *Comm. Nucl. Part. Phys.* **16**, 95 (1986).
[29] J. N. Bahcall, R. Davis, Jr. und L. Wolfenstein, *Nature* **334**, 487 (1988); R. Davis, Jr., A. K. Mann und L. Wolfenstein, *Ann. Rev. Nucl. Part. Sci.* **39**, 467 (1989).
[30] K. S. Hirata et al., *Phys. Rev. Lett.* **63**, 16 (1989).

von Elektronen unterstützt. Durch die Wechselwirkung des geladenen Stroms, die in Bild 11.9 (b) gezeigt wird, erwerben Elektronneutrinos eine effektive Masseänderung und diese Änderung erleichtert die Umwandlung in Myonneutrinos[31]. Tatsächlich können Neutrinooszillationen in Materie in Resonanz oder maximal sein. Nachweise für diese Vorschläge werden noch gesucht. Die neutrale Stromwechselwirkung trägt nicht zu einer Verstärkung bei, weil die resultierenden Streuquerschnitte der niederenergetischen Neutrinos unabhängig vom Neutrinoflavor sind.

19.4 Kernsynthese

Nach Gamow[32] war zu Beginn des Universums eine extrem heiße und hochkomprimierte Neutronenwolke vorhanden, die von Strahlung umgeben war. Wegen seiner großen inneren Energie begann der ursprüngliche Feuerball so schnell zu expandieren, daß der Anfang gewöhnlich als „Urknall" bezeichnet wird. Das gegenwärtig akzeptierte „Standardmodell" des frühen Universums unterscheidet sich im Detail von Gamows Bild, aber die Vermutung des Urknalls wurde durch die Entdeckung der 2,7 K Untergrundstrahlung durch Penzias und Wilson[33] im Jahre 1965 unterstützt. Diese Strahlung stimmt im wesentlichen mit dem Spektrum des schwarzen Körpers bei 2,7 K überein. Sie wird als die Strahlung interpretiert, die von dem ursprünglichen Feuerball übriggeblieben ist und liefert einige Informationen über die Bedingungen des frühen Universums. Weitere Nachweise für den „Urknall" wurden gesammelt, zum Beispiel die Häufigkeit von leichten Elementen, die im frühen Universum erzeugt wurden. In diesem Abschnitt beschreiben wir sowohl diese ursprüngliche Kernsynthese als auch die Kernsynthese in Sternen (stellare Kernsynthese).

Die ursprüngliche Kernsynthese begann nicht bevor das Universum mindestens 10 s alt und durch Expansion auf etwa 3×10^9 K abgekühlt war. Vor dieser Zeit war die Temperatur so hoch, daß die leichten Kerne, die durch Nukleonen und nukleare Stöße gebildet worden waren, sofort wieder zerfielen. Wir werden auf das sehr frühe Universum (Alter ≤ 10 s) in den Abschnitten 19.6 und 19.7 zurückkommen. Bei einer Temperatur von 3×10^9 K würde ^{4}He gebunden bleiben, aber die leichteren Kerne würden weiterhin auseinanderbrechen, so daß die Kernsynthese noch nicht beginnen konnte. Jedoch etwa 3 min später war die Temperatur wegen der Expansion auf etwas unter 10^9 K gefallen und Deuteronen, die durch die Einfangreaktion $np \rightarrow d\gamma$ gebildet wurden, blieben stabil. Ein weiterer Einfang von Neutronen und Protonen durch Deuteron führte zu ^{3}H und ^{3}He. Das ^{3}H kann durch Betazerfall in ^{3}He übergehen; das wiederum kann ein Neutron einfangen und

---

[31] L. Wolfenstein, *Phys. Rev.* **D 16**, 2369 (1978); S. P. Mikheyev und A. Yu. Smirnov, *Nuovo Cim.* **9 C**, 17 (1986); H. A. Bethe, *Phys. Rev. Lett.* **56**, 1305 (1986); W. C. Haxton, *Phys. Rev. Lett.* **57**, 1271 (1986); L. Wolfenstein und E. W. Beier, *Phys. Today* **42**, 28 (Juli 1989); S. P. Mikheyev und A. Yu. Smirnov, *Prog. Part. Nucl. Phys.*, (A. Faessler, Ed.), **23**, 41 (1989); T. K. Kuo und J. Pantaleone, *Rev. Mod. Phys.* **61**, 937 (1989).

[32] G. Gamow, *Phys. Rev.* **70**, 572 (1946); *Rev. Modern Phys.* **21**, 367 (1949). Es sollte klar sein, daß die hier beschriebene Kernsynthese eine Hypothese ist. Sie erklärt die meisten Tatsachen gut, aber es ist möglich, daß sie in Zukunft durch eine andere Theorie ersetzt wird.

[33] A. A. Penzias und R. W. Wilson, *Astrophys. J.* **142**, 419 (1965); Siehe auch G. B. Fields in „The Growth Points of Physics", *Rivista del Nuovo Cimento* **1**, 87 (1969) und P. J. E. Peebles und D. T. Wilkinson, *Sci. Amer.* **216**, 28 (Juni 1967).

⁴He bilden. Dieser Prozeß ist jedoch langsam im Vergleich zur Bildung von ⁴He durch direkten Neutroneneinfang des ³He oder durch die Reaktion $d\,{}^3\text{He} \to p\,{}^4\text{He}$. Der Einfang von ³H und ³He durch ⁴He führt zu geringen Mengen von ⁷Li und ⁷Be. Der letztere Kern zerfällt durch Betazerfall in ⁷Li, das stabil ist, obwohl es durch die Reaktion $p + {}^7\text{Li} \to {}^4\text{He}$ ⁴He zerstört werden kann. Andere leichte Kerne können auch zerstört werden, z.B. $n\,{}^3\text{He} \to p\,{}^3\text{H}$. Die Werte von ²H, ³H, ³He, ⁴He und ⁷Li, die ursprünglich produziert wurden, sind deshalb sehr empfindlich gegenüber der Baryonendichte, oder dem Verhältnis von Baryonen zu Photonen ($\sim 3 \times 10^{-10}$) und der Expansionsgeschwindigkeit oder Abkühlung. Die Konkurrenz zwischen den Raten der Kernreaktion und der Expansion bestimmt das Überleben eines bestimmten Nuklids.

Eine graphische Darstellung der Massenhäufigkeit, der beim Urknall gebildeten leichten Kerne bezogen auf den Wasserstoff zeigt Bild 19.6[34]. Je größer die Dichte der Baryonen oder der Wert η in Bild 19.6 ist, um so höher ist die Zersetzungsrate von d, ³H und ³He. Die beobachteten Häufigkeiten von d, ³He und ⁷Li erscheinen bei einem η-Wert, der nahe beim Minimum der ⁷Li-Kurve liegt[34]. Das Nuklid ⁴He kommt wegen seiner hohen Bindungsenergie am häufigsten vor. Die Expansiongeschwindigkeit des Universums wächst mit der Zahl der Neutrinofamilien. Wie Bild 19.6 zeigt, begrenzt die gemessene Häufigkeit des ⁴He (ungefähr 25 Gewichtsprozent der Wasserstoffhäufigkeit) die Zahl der Neutrinoflavorquantenzahlen auf vier und hat einen bevorzugten Wert von drei, wie das auch beim Z^0-Zerfall beobachtet und gemessen wurde[35].

Primordiale Produktion von schwereren Elementen ist nicht möglich, weil ⁴He unfähig ist, durch Neutronen- oder Protoneneinfang einen stabilen Kern zu bilden, und weil die anderen Reaktionen zu langsam sind. Neutroneneinfang führt zum Beispiel zu ⁵He, das aber instabil ist und wieder in ⁴He zerfällt. Der Einfang von Alphateilchen bei der Reaktion

(19.10)   ⁴He ⁴He → ⁸Be

führt zu dem hochgradig instabilen Nuklid ⁸Be, das unmittelbar wieder in zwei Alphateilchen zerfällt. Wenn die Temperatur des Universums auf etwa 3×10^8 K abfällt, das sollte etwa eine halbe Stunde nach der Geburt des Universums geschehen sein, endet die ursprüngliche Kernsynthese, weil die Coulombbarriere weitere Kernreaktionen verhindert. Die Häufigkeit der Elemente, die beim Urknall erzeugt werden, wird eingefroren, so daß die heute beobachteten Häufigkeiten der leichten Elemente d, ³He, ⁴He und ⁷Li noch dieses Stadium widerspiegeln.

Einige der leichten Elemente können auch in Sternen erzeugt werden. Beim ⁴He führt dieser Produktionsprozeß zu weniger als 10% der gemessenen Häufigkeit. Deuterium kann in keiner signifikanten Menge in Sternen erzeugt werden, weil es bei höheren Dichten in schwerere Kerne umgewandelt wird. Diese Umwandlung begrenzt die gegenwärtige Dichte der Baryonen im Weltall auf weniger als 5×10^{-31} g/cm² [34]. Die Lithiumproduktion in Sternen kann durch Neutrinowechselwirkungen mit ⁴He unterstützt werden. Diese Reaktionen liefern ³He, ³H, Protonen und Neutronen[36]. Einer der Erfolge des Standardmodells

---

[34] J. Yang et al., *Astrophys. J.* **281**, 493 (1984); D. N. Schramm, Proc. 1989 *Int. Nucl. Phys. Conf., São Paulo*, (M. S. Hussein et al., Eds.), World Scientific, Teaneck, NJ, 1990, S. 743.
[35] G. S. Abrams et al., *Phys. Rev. Lett.* **63**, 724 (1989).
[36] S. E. Woosley et al., *Astrophys. J.* **356**, 272 (1990).

19.4 Kernsynthese

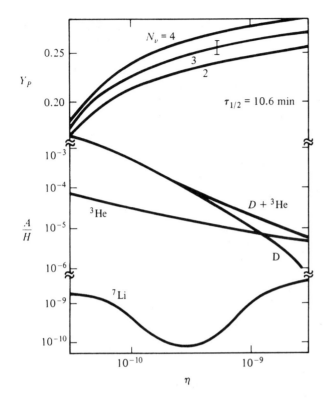

Bild 19.6 Die vorhergesagten ursprünglichen Häufigkeiten der leichtesten Elemente sind im Massenverhältnis zum Wasserstoff als Funktion von η, dem Verhältnis aus Baryonenzahl und Photonenzahl, abgebildet. Die drei Kurven für ^{4}He entsprechen den 2, 3 und 4 Neutrinofamilien und der Fehlerbalken zeigt die Variation bei einer 0,2 min Änderung der Neutronen-Halbwertszeit, die zu 10,6 min angenommen wurde. Jetzt ist bekannt, daß diese Halbwertszeit näher bei 10,3 min liegt.

ist seine Fähigkeit, die Häufigkeiten der leichtesten Elemente vorherzusagen, selbst wenn sie um neun Größenordnungen differieren. Andererseits kann die beobachtete Häufigkeit der schweren Elemente nicht durch die Synthesen beim Urknall erklärt werden[37]. Schwerere Elemente werden offensichtlich später produziert, nachdem die Sterne bereits gebildet sind. Die Kernsynthese, die Erklärung der Häufigkeiten der Kernarten, wird daher eng mit dem Problem der Sternstruktur und der Sternentwicklung gekoppelt.

In einem Stern versucht der Gravitationsdruck das Volumen des Sternes zu verkleinern, während der Druck des Gases im Inneren in die entgegengesetzte Richtung wirkt. Druck und Temperatur im Inneren eines Sternes sind immens. In der Sonne z.B. beträgt der Druck im Inneren ungefähr 2×10^{10} atm (2×10^{15} Pa) und die Temperatur 16 MK. Unter diesen Umständen sind die Atome vollständig ionisiert, und es ergibt sich eine Mischung

---

[37] R. V. Wagoner, W. A. Fowler und F. Hoyle, *Astrophys. J.* **148**, 3 (1967). W. A. Fowler, *Rev. Mod. Phys.* **56**, 149 (1984); A. M. Boesgaard und G. Steigman, *Ann. Rev. Astronomy Astrophys.* **23**, 319 (1985).

aus freien Elektronen und nackten Kernen. Diese Mischung bildet das „Gas", das oben erwähnt wurde. Der innere Druck wird unterhalten durch die Kernreaktion, die die Energie für die Sternstrahlung liefert. Solange diese Reaktion vor sich geht, halten sich Gravitations- und innerer Druck die Waage, und der Stern ist im Gleichgewicht. Was passiert jedoch, wenn der Brennstoff aufgebraucht ist? Oder um ein Beispiel zu geben, was ereignet sich in unserer Sonne, wenn der gesamte Wasserstoff verbraucht ist und der pp-Zyklus aufhört? An diesem Punkt wird sich der Stern durch die Gravitation zusammenziehen und die zentrale Temperatur und der zentrale Druck steigen. Bei einer höheren Temperatur treten neue Reaktionen auf, ein neues Gleichwicht stellt sich ein und neue Elemente werden gebildet. Es finden also alternierend Vorgänge des nuklearen Brennvorganges und der Kontraktion statt. Der Brennvorgang kann gleichmäßig sein wie in der Sonne oder explosiv wie in den Supernovae, aber beide sind bei der Synthese von schwereren Elementen beteiligt.

Der nächste wichtige Schritt nach der Bildung von ^{4}He ist die Erzeugung von ^{12}C. Das durch die Reaktion Gl. 19.10 gebildete ^{8}Be ist unstabil. Ist jedoch die Dichte von ^{4}He sehr hoch, so sind meßbare Quantitäten von ^{8}Be in der Gleichgewichtssituation vorhanden

$$^4\text{He} \, ^4\text{He} \rightleftarrows \, ^8\text{Be}^*.$$

Dann kann der Einfang von α-Teilchen stattfinden.

(19.11) $\quad ^4\text{He} \, ^8\text{Be}^* \to \, ^{12}\text{C}.$

Diese Einfangsreaktion wird bevorzugt, da die Bindung von ^{12}C hauptsächlich über den Resonanzeinfang zu einem angeregten Zustand ^{12}C* erfolgt.

Die Bildung von ^{16}O kann über den CNO-Zyklus erfolgen, Gl. 19.2, aber das *Helium-Brennen* ist die dominante Reaktion:

(19.12) $\quad ^4\text{He} \, ^{12}\text{C} \to \, ^{16}\text{O} \, \gamma.$

Diese Folge kann die Leiter der Elemente hinauf wiederholt werden, und n und p Einfang-Reaktionen können die Elemente bilden, die zwischen den α-ähnlichen Nukliden liegen. Fusionsreaktionen jedoch, manchmal auch *Kohlenstoffbrennen* genannt, zeigen sich verantwortlich für die Häufigkeit der Elemente $20 \lesssim A \lesssim 32$. Diese Reaktionen

(19.13) $\quad \begin{aligned} ^{12}\text{C} \, ^{12}\text{C} &\to \, ^{20}\text{Ne} \, \alpha \\ &\to \, ^{23}\text{Na} \, p \\ &\to \, ^{23}\text{Mg} \, n \end{aligned}$

erfordern Temperaturen, die größer sind als ungefähr 10^9 K. Solche Temperaturen sind nur in einigen sehr massiven Sternen möglich, und das Kohlenstoffbrennen findet daher hauptsächlich in explodierenden Sternen statt, wie man glaubt. Wenn man annimmt, daß die Temperatur in *explodierenden Sternen* ungefähr 2×10^9 K beträgt, so stimmt die Häufigkeit der Elemente mit den Beobachtungen überein, wie in Bild 19.7 gezeigt ist. Ebenso kann das *Sauerstoffbrennen*

19.4 Kernsynthese

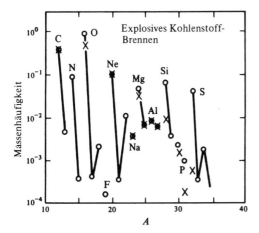

Bild 19.7 Produkte des Kohlenstoff-Brennens in einem explodierenden Stern. Die Kreise stellen die Häufigkeit im Sonnensystem dar, die berechneten Häufigkeiten sind als Kreuze gezeigt. Die durchgezogenen Linien verbinden alle stabilen Isotope eines gegebenen Elements. Die angenommene Maximaltemperatur $2 \cdot 10^9$ K, die Dichte 10^5 g/cm³. [Nach W. D. Arnett und D. D. Clayton, *Nature* **227**, 780 (1970).]

$$\begin{aligned}
^{16}\text{O} + {}^{16}\text{O} &\to {}^{28}\text{Si } \alpha \\
&\to {}^{31}\text{P } p \\
&\to {}^{31}\text{S } n
\end{aligned} \quad (19.14)$$

die Häufigkeit der Elemente $32 \lesssim A \lesssim 42$ erklären. Dazu ist aber eine Temperatur von ungefähr $3{,}6 \times 10^9$ K erforderlich. Das *Siliziumbrennen* erklärt die Bildung der Elemente bis zu Nickel.

Wenn die Element-Bildung Eisen erreicht, tritt ein neuer Aspekt auf. Wie in Bild 16.1 gezeigt, hat die Bindungsenergie pro Nukleon ein Maximum in der Eisengruppe. Bei Elementen, die darüber liegen, nimmt die Bindungsenergie pro Nukleon ab. Daher können die Eisenisotope nicht als Brennstoff dienen, und das Brennen hört auf, sobald das Eisen gebildet ist. Diese Eigenschaft erklärt, warum die Elemente um Eisen häufiger sind als andere.

Die meisten Elemente, die schwerer als Eisen sind, wurden wahrscheinlich durch Neutronen- und Protoneneinfang gebildet. Diese Prozesse erfolgen solange, wie die Sternoberflächen oder Explosionen Neutronen und Protonen produzieren. Sobald einmal die Reaktionen für die Energieproduktion zu Ende gehen, wird auch die weitere Bildung von schweren Elementen unterbunden.

Wir haben nur die einfachsten Ideen der Kernsynthese dargestellt. Die Richtigkeit dieser Überlegungen kann nur durch detaillierte Berechnungen geprüft werden, die Kernphysik und Sternevolution einschließen. Solche Untersuchungen haben ermutigende Resultate gebracht: die meisten, augenfälligsten Eigenschaften der Häufigkeitsverteilung können wenigstens qualitativ erklärt werden. Weitere Untersuchungen sind jedoch erforderlich, bevor man volles Verständnis erreicht hat.

19.5 Erlöschen von Sternen und Neutronensterne

Twinkle, twinkle, little star,
How I wonder what you are,
Up above the world so high,
Like a diamond in the sky.

Im vorhergehenden Abschnitt haben wir die verschiedenen Brennprozesse in Sternen beschrieben. Durch diese Fusionsreaktionen entstehen die Elemente. Gleichzeitig verbrauchen sie immer mehr von dem Kernbrennstoff. Was passiert, wenn der Kernbrennstoff ausgeht? Nach der heutigen Theorie kann ein Stern auf vier verschiedene Arten sterben. Er kann ein schwarzes Loch werden, ein weißer Zwerg, ein Neutronenstern oder er kann völlig auseinanderbrechen. Das endgültige Schicksal wird durch die Anfangsmasse des Sternes bestimmt. Wenn diese Masse kleiner ist als ungefähr vier Sonnenmassen, dann gibt der Stern Masse ab, bis er ein weißer Zwerg wird. Ist die anfängliche Masse größer als ungefähr vier Sonnenmassen, so entwickelt er sich zu einer Supernova, die dann entweder zu einem Neutronenstern oder einem schwarzen Loch wird oder völlig zerbricht. Schwarze Löcher ziehen sich immer mehr zusammen und nähern sich einem Radius von ungefähr 3 km, den sie aber nie erreichen, und einer Dichte, die 10^{16} g/cm³ übersteigt. Neutronensterne haben ungefähr einen Radius von 10 km und eine Zentraldichte, die die Kerndichte von ungefähr 10^{14} g/cm³ übertrifft. Wir werden unsere Diskussion hier auf Bildung[38] und Eigenschaften[39,40] von Neutronensternen beschränken.

Man nimmt an, daß sich Neutronensterne nach dem Gravitationskollaps von Sternen entwickeln, die schwerer als etwa acht Sonnenmassen sind. Gegen Ende ihres nuklearen Brennstadiums haben die Sterne eine innere Temperaturen von ungefähr 8×10^9 K und einen zentralen Kern von etwa 1,5 Sonnenmassen, der vorwiegend aus Eisen besteht. Wie bereits in Kapitel 16 festgestellt, ist ^{56}Fe der stabilste Kern bei Nullpunktstemperatur und verschwindendem Druck. Bei den Werten von Druck, Dichte und Temperatur im inneren Kern sind die Atome vollständig ionisiert und die befreiten Elektronen bilden ein entartetes Gas. Das Verhalten dieser Elektronen bestimmt die weitere Entwicklung des Sterns. Die Rolle der Elektronen kann mit Hilfe des Fermigas-Modells, das in Abschnitt 16.2 behandelt wurde, verstanden werden. Wir nehmen an, daß die Elektronen ein Gas von extrem relativistischen freien Fermionen bilden, die in ein Volumen V eingeschlossen sind. Alle bis zur Fermienergie E_F vorhandenen Zustände sind besetzt. Dieses entartete Elektronengas erzeugt einen Druck, der die Anziehung durch die Gravitation ausgleicht. Zur Berechnung des Drucks bestimmen wir zuerst die Gesamtenergie von n extrem relativistischen Elektronen im Volumen V. Wir folgen dabei den Gleichungen 16.13-16.18, verwenden aber die extrem relativistische Beziehung $E = pc$. Die Gesamtenergie der Elektronen wird dann

---

[38] H. A. Bethe und G. Brown, *Sci. Amer.* **252**, 60 (May 1985); S. E. Woosley und T. A. Weaver, *Ann. Rev. Astronomy Astrophys.* **24**, 205 (1986).

[39] M. A. Ruderman, *Sci. Amer.* **224**, 24 (Februar 1971); G. Baym und C. Pethick, *Ann. Rev. Nucl. Sci.* **25**, 27 (1975); S. Tsuruta, *Comm. Astrophys.* **11**, 151 (1986).

[40] S. L. Shapiro und S. A. Teukolsky, *Black Holes, White Dwarfs and Neutron Stars*, Kap. 9, John Wiley, New York, 1983; G. Baym, in *Encyclopedia of Physics*, (G. L. Trigg, Ed.), McGraw-Hill, New York, (wird demnächst veröffentlicht); D. Pines in *Proc. Landau Memorial Confer. on Frontiers of Physics*, (E. Gotsman und Y. Ne'eman, Eds.), Pergamon, Elmsford, NY, 1989.

(19.15) $$E = \left(\frac{\pi^2}{4}\right)^{1/3} \hbar c \, \frac{n^{4/3}}{V^{1/3}}$$

Der Druck durch dieses Fermigas beträgt

(19.16) $$p = -\frac{\partial E}{\partial V} = \frac{1}{3} \left(\frac{\pi^2}{4}\right)^{1/3} \hbar c \left(\frac{n}{V}\right)^{4/3}$$

und dieser Druck gleicht die nach innen gerichtete Gravitationskraft aus, so daß der Kern sich im Gleichgewicht befindet.

Der Kern verliert durch Elektroneneinfang des Eisens bei der Emission von Neutrinos Elektronen. Wenn die Masse des Kerns nicht mehr durch die Elektronen gestützt wird, stürzt der Kern zusammen und kollabiert. Die resultierende Gravitationsenergie wird in Wärme und kinetische Energie umgewandelt, die Kerne werden in Nukleonen zerlegt und die Dichte steigt an bis sie Werte erreicht hat die größer als die der Kernmaterie sind (ungefähr doppelt so groß). An diesem Punkt hört die Kompression auf, weil der Druck des Nukleonengases zu groß geworden ist. Er stoppt einen weiteren Kollaps. Wenn der Stern jedoch zu groß (zu schwer) ist, ≳ etwa 25 Sonnenmassen, kann das Nukleonengas nicht genügend Druck aufbringen und der Gravitationskollaps setzt sich fort bis sich ein schwarzes Loch gebildet hat. Wir werden diesen Fall nicht betrachten. Bei Sternen mit kleinerer Masse findet die Kompression ein abruptes Ende. Daraus resultiert eine Stoßwelle. Diese Stoßwelle zerstört den umgebenden Sternmantel, und es folgt eine Explosion. Eine Supernova des Typs II ist geboren. Die enorme Energie, die im kollabierten Kern gespeichert ist, ungefähr 3×10^{53} erg, wird in Form von Neutrinos in etwa den nächsten 10 Sekunden abgestrahlt; ein Neutronenstern wird zurückgelassen.

Die Neutrinoemission kühlt den zurückbleibenden Neutronenstern sehr wirksam. Am Anfang tritt innerhalb von Sekunden eine rapide Abkühlung der Materie auf, und innerhalb weniger Tage fällt die Temperatur im Inneren des Sterns auf etwa 10^{10} K ab[40, 41]. Die Temperatur im Inneren bleibt schließlich bei ungefähr 10^9 K und die Neutrinoemission findet mindestens noch 10^3 Jahre statt. Wenn der restliche Stern eine Temperatur von ca. 10^8 K erreicht hat, wird die Photonenemission der dominierende Kühlungsmechanismus[41].

Der Querschnitt durch einen typischen Neutronenstern nach der heutigen Theorie ist in Bild 19.8[40] gezeigt. Wie kann der Stern diesen Endzustand erreichen und warum kollabiert er nicht vollständig? Die Antwort auf diese Fragen stammt aus vielen Gebieten: Relativität, Quantentheorie, Kern-, Teilchen- und Festkörperphysik. Hier weisen wir auf einige der Eigenschaften hin, die für die Kern- und Teilchenphysik interessant sind.

Man betrachte zuerst *Dichte und Zusammensetzung*. Für eine gegebene Sternmasse kann der Radius und die Dichteverteilung berechnet werden[39]. Für einen Stern mit einem Radius von 10 km liegt die zentrale Dichte in der Größenordnung von 10^{14} bis 10^{15} g/cm^3. Die Dichte wächst daher von Null am Beginn der Atmosphäre bis zu einem Wert im Inneren, der größer ist als die Dichte der Kernmaterie. Aus der Kenntnis der Dichte kann auf die Komposition in einer gegebenen Tiefe geschlossen werden.

---

[41] K. Nomoto und S. Tsuruta, *Astrophys. J. Lett.* **250**, L 19 (1981).

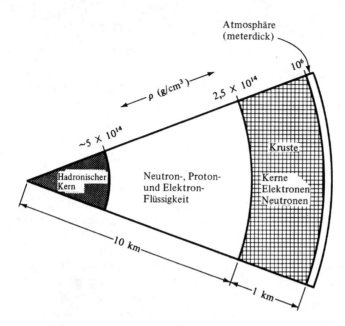

Bild 19.8 Querschnitt durch einen typischen Neutronenstern. Der hadronische Kern könnte aus Quarkmaterie oder Pionenkondensat bestehen.

Man erwartet, daß die äußerste Schicht im wesentlichen aus ^{56}Fe besteht, dem Endprodukt des thermonuklearen Brennprozesses. Nach Innen steigt die Dichte an und die Fermienergie wird so hoch, daß Elektroneneinfangprozesse stattfinden können wie bei der Bildung eines Neutronensterns in einer Prä-Supernova. Bei dem ansteigenden Druck werden mehr neutronenreiche Kerne gebildet. Die Elektroneneinfangprozesse finden weiter statt und bei einer Dichte von ungefähr 4×10^{11} g/cm^3 sind Kerne mit 82 Neutronen, wie etwa das ^{118}Kr am stabilsten[40, 42].

Auf der Erde hat gewöhnliches Krypton $A = 84$. Die stabilsten Nuklide bei hohem Druck sind daher sehr neutronenreich. Unter gewöhnlichen Umständen würden solche Kerne durch Elektronenemission zerfallen. Bei dem betrachteten Druck jedoch sind alle erreichbaren Energieniveaus schon durch Elektronen besetzt, und das Pauli-Prinzip verbietet Elektronenzerfall.

Das letzte Neutron in ^{118}Kr ist kaum gebunden. Wenn die Dichte über 4×10^{11} g/cm^3 steigt, beginnen die Neutronen vom Kern abzuwandern und bilden eine entartete Flüssigkeit. Steigt der Druck weiter, dann werden die Kerne unter diesem *Neutronentropfregime* immer neutronenreicher und wachsen in ihrer Größe. Bei einer Dichte von ungefähr $2{,}5 \times 10^{14}$ g/cm^3 berühren sie sich, tauchen ineinander ein und bilden eine kontinuierliche Flüssigkeit von Neutronen, Protonen und Elektronen[36, 37]. Die Neutronen überwiegen und die Protonen bilden nur ungefähr 4% der Materie. Neutronen können nicht in Protonen zerfallen, da das Zerfallselektron eine Energie unterhalb der Elektronen-Fermi-Energie haben würde. Der Zerfall ist daher durch das Pauli-Prinzip verboten.

---

[42] G. Baym, C. Pethick und P. Sutherland, *Astrophys. J.* **170**, 299 (1971).

19.5 Erlöschen von Sternen und Neutronensterne

Bei noch höheren Energien wird es energetisch möglich, noch schwerere Teilchen durch Elektroneneinfang zu erzeugen, z.B.

$$e^-n \to \nu\Sigma^-.$$

Diese Teilchen können wiederum wegen des Ausschließungsprinzips stabil sein[43].

Die Zahl der Materiebestandteile als eine Funktion der Dichte ist in Bild 19.9 gezeigt. Diese Kurven sind natürlich das Ergebnis einer theoretischen Berechnung und können falsch sein.

Wir wenden uns nun wieder dem inneren Druck in einem Neutronenstern zu. Wir haben oben gesehen, daß das entartete Elektronengas für einen Druck sorgt, der einen Zusammenbruch bei niedrigerem Druck verhindert. Bei höherem Druck wird der vollständige Zusammenbruch durch eine Kombination von zwei Eigenschaften verhindert, nämlich der abstoßende Rumpf in der Nukleon-Nukleon-Kraft (Bild 14.16) und die Entartungsenergie der Neutronen. Bild 19.9 zeigt, daß Neutronen bei höchsten Drücken überwiegen. Sie bilden ein entartetes Fermigas und die Argumente, die zu Gl. 19.16 geführt haben, können nichtrelativistisch wiederholt werden. Wiederum, wie in Gl. 19.16, wächst der Entartungsdruck mit abnehmendem Volumen bis er zusammen mit der „hard core"-Abstoßung der Gravitationsanziehung das Gleichgewicht hält.

Neutronensterne wurden lange vorausgesagt[44], aber die Hoffnung, sie zu beobachten, war sehr gering. Sie blieben lange Zeit mythische Objekte. Ihre Entdeckung kam unerwartet. Im Jahre 1967 wurde eine fremde, neue Klasse von Himmelsobjekten an der Universität von Cambridge beobachtet[45]. Die Objekte waren punktähnlich, sicher außerhalb des Sonnensystems, und emittierten periodische Radiosignale. Sie bekamen einen Spitznamen, „Pulsare",[46] und trotz der Tatsache, daß sie nicht pulsieren, sondern rotieren, wurde ihr Name akzeptiert. Mehr als 400 Pulsare sind bekannt. Jeder hat eine eigene charakteristische Signatur. Die Perioden der Pulsare reichen von 1,5 ms bis 3,75 s, und sie verlängern sich in einer sehr regelmäßigen Weise.

Ein Pulsar ist nach Gold ein Neutronenstern[47]. Die Pulsarperiode ist mit der Rotationsperiode des Neutronensterns verbunden. Die Abnahme wird durch einen Verlust an Rotationsenergie erklärt. Die Rotationsenergie, die verloren geht, im Crab Nebel z.B., ist von der gleichen Größenordnung wie die gesamte Energie, die durch diesen Nebel emittiert wird. Der Neutronenstern ist daher die Energiequelle für den riesigen Crab Nebel.

Pulsare wurden nicht nur als Radiosterne beobachtet. In einem Fall zeigt sich eine periodische Lichtemission. Die Perioden, ihre zeitliche Abnahme und plötzliche Wechsel in der Periode wurden sehr sorgfältig studiert. Schritt für Schritt enthüllten die Pulsare ihre Natur und zeigten dabei Eigenschaften von Neutronensternen. Auf einem indirekten Weg

---

[43] V. R. Pandharipande, *Nucl. Phys.* **A178**, 123 (1971).
[44] W. Baade und F. Zwicky, *Proc. Nat. Acad. Sci. Amer.* **20**, 259 (1934); L. D. Landau, *Phys. Z. Sowiet* **1**, 285 (1932).
[45] A. Hewish, S. J. Bell, J. D. Pilkington, P. F. Scott und R. A. Collins, *Nature* **217**, 709 (1968). A. Hewish, *Sci. Amer.* **219**, 25 (Okt. 1968); J. P. Ostriker, *Sci. Amer.* **224**, 48 (Jan. 1971).
[46] M. A. Ruderman und J. Shaham, *Commun. Astrophys.* **10**, 15 (1983); D. C. Backer, *Commun. Astrophys.* **10**, 23 (1983).
[47] T. Gold, *Nature* **218**, 731 (1968).

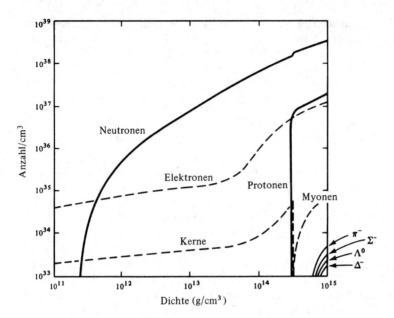

Bild 19.9 Zahl der Bestandteile der Materie gegen die Dichte. Der Bereich, wo die Neutronen aus den Sternen entweichen, beginnt bei 4×10^{11} g/cm^3. Bei einer Dichte von $2{,}5 \times 10^{14}$ g/cm^3 beginnen die Kerne sich aufzulösen. Bei höheren Dichten erscheinen Myonen und seltsame Teilchen (mit freundlicher Genehmigung von M. A. Ruderman).

haben Astrophysiker und Kernphysiker Zutritt zu einem Laboratorium erhalten, in dem Dichten über 10^{15} g/cm^3 erreichbar sind. Die Eigenschaften der Kernmaterie können daher in einer schönen Kombination verschiedener Disziplinen studiert werden.

19.6 Der Anfang des Universums

> *In less than a decade, the interface between elementary particle physics and cosmology has grown from oblivion to become a central arena for physics and astronomy.*
> K. A. Olive und D. N. Schramm
> *Comm. Nucl. Part. Phys.* **15**, 69 (1985).

Im letzten Jahrzehnt ist die Verbindung zwischen der subatomaren Physik und der Kosmologie, der Lehre von der Entwicklung des Weltalls und seiner großen Strukturen, immer enger geworden. Im Resultat dessen weiß man heute, daß das Weltall $1{,}5 \times 10^{10}$ Jahre alt ist und sich in verschiedenen wohldefinierten Phasen entwickelt hat, die durch markante Übergänge voneinander getrennt sind. In Tabelle 19.3 sind einige kritische Phasenübergänge angegeben. Der Beginn des Universums könnte eine Singularität oder eine Vakuumfluktuation gewesen sein. Es ist sehr schwierig, Zeiten zu betrachten, die kleiner als etwa $\hbar c^{-2} \cdot \sqrt{G/\hbar c} \approx 10^{-43}$ s sind, die sogenannte Planck-Zeit, weil alle bekannten Raum-Zeit-Konzepte dann zusammenbrechen. Man nimmt an, daß zu dieser Zeit alle Kräfte einschließlich der Gravitation vereinigt waren und deshalb mit einer einzigen Stärke beschrieben werden konnten. Direkt nach der Planck-Zeit stellt man sich das Weltall als stark expandierendes Gas von Elementarteilchen vor, die zumindest angenähert im thermischen Gleichgewicht waren.

Nach dem ersten Phasenübergang wurde die Gravitation schwächer und war nun nicht mehr mit den anderen Kräften vereinigt. Das Universum kam nun in die GUT-Ära (Große vereingte Theorie-Ära), in der die elektroschwachen und die starken Kräfte vereinigt bleiben, wie in Kapitel 14 beschrieben. Nach etwa 10^{-35} s erscheint ein anderer Phasenübergang und die starken Kräfte werden von den elektroschwachen getrennt. Das Verhältnis aus Baryonenzahl und Photonenzahl nimmt seinen Endwert von ungefähr 3×10^{-10} an. In dieser Zeit ist das Weltall weiterhin aus Elementarteilchen zusammengesetzt.

Als die Temperatur auf etwa 3×10^{15} K abgefallen war, eine Temperatur, die ungefähr 100 GeV entspricht, trennten sich die elektromagnetische und die schwache Kraft in zwei Kräfte, wie wir das in früheren Kapiteln beschrieben haben. Die schwache Kraft wurde kurzreichweitig, während sie vor dieser Zeit ähnlich wie die elektromagnetische Kraft eine große Reichweite hatte.

Die Reaktionsrate wird durch die vorhandene Energie oder Temperatur bestimmt. Bei einer Temperatur, die zum Beispiel größer als $2mc^2$ ist, kann eine Teilchen-Antiteilchen-Paarbildung auftreten. Wenn die Produktionsrate eines Teilchens geringer und schließlich vernachlässigbar im Vergleich zur Expansionsrate wird, sagt man, das Teilchen wird „entkoppelt" oder „ausgefroren". Die Reaktionsrate hängt von $\exp(-E/kT)$ ab, wobei E die notwendige Energie, k die Boltzmannkonstante und T die Temperatur ist. Bei Temperaturen von 3×10^{11} K bleiben Protonen und Neutronen im Gleichgewicht, weil die Reaktionen $\bar{\nu}p \leftrightarrow e^+n$ und $\nu n \leftrightarrow ep$ mit Leichtigkeit in beiden Richtungen ablaufen können.

Wenn die Temperatur auf etwa 10^{10} K gefallen ist, nach ungefähr einer Sekunde, ist die schwache Wechselwirkung genügend schwach, daß Neutrinos entkoppelt und frei werden, so daß sie durch das Weltall fliegen können. Das Verhältnis von Protonen zu Neutronen wächst auf etwa 3:1 an, weil die Neutronen zerfallen können, aber die Reaktion $\bar{\nu}p \leftrightarrow e^+n$ gehemmt ist. Wenn die Temperatur weiter fällt, können e^+e^--Paare zu Photonen vernichtet werden, aber die Paarbildung wird vernachlässigbar. Die Reaktion $e^+e^- \rightarrow \nu\bar{\nu}$ wird viel langsamer. Deshalb gewinnen die Photonen Energie und heizen sich im Vergleich zu den Neutrinos auf. Man erwartet deshalb, daß die Temperatur der Neutrinos, die sich gegenwärtig im Weltall befinden, etwa um ein Drittel geringer ist als die der 2,7 K Photonen; das heißt etwa 2 K.

Nach etwa 3 Minuten begann die primordiale Kernsynthese. Sie war nach ungefähr 30 Minuten beendet als die Temperatur auf $\leq 4 \times 10^8$ K gefallen war. 5×10^5 Jahre lang, die Temperatur war weiter auf etwa 3 000 K abgefallen, haben sich Elektronen und Protonen nicht miteinander verbunden und somit kein Wasserstoffatom gebildet. Mit Bildung der Atome wurde das Weltall „transparent" für Licht. Diese Zeit liegt so weit zurück wie die beobachtende Standardastronomie untersuchen kann.

Die Temperaturstrahlung, die in dieser Epoche gestreut wurde, wird jetzt als kosmische Mikrowellen-Untergrundstrahlung nachgewiesen. Die ständig verbesserten Nachweisgrenzen für die Anisotropie der Strahlung zeigen, daß das Weltall zu jener Zeit sehr homogen war.

Ein tieferes Verständnis der Geburt unseres Weltalls und seiner Übergangsstadien lieferte die Entwicklung der großen vereinigten Theorien oder GUT's. Diese Theorien, die die elektroschwache und die hadronische Kraft vereinigen, sagen auch baryonische Zerfälle voraus, die im Zusammenhang mit der *CP*- oder Zeitumkehrverletzung stehen, erlauben ein Verständnis des Teilchenüberschusses gegenüber den Antiteilchen und des Verhältnisses von Baryonen zu Photonen (etwa 3×10^{-10}) in unserem Universum. Die *CP*-Nichterhaltung erlaubt einen kleinen Unterschied zwischen der Zahl der Baryonen und der Zahl der Antibaryonen. Als Beispiel betrachten wir ein Teilchen X mit der Masse $= 10^{14}$ GeV/c^2. Weil die Baryonenzahl und die Leptonenzahl nicht exakt erhalten bleiben, kann X in ein Quark und ein Elektron und $\bar{X}$ in ein $\bar{q}$ und ein e^+ zerfallen. Oberhalb von 10^{14} GeV sind Zerfall und Bildung von X und $\bar{X}$ im ungefähren Gleichgewicht. Wenn die Temperatur gefallen ist, können nur noch Zerfälle auftreten und ein Überschuß von Quarks gegenüber Antiquarks würde sich bilden, wenn die *CP*-Invarianz nicht mehr gültig ist und die Zerfallsrate von einem X in ein Quark etwas schneller ist als die von einem $\bar{X}$ in ein Antiquark. Ein Überschuß von etwa 3×10^{-10} Quarks gegenüber Antiquarks ist ausreichend, um unser gegenwärtiges Weltall zu erklären. Die anschließende Vernichtung von Quarks mit Antiquarks läßt nur einen Baryonenüberschuß von etwa 3×10^{-10} der Photonenzahl. Eine quantitative theoretische Vorhersage ist wegen der Unsicherheiten in den großen vereinigten Theorien und der Notwendigkeit Experimente von etwa 1 TeV nach 10^{11} TeV zu extrapolieren, nicht möglich.

Tabelle 19.3 Einige kritische Phasen in der Entwicklung des Weltalls. Die Entwicklung ist in rückwärts verlaufender Zeit dargestellt.

Alter	Temperatur (K)	Übergang	Ära
$1{,}5 \times 10^{10}$ Jahre	2,7	–	Gegenwart, Sterne
5×10^5 Jahre	10^4	Plasma zu Atomen	Photon
3 min	10^9	Kernsynthese	Teilchen
10^{-6} s	10^{12}	Quarks (Hadronisierung)	Quark
10^{-10} s	10^{15}	Schwache und em. Kräfte vereinigt	Elektroschwach
10^{-35} s	10^{28}	Starke Kraft vereinigt	GUT's
10^{-43} s	10^{32}	Alle Kräfte vereinigt	SUSY, Planck
0	–	Vakuum zu Materie	–

19.7 Abschließende Bemerkungen

Der Nachweis der beobachteten 2,7 K-Strahlung hat den Anfang des Weltalls in Bezug auf den Urknall konkret gemacht. Es bleibt aber eine Zahl von ungelösten Problemen, darunter das Isotropie – oder Horizontproblem und das Problem der Ebenheit.

Die Intensität der Untergrundstrahlung ist in allen Richtungen die gleiche mit einer Genauigkeit von besser als 1:10^4, wenn man die Bewegung unserer Milchstraße subtrahiert[48]. Die aus verschiedenen Richtungen beobachtete Strahlung wurde emittiert als die Quellenbereiche um mehr als das 90-fache der Distanz voneinander getrennt waren, die das

---

[48] A. S. Redhead et al., *Astrophys. J.* **346**, 566 (1989).

Licht seit Beginn des Weltalls hätte zurücklegen können (Horizontabstand). Die Bereiche waren deshalb nicht ursächlich miteinander verbunden, und die Isotropie ist schwer zu verstehen. Die beobachtete Isotropie wird „Horizontproblem" genannt. Das Problem der Ebenheit besteht darin, daß die Expansion des Weltalls noch beträchtlich verzögert wird, was nach Einsteins Gleichungen bedeutet, daß die Raumgeometrie nahezu eben, das heißt euklidisch ist. Das Verhältnis Ω aus Dichte und kritischer Dichte (bei der kritischen Dichte ist die Geometrie exakt eben) ist bekannt und liegt im Bereich von $0,1 \lesssim \Omega \lesssim 3$. Die Abweichung des Ω-Wertes von eins wächst mit der Zeit. Die oben angegebenen Grenzen von Ω implizieren, daß bei einer Temperatur in der Größenordnung von 10^{28} K Ω um nicht mehr als 10^{-50} von eins verschieden sein konnte. Wie konnte diese feine Abstimmung geschehen?

Eine Lösung dieses Problems, das als „Inflationsszenario" bezeichnet wurde, hat Guth 1980[49] vorgeschlagen, haben Linde[50] sowie Albrecht und Steinhardt[51] entwickelt und wird noch weiter modifiziert. Die grundlegende Idee besteht darin, daß die potentielle Energie eines skalaren Higgs-Feldes (siehe Kapitel 12) die Energiedichte des frühen Universums beherrscht hat. Diese Bedingung verursacht eine Beschleunigung der Expansion des Weltalls, während die Energiedichte ungefähr konstant bleibt. Die Expansion war exponentiell mit einer Verdopplung des Radiuses in etwa 10^{-34} s; das Aufblasen setzte sich bis etwa 10^{-32} s fort.

Schließlich bewegt sich das Skalarfeld in das Minimum seines Potentials und das Aufblasen ist beendet. In dieser Zeit ist der Radius um den Faktor 10^{50} angewachsen. Ω ist eins geworden, da die Oberfläche wie beim Aufblasen eines Ballons flacher wird. Die Krümmung wurde so klein, daß sie heute unwichtig ist. In diesem Szenario startet das Weltall aus einem viel kleineren Bereich ($\sim 10^{-50}$) als ohne das Aufblasen und das Horizont- und Homogenitätsproblem ist auch gelöst.

Das Inflationsszenario beeinflußt nur die ersten 10^{-30} s, so daß das in Abschnitt 19.6 beschriebene Standardmodell davon unbeeinflußt bleibt. Das Modell kann uns nicht sagen wie das Weltall begann, aber es liefert eine größere Vielfalt von den Bedingungen am Anfang einschließlich der Vakuumfluktuationen und eines Beginns aus dem „Nichts"[52]. Auf diesem Feld bleibt noch viel zu tun.

Es gibt natürlich noch viele andere Probleme in der Kosmologie. Das vielleicht am engsten mit der subatomaren Physik verbundene Problem besteht darin, daß die Baryonen-Materie weniger als 10% der Masse besitzt, die für die Bedingung $\Omega = 1$ erforderlich ist. Das bedeutet, mehr als 90% der Masse des Weltalls bleibt für uns unsichtbar. Anhaltspunkte für „dunkle Materie" liefern die Verteilung der Milchstraßen und ihre Bewegungen, das Studium der Sterne und sogar die Expansion des Weltalls. Die dunkle Materie wird durch ihre Gravitationseffekte wahrgenommen, bleibt aber bei anderen Untersuchungen unsichtbar. Sehr schwach wechselwirkende Teilchen und andere Möglichkeiten[53] wurden zur Lö-

---

[49] A. Guth, *Phys. Rev.* **D 23**, 347 (1981).
[50] A. D. Linde, *Phys. Lett.* **108 B**, 389 (1982).
[51] A. Albrecht und P. Steinhardt, *Phys. Rev. Lett.* **48**, 1220 (1982); P. J. Steinhardt, *Comm. Nucl. Part. Phys.* **12**, 273 (1984).
[52] A. H. Guth und P. J. Steinhardt, *Sci. Amer.* **250**, 116 (Mai 1984); S. Y. Pi, *Comm. Nucl. Part. Phys.* **14**, 273 (1984); K. A. Olive und D. N. Schramm, *Comm. Nucl. Part. Phys.* **15**, 69 (1985).
[53] V. C. Rubin, *Sci. Amer.* **248**, 96 (Juni 1983); L. Krauss, *Sci. Amer.* **255**, 58 (Dezember 1986); V. Trimble, *Ann. Rev. Astronomy Astrophys.* **25**, 425 (1987).

sung dieses Problems vorgeschlagen. Neue Bemühungen werden bei der Suche dieser dunklen Materie unternommen[54].

19.8 Literaturhinweise

Wir haben nur die Oberfläche der nuklearen Astrophysik angekratzt. Für Leser, die mehr Informationen wünschen, empfehlen wir folgende Zeitschriften und Bücher:

Comments on Astrophysis, Annual Review of Nuclear and Particle Science, Annual Review of Astronomy and Astrophysics.

Es gibt eine ganze Reihe von guten Arbeiten über den gegenwärtigen Kenntnisstand in der Astrophysik. Eine gut zu lesende Einführung in die nukleare Astrophysik bis etwa 1966 liefert W. A. Fowler, *Nuclear Astrophysics*, Amer. Phil. Soc., Philadelphia, 1967. Eine Sammlung von Artikeln, die in *Physics Today* erschienen sind, wurde in *Astrophysics Today*, (A. G. W. Cameron, Ed.), Amer. Inst. Phys., New York, 1984 herausgegeben. Ein anderes gutes Buch ist M. Harwit, *Astrophysical Concepts*, 2. Ausgabe, Springer, New York, 1988. Andere gut lesbare Darstellungen sind *Essays in Nuclear Astrophysics*, (C. A. Barnes et al., Eds.), Cambridge University Press, New York, 1982; und *Highlights of Modern Astrophysics*, (S. L. Shapiro und S. A. Teukolsky, Eds.), Wiley, New York, 1986. Beide Bücher enthalten Artikel von Experten auf diesem Gebiet.

Wir haben bereits Übersichtsartikel in diesem Kapitel zitiert. Im folgenden sind noch weitere aufgelistet sowie Texte zu den speziellen, in diesem Kapitel diskutierten Themen.

Kosmische Strahlen. E. N. Parker, *Sci. Amer.* **249**, 44 (August 1983); B. Margon, *Sci. Amer. ebd.*, **248**, 1004 (1983); R. Weiss, *Ann. Rev. Astronomy Astrophys.* **18**, 489 (1980); A. M. Milas, *Ann. Rev. Astronomy Astrophys.* **22**, 425 (1984); G. L. Cassidy, *Ann. Rev. Nucl. Part. Sci.* **35**, 321 (1985); P. K. Mackeown und T. C. Weekes, *Sci. Amer.* **252**, 60 (November 1985); W. V. Jones, Y. Takahashi und B. Wosieck, *Ann. Rev. Nucl. Part. Sci. ebd.*, **37**, 71 (1987); D. E. Nagle, T. K. Gaissner und R. J. Protheroe, *Ann. Rev. Nucl. Part. Sci.*, **38**, 609 (1988); *Genesis and Propagation of Cosmic Rays*, (M. M. Shapiro und J. P. Wefel, Eds.), Reidel, Dordrecht, Holland (1988); P. Skokolsky, *Introduction to Ultrahigh Energy Cosmic Rays*, Addison-Wesley, Reading, Mass., 1989; M. W. Friedlander, *Cosmic Rays*, Harvard University Press, Cambridge, Mass., 1989; J. Wdowczyk und A. W. Wolfendale, *Ann. Rev. Nucl. Part. Sci.*, **39**, 43 (1989).

Röntgenastronomie. *X-Ray Astronomy*, (R. Giacconi und G. Setti, Eds.), Reidel, Boston, 1980, *X-Ray Astronomy with the Einstein Satellite*, (R. Giacconi, Ed.), Reidel, Boston, 1981; C. L. Sarazin, *X-Ray Emission from Clusters of Galaxies*, Cambridge University Press, New York, 1988.

Gammaastronomie. R. Ramaty und R. E. Lingenfelter, *Ann. Rev. Nucl. Part. Sci.*, **32**, 235 (1982); J. I. Trombka und C. E. Fichtel, *Phys. Rep.* **97**, 173 (1983).

Neutrinoastronomie und Sonnenneutrinos. Solar Neutrinos and Neutrino Astrophysics, (M. L. Cherry, K. Lande und W. Fowler, Eds.), *Amer. Inst. Phys. Conf. Proc., Nr. 126*, AIP, New York, 1985; *Observational Neutrino Astronomy*, (D. Cline, Ed.), World Scientific, Teaneck,

---

[54] J. Primak, D. Sekel und B. Sadoulet, *Ann. Rev. Nucl. Part Sci.* **38**, 751 (1988).

N. J., 1988; A. M. Mathai und H. J. Haubold, *Modern Problems in Nuclear and Neutrino Astrophysics,* Akademie-Verlag, Berlin, 1988, *Neutrino 88,* (J. Schneps, Ed.), World Scientific, Teaneck, N.J., 1989; und last but not least das neue Buch von J. N. Bahcall, *Neutrino Astrophysics,* Cambridge University Press, New York, 1989. Es gibt auch einen neuen Artikel über Sonnenneutrinos von R. Davis, Jr., A. K. Mann und L. Wolfenstein, *Ann. Rev. Nucl. Part. Sci.* **39**, 467 (1989).

Supernovae. J. M. Lattimer, *Ann. Rev. Nucl. Part. Sci.* **31**, 337 (1981); S. A. Bludman, I. Lichtenstadt und G. Hayden, *Astrophys. J.* **261**, 661 (1982); H. A. Bethe und G. E. Brown, *Sci. Amer.* **252**, 60 (Mai 1985) und *Nucl. Phys.* **429**, 527 (1984); H. A. Bethe und J. R. Wilson, *Astrophys. J.* **195**, 14 (1985); J. R. Wilson in *Numerical Astrophysics,* (J. Centrella, Ed.), Jones and Bartlett, Boston, 1985; S. A. Woosley und T. A. Weaver, *Ann. Rev. Astronomy Astrophys.* **24**, 205 (1986); S. W. Bruenn, *Astrophys. J. Suppl.* **62**, 331 (1986); J. A. Wheeler und R. F. Harkness, *Sci. Amer.* **257**, 50 (November 1987); R. W. Mayle, J. R. Wilson und D. N. Schramm, *Astrophys. J.* **318**, 288 (1987); G. E. Brown, *Phys. Rep.* **163**, 1 (1988); H. A. Bethe, *Ann. Rev. Nucl. Part. Sci.* **38**, 1 (1988); S. Woosley und T. Weaver, *Sci. Amer.* **261**, 32 (August 1989); W. D. Arnett et al., *Ann. Rev. Astronomy Astrophys.* **27**, 629 (1989). In letzter Zeit erschienene Bücher sind: *The Standard Model and Supernova 1987 a,* (J. Tran Thanh Van, Ed.), Edition Frontieres, Gifsur-Yvette, Frankreich, 1987; *Supernova Shells and Their Birth Events,* (W. Kundt, Ed.). Springer Lecture Notes in Physics 316, Springer, New York, 1988; L. A. Marschall, *The Supernova Story,* Plenum, New York, 1988; *Supernova 1987 a in the Large Magellanic Cloud,* (M. Kafatos und A. G. Michalitsiano, Eds.), Cambridge University Press, New York, 1988; *Classical Novae,* (M. F. Brode und A. Evans, Eds.), Wiley, New York, 1989; *Supernovae,* (A. Petschek, Ed.), Springer, Berlin, 1990.

Neutronensterne. Neutron Stars and Pulsars, (F. J. Dyson, Ed.), Academia Nazion. Dei Lincei, Rom, 1971; G. Baym und C. Pethick, *Ann. Rev. Nucl. Sci.* **25**, 27 (1975); J. M. Irvine, *Neutron Stars,* Oxford University Press, Oxford, GB, 1978; J. P. Hartle, *Phys. Rep.* **46**, 203 (1978); S. Tsuruta, *Phys. Rep.* **56**, 237 (1979); S. L. Shapiro und S. L. Teukolsky, *Black Holes, White Dwarfs and Neutron Stars,* Wiley, New York, 1983; S. Hayakawa, *Phys. Rep.* **121**, 318 (1985); S. Tsuruta, *Comm. Astrophys.* **11**, 151 (1986); *The Origin and Evolution of Neutron Stars,* (D. J. Helfand und J. H. Huang, Eds.), Reidel, Dordrecht, Holland, 1987.

Kernsynthese. D. G. Sargood, *Phys. Rep.* **93**, 61 (1982); J. W. Truran, *Ann. Rev. Nucl. Part. Sci.* **34**, 53 (1984); J. H. Applegate, C. J. Hogan und R. J. Scherrer, *Astrophys. J.* **329**, 572 (1988); siehe auch die Literatur unter „Das frühe Universum".

Dunkle Materie. M. M. Waldrop, *Science,* **234**, 152 (1987); V. R. Trimble, *Ann. Rev. Astronomy Astrophys.* **25**, 425 (1987); J. R. Primak, D. Seckel und B. Sadoulet, *Ann. Rev. Nucl. Part. Sci.* **38**, 751 (1988); *Dark Matter in the Universe,* (J. Bahcall, T. Piran und S. Weinberg, Eds.), World Scientific, Teaneck, N.J., 1988; R. I. Epstein, S. A. Colgate und W. C. Haxton, *Phys. Rev. Lett.* **61**, 2038 (1988); L. M. Krauss, *The Fifth Essence: The Search for Dark Matter,* Basic Books, New York, 1989.

Das frühe Universum. Für den Laien gibt es zu diesem Thema viele Bücher. Einige gute sind: S. Weinberg, *The First Three Minutes,* Basic Books, New York, 1977; J. Silk, *The Big Bang and Element Creation,* (D. Lynden-Bell, Ed.), Royal Society, London, 1982; J. Silk, *The Big Bang,* W. H. Freeman and Co., San Francisco, 1980; J. S. Trefil, J. D. Barrow und J. Silk, *The Left Hand of Creation,* Basic Books, New York, 1983; J. S. Trefil, *The Moment of Creation,* Ch. Scribner & Sons, New York, 1983, H. R. Pagels, *Perfect Symmetry, The Search for the Beginning of Time,* Simon and Schuster, New York, 1985; L. M. Lederman und D. N. Schramm, *From Quarks to the Cosmos*, Scient. Am. Lib., N.Y., 1989. Übersichtsartikel zu verschiedenen Aspekten, unter anderem auch zum Inflationsszenario sind: F. Wilczek, *Sci. Amer.* **243**, 60 (Dezember 1980) und *Proc. Natl. Acad. Sci.* **79**, 3376 (1982); D. N. Schramm, *Phys. Today* **36**, 27 (April 1983); S.-Y. Pi, *Comm. Nucl. Part. Phys.* **14**, 273 (1985); D. N. Schramm und E. Vishniac, *Comm. Nucl. Part. Phys.* **16**, 51 (1986); M. B. Green, *Sci. Amer.* **255**, 48 (September 1986); J. A. Burns, *Sci. Amer.* **255**, 38 (Juli 1986); *Particle Physics in the Cosmos, Readings from Scientific American,* (R. A. Carrigan, Jr. und W. P. Trower, Eds.), W. H. Freeman, New York, 1989. Anspruchsvollere Artikel findet man in: *Reprints of Inflationary Cosmology*, (K. F. Abbott und S.-Y. Pi, Eds.), World Scientific, Singapur, 1986; *The Early Universe* and *The Early Universe: Reprints,* (E. W. Kolb und M. S. Turner, Eds.), Addison-Wesley, Redwood City, Ca., 1988; *The Early Universe*, (W. G. Unruh und G. W. Semenoff, Eds.), Reidel, Dordrecht, Holland, 1988; *Astronomy, Cosmology and Fundamental Physics*, (M. Caffo et al., Eds.), Kluiver, Dordrecht, 1989. A. D. Linde, *Particle Physics and Inflationary Cosmology*, Harwood Academic, New York, 1989; F. Lizhi, *Creation of the Universe*, World Scientific, Teaneck, NJ, 1989; S. G. Brush, *Rev. Mod. Phys.* **62**, 43 (1990).

Aufgaben

19.1 Zeigen Sie, daß die Reaktionsrate zwischen zwei Teilchen oder Kernen mit der Ladung $Z_1 e$ und $Z_2 e$ bei niedriger Energie exponentiell von $Z_1 Z_2 e^2 / \hbar \upsilon$ abhängt, wobei υ die Relativgeschwindigkeit zwischen den beiden Objekten angibt.

19.2 Diskutieren Sie einige Schwierigkeiten bei der Messung des für die Kernsynthese relevanten Wirkungsquerschnittes und erklären Sie wie man einige davon überwinden kann.

19.3 Die Dichteverteilung in der Sonne (oder in einem anderen Stern) soll durch $\rho = \rho_c [1 - (r/R)^2]$ gegeben sein. ρ_c ist dabei die Dichte im Zentrum und R ist der Radius der Sonne oder des Sterns.
a) Man schätze die Änderung der Masse mit dem Radius ab, indem dM(r)/dr und M(r) bestimmt wird.
b) Man bestimme ρ_c in Abhängigkeit von der Gesamtmasse M und dem Radius R der Sonne.

19.4 Wählen Sie andere Reaktionen als Gl. 19.8 aus, die auch zur Überprüfung der Sonnenenergiezyklen verwendet werden können. Erklären Sie den Grund für ihre Auswahl.

19.5 Die Gesamtmasse eines Neutronensterns ist durch die allgemeine Relativitätstheorie auf weniger als drei Sonnenmassen oder $\leq 6 \times 10^{33}$ g begrenzt. (M. Nauenberg und G. Chapline, *Astrophys. J.*, **179**, 277 (1973)). Prüfen Sie, ob der Neutronenstern in Bild 19.8 dieses Kriterum erfüllt.

19.6 Ein Stern enthält n_i Teilchen/Volumen vom Typ i, die bei der Temperatur T eine mittlere Geschwindigkeit υ_{ij} relativ zu den Teilchen vom Typ j haben.
a) Welche Rate/Volumen ergibt sich für die Reaktion $i + j \to a + b$ bei der Temperatur T? Drücken Sie ihre Antwort durch den Wirkungsquerschnitt für die Reaktion σ_{ij} aus und nehmen Sie an, daß $i \neq j$ ist.
b) In einem realen Stern gehorchen die Geschwindigkeiten einer Maxwell-Boltzmann-Verteilung. Wie würde sich die Antwort aus Teil a) in diesem Fall verändern?

19.7 Wie wird die Lebensdauer des Z^0-Teilchens durch die Zahl der Neutrinofamilien beeinflußt?

19.8 Das Hubblesche Gesetz sagt aus, daß die Fluchtgeschwindigkeit eines Objektes relativ zur Erde direkt proportional zu seinem Abstand r ist; das bedeutet $\upsilon = H_0\, r$. H_0 ist die Hubble-Konstante, 50 km/s Mpc $< H_0 <$ 100 km/s Mpc. Mpcs bedeutet Megaparsec und 1 Mpc = 3×10^{24} cm.

a) Bestimmen Sie das ungefähre Alter des Weltalls und vergleichen Sie es mit Tabelle 19.3.

b) Wir können das Hubblesche Gesetz durch die Expansion des Weltalls ausdrücken. Es lautet dann

$$\left.\frac{dR/dt}{R}\right|_{\text{heute}} = H_0.$$

Unter bestimmten Bedingungen liefert die allgemeine Relativitätstheorie folgende Beziehung:

$$8\pi G\rho R^2 = 3kc^2 + 3\left(\frac{dR}{dt}\right)^2$$

G ist die Gravitationskonstante, ρ ist die mittlere Dichte des Weltalls und k ist eine Konstante. Für ein „ebenes" Universum ist $k = 0$. Bestimmen Sie die kritische Dichte in Abhängigkeit von H_0 und G und schätzen Sie den numerischen Wert ab.

19.9 Welche Temperatur ist mindestens nötig, damit Pionenproduktion auftreten kann?

19.10 Welches Verhältnis von Protonen zu Neutronen erwarten Sie bei einer Temperatur von $1{,}2 \times 10^{11}$ K?

19.11 Als Beispiel für den Einfluß der CP- oder Zeitumkehr (T)-Nichterhaltung auf Teilchen- und Antiteilchenzerfälle betrachten wir

$$\Sigma^+ \to p\pi^0 \quad \text{und} \quad \overline{\Sigma^-} \to \bar{p}\pi^0$$

Zeigen Sie, daß die Raten nicht miteinander übereinstimmen, wenn nicht CP oder T erhalten bleiben.

Teil VI – Anhang Tabellen

Tabelle A1   Die am häufigsten verwendeten Konstanten

Tabelle A2   Eine vollständigere Zusammenstellung von Konstanten

Tabelle A3   Eigenschaften stabiler Teilchen

Tabelle A4   Eine Liste von Mesonen

Tabelle A5   Ausgewählte Baryonen

Tabelle A6   Periodensystem der Elemente

Tabelle A7   Kumulierter Index von A-Ketten

Tabelle A8   Kugelfunktionen

Tabelle A1 Die am häufigsten verwendeten Konstanten.
Die Konstanten sind hier mit Rechenschiebergenauigkeit angegeben.
Genauere Werte findet man in der nächsten Tabelle.

Lichtgeschwindigkeit	c	2.998×10^{23} fm/s
Dirac's $\hbar$	$\hbar$	6.582×10^{-22} MeV s
	$\hbar c$	197.3 MeV fm
Boltzmann-Konstante	k	8.617×10^{-11} MeV/K
Feinstrukturkonstante	$e^2/\hbar c$	1/137.0
Fermische Kopplungskonstante	$G_F/(\hbar c)^3$	1.166×10^{-11}/MeV^2
Weinberg-Winkel	$\sin^2 \theta_W$	0.23
„Elektronenradius"	$e^2/m_e c^2$	2.818 fm
Comptonwellenlänge:		
Elektron	$\hbar/m_e c$	386 fm
Pion	$\hbar/m_\pi c$	1.414 fm ($\approx \sqrt{2}$ fm)
Proton	$\hbar/m_p c$	0.210 fm
Kernmagneton	$e\hbar/2m_p c$	3.152×10^{-18} MeV/Gauss
Massen:		
Elektron	m_e	0.511 MeV/c^2
Pion, neutral	m_π^0	135.0 MeV/c^2
Pion, geladen	$m_\pi^\pm$	139.6 MeV/c^2
Proton	m_p	938.3 MeV/c^2
W^+ Boson	m_W	81 GeV/c^2
Z^0 Boson	m_Z	91 GeV/c^2

Tabelle A2 Eine umfangreichere Zusammenstellung von Konstanten. Physikalische und numerische Konstanten[1].

PHYSIKALISCHE KONSTANTEN*

Größe	Symbol, Gleichung	Wert	Fehler (ppm)
Lichtgeschwindigkeit	c	299 792 458 m s^{-1} (siehe Anmerkung**)	(genau)
Plancksche Konstante	h	6.626 075 5(40) × 10^{-34} J s	0.60
Reduzierte Plancksche Konstante	$\hbar = h/2\pi$	1.054 572 66(63) × 10^{-34} J s	0.60
		= 6.582 122 0(20) × 10^{-22} MeV s	0.30
Elektronenladung	e	1.602 177 33(49) × 10^{-19} C	0.30
		= −4.803 206 8(15) × 10^{-10} esu	0.30
Umrechnungskonstante	$\hbar c$	197.327 053(59) MeV fm	0.59
Umrechnungskonstante	$(\hbar c)^2$	0.389 379 66(23) GeV^2 mbarn	0.59
Elektronenmasse	m_e	0.510 999 06(15) MeV/c^2	0.30
		= 9.109 389 7(54) × 10^{-31} kg	0.59
Protonenmasse	m_p	938.272 31(28) MeV/c^2	0.30
		= 1.672 623 1(10) × 10^{-27} kg	0.59
		= 1.007 276 470(12) u†	0.0120
		= 1836.152 701(37) m_e	0.020
Deuteronenmasse	m_d	1875.613 39(57) MeV/c^2	0.30
Atomare Masseneinheit (u†)	(Masse C^{12} Atom)/N_A	931.494 32(28) MeV/c^2	0.30
	= (1 g)/N_A	= 1.660 540 2(10) × 10^{-27} kg	0.59
Dielektrizitätskonstante des Vakuums	ϵ_0 } $\epsilon_0\mu_0 = 1/c^2$	8.854 187 817 ... × 10^{-12} F m^{-1}	(genau)
Permeabilität des Vakuums	μ_0	$4\pi \times 10^{-7}$ N A^{-2} = 12.566 370 614 ... × 10^{-7} N A^{-2}	(genau)
Feinstrukturkonstante	$\alpha = e^2/4\pi\epsilon_0 \hbar c$	1/137.035 989 5(61)‡	0.045
Klassischer Elektronenradius	$r_e = e^2/4\pi\epsilon_0 m_e c^2$	2.817 940 92(38) × 10^{-15} m	0.13
Compton-Wellenlänge des Elektrons	$\lambda_e = \hbar/m_e c = r_e \alpha^{-1}$	3.861 593 23(35) × 10^{-13} m	0.089
Bohrscher Radius ($m_{Kern} = \infty$)	$a_\infty = 4\pi\epsilon_0 \hbar^2/m_e e^2 = r_e \alpha^{-2}$	0.529 177 249(24) × 10^{-10} m	0.045
Rydberg-Energie	$hcR_\infty = m_e e^4/2(4\pi\epsilon_0)^2\hbar^2$	13.605 698 1(40) eV§	0.30
	$= m_e c^2 \alpha^2/2$		
Thomsonscher Wirkungsquerschnitt	$\sigma_T = 8\pi r_e^2/3$	0.665 246 16(18) barn	0.27
Bohrsches Magneton	$\mu_B = e\hbar/2m_e$	5.788 382 63(52) × 10^{-11} MeV T^{-1}	0.089
Kernmagneton	$\mu_N = e\hbar/2m_p$	3.152 451 66(28) × 10^{-14} MeV T^{-1}	0.089
Zyklotronfrequenz des Elektrons	$\omega^e_{cycl}/B = e/m_e$	1.758 819 62(53) × 10^{11} rad s^{-1} T^{-1}	0.30
Zyklotronfrequenz des Protons	$\omega^p_{cycl}/B = e/m_p$	9.578 830 9(29) × 10^7 rad s^{-1} T^{-1}	0.30
Gravitationskonstante	G_N	6.672 59(85) × 10^{-11} m^3 kg^{-1} s^{-2}	128
		= 6.707 11(86) × 10^{-39} $\hbar c$ (GeV/c^2)$^{-2}$	128

Tabelle A2 Eine umfangreichere Zusammenstellung von Konstanten (Fortsetzung).

PHYSIKALISCHE KONSTANTEN*

Größe	Symbol, Gleichung	Wert	Fehler (ppm)
Erdbeschleunigung (auf Meeresniveau)	g	$9.806\,65$ m s^{-2}	(genau)
Fermische Kopplungskonstante	$G_F/(\hbar c)^3$	$1.166\,37(2) \times 10^{-5}$ GeV^{-2}	17
Avogadrozahl (Loschmidtzahl)	N_A	$6.022\,136\,7(36) \times 10^{23}$ mol^{-1}	0.59
Boltzmann-Konstante	k	$1.380\,658(12) \times 10^{-23}$ J K^{-1}	8.5
		$= 8.617\,385(73) \times 10^{-5}$ eV K^{-1}	8.4
Konstante des Wienschen Verschiebungsgesetzes	$b = \lambda_{max} T$	$2.897\,756(24) \times 10^{-3}$ m K	8.4
Molvolumen (ideales Gas bei Normalbedingungen)	$N_A k (273.15\ \mathrm{K})/(1\ \mathrm{atm})$	$22.414\,10(19) \times 10^{-3}$ m^3 mol^{-1}	8.4
Stefan-Boltzmann Konstante	$\sigma = \pi^2 k^4 / 60 \hbar^3 c^2$	$5.670\,51(19) \times 10^{-8}$ W m^{-2} K^{-4}	34
Schwacher Mischungswinkel	$\sin^2 \theta_W$	0.230 ± 0.005	
Masse der $W^\pm$-Bosonen	m_W	80.9 ± 1.4 GeV/c^2	
Masse des Z^0-Bosons	m_Z	91.9 ± 1.8 GeV/c^2	

$\pi = 3.141\,592\,653\,589\,793\,238$ $e = 2.718\,281\,828\,459\,045\,235$ $\gamma = 0.577\,215\,664\,901\,532\,861$

1 in = 0.0254 m	1 barn $\equiv 10^{-28}$ m^2	1 eV $= 1.602\,177\,33(49) \times 10^{-19}$ J
1 Å $\equiv 10^{-10}$ m	1 dyne $\equiv 10^{-5}$ newton (N)	1 eV/$c^2 = 1.782\,662\,70(54) \times 10^{-36}$ kg
1 fm $\equiv 10^{-15}$ m	1 erg $\equiv 10^{-7}$ joule (J)	$2.997\,924\,58 \times 10^9$ esu = 1 coulomb (C)

1 Gauß (G) $\equiv 10^{-4}$ tesla (T)
0° C $\equiv 273.15$ K
1 Atmosphäre $\equiv 1.013\,25 \times 10^5$ N/m^2

[1] Aus „Review of Particle Properties", Particle Data Group, *Phys. Lett.* **204 B**, 1 (1988). Eine noch neuere Zusammenstellung findet man in *Phys. Lett.* **239 B**, 1 (1990)

* Revidiert 1987 von B. N. Taylor. Grundlage dafür war im wesentlichen „1986 Adjustment of the Fundamental Physical Constants" von E. Richard Cohen und Barry N. Taylor, *Rev. Mod. Phys.* **59**, 1121 (1987). Siehe auch E. R. Cohen und B. N. Taylor, „The Fundamental Physical Constants", *Physics Today* **40**, Nr. 8, Teil 2, BG - 11 (August 1987). Die Ziffern in Klammern nach dem Wert geben die einfache Standardabweichung der letzten Stellen an; in der letzten Spalte ist der Fehler in ppm angegeben.

Tabelle A2 Eine umfangreichere Zusammenstellung von Konstanten (Fortsetzung).

ASTROPHYSIKALISCHE KONSTANTEN*

Größe	Symbol, Gleichung	Wert
Plancksche Masse	M_{Planck} $= (\hbar c/G_N)^{1/2}$	$1.221\,047(79) \times 10^{19}$ GeV/c^2 $= 2.176\,71(14) \times 10^{-8}$ kg
Hubble-Konstante	H_0	$100 h_0$ km s^{-1} Mpc^{-1} $= h_0 \times 1.0 \times 10^{-10}$ year^{-1}
Normierte Hubble-Konstante[†]	h_0	$0.4 < h_0 < 1$
Dichte-Parameter des Weltalls	$\Omega_0 \equiv \rho_0/\rho_c$	$0.05 \leq \Omega_0 \leq 4$
Kritische Dichte des Weltalls	$\rho_C = 3H_0^2/8\pi G_N$	$1.88 \times 10^{-26} h_0^2$ kg m^{-3} $= 2.8 \times 10^{11} h_0^2 \, M_\odot$ Mpc^{-3}

Größe	Symbol	Wert
Kosmologische Konstante	Λ	$|\Lambda| < 3 \times 10^{-52}$ m^{-2}
Alter des Weltalls[†]	t_0	$1.5(5) \times 10^{10}$ years
Sonnenmasse	$M_\odot$	$1.989(2) \times 10^{30}$ kg
Solare Luminosität	$L_\odot$	$3.826(8) \times 10^{26}$ J s^{-1}
Sonnenradius	$R_\odot$	$6.959\,9(7) \times 10^8$ m

1 Tropisches Jahr $\approx 3.155\,69 \times 10^7$ s
1 Lichtjahr $= 9.460\,528 \times 10^{15}$ m
1 Parsec $= 3.261\,633$ Lichtjahre
1 Astronomische Einheit $= 1.495\,979 \times 10^{11}$ m

*Zusammengestellt mit Unterstützung von K. A. Olive, J. Primack und S. Rudaz. Einige Werte wurden entnommen aus C. W. Allen, *Astrophysical Quantities* (Athlone Press, London, 1973).

[†] Der Index 0 sagt aus, daß der heute gültige Wert angegeben wurde.

Tabelle A3 Eigenschaften bezüglich der starken Wechselwirkung stabiler Teilchen. Es wurden nur die dominierenden Zerfallsarten aufgeführt. Vollständige Tabellen liefern die periodischen Berichte der Particle Data Group. Diese Daten werden abwechselnd in *Rev. Mod. Phys.* und in *Phys. Lett. B* publiziert. Die letzte Publikation ist in *Phys. Lett.* **239 B**, 1 (1990).

Teilchen	$I^G(J^{PC})$	Masse	Mittlere Lebensdauer τ (s) $c\tau$ (cm)	Art	Zerfall Anteil [Limits are 90% CL]	p (MeV/c)
EICHBOSONEN						
γ	$0, 1(1^{--})$	$(<3 \times 10^{-33}$ MeV$)$		stabil		
W	$J = 1$	80.5 ± 0.7	$\Gamma < 6.5$ GeV	$e\nu$	$(10.0 ^{+2.4}_{-3.3}$)%	40.5×10^3
				$\mu\nu$	$(12^{+7}_{-6}$)%	40.5×10^3
				$\tau\nu$	$(10.2^{+3.3}_{-4.1}$)%	40.5×10^3
				$e\nu\gamma$	$(< 1.0$)%	40.5×10^3
Z		91.11 ± 0.01 GeV	$\Gamma < 5.6$ GeV	e^+e^-	$(4.6^{+1.2}_{-1.7}$)%	46.2×10^3
	$m_Z - m_W =$	10.6 ± 0.7 GeV		$\mu^+\mu^-$	seen	46.2×10^3
LEPTONEN						
ν_e	$J = \frac{1}{2}$	<18 eV (CL = 95%)	stabil $[\tau > 300\, m_{\nu_e}$ sec $(m_{\nu_e}$ in eV) CL = 90%]			
ν_μ	$J = \frac{1}{2}$	<0.25 MeV (CL = 90%)	stabil $[\tau > 1.1 \times 10^5\, m_{\nu_\mu}$ sec $(m_{\nu_\mu}$ in MeV) CL = 90%]			
ν_τ	$J = \frac{1}{2}$	<35 MeV (CL = 95%)	stabil			
e	$J = \frac{1}{2}$	0.51099906 ± 0.00000015 MeV	stabil $(> 2 \times 10^{22}$ years CL = 68%)			
μ	$J = \frac{1}{2}$	105.65839 ± 0.00006 MeV $S = 1.8^*$	2.19703×10^{-6} ± 0.00004 $c\tau = 6.5865 \times 10^4$	$\mu^- \rightarrow$ (or $\mu^+ \rightarrow$ chg. conj.) $e^- \bar{\nu}_e \nu_\mu$ $e^- \bar{\nu}_e \nu_\mu \gamma$ $e^- \bar{\nu}_e \nu_\mu e^+ e^-$	(100)% (1.4 ± 0.4)% (3.4 ± 0.4) $\times 10^{-5}$	53 53 53
τ	$J = \frac{1}{2}$	$1784.1^{+2.7}_{-3.6}$	$(3.04 \pm 0.09) \times 10^{-13}$ $c\tau = 0.009$			

Tabelle A3 Eigenschaften bezüglich der starken Wechselwirkung stabiler Teilchen[1] (Fortsetzung).

LEICHTE MESONEN $[\pi^+ = u\bar{d},\ \pi^0 = (u\bar{u}-d\bar{d})/\sqrt{2},\ \pi^- = \bar{u}d,\ \eta = c_1(u\bar{u}+d\bar{d})+c_2(s\bar{s})]$

Teilchen	$I^G(J^{PC})$	Masse	Mittlere Lebensdauer τ (s) $c\tau$ (cm)	Art	Zerfall Anteil [Limits are 90% CL]	p (MeV/c)
$\pi^\pm$	$1^-(0^-)$	139.56755 ±0.00033	2.6029×10^{-8} ±0.0023 $c\tau = 780.3$	$\mu^+\nu$ ($\pi^+ \to$ konj. Ladung oder $\pi^- \to$)	100%	30
	$m_{\pi^\pm} - m_{\mu^\pm} = 33.90917$ ±0.00033					
π^0	$1^-(0^{-+})$	134.9734 ±0.0025	8.4×10^{-17} ±0.6 $S = 3.0*$	$\gamma\gamma$	$(98.798 \pm 0.032)\%$	67
				$\gamma e^+ e^-$	$(1.198\ \ \ \ )\%\ \ S = 1.1*$	67
				$e^+e^-e^+e^-$	$(3.24\ \ \ \ ) \times 10^{-5}$	67
	$m_{\pi^\pm} - m_{\pi^0} = 4.5942$ ±0.0025 $S = 2.0*$		$c\tau = 2.5 \times 10^{-6}$	$\gamma\gamma\gamma\gamma$	$(< 1.6\ \ \ \ ) \times 10^{-6}$	67
				e^+e^-	$(1.8^{+0.7}_{-0.6}) \times 10^{-7}$	67
				$\nu\nu$	$(< 2.4\ \ \ \ ) \times 10^{-5}$	67
η	$0^+(0^{-+})$	548.8 ±0.6 $S = 1.4*$	$\Gamma = (1.08 \pm 0.19)$ keV $S = 2.1*$	$\gamma\gamma$	$(38.9\ \ \pm 0.4\ \ )\%$	274
				$3\pi^0$	$(31.90 \pm 0.34)\%$	180
				$\pi^0\gamma\gamma$	$(0.071 \pm 0.014)\%$	258
			neutrale Zerfälle $(70.9 \pm 0.5)\%$	$\pi^+\pi^-\pi^0$	$(23.7\ \ \pm 0.5\ \ )\%$	175
				$\pi^+\pi^-\gamma$	$(4.91 \pm 0.13)\%$	236
				$e^+e^-\gamma$	$(0.50 \pm 0.12)\%$	274
				$\mu^+\mu^-\gamma$	$(3.1\ \ \pm 0.4\ \ ) \times 10^{-4}$	253
				e^+e^-	$(< 3\ \ \ \ \ \ \ \ \ \ ) \times 10^{-4}$	274
			Geladene Zerfälle $(29.1 \pm 0.5)\%$	$\mu^+\mu^-$	$(6.5\ \ \pm 2.1\ \ ) \times 10^{-6}$	253
				$\pi^+\pi^-e^+e^-$	$(0.13 \pm 0.13)\%$	236
				$\pi^+\pi^-\gamma\gamma$	$(< 0.21\ \ \ \ \ \ )\%$	236
				$\pi^+\pi^-\pi^0\gamma$	$(< 6\ \ \ \ \ \ \ \ \ \ ) \times 10^{-4}$	175
				$\pi^0\mu^+\mu^-\gamma$	$(< 3\ \ \ \ \ \ \ \ \ \ ) \times 10^{-6}$	211

Tabelle A3 Eigenschaften bezüglich der starken Wechselwirkung stabiler Teilchen[1] (Fortsetzung).

SELTSAME MESONEN	$[K^\pm = u\bar{s},\ K^0 = d\bar{s},\ \bar{K}^0 = \bar{d}s,\ K^- = \bar{u}s]$				
				$K^+ \rightarrow$ (oder $K^- \rightarrow$ konj. Ladung)	
$K^\pm$	$\frac{1}{2}(0^-)$	493.646	1.2371×10^{-8}	$\mu^+\nu$	(63.51 ± 0.16)%	236
		±0.009	±0.0028 S = 2.1*	$\pi^+\pi^0$	(21.17 ± 0.15)%	205
				$\pi^+\pi^+\pi^-$	(5.589 ± 0.028)% S = 1.1*	125
			$c\tau = 370.9$	$\pi^+\pi^0\pi^0$	(1.73 ± 0.04)% S = 1.2*	133
				$\pi^0\mu^+\nu$	(3.18 ± 0.06)% S = 1.2*	215
				$\pi^0 e^+\nu$	(4.82 ± 0.05)% S = 1.1*	228
	$m_{K^0} - m_{K^\pm} =$	4.024		$e^+\nu$	(1.54 ± 0.07)× 10^{-5}	247
		±0.031				
K^0	$\frac{1}{2}(0^-)$	497.671		50% K_S, 50% K_L		
$\bar{K}^0$		±0.030				
K_S^0	$\frac{1}{2}(0^-)$		0.8922×10^{-10}	$\pi^+\pi^-$	(68.61 ± 0.26)%	206
			±0.0020	$\pi^0\pi^0$	(31.39 ± 0.18)%	209
				$\gamma\gamma$	(2.4 ± 1.2)× 10^{-6} S = 1.2*	249
			$c\tau = 2.675$			
K_L^0	$\frac{1}{2}(0^-)$		5.18×10^{-8}	$\pi^0\pi^0\pi^0$	(21.7 ± 0.7)% S = 1.4*	139
			±0.04	$\pi^+\pi^-\pi^0$	(12.37 ± 0.18)% S = 1.3*	133
				$\pi^\pm\mu^\mp\nu$	(27.01 ± 0.34)% S = 1.2*	216
			$c\tau = 1554$	$\pi^\pm e^\mp\nu$	(38.6 ± 0.4)% S = 1.2*	229

Teil VI – Anhang Tabellen

Tabelle A3 Eigenschaften bezüglich der starken Wechselwirkung stabiler Teilchen[1] (Fortsetzung).

Teilchen	$I^G(J^{PC})$	Masse	Mittlere Lebensdauer τ (s) $c\tau$ (cm)	Art	Zerfall Anteil [Limits are 90% CL]		p (MeV/c)
CHARM-MESONEN		$[D^+ = c\bar{d},\ D^0 = c\bar{u},\ \bar{D}^0 = \bar{c}u,\ D^- = \bar{c}d,\ D_s^+ = c\bar{s},\ D_s^- = \bar{c}s]$					
$D^{\pm}$	$\frac{1}{2}(0^-)$	1869.3 ±0.6	$(10.69^{+0.35}_{-0.32}) \times 10^{-13}$ $c\tau = 0.0320$	$D^+ \hookrightarrow$ (oder $D^- \to$ konj. Ladung) e^+ irgendetwas K^- irgendetwas K^+ irgendetwas $\bar{K}^0 + K^0$ irgendetwas	(19.2 $^{+2.3}_{-1.6}$)% (16.2 ± 3.5)% (6.6$^{+2.9}_{-2.8}$)% (48 ± 15)%	$S = 1.2^*$	
	$m_{D^\pm} - m_{D^0} =$	4.74 ±0.28					
D^0 $\bar{D}^0$	$\frac{1}{2}(0^-)$	1864.5 ±0.6	$(4.28 \pm 0.11) \times 10^{-13}$ $c\tau = 0.0128$	$D^0 \hookrightarrow$ (oder $\bar{D}^0 \to$ konj. Ladung) e^+ irgendetwas K^- irgendetwas K^+ irgendetwas $\bar{K}^0 + K^0$ irgendetwas η irgendetwas	(7.7 ± 1.1)% (43 ± 5)% (6.4$^{+2.6}_{-1.7}$)% (33 ± 10)% (<13)%		712 641 827 683 805
	$\|m_{D_1^0} - m_{D_2^0}\| < 1.3 \times 10^{-10}$ MeV						
	$\|\tau_{D_1^0} - \tau_{D_2^0}\|/$Mittel < 0.17 $\Gamma(D^0 \to \bar{D}^0 \to K^+\pi^-)/\Gamma(D^0 \to K^-\pi^+) < 0.004$ $\Gamma(D^0 \to \bar{D}^0 \to \mu^-$ any$)/\Gamma(D^0 \to \mu^+$ any$) < 0.006$						
$D_s^{\pm}$	$0(0^-)$	1969.3 ±1.1 $S = 1.3^*$	$(4.36^{+0.38}_{-0.32}) \times 10^{-13}$ $c\tau = 0.0131$	$D_s^+ \hookrightarrow$ (oder $D^- \to$ konj. Ladung) $\phi\pi^+$ $\phi\pi^+\pi^+\pi^-$ $\rho^0\pi^+$ $\bar{K}^*(892)^0 K^+$ $K^+K^-\pi^+$ (nicht-res.)	(8 ± 5)% (4 ± 3)% (< 2)% (8 ± 5)% (2 ± 1.4)%		
$D_s^{*\pm}$ was $F^{*\pm}$		2112.7 ±2.3 $S = 1.2^*$	<22	$D_s^{*+} \hookrightarrow$ (oder $D^- \to$ konj. Ladung) $D_s^+\gamma$	dominierend		137
$m_{D_s^{*\pm}} - m_{D_s^\pm} = 141.6$ ±1.9 $S = 1.2^*$							

Tabelle A3 Eigenschaften bezüglich der starken Wechselwirkung stabiler Teilchen[1] (Fortsetzung).

BOTTOM-MESONEN $[B^+ = u\bar{b},\ B^0 = d\bar{b},\ \bar{B}^0 = \bar{d}b,\ B^- = \bar{u}b]$

$B^\pm$	$\frac{1}{2}(0^-)$	5277.6	$B^+ \hookrightarrow$ (oder $B^- \to$ konj. Ladung)		
		±1.4	$\bar{D}^0\pi^+$	($0.47^{+0.19}_{-0.15}$)%	2307
	$m_{B^0} - m_{B^\pm} = 1.9$		$D^*(2010)^-\pi^+\pi^+$	($0.25^{+0.15}_{-0.13}$)%	2247
		±1.1	$J/\psi(1S)K^+$	(8.0 ± 2.8)$\times 10^{-4}$	1683
			$\rho^0\pi^+$	(< 2)$\times 10^{-4}$	2581
			$D^*(2010)^-\pi^+\pi^0$	(4.3 ± 2.9)%	2235
	$0.4 < \tau_{B^0}/\tau_{B^\pm} < 2.1$		$D^-\pi^+\pi^+$	($0.25^{+0.48}_{-0.24}$)%	2299
			$\bar{D}^*(2010)^0\pi^+$	(0.27 ± 0.44)%	2254
B^0	$\frac{1}{2}(0^-)$	5279.4	$B^0 \hookrightarrow$ (oder $\bar{B}^0 \to$ konj. Ladung)		
$\bar{B}^0$		±1.5	$\bar{D}^0\pi^+\pi^-$	(< 3.9)%	2301
			$\bar{D}^0\pi^+\pi^-$	(< 3.9)%	2301
			$D^*(2010)^-\pi^+$	($0.33^{+0.12}_{-0.10}$)%	2255
	$\|m_{B_1^0} - m_{B_2^0}\| = (3.7 \pm 1.0) \times 10^{-10}$ MeV		$D^*(2010)^-\rho^+$	(8^{+7}_{-4})%	2182
	$\dfrac{\Gamma(B^0 \to \bar{B}^0 \to \mu^- \text{ any})}{\Gamma(B^0 \to \mu^\pm \text{ any})} = 0.17 \pm 0.05$				

NUKLEONEN $[p = uud,\ n = udd]$

p	$\frac{1}{2}(\frac{1}{2}^+)$	938.27231	stabil		
		±0.00028	(> 1.6×10^{25} yr or		
			> $10^{31} - 3 \times 10^{32}$ yr)		
	$\|q_p + q_e\| < 10^{-21}\ e$				
n	$\frac{1}{2}(\frac{1}{2}^+)$	939.56563	$pe^-\bar{\nu}$	100%	1.19
		±0.00028	896 ± 10		
	$m_n - m_p = 1.293318$		$S = 1.8*$		
		±0.000009	$c\tau = 2.69 \times 10^{13}$		
	$\|q_n\| < 10^{-21}\ e$				

Tabelle A3 Eigenschaften bezüglich der starken Wechselwirkung stabiler Teilchen[1] (Fortsetzung).

Teilchen	$I^G(J^{PC})$	Masse	Mittlere Lebensdauer τ (s) $c\tau$ (cm)	Zerfall Art	Zerfall Anteil [Limits are 90% CL]	p (MeV/c)
BARYONEN MIT STRANGNESS −1 [$\Lambda = uds$, $\Sigma^+ = uus$, $\Sigma^0 = uds$, $\Sigma^- = dds$]						
Λ	$0(\frac{1}{2}^+)$	1115.63 ±0.05 $S = 1.4^*$	2.631×10^{-10} ±0.020 $S = 1.6^*$ $c\tau = 7.89$	$p\pi^-$ $n\pi^0$ $n\gamma$ $pe^-\bar{\nu}$ $p\mu^-\bar{\nu}$ $p\pi^-\gamma$	(64.1 ±0.5)% (35.7 ±0.5)% (1.02 ±0.33)×10^{-3} (8.34 ±0.14)×10^{-4} (1.57 ±0.35)×10^{-4} (8.5 ±1.4)×10^{-4}	101 104 162 163 131 101
Σ^+	$1(\frac{1}{2}^+)$	1189.37 ±0.06 $S = 1.9^*$	0.799×10^{-10} ±0.004 $c\tau = 2.40$	$p\pi^0$ $n\pi^+$ $p\gamma$ $\Lambda e^+\nu$ †[$n\pi^+\gamma$]	(51.57 ±0.30)% (48.30 ±0.30)% (1.24 ±0.08)×10^{-3} (2.0 ±0.5)×10^{-5} (4.5 ±0.5)×10^{-4}	189 185 225 71 185
		$m_{\Sigma^-} - m_{\Sigma^+} = 8.07$ ±0.08 $S = 1.6^*$	$\frac{\Gamma(\Sigma^+ \to nl^+\nu)}{\Gamma(\Sigma^- \to nl^-\bar{\nu})} < 0.04$			
Σ^0	$1(\frac{1}{2}^+)$	1192.55 ±0.09 $S = 1.3^*$	$(7.4 \pm 0.7) \times 10^{-20}$ $c\tau = 2.2 \times 10^{-9}$	$\Lambda\gamma$ Λe^+e^- $\Lambda\gamma\gamma$	100% (5)×10^{-3} (<3)×10^{-2}	74 74 74
		$m_{\Sigma^0} - m_\Lambda = 76.92$ ±0.10 $S = 1.3^*$		$n\pi^-$		193
Σ^-	$1(\frac{1}{2}^+)$	1197.43 ±0.06 $S = 1.5^*$	1.479×10^{-10} ±0.011 $S = 1.3^*$ $c\tau = 4.43$	$n e^-\bar{\nu}$ $n\mu^-\bar{\nu}$ $\Lambda e^-\bar{\nu}$ $n\pi^-\gamma$	(99.848$^{+0.005}_{-0.005}$)% (1.017$^{+0.034}_{-0.037}$)×10^{-3} (4.5 ±0.4)×10^{-4} (5.73 ±0.27)×10^{-5} (4.6 ±0.6)×10^{-4}	230 210 79 193
		$m_{\Sigma^-} - m_{\Sigma^0} = 4.89$ ±0.08				

Tabelle A3 Eigenschaften bezüglich der starken Wechselwirkung stabiler Teilchen[1] (Fortsetzung).

BARYONEN MIT STRANGNESS −2 [$\Xi^0 = uss$, $\Xi^- = dss$]

Ξ^0	$\frac{1}{2}(\frac{1}{2}^+)$	1314.9 ±0.6	2.90×10^{-10} ±0.10 $c\tau = 8.69$	$\Lambda\pi^0$ $\Lambda\gamma$	100% (0.5 ±0.5)$\times 10^{-2}$	135 184
		$m_{\Xi^-} - m_{\Xi^0} = 6.4$ ±0.6				
Ξ^-	$\frac{1}{2}(\frac{1}{2}^+)$	1321.32 ±0.13	1.639×10^{-10} ±0.015 $c\tau = 4.91$	$\Lambda\pi^-$ $\Sigma^-\gamma$ $\Lambda e^-\nu$ $\Lambda\mu^-\nu$ $\Sigma^0 e^-\nu$	100% (2.3 ±1.0)$\times 10^{-4}$ (5.5 ±0.3)$\times 10^{-4}$ (3.5 ±3.5)$\times 10^{-4}$ (8.7 ±1.7)$\times 10^{-5}$	139 118 190 163 122

BARYONEN MIT STRANGNESS −3 [$\Omega^- = sss$]

Ω^-	$0(\frac{3}{2}^+)$	1672.43 ±0.32	0.822×10^{-10} ±0.012 $c\tau = 2.46$	ΛK^- $\Xi^0\pi^-$ $\Xi^-\pi^0$	(67.8 ±0.7)% (23.6 ±0.7)% (8.6 ±0.4)%	211 294 290

CHARM-BARYONEN [$\Lambda_c^+ = udc$, $\Sigma_c^{++} = uuc$, $\Sigma_c^+ = udc$, $\Sigma_c^0 = ddc$, $\Xi_c^+ = usc$]

Λ_c^+	$0(\frac{1}{2}^+)$	2284.9 ±1.5 $S = 1.6^*$	$(1.79^{+0.23}_{-0.17}) \times 10^{-13}$ $c\tau = 0.0054$	$p\bar{K}^0$ $pK^-\pi^+$ $p\bar{K}^{*0}$ $\Delta^{++}K^-$ $p\bar{K}^0\pi^+\pi^-$	(1.5 ±0.6)% (2.6 ±0.9)% (0.56$^{+0.31}_{-0.28}$)% (0.53$^{+0.28}_{-0.26}$)% (7.4 ±3.5)%	872 822 684 709 753

Tabelle A4 Liste einiger Mesonen[1]. Eine vollständige Liste einschließlich aller Zerfälle liefert die Particle Data Group. Die letzte Arbeit erschien in *Phys. Lett.* **239 B**, 1 (1990).

Name	$I^G(J^{PC})$ etab.	Masse M (MeV)	Gesamt-breite Γ (MeV)	Art	Zerfall Anteil (%) [Obere Grenze ist 10%]		p (MeV/c)
MESONEN OHNE FLAVOR							
$\pi^\pm$	$1^-(0^{-+})$	139.57	0.0		Siehe Tabelle stabiler Teilchen		
π^0		134.96	7.57				
η	$0^+(0^{-+})$	548.8 ±0.6	1.05 ±0.15 keV	neutral geladen	70.9 29.1		Siehe Tabelle stabile Teilchen
$\rho(770)$	$1^+(1^{--})$	770 ±3	153 ±2 MeV	$\pi\pi$ $\pi^\pm\gamma$ $\mu^+\mu^-$ e^+e^-	≈100 0.045 ± 0.005 0.0067 ± 0.0014 0.0044 ± 0.0002	$S = 2.2^*$	359 372 370 385
Γ aus neutralem Zustand							
$\omega(783)$	$0^-(1^{--})$	782.0 ±0.1 $S = 1.5^*$	8.5 ±0.1	$\pi^+\pi^-\pi^0$ $\pi^0\gamma$ $\pi^+\pi^-$ neutrale (außer $\pi^0\gamma$) $\pi^0\mu^+\mu^-$ e^+e^-	89.3 ± 0.6 8.0 ± 0.9 1.7 ± 0.3 $1.0^{+1.1}_{-0.6}$ 0.010 ± 0.002 0.0071 ± 0.0003	$S = 1.1^*$ $S = 1.3^*$ $S = 1.2^*$	327 379 365 349 391
$\eta'(958)$	$0^+(0^{-+})$	957.50 ±0.24	0.21 ±0.02 $S = 1.3^*$	$\eta\pi^+\pi^-$ $\rho^0\gamma$ $\eta\pi^0\pi^0$ $\omega\gamma$ $\gamma\gamma$ $3\pi^0$	44.1 ± 1.6 30.1 ± 1.4 20.5 ± 1.3 3.0 ± 0.3 2.16 ± 0.16 0.15 ± 0.03	$S = 1.2^*$ $S = 1.4^*$ $S = 1.1^*$	231 169 237 159 479 430
$f_0(975)$	$0^+(0^{++})$	976 ±3 $S = 1.2^*$	34 ±6	$\pi\pi$ $K\bar{K}$	78 ± 3 22 ± 3		468
$a_0(980)$	$1^-(0^{++})$	983 ±3 $S = 1.2^*$	57 ±11	$\eta\pi$ $K\bar{K}$	beobachtet beobachtet		319

Tabelle A4 Liste einiger Mesonen[1] (Fortsetzung).

$\phi(1020)$	$0^-(1^{--})$	1019.41 ±0.01 $S = 1.2^*$	4.41 ±0.05			
				K^+K^-	49.5 ± 1.0 $S = 1.3^*$	127
				$K_L K_S$	34.4 ± 0.9 $S = 1.3^*$	110
				$\rho\pi$	12.9 ± 0.7	181
				$\pi^+\pi^-\pi^0$	*1.9 ± 1.1*	462
				$\eta\gamma$	1.28 ± 0.06 $S = 1.3^*$	362
				$\pi^0\gamma$	0.131 ± 0.013 $S = 1.1^*$	501
				e^+e^-	0.031 ± 0.001	510
				$\mu^+\mu^-$	0.025 ± 0.003	499
				ηe^+e^-	$0.013^{+0.008}_{-0.006}$	362
				$\pi^+\pi^-$	0.008 ± 0.005 $S = 1.5^*$	490
				$\pi^+\pi^-\gamma$	<0.7	490

$c\bar{c}$-MESONEN

				Zerfall in hadronische Resonanzen		
$\eta_c(1S)$ or $\eta_c(2980)$	$0^+(0^{-+})$	2979.6 ±1.7	10.3 +3.8 −3.4			
				$\eta(958)\pi\pi$	4.1 ± 1.7	1320
				$K^{*0}K^- $ + c.c.	2.0 ± 0.7	1274
				$K^+\bar{K}^*$	0.9 ± 0.5	1193
				$\phi\phi$	0.34 ± 0.12	1086
				$p\bar{p}$	0.26 ± 0.09	1275
$J/\psi(1S)$ or $J/\psi(3097)$	$0^-(1^{--})$	3096.9 ±0.1	0.068 ±0.010			
				e^+e^-	6.9 ± 0.9	1548
				$\mu^+\mu^-$	6.9 ± 0.9	1545
				Hadronen + strahlend	86.2 ± 2.0	
$\Gamma_{ee} = (4.72 \pm 0.35)$ keV (unter der Annahme $\Gamma_{ee} = \Gamma_{\mu\mu}$)						
$\psi(2S)$ or $\psi(3685)$	$0^-(1^{--})$	3686.0 ±0.1	0.243 ±0.043			
				$e^+e^- + \mu^+\mu^-$	1.8 ± 0.3	
				Hadronen + strahlend	98.2 ± 0.3	
$\Gamma_{ee} = (2.15 \pm 0.21)$ keV (unter der Annahme $\Gamma_{ee} = \Gamma_{\mu\mu}$)						

Tabelle A4 Liste einiger Mesonen¹ (Fortsetzung).

Name	$I^G(J^{PC})$ etab.	Masse M (MeV)	Gesamt-breite Γ (MeV)	Zerfall Art	Anteil (%) [obere Grenze ist 15%]	p (MeV/c)
$b\bar{b}$-MESONEN						
$\Upsilon(1S)$ or $\tau(9460)$	(1^{--})	9460.3 ± 0.2 $S = 2.5^*$	0.052 ± 0.003	$\tau^+\tau^-$ $\mu^+\mu^-$ e^+e^-	3.0 ± 0.4 2.6 ± 0.2 2.5 ± 0.2	4381 4729 4730
$\Gamma_{ee} = (1.34 \pm 0.05)$ keV						
CHARM-MESONEN OHNE STRANGENESS		$[D^+ = c\bar{d},\ D^0 = c\bar{u},\ \bar{D}^0 = \bar{c}u,\ D^- = \bar{c}d]$				
D^+ D^0	$1/2(0^-)$	1869.3 1864.6			Siehe Tabelle stabiler Teilchen	
BOTTOM-MESON	$[B^+ = u\bar{b},\ B^0 = d\bar{b},\ \bar{B}^0 = \bar{d}b,\ B^- = \bar{u}b]$					
B^+ B^0	$1/2(0^-)$	5271 5275			Siehe Tabelle stabiler Teilchen	

Tabelle A5 Liste einiger Baryonen[1].
Die komplette Liste einschließlich aller Zerfälle liefert die Particle Data Group.

Name	J^P	$L_{2I,2J}$	P_{Strahl} (GeV/c) $\hat{\sigma} = 4\pi\lambda^2$ (mb)	Masse M (MeV)	Gesamt-breite Γ (MeV)	Zerfall Art	Anteil (%)	p (MeV/c)
N-BARYONEN	($S=0, I=1/2$)		[$N^+ = uud$, $N^0 = udd$]					
p	$\frac{1}{2}^+$			938.27231		Siehe Tabelle stabiler Teilchen		
n	$\frac{1}{2}^+$			939.56563				
$N(1440)$	$\frac{1}{2}^+$	P_{11}	$P = 0.61$ $\hat{\sigma} = 31.0$	1400 to 1480	120 to 350 (200)	$N\pi$ $N\pi\pi$ $\Delta\pi$ Np $N(\pi\pi)_S$	50–70 30–50 10–20 10–15 5–20	397 342 143 † 342
$N(1520)$	$\frac{3}{2}^-$	D_{13}	$P = 0.74$ $\hat{\sigma} = 23.5$	1510 to 1530	100 to 140 (125)	$N\pi$ $N\eta$ $N\pi\pi$ $\Delta\pi$ Np	50–60 ~0.1 40–50 20–30 15–25	456 149 410 228 †
$N(1535)$	$\frac{1}{2}^-$	S_{11}	$P = 0.76$ $\hat{\sigma} = 22.5$	1520 to 1560	100 to 250	$N\pi$ $N\eta$	35–50 45–55	467 182
$N(1650)$	$\frac{1}{2}^-$	S_{11}	$P = 0.96$ $\hat{\sigma} = 16.4$	1620 to 1680	100 to 200 (150)	$N\pi$	55–65	547
$N(1675)$	$\frac{5}{2}^-$	D_{15}	$P = 1.01$ $\hat{\sigma} = 15.4$	1660 to 1690	120 to 180 (155)	$N\pi$	35–40	563

Tabelle A5 Liste einiger Baryonen[1] (Fortsetzung).

Name	J^P	$L_{2I \cdot 2J}$	P_{Strahl} (GeV/c) $\hat{\sigma} = 4\pi\lambda^2$ (mb)	Masse M (MeV)	Gesamt-breite Γ (MeV)	Zerfall Art	Anteil (%)	p (MeV/c)
Δ-BARYONEN	($S=0, I=3/2$)	[$\Delta^{++}=uuu$, $\Delta^+=uud$, $\Delta^0=udd$, $\Delta^-=ddd$]						
Δ (1232)	$\frac{3}{2}^+$	P_{33}	$P=0.30$ $\hat{\sigma}=94.8$	1230 to 1234	110 to 120 (115)	$N\pi$ $N\gamma$	99.4 0.56–0.66	227 259
Δ (1620)	$\frac{1}{2}^-$	S_{31}	$P=0.91$ $\hat{\sigma}=17.7$	1600 to 1650	120 to 160 (140)	$N\pi$ $N\pi\pi$ $\Delta\pi$ $N\rho$ $N\gamma$	25–35 65–75 60–70 10–20 ~0.03	526 488 318 † 538
Δ (1700)	$\frac{3}{2}^-$	D_{33}	$P=1.05$ $\hat{\sigma}=14.5$	1630 to 1740	190 to 300 (250)	$N\pi$ $N\pi\pi$ $\Delta\pi$	10–20 80–90 50–90	580 547 385
Λ-BARYONEN	($S=-1, I=0$)	[$\Lambda^0=uds$]						
Λ	$\frac{1}{2}^+$			1115.63		Siehe Tabelle stabiler Teilchen		
Λ (1405)	$\frac{1}{2}^-$	S_{01}	unter $\overline{K}N$ Schwelle	1405 ±5	40 ± 10	$\Sigma\pi$	100	152
Λ (1520)	$\frac{3}{2}^-$	D_{03}	$P=0.395$ $\hat{\sigma}=82.3$	1519.5 ±1.0	15.6 ±1.0	$N\overline{K}$ $\Sigma\pi$ $\Lambda\pi\pi$ $\Sigma\pi\pi$	45 ± 1 42 ± 1 10 ± 1 0.9 ± 0.1	244 267 252 152

Tabelle A5 Liste einiger Baryonen[1] (Fortsetzung).

Σ-BARYONEN $(S=-1, I=1)$ $[\Sigma^+ = uus, \Sigma^0 = uds, \Sigma^- = dds]$

Σ^+	$\frac{1}{2}^+$		1189.37		Siehe Tabelle stabiler Teilchen	
Σ^0			1192.55			
Σ^-			1197.43			
$\Sigma(1385)^+$	$\frac{3}{2}^+$	P_{13}	1382.8 ± 0.4	36 ± 1	$\Lambda\pi$	88 ± 2	208
			$S = 2.0$		$\Sigma\pi$	12 ± 2	127
$\Sigma(1385)^0$			1383.7 ± 1.0	36 ± 5	unter $\overline{K}N$		
			$S = 1.4$		Schwelle		
$\Sigma(1385)^-$			1387.2 ± 0.6	39 ± 2			
			$S = 2.2$	$S = 1.7$			
$\Sigma(1660)$	$\frac{1}{2}^+$	P_{11}	1630 to	40 to	$N\overline{K}$	10–30	405
			1690	200	$\Lambda\pi$	beobachtet	439
			$P = 0.72$	(100)	$\Sigma\pi$	beobachtet	385
			$\hat{\sigma} = 29.9$				

Ξ-BARYONEN $(S=-2, I=\frac{1}{2})$ $[\Xi^0 = uss, \Xi^- = dss]$

Ξ^0	$\frac{1}{2}^+$		1314.9		Siehe Tabelle stabiler Teilchen	
Ξ^-			1321.32			
$\Xi(1530)^0$	$\frac{3}{2}^+$	P_{13}	1531.8 ± 0.3	9.1 ± 0.5	$\Xi\pi$	100	148
			$S = 1.3$				
$\Xi(1530)^-$			1535.0 ± 0.6	9.9 ± 1.9			

Ω-BARYONEN $(S=-3, I=0)$ $[\Omega^- = sss]$

Ω^-	$\frac{3}{2}^+$		1672.43		Siehe Tabelle stabiler Teilchen	
$\Omega(2250)^-$	?		2252 ± 9	55 ± 18	$\Xi^-\pi^+K^-$	beobachtet	531
					$\Xi(1530)^0K^-$	beobachtet	437

Tabelle A6 Periodensystem der Elemente.

Periodensystem der Elemente

								Gruppen									
1a	2a	3b	4b	5b	6b	7b	8			1b	2b	3a	4a	5a	6a	7a	8a
1 H 1.00794 1s																	2 He 4.002602 1s^2
3 Li 6.941 2s	4 Be 9.012182 2s^2											5 B 10.811 2s^{2}2p	6 C 12.011 2s^{2}2p^2	7 N 14.0067 2s^{2}2p^3	8 O 15.9994 2s^{2}2p^4	9 F 18.9984032 2s^{2}2p^5	10 Ne 20.1797 2s^{2}2p^6
11 Na 22.989768 3s	12 Mg 24.3050 3s^2											13 Al 26.981539 3s^{2}3p	14 Si 28.0855 3s^{2}3p^2	15 P 30.973762 3s^{2}3p^3	16 S 32.066 3s^{2}3p^4	17 Cl 35.4527 3s^{2}3p^5	18 Ar 39.948 3s^{2}3p^6
19 K 39.0983 4s	20 Ca 40.078 4s^2	21 Sc 44.955910 3d4s^2	22 Ti 47.88 3d^{2}4s^2	23 V 50.9415 3d^{3}4s^2	24 Cr 51.9961 3d^{5}4s	25 Mn 54.93805 3d^{5}4s^2	26 Fe 55.847 3d^{6}4s^2	27 Co 58.93320 3d^{7}4s^2	28 Ni 58.6934 3d^{8}4s^2	29 Cu 63.546 3d^{10}4s	30 Zn 65.39 3d^{10}4s^2	31 Ga 69.723 4s^{2}4p	32 Ge 72.61 4s^{2}4p^2	33 As 74.92159 4s^{2}4p^3	34 Se 78.96 4s^{2}4p^4	35 Br 79.904 4s^{2}4p^5	36 Kr 83.80 4s^{2}4p^6
37 Rb 85.4678 5s	38 Sr 87.62 5s^2	39 Y 88.90585 4d5s^2	40 Zr 91.224 4d^{2}5s^2	41 Nb 92.90638 4d^{4}5s	42 Mo 95.94 4d^{5}5s	43 Tc 98.9063 4d^{5}5s^2	44 Ru 101.07 4d^{7}5s	45 Rh 102.90550 4d^{8}5s	46 Pd 106.42 4d^{10}	47 Ag 107.8682 4d^{10}5s	48 Cd 112.411 4d^{10}5s^2	49 In 114.818 5s^{2}5p	50 Sn 118.710 5s^{2}5p^2	51 Sb 121.757 5s^{2}5p^3	52 Te 127.60 5s^{2}5p^4	53 I 126.90447 5s^{2}5p^5	54 Xe 131.29 5s^{2}5p^6
55 Cs 132.90543 6s	56 Ba 137.327 6s^2	57 La 138.9055 5d6s^2	72 Hf 178.49 5d^{2}6s^2	73 Ta 180.9479 5d^{3}6s^2	74 W 183.84 5d^{4}6s^2	75 Re 186.207 5d^{5}6s^2	76 Os 190.23 5d^{6}6s^2	77 Ir 192.22 5d^{7}6s^2	78 Pt 195.08 5d^{9}6s	79 Au 196.96654 6s	80 Hg 200.59 6s^2	81 Tl 204.3833 6s^{2}6p	82 Pb 207.2 6s^{2}6p^2	83 Bi 208.98037 6s^{2}6p^3	84 Po* (209) 6s^{2}6p^4	85 At* (210) 6s^{2}6p^5	86 Rn* (222) 6s^{2}6p^6
87 Fr* (223) 7s	88 Ra* 226.0254 7s^2	89 Ac* 227.0278 6d7s^2	104 Unq* (261) 5f^{14}6d^{2}7s^2	105 Unp* (262) 5f^{14}6d^{3}7s^2	106 Unh* (263) 5f^{14}6d^{4}7s^2	107 Uns* (262) 5f^{14}6d^{5}7s^2	108 Uno* (265) 5f^{14}6d^{6}7s^2	109 Une* (266) 5f^{14}6d^{7}7s^2									

Beispiel: 29 Cu — Protonenzahl — Symbol — 63.546 relative Atommasse — 3d^{10}4s Elektronenkonfiguration (Grundzustand)

Metalle | Nicht-Metalle | Halb-Metalle

Lanthanoide

58 Ce 140.115 4f^{2}6s^2	59 Pr 140.90765 4f^{3}6s^2	60 Nd 144.22 4f^{4}6s^2	61 Pm* (145) 4f^{5}6s^2	62 Sm 150.36 4f^{6}6s^2	63 Eu 151.965 4f^{7}6s^2	64 Gd 157.25 4f^{7}5d6s^2	65 Tb 158.92534 4f^{9}6s^2	66 Dy 162.50 4f^{10}6s^2	67 Ho 164.93032 4f^{11}6s^2	68 Er 167.26 4f^{12}6s^2	69 Tm 168.93421 4f^{13}6s^2	70 Yb 173.04 4f^{14}6s^2	71 Lu 174.967 4f^{14}5d6s^2

Actinoide

90 Th* 232.0381 6d^{2}7s^2	91 Pa* 231.03588 5f^{2}6d7s^2	92 U* 238.0289 5f^{3}6d7s^2	93 Np* 237.0482 5f^{4}6d7s^2	94 Pu* (244) 5f^{6}7s^2	95 Am* (243) 5f^{7}7s^2	96 Cm* (247) 5f^{7}6d7s^2	97 Bk* (247) 5f^{9}7s^2	98 Cf* (251) 5f^{10}7s^2	99 Es* (252) 5f^{11}7s^2	100 Fm* (257) 5f^{12}7s^2	101 Md* (258) 5f^{13}7s^2	102 No* (259) 5f^{14}7s^2	103 Lr* (262) 5f^{14}6d7s^2

Die mit * gekennzeichneten Elementen haben nur instabile Isotope; die Elemente Nr. 61 und Nr. 95 bis 109 wurden künstlich erhalten und konnten in der Natur nicht nachgewiesen werden.

Tabelle A7 Kumulierter Index von A-Ketten.
Neueste Werte erscheinen periodisch.
(Mit Genehmigung des Nuclear Data Center, Brookhaven National Laboratory, Upton, N.Y.)

A	Nuclei	Reference	Date	A	Nuclei	Reference	Date	A	Nuclei	Reference	Date	A	Nuclei	Reference	Date
1	H	†		68	Zn	NDS 55,1	1988	135	Ba	NDS 52,205	1987	202	Hg	NDS 50,669	1987
2	H	†		69	Ga	NDS 35,101	1982a	136	Xe,Ba,Ce	NDS 52,273	1987	203	Tl	NDS 46,287	1985
3	He	NP A474,1	1987f	70	Zn,Ge	NDS 51,95	1987	137	Ba	NDS 38,87	1983a	204	Hg,Pb	NDS 50,719	1987
4	He	NP A206,1	1973f	71	Ga	NDS 53,1	1988	138	Ba,Ce	NDS 53,177	1988	205	Tl	NDS 45,145	1985
5		NP A490,1	1988	72	Ge	NDS 56,1	1989	139	La	NDS 57,337	1989	206	Pb	NDS 26,145	1979d
6	Li	NP A490,1	1988	73	Ge	NDS 51,161	1987	140	Ce	NDS 51,395	1987	207	Pb	NDS 43,383	1984
7	Li	NP A490,1	1988	74	Ge,Se	NDS 51,225	1987	141	Pr	NDS 45,1	1985a	208	Pb	NDS 47,797	1986
8	Be	NP A490,1	1988	75	As	NDS 32,211	1981a	142	Ce,Nd	NDS 43,579	1984a	209	Bi	NDS 22,545	1977b
9	Be	NP A490,1	1988	76	Ge,Se	NDS 42,233	1984	143	Nd	NDS 48,753	1986	210	Po	NDS 34,735	1981
10	B	NP A490,1	1988	77	Se	NDS 57,223	1989	144	Nd,Sm	NDS 56,607	1989	211	Po	NDS 25,397	1978a
11	B	NP A433,1	1985e	78	Se,Kr	NDS 33,189	1981i	145	Nd	NDS 49,1	1986	212	Po	NDS 27,637	1979
12	C	NP A433,43	1985e	79	Br	NDS 37,393	1982	146	Nd,Sm	NDS 41,195	1984a	213	Po	NDS 26,619	1979
13	C	NP A449,1	1986	80	Se,Br	NDS 25,113	1978a	147	Sm	NDS 25,113	1978a	214	Po	NDS 55,865	1988
14	N	NP A449,53	1986	81	Br	NDS 46,487	1985	148	Nd,Sm	NDS 42,111	1984c	215	At	NDS 22,207	1977
15	N	NP A449,106	1986	82	Se,Kr	NDS 50,1	1987	149	Sm	NDS 48,1	1986	216	Po,Rn	NDS 49,83	1986
16	O	NP A460,1	1986	83	Kr	NDS 49,579	1986	150	Nd,Sm,Gd	NDS 48,345	1986a	217	Rn	NDS 26,639	1979
17	O	NP A460,70	1986	84	Kr,Sr	NDS 56,551	1989	151	Eu	NDS 55,185	1988	218	Rn	NDS 52,789	1987
18	O	NP A475,1	1987	85	Rb	NDS 30,501	1980i	152	Sm,Gd	NDS 30,1	1980a	219	Fr	NDS 22,223	1977
19	F	NP A475,1	1987	86	Kr,Sr	NDS 54,527	1988	153	Eu	NDS 37,487	1982d	220	Rn,Ra	NDS 49,102	1986
20	Ne	NP A475,1	1987	87	Sr	NDS 27,389	1979i	154	Sm,Gd,Dy	NDS 52,1	1987	221	Ra	NDS 26,1	1979b
21	Ne	NP A310,15	1978h	88	Sr	NDS 54,1	1988	155	Gd	NDS 50,563	1987	222	Ra	NDS 51,765	1987
22	Ne	NP A310,38	1978h	89	Y	NDS 16,445	1975i	156	Gd,Dy	NDS 49,383	1986	223	Ra	NDS 22,243	1977
23	Na	NP A310,67	1978h	90	Zr	NDS 16,55	1975i	157	Gd	NDS 55,71	1988	224	Ra,Th	NDS 49,117	1986
24	Mg	NP A310,96	1978h	91	Zr	NDS 31,181	1980i	158	Gd,Dy	NDS 56,199	1989	225	Ac	NDS 27,701	1979b
25	Mg	NP A310,127	1978h	92	Zr,Mo	NDS 30,573	1980	159	Tb	NDS 53,507	1988	226	Ra,Th	NDS 29,509	1987
26	Mg	NP A310,156	1978h	93	Nb	NDS 54,99	1988	160	Gd,Dy	NDS 46,187	1985d	227	Th	NDS 22,275	1977
27	Al	NP A310,183	1978h	94	Zr,Mo	NDS 44,277	1985	161	Dy	NDS 43,1	1984d	228	Th	NDS 49,136	1986
28	Si	NP A310,208	1978h	95	Mo	NDS 38,1	1983	162	Dy,Er	NDS 44,659	1985d	229	Th	NDS 24,263	1978b
29	Si	NP A310,243	1978h	96	Mo,Ru	NDS 35,281	1982	163	Dy	NDS 56,313	1989	230	Th,U	NDS 40,385	1983
30	Si	NP A310,271	1978h	97	Mo	NDS 46,607	1985	164	Dy,Er	NDS 43,1	1986f	231	Pa	NDS 40,1	1983
31	P	NP A310,296	1978h	98	Mo,Ru	NDS 39,467	1983	165	Ho	NDS 50,137	1987	232	Th,U	NDS 36,367	1982
32	S	NP A310,322	1978h	99	Ru	NDS 48,663	1986	166	Er	NDS 52,365	1987	233	U	NDS 24,289	1978b
33	S	NP A310,350	1978h	100	Mo,Ru	NDS 11,279	1974c	167	Er	NDS 17,143	1976c	234	U	NDS 40,523	1983
34	S	NP A310,371	1978h	101	Ru	NDS 45,701	1985	168	Er,Yb	NDS 53,223	1988	235	U	NDS 30,1	1980
35	Cl	NP A310,397	1978h	102	Ru,Pd	NDS 35,443	1982b	169	Tm	NDS 36,443	1982c	236	U,Pu	NDS 36,402	1982b
36	S,Ar	NP A310,420	1978h	103	Rh	NDS 45,363	1985	170	Er,Yb	NDS 50,351	1987	237	Np	NDS 49,181	1986
37	Cl	NP A310,450	1978h	104	Ru,Pd	NDS 41,325	1984j	171	Yb	NDS 43,127	1984	238	U,Pu	NDS 50,601	1988
38	Ar	NP A310,474	1978h	105	Pd	NDS 47,261	1986	172	Yb	NDS 51,577	1987	239	Pu	NDS 40,87	1983
39	K	NP A310,504	1978h	106	Pd,Cd	NDS 53,73	1988	173	Yb	NDS 54,569	1988	240	Pu	NDS 43,245	1984f
40	Ar,Ca	NP A310,529	1978h	107	Ag	NDS 34,643	1981j	174	Yb	NDS 41,511	1984c	241	Am	NDS 44,407	1985
41	K	NP A310,563	1978h	108	Pd,Cd	NDS 37,289	1982j	175	Lu	NDS 18,331	1976c	242	Pu,Cm	NDS 45,509	1985f
42	Ca	NP A310,599	1978h	109	Ag	NDS 19,383	1976c	176	Hf	NDS 29,1	1980	243	Am	NDS 33,79	1981
43	Ca	NP A310,630	1978h	110	Pd,Cd	NDS 38,545	1983	177	Hf	NDS 16,135	1975k	244	Pu,Cm	NDS 49,785	1986
44	Ca	NP A310,659	1978h	111	Cd	NDS 27,453	1979j	178	Hf	NDS 54,199	1988	245	Cm	NDS 33,119	1981
45	Sc	NDS 40,149	1983	112	Cd,Sn	NDS 57,443	1989	179	Hf	NDS 55,483	1988	246	Cm	NDS 57,515	1989
46	Ca,Ti	NDS 49,237	1986	113	In	NDS 33,1	1981j	180	Hf,W	NDS 52,127	1987	247	Bk	NDS 33,161	1981
47	Ti	NDS 48,1	1986	114	Cd,Sn	NDS 35,375	1982j	181	Ta	NDS 43,289	1984	248	Cm,Cf	NDS 57,543	1989
48	Ca,Ti	NDS 45,557	1985	115	Sn	NDS 52,565	1987	182	W	NDS 54,307	1988	249	Cf	NDS 34,8	1981b
49	Ti	NDS 48,569	1986	116	Cd,Sn	NDS 52,715	1987j	183	W	NDS 52,751	1987	250	Cf	NDS 57,589	1989
50	Ti,Cr	NDS 42,369	1984a	117	Sn	NDS 50,63	1987	184	W,Os	NDS 21,1	1977c	251	Cf	NDS 34,35	1981b
51	V	NDS 48,111	1986	118	Sn	NDS 51,329	1987	185	Re	NDS 33,557	1981c	252	Cf,Fm	NDS 57,579	1989
52	Cr	NDS 25,235	1978P	119	Sn	NDS 26,207	1979k	186	W,Os	NDS 55,583	1988	253	Es	NDS 34,58	1981b
53	Cr	NDS 43,481	1984P	120	Sn,Te	NDS 51,641	1987	187	Os	NDS 36,559	1982c	254	Cf,Fm	NDS 57,599	1989
54	Cr,Fe	NDS 50,255	1987	121	Sb	NDS 26,385	1979k	188	Os	NDS 33,273	1981c	255	Fm	NDS 34,70	1981b
55	Mn	NDS 44,463	1985	122	Sn,Te	NDS 49,315	1986	189	Os	NDS 34,537	1981c	256	Fm	NDS 57,601	1989
56	Fe	NDS 51,1	1987	123	Sb	NDS 29,453	1980	190	Os,Pt	NDS 35,525	1982c	257	Fm	NDS 34,81	1981b
57	Fe	NDS 47,1	1986	124	Sn,Te,Xe	NDS 41,413	1984	191	Ir	NDS 56,709	1989	258	Fm,No	NDS 57,610	1989
58	Fe,Ni	NDS 42,457	1984a	125	Te	NDS 42,397	1981	192	Os,Pt	NDS 40,425	1983	259		NDS 34,86	1981b
59	Co	NDS 39,641	1983	126	Te,Xe	NDS 36,227	1982	193	Ir	NDS 32,593	1981c	260		NDS 57,616	1989
60	Ni	NDS 48,251	1986	127	I	NDS 35,181	1982	194	Pt	NDS 56,75	1989	261		NDS 34,91	1981b
61	Ni	NDS 38,463	1983	128	Te,Xe	NDS 38,191	1983	195	Pt	NDS 57,1	1989	262		NDS 57,621	1989
62	Ni	NDS 26,5	1979a	129	Xe	NDS 39,551	1983	196	Pt,Hg	NDS 28,485	1979P	263		NDS 34,91	1981b
63	Cu	NDS 28,559	1979a	130	Te,Xe,Ba	NDS 13,113	1974i	197	Au	NDS 34,101	1981P	264		NDS 57,624	1989
64	Ni,Zn	NDS 28,179	1979a	131	Xe	NDS 17,573	1976i	198	Pt,Hg	NDS 40,301	1983P	265			b
65	Cu	NDS 47,135	1986	132	Cs	NDS 17,225	1976i	199	Hg	NDS 53,331	1988	266		NDS 57,624	1989
66	Zn	NDS 39,1	1983a	133	Cs	NDS 49,639	1986	200	Hg	NDS 51,689	1987				
67	Zn	NDS 39,741	1983	134	Xe,Ba	NDS 34,475	1981	201	Hg	NDS 49,733	1986				

Erklärung:
Der kumulierte Index gibt für jeden Massenwert A die neueste Sammlung von experimentellen Informationen der Kernniveaus an.
Kerne   Betastabile Mitglieder dieser A-Kette
Referenz NP A 433,43 = Nuclear Physics, Band A 433, S. 43
           NDS 39,129 = Nuclear Data Sheets, Band 39, S. 125
a-p   Zeigt an, daß Überarbeitung stattfindet.
†   Unveröffentlichte Abschätzung für A = 1-4 sind in EN SDP

Teil VI – Anhang Tabellen

Tabelle A8 Kugelfunktionen

Die Kugelfunktionen $Y_l^m(\theta, \varphi) \equiv Y_{lm}(\theta, \varphi)$ sind die Eigenfunktionen der Operatoren L^2 und L_z [Gl. (13.27)]:

$$L^2 Y_{lm} = l(l+1)\hbar^2 Y_{lm}, \qquad L_z Y_{lm} = m\hbar Y_{lm}.$$

Sie genügen der Symmetriebeziehung

$$Y_{l,-m}(\theta, \varphi) = (-1)^m Y_{lm}^*(\theta, \varphi),$$

und der Orthonormierungsbeziehung

$$\int_0^{2\pi} d\varphi \int_0^{\pi} \sin\theta \, d\theta \, Y_{l'm'}^*(\theta, \varphi) Y_{lm}(\theta, \varphi) = \delta_{l'l} \delta_{m'm}.$$

Eine beliebige reguläre Funktion $g(\theta, \varphi)$ kann nach Kugelfunktionen entwickelt werden:

$$g(\theta, \varphi) = \sum_{l=0}^{\infty} \sum_{m=-l}^{l} A_{lm} Y_{lm}(\theta, \varphi),$$

wobei die Koeffizienten

$$A_{lm} = \int d\Omega \, Y_{lm}^*(\theta, \varphi) g(\theta, \varphi)$$

sind. Explizite Ausdrücke für die Kugelfunktionen bis zu $l = 3$ sind unten angegeben. Die Werte für negative m folgen aus der Symmetriebeziehung.

Kugelfunktionen $Y_{lm}(\theta, \varphi)$

$l = 0$ $\qquad Y_{00} = \dfrac{1}{\sqrt{4\pi}}$

$l = 1$ $\qquad \begin{cases} Y_{11} = -\sqrt{\dfrac{3}{8\pi}} \sin\theta \, e^{i\varphi} \\ Y_{10} = \sqrt{\dfrac{3}{4\pi}} \cos\theta \end{cases}$

$l = 2$ $\qquad \begin{cases} Y_{22} = \dfrac{1}{4}\sqrt{\dfrac{15}{2\pi}} \sin^2\theta \, e^{2i\varphi} \\ Y_{21} = -\sqrt{\dfrac{15}{8\pi}} \sin\theta \cos\theta \, e^{i\varphi} \\ Y_{20} = \sqrt{\dfrac{5}{4\pi}} \left(\dfrac{3}{2}\cos^2\theta - \dfrac{1}{2} \right) \end{cases}$

$l = 3$ $\qquad \begin{cases} Y_{33} = -\dfrac{1}{4}\sqrt{\dfrac{35}{4\pi}} \sin^3\theta \, e^{3i\varphi} \\ Y_{32} = \dfrac{1}{4}\sqrt{\dfrac{105}{2\pi}} \sin^2\theta \cos\theta \, e^{2i\varphi} \\ Y_{31} = -\dfrac{1}{4}\sqrt{\dfrac{21}{4\pi}} \sin\theta (5\cos^2\theta - 1) \, e^{i\varphi} \\ Y_{30} = \sqrt{\dfrac{7}{4\pi}} \left(\dfrac{5}{2}\cos^3\theta - \dfrac{3}{2}\cos\theta \right) \end{cases}$

Gleichungen, die Kugelfunktionen enthalten (auch als Kugelflächenfunktionen erster Art bekannt), stehen bei W. Magnus und F. Oberhettinger, *Formulas and Theorems for the Functions of Mathematical Physics,* Chelsea Publishing Co., New York, 1954, S. 53–55

Sachregister

A
α-Teilchen 100
abgeschlossene Schalen 525
Abschirmung 128
Absorptionskoeffizient 38, 42
additive Quantenzahl 205, 238
additiver Erhaltungssatz 193, 385
Aharanov-Bohm-Effekt 388
Analog-Digital-Wandler 64
Analogresonanz 539
Analogteil 64
AND 66
Anfang des Universums 604
angeregte Resonanzen 106
angeregte Zustände 106
angeregte Zustände von Baryonen 110
angeregter Nukleonenzustand 113
anomales magnetisches Moment 139
Anregung 39
Anregungsenergie 2
Antiquark 103
Antisymmetrie 77
Antiteilchen 91, 202, 205, 248
antiunitärer Operator 254
astrophysikalische Konstanten 617
Asymmetrieenergie 506, 537
Asymmetrieterm 537
asymptotischer Bereich 452
Atmung 563
atomare Masseneinheit 81
Aufsteigeoperator 541
Austauschkräfte 442
Austauschwechselwirkung 444
Auswahlregel 96

B
b-Quark 212
β-Spektrum 332
β-Teilchen 332
β-Zerfall 332
Bag-Modell 144
Bahndrehimpuls 73
Bandenkopf 557
Baryonen 96, 100, 103, 473
Baryonen als gebundene Quarkzustände 480
Baryonen-Grundzustände 100
Baryonenzahl 96, 196, 210
Baryonenzahlerhaltung 197
Beobachtungsgröße 187
Beschleuniger 10, 302
Bethe-Bloch-Gleichung 39
Bethe-Weizsäcker-Beziehung 507
Beugungsstreuung 167
Bewegungsumkehr 253
Bhabhastreuung 298
Bindungsenergie pro Teilchen 505
Blasenkammer 58
Bohrsches Magneton 80
Bornsche Näherung 128, 129, 166
Boson 77
Bottonium 496
Breit-Wigner-Kurve 95
Bremsstrahlung 44

C
Cabibbo-Winkel 358, 409
Cabibbosche Regel 358
Callan-Gross-Beziehung 160
CERN 29
cgs-System 3
Charm 211
Charmonium 494
Chew-Frautschi-Diagramm 492
Chiral-Taschenmodell 493
CNO-Zyklus 590
Collider 27
color charge 104, 395
Color-Gluon 395
Compton-Effekt 42
Comptonwellenlänge des Protons 11, 293
confinement 460
conserved vector current 363
Corioliskraft 556
Coulombbarriere 508
Coulombenergie 286
Coulombkorrektur 336
Coulombkraft 98
Coulombpotential 436
Coulombstreuung 44
Coulombwechselwirkung 128
CP-Erhaltung 259
CP-Verletzung 265
CVC-Hypothese 363, 374
Cygnus X-3 489

D
d-Quark 160
De-Broglie-Wellenlänge 10
Deconfinement 514
detailed balance 254
detailliertes Gleichgewicht 254
Detektoren 49, 302
Deuteron 439
Dichte 2
differentieller Wirkungsquerschnitt (Streuquerschnitt) 125, 368

Digitalteil 64
Dimyon-Resonanz 495
Dipolformfaktor 148
Dipolmagnet 17
Dirac-Neutrino 366
Diracelektron 139
Diracscher Ketvektor 220
diskontinuierliche Transformation 235
Drahtfunkenkammer 62
Drehimpuls 216, 296
dreidimensionaler harmonischer Oszillator 488
Drell-Yan-Prozeß 316
Driftröhre 16
Driftröhren-Linearbeschleuniger 16
Durchgang von Strahlung durch Materie 37
Dynode 50

E

Eichbosonen 87, 406
Eichfeldtheorie 385
Eichinvarianz 87, 194
Eichinvarianz für Nicht-Abelsche Felder 391
Eichphoton 401
Eichtransformation 195, 391
Eigendrehimpuls 73, 76
Eigenparität 238
Eigenparität der subatomaren Teilchen 239
Eigenschaften stabiler Teilchen 618
Ein-Loch-Zustand 533
Einheiten 1
Einkanal-Analysator 65
Einteilchen-Schalen-Modell 533
Einteilchenmodell (IPM) 503, 525
elastische Streuung 123, 134
elastischer Formfaktor 123
elastischer Formfaktor der Nukleonen 143
elektrische Dipolnäherung 290, 293
elektrische Ladung 78, 192
elektrische Linsen 17
elektrischer Formfaktor 145
elektrisches Feld 78
elektromagnetische und Gravitationswechselwirkung 424
elektromagnetische Streuung von Leptonen 298
elektromagnetische Wechselwirkung 86, 275
elektromagnetischer Zerfall 96
elektromagnetisches Feld 78
Elektron 90, 138, 332
Elektron-Positron-Stoß 313
Elektronenausbeute von Szintillationszählern 52
Elektronenkühlung 31
Elektronenstreuung 144
elektroschwache Theorie 405, 410
elektroschwache Wechselwirkung 396, 405, 410
elektrostatischer Generator 12, 13
Elementarladung 78
Elternkern 538

Energiesatz 97
Energieverlust bei Elektronen 43
entartetes Fermi-Gas 508
Erdatom 141
Erhaltung der Myonenzahl 201
Erhaltung des Vektorstroms 363
Erhaltungsgrößen 26, 192
Erhaltungssatz für die Baryonenzahl 197
Erhaltungssätze 185
Erlöschen von Neutronen-Sternen 600
Erlöschen von Sternen 600
Erzeugung von Teilchen 5
Experiment 143
externe Quantenzahl 491
extrapolierte Reichweite 39

F

Farbe (Color) 104
Farbeinschluß 458, 460
Farben 316
Farbkraft 456
Farbladung 104, 395, 425
Fehler, stochastische 52
Feinstrukturkonstante 139, 294, 425
Feldquanten 97
Fermi 1
Fermi-Darstellung 335
Fermi-Gas-Modell 508
Fermifunktion 336
Fermion 77
Fermiresonanz 113
Fermiverteilung 134
Fermiverteilung für die Kernladungsdichte 136
Feynmandiagramm 6
Feynmangraphen 3, 6
Flavor 103
FNAL 22
Fokussierung von Teilchenstrahlen 19
Foldy-Term 149
Formfaktoren 123, 130, 133
Forminvarianz 253
Formoszillationen 564
Fourier-Bessel-Transformation 175
Fourier-Hankel-Transformation 175
Fourierentwicklung 94
Fourierreihe 94
Fraunhoferbeugung 167
Fraunhofersche Näherung 167
Fraunhoferstreuung 168
Fremdartigkeit 207
Froissart-Grenze 453
Funkenkammer 60
Fusionsreaktion 512
Fusionsreaktor 589

G

g-Faktor 138, 142
γ-Strahlen, Nachweis von 51

Gamow-Teller-Resonanz 570
ganzzahliger Spin 77
Gaußverteilung 54
Gell-Mann-Nishijima-Gleichung 226
Gell-Mann-Nishijima-Ladungsrelation 408
Generatorfrequenz 14
Geonium 141
Germanium 57
Germaniumdetektor 56, 57
Gesamtdrehimpuls 218
Gesamtenergie 3
Gestaltoszillationen 564
Gewichtsfunktion 434
Glauber-Näherung 176
globale Eichtransformation 194, 385
Glueball 105
Gluon 87, 102, 104, 395, 457
Goldene Regel 275
Goldene Regel Nr. 2 280
Goldstone-Boson 400
Gravitation 86
Gravitationswechselwirkung 424
Greensche Funktion 165
große einheitliche (Eichfeld)-Theorie 461
Große Vereinheitlichte Theorie 326
GUT 461

H
Hadronen 96, 309
Hadronenmassen 482
Hadronenwolke 319
hadronische Ladung 104
Hadronische Wechselwirkung 424
hadronischer Prozeß 344
hadronischer Prozeß bei hohen Energien 449
Halbleiterdetektor 55
Halbwertszeit 92, 294
Halbwertszeiten beim β-Zerfall 337
halbzahliger Spin 77
Hamiltonoperator 80, 187, 276
Heisenbergsche Unschärferelation 95, 97
Helium-Brennen 598
Helizität 258, 402
Helizitätsoperator 247
Hercules X-1 489
hermitescher Operator 189
HF-Feld 20
Higgs-Feld 396
Higgs-Mechanismus 402
hochangeregter Kernzustand 568
Hohlraumresonator 20
Horizontproblem 607
Hyperkerne 197, 573
Hyperladung 207, 210, 257
Hyperladungsoszillation 261
Hyperonen 100, 225

I
independent particle models 503
induzierte Emission 289
Inflationsszenario 607
Integralgleichung der Streuung 165
intermediäres Boson 102, 105, 339
interne Quantenzahl 491
invariante effektive Masse 154
invariante Masse 27
Invarianz der Form 253
Invarianz der Zeitumkehr 252
Ionisation 39
Ionisationsbereich 43
Ionisationskammer 56
Ionisationsminimum 40
IPM 503
Isobare 100
Isobare Analog-Resonanz 537
isobarer Analogzustand 228, 539
Isospin 216, 220
Isospin in Kernen 227
Isospin von Elementarteilchen 224
Isospininvarianz 221
Isotone 100
Isotope 100

J
jj-Kopplung 535

K
Kaon 150, 208, 225, 257
Kerndeformationen 547
Kerndichte 134
Kerne 197
Kerne, deformierte 558
Kernmagneton 80
Kernmodelle 572
Kernpotential 531
Kernsynthese 595
Kerntemperatur 508
Kernvolumen 134
Kernwechselwirkungen 46
Kirchhoffsches Gesetz 358
klassische elektromagnetische Wechselwirkung 284
Klein-Gordon-Beziehung 437
Klein-Gordon-Gleichung 397
kleines Taschenmodell 493
KNO-Maßstab 452
Kohlenstoffbrennen 598
Koinzidenz 64, 66
Koinzidenzexperiment 49
kollektive Modelle 503, 546
kollidierende Elektron-Positron-Strahlen 302
kollidierende Strahlen 28
kombiniertes Kernmodell 546
Kommutator 188
komparative Halbwertszeit 337

komplexes skalares Feld 396
Kompressibilität der Kernmaterie 511
Konstanten 614
konstituierendes Quark 477
Kontinuitätsgleichung 287, 308
Kontinuum 107
Kopplungskonstante 294, 357, 424
kosmische Strahlung 583
kosmische Strahlung, Quellen der 587
Kosmologie 604
Kovariante 386
kovariante Ableitung 386
Kreisstrom 79
kritische Energie 43
Kugelfunktionen 237, 633
kumulierter Index von A-Ketten 632
Kurie-Darstellung 335
kurzreichweitige Kraft 341

L

Laborkoordinaten 26
Laborsystem 26
Ladungserhaltung 192
Ladungskonjugation 248
Ladungsparität 250
Ladungsradien vom Pion und Kaon 150
Ladungsstromdichte 286
Ladungsunabhängigkeit der starken Wechselwirkung 219
Ladungsverteilung kugelförmiger Kerne 134
Lambda 225
Lambda-Teilchen 101
Lepton 87, 90, 103, 138
Leptonenerhaltung 198
leptonische Prozesse 344
Linearbeschleuniger 14
Links-Neutrino 366
linkshändige Ströme 410
Liste von Baryonen 628
Liste von Mesonen 625
Löchertheorie 203
logische Schaltung 65
logisches Element 66
lokale Eichinvarianz 195, 399
lokale Eichtransformation 385
Lorentz-Kurve 95
Lorentzgleichung 17
Lorentztransformation 4
Loschmidtsche Zahl 126
LS-Kopplung 535
Luminosität 134, 126

M

magische Zahlen 522
magnetische Linsen 17
magnetischer Formfaktor 145
magnetisches Dipolmoment 78
magnetisches Feld 80

magnetischer Monopol 326
Magneton 80
Majorana-Neutrino 366
Masse 73
masseloses Bosonenfeld 399
masseloses Feld 391
masseloses Neutrino 364
masseloses Teilchen 3
Massenaufspaltung 262
Massenbestimmung 81
Massendefekt 504
Massenexzeß 504
Massenspektrometer 82
Massenspektroskopie 82
Massenzahl 100
massives (massebehaftetes) Eichboson 396
massives (massebehaftetes) Neutrino 364
massives Eichboson 406
Matrixelement 187
Maxwellsche Gleichungen 387
Meson 96, 103, 473
Mesonen als gebundene Quarkzustände 477
Mesonentheorie der Nukleon-Nukleon-Kraft 447
Mikrowellenmotor 88
minimale elektromagnetische Wechselwirkung 284
MIT-Bagmodell 493
mittlere freie Weglänge 39
mittlere Lebensdauer 4, 92
mittlere Reichweite 37
mittlerer quadratischer Radius 133
Møllerstreuung 298
Monopolschwingung 563
Mott-Streuung 127, 130
multiplikative Quantenzahl 238
multiplikativer Erhaltungssatz 238
Multiplizität 451
Multipolstrahlung 294
Myon 4, 90, 141
Myon-Elektron-Universalität 351
Myonenzerfall 354

N

nacktes Photon 319
NAND 66
Natriumjodid 50
Natriumjodidkristalle 50
natürliche Linienbreite 95
negativer Energiezustand 202
Neigungsparameter 175
neutraler schwacher Strom 343
neutraler Strom 413
neutrales Kaon 257
neutrales Rho 84
Neutrino 90, 103, 333
Neutrino-Astronomie 592
Neutrinoreaktion bei hoher Energie 369

Sachregister

Neutron 100, 143, 333
Neutronenemission 542
Neutronenstern 600
Neutronentropfregime 602
Neutronenzerfall 86
nichtabelsches Feld 395
Nichterhaltung der Energie 97
Nichterhaltung der Parität 419
nichtrationalisierte Ladung 357
nichtrelativistische Quantenmechanik 6
nichtseltsamer schwacher Strom 357
nichtzentrale Kraft 439
niederenergetische hadronische Wechselwirkung 426
niederenergetisches elektronisches Antineutrino 368
Nilssonmodell 546, 558
NOR 66
Normalverteilung 54
nukleare Astrophysik 583
nuklearer Franck-Hertz-Versuch 110
nuklearer Grundzustand 100
nukleares Energieniveau 110
Nukleon-Nukleon-Kraft 438
Nukleonenstruktur 148
Nuklid 100

O
Observable 187
Omega 225
Operatoren, unitäre 189
optisches Theorem 165
OR 66
Ordnungszahl 100
Oszillator-Schalen 527
OZI-Regel 494

P
Paarerzeugung 42
Paarungsenergie 523
Paarwechselwirkung 523
Parität 237, 296
Parität von Nukliden 533
Paritätserhaltung 235, 242
Paritätsoperation 190, 235
Paritätsverletzung 235, 242, 347
partially conserved axial vector current 364
Parton 155
Pauli-Spinoperator 355
Pauliprinzip 77
Paulis Ausschließungsprinzip 77
PCAC-Hypothese 364
Penningfalle 141
Periodensystem der Elemente 631
Phase-shift-Analyse 129
Phasen in der Entwicklung des Weltalls 606
Phasenraum 280
Phasenraumspektrum 85

Phonon 565
Photoeffekt 42
Photoerzeugung von Pionen 430
Photokathode 50
Photomultiplier 49, 64
Photon 42
Photon raumartig 301
Photon zeitartig 301
Photon-Hadron-Wechselwirkung 308, 310, 317
Photonenannihilation 302
Photonenemission 287
Photopeak 51
physikalische Konstanten 615
physikalisches Elektron 139
Pion 97, 150, 225
Pion-Nukleon-Wechselwirkung 429
pionisches Atom 239
Planck-Zeit 604
Plancksches Wirkungsquantum 10
Plastikszintillatoren 50
Poissonverteilung 53
Polystyrene 50
Pomeranchuk-Theorem 453
Positronium 485
Potentialtopf 108
pp-Zyklus 590
Profil 174
Proton 143
Proton-Proton-Streuung 171
Protonenemission 542
Pseudoskalar-Teilchen 240
Pulsar 603

Q
Quadrupoldublett 19
Quadrupolmagnet 19
Quadrupolmoment 440, 547
Quantenchromodynamik (QCD) 395, 425, 456, 485
Quantenelektrodynamik 142, 287
Quantenelektrodynamik bei hoher Impulsübertragung 304
Quantenmechanik 5
quantenmechanischer Operator 75
Quantenzahl B 212
Quantenzahl der Ladungskonjugation 250
Quantenzahl T 212
Quantenzahlen der Quarks 211
Quark 87, 103, 102, 156, 314, 408, 424, 425, 473
Quark-Antiquark-Paare 314
Quark-Gluon-Plasma 514
Quark-Parton-Modell 157
Quark-Partonen 156
Quarkkombination 458
Quarkladung 314
Quarkmodell 144
Quarkmodelle der Hadronen 485
Quarks als Bausteine der Hadronen 473

quasi-elastischer Peak 151
Quellenfunktion 434

R

rationalisierte Ladung 357
räumliche Quantisierung 74
Raumspiegelung 235
Rechts-Antineutrino 366
rechtshändiger Strom 410
reduzierte de Broglie-Wellenlänge 10
reduzierte Halbwertszeit 337
reelles Photon 317
Regeneration 262
Regge-Rekurrenz 492
Regge-Trajektorie 492
Reichweite eines Teilchens 41
relativistische Invariante 26
relativistische Quantenfeldtheorie 77
Renormierungsmasse 459
Resonanz 91, 114, 197
Riesenresonanz 112, 113, 568
Rosenbluth-Formel 145
Rotations-Teilchenkopplungsterm 556
Rotationsbande 557
Rotationsenergie des Kerns 553
Rotationsfamilien 555
Rotationsspektren von Kernen 550
Rotationszustand 551
Ruheenergie 73
Ruhemasse 73
Russel-Saunders-Kopplung 535
Rutherford-Streuung 127, 300
Rutherfordsche Streuformel 129

S

Sauerstoffbrennen 598
scaling 452
Scalingeigenschaft 158
Schalenmodell 521
Schauer 45
Schrödinger-Gleichung 80, 188
schwache Hyperladung 407
schwache Kopplungskonstante 341, 356
schwache Ladung 344
schwache Prozesse 344
schwache Strom-Strom-Wechselwirkung 340
schwache Ströme 344
schwache Ströme in der Kerphysik 358
schwache Wechselwirkung 86, 332, 424
schwacher Strom aus Leptonen 351
schwacher Strom von Hadronen bei hoher Energie 367
schwacher Zerfall 96
schwaches Isospin 406
schwarzes Loch 600
schwere Ionen 510
schwere Mesonen 494
Schwerpunktkoordinaten 26

Schwerpunktsbewegung 26
Schwerpunktsystem 26
Seequark 497
Sekundärelektronenvervielfacher 49
seltsame schwache Ströme 357
Seltsamkeit 207
semileptonischer Prozeß 344
Separationsenergie der letzten Nukleonen 522
SEV 49
Siliziumbrennen 599
Siliziumdetektor 57
SIM 503
Skaleninvarianz 454
Soliton 493
Spannungsversorgung 64
Speicherring 27
Spektrum der invarianten Masse 83
spezielle Relativitätstheorie 3
spezifischer Energieverlust 40
Spin 73, 76, 77
Spin von Nukliden im Grundzustand 533
Spin-Bahn-Kräfte 442, 444
Spin-Bahn-Wechselwirkung 530
spinabhängige Kraft 527
Spinoperator 76
Spinthariskop 49
spontane Emission 289
stabiles Nuklid 100
Standardabweichung 54
Standardmodell 106, 416
starke Wechselwirkung 86
starker Zerfall 96
starre Rotation 554
Sternenergie 589
stimulierte Emission 289
stimulierte Photonenemission 289
stochastische Kühlung 31
Störungstheorie 275
Strahlkühlung 31
Strahloptik 16
Strahlungsbereich 43
Strahlungslänge 44
Strangeness 207, 210
Streuamplitude 127, 163, 174
Streuoperator 433
Streuspektrum 152
Streuung 53
Streuung von Elektronen an Elektronen 298
Streuung von Elektronen an Positronen 298
Streuzentrum 125
Stripping-Kanal 15
Strom-Strom-Wechselwirkung 287, 338
Stromquark 477
strong interaction models 503
Struktur der subatomaren Teilchen 123
Strukturfunktion 377
Sturz der CP-Invarianz 263
subatomares Teilchen 72

Subteilchen 224
Supernova 588, 600
Superstringtheorie 463
supraleitender Magnet 30, 31
SUSY 463
Symmetrie 77, 185
Symmetriebrechung 396, 398
Symmetrieoperation 188
Symmetrieoperator 189
Symmetrieverletzung durch das magnetische Feld 218
Synchroton 20
Synchrotronstrahlung 23, 44
Szintillationszähler 49

T
t-Quark 212
Tandembeschleuniger 14
Tau 244
Tau-Teilchen 90
Tauzahl 201
TCP-Theorem 265
Teilchen 91, 202, 205
Teilchen, J/ψ 212, 313
Teilchenspektroskopie 110
Teilchenzerfall 91
teilweise Erhaltung des axialen Vektorstroms 364
Tensorkraft 440
Terphenylen-Zusatz 50
Tevatron 25
Theorie der Kernkraft 436
Theta 244
tief unelastische Streuung 154
Toponium 496
totaler Wirkungsquerschnitt 125
TPC 63
Transformation, diskontinuierliche 190
Transformation, kontinuierliche 190
Transformationsoperator 189
Transmissionskoeffizient 108
Transmissionsresonanz 108
Tröpfchenmodell 503

U
u-Quark 160
übererlaubte Übergänge 359
Übergangsformfaktor 151
Übergangswahrscheinlichkeit 278
unelastische Elektronenstreuung 151
unelastische Streuung 134
Unschärferelation 280
Untergrundstrahlung 595
Urknall 595

V
Valenznukleon 534
Van de Graaff 13

Van de Graaff-Generator 15
Variation 334
Vektor-Dominanz-Modell 324
Vektordiagramm 74
Vektorfeld 89
Vektormesonen 312
Vektorpotential 286
Vektorteilchen 89
Verallgemeinerung des Einteilchen-Modells 535
verborgene Symmetrie 396
Verletzung der Parität 349
Vernichtung von Teilchen 5
Vertauschungsregel 75
Vibrationszustände in Kernen 563
Vielkanalanalysator 65
Vierergradient 308
Viererimpuls 152, 308
Viererpotential 308
Viererstrom 308
Vierervektor 308
virtuelles Photon 98, 138, 301
virtuelles Pion 99
virtuelles Teilchen 318

W
W-Teilchen 105
Wahrscheinlichkeitsdichte 133
wechselwirkendes Bosonenmodell 567
Wechselwirkung von Strahlung mit Materie 37
Wechselwirkungsoperator 308
Weinberg-Salam-Theorie 416
Weinbergwinkel 406, 416, 419
weißer Zwerg 600
Wellenfunktion 77, 92
wirbelfreie Rotation 554
Wirkungsquerschnitt 124, 427

Y
Ypsilon 494
Yrast-Niveau 571
Yukawa-Kopplung 416
Yukawapotential 341, 436

Z
Z-Teilchen 106
Zählerelektronik 64
Zeemanaufspaltung 81, 219
Zeemaneffekt 81
Zehnerpotenzen 3
Zeitprojektionskammer 63
Zeitumkehr 252
Zeitumkehrinvarianz 254
zeitunabhängige Schrödinger-Gleichung 275
Zerfall des Myons 348
Zerfallsgesetz 92
Zerfallszeit des Myons 349
Zustandsdichte 280
Zweizustandsproblem 255
Zyklotron 20